전기 및 하이브리드 자동차 3판

Iqbal Husain 지음 | 임원식, 김정윤, 김기찬, 강동우 옮김

한빛아카데미
Hanbit Academy, Inc.

전기 및 하이브리드 자동차 3판 Electric and Hybrid Vehicles

초판발행 2023년 1월 10일

지은이 Iqbal Husain / **옮긴이** 임원식, 김정윤, 김기찬, 강동우 / **펴낸이** 전태호
펴낸곳 한빛아카데미(주) / **주소** 서울시 서대문구 연희로2길 62 한빛아카데미(주) 2층
전화 02-336-7112 / **팩스** 02-336-7199
등록 2013년 1월 14일 제2017-000063호 / **ISBN** 979-11-5664-637-2 93550

책임편집 박현진 / **기획** 임여울 / **편집** 임여울, 강다인
디자인 이아란 / **전산편집** 백지선 / **제작** 박성우, 김정우
영업 김태진, 김성삼, 이정훈, 임현기, 이성훈, 김주성 / **마케팅** 길진철, 김호철

이 책에 대한 의견이나 오탈자 및 잘못된 내용에 대한 수정 정보는 아래 이메일로 알려주십시오.
잘못된 책은 구입하신 서점에서 교환해 드립니다. 책값은 뒤표지에 표시되어 있습니다.

홈페이지 www.hanbit.co.kr / **이메일** question@hanbit.co.kr

Electric and Hybrid Vehicles: Design Fundamentals, 3e(ISBN: 9780367693930)

지은이 및 옮긴이 소개

지은이

Iqbal Husain

텍사스 A&M 대학교에서 전기공학 박사(1993) 학위를 취득했다. 노스 캐롤라이나 주립 대학교의 전기 및 컴퓨터공학과에서 ABB 석좌 교수로 재직 중이며, FREEDM NSF 엔지니어링 연구센터 및 노스 캐롤라이나 주립 대학교 Power America의 Power Electronics 이사이다. NC State에 입사하기 전에는 애크런대학교에서 전력전자 및 모터 구동 프로그램을 개발했다. 2001년 오리건 주립 대학교의 방문 교수를 역임했으며, 1996년과 1997년에 Wright Patterson AFB Laboratories의 여름 연구원으로 일했다. 주요 연구 분야는 전기 구동축의 제어 및 모델링, 전기 기계의 설계, 전력 조절회로를 위한 시스템 제어, 전기 및 하이브리드 차량 및 재생 에너지 시스템이다. 설계 최적화, 센서리스 및 고성능 제어, 음향 소음 예측 및 매개변수 식별 방법의 분야에서 스위치드 릴럭턴스 및 영구자석 모터 드라이브를 연구했다. FREEDM에서의 연구는 전력 시스템의 전력전자 통합에 중점을 두었고, 주요 응용 분야는 운송, 자동차, 항공 우주 및 전력 산업이다. 1996년 애크런대학교에서 전기 및 하이브리드 차량에 관한 과정을 처음 개발했다. 그는 2004년부터 2008년까지 Challenge X : Crossover to Sustainable Mobility 대회를 후원한 제너럴 모터스 사의 수석 교수였다. National Science Foundation Career Award(1997), IEEE-IAS Outstanding Young Member Award(1998), IEEE Third Millennium Medal(2000), 공과대학 우수 연구원상(2004) 및 SAE Vincent Bendix Automotive Electronics Engineering Award(2006)를 수상했으며 2009년에는 IEEE 멤버가 되었다. 2012 ~ 2013년에는 IEEE Industry Applications Society의 교수직을 거쳐 2015 ~ 2019년에 IEEE 매거진의 편집장을 역임했다.

옮긴이

임원식 limws@seoultech.ac.kr

서울대학교 기계설계학과에서 학사(1989), 석사(1991) 및 박사(1995) 학위를 취득했다. 석박사 학위의 전공 분야는 차량동역학을 기반으로 하는 파워트레인의 성능 분석 및 제어이다. 박사 학위를 취득한 후에는 기아자동차 중앙기술연구소에 입사하여 파워트레인의 시험 개발과 차량동역학 성능 개발에 대해 연구했다. 1998년부터 지금까지 서울과학기술대학교 기계자동차공학과 교수로 재직하며 승/상용/궤도 차량용 파워트레인의 성능 제어와 하이브리드 전기자동차의 주행 제어 전략 개발에 대해 많은 연구를 진행하고 있고, 자동차와 관련된 다양한 산업체와 연구소 및 학회에서 활발히 활동을 하고 있다.

김정윤 kjungyun@cu.ac.kr

서울대학교 기계설계학과에서 학사(1992), 석사(1994)를 마치고 대우자동차(주) 기술연구소에서 근무했다. 이후 서울대학교 기계항공공학부에서 박사(2001)를 마치고 2005년부터 대구가톨릭대학교 미래자동차공학과에서 섀시설계, 동역학, 진동학과 자동제어 등을 강의하고 있다. 주요 연구 분야는 차량의 파워트레인 설계 및 제어, 차량동역학을 기반으로 한 자동차 사고 분석이며, 학회 및 자동차 제작결함 심의와 신차 교환환불 중재 활동을 하고 있다.

김기찬 kckim@hanbat.ac.kr

한양대학교 전기공학과에서 학사(1996), 석사(1998) 학위를 마치고, 현대중공업 기계전기연구소에서 근무하면서 다수의 국내외 자동차 메이커 사와 하이브리드 전기자동차 및 배터리 전기자동차 구동 시스템에 대한 전자장 설계 및 개발 업무를 수행했다. 이후 한양대학교 전기공학과에서 박사(2008) 학위를 전기자동차 영구자석 구동모터 최적화 설계 주제로 수여받고 2009년부터 국립한밭대학교 전기공학과 교수로 전기자기학, 전기기기, 전기자동차 공학을 강의하고, EVEP Lab.을 운영하면서 다양한 전기자동차용 구동 시스템 및 전장부품, 전자장 센서에 대한 개발 연구를 수행하고 있다. 현재는 국토교통부, 산업통상자원부 및 환경부와의 여러 가지 전기자동차 정책 및 기획에 대한 자문활동도 수행 중이다.

강동우 dwkang@kmu.ac.kr

한양대학교 전기전자컴퓨터공학부에서 학사(2005), 동대학의 전기공학과에서 석박사(2011) 학위를 취득했다. Siemens A&D 뉘른베르크(독일) 연구소에서 고속철 구동용 전동기 시스템 개발에 참여했으며, 삼성전자(주) HA사업부 모터그룹에서 모터 선행 기술을 연구했다. 2014년부터 계명대학교 전기에너지공학전공 교수로 재직하여 모터와 관련된 핵심 이론인 전자기장과 전기기기 등을 강의하며 하이브리드 및 전기자동차용 구동모터 기술에 대한 다양한 연구를 수행하고 있다. 현재는 자율주행전기자동차시스템공학 융합전공 책임교수로서 미래의 자동차 기술 분야에 기여할 수 있는 인력 양성을 위해 많은 활동을 하고 있다.

[번역 담당 부분] 1~3장, 13장, 15장 : 임원식 / 4장, 11~12장, 14장 : 김정윤 / 5~7장 : 김기찬 / 8~10장 : 강동우

지은이 머리말

차량의 기술이 다양해지면서 차량 엔지니어는 차량을 만들기 위해 다양한 분야와 협력하고 있다. 차량은 전기, 기계 및 화학공학을 전공한 학생들을 교육하기 위해 훌륭하고 흥미로운 시스템 역할을 수행한다. 이 책의 목적은 전기 및 하이브리드 차량에 대한 내용을 시스템 엔지니어링 관점에서 설명하고 제시하는 것이다. 지난 10년 동안 전기 도로에서의 운송 기술이 크게 발전함에 따라 전기 파워트레인 구성요소의 발전 기술과 설계 요소를 3판에 추가하는 것이 필수적이었다.

배터리 전기 차량(BEV)과 플러그인 하이브리드 차량(PHEV)을 포함한 전기 차량(EV)의 글로벌 판매는 2019년 500만 대를 넘어섰고 BEV가 PHEV의 판매량보다 많다. 초반에 BEV가 백만 대 판매되는 데 5년이 걸렸던 것과 달리, 다음 백만 대가 판매되기까지는 6개월밖에 걸리지 않았다. 환경, 에너지 문제는 공해가 적고 효율적이며 지속 가능한 차량에 대한 사회적 요구를 불러일으켰다. 시장이 활발해지면서 배터리 및 파워트레인 부품의 기술 개선 및 비용 절감, 전 세계 배출 기준 강화, 신규 사업 기회에 대한 투자 등이 발생했다. 기존 OEM 업체와 새로운 업체는 다양한 범위와 기능의 많은 모델로 수요에 대응하고 있다.

이 책은 기술적 측면, 수학적 관계 및 기본 설계 지침을 중점으로 전기 및 하이브리드 차량의 넓은 시스템의 관점을 제시한다. 3판에는 전기 파워트레인 구성요소, 특히 견인 인버터, 전기 기계 및 모터 구동에 대한 분석 및 설계에 대한 부분이 추가되었다. 파워트레인 구성요소에 WBG 전력전자 장치 및 희토류 영구자석 전기 기계의 기술 동향이 강조되었다. 충전소는 전기자동차 인프라의 중요한 구성요소이므로 전력망과 차량의 상호작용에 대한 부분이 추가되었다. 자율주행은 전기 또는 내연기관을 동력원으로 하는 자동차의 필수 요소가 될 새로운 기술이다. 따라서 자율주행 시스템 구조 및 시스템에 대한 하드웨어 및 소프트웨어 조건에 대한 장이 추가되었다. 이 책에서는 시스템 수준의 시뮬레이션을 Matlab/Simulink, PLECS, PSIM, Motor-CAD 및 Altair Flux와 같은 다양한 소프트웨어를 사용하여 모델을 개발하도록 설정했으며, 해당 소프트웨어 도구를 사용하여 예제 및 시뮬레이션한 결과가 제공된다. 원하는 소프트웨어 제품을 구입하려면 지은이 머리말 말미에 수록한 연락처를 참고하기 바란다.

이 책의 구성

- **1~4장 :** 1장에서는 이전 판과 마찬가지로 차량의 역사적 배경과 함께 전기 및 하이브리드 차량의 시스템 수준에 대해 소개한다. 2장에서는 차량 운동과 노면의 물리 관계식을 다루며, 차량의 힘-속도 특성에 기초한 동력 및 에너지 요구 사항에 대한 설계 지침을 설정한다. 3장에서는 전기 및 하이브리드 차량 구조와 파워트레인 구성요소의 크기 조정 요건을 다루고, 4장에서는 자율주행 자동차의 구조 및 하드웨어, 소프트웨어의 구성요소를 소개한다.

- **5~6장 :** 5 ~ 6장에서는 EV 및 HEV의 에너지원과 에너지 저장 장치에 대해 논의한다. 배터리, 연료전지, 울트라커패시터, 압축 공기 및 플라이휠과 같은 에너지 저장 장치의 전기화학적 기초를 살펴본다. 이를 바탕으로 여러 가지 배터리 모델을 제시하였으며, 이는 시스템 시뮬레이션 및 전압-전류 특성을 예측하는 데 유용하게 사용된다.

- **7~10장 :** 7~10장에서는 파워트레인 전기 부품에 대해 다룬다. 전기 기계의 다양한 유형과 기본 작동 원리는 7장에서 설명하며, AC 모터의 제어는 8장에서 설명한다. 정격 전력변환, 충전기 및 모터 드라이브에 필요한 전력전자 부품은 9장에서 살펴보고, DC 및 AC 유형에 대한 모터 드라이브는 10장에서 살펴본다.

- **11~12장 :** 차량 내 통신 시스템 설계는 차량의 필수 요소이다. 통신 네트워크 및 프로토콜은 11장에서 설명한다. 11장에서는 다양한 파워트레인 전자 제어 장치의 제어기 구현에 대해 설명한다. 고속 충전기 및 충전소를 통한 그리드와 차량의 상호작용은 12장에서 다룬다.

- **13~15장 :** 13장 ~ 14장에서는 기계적 구성요소에 대해 다룬다. HEV에 적합한 내연기관을 13장에서 설명하고, 동력 전달 부품, 브레이크 및 냉각 시스템은 14장에서 설명한다. 15장에서는 연비 향상과 배기가스 감소에 중점을 둔 하이브리드 제어 전략을 설명한다.

누구를 위한 책인가?

이 책은 전기 및 하이브리드 자동차 관련 학과의 학부생 및 대학원생을 대상으로 한다. 이 책에서 다루는 내용은 시스템 접근법을 활용하고 있어 전기, 기계 및 화학적 엔지니어링을 가르치기에 적합하다. 총 15개의 장으로 구성되어 있으며, 구성요소보다는 시스템에 중점을 두고 가르치기를 권한다. 1~5장, 11장, 12장, 15장에서는 해당 내용을 깊이 있게 다루고, 나머지 장은 전기 및 기계 구성요소를 소개하는 차원으로 가볍게 소개하기 바란다. 물론 이 과정은 여러 분야의 엔지니어가 함께 시스템을 설치하고 제품을 개발하는 여러 산업에서의 실제 상황을 바탕으로 진행될 것이다. 또한 이 책은 전기 또는 기계 구성요소에 중점을 둔 전기 또는 기계공학 학생을 대상으로도 사용할 수 있다.

시뮬레이션 분석에 유용한 소프트웨어 제품 및 도구를 구입하려면 다음을 참고하기 바란다.

MATLAB and Simulink : The MathWorks, Inc.
E-mail: info@mathworks.com
Web: www.mathworks.com

PLECS : Plexim, Inc.
E-mail: info@plexim.com
Web: www.plexim.com

PSIM : Powersim, Inc.
E-mail: support@powersimtech.com
Web: www.powersimtech.com

Motor-CAD
E-mail: info@motor-design.com
Web: www.motor-design.com

Altair Flux : Altair
E-mail at: www.altair.com/contact-us/
Web: www.altair.com/

감사의 글

이 책을 완성하기 위해 헌신적으로 도와주신 모든 분들께 진심으로 감사드린다. 다양한 주제의 자료를 검토 및 제공하고 그림컷을 그리는 등 여러 방면으로 3판을 완성하는 데 도움을 준 전·현직 대학원생들에게도 감사하다. Adam Stevens는 자율주행 자동차에 관한 부분을, MD Sariful Islam 박사는 전기 기계에 관한 부분을, 그리고 Dr. M. A. Awal 박사는 전기자동차의 상호작용 부분에 대한 도움을 주었다. 차량 제어기 및 통신에 관한 부분을 검토해준 Yukun luo에게도 감사를 드린다. 이밖에도 시뮬레이션 예제를 만들어 준 Dhrubo Rahman과 Ritvik Chattopadhyay, 그리고 책의 여러 방면에서 기여를 한 Rajib Mikail 박사, Ashfanoor Kabir 박사, Li Yang 박사, Siddharth Mehta 박사, Sodiq Agoro 및 Taohid Latif 박사에게 감사하고, 색인 작업을 도와주신 Rawshan Ara Mowri에게도 감사하다.

국내외 여러 대학에서 이 책이 교재로 채택되면서 새롭게 3판을 개선하고 완성할 동기부여가 되었다. 책의 초판과 2판의 독자분들에게 진심으로 감사의 말씀을 드리며, 많은 분들이 책 내용을 보강하는 데 도움을 주었다. 특히 3판에 대한 좋은 의견을 제시해준 Waterloo 대학의 Roydon Fraser 교수, Baylor 대학의 Annette von Jouanne 교수, 네덜란드 Twente 대학의 Ir. G. Maarten Bonnema 박사에게 감사드린다. 그리고 3판에 있는 프로젝트를 수행하도록 격려해준 Taylor & Francis Group 사의 Nora Konopka에게 감사하다. 마지막으로 진심으로 존경하는 어머니 Mamataz, 아내 Salina, 그리고 내 아이들 Inan, Immon, Rushan에게 진심으로 감사의 말을 전한다.

지은이 **Iqbal Husain**

옮긴이 머리말

이 책은 하이브리드 전기 구동계에 대한 기본적인 개념 단계부터 실제 응용의 심화 단계에 이르기까지 폭넓은 범위의 내용을 체계적으로 기술하고 있습니다. 따라서 이 분야의 전공자 및 비전공자들도 효과적으로 공부할 수 있는 매우 유용한 책입니다. 최근 전 지구적인 환경 문제와 연비 문제를 개선하기 위하여 내연기관과 전기모터를 함께 사용하는 하이브리드 자동차와, 전기모터를 동력원으로 사용하는 전기자동차 개발이 활발히 이루어지고 있습니다. 이 책은 전기자동차의 복잡하고 어려운 내용들을 많은 그림과 설명 자료들을 이용하여 쉽게 이해할 수 있도록 기술되어 있습니다. 그리고 2020년대의 최근 자료들까지 실제로 적용된 사례를 다양하게 소개하여 최근 전기 구동 차량의 기술 경향을 파악하는 데 큰 도움을 줍니다.

옮긴이 **임원식**

최근 미래자동차 기술인 자율주행과 전동화 기술의 발전이 매우 빠르게 이뤄지면서 기업과 교육기관에서는 이에 발맞춰 산업전환과 인력양성을 위해 큰 노력을 기울이고 있습니다. 이와 관련된 세부적인 전문 기술 자료는 많이 발표되고 있으나 관련 기술 동향의 전체적인 흐름을 살필 수 있는 개론서는 찾기가 어려웠습니다. 이 책은 미래자동차 기술의 역사와 함께 기초부터 응용까지 알기 쉽게 설명이 되어 있어 차량의 전동화 기술을 이해하고 공부하고자 하는 모든 자동차공학 전공자와 관련 산업 종사자에게 좋은 길잡이가 되리라 생각합니다.

옮긴이 **김정윤**

최근 환경 문제에 대한 글로벌 규제로 인하여 초소형차, 승용차, 상용차에 걸쳐 다양한 차종의 전기차 모델이 시장에 출시되고 있고 기업 간 기술경쟁과 국가적 지원이 더욱 더 치열해지고 있습니다. 문제는 이러한 전기 차량 산업이 활성화되기 위해서는 대학에서의 기술 인력양성 및 기업인력의 전기화(electrification)가 매우 중요한데, 이를 위한 적절한 교재가 없다는 것입니다. 이 책은 전기자동차 구동 시스템을 포함한 미래자동차 기술의 전문서적이라기보다 주요 전장품의 핵심 기술을 기초부터 알기 쉽게 설명하면서 미래 친환경자동차 기술인의 필수 교양서적으로 자리매김할 수 있는 좋은 책이라 생각합니다.

옮긴이 **김기찬**

새롭게 출시되는 다양한 친환경자동차를 볼 때마다 더 발전된 파워트레인 기술에 대한 흥미로움과 이를 위해 노력한 개발자들에게 감사한 마음을 가지게 됩니다. 이 책은 전동화 파워트레인 설계 기준을 참고할 수 있도록 구성되어 있으며, 주요 기술인 모터와 제어 시스템의 핵심 요소를 이해할 수 있도록 기술되어 친환경자동차 기술에 대한 이해를 도울 것입니다. 특히, 자동차 시스템을 설계하는 분야와 전동화 파워트레인을 개발하는 분야의 가교 역할을 함으로써 미래형 친환경자동차를 위한 기술적 시너지를 창출하게 될 것입니다. 미래의 친환경자동차 기술을 이끌어갈 독자 여러분들에게 이 책을 추천드립니다.

옮긴이 **강동우**

목차

Chapter 03 차량의 구조 및 설계

Chapter 04 자율주행 자동차

목차

Chapter 05 배터리

Chapter 06 대체 에너지

Chapter 07 전기기기

Chapter 08 AC 모터 제어

목차

Chapter 15 하이브리드 차량의 제어 전략

CHAPTER

1

전기 및 하이브리드 차량의 소개

Introduction to Electric and Hybrid Vehicles

들어가기 전에 ▶▶▶

지난 10년간 기술이 발전하고 소비자들의 관심이 증가하면서 전기 추진 장치는 많은 발전을 이루었다. 이제 업체들은 전기 차량**Electric Vehicle, EV**의 가속 성능을 향상시켰으며, 1회 충전 주행거리 증가 및 고속 충전과 같은 고급 성능을 장착하여 EV를 제작하고 있다. 배터리 전기 차량**Battery Electric Vehicle, BEV**과 플러그인 하이브리드 차량**Plug-in Hybrid Electric Vehicles, PHEV**을 포함한 EV의 전세계 판매량은 2019년에 500만대를 넘어섰고, BEV와 PHEV 중에서는 BEV가 조금 더 판매되었다. 처음 EV가 100만 대 판매되는 데에는 5년이 걸렸지만, 다음은 6개월 만에 100만 대가 판매되었고, 지금도 꾸준히 판매량이 증가하고 있다.

대체에너지 차량을 개발하려는 이유는 환경적, 경제적인 문제 때문이다. 승용차는 일상생활에서 필수적인 부분으로 여겨지지만, 배기가스를 배출시켜 지구 온난화, 온실효과를 일으키는 환경오염의 주범이기도 하다.[1] 지구상에 있는 자동차의 수는 14억대가 넘고 매년 새로 제작되는 자동차 수도 많기 때문에 환경오염 문제는 더욱 심각해지고 있다. 이밖에도 승용차의 유일한 에너지원이었던 석유의 세계 매장량이 감소함에 따라 석유 매장량이 적은 나라는 경제적, 정치적 위기에 놓일 수 있다. 또한 내연기관의 낮은 에너지 변환 효율은 경제적으로 좋은 영향을 끼치지 못한다. 원유가 휠의 견인력까지 변환되는 효율을 생각하면, EV로 대체할 경우 효율의 차이가 더 생길 수 있다. ICEV[1]로부터 발생하는 배출보다 발전소의 발전으로 인해 발생되는 배출은 개별적으로 유지되고 보다 규제하기 쉽다. 대부분의 발전소가 도시 지역 외부에 있기 때문에 도시에 거주하는 사람들은 발전소 관련 배출에 노출되지 않는다. 또한 전력은 수력, 풍력, 태양 에너지와 같은 재생 가능한 자원을 사용하여 환경친화적으로 생산할 수 있다. EV는 고효율의 전기모터와 제어기를 사용할 수 있으며 대체에너지원을 사용하면 깨끗하면서도 효율적이고 환경친화적인 교통수단으로 쓰일 수 있다. 즉 EV는 효율적인 방법으로 오염 문제를 줄일 수 있는 유일한 무공해 차량**Zero-Emission Vehicle, ZEV**이다.

EV는 가솔린 동력의 차량이 등장하기 이전인 19세기 중반부터 보급되었다.[2] 1900년에는 4,200대의 차량이 판매되었는데 그중 40%는 증기 동력, 38%는 전기 동력, 22%는 가솔린 동력이었다. 하지만 시동 모터의 발명, 가스 자동차의 대량생산 기술의 발달, 배터리 충전의 불편함으로 인하여 1900년대 초 EV의 소비량은 줄어들었다. 그러나 환경 문제에 대한 우려와 석유에 대한 의존도가 높아짐에 따라 1960년대에 EV에 대한 관심이 다시 높아졌고 기술 성장과 환경, 경제적 우려로 인해 EV의 연구개발이 다시 활발히 이루어지게 되었다.

1990년대에 주요 자동차 제조업체들이 EV, 하이브리드 전기 차량**Hybrid Electric Vechicle, HEV**을 상용화하기 위한 계획을 활발히 수행하면서 EV에 대한 관심과 연구가 증가하였다. 제네럴 모터스

1 **(역자주)** Internal Combustion Engine Vehicle의 약자로 내연기관 차량을 의미한다.

들어가기 전에

General Motors 사는 1995년에 첫 번째 일반용 EV인 새턴 Saturn EV1을 출시하였다. 이후에 이 차량은 단종되었으나 EV 역사의 큰 이정표가 되었다. 소비자들은 배터리 팩을 완전히 충전하여 장거리 주행을 할 수 있게 하거나 배터리 팩 충전 시간이 가스탱크를 충전하는 시간 정도로 단축되기를 원했다.

1990년대에 자동차 업계는 배터리로 구동되는 EV의 1회 충전 주행거리를 늘리기 위한 대안을 찾으려 노력했고 이로 인해 HEV는 큰 발전을 이루었다. 한 예로 도요타 Toyota 사는 1990년대 후반 HEV인 도요타 프리우스 Toyota Prius 를 출시하며 HEV 기술의 선두를 달렸다. HEV 또는 단순 하이브리드 차량은 전기 기계와 IC 엔진을 모두 사용하여 추진력을 공급한다. 따라서 유사한 크기의 기존 ICEV에 비해 배기가스 배출량이 적어 환경오염을 줄일 수 있다. HEV에 사용되는 IC 엔진은 동등한 ICEV에 비해 크기가 작다. IC 엔진과 전기모터 및 에너지 저장 장치를 함께 사용하면 1회 충전 주행거리가 더 길어져 더 친환경적으로 사용할 수 있다. HEV는 환경오염 및 제한된 1회 충전 주행거리 측면에서 BEV에 대한 절충안이 된다. 즉 HEV는 무공해 차량의 1회 충전 주행거리 제한과 인프라 문제가 해결될 때까지 단기적인 해결책으로 사용할 수 있다.

승용차가 전기화되면서 HEV는 약 10년 동안 판매되었다. 그 후로부터 테슬라 Tesla 나 닛산 Nissan 과 같은 회사들은 배터리 구동 차량인 EV를 출시하기 시작했다. 테슬라는 2008년에 처음 BEV로 시작했으나 틈새시장인 고급 차량 분야를 목표로 삼았다. 2011년에 닛산은 저렴한 닛산 리프 Nissan Leaf 를 판매했고, 포드 Ford 는 포드 포커스 일렉트릭 Ford Focus Electric 을 뒤이어 판매하였다. 전기 파워트레인의 발전과 시장의 확장으로 EV는 순조롭게 양산형 차량으로 나아가고 있다. 현재 기존의 자동차 제조사와 새로운 EV 제조사는 모두 다양한 유형의 EV를 판매하고 있다. 또한 여러 도시 및 고속도로에 급속 충전소가 설치되고 있으며 여러 회사에서 무선 전력 충전기를 제공하고 있다.

배터리를 충전하기 위해 전력을 연결하는 차량의 숫자가 늘어남에 따라 전력 회사의 전기 공급의 부담도 증가하고 있다. 전기 공급과 함께 성장하는 EV 시장의 요구 사항을 만족하기 위해서는 광범위한 충전 콘센트가 있는 충전소가 필요하다. EV의 수가 증가함에 따라 많은 수의 차량이 전력망에 동시에 연결되면 전체 전력망의 품질과 안정성에 심각한 위험이 될 수 있다. 일반 가정에서도 EV를 연결 및 충전하기 때문에 전력 시스템의 전력 수요는 더욱 증가할 것이다. 또한 급속 충전소와 슈퍼충전기(슈퍼 차저)의 증가로 인한 전기 공급 문제는 충전소의 소유자 또는 전력 회에 의해 해결되어야 한다. 그래서 업계는 EV의 성장을 사업 기회로 보고 있으면서도 확장 계획 배전 인프라 재구성에 대한 부분 때문에 조심스러운 입장을 보이고 있다.

들어가기 전에

BEV의 제한된 용량 문제는 연료를 사용할 수 있는 전기모터에 전기를 생성할 연료전지 엔진을 추가하여 극복할 수 있다. 연료전지는 전기화학적 에너지 변환기이지만 IC 엔진과 같은 열기관에 비해 효율이 높다. 차량에 장착된 엔진의 연료는 수소 또는 수소를 추출할 수 있는 가스이다. 해당 내용은 연료전지 전기 차량**Fuel Cell Electric Vehicle, FCEV**의 개발과 수소 경제에 대한 논의로 이어졌다. 혼다**Honda** 및 여러 OEM 업체들이 FCEV의 상업적 가치를 높이려고 했지만, 여러 이유로 인해 현재는 매우 적은 수량만이 판매되고 있다. 이처럼 생산이 감소한 이유는 BEV에서 사용되는 리튬-이온**Li-ion** 배터리의 기술 개선 및 비용 절감 때문이다.

최근 몇 년 동안 차량 전기화의 빠른 발전은 자율주행과 차량 공유 서비스와 함께 사회의 인식을 빠르게 변화시켰다. 자율주행 시스템은 차량의 파워트레인에 따른 전력의 요구사항에 따라 기존 ICEV 또는 EV에 배치될 수 있다. 자율주행 차량과 공유 차량 모두를 위한 인프라와 차량 내부 조건들은 EV로 구현하기가 더 간단하다.

현재 EV가 ZEV의 역할을 하고, HEV가 배기량이 매우 낮은 차량을 대체하면서 이와 같은 대체 차량을 사용하려는 움직임이 증가하고 있다. 에너지 저장 장치를 넘어서는 대체 차량의 핵심 기술은 거의 동일하다. 이 책의 주요 내용은 대체 차량의 시스템과 그 시스템에 내장된 핵심 기술들을 설명하는 것이다. 또한 이 책에서는 자율주행 자동차의 기술과 전력 시스템 충전 인프라를 소개한다.

SECTION 1.1

전기 및 하이브리드 차량이란?

Electric and Hybrid Electric Vehicles

전기 차량**Electric Vehicle, EV**은 에너지원을 휴대할 수 있으며 전기 화학적 또는 전기 기계적인 특성 및 전기모터에 의해서만 견인력이 공급되는 특징을 가진다. [그림 1-1]은 휴대용 에너지원에 의해 구동되는 EV 시스템의 블록 다이어그램이다. 차량 에너지원과 휠 사이의 전기 기계식 에너지 변환 연결 시스템은 차량의 파워트레인이다. 파워트레인에는 기계 구성요소와 전기 구성요소가 있다. EV의 구성요소에 대한 자세한 내용은 뒷부분에서 서술한다.

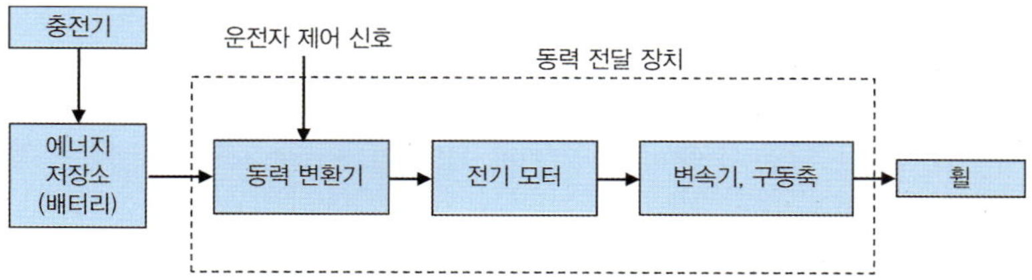

[그림 1-1] EV 시스템

EV용 연료는 배터리 팩과 같은 에너지 저장 장치에 저장되고 필요에 따라서 에너지를 전달할 수 있다. 이러한 발전의 주요 에너지원은 화석 연료에서 태양 에너지까지 다양하다. BEV를 사용하기 위해서는 전기 시스템을 통해 차량에 전기적인 형태로 연료가 공급되어야 한다. 태양 에너지를 사용하는 EV는 배터리를 충전하기 위해 태양 전지판과 전력 변환기를 사용한다. 이 EV는 차량 내 오염과 관련해서는 ZEV라고도 볼 수 있다. FCEV는 연료로 순수한 수소를 사용할 경우에는 ZEV가 될 수 있다.

하이브리드 전기 차량**Hybrid Electric Vehicle, HEV**, 즉 하이브리드 차량은 하나 이상의 전기 기계와 IC 엔진을 함께 사용하여 추진하는 차량을 말한다. HEV는 지정된 작동을 하면서 두 가지 종류 이상의 에너지 저장소, 에너지원, 변환기에서 추진 에너지를 사용할 수 있어야 하며, 적어도 하나의 저장소 또는 변환기가 장착되어 있어야 한다. 하이브리드 도로 차량의 정의는 국제전기기술위원회**International Electrotechnical Commission, IEC**의 전기도로차량 기술위원회 69에서 제안한 것이다.

HEV는 IC 엔진과 다른 엔진을 가진 차량이라고 말할 수 있다. 연료전지 및 배터리 팩의 에너지를 활용하여 전기모터를 통해 추진력을 전달하는 차량도 HEV이다. 연료전지는 본질적으로 연료에 저장된 화학 에너지가 연소 과정 없이 직접 전기에너지로 변환되는 엔진이다. 연료전지 엔진, 전기기계 및 IC 엔진이 모두 추진력을 제공하는 데 사용된다면 트리플 하이브리드도 가능하다. 견인 전기모터는 차량 구조에 따라 독립적으로 또는 IC 엔진과 함께 작동하여 차량 휠에 동력을 공급할 수 있다. 둘 이상의 장치에서 나오는 전력은 전기 또는 기계 장치를 통해 혼합할 수 있다. 기계적, 전기적 전송 경로의 전력 흐름 제어 및 혼합은 사용자가 알 수 있다. HEV의 운전자는 오늘날의 일반적인 ICEV와 동일한 방식으로 차량과 통신한다.

HEV에서는 IC 엔진과 전기 기계를 모두 지원하고 제어해야 하며, 두 동력원에서 나오는 제어된 동력 혼합의 구성요소도 필요하기 때문에 차량을 설계하기가 매우 어렵다. HEV의 동력전달경로는 서로 다른 기계적, 전기적 서브 시스템으로 구성된다. 동력 전송 경로는 고성능이고 효율이 높기 때문에 IC 엔진의 작동 시간이 단축되어 배기가스 배출이 감소하고 연료 효율이 높아진다.

EV 및 HEV의 구성요소 및 동력전달경로는 다음 장에서 설명한다. HEV의 구조는 2장에서 차량 동역학을 설명한 후 3장에서 다룰 것이다.

SECTION 1.2

전기 및 하이브리드 차량의 구성요소

Electric and Hybrid Vehicle Components

자동차는 기계적 연결mechanical link과 전기 통신 네트워크를 통해 상호 연결된 수많은 하드웨어 부품과 소프트웨어 알고리즘으로 구성된 복잡한 시스템이다. 자동차 설계는 시스템 수준의 설계에서 하위 시스템 또는 구성요소를 설계하기 위한 복잡한 세부 사항을 모두 포함한다. 시스템 설계의 기초는 운동, 힘과 에너지를 다루는 물리학에 있으며 또한 화학, 전기, 기계적 에너지 변환에 있다. 자동차의 주요 하드웨어 구성요소는 에너지 변환 및 동력 전달 장치이다. 2차 구성요소는 주요 구성요소의 기능을 위해 필요한데, 2차 구성요소와 현대의 자동차에 필요한 다양한 냉각 시스템은 추후에 다룰 것이다.

EV 및 HEV의 주요 에너지 변환 장치는 IC 엔진, 전기 기계 및 에너지 저장 장치이다. 먼저 IC 엔진은 화학 에너지를 기계적 에너지로 변환하는 열 엔진이다. 전기 기계는 각각의 모터 또는 발전기로 기계적 동력을 전력으로 변환하거나 그 반대로 변환하는 데 사용할 수도 있다. FCEV에서 연료전지는 화학 에너지를 전기적 형태로 변환하는 엔진이다. 차량의 변속기는 IC 엔진에서 휠로 동력을 전달하기 위한 핵심 구성요소이다.

EV 및 HEV에 전력 및 에너지를 전달하기 위한 전기 기계가 등장하면서 에너지 저장 장치 및 전기-전기 전력/에너지 변환 장치는 필수가 되었다. 고에너지 용량의 배터리 팩은 HEV에서 가장 일반적인 에너지 저장 장치이다. 울트라커패시터 저장소는 HEV의 에너지 저장에도 사용할 수 있다. 또한 플라이휠은 에너지를 기계적 형태로 저장하기 위한 연구용 하이브리드 차량에도 사용된다.

전기 기계는 기계를 제어하고 요구 및 피드백 신호에 따라 필요한 전력을 공급하기 위해 전기 드라이브가 필요하다. 전기 드라이브는 전력전자 장치와 전자 제어기로 만들어진다. 이 드라이브는 일정한 주파수의 일정한 전압을 전기 기계의 가변 전압 공급으로 변환하는 전기-전기에너지 변환 장치이다. 또한 이 드라이브는 전력을 다른 방향으로도 처리할 수가 있기 때문에 전기 기계가 발전기로 작동할 때 기계 동력을 전력으로 변환할 수 있다. DC/DC 컨버터는 DC 전원을 고전압에서 저전압, 또는 그 반대 과정으로 변환하기 위하여 사용되는 전력 관리 장치이다. 컨버터는 전력전자 장치 및 에너지 저장 인덕터energy storage inductor로 구성되어 있고 주로 양방향이다. DC/DC 컨버터는 전기 모터 구동과 연료전지가 원활히 작동하게 하는 핵심 구성요소이다.

차량의 에너지는 에너지원에서 추진력이 전달되고 휠에서 끝난다. 이러한 동력 및 에너지 흐름의 경로를 차량의 파워트레인이라 한다. 차량 내 에너지원은 IC 엔진용 디젤 또는 가솔린이나 전기모터용 배터리에 저장된 에너지이다.

파워트레인의 동력 및 에너지 흐름은 전자 제어기에 의해 제어된다. 파워트레인의 각 에너지 변환 장치 및 동력 전달 장치에 대한 전자제어 유닛(ECU) 외에 차량의 시스템 단계를 조정하는 감독 제어기가 있다. 이 제어기는 차량 감독 제어기(VSC)라고 한다. 감독 제어기는 여러 장치의 에너지 변환과 전기 및 기계 경로를 통한 동력 전달을 조정하는 HEV의 핵심 구성요소이다. 또한 개별 파워트레인 구성요소 ECU에 대한 제어 명령을 생성하도록 설계된 차량의 두뇌라고 할 수 있다. 이는 CAN **Controller Area Network** 프로토콜을 기반으로 하는 통신 네트워크를 통해 차량의 구성요소와 상호작용한다. CAN 프로토콜은 11장에 설명되어 있으며 HEV의 제어 전략은 15장에 설명되어 있다.

기존 ICEV의 주요 파워트레인 구성요소는 엔진과 변속기이다. 이들은 구동축 및 기타 커플링 장치를 통하여 휠에 동력을 공급한다. 대부분의 경우 커플링 장치에는 차동 및 최종 드라이브가 포함된다. 이 경로를 기계적 동력전달경로(MPTP)라고 부르며 이는 [그림 1-2]에 나와 있다.

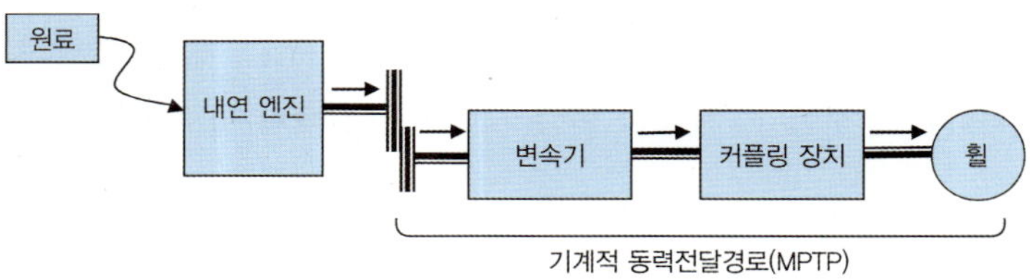

[그림 1-2] 기존 ICEV의 동력전달경로

EV의 동력전달경로에는 전기 추진 모터와 휠 사이의 커플링 장치를 제외하고 모두 전기가 공급된다. 이 경로는 전기적 동력전달경로(EPTP)라고 부르며 [그림 1-3]에 나와 있다.

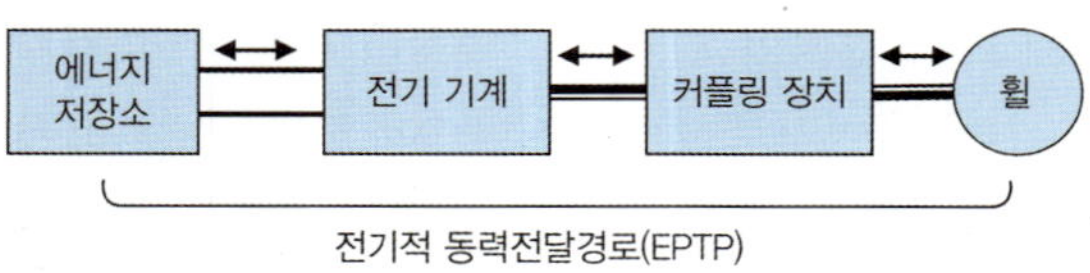

[그림 1-3] EV 차량의 동력전달경로

커플링 장치는 전기 기계의 속도를 차량 속도에 맞추는 기어이며 휠 장착 모터(허브 모터)에서 기어 없이 직접 연결될 수도 있다. 전기적 동력전달경로와 ICEV의 현저한 차이점은 전력 및 에너지 흐름이 양방향일 수 있다는 것이다. EV에서 차량이 감속 또는 정지할 때 전기 기계를 이용하면 차량의 운동 에너지를 에너지 저장 장치로 다시 저장할 수 있다.

전기 및 기계적 동력전달경로는 모두 HEV의 파워트레인에 있다. HEV 파워트레인의 구조와 구성요소는 HEV의 유형에 따라 다르다. HEV는 에너지 저장 장치를 재충전하기 위해 플러그를 꽂을 필요가 없어 충전 유지 하이브리드 **charge sustaining hybrid**라고 한다. [그림 1-4]는 HEV의 파워트레인을 나타낸다.

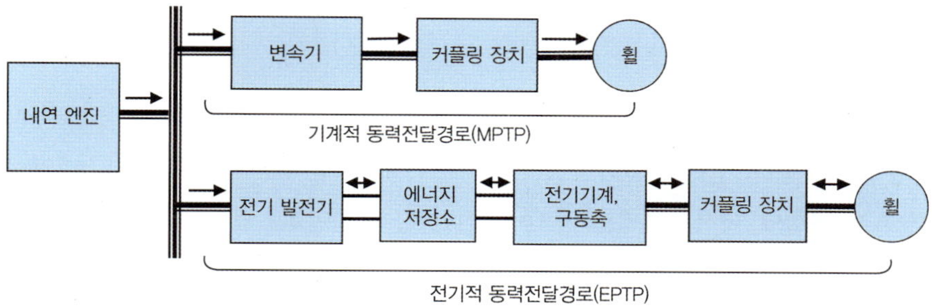

[그림 1-4] HEV 파워트레인

차량 내 유일한 에너지원은 IC 엔진을 위해 저장된 연료이다. 추진 에너지는 동력전달경로가 전기적인지 기계적인지와 상관없이 엔진을 통해 처리된다. 추진력은 하나 이상의 전기모터와 IC 엔진에서 나온다. 추진력은 MPTP 또는 EPTP나 둘의 조합을 통해 휠로 전달되는데 MPTP는 IC 엔진, 변속기로 구성되며 EPTP는 에너지 저장소, 발전기, 추진 모터 및 변속기로 구성된다. HEV를 다양한 구조로 만들어내기 위해서는 전기 기계와 IC 엔진을 조합하거나 동력전달경로를 배열하면 된다. 에너지원과 전력 변환 장치는 직렬, 병렬 또는 직렬-병렬 조합으로 배열되어 다양한 하이브리드 구조를 만들 수 있다. HEV의 구조는 3장에 나타내있다.

범용 HEV의 전기적 구성요소의 배열은 [그림 1-5]와 같다. 그림에서 하이브리드 구성에 표시된 전기 발전기는 엔진에 연결되며 발전기 또는 모터로 작동할 수 있다. 또한 발전기는 엔진 시동 및 토크 부스트 중에 모터로 작동하여 운전자가 요구하는 최대 가속을 충족할 수 있다.

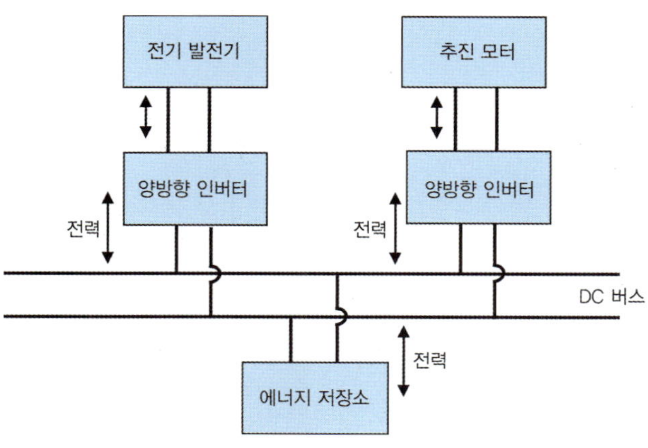

[그림 1-5] HEV의 전기적 구성요소

에너지 저장소는 충전 상태 및 구동 조건에 따라 전력을 흡수하거나 공급한다. 또한 양방향 인버터는 추진 모터의 동력 흐름을 조절하여 휠에 토크를 전달한다. 추진 모터는 차량 제동 중에 재생되는 에너지를 받아들일 수 있다. HEV에 사용되는 에너지 저장 장치는 5장과 6장에서 다룬다. EPTP의 시동-발전기와 추진 모터는 고출력 전기 기계를 사용한다. 이러한 전기 기계는 성능과 사양을 충족하기 위해 광범위한 속도의 범위에서 모터링 및 발전 능력, 고출력 밀도, 고효율 및 높은 시동 토크를 가져야 한다.

다양한 유형의 전기 기계는 7장에서 논의되며, 기계 제어기와 전기 구동 장치는 각각 8장, 10장에서 설명한다. 전기모터 구동 장치 및 DC/DC 컨버터의 전원 전자 구성요소는 9장에 나와 있다. 다양한 유형의 IC 엔진과 그 기초가 13장에 제시되어 있으며 동력 전달계, 브레이크, 냉각 시스템은 14장에서 설명한다.

SECTION 1.3

차량 질량과 구동

Vehicle Mass and Performance

1장에서 정의하는 차량 질량은 자동차 산업에서 사용되는 차량 질량에 대한 정의와 대부분 일치한다. 차량 공차 질량 m_v는 모든 표준 장비, 구성요소, 윤활유, 전체 가스탱크를 포함하지만 승객이나 화물을 포함하지 않는 차량의 총 질량이다. 총 차량 질량 m_{gv}는 공차 질량에 승객과 화물의 질량을 더한 값이다. 그리고 최대 총 차량 질량은 공차 질량에 최대 승객 수 및 차량이 설계된 화물의 최대 질량을 더한 값이다. 흔히 중량weight이라는 용어는 차량을 설명할 때 질량의 뜻으로 사용된다. 그러나 질량은 차량의 고유한 물리적 특성이며, 중량은 중력에 의한 차량의 힘이다. 이 책에서는 계산과 분석에 과학적으로 정확한 질량을 사용한다.

차량의 공차 질량curb mass은 차량 서스펜션 시스템에 대한 구성요소의 위치에 따라 스프링상질량sprung mass과 스프링하질량unsprung mass으로 구분된다. 스프링상질량은 서스펜션을 포함하여 서스펜션에 의해 지지되는 차량의 공차 질량 부분이다. 스프링하질량은 휠과 동시에 움직이는 공차 질량의 나머지 부분이다.

차량의 균형과 승차감을 높이기 위해서는 전방에서 후방까지의 질량을 분배하는 과정이 매우 중요하다. 질량 분포는 축대축 길이로 정의할 수 있다.

l = 축대축 길이
a = 차량 무게중심까지의 전방 차축(전방 종방향 길이)
b = 차량 무게중심까지의 후방 차축(후방 종방향 길이)

차량의 전방 질량과 후방 질량을 식으로 나타내면 다음과 같다.

$$m_{vf} = \frac{b}{l} m_v \quad \text{(전방 질량)}$$

$$m_{vr} = \frac{a}{l} m_v \quad \text{(후방 질량)}$$

특히 기존 차량보다 파워트레인 구성요소가 더 많은 HEV의 경우에는 구성요소의 패키징이 매우 중요하다. 에너지 용량이 큰 EV 및 HEV 내부에는 질량이 큰 배터리가 있어 보다 효율적으로 패키징해야 한다. 브레이크의 동적 효과는 동적 질량 변화를 발생시킨다. 앞 브레이크는 차량 제동의 약 70%를 담당한다. 균형, 승차감 및 동적 제동을 고려할 때 전방과 후방 차량의 질량 비율은 60:40이거나 전방 차량의 질량 비율이 비교적 낮아야 한다.

스프링상질량과 스프링하질량의 비율은 차량 패키징 및 설계에서도 신중히 평가되어야 한다. 일반적으로는 10:1이 좋으나 스프링 구성요소가 더 많을 수 있는 HEV에는 약간 낮은 비율을 사용할 수 있다. 캘리퍼 어셈블리와 함께 허브 또는 디스크 브레이크에 장착된 전기모터가 차량의 스프링하질량에 추가된다.

파워트레인 구성요소의 크기를 설정할 때는 공차 질량 및 탑승자 수에 따른 등가 차량 질량이 변수로 사용된다. 해당 계산에 사용되는 등가질량은 다음과 같다.

$$m_{eq} = k_m m_v + N_p m_p$$

여기서 k_m은 모든 회전 관성의 병진 등가질량계수이고 N_p는 차량에 있는 사람 수, m_p는 사람의 평균 질량이다. k_m는 휠, 구동축 구성요소, 보조 엔진 및 하이브리드 전기모터와 같은 모든 회전 구성요소의 관성을 설명하는 무차원 질량계수이다. 질량계수는 참고문헌에서 확인할 수 있다.[3]

$$k_m = 1 + \frac{4 J_w}{m_v {r_{wh}}^2} + \frac{J_{eng} {\xi_{eng}}^2 {\xi_{FD}}^2}{m_v {r_{wh}}^2} + \frac{J_{em} {\xi_{em}}^2 {\xi_{FD}}^2}{m_{cv} {r_{wh}}^2}$$

여기서 $\xi_{eng/em}$과 ξ_{FD}는 엔진 및 전기의 기계 변속기와 최종감속비이다.

차량의 조향 성능은 좌우 휠 각도의 평균인 조향 각도로 측정된다. 조향 성능을 높이기 위해서는 차량의 우측에서 좌측으로의 질량 균형이 필요하다. 예를 들어 하이브리드 구성요소를 차량 무게중심 위에 패키징하면 조향 성능이 높아지고 차량의 핸들링이 부드러워진다.

전기모터와 엔진 비율
Electric Motor and Engine Ratings

전기모터와 IC 엔진은 일반적으로 킬로와트(kW) 또는 마력(HP)으로 동력을 설명하지만, 전기모터와 IC 엔진을 동력 단위로 비교하는 것은 올바르지 않다. 전기모터가 과열되지 않고 지속적으로 공급할 수 있는 전력을 정격 동력이라고 하며 비교적 감소된 수치이다. 모터는 짧은 시간 동안 정격 동력의 2 ~ 3배를 공급할 수 있다. 따라서 전기모터에서 더 높은 토크와 동력을 사용하여 가속할 수 있다. 모터 토크는 정지 상태에서(예: 속도 0) 최대가 될 수도 있다. 모터 유형에 따라 0의 속도에서 최대 토크를 사용할 수 있는지가 결정된다. 반대로 IC 엔진은 특정 r/min에서 최대 엔진 토크와 최대 모터 동력이 정해진다. IC 엔진의 최대 엔진 토크 및 정격 동력은 이상적인 조건에서 도출된다. 실제 상황에서는 IC 엔진에서 사용 가능한 최대 모터 동력이 정격 동력보다는 항상 작기 때문에 정격 동력을 달성하는 것은 불가능하다.

모터와 IC 엔진의 토크 특성은 [그림 1-6]에 나와 있다.

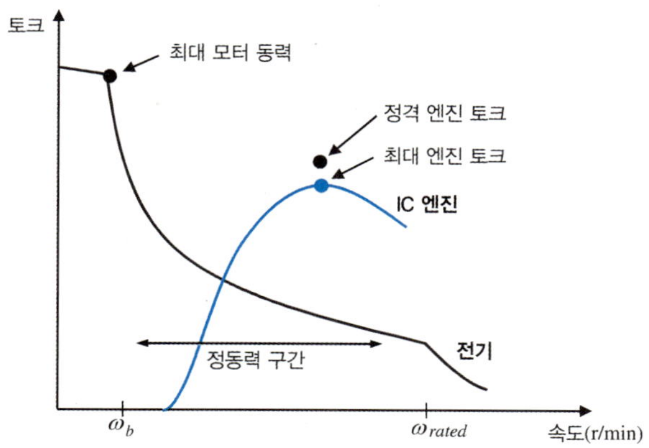

[그림 1-6] 전기모터 및 IC 엔진의 토크 특성

특정 모터 및 IC 엔진의 특성은 이러한 일반 선도와는 다르다. 전기모터의 경우 구동 시 모터의 정격 토크인 높은 토크를 사용할 수 있다. 모터의 한계 또는 정격 동력은 전원 공급기의 전압 한계에 도달한 후 모터 특성이 정토크 영역에서 정동력 영역으로 들어갈 때 기본 속도(ω_b)에서 얻을 수 있다. 모터 정격 속도(ω_{rated})는 정동력 구간의 끝에 있다. IC 엔진 한계 동력 및 토크는 동일한 속도로 발생한다. 이 단계에서는 다음과 같은 동력 및 토크 관계를 검토하는 것이 유용하다.

$$\text{동력(W)} = \text{토크(N}\cdot\text{m)} \times \text{속도(rad/s)} \tag{1.1}$$

동력-토크의 관계는 HP와 ft·lbs의 단위를 사용하면 다음과 같다.

$$\mathrm{HP} = \frac{\text{토크}(\mathrm{ft \cdot lbs}) \times \mathrm{rpm}}{5,252}$$

[그림 1-6]을 살펴보면 IC 엔진이 특정 속도 이하의 토크를 생성하지 않는 것을 볼 수 있다. IC 엔진에서 차량의 속도와 엔진의 좁고 높은 동력 속도 범위를 일치시키려면 변속기가 반드시 필요하다. 한편 전기모터는 0의 속도에서 높은 토크를 생성하고 일반적으로 넓은 속도 범위에서 일정한 동력 특성을 가진다. 따라서 전기모터는 단일 기어 변속기를 구동 휠에 직접 부착해 0에서 최고 속도까지 가속할 수 있다. 고정 기어비는 모터의 작동 속도 범위와 차량의 최고 속도에 따라 적절한 크기가 지정된다. 1단 변속기 기어는 전기모터의 고속과 휠의 저속(10 ~ 15 : 1)을 동기화하도록 설계되었다. 일반적인 최대 전기모터의 속도는 약 1,000rev/m의 휠 속도에서 15,000rev/m이다.

전기 기계의 동력 및 토크는 일반적으로 비슷한 크기의 IC 엔진보다 훨씬 크다. 동력 및 토크는 전기 기계의 정격 속도가 증가함에 따라 향상된다. 전기 기계는 크기와 무게를 최소화하기 위하여 고속으로 작동하도록 설계되었다. 동력 및 토크 밀도는 사용되는 전기 기계의 종류에 따라 달라진다. 모터 및 차량 속도는 모터에 전류를 공급하는 전력전자 변환기를 통하여 직접 제어된다.

전기모터는 EV에서 유일한 추진 장치이지만, HEV에서는 IC 엔진과 직렬 또는 병렬로 조합되어 추진력을 제공한다. EV 및 HEV의 추진용 전기모터는 높은 발진 토크, 그리고 중량을 줄이기 위한 높은 동력 밀도 및 배터리 1회 충전 주행거리 확장을 위한 높은 효율이 필요하다. 또한 이상적인 후보 모터 드라이브는 단일 기어 변속 단계를 용이하게 하기 위하여 넓은 작동 속도 범위를 가져야 한다. EV 및 HEV 모터의 중요한 특징으로는 자유로운 주행 제어, 오차 허용, 고효율 및 저소음 등이 있다. 모터 드라이브는 에너지원으로부터 발생하는 전압 변동을 처리할 수 있어야 한다. EV 및 HEV 모터의 조건은 다음과 같이 요약할 수 있다.

- 견고함
- 높은 토크-관성 비율 $\left(\frac{T_e}{J}\right)$[2]
- 연속 정격 토크의 약 200 ~ 300%의 한계 토크 기능
- 높은 동력-무게 비율 $\left(\frac{P_e}{w}\right)$
- 다양한 DC 버스 전압으로 작동하는 기능
- 낮은 음향 잡음, 낮은 EMI, 낮은 유지 보수 및 저렴한 비용
- 연장된 정동력 작동 영역

2 $\frac{T_e}{J}$가 크면 가속 성능이 좋다.

SECTION 1.5

전기 및 하이브리드 차량의 역사

Electric and Hybrid Vehicle History

EV의 역사를 살펴보면 아주 흥미로운 사실이 많다. 전기가 처음 발견되고, 전기-기계에너지의 변환 수단이 발명되면서 EV 생산이 증가했으나 그 후에는 가솔린 차량의 판매가 더 많았다.[5] EV는 초기 몇 년 동안은 기술 부족으로 인해 환경친화적인 교통수단으로 보기는 어려웠으나, 지금은 상당한 기술적 발전을 이뤄냈기 때문에 많은 고객들이 관심을 가지고 있다.[6]

1.5.1 초창기

1830년대 이전에는 전자기 유도 법칙과 전기모터와 발전기가 등장하지 않아 교통수단은 증기기관뿐이었다. 패러데이 **Faraday**는 1820년 전류를 전달하는 선재 **wire rod**와 자석을 이용하여 모터의 원리를 설명했으며 1831년에 전자기 유도 법칙을 발견하여 전기 운송을 위한 필수적인 전기 모터와 발전기의 개발과 실증을 가능하게 했다. 1900년대 초반 전성기까지 초기 EV의 역사는 다음과 같다.

- 1830년대 이전 : 증기 기관이 운송수단으로 사용
- 1831년 : 패러데이 법칙, DC 모터의 발명
- 1834년 : 짧은 트랙에서 사용되는 비충전식 배터리 구동 EV 개발
- 1851년 : 비충전식 31km/h EV 개발
- 1859년 : 납 축전지 개발
- 1874년 : 배터리 구동 차량 개발
- 1870년대 초반 : 발전기에 의한 전력 생산
- 1885년 : 가솔린 세발 자전거 자동차 개발
- 1900년 : 4,200대의 자동차 판매[3]

3 그중에서 40%는 증기 동력, 38%는 전기 동력, 22%는 가솔린 동력이다.

일부 초기 EV의 사양은 다음과 같다.

- 1897년 : French Krieger Co.의 EV
  (무게 : 1,011kg, 최고 속도 : 24km/h, 1회 충전 주행거리 : 80km/charge)
- 1900년 : French B.G.S. Co.의 EV
  (최고 속도 : 64km/h, 1회 충전 주행거리 : 161km/charge)
- 1915년 : Woods EV93
  (최고 속도 : 64km/h, 1회 충전 주행거리 : 161km/charge),
  Lansden EV
  (무게 : 1,115kg, 1회 충전 주행거리 : 150km/charge, 적재 용량 : 1t)
- 1912년 : 34,000대의 EV가 등록되었고, EV가 가솔린 차량보다 2배 많음
- 1920년대 : EV는 사라지고 ICEV가 주로 사용됨

EV가 짧은 성공을 거둔 후에 사라진 이유는 다음과 같다.

❶ 1911년에 시동 모터가 발명되면서 가스 차량의 시동이 쉬워졌다.

❷ Henry Ford's Model T(가스 구동) 차량이 대량생산되면서 850달러(1909년)에서 260달러(1925년)로 EV보다 더 저렴해졌다.

❸ 외곽 지역에서는 배터리를 충전하기 위한 전기를 구하기 힘들었지만, 휘발유는 큰 문제없이 구할 수 있었다.

1.5.2 1960년대

ICEV의 매연 배출로 인한 환경 위험 때문에 1960년대에 EV가 부활하기 시작했다. 이 시기에 주요 ICEV 제조업체인 제네럴 모터스**General Motors, GM**와 포드**Ford**는 EV 연구 개발에 참여하기 시작했다. 제네럴 모터스 사는 1,500만 달러를 들여 일렉트로바이어**Electrovair**와 일렉트로밴**Electrovan**이라는 차량을 제작하는 프로그램을 시작했다. 일렉트로바이어 EV의 구성요소 및 사양은 다음과 같다.

GM 일렉트로바이어I(1964)과 일렉트로바이어II(1966)의 시스템과 특성

- 모터 : 3상 유도전동기, 115HP, 13,000rpm
- 배터리팩 : 은-아연(Ag-Zn), 512V, 308kg
- 최고 속도 : 129km/h
- 1회 충전 주행거리 : 64 ~ 129km
- 가속 : 15.6초 동안 0 ~ 97km/h
- 차량 무게 : 1,542kg
- 모터 드라이브 : 실리콘 제어 정류기(SCR)를 사용하는 DC-AC 인버터

일렉트로바이어는 쉐보레 콜베어 **Chevrolet Corvair**의 차체와 섀시를 사용했다. 이는 ICEV 콜베어 급의 가속 성능을 가진다는 장점이 있지만, 배터리 팩(은-아연 **Ag-Zn**)이 너무 비싸고 무거우며, 수명이 짧고 충전하는 데 오래 걸린다는 단점이 있다.

1960년대에 EV 개발이 활발해진 요인으로는 1968년 8월 칼텍의 EV와 MIT의 EV 간의 '대형 전기자동차 경주(5,311km)'가 있다. 이 경주는 EV에 대한 대중의 관심을 불러일으켰고 광범위한 기술 도로주행 테스트를 제공했다. 그러나 1960년대 기술은 상업적으로 실행 가능한 EV를 생산할 만큼 발전하지 못했다.

1.5.3 1970년대

1970년대 초 에너지 위기로 휘발유 가격이 크게 오르면서 많은 차량이 EV로 전환되었다. 1973년 아랍의 석유 금수 조치로 인해 국가적으로 외국 석유에 대한 의존도를 낮추는 것이 중요해졌으며, 대체에너지원의 수요가 증가했다. 이는 EV에 대한 큰 관심을 불러왔다. 1975년에는 352대의 전기밴이 테스트용으로 미국 우체국에 배달되었다. 1976년 의회는 공법 94-413호, 『전기 및 하이브리드 자동차 연구, 개발 및 시연법』을 제정했다. 해당 법은 HEV의 기술을 홍보하고 EV의 상업적 타당성을 입증하기 위한 프로그램을 승인하는 법이다. 에너지부(DOE)는 [표 1-1]에 요약된 EV 성능을 표준화하였다.

[표 1-1] 1976년의 EV 성능 표준화

카테고리		운전용	상업용
가속(0~50kph)		< 15s	< 15s
25kph에서 등판 성능		10%	10%
20kph에서 등판 성능		20%	20%
5분 동안 전진 속도		80km/h	70km/h
1회 충전 주행거리	전기	50km, C cycle	50km, B cycle
	하이브리드	200km, C cycle	200km, B cycle
하이브리드 차량의 비전기적 소비[4]		< 1.3MJ/km	< 9.8MJ/km
80% 방전에서 재충전 시간		< 10h	< 10h

4 비전기에너지 소비는 총 소비 에너지의 75% 미만이어야 한다.

1970년대 GM EV의 구성요소 및 사양은 다음과 같다.

- 모터 : 별도의 DC, 34HP, 2400rev/m
- 배터리 팩 : Ni-Zn, 120V, 333kg
- 보조 배터리 : Ni-Zn, 14V
- 최고 속도 : 97km/h
- 1회 충전 주행거리 : 97 ~ 129km
- 가속 : 27초 동안 0 ~ 89km/h
- 모터 드라이브 : SCR을 사용하는 전기 DC 초퍼, BJT를 사용하는 필드 DC 초퍼

이 차량은 개조된 쉐보레 쉬베트 차체와 섀시를 사용하였다. 이 EV는 주로 니켈-아연(Ni-Zn) 배터리의 테스트용으로 사용되었다. 57,132km이 넘는 포장도로를 완주하는 시험을 통해 이 EV가 충분히 도로에서 주행할 수 있음이 입증되었다.

1.5.4 1980 ~ 1990년대

1980 ~ 1990년대는 마이크로프로세서와 고출력, 고주파 반도체 스위치가 크게 발전하면서 전기모터를 효율적으로 구동하는 전력 변환계의 설계 방식이 개선되었다. 이 기간 동안 플라이휠 에너지 저장 장치에 사용되는 자기 베어링의 개발도 진행했으나, 이러한 자기 베어링은 EV 개발 프로젝트에 주로 사용되지 않았다.

지난 20년 동안 법원에서는 ZEV의 판매를 활성화하는 법을 제정했다. 1990년 캘리포니아 항공 자원 위원회가 통과시킨 법률에 따르면 1998년까지 35,000대 이상의 차량을 판매하는 자동차 업체는 전체 판매량의 2%는 반드시 ZEV를 판매해야 했다. 이 비율은 2001년까지 5%, 2003년까지 10%로 증가했다. 이 법안이 통과되며 주요 자동차 제조업체들은 EV 개발에 큰 관심을 기울였다. 이 법률은 1998년과 2001년의 요건을 충족시키지 못한 제조업체의 현실적인 한계와 기술 부족으로 인해 완화되었다. 판매된 모든 차량의 4%가 2003년까지 ZEV가 되어야 하며, 판매량의 6%가 ZEV와 부분 ZEV로 구성되어야 하는 정도로 완화되었다. 이 기준에 따르면 제네럴 모터스 사는 캘리포니아에서 약 14,000대의 EV를 판매했어야 한다.

정부기관, 연방 연구소, 주요 자동차 제조업체는 환경 문제와 에너지 부족을 해결하기 위한 ZEV 규정을 추진하기 위해 여러 계획을 시작했다. 1993년에 연방 연구소와 자동차 업계에서는 EV와 HEV의 개발을 위해 '차세대 차량을 위한 파트너십(PNGV)'을 맺었다. DOE와 자동차 산업은 Freedom CAR[5]를 계획했으며, 최근 몇 년 동안의 EV의 개발 동향은 다음과 같다.

5 **(역자주)** 미국이 석유를 덜 사용할 수 있도록 보다 에너지 효율적이고 환경친화적인 고속도로 운송 기술을 개발하는 미국 에너지 효율 및 재생 에너지 프로그램이다(출처 : 위키백과).

- 주요 자동차 제조업체의 활동수준이 높아짐
- 새로운 독립 제조업체의 등장
- 우수한 프로토타입의 등장
- 해외에서의 활발한 활동
- 하이브리드 차량의 고수준의 활동
- 개인, 소규모 기업의 ICEV가 EV로 전환

1990년대 GM EV 2대의 구성요소 및 사양은 다음과 같다. 두 차량은 모두 EV 대량생산을 위한 시험용으로 사용되었다.

GM Impact 3(1993년 제작완료)

- 생산 목적 : 1990년 로스앤젤레스 모터쇼 전시를 기반으로 한다.
- 차량 형태 : 2인승, 2도어쿠페
- 생산 규모 : 초기 제작 12대(시험용)[6]
- 모터 : 1, 3상 유도전동기, 137HP, 12,000rev/m
- 배터리 팩 : 납 축전지(26), 직렬로 연결된 12V 배터리들(312V), 394kg
- 최고 속도 : 121km/h
- 1회 충전 주행거리 : 고속도로 기준 145km
- 가속 : 8.5초 동안 0 ~ 97km
- 차량 무게 : 1,315kg
- 모터 드라이브 : IGBT를 사용하는 DC-AC 인버터

Saturn EV1

- 생산 목적 : 1995년 GM에서 상업적으로 활용 가능한 EV를 제작하기 위함으로 약 30,000달러에 캘리포니아와 애리조나에서 임대되었다.
- 모터 : 1, 3상 유도전동기
- 배터리 팩 : 납 축전지
- 최고 속도 : 121km/h
- 1회 충전 주행거리 : 고속도로에서 145km, 도심에서 113km
- 가속 : 8.5초 동안 0 ~ 97km
- 전력 소비 : (도로) 30kWh/161km, (고속도로) 25kWh/161km
- 모터 드라이브 : IGBT를 사용하는 DC-AC 인버터

6 1995년까지 제작된 50대는 1,000명의 잠재고객이 평가할 수 있도록 제작되었다.

1.5.5 2000년대 ~ 최신

1990년대 EV 제조업체들은 배터리 기술의 부족으로 ZEV 기술에 대한 연구 개발에 차질을 빚으면서 위기에 직면했다. 결국 자동차 업체는 배터리 구동 EV의 배터리와 1회 충전 주행거리 문제를 해결하기 위해 HEV 개발에 착수했다.

일본 자동차 업계는 1990년대 후반부터 도요타의 프리우스**Prius**와 혼다의 인사이트**Insight** 모델로 하이브리드 시장에 뛰어들면서 하나의 흐름을 제시하였다. 마일드 병렬 하이브리드 시스템을 사용하는 혼다 인사이트와 직렬-병렬 하이브리드 구조를 갖춘 도요타 프리우스는 승용 하이브리드 차량에 관한 대표적인 방식을 제시하였다. 혼다 인사이트는 단일 전기 기계[7]와 고전압 배터리 팩을 특징으로 하는 단순하고 가벼운 병렬 파워트레인을 사용한다. 혼다 시빅(Civic) 하이브리드의 파워트레인 시스템은 인사이트와 유사한데, 이 차량은 기존 모델과의 부품 교환성이 높고, 높은 비용을 들이지 않고도 하이브리드화를 할 수 있다. 반면에 포드 이스케이프 하이브리드(Escape Hybrid)와 GM 투-모드**Two-Mode** 하이브리드의 파워트레인 시스템은 비교적 복잡하고 고가의 파워 스플릿 시스템을 갖춘 프리우스와 유사하다. 이 시스템은 하나의 IC 엔진과 두 개의 전기 기계를 가지고 있다. 이런 시스템은 하이브리드 시스템의 장점을 최대한 활용하기 때문에 연비가 크게 향상되지만, 생산 비용이 더 많이 든다는 단점이 있다. HEV는 전기모터와 IC 엔진을 모두 사용하지만, 모든 추진 에너지는 궁극적으로 휘발유에서 나온다.

현재 전 세계적으로 거의 대부분의 자동차 회사에서 하이브리드 차량 모델을 구입할 수 있다. 2020년에는 13개의 제조업체에서 76개의 HEV 모델을 구입할 수 있다. 최고의 연비를 자랑하는 6개 제조사의 HEV 중 6개를 [표 1-2]에 제시하였다.[7]

[표 1-2] 2020년식 하이브리드 전기 차량(HEV)의 예시

차량 모델	차량 종류	엔진 사이즈/실린더	연비(km/L)[8]
도요타 프리우스 에코	세단/왜건	1.8L / I4	24 / 23 / 22
현대 아이오닉 블루	세단/왜건	1.6L / I4	24 / 24 / 25
혼다 인사이트	세단/왜건	1.5L / I4	22 / 22 / 20
기아 니로 FE	세단/왜건	1.6L / I4	22 / 21 / 20
현대 소나타 블루	세단/왜건	2.0L / I4	21 / 22 / 22
도요타 캠리 하이브리드 LE	세단/왜건	2.5L / I4	21 / 22 / 22

7 전기 기계는 발진 모터, 발전기 및 보조 견인 모터로 사용되는 통합 시동/발전기이다.
8 도심, 혼합, 고속도로에서의 대한 값을 나타낸다.

HEV는 21세기 첫 10년 동안 놀라운 속도로 시장에 들어왔지만, EV도 크게 뒤처지지는 않았다. BEV는 틈새시장의 수요, 배터리 기술의 발전, 그리고 몇몇 회사들의 노력으로 인하여 10년 후반부터 다시 성장하기 시작했다. 2008년 테슬라 모터스는 리튬-이온 배터리 기술을 사용한 최초의 생산 차량이자 단 한번의 충전으로 322km 이상을 주행하는 최초의 BEV인 테슬라 로드스터 **Roadster**를 개발했다. 테슬라 로드스터는 3.9초동안 0 ~ 97km/h의 가속도를 낼 수 있도록 설계되었다. 이 차량은 2008년부터 2012년까지 생산되었으며 이 기간 동안 30개국 이상에서 약 2,450대가 판매되었다. 차량의 구성요소와 사양은 다음과 같다. 테슬라 로드스터는 2021년에 1.9초에 0 ~ 97km/h라는 향상된 성능과 402km/h의 최고속도를 가지고 돌아왔다.

Tesla Roadster

- 배터리 팩 : 375V, 6,831 Li-ion 셀로 구성된 53kWh의 용량
- 공칭 1회 충전 주행거리 : 360km/charge
- 차량 공차 질량 : 1,238kg, 배터리 팩 질량 450kg
- 전기모터 : 215kW, 400N·m 극한 3상 교류 유도전동기, 피크 속도 14,000rpm, 베이스 속도 5,133rpm
- 변속기 기어비 : 8.28 : 1(전진), 3.12 : 1(후진)

지난 10년 동안 EV 생산은 크게 변화하였고, 기존의 OEM과 새로운 OEM을 포함한 거의 모든 주요 자동차 업체가 일반 대중에게 판매 또는 대여할 차량을 보유하고 있다. 이 시장에서는 점유율을 확보하기 위해서 다양한 차량 제조업체가 다양한 성능 및 비용을 선택할 수 있게 하고 있다. 2020년에는 11개의 회사로부터 27개의 모델의 BEV를 구입할 수 있다. 2020년형 차량 중 전기 1회 충전 주행거리가 가장 높은 상위 5개 BEV를 [표 1-3]에 제시하였다.

[표 1-3] 2020년식 배터리 전기 차량(BEV)의 예시

차량 모델	차량 종류	파워트레인 (전기모터/배터리 팩)	연비 (km/L)	1회 충전 주행거리 (km)
테슬라 모델 3 롱 레인지	세단/왜건	211kW/ 230Ah	57 / 55 / 52	600
쉐보레 볼트 EV	세단/왜건	150kW/ 188Ah	53 / 50 / 45	416
현대 코나 전기	SUV	150kW/ 180Ah	56 / 51 / 45	415
기아 소울	세단/왜건	201kW/ 180Ah	53 / 48 / 42	391
재규어 I-PACE	SUV	201kW/ 223Ah	34 / 32 / 30	377

판매 대수를 기준으로 시장에서 가장 인기 있는 EV는 테슬라 모델3로 2019년에만 30만대 이상 판매되었다. 2019년에 BAIC(베이징 오토웍스)의 베이징 세노바 D50은 11만 1147대, 닛산 리프(Leaf)는 6만 9870대가 팔려 각각 2위와 3위를 차지하였다. 파워트레인의 경우 대부분의 EV 제조업체에서 PM 동기전동기를 사용한다. PM 기계의 비용으로 인해 일부 차량 제조업체에서는 AC 모터를 사용한다.

BEV는 시장에 진출했으나, PHEV의 개발을 시작한 자동차 제조사는 거의 없었다. 그렇지만 그중에서 가장 주목할 만한 것은 2010년부터 몇 년 동안 판매된 제네럴 모터스 사의 쉐보레 볼트이다. 쉐보레 볼트는 1회 충전 주행거리가 64km인 PHEV40이다. 도요타도 쉐보레 볼트가 출시된 후 가장 성공적인 도요타 프리우스 하이브리드의 PHEV 버전을 판매하기 시작했다. 2020년식에는 17개 제조사가 제공하는 35종류의 PHEV가 있다. 모든 전기 1회 충전 주행거리가 가장 높은 2020년식 7개의 PHEV가 [표 1-4]에 나와 있다.[7]

[표 1-4] 2020년식 플러그인 하이브리드 전기 차량(PHEV)의 예시

차량 모델	차량 종류	파워트레인 (전기모터/엔진 크기)	연비 (km/L)	연비혼합 (km/L)	1회 충전 주행거리 (kg)
카르마 로베로GT	세단/왜건 직렬 하이브리드	175kW/ 1.5L, I3	11 / 11 / 10	N/A	157
혼다 클래리티 PHEV	세단/왜건 병렬 하이브리드	135kW/ 1.5L, I4	18 / 17 / 17	46	123
크라이슬러 퍼시피카 하이브리드	밴/병렬 하이브리드	89kW/ 3.6L, V6	13 / 12 / 12	N/A	82
현대 아이오닉 플러그인	세단/왜건 병렬 하이브리드	32kW/ 1.6L, I4	22 / 22 / 22	50	76
기아 옵티마 플러그인	세단/왜건 병렬 하이브리드	50kW/ 2.0L, I4	16 / 17 / 17	46	72
포드 퓨전 에너지 플러그인	세단/왜건 병렬 하이브리드	68kW/ 2.0L, I4	18 / 17 / 17	43	67
도요타 프리우스 프라임	세단/왜건 직렬 하이브리드	23, 53kW/ 1.8L, I4	24 / 22 / 22	56	64

FCEV는 수소 분사 인프라를 구축할 수 있을 때 ZEV의 기능을 주행거리와 상관없이 실행할 수 있어 BEV의 대안으로 사용된다. 다임러 크라이슬러 **Daimler Chrysler**는 1994년 50kW의 발라드 양성자 교환막(PEM)[9] 연료전지를 사용하여 네카1 **NECAR1**이라고 불리는 전기 밴을 생산하였다. 도요타는 1994년 20kW PEM 연료전지를 사용하여 RAV4 SUV (스포츠 유틸리티 차량)를 기반으로 연료전지 시제품을 제작하였다. 네카1의 주행거리는 130km인 반면에, FCGV라고 불리는 도요타 자동차의 주행

9 **(역자주)** 양성자 교환 막 또는 고분자 전해질 막은 일반적으로 이오노머로 만들어지며 전자 절연체 및 반응 장벽으로 작용하면서 양성자를 전도하도록 설계된 반투과성 막이다(출처 : 위키백과).

거리는 249km였다. 2002년 12월 로스앤젤레스는 85kW PEM 연료전지와 298km의 주행거리를 가진 최초의 상업용 연료전지 차량인 혼다 FCX 차량 5대중 1대를 임대하기 시작했다. 2008년부터 2014년까지 혼다는 100kW PEM 연료전지와 288V 리튬-이온 배터리 팩을 사용한 연료전지/배터리 하이브리드인 혼다 FCX 클래리티를 생산하였다. 이 차량은 최대 출력이 100kW이고, 최대 토크가 255N·m인 PM 동기전동기로 구동된다. 이 차량의 연료 사용량은 116km/kg으로 연비는 31km/L에 해당한다. 혼다는 2017년에 혼다 클래리티 퓨어 셀이라는 이름으로 차량을 다시 선보였고 혼다 클래리티 EV와 혼다 클래리티 PHEV로 브랜드를 확장하였다. 2020년에는 [표 1-5]에 제시된 4개의 FCEV를 볼 수 있다.[7]

[표 1-5] 2020년식 연료전지 전기 차량(FCEV)의 예시

차량 모델	차량 종류	파워트레인 (전기모터/ 배터리 팩)	연비 (km/L)
혼다 클래리티	세단/왜건	130kW/346V Li-ion	28 / 28 / 28
현대 넥소	SUV	120kW/240V Li-ion	25 / 24 / 22
현대 넥소 블루스	SUV	120kW/240V Li-ion	27 / 25 / 24
도요타 미라이	세단/왜건	113kW/245V NiMH	28 / 28 / 28

SECTION 1.6

WELL TO WHEEL 분석

Well-to-Wheel Analysis

WTW(Well to Wheel) 효율은 초기 연료 추출부터 휠까지의 차량 전체 효율을 측정한 것으로, 에너지의 변환, 운송 및 전달 과정의 효율성을 모두 포함한다. 연료는 대지 또는 바다에서 추출하거나 재생 가능한 친환경 에너지원에서 추출할 수 있다. 연료는 육상, 바다 또는 전송로를 통해 전기적으로 전달되며, 에너지는 열 엔진, 전기 기계 또는 전기 화학 장치를 통해 변환된다. 에너지의 수송 및 변환 경로는 WTT(Well to Tank)와 TTW(Tank to Wheel)로 분류할 수 있다. WTT는 원료 관련 단계(회수, 가공, 운송 및 저장)와 연료 관련 단계(생산, 운송, 저장 및 유통)로 구성된다. TTW는 탱크에서 차량의 휠까지의 에너지 변환 및 전달 단계로 구성된다. WTW 효율은 결과적으로 WTT 및 TTW 효율의 결과이다. [그림 1-7]은 WTW 효율을 계산하는 과정을 나타낸다.

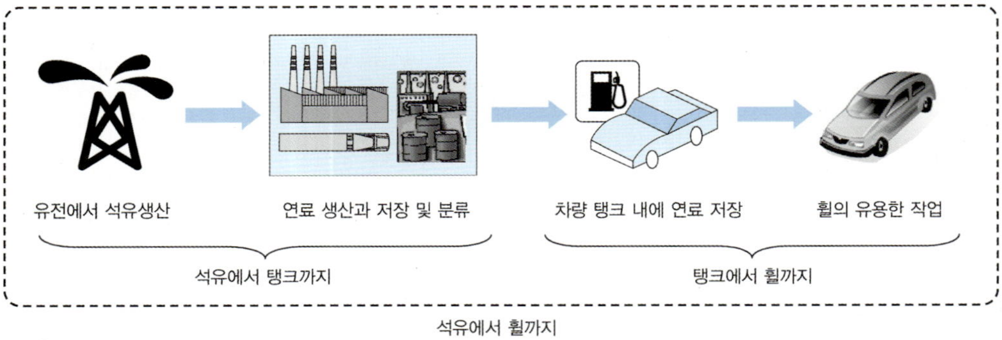

[그림 1-7] WTW 효율 계산의 과정

WTW 효율은 EV, HEV, PHEV 및 FCEV와 같은 친환경 자동차가 미치는 영향이나 친환경성 및 장기적인 부분을 평가하는 데 중요한 요소이다. 에너지 전략과 에너지 정책을 수립하기 위해 WTW 분석을 사용하면 적절한 에너지 경로를 확인하고 선택할 수 있다. WTW 분석은 대체 차량을 기존의 ICEV와 비교할 수 있게 해준다. 이 분석에는 입력 변수, 수치 절차, 기술 표준 및 사용자 행동에 대한 공통 기반에 물리학과 화학의 기본 법칙을 사용해야 한다.[8]

기존 ICEV의 TTW 효율은 가솔린 또는 디젤 엔진의 낮은 효율성과 파워트레인에서의 손실로 인하여 효율이 낮다(약 25%). HEV의 경우 엔진이 소형화되고 대부분 고효율 영역에서 작동하도록 제어되므로 연료 소비량이 줄어든다. 따라서 HEV의 TTW 효율은 ICEV보다 높은 약 50%이다.[9] 전기 파워트레인의 효율은 약 80 ~ 90%이다. BEV는 대용량 배터리와 전기 전용 작동 모드가 있어 TTW 효율이 높다. 그러나 WTT 효율성을 비교 대상에 포함하면 전체 WTW 효율은 모든 유형의 차량이 크게 다르지 않다. HEV와 EV는 WTT 효율이 낮기 때문에 ICEV와 유사하다. PHEV의 WTT 효율은 주행 사이클 중에 사용되는 그리드 에너지와 가솔린 에너지의 비율에 따라 달라진다.

WTW 효율성과 배기의 영향은 아르곤 국립 연구소(Argonne National Laboratory)에서 개발한 GREET[10] 모델을 사용하여 비교할 수 있다.[10] GREET 모델은 기본적으로 차량의 에너지원에서 휠까지의 연료 주기를 분석하는 데 사용할 수 있는 다차원 스프레드시트 모델이다. 이 모델에는 100개 이상의 연료 생산 경로와 70개 이상의 차량 시스템이 있다.

[표 1-6]은 GREET 모델을 사용하여 일반적인 중형 세단에 대해 분석한 기존 ICEV, BEV 및 PHEV의 WTW 효율성과 매연의 배출량이다.[9,11] CG 및 RFG는 기존 가솔린과 개조된 가솔린 차량을 나타낸다. WTT 효율은 33%의 그리드 에너지와 67%의 휘발유를 사용한 PHEV(Grid-Connected Hybrid)의 경우 66.5%로 나타났다. 반면 기존 및 일반 하이브리드 차량의 WTT 효율은 79.5%이다. PHEV는 전력 효율이 매우 낮은 기존 에너지원에서 대부분 전기를 생산하기 때문에 효율이 낮다.

[표 1-6] GREET를 사용하는 승용차의 에너지 소비량, 효율성 및 매연

	SI ICEV (바셀린 CG, RFG)	SI PHEV (휘발유, 전기)	BEV (전기)
에너지(Wh)			
총 에너지	257,511	526,261	1,632,131
효율성(%)			
WTT 효율	79.5	66.5	38.0
TTW 효율	21.9	23	48.51
WTW 효율	17.41	15.29	18.43
온실가스 배출량(g/million BTU)			
CO_2	17,495	57,024	219,704
CH_4	109.120	145.658	296.031
N_2O	1.152	1.535	3.111
VOC	27.077	25.630	19.679
CO	15.074	23.533	58.488
NOX	50.052	87.100	239.571

[표 1-6]에 따르면 온실가스(CO_2, CH_4, N_2O, CO, VOC, NOX) 배출량은 기존 가솔린 차량보다 PHEV에서 더 높다. PHEV의 TTW 효율은 IC 엔진 사용량이 여전히 매우 높기 때문에 내연기관 차량과 크게 다르지 않다. WTW와 TTW 모두에서 효율성이 떨어지면 플러그인 하이브리드의 WTW 효율성이 전반적으로 낮아진다. 효율 계산에 대한 내용은 다음 절에서 더 자세히 다룰 예정이다.

10 GREET은 온실가스, 규제 배출 및 교통 에너지 사용(Greenhouse Gases, Regulated Emissions and Energy Use in Transportation)의 약자이다.

SECTION 1.7

EV/ICEV의 비교

EV/ICEV Comparison

대체에너지원 차량의 상대적인 장단점은 효율, 환경오염, 유지비용 및 석유에 대한 의존도를 기준으로 기존 ICEV와 비교하면 더 잘 알 수 있다.

1.7.1 효율 비교

평지에서 다양한 유형의 차량의 효율성을 평가하기 위해서는 연료부터 시작해서, 휠에서 사용하는 동력까지 이르는 두 시스템의 전체 과정을 고려해야 한다. 즉 WTW 효율성에 기초하여 분석을 해야 한다. EV 과정은 차량이 아니라 EV의 전체 효율성을 계산하기 위하여 변환 효율성을 고려하는 초기 동력원에서 시작한다. 모든 차량에 대한 동력 입력 P_{IN}은 차량 탱크에 저장되기 전 1차 에너지원에서 나온다. 석탄 조각을 연소하여 얻는 힘은 1차 에너지원에서 얻어지는 1차 전력의 한 예이다. 차량의 에너지 저장 탱크 또는 장치에서 사용할 수 있는 동력은 보조 에너지원에서 얻은 동력이다. 인가 동력 또는 2차 동력은 원재료에서 간접적으로 얻을 수 있다. 원유에서 발전해 EV에 공급되는 전기는 배터리 충전을 위한 2차 동력의 한 예이다. 원시 또는 1차 동력은 $P_{IN\,RAW}$ 라고 하고, 2차 동력은 $P_{IN\,PROCESS}$라고 한다.

EV 및 ICEV와 관련된 전체 WTW 프로세스를 기반으로 효율성을 비교하는 방법을 살펴보자. 전체 EV 과정은 [그림 1-8]과 같이 발전, 송전 및 사용 단계로 나눌 수 있다. 동력원으로부터의 1차 동력은 1단계에서만 공급되지만, 각 단계에서 2차 동력을 추가할 수 있다. 각 단계는 해당 단계에 대한 총 투입량과 다음 단계로 전달되는 출력을 기준으로 효율을 구할 수 있다. 각 단계의 효율은 사용하는 기술에 따라 크게 달라질 수 있지만, 입출력을 고려하여 계산되어야 한다. 마지막으로 전체 효율성은 모든 개별 단계의 효율성을 곱하여 계산할 수 있다. [그림 1-8]에 표시된 EV 시스템의 전반적인 효율은 다음과 같다.

$$\eta_{EV} = \frac{P_0}{P_{IN}} = \frac{P_0}{P_0 + \sum_{i=1}^{7} P_{LOSSi}} = \frac{P_0}{P_6}\frac{P_6}{P_5}\frac{P_5}{P_4}\frac{P_4}{P_3}\frac{P_3}{P_2}\frac{P_2}{P_1}\frac{P_1}{P_{IN}} = \eta_1\eta_2\eta_3\eta_4\eta_5\eta_6\eta_7$$

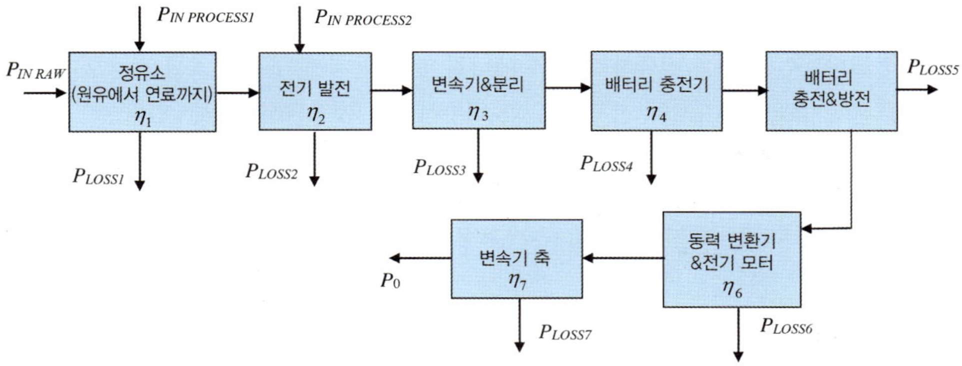

[그림 1-8] WTW 동력을 공급하는 전체 EV 과정

ICEV 과정에 대한 자세한 내용은 [그림 1-9]에 나와 있다.

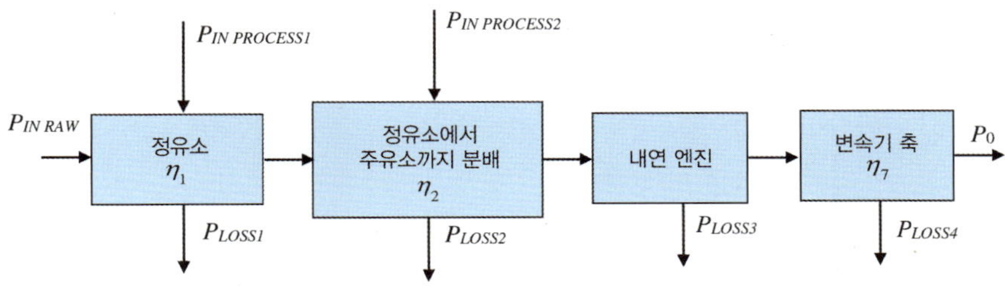

[그림 1-9] TTW 동력을 공급하는 전체 ICEV 과정

이 과정은 정유소에 있는 원유를 연료유로 전환하는 것부터 시작해 연료를 정유소에서 주유소로 전달하는 과정과 차량 IC 엔진에서 동력을 변환한 후 변속기를 통해 엔진에서 휠까지 전달하는 과정을 포함한다. ICEV 과정의 효율성은 [그림 1-9]에 표시된 개별 단계의 효율성의 결과이다.

$$\eta_{ICEV} = \eta_1\eta_2\eta_3\eta_4$$

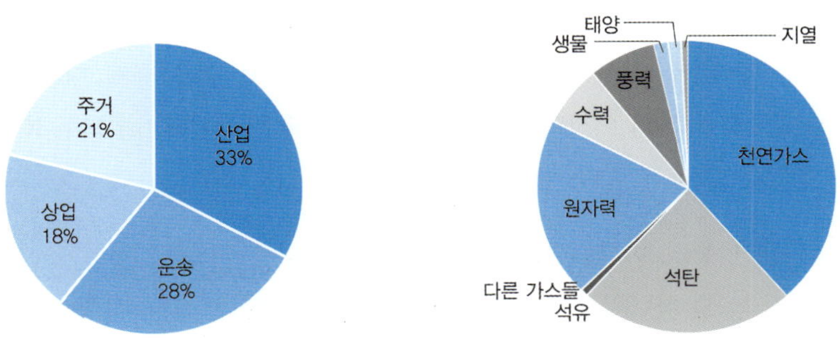

(a) 최종 사용 부분별 에너지 소비 (b) 에너지원별 전력 발전

[그림 1-10] 2019년 미국의 에너지 사용 및 발전

[그림 1-8]과 [그림 1-9]에 기초한 EV 및 ICEV의 효율을 비교하여 [표 1-7]에 나타내었다. 두 시스템의 효율성에 대한 일반적인 개념을 전달하기 위해 에너지 전환 단계에 대표 번호를 사용했다. [표 1-7]을 보면 EV의 전체 효율이 ICEV의 전체 효율과 비슷하다는 것을 확인할 수 있다.

[표 1-7] EV 및 ICEV의 WTW 효율

	EV 배터리 효율(%)		ICEV 효율(%)	
	High	High	Low	Low
정유소(석유)	97	90	85	95
연료 탱크 유통		99	95	
엔진		22	20	
전기 발전	40			33
벽면 콘센트 연결	92			90
배터리 충전기	90			85
배터리 (lead/acid)	75			75
모터/제어기	85			80
FC 연료 공정				
PEM 연료				
Plug-in grid/가솔린 비율				
변속기/차축	98	98	95	95
연료에서 휠까지 (WTW)	20	19	15	14

1.7.2 환경오염 비교

교통수단은 전체 에너지 사용량의 약 3분의 1을 차지하며 탄소배출로 인한 환경오염의 주요 원인이 되고 있다. 교통수단은 자동차, 트럭, 버스, 오토바이, 기차, 항공기, 보트, 바지선 및 선박과 같은 사람과 상품을 운송하는 차량을 포함한다. [그림 1-10(a)]의 원형 그래프를 보면, 미국 에너지 사용량의 28%가 운송 부문임을 알 수 있다.[12] 전체 자동차 중 10%가 ZEV가 될 경우 규제 대기오염물질이 연간 100만 톤씩 감소하고 6천만 톤의 이산화탄소가 줄어들 것으로 예측된다.[13] 모든 ICEV가 EV로 대체될 경우 미치는 영향은 다음과 같다.

- 지구 온난화와 관련이 있는 공기 중의 이산화탄소가 반으로 감소한다.
- 지구온난화를 일으키는 온실가스 중 하나인 질소산화물은 정부가 규제하는 전력 배출 기준에 따라 약간 감소한다.
- 산성비와 관련이 있는 이산화황이 약간 증가한다.
- EV는 크랭크케이스 오일을 사용하지 않기 때문에 기름 소비량이 감소한다.

- EV는 ICEV보다 조용하기 때문에 소음공해가 감소한다.
- EV 사용이 증가할수록 대형 발전소에 의한 열 오염은 증가한다.

EV는 스모그의 주요 원인을 줄이고, 오존층을 파괴시키는 온실 가스를 줄이는 역할을 한다. SO_2 발전소 배출 기준이 엄격해지면 EV는 SO_2 수준에 거의 영향을 미치지 않을 것이다. 환경오염의 감소는 EV를 사용하는 큰 이유 중 하나이다. EV 배터리를 충전하기 위한 전기를 재생 가능한 에너지로 생산하면 환경오염은 더욱 줄어들 수 있다. 2019년 발전 에너지원은 [그림 1-10(b)]의 원형 차트에 나타냈으며[12] 이는 전력이 여전히 많은 비율의 비재생 에너지원을 통해 생산되고 있음을 보여준다. 2019년에는 전력의 7%가 수력 발전, 7%가 풍력 발전, 4%가 기타 재생 가능 에너지에서 발생했다. 한편 전력의 39%는 천연가스에서, 24%는 석탄에서, 20%는 핵연료에서 생산되었다. 2019년 미국의 총 발전량은 10경 200조 BTU이다.

1.7.3 초기 및 유지비용 비교

초기 EV의 제작 비용은 주로 비싼 배터리 팩과 대량생산의 어려움으로 인해 ICEV 비용보다 높게 책정되었다. 동력 전기 제품도 비싸지만 배터리보다 비싸지는 않다. EV의 비용은 물량이 증가함에 따라 감소할 것으로 예상된다. EV의 유지비용은 ICEV의 유지 비용보다 적을 것으로 예상된다. EV는 신뢰성이 높고 유지보수가 덜 필요하므로 유지비용에 관한 ICEV보다 유리하다.

1.7.4 미국의 해외 석유 의존도

대체에너지원을 찾는 것은 매우 중요한 일이다. 사람들이 화석 연료에 대한 의존도를 줄이지 않는다면 조만간 에너지 위기가 찾아 올 것이다. 오늘날의 산업, 특히 운송 산업은 석유에 크게 의존하고 있으나 석유 매장량은 머지않은 미래에 고갈될 것으로 보인다. 평균적인 ICEV는 갤런당 45km 연료 소비량을 기준으로 94배럴의 석유를 사용한다. 반면 일반적인 EV는 수명 동안 약 2배럴의 석유를 사용하며 이는 6km/kWh와 EV 공정에서 사용되는 석유의 비율을 기준으로 계산된다.

SECTION 1.8

전기 차량의 시장

Electric Vehicle Market

전기 파워트레인은 지난 세기 말 HEV에서 상업적 가치를 발견했으며 지난 20년 동안 완만한 성장세를 보이며 그 입지를 유지해왔다. 이러한 성장속도에 발맞추어 기존 및 신규 제조업체 모두 BEV의 상용화를 추진하면서 성장 동력이 EV로 전환되었다. 또한 환경오염에 대한 우려가 높아지고 전기모터로 움직이는 운송수단이 다양한 분야에 활용되면서 ICEV의 경쟁 차종의 1회 충전 주행거리와 성능을 제공할 수 있는 세단 및 경형 트럭 EV에 대한 관심도 높아졌다. 최근 몇 년간 전 세계 EV 판매 증가율은 약 60%로, 2018년부터 전 세계 총 판매량은 200만 대를 넘는다.[14] EV 판매의 선두 주자인 중국은 정부 보조금, 규제 압력을 통해 마이크로 EV가 건전한 시장을 개척하는 데 도움을 줬다. EV 및 HEV의 채택은 기술, 규제와 이점, 그리고 지역적 요구에 영향을 받는다. 기술 자체는 틈새시장을 노리는 것이지만, 규제와 이점은 신기술 시장 진입의 큰 원동력이 된다. 미국, 중국에서 BEV가 성장한 원인은 각각 규제 요건과 인센티브 때문이었다. 유럽에서는 엄격한 CO_2 배출 제한으로 인해 자동차 제조업체들이 PHEV, 특히 48V 마이크로 HEV에 초점을 맞추게 되었다.

EV는 승용차 및 대중교통으로 주로 사용되지만, 오프로드 차량으로 사용되기도 한다. EV는 수년간 청정 기술과 비용적 이점을 바탕으로 오프로드 차량 시장에 성공적으로 진출하였다. 현재 적용되고 있는 예로는 승객과 지상에서의 지원을 위한 공항 차량, 골프 카트 및 테마 파크와 같은 레크리에이션 차량, 포크리프트, 장애인용 차량, 폐쇄적이지만 대규모 복합 시설의 지상 운송을 위한 유틸리티 차량 등이 있다. 광산에서 자재 운반을 위해 선로를 달리는 EV도 있으며 건설 차량 및 기타 오프로드 차량에도 도입되었다. 송전선로에서 전기를 공급받아 선로를 달리는 기관차는 추진 모터에 에너지를 공급하는 방식에 차이가 있으나 다른 EV와 크게 다르지 않다.

일반 고객이 EV를 구매하는 데 방해가 되는 요소는 제한된 EV의 1회 충전당 주행거리와 EV 인프라 부족이다. 이러한 문제는 배터리의 광범위한 연구 및 급속 충전기 설치를 통해 해결해나가고 있다. 이밖에 기반시설을 갖추어 EV 판매를 유도하기 위한 방안으로는 다음과 같다.

- 배터리 주거 충전 시설 및 공공 충전시설 확충
- 판매와 유통 강화
- EV 플러그, 코드, 콘센트 및 안전 문제 표준화
- 서비스 및 기술 지원
- 부품 공급 확대

현재 EV의 초기 비용 또한 EV 시장에 큰 단점으로 작용하고 있다. 이와 더불어 배터리는 수명이 한정되어 있으며 교체 비용이 많이 든다. EV의 사용 및 판매가 증가하고 운송 전기화가 이루어짐에 따라 전기, 기계 및 화학 기술자들이 기술 측면에서 활약할 수 있는 일자리가 증가하였다. EV와 관련된 새로운 직업은 다음과 같다.

- 파워 일렉트로닉스 및 모터 드라이브 분야 : EV의 전기 시스템 설계 및 개발
- 발전 분야 : EV 사용으로 인한 전력 수요 증가에 필요한 추가 자원 확보
- 포장 및 냉각 분야 : 전동 파워트레인 부품의 열관리를 위한 부품 및 시스템 설계
- 배터리 팩 설계 및 개발 분야 : 차세대 배터리에 대한 연구와 배터리 팩의 설계 및 개발
- EV 기반시설 분야 : 배터리 충전소, 수소 발전, 저장 및 유통 시스템 설계 및 개발

1장 연습문제

1.1 자료 조사를 통해 다음 주제에 대한 보고서를 작성하라.

(a) 최근 5년간 세계 각국에서 시작된 다양한 프로그램, 목표, 출력 범위, 모터, IC 엔진의 종류, 배터리 소스 등을 설명하는 상용, 연구용 전기 및 하이브리드 자동차 프로그램

(b) 최신 전기 및 하이브리드 차량의 사례 연구

(c) 국내에서 표준화된 법률

1.2 GREET 모델(Argonne National Laboratory) 홈페이지에서 BEV, ICEV 및 FCEV의 총 에너지 사용량 및 WTT, TTW 및 WTW 효율성을 확인하라.

GREET 모델 홈페이지 : https://greet.es.anl.gov

CHAPTER 2

차량 역학
Vehicle Mechanics

들어가기 전에 ▸▸▸

차량 설계는 물리학의 기초 역학 중에서도 힘, 가속도와 관련된 뉴턴의 제2법칙을 기초로 한다. 뉴턴의 제2법칙이란 물체의 가속도가 물체에 가해지는 알짜힘에 비례한다는 법칙이다. 물체는 알짜힘이 0이 아닐 때 가속되는데, 여기서 알짜힘은 물체에 작용하는 모든 힘을 의미한다. 차량 시스템은 뉴턴의 제2법칙에 따라 운동을 일으키는 합력과 알짜힘으로 분석할 수 있다. 먼저 차량은 중력, 공기 및 타이어 저항으로 인한 부하를 이겨낸 동력원의 힘을 이용하여 구동한다. 차량의 가속도와 속도는 견인 장치와 도로 조건 및 공기역학적 조건에 따라 달라진다. 가속도는 또한 추진 장치, 모든 기계적 및 전기적 구성품 및 배터리를 포함한 차량의 질량에 따라 달라진다.

차량은 특정 사양 및 요구 사항을 기반으로 설계된다. 특히 EV 및 HEV 시스템은 크고 복잡하며 여러 학문 분야가 포함되어 있다. 이러한 대규모 시스템을 설계하는 핵심은 분업 및 협력이다. 시스템 수준의 설계는 복잡한 수준의 설계 기술을 익히는 데 도움이 되는데, 여기서 시스템의 구성요소는 광범위한 요구 사항을 먼저 결정한 후 자세한 요구 사항을 설계한다. 예를 들어 추진 장치의 동력 및 에너지 요구 사항은 주어진 차량 정속 주행 및 가속 사양에서 결정된다. 그 다음에는 추진 장치, 에너지원과 기타 보조장치가 지정 및 설계된다. 이 단계에서 전기/기계 기술자는 EV용 전기모터 또는 HEV용 전기모터와 내연기관을 조합하여 설계한다. 또한 전자 기술자들은 동력원과 전기모터를 연결하는 전력 변환 장치를 설계한다. 제어 기술자는 전자 기술자와 협력하여 추진 제어 시스템을 설계하고 화학자와 화학 기술자는 차량 제조업체의 에너지 요구 및 지침에 따라 동력원을 설계한다. 즉 구성요소를 설계한다는 목표를 달성하기 위해 다양한 기술자가 반복적으로 상호작용해야 한다.

설계는 알려져 있는 사실에 추측, 가정을 더하고 이를 과학적으로 분석하여 요구 사항이 충족되었는지 확인하는 반복적인 과정이다. 이 단계에서는 뉴턴의 제2법칙에 근거한 차량 역학의 과학적 분석을 위한 도구를 개발한다. 먼저 주행 모드를 정의하고 설명한 후에 차량의 동역학적 문제를 다룰 것이다. 도로 상황과 동역학은 추진 장치에서 요구하는 힘에 대한 방정식을 설정하기 위해 사용된다. 전기모터나 내연기관의 엔진, 하이브리드 차량의 추진 장치의 힘은 모두 견인력이라고 부른다. 이처럼 요구하는 힘을 먼저 정의한 후, 대상 차량에 필요한 전력과 에너지를 계산해야 한다. 이 책에서는 전력과 에너지 요구량을 찾고 주어진 동력원의 용량을 예측하여 최상의 상태를 유지하는 것과 같은 광범위한 설계 목표를 갖는다. 따라서 하위 시스템의 설계 세부사항에 대해서는 다루지 않으므로 자세한 내용은 각 분야와 관련된 참고문헌을 살펴보기 바란다.

SECTION 2.1

도로의 기초

Roadway Fundamentals

차량은 평탄한 도로와 경사도가 있는 도로를 모두 주행한다. 평탄한 도로의 경우, 수평으로 기동하기 때문에 추진 장치의 힘과 동력 요구량에 미치는 영향이 작아 도로에 대한 설명을 단순화할 수 있다. 도로에 대한 설명은 도로를 따라 차량이 이동한 거리를 계산하는 데 사용되며 고정된 2차원 시스템에 대해 차량을 따라 이동하는 접선 좌표계를 정의한다.

고정 좌표계는 중력이 단위 벡터 $\overline{i_F}$에 수직이 되도록 설정한다. 직선 도로인 경우 스티어링 휠은 x_F 방향으로 고정되고 도로는 고정 좌표계의 $x_F y_F$ 평면에 있게 된다. 이는 [그림 2-1]에 나타내었다.

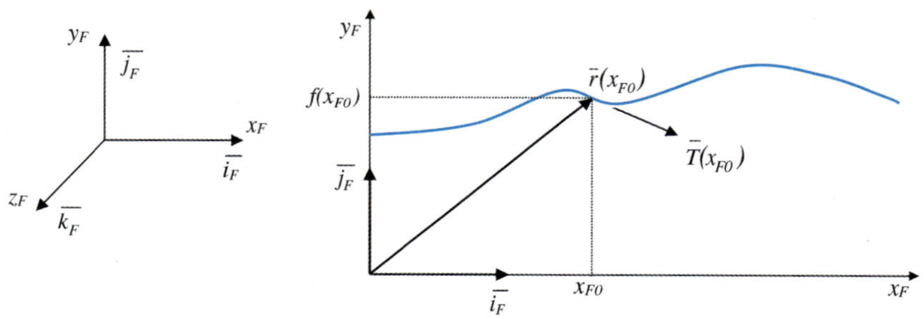

(a) 고정 좌표계 (b) 고정 좌표계의 도로

[그림 2-1] 2차원 도로 시스템 표기

2차원 도로는 $y_F = f(x_F)$로 설명할 수 있다. 수평 방향을 따라 위치한 두 점 a와 b 사이의 도로 위치벡터 $\bar{r}(x_F)$는 다음과 같다.

$$\bar{r}(x_F) = x_F \overline{i_F} + f(x_F)\overline{j_F} \qquad (a \le x_F \le b)$$

차량이 이동하는 방향과 거리는 주어진 도로 위치벡터의 접선벡터로 다음과 같이 표현할 수 있다.

$$\overline{T}(x_F) = \frac{d\bar{r}}{dx_F} = \overline{i_F} + \frac{df}{dx_F}\overline{j_F}$$

접선벡터의 거리 기준 $\| \overline{T}(x_F) \|$ 는 다음과 같다.

$$\| \overline{T}(x_F) \| = \sqrt{1 + \left[\frac{df}{dx_F} \right]^2}$$

접선 도로 길이 s는 도로를 가로지르는 거리로, 수학적으로 나타내면 $a \le x_F \le b$일 때 $y_F = f(x_F)$에 대한 호 길이이다. 이를 식으로 나타내면 다음과 같다.

$$s = \int_a^b \| \overline{T}(x_F) \| \, dx_F$$

도로의 경사율은 다음과 같이 거리의 함수로 나타낼 수 있다.

$$\beta(x_F) = \tan^{-1}\left[\frac{df(x_F)}{dx_F}\right]$$

평균 도로 경사율은 동일한 단위로 두 거리를 표시한 도로의 수평거리 100m당 수직 거리이다. 경사나 경사와 관련된 도로의 각도 β는 [그림 2-2]와 같이 접선벡터와 수평축 x_F 사이의 각도이다.

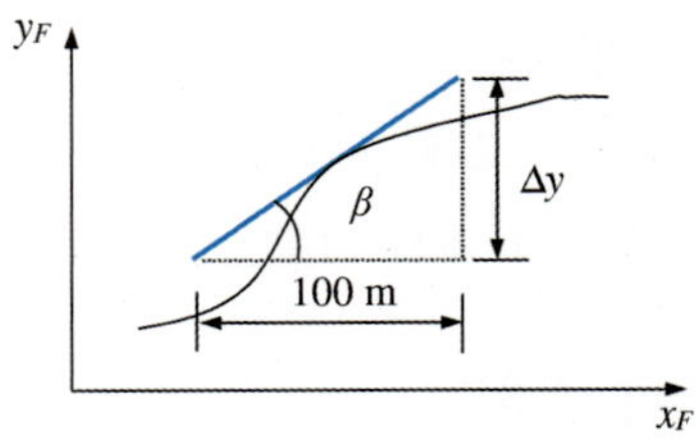

[그림 2-2] 도로의 경사

만약 Δy가 미터 단위의 수직 거리라면 다음과 같다.

$$\text{경사율}(\%) = \frac{\Delta y}{100\text{m}} \times 100\% = \Delta y\%$$

여기서 경사각도 $\tan\beta = \dfrac{\Delta y}{100\text{m}}$이다. 경사각 β는 차량이 오르막길에 있을 때는 0보다 크고 차량이 내리막길에 있을 때는 0보다 작다.

예제 2.1

직선도로는 $0 \le x_F \le 3\text{km}$일 때 $x_F y_F$ 평면에서 $f(x_F) = 3.9\sqrt{x_F}$의 프로파일을 지닌다. x_F와 y_F는 ft 단위다. 이때 다음 질문에 답하라.

(a) 도로를 그려라.

(b) $\beta(x_F)$를 찾아라.

(c) x_F가 2km일 때 경사율을 찾아라.

(d) 0에서 2km 사이의 접선 도로 길이를 찾아라.

풀이

(a)

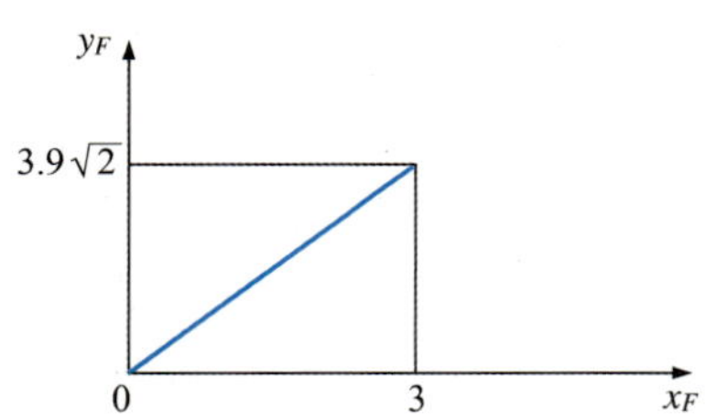

(b) $\beta(x_F) = \tan^{-1}\left[\dfrac{df(x_F)}{dx_F}\right]$

$$= \tan^{-1}\left[\frac{3.9\sqrt{x_F}}{dx_F}\right] = \tan^{-1}\frac{1.95}{\sqrt{x_F}}$$

(c) 2.68%

(d) $s = \int_a^b \| \overline{T}(x_F) \| \, dx_F = 10{,}580\text{ft}$

SECTION 2.2

운동의 법칙

Laws of Motion

뉴턴의 운동 제2법칙은 다음과 같다.

$$\sum_i \overline{F_i} = m\overline{a}$$

여기서 $\sum_i \overline{F_i}$는 알짜힘이고, m은 질량, 그리고 $\overline{a}$는 가속도이다. 이 법칙은 각각의 힘이 작용하는 외부 조건과 차량의 여러 접점에 위치한 물체들을 고려하여 차량에 적용된다. 접점의 예로는 도로에 닿는 전륜와 후륜, 공기저항을 받는 차량 전면투영면적 등이 있다. 여기서 물체의 범위는 중요하지 않기 때문에 모든 접점을 차량의 무게중심(cg)으로 병합하여 문제를 단순화할 수 있다. 모든 힘 계산을 위해, 차량은 차량의 무게중심에 위치한 입자 질량으로 간주한다. 무게중심은 [그림 2-3]에 보이는 것과 같이 차량 안에 있는 것으로 볼 수 있다.

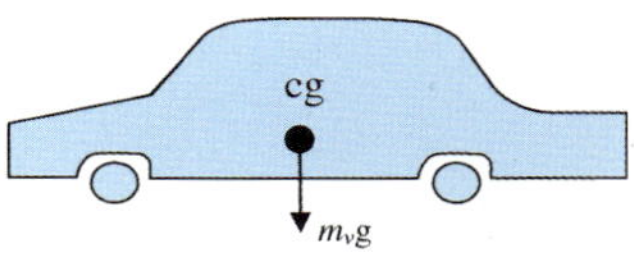

[그림 2-3] 차량의 무게중심

입자 운동은 입자 속도와 가속 특성으로 설명된다. [그림 2-4]와 같이 여러 힘이 작용하는 입자 질량에 대한 $\overline{r}$의 속도 v와 가속도 a는 다음과 같다.

$$\overline{v} = \frac{d\overline{r}}{dt}, \quad \overline{a} = \frac{d\overline{v}}{dt}$$

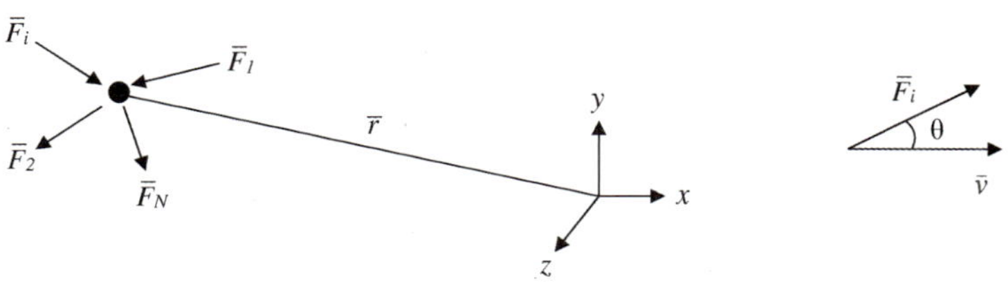

[그림 2-4] 입자에 작용하는 힘

i번째 힘에 대한 입자의 동력 입력은 다음과 같다.

$$P_i = \overline{F_i} \cdot \overline{v} = |\overline{F_i}||\overline{v}|\cos\theta$$

여기서 θ는 F_i와 결과속도 v 사이의 각도이다.

고정 축을 중심으로 회전하는 강체의 경우, 운동과 힘의 동의어는 토크, 각속도 및 각가속도이다. [그림 2-5]에서 보는 것처럼 강체에 작용하는 다수의 독립적인 토크는 강체가 중심 관성 축 중 하나를 중심으로 회전하도록 한다.

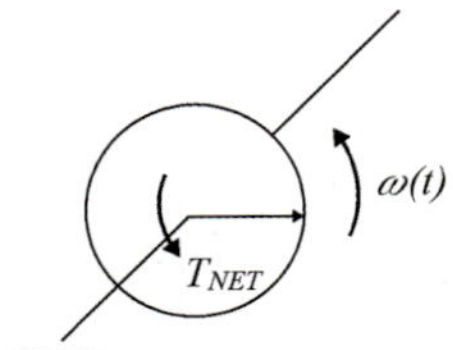

[그림 2-5] 강체 회전

만약 J [kg·m^2]가 강체의 관성 모멘트라면 뉴턴의 스칼라 운동 제2법칙의 회전 형태는 다음과 같다.

$$\sum_i T_i = T_{NET} = J\alpha$$

- 각속도(rad/s) $= \omega$
- 각가속도(rad/s^2) $= \alpha = \dfrac{d\omega}{dt} = \dfrac{d^2\theta}{dt^2}$
- i번째 토크에 대한 입력 동력 $= P_i = T_i\omega$

SECTION 2.3

차량 동역학

Vehicle Kinetics

차량 전진 운동의 접선 방향은 도로의 경사에 따라 변한다. 식을 단순화하려면 1차원 방정식을 통해 차량에 작용하는 힘을 정의할 수 있도록 접선 좌표계를 다음과 같이 정의해야 한다. $\overline{u}_T(x_F)$는 x_F가 증가하는 방향을 가리키는 고정 좌표계의 단위 접선벡터로, 이를 식으로 나타내면 다음과 같다.

$$\overline{u}_T(x_F) = \frac{\overline{T}_F(x_F)}{\| \overline{T}_F(x_F) \|} = \frac{\overline{i}_F + \dfrac{df}{dx_F}\overline{j}_F}{\sqrt{1 + \left[\dfrac{df}{dx_F}\right]^2}}$$

[그림 2-6]의 접선좌표계는 고정좌표계와 원점이 같다. z 방향 벡터는 고정 좌표계와 같지만, x 방향과 y 방향 벡터는 도로의 기울기에 따라 계속 변화한다.

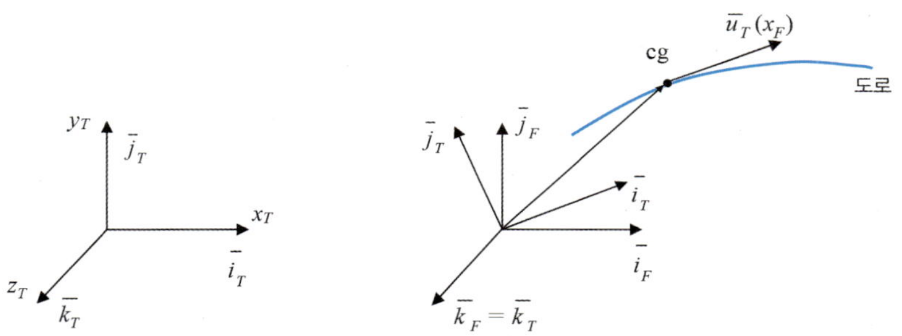

[그림 2-6] 도로의 접선 좌표계 및 단위 접선벡터

뉴턴의 운동 제2법칙은 접선 좌표계에서 EV의 무게중심(cg)에 다음과 같이 적용될 수 있다.

$$\sum \overline{F}_T = m\overline{a}_T = m\frac{d\overline{v}_T}{dt}$$

여기서 m은 차량의 총 질량이다. 좌표계의 구성요소를 살펴보면 다음과 같다.

$$\sum \overline{F}_{xT} = m\frac{d\overline{v}_{xT}}{dt} \quad \text{(도로에 접하는 구성요소)}$$

$$\sum \overline{F}_{yT} = m\frac{d\overline{v}_{yT}}{dt} \quad \text{(도로에 수직인 구성요소)}$$

$$\sum \overline{F}_{zT} = m\frac{d\overline{v}_{zT}}{dt} = 0 \quad \text{(움직임이 } x\text{-}y \text{ 평면으로 제한된다고 가정)}$$

여기서 v_{xT}는 차량의 접선 방향 속도이다. 수직방향의 중력은 도로의 반력과 균형을 이루므로 y_T 법선방향으로의 움직임은 없다. 즉 타이어는 늘 도로와 접촉 상태를 유지한다. 그러므로 수직방향 속도 v_{yT}는 0이다. 차량 운동은 $x_F y_F$ 또는 $x_T y_T$ 평면으로 제한되었으므로 z 방향으로 작용하는 힘과 속도는 없다. 이처럼 단순화를 통해 x_T 방향의 차량 추진에 대한 단방향 분석을 사용할 수 있다. 차량 견인력과 반대 힘은 모두 x_T 방향에 있으므로 기호 '−'는 편의성을 위하여 사용하지 않는다.

차량의 추진 장치는 견인력 F_{TR}을 출력하여 차량을 원하는 속도로 전진시킨다. 견인력은 부하를 극복해야 하며, 이 힘은 합산되어 도로 하중 힘 F_{RL}로 표시된다. 도로 하중 힘은 다음과 같이 중력, 타이어의 구름저항 및 공기저항력으로 구성된다.

$$F_{RL} = F_{gxT} + F_{roll} + F_{AD} \tag{2.1}$$

여기서 x_T는 도로의 접선 방향이다. [그림 2-7]은 차량에 작용하는 여러 힘을 나타낸다.

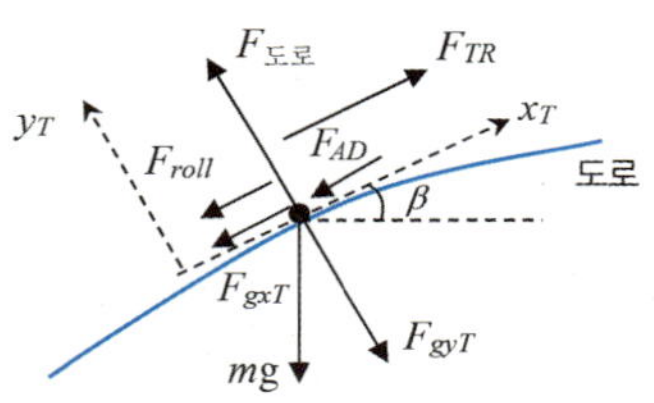

[그림 2-7] 차량에 작용하는 여러 힘

중력은 도로의 경사에 영향을 받는다. 힘은 오르막길을 오를 때는 양수, 내리막길을 내려갈 때는 음수이다. 전진하는 차량이 이겨내야 하는 중력은 다음과 같다.

$$F_{gxT} = mg\sin\beta \tag{2.2}$$

여기서 m은 차량의 총 질량이고, g는 중력가속도 상수이고 β는 수평선에 대한 경사각이다.

구름저항은 도로와 타이어의 접촉면에서 타이어가 평평해지면서 발생한다. 완전히 둥근 타이어에서는, 차축 아래의 수직선을 따라 접점에서 휠이 지탱하는 무게를 분산시켜 균형을 맞출 수 있다. 반면에 타이어가 평평해질 때는 [그림 2-8]에서 보는 것처럼 차축 바로 아래에서 차량 이동 방향으로 순간 회전 중심이 이동한다. 타이어가 평평해지는 순간 휠에 가해지는 무게와 노면 수직력의 균형이 어긋나며 휠에 감속 토크를 가하는 우력이 형성된다.

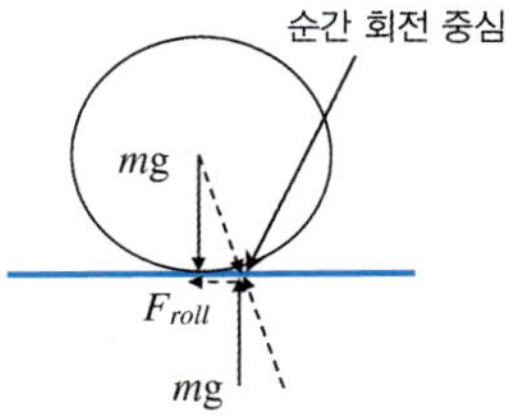

[그림 2-8] 휠의 구름저항력

구름저항력 F_{roll}은 휠의 움직임을 방해하는 우력에 의한 힘이다. 따라서 견인력 F_{TR}은 중력 및 공기저항력과 구름저항력을 모두 이겨내야 한다. 타이어의 공기압을 최대로 유지하면 구름저항력을 최소로 할 수 있다. 구름저항과 휠의 수직 하중에 의한 저항력의 비율은 회전 저항 계수 C_0라고 한다.

지면과 각도 β 에 따른 구름저항력은 다음과 같다.

$$F_{roll} = \begin{cases} \mathrm{sgn}[v_{xT}]\, mg\cos\beta\,(C_0 + C_1 v_{xT}^2) & (v_{xT} \neq 0) \\ (F_{TR} - F_{gxT}) & (v_{xT} = 0,\ |F_{TR} - F_{gxT}| \leq C_0 mg\cos\beta) \\ \mathrm{sgn}[F_{TR} - F_{gxT}](C_0 mg\cos\beta) & (v_{xT} = 0,\ |F_{TR} - F_{gxT}| > C_0 mg\cos\beta) \end{cases} \tag{2.3}$$

일반적으로 C_0은 $0.004 < C_0 < 0.02$(단위 없음), $C_1 \ll C_0\,(\mathrm{s}^2/\mathrm{m}^2)$이며 $C_0 mg$는 정지했을 때 최대 구름저항력이다. $\mathrm{sgn}[v_{xT}]$는 부호함수이며 다음과 같다.

$$\mathrm{sgn}[v_{xT}] = \begin{cases} 1 & (v_{xT} \geq 0) \\ -1 & (v_{xT} < 0) \end{cases}$$

공기저항력은 차량의 움직임을 방해하는 공기의 점성저항으로 다음과 같이 나타낼 수 있다.

$$F_{AD} = \mathrm{sgn}[v_{xT}]\, 0.5\,\rho\, C_D A_F (v_{xT} + v_0)^2 \tag{2.4}$$

여기서 $\rho\,(\mathrm{kg/m^3})$ 는 공기 밀도이며, C_D는 공기저항 계수[1]이다. 그리고 A_F 는 차량의 전면투영면적, v_0는 차량의 역풍 속도이다.

1 단위는 없고 일반적으로 $0.2 < C_D < 0.4$ 이다.

SECTION 2.4

차량 움직임의 역학

Dynamics of Vehicle Motion

견인력은 EV에서는 전기모터, HEV에서는 전기모터와 엔진이 결합하여 도로 부하를 극복하는 힘이다. 접선 방향에서의 동적 운동 방정식은 다음과 같이 주어진다.

$$k_m m \frac{dv_{xT}}{dt} = F_{TR} - F_{RL} \tag{2.5}$$

여기서 k_m은 장착된 회전 질량으로 인해 증가한 차량 질량을 보정하기 위한 회전관성계수[2]이다. 보통 1.08, 1.1의 값으로 나타내며 단위는 없다. $\frac{dv_{xT}}{dt}$는 차량의 가속도이다.

동적 운동 방정식은 EV 및 HEV 시스템을 시뮬레이션 하기 위한 상태 공간 형식으로 나타낼 수 있다. 식 (2.5)로 설명된 움직임은 차량 시스템의 동적 시뮬레이션을 사용하기 위해 반드시 필요하다. v_{xT}는 차량 동적 시스템의 하나의 변수이다. 식 (2.6)은 모델링과 시뮬레이션에 필요하며 s와 x_F를 상태 변수로 사용하는 속도 방정식이다. 도로의 경사 β는 시뮬레이션 모델의 입력값이고, 접선 도로거리 s는 $\beta = \beta(s)$ 또는 수평거리 $\beta = \beta(x_F)$로 주어질 수 있다. 만약 β가 s로 주어진다면 두 번째 상태 변수 방정식은 다음과 같다.

$$\frac{ds}{dt} = v_{xT} \tag{2.6}$$

β가 x_F로 주어진다면 두 번째 상태 변수 방정식은 다음과 같다.

$$\frac{dx_F}{dt} = \frac{v_{xT}}{\sqrt{1 + \left[\frac{df}{dx_F}\right]^2}} \tag{2.7}$$

[그림 2-9]는 차량 동역학 시뮬레이션의 입출력 관계 도표를 나타낸다.

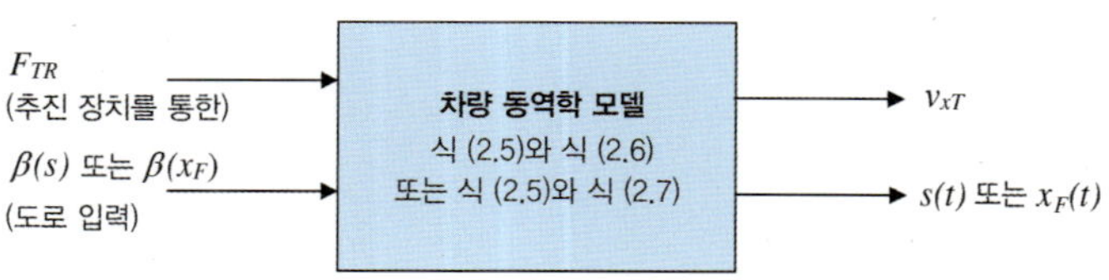

[그림 2-9] 차량의 동역학 도로 모델링

2 회전 관성에 대한 추가적인 설명은 2.7.4절에서 할 것이다.

SECTION 2.5

추진력

Propulsion Power

전기모터에 필요한 정격 동력 또는 전기모터와 내연기관(즉 추진 장치)의 조합에서 요구되는 동력은 시동 가속도, 차량 정격, 최대 속도 및 차량 등반능력의 시스템 조건을 기반으로 상태 변수 방정식을 이용하여 계산할 수 있다. 차량 휠의 토크는 동력의 식에서 얻을 수 있는데, 이를 나타내면 다음과 같다.

$$\text{동력} = T_{TR} \cdot w_{wh} = F_{TR} \cdot v_{xT} [\mathrm{W}] \tag{2.8}$$

여기서 T_{TR}은 견인력(N·m), w_{wh}는 휠의 각속도(rad/s)이며, F_{TR}과 v_{xT}의 단위는 각각 N와 m/s이다. 각속도와 차량속도의 관계는 다음과 같다.

$$v_{xT} = w_{wh} \cdot r_{wh} \tag{2.9}$$

여기서 r_{wh}는 휠의 반경(m)이다. 추진 장치의 동력 요구 사항을 구체화하려면 변속기와 차동 장치의 추진 장치와 휠 사이의 손실을 적절하게 설명해야 한다.

전기 구동식 추진 시스템의 큰 장점 중 하나는 차량 속도와 엔진 속도를 맞추기 위해 여러 개의 기어가 필요하지 않다는 것이다. 전기모터는 동력 제어를 통해 넓은 속도 범위를 감당할 수 있다. 따라서 단일 기어를 가진 변속기를 사용하더라도 사용 가능한 모터 토크 T_{motor}와 원하는 견인 토크 T_{TR}이 일치하도록 맞출 수 있다. 기어비와 크기는 최대 모터 속도, 최대 차량속도 그리고 휠 반경에 영향을 받는다. 즉 모터 속도가 차량속도에 비해 빠르다면 기어비와 크기가 더 크며 비용이 더 많이 든다. 그러나 모터 전력 밀도를 증가시키기 위해서는 모터 속도가 높아야 한다. 그러므로 최대 모터 속도와 기어비 사이의 비용 최적화가 필요하다. 유성기어는 일반적으로 기어비가 10이 넘지 않는 EV에 주로 사용된다.

2.5.1 힘-속도 특성

앞서 EV 및 HEV에 대한 힘과 역학을 확인했으므로 해당 방정식을 차량 설계 사양 및 요구 사항과 연관시켜 설계해야 한다. 설계자는 추진 장치를 효율적으로 설계하기 위해 일정 시간 동안 차량을 경제속도(기름이 가장 적게 들고 안전한 속도)까지 가속한 다음, 정상상태에서 경제속도와 특정 경사에서 최대 속도로 차량을 움직이는 데 필요한 힘을 알아야 한다. 차량 속도에 따른 시간, 그리고 견인력에 따른 정상상태 등속 특성과 같은 유용한 설계 정보를 [그림 2-10]과 [그림 2-11]에 나타내었다. 이 책에서는 속도를 접선 방향으로 가정하고 v_{xT} 대신 v로 표시할 것이다. 정상상태의 등속은 대문자 V로 표시한다.

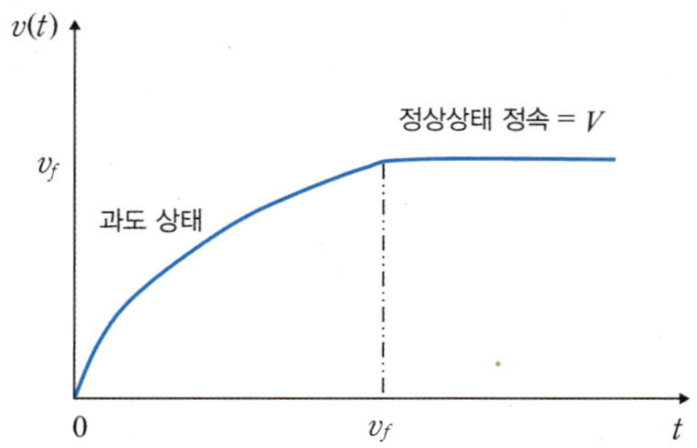

[그림 2-10] 차량 프로파일 그래프

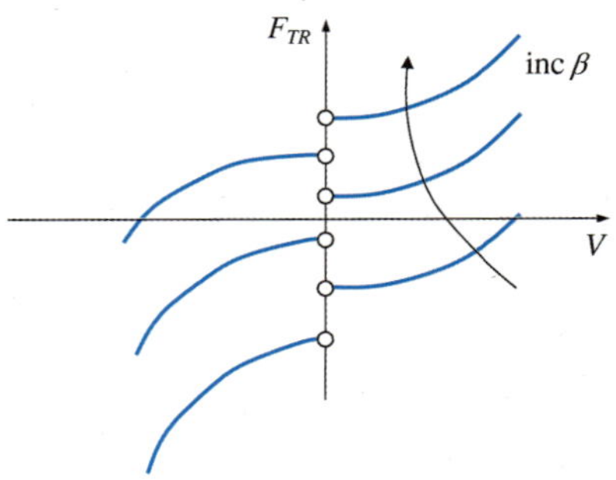

[그림 2-11] 견인력에 따른 정상상태 등속 특성

동적 운동 방정식인 식 (2.5)에서 견인력에 따른 정상상태 등속 특성을 구할 수 있다. 정상상태 등속에 이르렀을 때 $\frac{dv}{dt}=0$, $\sum F=0$이다. 두 식을 적용하면 다음과 같은 식을 얻을 수 있다.

$$F_{TR}-F_{AD}-F_{ROLL}-F_{gxT}=0$$

$$F_{TR}=mg[\sin\beta+C_0\mathrm{sgn}(V)]+\mathrm{sgn}(V)\left[mgC_1+\frac{\rho}{2}C_DA_F\right]V^2$$

참고

❶ $\frac{dF_{TR}}{dV}=2V\,\mathrm{sgn}(V)\left(\frac{\rho C_DA_F}{2}+mgC_1\right)>0\ \forall\ V$

❷ $\lim_{V\to 0^+}F_{TR}\neq\lim_{V\to 0^-}F_{TR}$

첫 번째 방정식은 V에 따른 F_{TR}의 기울기가 항상 양수임을 나타낸다. 이때 차량속도가 증가함에 따라 필요한 힘의 양이 차량속도 증가량보다 더 많이 증가하는데 이는 차량속도에 따라 증가하는 공기저항력의 크기 때문이다. 그리고 속도가 0일 때 곡선의 불연속성이 생기는 이유는 구름저항력 때문이다.

2.5.2 최대 등판 능력

차량이 추진 장치에서 사용할 수 있는 최대 힘으로 넘어갈 수 있는 최대 경사는 성능을 측정할 때뿐만 아니라 차량을 설계할 때도 중요한 기준이다. 경사도가 높은 오르막길을 오를 때 차량의 속도는 매우 낮아지므로 최대 등판 능력은 다음과 같이 가정할 수 있다.

❶ 차량은 매우 느리게 움직인다($v \cong 0$).

❷ F_{AD} , F_{roll}은 무시해도 될 정도의 크기이다.

❸ 차량은 가속하지 않는다($dv/dt = 0$).

❹ F_{TR}은 0의 속도에서 모터가 전달하는 최대 견인력이다.

다음과 같이 가정했을 때 차량이 거의 정지 상태에 있다면 다음과 같이 나타낼 수 있다.

$$\sum F = 0$$
$$F_{TR} - F_{gxT} = 0$$
$$F_{TR} = mg\sin\beta$$

즉 $\sin\beta = \dfrac{F_{TR}}{mg}$ 이고 최대 등판각은 다음과 같다.

$$\text{최대 등판각 \%} = 100\tan\beta = \frac{100F_{TR}}{\sqrt{(mg)^2 - F_{TR}^2}} \tag{2.10}$$

최대 등판 능력에 대한 자유물체도는 [그림 2-12]와 같다.

(a) 최대 등판 능력을 결정하기 위한 자유물체도

(b) 각도에 따른 견인력과 mg

[그림 2-12] 자유물체도

SECTION 2.6

속도와 가속도

Velocity and Acceleration

추진 장치에서 필요한 에너지는 원하는 가속도와 차량이 이겨내야 하는 도로 부하에 따라 달라진다. 최대 가속도는 사용 가능한 최대 견인 동력과 차량 작동 시의 도로 부하에 의해 제한된다. 실제 도로에서의 도로 부하를 알 수 없으나, 가정된 주행 모델에 대한 연구를 통해 차량속도 프로파일과 에너지 요구량의 예측값을 얻을 수 있다. 차량은 일반적인 날씨 조건에서 주어진 도로 경사면의 최대 가속도와 같은 특정 목적을 달성할 수 있도록 설계된다. 다음 절에서 EV 및 HEV의 설계 단계를 제시하는 두 가지 단순화된 시나리오를 설명한다.

2.6.1 상수 F_{TR}과 평지

평지에서 EV용 추진 장치의 견인력이 일정한 상태로 가정한다. 이때 평지 조건은 $\beta(s)=0$이다. EV는 처음에 정지 상태라고 가정하고, 이는 $v(0)=0$을 의미한다. $t=0$일 때 자유물체도는 [그림 2-13(a)]에서 볼 수 있다.

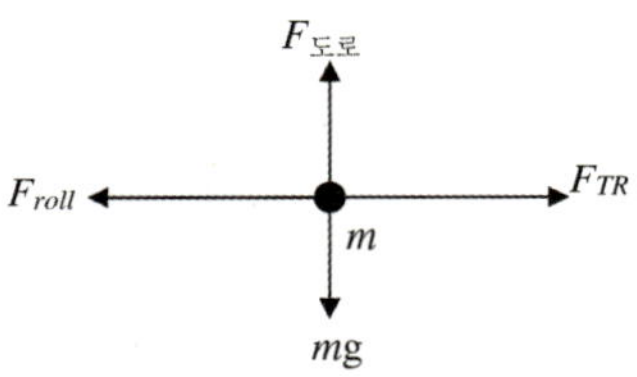

(a) $t=0$일 때 자유물체도

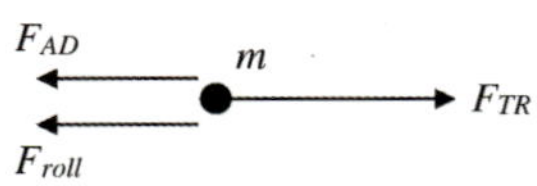

(b) $t>0$일 때 자유물체도

[그림 2-13] 평지에서 차량에 작용하는 힘

$F_{TR}(0)=F_{TR}>C_0 mg$라고 가정하면, 초기 견인력은 초기 구름저항을 극복할 수 있다.

$$\sum F(0) = ma(0) = m\frac{dv(0)}{dt}$$

$$F_{TR} - C_0 mg = m\frac{dv(0)}{dt}$$

$F_{TR}(0)>C_0 mg$, $\dfrac{dv(0)}{dt}>0$ 이고 속도 v가 증가하면 차량은 움직이고 힘은 변화를 일으킨다. 여기서 $t>0$이다.

$$\sum F = m\frac{dv}{dt}$$

$$F_{TR} - F_{AD} - F_{roll} = m\frac{dv}{dt}$$

$$F_{TR} - \text{sgn}[v(t)]\frac{\rho}{2}C_D A_F v^2(t) - \text{sgn}[v(t)]mg(C_0 + C_1 v^2(t)) = m\frac{dv}{dt}$$

$t > 0$일 때 $v(t) > 0$ 으로 가정하고 $\frac{dv}{dt}$를 해석하면 다음과 같다.

$$\frac{dv}{dt} = \left(\frac{F_{TR}}{m} - \text{g}\,C_0\right) - \left[\frac{\rho}{2m}C_D A_F + \text{g}\,C_1\right]v^2$$

상수 F_{TR}의 가속도에 대한 상수를 정의하면 다음과 같다.

$$K_1 = \frac{F_{TR}}{m} - \text{g}\,C_0 > 0$$

$$K_2 = \frac{\rho}{2m}C_D A_F + \text{g}\,C_1 > 0$$

이에 따라 $\frac{dv}{dt} = K_1 - K_2 v^2$ 임을 알 수 있다.

속도 프로파일

상수 F_{TR} 의 속도 프로파일은 평탄한 도로에서 $\frac{dv}{dt}$ 의 방정식으로부터 v를 정리하여 나타낼 수 있다([그림 2-14] 참조).

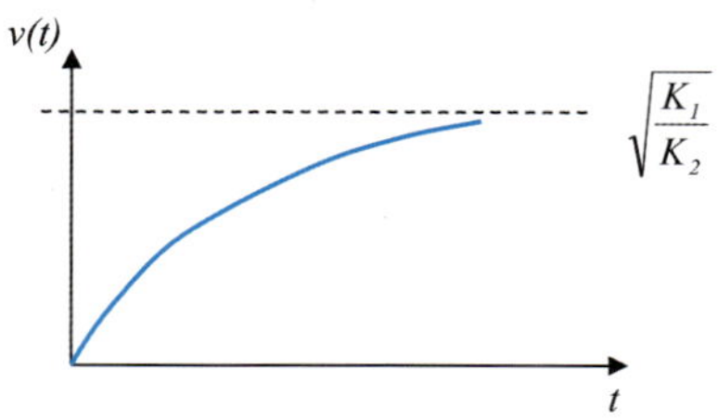

[그림 2-14] 평지에서 상수 F_{TR}의 속도 프로파일

$$v(t) = \sqrt{\frac{K_1}{K_2}}\tanh(\sqrt{K_1 K_2}\,t) \quad (2.11)$$

종단 속도는 시간이 무한대에 가까워질 때의 속도 프로파일의 한계를 구하여 알 수 있다 종단 속도는 다음과 같다.

$$V_T = \lim_{t \to \infty} v(t) = \sqrt{\frac{K_1}{K_2}} \Rightarrow \sqrt{K_1 K_2} = K_2 V_T$$

이동 거리

차량 이동거리는 다음 식에서 얻을 수 있다.

$$\frac{ds(t)}{dt} = v(t) = V_T \tanh(K_2 V_T t)$$

시간의 함수로서의 거리는 앞의 식을 적분하여 얻을 수 있다.

$$s(t) = \frac{1}{K_2} \ln[\cosh(K_2 V_T t)] \tag{2.12}$$

시동 가속도는 t_f초 단위로 $0 \sim v_f$(m/s)이며, 여기서 v_f는 지정된 시간 t_f초가 지난 후 목표하는 속도이다. 목표 속도에 도달할 때까지의 시간과 이동거리는 다음과 같다.

$$t_f = \frac{1}{K_2 V_T} \cosh^{-1}[e^{(K_2 s_f)}] \tag{2.13}$$

$$s_f = \frac{1}{K_2} \ln[\cosh(K_2 V_T t_f)] \tag{2.14}$$

목표 시간은 다음과 같이 표현할 수 있다.

$$t_f = \frac{1}{\sqrt{K_1 K_2}} \tanh^{-1}\left(\sqrt{\frac{K_2}{K_1}}\, v_f\right) \tag{2.15}$$

여기서 v_f는 t_f의 시간이 지난 후의 속도이다.

예를 들어 t_{V_T}가 종단 속도 V_T의 98%에 도달하는 시간이라고 하면 다음과 같다.

$$t_{V_T} = \frac{1}{\sqrt{K_1 K_2}} \tanh^{-1}\left(\frac{0.98 V_T}{V_T}\right)$$
$$\text{또는 } \frac{2.3}{\sqrt{K_1 K_2}} \text{ 또는 } \frac{2.3}{K_2 V_T} \tag{2.16}$$

견인 동력

순간적으로 견인 동력이 추진 장치로 전달된 것을 식으로 나타내면 다음과 같다.

$$P_{TR}(t) = F_{TR}v(t)$$

$v(t)$를 치환하여 풀면 다음과 같다.

$$P_{TR}(t) = F_{TR}\tanh(K_2 V_T t)$$
$$P_{TR}(t) = F_{TR}V_T\tanh(\sqrt{K_1K_2}\,t) = P_T\tanh(\sqrt{K_1K_2}\,t) \tag{2.17}$$

종단 동력은 $P_T = F_{TR}V_T$로 표현될 수 있다. 가속 구간 Δt 동안 목표속도 v_f에 이르기 위해 필요한 견인 동력은 다음과 같다.

$$P_{TRpk} = P_T\tanh(\sqrt{K_1K_2}\,t_f) \tag{2.18}$$

가속 간격 Δt에 대한 평균 견인 동력은 다음과 같다.

$$\overline{P_{TR}} = \frac{P_T}{t_f}\frac{1}{\sqrt{K_1K_2}}\ln\left[\cosh(\sqrt{K_1K_2}\,t_f)\right] \tag{2.19}$$

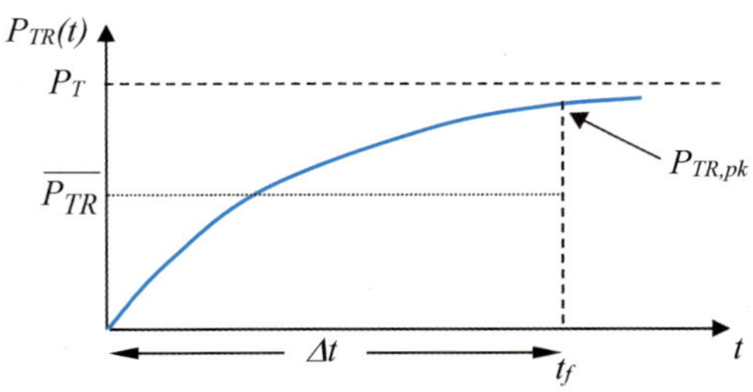

[그림 2-15] 가속 간격($\Delta t = t_f - 0$)

요구 에너지

목표 가속도와 일정한 정상상태 속도를 유지하는 요구 에너지는 특정 거리를 감당하는 에너지원이나 배터리를 선택하고 설계하는 데 필수적인 요소이다. 에너지 변화율은 다음과 같은 견인동력이다.

$$P_{TR}(t) = \frac{de_{TR}}{dt}$$

여기서 e_{TR}은 순간적인 견인 에너지이다. 필요한 에너지 또는 차량의 에너지 변화는 다음과 같은 순간적인 동력 방정식을 적분하여 구할 수 있다.

$$\int_{e_{TR}(0)}^{e_{TR}(t_f)} de_{TR} = \int_{t=0}^{t_f} P_{TR}dt$$
$$\Delta e_{TR} = t_f\overline{P_{TR}} \tag{2.20}$$

예제 2.2

EV가 다음과 같은 변수를 갖는다고 할 때 아래 질문에 각각 답하시오.

$$m = 800\text{kg},\ C_D = 0.2,$$
$$A_F = 2.2\text{m}^2,\ C_0 = 0.008,\ C_1 = 1.6\times10^{-6}\text{s}^2/\text{m}^2$$

공기의 밀도는 $\rho = 1.18\text{kg/m}^3$이며, 중력가속도 $g = 9.81\,\text{m/s}^2$이다. 차량은 수평 상태에서 10초 동안 0에서 105km/h으로 가속하였고 해당 속도의 프로파일은 다음과 같다. 이때 다음 질문에 답하라.

$$v(t) = 0.29055t^2 \quad (0 \le t \le 10s)$$

(a) $F_{TR}(t)$를 계산하라($0 \le t \le 10\text{s}$).

(b) $P_{TR}(t)$를 계산하라($0 \le t \le 10\text{s}$).

(c) 비보존력으로 발생하는 에너지 손실 E_{loss}를 계산하라.

(d) Δe_{TR}을 계산하라.

풀이

(a) 힘-운동 방정식을 사용하면 다음과 같다.

$$F_{TR} - F_{AD} - F_{roll} = m\frac{dv}{dt}$$
$$F_{TR}(t) = m\frac{dv}{dt} + \frac{\rho}{2}C_DA_Fv^2 + mg(C_0 + C_1v^2)$$
$$= 464.88t + 0.02192t^4 + 62.78\text{N}$$

(b) 순간 동력은 다음과 같다.

$$P_{TR}(t) = F_{TR}(t) \times v(t)$$
$$= 135.07t^3 + 0.00637t^6 + 18.24t^2\,\text{W}$$

(c) 비보존력으로 발생하는 에너지 손실은 다음과 같다.

$$E_{loss} = \int_0^{10} v(F_{AD} + F_{roll})dt = \int_0^{10} 0.29055t^2(0.0219t^4 + 62.78)dt = 15{,}180\text{J}$$

(d) 차량의 동적 에너지는 다음과 같다.

$$\triangle KE = \frac{1}{2}m[v(10)^2 - v(0)^2] = 337{,}677\text{J}$$

그리고 동적에너지를 활용하여 견인 에너지를 구하면 다음과 같다.

$$\begin{aligned}\triangle e_{TR} &= 15{,}180 + 337{,}667 \\ &= 352{,}857\,\text{J}\end{aligned}$$

예제 2.3

EV가 다음과 같은 변수를 갖는다고 할 때 아래 질문에 각각 답하시오.

$$\rho = 1.16\,\text{kg/m}^3,\ m = 692\text{kg},\ C_D = 0.2,\ A_F = 2\text{m}^2,$$
$$g = 9.81\text{m/s}^2,\ C_0 = 0.009,\ C_1 = 1.75\times10^{-6}\,\text{s}^2/\text{m}^2$$

EV는 $t=0$일 때 정지 상태에서 시작하고 평지에서 일정한 F_{TR}에 의하여 가속을 한다. 모터가 휠에 전달할 수 있는 최대 연속 F_{TR}은 1,548N이다. 이때 다음 질문에 답하라.

(a) $V_T(F_{TR})$을 계산하고 나타내라.

(b) $F_{TR} = 350\text{N}$일 때 각각의 값을 계산하라.

  i. V_T

  ii. $t \geq 0$일 때 $v(t)$

  iii. t_{VT}

  iv. 0부터 97km/h까지 가속할 때 걸리는 시간

  v. $0.98\,V_T$ 의 가속도를 갖는 P_{TRpk}, $\overline{P_{TR}}$, Δe_{TR}

풀이

(a) $V_T(F_{TR}) = 53.2\sqrt{1.45\times10^{-3}F_{TR} - 0.0883}\,\text{m/s}$

(b) i. 34.4m/s

  ii. $v(t) = 34.4\tanh(1.22\times10^{-2}t)\text{m/s}$

  iii. 189s

  iv. 85.6s

  v. $P_{TRpk} = 11.8\text{kW}$, $\overline{P_{TR}} = 8.46\text{kW}$, $\Delta e_{TR} = 1.61\text{MJ}$

2.6.2 비상수 F_{TR}과 일반 가속도

비상수 F_{TR}과 [그림 2-16]과 같은 임의의 속도 프로파일을 활용하여 힘을 다음과 같이 계산할 수 있다.

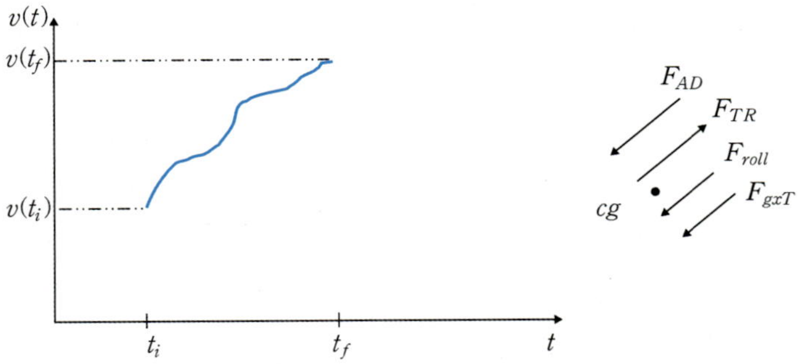

[그림 2-16] 임의의 속도 프로파일

$$\sum F = m\frac{dv}{dt}$$

$$\begin{aligned} F_{TR} - F_{AD} - F_{roll} - F_{gxT} &= m\frac{dv}{dt} \\ F_{TR} &= m\frac{dv}{dt} + mg\sin\beta + F_{\mathrm{AD}} + F_{\mathrm{roll}} \\ &= m\frac{dv}{dt} + mg\sin\beta + \left[\mathrm{mg}\,C_1 + \frac{\rho}{2}A_F C_D\right]v^2 + mg\,C_0 \end{aligned} \quad (2.21)$$

순간의 견인력 $P_{TR}(t)$는 다음과 같다.

$$\begin{aligned} P_{TR} &= F_{TR}(t)v(t) \\ &= mv\frac{dv}{dt} + v(F_{gxT} + F_{AD} + F_{roll}) \end{aligned} \quad (2.22)$$

견인 에너지의 변화량Δe_{TR}은 다음과 같다.

$$\begin{aligned} \Delta e_{TR} &= \int_{t_i}^{t_f} P_{TR}(t)dt \\ &= m\int_{v(t_i)}^{v(t_f)} vdv + \int_{t_i}^{t_f}(v)F_{gxT}dt + \int_{t_i}^{t_f}(v)(F_{AD}\ F_{roll})dt \end{aligned} \quad (2.23)$$

추진 장치가 공급하는 에너지는 다양한 형태의 에너지로 변환되며, 그중 일부는 차량 시스템에 저장되고, 나머지는 비구조적인 힘에 의하여 손실된다. 식 (2.23)의 각 항과 관련된 에너지의 유형을 분석하기 위해 식 (2.23)의 우변의 첫 항을 살펴보자.

$$m\int_{v(t_i)}^{v(t_f)} v\,dv = \frac{1}{2}m[v^2(t_f) - v^2(t_i)] = \Delta(\text{운동에너지})$$

또한 우변의 다음 항은 다음과 같이 나타낼 수 있다.

$$\begin{aligned}\int_{t_i}^{t_f}(v)F_{gx\,T}\,dt &= mg\int_{t_i}^{t_f} v\sin\beta\,dt = mg\int_{s(t_i)}^{s(t_f)}\sin\beta\,ds = mg\int_{f(t_i)}^{f(t_f)} df \\ &= mg\,[f(t_f) - f(t_i)] \\ &= \Delta\,(\text{위치에너지})\end{aligned}$$

다음 식은 수직 변위에 mg를 곱한 위치에너지의 변화를 나타낸다. 식 (2.23)의 우변의 세 번째와 네 번째 항은 구름저항력과 공기저항력을 포함하는 부하를 극복하는 데 필요한 에너지를 나타낸다. 이러한 에너지를 보통 손실항이라고 하며, 다음과 같이 나타낼 수 있다.

$$\int_{t_i}^{t_f}(v)(F_{AD} + F_{roll})dt = E_{loss}$$

여기서 $v(t) > 0$, $t_i \le t \le t_f$ 일 때, $K_3 = mg\,C_0$, $K_4 = mg\,C_1 + \frac{\rho}{2}C_D A_F$ 이다.

$$\begin{aligned}E_{loss} &= K_3\int_{t_i}^{t_f}\frac{ds}{dt}dt + K_4\int_{t_i}^{t_f} v^3 dt \\ &= K_3\Delta s + K_4\int_{t_i}^{t_f} v^3 dt\end{aligned}$$

다음 식을 분석하여 Δe_{TR}을 얻을 수 있다.

$$\Delta e_{TR} = \frac{1}{2}m\left[v^2(t_f) - v^2(t_i)\right] + mg\,[f(t_f) - f(t_i)] + \int_{t_i}^{t_f}(v)(F_{AD} + F_{roll})dt$$

$$\text{또는 } \Delta e_{TR} = \Delta(\text{운동에너지}) + \Delta(\text{위치에너지}) + E_{loss}$$

예제 2.4

[예제 2.4]에서 주어진 변수와 동일한 변수를 가지는 차량은 F_{TR}이 상수거나 가속도가 일정할 때, 13초 안에 시작 속도 0에서 97km/h까지 가속한다.

(a) 각 가속 유형의 속도 프로필을 한 그래프에 표시하라.
(b) 각 가속 유형에 필요한 견인 에너지를 계산하고 비교하라.

$$F_{TR} = 1{,}548\text{N} = \text{일정}$$

풀이

(a)

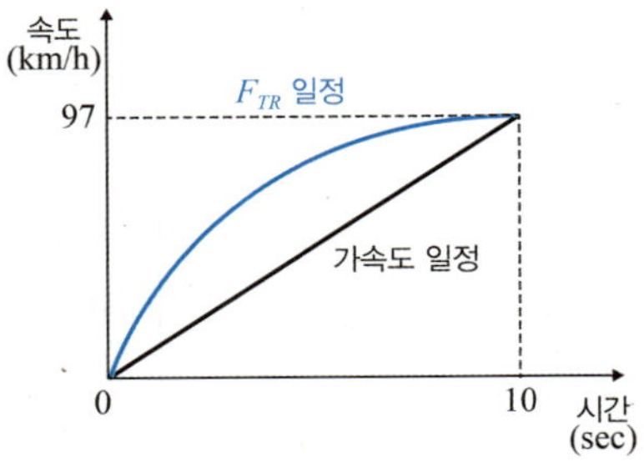

(b) F_{TR}이 상수일 때 $\Delta e_{TR} = 0.2752\text{MJ}$
가속도가 일정할 때 $\Delta e_{TR} = 0.2744\text{MJ}$

SECTION
2.7

타이어 – 부하 역학

Tire-Road Force Mechanics

견인력을 포함한 여러 힘들이 구동하는 차량의 타이어-도로 접촉면에 작용한다. 추진 시스템의 견인 토크는 타이어-도면에서 공압 타이어와 노면의 작용/반작용을 통해 견인력으로 변환된다. 공압 타이어는 차량의 질량을 지지하고 주행 및 제동을 위한 견인력을 제공하는 것 외에도 차량의 여러 기능을 수행하도록 설계되었다. 차량의 성능 잠재력은 추진 시스템과 변속기의 특성뿐만 아니라 타이어-도로에서 유지할 수 있는 최대 견인력(또는 제동력)에 따라 달라진다. 지속 가능한 최대 마찰력은 공압 타이어의 마찰계수에 의해 결정되며, 공압 타이어의 마찰계수는 도로 노면의 특성과 구동 차축 또는 차축의 정상 부하에 따라 달라진다. 추진 시스템 견인력(또는 제동력)과 지속 가능한 최대 마찰력 중 더 작은 쪽이 차량의 전반적인 동작을 결정한다. 타이어-도로 인터페이스의 견인력 특성은 차량의 동적 거동을 평가하는 데 필수적이다. 타이어 역학에 대한 연구는 차축과 도로 사이의 힘 전달 메커니즘을 이해하는 데 도움이 된다. 해당 주제는 매우 복잡하기 때문에 이해를 돕기 위하여 여러 이론이 제안되었다.[1~3] 그 중 기본적인 개요만 이 책에 정리하였다.

2.7.1 슬립

차량 견인력에 필요한 마찰력은 타이어 회전 속도와 차량 선행 주행 속도 간의 차이에 따라 달라진다. 타이어 회전 속도는 휠 각속도와 관련이 있고, 다음과 같이 구할 수 있다.

$$v_{\text{타이어}} = w_{wh} r_{wh}$$

여기서 w_{wh}는 휠 속도이고 r_{wh}는 구동 휠 반경이다. 휠 속도는 차량속도 v와 동일하다. 차량속도 v와 타이어 속도 v_{tire}는 [그림 2-17]에서 볼 수 있듯이 다른 값을 갖는다.

타이어 속도와 차량속도 사이의 각도는 [그림 2-17]에 과장하여 나타낸 슬립 각도 α로 볼 수 있다. 속도의 차이는 타이어의 특성과 타이어-노면에서 힘의 상호작용에 의해 발생한다. 타이어의 힘은 한 지점을 통하여 작용하지 않고 타이어의 접촉 영역과 노면에 작용한다. 게다가 힘은 균일하게 작용하지 않고 접점을 따라 종방향, 횡방향으로 작용한다. 차량 견인력 F_{TR}은 종방향으로 작용한다. 종방향, 횡방향 힘은 뒤에서 자세히 설명하고 먼저 종방향 차량 슬립에 대하여 살펴보도록 하자.

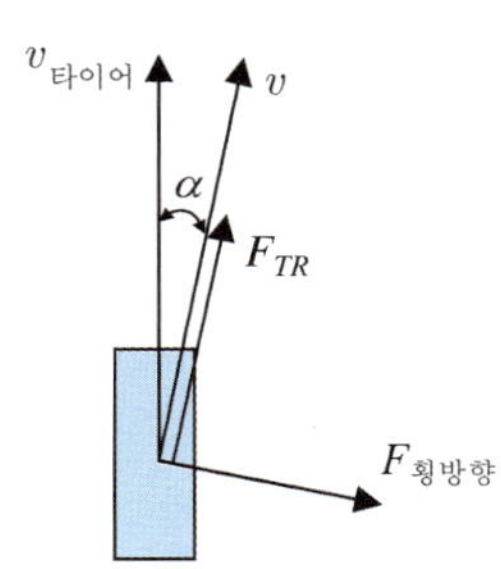

[그림 2-17] 타이어-도로 접촉면의 속도와 힘

견인 토크가 구동륜에 가해지면 이동하는 차량의 타이어 트레드[3]의 접지면으로 점진적으로 견인 토크가 가해진다. 접촉 접지면 앞단의 타이어 트레드는 축에 가해지는 견인 토크로 인해 뒤보다 높은 압축을 받는다. 휠의 회전과 견인 토크는 순간적인 회전 중심을 이동시킨다. 타이어의 사이드 월도 동시에 전단 변형을 한다. 추진 토크를 받을 때 타이어가 이동하는 거리는 압축에 의해서 자유 회전 타이어의 거리보다 짧다. 차량의 슬립 s를 식으로 나타내면 다음과 같다.

$$s = \left(1 - \frac{v}{w_{wh} r_{wh}}\right) \tag{2.24}$$

여기서 v는 차량 속도다. 이는 선형 속도 $w_{wh} r_{wh}$로 변환된 휠 각속도보다 작기 때문에 주행 중에 슬립은 0과 1 사이의 양수이다. 슬립은 백분율로 나타내며 차량 속도는 다음과 같다.

$$v = w_{wh} r_{wh} (1 - s)$$

차량이 제동할 때 타이어에 제동 토크가 적용돼 비슷한 압축이 가해지고 차량 속도와 휠 각속도의 차이가 발생해 차량을 멈출 수 있다. 제동할 때 슬립은 다음과 같다.

$$s = \left(1 - \frac{w_{wh} r_{wh}}{v}\right) \tag{2.25}$$

2.7.2 타이어-노면에서 견인력

차축의 회전 운동은 타이어-노면에서 차량의 선형 운동으로 변환되어 차량 운동이 가능하다. 차량의 축을 통해 구동 휠에 토크가 가해지면 견인 토크에 비례하는 마찰력이 타이어-노면에서 발생한다. 타이어에 가해지는 힘은 앞서 언급한 지점에 국한되지 않으며, 접촉면에서 분포된 타이어 트레드 각 요소에 의해 가해지는 정상 및 전단 응력의 결과이다. 타이어 아래의 응력은 타이어-노면의 2차원 접촉면을 따라 x 방향과 z 방향으로 균일하게 분포된다. 2차원 응력 분포는 종방향과 횡방향 힘 모두를 발생시킨다. 종방향 및 횡방향 힘은 접촉 영역에 걸쳐 접촉면의 전단 응력을 적분하여 얻을 수 있다. 종방향 힘은 차량의 직진 속도에 작용하는 견인력으로, 앞서 견인력 F_{TR}로 정의하였다.

휠에 가해지는 힘과 타이어-노면의 응력 분포는 [그림 2-18]에 나와 있다. 응력 분포와 합력은 타이어-도로 경계면의 접촉면의 면적과 관련이 있다. 휠의 회전축을 중심으로 작용하는 견인 토크 T_{TR}은 휠의 각속도 w_{wh}를 발생시킨다. 이 견인 토크는 주로 타이어-노면에 분포된 압력 또는 응력에 영향을 미친다. 접촉면에 대한 종방향 응력 분포는 견인력을 생성한다. 또한 수직 y 방향으로 작용하는 휠의 축에 가해지는 무게로 인해 수직 응력이 발생한다. 타이어-노면 경계면에서 타이어의 변

3 **(역자주)** 노면에 닿는 타이어의 접지면을 의미한다.

형으로 인해 수직 또는 정상 압력이 앞으로 이동한다. 결과적으로 도로의 반작용력의 중심이 앞으로 이동하며 휠의 회전축과 일직선상에 정렬되지 않는다. 이로 인해 구름저항력 F_{roll}이 발생한다.

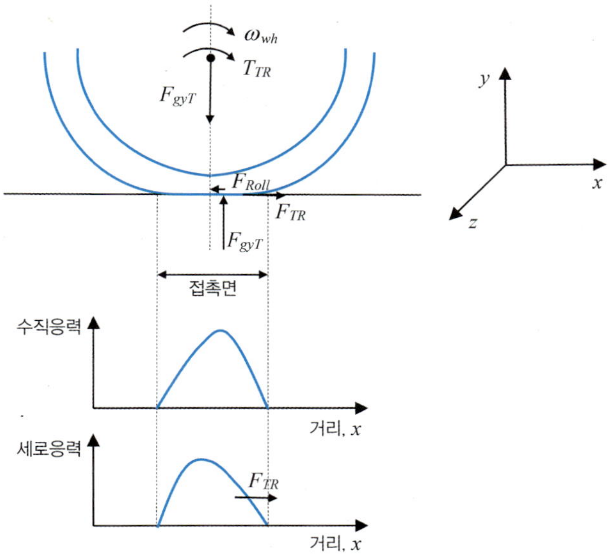

[그림 2-18] 휠에 가해지는 힘과 타이어-도로 경계면의 응력 분포

[그림 2-18]은 구르는 타이어의 접촉면에 대한 수직응력 분포를 보여준다. 접촉면 영역에 걸쳐 적분된 수직 응력 분포는 수직 도로 반력 F_{gyT}를 발생시킨다. 수직 반력 F_{gyT}는 견인력의 한계를 결정하는 데 큰 역할을 한다. 해당 내용의 자세한 부분은 뒷장에서 설명한다.

2.7.3 타이어-노면에서 강제변속

타이어-노면은 견인력 생성을 담당하는 기어 메커니즘으로 생각할 수 있다. 휠의 회전 운동을 차량의 선형 운동으로 변환하는 것은 [그림 2-19]와 같은 볼-스크류 배열과 비교할 수 있다. 이는 회전 운동을 선형 운동으로 변환하고 힘을 전달하는 기어 메커니즘이다.

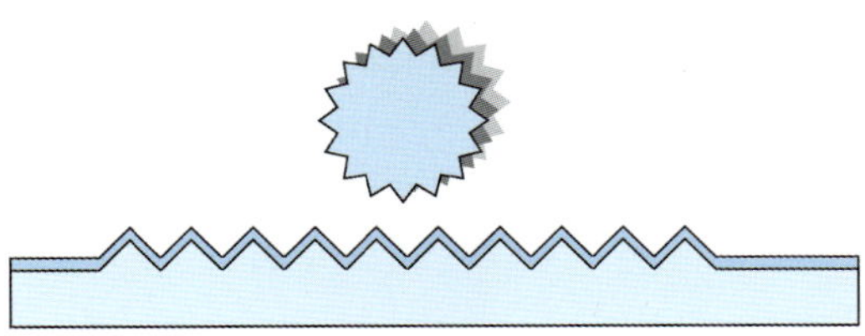

[그림 2-19] 회전 운동을 선형 운동으로 변환하기 위한 볼 스크류 기어 배치

회전기어에서 선형기어로 동력이 전달되고 선형기어는 고정되어 있다고 가정해보자. 회전기어는 회전 모터에 의해 회전축을 따라 구동되고, 모터와 기어의 회전 시스템이 선형기어 트레인을 따라 이동할 수 있다. 이 시스템에서 회전 모터에 의해 토크가 가해지면 기어 트레인에 마찰력이 발생하고 회전 시스템이 전진 또는 후진하도록 도와준다. 이러한 유형의 마찰력은 공압 타이어와 포장된 표면이 견인력 F_{TR}을 발생하는 데 사용하는 경우를 제외하고 노면을 따라 차량을 움직일 수 있도록 한다.

차량 추진 토크로 인해 타이어-도로 인터페이스에서 발생하는 접착력 및 히스테리시스는 [그림 2-20]과 같다.[3]

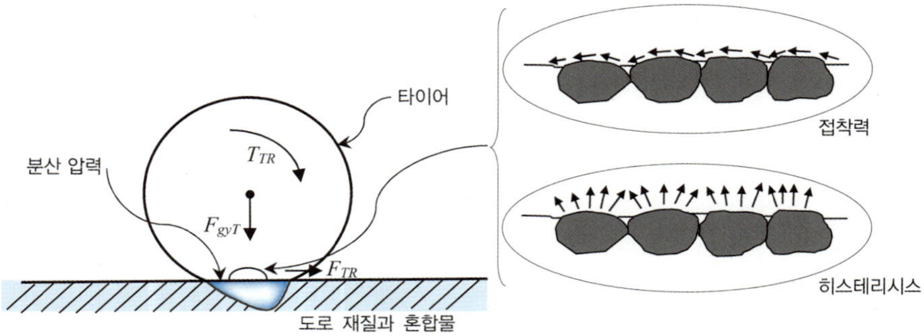

[그림 2-20] 구르는 타이어의 타이어-도로 접점에 가해지는 힘

도로에 대한 접착력은 고무와 노면 골재 사이의 분자 간 결합으로 인해 발생한다. 미시적 수준에서 노면은 매끄럽지 않지만, [그림 2-20]과 같이 노면 골재의 봉우리와 골이 있다. 건조한 도로에서는 접착 마찰이 대부분이지만 젖은 상태에서는 접착 마찰이 줄어든다. 히스테리시스는 고무가 도로 골재 위로 미끄러지면서 변형되는 것으로, 마찰 성분은 히스테리시스로 인한 에너지 손실에서 비롯된다. 물은 히스테리시스 마찰에 크게 영향을 미치지 않는다. 개선된 타이어는 젖은 도로에서 트레드의 성능을 높이기 위하여 히스테리시스 고무로 설계되었다.

접착력과 히스테리시스의 마찰력은 타이어 특성과 힘의 상호작용으로 인하여 타이어-노면에서 타이어가 변형됨에 따라 크게 달라진다. 이러한 타이어 변형으로 인하여 차량의 종방향 슬립이 발생하는데, 차량 슬립 자체는 차량 견인의 기본요소이다. 슬립은 타이어-노면이 지원할 수 있는 견인력을 결정한다. 그러므로 차량 견인에는 일정량의 슬립이 필수이지만, 너무 많이 미끄러지면 견인력의 한계가 감소한다.

2.7.4 쿼터 차량 모델

운동 법칙에 대한 연구는 종종 쿼터 차량, 즉 차량의 1/4을 고려하는 것에서 시작한다. 쿼터 차량 모델은 [그림 2-21]에 나와 있다. 쿼터 차량 모델은 주행(동력) 휠과 후행(동력끊김) 휠의 동작을 별도로 분석할 수 있다. 또한 섀시와 휠의 동역학은 별도로 취급되므로, 이 모델은 힘의 수직 성분을 고려하면서 서스펜션 동역학을 공부하는 데 특히 유용하다.

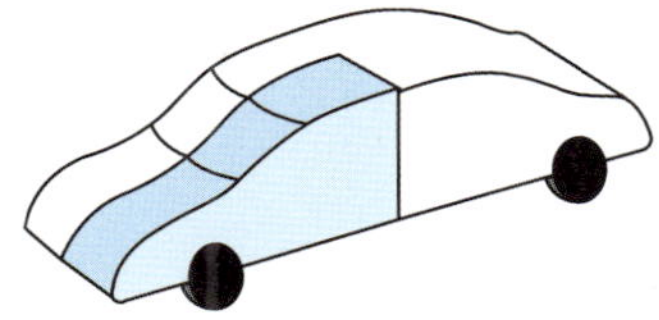

[그림 2-21] 쿼터 차량 모델

2.3절과 동일하게 가정하여 섀시에 적용된 뉴턴의 운동 제2법칙의 x 성분을 나타내면 다음과 같다.

$$F_{Rw} - F_{AD} - F_{gxT} - F_{Rr} = m\frac{dv}{dt} \tag{2.26}$$

여기서 F_{Rw}는 휠과 섀시 사이의 반력이고, m은 섀시의 1/4의 무게, F_{Rr}은 자동차의 앞부분과 뒷부분 사이의 반력이고 [그림 2-22]에서 볼 수 있다. 여기서 서스펜션 역학은 분석하지 않으므로 y축의 구성요소는 생략한다.

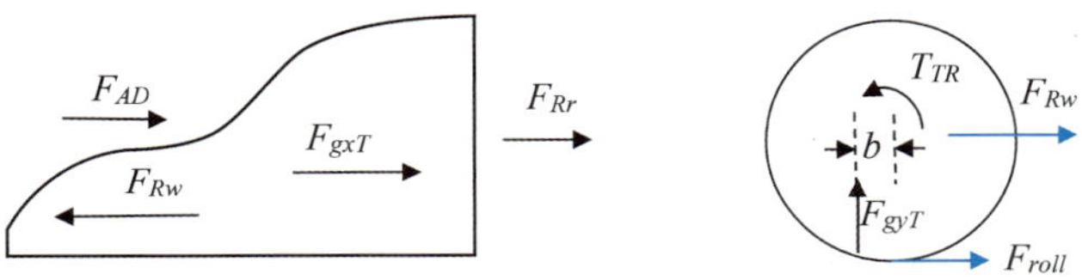

[그림 2-22] 쿼터 차량 모델에서 섀시의 x축 힘 구성요소와 휠의 힘 및 토크

힘과 토크의 균형에서 휠의 역학은 다음과 같다.

$$-F_{Rw} - F_{roll} = m_w\frac{dv}{dt} \tag{2.27}$$

$$T_{TR} - F_{gyT}b + F_{roll}r_{wh} = J_w\frac{dw_{wh}}{dt} \tag{2.28}$$

여기서 T_{TR}은 주행 또는 견인 토크, m_w는 휠의 질량, r_{wh}는 휠의 반경이다. T_{TR}은 후륜에서 0이다. 견인력은 EV의 전기모터에 의해 공급되며, HEV에서는 전기모터와 IC 엔진이 결합하여 도로 부하를 이겨낸다.

식 (2.27)과 (2.28)을 식 (2.26)에 대입하면 다음과 같다.

$$\frac{T_{TR}}{r_{wh}} - F_{gyT}\frac{b}{r_{wh}} - F_{AD} - F_{gxT} - F_{Rr} = (m+m_w)\frac{dv}{dt} + \frac{J_w}{r_{wh}}\frac{dw_{wh}}{dt} \tag{2.29}$$

식 (2.29)의 노면 하중은 식 (2.1)과 동일한 성분을 가지고 있고 T_{TR}/r_{wh}는 견인력의 역할을 한다는 것을 알 수 있다. 차량을 가속하기 위해 견인력은 구름저항, 공기저항, 질량 성분 및 차량 후면의 등가력을 이겨야 한다. 식 (2.29)의 우변은 다음과 같이 단순화된 형태로 쓸 수 있다.

$$(m+m_w)\frac{dv}{dt}+\frac{J_w}{r_{wh}}\frac{d\omega_{wh}}{dt}=k_m m\frac{dv}{dt} \tag{2.30}$$

여기서 $k_m m\frac{dv}{dt}$는 쿼터 차량의 변환 질량과 회전 질량의 관성을 설명하는 등가 관성력이다. 접선 방향의 동적 운동 방정식은 식 (2.5)와 같은 형태를 취한다.

$$k_m m\frac{dv}{dt}=F_{TR}-F_{RL}-F_{Rr} \tag{2.31}$$

여기서 k_m은 회전관성계수이다. 식 (2.30)에서 휠의 접선 속도는 슬립 값에 따라 휠의 회전 속도와 다를 수 있다.

2.7.5 견인 제한과 제어

타이어-노면에서 유지할 수 있는 최대 구름저항력은 차량 슬립의 양과 휠에 가해지는 수직 하중에 따라 다르다. 슬립 마찰계수 $\mu(s)$와 수직 하중은 휠의 구름저항을 다음과 같이 정의한다.

$$F_{roll}(s)=\mu(s)F_{gyT}$$

여기서 F_{gyT}는 휠의 수직항력이다. 따라서 휠 방정식은 다음과 같다.

$$-F_{Rw}-F_{roll}(s)=m_w\frac{dv}{dt}$$

$$T_{TR}-F_{gyT}b+F_{roll}(s)r_{wh}=J_w\frac{d\omega_{wh}}{dt}$$

고정된 슬립 각도에 대한 함수로서 종방향 및 횡방향 힘 모두에 대한 대표적인 마찰계수는 [그림 2-23]과 같다.

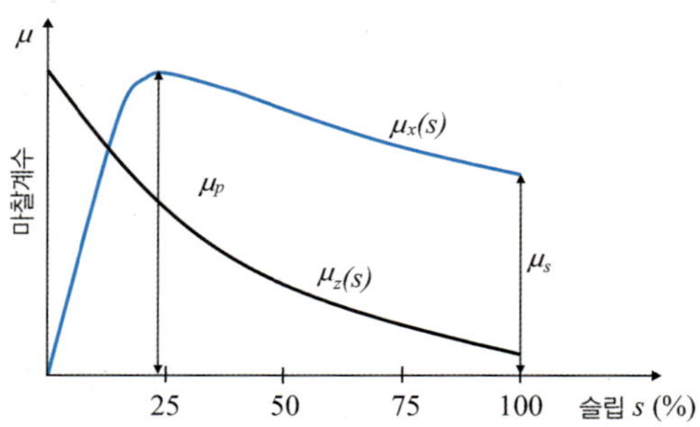

[그림 2-23] 종방향 및 횡방향 견인력 계수 변동

대부분의 타이어 트레드 요소는 큰 슬립이 없을 때 가장 효과적으로 작동하기 때문에 접촉면의 견인력 한계는 시작 시 슬립에서 거의 선형으로 증가한다. 견인력은 슬립의 약 20% 구간에서 최고점에 도달한다. 슬립이 100%에 도달하면 차량은 선형 속도 없이 미끄러진다. 견인력 한계와 슬립 사이의 관계는 한계 값을 넘어서 비선형이 된다. 슬립이 100%에 도달하면 차량은 선형 속도 없이 미끄러진다.

건조한 도로에서 견인력의 한계 값은 수직 하중의 약 80 ~ 90%이다. 이 한계 값은 정지 마찰계수 μ_p로 정의한다. 슬립이 100%에 도달할 때 마찰계수는 운동 마찰계수 μ_s로 알려져 있다. 마찰계수는 도로 상태에 따라 다르지만 곡선의 모양은 동일하게 유지된다. [표 2-1]은 노면에 따른 정지 마찰계수와 운동 마찰계수를 나타낸다.

[표 2-1] 정지 마찰계수 및 운동 마찰계수

노면	정지 마찰계수, μ_p	운동 마찰계수, μ_s
아스팔트, 콘트리트(건조한)	0.9	0.75
콘크리트(젖은)	0.8	0.7
아스팔트(젖은)	0.6	0.5
자갈	0.6	0.55
눈	0.2	0.15
빙판	0.1	0.07

빙판길의 정지 마찰계수와 운동 마찰계수는 건조한 도로의 마찰계수보다 훨씬 작기 때문에 추진 시스템의 동일한 견인 토크에 대해 휠이 더 쉽게 미끄러진다. 휠-슬립 조건에서 타이어-노면은 휠에 견인 토크가 있더라도 더 낮은 마찰력 한계로 인해 견인력을 계산할 수 없다. 한계 값이 나타날 위치는 슬립 각도에 따라 달라진다. 슬립 각도가 작을 경우 한계 값은 더 작은 슬립 값에 나타난다.

오늘날의 차량에는 견인 컨트롤 시스템**Traction control system, TCS**이 통합되어 종방향과 횡방향 힘 모두를 제어한다. 종방향 제어 알고리즘은 미끄러짐을 방지하기 위해 견인력을 제한한다. 횡방향 제어는 요(yaw) 동작을 0으로 유지하도록 한다. 이는 조향 각도를 제어함으로써 달성할 수 있다. 4륜 구동 차량의 각 휠에 대한 독립적인 슬립 방지는 횡방향 안정성을 효과적으로 개선한다. 견인 시스템의 동역학은 비선형적이고 시변적이다. 따라서 모델 기반 견인 컨트롤 시스템의 설계도 비선형적이고 시변적이다. 이런 제어 시스템을 설계하는 데 있어서 가장 어려운 점은 서로 다른 타이어와 노면의 마찰계수와 슬립 특성을 실시간으로 추정하는 것이다.

SECTION 2.8

추진 시스템 설계

Propulsion System Design

설계 단계에서 사용하여 정상상태 최대 속도, 최대 경사도 및 속도 방정식을 특정 차량의 동력 사항을 설계할 수 있다.

초기 가속도는 추진 장치의 정격 출력을 설계하는 데 중요한 역할을 한다. 따라서 이에 대한 견인력 요구 사항을 고려해보자. 초기 가속도는 t_fs에서 v_f로 지정된다. F_{TR}의 설계 문제는 차량 질량, 구름저항, 공기 저항 계수, 백분율 경사, 휠 반경 등을 포함한 변수들에서 시작한다. 알려져 있는 일부 변수들 외에 모르는 변수들은 가정하여 설계해야 한다. 이 변수들의 관점에서 차량의 가속도는 다음과 같다.

$$a = \frac{dv}{dt} = \frac{F_{TR} - F_{RL}}{m} \tag{2.32}$$

EV용 전기모터의 견인력 출력 또는 HEV용 전기모터와 내연 엔진의 조합은 차량 속도의 함수가 된다. 또한 도로 하중 특성은 추진 장치에서 원하는 견인력을 결정하기 위해 해결해야 하는 초월 방정식의 결과인 속도의 함수이다. 다른 설계 인자들도 견인력을 결정하는 데 중요한 역할을 한다. 이 문제는 2.5절과 2.6절의 다양한 식을 반복적으로 사용하여 주어진 사양에 대한 추진 장치의 견인력과 동력사항을 계산할 수 있는 컴퓨터 시뮬레이션을 통하여 처리할 수 있다.

이 장에서 얻은 지식들을 바탕으로 3장에서는 EV 및 HEV의 전기모터 및 내연 엔진의 출력 등급을 설계할 것이다.

2장 연습문제

2.1 도로의 길이는 직선이고 $x-y$ 평면에서 다음과 같은 프로파일을 갖는다. 이때 $0 \leq x \leq 5\text{km}$이고, $f(x)$와 x의 단위는 ft이다.

$$f(x) = 200 \ln[7.06 \times 10^{-4}(x + 1{,}416)]$$

(a) $x-y$ 평면에 도로 프로파일을 그려라($0 \leq x \leq 5\text{km}$).

(b) $\beta(x)$에 대한 표현식을 도출하고 β를 계산하라(152m).

(c) 백분율 각(x)에 대한 표현식을 도출하고 백분율 각을 계산하라(152m).

(d) 직선 도로 길이 $s(x)$에 대한 표현식을 도출하고 s를 계산하라.(152m, $s(0)=0$)

(e) $x(s)$에 대한 표현식, 즉 x를 s의 함수로 표현할 수 있을지 몇 가지 과정을 시도해보라.

2.2 직선 도로는 $x-y$ 평면에 다음과 같이 주어진 프로파일을 갖는다. $f(x_f)$와 x_f는 ft 단위이다.

$$f(x_f) = 4.1\sqrt{x_f} = 3200\text{m} \quad (0 \leq x_f \leq 3.2\text{km})$$

(a) $\beta(x)$에 대한 표현식을 도출하고 β를 계산하라(152m).

(b) 직선 도로 길이를 계산하라($s=0 \sim 3.2\text{km}$).

2.3 EV가 아래와 같은 변수를 갖는다고 할 때 아래 질문에 각각 답하시오.

$$m = 692\text{kg},\ C_D = 0.2,\ A_F = 2\text{m}^2,$$
$$C_0 = 0.009,\ C_1 = 1.75 \times 10^{-6}\text{s}^2/\text{m}^2,$$
$$\rho = 1.16\text{kg/m}^3,\ \text{g} = 9.81\text{m/s}^2$$

(a) EV는 도로의 경사가 +15%인 지점에서 제동 신호에 멈춘다. 차량의 견인력은 차량 브레이크에 의해 제공된다. 이때 구름저항이 0이 되는 데 필요한 견인력(차량은 정지 상태)과 EV가 경사면을 굴러 내려가지 않기 위해 브레이크에서 필요한 최소 견인력을 계산하라.

(b) EV는 −12%의 일정한 기울기를 가진 도로를 따라 일정한 속도로 움직이고 있다, $0 < V \leq 290\text{km/h}$일 때, 한 그래프에 접선 중력($F_{gxT}$), 공기저항력($F_{AD}$), 구름저항력($F_{roll}$)을 하나의 그래프에 그려라. 또한 견인력에 대한 식을 속도의 함수로 유도하고 해당 식을 그래프로 그린 다음 견인력은 항상 같은 방향인지 확인하라.

2장 연습문제 ▸▸▸

2.4 다음과 같은 조건이 주어졌을 때 모든 단계를 나타내고, 일정한 F_{TR} 경사 가속도에 대한 속도 프로파일(예 : $v(t)$)을 도출하고 그래프로 그려라(일정한 경사 β는 상수이지만 0이 아니다).

❶ EV는 $t=0$일 때 정지 상태이다.
❷ F_{gxT}, F_{TR}의 결과로 EV가 구름저항을 극복하여 운행한다.
❸ $t \geq 0$일 때 $v(t) \geq 0$ 이다.

중력은 속도 프로파일에 어떤 영향을 미치는가?

2.5 차량은 10초 안에 0에서 97km/h까지 가속된다.

$$v(t) = 20\ln(0.282t + 1)\,\mathrm{m/s} \quad (0 \leq t \leq 10\,\mathrm{s})$$

차량은 평지에 있고 변수는 [연습문제 2.3]에 제시된 변수를 사용한다.

(a) $F_{TR}(t), P_{TR}(t)$을 계산하고 도시하라 $(0 \leq t \leq 10\,\mathrm{s})$.
(b) Δe_{TR}을 계산하고, ΔKE의 Δe_{TR}을 계산하라. 그리고 E_{loss}의 값을 구하라

2.6 $\beta = \pm 4°$일 때 정상상태 F_{TR}에 따른 V 특성을 [연습문제 2.3]에 제시된 차량 변수를 사용하여 계산하고 같은 그래프에 그려라($-97 < V \leq 97\,\mathrm{km/h}$, $V \neq 0$).

2.7 EV 경주 선수가 [그림 P2.7]과 같이 5개의 버스를 넘으려고 한다. 차량은 이륙 경사로의 시작 부분에서 100m 위치에서 정지 상태로 출발한다. 차량은 161km/h로 주행하는 이륙 경사로의 끝에 도달할 때까지 균일하게 가속된다. 차량에는 다음 변수들이 있다.

$$m = 692\,\mathrm{kg},\ C_D = 0.2,\ A_F = 2\,\mathrm{m}^2,$$
$$C_0 = 0.009,\ C_1 = 1.75 \times 10^{-6}\,\mathrm{s^2/m^2},$$
$$\rho = 1.16\,\mathrm{kg/m^3},\ g = 9.81\,\mathrm{m/s^2}$$

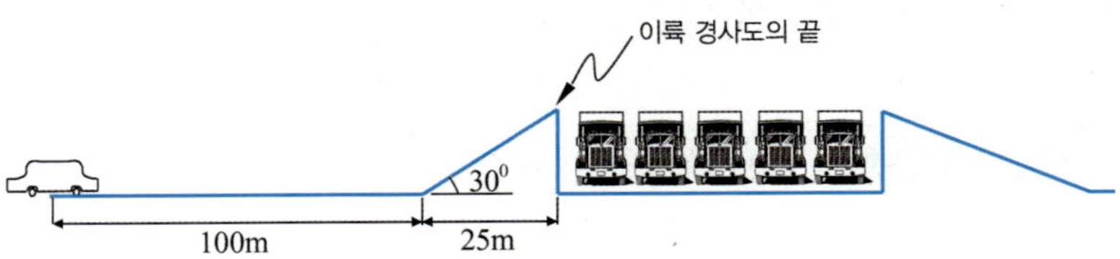

[그림 P2.7] 종방향 및 횡방향 견인력 계수 변동

(a) 차량이 출발할 때부터 이륙 경사로 끝에 도달할 때까지 차량속도 프로파일을 그리고 표시하라 그리고 차량이 이륙 경사로 끝에 도달하는 데 걸리는 시간을 구하라.

(b) 이륙 경사로의 시작부터 끝까지 중력 위치에너지의 변화를 계산하라.

(c) $\Delta e_{TR} = 8.28 \times 10^5\,\mathrm{J}$일 때, 이륙 경사도 시작부터 끝까지 에너지 손실 E_{loss}를 계산하라

2.8 어떤 차량이 아래와 같은 변수를 갖는다고 할 때 아래 질문에 각각 답하시오. 이 차량은 추진 장치의 최대 출력 한계에 도달할 때 0.5% 도로 경사에서 5초 만에 0m/s에서 21m/s로 가속한다. 그런 다음 차량은 정출력 모드에서 7초 동안 가속한다. 최대 전력 제한은 145kW이다.

용어	변수
차량 질량	2,000kg
운전자(승객 한 명)	80kg
구름 저항 계수, C_0	0.01
휠 반경, r_{wh}	0.3305m
공기저항 계수, C_{AD}	0.45
전면 투영 면적, A_F	2.5m^2

(a) 주어진 조건에서 일정 출력 가속도에 대한 dv/dt 방정식을 작성하라.

(b) 10초 뒤의 속도를 구하라.

(c) 도로 기울기가 10초에 4%로 변할 경우에 12초일 때 속도는 얼마인가?

2.9 다음 질문에 각각 답하시오.

(a) 차량 속도가 97km/h이고 휠 슬립이 15%일 때 [연습문제 2.8]에 제시된 차량의 휠 속도를 구하라.

(b) 휠 슬립의 함수로써 마찰계수는 다음과 같다.

$$\mu(s) = \mu_{pk}[a(1-e^{-bs}) - cs]$$

건조한 도로에서 마찰계수에 대한 변수는 다음과 같다. [연습문제 2.8]의 차량 운전자와 동승자가 1명 있는 상태에서 1% 경사로에서 15% 슬립에 대한 견인력 한계를 계산하라.

$$\mu_{pk} = 0.85,\quad a = 1.1,\quad b = 20,\quad c = 0.0035$$

m.e.m.o

CHAPTER 3

차량의 구조 및 설계

Vehicle Architectures and Design

들어가기 전에 ▸▸▸

기존 내연기관 차량(ICEV)과 달리 첨단 차량 기술에서 대체되는 추진 구성요소는 전기 파워트레인이다. EV, HEV, PHEV 및 FCEV는 엔진이나 기계식 파워트레인 부품의 여부와 상관없이 모두 전기 파워트레인 부품을 갖는다. EV와 HEV에 서로 다른 파워트레인 구성요소를 배치하는 것을 차량 아키텍쳐라 한다. 그리고 탄소 배출량과 운전자의 운전성을 향상시키는 것이 새로운 하이브리드 구성을 개발하는 동기가 될 수 있다.

배터리 전기 차량(BEV)은 전기 기계, 전력전자 변환기 및 기어박스로 구성된 파워트레인으로, 가장 단순한 구조이다. HEV에는 파워트레인이 하나 더 있고 각각의 에너지 변환기에 최소한 두 개의 연료원이 공급된다. 결과적으로 HEV는 다양한 유형의 파워트레인 구조를 가질 수 있다. 이 장에서는 대체 차량 기술의 구조와 설계 방안을 설명하고 EV, HEV에 사용된 구성요소 및 그에 따른 크기 조정에 대해 설명한다. 이밖에도 하이브리드 구조의 분류 방식과 PHEV, FCEV의 특징을 다룬다. 연료 전지 및 연료 전지 차량에 대한 자세한 내용은 6장에서 다룬다.

차량의 연료는 대체 자원으로부터 얻을 수 있고 대다수의 하이브리드 차량은 대체 연료와 기존 화석 연료를 모두 사용한다. EV는 배터리 기술을 사용하여 화석연료가 아닌 전기로만 작동하는 것처럼 보일 수 있지만 배터리를 충전할 전기가 어떻게 생성되었는지에 따라 결국 기존 화석 연료에 의해 충전되는 것일 수 있다. 즉 풍력, 태양열, 수력과 같은 재생 에너지원으로 충전된 배터리를 사용했을 때 EV가 완전히 친환경적이라고 말할 수 있을 것이다.

SECTION 3.1

전기 차량

Electric Vehicles

1장에서 정의한 대로 EV는 휴대용 에너지원을 가지고 있으며 견인력은 하나 이상의 전기 기계에서만 나온다. 하나 이상의 전기 기계로만 구동되는 BEV는 동력 혼합이 필요 없는 가장 간단한 구조를 가진다. 다양한 구성요소들 간의 상호작용과 EV 시스템의 자세한 구조는 [그림 3-1]에 나타나 있다. EV 시스템의 주요 구성요소는 모터, 제어기, 동력원 및 변속기이다.

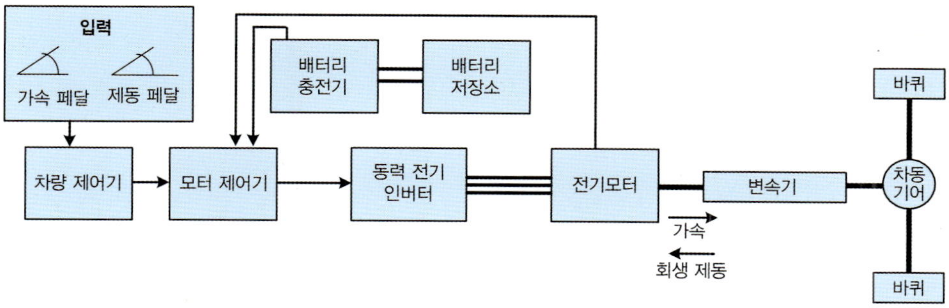

[그림 3-1] EV 시스템에 대한 전기 구성요소 및 선정 사항

전기 화학 배터리는 EV의 전통적인 에너지원이었다. 1996년 납 축전지는 최초의 상용 EV인 새턴 **Saturn** EV1에 사용되었지만, 그 이후에 배터리는 NiMH, 리튬-이온 배터리로 발전했다. 배터리는 에너지가 고갈되면 에너지를 충전하기 위한 충전기가 필요하다. 이처럼 EV의 제한된 배터리 문제를 해결하기 위해 연료전지와 같은 대체 에너지원과 플라이휠 등의 개발이 촉진되었다. 지난 20년 동안 연료전지를 장착한 시제품과 한정된 수량의 모델, 차량이 개발되었고 배터리 기술도 크게 발전했으며, 결과적으로 EV와 HEV에 사용되는 다른 유형의 리튬-이온 배터리가 개발되었다.

최근 수년간 개발된 EV는 유도 기계 또는 영구자석 기계를 기초로 한다. EV의 초기 개발 단계에서는 DC 기기가 사용되었으나 여러 단점으로 인해 개발자들은 AC 기기를 개발하려 노력하였다. 개발자들은 희토류 재료를 사용하며 유지보수가 필요 없고 비용이 저렴한 유도 기계를 원했다. 최근 EV용 유도 기계의 연구를 통해 고속 작동에 대한 새로운 관점이 열리고 있지만, 유도 기계의 고속 작동에는 크기와 무게를 동반한다는 단점이 있다. 영구자석 기계는 높은 전력밀도와 높은 효율을 가져 EV에 적용하기 좋은 선택지이지만, 고에너지 영구자석을 위한 저렴한 옵션이 개발되지 않는다면 높은 비용이 들 수도 있다. 그러나 해당 부분을 해결한다면 높은 전력밀도와 낮은 생산비용을 갖기 때문에 이상적이다. 한편 소음문제가 있다는 점이 EV에서 전환식 저항 기계를 사용하는 데 방해물이었다. 전기모터 설계에는 기계의 전자적인 측면뿐만 아니라 열적, 구조적 측면도 포함된다.

최근에 모터 설계 작업은 유한 요소 연구와 설계 프로세스를 효율적으로 만드는 다양한 컴퓨터 설계 도구에 의해 지원된다.

전력전자 장치 기반 전력 처리 장치는 고정 DC 전압을 가변 전압, 가변 주파수로 변환한다. 즉 전력 처리 장치를 통해 전기모터의 전원에서 차량의 원하는 작동 지점을 유지하며 구동할 수 있게 된다. 전력전자 회로는 전력 반도체 장치로 구성되어 30년 동안 크게 발전했다. EV의 전력전자 제품의 기반 기술은 효율적이고 고성능인 파워트레인 장치를 개발하기 위한 핵심 기술이다. 전력 반도체 장치 및 VLSI(초대규모 통합) 기술의 발전은 효율적이고 간결한 전력전자 회로 및 전자 제어 장치의 개발에 도움을 주고 있다. 소형의 고전력 장치를 통해 효율적인 전력 처리 장치와 전력전자 모터 드라이브 개발이 가능해졌으며, 고속 디지털 신호 과정 혹은 반도체의 중앙처리장치의 발전은 높은 정확도의 복잡한 제어 알고리즘을 구현했다. 제어기에는 내부 루프의 모터 드라이브 및 외부 루프의 시스템 단계 제어에 대한 알고리즘이 포함되어 있다.

SECTION 3.2

하이브리드 전기 차량

Hybrid Electric Vehicles

일반적으로 '하이브리드 전기 차량(HEV)'이라는 용어는 추진력을 위해 바퀴(휠)에 동력을 전달하는 동력원이 2가지 이상인 차량을 의미한다. 대부분의 HEV는 IC 엔진과 차량 추진을 위해 하나 이상의 전기 기계가 있다. IC 엔진은 전기 기계에 전력을 공급하기 위한 '온보드 on-board' 전기에너지를 생성하는 데 사용할 수 있다. 에너지 저장 장치는 발전기로 작동하는 전기 기계와 모터로 작동하는 전기 기계 사이의 전기에너지 흐름을 유지한다. 전기 기계는 모터와 발전기로 작동할 수 있다. 전기 기계가 하나인 차량의 경우 충전 및 추진력을 얻기 위해 모두 그 전기 기계를 사용해야 한다. 이때 전력 생산과 전기 추진은 동시에 할 수 없다. HEV에서 견인 전기모터는 독립적으로 작동하거나 차량 구조에 따라 바퀴에 동력을 공급하기 위해 IC 엔진과 함께 작동할 수 있다. 이 장에서 다루는 주제는 HEV의 기본 구조이다.

HEV를 분류하는 방법에는 여러 가지가 있다. 가장 일반적인 방법은 저장소에서 동력전달경로를 통해 바퀴로 전달하는 에너지 흐름 경로에 따라 분류하는 것이다. HEV에서 추진력은 기계적 동력전달경로, 전기 동력전달경로 또는 이 둘을 조합하여 바퀴에 전달된다. 기계적 경로는 IC 엔진과 변속기로 구성되고, 전기 경로는 에너지 저장 장치, 발전기, 추진 모터 및 변속기로 구성된다. 차량 파워트레인은 가속 및 시동 중 최대 부하뿐만 아니라 차량 기본 부하 요구 사항도 충족하도록 설계되었다. 동력전달경로에서 하이브리드 파워트레인 구성요소의 배열은 직렬, 병렬 및 직/병렬 하이브리드로 하이브리드의 구조를 설명한다.

HEV는 하이브리드 단계에 따라 마일드, 파워, 에너지 하이브리드로 구분할 수 있다. 이는 기존 ICEV와 HEV의 파워트레인의 크기 차이를 기준으로 분류한다. 마일드 하이브리드에서 에너지 하이브리드로 가려면 엔진의 크기는 줄이고 배터리와 전기 요소의 크기를 키우면 된다.

HEV는 에너지 장치가 외부에서 충전되는지, 내부에서 자체적으로 충전하는지에 따라 충전 고갈형, 충전 유지형 하이브리드로 분류된다. 충전 고갈형 하이브리드의 대표적인 예로는 BEV와 PHEV가 있다. PHEV는 특정 거리에서는 배터리용 전기모드로, 장거리에는 HEV 모드로 작동한다. PHEV는 기본적으로 HEV이지만, 충전량이 고갈되면 전기 전용모드를 작동하기 위해 플러그를 연결해야 한다. 상업적으로 이용 가능한 하이브리드인 충전 유지형 하이브리드는 더 작은 용량의 에너지 저장 장치를 갖는다. 다만 내부에서 자체적으로 충전하는 전기발전기와 IC 엔진이 에너지 저장 장치의 전하를 충전하기에 충분하기 때문에 충전 유지형 하이브리드는 플러그를 꽂아 충전할 필요가 없다.

3.2.1 하이브리드 차량의 구조

■ 직렬 및 병렬 하이브리드

HEV는 직/병렬 하이브리드의 형태로 발전했다. 직렬 하이브리드는 하나의 에너지 변환기만을 사용하여 추진력을 제공한다. IC 엔진은 배터리 또는 에너지 저장 링크 및 추진 모터에 전력을 공급하는 발전기를 구동하는 원동기 역할을 한다. [그림 3-2]는 직렬 HEV의 구조를 나타낸다.

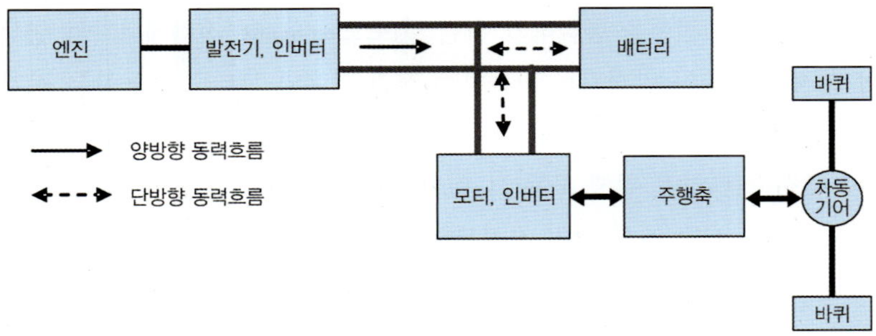

[그림 3-2] 직렬 HEV의 파워트레인

병렬 하이브리드는 하나 이상의 에너지 변환 장치가 추진력을 바퀴에 전달할 수 있는 하이브리드 차량이다. IC 엔진과 전기모터는 각각의 에너지원에서 나오는 토크를 기계적 커플링과 병렬로 혼합한다. [그림 3-3]은 병렬 HEV의 구조를 나타낸다.

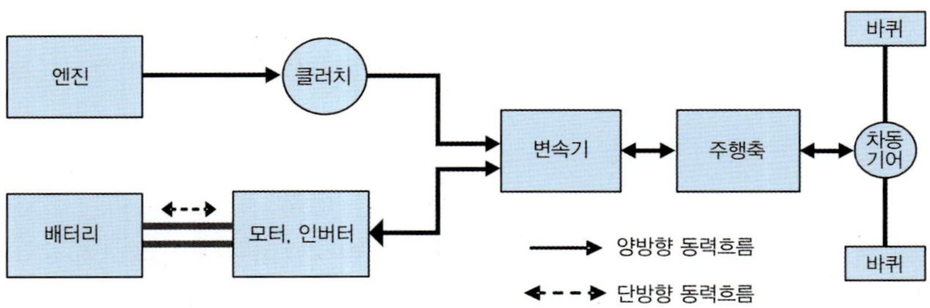

[그림 3-3] 병렬 HEV의 파워트레인

직렬 HEV는 전기모터가 바퀴에 모든 추진력을 제공하는 단순한 유형이다. 소형화된 IC 엔진은 배터리가 특정 충전 상태(*SoC*) 이하로 떨어졌을 때 발전기를 구동하여 배터리를 충전할 수 있다. IC 엔진과 발전기를 제외하고 직렬형 하이브리드의 추진 시스템은 EV의 추진 시스템과 정확히 동일하다. 차량을 추진하는 데 필요한 동력은 전기모터에 의해서만 공급된다. 전기모터의 동력 요구사항은 EV의 요구사항과 동일하다.

직렬 구성은 전기 견인 모터의 크기가 차량의 최대 동력 요구 사항에 대해 지정되어야 한다는 단점이 있다. 엔진이 전기 기계와 병렬로 사용되어 바퀴에 전원을 공급하면 단점을 제거할 수 있다. IC 엔진과 전기모터가 변속기와 클러치를 통해 구동축에 연결되는 것을 병렬 구조라고 한다. 병렬 HEV에서는 IC 엔진이 차량에 필요한 동력을 보완하기 때문에 EV 또는 직렬 하이브리드보다 전력 요구량이 낮다. 추진력은 IC 엔진이나 배터리 모터 세트 또는 두 시스템을 조합하여 공급된다.

직렬 하이브리드와 병렬 하이브리드에는 다양한 종류가 있지만, 차량의 목적 및 최적의 설계에 따라 종류가 달라진다. HEV 중 IC 엔진을 보조하는 기능을 갖춘 EV인 경우 배터리의 잔량이 항상 충전되도록 IC 엔진을 장착하는 차량 구조는 직렬 하이브리드이다. 한편 병렬 HEV는 IC 엔진 차량의 모든 성능과 편안함을 갖추고 있지만, 배기가스 및 연료 사용 기준이 낮을 때 사용한다. 병렬 HEV는 기존 내연기관 차량과 성능이 동일하도록 제작되었으며 IC 엔진 차량만큼 성능이 뛰어난 직렬 HEV도 제작되었다.

직렬 및 병렬 하이브리드의 장단점은 다음과 같다.

(1) 직렬 하이브리드

❶ 장점

- 엔진－발전기 조합의 위치가 유연하다.
- 구동 장치의 구조가 단순하다.
- 교통 정체가 심한 짧은 거리를 운전할 때 유리하다.

❷ 단점

- IC 엔진, 발전기, 모터 3가지의 추진부품이 필요하다.
- 모터는 높은 경사로를 오를 때와 같이 차량에 필요한 최대 전력을 지속적으로 제공해야 한다. 그러나 차량은 대부분 최대 출력 이하로 작동한다.
- 배터리가 IC 엔진에서 빠르게 방전되어 발전기를 통해 전력을 공급한다. 그러므로 세 가지 구동 장치의 구성요소 모두 장거리 지속 고속 주행을 위해 최대 출력에 맞게 크기를 조정해야 한다.

(2) 병렬 하이브리드

❶ 장점

- IC 엔진 및 모터/발전기 병렬 HEV에서는 모터를 발전기로 사용할 수 있으므로 2가지 추진 부품만 있으면 된다.
- 더 작은 엔진과 모터를 사용하여 배터리가 방전될 때까지 동일한 성능을 얻을 수 있다. 단거리 주행의 경우, 배터리가 절대 방전되지 않는다고 가정할 때 엔진과 모터 모두 최대 출력의 절반만으로 총 전력을 제공할 수 있다. 장거리 주행의 경우 엔진은 최대 출력이 될 수 있지만, 모터/발전기는 여전히 최대 출력의 절반 또는 그보다 작을 수 있다.

❷ 단점

- 두 개의 병렬 전원에서 동력 흐름을 조절하고 혼합해야 하기 때문에 제어 난이도가 증가한다.
- IC 엔진과 모터의 동력을 혼합하기 위해서는 복잡한 기계 장치가 필요하다.

병렬 하이브리드 중 적은 구성요소로 큰 가속 성능을 가지는 단순한 구조로는 '도로 통과**through-the-road**' 병렬 구조가 있다. 해당 구조는 전륜에 동력을 공급하는 엔진과 후륜에 동력을 공급하는 전기 기계로 구성된다. 엔진은 차량의 주요 추진 장치이며, 전기 기계는 가속 시 추진력을 공급하고 감속 시 재생을 통해 차량 운동 에너지를 포착하는 부하 평준화에 사용된다. 에너지 저장 장치의 충전량이 설정 단계 이하로 내려가면 엔진은 운전자의 요구를 충족하는 데 필요한 토크보다 많은 양을 전달한다. 엔진에서 공급되는 추가적인 에너지는 후방 전기 기계를 발전기로 작동시켜 에너지 저장 장치를 충전하는 데 사용된다. 동력은 도로를 통해 엔진에서 전기 기계로 전달되므로 '도로 통과'라는 이름이 붙는다. 충전 유지형 메커니즘은 비효율적일 수 있으나, 엔진과 전기모터의 토크를 혼합하기 위한 연결 장치가 필요 없어 구조가 단순하다. 이 차량은 2개의 추진 장치를 병렬로 조합하여 가속 성능이 우수하며, 비슷한 크기의 IC 엔진 차량에 비해 연비도 약 20% ~ 30% 향상될 수 있다. 또한 이 구조는 4륜 구동 기능을 제공한다.

■ 직/병렬 하이브리드

병렬 하이브리드 구조는 전기모터와 IC 엔진이 병렬로 작동하여 더 높은 출력이 나오므로 높은 성능이 필요한 승용차에 적합하다.[1] 직렬 하이브리드 구조에는 가장 효율적인 작동 영역에서 상시 가동해 동력을 생산할 수 있는 저출력 엔진이 장착되어있다. 출력 동력은 추진 모터를 구동하거나 에너지 저장 장치를 충전하는 데 사용된다. 직렬 하이브리드 차량은 질량이 무거운 편이며, 파워트레인 구성요소는 충전 지속 작동을 위해 최대 연속 출력에 맞게 크기가 결정되어야 하므로 원하는 가속 조건을 달성하기 어렵다.

향상된 하이브리드는 직렬 및 병렬 구조의 장점을 갖춘 직/병렬 결합 하이브리드 구조를 사용한다. 이때 IC 엔진은 배터리를 충전하는 용도로도 사용된다. 이 차량의 구조는 직렬 하이브리드에 비해 추가적인 제어와 연결이 필요하고, 병렬 하이브리드에 비해 발전기를 더 복잡하게 제작해야 한다. 이 구조는 주로 병렬 HEV이지만 직렬 하이브리드의 요소를 추가하여 제작되었는데 추가된 직렬 요소는 신호등에서의 정지 상태나 교통 체증과 같이 장시간 대기해야 시간에 배터리를 충전하도록 한다. 직/병렬 구조용 제어기는 IC 엔진과 전기모터를 효과적으로 제어하여 운전 상황에 적응하는 기능을 제공한다.

직/병렬 구조는 최초의 상용 하이브리드 차량인 도요타 프리우스**Toyota Prius**에 사용된 구조이다. 차량의 구조는 에쿠스 리서치**Equos Research** 사의 연구원들이 개발한 기계적 동력 분할 장치를 사용했다.[3,4]

파워트레인의 전륜 차축 설계는 두 개의 전기모터를 통합하는 방식을 사용하여 생산자가 동일한 생산 공장에서 동일한 조립 방식을 크게 변경하지 않고 기존 차량과 하이브리드 차량의 제조를 단순화할 수 있다. 현재 시장에 나와 있는 차량들은 대부분 직/병렬 하이브리드 차량이며, 해당 차량에는 전륜 트랜스 액슬에 엔진 및 2개의 전자 기계가 장착되어 있다. 동력 분할 장치는 유성기어 세트를 사용하여 엔진의 출력을 기계적, 전기적 전달 경로로 나눈다. 도요타 프리우스 하이브리드 설계를 기반으로 하는 직/병렬 구조의 배열은 [그림 3-4]와 같다.

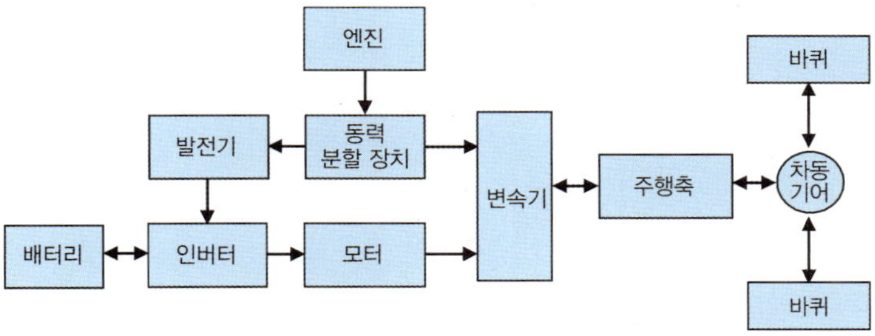

[그림 3-4] 직/병렬 HEV

동력 분할 장치는 도로 상황에 따라 구동축과 발전기를 통해 IC 엔진의 동력을 전륜에 배분한다. 발전기를 통해 공급되는 전력은 배터리를 충전하는 데 사용한다. 전기모터는 IC 엔진과 병렬로 전륜에 동력을 공급할 수 있다. 인버터는 양방향성을 가지며, 발전기에서 배터리를 충전하거나 전기모터의 전원을 조절하는 데 사용된다. 급가속의 경우 내연 엔진과 전기모터에서 모두 구동축에 동력을 공급할 수 있다. 중앙 제어 장치는 다양한 센서에서 여러 신호를 받아서 시스템의 동력 흐름을 조절한다.

직/병렬 하이브리드는 비슷한 크기의 파워트레인 구성요소를 가진 직렬 또는 병렬 하이브리드보다 지속적으로 높은 출력을 제공한다. 직/병렬 차량은 직/병렬 및 동력 분할 모드의 세 가지 모드에서 모두 작동할 수 있다. 직/병렬 하이브리드 차량의 제어 전략 설계 시 유연성이 크게 향상되어 연비가 개선되고 배기가스 배출량이 감소한다.

■ 직/병렬 2X2 하이브리드

두 개의 전기 기계, 하나의 IC 엔진 및 배터리 에너지 저장 장치를 갖춘 직/병렬 2×2 차량 구조는 [그림 3-5]에 나타내었다. 이 구조는 이전에 설명한 직/병렬 구조와 동일한 기능을 가지고 4륜 구동의 기능도 가지고 있다. 엔진은 변속기를 통해 한 쌍의 바퀴, 주로 전륜에 연결된다. 전기 기계 한 개는 기계적으로 엔진에 연결되고 다른 전기 기계는 다른 한 쌍의 바퀴 일반적으로 후륜에 연결된다. 전륜에 장착된 전기 기계나 발전기는 주로 충전이나 시동에 사용되고 후륜에 장착된 모터는 회생 제동 및 견인에 사용된다.

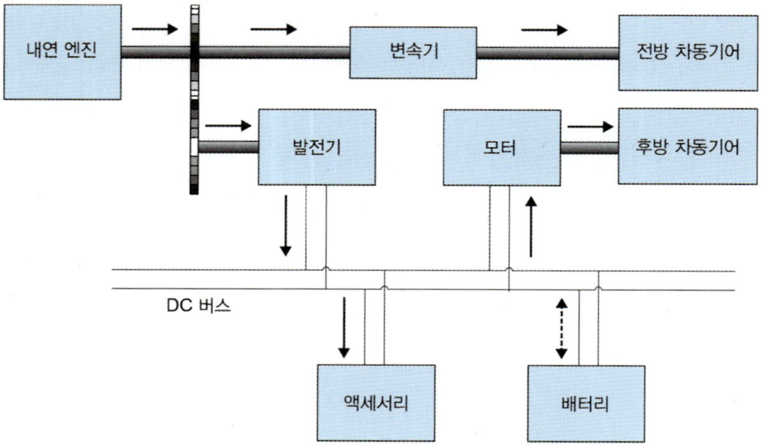

[그림 3-5] 직/병렬 2×2 차량 구조

엔진은 주로 시동과 전원을 공급하는 데 사용된다. 가속 중에 엔진은 전륜에는 동력을, 후륜에는 전원을 공급한다. 그러나 빠른 가속 시에는 전륜 전기 기계를 모터로 작동시켜 전륜 차축에 추가로 토크를 제공할 수 있다. 전륜 차축과 후륜 차축 사이의 토크 혼합은 제어를 통하여 이루어지며 프리우스 직/병렬 구조와 같이 기계적 파워스플릿 장치가 필요하지 않다. 직/병렬 2×2의 단점은 제어 알고리즘의 복잡성과 파워트레인 구성요소의 장착 조건이다.

3.2.2 변속기와 결합된 하이브리드

■ 변속기 전/후 하이브리드

HEV는 전기 구동과 관련하여 기계적 변속기의 위치에 따라 전/후 하이브리드로 분류될 수 있다. 전 하이브리드에서 전기모터와 IC 엔진의 출력축은 기계적 결합을 통해 기계적 변속기 기어박스 앞에 연결된다. 변속기는 전기 기계 및 IC 엔진의 출력을 차량 속도와 같게 한다. [그림 3-3]에서 나타낸 병렬 하이브리드 구조와 [그림 3-4]에서 나타낸 직/병렬 구조 모두 전 하이브리드 구조이다. [그림 3-6]은 유성기어 세트를 사용한 직/병렬 구조를 보여준다.

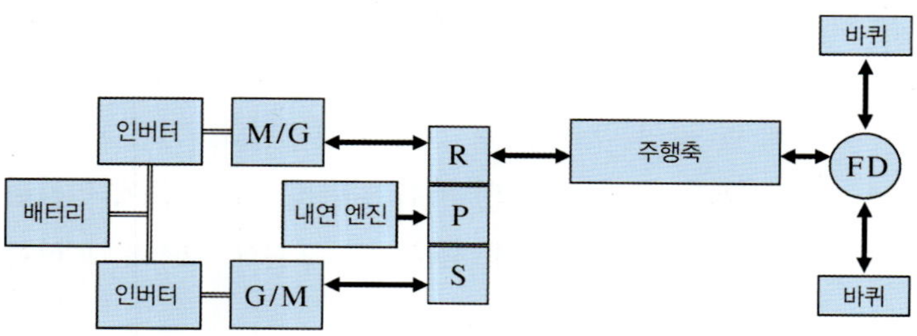

[그림 3-6] 전력 분할 전 하이브리드 구조

'R', 'P', 'S'는 3개의 파워트레인 구성요소가 연결되는 기어 세트의 링기어, 유성기어, 태양기어를 나타낸다. 유성기어 세트 출력축은 구동축과 최종 구동축을 통해 바퀴에 동력을 전달한다. 기어박스와 기계적 변속기 부품은 IC 엔진, 전기모터 및 발전기의 최종 드라이브와 추진 부품 사이에 위치하여 구조를 변속기 전 하이브리드 구성으로 만든다. 비변속, 클러치리스, 전 하이브리드 구성 및 유성기어 세트는 많이 사용되는 하이브리드 구성이다. 유성기어 세트의 토크-속도 관계는 14장의 뒷 부분에 설명한다.

후 하이브리드 구조에서 전기모터 드라이브는 변속기의 출력축에 연결된다. 기어박스는 [그림 3-7]과 같이 차량 속도 범위 내에서 변화하는 변속기 출력 속도를 동일하게 하기 위해 사용한다.

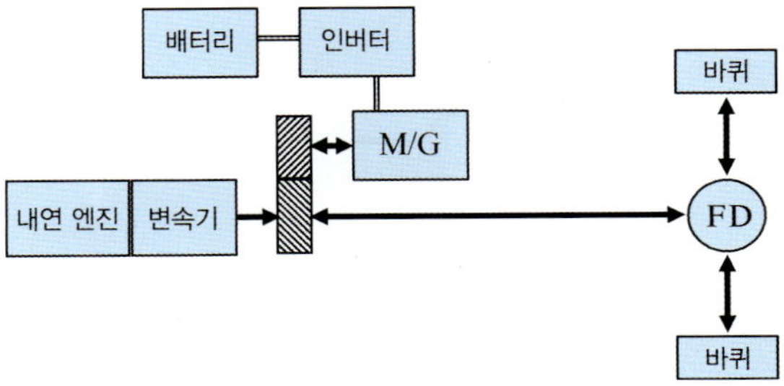

[그림 3-7] 병렬 후 하이브리드 구조

전기모터 드라이브는 기어 커플링을 사용하여 차량 속도보다 높은 속도로 작동할 수 있지만, 차량의 속도 범위 안에 있어야 한다. 결국 후 하이브리드를 구성하는 모터 드라이브는 최대 속도와 기본 속도 사이의 비율이 4:1 이상인 넓은 정전력 속도 영역**Constant Power Speed Region, CPSR**을 가져야 한다. 해당 구성은 최종 드라이브의 패키징, 연결 문제가 있을 수 있다. 바퀴가 지속적으로 체결되면 특정 유형의 전기 기계에서 무부하 회전 손실이 발생한다. 바퀴, 허브 모터가 장착된 HEV는 후 하이브리드와 구성이 유사하다. 변속기나 기어 없이 바퀴에 장착되는 허브 모터에는 고토크, 저속 모터가 필요하다. 허브 모터는 스프링 하부 질량을 증가시킨다. 모터는 높은 진동과 온도에 노출되고 물, 모래, 먼지, 소금 및 자갈과 같은 환경적 영향을 쉽게 받는다.

P0-P4 하이브리드 구조

전기구동장치 내의 전기 기계는 변속기와 관련하여 전기구동장치의 위치를 광범위하게 정의하는 변속기 전/후 배열과 함께 전기 시스템과 차량 시스템 사이를 연결한다. 전/후 하이브리드 구조는 전기 기계와 파워트레인(벨트, 통합 또는 기어 메쉬) 사이의 연결 유형을 주로 P0, P1, P2, P3, P4 구조로 분류한다. P0, P1, P2 구조는 전 하이브리드 유형인 반면, P3 및 P4 구조는 후 하이브리드 유형이다. 각 유형의 구조는 [그림 3-8]에 설명되어 있다.

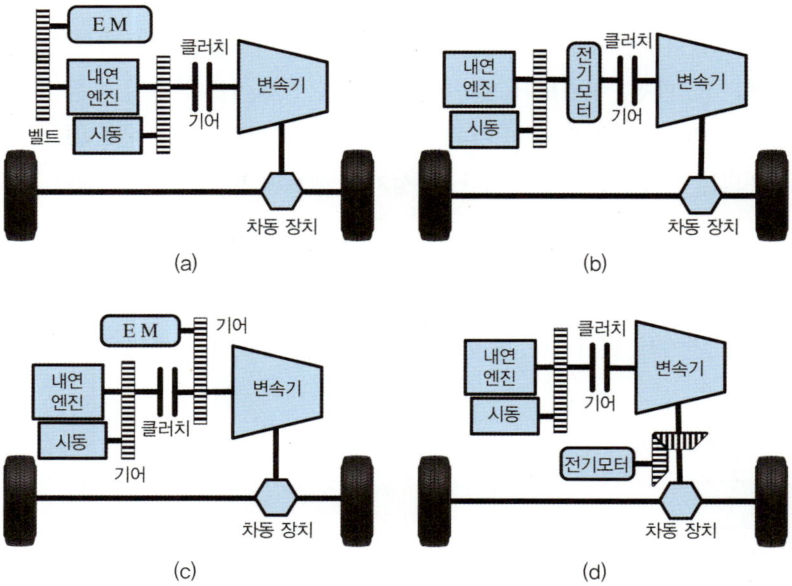

구조		내용
(a)	P0	전기 기계는 전면 벨트를 통해 내연기관과 연결되어 있으며 전력 정격과 충전 능력이 좋아 기존 교류발전기를 대체할 수 있다. 벨트 스타터 발전기(BSG)라고도 한다.
(b)	P1	전기 기계는 기어 세트를 통해 IC 엔진의 크랭크 축에 연결되며 통합 시동 발전기(ISG) 배열이다. P0 또는 P1 구조 모두 IC 엔진에서 전기 기계를 기계적으로 분리할 수 없다.
(c)	P2	전기 기계는 벨트나 기어 세트를 통해 변속기 측면에 부착되며 IC 엔진 속도로 회전하는 클러치를 통해 IC 엔진과 분리되거나 IC 엔진 속도의 배수로 회전하도록 조정된다. 유성기어 세트 연결이 있는 전 하이브리드는 P1 또는 P2 유형이다.
(d)	P3	P3는 기어 메쉬를 통해 변속기와 연결된 전기 기계가 있는 후 하이브리드 구성이다. 전기 기계는 IC 엔진에서 분리되고 휠 속도의 배수로 회전한다.
	P4	P4 구조는 차량의 후면 축 또는 휠 허브의 기어 메쉬를 통해 전기 기계가 연결된 후 하이브리드 구성이다. P3 구조와 비슷하게 전기 기계는 IC 엔진에서 분리되고 휠 속도의 배수로 회전한다. P2, P3, P4 구성에서 전기 기계는 클러치를 통해 IC 엔진에서 분리된다.

[그림 3-8] P0-P4 하이브리드 구조

이 네 가지 구조는 각각 기능, 비용, 연비 개선 및 주행성 측면에서 장단점이 있다. 연비 개선은 전기 기계의 크기와 용량이 중요한 브레이크 회생 운전과 특히 도심지 정차 시 엔진 ON/OFF 작동에서 이루어진다. 전기 전용 모드에서 부하가 적을 때 비효율적인 엔진 작동 시간을 줄이면 연비를 개선할 수 있다. 예를 들어 P0 구조를 사용하면 기존 교류 발전기가 장착된 차량에 비하여 연비가 20%정도 개선된다. 즉 구조를 조합하여 연비와 운전 경험을 개선하기 위해 사용할 수 있으며 P0, P4 구조를 채택하여 운전자 경험이 증가하면 연비가 30% 이상 향상될 수 있다.

■ 48V 하이브리드 구조

마일드 하이브리드는 일반 하이브리드와 비교하여 저렴하다는 장점이 있으며, 48V 시스템을 사용하여 주요 HEV 구조로 작용하고 있다. 48V 구조는 파워트레인 전기화를 통하여 연비를 높이고 탄소 배출량을 줄이기 위한 방식이다. 유럽 연합은 2021년까지 차량 제조업체에게 CO_2 배출량을 95g/km 이하로 제한할 것을 요구하였다. 이는 ICEV만으로 이뤄낼 수 없기 때문에 48V 하이브리드는 저전압 전기 파워트레인으로 유럽의 하이브리드 수요를 주도하고 있다. 저전압 및 고출력 배터리 팩은 시동-정지 작동, 전기 추진 지원, 재생 에너지 및 차량 부하에 유리하게 작용할 수 있다. 48V 하이브리드는 15~25kW의 전력을 공급하여 ICEV에 비해 연비가 높고, 고출력 보조장치를 다룰 수 있으며 향상된 주행성과 편안함을 제공한다. 또 48V 시스템은 고전압 시스템에 비해 더 안전하다. 풀 하이브리드, BEV는 높은 비용 때문에 소비자들이 구매를 하지 않았지만 마일드 하이브리드는 비교적 가격이 저렴해 구매량이 증가하였다.

3.2.3 하이브리드화 정도에 따른 하이브리드 분류

하이브리드화 정도 차량의 사양에 따라 분류된다. 이 분류 방식은 자동차 업계에서 사용하는 고객지향적인 방식이다.[5] ① 마일드 하이브리드, ② 파워 하이브리드, ③ 에너지 하이브리드의 세 가지 '임무 기반' 분류가 있다.

마일드 하이브리드는 연비와 배기가스에 미치는 영향이 중간 정도이며 가장 낮은 하이브리드화 정도를 가진다. 마일드 하이브리드의 일반적인 전기 정격은 5 ~ 10kW 범위이고 에너지 용량은 1 ~ 3kWh 범위이다.

파워 하이브리드는 전기정격이 40kW에 달하는 더 큰 전기 추진 부품을 가지고 있다. 이는 배터리 용량이 상대적으로 낮은 에너지 용량(3 ~ 4kWh)으로 설계되었으나 배터리와 모터 구동 시스템 간에 많은 양의 전력을 전송할 수 있다. 결국 파워 하이브리드는 연비를 크게 개선할 수 있다. 또한 엔진 작업 일정이 집중되어 있으므로 더 높은 엔진 출력을 제공한다. 파워 하이브리드는 마일드 하이브리드와 마찬가지로 화석연료의 연소로부터 모든 구동 에너지를 받는 충전 지속형 하이브리드이다.

에너지 하이브리드는 엔진 작동 없이도 장거리 주행을 할 수 있는 많은 양의 배터리 시스템을 사용한다. 전기 정격은 70 ~ 100kW, 배터리 용량은 15 ~ 20kWh이다. 무공해 주행의 1회 충전 주행거리가 80km이라면 미국인 대다수의 평균 운전 습관 19,312km/year의 일일 통근 1회 충전 주행거리를 충족할 수 있다. 에너지 하이브리드는 가정에서 배터리를 충전할 수 있는 유형으로, 다음 절에서 설명한다.

SECTION 3.3

플러그인 하이브리드 차량

Plug-in Hybrid Electric Vehicle

PHEV는 그리드 연결을 위한 전력전자 인터페이스를 갖춘 더 큰 용량의 에너지 저장 장치를 가지고 있다는 점을 제외하면 충전 유지 하이브리드와 유사하다. PHEV의 에너지 저장 장치는 온보드 및 전기 콘센트에서 충전할 수 있으며 충전 유지 하이브리드 차량보다 훨씬 긴 시간 동안 배터리 모드로 작동할 수 있다. PHEV는 매일 출퇴근하는 거리동안 순수 BEV로 작동할 수 있도록 설계되었다. IC 엔진은 장거리 주행에 필요한 추가적인 동력과 1회 충전 주행거리를 제공하는 데 사용된다. 이러한 유형의 차량을 1회 충전 주행거리 연장기라고도 한다. PHEV의 외부 전력망에서 얻은 에너지는 차량의 IC 엔진에서 연료를 연소하여 얻을 수 있는 에너지를 대체한다. 따라서 모든 에너지는 화석 연료에서 나오는 다른 하이브리드 차량에 비해 더 높은 대체 연료 사용 가능성을 가지고 있다. PHEV의 구조는 충전 하이브리드와 같다.

PHEV는 단순한 구조인 직렬 구조를 사용한다. IC 엔진과 발전기는 높은 용량의 배터리 팩을 사용할 수 있으므로 견인 전동기(모터)의 한계 정격과 일치하도록 크기를 조정하지 않아도 된다. BEV와 유사한 온보드 전원 전자 인터페이스는 그리드를 연결하기 위해 필요하다. 직렬 PHEV의 구조는 [그림 3-9]에 나와 있다. 병렬 및 직/병렬 구조는 일반 하이브리드와 비슷하지만 그리드를 연결하여 PHEV에서 사용할 수도 있다.

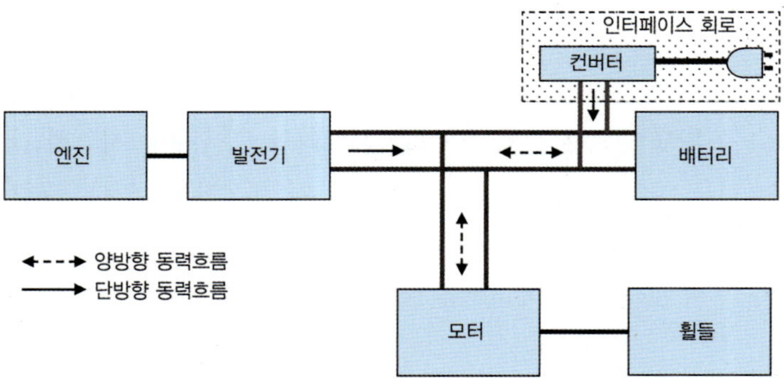

[그림 3-9] 직렬 하이브리드의 블록 다이어그램

플러그인 하이브리드는 일반적으로 무공해 주행거리를 기준으로 평가한다. 보통 PHEV'X'로 지정되고, 'X'는 외부 전기에너지를 사용하여 이동한 거리를 마일(mile) 단위로 나타낸 것이다. IC 엔진이 사용되지 않는 주행 1회 충전 주행거리를 무공해 차량(ZEV) 1회 충전 주행거리라고 한다. PHEV40은 기준 주행 사이클에서 40mile(64km)의 주행 에너지에 해당하는 사용 가능한 에너지 용량을 가진 플러그인 하이브리드이다. 즉 기준 사이클에서 40mile(64km)의 주행에 해당하는 석유 에너지를 오프보드 전기로 대체할 수 있다.

PHEV는 기본 주행에 배터리 팩 저장 에너지를 사용하므로 차량 배기가스, 대기 및 소음공해를 줄인다. 또한 대부분 전기자동차이므로 유지보수 비용이 저렴하다. PHEV는 그리드의 최대 부하동안 전력 수요를 균등하게 하기 위해 사용된다. 플러그인 하이브리드의 과도한 배터리 충전은 한계 시간동안 그리드에 동력을 다시 보내는데 사용된다. 이 개념을'차량 대 그리드' 전력 또는 V2G라 한다. 차량의 사용량이 적은 시간에는 다시 충전할 수 있다.

PHEV의 가장 큰 단점은 기존 가솔린 및 일반 하이브리드 차량에 비해 WTW 효율[1]이 떨어진다는 점이다. PHEV가 WTW 에너지 변환 경로에서 IC 엔진 차량과 EV의 효율이 낮기 때문이다. 그러나 PHEV는 배터리를 충전하는 전기를 재생 가능한 에너지원으로 충전할 수 있다면 더 효율적이고 환경 친화적일 수 있다.

PHEV의 대용량 배터리는 차량의 질량을 증가시킨다. 증가한 질량은 차량의 성능에도 영향을 미치는데 좋은 성능을 얻으려면 더 높은 정격의 전력으로 구성요소의 크기를 조정해야 한다. 그렇게 되면 배터리는 상당히 비싸기 때문에 차량 가격도 높아질 수밖에 없다.

PHEV의 무공해 주행 1회 충전 주행거리는 차량이 사용되는 방식에 따라 달라진다. 최대 효율과 비용 절감을 위해서는 차량에 사용되는 배터리를 그리드 전력으로 충전해야 한다. 플러그인을 통한 충전 기능을 사용할 수 없다면 PHEV의 장점은 줄어든다. 효율을 최대로 키우기 위해서는 엔진을 최소로 사용해야 한다. 배터리를 충/방전할 때에는 모두 항상 에너지가 손실된다. IC 엔진을 사용해야 할 때 적절한 모드는 직렬 모드이다.

1 **(역자주)** 유전에서 차량 휠까지의 효율을 의미한다.

SECTION
3.4

전기자동차의 스케이드보드 섀시

Electric Vehicles : Skateboard Chassis

BEV는 높은 가속 성능, 조용하고 부드러운 동력, 넓은 토크 범위, 낮은 운영비용 및 최소한의 유지보수를 특징으로 하여 고객들을 얻고 있으며 신규 제조업체들이 전통적 제조업체에 도전할 수 있는 기회를 마련했다. 수많은 신규 제조업체가 등장할 수 있었던 이유는 차량의 섀시 안에 전기 파워트레인을 패키징하기 쉬워졌기 때문이라고 볼 수 있다. EV에서는 하나 이상의 차축에 동력을 공급하거나 휠 허브에 장착되는 요소가 여러 개 있을 수 있으나 추진력을 발생시키는 장치는 전기모터뿐이다. 차량의 다양한 모터, 인버터 및 기어박스 배열의 등가 구조는 [그림 3-10]에서 확인할 수 있다. 에너지 저장 또는 배터리 용량에 따라 완전 충전 시 차량의 1회 충전 주행거리가 결정된다.

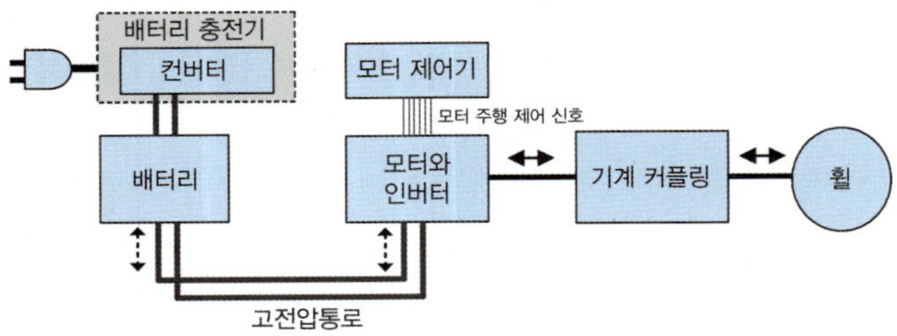

[그림 3-10] 등가 EV 파워트레인 구조

가장 인기 있는 파워트레인 구성요소는 e-파워트레인이라고 하는 전기모터, 인버터 및 변속 장치의 결합이며, 이는 e-축이라고 알려진 차량의 축에 배치된다. e-파워트레인의 단순성 덕분에 업계에서는 차량의 에너지원과 e-파워트레인이 섀시 안에 들어있는 스케이트보드 섀시를 설계하고 있다. 이러한 설계를 통해 동일한 섀시로 다양한 유형의 차량을 유연하게 개발할 수 있게 되었다. 원래는 2002년 제네럴 모터스 사의 AUTOnomy 섀시에서 계획되어 구현되었고, 그 후에 Hy-Wire 차량이 해당 년도 말에 제작되었다. 스케이트보드 개념은 최근 테슬라, 리비안 Rivian 및 여러 EV 제조업체에서 채택되었다. [그림 3-11]은 전기자동차의 스케이트보드 섀시 구조를 나타낸다. 스케이드보드 설계는 더 많은 차체 넓이를 제공하며 생산의 규모 또한 증가시킬 수 있다. e-파워트레인 개념을 사용하면 e-축보다 더 큰 질량의 차량을 설계할 수 있다.

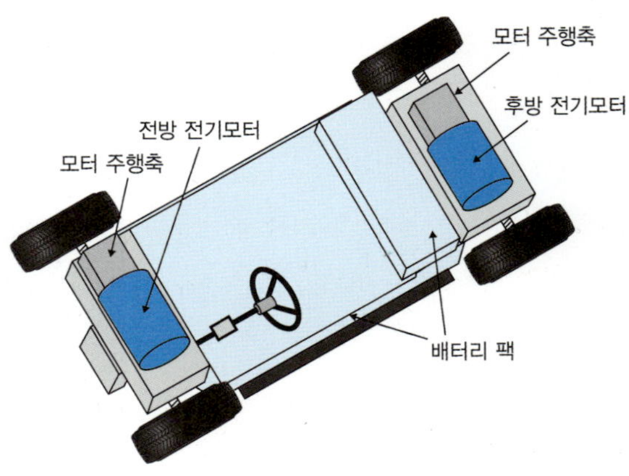

[그림 3-11] 전기자동차의 차량 스케이트보드 섀시 구조

SECTION 3.5

파워트레인 구성요소 크기 조정

Powertrain Component Sizing

차량을 전체적으로 설계하기 위해서는 수많은 변수, 제약 조건, 고려 사항 및 시스템 상호작용에 대한 이해가 필요하다. 차량 역학에는 일반적으로 여러 공학적 지식이 포함되어 있으며 다중 물리학 분석 및 시뮬레이션이 필요하다. 차량 설계의 전체적인 부분을 설명하는 것은 이 책의 범위를 벗어나지만 주행 상황, 차량 역학 및 지금까지 명시되었던 부분에서 파워트레인 구성요소의 크기 조정과 관련된 계산을 다룰 수 있다. EV 및 HEV 시스템의 상세한 분석을 위해 계산을 시행하여 컴퓨터 모델링 및 시뮬레이션의 기초 설계 데이터를 얻을 수 있다. 컴퓨터 모델링 및 시뮬레이션은 시뮬레이션 결과가 사양을 충족할 때까지 설계 반복을 진행하여 하위 시스템의 크기를 조정하고 제어기의 업데이트를 계속 진행한다. EV 및 HEV 설계의 토대를 마련하는 기본식과 원리는 다음과 같다.

파워트레인 크기와 관련하여 필수로 고려되어야 하는 주요 설계 사양은 다음과 같다.

❶ 초기 가속도
❷ 주어진 경사에서의 정격 속도
❸ 최대 경사도
❹ 최대 정상상태 속도

무공해 1회 충전 주행거리는 배터리 팩의 용량 크기를 결정하는 데 가장 중요한 사양이다. 주어진 가속도와 일정한 정상상태 속도에 필요한 에너지는 에너지 시스템의 크기 조정에 따라 다를 수 있다. 여기서는 EV 추진 부품의 크기를 제시한 다음 하이브리드 차량용 파워트레인 구성요소를 제시하고 설계의 예시를 제시한다.

3.5.1 EV 파워트레인의 크기

EV 파워트레인에 있는 주요 부품은 전기모터와 에너지 저장 장치이다. 전기모터의 측정은 모터의 정격동력과 작동 속도 범위를 찾는 것을 포함한다. 전압 정격과 치수 패키징의 제약 조건도 시스템 수준 설계 단계에서 지정해야 한다. 기계의 설계는 시스템 수준에서 설정된 요구 사항을 충족하도록 설계된 전기 기계에 의하여 처리된다. 다음 문단에서는 차량 성능의 요구 사항을 충족하기 위한 전기 기계의 정격을 설정한다. 에너지 저장 장치의 크기는 이후 장에서 따로 다룰 것이다.

전기모터에는 ① 정토크 영역, ② 정동력 영역, ③ 자연 모드 영역 3가지가 있다. 전기모터 토크-속도 특성의 범위는 [그림 3-12]에 나와 있다. 모터는 정격동력 상태에 도달하면 모터의 기본 속도 또는 정격 속도까지 정격 토크를 전달한다. 모터 정격 속도는 모터가 정격동력에서 정격 토크를 전달할 수 있는 속도로 정의된다. 모터는 토크가 속도에 반비례하는 비율로 지속적으로 떨어지는 정격 속도 이상의 정동력 모드에서 작동한다. 전기모터는 정동력 영역에서 동력을 낮춰 정격보다 높은 속도로 작동할 수 있다. 모터의 속도가 매우 높을 때 토크가 속도의 제곱에 반비례하여 급격히 떨어지는데 이를 자연 모드 영역이라고 한다. 자연 모드 영역은 모터의 정격 전력을 줄이는 데 사용하는 특정 모터의 전체 토크 속도 곡선의 중요한 부분이 될 수 있다. 그러나 대부분의 상황에서 차량의 최대 속도는 정동력 영역의 끝에 있는 것으로 여겨진다. [그림 3-12]의 곡선은 엔벨로프, 즉 다른 구간의 작동 토크와 속도 제한을 보여준다.

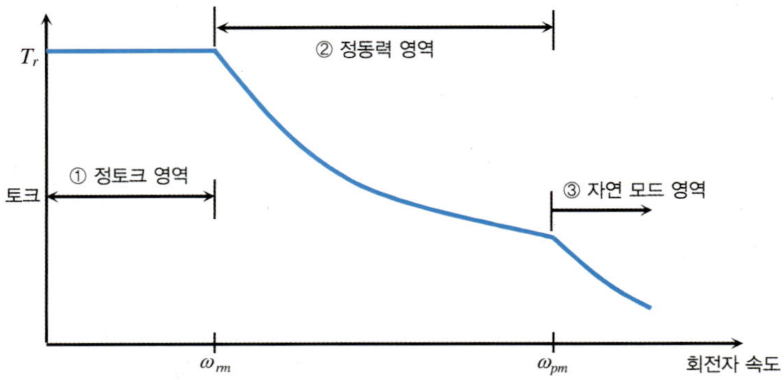

[그림 3-12] 전기모터 토크-속도 엔벨로프

전기모터는 전기 전자 장치를 기반으로 모터 구동 요소로부터 전원을 공급받아 엔벨로프 내의 어느 지점에서나 작동할 수 있다. 전기모터는 작동 속도 범위가 넓어 EV 및 다른 애플리케이션에서도 다중 기어비나 클러치를 제거할 수 있다. 전기모터를 구동축과 연결하기 위해서는 단일 기어 변속기만으로도 충분하다. EV에서 기어의 크기를 최소화하려면 일정 동력 영역 특성을 가지는 전기모터가 필요하다.

전기모터의 크기를 설계하는 것은 기계에서 필수적이다. 필요한 최대 토크가 크면 클수록 모터의 크기는 커진다. 크기와 무게를 최소화하기 위하여 전기모터는 정격동력에서 고속으로 작동하도록 설계된다. 기어는 전기모터의 높은 속도와 바퀴의 낮은 속도를 동일하게 맞추기 위해 사용된다. 경차의 평균 모터 속도는 일반적인 휠 속도인 1,000rpm에 대해 15,000rpm까지 이를 수 있다. 변속기는 일반적으로 3 ~ 4 : 1 속도 감소의 두 단계에서 10 ~ 15 : 1 범위까지 속도 감소를 한다. 기어 크기는 EV의 정격동력을 기준으로 EV의 저속, 고속 성능 중 어떤 성능이 중요한지에 따라 다르다.

추진 시스템의 견인력 속도 특성은 [그림 3-13]과 같이 두 기어비에 따라 달라진다.

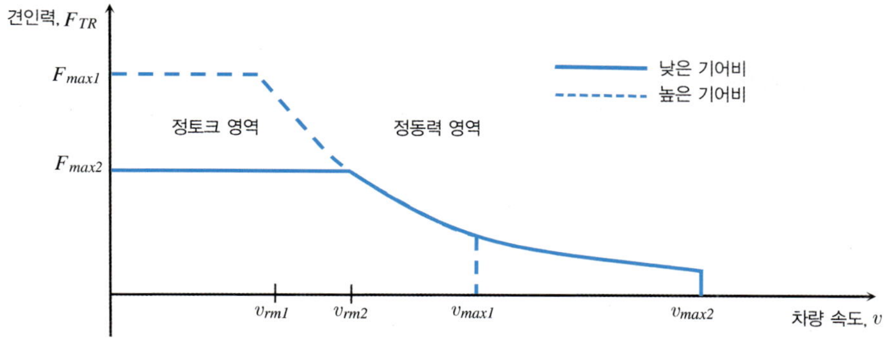

[그림 3-13] 두 기어비에 대한 견인력 및 차량 속도에서 전기모터 토크-속도 특성

그림에 표시된 정격 속도는 전기모터와 변속기 시스템으로 구성된 구동계 장치에 대한 것으로 전기모터의 정격 속도는 이 값과 다르다. 전기모터 속도는 앞에서 설명한 기어비를 활용하여 구동계 장치 속도 또는 차량 휠 속도로 변환할 수 있다. 휠 반경 r_{wh}에서 모터 정격속도(rad/s)는 $\omega_{rm,\,wh}$이고 $v = \omega_{,\,\mathrm{wh}} \cdot r_{wh}$를 사용해서 선형 차량 속도로 변환할 수 있다. 여기서 v_{rm}은 변속기 기어와 휠 반경을 고려한 전기모터 선형 속도이다. 기어비가 작아지면 휠 속도 또는 차량 속도가 빨라질 수 있으나, 구동계에 전달할 수 있는 최대 견인력은 작아진다. 그렇기 때문에 차량의 초기 가속력과 최대 경사 등반 능력은 제한된다. 같은 전기모터를 사용하는 대신 높은 기어비의 변속기를 사용할 경우에는 바퀴에서 사용할 수 있는 최대 견인력은 높아지나 차량의 $v_{\max}$는 제한된다. 따라서 기어비는 모터 정격 속도, 차량 정격 속도, 차량 최대 속도, 휠 반경 및 최대 등반 능력에 따라 결정된다. 그리고 기어비가 커질수록 기어 크기가 커지는 것 또한 확인을 해야 한다. 따라서 기어비와 전기모터의 정격 속도를 모두 확인해야 전체적인 크기와 성능 요구사항이 최적화된다.

다음과 같이 전기모터의 설계는 초기 가속도의 특정 조건, 주어진 경사에서의 정격 속도, 최대 정상 상태의 속도 및 최대 등판 성능을 고려해야 한다. 설계의 과정에는 다음 변수들을 사용한다.

정격 모터 출력 P_m, 정격 모터 속도 ω_{rm},

정격 휠 속도 ω_{fwh}, 정격 차량 속도 v_f,

차량 총 질량 m, 차량 전면 영역 A_F,

구름 저항 계수 C_0와 C_1, 공기 저항 계수 C_D

설계 과정은 알려진 매개변수를 이용하고 몇 가지의 변수는 가정하여 여러 번 반복 후 요구 사항을 충족하는 값을 찾으면 된다.

초기 가속도

초기 가속도는 t_f초일 때 0에서 v_f를 사용하여 구한다. v_f는 $v_f = \omega_{fwh} \cdot r_{wh}$에서 얻은 차량 정격 속도이다. 설계 문제는 차량 질량, 구름저항, 공기저항 계수, 경사, 휠 반경 등 여러 매개변수를 바탕으로 F_{TR}을 정의하는 것이다. 변수들 중 일부는 알 수 있지만, 나머지는 가정하여 진행해야 한다. 이러한 변수들에 의한 차량의 가속도는 다음과 같은 방정식 (2.32)에 의해 제공된다.

$$a = \frac{dv}{dt} = \frac{F_{TR} - F_{RL}}{m}$$

모터 정격 출력은 [그림 3-13]에 표시된 두 기어비 중 하나와 다음과 같이 주어진 힘-속도 프로파일을 이용해 앞서 언급한 미분 방정식을 풀면 얻을 수 있다.

$t = 0$일 때, 차량 속도 $v = 0$

$t = t_f$일 때, 차량 속도 $v = v_f$

속도가 0에서 v_f일 때의 시간 $t = 0$에서 $t = t_f$ 구간 내에 미분 방정식을 적분하면 다음과 같다.

$$m\int_0^{v_f} \frac{dv}{F_{TR} - F_{RL}(v)} = \int_0^{t_f} dt$$

차량 정격 속도는 모터 정격 속도보다 높고 모터 토크-속도 특성의 일정한 동력 영역에 있다. 좌변의 적분을 정토크 모드인 경우 $0 \sim v_{rm}$, 정전력 모드인 경우 $v_{rm} \sim v_f$ 의 두 속도 영역으로 나누면 다음과 같이 쓸 수 있다.

$$m\int_0^{v_{rm}} \frac{dv}{\dfrac{P_m}{v_{rm}} - F_{RL}(v)} + m\int_{v_{rm}}^{v_f} \frac{dv}{\dfrac{P_m}{v} - F_{RL}(v)} = t_f \tag{3.1}$$

도로 하중 저항력 F_{RL}은 주어진 구름 저항, 공기 저항력 및 경사저항에 대해 2장에서 살펴본 속도의 함수로 나타낼 수 있다. 식 (3.1)은 특정한 차량 정격 속도 v_f 및 정격 모터속도에 대한 모터 정격 P_m을 구할 수 있다. 광범위한 컴퓨터 연산과 시뮬레이션은 파워트레인의 필요한 모터 동력 및 기어비를 도출하는 데 큰 도움이 된다.

모터 토크-속도 특성의 확장된 정동력 영역의 중요성을 강조하기 위해 흥미로운 분석이 제시되었다.[6] $F_{RL} = 0$일 때 모터 정격동력은 다음과 같다.

$$P_m = \frac{m}{2t_f}({v_{rm}}^2 + {v_f}^2) \tag{3.2}$$

식 (3.2)는 $v_{rm} = 0$일 때 모터 정격이 가장 작은 값임을 나타낸다. 정동력 모드에서 완전히 작동하는 전기모터는 요구 사항을 충족하는 가장 작은 모터다. 또 다른 극단적인 예로 모터가 $v_{rm} = v_f$인 정토크 모드에서 작동하는 경우 모터 전력은 가장 낮은 모터 전력의 2배이다. 물론 정토크 영역을 없애고 정동력 영역에서 완전히 작동하는 것은 불가능하다. 실제 설정에서 전기모터는 낮은 기본 속도 또는 정격 속도와 넓은 정동력 영역으로 설계되어야 한다.

■ 정격 차량 속도

차량의 속도를 0에서 정격 속도까지 가속하도록 설계된 구동계는 최초 가속에 대해 지정된 도로 경사가 상승하지 않을 경우 항상 정격 속도로 차량을 운행하기에 충분한 동력을 가진다.

■ 최대 속도

차량을 최대 차량 속도 $v_{\max}$로 주행하는 데 필요한 견인 동력은 다음과 같다.

$$P_{TR,max} = mgv_{\max}\sin\beta + \left[mgC_1 + \frac{\rho}{2}A_F C_D\right]v_{\max}{}^3 + mgv_{\max}C_0 \qquad \textbf{(3.3)}$$

고속에서 큰 영향을 끼치는 저항력은 공기저항이며 이를 극복하기 위한 동력 요구량은 세제곱으로 증가한다. 고속 가속 특성을 갖도록 설계된 차량의 경우 P_m은 $P_{TR,\max}$보다 클 수 있다. 초기 가속 요구 사항을 충족하기 위해 $P_{TR,\max} > P_m$을 유도했다면 $P_{TR,\max}$는 전기모터 정격을 정의할 것이다. 주어진 모터와 기어비에 대한 차량의 최대 등판각은 다음과 같다. 전기모터의 자연 모드 영역은 모터 크기를 줄이기 위하여 차량의 매우 높은 속도 요구 사항을 충족하는 데 사용될 수 있다.

■ 최대 등판 성능

주어진 모터와 기어비에 대한 차량의 최대 등판각은 다음과 같다. 모터 설계에서 얻을 수 있는 최대 견인력 F_{TR}을 이 식에 대입하면 차량의 최대 등판이 가능한지 확인할 수 있다.

$$\text{최대 등판각(\%)} = \frac{100F_{TR}}{\sqrt{(mg)^2 - \mathrm{F_{TR}}^2}}$$

가속 또는 최대 차량 속도를 위해 도출된 최대 전기모터 동력이 차량의 최대 등급 요건을 충족하기에 충분하지 않으면 모터의 용량이나 기어비 중 하나를 증가시켜야 한다. 기어비를 높일 때는 최대 차량속도의 요구 사항을 고려해야 하며 기어비와 모터 출력은 전기모터와 기어 모두에 적합한 크기를 유지하면서 두 가지 요구 사항을 충족하도록 설계한다.

3.5.2 HEV 파워트레인의 크기

HEV 파워트레인의 구조 및 제어 기술은 성능, 1회 충전당 주행거리 및 배기가스 배출 등 요구 사항에 따라 달라진다. 초기 가속도, 정속, 최대 속도 및 등판 성능은 IC 엔진과 모터의 동력 조건을 위해 필요한 변수이다. 또한 동력 요구 사항은 최악의 경우 요구 사항이 포함된 여러 주행 일정에 대해 명시될 수 있다. 요구 사항을 충족하기 위해 구동계에 필요한 에너지는 배터리 팩 또는 배터리 및 초절전기 조합의 에너지 저장 장치의 설계를 결정한다. 전기모터는 배기가스가 배출되지 않기 때문에 배기가스 배출 조건을 충족하려면 IC 엔진 배출량이 중요하다.

HEV에 필요한 동력은 전기모터와 IC 엔진의 출력이 혼합되어 결정된다. 차량의 용도는 전기모터와 엔진 간의 동력 요구를 결정하는 데 중요하다. 출퇴근용으로 설계된 HEV는 고속도로 주행을 위해 설계된 세단과는 다른 구동계 조합을 갖는다. 출퇴근용 차량은 고속도로 주행용으로 설계된 차량보다 전기모터 및 IC 엔진의 동력 요구량이 낮을 것이다. 그러므로 출퇴근 거리가 161km 미만인 경우에는 PHEV보다 BEV를 고려하는 것이 좋다. 설계자는 차량의 용도에 따라 설계를 하고 직렬 또는 병렬 구성 중 하나를 선택한다. 구동계의 하위 시스템으로는 개별 제어 유닛이 있고 감독 제어유닛을 통해 제어된다. 또한 차량의 용도에 따라 제어 방식을 결정한다. 예를 들어 고속도로 주행용 차량은 연비를 극대화하기 위한 맞춤 제어 전략이 필요하다. 또한 특정 서브 시스템이 고장나거나 성능이 떨어질 때 상황을 처리하기 위한 안전장치가 제어기에 설계되어 있어야 한다.

먼저 차량의 역할에 따라 구동계의 구조를 배치하고 전기 및 기계 시스템의 구성요소 크기를 구성한다. 직렬 하이브리드 차량의 전기 시스템 설계는 EV와 동일하다. IC 엔진의 크기는 배터리 충전 상태를 유지하는 사양으로 설계한다. 병렬 하이브리드 차량의 구성요소 크기를 지정하는 것은 훨씬 더 복잡하다. 차량이 IC 엔진이 더 무겁게 편향되어 설계됐을 때, 최대 비에너지 대신 최대 비출력을 위해 배터리의 크기를 작게 만들고 재구성할 수 있다. 배터리와 모터는 가속 및 추월 시 완전히 방전되지 않고 최대 동력 수요를 공급하는 역할을 한다. 또한 배터리는 회생 제동 에너지를 저장하는 역할을 한다. 최대 동력 수요의 요구 사항을 충족하면 배터리 대신 초절전기를 사용할 수 있다. 차량의 배터리 편향이 더 클 경우, 주행 시 배터리 에너지가 완전히 충전된 용량의 80%까지만 사용하도록 시스템을 구성한다. 병렬 하이브리드 차량에 전기 및 기계 시스템의 전력 요구 사항을 고려하면 EV 구성에 사용된 것처럼 전기 시스템에 지정된 전력을 기반으로 전기 구성요소가 설계되어야 한다. 여기서 구성요소는 초기 가속도, 정격 속도, 최대 속도 및 최대 등판 성능을 기반으로 크기를 조절한다.[7] IC 엔진과 병렬 하이브리드 차량의 휠 축 사이의 기어비는 IC 엔진의 최대 속도와 구동축의 최대 속도를 일치시켜 얻을 수 있다. 단일 기어 변속기를 사용하여 복잡성을 최소화하는 것이 필요하다. 병렬 하이브리드 차량의 구성요소들의 크기는 다음에 설명한다.

정격 차량 속도

HEV에서 전기모터는 주로 가속 요구 사항을 충족하는 역할을 한다. 또한 배터리 에너지가 원하는 범위에 필요한 동력을 제공하기 충분하지 않다고 가정할 때 IC 엔진에서 정격 속도로 주행하기 위한 동력을 제공한다. 그러므로 IC 엔진의 크기는 전기모터 동력 용량과 무관한 정격 속도에서 요구되는 차량 순항 동력에 의해 결정된다. HEV는 IC 엔진의 크기를 가장 먼저 결정해야 하고, 그 크기는 차량 가속 특성을 담당하는 전기모터의 전력 요구량을 줄이는 데 사용할 수 있다.

2장에서 다뤘던 도로 하중 특성과 IC 엔진의 힘-속도 특성(IC 엔진의 토크 속도 특성에서 파생)은 IC 엔진의 크기를 구하는 데 유용하다. [그림 3-14]는 추정된 경사와 차량 매개변수에 대한 도로 하중 특성과 엔진 변위를 변수로 하는 IC 엔진 특성의 곡선을 나타낸다. IC 엔진의 크기는 극한의 도로 부하와 IC 엔진 힘-속도 프로파일의 교점에서 결정되며, 추가로 배터리 팩 충전을 위한 10% 여유를 고려해야 한다.[7] 필요한 여유의 정확한 양은 차량 주행의 사이클, 배터리 용량, 배터리 충/방전 특성 및 정격 속도에서의 발전기 특성 과정을 포함하여 복잡한 분석을 실행해야 한다.

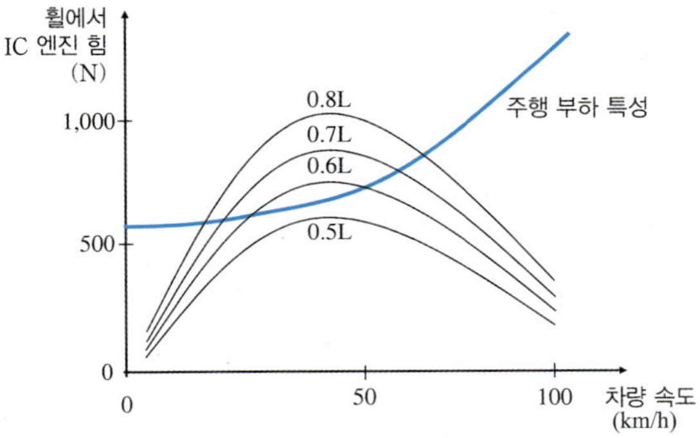

[그림 3-14] 전형적인 IC 엔진의 힘-속도 특성 및 도로 부하 특성

초기 가속도

최대 출력 능력이 높은 전기모터는 초기 가속 시 더 많이 사용된다. IC 엔진에서 사용할 수 있는 기계적 동력은 가속을 위해 전기모터 동력과 혼합되어 전기모터의 동력 요구 사항을 줄일 수 있다. 모터에서 필요한 동력은 두 추진 장치의 토크 혼합이 시작되는 지점에 따라 다르다. [그림 3-15]는 IC 엔진용 단일 기어 변속기를 사용한 초기 가속 시 전기모터 정격동력 요건에 대한 토크 혼합의 영향을 보여준다. 그림에서 저속 토크 기능이 낮기 때문에 차량의 최소 임계 속도 $v_{CR}\,\mathrm{km/h}$에 도달할 때까지 엔진에서 발생하는 동력은 없다. 그러므로 엔진을 사용하지 않고 전기모터의 정격을 키우지 않는 초기 가속을 하기 위해 단일 기어 변속기로 임계 속도에 도달한 후 토크 혼합을 시작해야 한다. IC 엔진 토크 혼합이 $v_{CR}\,\mathrm{km/h}$ 이상으로 지연될 경우 전기모터의 동력 요구 사항은 속도에 따라 비선형적으로 증가한다.

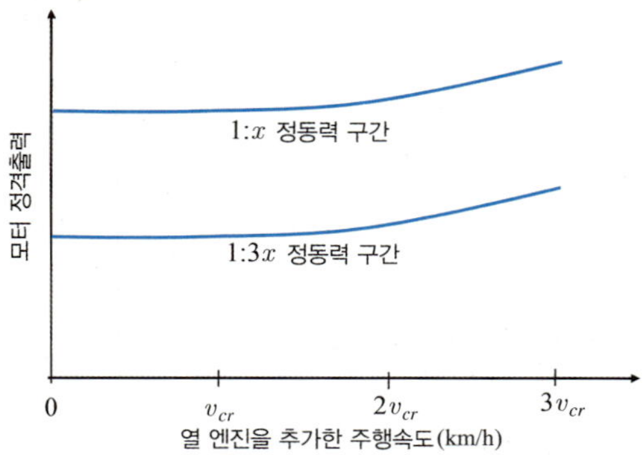

[그림 3-15] IC 엔진이 추가되는 차량 속도에 따른 전력 요구량

그림은 정수 x를 변수로 하여 일정 동력 영역의 범위를 갖는 두 가지 곡선을 보여주는데 아래쪽 곡선은 위쪽 곡선보다 훨씬 넓은 상수 동력 영역을 가진다. 이 곡선은 전기모터의 크기를 최소화하기 위하여 일정한 동력 영역이 필요함을 보여준다. 정격 차량 속도 조건에서 결정된 IC 엔진의 전력 요구 사항은 일반적으로 전기모터와 결합하여 초기 가속하기에 충분하다.

■ 최대 속도

최대 속도에서 추진 시스템의 동력 요구 사항은 $F_{TR} \cdot v_{\max}$이며, 엔진과 전기모터의 조합이다. 이를 식으로 나타내면 다음과 같다.

$$P_{TR,\max} = F_{TR} \cdot v_{\max} = mgv_{\max}\sin\beta + \left[mgC_1 + \frac{\rho}{2}A_F C_D\right]v_{\max}{}^3 + mgv_{\max}C_0$$

최대 속도 조건을 달성하는 데 필요한 전기모터 동력은 최대 속도 동력 요구 사항에서 정격 속도로 주행하기 위하여 필요한 엔진 동력을 뺀 값이다. 경사도가 높은 도로에서 매우 빠른 속도인 것과 같은 극단적인 최대 속도가 아닌 이상 일반적으로 초기 가속에 대한 전력 요구사항보다 이 단계에서 계산한 전기모터의 전력 요구사항이 더 작다.

■ 최대 등판 성능

앞서 다룬 3가지 내용을 통해 IC 엔진과 전기모터의 크기를 정했다면 이제 최대 등판 성능에 대해 점검해야 한다. 차량의 최대 등판각은 다음과 같다. 조건이 충족되지 않는다면 엔진 또는 모터의 크기를 키우거나 기어비를 조건에 맞게 변경해야 한다.

$$\text{최대 등판각(\%)} = \frac{100\,F_{TR}}{\sqrt{(mg)^2 - F_{TR}{}^2}}$$

앞서 설명한 설계 이론에서는 IC 엔진의 크기는 정격 순항 속도에 의해 결정되며 전기모터 크기는 초기 가속을 기준으로 결정된다고 나와 있지만, 실제 설계에서는 다양한 주행 사이클, 차량의 매개변수 및 여러 특성(배터리, 모터, 발전기 및 IC 엔진)을 고려해야 한다. EV 및 HEV 구성요소의 크기 조정 및 설계는 모든 설계 요구 사항을 찾을 때까지 반복 진행해야 한다. 또한 구성요소의 크기가 불필요하게 커지는 것을 방지하기 위하여 초반에 이론적인 근거를 통하여 설계해야 한다.

3.5.3 HEV 크기 측정 예시

이 절에서는 직/병렬 2×2 하이브리드 차량에 대한 HEV 파워트레인 크기 측정의 예시를 설명한다. 이 차량은 2005년 쉐보레 이쿼녹스Chevrolet Equinox에서 개최한 '챌린지 X'라는 전국 대학생 자동차 디자인 대회를 위해 개조되었다. 이 책에서는 해당 차량을 아크론 하이브리드 차량이라 부른다. 설계를 위한 차량 변수와 성능 요건은 [표 3-1]에 나와 있다.

[표 3-1] 아크론 하이브리드 변수

이름	값
차량 질량	4,400lbs/1,995kg
운전자/ 승객 1명	176lbs/80kg
트레일러 용량	2,500lbs/1,133kg
구름 저항 계수, C_0	0.009
휠 반경, r_{wh}	0.3305m
공기 저항 계수, C_{AD}	0.45
전면 투영 면적, A_F	2.686m^2
0 ~ 97km/h	9.0s
80 ~ 113km/h	6.8s

차량의 설계 목표는 운전자의 편의성을 해치지 않으면서 연비를 높이고 배기가스 배출량을 줄이는 것이다. 차량의 하이브리드화로 인해 연비가 향상되면 엔진 소형화, 엔진 공회전 작동 감소, 회생 제동 및 에너지 효율을 높이기 위한 작동 지점 선택을 수행할 수 있다. 이들을 고려하여 아크론 하이브리드 차량에 대한 구성요소의 크기 조정 및 선택 및 제어 전략을 구성해야 한다.

이 설계는 트레일러를 제외한 운전자의 질량만을 고려하여 초기 가속도를 정한다. 높은 엔진 연비와 높은 전기 구동 효율을 가질 때, 3% 경사에서 32km/h의 역풍이 작용한다면 차량의 순항 속도는 121km/h이다. 아크론 하이브리드 차량의 구조는 [그림 3-5]와 같다. 차량 구성요소는 전기모터와 IC 엔진에서 공급되는 동력을 조합하여 초기 가속 요구값에 부합하도록 크기가 설계되었고, IC 엔진에서만 정격 순항 속도로 충전을 유지한다. 더 높은 최대 전력을 가진 전기모터는 초기 가속 중에 더 많이 사용된다. 배터리는 최대 동력 전용이며 지속적인 전기 작동 모드에는 적합하지 않다. IC 엔진과 전기모터는 도심 주행에서 직렬 모드로 작동한다. 발전기는 도심 주행 시 충분히 전력을 생산할 수 있는 크기로 정한다.

총 필요 전력 : 초기 가속도

가속 시 필요한 동력은 최대 속도 및 견인 요구 사항을 충족하기에 충분하다. 따라서 전기 구동 모터와 IC 엔진을 통해 발생하는 가속 동력을 먼저 계산한다. 이후에 구동 구성요소에 의하여 다른 동력 요구 사항이 충족되는지 확인해야 한다.

초기 가속 요건은 IC 엔진과 전기모터를 두 가지 출력 제한에 도달할 때까지 최대 토크 능력으로 작동하여 측정한다. 따라서 구동계는 처음에는 일정한 토크 F_{TR}로 가속한 후 일정한 동력의 가속으로 작동한다고 가정한다.

초기에 필요한 일정한 힘과 최대 동력 요구 사항을 추정하기 위해서는 세 가지 속도 프로파일을 고려하여 분석해야 한다. 이러한 속도 프로파일에는 일정한 힘 F_{TR}의 가속, 등가속, 부드러운 가속이 있으며 먼저 일정한 힘의 가속을 나타내면 다음과 같다.

$$
\begin{aligned}
v(t) &= \sqrt{\frac{K_1}{K_2}}\tanh\left(\sqrt{K_1K_2}\,t\right) \\
K_1 &= \frac{F_{TR}}{m} - gC_0 - mg\sin\beta > 0 \\
K_2 &= \frac{\rho}{2m}C_DA_F + gC_1 > 0
\end{aligned}
\tag{3.4}
$$

등가속도의 속도 프로파일은 다음과 같다.

$$v(t) = at \tag{3.5}$$

여기서 a는 등가속도이다. 0 ~ 97km/h까지 9초 동안 일정하게 가속했을 때 가속도는 다음과 같다.

$$a = 2.98\text{m/s}^2$$

부드러운 가속의 속도 프로파일은 다음과 같다.[8]

$$v(t) = v_f\left(\frac{t}{t_f}\right)^x \tag{3.6}$$

x의 범위는 0.47 ~ 0.53이며 이는 가속이 느린 차량의 낮은 값과 가속이 빠른 차량의 높은 값을 나타낸다. 초기 분석을 위해 $x = 0.5$를 사용한다. 세 가지 유형의 가속에 대한 0 ~ 97km/h 속도 프로파일은 [그림 3-16]에 나와 있다.

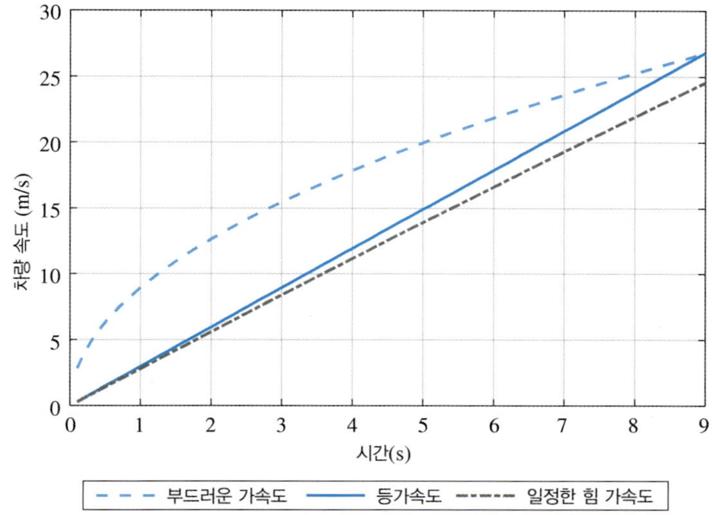

[그림 3-16] 3가지 유형의 초기 가속에 대한 속도 프로파일

일정한 가속을 위해 $F_{TR} = 6{,}000\text{N}$ 으로 가정하였다. 식 (3.6)의 속도 프로파일은 초기에 큰 토크가 필요하고 일정한 가속 프로파일은 초기 가속 기간이 끝날 때 높은 전력이 필요하다. $t = 9\text{s}$ 에서 등가속도에 필요한 동력은 184kW, 힘은 6,899N 이다. 이는 등가속도 프로파일보다 더 빠르게 가속하지만 부드러운 가속 프로파일보다는 덜 가속하고 초기 가속의 중간쯤에 정출력 가속으로 전환한다. 약 4초까지 초기 가속에 대한 일정한 힘은 6,000N 보다 커야 한다.

구동계의 손실을 고려하기 전에 가속 요구 사항을 충족하는 데 필요한 총 전력은 컴퓨터 시뮬레이션을 사용한 반복 설계를 통해 계산된다. [표 3-2]에 제시된 수치는 최대 견인력, 다른 최대 견인력 및 제어 알고리즘이 일정한 힘으로 진행하는 모드에서 정동력 모드로 전환되는 시간을 이용해서 반복 설계를 한 후에 도달한다.

[표 3-2] 초기 크기 조정 후 최종 수치

$F_{TR,peak}$	$P_{TR,peak}$	모드 전환 시간 및 속도	0 ~ 97km/h 도달 시간	80 ~ 113km/h 도달 시간
7,500N	120kW	4.6s, 16m/s	9s	5s

7,500N 의 견인력은 전기모터와 IC 엔진의 조합에서 가해진다. 또한 전기모터와 구동계 사이에 기어가 있어 전기모터의 토크 요구 사항을 가져오며 동시에 속도 요구 사항을 증가시킨다. [그림 3-17]의 F_{TR} 대 속도 프로파일은 전기모터에서 얻을 수 있는 토크 속도 특성과 일치한다. 최대 차량속도(60m/s)와 정동력모드(16m/s)의 시작 사이의 힘 특성의 속도비는 약 4 : 1이며, 이는 설계가 잘되어 있는 전기모터 드라이브에서 얻을 수 있다. 그러므로 구동계 효율이 약 90%라고 하면 필요한 최소 결합 전력은 132kW 이다.

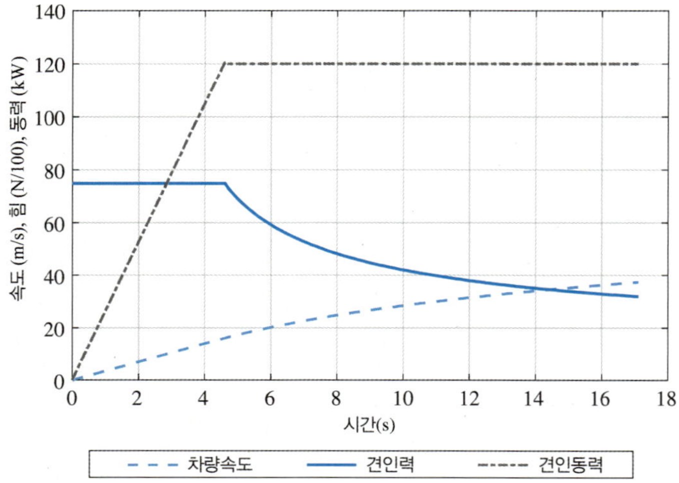

[그림 3-17] 가속의 일정한 힘과 일정한 동력 모드의 조합의 견인력 및 힘

IC 엔진 : 정격 속도

초기 가속 동력 요구사항이 계산되면 IC 엔진 및 전자식 견인 전동기의 크기를 결정할 수 있다. IC 엔진 크기는 전기모터 동력 용량과 무관하게 정격 속도에서 차량 순항 동력 요구 사항에 따라 결정할 수 있다.

이 방식을 사용할 경우 아크론 하이브리드 차량의 IC 엔진 크기를 먼저 결정하고 필요한 130kW 의 나머지 출력을 전기모터로 충족할 수 있다. IC 엔진 출력은 다음과 같이 계산할 수 있다.

$$P_{TR}(t) = V\left(mg\sin\beta + \left[mgC_1 + \frac{\rho}{2}A_F C_D\right]V^2 + mgC_0\right) \quad \textbf{(3.7)}$$

여기서 V는 정격 속도 또는 순항 속도이다. HEV IC 엔진은 고속도로에서 속도를 일정하게 유지하는 데 필요한 엔진 출력 x km/h(예 : 121km/h), y% 상승(예 : 3%), z km/h(예 : 20) 역풍에 대해 높은 엔진 연비로 크기를 조정할 수 있다. 고속도로 주행 시 엔진 출력은 연비도 좋아야 한다. IC 엔진의 최고 연비 작동 지점이 반드시 최대 동력 지점일 필요는 없다. 따라서 연비를 낮추기 위하여 고속도로 출력 성능이 엔진의 최대 동력 정격보다 낮은 상태에서 IC 엔진을 선택할 수 있다.

최대 속도

최대 속도에서 추진 시스템의 동력 요구 사항은 $F_{TR} \cdot v_{\max}$이며, 이는 IC 엔진과 전기모터의 조합에 의해 공급된다. 최대 속도에 대한 동력 요구 사항은 다음과 같다.

$$P_{TR,\max} = F_{TR} \cdot v_{\max} = mgv_{\max} \sin\beta + \left[mg\,C_1 + \frac{\rho}{2} A_F C_D \right] {v_{\max}}^3 + mgv_{\max}\, C_0 \qquad (3.8)$$

IC 엔진과 전기모터의 크기가 가속 및 순항 속도 요구 사항을 충족할 경우, 이를 조합하여 차량의 최대 속도 요구 사항을 만족할 수 있는지 확인해야 한다. 만약 조합된 동력이 최대 속도에 필요한 동력보다 작을 경우엔 파워 플랜트 중 하나의 크기를 증가시켜야 한다.

발전기 사이즈 설계

발전기는 일반적인 도심 주행 조건에서 차량의 직렬 작동을 유지할 수 있을 정도로 크기가 조정된다. 1%의 경사를 가지는 도로에서 운전자와 동승자가 주행 중 10%의 구동계 손실을 입은 상태에서 64km/h의 일정한 속도로 주행하려면 12kW가 필요하다. 아크론 하이브리드 차량의 경우 배터리 재충전을 위하여 발전기의 크기를 20kW까지 조정할 수 있다.

배터리 사이즈 설계

전기모터에서 초기 가속에 필요한 에너지와 일정한 속도의 무공해 1회 충전 최소 주행거리로 배터리 크기를 추정할 수 있다. 0에서 9초동안 가속하는 데 필요한 동력을 통합하여 계산한 초기 가속 에너지는 1.62MJ 또는 450Wh이다. 1% 경사의 도로에서 운전자와 동승자가 10%의 구동계 손실을 입은 상태에서 64km/h의 일정한 속도로 주행하는 데 필요한 에너지는 16km(15분), 배터리 전용 1회 충전 주행거리의 경우 3kWh, 8km(7.5분) 배터리 전용 1회 충전 주행거리의 경우 1.5kWh이다. 300V 배터리 팩의 경우 각각 10Ah 또는 5Ah 배터리 팩이 필요하다. 10%의 여유를 추가하면 11Ah, 5.5Ah의 배터리 팩을 각각 16km 또는 8km ZEV 1회 충전 주행거리에 사용할 수 있다. 이러한 요건을 충족하는 세 가지 유형의 배터리에 대한 추정 질량은 공칭 에너지 밀도를 기반으로 [표 3-3]에 제시되어 있다. 배터리 팩의 전압은 300VDC로 간주된다.

[표 3-3] 배터리 에너지 요구 사항 및 질량 측정

	최대 가속 및 16km ZEV 1회 충전 주행거리 (도시 주행 속도 64km/h)			최대 가속 및 8km ZEV 1회 충전 주행거리 (도심 주행 64km/h)		
배터리 유형	에너지(kWh)	질량(kg)	용량(Ah)	에너지(kWh)	질량(kg)	용량(Ah)
납축전지	3.5	94.3	11	2	47.2	5.5
NiMH	3.5	51.2	11	2	25.6	5.5
리튬-이온	3.5	36.8	11	2	18.2	5.5

SECTION 3.6

질량 분석 및 패키징

Mass Analysis and Packaging

차량의 질량 예산은 하이브리드 차량 설계 시 처음부터 만들어진 것인지 IC 엔진 차량으로부터 재설계된 차량인지 확인해야 한다. 차량의 연비 및 배기가스는 차량의 질량이 감소함에 따라 개선된다. 하이브리드는 파워트레인에 전기 및 기계 구성요소를 모두 사용하기 때문에 비슷한 크기의 IC 엔진 차량보다 약간 무거운 경향이 있다. 그러나 설계를 잘하면 하이브리드와 IC 엔진 차량을 비슷한 질량으로 생산할 수 있다. 하이브리드 차량의 소형화된 엔진은 전기 기계, 제어기 및 냉각 시스템, 견인 배터리 및 액세서리의 질량을 포함하는 하이브리드화로 인해 추가된 질량을 보충할 수 있다. 연료 시스템 크기를 줄이고 12V 배터리를 제거함으로써 하이브리드에서도 질량의 이점을 얻을 수 있다.

[표 3-4]는 쉐보레 이쿼녹스와 변환된 아크론 하이브리드**Akron hybrid**의 크로스 오버 차량의 질량을 비교한 값을 나타낸다.

[표 3-4] ICEV 및 HEV의 질량 분석

구성요소	내연기관 차량의 질량(kg)	하이브리드 차량의 질량(kg)
엔진 및 변속기	147	125
배기 시스템	40	50
연료 시스템(탱크, 라인)	13	9
연료 질량	38	15
전기 구동 모터		108
시동기/발전기	6	22
시동기/발전기 제어기		26
전기 열 관리		15
구동 배터리		75
배터리 기계, 쿨링		28
12V 배터리	14	6
교류 발전기	5	
전체 파워트레인	263	479
온도조절 장치 및 악세사리	26	30
섀시 서브 시스템, 글라이더	1,445	1,449
총 질량	1,734	1,954

비슷한 크기라고 가정했을 때, 디젤 엔진은 가솔린 엔진보다 크고 무겁기 때문에 3.6L V6 가솔린 엔진에서 1.9L 디젤 엔진으로 엔진 크기를 낮추는 것은 별 이점이 없다. 배기 시스템은 디젤 후처리 부품이 추가되어 질량이 증가한다. 그리고 연료 탱크 크기가 50% 감소하여 하이브리드의 질량이 조금 감소했다. 하이브리드의 경우 전기 기계, 제어기, 견인 배터리 및 열 관리 시스템의 질량은 전기 모터 구동 압축기 펌프로의 전환으로 인해 다소 크다. [표 3-4]를 보면 아크론 하이브리드 차량의 파워트레인 질량이 82% 증가한 것을 보여준다. 소형 가솔린 엔진을 사용했다면 예산은 크게 절약될 수 있으나 연비에는 악영향을 끼친다.

HEV 설계 시 구성요소의 패키징을 신중하게 해야 한다. 모든 시스템의 구성요소는 안전 및 고객 편의 사항들을 고려하여 차량에 장착되도록 패키징을 개발해야 한다. 아크론 하이브리드의 간단한 그림은 [그림 3-18]에 나와 있다. 그림을 단순화하기 위해 연료 라인과 배기 배관은 표기하지 않았다.

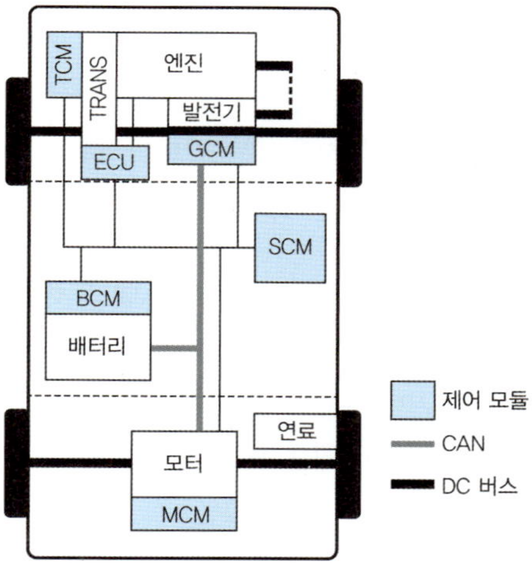

[그림 3-18] HEV의 구성요소 패키징

연료 및 배기 구성요소의 패키징은 번거로울 수 있고, 특히 ICEV가 HEV로 다시 설계될 경우에는 더 번거로울 수 있다. 차량 하부에는 연료 배관과 배기 배관을 배선할 수 있는 충분한 공간이 있어야 한다. 고압 전기 회로도는 연료 라인 및 배기 시스템 도면과 함께 개발되어야 한다. 하이브리드 구성요소의 패키징 및 장착을 분석하는 동안 허용 가능한 주행성, 승차 성능 및 동적 제동을 위해 전면-후면 질량 비율을 60 : 40 이하로 유지해야 한다.

결론적으로 HEV의 엔진 및 연료 시스템의 크기를 줄여 절감된 질량은 추가된 구성요소에 의해 다시 증가한다. 재설계된 차량의 경우 패키징이 훨씬 더 복잡하므로 HEV를 처음부터 설계하는 것이 기존 ICEV를 개조하고 다시 설계하는 것보다 유리하다.

SECTION 3.7

차량 시뮬레이션을 통한 용도에 따른 설계

Mission-Based Design with Vehicle Simulation

차량은 운전자 중심으로 설계되며 운전자가 차량 시스템과 파워트레인을 용도에 따라 설정한다. 차량 가속, 최대 속도, 1회 충전당 주행거리, 연비 및 승객 및 적재 용량은 소비자가 차량을 선택할 때 고려하는 사항이므로 차량을 설계할 때 충분히 고려해야 한다. 승용차와 배달 트럭을 설계할 때 고려해야 하는 중요한 요소들은 각각 다르다. 최근 몇 년 동안 고속 성능, 환경의 관점, 새로운 기술의 발전, 무소음 주행, 가정과 직장에서의 연료/충전 편의성 등 다양한 이유로 인해 상대적으로 더 많은 비용을 지불하고도 EV를 구매하고자 하는 구매자들이 많아졌다. 고객이 원하는 변속기를 제공하기 위하여 고객의 요구 사항을 만족하는 시뮬레이션 및 분석 도구가 필요하다. 고객들의 요구를 만족할만한 차량 및 구성요소의 크기를 설계하기 위해서는 한 가지 방법이 있다. 이는 다양한 주행 시나리오에서 차량 성능을 평가하는 데 사용되는 표준화된 주행 사이클을 사용하는 것이다. 고객의 운전 선호도와 차량의 목적에 따라 다양한 주행 사이클을 선정하여 사용할 수 있다.[9]

이 절에서는 차량의 시스템 요구 사항을 평가하기 앞서 2장에서 다뤘던 1차원 차량 시스템 모델을 활용하여 표준화된 주행 사이클로 차량 분석, 시뮬레이션 및 설계를 수행하는 시스템 시뮬레이션 모델을 구축한다. 원래 자동차 산업에서는 복잡한 설계 및 분석 도구가 사용되지만, 빠르고 사용하기 쉬운 설계 및 시뮬레이션 도구는 차량 시스템과 그 구성요소에 대한 이해를 높이고 다양한 설계를 평가하며 중요한 시스템 상호작용을 확인하는 데 사용된다.

3.7.1 차량 시뮬레이션 모델

차량 시스템의 시뮬레이션 모델은 차량을 설계하고 성능을 평가하는 데 필수적이다. 전기 및 하이브리드 구조와 파워트레인 구성요소, 기술 등 다양한 선택지가 있는 시뮬레이션을 통해 TTW 에너지 사용량과 차량 성능을 예측하는 데 드는 시간과 비용을 절약할 수 있다. 시뮬레이션 모델은 사용자의 요구에 따라 다양한 수준의 정교함을 가지도록 개발될 수 있다. 차량 단계에서 시뮬레이션 모델은 조정된 주행 사이클의 연비, 배기가스 또는 휠 토크를 예측할 수 있으며, 하위 시스템 단계에서는 전기 기계 또는 IC 엔진 토크와 같은 구성요소 매개변수를 사용할 수 있다. 시뮬레이션 분석의 목적은 다음과 같이 요약할 수 있다.

- **차량 성능 예측** : 다양한 주행 시나리오에서 특정 파워트레인 구성요소를 장착한 차량에 대해 연비, 차량 1회 충전 주행거리, 가속 및 부하 전달 용량과 같은 다양한 차량 수준의 성능 매개변수를 예측할 수 있다. 시뮬레이션 모델을 사용하여 EV 및 HEV의 감시 제어 시스템을 최적화하고 조정할 수 있다.
- **구성요소 크기 조정** : 전기 기계 정격 전력, 인버터 kVA 요구 사항 및 배터리 용량과 같은 파워트레인 구성요소의 전력 및 에너지 요구 사항을 추정한다.
- **구성요소 시험** : 파워트레인 및 기타 보조 구성요소는 다양한 주행 시나리오에서 손실 추정과 용량 및 제약 조건과 관련하여 시험할 수 있다. 파워트레인 구성요소의 손실을 추정하는 것은 전기 기계, 전력전자 장치 및 배터리 시스템과 같은 열 시스템을 설계하는 데 특히 유용하다.

차량 시뮬레이션에는 차량 모델이 운전자의 입력 명령에 반응하여 실제 시나리오와 유사한 토크를 바퀴에 전달하는 전방 지향적 모델이 바람직하다. 시뮬레이션 모델의 모듈러 구조는 처음부터 모든 구성요소를 갖추지 않아도 중간에 구성요소를 쉽게 추가 또는 삭제할 수 있다. 이를 통해 다양한 구성요소 기술 또는 다양한 등급의 구성요소를 쉽게 비교할 수 있다. 대체 하이브리드 구조의 성능은 모듈식 구조에서도 쉽게 비교할 수 있다.

모델은 물리적 원리와 경험적인 데이터를 모두 사용하여 개발한다. 2장에서 제시된 차량 역학 및 도로의 기초는 차량 모델을 개발할 수 있는 물리적 이론이다. 운전자의 행동은 다양한 주행 사이클을 사용하여 모델링되며, 이는 차량의 성능을 평가하는 데 사용되는 표준화된 속도 및 도로 경사 프로파일이다. 구성요소는 시뮬레이션에서 단순화된 모델 또는 경험적 데이터에 기초한 룩업 테이블을 사용한다. 하위 시스템(예 : 전기 기계)의 시간 응답이 차량 역학보다 훨씬 빠르기 때문에 구성요소의 상세한 동적 거동이 필요하지 않은 경우가 많다. 복잡한 차량 시스템에 소요되는 시간이 많기 때문에 하위 시스템의 단순한 모델에 들어가는 시뮬레이션 시간은 최소화해야 한다. 이 방식을 사용하면 광범위한 주행 조건에서 잘 작동하도록 제어 전략을 조정하기 위하여 여러 번의 시뮬레이션을 실행할 수 있다. 이때 기계적 및 전기적 역학이 모두 있으므로 가변 강성 시스템 솔버solver가 필요하다.

[그림 3-19]는 운전자, 감독 제어기, 하위 시스템 및 차량 모델 간의 상호작용을 보여주는 차량 시스템의 시뮬레이션 블록 다이어그램이다.

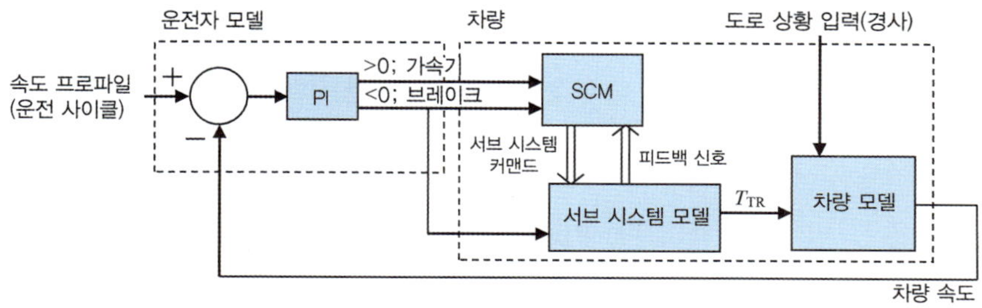

[그림 3-19] 차량 시뮬레이션 블록 다이어그램

운전자는 주행 사이클과 PI 제어기로 모델링하여 주행 사이클 프로파일과 실제 차량 속도 간의 오차를 최소화한다. 주행 사이클의 속도 프로파일은 운전자가 원하는 차량의 속도로 가정한다. PI 제어기의 출력은 가속 페달 위치 또는 브레이크 페달 위치에 생성한다. 이때 양쪽 페달은 동시에 밟을 수 없다고 가정한다. 페달 위치는 제어 전략(감독 제어 모듈에 위치)에 의해 읽혀 하위 시스템 명령을 생성한다. 하위 시스템에서 모델링된 파워트레인은 견인 토크 T_{TR}을 생성하고, 이 토크는 차량 모델로 전송된다. 브레이크 페달 위치 압력은 안전문제를 해결하기 위해 브레이크 하위 시스템 모델로 직접 전달된다. 감독 제어기에서는 파워트레인의 재생 명령 크기를 결정하기 위해 브레이크 페달의 위치도 중요하다.

3.7.2 표준 주행 사이클

표준 주행 사이클은 정부 기관과 자동차 업계가 차량 연비 인증 등의 차량 성능을 평가하기 위해 사용한다. 주행 사이클에는 속도와 도로 등급의 구성요소가 모두 포함될 수 있지만, 일반적으로 하나는 일정하고 다른 하나는 가변적이다.

시가지 동력계 주행 계획(UDDS)과 고속도로 주행 시험(HWFET)은 표준 주행 사이클로, 각각 도시 주행과 고속도로 주행이 시뮬레이션된다. 이는 [그림 3-20]과 [그림 3-21]에 나와 있다. UDDS 주행 사이클은 1,369초에 12.1km의 거리를 자주 정지하면서 주행하고 평균 속도는 31.5km/h이다. HWFET 주행 사이클은 765초에 16.51km의 거리를 주행하며 평균 속도는 77.7km/h이다.

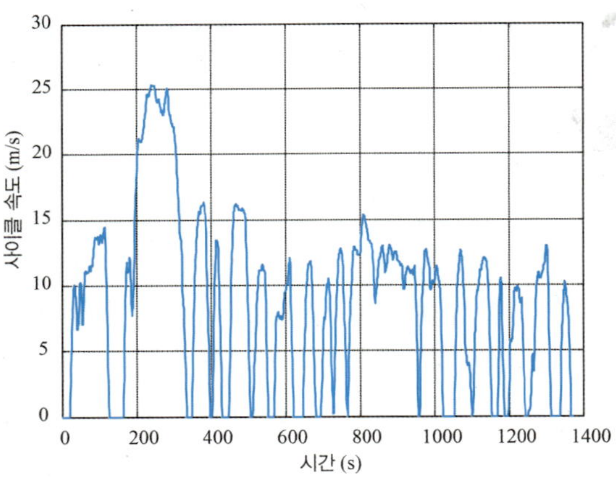

[그림 3-20] 시가지 동력계 주행 계획(UDDS)

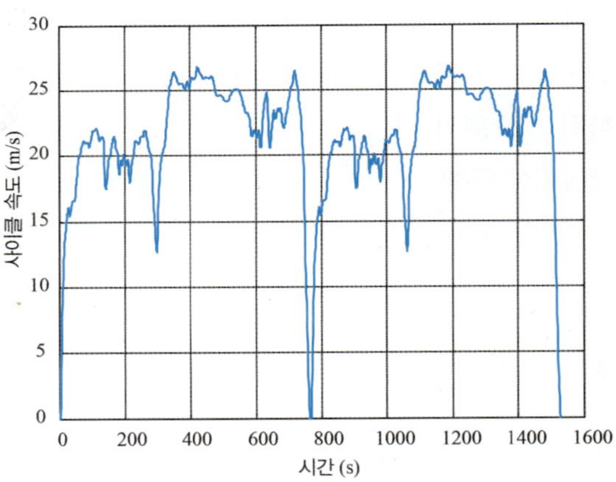

[그림 3-21] 고속도로 주행 시험(HWFET)

또 다른 주행 사이클은 US06 주행 사이클로, 극한 주행 조건에서 차량 제어기 전략의 효과를 시험하는 데 사용된다. 주행 사이클은 [그림 3-22]와 같다. 이는 세 가지 주행 사이클 중 가장 공격적인 주행 사이클이다. 고속 가속과 급제동이 특징이며 최고 속도는 129km/h이다. [그림 3-23]에 표시된 일본 기술 표준 주행 사이클 Japan1015는 자주 정지하는 도심 주행 시뮬레이션이다.

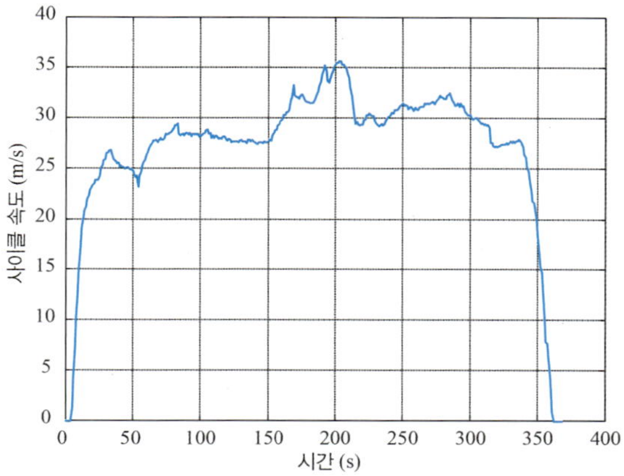

[그림 3-22] US06의 기본 주행 사이클

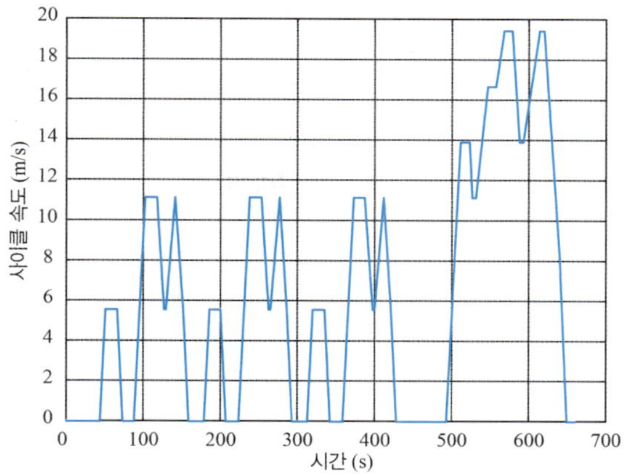

[그림 3-23] Japan1015의 기본 주행 사이클

이 절에서는 EV 및 에너지원의 성능을 평가하기 위해 국제자동차기술자협회 **Society of Automotive Engineeres, SAE**가 권장한 표준 J227a 주행 사이클을 설명한 후 EV 시뮬레이션을 제시한다. 이 짧은 주행 사이클은 EV 및 HEV의 기본 개념을 개발하기 위한 계산을 하는 데 유용하다. SAE J227a는 고정 경로 도심, 가변 경로 도심 및 가변 경로 교외 여행의 전형적인 주행 패턴을 시뮬레이션하기 위해 설계된 세 가지 방식이 있다. 이는 각각 SAE J227a 주행 일정 B, C, D이다. 각 스케줄은 ① 시동 후 최대 속도에 도달하기 위한 가속 시간 t_a, ② 정속에서의 주행 시간 t_{cr}, ③ 에너지가 유입되지 않을 때 타력 주행 시간 t_b, ④ 차량을 정지시키기 위한 제동 시간 t_b, ⑤ 해당 기간이 완료될 때까지의 공회전 시간 t_i이다. J277a의 주행 사이클은 [표 3-5]에 제시된 각 스케줄에 대한 권장 시간과 [그림 3-24]에 나와 있다. [그림 3-24]는 SAE가 권장하는 양식을 약간 수정한 것으로 한 모드에서 다른 모드로 전환되는 시간과 순항 속도만 명시한다. 순항 구간 이외의 속도 프로파일은 고정되지 않으므로 다른 구간에서 이동한 거리는 가변적이다. 실제로 거리는 차량의 가속 능력에 따라 달라진다. 단순화를 위하여 이 책에서는 이러한 스케줄에 대해 직선 근사치를 가정했다.

[표 3-5] SAE J227a의 기본 주행 과정

시험 매개변수	SAE J1227a 스케줄		
	B	C	D
최대 속도, kph (mph)	32	48	72
가속 시간, t_a s	19	18	28
크루즈 시간, t_{cr} s	19	20	50
타력 주행 시간, t_{co} s	4	8	10
제동 시간, t_{br} s	5	9	9
공회전 시간, t_i s	25	25	25
총 시간(s)	72	80	122
mile 당 사이클 수	4～5	3	1

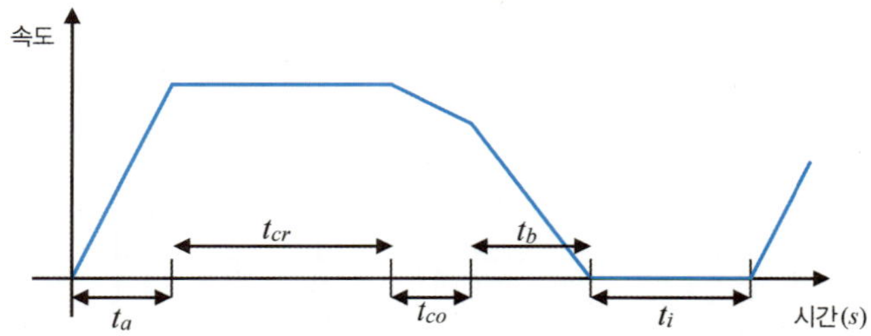

[그림 3-24] SAE J227a의 기본 주행 사이클

예제 3.1

2011년 닛산 리프의 차량 및 전기모터의 변수는 다음과 같다.

- 차량의 질량 = 1,521kg
- 휠 반경 = 0.4m
- 전면 투영 면적 = 2.16m^2
- 축 간 거리 = 2.7m
- $L_d = 1.52\,\text{mH}$
- $L_q = 1.54\,\text{mH}$
- $R_{ph} = 0.046\,\Omega$
- 모터 토크 상수 $K_e = 0.46$ (위상, 최댓값)
- $\lambda_m = 0.115 \dfrac{\text{Vs}}{\text{rad}}$ (위상, 최댓값)
- 배터리의 정격 = 40kWh
- DC 전압 = 360V

(a) 차량의 시뮬레이션 모델을 개발하고 UDDS 표준 주행 사이클을 사용하여 (i) 모터 토크, (ii) 모터 출력, (iii) 배터리 에너지 소비, (iv) 배터리 충전 상태(SoC)에 대한 그래프를 그려라.

(b) 1회 UDDS 사이클의 에너지 소비량을 기준으로 닛산 리프가 80km, 113km를 주행하는 데 필요한 에너지를 계산하라.

풀이

(a) 시뮬레이션 모델은 MATLAB-Simulink 소프트웨어 툴을 사용하여 개발되었다. 시뮬레이션 모델의 블록 다이어그램은 [그림 3-25]와 같다.

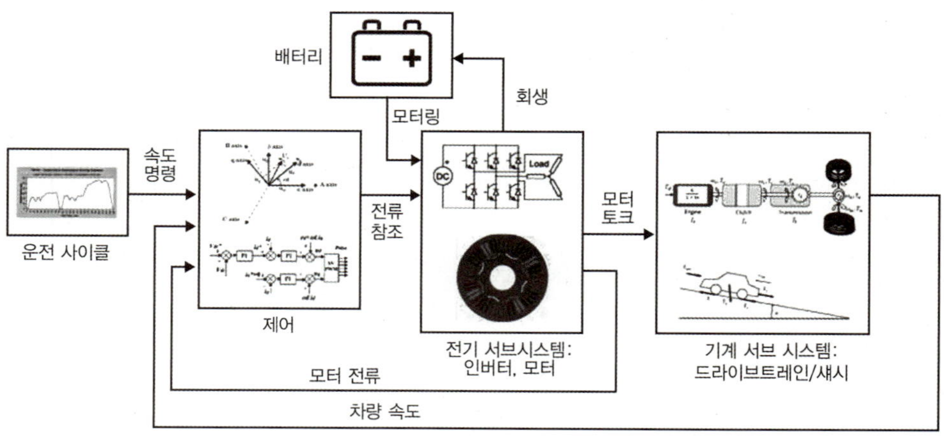

[그림 3-25] [예제 3.1]~[예제 3.2]의 PSIM으로 구축된 시뮬레이션 모델

차량 시스템은 2장에서 개발한 모델을 기반으로 모델링된다. 배터리와 모터 부품은 각각 5장과 7장에서 설명하는 모델을 사용한다. 시뮬레이션은 UDDS 구동 사이클 또는 닛산 리프에 대한 정현파 전압을 모터에 입력으로 사용하여 실행한다. 1회 UDDS 사이클에 대한 모터 토크, 모터 출력, 배터리 에너지 소비 및 배터리 충전 상태(SoC)는 [그림 3-26]과 같다.

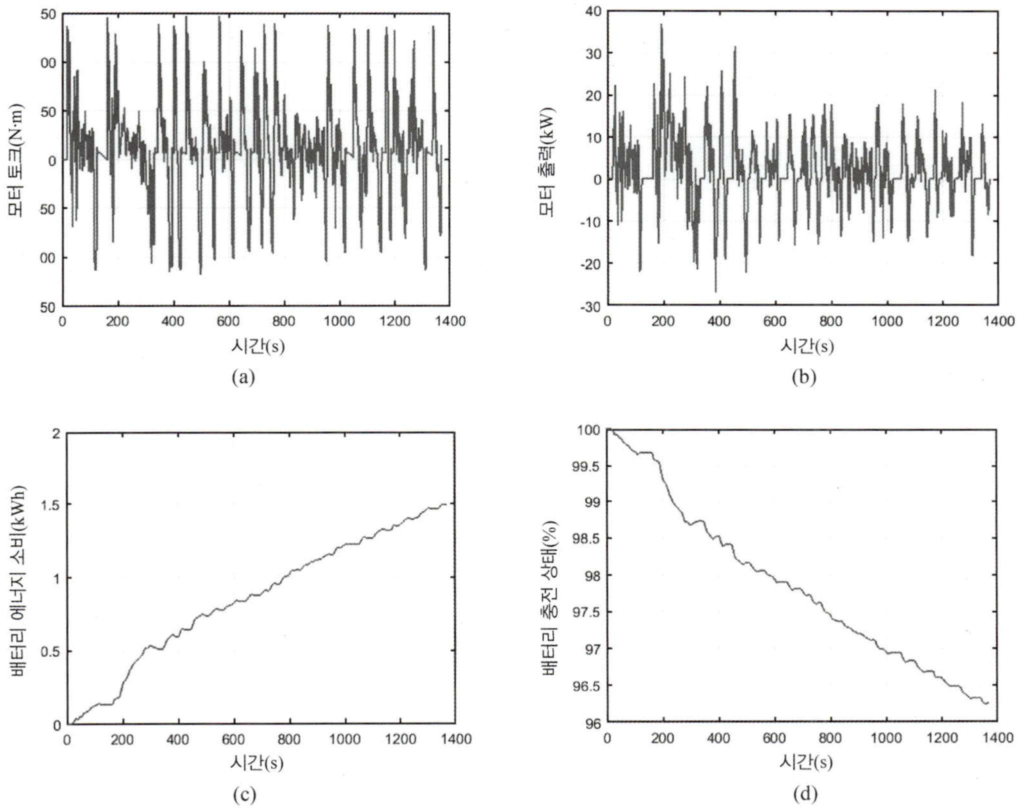

[그림 3-26] 닛산 리프의 전기모터 및 배터리 시뮬레이션 결과

(b) 1회 UDDS 사이클로 주행한 총 거리는 12.06km이며 소비되는 에너지는 1.46kWh로 MPGGE는 172.9가 된다. 80km에서 소비되는 에너지는 9.75kWh이고 112km의 거리에서 소비되는 에너지는 13.65kWh이다.

에너지 소비량을 계산할 때는 기계적 변속기 손실과 전력 변환기 손실은 고려하지 않는다. 이러한 손실과 다른 유실 손실이 계산에 포함되지 않았기 때문에 km/L는 더 높은 쪽에 있다. 또한 UDDS 사이클은 에너지 회생이 일어나는 하강 경사로를 많이 가지고 있으며, 이때 운동 에너지의 일부를 회수하기 위해 회생률을 30%로 가정한다. UDDS에서는 낮은 속도에서 공기역학적 항력(v^2에 따라 변화)이 줄어들기 때문에 손실이 많이 줄어든다. 닛산 리프의 연비는 시내에서 52.7km/L이다.

예제 3.2

테슬라 모델 3의 차량 및 전기모터의 변수는 다음과 같다.

- 질량 = 1,611kg
- 휠 반경 = 0.447m
- 전면 투영 면적 = 2.16m^2
- 축 간 거리 = 2.7m
- $L_d = 0.42\text{mH}$
- $L_q = 0.52\text{mH}$
- $R_{ph} = 0.028\,\Omega$
- 모터 토크 상수 $K_e = 0.24$(위상, 최댓값)
- $\lambda_m = 0.06\dfrac{\text{Vs}}{\text{rad}}$ (위상, 피크)
- DC 전압 = 375V
- 배터리의 정격 = 75kWh

(a) 차량의 시뮬레이션 모델을 개발하고 HWFET 표준 주행 사이클을 사용하여 (i) 모터 토크, (ii) 모터 출력, (iii) 배터리 에너지 소비, (iv) 배터리 충전 상태 SoC에 대한 그래프를 그려라.

(b) 1회 HWFET 사이클의 에너지 소비량을 기준으로 닛산 리프가 80km, 113km를 주행하는 데 필요한 에너지를 계산하라.

(c) UDDS 구동 사이클에 필요한 에너지를 배터리 SoC로 계산한 다음 SoC가 100%에서 0%로 가기 위하여 차량이 얼마나 주행해야 하는지 예측하고 km/charge 단위로 연비를 계산하라.

풀이

(a) [그림 3-25]에 표시된 시뮬레이션 모델은 테슬라 모델3에서 변수를 받아 사용한다. 시뮬레이션은 사인파 전압을 사용하여 HWFET 구동 사이클에 대해 실행되었다. 1회 HWFET 사이클에 대한 모터 토크, 모터 출력, 배터리 에너지 소비 및 배터리 SoC는 [그림 3-27]과 같다.

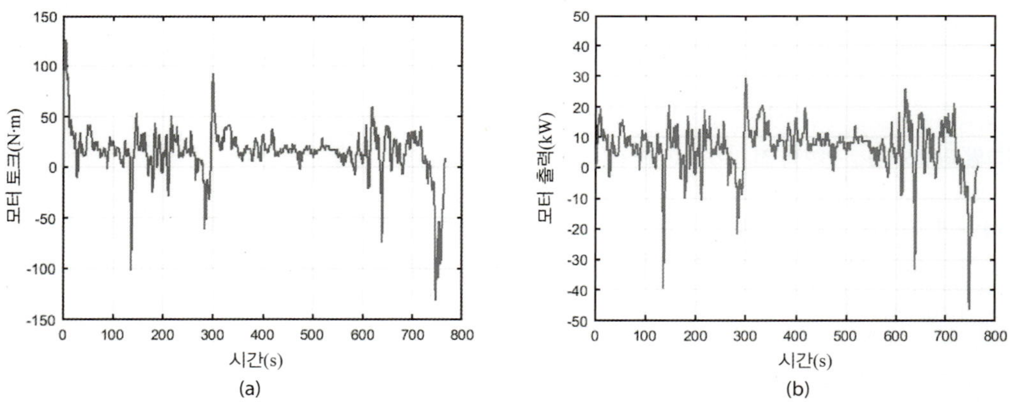

[그림 3-27] 테슬라 모델3의 전기모터 및 배터리 시뮬레이션 결과(계속)

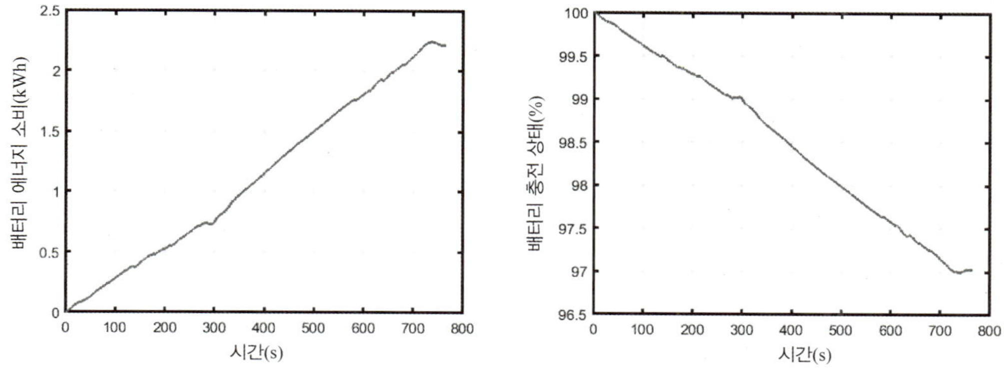

(c) (d)

[그림 3-27] 테슬라 모델3의 전기모터 및 배터리 시뮬레이션 결과

(b) 1회 HWFET 사이클에서 주행한 총 거리는 166km이고 소비되는 에너지는 2.24kWh이므로 66km/L이다. 80km의 거리에서 소비되는 에너지는 10.87kWh이고 113km 거리에서 소비되는 에너지는 15.22kWh이다. 에너지 소비량 계산은 기계적 변속기 손실과 전력 변환기 손실을 무시한다. 계산된 km/L는 이 시뮬레이션에서 다른 손실은 무시했기 때문에 공식 수치보다 높다. 테슬라 모델3의 공식 수치는 고속도로에서 56km/L이다.

(c) 테슬라 배터리의 배터리 용량은 75kWh이고 배터리 전압은 375V이다. 시뮬레이션은 배터리가 완전히 충전된 상태에서 시작된다(100% SoC). [그림 3-28]과 같이 SoC는 UDDS 주행 사이클 중에 100%에서 97.7%로 2.3% 감소가 된다. 이는 1.73kWh의 에너지 소비량에 해당된다. UDDS 사이클 중에 주행한 거리는 12km이다. 따라서 배터리를 한 번 완전히 충전하여 주행할 수 있는 거리는 다음과 같다.

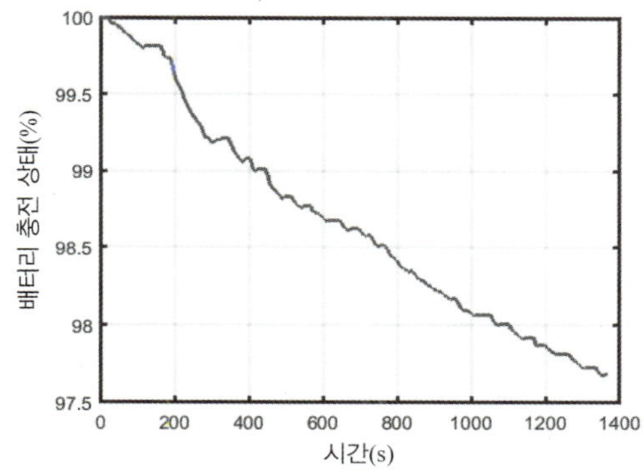

[그림 3-28] 테슬라 모델3 배터리 시뮬레이션 (UDDS 사이클 1회)

$$1\text{회 충전 주행거리} = \frac{100}{\Delta SoC_{UDDS}} \times \text{주행한 거리}_{\mathrm{UDDS}}$$

해당 식을 사용하면 다음과 같이 얻을 수 있다. 이 계산은 모터의 기계적 손실과 인버터의 변속기 및 손실을 무시한다.

$$1\text{회 충전 주행거리} = \frac{100}{2.3} \times 12\text{km} = 522\text{km/h}$$

3장 연습문제 ▸▸▸

3.1 병렬 HEV의 변수는 다음과 같다. 차량은 10초 동안 0 ~ 97km/h까지 균일하게 가속해야 한다.

용어	변수
차량 질량	1,800kg
운전자(승객 한 명)	80kg
구름 저항 계수, C_0와 C_1	0.01, 0
공기 저항 계수, C_{AD}	0.4
전면 투영 면적, A_F	2.6m^2

(a) 초기 가속 주기에 대한 견인력 $F_{TR}(t)$의 식을 시간의 함수로 구하라.

(b) 초기 가속 주기에 대한 견이동력 $P_{TR}(t)$의 식을 시간의 함수로 구하라.

(c) 0초에서 10초 사이의 초기 가속에 필요한 에너지 Δe_{TR}을 구하라.

3.2 차량의 크기 계산에 사용되는 변수와 성능 요구사항은 다음과 같다. 초기 가속 조건은 트레일러가 없다고 가정하지만, 총 질량은 운전자와 승객 한 명을 고려해야 한다.

용어	변수
차량 질량	1,800kg
운전자(승객 한 명)	176lbs/80kg
주행 용량	1,000kg
구름 저항 계수, C_0와 C_1	0.01, 0
휠 반경, r_{wh}	0.3305m
공기 저항 계수, C_{AD}	0.45
전면 투영 면적, A_F	2.5m^2
0 ~ 97km/h	8.0s
80 ~ 113km/h	6.3s
정속 주행(트레일러 포함)	89km/h(7% 경사)
정속 주행(트레일러 없이)	113km/h(0.5% 경사)
무공해(트레일러 없이)	8km(64km/h)

(a) 5초에서 속도와 출력을 계산하여 일정한 힘 7,600N이 작용할 때 초기 가속력을 구하라.

(b) 차량이 140kW의 일정한 출력으로 (a)의 초기 일정한 힘 가속 기간 후에 일정한 출력 모드에서 가속한다. 주어진 조건에서 일정한 전력 가속도에 대한 dv/dt 방정식을 만들고 8초 후의 속도를 구하라(수치적으로 방정식을 풀 수 있다).

(c) 트레일러를 포함해서 7%에서 89km/h의 정상상태 속도에 필요한 전력을 계산한다.

CHAPTER

4

자율주행 자동차

Autonomous Vehicles

들어가기 전에 ▸▸▸

배터리 전기 차량(BEV)의 종류, 생산 및 판매가 급격히 증가함에 따라 운송 부문은 지난 10년 동안 큰 변화를 겪었다. 차량의 전기화는 교통수단에 대한 사회적 요구 및 변화와 맞아 떨어졌는데, 공유 차량을 이용하는 사람들이 늘어나면서 자동차를 개인의 소유물이 아닌 하나의 서비스로 보는 시대로 변화하고 있다. 기업들은 지오펜스 구역(제한된 구역)에서 무인 차량을 테스트하면서 자율주행 자동차의 출시를 준비하고 있다. 모빌리티의 미래는 전기 구동계, 자율주행 자동차, 승차 공유 서비스라는 세 가지 기술 영역이 융합되어 있을 가능성이 크다. 이러한 기술은 각각 독립적으로도 상당한 이점이 있지만, 기술의 융합을 통해 더 저렴하고, 더 편리하고, 더 안전하게 이용할 수 있다. 뿐만 아니라 근로자의 생산성이 높아지고, 환경에 더 좋으며, 기반시설 활용이 용이해 운송 시스템을 개선할 수 있는 잠재력이 있다.

전 GM 부사장 로런스 번스**Lawrence Burns**와 콜롬비아 대학의 경제학자 제프리 작스**Jeffery Sachs**의 분석에 따르면, 미시간주 앤아버와 같은 도시의 시민들은 공유, 전기, 자율운송 서비스를 70% 저렴하게 이용할 수 있다. 이러한 서비스를 이용할 경우 자가용 수보다 80% 적은 차량으로도 동일한 거리를 이용할 수 있다.[1] 자가용은 193km/h 이상의 속도로 5명 이상의 승객을 태울 수 있게 제작되지만, 승차 공유 서비스를 사용하면 주행 목적에 맞게 차량을 맞춤 제작할 수 있어 차량의 크기와 무게를 크게 줄일 수 있다. 따라서 이러한 서비스는 개인 비용을 낮출 뿐만 아니라 환경 비용도 크게 줄일 수 있다. 자동차와 트럭의 배기가스는 미국에서 배출되는 온실가스의 1/5에 해당한다.[2] 전기 구동계를 사용하면 차량을 구동하는 데 필요한 에너지를 태양열, 풍력, 수력 및 원자력 발전소와 같은 청정 자원에서 생산할 수 있다. 자율주행 택시와 EV를 융합시킨다면 가솔린 차량의 자동 급유보다 더 안전하게 스스로 충전할 수 있다. 또한 자율주행 자동차는 주차를 위해 필요한 광범위한 면적과 비용을 없앨 수 있다. 이러한 환경 및 비용 절감 외에도 자율주행, 전기, 공유 차량은 기존 차량보다 안전하다. 미국 고속도로 교통안전국(NHTSA)에 따르면 2018년 미국 도로에서 자동차 교통사고로 36,560명이 사망했다.[3] 자율주행 자동차가 점차 개발되면서 이 수치는 크게 줄어들 것으로 예상된다.

자율주행 자동차는 자동차가 발명된 이후부터 논의되었지만, 기술적으로는 계산 처리, 센서 기술 및 확률론적 로봇 공학의 발전이 융합된 이후에 가능해졌다. 2004년 DARPA **Defense Advanced Research Projects Agency**는 모하비 사막에서 241km 코스를 자율주행으로 완주한 첫 번째 팀에게 백만 달러의 상금을 수여하는 대회를 개최했다. 카네기 멜론**Carnegie Melon** 대학 레드**Red** 팀이 12km로 가장 먼 거리를 주행했지만, 최종 레이스에 진출한 15개 팀 중 어느 누구도 코스를 완주하지 못했고 아무도 상을 받지 못했다.

이후 DARPA는 2005년에 다시 대회를 개최했고, 스탠포드**Stanford** 대학 팀이 '스탠리**Stanley**'라는 출품작으로 2백만 달러의 상금을 획득했다.[4] 총 5대의 차량이 209km 경주를 완주했으며,[5] 이러한 사막 도로에서의 성공적인 자율주행은 자율주행의 새로운 시대를 열었다.

DARPA 챌린지는 2007년 도시 환경에서 차량이 다른 자동차 및 물체를 포함해 거리를 탐색할 수 있는지 알아보기 위해 다시 개최되었다. 이 대회에서 탈탄 레이싱**Tartan Racing**으로 알려진 카네기 멜론**Carnegie Mellon**과 GM의 팀은 '보스**Boss**'라는 출품작으로 2백만 달러의 상금을 획득하였다.[6~7] 이 챌린지는 자율주행 자동차의 설계 및 개발에 새로운 시대를 열었다는 점에서 의미가 있었다. 그러나 경쟁 직후 이 기술의 잠재력을 인식한 회사는 소수에 불과했고 주요 자동차 회사의 관심을 불러일으키기까지 몇 년이 걸렸다.

현재 GM, 포드**Ford**, 테슬라**Tesla**, 메르세데스 벤츠**Mercedes-Benz**, 아우디**Audi**, BMW 등의 자동차 기업과 웨이모**Waymo**, 우버**Uber**, 바이두**Baidu** 등의 IT 기업들이 시장 진출을 위해 자율주행 자동차를 개발 및 테스트하고 있다. 이 회사들은 안전, 경제성 및 규제 등을 포함한 여러 문제를 극복하기 위해 노력하고 있다. 자율주행 자동차의 안전은 인식 및 의사결정 측면에서 인공지능에 크게 의존하고 있으며, 센서 및 컴퓨터 처리 하드웨어의 추가 비용은 수익성을 보장하기 위해 기존 차량보다 크게 늘지 않아야 한다. 수많은 자동차 업체들이 자동 제동, 차선 유지, 사각지대 감지, 적응형 크루즈 등을 갖춘 차량을 제공하지만, 최종적인 목표는 목적지만 설정하면 승객이 차량의 운행에서 완전히 벗어나도록 하는 것이다.

전기구동 차량**x Electric Vehicles, xEVs**의 파워트레인은 자율주행에 필요한 통신 및 계산 리소스를 추가할 수 있는 범위와 공간을 단순하게 제공할 수 있어 자율주행 기능을 적용하기에 유리하다. 현재 EV 배터리는 IC 엔진보다 더 자주 충전해야 하므로 자율주행 기능을 도입한다면 EV의 사용성이 향상될 것이다. 또한 IC 엔진 차량의 급유를 자동화하는 것은 EV가 자동으로 안전하게 충전되는 것보다 더 어렵기 때문에 EV와 자율주행 자동차가 결합한다면 상호 유익한 공생 관계를 형성할 것이다.

차량의 자율주행 수준은 자동 제동과 같은 기본적인 안전 기능에서부터 운전자가 개입할 필요가 없는 완전 자율주행에 이르기까지 다양하다. 오늘날 도로 위의 많은 차량에는 적응형 크루즈, 차선 유지 또는 긴급 제동 기능 수준의 자율주행 기능이 적용되어 있다. 완전한 자율주행 자동차는 아직 연구개발 단계에 있으나 특정 위치에서 운전자 개입 없이 작동할 수 있는 차량에 대한 테스트가 진행 중이다.

SECTION 4.1

자율주행의 5가지 수준

Five Levels of Autonomous Driving

자율주행은 지난 10년 동안 제한된 환경에서 완전 자동화 또는 자율주행 자동차와 운전자 지원 수준이 증가함에 따라 발전해왔다. 미국 고속도로 교통안전국**National Highway Traffic Safety Administration, NHTSA**은 2013년에 5가지 수준의 자율주행을 정의하고 2016년에 SAE International의 J3016 문서에서 기술한 자율주행 수준을 공식적으로 채택했음을 반영하기 위해 업데이트했다. 자동화 수준은 다음과 같이 정의된 5가지 수준의 운전자 지원을 통한 자율주행 시스템**Autonomous Driving System, ADS**으로 공식화되었다.

- 레벨0 : 우리에게 익숙한 기본 차량과 동일한 수준이며 운전자(인간)가 차량의 조향, 가속, 제동 등과 같은 모든 것을 제어하는 수준이다.
- 레벨1 : 조향이나 가속과 같은 특정 기능이 차량 제어장치에 의해 자동으로 수행될 수 있지만, 대부분의 운전 기능은 여전히 운전자가 제어하는 수준이다.
- 레벨2 : 레벨 2부터는 주행 환경에 대한 정보를 사용하여 속도제어, 차선 중앙 조정과 같은 운전자 지원 시스템의 자율성이 증가한다. 운전자는 핸들에서 손을 떼는 동시에 가속 페달에서 발을 떼면 차량을 물리적으로 조작할 수 없으며 필요할 때 항상 차량을 제어할 준비가 되어 있어야 하는 수준이다.
- 레벨3 : 차량 ADS가 특정 교통 또는 환경조건에서 순항 및 조향과 같은 안전에 중요한 기능을 수행할 수 있으나 운전자가 차량을 제어할 준비가 되어 있어야 한다. 하지만 이전 수준과 달리 차량의 운전 상태를 상시 모니터링하지 않고 필요할 경우에만 차량의 제어권을 운전자에게 이전할 수 있는 수준이다.
- 레벨4 : 차량의 운영 설계영역 내에서 주행이 완전히 자율적이고, 차량의 ADS가 모든 안전에 중요한 운전 기능을 수행하여 주행할 수 있다. 하지만 차량의 운영 설계영역이 모든 운전 시나리오를 다루지는 않는다.
- 레벨5 : 비포장 도로와 같은 극한 환경을 포함한 모든 운전 시나리오에서 차량의 자율주행 성능이 인간 운전자와 같거나 그 이상이어야 하는 완전 자율시스템이다.

SECTION 4.2

자율주행 자동차의 기능 구조

Autonomous Vehicle Functional Architecture

자율주행 자동차의 구조는 센서, 신호 처리, 인식 및 계획 알고리즘, 제어 및 액추에이터 기술을 기반으로 구축된다. 자율주행 자동차의 기능 구조는 자율주행의 목표를 달성하기 위해 시스템 및 구성 부품의 기능 및 상호작용을 정의하고 식별하도록 이뤄져 있으며, 이를 [그림 4-1]에 나타내었다.

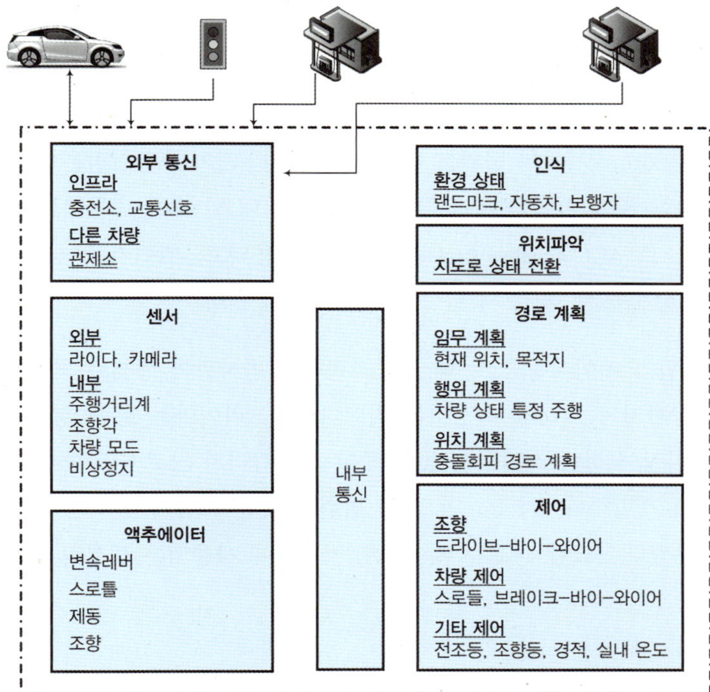

[그림 4-1] 하드웨어 및 소프트웨어, 통신 요소로 표시한 자율주행 자동차의 기능 구조

구조에는 데이터 교환이 가능한 하드웨어 및 소프트웨어 세그먼트가 포함되어 있다. 하드웨어 구성 요소에는 소프트웨어를 호스팅하는 센서, 액추에이터 및 프로세서가 있다. 그리고 소프트웨어 구성 요소에는 작동명령을 생성하기 위한 인식, 위치파악, 경로 계획 및 제어 알고리즘이 있다.

자율주행 자동차에서 감지 및 통신 부품은 물체 감지 및 차량 궤적 추적과 같은 인식 및 매핑 작업에 필요한 정보를 제공한다. 소프트웨어 프로세스는 외부 통신에 일부 연결된 하드웨어 센서로 시작한다. 이때 고급 신호처리 기술은 인식, 위치파악, 경로 계획을 하는 데 핵심적인 역할을 수행한다. 이 절에서는 하드웨어 센서와 외부 통신에 대해 논의하고 다음 절에서 소프트웨어 스택을 다루기로 한다.

4.2.1 센서

ADS 시스템용 센서는 차량의 상태나 주변 물체의 상대적 위치와 같은 환경 정보를 획득하기 위해 외부적으로 통신하도록 제작 및 설계된 부품이다. 예를 들어 자율주행 자동차에는 레이다 **radar**[1], 라이다 **lidar**, 카메라, 초음파 센서, GPS **Global Positioning System** 또는 IMU(관성측정 장치)가 있다. 센서는 유형에 따라 고유한 장단점이 있으므로 각각의 기능, 범위 및 비용을 고려해야 한다. 또한 열악한 기상 상태에서도 가시성을 확보하고 사각지대를 감지하기 위해 적절한 센서를 선택하고 배치하는 계획이 필요하다.

카메라는 상황을 인식하기 위해 시각적으로 인코딩된 정보를 캡처하는 데 사용되는 가장 일반적인 유형의 센서이다. 보통 다중 카메라 시스템이 표지판 및 마커 디버깅과 자동차, 자전거 및 보행자 감지 및 추적에 사용된다. 카메라의 감지 품질은 날씨 및 빛 반사와 같은 환경조건에 크게 좌우된다. 레이다는 전파를 내보내고 전파가 반사되는 시간과 도달 방향(DoA)을 측정하는 센서로, 가장 긴 측정 범위를 가지며 정밀도에 따라 10 ~ 250m 사이의 범위를 추정할 수 있다. 레이다의 단점은 해상도가 낮고 작은 물체를 식별할 수 없다는 것이지만, 교차 교통 설정, 사각지대 및 후방 충돌에 사용할 수 있다. 장거리 레이다는 일반적으로 ACC **Adaptive Cruise Control**에 사용되고, 범위가 약 40 ~ 150m 인 중거리 레이다 시스템은 비상제동 및 자동 추월 프로세스에 사용된다.

자율주행에 사용되는 또 다른 센서는 펄스 레이저광으로, 대상을 조명하고 반사광이 센서로 되돌아오는 데 걸리는 시간을 측정하여 대상까지의 거리를 측정하는 라이다이다. 라이다는 종종 정밀한 3D 지도를 만들기 위해 사용되는데, 파장이 작아 식별력이 높고 주야간을 가리지 않고 다양한 유형의 주변 밝기에서 정보를 캡처하는 데 적합하다. 약 2m 의 작동 범위를 갖는 초음파 센서는 주차 보조 기능으로 자동차에 오랫동안 사용됐다. [그림 4-2]는 자율주행 자동차에 사용되는 센서의 작동 범위와 각도 범위를 보여준다.

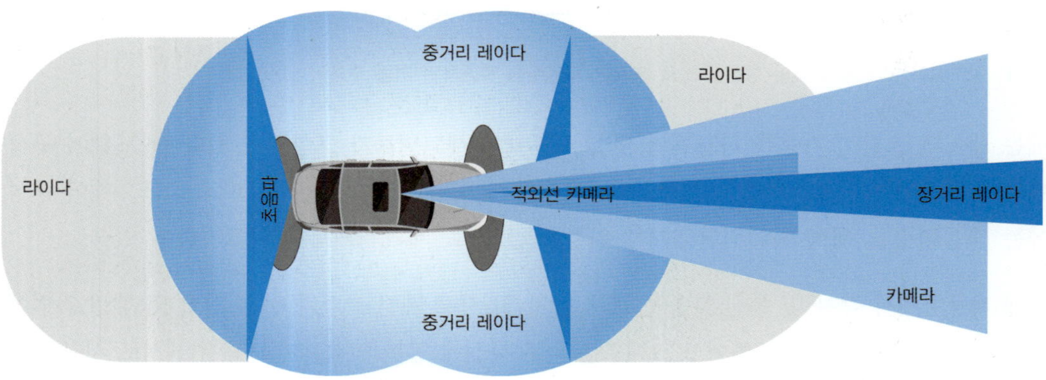

[그림 4-2] 물체 탐지와 환경 매핑을 위한 센서 기술

1 **(역자주)** 레이더라고도 한다.

[표 4-1]에 자율주행 자동차에 사용되는 각종 센서 기술을 정성적으로 비교하여 나타내었다.

[표 4-1] 자율주행 자동차에 사용되는 각종 센서 기술의 비교

종류	범위	범위 해상도	각도 해상도	밝은 환경 성능	어두운 환경 성능	시선 속도	날씨 강건성	가격
레이다	매우 좋음	좋음	보통	매우 좋음	매우 좋음	매우 좋음	매우 좋음	중간
라이다	좋음	매우 좋음	매우 좋음	좋음	매우 좋음	보통	보통	높음
카메라	매우 좋음	보통	좋음	좋음	나쁨	나쁨	나쁨	낮음
초음파	나쁨	나쁨	나쁨	좋음	좋음	나쁨	좋음	낮음

차량의 임무 범위 및 성능에 따라 센서의 수와 유형은 달라진다. 자율주행 자동차는 중복성 **redundancy**을 갖추기 위해 여러 유형의 센서가 판독한 값을 결합하여 각 센서의 약점을 보완한다. 적절한 센서 계획은 기능, 범위 및 비용의 균형을 유지할 수 있으며 여러 센서의 정보를 결합하는 프로세스를 센서 융합이라고 한다. 센서 융합은 종종 칼만 필터링 **kalman filtering**의 형태로 수행된다. 비선형 프로세스 및 측정 모델에서는 칼만 필터의 비선형 버전을 사용해야 한다. 이러한 비선형 시스템의 측정 및 프로세스 모델을 융합할 때는 확장 칼만 필터 **extended kalman filter**, 무향 칼만 필터 **unscented kalman filter** 또는 입체구적 칼만 필터 **cubature kalman filter**가 사용된다.[8]

차량의 내부 센서는 물리적 센서와 ADS의 신호를 포함하는 자율주행 기능을 완성하는 데 매우 중요하다. 이러한 센서로는 속도 센서, 작동 모드 및 비상 정지가 있다. 작동 모드 신호는 운전자 입력, 배터리 충전 상태 및 충전소 거리를 기반으로 한 스포츠 모드, 일반 모드 및 비상 모드와 같은 주행 패턴을 식별한다.

4.2.2 외부 통신

차량이 물체를 감지하거나 다른 차량의 방향을 추적하는 등 인식 작업을 수행하는 데 필요한 정보는 차량의 감지 및 통신 구성요소에서 제공한다. 3D 지도, GPS 데이터, 교통상황, 도로상황, 기상상황과 같은 추가적인 정보는 자율주행의 소프트웨어 프로세스의 외부 통신을 통해 가져올 수 있다. 커넥티드 차량 **connected car**의 추가 기능은 차량 대 차량(V2V) 및 차량 대 인프라(V2I) 통신을 통해 수행되며 주변의 다른 에이전트에 정보를 수신 및 전송할 수 있다. V2V 통신은 경로와 속도에 대한 데이터를 공유하기 위해 자동차를 서로 연결할 수 있는데, 예를 들어 충돌을 피하기 위해 주변 차량에 자기차량의 정보를 보낼 수 있다. V2I 통신은 차량이 다양한 인프라에서 전송되는 정보를 수신하거나 신호등, 주차 미터기, 주차장 및 충전소와 같은 신호를 전송하여 안전성과 운전 효율성을 모두 향상시킬 수 있다. 예를 들어 지정된 도로에 운전자가 없거나 EV의 주행거리와 충전소 위치에 따라 대상이 되어야 하는 충전소가 없는 경우 가로등 지도를 끌 수 있다.

수많은 자율주행 자동차 제조업체가 V2V 및 V2I 통신 없이 완전 자율주행을 시도하고 있지만, 이 기술은 최적화된 교통 흐름을 위한 수단을 제공해 자율주행 자동차의 성능을 크게 향상시킬 수 있는 잠재력을 가지고 있다. 자율주행 시스템은 인간의 반사속도에 비할 만큼 빠른 속도와 많은 용량의 데이터 처리가 필요하다. 자율주행 자동차의 다양한 센서는 기존 4G 기술보다 훨씬 빠른 네트워크를 필요로 하며 전례 없는 양의 데이터를 생성한다. 5G 밀리미터파 **mmWave**[2] 무선기술은 자율주행 자동차에 빠르고 안정적이며 응답성이 뛰어난 네트워크를 제공할 것으로 기대된다.

다양한 센서가 제공하는 정보는 작동명령을 결정하는 데 유용한 정보를 생성하기 위해 소프트웨어 스택에 의해 처리되는 대규모 데이터 소스를 구성한다. 자율주행 자동차에서 데이터 분산처리를 평가하는 3가지 기준이 있는데, 처리량 비율, 전송지연, 패킷 손실이다. 처리량 비율은 지능형 알고리즘의 효율성 또는 정확성과 관계없이 CPU에서 처리할 수 있는 최대 데이터양을 결정하며, 전송지연은 데이터 송수신 사이의 경과시간으로 측정한다. 자율주행 자동차는 실시간 시스템이기 때문에 대기시간이 증가할수록 모든 모듈에 영향을 미쳐 성능이 저하된다. 마지막으로 패킷 손실 **packet loss**은 유무선 장치에 대한 물리적 링크의 불확실성으로 인해 불가피하게 존재하는 전송 중 데이터 손실을 의미한다.

2 주파수 24GHz ~ 100GHz 대역의 전파를 말한다.

SECTION 4.3

소프트웨어 스택

Software Stack

감지, 환경 매핑, 자기 위치지정 및 계획을 위한 고급 신호처리, 통신 및 학습 알고리즘은 차량의 자율주행에서 핵심적인 역할을 한다. 자율주행에 필요한 모든 작업을 수행하기 위한 표준 소프트웨어 방법론은 아직 없지만, 모든 전략에는 인식**perception**, 위치파악**localization**, 경로 계획**path planning**, 차량 제어**vehicle control**의 네 가지 요소가 있어야 한다. 경로 계획의 출력은 의사결정을 위해 차량 컨트롤러로 입력된 다음 액추에이터에 명령을 보내게 된다. 소프트웨어 스택**software stack**의 작업 흐름은 [그림 4-3]에 나와 있다.

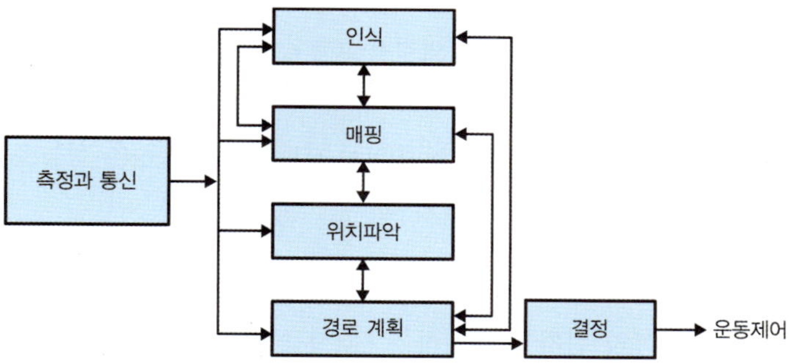

[그림 4-3] 소프트웨어 스택의 작업 흐름

컨트롤러는 센서 신호입력 및 운전자의 경로요청을 바탕으로 최적화 알고리즘을 사용하여 생성된 경로를 따르도록 액추에이터에 명령을 전달한다. 여기서 액추에이터는 구동모터 또는 엔진, 제동 및 조향 시스템이다.

4.3.1 인식

인식**perception** 작업은 카메라, 레이다, 라이다, 초음파 센서와 같은 외부 센서에서 측정하고 이 입력을 시스템의 위치파악, 경로 계획 및 차량 제어 모듈에서 의미 있는 정보로 변환하는 작업을 말한다. 인식 모듈에 포함된 작업은 다음과 같다.

- 차량, 자전거, 보행자의 위치 및 경로 감지
- 도로 표지판 감지
- 신호등 상태 감지
- 주행가능 영역 감지
- 차선표시 감지
- 횡단보도 감지
- 글로벌 맵 내에서 차량 위치파악
- 차선 내에서 차량의 위치파악

DARPA 챌린지에 사용된 인식 알고리즘은 기존의 컴퓨터 비전 알고리즘을 기반으로 했지만, 현재는 딥 러닝 도구를 위치, 방향, 크기의 정확도를 높이기 위해 인식, 특히 물체 감지 및 추적에 적용된다. 컴퓨터 비전의 새로운 시대는 알렉스 크리제브스키 **Alex Krizhevsky** 등이 개발한 알렉스넷 **AlexNet**에 심층 CNN **Convolutional Neural Network**을 적용하면서 시작되었다. 이미지넷 **ImageNet**의 대규모 비전 인식 대회 **ImageNet Large-Scale Vision Recognition Challenge, ILSVRC**에서 상위 5개 분류에 오차율 15.5%를 달성하였고 이는 준우승 알고리즘 대비 10.8% 이상 우수하다.[9]

딥 러닝 알고리즘을 구성하는 행렬의 연산은 비디오게임의 그래픽 처리에 사용되는 연산과 매우 유사하다. 따라서 그래픽 처리장치 **Graphics Processing Unit, GPA**의 발전은 딥 러닝의 성공에 중요한 역할을 했다. 2012년 이미지넷의 우승 알고리즘은 GPU에서 CNN을 훈련하는 첫 번째 응용 프로그램이었으며 이는 CPU에서 훈련하는 것보다 학습시간을 100배 이상 줄일 수 있었다. 딥 러닝에 사용되는 GPU의 주요 공급업체는 엔비디아 **NVIDIA**인데, 이는 타제품에 비해 하드웨어 사양이 우수하다. 딥 러닝 커뮤니티에서 NVIDIA CUDA 소프트웨어를 광범위하게 사용한다. CUDA는 파이썬 **Python**과 같은 고급 프로그래밍 언어와 GPU 하드웨어 간의 인터페이스 역할을 한다. 테슬라 **Tesla**는 삼성 **Samsung**과 협력하여 자율주행 전용 칩을 2017년에 생산하기 시작했으며, 2019년에 새로운 하드웨어가 탑재된 차량을 출하했다. 테슬라는 자사 칩이 이전에 사용된 NVIDIA 칩보다 21배 높은 성능을 제공한다고 주장하는데, 이는 자율주행을 위해 특별히 제작되었기 때문일 수 있다.

시멘틱 세그멘테이션 **Semantic Segmentation**(의미 분할)은 각 픽셀을 특정 레이블로 분류하는 딥 러닝 알고리즘으로, 자율주행에서 주행할 수 있는 영역의 위치를 결정하는 데 사용된다. 주행 가능 영역의 시멘틱 세그멘테이션을 라이다 포인트 클라우드 **point cloud**와 결합하면 도로에 충돌하는 라이다 포인트와 물체나 인도를 침범하는 라이다 포인트를 직접적으로 구별할 수 있다. 또한 시멘틱 세그멘테이션은 라이다 포인트 클라우드 자체로 수행할 수 있으며 차량의 위치를 파악하는 수단으로 사용할 수 있다.

딥 러닝이 빠르게 확산된 이유 중 하나는 커뮤니티의 오픈 소스 문화 때문이다. 최신 알고리즘은 릴리스 **release** 시 무료로 다운로드할 수도 있고, 최고의 AI 연구원들이 커뮤니티 구성원들에게 딥 러닝 교육을 오랫동안 해왔다. 대표적으로 앤드류 응 **Andrew Ng**은 구글의 텐서플로 **Tensorflow** API를 사용한 파이썬 코드 연습과 Deeplearing.ai를 통한 딥 러닝 전문과정을 제공하는 AI 연구원이자 코세라 **Coursera** 사의 설립자이다. 그리고 제레미 하워드 **Jeremy Howard**는 페이스북에서 유지 관리하는 파이토치 **PyTorch** API를 기반으로 파이썬 기반의 최첨단 라이브러리를 구축하고 이 라이브러리와 그의 회사 Fast.ai를 통해 무료 교육 리소스를 제공하는 데이터 과학자이다.

인식 모듈의 중요한 작업 중 하나는 다른 차량의 위치와 경로를 추적하는 것이다. 이는 각 이미지 프레임에서 차량의 픽셀 위치를 실제 좌표에 매핑하고 차량의 상태 공간 모델을 사용하여 차량의 미래 경로를 추정함으로써 수행된다.[10] 다른 차량의 경로를 추적할 때 조향 각도를 알 수 없는 일반적인 차량모델을 조정 회전모델 또는 CVTR(등속 회전율) 모델이라고 한다. CVTR은 종방향 속도와 요 레이트**yaw late**가 한 시간 동안 일정하다고 가정하며, 가속도 변화는 외란 잡음**disturbance noise**으로 모델링된다. CVTR 모델은 다음과 같다.

$$\begin{bmatrix} \dot{x}(t) \\ \dot{y}(t) \\ \dot{v}(t) \\ \dot{\phi}(t) \\ \dot{\omega}(t) \end{bmatrix} = \begin{bmatrix} v(t)\cos(\phi(t)) \\ v(t)\sin(\phi(t)) \\ 0 \\ \omega(t) \\ 0 \end{bmatrix} + \begin{bmatrix} 0 & 0 \\ 0 & 0 \\ 1 & 0 \\ 0 & 0 \\ 0 & 1 \end{bmatrix} \begin{bmatrix} q_c^v(t) \\ q_c^\omega(t) \end{bmatrix}$$

여기서 $x(t)$와 $y(t)$는 전역 2D 위치 좌표값을, $v(t)$는 추정속도, $\phi(t)$는 요 각도**yaw angle**, $\omega(t)$는 요 레이트, $q_c^v(t)$와 $q_c^\omega(t)$는 잡음으로 모델링하는 차량의 병진과 회전 가속도이다. 연속시간 모델은 오일러 방법**Euler method**을 통해 이산시간 모델로 변환된다. 여기서 T는 샘플링 주기이다.

$$\begin{bmatrix} x_k \\ y_k \\ v_k \\ \phi_k \\ \omega_k \end{bmatrix} = \begin{bmatrix} x_{k-1} + \dfrac{2v_{k-1}}{\omega_{k-1}} \sin\left(\dfrac{\omega_{k-1}T}{2}\right)\cos\left(\phi_{k-1} + \dfrac{\omega_{k-1}T}{2}\right) \\ y_{k-1} + \dfrac{2v_{k-1}}{\omega_{k-1}} \sin\left(\dfrac{\omega_{k-1}T}{2}\right)\sin\left(\phi_{k-1} + \dfrac{\omega_{k-1}T}{2}\right) \\ v_{k-1} \\ \phi_{k-1} + T\omega_{k-1} \\ \omega_{k-1} \end{bmatrix} + \begin{bmatrix} 0 & 0 \\ 0 & 0 \\ 1 & 0 \\ 0 & 0 \\ 0 & 1 \end{bmatrix} \begin{bmatrix} q_{k-1}^v \\ q_{k-1}^\omega \end{bmatrix}$$

차량의 회전율 ω_{k-1}이 0인 경우에는 0으로 나눌 수 없으므로 차량의 x 및 y 위치를 직선주행으로 계산하여 예측할 수 있다. 차량모델은 센서 융합으로 알려진 프로세스에서 센서모델과 결합되며 센서모델을 측정모델이라고 한다. 예를 들어 레이다는 물체의 거리와 진행각도를 측정하는데, 레이다의 측정모델은 다음과 같다.

$$\begin{bmatrix} d_k \\ \psi_k \end{bmatrix} = \begin{bmatrix} \sqrt{(p_k^1)^2 + (p_k^2)^2} \\ \tan^{-1}\left(\dfrac{p_k^2}{p_k^1}\right) \end{bmatrix} + \begin{bmatrix} r_k^1 \\ r_k^2 \end{bmatrix}$$

여기서 p_k^1과 p_k^2는 목표 차량의 x 및 y 방향 거리, r_k^1과 r_k^2는 측정 잡음 매개변수, d_k는 목표 차량의 거리와 ψ_k는 목표 차량의 각도를 나타낸다.

4.3.2 위치파악

위치파악 시스템 **localization system**의 목표는 글로벌 좌표계에서 차량의 위치를 식별하는 것이다. 자율주행 자동차는 현재 환경의 글로벌 지도를 만들고 이 지도를 사용하여 어느 시점에서든 위치를 탐색하거나 파악할 수 있다. 이때 온보드 **On-board** 센서 데이터가 사용된다. 한 가지 방법으로 IMU가 차량의 위치 및 방향 변화를 측정하고 GPS 판독값을 사용하여 IMU의 누적 오차를 수정하는 GPS-IMU 융합을 사용할 수 있지만, 이러한 유형의 센서 기반 위치식별은 도심 시나리오에서 정확도가 떨어진다. 미래에 스마트차량은 5G 네트워크 밀리미터파 MIMO 수신기를 사용하여 GPS 기반 위치식별보다 훨씬 더 나은 정확도를 얻을 수 있을 것이다. 이때 위치 정확도는 통신 시스템의 적용 범위에 따라 다르다.

고밀도 3D 지도는 주변에 정지해 있는 물체의 위치를 제공한다. Google의 거리뷰는 Google의 자율주행 자동차 프로젝트의 기본정보로 사용된 고밀도 3D 지도 중 하나이며 교통표지 및 교통신호와 정지된 물체의 위치가 포함된다. 교통신호의 정확한 위치를 알면 컴퓨터 비전 알고리즘이 버스 조명 등과 같은 잠재적인 위양성 **false-positive** 교통신호 감지를 무시할 수 있으므로 신호 상태의 분류를 크게 단순화할 수 있다.[2] 고밀도 3D 지도는 차량의 위치파악에도 사용되는데 입자 필터를 사용하여 라이다 스캔의 3D 포인트 클라우드와 고밀도 3D 지도와 일치시키면 된다. 또는 카메라로 위치를 파악하기 위해 시멘틱 세그멘테이션된 이미지를 고밀도 3D 지도와 일치시킨다.[11]

차량 위치에 대한 최종 추정에는 모든 위치 센서 측정값을 차량의 모션모델과 융합하는 작업이 포함된다. 차량의 위치를 파악하기 위해 결합할 수 있는 센서는 카메라, 라이더, GPS, IMU, 레이다 및 초음파이다. 외부 차량이 아닌 자율주행 자동차의 위치파악 프로세스 모델에는 조향 각도와 가속도가 포함되며 자전거 모델이 충분한 수준의 정확도를 제공하며 널리 사용된다.[12]

4.3.3 경로 계획

경로 계획 **path planning**은 차량이 따라갈 것으로 예상되는 궤적을 결정하는 작업이다. 여기에는 어떤 길을 가야 하는지와 같은 높은 수준의 결정과 차량의 주행과 같은 중간 결정(예 : 차선 변경, 서행 정지, 선두 차량 추종 등), 차량이 따를 실제 경로의 경유지 결정과 같은 낮은 수준의 결정이 포함된다. 계획 알고리즘은 주변 지도를 활용하고 인식 및 위치파악 모듈에서 입력을 받은 후 운전데이터의 훈련을 통해 학습하거나 엔지니어가 직접 입력한 정책을 활용한다. 자율주행을 위한 경로 계획은 세 가지 계층적 문제로 나눌 수 있다.[13]

❶ 임무 계획 : A 지점에서 B 지점으로 이동하기 위해 어떤 길을 가야 하는지를 결정하는 방법
❷ 행동 계획 : 허용되는 운전 습관을 유지하는 방법
❸ 지역 계획 : 원하는 위치와 속도 궤적을 결정하는 방법

임무 계획

가장 높은 수준의 경로 계획은 임무 계획**mission planning**으로 교통 및 도로 연결에 중점을 둔다. 가능한 모든 경로에는 이동시간 또는 기타 기준에 따라 가중치가 부여되며, 최종 목적지까지의 최단 경로는 Dijkstra 알고리즘 또는 A* 알고리즘으로 얻을 수 있다.[14] 임무 계획은 운전자가 사용하는 일반적인 GPS 매핑 서비스의 출력과 유사하다.

행동 계획

행동 계획**behavioral planning**은 주행방법을 계산하기 위해 도로와 주변 차량에 대한 모든 정보를 취해야 한다. 행동 계획의 발전은 레벨 4 ~ 5의 자율주행을 성공시키기 위해 매우 중요하며, 높은 수준의 운전 또는 기동방법을 설정하여 안전하고 효율적이어야 한다. 행동 계획 모듈은 위양성과 같은 잡음이 많고 부정확한 입력을 처리할 수 있어야 하며, 출력은 경로 및 속도 궤적을 결정하기 위해 로컬 플래너**local planner**로 이동한다. 행동 계획 모듈이 출력하는 운전기동의 예는 다음과 같다.

- 현재 제한 속도를 추적한다.
- 선두 차량의 속도를 추적하고 안전거리를 유지한다.
- 교차로에서 감속 후 정지한다.
- 현재 위치에서 정지된 상태를 유지한다.
- 연결된 주행 차선으로 변경하거나 합류한다.

레인렛**Lanelet** 지도는 2014년에 개발된 고급 매핑 데이터 구조로 자율주행 자동차에 유용한 정보를 제공한다.[15] 레인렛은 방향 그래프에서 노드로 표시되며 다음 정보를 저장한다.

- 주어진 차선의 왼쪽 및 오른쪽 경계
- 레인렛 끝에 있는 규제 요소
- 제한속도와 같은 규제 속성
- 다른 레인렛으로 순회할 수 있는 다른 레인렛에 대한 연결
- 전후좌우 4가지 방향으로 연결 가능한 레인렛

자율주행 연구에서 행동 계획을 위한 강화학습의 사용분야가 성장하고 있다. 강화학습 에이전트는 가장 높은 보상을 받을 것으로 예상되는 작업을 제공하도록 학습한다. 주변의 피드백은 행동에 대한 보상을 제공하고 에이전트는 그에 따라 정책을 조정한다. 자율주행에서 보상 기능은 특정 상황에서 인간 운전자의 행동으로 결정될 수 있다. 강화학습 에이전트는 카메라 입력 및 차량 상태와 같은 주변 센서를 통해 입력을 받고 원하는 기동을 출력한다. 에이전트의 행동이 운전자의 행동과 일치하면 정책이 강화된다. 반면 운전자의 행동이 다르면 다음에 유사한 입력이 표시될 때 운전자의 행동

에 더 가깝도록 정책이 업데이트된다. 강화학습은 종종 시뮬레이션 환경에서 수행되며 훈련에는 계산 비용이 상당히 많이 들 수 있다. 강화학습은 레벨1 또는 레벨2 자율주행 자동차나 테스트 드라이버를 통해 수행할 수도 있다. 특정 기동 중에 운전자가 개입해야 하는 경우, 해당 정책이 해당 동작을 조정하도록 벌점을 받는다. 이와 관련된 또 다른 연구 영역은 역강화학습이며, 여기에는 입력과 전문가가 생성한 작업을 수행하고 보상기능을 학습하는 작업이 포함된다.

강화학습 방식에는 몇 가지 단점이 있는데, 강화학습 알고리즘은 많은 양의 데이터가 필요하고 다른 딥 러닝 방법에 비해 상대적으로 계산 비용이 많이 든다는 것이다. 특히 추론에 사용되는 신경망이 블랙박스와 같으므로 학습된 시스템의 안전성을 보장하기 어렵다. 강화학습 에이전트가 생성한 정책의 인과관계를 완전히 이해하지 않고는 새로운 상황에서 특정 행동을 보장할 수 없다. 차량이 마주할 수 있는 시나리오가 매우 다양하기 때문에 직접적인 강화학습 방식은 성공하지 못할 가능성이 크지만, 다양한 운전 시나리오 중 낮은 수준의 정책으로 간주하는 기동에서 계층적 강화학습 방식은 훈련작업의 범위를 좁히는 데 도움이 된다.

딥 러닝을 보편적으로 만들고, 강화학습을 보다 구체적으로 더 해석하기 쉽게 만드는 연구가 활발해지고 있다. 수많은 인공지능 연구자들은 강화학습이란 인간이 배우는 방식 중 하나를 밀접하게 모방하기 때문에 일반 인공지능과 방식이 유사하다고 생각한다. 하지만 에이전트 정책 이면의 인과관계를 이해하지 못하면 복잡한 작업을 안전하게 해결할 수 있다고 보장할 수 있는 방식으로는 에이전트를 제어하기 어려울 것이다.

지역 계획

지역 계획**local planning**이란 주어진 기동을 수행하고 위치 및 속도 궤적을 출력하는 것을 말한다. 예를 들어 행동 계획 모듈에서 차선 변경 기동을 지정하게 되면 차선 변경은 상황에 따라 다르게 이루어지므로 궤적의 모양은 속도 및 가속 제한과 실행 시간범위**time horizon of the execution**에 따라 달라진다. 승차감을 위해서는 횡방향 가속은 최소화하면서 시간범위 내에서 목표를 달성하는 것이 바람직하다. 횡가속도는 속도와 경로의 곡률에 따라 달라진다.

행동 계획이 제한속도에서 차선을 따르도록 지정하는 경우 지역 계획은 특정 충돌 소요시간 및 충돌 완충거리가 유지되도록 앞 차량의 속도를 모니터링해야 한다. 도로에 진입하려면 다가오는 차량이 있을 때 진입영역을 계산해야 하며, 이를 위해서는 현재 위치를 추정하고 다가오는 차량의 미래 궤적에 대한 예측을 해야 한다. 충돌 소요시간은 안전 척도를 제공하고 잠재적인 거동을 평가하는 데 사용되는데, 주어진 경로에서 미래에 차량이 충돌할 지점을 계산하고 차량이 해당 충돌지점에 도달하는 데 걸리는 시간을 예측하여 계산된다.

움직이는 장애물의 경로를 예측하는 것은 쉬운 일이 아니지만, 차량의 기동에 기반한 가정을 사용하여 예측할 수 있다. 예를 들어 자동차는 가급적 차선을 따라 운행할 것이고 차량이 합류하거나 조향하려면 감속해야 한다. 또한 차선을 변경하려면 대부분 방향지시등을 사용해야 한다고 가정한다. 에이전트가 종종 이러한 규칙을 위반하므로 충돌여부를 판단하기 위한 다중모드 가설이 중요하다.

일반적으로 차량의 미래 위치에 대한 스와스 **Swath** 또는 원 기반 추정은 충돌 확인에 사용된다. 스와스를 계산하기 위해 자동차 자취의 추정치는 주어진 경로 지점을 따라 이동한다. 보수적인 크기로 추정하면 충돌이 발생하지 않더라도 경로를 따라 충돌을 잘못 인식할 수 있지만 충돌이 발생하면 절대 놓치지 않게 된다. 한편 보수적으로 충돌 크기를 추정하면 좁은 개구부를 통과하는 경로가 차단되어 경로 계획이 막힐 수 있다. 원 기반 추정은 [그림 4-4]와 같이 일정한 반경을 가진 몇 개의 겹치는 원이 자동차의 자취를 포함할 때 사용되는데, 주어진 원의 궤적을 알면 물체의 경로 자취가 원 반경 내에 있는지 확인하여 충돌을 계산할 수 있어 효율적이다.

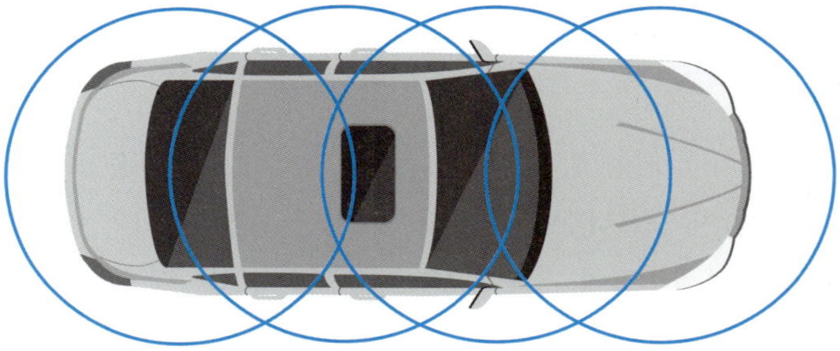

[그림 4-4] 차량 자취의 원 기반 추정

움직이는 물체를 피하는 것 외에도 정지한 물체는 점유 그리드 맵을 사용하여 충돌을 회피해야 한다. 점유 그리드 맵은 그리드 셀이 점유되어 있는지 여부를 나타내는 맵으로 정지된 물체 외에도 잔디 및 인도와 같이 운전할 수 없는 모든 영역이 점유된 것으로 간주된다. 센서는 사각형이 점유될 확률을 제공하는데 확률이 임계값을 초과하면 사각형이 점유된 것으로 표시된다. 각 셀이 가장 가까운 물체까지의 거리를 저장하는 방식으로 점유 그리드를 구현하면 어레이 **array**를 간단히 조회하여 충돌을 감지할 수 있다.

지역 계획이 생성한 궤적은 차량운동학, 정적 및 동적 장애물의 위치, 차선 및 속도 제한과 같은 규제요소에 의해 제한된다. 또한 선행 차량과의 일정한 거리를 유지하는 것과 같은 낮은 제약조건과 승차감과 관련된 차량의 종방향 및 횡방향 가속도 제약조건도 고려해야 한다.

차량의 회전각도가 제한되기 때문에 따라갈 수 있는 최대 곡률[3] 또는 최소 반경이 있는데 차량의 안정성을 유지하려면 타이어가 견인력을 잃지 않는 범위에서 타이어의 마찰력을 유지해야 한다. 궤

3 곡률은 경로의 주어진 점에 접하는 원의 반지름이다.

적을 따라 임의의 지점에서의 종방향 속도는 허용 최대 횡방향 가속도 및 그 지점에서의 곡률에 의해 제한되며, 이를 식으로 나타내면 다음과 같다.

$$v^2 \leq \frac{\max a_{lat}}{\kappa}$$

곡률은 2D 경로를 따라 다음과 같은 닫힌 형태로 표시된다.

$$\kappa = \frac{x'y'' - y'x''}{(x'^2 + y'^2)^{\frac{3}{2}}}$$

이러한 목표와 구속조건을 통해 제약조건이 있는 최적화 문제를 해결하여 위치 및 속도 궤적이 결정된다. 최적화 목표는 비용함수를 최소화하고 제약조건을 충족하는 주어진 시작 위치의 방향 및 곡률에 대한 끝 위치의 방향 및 곡률을 나타내는 경로를 찾는 것이다. 시작 값과 끝 값은 경계조건으로 사용되며 제약조건에는 차량 동역학모델과 종방향 및 횡방향 가속도가 포함된다. 곡률은 경로 전체에 고르게 퍼지도록 하는 것이 좋으며 굽힘 에너지, 즉 곡률의 제곱의 적분을 최소화하여 수행된다.

경로를 할당하는 방법에는 5차 스플라인과 3차 나선이 있다.[16~17] 둘 다 경로의 매개변수 표현을 제공하고 비교적 빠른 최적화를 허용하는데, 5차 스플라인은 5차 다항식이며 최적화할 12개의 매개변수가 있다. x경로에 대한 6개의 매개변수와 y경로에 대한 6개의 매개변수가 있는데, 스플라인은 곡률 또는 그 도함수의 잠재적인 불연속성으로 인해 곡률을 제한하기 어렵다.

$$x(u) = \alpha_5 u^5 + \alpha_4 u^4 + \alpha_3 u^3 + \alpha_2 u^2 + \alpha_1 u + \alpha_0$$
$$y(u) = \beta_5 u^5 + \beta_4 u^4 + \beta_3 u^3 + \beta_2 u^2 + \beta_1 u + \alpha_0$$
$$u \in [0, 1]$$

나선은 곡률에 의해 호 길이의 함수로 매개변수화되는데, 궤적을 따라 곡률변화를 부드럽게 할 수 있지만, x 및 y 위치에 대해 닫힌 해가 없다.

$$\kappa(s) = a_3 s^3 + a_2 s^2 + a_1 s + a_0$$
$$\theta(s) = \theta_0 + a_3 \frac{s^4}{4} + a_2 \frac{s^3}{3} + a_1 \frac{s^2}{2} + a_0 s$$
$$x(s) = x_0 + \int_0^s \cos(\theta(s'))\,ds'$$
$$y(s) = y_0 + \int_0^s \sin(\theta(s'))\,ds'$$

진행각도 θ는 곡률 나선에서 닫힌 해를 가지며 나선을 따라 심프슨 법**Simpson's rule**을 이용하여 $x(s)$ 및 $y(s)$ 위치를 수치적으로 근사할 수 있다.[17] 심프슨 법은 사다리꼴 또는 중간점 규칙이 사용되는 선형 보간과 달리 2차 보간을 사용하기 때문에 적분에 대한 정확한 수치 추정치를 제공한다.

4.3.4 운동 제어

자율주행 자동차의 제어 시스템은 계획 단위의 의도와 목표를 행동으로 변환하고 액추에이터에 대한 명령 신호를 생성한다.

행동 계획은 선택된 차량의 기동을 기반으로 최종속도 값을 제공하는데, 정지신호에서의 정지는 제로 속도기준이 된다. 속도기준은 직선도로의 제한속도일 수도 있으며 주행이 선행 차량을 따라가는 것이라면 선행 차량의 속도가 기준이 된다. 이 경우 속도 프로파일은 차량 간의 여유공간을 유지함과 동시에 정해진 충돌 소요시간을 유지하도록 결정된다. 또한 각 지점에서의 속도가 횡방향 가속도 제약조건을 초과하지 않도록 해야 한다.

제약조건을 염두에 두고 차량의 속도 및 위치 궤적을 결정했다면 비례-적분(PI) 또는 비례-적분-미분(PID) 제어기를 사용하여 주어진 기준을 추종할 수 있다. 이밖에 추가 제약조건을 포함할 수 있는 모델 예측제어**Model Predictive Control, MPC**를 사용하는 방법도 있다. MPC의 한계는 제한된 최적화 문제를 해결하는 데 필요한 추가 계산시간이다.

SECTION 4.4

자동조종과 액추에이터

Autopilot and Actuators

자율주행 자동차의 자동조종 장치 autopilot는 차량이 자동으로 회전, 변속, 가속 및 감속할 수 있도록 하는 장치로서 주요 구성요소는 조향휠, 가속/브레이크 페달, 변속 및 차량구동 제어기이다. 그리고 액추에이터 actuator는 차량구동 제어기로부터 명령을 받아 원하는 방향으로 차량이 움직일 수 있도록 하는 하드웨어 장치이다.

자동조종 장치는 차량을 운전하기 위해 전기-기계 액추에이터와 인간-기계 인터페이스를 사용하는 전자제어 시스템으로 드라이브-바이-와이어 drive-by-wire 시스템이라고도 한다. 일반적으로 기계 및 유압부품을 전자부품 및 전기-기계 액추에이터로 대체하는 것을 바이-와이어 by-wire 기술이라고 하며 기존 차량에서 페달 및 조향감 에뮬레이터 emulators와 같은 인간-기계 인터페이스는 운전자의 제어신호를 차량 구동부로 전송하는 데 사용된다. 이는 항공산업에서 널리 사용되는 플라이-바이-와이어 fly-by-wire 시스템과 유사하다. 전자기술을 적용했을 때 이점은 제조, 운영 및 유지보수 비용을 줄이면서 성능, 안전성 및 신뢰성을 향상시킬 수 있다는 것이다. 또한 바이-와이어 기술은 차량의 중량 감소 및 부품의 설치와 패키징 유연성을 향상시킬 수 있다. 현재 자동차에 사용되는 바이-와이어 기술의 예로는 스티어-바이-와이어 steer-by-wire, 스로틀-바이-와이어 throttle-by-wire, 브레이크-바이-와이어 brake-by-wire가 있다. 자율주행 자동차에서는 이러한 바이-와이어 기술이 주행 시스템과 결합하여 운전자 없이 주행하는 드라이브-바이-와이어 시스템이 된다.

4.4.1 스로틀-바이-와이어

내연기관 엔진이 장착된 최신차량의 스로틀 값은 스로틀 센서에서 얻은 스로틀 위치를 기반으로 연료 제어기에 의해 설정된다. 스로틀은 운전자가 가속페달에 연결하는 물리적 케이블에 의해 활성화된다. 스로틀-바이-와이어 시스템에서 엔진 스로틀은 물리적 케이블 대신 엔진 제어장치의 전자신호에 응답하는 전자-기계식 액추에이터에 의해 작동한다. 스로틀-바이-와이어의 경우 가속페달과 스로틀 사이에 물리적 연결이 없지만, 가속페달은 차량 통신망을 통해 신호를 보낸다.

4.4.2 스티어-바이-와이어

EPS Electric Power Steering System의 토폴로지 topology를 [그림 4-5]에 나타내었다. 운전자가 조향휠에서 입력토크(T_d)를 발생시키면, 입력토크는 상부 조향칼럼을 통해 각도 θ로 토션바에 전달된다. 이때 토션바의 비틀림에 비례하는 탄성토크는 입력토크와 반대이다. EPS 제어기는 운전자가 조향휠에 가하는 조향토크, 조향휠 위치 및 차량속도를 기반으로 필요한 보조토크를 계산한다. EPS 모터는 운전자가 조향휠을 조작하는 데 필요한 토크를 줄이기 위해 조향기어를 정해진 힘으로 회전시키는 전자-기계식 액추에이터이다. 필요한 토크 보조수준은 주행조건에 따라 다르며 휠 속도 센서와 운전자가 조향휠에 가하는 토크를 측정하는 토크 센서에 의해 결정된다.

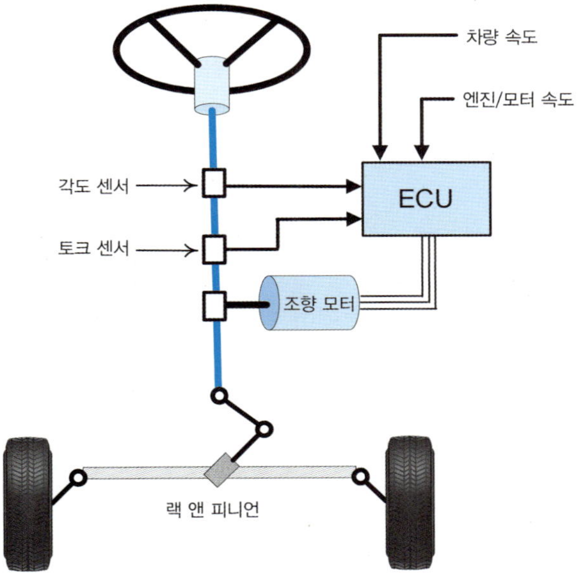

[그림 4-5] 랙 앤 피니언 구조의 EPS

EPS에는 전기 기계, 모터 제어기 및 보조토크 입력을 받아 모터 전류를 제어하는 기어 감속장치가 있으며, 축으로 전달된 토크가 랙-기어 메커니즘을 통해 최종적으로 바퀴 축을 회전시킨다. 모터 출력토크를 제어하기 위해 모터 제어기는 고정밀 모터 축 위치 센서를 사용하여 모터 제어기에 로터 위치 및 위상 전류 정보를 피드백한다. 일반적으로 EPS 시스템에는 표면 영구자석(SPM)과 내부 영구자석(IPM) 모터가 모두 사용된다. EPS 모터는 모터 출력축의 리플ripple이 조향칼럼과 휠을 통해 운전자에게 전달되기 때문에 토크 리플 요구조건이 매우 엄격하다.

스티어-바이-와이어 기술에서는 조향휠과 바퀴 사이의 조향 축, 컬럼 및 기어 감속 메커니즘을 포함하는 기계적 연결이 알고리즘, 전자장치 및 액추에이터로 대체되어 조향휠과 타이어 사이에 물리적 연결이 없다. 사실 스티어-바이-와이어 장치는 조향휠을 전혀 사용할 필요가 없고, 조향휠을 사용할 때 일종의 조향감 에뮬레이터를 사용하여 운전자에게 피드백을 제공한다. 자율주행 제어기에서 계산된 요구 토크는 스티어-바이-와이어 유닛에 의해 차량을 원하는 방향으로 회전시키기 위해 전기-모터 액추에이터에 직접 인가될 수 있다.

4.4.3 브레이크-바이-와이어

브레이크-바이-와이어 **brake-by-wire**는 전자 제어 및 전자-기계 액추에이터를 통해 차량의 브레이크를 작동시키는 기능이다. 사실상 브레이크-바이-와이어는 차량의 자세제어, 트랙션제어 및 자동제동과 같은 다른 제어장치와 함께 차량의 안전 및 페일-세이프 **Fail-Safe** 기능을 위해 설계된 것으로 전기-유압 액추에이터에서 전기-기계 액추에이터까지 사용하는 기술의 스펙트럼이다. ABS **Anti-lock Brake System**는 운전자의 개입 없이 자동으로 제동할 수 있도록 하는 브레이크-바이-와이어의 전신이다. 브레이크-바이-와이어 기술은 운전자가 관여하더라도 기계적 연결이나 유압 없이 전자신호를 통해서만 작동될 수 있으며 브레이크 페달은 페달감 에뮬레이터로 대체된다. 현재 차량에 널리 사용되는 전기식 주차 브레이크도 브레이크-바이-와이어 시스템의 일부이다.

브레이크-바이-와이어는 기존 유압식 브레이크의 모든 기능을 지원할 수 있을 뿐만 아니라 더 빠른 응답, 부드러운 제어, 개선된 패키징 및 더 쉬운 조립을 제공한다. 또한 안정성 관련 기능을 통합하기 쉽고, 저항이 적어 연비 개선의 여지가 있으며 유압 펌프와 브레이크액이 필요하지 않아 신뢰성 확보와 유지보수에 유리하다. 브레이크-바이-와이어 시스템에서 힘 센서는 브레이크 클램핑 **clamping** 힘을 추정하는 데 사용되며 힘 피드백은 전기-기계식 액추에이터에 전기모터 토크 명령을 생성하는 데 사용된다. 전기모터에는 [그림 14-23]과 같이 토크 제어모드에서 모터 제어기에 피드백 신호를 제공하는 회전자 위치 및 전류 센서가 있다. 전기-기계 브레이크 시스템에 사용되는 모터는 영구자석 모터이지만, 스위치드 릴럭턴스 **switched reluctance** 모터를 사용할 수도 있다. 사실 스위치드 릴럭턴스 모터는 내결함성이 있고 온도에 민감한 영구자석이 회전자에 없기 때문에 전자-기계 브레이크에 특히 유리하다. 브레이크 시스템에서 전기모터는 브레이크 패드와 로터의 마찰로 인해 온도가 급격히 상승할 수 있어 열악하다.

특히 브레이크-바이-와이어 기술은 차량 운동에너지의 일부를 포착/변환하여 브레이크 패드의 마찰을 통해 낭비하는 대신 배터리를 재충전하는 데 사용할 수 있는 회생제동과 호환되기 때문에 BEV 및 HEV가 도입되면서 널리 상용화되었다.

SECTION 4.5

레벨1 자율주행의 안전 향상

Safety Enhancements with Level 1 Autonomous Driving

운전자 보조장치는 차량이 완전히 자율적이지 않더라도 주로 안전 향상을 위해 차량에 추가되고 있다. 가장 일반적이고 유용한 운전자 보조장치의 세 가지는 차량 탑승자를 전방, 측면, 후방에서 보호한다. 전방에서 탑승자를 보호하는 운전자 보조장치는 ACC[4]와 자동제동을 통해 충돌을 막는다. 또한 측면에서 보호하는 보조장치는 차선을 제어하며 후방에서 보호하는 보조장치는 사각지대를 감지한다. 안전기능은 여러 기능이 함께 작동하며 포괄적인 시스템의 일부라 할 수 있다. 이처럼 다양한 유형의 운전자 지원을 위한 제어기는 4.3.1절에서 논의한 카메라, 레이다, 라이더 및 GPS와 같은 여러 센서에 따라 달라진다. 자율주행 시스템과 유사하게 센서 신호처리 및 제어 알고리즘도 운전자 지원 시스템의 필수적인 부분이다. 차선 유지보조 및 ACC와 같은 운전자 보조시스템 중 일부는 자율주행의 시작이라고 볼 수 있다.

4.5.1 크루즈 컨트롤

크루즈 컨트롤은 운전자가 명령한 설정지점에서 차량속도를 자동으로 설정하는 차량 제어기의 서보 메커니즘이다. 차량속도의 피드백은 폐루프 속도제어에서 엔진의 연료분사를 위한 스로틀 명령을 출력으로 설정하는 데 사용된다. 크루즈 컨트롤러는 운전자가 여전히 조향 및 브레이크 제어를 통해 운전하는 경우 발생할 수 있는 안전문제를 염두에 두고 설계되었으며 운전자가 브레이크 페달을 밟으면 크루즈 컨트롤이 비활성화된다. 크루즈 컨트롤은 장거리 운전 시 운전자의 피로를 줄여준다는 장점이 있다.

ACC는 자동제동 또는 동적 속도설정의 제어방식이 크루즈 컨트롤 메커니즘에 통합된 크루즈 컨트롤 개선 버전으로, ACC가 장착된 차량은 레벨1 자율주행 자동차로 간주된다. 자동제동 기능은 레이다, 라이다 및 카메라와 같은 단일 또는 융합 센서를 사용하여 앞차의 속도에 맞게 속도를 낮추거나 높인다. 일부 시스템은 두 차량의 속도를 감안할 때 앞 차량이 너무 가까워지면 운전자에게 전방 충돌 경고를 할 수 있으며 안전을 위해 완전히 정지하도록 설계할 수 있다. 동적 속도설정 유형 ACC는 데이터베이스에서 속도 제한 표지판의 GPS 위치를 사용하여 크루즈 컨트롤러의 속도 설정값을 자동으로 조정한다.

4 **(역자주)** 적응형 크루즈 컨트롤(Adapted Cruise Control)의 약자이다.

4.5.2 차선 제어

차량의 차선 제어는 차선을 벗어나려고 할 때 차량을 차선 내에 유지하는 또 다른 레벨1 자율주행 기능이다. 차선 제어는 차량의 차선 이탈경고 및 차량이 차선을 벗어날 때 그 상황에 따라 지원하는 기술의 유형이 달라질 수 있으며 제어 시스템의 일부이다. 기술의 유형에는 운전자에게 경고하는 것부터 경고에 반응하여 차량을 차선 중앙에 능동적으로 유지하는 것까지 다양하다. 첫 번째 유형은 차량이 차선을 이탈하면 시청각 또는 진동으로 운전자에게 경고하는 차선이탈 경고이며, 두 번째 유형은 운전자가 차량을 너무 멀리 표류하도록 하면 자동으로 차선 내로 차량을 조향하는 단계를 밟는 차선 유지보조이다. 최근에 가장 발전된 유형은 항상 차량을 현재 차선의 중앙에 유지하려고 시도하는 차선 중앙 집중보조로, 어려운 상황에서는 시스템이 운전자에게 제어권 전환을 요청할 것이다.

차선이탈 경고 및 제어시스템에 사용되는 센서의 종류는 비디오, 레이저 및 적외선 센서이다. 카메라는 가장 많이 사용되는 시각센서로 백미러 근처의 앞 유리에 장착되며, 레이저 센서는 차량 전면에 장착되고 적외선 센서는 앞 유리 뒤 또는 차량 아래에 장착된다. 차선 제어시스템은 전방 도로의 줄무늬 및 실선 차선표시를 지속해서 감지하여 작동하므로 도로에 차선표시가 없거나 희미한 경우 시스템이 작동하지 않는다. 차선에 표시된 점 또한 추적하기 어려울 수가 있으며 카메라는 비 또는 눈이 올 때 차선표시를 감지하는 데 어려움을 겪을 수 있다.

4.5.3 트랙션 컨트롤

차량의 트랙션 컨트롤 시스템은 노면의 접지력 상실로 이어지는 휠 슬립을 모니터링하고 구동바퀴의 트랙션 차이로 인한 조향제어 및 차량 안정성을 훼손하는 미끄러짐을 방지하기 위해 ABS를 활성화한다. 차량의 회전이나 도로상황의 변화에 따라 휠 슬립의 차이가 발생할 수 있다. 젖어 있거나, 얼어 있거나, 고르지 않거나 습한 노면과 타이어 사이의 마찰력은 하나 이상의 타이어가 표면과 맞닿아 있는 건조한 포장도로에 비해 훨씬 낮거나 트랙션을 상실한다. 트랙션 컨트롤 시스템이 장착된 차량에서는 센서가 휠에서 트랙션 손실을 감지하면 자동으로 제어 동작이 시작된다.

트랙션 컨트롤과 ABS의 기본 하드웨어는 대부분 같다. 트랙션 컨트롤에 사용되는 센서는 트랙션 손실로 인한 속도 변화를 감지하는 휠 속도 센서이다. 트랙션 컨트롤 시스템은 하나 이상의 구동 휠이 다른 휠보다 훨씬 빠르게 회전하는 것을 감지하면 ABS를 활성화하여 트랙션을 감소시켜 회전하는 휠에 브레이크를 작동시킨다. 미끄러지는 바퀴에 대한 이러한 제동 작용은 차량 안정성을 복원하기 위한 차동 장치의 기계적 작용으로 인해 견인력이 있는 바퀴에 동력을 전달하게 된다.

4.5.4 자동 제동

자동 제동은 필요할 때 차량의 브레이크 시스템을 자동으로 활성화하는 안전기술로, 이때 사용되는 센서로는 카메라와 라이다가 있다. 카메라는 전면의 도로를 스캔하여 수직면의 대비를 찾을 수 있게 앞 유리 상단에 장착할 수 있다. 라이더가 사용되면 거리와 속도를 결정하기 위해 앞에 있는 물체에 신호를 보낸다. 또한 레이다를 범퍼에 장착하여 라이더의 범위 제한을 극복할 수도 있다. 소프트웨어는 차량의 후면, 오토바이, 자전거 및 보행자와 같은 다양한 유형의 이미지를 인식하도록 프로그래밍되어 있다.

m.e.m.o

CHAPTER

5

배터리

Battery Energy Storage

들어가기 전에 ▸▸▸

1차 에너지primary energy는 자연에서 직접 얻을 수 있으며, 변환 과정을 거쳐 사회에서 이용할 수 있다. 1차 에너지원은 바람, 태양 또는 유정과 같이 서로 다른 자연환경에서 찾을 수 있다. 주요 에너지원의 예로는 화석연료, 풍력, 태양광, 수력, 파력, 조력, 지열, 생물 연료 등이 있다. 에너지는 에너지원을 연소시키거나 에너지 변환 시스템energy conversion system을 통해 원천이 되는 에너지를 형성함으로써 1차 에너지원에 의해 추출된다. 2차 에너지secondary energy는 1차 에너지가 하나 이상의 에너지 변환 프로세스 또는 장치에 의해 변환된 것이다. 추가적인 에너지 변환 장치는 2차 에너지를 이용하여 유용한 작업을 할 수 있게 한다. 1차 에너지를 처리하고 이를 최종 사용자에게 공급하기 위해서는 여러 단계에 걸쳐 에너지 변환이 필요하다. 이때 효율 저하는 각각의 변환 단계와 관련이 있다.

1차 에너지원은 화학, 열, 운동 또는 다른 형태로 에너지를 저장한다. 예를 들어 화석연료에 화학적 형태로 저장된 에너지를 열기관에서 연소시켜 내연 기관차에서 에너지를 추출한다. 풍력에너지는 풍력 터빈을 사용하여 전기에너지로 변환할 수 있는 운동에너지의 형태로 제공된다. 전기에너지는 전기기기에 의해 기계적 작업으로 변환될 수 있는 2차 에너지에 해당한다. 전기에너지는 화력 발전소에서 화석연료를 연소시킴으로써 1차 공급원으로부터 얻을 수 있고, 또한 물, 바람, 태양 또는 기타 주요 공급원에서 얻을 수 있다. 전기화학 장치는 화학에너지로부터 전기에너지를 생성한다.

화석연료의 연소 이외의 에너지원으로부터 얻어지는 에너지는 대체에너지alternative energy로 알려져 있다. 이상적으로 대체에너지 처리에 사용되는 컨버터는 어느 단계에서든 화석연료를 사용하지 않는 것이 좋다. 예를 들어 EV의 배터리를 충전하기 위한 최적의 해결 방안은 풍력과 태양광과 같은 재생 가능 에너지원으로부터 얻은 전기를 사용하는 것이다. 석탄 화력 발전소의 전력을 재충전하는 데 사용하게 되면 환경 문제는 한 곳에서 다른 곳으로 이동되는 것뿐이다.

원료 또는 재료의 에너지 함량은 유용한 작업을 위해 추출할 수 있는 에너지를 나타낸다. 에너지 함량 평가의 매개변수는 비에너지specific energy 또는 에너지 밀도energy density이다. 비에너지는 에너지원의 단위 질량당 에너지(Wh/kg)이며, 화석연료의 경우 에너지 함량은 연소로 추출할 수 있는 열에너지를 말한다. 다른 재료의 에너지 함량은 수준을 비교하기 위해 특정 에너지 관점에서 유사하게 평가된다. [표 5-1]은 일부 에너지원의 특정 에너지를 나타낸다.

들어가기 전에 ▸▸▸

특정 에너지는 용기를 고려하지 않고 표시되었다. 만약 용기를 고려한다면 수소와 천연가스의 비에너지는 휘발유 에너지보다 현저히 낮을 것이다.

[표 5-1] 에너지원의 공칭 에너지 밀도

에너지원	공칭 에너지 밀도 (Wh/kg)
휘발유	12,500
경유	12,000
바이오디젤	10,900
천연가스	9,350
에탄올	8,300
메탄올	6,050
수소	33,000
석탄(역청탄)	8,200
납축전지	35
리튬-폴리머 전지	200
플라이휠(탄소섬유)	200

에너지는 필요에 따라 편리한 형태로 저장할 수 있어야 한다. 화석연료는 연료탱크에 편하게 저장할 수 있다는 가장 큰 장점이 있다. 전기에너지는 고효율 전기기계장치를 사용하여 수요에 따라 작업을 수행하는 데 유용하지만, 전기적 형태의 에너지 저장은 쉽지 않다.

에너지 공급 메커니즘은 시스템에서도 고려되어야 하며 에너지 운송 시스템은 안전하고 효율적이고 친환경적이어야 한다. 송전 및 배전 시스템을 이용한 장거리 에너지 전송은 매우 효율적이다. 인프라가 갖추어지면 발전 측에서 전기형태로 전환되는 에너지를 송전 및 배전 시스템을 통해 산업용 및 주거용으로 전달할 수 있다. 반면 화석연료는 파이프라인, 원양 정기선 및 육로 운송을 사용하여 장거리 운송을 수행하고 최종적으로 주유소에 전달된다.

전기화학 장치는 차량 및 전력 발전소에서 기존의 화석연료 연소 발전소를 대체하기 위한 가장 유망한 기술이다. 전기화학의 에너지 변환 프로세스는 높은 변환 효율, 충분한 출력, 다양한 종류의 연료 가용성이 장점이다. 배터리 및 연료전지는 휴대용 애플리케이션 및 고정 애플리케이션에 적합한 에너지 저장 장치 및 발전 장치이다. 이 장에서는 배터리의 구조 및 동작 원리의 기초, EV 및 HEV에 적용되는 배터리 기술의 셀 화학 및 배터리 팩 설계에 관한 내용을 다룬다. 이 장은 설계 엔지니어가 에너지 저장 장치의 크기를 결정하고 애플리케이션에 적합한 배터리 기술을 선택하는 데 도움이 된다.

SECTION 5.1

전기 및 하이브리드 차량의 배터리

Batteries in Electric and Hybrid Vehicles

EV의 배터리는 기본적으로 전기에너지가 휴대용으로 공급되며, 차량 추진을 위해 전기모터를 이용하여 전기에너지가 기계적 에너지로 변환된다. 전기에너지는 일반적으로 배터리 및 연료전지와 같은 장치에 저장된 화학에너지를 변환하여 얻을 수 있다. 휴대할 수 있는 전력 및 에너지 밀도의 한계는 EV 고객의 불안으로 이어져 상업화를 지연시켰다. EV의 연구개발이 시작되고 나서 배터리는 EV의 가장 일반적인 에너지원으로 사용된다. 오늘날 상업적으로 사용할 수 있는 EV 및 HEV는 전기 에너지원으로 배터리를 사용한다. 배터리는 높은 출력 밀도와 에너지 밀도, 재충전 및 회생 제동을 위한 높은 충전 수용률과 높은 사이클 수명을 가져 EV 및 HEV 응용 분야에 적합하다. BEV와 PHEV는 HEV보다 높은 에너지 밀도(Wh/kg)를 필요로 하며 2010년경부터 이러한 차량의 대량 마케팅이 시작되면서 리튬-이온 배터리 기술이 보편적으로 채택되었다. 초기에 대량 판매된 EV는 약 161km 미만의 범위를 가지고 있었다. 그중 25kWh의 리튬-이온 배터리 팩을 갖춘 1세대 닛산 리프**Nissan Leaf**는 EPA 범위가 117km였다. 2017년에 출시된 쉐보레 볼트**Chevrolet Bolt**는 383km였으며 60kWh의 리튬-이온 배터리 팩을 갖추고 있다. 보통 483km를 넘는 차량은 고급 브랜드로 간주되며 약 100kWh의 배터리 팩이 필요하다. 전력 및 에너지 밀도 외에도 배터리 충전 셀의 균형, 정확한 충전 상태 측정 및 배터리 부품의 재활용 장비 등이 고려된다. 특히 배터리 비용은 EV 및 HEV가 내연기관 차량(ICEV)보다 경쟁력을 가질 수 있도록 가격이 합리적이어야 한다.

배터리에는 1차 배터리와 2차 배터리의 두 가지 기본 유형이 있다. 1차 배터리는 단 한 번의 방전을 위해 설계된 배터리이므로 충전이 불가능하다. 이러한 예로는 시계, 계산기, 카메라 등에서 사용되는 리튬 배터리, 장난감, 라디오 및 손전등과 같은 전원 공급 장치에 사용되는 이산화망간 배터리가 있다. 방전 중 전류를 반대 방향으로 흘려 충전할 수 있는 배터리는 2차 배터리이다. 전기에너지를 화학에너지로 변환할 때 화학 반응 공정은 방전 중의 화학 반응 공정과 반대이다. EV 및 HEV에 사용되는 배터리는 2차 배터리이며, 차량 운전모드 또는 정지 상태에서 충전기를 사용하여 재충전된다. 이 책에서 논의된 예시의 배터리는 모두 2차 배터리이다.

납축전지**lead acid type of battery**는 골프 차량, 공항 승객용 차량, 슈퍼마켓과 창고의 지게차와 같은 산업용 EV에서 빈번하게 사용되며 모든 배터리 기술 중 가장 긴 개발 역사를 갖고 있다. 납축전지는 다른 배터리 기술에 비해 전력 및 에너지 밀도가 낮다. 1960년대 후반과 1970년대 초반에 EV 및 HEV에 대한 관심이 다시 높아지면서 대체 배터리에 대한 연구개발이 활발하게 진행되었다. 나트륨-황 배터리**sodium-sulfur batteries**는 1980년대에 높은 에너지와 전력밀도로 큰 기대를 보였지만, 안전성과 제조상의 문제로 인해 연구개발이 중단되었다. 휴대폰, 컴퓨터와 같은 저전력 용도 배터리 기술의 개발로 인해 EV 및 HEV용 니켈-카드뮴**nickel-cadmium** 및 리튬-이온**lithium-ion** 배터리의 에너지 및 전력 증대의 가능성이 증가하였다. EV 및 HEV의 응용 분야에 사용되거나 고려되는 2차 전지의 주요 유형은 다음과 같다.

- 니켈-수소 합금(NiMH)
- 리튬-이온(Li-ion)
- 리튬-폴리머(Li-poly))
- 나트륨-황

그 중에서도 리튬-이온 배터리 기술이 가장 유망하다. 리튬-인산철**Li-iron phosphate**, 리튬-티타늄**Li-titanate**, 리튬-망간**Li-manganese** 및 리튬-코발트**Li-cobalt**를 포함한 여러 종류의 리튬-이온 배터리 팩에 대한 화학적 특성을 사용할 수 있다. 특정 리튬 종류의 선택은 BEV 유형에 따라 다르다.

배터리 개발의 목표는 실용성을 높이고 제조상의 어려움을 극복하는 것이다. 이론적인 예측은 실질적인 한계로 인해 제조된 제품과 일치하기가 어렵다. 이를 비교하기 위해 [표 5-2]에 배터리별로 이론과 실제 비에너지를 나타내었다.

[표 5-2] 배터리의 특징

배터리	특정 에너지 밀도 (Wh/kg)	
	이론	실제
납	108	50
니켈-카드뮴	-	20 ~ 30
니켈-아연	-	90
니켈-철	-	60
염화-아연	-	90
아연-브롬화물	-	70
은-아연	500	100
소듐-황	770	150 ~ 300
알루미늄-공기	-	300
니켈금속-수소화물	-	70
리튬-이온	-	150

수년 동안 대체 차량에 대한 광범위한 연구 및 관심이 이어지면서 여러 배터리 기술이 발전되었다. EV가 시판되고 있긴 하지만, 대용량 배터리 팩이 필요하기 때문에 비용이 많이 든다. HEV는 내연기관과 전기기기를 결합하여 배터리 용량을 최소화한다. 하이브리드 기술은 기존의 ICEV 또는 EV 단독 제품보다 훨씬 복잡하지만, 작은 동력 전달 장치를 추가하여 연비를 절약할 수 있다는 이점이 있다. 만약 소비자가 483km가 아닌 161km 범위의 차량을 수용할 수 있다면 BEV를 선택할 수도 있다. 평균적으로 차량이 연간 19,312km를 주행한다고 가정하면 미국에서 하루 평균 통근 거리가 53km이기 때문에 충분히 현실적인 수치이다. 참고로 다른 나라의 하루 평균 주행거리는 미국에 비해 훨씬 적다.[1]

5.2절에서는 배터리 셀의 구조 및 셀의 화학 반응에 대한 일반적인 화학 반응의 예를 다룬다. 이는 거시적 관점에서 필요한 배터리의 매개변수를 정의할 수 있다. 배터리 셀의 이론적인 측면을 깊이 파고들며 이를 통해 다양한 종류의 배터리를 모델링하고 분석 및 평가할 수 있다.

1 **(역자주)** 2019년 한국교통안전공단이 발표한 자동차주행거리 통계에 따르면 국내 하루 평균 주행거리는 38.5km이다.

SECTION 5.2

배터리의 기초

Battery Basics

배터리는 저장된 화학에너지를 전기에너지로 변환할 수 있는 단위 셀로 만들어진다. 이러한 전기화학 셀 중 한 개 이상이 직렬로 연결되면 하나의 배터리가 형성된다. 그룹화된 셀은 캡슐화되어 배터리 모듈을 형성한다. 배터리 팩은 원하는 전압과 에너지를 전력전자 구동 시스템에 공급하기 위해 직렬 또는 병렬 조합으로 연결된 개별 배터리 모듈의 집합체이다.

5.2.1 배터리 셀의 구조

배터리에 저장된 에너지는 충방전 상태에서 화학 성분 사이의 자유에너지 차이를 말한다. 셀 내에서 사용 가능한 화학에너지는 단위 셀의 기본 구성요소를 사용하여 필요한 경우에만 전기에너지로 변환된다. 배터리 셀의 구성요소는 양극**positive electrodes**, 음극**negative electrodes**, 분리막**separators** 및 전해질**electrolytes**이다. 양극 또는 음극의 전기화학적 활성 성분을 활성 물질**active material**이라고 부른다. 화학 반응은 두 전극에서 일어나는데 그중 하나는 전자를 방출하고, 다른 하나는 소비한다. 전극은 전자적으로 전도되어야 하며, [그림 5-1]에서 알 수 있듯이 분리막에 의해 서로 분리된 다른 부위에 위치한다.

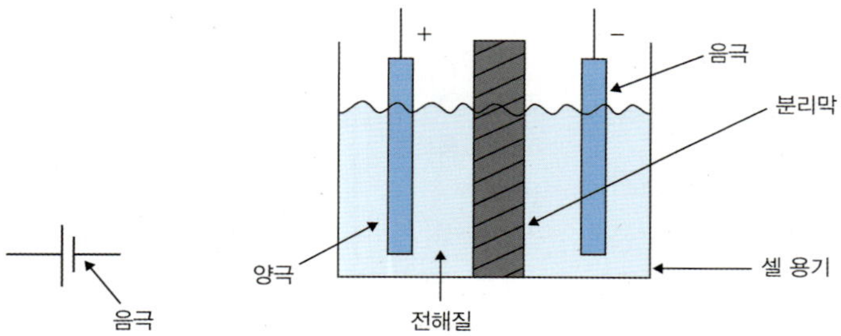

(a) 셀 회로 기호 (b) 셀 단면

[그림 5-1] 배터리 셀 구성요소

전극과 외부 회로 사이의 연결 지점을 배터리 단자라고 한다. 외부 회로는 저장된 화학에너지가 요구에 따라 방출되어 전기에너지로 활용되도록 한다. 배터리 셀의 구성요소는 다음과 같다.

❶ **양극** : 양극은 산화물, 황화물 또는 다른 화합물로, 셀 방전 중에 환원될 수 있다. 예를 들어 산화납(PbO_2)과 수산화니켈(NIOOH)이 있다. 전극 물질은 고체 상태이다.

❷ **음극** : 음극은 셀 방전 중에 산화될 수 있는 금속 또는 합금이다. 이 전극은 셀 방전 중에 전자를

외부 회로로 방출한다. 예를 들어 납(Pb)과 카드뮴(Cd)이 있다. 음극 물질은 배터리 내에서 고체 상태이다.

❸ **전해질** : 전해질은 세포의 양극과 음극 사이의 이온 전도를 허용하는 매체이다. 전해질은 전극 반응에 관여하는 이온에 대해 높은 선택적 전도성을 가져야 하지만, 배터리의 자체 방전을 피하려면 전자에 대해서는 비전도성이어야 한다. 전해질은 액체, 겔 또는 고체 물질일 수 있으며 전지의 종류에 따라 산성 또는 알칼리성일 수 있다. 납축전지 및 니켈-카드뮴 전지와 같은 기존의 배터리는 액체 전해질을 사용한다. 납축전지는 전해질으로 황산($H_2SO_4(aq)$)의 수용액을 사용하고, 밀폐형 납축전지, 니켈금속-수소화물(NiMH)및 리튬-이온 전지와 같은 EV용 고급 전지는 겔(gel), 페이스트(paste) 또는 수지를 사용하고, 리튬-폴리머 전지는 고체 전해질을 사용한다.

❹ **분리막** : 분리막은 상대 극성의 전극을 물리적으로 분리하는 물질의 전기 절연층이다. 분리막은 전해질의 이온에 투과성을 가져야 하며, 전해질을 저장하거나 고정하는 기능도 가질 수 있다. 현재 분리막은 합성 폴리머로 이루어진다.

5.2.2 화학 반응

배터리 작동 중 각 전극의 화학 반응은 전극에서 생성된 전자가 두 전극을 연결하는 외부 전기회로를 통해 흐르는 경우에만 지속할 수 있다. 수동 전기회로 소자가 배터리의 전극 단자와 연결되면, 전자는 음극에서 방출되고 양극에서 소비되며, 결과적으로 외부 회로로 전류가 흘러 배터리가 방전된다. 전자는 배터리 셀 내의 전극 표면에서 화학 반응으로 인해 공급되며, 배터리가 방전되는 동안 양극은 외부 회로에서 전자를 흡수함에 따라 화학적으로 환원**reduction**된다. 음극은 외부 회로로 전자를 방출할 때 산화**oxidation**된다. 배터리 충전의 경우 배터리 단자전압보다 높은 전압을 적용하여 전류가 반대 방향으로 흐르도록 해야 한다. 충전 중에 전자는 양극에서 방출되어 음극에서 소비된다. 결과적으로 양극 전극은 산화되고 음극은 환원된다.

배터리 셀의 화학적, 산화-환원 반응은 전극에서 셀 충전과 방전 과정에서 일어나고, 전자의 방출과 흡수로 인해 발생한다. 일반화된 반응은 참고문헌에서 주어진다.[1] 식 (5.1)은 양극에서 산화-환원 반응을 나타낸다.

$$aA \underset{\text{방전}}{\overset{\text{충전}}{\rightleftharpoons}} cC + nE^{+} = ne^{-} \tag{5.1}$$

그리고 식 (5.2)는 음극에서 산화-환원 반응을 나타낸다.

$$bB + nE^{+} + ne^{-} \underset{\text{방전}}{\overset{\text{충전}}{\rightleftharpoons}} dD \tag{5.2}$$

두 식이 결합된 화학 반응은 다음과 같다.

$$aA + bB \underset{\text{방전}}{\overset{\text{충전}}{\rightleftharpoons}} cC + dD \qquad \textbf{(5.3)}$$

화학반응식 (5.1) ~ (5.2)는 산화-환원 반응 중에 전자가 방출되고, 흡수되는 것을 나타낸다. 양의 전극 반응은 셀 충전 중 전극 내의 A에서 산화되어 외부 회로에 전자를 방출하고 전해질에 양이온을 방출하는 C가 됨을 나타낸다. 마찬가지로 음의 전극 반응은 전극의 B가 전해질로부터 양이온과 외부 회로의 전자와 결합하여 에너지 D를 형성함을 나타낸다. 반대는 두 전극에서 일어나는 세포 방전에 해당한다. 여기서 계수 a, b, c, d는 반응 중 A, B, C, D와 관련된 몰수를 나타낸다. 그리고 계수 n은 산화-환원 반응에 관련된 전자 및 이온의 수를 나타낸다.

전기 구동은 배터리로부터 추진력**propulsion power**을 얻기 위해 전기모터에 에너지가 공급될 때 셀을 방전한다. 그리고 배터리에 에너지를 저장하기 위해 외부 에너지원으로부터 에너지가 공급될 때 셀을 충전한다. ICEV에서 배터리는 방전 중에 전장품에 전원을 공급하고 충전 중에 외부 장치로부터 에너지를 수용한다. 다음으로, 납축전지 셀부터 셀 충전 및 방전 중의 산화-환원 반응을 검토한다. 납축전지는 ICEV, EV 및 HEV의 전장품에 전력을 공급하기 위한 배터리 종류이다.

[그림 5-2]는 납축전지 셀의 방전 동작을 수동 저항 소자**passive resistive element**로 나타낸 것이다.

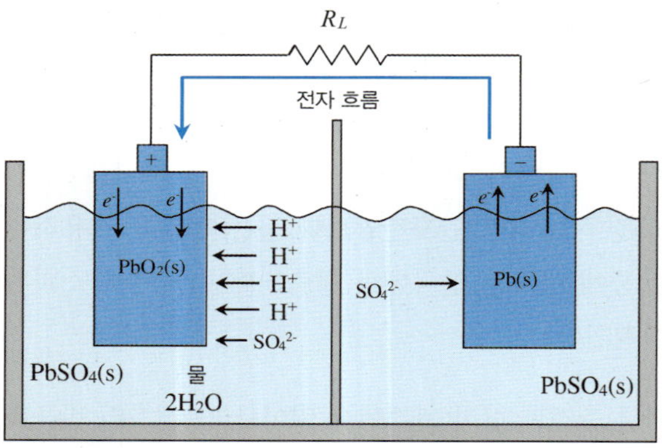

[그림 5-2] 납축전지 : 셀 방전 동작

이는 전자와 이온을 소비하여 산화납(PbO_2)으로 만들어진 양극을 감소시키고 음극에서 유래된 외부 회로를 통해 전자를 공급한다.

따라서 전류 흐름은 전원으로 작용하는 배터리를 사용하여 양극에서 전기 부하로 방출된다. 양극 반응을 식으로 나타내면 다음과 같다.

$$PbO_2(s) + 4H^+(aq) + SO_4^{2-}(aq) + 2e^- \rightarrow PbSO_4 + 2H_2O(l)$$

$PbO_2(s)$ 전해질의 접촉 면적을 증가시키기 위해 양극에 고 다공성 구조**highly porous structure**를 사용

하였으며, $PbO_2(s)$는 셀 방전 시 $PbO_4(s)$로 변환되어 전류 밀도는 더 높아진다. 방전이 진행될 때 $PbO_2(s)$가 생성되면서 셀의 내부 저항은 증가하고, H_2SO_4가 소모되면서 전해질 전도율이 감소한다. 전극에 고밀도의 미세한 형태로 증착된 $PbO_4(s)$는 황산화를 유발할 수 있으며, 방전 반응은 $PbO_4(s)$의 축적에 의해 크게 억제되어 이론적인 용량보다 셀 용량을 크게 감소시킨다.

음극은 고체 납(Pb)으로 이루어지고, 셀 방전 시 외부 회로로 납이 산화되어 방출된다. 셀 방전 시 음극 반응은 다음과 같다.

$$Pb(s) + SO_4^{2-}(aq) \rightarrow PbSO_4(s) + 2e^-$$

$PbSO_4(s)$의 생성은 음극을 보다 수동적으로 만들어 배터리 성능을 저하시킨다. 셀 방전 중 전반적인 화학 반응은 다음과 같다.

$$Pb(s) + PbO_2(s) + 2H_2SO_4(aq) \rightarrow 2PbSO_4(s) + 2H_2O(l)$$

셀의 충전 동작은 방전 동작의 반대이다. [그림 5-3]과 같이 외부 전원은 화학 반응을 역전시키기 위해 배터리에 전류를 공급하고, 셀 충전 과정에서 황산납은 산화납과 납의 반응 상태로 변환된다.

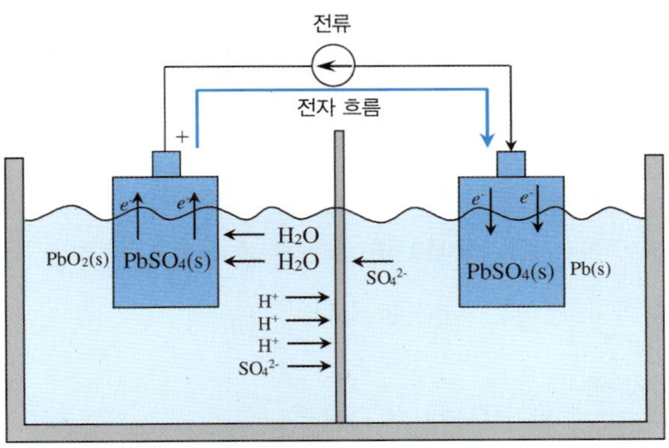

[그림 5-3] 납축전지 : 셀 충전 동작

전자는 음극의 외부 전원으로부터 소비되고 양극은 전자를 생성한다. 전류는 외부 전원에서 양극으로 유입되어 전기에너지를 셀로 공급함으로써 화학에너지로 변환된다. 양극은 산화되어 셀 충전 중에 다음과 같이 전자를 방출한다.

$$PbSO_4(s) + 2H_2O(l) \rightarrow PbSO_2(s) + 4H^+(aq) + SO_4^{2-}(aq) + 2e^-$$

전자를 흡수하는 셀 충전 중 음극이 환원되고, 이를 화학반응식으로 나타내면 다음과 같다.

$$PbSO_4(s) + 2e^- \rightarrow Pb(s) + SO_4^{2-}(aq)$$

셀 충전 중 전반적인 화학반응식은 다음과 같다.

$$2PbSO_4(s) + 2H_2O(l) \rightarrow Pb(s) + PbO_2(s) + 2H_2SO_4(aq)$$

니켈-카드뮴(NiCd)과 니켈금속-수소화물(NiMH) 배터리는 알칼리 전해질 매체에서 산소와 금속의 화학 반응으로부터 전기에너지를 얻는 알칼리 배터리이다. 알칼리 배터리의 에너지 밀도는 캐리어 금속의 중량에 의해 감소된다. 니켈-카드뮴 배터리는 니켈 산화물 양극과 금속 카드뮴 음극을 사용하고, 수산화칼륨(KOH) 전해질의 존재 하에 반응이 일어난다. 알칼리 배터리에서 두 전극의 화학 반응은 다음과 같다.

$$NiOOH + H_2O + e^- \underset{\text{충전}}{\overset{\text{방전}}{\rightleftharpoons}} Ni(OH)_2 + OH^- \quad \text{(양극)}$$

$$Cd + 2OH^- \underset{\text{충전}}{\overset{\text{방전}}{\rightleftharpoons}} Cd(OH)_2 + 2e^- \quad \text{(음극)}$$

전체적인 화학 반응은 다음과 같다.

$$Cd + 2NiOOH + 2H_2O \underset{\text{충전}}{\overset{\text{방전}}{\rightleftharpoons}} 2Ni(OH)_2 + Cd(OH)_2$$

니켈금속-수소화물 배터리에서 양극은 니켈-카드뮴 배터리에서 사용되는 것과 유사한 니켈 산화물이며, 음극은 수소 원자를 저장하는 금속 수소화물로 대체된다. 이는 특정 압력과 온도에서 수소에 노출되었을 때 특정 금속 합금의 미립자가 많은 양의 가스를 흡수하여 금속 수소화물의 화합물을 형성한다는 사실에 기반한다. 또한 금속 수소화물은 열화 없이 여러 번 수소를 흡수하고 방출할 수 있다. 니켈금속-수소화물 배터리에서 두 전극의 화학 반응은 다음과 같다.

$$NiOOH + H_2O + e^- \underset{\text{충전}}{\overset{\text{방전}}{\rightleftharpoons}} Ni(OH)_2 + OH^- \quad \text{(양극)}$$

$$MH_x + OH^- \underset{\text{충전}}{\overset{\text{방전}}{\rightleftharpoons}} MH_{x-1} + H_2O + e^- \quad \text{(음극)}$$

여기서 M은 금속 합금을 나타내고 주변 온도에서 수소를 흡수하여 금속 수소화물 MH_x를 형성한다. x는 흡수된 수소 원자의 수이며, 전체 화학반응식은 다음과 같다.

$$NiOOH + MH_x \underset{\text{충전}}{\overset{\text{방전}}{\rightleftharpoons}} Ni(OH)_2 + MH_{x-1}$$

SECTION 5.3

배터리 매개변수

Battery Parameters

이번 절에서는 용량과 충전 상태(SoC)를 포함한 다양한 배터리 매개변수를 정의하고, 애플리케이션의 사용에 실용적인 의미를 갖는 배터리의 단자 특성에 대해 다뤄보도록 하자.

배터리 용량

배터리 용량은 재료에 의해 통전된 전극에서 방출하는 전하의 양을 의미하며, 용량은 Ah(1Ah = 3,600C)이다. 여기서 1C는 SI 단위로 1A의 전류에 의해 1초 내에 전달되는 전하이다.

배터리의 이론적인 용량은 패러데이의 전기분해 법칙으로 구할 수 있다. 패러데이의 전기분해 법칙 중 전극에서 변화하는 원소 재료의 질량은 특정 전하량에 대한 요소의 등가 중량에 정비례한다. 원소 물질당 질량은 몰 질량을 이온당 이동하는 전자의 수로 나눈 값으로 나타낸다. 이 수는 물질 이온의 원자가 수로 알려져 있다. 수학적으로 패러데이의 법칙은 다음과 같이 쓸 수 있다.

$$m_R = \frac{Q}{F}\frac{M_m}{n} \tag{5.4}$$

여기서 m_R은 전극에서 변화된 한정 반응물의 질량, Q는 재료를 통과하는 전하의 총량, F는 패러데이 수 **Faraday number**[2]이다. $\frac{M_m}{n}$은 반응물당 질량으로 M_m은 몰 질량, n은 전극에서 생성되는 이온당 전자 수이다.

패러데이 수는 1몰의 전자에 의해 운반되는 전하의 양으로 계산할 수 있으며, 몰 내의 분자 또는 원자의 수는 $6.022045 \times 10^{23}\ \mathrm{mol}^{-1}$과 동일한 아보가드로 수 N_A에 의해 주어진다. 전자 1개의 전하량은 $e_0 = 1.6021892 \times 10^{-19}$ C이다. 따라서 패러데이 수는 $F = N_A e_0 = 96{,}485\ \mathrm{C/mol}$로 나타낼 수 있다. 전극에서 1몰의 물질을 생성하는 데 필요한 패러데이 수는 물질이 산화되거나 환원되는 방식에 따라 달라진다. 따라서 배터리의 이론적인 용량(쿨롱 단위)은 식 (5.4)에서 다음과 같이 구할 수 있다.

$$Q_T = xnF\ \mathrm{C} \tag{5.5}$$

x는 배터리의 완전 방전과 관련된 반응물 한계의 몰수이며, 다음 식으로 나타낼 수 있다.

2 패러데이 상수(faraday constant)라고도 한다.

$$x = \frac{m_R}{M_m}$$

여기서 m_R은 반응물 물질의 질량(kg)이고, M_m은 물질의 몰 질량(g/mol)이다. Ah 단위의 이론 용량은 다음과 같다.

$$Q_T = 0.278F\frac{m_R n}{M_m}\ \mathrm{Ah} \tag{5.6}$$

배터리의 셀은 직렬로 연결되며 배터리 용량은 최소 셀 용량에 의해 결정된다. 따라서 $Q_{Tbattery} = Q_{Tcell}$이며 배터리를 형성하기 위해 직렬로 연결된 6개의 배터리 셀은 [그림 5-4]와 같다.

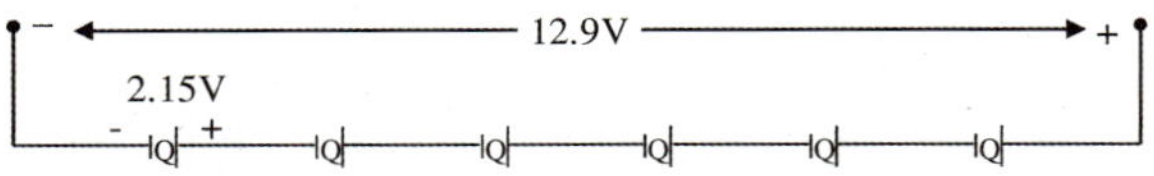

[그림 5-4] 배터리 셀의 직렬 연결

개방회로 전압

[그림 5-5(a)]에서 알 수 있듯이 간단한 형태의 배터리는 내부 전압 E_V와 직렬 저항 R_i로 나타낼 수 있다. 이 장의 후반부에서는 좀 더 대표적이고 복잡한 배터리 모델이 논의된다. 배터리의 내부 전압은 배터리 단자에 연결된 부하가 없는 경우 개방회로 전압으로 나타난다. 내부 전압 또는 개방회로 전압은 배터리의 충전 상태, 온도 및 과거 방전/충전 이력(메모리 효과)에 따라 달라진다. 배터리가 서서히 방전되면 내부 전압이 감소하고 내부 저항이 증가한다. 개방회로 전압은 0에 가까운 경사면을 갖는 선형 특성의 상당히 확장된 평면을 갖는다. 즉 개방회로 전압은 충전 상태를 예측하기 위한 좋은 지표가 아니다. 배터리 팩의 충전 상태는 배터리 화학, 온도 영향 및 충전/방전 사이클의 수를 모두 고려해서 계산해야 하며 배터리가 완전히 방전되면 더 많은 방전이 일어나 개방회로 전압이 급격히 감소한다.

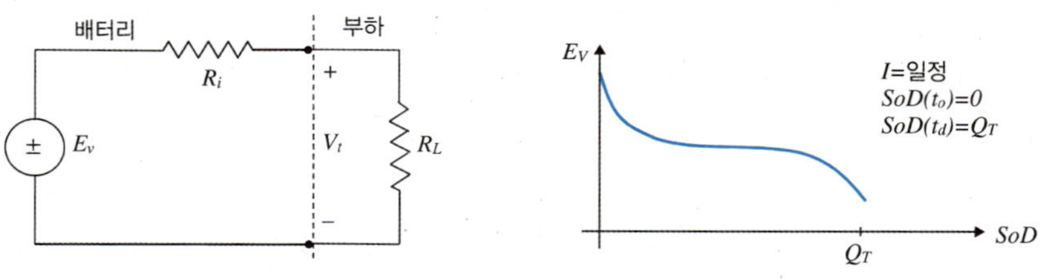

(a) 정상상태 배터리 (b) 배터리 개방회로 전압 특성

[그림 5-5] 개방회로 전압

■ 단자전압

배터리의 단자전압 V_t는 배터리에 부하가 연결될 때 단자에서 사용할 수 있는 전압이다. 배터리가 완전히 충전되면 단자전압은 총 충전전압 V_{FC}가 되는데 이는 예를 들어 납축전지에서 활성 물질을 생성하기 위해 H_2O와 반응하는 $PbSO_4$가 더 이상 존재하지 않음을 의미한다. V_{cut}은 배터리의 차단 전압으로 배터리의 방전을 종료해야 하며 SoD와의 관계에서 배터리 단자전압 특성은 [그림 5-6]에 나타내었다.

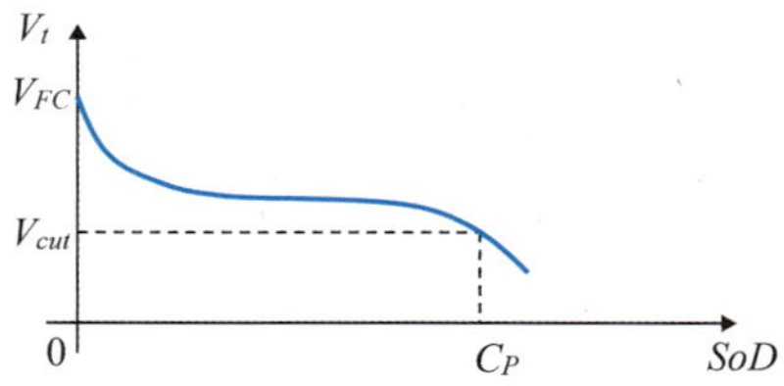

[그림 5-6] 배터리 단자전압

■ 실제 용량

배터리의 실제 용량 Q_P는 배터리의 완전 방전과 관련된 전극으로 에너지 물질에 의해 방출되는 실제 전하이다. 실제 용량은 실용적인 한계로 인해 항상 이론적인 용량 Q_T에 비해 훨씬 낮으며, 배터리의 실제 용량은 식 (5.7)과 같다.

$$Q_P = \int_{t_0}^{t_{cut}} i(t)dt \tag{5.7}$$

여기서 t_0는 배터리가 완전히 충전되는 시간이고 t_{cut}은 배터리 단자전압이 V_{cut}에 있는 시간이다. 따라서 $V_t(t_{cut}) = V_{cut}$으로 나타낼 수 있다. 산업에서 배터리의 실제 용량은 일정한 방전전류 특성, 즉 특정 방전율[3] 하에서 쿨롱(A·s) 대신에 Ah의 편리하고 근사적인 접근법을 통해 정의된다. $t = 0$부터 시작하는 정전류로 [그림 5-7]에 나타난 실험을 수행할 때 배터리가 방전되기까지의 경우로 생각해보자.

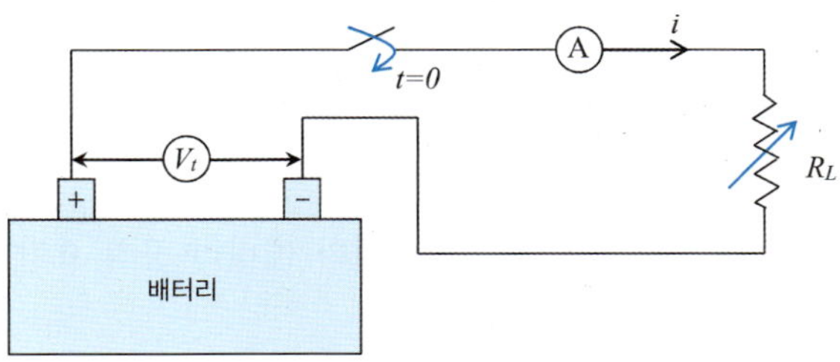

[그림 5-7] 배터리 용량 측정

3 일반적으로 C-rate라고 한다.

전류계와 전압계는 방전 전류와 배터리 단자전압을 측정한다. 전류는 단자전압이 V_{cut} 전압에 도달할 때까지 부하저항 R_L을 변경하여 일정하게 유지된다. 두 개의 다른 전류 레벨에서 두 개의 정전류 방전 특성의 정성적인 그래프를 [그림 5-8]에 나타냈다.

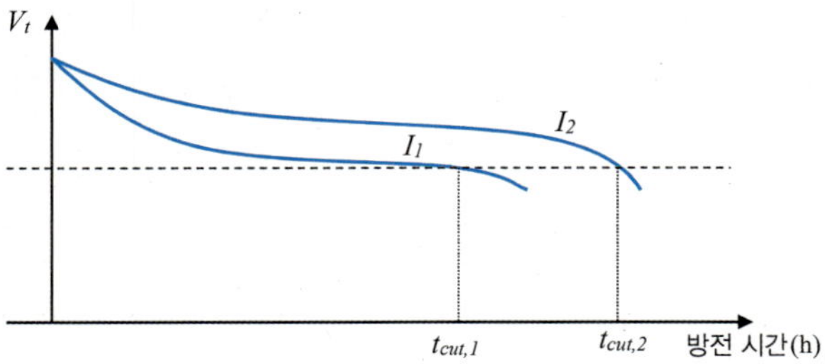

[그림 5-8] 정격 전류 방전 곡선

실험을 통해 다음과 같은 데이터를 얻을 수 있다.

$$I = 80\text{A} \text{ (80A 일 때 배터리 용량)}, \quad Q_{80\text{A}} = (80\text{A})t_{cut} = 80 \times 1.8 = 144\text{Ah}$$

$$I = 50\text{A} \text{ (50A 일 때 배터리 용량)}, \quad Q_{50\text{A}} = (50\text{A})t_{cut} = 50 \times 3.1 = 155\text{Ah}$$

$$I = 30\text{A} \text{ (30A 일 때 배터리 용량)}, \quad Q_{30\text{A}} = (30\text{A})t_{cut} = 30 \times 5.7 = 171\text{Ah}$$

배터리 용량은 방전 전류의 크기에 따라 달라지며, 방전 전류의 크기가 작을수록 용량은 높아진다. 즉 배터리 용량을 정확하게 지정하기 위해서는 일정한 방전 전류의 크기도 지정해야 한다.

방전율

방전율**discharge rate**은 정전류 특성으로 배터리가 방전되는 전류를 뜻한다. 이 비율은 C-rate로 알려져 있으며, 비율 Q_p/h로도 표현된다. 이때 Q_p는 정격 배터리 용량이며 h는 방전 시간이다. 이는 Q_p Ah 용량을 가지며 Δt h 이상으로 방전되는 배터리의 경우 방전율은 $\frac{Q_p}{\Delta t}$이다.

예를 들어 배터리 용량을 100Ah로 가정하면 다음과 같다.

$$\text{C} / 5 \text{-rate 또는 } 0.2\text{C-rate} = \frac{100\,\text{Ah}}{5\,\text{h}} = 20\text{A}$$

$$2\text{C -rate} = \frac{100\,\text{Ah}}{0.5\,\text{h}} = 200\,\text{A}$$

일반적으로 배터리의 공칭 용량은 1C-rate로 주어지며 C-rate가 증가함에 따라 배터리 공칭 요량은 감소한다.

충전 상태

충전 상태(SoC)는 배터리의 현재 용량, 즉 완전히 충전된 상태에서 방전 후 남은 용량을 나타낸다. 전류는 전하의 변화율을 나타내며 다음과 같다.

$$i(t) = \frac{dq}{dt}$$

여기서 q는 회로를 통과하는 전하이다. 이론적으로 순간적인 상태의 전하 $SoC_T(t)$는 양극에 남아 있는 등가 전하의 양이며 충전된 물질에 의해 방출될 준비가 되어 있다. 전하 상태가 초기시간(t_0)에 Q_T인 경우 $SoC_T(t_o) = Q_T$로 나타낼 수 있으며, 등간격 시간이 dt인 경우에는 다음과 같다.

$$\begin{aligned} dSoC_T &= -dq \\ &= -i(t)dt \end{aligned}$$

초기시간 t_0에서 마지막 시간 t로 적분하면 순간적인 전하 상태의 공식은 다음과 같다.

$$SoC_T(t) = Q_T - \int_{t_0}^{t} i(\tau)d\tau \tag{5.8}$$

충전 상태는 종종 다음과 같이 배터리 용량의 백분율로 표현된다.

$$SoC_T(t) = \frac{Q_T - \int_{t_0}^{t} i(\tau)d\tau}{Q_T} \times 100\ \%$$

배터리가 충전되면 충전 상태가 증가한다. $t=0$에서 초기 전하 상태가 0이면 백분율 형태로 표시되는 시간 t에서 전하 상태가 증가하며 백분율로 다음과 같이 표현된다.

$$SoC_T(t) = \frac{\int_{0}^{t} i(\tau)d\tau}{Q_T} \times 100\ \%$$

방전 상태

방전 상태(SoD)는 방전 중에 배터리로부터 인출된 전하의 측정값이다. 방전 상태를 식으로 표현하면 다음과 같다.

$$\begin{aligned} SoD_T(t) &= \Delta q = \int_{t_0}^{t} i(\tau)d\tau \\ SoC_T(t) &= Q_T - SoD_T(t) \end{aligned} \tag{5.9}$$

방전심도

방전심도(DoD)는 배터리가 방전되는 배터리 정격 용량의 백분율로, 배터리(정격) 용량의 80% 이상이 방전되면 깊은 방전**deep discharge**이라 한다. 방전 깊이를 식으로 표현하면 다음과 같다.

$$\begin{aligned} DoD(t) &= \frac{Q_T - SoC_T(t)}{Q_T} \times 100\,\% \\ &= \frac{\int_{t_0}^{t} i(\tau)d\tau}{Q_T} \times 100\,\% \end{aligned} \tag{5.10}$$

에너지

배터리 에너지는 용량과 방전 전압의 관점에서 측정된다. 에너지를 계산하기 위해서는 배터리의 용량을 쿨롱(C)으로 나타내야 한다. 1Ah는 3,600C에 해당하며 1V는 1C의 전하를 음전극에서 양전극으로 이동시키는 데 필요한 일이 1J일 때를 가리킨다. 따라서 12V, 100Ah의 배터리에 저장된 전위 에너지는 $(12)(3.6\times10^5)\text{J} = 5.32\text{MJ}$이다. 이론적으로 축적된 에너지는 다음과 같다.

$$E_T = V_{bat}Q_T$$

여기서 V_{bat}은 공칭 무부하 단자전압이며, Q_T는 쿨롱 단위의 이론적 용량이다. 따라서 이론적인 에너지는 식 (5.6)을 사용하여 다음과 같이 표현된다.

$$E_T = \left[\frac{1{,}000Fn}{M_m}m_R\right]V_{bat} = 9.65\times10^7\frac{nm_R}{M_m}V_{batt}\,\text{J} \tag{5.11}$$

실제 에너지는 다음과 같다.

$$E_P = \int_{t_o}^{t_{cut}} v(t)i(t)dt\ \text{Wh} \tag{5.12}$$

여기서 t_o는 배터리가 완전히 충전되는 시간, t_{cut}은 배터리 단자전압이 V_{cut}이 되는 시간, v는 배터리 단자전압, i는 배터리 방전 전류이다. E_p는 배터리 방전 방법에 따라 다르다. Wh 단위의 실제 에너지에 3,600을 곱하면 J 단위의 에너지, 즉 W·s의 에너지를 얻을 수 있다.

■ 비에너지

완전 충전 상태에서 완전 방전과 관련된 방전 에너지에 대한 비에너지 **specific energy**를 식으로 나타내면 다음과 같다.

$$SE = \frac{\text{방전 에너지}}{\text{총 배터리 질량}} = \frac{E}{M_B}$$

비에너지의 단위는 Wh/kg 이다. 식 (5.9)를 사용하는 배터리의 이론적인 비에너지는 다음과 같다.

$$SE_T = 9.65 \times 10^7 \times \frac{n V_{bat}}{M_m} \frac{m_R}{m_B} \text{ Wh/kg} \tag{5.13}$$

배터리 M_B의 질량이 한계 반응물 질량 m_R에 비례하는 경우 SE_T는 질량과 무관하다. 납축전지의 비에너지는 C/3-rate에서 35 ~ 50Wh/kg 이다. 비에너지 E_P는 방전율에 따라 다르므로 실제 비에너지 SE_P도 변화한다. 에너지 밀도 **energy density**라는 용어는 배터리 또는 다른 에너지원의 품질을 정량화하기 위해 여러 자료에 사용되며, 배터리의 단위부피당 에너지(Wh/L)를 나타낸다.

■ 배터리의 전력

순시적인 배터리 단자전력은 다음과 같다.

$$p(t) = V_{bat}\, i \tag{5.14}$$

여기서 V_{bat}은 배터리 단자전압이고, i는 배터리 방전 전류이다. [그림 5-5(a)]의 배터리 등가회로에 키르히호프의 전압 법칙을 적용하면 $V_{bat} = V_t$이며, 이를 정리하면 다음과 같다.

$$V_t = E_v - R_i i \tag{5.15}$$

식 (5.15)를 식 (5.14)에 대입하면 다음과 같다.

$$p(t) = E_v i - R_i i^2 \tag{5.16}$$

전류에 대한 전력 특성은 [그림 5-9]에 나타내었다.

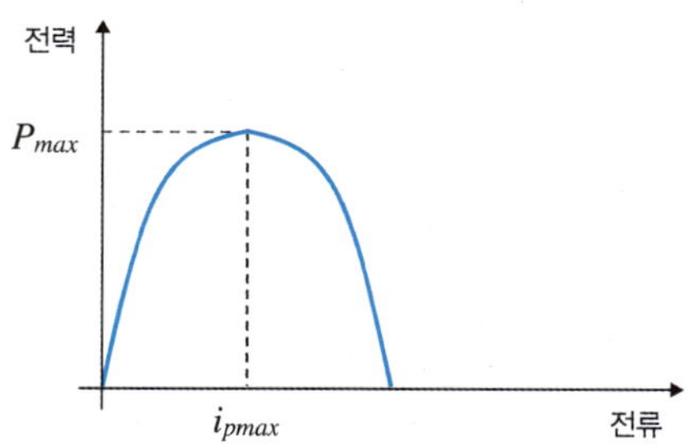

[그림 5-9] 배터리의 전력 특성

전기회로에서 최대 전력 전달 정리를 사용하여 부하 임피던스가 배터리 내부 임피던스와 일치할 때 배터리는 최대 전력을 DC 부하에 공급할 수 있다. 이때 최대 전력은 다음과 같다.

$$P_{\text{max}} = \frac{E_v^2}{4R_i} \tag{5.17}$$

E_v와 R_i는 충전 상태에 따라서 달라지기 때문에 P_{max}도 달라진다.

차량 응용 분야에서 고속 방전을 하기 위해서는 전기모터가 큰 부하가 요구될 때와 같이 배터리에서 최대 출력이 필요하다. 경사면의 가속도는 모터가 견인에 필요한 최대 전력을 공급하기 위해 많은 전류를 끌어당길 때와 같은 조건이다. 가속이나 경사로를 오르는 상황을 충족시키기 위한 배터리 성능을 평가하려면 배터리가 열을 발산할 수 있는 능력을 기반으로 정격 전력 사양을 고려해야 한다. 정격 연속 전력은 배터리에 손상을 주지 않고 장시간 방전 간격으로 전달될 수 있는 최대 전력이다. 이들은 배터리 특성의 $p-i$ 곡선의 P_{max}에 해당하지 않아도 된다. 순시 정격 전력은 배터리에 손상을 주지 않고 매우 짧은 방전 간격으로 배터리가 전달될 수 있는 최대 전력이다.

비출력

배터리의 비출력은 식으로 나타내면 다음과 같다.

$$SP = \frac{P}{M_B} \quad (\text{단위 : W/kg}) \tag{5.18}$$

여기서 P는 배터리에 의해 공급되는 전력이며, M_B는 배터리의 질량이다. 일반적으로 납축전지의 최대 특정 전력은 $DoD = 80\%$로 약 280W/kg(P_{max}에 해당함)이다. 전력밀도는 비에너지 및 에너지 밀도와 마찬가지로, 단위 부피당 배터리의 전력을 W/L 단위로 나타내는 데 사용된다.

라곤 플롯

전기화학 배터리에서는 전류가 증가함에 따라 충전 용량(전압 영향은 제외함)이 감소한다. 이것은 주로 라곤 관계**ragone relationship**라고 불리며 라곤 플롯**ragone plot**으로 설명할 수 있다. 라곤 플롯은 일반적으로 일정한 방전 테스트 또는 방전 플롯에서 얻을 수 있다. 이는 [그림 5-6]의 실험에서 확인할 수 있다. 하지만 이번에는 배터리 단자의 출력이 일정하게 유지되도록 R_L을 변화시켜 전류 i를 조정해보자. 배터리 단자전압이 차단전압 $V_t = V_{cut}$에 도달하면 실험이 중지된다. 배터리가 $t = 0$에서 완전히 충전된다고 가정한다. 실험은 여러 전력 수준에서 수행되며 전력 $p(t) = V_t i = P$, 차단전압까지의 시간 t_{cut}, 실제 에너지 $E_p = Pt_{cut}$를 기록한다. 두 로그 스케일에서 SP 대 SE의 그래프는 라곤 플롯으로 알려져 있다.

[그림 5-10]은 대체 에너지원 및 IC 엔진과 배터리의 라곤 플롯을 나타내며 상대적인 전력 및 에너지 용량에 대한 아이디어를 제공한다.

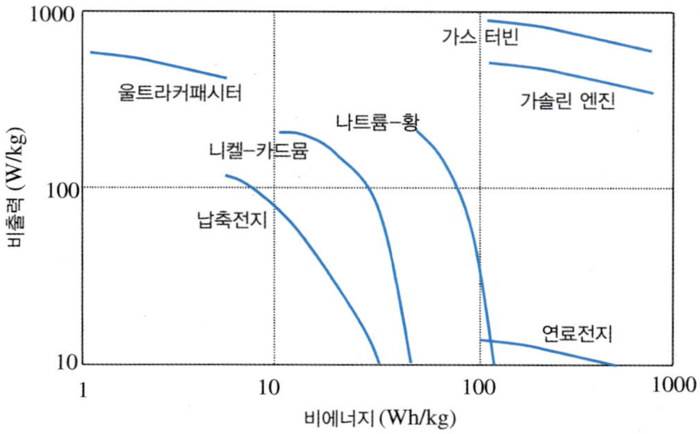

[그림 5-10] 라곤 플롯(일부 배터리, 가솔린 엔진 및 연료전지의 특정 전력 대비 에너지)

SECTION 5.4

전기화학 셀의 기초

Electrochemical Cell Fundamentals

전기화학 셀은 패러데이 전류로 알려진 전류의 흐름에 산화 및 환원 반응을 일으킨다. 이 셀은 전기화학 반응을 사용하여 축적된 화학에너지로부터 전기에너지를 공급하는 배터리 및 연료전지에 기초한다. 전기화학 셀은 갈바닉galvanic 셀 또는 전해질electrolytic 셀로 분류할 수 있다. 갈바닉 셀은 외부의 전기 부하가 셀에 연결되어 있을 때, 물질이 자발적으로 반응하는 셀이다. 이 셀에서 전자는 외부 회로를 통해 흐르고 이온은 셀의 한 전극에서 다른 전극으로 이동하여 작업을 수행한다. 갈바닉 셀은 자발적인 화학 반응에 의해 전압 또는 전위가 확립되기 때문에 볼타 전지voltaic cell로도 알려져 있다. 반면에 전해질 셀은 반응이 비자발적이며 셀의 개방회로 전압보다 큰 외부 전압의 인가에 의한 영향을 받는다. 전기에너지는 외부 소스에 의해 소비되고 전기화학 셀에서 작업이 수행된다. 배터리 셀이 화학에너지를 복원하기 위해 충전될 때 배터리 셀은 전해질 셀로서 기능한다. 배터리는 일반적으로 전기화학 셀이라고 불리는데 왜냐하면 방전과 충전 모두가 EV 및 HEV에서 사용되는 2차 전지 배터리 셀과 연관되어 있기 때문이다.

배터리 셀, 다른 전기화학 셀 물질의 기초는 에너지 변환 과정에 관련된 물리학 및 화학에 기반한다. 이 절에서는 전기화학 셀 모델을 개발하는 프로세스를 충분히 이해하기 위한 기초를 분석한다. 이 모델은 전기화학 셀 분석뿐만 아니라 에너지 저장을 위한 전기화학 셀 기반 구성요소를 포함하는 시스템을 평가하는 데 유용하다.

전기화학 셀의 원리와 동작은 화학 열역학, 전기화학 반응속도, 전극 역학 및 질량 운송에 기초한다.[1~7] 이러한 메커니즘은 저장된 화학에너지에서 전기화학 셀의 전기에너지로의 에너지 변환에 영향을 미친다. 이 절에서는 이러한 메커니즘을 자세히 다룬다.

5.4.1 열역학적 전압

전기화학적 열역학은 외부 전류가 흐르지 않을 때 전극에 외부의 전력공급이 없는 경우에도 전극과 전기화학 셀의 전해질 사이의 전위차를 결정한다. 전기화학 셀의 열역학적 물리학은 전극에서 전위 상승의 메커니즘을 설명하고 셀의 작업, 변환 효율 및 전위의 이론적 한계를 설명한다.

열역학의 제1법칙은 에너지가 모든 과정에서 보존되어 있다는 것이다. 에너지는 시스템에서 주변으로 이동할 수 있으며 그 반대도 가능하다. 하지만 에너지가 새로 생성되거나 파괴될 수는 없다. 화학 반응 과정에서의 시스템은 관련된 화학종과 관련 반응을 지칭한다. 반응이 일어나는 용기container는 화학 반응의 경계 역할을 한다. 화학 공정을 위한 세 가지 형태의 에너지는 각 물질의 내부 에너지, 압력 및 부피의 변화 또는 전류 흐름에 의한 일 및 주변에 의한 열전달이다. 열은 모든 화학 반응에서 주변에서 흡수되거나 주변으로 방출된다. 화학 반응에 의해 흡수되거나 방출되는 열의 양은 주변에서 일이 수행되지 않는다면 내부 에너지의 변화와 같다. 그러나 수행된 일이 0으로 유지되지 않으면, 열에너지의 일부가 일로 변환되고 흡수 또는 방출된 열의 합은 더 이상 내부 에너지의 변화와 같지 않다. 열 흡수 또는 방출에 의한 복합 활성을 나타내기 위해 물질 또는 시스템의 열 함량을 나타내는 엔탈피**enthalpy**라는 용어가 생겨났다. 열역학적 정의에 의해 엔탈피 H는 다음과 같다.

$$H = U + pV$$

여기서 U는 내부 에너지, p는 압력, V는 시스템의 부피이다. 압력과 부피의 곱인 pV는 팽창과 관련이 있다.

갈바닉 장치에서 안정된 물질은 자발적으로 반응하여 새로운 물질을 형성한다. 즉 열역학 제1 법칙에 따라 반응은 더 높은 에너지 상태에서 더 낮은 에너지 상태로만 이동할 수 있다. 물질의 에너지 상태가 낮다는 사실은 엔트로피**entropy**를 통해 알 수 있다. 엔트로피는 물질을 구성하는 입자(분자, 원자 등)의 무질서 수준을 나타내며 물질의 모든 평형 상태에 대해 지정된 특성이다. 엔트로피는 특성이기 때문에 한 상태에서 다른 상태로의 엔트로피의 변화는 모든 과정에서 동일하다. 엔트로피의 SI 단위는 J/K 이다.

열역학 제2법칙은 폐쇄된 환경에서 자발적인 반응은 관련 물질에 대해 최대 엔트로피에 도달할 때까지 진행된다는 것이다. 엔탈피 변화의 열역학의 두 법칙에 기초하여 엔트로피 변화($T\Delta S$)의 형태에 반영되어야 한다. 여기서 T는 켈빈 온도이고 ΔS는 엔트로피의 변화량이다. 따라서 화학 반응 또는 임의의 공정으로부터 이용 가능한 최대 작업은 다음과 같다.[8~9]

$$\Delta G = \Delta H - T\Delta S$$

화학 반응에서 G는 깁스**Gibbs** 자유에너지이며, 특정 반응을 구동하는 엔탈피과 엔트로피 사이의 상대적 중요성을 결정한다. 만약 $\Delta H < 0$이라면 화학 반응이 양호하거나 자발적인 경우를 의미하고, $\Delta H > 0$인 경우 화학 반응이 양호하지 않거나 비자발적인 경우를 의미한다. 다시 말해, $\Delta S > 0$이면 반응은 자발적이며 $\Delta S < 0$의 경우 비자발적이다. 시스템의 깁스 자유에너지는 반응의 엔탈피와 엔트로피 힘이 시스템을 반대 방향으로 구동할 때 실제의 결과를 제공한다. 반응은 $\Delta G < 0$의 경우 자발적이며 $\Delta G > 0$의 경우 비자발적이다.

깁스의 자유에너지는 화학 반응의 생성물과 반응물 사이의 엔탈피와 엔트로피의 변화로부터 다음과 같이 계산할 수 있다.

$$\Delta G = \Delta H^\circ - T\Delta S^\circ$$
$$\Delta H^\circ = \sum H_f{}^\circ(\text{생성물}) - \sum H_f{}^\circ(\text{반응물}) \quad (5.19)$$
$$\Delta S^\circ = \sum S^\circ(\text{생성물}) - \sum S^\circ(\text{반응물})$$

여기서 도(°)는 25℃의 표준 상태와 1의 대기압을, 문자 'f'는 표준 상태의 자유 생성 에너지를 나타낸다. 열역학 표에 생성 표준 엔탈피와 표준 엔트로피가 주어진다. 요소를 생성하기 위한 표준 엔탈피는 0이다.

화학 반응에 관련된 각 물질의 생성의 자유에너지를 알고 있다면 반응의 깁스 자유에너지 변화는 다음과 같다. 생성 엔탈피의 정의와 마찬가지로 요소 생성의 표준 자유에너지 **standard free energy**는 0으로 정의된다.

$$\Delta G = \Delta G_f{}^\circ(\text{생성물}) - \Delta G_f{}^\circ(\text{반응물})$$

전기화학 전지에서 사용 가능한 에너지의 개념을 설명하기 위해 은–아연 전지에 포함된 화학 반응을 고려한다. 화학반응식은 다음과 같다.[8]

$$\mathrm{Zn} + 2\mathrm{AgCl} \rightarrow \mathrm{Zn}^{++} + 2\mathrm{Ag} + 2\mathrm{Cl}^-$$

표준 상태 조건에서 혼합된 금속 아연과 염화은 용액 사이의 화학 반응에서 방출된 열량은 반응한 Zn은 -233kJ/mol, 즉 $\Delta H^\circ = -233\text{kJ/mol}$이다. 화학 반응의 경우 $T\Delta S = -43\text{kJ/mol}$이다. 이때 깁스 자유에너지는 다음과 같다.

$$\Delta G = \Delta H - T\Delta S = -233 + 43 = -190\text{kJ/mol}$$

이와 같이 엔탈피 변화는 모두 일로 전환될 수 없으며 엔트로피의 변화는 최소량의 에너지를 소비해야 한다. 엔트로피의 변화는 일반적으로 화학 반응 중에 발생하는 열에 따라서 달라진다.

깁스 자유에너지 **Gibbs free energy**는 총 엔탈피 변화의 비율에 의해 주어진 갈바닉 셀의 최대 열역학적 변환의 효율을 결정하는 데 도움을 준다.

$$\eta_{EC} = \frac{\Delta G}{\Delta H} = 1 - \frac{T\Delta S}{\Delta H} \quad (5.20)$$

주어진 은–아연 전지 셀의 예에서 η_{EC}=81.5%이며 이러한 높은 변환 효율은 갈바닉 장치의 주요 장점이다. 그러나 열기관과 마찬가지로 실제 효율은 이론적인 효율보다 훨씬 낮다. 효율 저하는 실제 시스템에 필요한 실제 전류와 직접 관련이 있다.

전기화학 셀의 화학 공정에서 방출되는 깁스 자유에너지는 셀이 수행할 수 있는 최대 일에 이론적 한계를 부과한다. 이 일은 셀의 개방회로 전압(OCV)의 힘에서 몰당 전달되는 전하이다. E가 평형 상태에서 전극 전위차이기 때문에 셀에 의해 수행되는 작업은 다음과 같이 나타낼 수 있다.

$$\begin{aligned} \Delta G &= (\text{몰당 전달되는 전하}) \times \mathrm{OCV} \\ &= -nFE^\circ \end{aligned} \tag{5.21}$$

갈바닉 셀 전위의 이론상의 상한은 식 (5.21)을 이용하여 다음과 같이 얻을 수 있다.

$$E^o = -\frac{\Delta G}{nF} \tag{5.22}$$

니켈 카드뮴(NiCd) 배터리 셀에서 화학 반응을 사용하여 평형 전지 셀 전위를 계산하고 NiCd 배터리 셀의 화학 반응은 다음 공식으로 주어진다.

$$\mathrm{Cd} + 2\mathrm{NiOOH} \rightarrow \mathrm{Cd(OH)_2} + 2\mathrm{Ni(OH)_2}$$

NiCd 셀의 깁스 자유에너지 변화는 다음과 같다.

$$\begin{aligned} \Delta G &= \Delta G_f^\circ(\text{생성물}) - \Delta G_f^\circ(\text{반응물}) \\ &= [(-470.25) + 2(-452.7)] - [0 + 2(-541.3)] \\ &= -293.05\mathrm{kJ/mol} \end{aligned}$$

NiCd 배터리 셀에서는 2개의 전자가 화학 반응에 관여한다. 따라서 이론적인 셀 전위는 다음과 같다.

$$E^\circ = -\frac{-293{,}050}{2 \times 96{,}485} = 1.52\mathrm{V}$$

이론적인 셀 전위는 5.4.3 ~ 5.4.7절에 기술된 셀 내의 다양한 전기화학적 현상으로 인해 실제로는 달성할 수 없다. NiCd 셀의 실용적인 셀 전압은 1.3 V 이다. 이것은 모든 전기화학 셀에 해당된다. 열역학적 셀 전위는 전기화학 셀 전위의 이론상 상한값만 나타낸다.

전극의 전위는 전극과 전해질이 접촉하는 전극 사이의 전위차로, 절대 전위 값을 얻지 못하기 때문에 기준 전극에 대해 결정된다. 화학적 및 전기적 공정 모두 전극 전위차[6]에 기여하는데 고체 액상 경계에서의 전위차에 관계없이 전극과 전해질 사이의 화학적 활성에 의해 전극 근처의 환경이 변화한다. 입자를 특정 전위로 옮기기 위해 수행한 일이 화학 포텐셜**chemical potential**이다. 즉 화학적 환경의 변화와 무관하게 전위간의 이동은 기존에 수행된 전기적 일에 의해 달성된다. 실험적으로 이 두 성분을 분리할 수는 없지만, 두 환경의 규모 차이를 이용해 수학적으로 이를 분리할 수 있다.[7~8] 이러한 두 가지 종류의 에너지 변화의 결과로 발생하는 전위는 전기화학적 전위 또는 단순한 전위다.

5.4.2 전기분해 및 페러데이 전류

전기분해 과정은 전극과 수용액 내의 화학종 사이에서 전자가 이동하는 것으로, 산화 또는 환원 반응을 초래한다. 전기화학 셀에 장착된 전극에서 산화-환원 반응을 발생시키려면 외부 전기회로가 필요하다. 셀 내의 전기화학 현상을 이해하고 지식을 이용하여 이 셀들의 단순한 모델을 개발하기 위해서는 셀의 전류와 전위의 특성을 평가해야 한다.[8] 이 절에서는 패러데이의 전기 분해 법칙과 전하와 전류의 관계를 사용하여 반응을 제어하는 방법을 설명한다.

화학반응식 (5.1) ~ (5.2)에서는 화학적 절차와 전기적 절차를 모두 나타낸다. 반응속도는 전자가 전극에 도달하거나 방치된 경우에만 화학적 변환이 일어나는 것을 확인함으로써 전기적 절차를 통해 완전히 결정할 수 있다. 따라서 화학적 변환 속도는 주어진 전극을 통과하는 전류에 의해 제어되거나 측정된다. 패러데이의 전기분해 법칙은 전극에서 변화된 물질의 질량을 전극에서 전달되는 전하의 양과 연관시킨다. 몰 관점에서의 전기분해 속도는 패러데이의 법칙에 의해 주어진다(식 (5.5) 참조).

$$x = \frac{Q}{nF} \tag{5.23}$$

이전에 정의한 바와 같이 n은 전극에서 방출되는 이온당 전자 수이고, F는 패러데이 상수이고, x는 전해된 몰수이다. 여기서도 정의상 전류는 다음과 같이 초당 흐르는 전하의 쿨롱의 수이다.

$$i = \frac{dQ}{dt} \tag{5.24}$$

식 (5.23) ~ (5.24)는 전기화학 셀의 패러데이 전류와 반응속도의 관계를 나타낸다. 두 방정식을 결합하면 반응속도를 다음과 같이 쓸 수 있다.

$$\frac{dx}{dt} = \frac{i}{nF} \quad \mathrm{mol/s}$$

반응속도는 일반적으로 단위 면적당 mol/s로 표현된다. 전극 반응은 전극과 전해질 계면에서만 발생하는 불균일한 공정이다. 불균일한 반응속도는 전극의 반응속도 이외에 전극으로의 물질 이동과 다양한 표면 효과에 의존한다. 따라서 단위 면적당 반응속도는 다음과 같다.

$$\frac{dx}{dt} = \frac{i}{nFA} = \frac{j}{nF}\mathrm{mol/s\cdot cm^2} \tag{5.25}$$

여기서 A는 cm^2단위의 단위 면적, j는 $\mathrm{A/cm}^2$ 단위의 전류 밀도이다.

5.4.3 전극 역학

전극 역학 연구는 전극의 반응속도 또는 전기화학 셀 내에서 흐르는 패러데이 전류를 제어하는 과정을 포함한다. 일부 공정 속도는 전극 역학을 결정하며 그중 가장 일반적인 두 가지는 다음과 같다.

❶ 전극과 용액 사이의 전극 표면에서 전자 이동 속도
❷ 벌크 용액에서 전극 계면으로의 활성물질 이동

전극 표면에서 전자의 전달 속도는 이전 절에서 제시된 패러데이의 전기분해 법칙에 의해 결정된다. 이 절에서는 전기화학 셀의 단자전압과 전류 관계를 확립하기 위해 전극 역학의 추가 기본원리에 대해 설명한다. 질량 이송mass transport은 전기화학 반응의 연속성에 대한 또 다른 기본 메커니즘이며 다음 절에서 다룬다. 전기화학의 연구는 방대하기 때문에 세부적인 내용은 이 책의 범위를 벗어난다. 따라서 여기서는 전극 역학의 개요만 다룬다. 추가적인 내용은 참고문헌을 확인하여 알아볼 수 있다.[8~9]

산화–환원 쌍이 각 전극에 존재하고 액체 접합으로부터 기여가 없는 경우 개방회로 전위는 평형 전위이기도 하다. 그러나 일반적으로 여러 전기화학 셀의 전극과 전해질 계면에서 항상 진행되고 있는 활성이 있다. 전극 반응이 일어나는 임계 전위는 시스템에서 지정된 화학물질의 표준 전위 E^0로 알려져 있다. 전극 전위는 외부 전류 흐름이 있을 때 평형 상태에서 벗어난다. 전류와 화학 반응은 불균일한 과정이므로 에너지 흐름과 전류 사이의 관계는 고체에서의 전도보다 전기화학 셀에서 더 복잡하다. 따라서 관계는 비선형이며 근사치는 보다 단순한 수학적 방정식을 유도하는 데 사용된다.

전극과 전해질 사이의 순방향 반응과 역방향 반응을 사용하여 전극 전압과 전류의 관계를 알 수 있다. 이러한 전류는 반응속도를 속도 상수 및 반응물의 농도와 연관시킴으로써 얻을 수 있다. 전극과 전해질 계면에서 n 전자가 반응물 O와 생성물 R 사이에서 이동하는 경우를 생각해보자. 일반적인 전극 반응은 다음과 같다.

$$\mathrm{O} + ne^- \underset{k_r}{\overset{k_f}{\rightleftarrows}} \mathrm{R}$$

여기서 k_f와 k_r은 각각 정방향률 및 역방향률 상수이다. 속도 상수는 화학종의 농도를 반응속도와 관련시키는 비례계수proportionality factors이다. 표면으로부터 x의 거리에서 산화되는 종의 농도는 시간 t에서 $C_O(0,t)$로 표시된다. 따라서 표면 농도는 $C_O(x,t)$이고, 환원된 종의 표면 농도는 $C_R(0,t)$이다.

반응속도는 속도 상수와 종 농도를 곱하여 얻을 수 있으며, 종 농도와 패러데이 전류 사이의 관계를 확립하기 위해 식 (5.25)에 의해 주어진 반응속도와 동일시될 수 있다. 따라서 순방향 및 역방향 전류의 경우 다음과 같이 나타낼 수 있다.

$$k_f C_O(0,t) = \frac{i_f}{nFA} \quad \text{(순방향)}$$

$$k_r C_R(0,t) = \frac{i_r}{nFA} \quad \text{(역방향)}$$

전극에서의 순 전류 흐름은 순방향 전류와 역방향 전류의 차이이며 다음과 같다.

$$i = i_f - i_r = nFA[k_f C_O(0,t) - k_r C_R(0,t)] \tag{5.26}$$

전극 공정 분석의 단순화를 위해 전극과 전해질 계면에서 단일 전자 이동(즉 $n=1$)을 가정한다. 이 경우 속도 상수는 자유에너지 고려 사항에 따라 전극과 전해질 계면을 가로지르는 전위와 관련지을 수 있다.[8] 표준 전위 E^0의 경우 순방향 및 역방향 속도 상수는 동일하다. 이 상수는 표준 속도 상수라고 하며 기호 k^0으로 표기한다. 다른 전위의 속도 상수는 표준 속도 상수의 관점에서 다음과 같다.

$$k_f = k^0 e^{(F/RT)(-\alpha)(E-E^0)}$$

$$k_r = k^0 e^{(F/RT)(1-\alpha)(E-E^0)}$$

이러한 관계를 식 (5.26)에 적용하면 전극과 전해질 계면에서 완전한 전류–전압 특성을 얻을 수 있다.

$$i = FAk^0\left(C_O(0,t)e^{(F/RT)(-\alpha)(E-E^0)} - C_R(0,t)e^{(F/RT)(1-\alpha)(E-E^0)}\right) \tag{5.27}$$

이때 사용된 접근법은 전극 반응속도를 분석하기 위한 버틀러 볼머 **Butler-Volmer** 접근법이다. 이 방정식은 전극 반응속도를 매우 정확하게 나타내지만, 일반적으로 전기화학 모델링에 더 유용한 형태인 전류 측면에서는 전압을 표현할 수 없다. 이밖에도 접근법은 전류가 너무 작아 무시할 수 있다고 가정하는 네른스트 **Nerst** 방정식이 있다. 네른스트 방정식은 다음과 같다.

$$E = E^0 + \frac{RT}{nF}\ln\frac{C_O(0,t)}{C_R(0,t)} \tag{5.28}$$

네른스트는 방정식을 독립적으로 정의하였지만, 시스템이 평형 상태에 있고 순 전류가 0이라고 가정하면 버틀러–볼머 방정식으로부터 이 방정식을 유도할 수 있다. 평형 상태에서 전극은 네른스트에 의해 결정된 벌크 농도에 기초한 전위를 채택하고 O, R의 벌크 농도 또한 표면에서 구할 수 있다. 식 (5.27)에서 $i(t)=0$과 $E=E_{eq}$를 적용하면 다음과 같다.

$$C_O(0,t)e^{(F/RT)(-\alpha)(E_{eq}-E^0)} = C_R(0,t)e^{(F/RT)(1-\alpha)(E_{eq}-E^0)}$$

이 방정식은 네른스트의 관계식을 다음과 같이 도출한다.

$$E_{eq} = E^0 + \frac{RT}{F}\ln\frac{C_O^*}{C_R^*} \tag{5.29}$$

여기서 E_{eq}는 평형 전위이고 C_O^*, C_R^*은 각각 산화 및 환원 반응물의 벌크 농도이다.

단자 전위를 추정하기 위한 또 다른 접근법은 전류가 한 방향 또는 다른 방향으로 크다고 가정하는 타펠 **tafel** 방정식이다. 근사치는 식 (5.27)의 버틀러–볼머 방정식에서 두 지수 항 중 하나가 무시될 수 있다는 것을 의미한다. 타펠 방정식을 나타내면 다음과 같다.

$$E(t) = E^0 + \frac{RT}{\alpha nF}\ln(i_0) - \frac{RT}{\alpha nF}\ln(i(t)) \tag{5.30}$$

여기서 i_0은 평형 조건으로부터 얻어진 교환 전류이다. 순 전류는 평형 상태에서 0이지만 동일한 순방향 및 역방향 전류를 갖는 패러데이 활성이 있다. 교환 전류는 패러데이 전류와 같으며 다음과 같이 주어진다.

$$i_0 = i_f = i_r = FAk^0 C_0^* e^{-\alpha(F/RT)(1-\alpha)(E_{eq}-E^0)} \tag{5.31}$$

타펠 관계는 원래 실험 데이터에서 파생되었지만, 버틀러–볼머 방정식에서도 유도할 수 있다.

전극과 전해질 계면에서의 반응물 활성은 개방회로 전압 E를 표준 상태 전압 E^0으로부터 벗어나게 한다. 평형 상태와 전극과 전해질 계면에서 전하 이동으로 인한 전류 흐름이 있을 때의 전극–전압의 차이는 종종 활성화 또는 전하 이동 분극 과전압이라고 한다. 전하 이동 분극은 셀 방전 동안 평형 위치로부터의 전압강하로서 반영되고 E_{ct}로 표시된다.

5.4.4 질량 이송

두 개의 전극이 동일한 전해질에 침전될 때 완전한 전기화학 전지가 형성된다. 두 전극에 외부 부하를 연결하여 전기회로가 완성되면 외부 회로를 통해 전류가 흐른다. 전극 반응과 질량 이송은 연속적인 전류 흐름을 지원하기 위한 두 가지 메커니즘이다. 전류 흐름은 전해질에서 이온이 대량 이송됨에 따라 셀 내부에서 유지된다. 질량 이송의 주요 과정은 분자가 고농도 위치에서 저농도 위치로 이동하는 확산 과정이다. 질량 이송은 대류 **convection**와 이염 **migration**을 통해서도 발생할 수 있다. 대류는 입자의 기계적 움직임이며 배터리 셀에서는 발생하지 않는다. 연료전지에서 연료의 공급 압력은 대류 효과로 인해 질량 이송을 유발한다. 이염은 전기장의 영향으로 양전하를 띤 이온은 음전극 쪽으로 이동하고 음전하를 띤 이온은 양전극 쪽으로 이동하는 것을 말한다. 이염에 의한 이온 이동은 확산 과정에 의한 이동과 동일한 방향일 수도 있고 반대 방향일 수도 있다. 확산 과정이 대류 및 이염 과정을 지배하기 때문에 이 책에서는 확산 과정만 다룬다.

전기화학 전지에서 활성 종에 대한 확산 과정은 픽fick의 제2 법칙에 의해 다음과 같이 설명된다.

$$\frac{\partial C(x,t)}{\partial t} = D\frac{\partial^2 C(x,t)}{\partial x^2}$$

여기서 $C(x,t)$는 활성 종의 농도이고, D는 전기화학 셀의 확산계수이며 x, t는 각각 공간 및 시간을 나타내는 변수이다.

전류 흐름을 유지하기 위해 화학 반응을 담당하는 전극에서의 종 농도를 C_d라고 한다. 이 농도는 전해질 C_{bulk}의 벌크 농도보다 작다. 픽의 법칙에서 파생된 확산 전류에 대한 선형 관계는 다음과 같다.[6]

$$C_d(t) = C_{bulk} - \frac{\delta}{nFAD}i(t) \tag{5.32}$$

여기서 δ는 확산층 두께이고 A는 표면적이다.

다공성 전극은 활성화 전위를 감소시키기 위해 대부분 전기화학 전지에 사용된다. 활성물질은 전극의 기공 속으로 침투하여 반응 부위에 도달한다. 기공으로 인해 증가된 표면적은 분지 확산이라고 하는 병렬 확산을 초래한다. 기공과 증가된 표면적은 확산 과정의 분석을 복잡하게 만든다. 분지 확산은 픽의 제2법칙 대신 일정한 위상 요소Constant Phase Element, CPE에 의해 설명된 패턴을 따른다고 알려져 있다.[10] CPE의 경우 주파수 응답의 위상각은 모든 주파수에서 동일하게 유지된다. 전체 확산 과정을 나타내는 데 사용되는 CPE 전달 함수는 다음과 같다.

$$H(s) = \frac{C_d(s)}{i(s)} = \frac{K}{s^q} \quad (0 < q < 1)$$

CPE의 시간 응답은 정전류 방전과 같은 간단한 작업을 통해 해결하기가 더 쉽다. 시간 응답은 다음과 같다.

$$C_d(t) = C_{bulk} - Kit^q \tag{5.33}$$

앞서 설명한 확산 과정은 에너지원과 임피던스를 모두 나타내는 목적으로 사용된다. 배터리 내의 에너지는 활성물질 농도의 관점에서 전해질에 저장되거나 공간적으로 분포된다. 셀의 반응 동안 활성물질의 이동은 전해질의 고유 임피던스에 의해 제어된다. 두 메커니즘 모두 확산 과정으로 표현되었으며 전기적 관점에서 결합된 메커니즘으로 표현된다. 그러나 특정 분석에서는 에너지원과 임피던스를 분리하는 것이 바람직하다. 예를 들어 연료전지형 전기화학 장치는 에너지를 저장할 수 없다. 연료전지에서 화학 반응 물질은 외부 연료로부터 공급하며, 전기화학 과정은 분리된 에너지원과 임피던스에 의해 보다 정확하게 모델링된다. 또 다른 중요한 필수 요소는 배터리의 SoC를 계산하는 것이며, 배터리에 얼마나 많은 에너지가 남아있는지 예측하는 것이다.

에너지원과 임피던스를 분리하면 본질적으로 EV 및 HEV에서 일어나는 배터리의 펄스 방전 특성에 관해 향상된 모델링 기법을 허용할 수 있다. 복잡한 방전 전류의 경우 이러한 애플리케이션에서 CPE의 분석 솔루션을 얻기가 어렵고 종종 수치해법에 의존해야 한다.

5.4.5 전기 이중층

전극과 전해질 사이의 전위차는 전극과 전해질 계면에 존재하는 과도한 전하에 기인한다. 전극 표면에서의 과도한 전하는 전해질에서 반대 극성의 전하에 의해 상쇄되어야 한다. 대전된 입자로 형성된 두 개의 평행 층은 커패시터와 유사한 구조를 갖는다. 이러한 전극 계면층을 전기 이중층**electrical double layer** 또는 이중층이라고 한다.

전기 이중층은 모든 잉여 전하가 존재하는 몇 옹스트롬**angstrom** 범위에서 얇지만 유한한 두께를 갖는다. 전기 이중층에 대전된 입자 이외의 유전체가 없기 때문에 표면에 강한 정전기장이 존재한다. 전기 이중층의 중요한 특성은 커패시턴스와 전위 및 이온 농도의 변화이다. 실험 결과를 보면 커패시턴스의 동작이 계면 전위에 따라 비선형적임을 알 수 있다.[8]

이러한 이중층 용량성 동작은 전기화학 모델에서 등가 비선형 커패시터 C_{dbl}로 나타낼 수 있다. 이중층 커패시터는 배터리의 에너지 저장에 중요한 역할을 하지 않으므로 간단한 등가회로 모델에서는 무시할 수 있다. 그러나 이 전기 이중층 개념은 슈퍼 커패시터 또는 울트라커패시터로 알려진 비-패러데이 전기화학 장치를 만드는 기초가 된다. 울트라커패시터에 대해서는 6장에서 논의된다.

5.4.6 옴 저항

전기화학 셀에서의 이동으로 인한 전압강하는 전해질의 옴 저항**ohmic resistance**에 의해 발생한다. 전극 물질, 벌크 전해질 및 전극 전해질 접촉 영역의 전기 저항은 전압강하의 주요 원인이다. 접촉 저항은 셀 반응 중에 비전도성 막이 형성되는 동안 셀이 방전됨에 따라 점차 증가한다. 선형 저항은 일반적으로 옴 전압강하를 나타내기 위해 등가회로 모델에 추가된다.

지지전해질 **supporting electrolyte** 또는 불활성 전해질로 알려진 2차 전해질은 종종 이동으로 인한 옴 전압강하를 줄이기 위해 전기화학 전지에 추가된다. 지지전해질은 전해질 내 이온들의 전도도를 증가시킨다. 또한 전해질은 전기장을 실질적으로 감소시켜 활성종의 이염을 줄인다. 확산 또는 이염으로 인한 전류 전도는 지지전해질의 첨가에 따라 현저하게 감소한다. 세포 내의 불활성 이온은 주로 세포 내의 전류 전도를 담당한다. 확산 과정은 여전히 전극에 반응 물질을 공급하는 지배적인 메커니즘으로 남아있다.

5.4.7 농도 분극

전기화학 전지에는 전극에서의 화학 반응에 참여하지 않지만, 전류의 전도에 기여하는 종들이 있다. 이러한 종은 지지전해질 또는 1차 전해질의 구성요소로부터의 이온일 수 있다. 이 종들은 전류의 흐름을 돕기 위해 전극 근처에 축적되어야 하지만 전극과 반응하지는 않는다. 양이온은 음이온 근처에 축적되는 반면, 음이온은 양이온 주위에 모인다. 그 결과 반응이 발생하지 않지만, 대전된 입자의 축적에 의해 전계가 형성되어 전압강하가 발생한다. 이는 농도 분극화 **concentration polarization**로 알려져 있으며, 이 분극은 다음과 같이 불활성 이온의 농도를 사용하는 네른스트 방정식을 따른다.[5]

$$E_C = \frac{RT}{nF} \ln \frac{C_{electrode,\, i}}{C_{bulk,\, i}} \tag{5.34}$$

여기서 $C_{electrode,\, i}$ 와 $C_{bulk,\, i}$ 는 전극 및 벌크 용액에서 불활성 이온의 농도이다. 분극은 그 기원에 관계없이 개방회로 전압으로부터의 전압강하로서 셀 단자에 반영된다.

SECTION 5.5

배터리 모델링

Battery Modeling

배터리 및 기타 전기화학 전지는 모델에 따라 다양한 수준으로 모델링할 수 있다. 배터리 모델은 애플리케이션 수준에서 배터리 설계, 성능 평가 및 시스템 시뮬레이션을 하는 데 유용하다. 모델링은 에너지 변환 프로세스에 영향을 미치는 요소를 이해함으로써 장치 설계, 구조 및 재료에 대한 연구를 지원한다. 모델은 애플리케이션에서 장치의 성능에 대한 연구를 진행하는 것에 도움을 준다. 이 애플리케이션은 향상된 디자인과 더 나은 활용을 위해 적용될 수 있다.

배터리 모델링 **battery modeling**은 가장 복잡한 수준에서 기본 물리학 및 화학 기반 이론을 통해 전기화학 전지의 이론적 모델을 개발하는 데 사용된다. 이러한 모델은 재료 특성과 설계 인자를 장치 성능에 반영한다. 전력 생산의 기본 메커니즘은 거시적 동작(단자전압 및 전류 특성)과 미시적 정보(내부 물질 및 반응물 거동 프로세스) 측면에서 특징지어진다. 이 모델은 특정 유형의 배터리 설계 및 성능 평가에 매우 유용하다. 특히 설계 단계에서 설계 변수가 성능에 미치는 영향에 대한 정보를 얻을 수 있다는 장점이 있다. 이 모델은 장치의 각 요소에 적용되는 물리적 및 화학적 관계를 특성화한다.[5~8] 유한 요소 분석 또는 전산 유체 역학과 같은 수치 시뮬레이션 기술은 분석 모델을 개발하는 데 사용되기도 한다. 이론적 모델의 단점은 복잡성이다. 종종 모델을 사용하여 장치를 더 큰 시스템의 구성요소로 나타낼 수 없다. 따라서 사용자가 장치의 매개변수를 항상 사용할 수 있는 것은 아니다. 배터리 SoC와 같은 동적 응답은 대부분 모델에서 분석하는 것이 불가능하지는 않지만 어려움이 있다.

거시적인 동작을 강조하는 배터리 모델은 시스템 수준(예 : EV 및 HEV 시스템)의 성능을 평가하거나 이러한 시스템을 설계하는 데 더 유용하다. 예를 들어 단순화된 배터리 모델은 HEV의 동적 시뮬레이션에 사용되어 전기 전용 작동 모드의 범위뿐만 아니라 동력 전달 장치의 특성을 예측할 수 있다. 시뮬레이션의 목표에 따라 모델은 일련의 전기회로 구성요소 또는 두 매개변수의 간단한 경험적 관계로 나타낼 수 있다. 이 두 가지 유형의 모델은 전기회로 모델과 경험적 모델이다. 전기회로 기반 모델은 경험적 모델보다 다소 복잡하지만, 차량 시스템 수준 분석에 매우 유용하다. 반면에 경험적 모델은 용량 또는 에너지 밀도에 기초하여 차량의 범위에 대한 신속한 평가가 가능하다.

이 절에서 제시된 에너지 저장 장치 모델은 EV 및 HEV 애플리케이션뿐만 아니라 유틸리티 전력 시스템 애플리케이션에도 유용하다. 분산형 전력 시스템에는 EV 및 HEV에 필요한 것과 유사한 기능을 갖춘 에너지 저장 장치가 필요하다.

5.5.1 전기회로 모델

등가 전기회로에 기반한 모델은 대형 시스템의 시뮬레이션 모델에서 통합에 적합한 중앙 집중 매개변수를 사용한다. 모델은 전기화학 셀의 동작 및 기능에 대한 회로 표현을 제공하기 위해 회로 요소(저항, 커패시터 및 인덕터)와 종속 소스의 조합을 사용한다. 모델 매개변수는 화학 공정 및 설계 세부 사항을 알 필요가 없는 장치의 응답 데이터로부터 추출된다. 전기회로 모델은 단순한 선형 저항 모델부터 집중된 매개변수의 관점에서 화학 공정을 특징짓는 상당히 복잡한 모델에 이르기까지 다양하다. 이러한 모델의 정밀도는 이론 모델과 경험적 모델 사이에 있다. 회로 모델은 시스템의 시뮬레이션과 설계에 모두 유용하다. 배터리의 애플리케이션 측면은 시스템의 작동뿐만 아니라 장치의 작동에 대해서도 효과적으로 평가할 수 있다. 좀 더 복잡한 회로 모델 중 일부는 EV 및 HEV의 특성인 펄스 방전 효과와 같은 동적 응답을 연구하는 데 사용된다.[7]

전기화학 전지의 주요 전기화학적 활성은 두 가지 기본적인 관계에 의해 결정된다. 첫 번째는 전극-전해질 계면에서의 전자 교환을 특징짓는 버틀러-볼머 관계이고 두 번째는 전류가 반응을 제어한다고 기술하는 패러데이의 전기분해 법칙이다. 이러한 관계를 전기화학 셀에 저장된 전하 및 확산 전하와 연관시킴으로써 실험 데이터로부터 매개변수를 얻을 수 있는 전기회로 모델을 개발할 수 있다.

배터리 모델을 개발할 때 유효한 종 농도 또는 표면 활성보다는 표면에서의 축적 및 확산 전하를 고려하는 것이 더 편리하다. $q_s(t)$와 $q_d(t)$를 표면 활동을 나타내는 전극 근처의 순간 저장 전하와 순간 확산 전하라고 가정해보자. Q가 셀의 총 용량이라면 에너지 밀도 종의 전하는 $Q-q_s(t)$로 나타낼 수 있다.

앞서 언급했듯이 단자전압을 전극 전류로 나타내기 위해 버틀러-볼머 식의 역수를 찾는 것은 어렵다. 네른스트 방정식과 타펠 방정식은 단자 전류에 제한이 있는 근사치이며, 단순화된 근사치 중 하나는 언느웨어 **unnewehr** 범용 모델에 의해 다음과 같이 주어진다.[11]

$$E(t) = E_0 + R_\Omega i(t) + k_1 q_s(t)$$

여기서 E_0은 셀의 초기 전압이고 R_Ω은 직렬 저항이며, k_1은 상수 매개변수이다. 버틀러-볼머 방정식에 대한 해를 나타내는 일반화된 형식은 하틀리 **Hartley**와 자네트 **Jannette**에 의해 제시된다.[12]

$$E(t) = E_0 + R_\Omega i(t) + k_1 \ln(1 + |i|)\mathrm{sgn}(i) + k_2 \ln(1 + |q_d|)\mathrm{sgn}(i) + k_3 \ln(1 - q_s)$$

상수 E_0, R_Ω, k_1, k_2 k_3는 전기화학 전지의 특성에 의존하며 실험 데이터로부터 결정된다. 하틀리 **Hartley** 모델은 단자전압을 수학적으로 표현하지만 배터리 셀의 시뮬레이션 및 분석을 위해 등가 전기회로 모델을 찾는 것이 편리하다. 이어서 전기화학 전지를 대표하는 몇 가지 전기회로 모델은 하틀리 모델로부터 유도된 기본 모델로 시작하여 주어진다.

기본 배터리 모델

기본 원리를 통합한 간단한 전기 등가회로 모델로 시작해보자. 셀 방전 데이터에 기초한 간단한 특성화 모델은 [그림 5-11]에 나타내었다. 모델링해야 할 핵심 역학 중 하나는 확산 과정이다. CPE 또는 바르부르크**Warburg** 임피던스를 사용하는 복잡한 표현을 사용할 수 있지만, 확산 전하**diffusing charge**의 변화에 대한 근사 해는 RC 회로 요소의 전압과 동일한 형태이다. 따라서 확산 전하로 인한 단자전압에 미치는 영향은 다음과 같은 1차 미분 방정식으로 나타낸다.

$$\frac{dv_d(t)}{dt} = \frac{1}{C_d} i(t) - \frac{1}{C_d R_d} v_d(t)$$

여기서 $v_d(t)$는 확산 전하 $q_d(t)$에 비례하는 $R_d C_d$ 병렬 회로에 걸리는 전압이다. 확산 전하를 나타내기 위해 추가 RC 회로 요소를 추가할 수 있지만 [그림 5-11]에 표시된 간단한 모델에 대해 단일 RC 시정수로 유지된다.

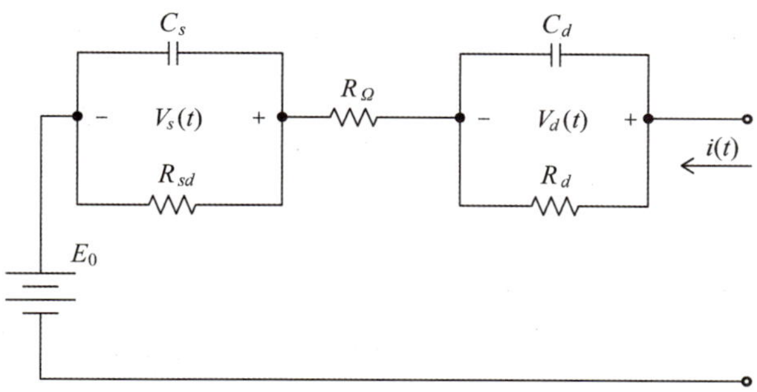

[그림 5-11] 전기 등가회로 배터리 모델

모델링해야 할 또 다른 핵심 셀 동역학은 충전 상태가 셀의 단자전압에 미치는 영향이다. 앞서 [그림 5-6]에서 셀이 방전될 때 배터리 단자전압이 어떻게 감소하는지를 보여주었다. 중간 특성에서 단자전압 감소는 셀에 저장된 전하를 나타내기 위해 직렬 커패시터 C_s로 모델링될 수 있으며 대략 선형이다. 이 저장 커패시터 C_s 양단의 전압은 저장된 전하 $q_s(t)$에 비례한다. 충전 또는 방전 중에 셀의 충전 상태가 증가 또는 감소함에 따라 커패시터 양단의 전압은 각각 증가 또는 감소한다. 또한 전기화학 전지는 정지 상태에서 전하를 잃는다. 이러한 전하 손실을 설명하기 위해 저항을 저장 커패시터에 병렬로 추가할 수 있다. 이 저항 R_{sd}는 셀의 자가 방전을 나타낸다. 저장 커패시터 및 자기 방전 저항을 나타내는 $C_s R_{sd}$ 회로 소자는 확산 매개변수와 직렬로 연결한 것으로 [그림 5-11]에 나타내었다.

단자 전류와 관련하여 회로 모델 세그먼트의 수학적 표현은 다음과 같다.

$$\frac{dq_s(t)}{dt} = i(t) - \frac{1}{R_{sd}} q_s(t)$$

전기화학 셀의 등가회로를 완성하기 위해 추가되는 두 가지 다른 매개변수는 5.4.6절에 설명된 옴 저항 강하를 나타내는 저항과 직렬로 연결된 전압원이다. 전압원은 셀 E_0의 개방회로 전압으로 간주되며, R_Ω은 옴 저항이다. 둘 다 저장 및 확산 매개변수와 직렬로 연결되어 있으며, 이는 [그림 5-11]과 같다. 이것은 전기화학 전지의 간단한 등가회로 모델을 완성한다. 이러한 회로 소자들의 값들은 배터리 전류의 스텝 변화를 적용함으로써 실험적으로 결정될 수 있다. 이 셀의 매개변수를 얻기 위한 절차는 [예제 5.1]에 기재되어 있다.

예제 5.1

[그림 5-11]에 표시된 모델에 15 A의 스텝 방전 전류가 3셀 범용 배터리에 적용된 매개변수를 계산하라. 실험에서 수집된 데이터는 [그림 5-12]에 그래프로 표시된다. 15 A 정전류 방전의 스텝 지령은 3,150 s에서 인가되고 4,370 s에서 제거된다. 그리고 방전된 후에 배터리 단자전압은 충전 상태의 감소로 인해 초기 무부하 전압보다 낮은 전압 레벨인 5.873 V로 안정화된다. ΔV_d, ΔV_{Cs}, $\Delta V_{R\Omega}$은 각각 확산, 저장 및 직렬 저항 매개변수를 얻기 위해 테스트 데이터에서 계산해야 하는 전압 차이이고, ΔV_d의 63%에 도달하는 시간은 100초이다. 셀의 자체 방전을 무시했을 때 배터리 등가회로 매개변수를 계산하라.

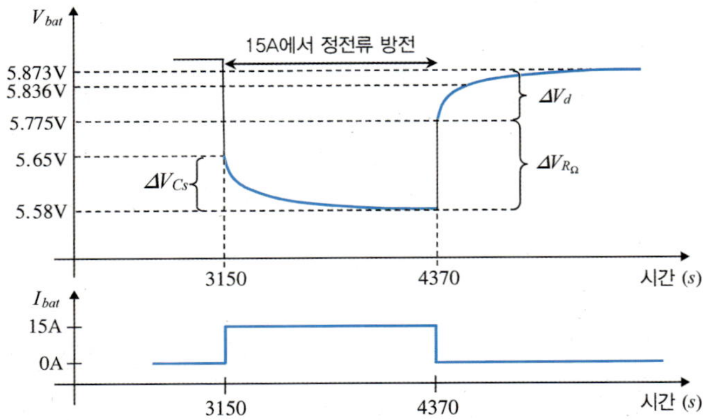

[그림 5-12] 배터리에 대한 데이터를 테스트하여 등가회로 매개변수 계산

풀이

먼저 배터리의 등가 직렬 저항을 계산한다. 직렬 저항에 대한 전압강하는 전류의 단차 변화로 인한 단자전압의 순간적인 증감으로 출력전압 특성에서 나타난다. 전류의 15 A 단계 변화로 인한 전압 증가 $\Delta V_{R\Omega}$는 0.195 V이므로 직렬 저항 R_Ω은 다음과 같다.

$$R_\Omega = \frac{\Delta V_{R\Omega}}{\Delta I} = \frac{5.775 - 5.58}{15} = \frac{0.195}{15} = 0.013\Omega$$

확산 성분 R_d의 저항은 다음과 같다.

$$R_d = \frac{\Delta V_d}{\Delta I} = \frac{5.873 - 5.775}{15} = \frac{0.098}{15} = 0.00653\Omega$$

확산 매개변수에 대한 RC 시정수는 100s이다. 따라서 확산 커패시터 C_d는 다음과 같이 계산할 수 있다.

$$C_d = \frac{100}{0.00653} = 15{,}306\text{F}$$

저장 커패시터 C_s는 정전류 방전 ΔV_{Cs}에 의한 전압 변화 및 저장된 전하의 변화로부터 계산할 수 있다. 이를 식으로 나타내면 다음과 같다.

$$C_s = \frac{\Delta Q}{\Delta V_{Cs}} = \frac{15(4{,}370 - 3{,}150)}{5.894 - 5.873} = 871{,}428.6\text{F}$$

런타임 배터리 모델

일정한 개방회로 전압을 갖는 [그림 5-11]에 표현된 테브난Thevenin형 회로 모델은 배터리 단자전압 V_t 변동(즉 DC 응답) 및 런타임 정보를 예측할 수 없다. 그러나 SoC, 과도응답, 단자전압, 런타임 및 온도 효과는 런타임 모델에서 예측할 수 있다. 배터리의 용량을 예측할 수 있는 런타임 모델은 첸과 린콘-모라Chen and Rincon-Mora에 의해 개발되었다. [그림 5-13]에 표시된 회로 모델에는 여러 수동 부품 외에도 종속 전류 및 전압 소스가 있다. 모델의 단자전압-전류 특성 세그먼트는 개방회로 전압이 배터리의 용량 또는 SoC에 의존한다는 점을 제외하고는 [그림 5-11]과 유사하다.

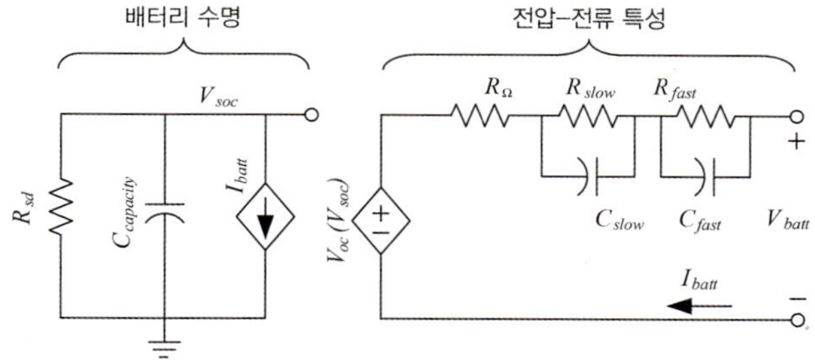

[그림 5-13] 첸과 린콘-모라가 제안한 런타임 배터리 모델[13]

커패시터 용량 $C_{capacity}$ 및 전류 제어 전류 소스는 배터리의 용량, SoC, 런타임을 모델링한다. 두 개의 RC 네트워크는 전압-전류 과도응답 특성을 시뮬레이션한다. SoC는 셀에서 인출된 전류와 모델의 런타임 세그먼트의 초기 용량을 기반으로 계산된다. 커패시터 용량을 구하는 식은 다음과 같다.

$$C_{capacity} = 3{,}600 \cdot Q_C \cdot k_1 \cdot k_2$$

여기서 Q_C는 Ah의 배터리 용량이고 k_1, k_2는 각각 사이클 수 및 온도 의존 보정 매개변수이다. $C_{capacity}$ 양단의 초기 전압은 1 이하로 설정된다. 이때 1은 100% SoC를 나타내며 0은 배터리가 완전히 방전되었음을 나타내 0%의 SoC를 의미한다.

SoC는 전압 제어 전압 소스를 통해 개방회로 전압에 연결된다. SoC와 개방회로 전압 사이의 관계는 비선형이며, 이 모델에 대해 실험적으로 얻은 데이터로부터 표현되어야 하지만 개방회로 전압에 대한 SoC 데이터를 수집하는 데 많은 시간이 소요된다.[14] [그림 5-4]는 RC 시정수를 계산하기 위한 SoC에 대한 개방회로 전압의 특성 및 방전 프로파일의 예를 보여준다.

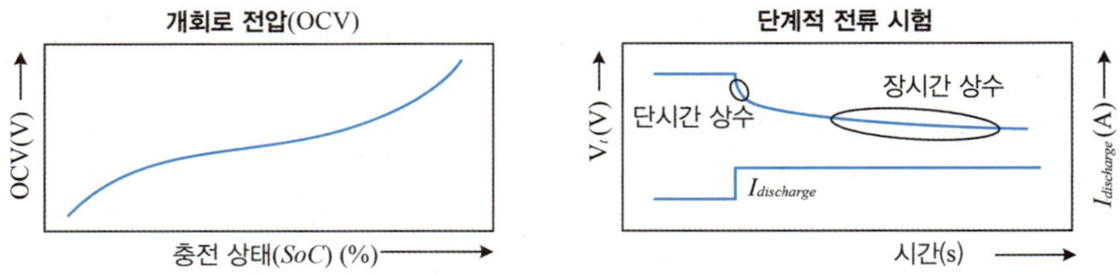

(a) SoC에 대한 개방회로 전압 특성 (b) RC 시정수 계산을 위한 방전 플롯

[그림 5-14] 런타임 모델 매개변수를 얻기 위한 실험 곡선의 예

■ 임피던스 기반 모델

배터리 등가회로 기반 모델의 또 다른 유형은 임피던스 모델이다. 전기화학 임피던스 분광법 **Electrochemical impedance spectroscopy, EIS**은 배터리 특성의 등가 AC 임피던스 기반 회로 표현을 개발하는 데 적용된다. 임피던스 분광법을 기반으로 한 배터리 모델은 [그림 5-15]에 나와 있다. 임피던스 기반 모델은 직관적이지 않으며 고정된 SoC 및 온도에만 적용할 수 있다. 이러한 모델에서는 DC 응답 및 배터리의 런타임을 예측하기 어렵다.

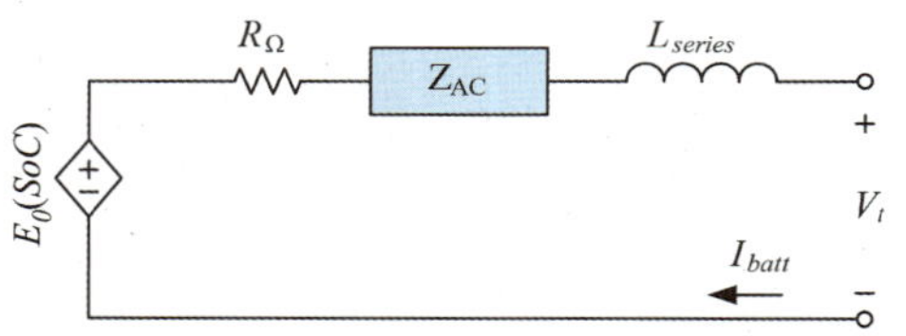

[그림 5-15] 임피던스 기반 등가 전기회로 배터리 모델

■ 첫 번째 원칙 모델

전기화학적 원리에 기초한 등가회로 모델이 레이샤**Lei Xia**에 의해 개발되었다.[7] 이 모델을 첫 번째 원칙 모델이라고 한다. 이는 간단한 전기 등가회로 모델은 아니며, 전기화학 전지의 물리적 및 화학적 기초를 등가회로의 매개변수와 분리하고 관련지어 설명한다. 이 모델은 셀 내의 모든 전기화학 공정에 대한 개별적이고 집중된 매개변수 표현을 가지고 있다. [그림 5-16]에 표시된 첫 번째 원칙 모델은 전기화학 전지 내에서 다음과 같은 현상을 포함한다.

- 전기화학적 에너지 변환
- 확산 과정
- 전하 이동 분극
- 농도 분극

- 전기 이중층
- 자가 방전
- 오믹 손실

등가회로에서 확산 과정은 일반적인 CPE[4]로 설명된다. 개방회로 전압 및 농도 분극은 네른스트 방정식, 전하 전달 분극은 타펠 방정식으로 표시된다. 그리고 옴 저항은 R_Ω으로 전기 이중층은 커패시턴스 C_{dbl}로 표시된다. 저항 R_{sd}는 셀의 자가 방전을 나타낸다.

첫 번째 원칙 모델은 구조와 화학에 독립적이다. 모델의 매개변수는 장치의 실험 응답 데이터에서 파생될 수 있으므로 전기화학적 특성 및 설계 세부 사항에 대한 지식이 필요하지 않다. 이 모델은 임의 전류가 방전되기 전에, 내부 전압 E_0, 이중층 커패시터 전압 V_1, 단자전압 V_t 등 [그림 5-16]에 표현된 변수들이 모두 같다는 사실에 기초한다.

전하 이동 전위와 농도 분극 전위는 이 조건에서 0이다. 부하가 단자에 연결될 때 초기 방전 전류는 거의 전적으로 이중층 커패시터에 의해 공급된다. 이중층 커패시터가 방전되고 V_1이 감소함에 따라 전하 전달 전위가 설정되고 패러데이 전류가 증가하기 시작한다. E_{ct}가 크게 변하지 않는 지점까지 전류가 증가하면 i_d는 최소화된다. 이 상황에서 패러데이 전류는 부하 전류 대부분을 공급한다. 이 영역의 잠재적인 전압강하는 주로 옴 저항 때문이다.

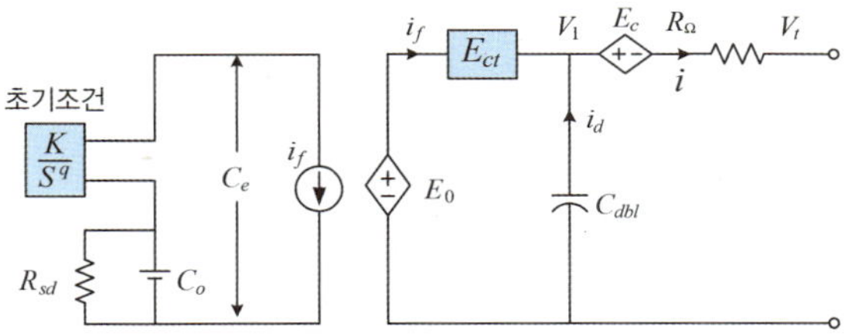

[그림 5-16] 정전류 소스가 있는 첫 번째 원칙 배터리 모델 [7]

예를 들어 일반적인 배터리 셀의 매개변수는 다음과 같다.[7]

- 벌크 전해질 농도 : $C_0 = 2.616$ (무차원이지만 농도의 수치를 나타냄)
- 확산 공정 매개변수 : $C_t(t) = C_0 - Ki_f(t)t^q, \quad K = \frac{1}{227.5}, \quad q = 0.68$
- 개회로 전압(네른스트 방정식) : $E(t) = 1.95 + 0.052 \ln C_d(t)$
- 전하 이동 분극(타펠 방정식) : $E_{ct} = 0.118 + 0.28 \ln(i_f)$
- 옴 저항 : $R_\Omega = 0.05\,\Omega$
- 이중층 커패시터 : $C_{dbl} = 50\,\mathrm{F}$
- 농도 분극 : $E_C(t) = 0.04 \ln \frac{C_d(t)}{C_0}$

4 **(역자주)** Constant Phase Element의 약어로 불완전한 커패시터인 이중층의 동작을 모델링하는 등가 전기회로 구성요소를 나타낸다.

5.5.2 경험적 모델

경험적 모델은 전기화학 장치의 간단한 입출력 관계를 위해 개발된 모든 모델 중 가장 간단하다. 이러한 모델은 실험 또는 이론 모델 데이터와 일치하는 임의의 수학적 관계를 사용하여 장치의 성능을 설명한다. 수학적 또는 경험적 관계는 실험 데이터와 곡선 결합에 의해 설정된다. 물리적인 동작 원인은 장치의 특정 매개변수 간의 종단 관계**terminal relationship**만큼 중요하지 않다. 이러한 모델에는 장치 기능에 대한 물리적 기반이 존재하지 않는다. 경험적 모델로는 설계 변동의 영향을 분석할 수 없다. 종종 배터리의 정전류 방전 특성과 같은 장치 동작의 부분 집합만 설명된다. 모델은 EV 및 HEV의 회로 시뮬레이션 및 분석에 필요한 장치의 터미널 $i-v$ 특성을 제공하지 않는다. 그러나 경험적 모델은 특정 유형의 배터리 팩에 대한 EV 범위를 신속하게 추정하는 데 매우 유용하다.

널리 사용되는 경험적 배터리 모델 중 하나는 방전 전류와 배터리 용량을 관련시키는 포이커트**peukert**의 방정식을 기반으로 한다. 이 모델은 배터리의 정전류 방전 특성을 기반으로 한다. 정전류 방전 실험은 서로 다른 정전류 레벨에 대한 I 대 t_{cut} 데이터를 제공한다. t_{cut}은 정전류 방전 중에 단자전압이 컷오프 전압 한계 V_{cut}에 도달하는 시간이다. 얻은 데이터는 포이커트의 방정식에 맞추어 다음과 같이 모델을 개발하는 데 사용된다.

$$I^n t_{cut} = \lambda \tag{5.35}$$

여기서 I는 일정한 방전 전류이고 n, λ는 특정 배터리의 곡선 접합 상수이다. n은 1과 2 사이의 숫자이며 작은 전류의 경우 1에 가까워지지만, 큰 전류의 경우 2로 기울어진다. 이 모델은 초기 용량을 지정하지 않으며 전압 변동이나 온도 및 노후화 요인을 모델링하지 않는다. 그리고 포이커트의 모델은 어떠한 단자의 $i-v$ 정보도 제공하지 않는다.

예제 5.2

배터리의 정전류 방전 실험에서 사용할 수 있는 두 가지 측정에 대한 포이커트의 방정식에 대한 곡선 접합 상수 n과 λ를 찾아라.

(a) $(t_1, I_1) = (10, 18)$

(b) $(t_2, I_2) = (1, 110)$

풀이

식 (5.35)는 정전류 방전 접근법을 사용한 포어커트의 방정식으로, 양변에 로그를 취하면 다음과 같다.

$$\log_{10}(I^n \times t_{cut}) = \log_{10}(\lambda)$$

$$\log_{10}(I) = -\frac{1}{n}\log_{10}(t_{cut}) + \frac{1}{n}\log_{10}(\lambda)$$

직선 $y = mx + b$에 대한 방정식과 비교하면, I에 대한 t_{cut} 곡선은 [그림 5-17]과 같이 로그-로그 그래프에서 선형이다.

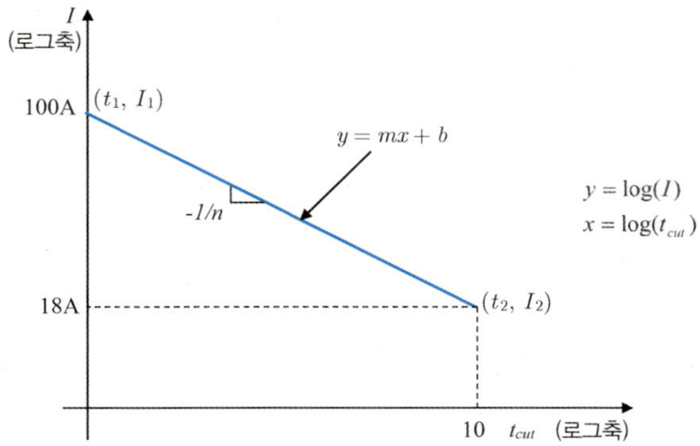

[그림 5-17] 정전류 방전을 이용한 포이커트 방정식의 그림

이때 직선의 기울기를 계산하면 다음과 같다.

$$m = \frac{\Delta y}{\Delta x} = \frac{\log(I_1) - \log(I_2)}{\log(t_1) - \log(t_2)} = \frac{\log\left(\frac{I_1}{I_2}\right)}{\log\left(\frac{t_1}{t_2}\right)}$$

그러므로 $n = -\frac{\log\left(\frac{t_1}{t_2}\right)}{\log\left(\frac{I_1}{I_2}\right)}$이다. 표시된 그래프의 경우 $t_1 = 10t_2$이므로 $n = \frac{-1}{18/110} = 1.27$이다.

또 다른 상수는 포이커트 공식에서 계산할 수 있다.

$$\lambda = 110^{1.27} \times 1 = 391.4\,\text{Ah}$$

$$\text{또는 } \lambda = 18^{1.27} \times 10 = 392.8\,\text{Ah}$$

잘 알려져 있으면서도 보다 일반적인 배터리의 또 다른 일반적인 경험적 모델은 셰퍼드(Shepherd) 방정식[15]을 기반으로 한다. 셰퍼드 모형의 가장 단순한 형태는 다음과 같다.

$$E = E_0 - iR - \left(\frac{\lambda}{\lambda - it}\right)Ki$$

여기서 E는 배터리 전압, i는 전류, t는 시간이다. 모델의 매개변수는 E_0, R, K, λ이며, 배터리 기준 전압, 내부 저항, 분극 상수 및 기준 용량을 나타낸다. 모델 매개변수는 물리적인 의미를 갖고, 전기화학적 거동을 배터리의 단자 $i-v$ 특성과 관련짓는다. 출력 응답은 이 모델에서 시간의 함수로 표현된다. 그러나 모델은 정전류 방전 이외의 방전 패턴에 사용하기가 어렵다.

■ 정전류 방전 범위 예측

정전류 방전 특성을 갖는 포이커트 방정식은 배터리의 미소 방전 모델**Fractional Delpletion Model, FDM**을 개발하는 데 사용된다. 배터리의 FDM을 이용하여 EV의 주행거리를 예측할 수 있으며 포이커트 방정식을 사용하여 Q와 I 사이의 관계를 설정할 수 있다. 배터리의 실제 용량은 다음과 같다.

$$Q = I \times t_{cut}$$

$$t_{cut} = \frac{Q}{I}$$

이 식을 포이커트 방정식에 대입하면 다음과 같다.

$$I^n\left(\frac{Q}{I}\right) = \lambda$$

$$Q = \frac{\lambda}{I^{n-1}}$$

$0 < n-1 < 1$ 이므로 $I > 1$이면 Q는 I가 증가함에 따라 감소한다. 이는 5.3.7절에서 다시 한번 자세히 다룰 예정이다.

$$SoD = \int i(\tau)d\tau$$

$$DoD = \frac{SoD}{Q(i)}$$

SoD는 배터리가 회로에 생성하는 충전량이다. $t = t_0$에서 배터리가 완전히 충전되었다고 가정했을 때 dt가 시간의 작은 간격을 의미한다면 다음과 같이 표현된다.

$$d(DoD) = \frac{d(SoD)}{Q(i)}$$

$$d(SoD) = i(t)dt$$

정전류 방전 식의 경우 $Q = \dfrac{\lambda}{I^{n-1}}$인 것을 알 수 있다. 그러나 더 나은 대안이 없기 때문에 시간에 따라 변화하는 전류에 대해서도 $Q = \dfrac{\lambda}{i^{n-1}}$라 가정하면 다음과 같다.

$$d(DoD) = \frac{idt}{\lambda/i^{n-1}} = \frac{i^n}{\lambda}dt$$

다음 식에 적분을 취하게 되면 다음과 같이 표현할 수 있다.

$$\int_{t_0}^{t} d(DoD) = \int_{t_0}^{t} \frac{t^n}{\lambda} = dt$$

$$DoD(t) - DoD(t_0) = \int_{t_0}^{t} \frac{i^n}{\lambda} dt$$

배터리가 $t = t_0$에서 완전히 충전된 경우 $DoD(t_0) = 0$이다. 미소 방전 모델**Fractional Depletion Model, FDM**은 다음과 같이 얻어진다.

$$DoD(t) = \left[\int_{t0}^{t} \frac{i^n}{\lambda} dt \right] \times 100\% \tag{5.36}$$

전류 방전에 기초한 FDM은 방전 전류 $i(t)$에 대한 지식이 필요하다. 따라서 EV의 주행거리를 예측하기 위한 이 모델은 $i(t)$를 알고 있는 경우에 사용되어야 한다.

예제 5.3

EV에 사용되는 배터리 팩의 정전류 방전 특성은 다음과 같다.

$$\ln I = 4.787 - 0.74 \ln t_{cut} - 0.0482 (\ln t_{cut})^2$$

SAE 스케줄 J227a EV의 시운전 동안 배터리로부터 인출된 전류는 [그림 5-18]에 표시된 프로파일을 갖는다. SAE 스케줄에 대한 현재 크기는 [표 5-3]과 같다. 세 가지 각각의 스케줄에 대한 EV의 범위를 찾아라.

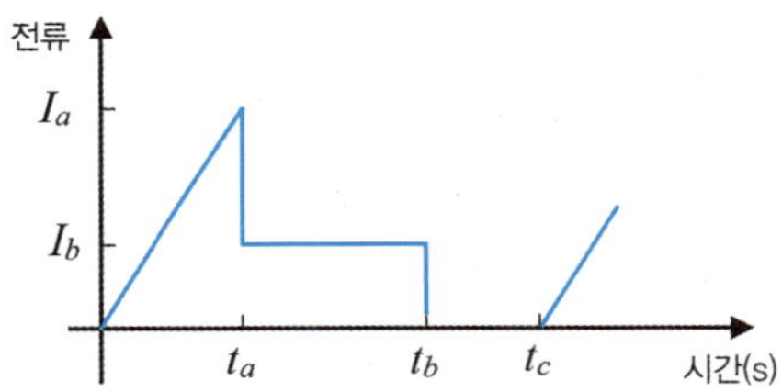

[그림 5-18] 배터리에서 인출된 전류 패턴

[표 5-3] 운전 스케줄에 대한 현재 데이터

스케줄 J227a	I_a(A)	I_b(A)
B	100	35
C	216	55.6
D	375	88.7

풀이

FDM에 관한 식 (5.36)을 적용하여 $DoD = 100\%$에 대한 주행 사이클 수를 구한다.

$$1 = \int_{t_0}^{t_{100\%}} \frac{i^n}{\lambda} dt$$

먼저 주어진 배터리 특성으로부터 λ와 n을 결정한다.

$$\frac{-1}{n} = -0.74 \qquad \Rightarrow n = 1.35$$

$$\frac{1}{n} \ln(\lambda) = 4.787 \qquad \Rightarrow \lambda = 645 \times 3{,}600 \text{A} \cdot \text{s}$$

이를 앞서 구한 식에 대입하여 나타내면 다음과 같다.

$$1 = \int_0^{t100\%} \frac{i^{1.35}}{645 \times 3{,}600} dt$$

스케줄 B의 경우, 1사이클에 걸쳐 고갈된 부분은 다음과 같다.

1사이클에서 DoD를 구하면 다음과 같다.

$$\begin{aligned} f_{cyc} &= \int_0^{72} \frac{i^{1.35}}{645 \times 3{,}600} dt \\ &= 4.31 \times 10^{-7} \left[\int_0^{19} \left(\frac{100t}{19} \right)^{1.35} dt + \int_{19}^{38} (35)^{1.35} dt \right] \\ &= 4.31 \times 10^{-7} \left[9.41 \left(\frac{1}{2.35} \right) 19^{2.35} + 121.5\,(38-19) \right] \\ &= 2.74 \times 10^{-3} \end{aligned}$$

$N = 100\%$ DoD에 필요한 사이클 수는 다음과 같다.

$$1 = N \times f_{cyc}$$

$$N = \frac{1}{f_{cyc}} = \frac{1}{2.74 \times 10^{-3}} = 365 \text{ 사이클}$$

[표 3-5]의 값을 이용하여 각 스케줄에 따른 EV 범위를 구하면 다음과 같다. 스케줄 B에 대해 EV는 약 4사이클에서 1.609km 이동한다.

$$\text{스케줄 B에서 EV 범위} = 365\text{사이클} \times \frac{1.609\text{km}}{4\text{사이클}} = 147\text{km}$$

($N = 369$에서 측정했을 때 오차는 1.08% 이다.)

동일한 방법으로 N과 EV 범위를 구하면 각각 다음과 같다. 스케줄 C에 대해 EV는 약 3사이클에서 1.609km 이동한다.

$$\text{스케줄 C에서 EV 범위} = 152\text{사이클} \times \frac{1.609\text{km}}{3\text{사이클}} = 82\text{km}$$

($N = 184$에서 측정했을 때 오차는 17.4% 이다.)

스케줄 C에 대해 약 1사이클에서 1.609km 이동한다.

$$\text{스케줄 D에서 EV 범위} = 41\text{사이클} \times \frac{1.609\text{km}}{1\text{사이클}} = 66\text{km}$$

($N = 49$에서 측정했을 때 오차는 16.3% 이다.)

전력밀도 접근법을 이용한 범위 예측

포이커트 방정식을 이용해 배터리 모델을 개발하는 또 다른 방법은 특정 전력에 대한 특정 에너지 특성인 라곤 관계를 사용하는 것이다. 라곤 관계와 라곤 플롯은 로그-로그 스케일에서 1차 근사에 선형이다. 전력밀도 및 에너지 밀도 측면에서 배터리 모델은 다음과 같다.

$$(SP)^n(SE) = \lambda \tag{5.37}$$

여기서 n과 λ는 곡선 결합 상수이다.

예제 5.4

[표 5-4]에 주어진 데이터는 질량이 15kg인 배터리에 대한 실험을 통해 수집한 것이다. 이 데이터는 [그림 5-19]에 표시된 라곤 플롯을 그리는 데 사용된다. 이때 표에서 나타낸 데이터 포인트 (8,110)과 (67.5, 10)을 사용하여 포이커트 방정식 n, λ의 상수를 계산하라.

[표 5-4] 운전 스케줄에 대한 현재 데이터

P(W) (측정값)	t_{cut}(h) (측정값)	E_P (Wh) (계산값)	SP(W/kg) (계산값)	SE(W/kg) (계산값)
150	6.75	$(150)(6.75) = 1{,}013$	$150/15 = 10$	$1{,}013/15 = 67.5$
450	0.85	381	30	25.4
900	0.23	206	60	13.7
1,650	0.073	120	110	8

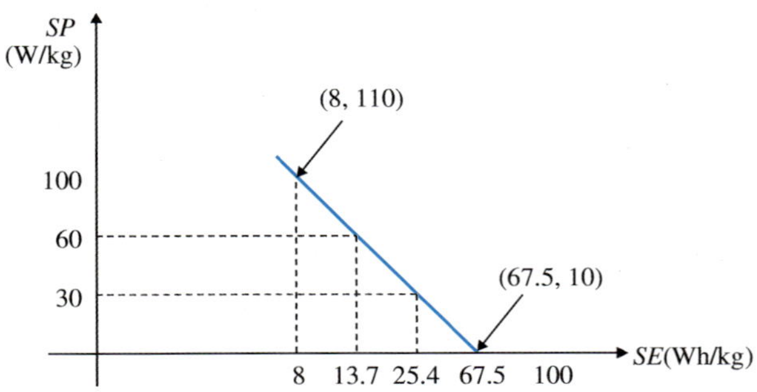

[그림 5-19] [예제 5.4]의 라곤 플롯

풀이

$$n = 0.8894$$

$$\lambda = 523.24\,\text{Ah}$$

배터리 단자 전력 프로파일 $p(t)$가 주어지면, 전력 프로파일 $p(t)$를 전체 차량 질량 m_V로 나누어 특정 전력 $SP(t)$ 프로파일을 얻을 수 있다([그림 5-20] 참조).

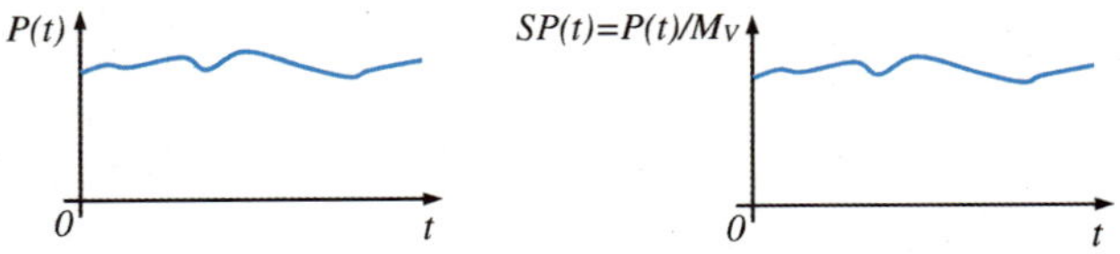

[그림 5-20] 출력과 비출력

배터리는 $t=0$에서 완전히 충전되었다고 가정한다. $f_r(t)$는 0에서 t까지의 배터리가 제공하는 사용 가능한 에너지의 비율이며, 여기서 $SoD(0)=0$ 이므로 $f_r(0)=0$이다. 여기서 사용 가능한 에너지 df_r의 일부가 배터리에 의해 제공되는 시간 간격 dt를 고려한다.

$$df_r = \frac{dE}{E_{avail}} = \frac{\dfrac{dE}{m_V}}{\dfrac{dE_{avail}}{m_V}} = \frac{d(SE)}{SE_{avail}}$$

dE가 dt를 통해 배터리가 전기회로에 제공하는 에너지이고 E_{avail}이 총 사용 가능한 에너지인 경우 다음과 같이 나타낼 수 있다.

$$dE = p\,dt$$

E_{avail}은 순간 전력의 함수이며 다음과 같다.

$$d(SE) = (SP)dt$$
$$SE_{avail} = f(SP)$$

포이커트 방정식을 사용하여 다음과 같이 특정 전력을 특정 에너지와 연관시키면 다음과 같다.

$$(SP)^n \times SE_{avail} = \lambda$$
$$df_r = \frac{SP}{\dfrac{\lambda}{(SP)^n}}dt = \frac{(SP)^{n+1}}{\lambda}dt$$

적분을 사용하여 나타내면 다음과 같다.

$$\int_{f_r(0)}^{f_r(t)} df_r = \int_0^t \frac{(SP)^{n+1}}{\lambda}d\tau$$
$$f_r(t) = \int_0^t \frac{(SP)^{n+1}}{\lambda}d\tau \qquad (5.38)$$

식 (5.38)은 전력밀도 접근법을 사용하는 FDM이다. 여기서 t는 사용 가능한 에너지의 $x\%$일 경우 다음과 같이 표현된다.

$$\frac{x}{100} = \int_0^t \frac{(SP)^{n+1}}{\lambda}d\tau$$

$1 = \int_0^{t_{100\%}} \frac{(SP)^{n+1}}{\lambda}d\tau$에 주목하라. $t_{100\%}$에서 100%, 즉 사용 가능한 모든 에너지가 시스템에서 사용된다.

SECTION 5.6

구동용 배터리

Battery

지난 100년 동안 납축전지는 기존 내연기관 차량의 전기 부속품에 전력을 공급했다. 하지만 납축전지는 EV 및 HEV에 필요한 전력 및 에너지 밀도를 가지고 있지 않다. 미국, 유럽 및 일본은 친환경 차량을 개발하기 위해 고급 배터리에 대한 수많은 연구를 진행했다. 대체 배터리 기술에서 추구하는 기능은 고전력 및 에너지 밀도, 빠른 충전 시간 및 긴 사이클 수명이다. EV는 시장 침투율이 낮아 연구개발이 몇 년 간 천천히 진행되었다. 한편 지난 수십 년 동안 전자 산업이 성장하면서 니켈-카드뮴(NiCd), 니켈-금속-수소화물(NiMH), 리튬 기반 배터리 기술과 같은 대체 배터리가 엄청난 발전을 이루게 되었다. 충전식 리튬-이온 배터리는 휴대 전화 및 노트북에서 가장 많이 사용되는 기술이다. 이러한 배터리의 기술 확장에 대한 추가 연구는 EV 및 HEV 애플리케이션을 위한 몇 가지 배터리 기술의 개발로 이어졌다. NiMH 배터리 팩은 현재 상업적으로 이용 가능한 HEV에 사용되는 반면, 리튬-이온 배터리 팩은 전기자동차 테슬라 로드스터에 사용된다. 새로운 PHEV도 리튬-이온 배터리 기술을 사용할 가능성이 높다. NiMH 및 리튬-이온 배터리는 오늘날 EV 및 HEV 애플리케이션의 선두 주자이지만 이 밖에 여러 다른 배터리 기술이 다양한 프로토타입 차량에 사용되었다. 이 절에서는 유망한 배터리 기술뿐만 아니라 다양한 프로토타입 EV에서 시도된 기술을 다루고 있다.

EV 및 HEV에 응용하기 위한 배터리 기술은 시스템 비용, 원자재 가용성, 대량 생산 능력 및 수명주기 특성을 포함한 요소에 달려 있다. 전기 및 하이브리드 자동차 산업은 광범위한 스펙트럼을 다루며 도로 차량에만 국한되지 않는다. 일부 기술은 여러 이유로 특정 애플리케이션에 더 적합할 수 있다. 납축전지 기술과 같은 유망한 전지 기술의 대표적인 특성은 [표 5-5]에 요약했으며, 화학 및 대체 배터리 기술에 대한 추가 정보는 이 장에 나타내었다.

[표 5-5] EV 및 HEV의 배터리 특성

배터리 유형	비에너지(Wh/kg)	비출력(Wh/kg)	에너지 효율(%)	사이클 주기
납축전지	35~50	150~400	80	500~1,000
니켈-카드뮴	30~50	100~150	75	1,000~2,000
니켈 금속 수소화물	60~80	200~400	70	1,000
알루미늄 공기	200~300	100	<50	사용 불가
아연 공기	100~220	30~80	60	500
나트륨-황	150~240	230	85	1,000
염화니켈 나트륨	90~120	130~160	80	1,000
리튬 폴리머	150~200	350	사용 불가	1,000
리튬-이온	90~160	200~350	>90	>1,000

5.6.1 납축전지

납축전지는 초기 개발 단계에서 EV용 배터리로 가장 일반적으로 사용되었다. 납축전지는 19세기 중반으로 거슬러 올라가는 오랜 역사를 가지고 있으며, 현재는 매우 개발된 기술이다. 최초의 납축전지는 1859년에 생산되었다. 1980년대 초에는 연간 1억 개 이상의 납축전지가 생산되었고, 납축전지의 주요 특징은 다음과 같다.

- 비교적 저렴한 비용
- 원료(납, 황)의 수용이 용이
- 제조의 용이성
- 유리한 전기 기계적 특성

납축전지는 고출력으로 설계되어 저렴하고 안전하며 신뢰할 수 있으며, 재활용 인프라가 설치되어 있다. 그러나 에너지 밀도가 낮고 저온 성능 및 짧은 사이클 및 수명을 가지므로 EV 및 HEV에서 사용하기에는 적절치 않다.

일반적으로 납축전지는 유리산**free acid**이 모든 판을 덮는 침수 전해질 전지로 되어 있다. 이는 배터리의 직립 위치를 유지하는 제약을 가하지만 특정 휴대용 상황에서는 어렵다. 밀폐형 배터리를 개발하는 과정에서 셀을 충전할 때 가장 높은 충전 상태 또는 과충전 상태에 가까워지면 수소와 산소의 폭발적인 혼합물이 축적되는 문제가 있었다. 이 문제는 양극에서 방출된 산소가 음극에 도달해 재결합하여 황산납을 형성하는 경로를 제공함으로써 밸브 제어식 납산(VRLA) 배터리에서 해결되었다. 밀폐형 VRLA 배터리와 젤 배터리 및 AGM(흡수 유리 마이크로 섬유) 배터리를 만드는 두 가지 메커니즘이 있다. 두 가지 유형 모두 분리막에 황산 전해질을 고정화하고 산소가 분리막을 통해 음극판으로 확산될 수 있는 충분한 다공성을 남기는 활성물질을 기반으로 한다.[16]

전형적인 배터리의 구조는 셀을 형성하기 위해 끼워진 양극 및 음극 조합으로 구성되며, 배터리 내의 부분적인 연결은 [그림 5-21]에 표시된다.

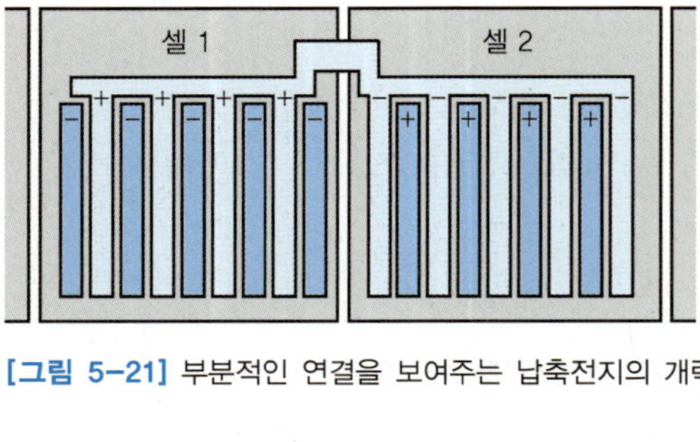

[그림 5-21] 부분적인 연결을 보여주는 납축전지의 개략도

양극판은 [그림 5-22]와 같이 격자에 활성물질을 빽빽하게 붙여 만든 것이다. 적절하게 선택된 납 합금으로 만들어진 그리드는 활성물질을 고정하기 위한 휴대용 배터리의 프레임이다. 양극판은 평평하게 붙여 넣거나 관 모양으로 구성할 수 있다. 음극판은 항상 붙여 넣는 방식으로 제조된다.

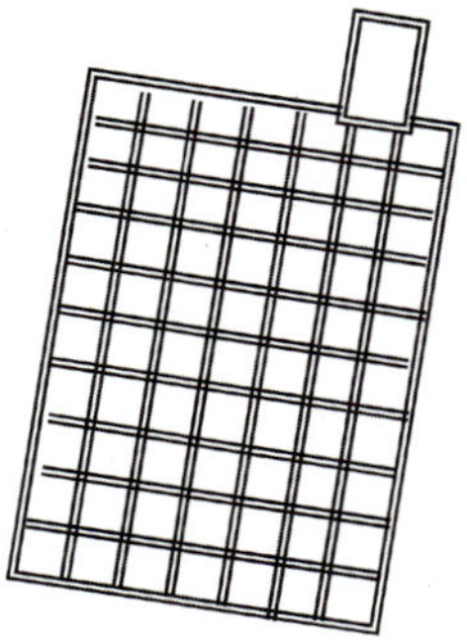

[그림 5-22] 납축전지 그리드

5.6.2 니켈-카드뮴 전지

니켈-카드뮴(NiCd) 전지는 납축전지에 비해 우수한 저온 성능, 평면 방전 전압, 긴 수명 및 우수한 신뢰성을 가지며, 배터리 유지 보수에 대한 요구 사항도 낮다. 셀 전압은 원하는 전압을 얻기 위해 더 많은 셀을 직렬로 연결해야 한다는 것을 의미한다. NiCd 배터리의 에너지 밀도는 30~50Wh/kg이며, 이는 납축전지의 에너지 밀도와 비슷하다.

NiCd 배터리의 가장 큰 단점은 고비용 및 카드뮴에 함유된 독성이다. 환경 문제는 효율적인 재활용을 통해 장기적으로 개선될 수 있지만, 전력이 충분하게 공급되지 않는다는 단점이 있어 EV 및 HEV에서 고려되지 않는다. 이로써 EV 및 HEV에서 적합한 것으로 간주되는 NiMH 배터리의 급속한 개발로 이어졌다.

5.6.3 니켈-수소 합금 전지

니켈-수소 합금(NiMH) 전지는 니켈 수소 전지의 후계 기종이며, 이미 HEV의 생산에 사용되고 있다. NiMH 배터리의 양극은 수산화니켈($Ni(OH)_2$)이고, 음극은 금속 수소화물이다. NiMH 배터리의 화학반응은 5.2절에서 설명했으며, 음극은 미세 금속 입자의 압축 질량을 포함한다. 금속 합금은 특정 온도 및 압력 하에 다수의 수소 분자를 흡수하여 금속 수소화물을 형성할 수 있는데, 이는 수소를 저장하는 또 다른 접근법으로 간주될 수 있다. NiMH에 사용되는 자체 합금은 AB_5 및 AB_2 합금으로 알려져 있다. AB_5 합금에서 A는 희토류 원소의 혼합물이며 B는 부분적으로 치환된 니켈이다. AB_2 합금에서 A는 티타늄 또는 지르코늄이고 B는 부분적으로 치환된 니켈이다. AB_2 합금은 높은 수소 저장 능력과 낮은 비용을 가지고 있다. NiMH 배터리의 공칭 셀 전압은 1.2V로 NiCd과 동일하며 NiMH 셀은 평면 방전 특성도 갖추고 있다. NiMH의 용량은 NiCd의 용량보다 상당히 높으며 비에너지는 60~80Wh/kg 범위로 나타난다. NiMH 배터리의 출력밀도는 250W/kg만큼 높일 수 있다.

NiMH 배터리 팩은 중간 *SoC* 조건에서 작동하며 *SoC*의 1~2% 스윙**swing**으로 수천 개의 얕은 방전 사이클을 공급할 수 있다. 이 기능은 배터리 팩이 10년 동안 160,000km 이상 주행해야 하는 충전 유지 HEV에 특히 적합하다. NiMH 배터리 팩의 비용 측면에서의 이점은 고출력 밀도를 위해 설계된 배터리 팩에 유리하지만, EV에서 요구하는 높은 에너지 밀도를 위해 설계된 경우에는 그렇지 않다. 따라서 NiMH 배터리 팩은 충전을 유지하는 HEV를 가능하게 하는 기술이 되었다.

NiMH의 구성요소는 재활용이 가능하지만, 재활용 인프라는 아직 정비되지 않았다. NiMH 배터리는 납축전지보다 훨씬 긴 수명주기를 가지며 안전하고 내구성이 있다. NiMH 배터리의 단점은 NiCd에 비해 상대적으로 높은 비용, 높은 자기 방전율, 높은 온도에서의 전하수용 능력 및 낮은 셀 효율을 갖는다는 것이다. NiMH는 리튬-이온 배터리만으로도 위험성을 수반하는 견인용 주요 충전 배터리로 지속될 수 있다.

5.6.4 리튬-이온 전지

리튬 금속은 수소(3.045V)에 비해 표준환원전위가 높고 원자량이 가장 낮으며, 적절한 양극과 조합할 경우 셀 전위가 3 V인 배터리가 된다. 1970년대 리튬 1차 전지가 등장한지 얼마 지나지 않아 2차 리튬 전지에 대한 관심이 높아졌지만, 액체 전해질의 사용을 제한하는 수분과의 리튬 금속의 반응성이 높다는 문제가 있었다. 1970년대 후반에는 리튬이 코발트 또는 니켈의 결정 격자에 삽입(흡수)되어 $LICoO_2$ 또는 $LiNiO_2$가 형성된다는 사실이 밝혀지면서 리튬-이온 축전지 개발의 길이 열렸다.[17] 금속성 리튬은 리튬 금속 산화물을 양극으로, 흑연 또는 코크스 형태의 리튬 삽입(흡수) 탄소(Li_xC)를 음극으로 사용하여 리튬-이온 배터리로 우회된다. 흑연은 LiC_6의 구성까지 리튬을 호스팅할 수 있다. 리튬-이온 축전지의 대부분은 리튬의 층상 산화물 또는 인산철을 양극으로 사용한다. 산화코발트의 층이 존재하는 양극은 비싸지만 가장 만족스러운 성능을 보인다. 산화 니켈은 가격이 저렴하지만, 구조적으로는 더욱 복잡하며 성능은 산화코발트 전극과 유사하다. 망간은 저렴하고 널리 이용 가능하며 독성이 낮기 때문에 망간 산화물 기반의 양극으로도 사용된다. 이 밖에 대체 양극 재료로는 저비용으로 안정적이고 좋은 성능을 제공할 수 있는 인산철 리튬($LiFePO_4$)이 있다. [그림 5-23]은 $LiCoO_2$를 이용한 리튬-이온 축전지의 셀 방전 동작을 나타낸다.

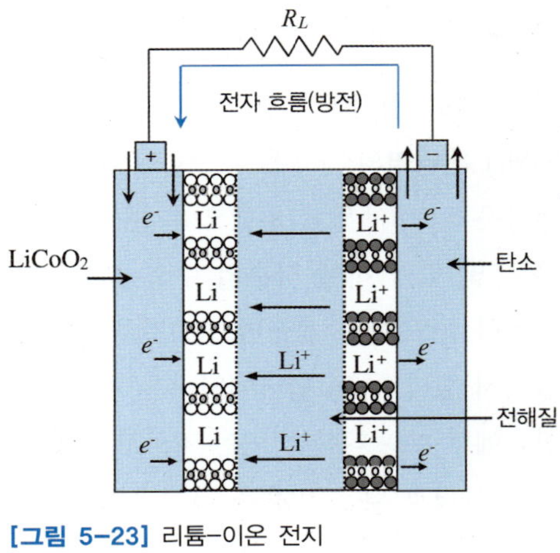

[그림 5-23] 리튬-이온 전지

셀이 방전되는 동안 리튬 이온(Li^+)은 유기 전해질을 통해 음극에서 방출되고 양극으로 이동한다. 양극에서 리튬-이온은 리튬 화합물 물질에 빠르게 통합되는 가역적 공정이다. 전극에서의 화학 반응은 다음과 같다.

$$Li_xC_6 \underset{충전}{\overset{방전}{\rightleftharpoons}} 6C + xLi^+ + xe^- \quad (0 < x < 1)$$

$$xLi^+ + xe^- + Li_{(1-x)}CoO_2 \underset{충전}{\overset{방전}{\rightleftharpoons}} LiCoO_2$$

셀이 충전되는 동안 리튬 이온은 양극에서 음극으로 반대 방향으로 이동한다. 리튬-이온 축전지의 공칭 셀 전압은 3.6V 이며 3개의 NiMH 또는 NiCd 축전지와 동일하다.

리튬-이온 축전지의 부품은 재활용 가능하지만, 재활용 인프라는 아직 개발되지 않았다. 리튬-이온 축전지 셀의 비용은 재료 비용이 높은 NiMH 축전지 셀의 비용보다 낮다. 일부 리튬-이온 축전지의 화학적 특성은 상대적으로 불확실한 재료를 포함한다. 안전 문제를 해결하기 위해 리튬-이온 팩은 비용이 많이 드는 관리 시스템이 필요하므로 재료비용의 저하는 배터리 팩의 비용에 직접 반영되지 않는다.

리튬-이온 축전지의 주요 단점은 과전압 및 과방전에 매우 민감하다는 것이다. 리튬-이온 배터리 양극의 과전압은 용매의 산화 및 활성 물질의 발열 분해를 일으킨다. 과전압 및 과방전은 셀의 점화를 수반할 수 있는 돌이킬 수 없는 셀 손상을 일으킬 수 있다.[18]

모든 유형의 EV 및 HEV는 층이 있는 음극 및 흑연 양극을 사용하여 본질적으로 리튬-이온 축전지에 정착했다. 특정 리튬-이온 축전지 팩의 화학적 특성은 BEV의 유형에 따라 다르며 $LiNiCoMnO_2$(NMC) $LiNiCoAlO_2$(NCA), Li_2TiO_3(LTO), $LiFePO_4$(LFP) 중에서 선택할 수 있다. BEV의 경우 선택되는 리튬-이온 축전지의 유형은 NMC와 NCA이며 체적 질량 에너지 밀도가 가장 높고, 수명이 길고 허용 가능한 남용 내성이 있기 때문에 승용급 BEV에서 널리 사용된다. 이들 셀 전압은 3.6V 이고 용량은 150~200mAhg이다. LFP는 3.2V 로 셀 전압이 낮고 용량이 150 mAh/g이지만 비용이 낮기 때문에 대부분의 전기 버스에 응용되고 있다.

5.6.5 리튬-폴리머 전지

리튬-폴리머 전지는 고체 상태 전해질, 즉 이온을 전도할 수 있지만 전자 절연체를 개발하는 과정에서 발전했다. 고체 전해질은 1970년대에 폴리머의 이온 전도에 대한 연구로 발견되었다. 이 축전지는 전해질이 고체이기 때문에 고체 축전지**solid state batteries**로 간주된다. 가장 일반적인 고분자 전해질**polymer electrolyte**은 적절한 전해질 염과 배합된 산화 폴리에틸렌이다.

리튬–폴리머 축전지의 가장 유망한 양극 물질은 바나듐 산화물 V_6O_{13}이다.[16] 이 산화물은 다음과 같은 양극 반응에서 산화물 분자당 최대 8개의 리튬 원자를 혼합한다.

$$Li_x + V_6O_{13} + xe^- \underset{\text{충전}}{\overset{\text{방전}}{\rightleftharpoons}} Li_xV_6O_{13} \quad (0 < x < 8)$$

리튬–폴리머 전지는 가장 높은 에너지 밀도 및 전력 포텐셜을 가지고 있다. 가연성 액체 전해질을 대체하는 고체 고분자는 60 ℃ 이상의 온도에서 이온을 결합할 수 있다. 따라서 고체 고분자는 EV 및 HEV에서 사고가 날 경우 더 안전하다. 리튬은 탄소 전극에 삽입되기 때문에 이온 형태이며 순수한 리튬 금속보다 반응성이 낮다. 얇은 리튬–폴리머 전지 셀은 EV 및 HEV에 적절한 크기 및 모양을 가진 배터리를 형성한다는 점에서 큰 이점이 있지만 80 ~ 120 ℃ 의 온도에서 배터리 셀을 작동시켜야 한다는 단점도 있다. EV 용도로 처음 개발된 높은 에너지 밀도 리튬–폴리머 전지는 HEV 용도에 높은 전력밀도를 제공할 수 있다. 리튬–폴리머 전지의 또 다른 중요한 특성은 좋은 사이클과 수명이다.

5.6.6 아연–공기 전지

아연–공기 전지는 산소의 기체 양극과 금속 아연의 음극을 갖는다. 실질적인 아연–공기 전지는 방전된 결과물인 수산화아연을 새로운 아연 전극으로 교체하여 기계적으로 재충전할 수 있다. 방전된 전극과 수산화칼륨 전해액은 재활용 시설로 보내진다. 아연–공기 전지는 연료가 아연금속인 연료전지와 유사하다. 독일 메르세데스 벤츠의 우편 배달차(postal van)에 테스트된 아연–공기 전지 모듈은 200Wh/kg의 에너지 밀도를 가졌지만, 80% 방전심도에서 100W/kg의 적당한 전력밀도를 가졌다.[5] 현재의 기술에서는 아연–공기 전지의 범위는 재충전 간격이 300~600km 사이이다.

다른 금속 공기 시스템도 조사했지만, 기술의 심각한 단점으로 인해 작업이 중단되었다. 이 배터리는 철–공기 전지와 알루미늄–공기 전지가 포함된다. 여기서 철과 알루미늄은 각각 기계적으로 재활용 가능한 음극으로 사용된다.

실질적인 금속–공기 전지는 다음과 같이 두 가지 장점이 있다.

❶ 배터리는 배터리 외부에서 재충전되므로 양극은 방전 특성에 맞게 최적화할 수 있다.
❷ 적절한 인프라를 사용하면 충전 시간이 단축된다.

5 방전심도와 전력밀도의 정의는 3.4절과 3.5절에서 다루었다.

5.6.7 나트륨–황 전지

나트륨은 리튬과 유사하게 높은 전기화학적 환원 전위(2.17V)와 낮은 원자질량(23.0)을 가져 배터리의 음극 소자로 사용된다. 또한 자연계에 풍부하여 매우 저렴한 비용으로 얻을 수 있다. 양극재로 사용 가능한 황은 쉽게 이용할 수 있는 저비용 재료 중 하나이다. 나트륨과의 반응성이 높기 때문에 수성 전해질의 사용은 불가능하고, 리튬 전지에 사용되는 고체 고분자는 알려져 있지 않다. 전해질 용액은 1966년 포드 모터사의 과학자가 베타–알루미나를 발견한 것에서 비롯되었다. 베타-알루미나 **beta-alumina**는 복합 결정 구조를 가진 산화 알루미늄 나트륨**sodium aluminum oxide**이다.

NaS 전지는 매력적인 특징도 많지만 몇 가지 제한이 있다. NaS 배터리의 셀 작동 온도는 약 300 ℃로 열 제어 장치뿐만 아니라 충분한 절연이 필요하다. 따라서 배터리의 최소 크기가 정해져 있으며, 아직 시장이 확립되지 않은 EV 배터리를 개발하기에는 한계가 있다. NaS 배터리의 또 다른 단점은 과충전 메커니즘이 없다는 것이다. 최고 충전에서 하나 이상의 셀이 높은 저항을 발생시켜 직렬로 연결된 배터리 셀의 전압을 감소시킨다. 또한 용융 나트륨과 황 사이의 화학 반응이 과도한 열 또는 폭발을 일으킬 수 있기에 안전 문제가 대두된다. 이 문제는 효율적인 설계를 통해 해결되었으며 NaS 배터리는 안전한 것으로 나타났다.

NaS 배터리의 실용적인 한계와 제조의 어려움과 나트륨–금속 염화물 전지의 더 간단한 개념의 개발로 인해 개발 프로그램이 중단되었다.

5.6.8 나트륨–금속 염화물 전지

나트륨–금속 염화물 전지는 과충전 및 과방전에 필수적인 규정을 가진 나트륨–황 전지의 파생물이다. 이 구조는 NaS 축전지와 유사하지만, 양극의 황 전극은 염화 니켈($NiCl_2$) 또는 염화 니켈 및 염화 제1철의 혼합물($FeCl_2$)로 대체되며, 음극 및 전해질은 NaS 축전지와 동일하다. $NaNiCl_2$ 셀의 개략도는 [그림 5–24]와 같다.

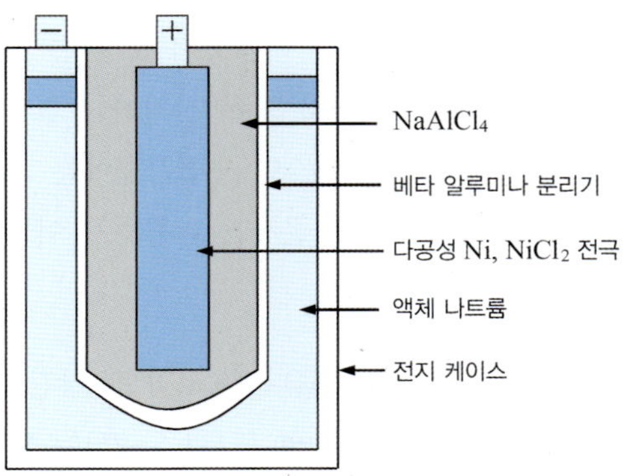

[그림 5–24] 나트륨–니켈–염화물 세포

고체인 양극과 전해질 사이에 양호한 이온 접촉을 제공하기 위해 $NaAlCl_4$의 두 번째 전해질이 $NiCl_2$와 베타 알루미나 사이의 층에 도입된다.

$NaAlCl_4$ 전해질은 배터리의 핵심 성분이지만 배터리의 에너지 밀도를 약 10% 감소시킨다.[17] 작동 온도는 NaS 배터리의 온도와 마찬가지로 높으며, 염화니켈과 염화제일철의 염기성 세포 반응은 다음과 같다.

$$NiCl_2 + 2Na \underset{\text{충전}}{\overset{\text{방전}}{\rightleftharpoons}} Ni + 2NaCl\,(2.58\ V)$$

$$FeCl_2 + 2Na \underset{\text{충전}}{\overset{\text{방전}}{\rightleftharpoons}} Fe + 2NaCl\,(2.35\ V)$$

염화나트륨 축전지에서 셀을 방전 상태에서 조립하고, Ni 또는 Fe 분말과 NaCl(일반적인 염화나트륨)의 혼합물로부터 양극을 미리 제조한다. 조립 후 충전 시, 양극부는 금속으로부터 형성되고, 음극부는 나트륨으로 형성되며 이 과정에는 두 가지 중요한 장점이 있다.

❶ 순수한 나트륨은 그 자리에서 확산을 통해 베타-알루미나로 제조된다.
❷ 배터리의 원료(일반 소금 및 금속 분말)가 저렴하다. 철은 니켈보다 저렴하지만, 니켈은 덜 복잡하고 작동 온도가 넓기 때문에 금속 부품에 더 적합하다.

일반적으로 염화나트륨 배터리는 ZEBRA 배터리로 알려져 있다. ZEBRA 배터리는 원래 1980년대 초 영국과 남아프리카의 과학자들 간의 연구에서 개발되었다. ZEBRA 배터리는 모든 사용 조건에서 안전한 것으로 나타났으며, ZEBRA 배터리는 EV 및 HEV 배터리로 사용될 가능성이 높다. ZEBRA 배터리를 사용하는 여러 테스트 프로그램이 있다.

5.6.9 첨단 축전지의 연구개발

배터리는 리튬-이온 축전지 기술의 개선과 새로운 화학 물질의 탐구에 초점을 두고 개발되고 있다. 리튬-이온 축전지 연구에 대한 노력은 두 가지가 있다. 하나는 비활성 물질을 최소화하여 보다 효율적인 전극 설계를 하는 것이며, 다른 하나는 더 높은 부피 에너지 밀도(kWh/L)를 달성하기 위한 패키징을 개선하는 것이다. 리튬-이온 이외의 잠재적인 차세대 축전지 후보는 리튬공기 축전지, 리튬황 축전지 및 전체 고체 축전지이다. 이러한 잠재 기술의 공통 요소는 흑연을 모든 전기화학 결합에서 가장 높은 에너지 밀도를 제공하는 금속 리튬 양극으로 대체하는 것이다. 연구 접근법에는 고전압 음극 재료, 고용량 음극 및 양극의 개발이 포함된다. 해결되지 않은 주요 문제는 리튬의 사이클링 동안 덴드라이트**dendrite**가 형성되는 것이다.

2020년 3월 상업적 측면에서 제네럴 모터스는 LG 화학의 새로운 화학 NCMA(니켈-코발트-망간-알루미늄) 음극을 갖춘 EV 플랫폼용 새로운 얼티움**Ultium** 축전지를 발표했다.[19] [그림 5-25]는 얼티움 축전지 팩의 레이아웃을 나타낸다.

[그림 5-25] 스케이트보드 섀시의 얼티움 배터리 팩 레이아웃(출처 : 제네럴 모터스)

대형 파우치 스타일 셀을 사용한 셀의 화학적 특성은 배터리 팩에 수직 또는 수평으로 쌓을 수 있다는 것이다. 엔지니어는 각 차량을 설계하는 데 축전지 에너지 저장 및 레이아웃을 최적화할 수 있다. 얼티움 옵션의 에너지 용량은 50~200kWh이며 전체 충전으로 최대 644km의 범위를 허용할 수 있다. 니켈이 최대 90%인 화학물질은 현세대 NCM(니켈-코발트-망간) 셀보다 70% 적은 코발트를 필요로 한다. NCMA는 NCM보다 에너지 밀도가 높고 가볍고 저렴한 축전지를 생산한다. 이로 인해 업계는 목표의 $100/kWh에 접근할 수 있다. GM은 또한 귀중 원소와 반귀중 원소에 대한 의존성을 줄이기 위해 제로 코발트 및 제로 니켈 양극을 개발하고 있다.

배터리 연구 개발은 1992년에 설립된 미국 자동차 제조업체의 산하 조직인 미국 자동차 연구위원회(USABC) 내에 있는 미국 첨단 배터리 컨소시엄(USCAR)의 목표를 따르며, 공동 연구 개발을 통해 기술 기반을 구축한다. USCAR는 EV, HEV, FCEV를 지원하는 것을 목표로 고에너지 밀도 및 고전력밀도 에너지 저장 기술의 개발을 추진한다. 목표는 장기적인 개발과 장기적인 상업화를 위해 설정되었다. 상업적 목표는 합리적인 목표를 달성하기 위해 배터리를 개발하는 것이고 장기적인 기준은 내연기관 차량과 직접 경쟁하는 EV용 축전지를 개발하는 것이다. 연구개발을 촉진하기 위해 출력밀도 및 에너지 밀도의 장기 목표는 400W/kg과 200W/kg으로 설정되었다. USABC가 첨단 전기자동차 배터리를 위해 설정한 목표의 하위 집합은 [표 5-6]에 나타내었다. 이 축전지의 수명은 10년을 목표로 하지만, 사이클 수명은 상업화 및 장기 목표에서 모두 80% DoD로 1,000 사이클로 설정된다.

[표 5-6] EV 고급 배터리 팩에 대한 USABC 목표[6]

매개변수	장기적인 상업화를 위한 최소 목표	장기 목표
에너지 밀도(Wh/kg) (C/3-rate 방전율)	150	200
출력 밀도(W/kg) (30초 당 80% DoD)	300	400
출력 밀도(W/kg)의 비 (10초 당 20% DoD)	150	200
충전 시간(h) (20% → 100% SoC)	4 ~6	3 ~ 6
비용(US $/kWh)	150	100

6 EV 및 HEV의 에너지 저장 장치에 지정된 모든 목표는 USABC의 웹 사이트인USCAR(www.uscar.org)에 나타나있다.

USABC는 HEV의 목표를 두 수준의 보조 동력으로 설정한다. 하나는 25kW 수준이고 다른 하나는 40kW 수준이다. 전력 보조 HEV 에너지 저장 장치를 위해 USABC가 설정한 목표의 하위 집합은 [표 5-7]에 설명되어 있다. 이 축전지의 수명은 15년을 목표로 하지만, 사이클 수명은 지정된 SoC 증분에 대해 300,000사이클로 설정된다. 왕복 에너지 효율은 25kW 및 40kW 전력 어시스트 HEV 모두 90%로 설정된다.

[표 5-7] HEV 고급 에너지 저장 장치의 USABC 목표

매개변수	전력 어시스트 (최소)	전력 어시스트 (최대)
펄스 방전 전력, 10초(kW)	25	40
피크 회생 펄스 파워, 10초(kW)	20	35
사용 가능한 총 에너지 (kWh)	C/1-rate 당 0.3	C/1-rate 당 0.5
최대 중량(kg)	40	60
최대 용량(L)	32	45
비용, @100,000 단위/년(US $)	500	800

또한 USABC는 두 가지 주요 PHEV 배터리 유형의 목표를 지정한다. 16km의 전체 전기 범위를 제공하는 고출력/에너지 비율 배터리(PHEV-10)와 64km의 전체 전기 범위를 제공하는 저전력/에너지 비율 배터리(PHEV-40)이다. PHEV-10의 목표는 무게가 1,950kg인 '크로스오버 유틸리티 차량'으로 설정되고, PHEV-10과 PHEV-40 모두 왕복 에너지 효율이 90%로 설정되었다.

[표 5-8] PHEV 에너지 저장 장치의 USABC 목표

매개변수	PHEV-10	PHEV-40
펄스 방전 전력, 10초(kW)	45	38
피크 회생 펄스 파워, 10초(kW)	30	25
충전 소비 모드에서 사용 가능한 에너지(kWh)	3.4	11.6
전하 유지 모드에 사용 가능한 에너지(kWh)	0.3	0.5
충전 소비 수명/방전 처리량(사이클/MWh)	5,000/17	5,000/58
충전 지속 수명 사이클	300,000	300,000
최대 중량(kg)	60	120
최대 용량(L)	40	80
비용, @100,000 단위/년(US $)	1,700	3,400

SECTION 5.7

배터리 팩의 관리

Battery Pack Management

배터리는 직렬이나 병렬 또는 그 조합으로 구성할 수 있다. 배터리 팩, 즉 EV 및 HEV의 에너지 저장 장치는 필요한 전압을 공급하기 위해 직렬로 연결된 다수의 개별 전기화학 셀로 구성된다. 직렬 연결 셀의 스트링은 저장 시스템의 용량을 증가시키기 위해 병렬로 연결된다. 배터리 팩은 팩 외부에 위치한 전자 장치를 포함한다. 배터리 팩의 전자회로는 배터리 셀의 충/방전 및 균형을 제어한다.

전자회로는 컨트롤러의 하드웨어 및 소프트웨어 알고리즘과 함께 배터리 팩을 관리하고 팩의 셀을 보호하는 역할을 한다. 배터리 관리 시스템의 주요 기능은 셀이 안전 영역 밖에서 작동하는 것을 방지한다. 이를 통해 배터리의 수명은 길어지고 교체 비용이 최소화된다.

배터리 팩 관리 기술은 EV 및 HEV, 분산형 발전 장치 및 휴대용 가전제품과 같은 에너지 저장 기반 시스템에 일반적으로 적합하다. 모든 애플리케이션 중 에너지 저장 장치의 가장 엄격한 사용은 펄스 충/방전 사이클을 거치는 HEV에 있다. 배터리 팩 관리는 배터리 관리 시스템, SoC 측정 기술, 셀 밸런싱 방법 및 배터리 충전 방법의 본질이 무엇인지에 대한 최첨단 관리가 필요하다. 이에 대한 설명은 5.7.1 ~ 5.7.4절에 설명되어 있다.

제시된 배터리 관리 시스템 및 셀 밸런싱 방법은 에너지 저장 장치를 복제하는 울트라커패시터 뱅크에도 동일하게 적용 가능하다. 울트라커패시터 뱅크는 전기화학 셀이며, 에너지 저장 장치를 형성하기 위해 직렬로 연결되어 원하는 전압 레벨로 전력을 공급한다.

5.7.1 배터리 관리 시스템

배터리 관리 시스템BMS은 전압, 전류 및 온도 측정을 기반으로 한 일련의 알고리즘으로 구성되어 있으며, 필수 배터리 매개변수를 계산하고 특정 시간에 충전/방전 전력 제한을 결정한다. BMS의 정교한 수준에 따라 개별 셀 또는 셀 그룹 또는 전체 팩에서 측정할 수 있다. BMS는 배터리 팩에서 사용할 때 셀 균등화 회로의 명령 신호를 생성하는 역할도 수행한다. BMS는 과충전, 과방전, 단락 및 열 남용에 대한 신뢰성과 보호를 보장한다. 에너지 저장 장치의 BMS는 다음 기능을 갖도록 설계되었다.

- 충전 상태(SoC) 추정
- 셀 및 팩 보호 건강상태(SoH) 모니터링
- 온도 관리
- 충전/방전 전력 제어
- 셀의 균등화
- 데이터 로깅

BMS에서 생성된 측정, 매개변수 추정 및 출력은 [그림 5-26]에 나와 있다.[20] BMS는 시스템에 전원이 공급되면 초기화되며, HEV에서 키 온**key on** 상태로 발생한다. 초기화 중 유일한 기능은 시스템 오프 기간 동안 자체 방전을 기록하는 것이다. 자체 방전이 과도하면 SoH 모니터링 알고리즘에 보고된다. 배터리 관리의 다른 매개변수는 팩이 켜져 있을 때 각 측정 주기 동안 추정된다.

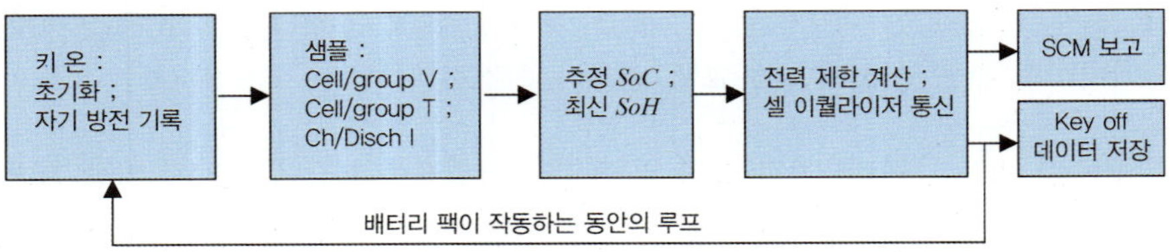

[그림 5-26] BMS에서 매개변수 추정 및 팩 관리

SoC는 배터리의 사용 가능한 용량에 대한 정보를 제공한다. 이 정보는 배터리 팩의 보호뿐만 아니라 차량의 구동 열 제어에도 필요하다. SoC는 배터리의 수명을 높이기 위해 특정 대역 내에서 유지해야 하며 고급 관리 시스템에서 개별 셀의 SoC 또는 팩에서 셀 그룹이 셀 간의 SoC의 균일한 분포를 확인하도록 결정된다. SoC는 일반적으로 노화 및 외부환경으로 인해 사용 가능한 최대 용량 대신 정격 용량의 백분율로 표현된다. 그러나 SoC는 사용 가능한 최대 용량을 기반으로 계산할 수도 있다. 이 SoC 계산은 직렬연결의 모든 셀이 일반적으로 동일한 환경조건을 가지기 때문에 셀의 균등화에 사용할 수 있다.

SoH는 팩의 작동 상태로, 새로운 팩에 비해 전력을 공급하는 팩의 능력을 측정한다. 노화된 팩은 다른 셀에 비해 셀 용량과 전력이 감소하며 이는 셀 상태가 악화되었음을 나타낸다. 배터리 팩의 상태(SoH)를 추정하는 알고리즘에서 셀 용량 및 기타 매개변수를 이용하여 배터리의 안전성과 최대 용량까지 전력을 공급할 수 있다. SoH 추정 알고리즘은 측정 및 추정된 셀 매개변수와 기준 또는 주변 셀과의 비교를 기반으로 한다. 하나의 셀 전압 및 SoC에 이상이 생기면, 해당 셀의 상태가 좋지 않다는 것을 나타낸다. 마찬가지로 팩의 과도한 자기 방전은 플래그를 상승시키고 팩 SoH를 추정하기 위해 사전에 설정한 제한과 비교된다. SoH 정보는 전체 팩을 교체하는 대신 팩의 손상된 셀을 대체하는 데 사용할 수 있다.

온도는 에너지 저장 장치의 SoC에 영향을 미치는 주요 환경 요인으로, 팩의 다양한 셀 사이의 온도 불균형은 SoC의 불균형을 초래하고 온도는 자기 방전율에 영향을 미친다. 팩의 열 관리는 팩의 냉각 시스템 설계의 일부이지만 셀의 온도 정보는 셀 보호 및 건강 모니터링에 효과적으로 활용되어야 한다.

주어진 시간에 배터리에서 사용할 수 있는 최대 전력은 작동 전압, 전류, SoC 및 기타 설계 한계가 침해되지 않도록 보장하는 SoC 및 단자전압을 기반으로 BMS에서 계산된다. BMS는 배터리를 보호하기 위하여 충/방전 중에 전력을 제한한다. 부적절한 충전으로 인해 배터리는 심하게 손상될 수 있으며, 전력 제한은 EV 및 HEV의 파워 트레인 제어에 관하여 모니터링 컨트롤러에 보고된다.

관리 시스템에는 팩 수준 관리, 모듈식 팩 수준 관리 및 셀 수준 관리의 세 가지가 있다. 팩 수준 관리는 팩 전압 및 전체 SoC를 모니터링한다. 전압, 전류 및 온도의 개별 셀 매개변수를 모니터링하면 가장 완전한 셀의 균등화 및 밸런싱을 이룬다. 팩 수준에서의 충/방전 전력 관리는 개별 셀을 손상시키기 쉽다. 모듈식 팩 수준 관리에서 셀 그룹은 셀의 밸런싱과 균등화를 위한 모듈로 취급된다. BMS 알고리즘은 팩 또는 개별 셀 측정보다는 그룹 전압, 전류 및 온도 측정에 의존한다. 셀 등가회로를 이용한 팩의 경우 BMS는 측정 및 추정에 기초하여 셀 전압 균등화를 위한 명령 신호를 생성한다. 회로는 이러한 신호에 작용하여 셀 또는 셀 그룹의 균형을 이룬다.

데이터 로깅은 에너지 저장 장치의 또 다른 중요한 기능이다. 전압, 전류, 온도, SoC 및 전하 충방전 사이클 수와 같은 데이터는 SoH 모니터링, 진단 및 고장 분석의 시간 함수로 저장할 수 있다.

5.7.2 SoC 측정

에너지 저장 장치의 SoC는 전압, 충/방전율, 자가방전율, 온도 및 노화 등 SoC에 따라 변하는 물리적 매개변수를 측정하여 계산된다. 모니터링되는 매개변수에 따라 SoC 계산은 전압 기반 방법 또는 전류 기반 방법으로 구분된다. 보다 정확한 SoC 계산은 관측기 기반 방법으로, 전압 및 전류 측정을 모두 사용한다.

전압 기반 SoC 측정은 전압이 SoC와 직접 관련이 있는 셀 화학에 적용된다. SoC를 적절히 추정하기 위해서는 개회로 전압과 SoC의 관계를 미리 알아야 한다. 전압 기반 측정은 리튬 이온 전지에 적합하지 않다. 왜냐하면 이러한 전지의 전압은 대부분의 충/방전 사이클에서 상당히 안정적이기 때문이다.

전류 기반 추정에서 SoC는 전하의 기본 정의를 사용하여 전류의 적분 $q = \int_0^t i(t)\,dt$에서 얻어진다. [그림 5-26]은 SoC 측정 다이어그램을 나타낸다.

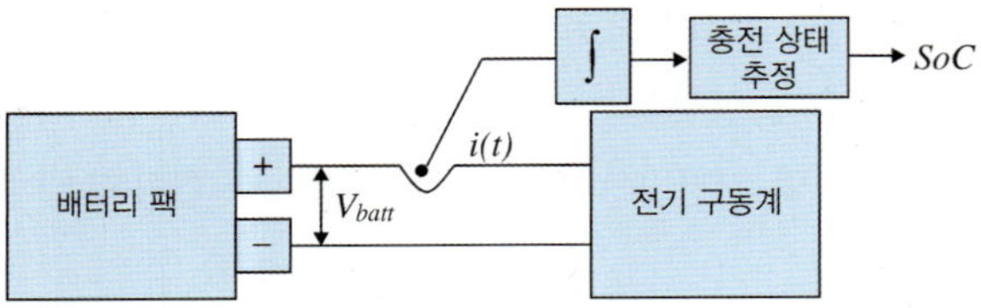

[그림 5-27] 배터리 SoC 관리

전류 센서를 이용하여 저장 장치의 충전전류와 방전 전류를 직접 측정한다. 이후 초기 조건이 배터리의 완전 충전 상태일 경우 측정전류를 적분하여 SoD를 얻을 수 있다. 배터리의 초기 용량 C_p를 알면 SoC는 다음 공식으로 계산할 수 있다.

$$SoC(t) = C_p - SoD(t)$$

이 방법은 쿨롱계수coulomb counting라고도 한다. 이 방법은 현재 정보만을 기반으로 하는 경우 오류를 축적하는 경향이 있다. SoC 추정을 개선하는 방법은 관찰자 기반 SoC 추정 방법을 구현하기 위해 메모리 시스템의 수학적 모델에 직접 측정 가능한 매개변수(전압 및 전류)를 통합하는 것이다. 이 방법은 [그림 5-27]의 개루프 방법과는 반대로 폐루프 쿨롱을 계산하는 것이다. 폐루프 방법은 칼만 필터를 사용하여 경험적으로 설계되거나 생성할 수 있는 피드백을 기반으로 한다.[20]

5.7.3 배터리 셀 밸런싱

상기 배터리 팩에 연결된 스트링 내의 개별 셀들은 단위 배터리 셀들이다. 배터리에 저장된 사용 가능한 에너지는 $E_{avail} = qV$ 이며, 이는 충전 및 전압이 팩의 출력을 최대화하기 위해 직렬 스트링에서 균형을 이루어야 한다. 일련의 전기화학 셀이 팩으로 충전될 때 개별 셀은 약간의 매개변수 불일치 및 온도 차이로 인해 전하 및 전압 불균형이 발생한다. 불균형은 배터리 팩의 처리량을 감소시켜 차량 성능에 악영향을 미친다.

전기화학 전지의 화학 반응은 온도와 압력에 따라 달라진다. 셀들 사이의 온도 차이는 셀의 전하에 불균형을 야기하는 자기 방전 속도를 변화시킨다. 낮은 셀 온도는 셀의 내부 임피던스를 증가시키는 화학적 활성을 감소시키며 내부 임피던스가 증가한다. 증가된 내부 저항은 단자전압을 감소시키고, 따라서 셀 용량을 감소시킨다. 또한 제조의 차이와 노화 저하 특성의 차이로 개별 셀 간의 매개변수가 일치하지 않아 전압 및 용량 불균형을 초래한다.[21~22]

전하 불균형은 또한 전압 차이로 나타난다. 불균형은 팩이 반복적인 충전/방전 사이클을 거치면서 증가하는 경향이 있다. 약한 셀은 더 느리게 충전되는 경향이 있고 강한 셀은 더 빨리 충전된다. 이 프로세스는 팩 수명을 단축하고 사용률을 감소시킨다. 충/방전 사이클의 수는 다른 배터리보다 배터리 화학적 특성에 더 많은 영향을 미친다. 예를 들어 리튬-이온 배터리는 과전압 및 저전압에 매우 민감하다. 리튬 이온 배터리는 충/방전 속도를 2C 이하로 제한하고 노화를 최소화하기 위해 셀을 최소 40% SoC로 유지하는 것이 좋다.

팩의 최대 처리량은 개별 셀의 전압과 전하의 균형을 유지함으로써 보장할 수 있다. 셀 밸런싱 방법은 일련의 전기화학 셀의 직렬 전압 및 SoC의 균등화를 위해 전자회로 및 제어를 사용한다. 셀을 충전하기 위한 가장 간단한 방법은 셀 전압을 모니터링하고 셀 중 하나(가장 강한 셀)가 개별 셀의 전압 한계에 도달하면 충전을 중단하는 것이다. 과충전은 가장 강한 셀이 용량에 도달한 후에도 충전을 계속하고 약한 셀을 용량까지 끌어 올리는 것을 말한다. 충전을 계속하면 약한 셀이 최대 전압이 되고 과전압이 되면 강한 셀이 된다. 과충전은 특정 배터리 화학에서는 반드시 일어나지만, 그 외의 경우에는 과충전된 셀에서 수소 가스를 배출하고 물을 제거한다. 높은 온도일 때 셀에서 가스가 증가하면 셀 수명이 단축된다.

더 강한 셀은 전압 한계에 도달했을 때 충전 전류를 분로하는 경로가 있는 경우 과충전을 피할 수 있다. 마찬가지로 팩 방전 중 배터리를 가장 간단하게 보호하기 위해서는 첫 번째 셀이 최소 전압 한계에 도달하면 종료해야 한다. 결과적으로 이 셀은 직렬의 셀 중에서 가장 약한 셀이며 팩의 용량을 제한한다. 더 강한 셀에서 에너지를 추출하기 위해 방전이 계속되면 더 약한 셀 전압은 최소 전압 수준 이하로 떨어지게 되어 셀에 손상을 입힐 수 있다.

단순한 셀 밸런싱**cell banlancing** 전략은 배터리 팩의 활용도를 떨어뜨리는 결과를 낳는다. 향상된 셀 밸런싱 회로는 팩 전압 수준이 시스템의 최소 전압 수준을 초과하는 경우 최소 전압에 도달하면 약한 셀을 우회하는 경로를 제공한다. 전력전자 변환 회로는 충전 전류를 전환하여 약한 셀을 부스트하거나 셀 전압 균등화를 위해 더 강한 셀에서 전하를 고갈시키는 데 사용된다. 셀 밸런싱을 위한 회로 토폴로지는 전력전자 장치 및 개념이 소개된 후 9장에서 제시된다.

5.7.4 배터리 충전

2차 전지는 서로 다른 충전 전류를 사용하여 여러 단계에서 충전된다. 상들은 전지의 손상을 최소화하기 위해 전지화학에 기초하여 구조화된다. 초기 충전 단계는 방전 중 손실된 대부분의 전하를 보충하기 위해 셀에 최대 전류를 충전하는 벌크 충전 단계이다. SoC의 마지막 몇 퍼센트는 흡수 충전 단계로 보충된다. 이 단계의 충전 전류는 셀의 손상을 방지하기 위해 낮게 유지된다. 균등화 단계는 배터리 팩의 모든 셀을 완전히 충전하고 균형을 잡는 데에도 사용할 수 있다. 플로트 충전 단계는 배터리가 완전히 충전되면 시작되어 자체 방전으로 인해 시간이 지남에 따라 손실되는 에너지를 보상한다. 마이크로프로세서 컨트롤러는 특정 유형의 배터리 화학에 대한 충전을 조정하는 알고리즘을 기반으로 충전 프로파일을 설정하는 데 사용된다.

배터리 충전 회로는 충전 프로파일을 설계하기 위해 정전류 또는 정전압 또는 이 둘의 임의의 조합을 적용할 수 있다. I-충전으로 알려진 정전류 충전 방법에서 충전기의 전류 레귤레이터는 설정된 전류 수준을 유지한다. 충전 전류 수준은 충전의 상이한 위상에 대해 전류 레귤레이터로 조정한다. 충전 전류는 또한 출력전압의 펄스 폭 변조(PWM) 제어에 의해 펄스 형태로 인가될 수 있다. 충전 속도는 펄스 폭을 조정함으로써 제어된다. 펄스 사이의 짧은 지속 시간은 세포 내의 화학 반응을 안정화시킨다. 펄스 충전을 사용하여 가스 발생을 유발할 수 있는 과도한 화학 반응을 피할 수 있다. I-충전 및 PWM 제어가 있는 다단계 충전 프로파일의 예는 [그림 5-28]에 나와 있다.

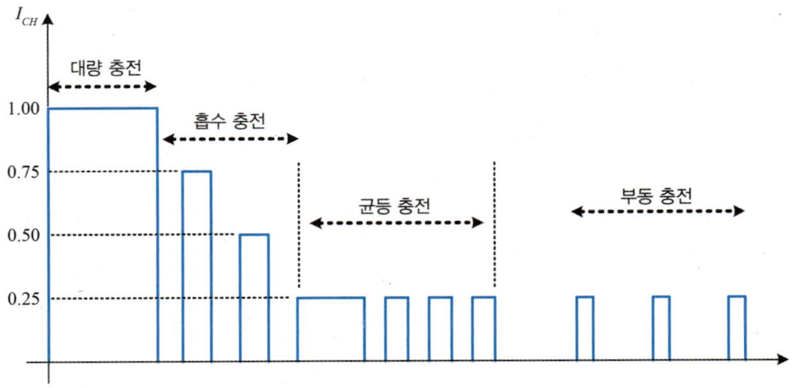

[그림 5-28] PWM 제어를 통한 멀티-스텝 I-충전[23]

정전압을 충전하려면 배터리의 상한 전압보다 큰 전압이 벌크 충전을 위해 충전기에 의해 인가되어야 한다. 정전압 충전은 일반적으로 흡수 충전 단계에서도 적용된다. 부동 충전**float charging** 단계에서 충전기는 배터리 상한 전압보다 약간 낮은 DC 전압을 배터리에 적용한다. 배터리의 전압이 약간 떨어질 경우 배터리가 보충되며 충전되는데 이러한 형태의 충전은 셀에서 자체 방전을 보상하기 위해 사용되는 트리클 충전**trickle charging**이라고도 한다.

5장 연습문제 ▸▸▸

5.1 12 V, 100 Ah 납축전지의 무게를 추정하고, 전체 화학 반응에 참여하는 반응물 질량을 계산하라. 이때 전해질의 H_2O의 질량이 H_2O_4의 질량의 2배라고 가정한다. 단 배터리 케이싱의 질량, 전극 그리드의 질량, 분리막의 질량 및 전류 버스의 질량은 무시하고 Pb 및 PbO_2에 대해 $n=2$, H_2SO_4에서 $n=1$임을 유의하라.

5.2 니켈-카드뮴 전지의 수산화 산화니켈(NiOOH)은 대전한 전극 판의 활성 물질이다. 방전 중에는 외부 회로로부터 전자를 받음으로써 보다 낮은 원자가 상태인 수산화니켈 $Ni(OH)_2$로 환원된다.

$$2NiOOH + 2H_2O + 2e^- \xrightleftharpoons[\text{충전}]{\text{방전}} 2Ni(OH)_2 + 2OH^- \ (0.49\ V)$$

카드뮴 금속은 대전된 음극판에 활성 물질을 함유하고, 방전 중에 수산화카드뮴, $Cd(OH)_2$로 산화되어 전자를 외부 회로로 방출한다.

$$Cd + 2OH^- \xrightleftharpoons[\text{충전}]{\text{방전}} Cd(OH)_2 + 2e^- \ (0.809\ V)$$

수산화칼륨(KOH) 전해질에서 발생하는 순 반응은 다음과 같다.

$$Cd + 2NiOOH + 2H_2O \xrightleftharpoons[\text{충전}]{\text{방전}} 2Ni(OH)_2 + Cd(OH)_2^- \ (1.299\ V)$$

이때 11.7V, 100AhNi-Cd 배터리의 무게를 추정하라. 단 전해질의 질량 KOH 성분을 무시한다.

5.3 12V 배터리는 [그림 P5.3]과 같이 일련의 RL 부하에 연결된다. 배터리의 정격 용량은 80Ah이다. $t=0$에서 스위치는 닫히고 배터리는 방전되기 시작한다.

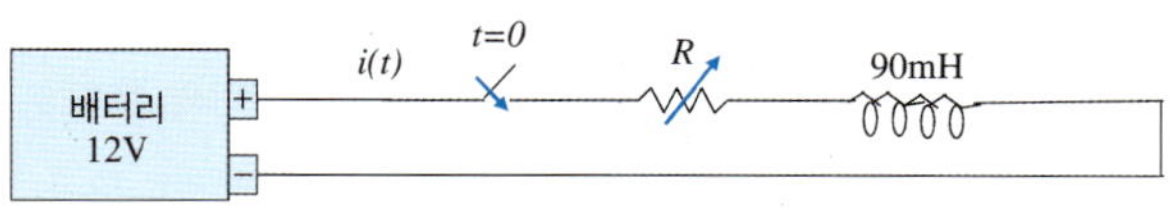

그림 P5.3

(a) 정상상태의 방전율이 C/2인 경우, 배터리 방전 전류 $i(t)$를 계산하여 표시하라. 단 배터리 전압강하를 무시한다.

(b) $0 < t < 2h$(시간)의 Ah로 $SoD(t)$를 계산하고 표시하라.

(c) $t=0$에서 배터리가 정격 용량까지 충전되었다고 가정하여 $SoC(t)$를 계산하고 표시하라. 이때 정격 용량이 실제 용량이라고 가정한다.

(d) 80%의 DoD에 해당하는 시간을 계산하라.

5장 연습문제

5.4 12V 납축전지의 정전력 방전 특성을 부여한다.

SP (Wh/kg)	SE (Wh/kg)
10	67.5
110	8

배터리 특성은 다음과 같이 포이커트 공식으로 표현되어야 한다. 이때 다음 질문에 각각 답하시오.

$$(SP)^n(SE) = \lambda \ (n\text{과 } \lambda\text{는 곡선 접합계수})$$

(a) $\log(SP)$와 $\log(SE)$ 사이의 선형 관계를 가정하여 상수 n과 λ를 도출하라.

(b) 배터리 질량이 15kg인 것을 고려하여 이론적인 에너지 밀도가 $SE_T = 67.5\text{Wh/kg}$인 경우 배터리 용량 Q_T를 도출하라.

5.5 EV 배터리 팩은 6개의 직렬 연결된 12V, 100Ah 납축전지의 4개의 병렬 세트로 구성된다. 배터리 전류의 정상상태의 모터 링(방전) 사이클은 [그림 P5.5(a)]와 같다. 배터리의 정상 회생 제동(charging) 사이클은 [그림 P5.5(b)]에 표시된다.

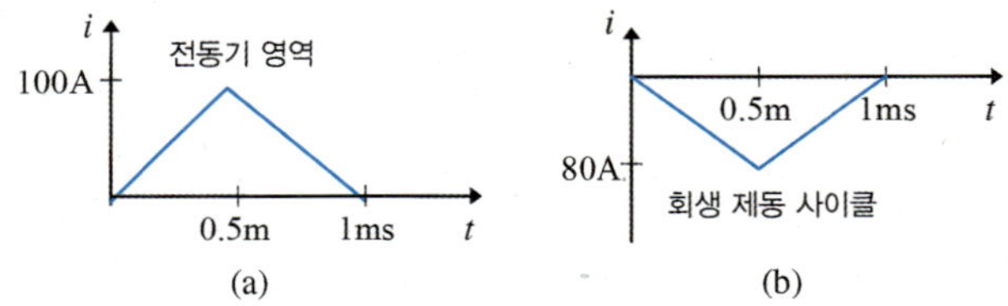

그림 P5.5

(a) 회생 제동이 사용되지 않는다고 가정하면 DoD가 80%에 도달하는 데 얼마나 걸리는가?

(b) 약 50회의 모터 사이클마다 1회 회생 제동 사이클이 발생하도록 회생 제동을 사용한 경우, 80% 도달하는 데 얼마나 걸리는가?

조건 이 문제는 배출율로 인한 용량 변화를 무시한다. 또한 실제 용량은 정격 용량과 동일하다고 가정한다.

5.6 다음의 경험적 특성을 갖는 납축전지가 있다고 가정하자.

$$(SP)^{0.9}(SE) = 216E4$$

여기서 SP는 전력밀도, SE는 에너지 밀도이다. EV 매개변수는 다음과 같다.

$$m = 700\text{kg},\ M_B = 150\text{kg},\ C_D = 0.2,\ A_F = 2\text{m}^2,$$

$$C_0 = 0.009,\ C_1 = 0,\ \rho = 1.16\text{kg/m}^3,\ g = 9.81\text{m/s}^2$$

(a) $F_{TR}(t)$ 대 t를 도출하고 그래프로 나타내라(평평한 도로라고 가정한다).

(b) $P_{TR}(t)$ 대 t를 도출하고 그래프로 나타내라.

(c) 미소 방전 모델(FDM)의 전력밀도 접근법을 사용하여 SAE J227a 스케줄 B의 주행 사이클을 기반으로 EV 범위를 계산하라. SAE J227a의 주행 사이클과 EV의 현재 프로파일은 [그림 P5.6]에 나와 있으며 회생 제동은 없다고 가정한다.

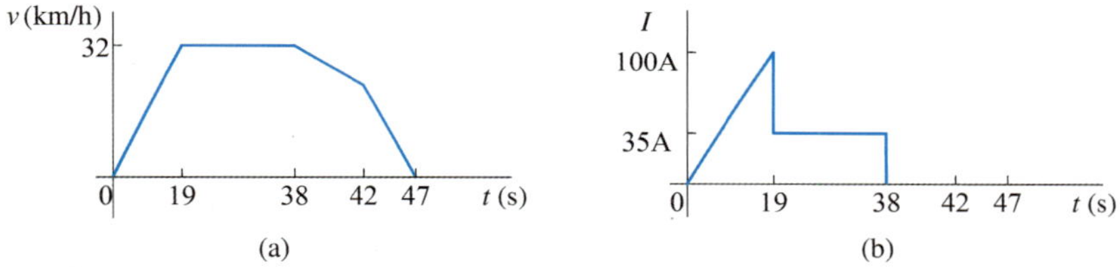

그림 P5.6

m.e.m.o

CHAPTER

6

대체 에너지

Alternative Energy Storage

들어가기 전에 ▸▸▸

배터리는 EV 및 HEV에 사용되는 휴대용 에너지 저장 장치이다. 대체품으로는 연료전지, 울트라커패시터 **ultracapacitor**, 압축 공기 탱크 및 플라이휠 **flywheel**이 있다. 이러한 에너지 저장 장치의 대부분은 정치형(고정식) 발전에도 똑같이 도움이 된다. 보통 대체품은 기술적 과제, 에너지 변환 효율 및 연료원에 기초하여 평가된다. 연료전지는 1차 에너지원으로부터 얻어야 하는 수소에 의해 동력이 공급된다. 즉 연료전지는 수소를 연료로 하여 연료전지를 생성한다. 이때 생성된 전기는 FECV의 구동용 전동기를 동작시킨다. 따라서 FECV 개발 외에도 수소 연료를 공급 받을 수 있는 방법을 모색하는 것이 중요하다. 예를 들어 수소가 존재하는 곳에 수소 충전소를 설치하는 방법이 있다. 송전망을 통해 공급되는 전력을 사용하여 수소가 생산되며 탱크에 저장된다. 이를 대체하는 방법은 개질 기술 **reformer technology**을 사용하여 차량에서 수소를 제조하는 것이다.

울트라커패시터는 전기 파워트레인에 에너지를 저장하고 필요할 때 사용할 수 있는 또 다른 전기화학 장치이다. 최근 몇 년 동안 관련 기술이 비약적으로 발전해 왔지만, 차량의 유일한 에너지 저장 장치로서 기능하기에는 충분한 높이의 특정 에너지 레벨을 달성하지 못했다. 그러나 울트라커패시터와 배터리 또는 연료전지를 결합하면 차세대 차량에 충분한 비에너지 **specificenergy**와 비출력 **specificpower**을 갖춘 우수한 휴대용 에너지 저장 장치를 제공할 수 있다.

압축 공기는 압축 공기 차량을 개발하는 데 이용된 다른 유형의 에너지 저장방법이다. 압축 공기 차량은 Well to Wheel의 효율이 FCEM의 효율에 필적하며, 연료 체인 **fuel chain**은 훨씬 단순하기 때문에 최근 주목을 받고 있다. 압축 공기 차량의 연료 인프라 요구 사항은 연료전지 차량과 유사하다. 그리드로부터의 전력은 압축 공기 차량의 공기탱크에 공급되는 로컬 주유소에서 공기를 압축하는 데 사용된다.

플라이휠은 에너지를 운동 에너지로서 기계적 형태로 저장하는 저장 장치이다. 에너지는 회전 디스크에 저장되고 필요에 따라 방출된다. 전기에너지는 에너지를 저장하는 근원으로, 플라이휠 기술은 다른 대체품에 비해 경쟁력이 없다.

대량생산된 대체 차량에 에너지를 공급하기 전에 대체 에너지 저장 장치의 기술적 과제를 극복해야 한다. 일부 장치 기술은 다른 기술에 비해 훨씬 발전되어 있다. 모든 대체 에너지 저장 장치의 경우 에너지원은 본질적으로 2차 에너지원인 전기이며 지속 가능하지 않거나 재생 가능한 자원에서 파생되어야 한다. 최종 사용자 측에서도 파워트레인은 압축 공기 차량을 제외한 모든 대체 차량에서 전기를 사용한다.

이 장에서는 대체 에너지 저장 장치와 그 연료원에 대해 설명한다. 그중에서도 연료전지와 울트라커패시터 장치의 작동 원리와 모델링에 초점을 맞추고 있으며, 압축 공기와 플라이휠에 대해 간략하게 설명한다.

SECTION 6.1

연료전지

Fuel Cells

연료전지 fuel cell는 배터리와 같은 화학 반응을 이용해 전기를 생성하는 전기화학 장치이다. 연료전지의 경우 연료만 공급되면 전기를 생성할 수 있는 반면 배터리는 축적된 화학에너지로부터 전기를 생성하기 때문에 자주 재충전해야 한다.

[그림 6-1]은 연료전지의 기본 구조를 나타낸다. 이는 배터리와 마찬가지로 양극과 음극으로 구성된다.

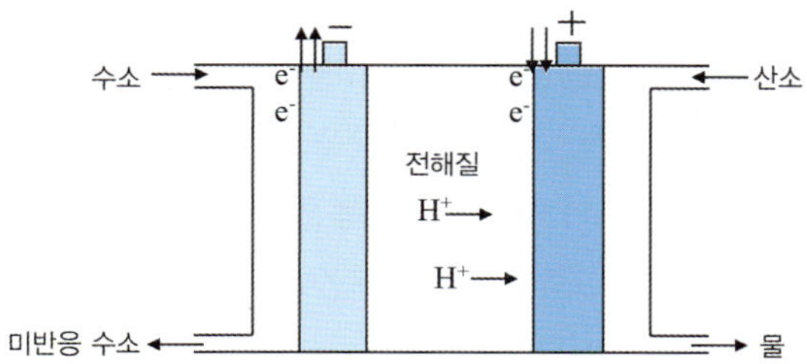

[그림 6-1] 연료전지의 기본 구조

셀에 공급되는 연료는 수소와 산소이다. 연료전지의 개념은 수소와 산소가 결합하여 전기와 물을 형성하는 물의 전기 분해 방식과 반대이다. 연료전지에 공급되는 수소 연료는 분자당 2개의 수소 원자가 화학결합하여 H_2 형태가 된다. 이 분자는 2개의 전자를 공유하면서 각각 1개의 양성자를 포함하는 2개의 분리된 핵으로 구성된다. 연료전지는 이러한 수소 분자를 분해하여 전기를 생성한다. 전기를 생성하는 과정에서 연료전지의 특성은 그 유형에 따라 달라진다. 다만 전기 생성 반응이 양극에서 발생한다는 사실은 항상 동일하다. 수소 분자는 수소 이온과 전자를 방출하는 화학 반응에 의해 양극에서 4가지 부분으로 나뉜다. 촉매 catalyst는 반응을 가속화하고, 전해질은 본질적으로 2개의 단일 양성자인 2개의 수소 이온이 2개의 전극 사이에 배치된 전해질을 통해 음극으로 이동할 수 있게 한다. 외부 회로를 통한 양극에서 음극으로의 전자흐름은 전기를 생성한다. 전지의 반응을 완료하려면 산소 또는 공기를 음극에 통과시켜야 한다. 음극 반응은 2단계로 일어난다. 먼저 분자 내의 두 산소 원자 사이의 결합이 절단되고, 각 이온화된 산소 원자가 양극으로부터 외부 회로를 통해 오는 두 개의 전자를 잡고 음전하를 띠게 된다. 음전하로 대전된 산소 원자는 음극에서 양전하로 대전된 수소 원자와 균형을 이루고, 이 결합은 일반적으로 물이라고 알려진 H_2O를 생성한다. 연료전지에서 일어나는 화학 반응은 다음과 같다.

$$H_2 \rightarrow 2H^+ + 2e^- \qquad \text{(양극)}$$

$$2e^- + 2H^+ + \frac{1}{2}(O_2) \rightarrow H_2O \qquad \text{(음극)}$$

$$H_2 + \frac{1}{2}O_2 \rightarrow H_2O \qquad \text{(셀)}$$

연료전지의 기본 개념은 1846년 윌리엄 로버트 그로브**William Rovert Grove**에 의해 소개되었다. 연료전지는 NASA가 대체 전원을 위한 장치를 개발했을 때 우주에서 처음으로 적용되었다. 연료전지의 전원은 먼저 달 탐사선에서 사용되었으며, 현재도 NASA의 우주선에서 사용되고 있다. 최근 몇 년 동안 EV 및 고정 전원 시스템과 같이 새로운 분야에서 응용하기 위해 연료전지에 대한 관심이 급증하고 있다. 여러 미국 연구기관 및 기업이 후원하는 연구는 두 가지 주요 목표를 가지고 셀 성능을 향상시키려고 시도하였다. 하나는 더 높은 반응속도를 통해 더 높은 전력 셀에 대한 요구를 만족시켜 탄화수소를 내부적으로 개선시키는 것이고, 나머지 하나는 반응물이 오염 물질에 대한 내성을 키우게 하는 것이다. 이러한 이유로 연구는 전극과 전해질에 대한 새로운 물질을 찾는 데 집중되었다. 다른 종류의 연료전지는 각각 장점과 단점이 있다. 작동온도가 높으면 더 높은 반응속도를 얻을 수 있지만, 차량에 적용하기에는 낮은 작동온도가 더 적합하다. 또한 고정된 애플리케이션에 대해서는 신속한 작동 및 열병합 발전**cogeneration**[1] 기능이 바람직하다.

6.1.1 연료전지의 특성

이론적으로 연료전지는 일정한 온도에서 작동하므로 연료전지 화학 반응의 모든 자유에너지가 전기에너지로 변환되어야 한다. 연료전지의 수소 연료는 열-기계 변환을 우회하는 IC 엔진에서처럼 연소되지 않는다. 또한 동일한 온도에서 동작하기 때문에 이러한 직접 전기화학 컨버터의 효율은 열기관에 부과되는 카르노 사이클**carnot cycle** 효율의 제한을 받지 않는다. 연료전지는 등온 조건에서 화학 반응의 깁스**Gibbs** 자유에너지를 전자 형태의 전기에너지로 변환한다. 일정한 온도와 압력에서 작동하는 연료전지의 최대 전기에너지는 깁스 자유에너지의 변화에 의해 주어진다.

$$W_{el} = -\Delta G = nFE \qquad \textbf{(6.1)}$$

여기서, n은 양극 반응에 의해 생성된 전자의 수, F는 패러데이 상수(96,485C/mol), E는 가역전위**reversible potential**이다. 표준 조건(1기압, 25℃)에서 물 생성 반응 $H_2(g) + \frac{1}{2}O_2(g) \rightarrow H_2O(l)$에 대한 깁스 자유에너지 변화는 -236kJ/mol 또는 -118MJ/kg이다. $n=2$인 경우, 동일한 조건 하에 최대 가역 전위는 식 (6.1)을 사용하여 계산하면 $E_0 = 1.23$V이다. 수소-산소 연료전지의 실제 작동 조건에서 최대 가역 전위는 네른스트**Nernst**의 공식에 의해 다음과 같이 주어진다.[1]

1 열병합 발전은 연료전지의 폐열을 이용하여 기존의 방법으로 전기를 생산하는 능력을 말한다.

$$E = E_0 + \left(\frac{RT}{nF}\right)\ln\left[\frac{C_H \cdot C_O^{1/2}}{C_{H_2O}}\right] \tag{6.2}$$

여기서 T는 켈빈 온도, R은 특정 가스상수, C_H, C_O, C_{H_2O} 는 반응물 및 생성물의 농도 또는 압력이다.

[그림 6-2]는 수소/산소 셀의 전압-전류 출력 특성을 나타낸다. 셀당 약 1V의 높은 전위는 실제 셀에서는 달성할 수 없는 이론적 예측이다. 저항 손 **ohmic loss**으로 인해 전기 전위가 감소하는 것은 실제 연료전지가 작동하는 선형 영역을 나타낸다. 셀 내의 저항성 구성요소는 실제 연료전지의 효율을 제한한다. 셀의 작동 전압은 누설전류가 증가함에 따라 떨어진다. 누설전류는 연료전지를 구동하거나 HEV를 설계하는 데 매우 중요하다. 셀 전위는 작기 때문에 여러 셀을 직렬로 쌓아 원하는 전압을 실현해야 한다. 연료전지의 주요 이점은 스케일링에 대한 민감도가 낮다는 것이다. 즉 연료전지가 kW 범위의 시스템 효율과 MW 범위의 시스템 효율이 매우 유사하다는 것을 의미한다.

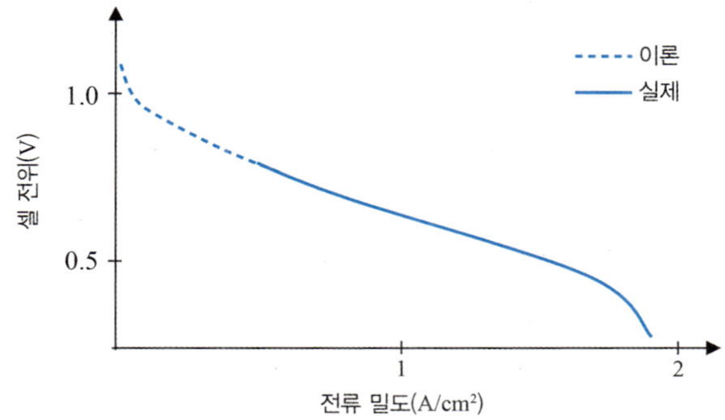

[그림 6-2] 수소/산소 전지의 전압과 전류의 관계

6.1.2 연료전지의 종류

연료전지의 종류에는 알칼리성 **alkaline**, 양성자 교환막(PEM), 직접 메탄올 **direct methanol**, 인산, 용융탄산염 **molten carbonate** 및 고체 산화물 **solid oxide** 연료전지가 있다. 차량 및 고정 애플리케이션의 맥락에서 각 유형의 관련 특성에 대한 간략한 설명은 다음과 같다.[2~3]

■ 알칼리형 연료전지

알칼리형 연료전지(AFC)는 수산화칼륨(KOH)의 수용액을 전해질로 사용한다. 산성 전해질이 사용되는 다른 연료전지와 비교하면 알칼리 전해질의 성능은 산성 전해질만큼 우수하지만, 전극에 대한 부식성은 상당히 낮다. AFC는 실제 오랜 시간 사용되었으며 최대 60%의 전기 효율을 제공한다. 연료로는 순수한 수소가 필요하고 저온(80℃)에서 작동하기 때문에 차량용으로 적합하다. 잔열은 난방에 사용할 수 있지만, 열병합 발전에 사용할 수 있는 증기를 생성하기에는 셀 온도가 충분히 높지 않다는 단점이 있다.

■ 양성자 교환막 연료전지

양성자 교환막 연료전지 PEM는 고체 전해질을 사용하며, 마찬가지로 저온(80℃)에서 동작한다. 고체 고분자 전해질의 예로는 내피온 nafion이 있다. 이 연료전지는 고체 고분자막 연료전지로도 알려져 있다. PEM 연료전지의 전기 효율은 AFC 연료전지의 전기 효율(약 40℃)보다 낮다. 그러나 견고하고 단순한 구조로 인해 차량 응용 분야에 매우 적합하다. PEM과 AFC는 현재 차량 응용 분야에서 고려되는 두 가지 유형의 연료전지이다. PEM 셀의 장점은 AFC에 필요한 순수한 수소에 비해 연료의 불순물에 대한 내구성이 좋다는 것이다.

■ 직접 메탄올 연료전지

직접 메탄올 연료전지 DMFC는 차량 내 운반이 가능한 연료로, 메탄올을 활용하고 연료전지에 수소를 공급할 수 있도록 개선한 연료전지이다. DMFC는 온도가 90℃ ~ 120℃ 범위까지 증가하여 내부적인 메탄올을 수소로 변환할 수 있다는 점을 제외하고는 PEM과 동일한 원리로 작동한다. DMFC의 전기 효율은 약 30％로 매우 낮지만, 메탄올을 효율적으로 개선하고 메탄올의 존재 하에서 산소를 환원하기 위한 우수한 전기촉매의 연구가 진행 중이기 때문에 여전히 설계 단계에 있다.

■ 인산 연료전지

인산 연료전지 PAFC는 1세대 연료전지에 해당한다. 사용되는 전해질은 인산이며, 셀 작동 온도는 약 200℃ 이므로 일부 열병합 발전이 가능하다. 이 셀의 전기 효율은 약 40%로 합리적이다. 이러한 유형의 연료전지는 운송 애플리케이션에서는 너무 부피가 큰 것으로 간주되는 반면, 고정 애플리케이션에서는 고효율 설계가 존재한다.

■ 용융 탄산염 연료전지

원래 석탄으로 직접 동작하도록 개발된 용융 탄산염 연료전지 MCFC는 600 ℃ 에서 동작하며, 음극에는 CO 또는 CO_2, 양극에는 수소가 필요하다. 셀은 전해질로 탄산염을 사용한다. 이러한 연료전지의 전기 효율은 약 50％로 높지만, 과도한 열은 효율 향상을 위해 열병합 발전으로 사용할 수 있다. 높은 온도 때문에 차량용으로는 적합하지 않지만, 정지형 발전에는 사용할 수 있다.

■ 고체 산화물 연료전지

고체 산화물 연료전지**SOFC**는 용액이나 폴리머가 아닌 고체 이온 전도체를 전해질로 사용하여 부식 문제를 줄일 수 있다. 그러나 이러한 세라믹으로 적절한 이온 전도성을 달성하려면 시스템을 매우 높은 온도에서 작동시켜야 한다. 이트리아 안정화 지르코니아**Yttria Stabilized Zirconia, YSZ**를 전해질로 사용할 당시 동작을 위해 1,000℃ 의 높은 온도가 필요했지만, 저온에서 전해질로 기능할 수 있는 재료를 찾으면서 중온형 SOFC가 탄생했다. 이 연료전지는 50% ~ 60%의 높은 전기 효율을 가지며 잔열은 열병합에도 사용할 수 있다. 차량용으로는 적합하지 않지만, 현재로서 정지형 발전에는 최적인 선택이다.

앞서 설명한 연료전지의 특징은 [표 6-1]에 요약되어 있다.

[표 6-1] 연료전지의 유형

종류	연료	전해질	동작 온도	효율	응용 분야
인산	H_2, 개질 (LNG, 메탄올)	인산	~200℃	40%~50%	고정식 (>250kW)
알칼리성	H_2	수산화칼륨 용액	~80℃	40%~50%	모바일
양성자 교환막	H_2, 개질, LNG, 메탄올	고분자 이온 교환 필름	~80℃	40%~50%	EV/HEV, 산업용 최대 80kW
직접 메탄올	메탄올, 에탄올	고체 폴리머	90℃~100℃	~30%	EV/HEV, 소형휴대용 (1W~70kW)
용융 탄산염	H_2, CO (석탄가스, LNG, 메탄올)	탄산염	600℃~700℃	50%~60%	고정식 (>250kW)
고체 산화물	H_2, CO (석탄가스, LNG, 메탄올)	이트리아 안정화 지르코니아	~1,000℃	50%~65%	고정식

[표 6-2]는 연료전지에 사용되는 다양한 연료의 사용 가능 에너지와 상대적인 비용을 나타내었다.

[표 6-2] 사용 가능한 에너지 및 연료 비용

연료	가용 에너지(MJ/kg)	상대 비용(MJ)
공장에서 95% 순수한 수소	118.3	1.0
99% 순수 실린더 수소	120	7.4
LPG(프로판)	47.4	0.5
가솔린	46.1	0.8
메탄올	21.8	3.3
암모니아	20.9	3.6

EV 및 HEV의 주요 에너지원으로 연료전지를 선택하기 위해서는 연료전지 기술 자체부터 시스템을 지원하는 인프라에 이르기까지 다양한 문제를 고려해야 한다. 앞서 논의한 바에 기초하여 차량에 적합한 연료전지는 알칼리성 또는 양성자 교환 설계이며, 고정 애플리케이션의 경우 고체 산화물 연료전지이다. EV 및 HEV의 애플리케이션에서는 아직 연료전지의 크기, 비용, 효율 및 과도한 기동 시간이 허용되지 않는다. 연료전지를 작동하기 위해 필요한 컨트롤러의 복잡성은 또 다른 측면에서 주의해야 한다. EV 및 HEV의 실행 가능성은 시제품 차량뿐만 아니라 우주 산업에서 잘 입증되었지만, 아직 완벽하지는 않은 상태이기 때문에 장기적인 기술 개발이 이뤄지고 있다.

6.1.3 연료전지 모델

연료전지는 모든 물리적 과정이 본질적으로 배터리와 유사한 전기화학 장치이다. 연료전지와 배터리의 유일한 차이점은 전자의 에너지원은 외부적인 반면, 후자는 내부에 저장된다는 것이다. 연료전지에 대한 집중 매개변수 모델**lump parameter model**은 전기화학에 기반하여 레이샤**Lei Xia**에 의해 개발되었다.[4] [그림 6-3]은 연료전지 모델의 구조를 나타낸다.

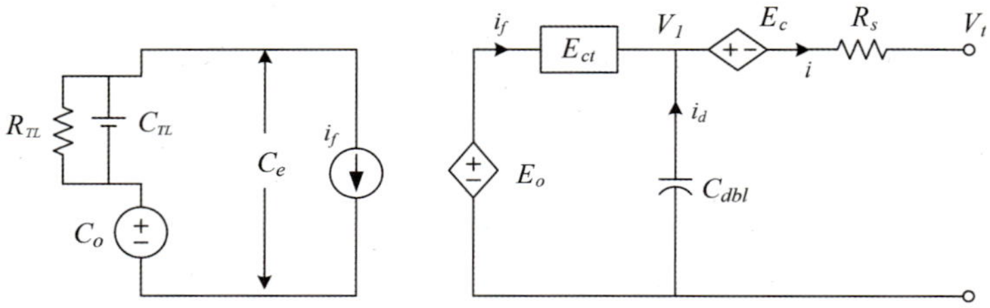

[그림 6-3] 전기화학의 기본 원리에 기초한 연료전지 모델

모델의 매개변수는 다음과 같다. 지정된 매개변수는 단일 셀에 대한 것이다. 여러 개의 셀을 직렬로 적층하여 애플리케이션을 위한 연료전지 장치를 만든다. 이 모델은 주어진 유량에 대한 출력 $i-v$ 특성을 예측하는 데 유용하다.

- 연료 농도 : $C_0 = 10$
- 확산 처리 매개변수 : $R_{TL} = 0.001\,\Omega$, $C_{TL} = 200\text{F}$
- 개회로 전압(네른스트 방정식) : $E = 1.4 + 0.052\,(2p_0)\ln C_d$ (p_0은 정규화된 연료 유량)
- 전하 이동 분극(타펠 방정식) : $E_{ct} = 0.1 + 0.26\ln(i_f)$
- 옴 저항 : $R_\Omega = 0.002\,\Omega$
- 이중층 커패시터 : $C_{dbl} = 3{,}000\text{F}$
- 농도 분극 : $E_C = 0.06\ln\left[1 - \dfrac{i}{100}\right]$

연료전지와 배터리의 집중 매개변수 모델은 확산 처리 매개변수**diffusion process parameter**의 표현 방식에 차이가 있다. 배터리에서 전해질은 이온의 대량 이동을 위한 매개체를 제공할 뿐만 아니라 에너지를 저장하기 때문에 전해질의 상대적인 부피 또는 물리적 크기가 비교적 커야 한다. 이는 배터리가 연료전지에 비해 훨씬 빠른 응답성을 가지고 있기 때문이기도 하다. 연료전지에서 전해질은 확산 처리를 통해서만 전류 전도 매개체의 역할을 한다. 연료전지의 전해질 층은 상당히 얇고, 전극 사이에 전기 절연을 제공하기에 충분하도록 설계된다. 연료전지는 주로 과도 반응을 나타내기 위해 RC 회로를 사용하여 확산 과정을 나타낸다. 농도 분극을 위한 함수는 연료전지 모델에서 다르게 표현되며 이는 방전 전류의 함수로 모델링된다.

6.1.4 수소 저장 시스템

수소 저장 시스템은 연료전지를 동력원으로 하는 EV/HEV 인프라의 미래 개발에 중요한 역할을 한다. 대기압의 수소 가스는 에너지 밀도가 상당히 낮아 저장하기에 적합한 연료가 아니다. 수소는 압축가스 또는 액화가스로 저장될 수 있으며 금속 수소화물**hydrides**이나 탄소나노튜브를 사용하여 보다 발전된 방식으로 저장될 수 있다. 압축된 형태의 가스 저장 방식은 오랫동안 사용되어 왔지만 일반적으로 수백 기압의 압력에서 저장이 가능하도록 가스를 압축해야 하기 때문에 많은 양의 에너지가 필요하다.[5] 액체 수소(H_2)를 생성하기 위해서는 극저온에서 냉각시키면서 추가적인 압축이 필요하다. 따라서 차량의 저장 시스템으로 활용될 가능성은 낮다.

H_2를 저장하기 위해서는 금속 수소화물이나 탄소 나노 튜브를 사용할 수 있다. 여기서 가스는 낮은 압력 수준(수십 기압)으로 압축되어 시스템에 저장된 수소의 압력, 온도 및 양에 따라 H_2를 흡수 및 방출할 수 있는 물질로 채워진 연료 탱크에 공급된다. 금속수소화물을 사용하면 저장에 필요한 부피와 압력을 줄일 수 있다. 실제로 금속수소화물은 동등한 부피의 액체 수소보다 두 배 더 많은 수소 원자를 포함할 수 있다. 다만 문제는 다른 물질보다 훨씬 무겁다는 것이다. 하지만 현재 일부 자동차 제조업자들은 이를 차량 구조에 포함시키기 위해 노력하고 있으며 전체적으로 허용 가능한 차량 중량을 초과하지 않을 수 있다. 수소를 저장하기 위해 탄소나노튜브 기반의 재료를 사용할 경우 대부분의 중량 페널티를 제거할 수 있으므로 전망이 좋다. 그러나 탄소나노튜브가 수소 저장 물질로서 유용한지에 대해서는 여전히 논란의 여지가 많다는 점에 주목해야 한다.

연료전지 EV의 대중화를 위해 극복해야 할 논란 중 하나는 수소를 취급하는 데 있어 안전성을 유지하는 것이다. 이는 에어 프로덕츠**Air Products and Chemicals, Inc.**와 샌디아 국립연구소**Sandia, National Laboratories** [6~7]와 같은 공공 기관뿐만 아니라 상업 기관에서 조사되었으며 안전한 취급을 위한 권고 사항이 발표되었다.[6] 또한 포드**Ford** 사의 보고서는 적절한 엔지니어링이 있다면 수소 자동차의 안전성이 프로판이나 가솔린 차량의 안전성보다 우수할 수 있음을 시사했다.[5]

6.1.5 개질기

자동차 산업에서는 메탄올, 에탄올 또는 가솔린을 연료로 이용해 차량에서 연료전지용 수소로 개질하는 방법을 모색해 왔다. 개질기 **reformer**는 메탄올과 같은 탄화수소를 수소 및 기타 부산물로 분해하는 연료처리장치이다. 이 방법은 수소 가스에 비해 탄화수소 연료의 취급이 용이하고 순수한 수소의 저장 및 생성이 어려운 것으로 입증되었다.

차량용 연료전지의 개질 기술로 인정되는 방법은 증기 개질, 부분 산화 및 자동 열처리이다. 사용 가능한 두 종류의 증기 개질 장치는 연료로 메탄올과 천연 가스를 사용한다. 가솔린도 연료로 사용할 수 있지만, 가솔린의 개질은 비용이 많이 들고 복잡하기 때문에 제외한다. 메탄올(CH_3OH)은 수소로 상당히 쉽게 개질되고 실온에서 액체이기 때문에 개질 장치에 가장 유망한 연료이다. 메탄올 증기 개질기가 작동하는 방법에 대한 설명은 다음과 같다.

메탄올 증기 개질기의 첫 번째 단계는 메탄올을 물과 혼합하는 것이다. 이 혼합물을 약 250℃ ~ 300℃로 가열하고 저압에서 촉매와 반응시킨다. 백금은 개질 장치에서 가장 널리 사용되는 촉매이지만, 아연 및 구리와 같은 다른 금속도 사용할 수 있다. 메탄올 증기 개질기에서 일어나는 화학 반응은 다음과 같다.

❶ $CH_3OH \rightarrow CO + 2H_2$

❷ $2H_2O\ (gas) \rightarrow 2H_2 + O_2$

❸ $H_2 + O_2 + CO \rightarrow CO_2 + H_2O$

❶ 촉매는 먼저 메탄올을 일산화탄소와 수소 가스로 분해한다. ❷ 이때 발생한 열은 물을 수소와 산소로 분해한다. ❸ 물의 분해로 남은 산소는 오염물질인 일산화탄소와 결합하여 또 다른 온실가스인 이산화탄소를 생성한다. 따라서 메탄올 증기 개질 장치로부터의 배기가스로 방출되는 주요 오염물질은 이산화탄소이지만, 농도는 내연기관의 배기에 비해 미미하다.

개질 장치를 사용하는 데 있어 연료의 생산 및 유통을 위한 인프라는 이미 갖추어져 있다. 그러나 메탄올은 높은 부식성을 가지고 있어 이를 연료로 사용하는 것이 쉽지 않다.[3] 수소 가스는 진정한 무공해 차량으로 이어지지만, 메탄올 및 기타 가능한 바이오매스 **biomass** 연료를 포함하여 탄화수소 연료의 개질은 배출원만을 개질 시설로 옮긴다는 점에 유의해야 한다. 뿐만 아니라 메탄올 및 수소를 취급하기 위해 안전성에 대해서도 유의해야 한다. 메탄올 증기는 가솔린과 같은 밀폐된 공간에 축적되어 폭발 가능성이 있는 혼합물을 형성하는 경향이 있는 반면, 수소는 통풍이 잘 안 되는 공간에서도 쉽게 빠질 수 있다. 메탄올을 기반으로 한 Well to Wheel의 전체적인 효율성은 가솔린을 기반으로 한 내연 기관차의 효율과 비슷하거나 더 낮다.

6.1.6 연료전지 전기 차량

대부분의 FCEV는 원료를 수소로 개질하는 연료처리장치, 연료전지 스택과 제어장치, 전력 처리 장치와 제어장치, 그리고 전기 기계와 드라이브 트레인으로 구성된 추진 장치를 포함하는 연료저장 시스템으로 구성된다. 연료전지는 전류원형 **current source type**의 특성을 가지고 있으며 전지의 출력 전압은 낮다. 더 높은 전압 레벨을 얻으려면 여러 개의 연료전지를 직렬로 적층해야 하며, AC 추진 모터를 구동하는 DC/AC 인버터와 인터페이스하기 위해 출력전압을 승압해야 한다. FCEV 시스템의 블록 다이어그램은 [그림 6-4]와 같다.

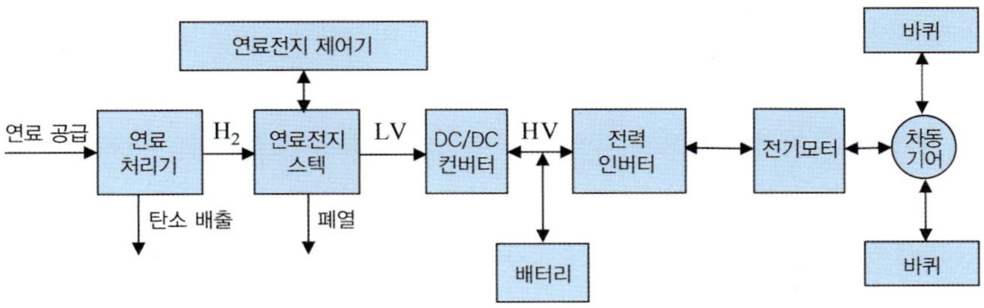

[그림 6-4] 연료전지 기반 EV 시스템 구성도

연료전지의 출력전압은 상대적으로 낮다. DC/DC 컨버터는 전기모터 드라이브에 공급되기 전에 전압을 승압하고 조절하는 데 사용된다. 연료전지와 전기모터 사이의 전력전자 인터페이스 회로에는 전압 승압용 DC/DC 컨버터, AC 모터에 공급하는 DC/AC 인버터, 제어용 마이크로프로세서/디지털 신호 프로세서, 에너지 저장용 배터리/콘덴서가 포함된다. 연료전지 스택의 시정수는 전기 부하 역학의 시정수보다 훨씬 느리다. 배터리 저장 시스템은 과도 상태 또는 과부하 상태에서 전력을 공급하고 회생 제동으로 인한 역방향 에너지를 흡수하기 위해 필요하다. [그림 6-4]와 같이 고전압 배터리 팩은 고전압 DC 링크와 직접 인터페이스 할 수 있다. 이때 배터리 팩에는 수많은 직렬 셀이 필요하다. 이를 대체하기 위해 양방향 DC/DC 컨버터 링크는 저전압 배터리 팩과 고전압 DC 버스를 인터페이스 할 수 있다. 연료전지의 전기적인 출력은 배터리 팩에 의해 유지되는 저전압 DC 버스에 공급된다. 저전압 배터리 팩이 있는 FCEV 시스템 구조는 [그림 6-5]에 나타내었다. 시스템 구성도는 도요타 사의 미라이 **Mirai** FCEV에서 사용되는 것에 가깝고 구성요소 등급 또한 유사하다.[8] FCEV에서 배터리 팩, 파워트레인은 울트라커패시터로 대체할 수 있다.

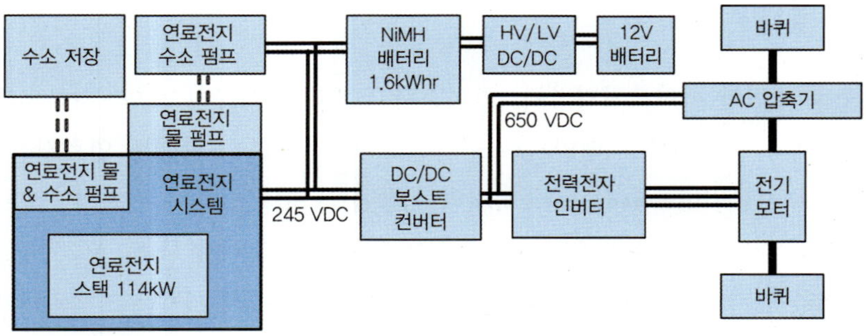

[그림 6-5] 도요타 미라이와 유사한 시스템 구성도 및 컴포넌트 등급의 FCEV

연료전지의 성능은 저전압 및 고전류 출력 특성으로 인해 부하 변동에 민감하다. 전압 및 전류 피드백 정보를 사용하는 연료전지 제어장치는 최소한의 과잉 수소**excess hydrogen**로 필요한 전기 동력을 전달하는 반응 속도를 달성하기 위해 연료전지 스택으로 유입되는 수소의 흐름을 조절한다. 유량을 변경하지 않고 연료전지에서 더 많은 전력을 끌어내려고 하면 수소 농도와 출력전압이 떨어지고 연료전지 막이 손상될 수 있다.[9] [그림 6-6]은 유량의 함수로서 연료전지의 특성 곡선을 나타내었다.

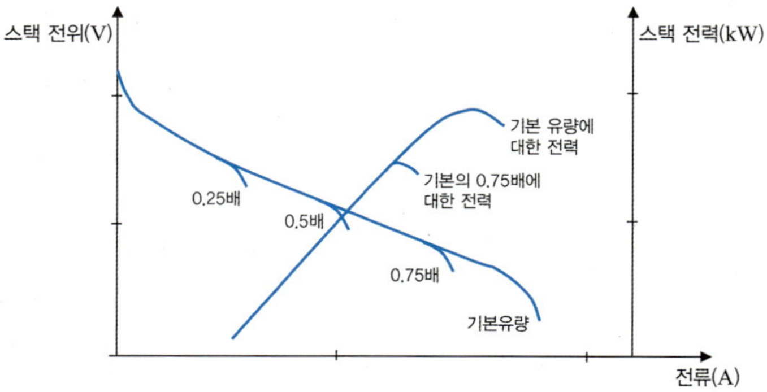

[그림 6-6] 유량의 함수로서 연료전지의 특성

수소 이용률이 100%에 가까워지면 셀은 내부 손실이 클 때 전류 제한 모드가 된다. 연료전지 제어장치는 적절한 작동 효율을 유지하기 위해 전류 제한 상태에서 작동을 피해야 한다. 연료전지 스택의 출력은 수소의 유량이 감소할수록 적게 전달된다. 견인에 필요한 출력이 낮은 경우에는 연료전지를 감소된 유속으로 운전하면서 연료 낭비를 최소화한다. 이상적인 제어장치는 원하는 추진력을 낼 수 있는 전기를 생성하기 위해 셀이 소비하는 것과 정확히 동일한 속도로 연료를 셀에 공급한다. 그러나 연료전지의 응답 특성이 느리기 때문에 중단 없이 작동하려면 예비 에너지가 필요하다.

연료전지 반응에서 부산물은 과잉 수소와 함께 셀을 나가는 증기 형태의 물이다. 수증기는 차량 내 난방에 사용될 수 있지만, 수소는 시스템에서 쓸모가 없으므로 배출된다.

참고

도요타 미라이 FCEV는 도요타 사가 제조한 중형 수소 연료전지 세단으로 2014년 11월 로스앤젤레스 오토쇼에 처음 등장했다. 미라이는 연료 효율이 높은 수소 연료전지 차량으로 도시, 고속도로 및 복합 주행의 세 가지 범주에서 연료 경제 등급이 28km/L이며, 완전히 충전했을 때 총 502km를 주행할 수 있다. 미라이의 가속도는 9초 동안 0 ~ 97km/h이다. 미라이는 2019년 말까지 일본, 북미, 유럽에서 1만 대 이상 판매되었다. 미라이의 파워트레인 구성요소와 그 사양은 2017 도요타 미라이[8]를 기준으로 아래에 제시되어 있다.

- 연석 질량 : 1,930kg
- 수소 저장 : 10,000psi, 5kg H_2
- 연료전지 : 고체 고분자 전해질 연료전지, 스택당 370셀, 144kW, 3.1kW/L, 2.0 kW/kg
- 전기모터 : 영구자석 AC 기기, 피크 파워, 113 kW, 피크 토크 335 N·m
- 배터리 팩 : NiMH 1.6kWh, 245V(공칭)
- 파워트레인 DC/DC 부스트 컨버터 : 245 ~ 650 V_{DC}

공냉식 NiMH 배터리 팩은 트렁크에 패키지 되어 있다. 전기모터와 공기 압축기는 앞바퀴 사이에 일렬로 패키징되어 있다. 부스트 DC/DC 컨버터와 함께 연료전지 스택은 차량 중앙 아래에 있다. 트렁크와 조수석 아래에는 두 개의 수소 탱크가 있다.

미라이는 제어 전략에 따라 강력한 부하를 가하는 우세한 연료전지 EV이다.[8] 가속 중에는 배터리 팩의 도움을 받아 연료셀이 대부분의 전원을 공급한다. 정속 주행 중 매우 역동적인 속도 변화를 통해 연료전지 동력은 동적 부하 변화를 따른다. 연료전지는 배터리 팩이 비활성 상태에서 정상상태로 주행할 때 모든 전력을 공급한다. 차량이 정지하면 연료전지 출력은 없다. 배터리 팩은 연료전지 스택으로 가는 수소 흐름이 멈추고 연료전지의 개방회로 전압이 떨어지면 단시간 동안 저속으로 타력 주행 시 모든 전력을 공급한다. 연료전지의 개회로 전압은 315V이며, 과부하 시에는 전압이 약 225V로 낮아진다. 연료전지 시스템의 최대 효율은 최대 출력의 약 10%에서 63.7%이며, 최대 출력의 25%에서는 약 58%이다.

예제 6.1

SAE 스케줄 D J227A의 주행 사이클에서 연료전지 EV의 전기모터가 끌어들이는 전류는 다음과 같다.

$$I = \begin{cases} 9.36t + 1.482\mathrm{E} - 3t^3\,\mathrm{A} & (0 < \mathrm{t} < 28) \\ 61.42\mathrm{A} & (28 < \mathrm{t} < 78) \\ 0\mathrm{A} & \text{그 외} \end{cases}$$

차량에 사용되는 PEM 연료전지의 연료 유량은 다음과 같다.

$$N_f = \frac{405I}{nF}\ \mathrm{g/s}$$

(a) 스케줄 D의 한 사이클에 필요한 연료(수소)의 양을 계산하라.

(b) 수소 5kg의 저장 용량에 대해 스케줄 D를 사용하여 차량의 주행거리를 계산하라.

풀이

(a) 주어진 방정식으로부터 연료 유량은 다음과 같다.

$$N_f = \begin{cases} 0.01964t + 3.11\mathrm{E} - 6t^3 & (0 < t < 28) \\ 0.1289 & (0 < t < 78) \\ 0 & \text{그 외} \end{cases}$$

1사이클에 필요한 연료(수소)의 양은 $t = 0$에서 $t = 78$초까지의 $N_f(t)$를 적분함으로써 얻을 수 있다. 수치 적분을 사용하여 다음을 나타낼 수 있다.

$$\int_0^{78} N_f(t)dt = 15.1\mathrm{g}$$

(b) 스케줄 D의 경우 1사이클은 1km와 같다. 따라서 5 kg의 수소는 5,000/15.1의 범위를 가진다.

SECTION 6.2

울트라커패시터

Ultracapacitors

울트라커패시터 **ultracapacitor**와 슈퍼 커패시터 **super capacitor**는 장치가 배터리처럼 기능할 수 있도록 전력 밀도를 희생시키면서 에너지 밀도를 높인 것으로, 기존 커패시터의 파생물이다. 울트라커패시터와 슈퍼 커패시터는 종종 같은 의미로 사용된다. 울트라커패시터는 대칭형과 비대칭형으로 구분된다. 대칭형 울트라커패시터에서는 전기화학적 반응이 일어나지 않으며, 공정은 완전히 비패러데이이다. 이 울트라커패시터는 두 개의 동일한 분극성 탄소 전극을 사용하여 대칭적으로 설계되었다. 이 책에서는 이러한 유형을 단순히 울트라커패시터라고 언급한다. 비대칭 울트라커패시터는 패러데이 및 비패러데이 과정이 동시에 발생하도록 설계되어 장치의 에너지 밀도를 향상시킨다. 비대칭 울트라커패시터는 일반적으로 슈퍼 커패시터라고 불린다.

6.2.1 대칭형 울트라커패시터

커패시터는 동일한 양전하와 음전하를 분리하여 에너지를 저장하는 장치이다. 커패시터의 기본 구조는 절연체인 유전체로 분리된 두 개의 도체 판으로 구성되어 있다. 기존 커패시터의 전력 밀도는 매우 높지만($\sim 1{,}012\,\mathrm{W/m^3}$), 에너지 밀도는 매우 낮다($\sim 50\,\mathrm{W/m^3}$).[10] 일반적으로 전해질 커패시터 **electrolytic capacitor**로 알려진 기존 커패시터는 전기회로에서 완전히 다른 영역의 시간상수에 대한 중간 에너지 저장 요소로써 널리 사용되며 EV의 주요 에너지원으로 사용되는 에너지 저장 장치에 비해 훨씬 작은 차수이다. 커패시터는 절연 물질의 유전 상수에 정비례하고 두 도체 판 사이의 공간에 반비례하는 정전용량으로 설명된다. 치수 매개변수에 관한 구조의 정전용량은 다음 식으로 나타낼 수 있다.

$$C = \frac{\varepsilon A}{d}$$

여기서 ε은 유전체의 유전율, A는 면적, d는 전하의 이격거리이다. 기존 커패시터의 커패시턴스는 유전체 막으로 분리된 금속 호일 판을 감싸는 것으로 확립된다. 유전체 필름의 두께는 금속 전극에 통합된 전하를 분리한다. 커패시터의 정격 전압은 $\mathrm{V/m}$에 의해 주어진 절연 내력과 필름 두께에 의해 결정된다.

물리적 매개변수의 관점에서 커패시턴스는 도체 판들 사이의 전하의 크기와 그 사이의 전위차의 비율에 의해 측정된다.

$$C = \frac{q}{V}$$

여기서 q는 평행 도체판 사이의 전하, V는 평행 도체판 사이의 전압이다.

울트라커패시터는 기존의 커패시터 구조와 완전히 다르지만, 정전용량을 정하는 물리학적 원리는 동일하다. 울트라커패시터에는 전해질 커패시터와 같은 정전하에서의 전통적인 에너지 저장 외에도 이온 형태로 정전하를 저장할 수 있는 전해질이 포함되어 있다. 울트라커패시터의 내부 기능은 전기화학 반응을 수반하지 않는다. 울트라커패시터의 전극은 높은 내부 표면적을 갖는 다공성 탄소porous carbon로 만들어져 이온을 흡수하고 기존의 커패시터보다 훨씬 높은 전하 밀도를 제공한다. 이온은 전자보다 훨씬 느리게 이동하고 전해 커패시터에 비해 충전 및 방전 시정수가 훨씬 길어진다. 울트라커패시터 내에는 이온이나 전자의 이동이 없으며 공정은 단순히 전하의 분리 또는 분극이다. 따라서 셀 내의 화학 공정은 전적으로 비패러데이이다.

울트라커패시터는 기존의 유전체를 사용하는 대신, 동일한 기판의 두 층으로 된 활성탄소 판을 사용하여 이온 지름의 전하 이격 거리를 약 1nm가 될 수 있게 한다. 울트라커패시터의 구조는 [그림 6-7(a)]에 나와 있다. 탄소 판은 매우 작은 분말 입자로 만들어지며, 넓은 표면적을 가질 수 있도록 부드러운 구조를 형성한다. 탄소 덩어리 또는 매트릭스에는 전도성 전해질이 침투되게 한다. 매우 짧은 거리와 넓은 표면적에 걸쳐 전하를 효과적으로 분리하려면 전기 이중층(EDL)을 형성하여 매우 높은 커패시턴스를 생성해야 한다. 울트라커패시터의 양전하 및 음전하 매트릭스는 이온에 다공성인 전자 분리막에 의해 분리된다. EDL은 다공성 활성탄과 전해질 사이의 계면에서 발생한다. 이중층은 조밀층compact layer과 확산층을 포함한다.[11] 조밀층은 고체 전극과 전해질 접점의 계면에 형성되며 확산층은 전해액에 침투한다. 외부 회로에 전류를 흘리는 금속 호일 또는 전극은 양과 음의 탄소 매트릭스에 대해 배치된다. 각 탄소 매트릭스는 커패시터를 형성한다. 따라서 각 울트라커패시터는 본질적으로 두 커패시터의 직렬 조합이다. 고체 유전체 대신에 탄소 매트릭스 이중층을 사용하게 될 경우 2~3V 범위의 낮은 정격전압을 갖게 된다.

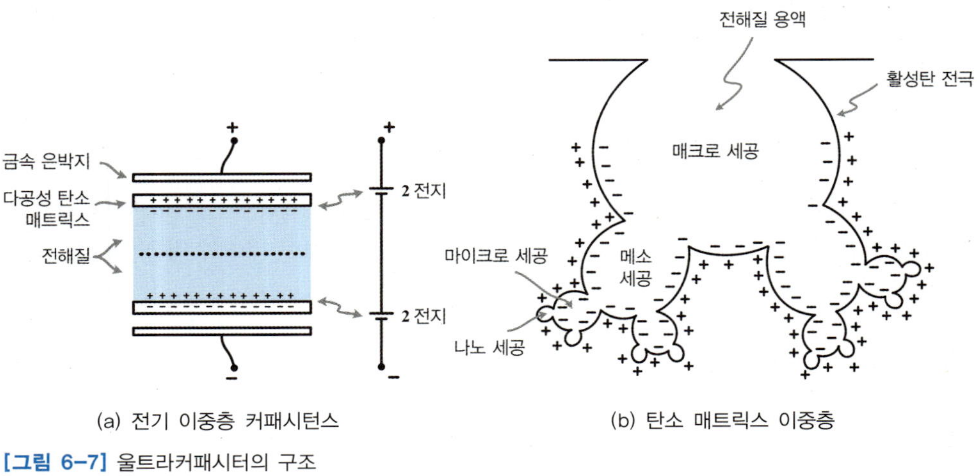

[그림 6-7] 울트라커패시터의 구조

ELD 구조의 다공성은 [그림 6-7(b)]에 나와 있다. 탄소 매트릭스에는 매크로**macro**, 메소**meso**, 마이크로**micro** 세공이 있다. 마이크로 세공은 이온 지름의 1.5 ~ 2배로 작기 때문에 완전한 이온은 하나의 세공 내에만 들어간다. 서브 마이크로 세공이라고 불리는 이온 지름보다 작은 세공이 존재하지만 이온은 여기에 들어갈 수 없다. 이온은 매크로 세공과 메소 세공의 층에 축적되어 전해질 내에 전계를 발생시킨다. 커패시터가 충전되면 전해액이 천천히 이온을 소모하고 충전 속도가 느려진다.

울트라커패시터의 전력 밀도와 에너지 밀도는 각각 10^6, $10^4\,W/m^3$ 정도이다. 에너지 밀도는 배터리보다 훨씬 낮지만($5\sim25\times10^4\,Wh/m^3$) 방전 시간은 훨씬 빠르고($5\times10^3$초 배터리에 비해 1~10초 빠르다) 사이클 수명은 훨씬 더 길다(100 ~ 1,000개의 배터리에 비해 10^5초 길다).[10, 12~13]

현재 4,000W/kg 및 15W/kg에 가까운 성능을 가진 울트라커패시터의 개발을 목표로 하고 있다. HEV에서는 울트라커패시터를 주 에너지원으로 사용할 가능성이 매우 높으며 자체적으로 충분한 에너지를 저장할 수 있도록 개선할 수 있다. 반면 비출력이 높은 울트라커패시터는 EV 및 HEV의 배터리나 연료전지와 조합한 중간에너지 전달 장치로서 가속과 힐 클라이밍 등 갑작스런 과도전력 수요를 제공하는 데 매우 적합하다. 이 장치는 회생 제동**regenerative bracking** 중에 회수된 에너지를 포착하기 위해 매우 효율적으로 사용할 수도 있다.

6.2.2 비대칭형 울트라커패시터

수성 전해질을 갖춘 대칭형 울트라커패시터는 1970년대 후반에 처음 등장했다. 비대칭 울트라커패시터는 1980년대에 처음 설계가 시작되었다. 비대칭 장치는 하나의 분극성 탄소 전극과 하나의 비분극성 전극**non polarizable** 및 비수성 전해질**non aqueous electrolyte**을 사용한다. 화학적 활동에는 셀의 작동 전압을 높이는 데 도움이 되는 패러데이 프로세스와 비패러데이 프로세스가 있다. 유사 축전지라고도 할 수 있는 비대칭 울트라커패시터는 대칭 울트라커패시터에 비해 높은 에너지 밀도를 가지며 매우 높은 펄스 파워를 가질 수 있다.

러시아 ESMA의 비대칭 울트라커패시터는 대칭 울트라커패시터와 같은 활성탄의 음극과 양극성의 비극성 패러데이 전극을 사용한다.[14] 양극은 산화니켈 수산화물로 만들어진다. 전해액은 알칼리 건전지에 사용되는 KOH의 수용액이다. 셀의 구조는 [그림 6-8]에 나와 있다. 이 양극 커패시턴스는 대칭형 울트라커패시터와 달리 동일한 치수의 음극 커패시턴스보다 훨씬 크다. 비대칭 울트라커패시터의 총 커패시턴스는 분극성 전극의 커패시턴스와 거의 같다.

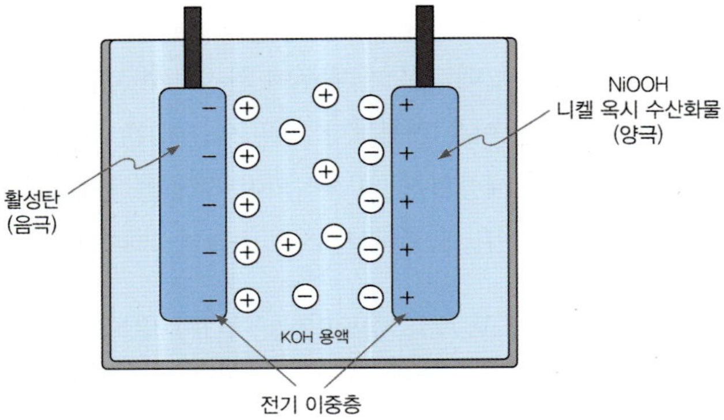

[그림 6-8] 비대칭 울트라커패시터

6.2.3 울트라커패시터 모델링

울트라커패시터는 탄소 전극에서 전해질의 분극에 의존한다. 활성탄의 세공 수가 많을수록 표면적이 증가하고 많은 전자가 축적된다. 전극에 축적되는 전자의 수는 울트라커패시터의 커패시턴스에 비례한다. 활성탄의 세공 크기는 균일하지 않으므로 커패시턴스는 주파수에 따라 달라진다. 전해질 중의 이온은 세공이 가장 큰 매크로 세공을 최고의 주파수로 충전할 수 있다. 이것은 이들이 집전체 **current collector**에 가장 가깝고 저항 경로가 최소이기 때문이다. 매크로 세공으로 인한 총 커패시턴스에 대한 기여도는 가장 빠른 시간상수를 갖는 울트라커패시터 장치의 고주파 동작을 나타낸다. 이온은 중간 주파수에서 메소 세공으로도 이동할 수 있다. 이 부분의 커패시턴스는 낮아지지만, 확산 저항은 매크로 세공에 비해 높다. 매우 낮은 주파수에서 이온은 마이크로 세공에 침투하여 이중층 커패시턴스에 기여할 수 있다.

울트라커패시터의 동작 모델은 여러 시간상수를 가진 분산 RC 네트워크를 사용한다. 수비에타 **Zubieta**와 보너트 **Bonert**가 개발한 3가지 비선형 모델은 [그림 6-9]에 나타내었다.[15]

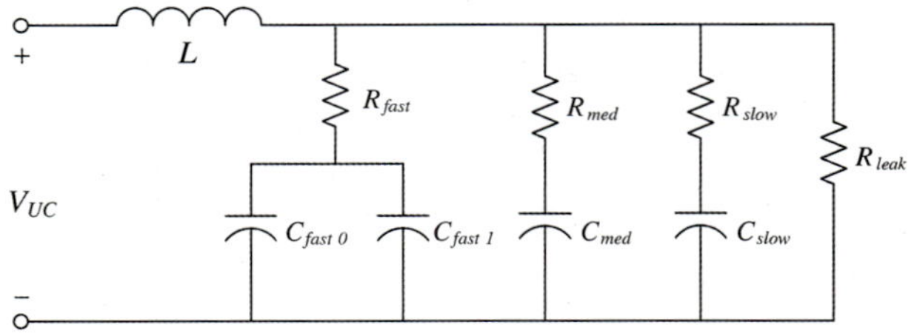

[그림 6-9] 토론토 모델

R_{fast}, C_{fast0}, C_{fast1} 요소를 가진 첫 번째 RC 병렬회로는 매크로 세공의 전하 축적 동작을 모델링한다. 구성요소는 초 단위의 시간 프레임에서 가장 높은 주파수의 동작을 나타낸다. 비선형 커패시턴스 C_{fast1}은 전압의 함수로서 이온이 세공을 채울 때 효과적인 표면 모양의 변화를 모델링한다.

R_{med}의 두 번째 병렬회로와 C_{med}는 초 단위의 시간 프레임에서 메소 세공 주변의 동작을 모델링한다. R_{slow} 및 C_{slow} 매개변수가 있는 세 번째 병렬회로는 마이크로 세공 주변의 활동을 나타내는 가장 느린 병렬회로이며 가장 느린 시정수를 가진다. 이 모델에는 누설을 나타내는 병렬 저항과 단자 및 전극용 직렬 인덕터도 포함되어 있다. 이 모델은 EV 및 HEV의 모터 구동 시스템에 울트라커패시터의 동작을 30분 이하 간격으로 나타내기 위해 개발되었다.

고속, 중속, 저속 병렬회로에 기초한 시정수 모델은 MIT에서 개발되었다. 이는 [그림 6-10]에 나타내었다.[16] 이 모델은 전압에 대한 비선형 의존성이 제거된 토론토 모델**Toronto model**의 단순화된 버전이다. 이 모델은 단기간의 시간 프레임에서 울트라커패시터의 동작을 설명한다.

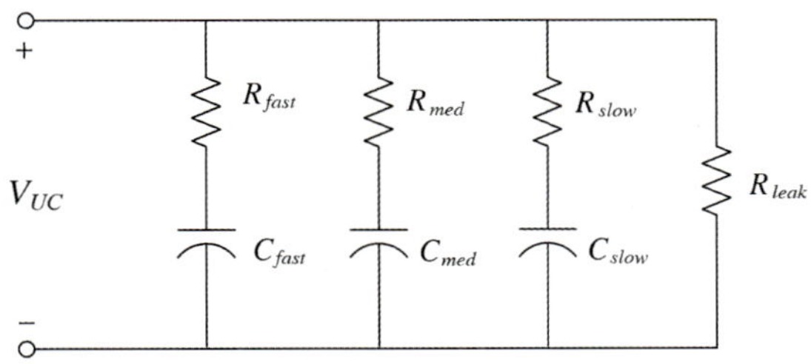

[그림 6-10] 3개의 시정수 모델

울트라커패시터 모델은 전기화학 영상 분광법(EIS)을 사용하여 얻은 주파수 응답 데이터를 기반으로 개발할 수도 있다. EIS는 시스템의 동적 동작을 매우 잘 모델링하지만, 파생된 모델은 다른 DC 바이어스를 고려하지 않으면 전압 종속 동작을 정확하게 예측하지 못한다. 매개변수는 EIS 시스템에 내장된 알고리즘을 사용하여 식별된다. 아헨**Aachen**에서 개발된 EIS 기반 모델은 [그림 6-11]과 같다.[17]

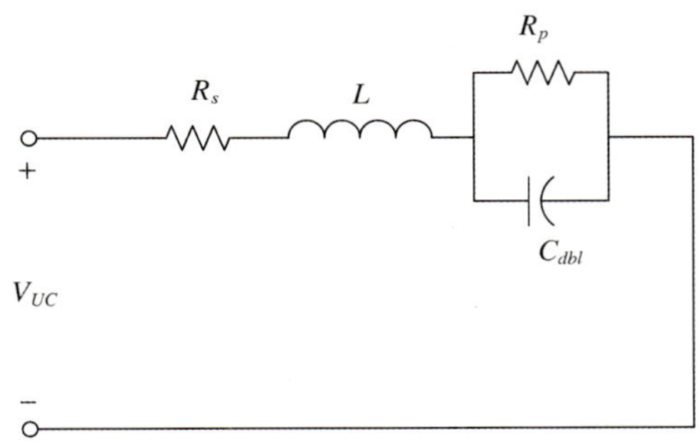

[그림 6-11] 아헨 EIS 모델

모델의 직렬 저항 R_s는 접촉 저항과 전해질 저항을 나타내며 직렬 인덕턴스 L_s는 단자와 전극의 인덕턴스를 나타낸다. 병렬 RC 네트워크는 복잡한 세공의 동작을 나타낸다. 이 모델은 울트라커패시터의 장기적인 동작을 나타내는 누설 저항을 포함하지 않는다. 모델의 주파수 영역 임피던스는 다음 식으로 나타낼 수 있다.

$$Z(s) = R_s + sL_s + \frac{\tau}{\sqrt{s\tau}\tanh(\sqrt{s\tau})}$$

SECTION 6.3

압축 공기 저장

Compressed Air Storage

압축 공기 저장**compressed air storage**은 전기에너지를 사용하여 공기를 압축하고 탱크에 저장하는 에너지 저장 방식 중 하나이다. 탱크의 압축 공기는 터빈에서 팽창하여 축적된 에너지를 차량 추진을 위한 일로 변환한다. 이 개념은 대체 차량 추진에만 사용하거나 하이브리드 자동차의 IC 엔진 또는 전기모터와 함께 사용할 수 있다. 최초의 압축 공기 차량은 1800년대 중반에 파리에서 제조되었지만, 실행 가능한 프로토타입 차량을 개발하려고 시도한 후에도 상품화될 수 없었다. 최근 몇 년 동안 프랑스 개발사인 MID 사가 첨단 압축 공기 차량을 시연했지만, 여전히 상업적 생산으로 이어지지는 않았다. 현재 제한적인 연료 탱크 크기와 낮은 에너지 함량의 압축 공기로 인해 차량의 운전 거리가 제한되는 상황에 있다. 그러나 이 기술은 깨끗하고 효율적인 지역 운송을 수행할 수 있는 대안이 될 수 있으므로 추가 연구 개발을 진행할 필요가 있다. 일부 자동차 산업은 이 기술을 추구하고 있다.

압축 공기 차량의 구성요소와 공기 흐름은 [그림 6-12]에 나와 있다.

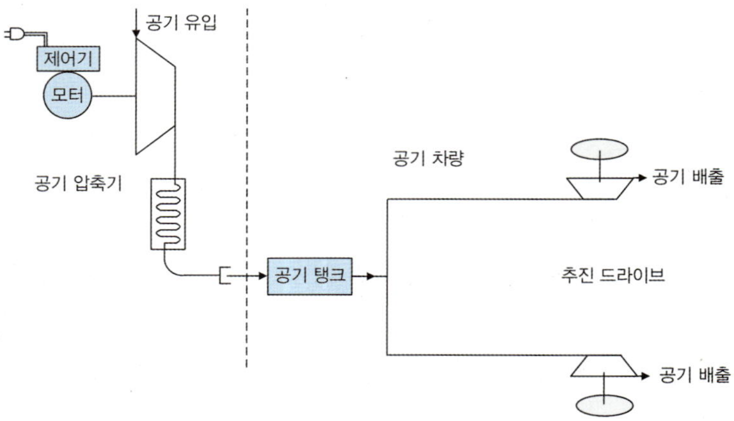

[그림 6-12] 압축 공기 차량 및 에너지 공급

[그림 6-12]에 표시된 공기 압축기는 전기모터가 압축기에서 공기를 압축하고 가스를 차량에 이송하기 전에 공기 냉각기를 통과하는 공기 차량 충전소에 배치해야 한다. 공기 압축으로 인해 상당한 양의 열이 발생하기 때문에 작동 유체는 열교환기를 통과하여 주변 온도로 돌아간다. 차량 자체에는 약 30MPa 또는 300bar의 고압 압축 공기로 채워진 탱크가 있다. 압축 공기는 차량 추진에 적합한 열역학적 조건 하에서 2개의 팽창 터빈을 구동한다. 작동 유체의 급속한 팽창과 관련된 열역학으로 인해 팽창 터빈에서 나오는 공기는 매우 차갑다.

압축 공기 차량의 효율은 압축 및 팽창 공정의 열역학과 관련이 있다. 압축 공기 에너지 저장을 열역학적으로 분석하면 압축 및 팽창 과정이 통합 단계 간 냉각과 함께 여러 단계에 걸쳐 분산될 경우 전체 에너지 활용도가 크게 개선되어 상당한 이점을 얻을 수 있다.[18]

압축 공정에서 초기 공기량은 차량 연료 탱크의 양으로 압축된 다음 열이 제거되고 공기 온도가 원래의 주변 온도로 돌아간다. 공기 압축 중에 발생하는 열을 가정용 물 및 난방에 사용하면 전반적인 에너지 이용률을 향상시킬 수 있다. 마찬가지로 확장 프로세스는 통합 단계 사이에 냉각 시스템을 사용하여 여러 단계로 분산되는 경우에도 훨씬 효율적이다. 다단 터빈에서는 작동 유체가 다음 터빈으로 유입되어 추가로 팽창하기 전에 각 단계에서 주변 공기를 사용하여 공기가 다시 가열된다. 다단 터빈은 본질적으로 압축 중에 방출된 주변으로부터 열을 추출하고 있지만, 완전한 복구는 불가능하다. 압축 및 팽창 공정은 모두 가능한 한 이상적인 등온 한계에 가깝게 진행되어야 한다. 이것은 중간 단계 사이에 열 추가 및 제거와 다단계 폴리트로픽 과정polytropic process으로 실제 수행될 수 있다. 다단계 프로세스의 효율성 향상은 단일 단계 프로세스에 비해 중요하다.

압축 공기 차량의 배기는 깨끗한 공기이기 때문에 무공해 차량으로 인증된다. 그러나 충전소에서 공기를 압축하기 위한 에너지원은 전기이며, Well to Wheel의 에너지 효율은 1차 에너지원으로부터 전기에너지가 어떻게 생성되는가에 따라 결정된다. 물론 이상적인 시나리오는 재생 가능 에너지 소스에서 전력이 생산되는 것이다. Wind to Wheel의 에너지 분석에 따르면 압축 공기 자동차의 효율은 배터리 EV와 FCEV 효율의 사이에 있으며, FCEV 효율은 더 나쁘다.[19] 새로운 에너지 저장 방식을 사용하는 이 압축 공기 대체 차량을 개발하는 것은 합리적으로 보인다. 다만 팽창 후 얼음이 형성되는 문제나 단간 열 교환기의 효율문제를 모두 극복해야만 한다.

SECTION 6.4

플라이휠

Flywheels

플라이휠**flywheel**은 에너지를 기계적 형태로 저장하는 일종의 에너지 공급 장치이다. 플라이휠은 복합 재료로 만들어진 회전 휠과 같은 회전자 또는 디스크에 운동 에너지를 저장한다. 플라이휠은 에너지를 저장하고 엔진의 급격한 펄스에 의해 공급되는 전력을 평활화하기 위해 내연기관을 비롯한 모든 자동차에 사용되어 왔다. 그러나 IC 엔진의 플라이휠은 필요한 에너지 저장량은 적고 차량이 급속히 가속되어야 하기 때문에 사용이 제한된다. 플라이휠은 현재 다양한 용량으로 사용할 수 있도록 검토되고 있다. 플라이휠은 동력 보조장치로서 표준 IC 엔진이 장착된 HEV에서 사용할 수 있다. 플라이휠은 EV의 화학 배터리를 대체하여 1차 에너지원으로 사용되거나 배터리와 함께 사용될 수 있다. 그러나 플라이휠의 비에너지를 EV 및 HEV의 에너지원으로 간주하기 위해서는 기술적인 발전이 필요하다. 오늘날의 플라이휠은 매우 복잡하고, 크고, 무거우며, 안전성에 유의해야 한다.

플라이휠의 설계 목표는 에너지 밀도를 극대화하는 것이다. 플라이휠에 저장된 에너지 U는 다음과 같이 주어진다.

$$U = \frac{1}{2}J\omega^2$$

여기서 J는 관성 극모멘트이고 ω는 각속도이다. 에너지 저장량은 증가시키지 않고 더 빠른 속도로 회전함으로써 증가한다. 이때 관성은 질량에 정비례한다. 각속도 ω를 증가시키면 원심 응력이 증가하며 이는 주어진 안전계수로 고장 응력**centrifugal stress**을 초과하지 않아야 한다. 단위 질량당 축적 에너지는 다음과 같이 나타낼 수 있다.

$$\frac{U}{m} = k\frac{\sigma}{\rho}$$

여기서 k는 형상에 따른 상수, σ는 인장 강도, ρ는 재료의 밀도이다. 따라서 플라이휠에 사용되는 재료는 가볍고, 인장 강도**tensile strength**가 높으며 복합 재료로 충분히 채울 수 있어야 한다.

플라이휠은 에너지원으로서 몇 가지 장점이 있지만, 그중 가장 중요한 것은 높은 비출력이다. 이론적으로 플라이휠의 비출력은 5 ~ 10kW/kg 정도이며, 안전한 작업 응력을 초과하지 않고도 2kW/kg을 쉽게 달성할 수 있다. 플라이휠이 주목받는 이유는 기계적 특성 때문이다. 플라이휠은 극단적인 온도의 영향을 받지 않는다. 따라서 유독성 화학물질에 대한 우려가 없어 화학전지보다 친환경적이다. 플라이휠의 에너지 저장은 신뢰성이 높고 우수한 제어성과 반복성을 갖추고 있다. 그리고 회전속도를 측정하여 충전 상태를 항상 정확하게 파악할 수 있다. 플라이휠의 에너지 변환 과정은 배터리의 효율이 70% ~ 80%인 것에 비해 98%에 가깝다. 따라서 배터리보다도 수명이 몇 배 더 길다. 플라이휠 충전은 배터리에 필요한 양의 일부만 있으면 되며 플라이휠 충전소에서 완전히 충전하려면 10분 미만이 소요된다. 단시간에 대량의 전력을 흡수하거나 방출하는 점도 회생 제동 과정에 도움이 된다.

이러한 장점에도 불구하고 플라이휠에는 몇 가지 단점이 있다. 플라이휠의 에너지 저장 장치를 구현하는 데 있어 가장 큰 어려움은 장치를 작동하고 제어하는 데 필요한 추가 장비에 있다. EV 및 HEV 차량 애플리케이션은 추가 중량 및 비용으로 인한 차이가 크기 때문에 추가 작업이 어렵다. 풍손windage losses을 줄이려면 플라이휠을 진공 챔버에 넣어야 한다. 진공 상태에서는 액체 윤활 베어링이 유지되지 않으므로 진공 상태는 베어링에 추가 제약 조건을 추가해야 한다. 또 다른 방법은 자체 개발 단계에 있는 자기 베어링을 사용하는 것이다. 플라이휠에서 가장 큰 추가 중량은 안전 격납 용기에서 나오며 이는 폭발 사고 시 갑작스러운 에너지와 물질의 위험한 방출로부터 보호하기 위해 필요하다.

플라이휠은 배터리와 유사하게 충전/방전 과정을 거쳐 에너지를 저장 및 추출하기 때문에 '전기기기 배터리electro mechanical battery'라는 이름이 붙여졌다. 회전자의 축은 모터/발전기와 결합되어 충전 중에는 회전자를 회전시켜 운동 에너지를 저장하고, 방전 중에는 저장된 에너지를 전기에너지로 변환한다. 전원의 입출력을 조정하고 플라이휠을 모니터링하고 제어하려면 인터페이스 전자 장치가 필요하다. 최근에 플라이휠은 강철 대신 탄소섬유 등 복합 소재로 제작돼 최대 200Wh/kg까지 에너지 밀도를 높일 수 있다. 복합 재료의 플라이휠은 치명적인 폭발이 일어나면 강철 플라이휠이 큰 금속 조각으로 분해되는 것에 비해 유체 형태로 분해된다는 추가적인 이점이 있다.

6장 연습문제 ▸▸▸

6.1 SAE 스케줄 D J227A SAE 주행 사이클 동안 연료전지 EV의 전기모터에 의해 소비되는 전류와 차량에 사용되는 PEM 연료전지의 연료유량은 다음과 같다. 이때 각각의 질문에 답하시오.

$$I = \begin{cases} 9.5t + 1.5\,\text{A} & (0 < \text{t} < 28) \\ 55\,\text{A} & (28 < \text{t} < 78) \\ 0\,\text{A} & (\text{그 외}) \end{cases}$$

$$N_f = \frac{405I}{nF}\ \text{g/s}$$

(a) 스케줄 D의 한 사이클에 필요한 연료(수소)의 양을 구하라.

(b) 322km 범위에 필요한 수소의 양을 구하라.

6.2 연료전지의 효율은 연료전지 스택 V_{fc} 내의 각 셀의 평균 전압과 관련이 있다. 수소의 저위 발열량(LHV)을 참조하면 연료전지의 효율은 다음 식으로 주어진다.

$$\eta_{\text{fc}} = \frac{V_{fc}}{E_0}$$

실제 평균 셀 전압은 PEM 연료전지의 수소 사용률에 대한 식을 결정하기 위해 사용된다.

$$\text{수소 사용률(kg/s)} = 1.05 \times 10^{-8} \times \frac{P(t)}{V_{fc}}$$

SAE 스케줄 B J227A SAE 주행 사이클 동안 FCEV에 필요한 전력은 다음과 같다.

$$P_{TR}(t) = \begin{cases} 222t + 0.03t^3 & (0 < t < 19) \\ 830 & (19 < t \leq 38) \end{cases} \ \text{W}$$

주행 사이클에는 회생 브레이크가 없다. 순수 수소로 작동하는 PEM 연료전지 효율을 40% 및 가역 전위 $E_0 = 1.23\text{V}$로 간주했을 때 8kg 수소로 FECV 범위를 계산하라.

CHAPTER 7

전기기기
Electric Machines

들어가기 전에 ▸▸▸

전기기기 **electric machine**는 전기에서 기계로 또는 그 반대로의 에너지 변환에 사용되는 장치이다. 차량 시스템에서는 공급된 에너지를 처리하고 추진력을 얻기 위해 트랜스 액슬 **trans axle**에 동력 또는 토크를 공급하도록 설계할 수 있다. 전기기기는 차량이 기계에너지를 전기에너지로 변환하는 회생제동 중일 때 전력 흐름을 역방향으로 처리한다. 전동기 **motor**라는 용어는 에너지가 전기에서 기계로 변환될 때 전기기기에 사용되며, 발전기 **generator**라는 용어는 기계에너지를 전기에너지로 변환하는 기계로, 동력 흐름이 반대 방향일 때 사용된다. 전기기기의 제동 모드를 회생제동이라고 한다. 전기기기의 어느 방향으로든 에너지 변환 과정에서 전기적, 기계적 및 자기 손실이 있으며, 변환 효율에 영향을 미친다. 그러나 전기기기의 변환 효율은 일반적으로 다른 유형의 에너지 변환 장치에 비해 매우 높다.

EV에서는 전기모터가 유일한 추진 장치이지만, HEV는 전기모터와 IC 엔진을 직렬 또는 병렬로 결합하여 추진력을 제공한다. EV 및 HEV에서 전기 견인 모터는 에너지 저장 장치의 전기에너지를 차량의 바퀴를 구동하는 기계적 에너지로 변환한다. IC 엔진에서 전기모터의 주요 이점은 모터가 저속에서 최대 토크를 제공하고 순시 정격 출력이 모터 정격 전력의 2배 또는 3배가 된다는 것이다. 이러한 특성은 명목상 정격 모터로 차량에 탁월한 가속력을 제공한다.

전기모터는 DC 또는 AC 유형이 될 수 있다. DC 직권 전동기는 노면의 하중 특성과 제어가 용이하다는 이유로 1980년대와 그 이전 EV가 사용되었던 수많은 시대에 사용되었다. 그러나 DC 모터의 크기가 크고 유지보수가 어려워 자동차 산업뿐만 아니라 모든 모터 드라이브 애플리케이션에서의 사용이 중단되었다. 최근에는 EV 및 HEV에 유도전동기, 영구자석 전동기, 스위치드 릴럭턴스 전동기를 포함한 AC 및 브러시리스 모터를 채용하고 있다. AC 유도전동기 기술은 매우 발달해 왔으며, 지난 50년 동안 유도전동기 드라이브에 관한 중요한 연구개발이 이루어졌다. 유도전동기의 제어는 DC 모터보다 훨씬 복잡하지만, 고속 디지털 프로세서를 사용할 수 있어 계산의 복잡성을 쉽게 관리할 수 있다. 정현파 기계용으로 개발된 벡터제어 기술은 좌표 변환 기술을 통해 AC 모터를 DC 모터와 유사하게 제어한다. 계산의 복잡성은 이러한 좌표 변환으로 인해 발생하지만, 오늘날의 디지털 프로세서는 비교적 짧은 시간 내에 복잡한 알고리즘을 완료할 수 있다.

유도전동기의 경쟁상대는 영구자석 전동기이다. 영구자석 전동기, 즉 PM 모터는 회전자에 자석이 있지만, 고정자의 구조는 유도전동기와 동일하다. PM 모터는 표면 부착형이거나 자석이 회전자 내부에 삽입(IPM)된 형태일 수 있다. PM 모터는 공극의 자속 분포에 따라 정현파형 또는 사다리꼴형으로 분류할 수 있다. 사다리꼴형 모터는 3상 권선이 집중되어 브러시리스 DC 모터로도 알려져 있다. PM 모터는 유도전동기와 마찬가지로 6개의 스위치 인버터로 구동되지만, 제어는 유도전동기보다 비교적 간단하다. PM 모터에 고밀도 희토류 자석을 사용하면 고출력 밀도를 얻을 수 있지만, 이러한 자석은 많은 비용이 든다. EV 및 HEV 애플리케이션은 PM 모터의 다른 소형 전력 애플리케이션에 비해 모터의 크기가 상대적으로 크기 때문에 비용이 높아진다. 그러나 HEV는 EV보다 모터 크기가 훨씬 작으며 PM 모터에서 얻은 성능과 효율은 비용 문제를 극복하기에 충분하다. IPM 모터는 표면 부착형 PM 모터보다 훨씬 우수한 성능 특성을 가지고 있지만, 제조가 복잡하다는 점이 단점 중 하나이다.

견인용 전동기의 또 다른 후보는 SR 모터이다. 이 모터는 우수한 내결함성 특성을 가지고 있으며 그 구조는 매우 간단하다. SR 모터는 회전자에 권선, 자석 또는 케이지**cage**가 없으므로 토크/관성비를 높이고 회전자의 작동 온도를 높일 수 있다. SR 모터는 다른 기술에 비해 정출력 속도 범위가 넓기 때문에 견인 애플리케이션에 적합하다. SR 모터와 관련된 두 가지 문제는 소음과 토크 리플이다. 이 문제를 해결하기 위해 이미 개발된 기술이 있으며, 여러 견인 애플리케이션의 경우 소음과 토크 리플은 큰 문제가 되지 않는다.

SECTION 7.1

전기기기

Simple Electric Machine

전기기기의 토크는 전자기 이론의 기본 원리를 사용하여 다음과 같은 방법으로 생성된다. 첫 번째는 로렌츠 힘 **Lorentz force**의 원리를 이용해 2개의 직교 기자력 **mmf**이 상호작용하는 것이고, 두 번째는 회전자가 최소 자기저항 위치에 도달하는 방향으로 움직이는 가변 자기저항 자속 경로를 사용하는 것이다. PM 기기를 포함한 DC 및 AC 기기는 첫 번째 방법으로 작동하고 스위치드 및 동기 릴럭턴스 기기는 두 번째 방법으로 작동한다. 이 절에서는 전압 유도 및 토크 생성에 관여하는 기본적인 기기 현상에 대해 설명하고 두 가지 방법에 따라 작동하는 간단한 기기 구성에 대해 설명한다.

7.1.1 기본적인 기기 현상

전기기기는 전동기 모드에서는 전기에너지를 기계에너지로 변환하고, 발전기 모드에서는 기계에너지를 전기에너지로 변환한다. 제어 알고리즘을 적절히 변경하여 동일한 전기기기를 전동기 또는 발전기로 사용할 수 있다. 이러한 전기 기계적 에너지 변환을 일으키는 다음의 두 가지 기본 현상은 전기기기에서 동시에 발생한다.

❶ 전기장 안에서 도체가 움직일 때 전압이 유도된다.

❷ 전류가 흐르는 도체를 자기장에 두면 도체는 기계적 힘이 가해진다.

■ 운동 전압 $\vec{B}$

도체가 속도 $\vec{v}$의 균일한 자기장 내를 이동할 때 도체에 유도되는 전압은 다음과 같이 주어진다.

$$\vec{e} = (\vec{v} \times \vec{B}) \cdot l \tag{7.1}$$

유도되는 전압은 운동기전력 **motionl voltage** 또는 속도기전력 **speed voltage**으로 알려져 있다. 식 (7.1)은 패러데이의 전자기 유도 법칙의 수학적 정의이며 다음과 같이 설명된다.

$$e = -\frac{d\lambda}{dt} = -N\frac{d\phi}{dt} \tag{7.2}$$

여기서 λ는 쇄교자속, ϕ는 자속, N은 권선의 턴 수이다.

[그림 7-1]에 표시된 길이 l의 도체는 종이 표면에 수직으로 향하는 자기장 $\overrightarrow{B}$ 내에서 속도 v로 이동하며 유도기전력은 다음과 같다.

$$e = Blv \tag{7.3}$$

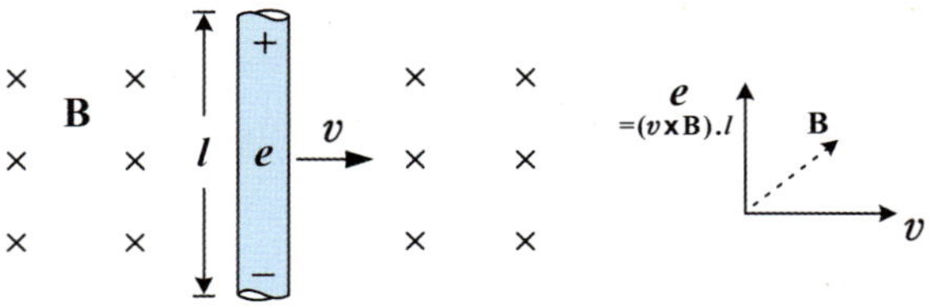

[그림 7-1] 도체의 유도기전력

전자기력

자기장에 놓인 통전도체는 로렌츠 힘 방정식에 의해 주어진 힘을 받는다. 균일한 자기장 $\overrightarrow{B}$에서 전류 i를 전달하는 도체의 전자기력은 다음과 같다.

$$\overrightarrow{F} = i(\vec{l} \times \overrightarrow{B}) \tag{7.4}$$

[그림 7-2]에서와 같이 전류 i를 전달하는 길이가 l인와 한 쌍의 자석에 의해 설정된 자기장을 고려하면, 힘은 다음과 같다.

$$F = Bil \tag{7.5}$$

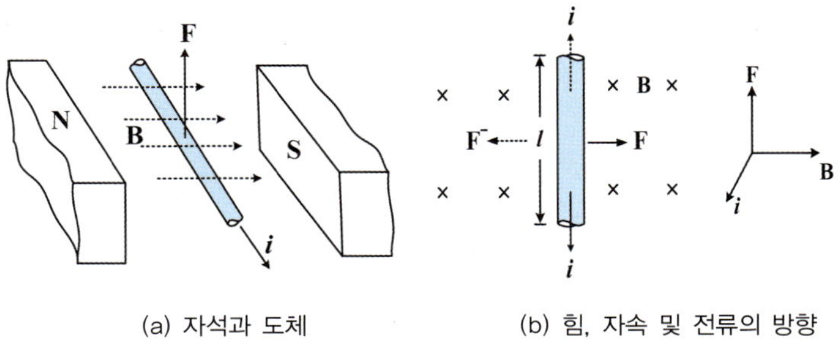

(a) 자석과 도체 (b) 힘, 자속 및 전류의 방향

[그림 7-2] 자기장 내에서 통전 도체에 가해지는 힘

7.1.2 간단한 DC 기기

유도된 전압과 발생된 토크의 원리를 이해하기 위해 자기장 내에 배치된 간단한 1턴 코일을 고려해 보자. [그림 7-3(a)]와 같이 자기장은 N극에서 S극으로 자속을 유도하는 자극 쌍으로 설정할 수 있다. 1턴의 코일은 자기장의 영향을 받아 회전축을 중심으로 자유롭게 회전할 수 있는 극 쌍 사이의 간격에 배치된다. 자극 쌍과 1턴 코일은 전자기 에너지 변환의 원리를 설명하는 데 사용되는 간단한 전기기기를 형성한다. 자기장의 영향을 받는 1턴 루프의 또 다른 그림은 [그림 7-3(b)]에 나와 있다. 1턴 코일은 회전축을 중심으로 회전할 때 자기장을 차단한다.

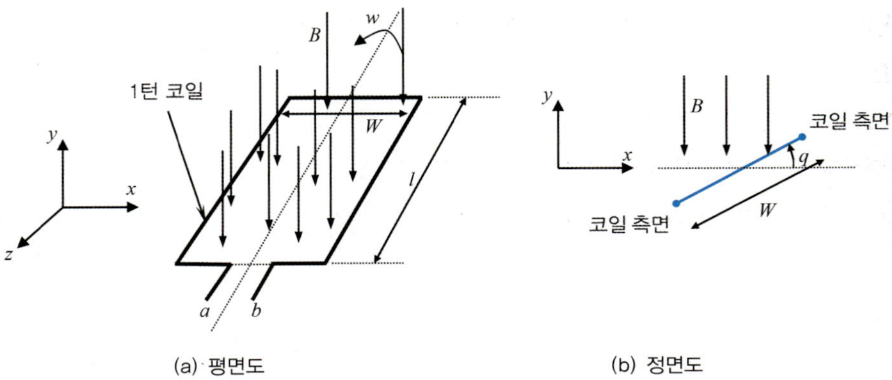

[그림 7-3] 자기장 내에서 1턴 코일

유도기전력

간단한 기기의 1턴 코일은 회전자이며 영구자석이 고정자를 형성한다. 고정자 자석의 극 쌍으로부터 기계에 대한 자기장이 형성되며 이는 자속으로 알려져 있다. [그림 7-3(b)]와 같이 자석의 극 쌍 사이에 확립된 자속이 N극에서 S극(음의 y 방향)으로 균일하게 흐른다고 가정한다. 여기서 단권 도체가 균일한 자기장 내에서 일정한 각속도 ω로 회전하면 식 (7.1)에 따라 코일의 측면에 전압이 유도된다. 극 면 아래를 통과하는 길이 l의 1턴 루프의 측면을 코일 측면**coil side**이라고 한다.

코일의 측면을 연결하는 폭 W 뒤의 측면을 엔드 턴**end turn**이라고 한다. 각속도 ω로 회전하는 1턴 코일은 [그림 7-3(c)]와 같이 자기장 $\vec{B}$와 각도 θ를 만든다. 임의의 시점에서 코일 측면의 외적 $(\vec{v}\times\vec{B})$은 $vB\cos\theta$이며, 이 결과는 항상 코일의 길이 l과 평행하다. 따라서 각 코일 측의 유도기전력은 식 (7.1)에 따라 $vBl\cos\theta$이다. $(\vec{v}\times\vec{B})$는 항상 엔드 턴과 수직이며 폭 W의 내적이 얻어지므로 엔드 턴에 유도되는 전압이 없다. 따라서 두 개의 코일 측면과 엔드 턴을 고려한 1턴의 코일에서 유도된 총 전압은 다음과 같다.

$$e_{ab} = 2vBl\cos\theta$$

선속도 v는 각속도 ω에서 $v = \omega(W/2) = \omega r$로 표현될 수 있으므로, 1턴 코일로 유도되는 전압은 다음과 같이 나타낼 수 있다.

$$e_{ab} = 2Blr\omega\cos\theta \tag{7.6}$$

유도기전력은 패러데이 법칙$\left(e = -N\frac{d\phi}{dt}\right)$의 대체 형식에서 도출할 수 있으며, 1턴 코일의 쇄교자속은 다음과 같다.

$$\phi(\theta) = -2Blr\sin\theta \tag{7.7}$$

코일을 쇄교하는 최대 자속은 다음과 같다.

$$\phi_P = 2Blr \tag{7.8}$$

[그림 7-3]의 간단한 전기기기는 균일한 자기장 내에서 일정한 속도로 회전할 때 정현파 전압을 생성한다. 단자 ab에서 생성된 교류 전압은 DC 출력을 얻기 위해 단방향 전압으로 정류되어야 한다. 이것은 [그림 7-4]와 같이 간단한 기기에서 DC 전압을 생성하기 위해 1턴 코일의 끝에 부착된 정류자와 브러시 쌍을 통해 이루어진다. 정류자는 턴의 끝부분에 연결되고 코일과 함께 회전한다.

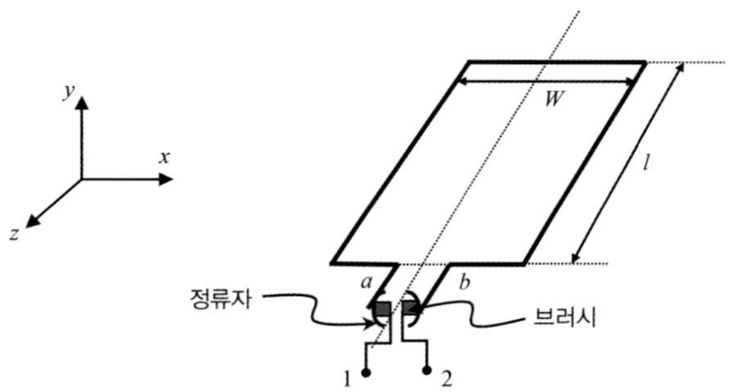

[그림 7-4] 1턴 코일에 부착된 정류자와 브러시

브러시는 외부 회로와 연결하기 위해 고정되어 있다. 두 브러시는 고정자 자극 중 하나와 정렬되어 배치되며 정류자 편심을 통해 자극과 코일 측면 중 하나에 의해 생성된 전압을 전달할 수 있다. 따라서 브러시 측에서 본 전압의 방향은 한 방향이다. 정류자와 브러시의 배치는 코일 측의 교류 전압을 단방향 또는 DC 전압 e_{12}로 변환하는 기계식 정류자이다. 계자 자속, 유도기전력 및 DC 전압은 [그림 7-5]에 나와 있다.

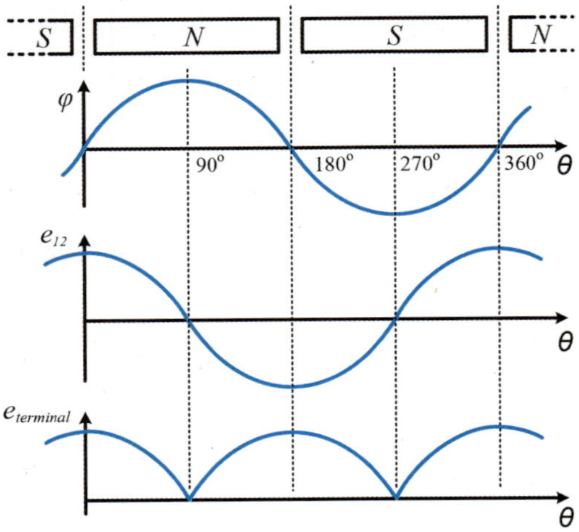

[그림 7-5] 계자 자속, 유도기전력 및 DC 전압

브러시 단자의 평균 DC 전압은 다음과 같다.

$$e_{12} = \frac{2}{\pi}\int_{\frac{\pi}{2}}^{\frac{3\pi}{2}} \phi_P \omega \cos(\omega t) d(\omega t) = \frac{2}{\pi}\phi_P \omega \tag{7.9}$$

■ 힘과 토크

[그림 7-4]의 1턴 코일에서 회로는 단자 1~2에서 열려 있다. 단자 1과 2 사이에 저항이 연결되면 자기장이 존재하는 상태에서 도체의 움직임이 있는 1턴 코일 내에 전류가 흐르기 시작한다. 이 전류는 DC 기기의 전기자 전류이다. 1턴 코일에서 저항 R의 전류는 다음 식으로 주어진다.

$$I_a = \frac{e_{12}}{R} = \frac{2Blr}{R}\omega_m \cos\theta$$

코일 쪽은 식 (7.5)에 따라 전류가 도체를 통과할 때 힘을 받는다. [그림 7-6]과 같이 2개의 코일 측에 가해지는 힘은 다음 식으로 주어진다.

$$F_1 = F_2 = BI_a l$$

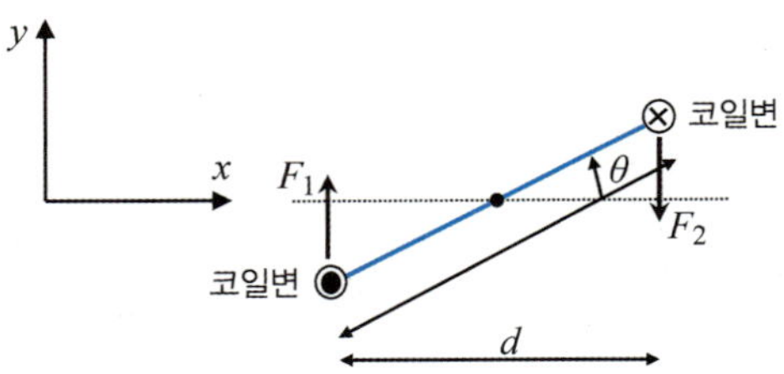

[그림 7-6] 전류에 의해 코일 측에 발생하는 힘

기계의 전자기 토크는 한 쌍을 형성하는 두 힘 F_1과 F_2로부터 유도될 수 있다. 1개의 코일 측에 발생하는 토크 T_e는 다음과 같다.

$$T_e = F_1 d = F_1 W \cos\theta$$

$$T_e = \varphi_P I_a \cos\theta$$

그리고 생성된 평균 토크는 다음과 같다.

$$T_e = \frac{2}{\pi}\int_{\frac{\pi}{2}}^{\frac{3\pi}{2}} \phi_P I_a \cos(\omega t) d(\omega t) = \frac{2}{\pi}\phi_P I_a \tag{7.10}$$

DC 기기의 역기전력 및 토크

실제 기기에서 코일은 전기기기의 회전자인 철심 구조물에 감겨있다. 자기회로의 회전자는 수직축을 중심으로 자유롭게 회전한다. 철심의 자기저항은 공기의 자기저항보다 훨씬 작다. 회전자 철심 재료는 회전자를 통해 한 고정자 극에서 다른 고정자 극으로의 자속 흐름을 촉진하기 위해 공기보다 훨씬 더 높은 비투자율[1]을 가져야 한다. 회전자 철심은 곡선 모양을 가지고 고정자와 회전자 사이에 일정폭의 공극을 제공한다. 고정자와 회전자의 극 사이에 유지되는 균일한 공극은 고정자와 회전자 사이에 반경 방향으로 자속을 향하게 한다.

[그림 7-3]의 기기는 2개의 극, 1개의 N극과 1개의 S극만을 가진다. 식 (7.9)의 숫자 2는 기계의 두 극을 나타낸다. 실제 기기에서는 고정자와 회전자 주위의 공간을 보다 효과적으로 활용하고 기기의 다양한 토크 속도 특성을 가지기 위해 둘 이상의 극이 항상 쌍으로 있어야 한다. 일반적으로 속도가 높은 기기에서는 극 쌍의 수가 적고, 토크가 높은 기기에서는 극 쌍의 수가 많다. 또한 간단한 기기의 경우 [그림 7-3]에 표시된 단일 권선 대신 코일에 여러 권선이 있을 때 기기의 형상이 보다 효과적으로 활용된다. 턴 수가 증가하면 유도기전력이 증가한다. 도체로 알려진 여러 턴의 구성은 [그림 7-7]에 나와 있다.

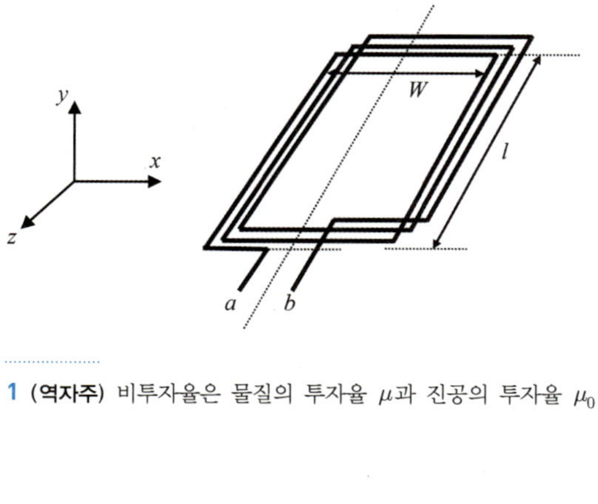

[그림 7-7] 여러 턴의 도체

1 **(역자주)** 비투자율은 물질의 투자율 μ과 진공의 투자율 μ_0과의 비를 말한다.

한 턴의 권선에서 z축 방향의 도체가 코일 측면이다. 전기기기에서 많은 도체가 회전자 표면을 따라 방사상으로 배치되고 사용되는 극의 수에 따라 직/병렬 조합으로 연결된다. DC 기기에서 도체 커넥터는 중권**lap winding** 또는 파권**wave winding**이라고 하는 두 개의 권선 패턴 중 하나에 배치된다. 간단한 기기의 유도기전력과 토크 방정식은 각 도체의 권선 턴 수 N_t, 극수 P, 사용되는 권선 배치 유형을 사용하여 일반화할 수 있다.

$$E_a = K_m \phi_P \omega \tag{7.11}$$

$$T_e = K_m \phi_P I_a \tag{7.12}$$

여기서 K_m은 $\dfrac{N_t P}{\pi a} \cdot a$로 주어진 기계상수이다. a는 도체 배치에 사용되는 병렬 회로의 수이며 파권의 경우 $a = 2$, 중권의 경우 $a = P$이다. E_a는 유도기전력 또는 속도기전력이며 일반적으로 기기의 역기전력으로 알려져 있다. 식 (7.12)는 DC 기기의 경우 설계된 기기의 K_m이 일정하기 때문에 자속이 일정하게 유지되면 역기전력 E_a가 속도에 비례하고 토크는 전류에 비례한다는 것을 보여준다.

앞서 설명한 것처럼 도체의 엔드 턴은 전압 생성이나 토크 생성에는 기여하지 않지만, 코일 길이의 일부분에서 발생한 저항으로 인한 손실에만 기여한다. 따라서 기기 설계의 목적 중 하나는 엔드 턴의 길이를 최소화하는 것이다.

[그림 7-7]에 표현된 기기의 자속은 회전하는 구성요소에서 정지된 구성요소로 반경 방향으로 유도된다. 회전자는 회전축을 중심으로 회전운동을 발생시킨다. 이 기기는 반경 방향 자속 기기로 알려져 있다. 선형기로 알려진 전기기기는 선형 운동을 전달하도록 구성할 수 있다. 선형기의 움직이는 구성요소는 고정 구조에서 선형 또는 병진 운동을 한다.

7.1.3 간단한 릴럭턴스 기기

릴럭턴스 기기**reluctance machine**는 회전자가 회전축을 중심으로 회전할 때 자속의 자기저항 경로가 바뀐다. 고정자 및 회전자 극의 돌극성**saliency**은 회전자 위치에 따라 자기저항 경로가 달라진다. 권선은 고정자에 있는 반면 회전자는 권선이나 자석이 없는 적층 형태로 구성된다. [그림 7-8]은 단상을 갖는 간단한 릴럭턴스 기기를 보여준다.

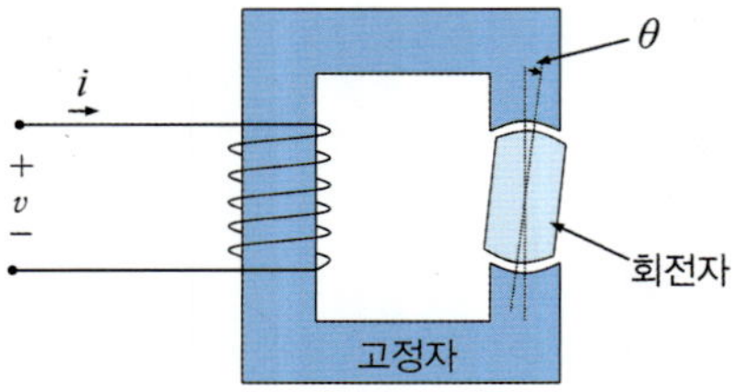

[그림 7-8] 간단한 릴럭턴스 기기

공극의 자기저항은 회전자의 각 변위 θ의 함수로서 변화한다. 공극의 자기저항은 회전자와 고정자가 $\theta = 0°$에서 완전히 정렬될 때 최소화된다. 자기저항이 최소가 되는 위치는 코일에 흐르는 전류에서 보았을 때 최대 인덕턴스에 해당한다. 회전자가 공극이 가장 큰 위치에 도달하면 저항이 최대가 되는데, 이는 $\theta = 90°$일 때이며 이 위치에서 인덕턴스는 최소가 된다. 고정자 코일의 인덕턴스의 변화를 함수 θ로 나타내면 다음과 같다.

$$L(\theta) = L_1 = L_2 \cos(2\theta)$$

간단한 릴럭턴스 기기의 토크는 다음과 같다.

$$T_e = \frac{1}{2} i^2 \frac{\partial L}{\partial \theta} \tag{7.13}$$

간단한 단상 릴럭턴스 기기는 AC 전압이 공급될 때 동기기로 작동한다. 고정자 여자 주파수가 회전자 속도와 동기화되면 기기는 토크를 생성한다. 초기 회전자 위치가 δ이면 회전자 속도 ω에 대한 회전자 각 변위는 다음과 같이 주어진다.

$$\theta = \omega t + \delta$$

동기 속도에서 $i = I_m \cos \omega t$의 여자 전류에 의해 생성되는 평균 토크는 다음과 같다.

$$T_e = -\frac{1}{4} L_2 {I_m}^2 \sin\delta$$

간단한 릴럭턴스 기기는 동기 속도에서만 평균 토크를 생성한다. 토크는 초기 위치가 45°일 때 최대가 되고 0°일 때 0이 된다. 회전자가 처음 정렬된 위치에 있는 경우 기기는 회전을 시작할 수 없다.

고출력 애플리케이션에 사용되는 릴럭턴스 기기는 동기식이든 스위치형이든 상관없이 여러 단계로 구성된다. 전력전자 인버터는 토크와 속도를 제어하기 위해 두 가지 유형의 기기에서 모두 사용된다. 그러나 토크 생성의 기본 원리는 이 절에서 설명한 간단한 릴럭턴스 기기의 원리와 기본적으로 동일하다. 스위치드 릴럭턴스 기기의 원리와 특성은 이 장의 뒷부분에서 자세히 설명한다.

SECTION 7.2

전기기기 재료

Materials for Electric Machines

전기기기는 기여하는 활성 재료와 프레임 및 지지 구조용 수동 재료로 구성된다. 전기기기의 활성 재료는 전기 부하를 위한 통전도체와 자기 부하를 위한 자성 재료이다. 수동 재료에는 지지 구조, 회전 부품용 베어링, 부하 또는 원동기와의 기계적 결합을 위한 샤프트 및 절연 재료가 있다. 실제 기기에서는 고정자와 회전자 주위의 공간을 보다 효과적으로 활용하고 기계의 다양한 토크 속도 특성을 가지기 위해 2개 이상의 극이 있으며 항상 쌍이 되어야 한다. 또한 기기의 형상은 유도기전력을 높이기 위해 코일에 단일 턴이 아닌 복수의 턴이 있을 때 더 잘 활용된다. 2개의 코일 측면을 가진 다중 턴 배치는 도체로 알려져 있다. 2개의 코일 측면은 능동 소자이며 각각은 반대 자극의 영향을 받는다. 기기에서 많은 도체가 회전자 표면을 따라 방사상으로 배치되고, 사용되는 극수에 따라 직/병렬 조합으로 연결된다. 토크 생성에 능동적으로 기여하는 슬롯 내 도체는 전류 루프를 완료하는 데 필요하지만, 전압 생성 또는 토크 생성에 기여하지 않는 엔드 턴을 통해 연결해야 한다. 기기 설계의 설계 목표 중 하나는 항상 엔드 턴 길이를 최소화하고 코일 길이의 슬롯 내 도체에서 저항으로 인한 손실을 최소화하는 것이다.

7.2.1 도체

전기기기에는 전류를 흘리거나 전자의 흐름을 허용하는 전도체로 만들어진 권선이 있다. 권선의 재료는 저항 손실을 줄여 효율성을 개선하고, 권선의 온도 상승을 줄이기 위해 높은 전도성을 가져야 하며 자기 손실을 제거하기 위해 비자성 특성을 가져야 한다. 구리는 전기 전도도가 높고 우수한 인장 강도, 열전도도 및 열팽창 특성을 갖추고 있어 권선 재료로 적합하다. 알루미늄은 구리보다 저항률이 높지만 융점이 낮기 때문에 유도기의 회전자 도체 바에 일반적으로 사용된다. 알루미늄의 전도도는 구리의 약 60%이지만, 구리의 중량의 30%에 불과하므로 중량에 민감한 응용 분야에 적합하다. 또한 알루미늄은 구리 도체에 비해 비교적 저렴하다. 동복 알루미늄선 **Copper Clad Aluminum, CCA**은 새로운 종류의 도체로 알루미늄에 비해 전도율이 높고 단자가 안정적이라는 이점을 갖는다. 리츠 와이어 **Litz wire**는 도체 내에서 과도한 와전류 손실을 피하기 위한 옵션이지만 매우 비싸다는 단점이 있다.

7.2.2 자성재료

자속을 운반하는 전기기기 부품은 자성 재료와 영구자석으로 만들어지며, 비전도성을 갖는 것이 좋다. 전도성을 가지게 되면 자기장의 변화로 인해 재료에 바람직하지 않은 와전류가 유도되어 추가 손실이 발생할 수 있기 때문이다. 자속이 이동하는 재료는 본질적으로 강자성이며, 연자성 재료와 경자성 재료로 분류할 수 있다. 연자성 재료는 자화 및 탈자하기 쉽고, 고정자 및 회전자 코어 적층 재료라고도 한다. 경자성 재료는 영구자석이며 자화 및 비자성화에 더 많은 에너지가 필요하다.

철심 강판 재료의 전자기 특성은 $B-H$ 관계가 $B=\mu H$로 정의된다. 여기서 B는 자속밀도(테슬라(T) 또는 weber/m^2), H는 자계의 세기(A/m) μ는 재료의 트자율이다. 투자율은 $\mu=\mu_0\mu_r$로 나타내며 μ_0는 자유 공간의 투자율($\mu_0 = 4\times10^{-7}\mathrm{H/m}$)이고, μ_r은 비투자율이다. 공기의 비투자율은 1이다. 코어 재료의 $B-H$ 관계는 비선형이며 수학적 함수로 설명하기 어렵다. 코어 재료의 특성은 [그림 7-9]에 나타낸 바와 같이 $B-H$ 특성의 관점에서 그래프로 서술된다.

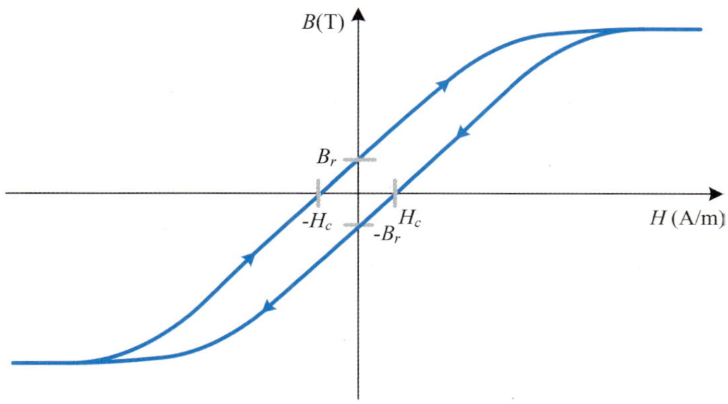

[그림 7-9] 자성 재료의 $B-H$ 특성

특성의 비선형성은 높은 전류에 대한 자속의 포화와 히스테리시스 효과**hysteresis effect** 때문이다. 권선의 전류를 통해 외부 자계가 가해지면 자기 쌍극자 모멘트**magnetic diople moment**가 특정 방향으로 정렬되는 경향이 있다. 쌍극자 모멘트는 코어에 가해지는 외부 자계에 의해 정렬되어 큰 자속을 형성한다. 자기 쌍극자 모멘트는 가해진 외부 자계를 제거할 때 임의의 방향으로 배열되지만, 이전에 존재하는 외부 자계 방향으로 방향을 유지하는 경우는 거의 없다. 이때 쌍극자 모멘트가 방향을 유지하려는 현상을 자기 히스테리시스라고 한다. 히스테리시스는 자속밀도 B가 자화 방향에 의존하는 제곱근 함수가 되도록 한다. 외부 자계가 완전히 제거된 후 코어에 남아있는 자기 효과는 잔류 자속**residual magnetism**이라고 한다([그림 7-9]에서 B_r로 표시). 잔류 자속의 방향은 계자전류의 변화 방향에 따라 달라진다. 자기 방향을 변경하는 데 필요한 에너지는 코어 재료에서 소모되며, 이를 히스테리시스 손실**hysteresis loss**이라고 한다. 자화 특성에서 히스테리시스 루프의 면적은 히스테리시스 손실과 비례한다. 포화 특성은 충분한 자화력이 적용되고 자속이 최대 또는 포화 수준에 도달하면 더 많은 자기 쌍극자 모멘트가 배향되도록 남아 있다는 사실을 반영한다.

구리 도체에 사용할 수 있는 도체 단면적은 모터 크기가 감소함에 따라 감소한다(저항 효과가 더 지배적임). 따라서 소형 전기기기에서는 단위당 구리 손실이 증가하고 효율이 떨어지며, 이것은 소형기와 관련된 여자 페널티라고 한다. 소형기에서 대부분의 영구자석 무손실 여자는 사용하기 좋지만, 대형기에서는 여자 페널티가 작고 자석 비용이 매우 많이 든다는 단점이 있다. 그러나 영구자석 기기는 최소의 여자 손실과 높은 전력 밀도로 인해 EV/HEV 분야에서 널리 사용되고 있다. 영구자석 기기는 대형 풍력 터빈의 용도에도 사용되지만, 이중 여자 유도기기는 풍력 산업에서 사용되는 주요 기기로 계속되고 있다.

영구자석은 공기보다 약간 큰 μ_r, 즉 $1.05 \sim 1.07$인 정전류원처럼 작동한다. 자석은 선형 $B-H$ 특성의 모든 지점에서 동작할 수 있으며 영구적으로 유지된다. 그러나 자속밀도가 특성의 변곡점 (B_d)을 초과하여 감소하면 일부 자성이 영구적으로 손실된다. 이 경우 한계를 초과하는 외부 자계를 제거하면 새로운 특성은 원래 특성과 평행하지만, 원래 특성보다 낮은 다른 직선이 된다.

페라이트, 알니코(AlNiCo), 사마륨코발트(SmCo), 네오디뮴(NdFeB)은 영구자석 기계에서 사용할 수 있는 자석 중 하나이다. 이와 같은 경자성 재료의 중요한 매개변수를 [표 7-1]에 나타내었다.

[표 7-1] 경자성 재료의 매개변수

물질	H_C (A/m)	B_r (T)	B_d (T)	T_c (T)
페라이트	200,000	0.4	0.10	300
알니코	119,366	0.68	0.02	860
사마륨코발트	11,060	1.2	0.01	820
네오디뮴(소결)	636,620	1.5	0.10	310

비교를 위해 고정자와 회전자의 구조에 사용되는 연자성 재료의 매개변수 값을 [표 7-2]에 나타내었다.

[표 7-2] 연자성 재료의 매개변수

물질	H_C (A/m)	B_{sat} (T)
M-47	22	2.08
연자성 복합재(SMC)	210	1.5
나노결정질	4.6	1.8
바나듐 퍼멘두르(코발트강)	35	2.2

네오디뮴-철-붕소(NdFeB)에는 소결과 접착의 두 가지 유형이 있으며, 소결 유형은 높은 자속밀도를 가지고 있어 PM 모터의 개발과 채택을 주도했다. 소결 NdFeB는 상온에서 1.1 ~ 1.25T의 잔류자속밀도를 가진다. 예를 들면 3~4mm의 자석 두께로 비교적 큰 공극에 걸쳐 0.8 ~ 0.9T의 자속밀도를 생성하기에 적합하다. 잔류자속밀도 B_r은 온도가 1도 상승할 때마다 약 0.1% 감소한다. 자속밀도의 변곡점(B_d)은 온도와 함께 급속히 증가하고, 세부적인 조성에 따라 100℃ 내지 140℃ 범위에서 NdFeB T_{max}에 제한을 가한다. 이러한 소결 NdFeB는 주로 소결 공정의 제조 복잡성으로 인해 비율이 높다. Fe(77%)와 B(8%)는 상대적으로 비용이 적게 들지만, Nd는 일반적으로 사용되는 희토류 원소 중 하나이다. 접합된 NdFeB 자석은 저비용으로 제조할 수 있지만, B_r은 약 0.6 ~ 0.7T로 더 낮다.

페라이트 자석은 가장 풍부하고 저렴한 비용의 영구자석이다. 0.3 ~ 0.4T에서의 잔류자속밀도 B_r은 공극자속밀도의 요구 범위보다 훨씬 낮다. B_d는 B_r이 높은 페라이트일수록 높아진다. 페라이트는 저항률이 높고 코어 손실이 낮으며, 100℃까지 작동할 수 있다. 온도가 상승하면 B_r이 증가하고 B_d가 감소한다. 페라이트 및 기타 영구자석의 $B-H$ 특성은 [그림 7-10]에 나와 있다. 사마륨 코발트(SmCo) 영구자석은 B_r의 값이 0.8 ~ 1.1로 높은 편이다. SmCo의 변곡점 B_d에서의 자속밀도는 3사분면에 있다. 잔류자속밀도 B_r은 온도에 따라 약간 감소하지만 B_d는 증가한다. 이 자석은 온도가 상승함에 따라 감자**demagnetization**에 대한 민감도가 증가한다. 저항률은 구리의 50배이며 희토류 원소와 고가의 금속 때문에 상대적으로 비용이 많이 든다.

영구자석 기기의 설계 요건 중 하나는 자속밀도 B_d의 변곡점 아래로 감소하면 감자가 발생할 수 있으므로 극한의 작동 지점으로부터 자석을 보호해야 한다는 것이다. 영구자석 기기는 자석을 손상시키지 않고 상당한 과부하 전류(정격의 2 ~ 5배)를 견딜 수 있도록 설계된다. 인버터 고장에 따른 고정자의 합선으로 인해 주요 위험이 발생할 수 있다. B_d가 음수이거나 0이면 이 단락전류는 일반적으로 손상 없이 허용될 수 있다. 그러나 정상상태의 단락전류에는 동일한 크기의 초기 과도전류가 수반된다. 이러한 위험으로부터 한 가지 방법은 추가 고정자 누설 인덕턴스를 설계하는 것이다. 일반적인 애플리케이션에서 감자는 자석 모서리와 공극 근처에서 가장 심하며, 자석이 있는 내부 베리어**barrier** 상단에 에어 포켓을 추가하여 해결할 수 있다. 에어 포켓은 최대 작동 전류와 온도를 포함한 작동 범위 전체에서 자석을 감자로부터 보호한다.

NdFeB 자석에 HRE(중희토류) 원소인 디스프로슘(Dy) 또는 테르븀(Tb)을 첨가하여 감자 내성과 고온 성능을 향상시킬 수 있다. 첨가되는 디스프로슘의 양은 소자 응력뿐만 아니라 애플리케이션의 예상 최고 온도에 의해 결정된다. 디스프로슘은 제노마이트**xenomite**와 같은 다양한 광물에 포함되어 있지만, 자연계에서는 자유 원소로 검출되지 않는다. 디스프로슘의 수요는 공급을 초과하고 있다. NdFeB 자석은 네오디뮴의 최대 10%를 디스프로슘으로 대체할 수 있으며, 현재 EV 및 풍력 터빈 발전기와 같은 청정에너지 응용 분야에서 디스프로슘의 사용 속도는 사용 가능한 공급량을 빠르게 소진할 수 있다.

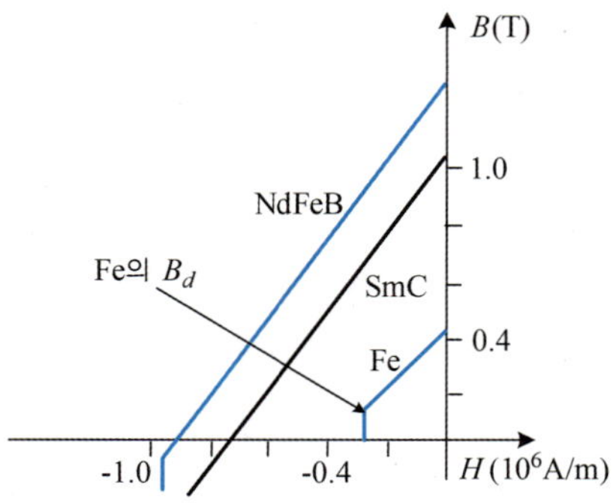

[그림 7-10] 일반적으로 사용되는 영구자석의 특성

결정 입계 확산(GDB) NdFeB 자석은 영구자석의 중희토류 함량을 줄이기 위한 해결방안 중 하나로 떠오르고 있다. 기존의 접근 방식에서 중희토류 재료는 초기 용해 공정에서 NdFeB에 추가되기 때문에 전체 자석 조각에 더 많은 중희토류 재료를 내장해야 한다. 결정 입계 확산 공정에서는 중희토류가 풍부한 화합물이 자석 표면에 적용되어 자석 표면 바로 아래의 입계로 확산되지만, 자석 내부의 입계로는 그다지 확산되지 않는다. 즉 확산 과정으로 인해 중희토류는 자석의 내부보다 모서리 및 가장자리에 더 풍부해진다.[1] 따라서 자석의 모서리와 가장자리는 내부 영역보다 영구적인 감자를 일으키기 쉬운 IPM 기기와 높은 호환성을 갖는다. 이것은 유한 요소 분석을 사용하는 IPM 기기의 감자 분석에서 관찰할 수 있다.

SECTION 7.3

DC 기기

DC Machine

DC 기기에는 두 세트의 권선이 있다. 하나는 회전자에 있고 다른 하나는 고정자에 있으며, 이는 자속을 형성한다. 이때 상호작용하는 기자력이 토크를 생성한다. 최대 토크를 생성하려면 2개의 기자력의 직교성이 꼭 필요한데 정류자**commutator**와 브러시**brush**라고 불리는 일련의 기계 부품에 의해 직교성이 유지된다. 회전자의 권선을 전기자 권선이라고 하고 기계의 고정 부분의 권선을 계자 권선**field winding**이라고 한다. 전기자 권선과 계자 권선 모두 DC 전류가 공급된다. 전기자 권선은 전류의 대부분을 운반하지만, 계자 권선은 작은 계자의 여자 전류를 운반한다. 각 권선의 전기자와 계자 전류는 전기자와 계자 기자력을 설정한다. 기자력의 크기는 권선의 턴 수와 전류의 곱이다. 공급원의 수와 전기자와 계자 권선 사이의 연결 유형에 따라 몇 가지 유형의 DC 기기가 존재한다. 전기자 권선과 계자 권선이 독립적으로 제어되는 DC 전원으로부터 공급되는 기기는 타여자**excited** DC 기기로 알려져 있다. 타여자 DC 기기는 전기자 전류와 계자 전류를 독립적으로 제어하여 토크와 속도를 최대한 유연하게 제어할 수 있다. 분권**shunt** DC 기기는 동일한 DC 전원이 전기자 권선과 계자 권선 모두에 공급되는 것을 제외하고, 전기자와 계자 권선이 병렬로 구성된 타여자 전동기와 유사하다. 분권 전동기는 제어 유연성이 떨어지므로 전원의 단순성을 저하시킨다. 직권**series** DC 기기로 알려진 또 다른 유형의 DC 기기에서는 전기자와 계자 권선이 직렬로 연결되고 기계가 단일 전원에서 공급된다. 전기자와 계자 권선에는 동일한 전류가 흐르기 때문에 계자에는 몇 턴의 두꺼운 게이지 와이어가 감겨져 타여자 기기와 동일한 기자력 또는 암페어 턴**ampere turn**이 공급된다. 직권 기기의 가장 큰 장점은 급속한 가속을 실현하는 데 도움이 되는 매우 높은 기동 토크이다. 그러나 전기자 권선과 계자 권선이 직렬로 연결되어 있으므로 제어의 유연성이 저하된다. DC 기기의 장단점은 각각 다음과 같다.

❶ 장점

- 선형성으로 인한 제어의 용이성
- 독립적인 토크 및 자속 제어 기능
- 확립된 제조 기술

❷ 단점

- 높은 유지 보수로 이어지는 브러시 마모
- 낮은 최대 속도
- 정류자의 작용에 의한 EMI
- 낮은 출력밀도 비율

EV 및 HEV에 사용되는 타여자 DC 모터에는 [그림 7-11]과 같이 동일한 에너지원에서 전기자 권선과 계자 권선을 공급하는 2개의 개별적인 DC/DC 컨버터가 있다. DC/DC 컨버터는 에너지원의 고정 공급 전압을 처리하여 가변 DC를 전기자 및 필드 회로에 공급한다. 전기자 권선에 공급하는 컨버터의 정격 전력은 계자 권선에 공급하는 컨버터의 정격 전력보다 훨씬 크다. 컨버터 회로에 대한 제어 입력은 모터에 필요한 토크와 속도이며, 컨버터의 출력은 DC 모터의 전기자 회로와 계자회로에 인가되는 전압이다.

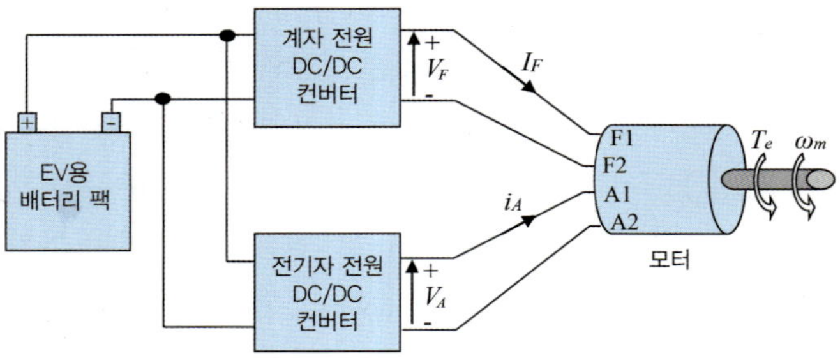

[그림 7-11] 전력전자 장치 및 배터리 전원을 포함하는 DC 모터 드라이브
(V_A = 전기자 전압, I_A = 전기자 전류)

타여자 DC 기기 또는 모터에서 독립적인 전기자 전압 및 계자 전류 제어는 기기의 토크 속도 요건을 충족한다. 이외에도 추가적으로 성능을 최적화할 수 있는 가능성을 제공한다. 모터 드라이브의 성능을 측정하는 데 사용되는 지표에는 효율, 암페어당 토크, 토크 리플, 응답 시간 등이 있다. 개별 성능 지표의 가중치는 애플리케이션 및 설계 요구 사항에 따라 달라진다. EV 및 HEV 애플리케이션에서 가장 중요한 성능 지표는 효율성이다. DC 모터를 분석하는 이유는 타여자 DC 모터를 기반으로 다음 장에서 DC 드라이브의 성능을 분석하기 위한 전제를 제시하기 위한 것이다.

DC 모터의 전기자 등가회로는 [그림 7-12(a)]에 나와 있다. 이 회로는 전기자 권선 저항 R_A, 전기자 권선 L_{AA}의 자기 인덕턴스, 역기전력 e_A로 구성된다.

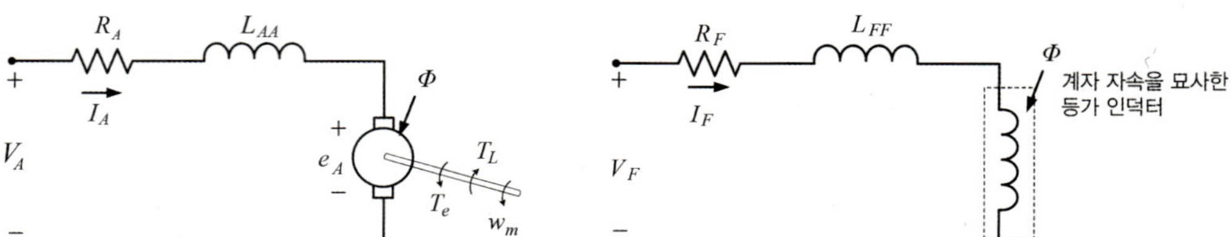

(a) 전기자 회로

(b) 계자회로

[그림 7-12] DC 모터의 등가회로 표현
(T_e = 발전 토크, ω_m = 샤프트 속도, Φ = 전기자 쇄교자속(계자 전류에 의한 주자속))

전기자 회로 주위에 KVL을 적용하면 전압 공식은 다음과 같다.

$$V_A = R_A i_A + L_{AA}\frac{di_A}{dt} + e_A \tag{7.14}$$

$$\begin{aligned} e_A &= K\phi\omega_m \\ T_e &= K\phi i_A \end{aligned} \tag{7.15}$$

여기서 e_A는 역기전력, K는 기계의 구조, 권선의 수 및 코어의 재료 특성에 의존하는 기계상수이다. DC 모터의 계자회로는 [그림 7-12(b)]에 나와 있다. 이 회로는 계자 권선 저항 R_F와 계자 권선 L_{FF}의 자기 인덕턴스로 구성된다. V_F는 계자에 인가되는 전압이다. 계자회로 방정식은 다음과 같다.

$$V_F = R_F i_F + L_{FF}\frac{di_F}{dt}$$

타여자 DC 모터와 분권 DC 모터의 계자 권선의 저항은 권선의 턴 수로 인하여 매우 높은 값을 갖는다. 따라서 계자회로의 과도 응답은 전기자 회로보다 훨씬 빠르다. 계자 전압은 일반적으로 자주 조정되지 않으며 실용성을 높이기 위해 DC 전원에서 공급되는 간단한 저항은 계자회로의 전기 단위로 나타낸다. 계자 전류는 기기의 토크 생성을 담당하는 상호 자속 또는 계자 자속을 설정한다. 계자 자속은 계자 전류의 비선형 함수이며 다음과 같이 나타낼 수 있다.

$$\phi = f(i_F)$$

DC 모터의 토크와 속도의 관계는 식 (7.14)~(7.15)에서 도출할 수 있으며 다음 식으로 주어진다.

$$\omega_m = \frac{V_A}{K\phi} - \frac{R_A}{(K\phi)^2}T_e \tag{7.16}$$

양의 토크 축은 모터 특성을 나타내고 음의 토크 영역은 발전 특성을 나타낸다.

SECTION 7.4

3상 AC 기기

Three-Phase AC Machine

AC 기기는 전기자 회로가 구조의 고정자 부분에 배치되는 반면, DC 기기는 회전자 부분에 배치된다. 고정자에 전기자 회로를 설치하면 DC 기기의 정류자와 브러시는 더 이상 필요하지 않다. AC 기기에는 DC/AC 인버터를 사용하여 DC 전원에서 AC 전원을 얻을 수 있다. 이때 기기는 단상 또는 다상 유형일 수 있다. 저전력 기기의 애플리케이션에는 단상 AC 기기가 사용되는 반면 고전력 기기는 항상 3상 구성이다. AC 기기에서 토크를 생성하는 데 필요한 두 번째 기자력(DC 기기의 계자 기자력에 해당)은 회전자 회로에서 발생한다. 두 번째 기자력 설정 방법에 따라 AC 기기는 유도식 또는 동기식으로 나뉜다. 두 종류의 AC 기기 모두 고정자 권선의 구성은 유사하다.

7.4.1 정현파 고정자 권선

AC 기기의 3상 고정자 권선은 정현파 기자력 파형을 설정하기 위해 [그림 7-13(a)]와 같이 고정자 둘레를 따라 공간적으로 정현파 분포를 가지게 된다.

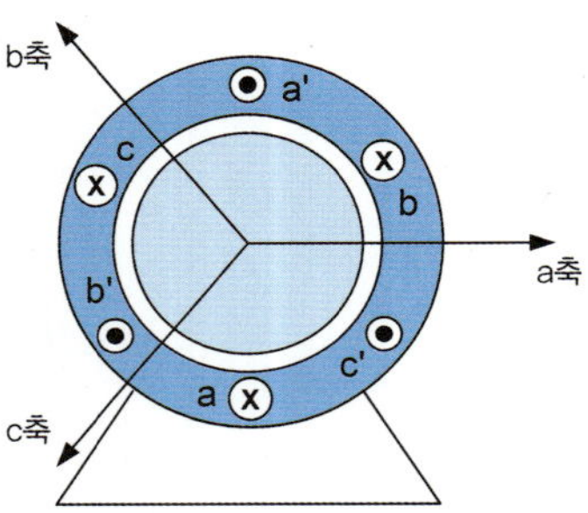

(a) 3상 권선과 자기 축

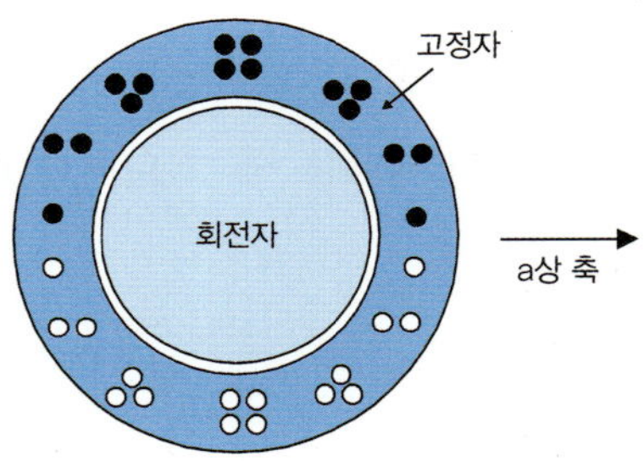

(b) 고정자의 원주를 따라 변하는 a상 권선의 정현파 분포

[그림 7-13] (a) AC 기기의 정현파 고정자 권선

권선이 3개의 위상에 대해 aa′, bb′, cc′ 위치에 집중된 것으로 표시되지만, 각 상 권선의 턴 수는 고정자 둘레를 따라 정현파 형태로 변한다. 권선 위상의 이 공간 정현파 분포를 [그림 7-13(b)]에 나타내었다. 이것은 [그림 7-13(a)]의 동등한 집중 권선 a-a′로 표시된다. 고정자 단면이 $\theta = 0$에서 반경을 따라 분할되고 길이 방향으로 전개된 것처럼 수평으로 배치된 고정자 축에서 위상 a상의 등가 분포는 [그림 7-14(a)]와 같이 된다.

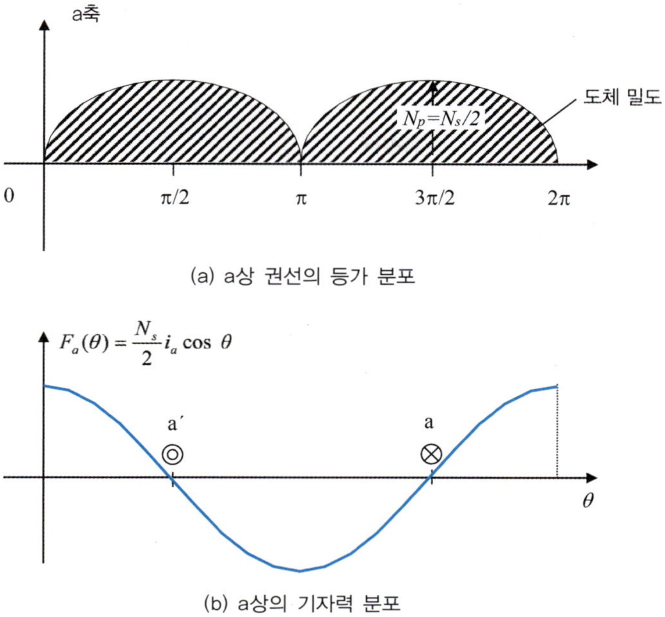

(a) a상 권선의 등가 분포

(b) a상의 기자력 분포

[그림 7-14] 등가 분포와 기자력 분포

이러한 a상 고정자 권선을 통과하는 전류는 정현파 a상 기자력 $F_a(\theta)$를 유발하며 이는 [그림 7-14(b)]에 나와 있다. 기자력은 고정자와 회전자의 높은 투자율로 인해 주로 공극에 존재하며, 고정자 내경에 비해 공극의 길이가 짧기 때문에 방사상인 경향이 있다. 권선의 정현파 분포는 다음과 같이 표현할 수 있다.

$$\begin{aligned} n_{as(\theta)} &= \quad N_P \sin\theta \quad (0 \le \theta \le \pi) \\ &= -N_P \sin\theta \quad (\pi \le \theta \le 2\pi) \end{aligned}$$

여기서 N_P는 라디안당 턴 수로 표시되는 최대 턴 수 또는 슬롯 내 도체 수이다. a상 권선에 N_s 등가 턴 수(즉, $2N_s$ 도체)가 있다고 가정하면 실제 권선 분포와 동일한 기본 정현파 성분을 제공한다. 따라서 [그림 7-14(b)]에서 0과 π 사이의 슬롯 내 도체 수의 적분은 총 N_s개의 도체를 가지며 (슬롯 내 도체 수의 절반을 차지) 이는 다음 식으로 표현할 수 있다.

$$N_s = \int_0^{\pi} N_P \sin\theta d\theta = 2N_P$$

$$N_P = \frac{N_s}{2}$$

a상 권선의 정현파 슬롯 내 도체 수 분포는 다음과 같다.

$$n_s(\theta) = \frac{N_s}{2} \sin\theta \quad (0 \le \theta \le \pi) \tag{7.17}$$

등가 슬롯 내 도체 수는 전계 강도, 자속밀도 및 기자력로 구성된 공극 자기장 매개변수를 계산하는 데 사용된다. 자계 강도 H와 전류 i의 기본적인 관계는 암페어의 법칙에 의해 주어지는데, 암페어의 법칙 **ampere's law**은 폐경로 주변의 H의 선적분은 둘러싸인 순전류(eq)와 같다는 것이다$\left(\oint H \cdot dl = \sum Ni\right)$. $\sum Ni$는 둘러싸인 순전류를 정의하는 암페어-턴 곱으로 자기 회로 용어에서는 총 기자력으로 알려져 있다. AC 기기의 반경 방향 자계 강도 H_a는 전류 i_a가 a상 권선을 흐를 때 공극에서 설정되며, 이것은 암페어의 법칙을 사용하여 도출할 수 있다.

$$H_a(\theta) = \frac{N_s}{2l_g} i_a \cos\theta$$

여기서 l_g는 공극의 길이다. 자속밀도 $B_a(\theta)$ 및 기자력 $F_a(\theta)$는 다음과 같이 도출할 수 있다.

$$B_a(\theta) = \mu_0 H_a(\theta) = \frac{\mu_0 N_s}{2l_g} i_a \cos\theta$$

여기서 μ_0는 자유공간 또는 공기의 투자율이다.

$$F_a(\theta) = l_g H_a(\theta) = \frac{N_s}{2} i_a \cos\theta \tag{7.18}$$

기자력, 자계 강도 및 전계 강도는 모두 권선 분포에 대해 공간에서 90° 위상 이동된다. 각도 θ는 a상 자기 축에 대해 반시계 방향으로 측정된다. [그림 7-14(b)]의 기자력 분포는 양의 전류에 대한 것이다. 전류의 방향에 관계없이 최대 기자력(양 또는 음)은 항상 한 상의 권선에 의해 생성되는 기자력의 특성인 a상 자기 축을 따라 나타난다.

7.4.2 극수

[그림 7-13(a)]의 두 개의 a상 도체는 기계의 두 극을 나타낸다. 전기기기는 고정자와 회전자의 자기 코어 재료를 효율적으로 활용하기 위해 여러 극 쌍으로 설계된다. 다극 쌍을 갖는 기기에서 전기 및 자기 변수(유도기전력, 기자력 및 자속밀도 등)는 모터를 한 번 회전하는 동안 더 많은 사이클을 완료한다. 전기적 및 기계적 회전각과 그에 상응하는 속도는 다음과 같이 나타낼 수 있다.

$$\theta_e = \frac{P}{2}\theta_m, \quad \omega_e = \frac{P}{2}\omega_m \tag{7.19}$$

여기서 P는 극수이다. 4극기의 단면은 [그림 7-15(a)]에 나타내었으며 θ_e 또는 θ_m의 함수로서의 a상 기자력 F_a는 [그림 7-15(b)]에 나타내었다.

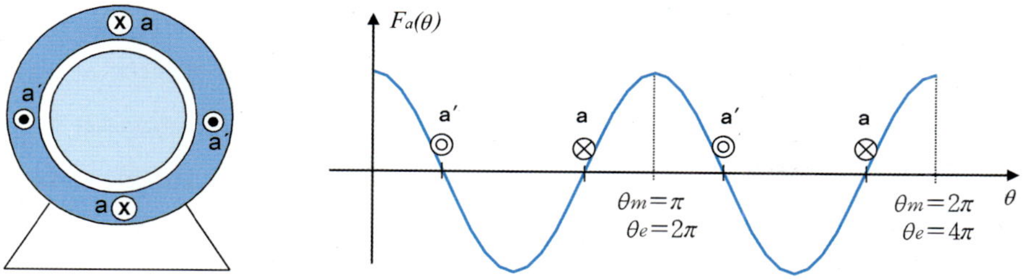

(a) a상 권선만을 보여주는 단면도

(b) a상 기자력 분포

[그림 7-15] 4극 기계

기자력은 수학적으로 다음과 같이 표현된다.

$$F_a(\theta_e) = \frac{N_s}{P} i_a \cos(\theta_e) \tag{7.20}$$

7.4.3 3상 정현파 권선

3상 기계의 b상과 c상은 [그림 7-13(a)]에서 나타낸 것처럼 서로 120° 변위하고 있는 것을 제외하고 이전 절에서 설명한 a상 권선과 동일한 한 권선 세트를 가지고 있다. b상과 c상의 전류로 인한 기자력은 다음과 같이 나타낼 수 있다.

$$\begin{aligned} F_b(\theta) &= \frac{N_s}{2} i_b \cos\left(\theta - \frac{2\pi}{3}\right) \\ F_c(\theta) &= \frac{N_s}{2} i_c \cos\left(\theta + \frac{2\pi}{3}\right) \end{aligned} \tag{7.21}$$

7.4.4 공간벡터 표현

3상 AC 기기는 회로 사이에 결합의 양이 매우 많기 때문에 수학적 계산이 어렵다. 축 변환 또는 좌표 변환은 위상전압 공식을 분리하고 최상의 성능을 제공하는 제어 알고리즘을 구현하는 데 필요하다. 공간벡터 표현은 전기회로의 정현파 시변 전압 및 전류를 설명할 때 페이저를 사용하는 것과 유사한 방식으로 AC 기기에서 정현파 공간 분포를 갖는 전기 및 자기 변수의 등가적인 결과 **equivalent resultant effect**를 보여준다. 공간벡터는 기계 방정식을 표현하는 매우 유용하고 간단한 형태를 나타내며 이는 3상 변수의 표현을 단순화할 뿐만 아니라 3상 변수와 2상 변수 간의 변환을 용이하게 한다. 2상 시스템은 제어 구현에 필요한 dq(2축) 좌표계에서 3상 변수의 등가 표현이다. dq 좌표계에 대해서는 7.4.6절에서 자세히 설명한다.

좌표 변환의 개념은 파크(Park's) 변환[2]에서 유래되며, 이는 회전자와 함께 회전하는 두 개의 가상 권선(dq 권선)의 도움을 받아 3상 변수(전류, 전류, 쇄교자속)를 2상 변수로 변환함으로써 3상 전기 기기를 분석한다. 공간벡터 표기법은 나중에 3상 abc 좌표 또는 가상의 2상 dq 좌표에서 3상 기기 변수의 간단한 표현으로 발전한다.[3~5] 공간벡터는 시간 변동과 공간 변동을 나타내므로 페이저보다 복잡하다. 공간벡터는 다른 벡터와 마찬가지로 크기와 각도가 있지만 크기는 시간에 따라 달라질 수 있다. 예를 들어 AC 기기의 세 단계의 고정자 기자력은 다음과 같은 공간벡터로 나타낼 수 있다.

$$\begin{aligned}\overrightarrow{F_a}(t) &= \frac{N_s}{2} i_a(t) \angle 0° \\ \overrightarrow{F_b}(t) &= \frac{N_s}{2} i_b(t) \angle 120° \\ \overrightarrow{F_c}(t) &= \frac{N_s}{2} i_c(t) \angle 240°\end{aligned} \tag{7.22}$$

공간벡터는 복소수이고 '→'는 벡터 특성을 나타내는 데 사용되며 시간 의존성을 명확하게 나타난다. 벡터의 크기는 정현파 공간 분포의 양의 최댓값을 나타내고 각도는 a상 자기 축의 최대 위치를 나타낸다. 각 상의 공간벡터는 벡터 덧셈에 의해 편리하게 더할 수 있게 되고, 결과적으로 얻어진 고정자의 기자력은 다음과 같다.

$$\overrightarrow{F_s}(t) = \overrightarrow{F_a}(t) + \overrightarrow{F_b}(t) + \overrightarrow{F_c}(t) = \widehat{F}_s \angle \theta_F \tag{7.23}$$

여기서 F_s는 고정자의 기자력 공간벡터의 진폭이고, F는 a상 기준 축에 대한 공간 방향이다.

일반적으로 f가 3상 AC 기기에서 변수(기자력, 자속, 전압 또는 전류)를 나타내는 경우 이에 상응하는 공간벡터는 다음과 같이 계산할 수 있다.

$$\vec{f}_{abc}(t) = f_a(t) + af_b(t) + a^2 f_c(t)$$

여기서 $f_a(t)$, $f_b(t)$, $f_c(t)$는 변수로 표현된 각 상의 공간벡터 크기이고, a 및 a^2은 고정자의 둘레를 따라 3개의 권선의 120°공간 분포를 처리하는 공간 연산자이다. 연산자 a, a^2은 $a = e^{j2\pi/3}$, $a^2 = e^{j4\pi/3}$이므로 공간벡터는 다음과 같이 나타낼 수 있다.

$$\vec{f}_{abc}(t) = f_a(t) + f_b(t) \angle 120 + f_c(t) \angle 240 \tag{7.24}$$

공간벡터를 사용하여 고정자 회로 또는 회전자 회로에서 AC 기기의 정현파 변수를 나타낼 수 있다. 예를 들어 고정자의 자속밀도, 전류 및 전압 공간벡터는 다음과 같이 나타낼 수 있다.

$$\begin{aligned}\vec{B}_S(t) &= \frac{\mu_0 N_S}{2l_g} i_a(t) + \frac{\mu_0 N_S}{2l_g} i_b(t)\angle 120 + \frac{\mu_0 N_S}{2l_g} i_c(t)\angle 240 = \hat{B}_S \angle \theta_B \\ \vec{i}_S(t) &= i_a(t) + i_b(t)\angle 120 + i_c(t)\angle 240 = \hat{I}_S \angle \theta_I \\ \vec{v}_S(t) &= v_a(t) + v_b(t)\angle 120 + v_c(t)\angle 240 = \hat{V}_S \angle \theta_v\end{aligned} \tag{7.25}$$

3개의 상의 변수 f_a, f_b, f_c의 합인 공간벡터 $\vec{f}_{abc}$는 위상 변수보다 3/2배 크며 공간 방향은 기준 a상 축에 대해 시간 t에서 각도 ωt이다. 여기서 ω는 각 상의 변수의 주파수이다. 따라서 공간벡터의 진폭은 공간벡터의 합에 대해 일정하지만, 위상각(공간 방향)은 시간의 함수이다. 임의의 순간에 공간벡터는 고정자 전류에 대해 [그림 7-16]과 같이 세 가지 위상 변수의 벡터 합으로 얻을 수 있다.

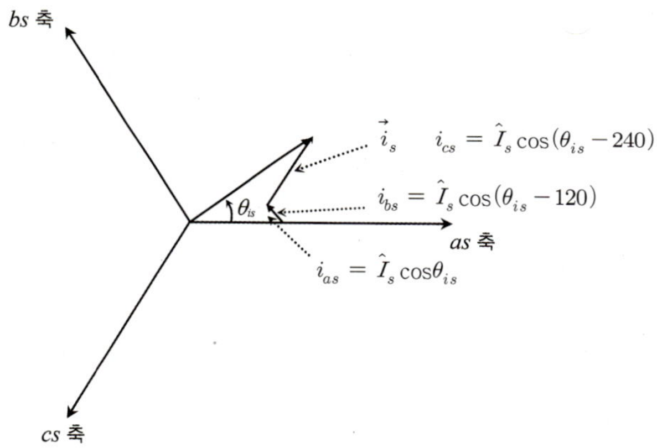

[그림 7-16] *abc* 좌표 변환의 공간벡터와 그 구성요소

공간벡터의 합은 $f_a + f_b + f_c = 0$이므로 공간벡터 $\vec{f}_{abc}$를 합산하는 고유한 상 변수 합이 있다는 사실에 유의해야 한다.

예제 7.1

$\omega t = 40°$에서 3상 기계의 고정자 전류는 다음과 같다. 이때 공간벡터를 계산하라.

$$\begin{aligned} i_a &= 10\cos 40° = 7.66\ \mathrm{A} \\ i_b &= 10\cos(40° - 120°) = 1.74\ \mathrm{A} \\ i_c &= 10\cos(40° - 240°) = -9.4\ \mathrm{A} \end{aligned}$$

풀이

$\omega t = 40°$의 공간벡터는 다음과 같다.

$$\begin{aligned}\vec{i}_S &= i_a(t) + i_b(t)\angle 120 + i_c(t)\angle 240 \\ &= 7.66 + 1.74\angle 120 + (-9.4)\angle 240 \\ &= \frac{3}{2}(7.66 + j6.43) = \frac{3}{2}\cdot 10\angle 40\end{aligned}$$

a상 축에 대한 투영은 $15\cos 40 = 11.49$이며 이는 i_a의 3/2이다.

예제 7.2

다음 조건에서 각 물음에 답하시오.

(a) 시간 $\omega t = 0$에서 3상 AC 기기의 상전압의 크기는 $v_a = 240\text{V}$, $v_b = -120\text{V}$, $v_c = -120\text{V}$이다. 공간벡터 전압의 합을 계산하라,

(b) $v_a = 207.8\text{V}$, $v_b = 0\text{V}$, $v_c = -270.8\text{V}$인 경우 다른 시간에 공간벡터를 다시 계산하라.

(c) 두 경우의 공극 내 공간벡터 분포를 표시하라.

풀이

(a) 식 (7.24)를 사용하여 얻은 공간벡터는 다음과 같다.

$$\begin{aligned}\vec{v}_S(t) &= v_a(t) + v_b(t)\angle 120 + v_c(t)\angle 240 \\ \vec{v}_S(t_0) &= 240 + (-120)(\cos 120° + j\sin 120°) + (-120)(\cos 240° + j\sin 240°) \\ &= 360\angle 0°\text{V}\end{aligned}$$

(b) 식 (7.24)를 사용하여 얻은 공간벡터는 다음과 같다.

$$\begin{aligned}\vec{v}_S(t) &= v_a(t) + v_b(t)\angle 120 + v_c(t)\angle 240 \\ \vec{v}_S(t_0) &= 207.8 + (0)(\cos 120° + j\sin 120°) + (-207.8)(\cos 240° + j\sin 240°) \\ &= 360\angle 30°\text{V}\end{aligned}$$

(c) 공간벡터 파형을 나타내면 [그림 7-17]과 같다.

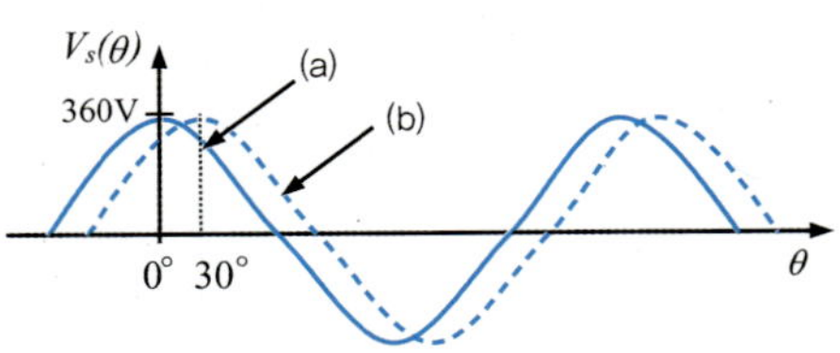

[그림 7-17] [예제 7.2]의 공간벡터 파형

예제 7.3

시간 t_0에서 3상 AC 기기의 상전압 크기는 $v_a = 240\text{V}$, $v_b = 50\text{V}$, $v_c = -240\text{V}$이다. 공간벡터 전압의 합을 계산하고 공극 내의 공간벡터 분포를 표시하라.

풀이

식 (7.24)를 사용하여 얻은 공간벡터는 다음과 같다.

$$\vec{v}_S(t) = v_a(t) + v_b(t)\angle 120 + v_c(t)\angle 240$$
$$\vec{v}_S(t_0) = 240 + (50)(\cos 120° + j\sin 120°) + (-240)(\cos 240° + j\sin 240°)$$
$$= 418.69\angle 36.86°\text{V}$$

전압 공간벡터와 그 정현파 파형은 [그림 7-18]과 같다.

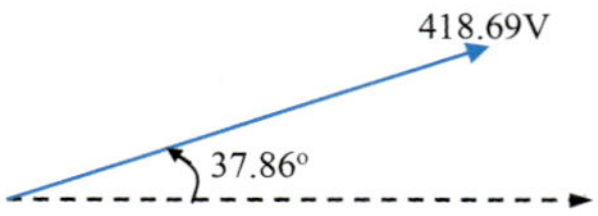

(a) 공간벡터 전압의 합

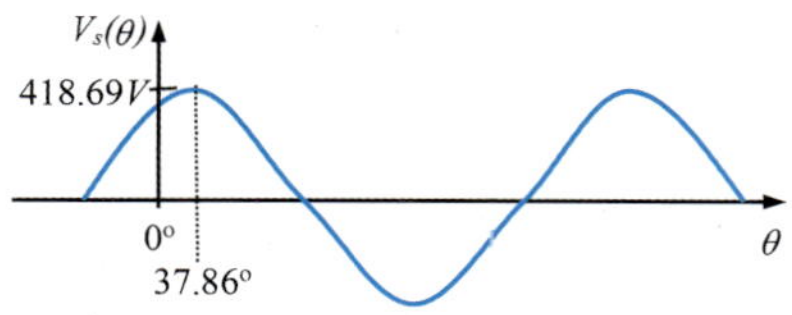

(b) t_0에서의 공극에서의 전압 공간벡터의 정현파 분포

[그림 7-18] [그림 7.18]의 공간벡터 및 정현파 파형

[예제 7.2]에 표시된 전압은 두 개의 서로 다른 시간으로 설정된 합을 이루며, (a)와 (b) 부분에서 각각 $\omega t = 0$과 $\omega t = 30°$에 해당한다. 전압 공간벡터의 최대 크기는 두 경우에서 동일하게 유지되며, 전압이 시간에 의존할 때 기계 축을 따르는 전압의 최대 위치는 $\theta = 0$ 및 $\theta = 30°$이다. 이는 공간벡터 전압이 균형 집합인 경우에 해당한다.

[예제 7.3]에서 전압은 불평형이며 공간벡터의 크기는 상전압의 순시값에 따라 달라진다.

공간벡터 해석

공간벡터는 편리하고 간단한 벡터 형태를 통해 세 개의 상 변수가 각각 생성하는 것과 동일한 결과를 나타낸다. 예를 들어 공극 내의 고정자의 기자력 분포는 3상 전류 i_a, i_b, i_c에 의해 이루어지며 등가 공간벡터 전류 $\vec{i}_S(t)$는 N_s 턴의 등가 권선을 흐르는 이 전류가 같은 결과의 기자력 분포를 생성하도록 한다.

전기량과 자기량의 관계는 공간벡터를 이용해서 간단하게 표현할 수 있다. 식 (7.22), (7.23), (7.25)를 사용하여 표현하면 다음과 같다.

$$\vec{F}_S(t) = \frac{N_s}{2}\vec{i}_S(t) \tag{7.26}$$

기자력 및 전류 벡터 크기는 스칼라 상수 $N_S/2$ 와 관련되며 동일한 각도 방향을 갖는다. 자속밀도는 다음과 같이 나타낼 수 있다.

$$\vec{B}_S(t) = \frac{\mu_0 N_s}{2l_g}\vec{i}_S(t) \tag{7.27}$$

■ 역관계

위상은 복소수를 사용하여 확립된 역관계를 통해 공간벡터로부터 도출된다. 이를 식으로 나타내면 다음과 같다.

$$|A|\angle\theta = |A|\cos\theta + j|A|\sin\theta\}$$

이 식을 식 (7.24)에 적용하면 다음과 같다.

$$\begin{aligned}\vec{f}_{abc}(t) &= f_a(t) - \frac{1}{2}(f_b(t) + f_c(t)) + j\frac{\sqrt{3}}{2}(f_b(t) - f_c(t)) \\ &= \frac{3}{2}f_a(t) + j\frac{\sqrt{3}}{2}(f_b(t) - f_c(t))\end{aligned}$$

평형 3상 시스템 및 중성점 연결이 없는 회로의 경우 $f_a(t)+f_b(t)+f_c(t)=0$이므로 a상 기자력의 역관계는 다음과 같다.

$$f_a(t) = \frac{2}{3}\mathrm{Re}\left[\vec{f}_{\mathrm{abc}}(\mathrm{t})\right] \tag{7.28}$$

마찬가지로 다음과 같이 나타낼 수 있다.

$$f_b(t) = \frac{2}{3}\mathrm{Re}\left[\vec{f}_{abc}(\mathrm{t})\angle 240°\right] \tag{7.29}$$

$$f_c(t) = \frac{2}{3}\mathrm{Re}\left[\vec{f}_{abc}(\mathrm{t})\angle 120°\right] \tag{7.30}$$

평형 시스템에서 얻은 기자력

AC 기기가 일반적으로 작동할 때 고정자 권선에는 평형 전압이 세트로 공급되고 권선은 전기적으로 대칭이므로 평형 전류 세트가 권선으로 흐른다. 회전자가 개방회로이고 고정자 권선을 통해 흐르는 모든 전류가 고정자 기자력을 설정하는 데 필요한 자화 전류라고 가정한다. 3상전류의 크기와 주파수는 동일하지만, 시간적으로 서로 120° 이동한다. 시간 영역의 전류는 다음과 같이 나타낼 수 있다.

$$\begin{aligned} i_a(t) &= \hat{I}_M \cos\omega t \\ i_b(t) &= \hat{I}_M \cos(\omega t - 120°) \\ i_c(t) &= \hat{I}_M \cos(\omega t - 240°) \end{aligned} \tag{7.31}$$

식 (7.24)를 사용하여 평형 전류 세트의 공간벡터를 나타내면 다음과 같다.

$$\vec{i}_M(t) = \frac{3}{2}\hat{I}_M \angle\, \omega t \tag{7.32}$$

고정자의 기자력 공간벡터는 다음과 같다.

$$\vec{F}_{ms}(t) = \frac{N_s}{2}\vec{i}_M(t) = \frac{3}{2}\frac{N_s}{2}\hat{I}_M \angle\, \omega t = \hat{F}_{ms} \angle\, \omega t \tag{7.33}$$

여기서 고정자 기자력은 일정한 최대 진폭 $\hat{F}_{ms}$(N_S와 $\hat{I}_M$은 상수이므로)를 가지며, 인가된 고정자 전압의 각속도와 동일한 속도로 고정자 원주 주위를 회전한다는 것을 알 수 있다. 이 속도는 동기 속도라고 한다. 단상 고정자 기자력([그림 7-14(b)] 참고)과는 달리 3상 AC 기기에서 고정자 기자력의 최댓값은 고정자의 원주를 따라 회전하며, 최댓값은 항상 $\theta = \omega t$에 있다. 3상 권선의 기자력의 최대 위치는 시간에 따라 변화하지만, 단상 권선의 최대 기자력 위치는 시간에 따라 변화하지 않는다. 기자력 파형은 공간 각도 θ의 정현파 함수이다. 파동은 일정한 진폭과 시간에 대해 선형인 공간 각도 ωt를 갖는다. ωt는 일정한 각속도 ω로 공극 주위의 전체 파동 회전을 제공한다. 따라서 일정 시간 t_x에서 파동은 공간 내의 정현파이며 양의 최댓값은 좌표 $\theta = 0$에서 ωt_x 변위한다. [그림 7-19]는 서로 다른 시간에서 얻은 공간벡터를 나타낸다. 평형 다상 전류에 의해 여자된 다상 권선은 자석에 수직인 축 주위에 영구자석을 회전시키는 것과 동일한 효과, 또는 DC로 여자된 계자의 회전의 경우와 동일한 효과를 얻는다.

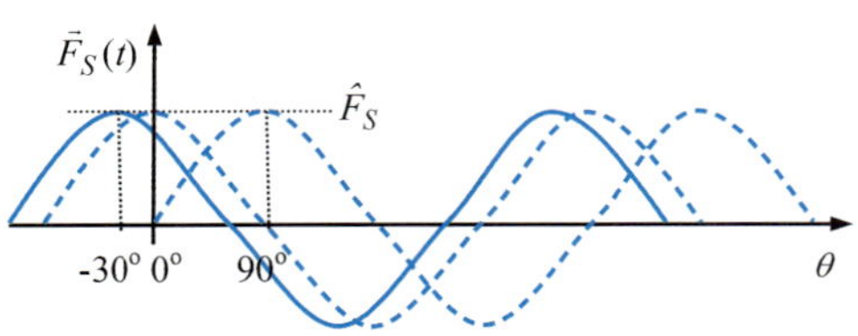

[그림 7-19] $\omega t = -30°,\ 0°,\ 90°$에서 합성 기자력 공간벡터

3 상 고정자 기자력은 회전 기자력이라고 하며, 고정자의 원주를 일정 속도로 회전하는 자석과 동등하게 볼 수 있다. 식 (7.20) ~ (7.21)에 설명된 바와 같이 $F_a(\theta_e)$, $F_b(\theta_e)$, $F_c(\theta_e)$의 벡터 합과 $i_a(t)$, $i_b(t)$, $i_c(t)$ 가 식 (7.31)의 평형 세트로 대체되면 그 결과는 동일하다.

예제 7.4

다음 식을 이용하여 $F_a(\theta_e) + F_b(\theta_e) + F_c(\theta_e) = \frac{3}{2}\frac{N_S}{2}\hat{I}_M\angle\omega t$ 임을 보여라.

$$\begin{aligned} i_a(t) &= \hat{I}_M \cos\omega t \\ i_b(t) &= \hat{I}_M \cos(\omega t - 120°) \\ i_c(t) &= \hat{I}_M \cos(\omega t - 240°) \end{aligned}$$

풀이

a상의 기자력은 암페어의 법칙을 사용하여 나타내면 다음과 같다.

$$F_a(\theta_e) = l_g H_a(\theta_e) = \frac{N_s}{2} i_a \cos(\theta_e) = \frac{N_s}{2} i_a \angle 0°$$

나머지 상들에 대하여 동일한 방법으로 나타내면 다음과 같다.

$$\begin{aligned} F_b(\theta_e) &= \frac{N_s}{2} i_b \cos(\theta_e - 120°) = \frac{N_s}{2} i_b \angle 120° \\ F_c(\theta_e) &= \frac{N_s}{2} i_c \cos(\theta_e - 240°) = \frac{N_s}{2} i_c \angle 240° \end{aligned}$$

이때 각 상의 전류 벡터의 합은 다음과 같다.

$$\vec{I}_M(\theta_e) = i_a\angle 0° + i_b\angle 120° + i_c\angle 240° = \frac{3}{2}\hat{I}_M\angle\omega t$$

각 상의 기자력의 합은 다음과 같다.

$$\begin{aligned} F_M(\theta_e) &= F_a(\theta_e) + F_b(\theta_e) + F_c(\theta_e) \\ &= \frac{N_S}{2}(i_a\angle 0° + i_b\angle 120° + i_c\angle 240°) \\ &= \frac{3}{2}\frac{N_S}{2}\hat{I}_M\angle\omega t \end{aligned}$$

■ 상호 인덕턴스 L_m 및 유도 고정자 전압

이상적인 상황에서 회전자가 없는 고정자 권선의 등가 전기회로는 인가된 고정자 전압원과 자화 또는 상호 인덕턴스로 알려진 인덕턴스로 표시되는 권선으로 구성된다. 실용적인 회로는 자화 인덕턴스와 직렬로 고정자 권선 저항과 고정자 누설 인덕턴스를 추가하여 이 이상적인 회로를 확장한다. 3 상간 상호 결합의 영향을 포함한 3 상 교류기의 자화 인덕턴스는 참고문헌을 참고하여 확인할 수 있다.[4~5]

$$L_M = \frac{3}{2}\left[\frac{\pi\mu_0 rl}{l_g}\left(\frac{N_S}{2}\right)^2\right] \tag{7.34}$$

여기서 r은 공극의 반경, l은 회전자 축방향 길이, l_g는 공극 길이이다. 식 (7.34)의 형태는 $L = \frac{N^2}{\Re}$로 주어진 단순 인덕터의 형태와 동일하다. N은 턴 수, $\Re$은 자기저항reluctance이며, 자기저항은 다음과 같이 계산할 수 있다.

$$\Re = \frac{\text{자속 경로의 길이}}{\mu \times \text{통과하는 면적}}$$

공간벡터 형태로 L_m을 통해 흐르는 자화 전류로 인해 고정자 권선에 유도되는 기전력은 다음과 같다.

$$\vec{e}_{ms}(t) = j\omega L_m \vec{i}_M(t) \tag{7.35}$$

자화 전류 $\vec{i}_M(t)$에 의해 설정된 자화 자속밀도 $\vec{B}_{ms}(t)$는 다음과 같다(식 (7.27) 참조).

$$\begin{aligned}\vec{B}_{ms}(t) &= \frac{\mu_0 N_S}{2l_g}\vec{i}_M(t) \\ \vec{i}_M(t) &= \frac{2l_g}{\mu_0 N_S}\vec{B}_{ms}(t)\end{aligned} \tag{7.36}$$

식 (7.34)의 L_m 방정식과 $\vec{B}_{ms}(t)$로 표시된 $\vec{i}_M(t)$ 식을 사용하면 유도기전력은 다음과 같다.

$$\vec{e}_{ms}(t) = j\omega\frac{3}{2}\pi rl\frac{N_S}{2}\vec{B}_{ms}(t)$$

유도기전력은 동기 속도로 회전하는 자속밀도 B_{ms}에 의해 유도된 역기전력으로 해석될 수 있다. P극 기기의 경우 유도기전력의 식은 다음과 같다.

$$\vec{e}_{ms}(t) = j\omega\frac{3}{2}\pi rl\frac{N_S}{P}\vec{B}_{ms}(t) \tag{7.37}$$

7.4.5 AC 기기의 종류

AC 기기에서 토크를 생성하는 데 필요한 두 번째 회전 기자력은 회전자 회로에 의해 설정된다. 본질적으로, 동기 속도로 서로 쫓는 2개의 회전 기자력의 상호작용이 토크를 생성한다. 회전자의 기자력을 설정하는 방법에 따라 AC 기기를 분류할 수 있다. 대략적으로 AC 기기는 동기기 **synchronous machine**와 비동기기 **asynchronous machine**로 분류한다. [그림 7-20]은 AC 기기의 단면도를 보여준다.

(a) 유도기 (b) SPM 기기 (c) IPM 기기

[그림 7-20] AC 기기의 단면도

동기기에서 회전자는 항상 동기 속도로 회전한다. 회전자 기자력은 영구자석 또는 DC 전류를 회전자 코일에 공급하여 만든 전자석 중 하나를 사용하여 설정한다. 후자의 동기기는 일반적으로 발전 시스템에 사용되는 대형 기기이다. 영구자석 기기는 계자 권선형 동기기 **rotor feds ynchronous machine**에 비해 더 높은 출력밀도와 우수한 성능을 제공하기 때문에 EV 및 HEV의 응용 분야에 적합하다. 일부 유형의 영구자석 AC 기기는 이 장의 뒷부분에서 설명한다. 계자 권선형 동기기는 EV나 HEV의 용도와는 관계가 없기 때문에 이 책에서는 설명하지 않는다. 비동기식 AC 기기에서는 회전자가 동기 속도와는 다르지만, 동기 속도에 가까운 속도로 회전한다. 이러한 기기는 유도기라고 하며 일반적인 구성에서는 고정자에서만 전원이 공급된다. 회전자 회로의 전압은 고정자로부터 유도되고 고정자는 회전자의 회전 기자력을 유도하기 때문에 유도기라고 한다. 유도기는 다음 절에서 다룬다.

7.4.6 dq 모델링

dq 모델링은 dq 권선이라고 불리는 2개의 가상 권선 세트를 사용하여 3상 변수(전압, 전류, 쇄교자속)를 2상 변수로 변환하여 3상 전기기기를 분석하는 방법을 알려준다. dq 좌표계에서 d축은 회전자 관련 자기장과 정렬된 직축이며 q축은 직축과 직교한다. 변환을 통해 abc 좌표계의 3상 변수를 d축과 q축의 변수로 나타내어 특정의 좌표계에서 임의의 속도를 가지는 동등한 2상 좌표계로 변환할 수 있다.[2, 4] 좌표계는 dq 축의 회전 속도와 관련이 있다. dq 좌표가 정지되고 d축이 정지된 a축과 정렬된 경우 $\alpha\beta$ 변환으로 알려져 있다. abc 좌표와 회전자의 기자력 축에 대한 좌표 변수는 [그림 7-21]에 나와 있다. 표시된 회전자 자석은 영구자석 또는 회전자로 유도된 2극 회전자 자기장을 나타낸다.

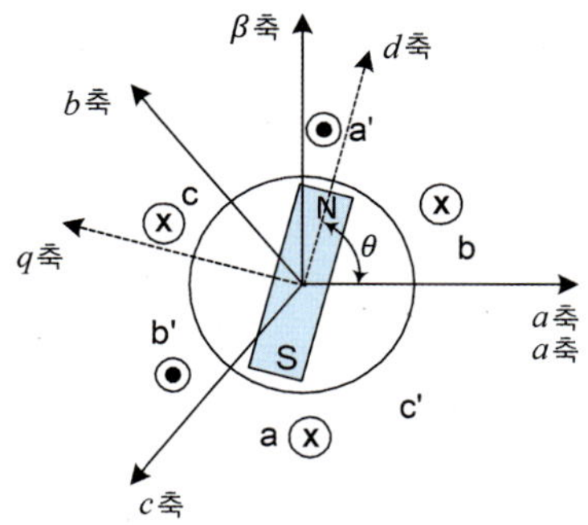

[그림 7-21] 기본 2극 AC 기기의 $babc$, dq, $\alpha\beta$ 좌표계

dq 모델링의 목적은 적절한 좌표 변환에서 3상 abc 변수를 dq 변수로 변환하여 3상 AC 기기의 고정자 변수와 회전자 변수 사이의 결합을 없애는 것이다. 공간벡터 접근법은 dq 좌표계에 유지되는데 이러한 벡터가 AC 기기의 복잡한 3상 방정식을 간단한 형태로 표현하는 데 도움이 되며, abc와 dq 좌표계 변환 간의 단순한 관계도 제공하기 때문이다.

일반 변수 f(전압, 전류 또는 쇄교자속)의 경우 a, b, c 변수에 대한 q 및 d축 변수를 수학적으로 나타내면 다음과 같다.

$$
\begin{aligned}
f_q &= \frac{2}{3}\left[f_a\cos\theta + f_b\cos(\theta - 120°) + f_c\cos(\theta + 120°)\right] \\
f_d &= \frac{2}{3}\left[f_a\sin\theta + f_b\sin(\theta - 120°) + f_c\sin(\theta + 120°)\right]
\end{aligned}
\tag{7.38}
$$

변환 관계는 고정자와 회전자 변수에 적용한다. 중성 터미널에서 오는 고유한 변환을 얻으려면 세 번째 변수가 필요하다. 중성점 단자 변수를 영상성분으로 나타내면 다음과 같다.

$$
f_0 = \frac{1}{3}\left[f_a + f_b + f_c\right] \tag{7.39}
$$

중성 연결이 없는 균형 시스템 또는 Y 연결 권선의 경우 영상분이 존재하지 않으므로 결과적으로 다음과 같이 표현할 수 있다.

$$
f_a + f_b + f_c = 0
$$

$$
f_0 = 0
$$

이후 영상성분을 무시하고 d 및 q 변수를 고려한다. dq 기준 좌표계 **reference frame**의 변수는 공간벡터 형식으로 다음과 같이 나타낼 수 있다.

$$\vec{f}_{qd}(t) = f_q(t) - jf_d(t) = \frac{2}{3}e^{-j\theta}\left[f_a(t) + e^{j\frac{2\pi}{3}}f_b(t) + e^{-j\frac{2\pi}{3}}f_b(t)\right]$$
$$= \frac{2}{3}e^{-j\theta}\vec{f}_{abc}(t) \tag{7.40}$$

결과는 dq 공간벡터 $\vec{f}_{qd}(t)$가 d축과 q축을 따른 공간벡터 $\vec{f}_{abc}(t)$의 $2/3$임을 보여준다. 식 (7.40)의 실수부와 허수부를 동일하게 하면 abc 변수와 dq 변수의 변환 행렬은 다음과 같다.

$$\begin{bmatrix} f_q(t) \\ f_d(t) \\ 0 \end{bmatrix} = T_{abc\rightarrow qd}\begin{bmatrix} f_a(t) \\ f_b(t) \\ f_c(t) \end{bmatrix}$$
$$T_{abc\rightarrow qd} = \frac{2}{3}\begin{bmatrix} \cos(\theta) & \cos(\theta - 2\pi/3) & \cos(\theta + 2\pi/3) \\ \sin(\theta) & \sin(\theta - 2\pi/3) & \sin(\theta + 2\pi/3) \\ 0.5 & 0.5 & 0.5 \end{bmatrix} \tag{7.41}$$

이 변환을 Park's 변환이라고 한다. abc 변수는 dq 변수에서 Park's 변환의 역함수를 통해 얻는다.

$$T_{qd\rightarrow abc} = \begin{bmatrix} \cos(\theta) & \sin(\theta) & 1 \\ \cos(\theta - 2\pi/3) & \sin(\theta - 2\pi/3) & 1 \\ \cos(\theta + 2\pi/3) & \sin(\theta + 2\pi/3) & 1 \end{bmatrix} \tag{7.42}$$

식 (7.38)의 $2/3$배 인자는 하나가 아니다. abc축 변수와 dq축 변수 사이의 관계를 정의할 수 있는 몇 가지 선택 사항이 있다. 그 이유는 변환이 3상 변수 구성에서 2상 변수 구성으로 이루어지기 때문이다. $2/3$을 선택하면 dq 변수는 d축과 q축에서 $\vec{f}_{abc}$의 $2/3$배가 되며 abc는 각 상의 시간 영역 변수 최댓값과 동일한 공간벡터 크기를 제공한다. 선택 가능한 또 다른 방식은 dq 변수를 dq축에서 $\vec{f}_{abc}$의 투영 **projection**의 $\sqrt{\frac{2}{3}}$ 배로 만드는 것이다. dq 및 abc 변수의 $\sqrt{\frac{2}{3}}$ 비율은 dq 및 abc 좌표에 곱셈계수를 곱하지 않고 전력을 보존하기 때문에 전력 불변 변환으로 알려져 있다. 등가 dq 권선이 abc 권선과 동일한 고정자 기자력 $\vec{F}_s(t)$를 설정하기 위해서는 등가 정현파 형태로 분포된 직교 권선의 권수가 선택된 변환 비율에 따라 $\frac{2}{3}N_s$ 또는 $\sqrt{\frac{2}{3}}N_s$이 되어야 한다. 이 책에서는 임의의 변환을 정의하기 위해 $2/3$의 곱셈계수를 선택한다.

SECTION 7.5 유도기

Induction Machines

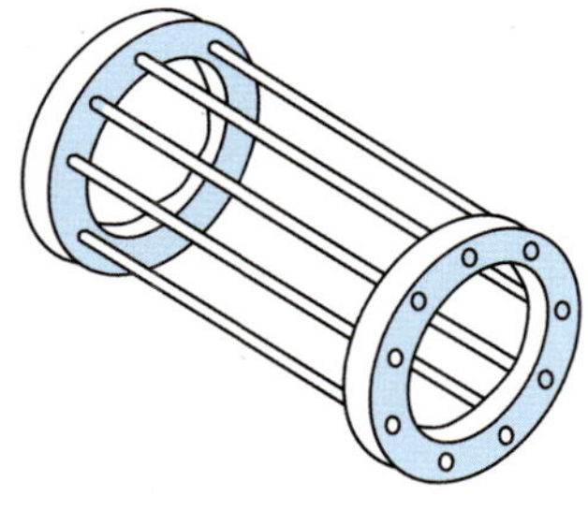

[그림 7-22] 농형 유도전동기

유도기는 농형 유도기 **squirrel cage induction machine**와 계자 권선형 유도기 **wound rotor induction machine**로 구분된다. 농형 유도기는 견고한 구조와 저렴한 비용을 가져 업계의 주요 제품으로 사용된다. 회전자 권선은 농형 **squirrel cage**의 단락된 구리 막대로 구성되어 있다. 농형 유도전동기의 모양은 [그림 7-22]에 나와 있다.

계자 권선형 유도기의 회전자 권선 단자는 속도제어에 사용되는 외부 연결용 슬립링 **slip ring**을 사용하여 외부로 반출한다. 농형 유도전동기는 EV 및 HEV 및 기타 대부분의 범용 애플리케이션에서 매우 중요하기 때문에 더 자세히 설명한다.

유도기의 고정자 권선은 이전 절에서 설명한 것과 같다. 일반적으로 적층으로 만들어진 회전자는 축 방향으로 주변에 몰딩 **molding**된 구리 또는 알루미늄 회전자 바를 가지고 있다. 바는 전도성 엔드링을 통해 양단에서 단락된다. 3상 유도기의 전기적 등가회로와 고정자 및 회전자의 자속 축 방향이 [그림 7-23]에 나와 있다. 회전자 권선은 단락되어 있으며 회전자 축과 고정자 축 사이의 각도는 θ_r 이다. 이는 회전자 속도 ω_r 을 적분한 것이다.

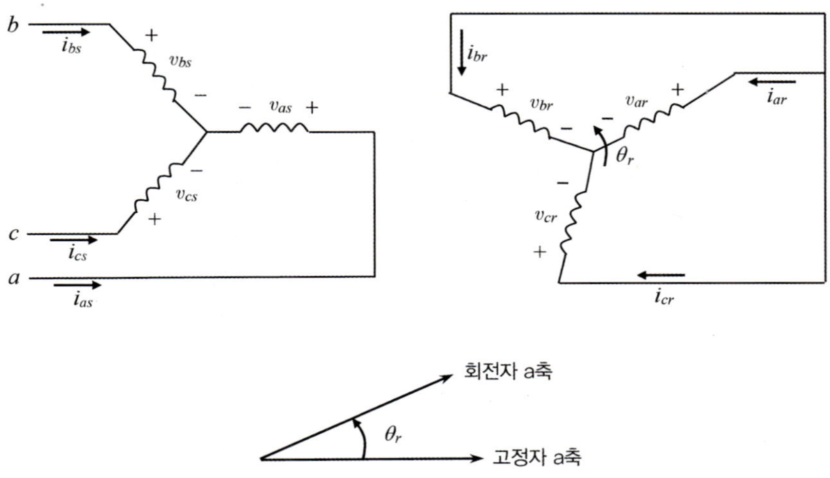

[그림 7-23] 3상 유도기의 고정자와 회전자의 전기회로와 자기 축

고정자 권선에 평형 전압이 인가되면 7.3.4절에 설명된 대로 동기 속도로 회전하는 자기장이 설정된다. 패러데이의 법칙에 따라 회전자가 동기 속도 이외의 속도로 회전하는 한(회전자의 속도가 0 인 경우), 회전자 도체는 고정자의 자기장을 절단하고 회전자 회로의 자속 변화 비율로 인해 회전자 바에 전압을 유도한다. 이는 1 차 권선에 의해 확립된 시간에 따라 변화하는 AC 자속이 2 차 권선으로 전압을 유도하는 변압기의 동작과 유사하다. 유도기에서는 회전자의 권선 또는 바가 단락되어 있기 때문에 유도 전압에 의해 회전자 전류가 회전자 회로로 흐른다. 유도기는 2 차 권선 또는 회전자 권선이 단락된 변압기로 생각할 수 있다. 회전자의 유도 전압과 전류는 정현파(공간 정현파) 형태로 고정자 자기장에 의해 생성되기 때문에 정현파 모양의 공간 분포를 가진다. 회전자 도체 바 전류의 역할은 공극에 작용하는 정현파 형태로 분포된 회전자 기자력을 생성하는 것이다.

회전자 속도와 고정자 동기 속도의 차이는 회전자가 고정자 자기장에서 미끄러지는 속도이며 이를 슬립 **slip** 속도라고 한다.

$$\omega_{slip} = \omega_e - \omega_m \tag{7.43}$$

여기서 ω_e 는 동기 속도이고 ω_m 은 모터 또는 회전자 속도이다. 동기 속도에 대한 회전자 속도의 비율은 슬립으로 알려져 있다.

$$s = \frac{\omega_e - \omega_m}{\omega_e} \tag{7.44}$$

회전자 바의 전압, 전류, 자기장은 회전자에 대한 슬립 속도 또는 슬립 주파수이다. 슬립 주파수는 다음 식으로 주어진다.

$$f_{slip} = \frac{\omega_e - \omega_m}{2\pi} = sf,\ f = \frac{\omega_e}{2\pi} \tag{7.45}$$

고정자의 관점에서 회전자의 전압, 전류 및 회전자의 기자력은 모두 동기 주파수를 갖는다. 이는 회전자의 속도 ω_m 이 회전자 변수의 슬립 속도와 중첩되기 때문이다.

7.5.1 상당 등가회로

유도전동기의 정상상태 분석은 상당 등가회로를 사용하여 수행된다. [그림 7-24]와 같이 상이 서로 평형 상태에 있다고 가정한 3 상 유도기에는 단상 등가회로를 사용한다. 각 상의 등가회로는 고정자 회로와 회전자 회로로 구성되며, 자기 회로 매개변수가 중앙에 있다. 자화 전류 경로를 나타내는 인덕턴스는 등가 손실 저항과 함께 회로의 중앙에 있다. 고정자와 회전자의 전기적 매개변수의 경우 회로는 고정자 권선의 저항과 누설 리액턴스 및 회전자 권선의 저항과 누설 리액턴스를 포함한다.

슬립에 의존하는 등가 저항은 공극이 결합된 전자기 회로에서 에너지 변환에 의해 샤프트에 공급되는 기계적 출력을 나타낸다. 고정자 단자에 공급되는 전기적 입력 전력은 자기력으로 변환되어 공극을 통과한다. 공극 출력(P_{ag})은 회전자 회로의 손실을 극복한 후 샤프트에 공급되는 기계적 출력으로 변환된다.

EV 및 HEV에서 요구되는 것과 같이 동적 성능이 좋은 컨트롤러를 설계하기에는 위상별 등가회로만으로는 충분하지 않지만, 위상별 등가회로는 유도 기계에 대한 기본적인 이해를 돕는다. 유도전동기 애플리케이션의 대부분은 정상상태 성능을 높이기 위해 설계된 컨트롤러가 속도의 드라이브를 적절히 조정하기 위한 것이다. 이 회로에서는 많은 정상상태 성능 기능을 분석할 수 있다.

회로 모델의 매개변수는 다음과 같다.

- E_{ms} =상당 고정자 유도기전력
- I_s =고정자 단자 전류
- R_s =상당 고정자 저항
- X_{ls} =고정자 누설 리액턴스
- X_m =자화 리액턴스
- V_s =상당 고정자 단자 전압
- I_r' =1차측으로 치환한 회전자 상전류
- R_r' =1차측으로 치환한 회전자 저항
- X_{lr}' =1차측으로 치환한 회전자 누설 리액턴스

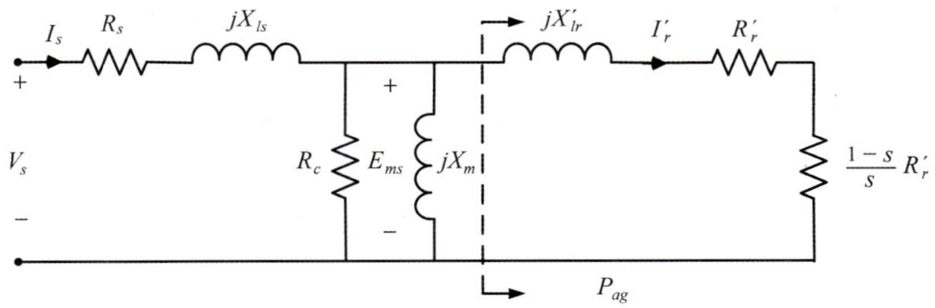

[그림 7-24] 유도전동기의 정상상태 위상별 등가회로

여기서 설명하는 각 상의 등가회로와 관련된 전압 및 전류는 위상이며 공간벡터가 아니다. 이때 출력과 토크의 관계는 다음과 같다.

$$P_{ag} = 3|I_r'|^2 \frac{R_r'}{s} \quad \text{(공극 출력)}$$

$$P_{dev} = 3|I'_r|^2 \frac{(1-s)R_r'}{s} = (1-s)P_{ag} = T_e\omega_m \quad \text{(발생되는 기계적 출력)}$$

$$P_R = 3|I_r'|^2 R_r' \quad \text{(회전자 동손)}$$

전자기 토크는 다음과 같다.

$$T_e = 3|I_r'|^2 \frac{(1-s)R_r'}{s\omega_m} = \frac{3R'_r}{s\omega_s} \frac{V_s^2}{(R_s + R'_r/s)^2 + (X_s + X'_r)^2} \quad (7.46)$$

기기의 정상상태 토크-속도 특성은 [그림 7-25]와 같다.

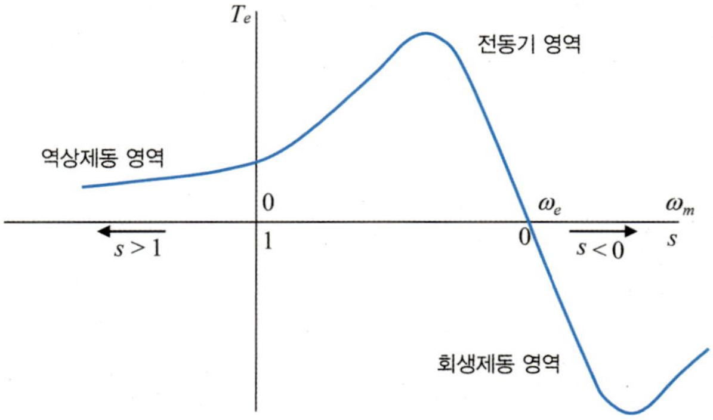

[그림 7-25] 유도전동기의 정상상태의 토크 속도 특성

모터에 의해 생성된 토크는 슬립과 고정자 전류에 따라 달라진다. 유도전동기 기동 토크는 설계에 따라 다르지만 모터에서 얻을 수 있는 최대 토크보다 낮다. 모터는 항상 토크-속도 곡선의 선형 영역에서 작동하여 높은 슬립 작동과 관련된 더 높은 손실을 방지한다. 즉 작은 슬립 값으로 기기를 작동하면 효율성이 향상된다.

회전자 회로 저항값은 최대 토크가 발생하는 속도를 결정한다. 일반적으로 기동 토크가 낮고 슬립이 작을 때 동기 속도에 가까운 지점에서 최대 토크가 발생한다. 모터는 고정된 AC 전원에서 기동할 때 가장 많은 선간 전류를 끌어오며, 이 전류는 모터가 정상상태 속도에 도달하면 점차 감소한다. 부하에 높은 기동 토크가 필요한 경우 모터가 천천히 가속된다. 그 결과 더 오랜 시간 동안 큰 전류가 흐르게 되어 발열 문제가 발생한다.

정격 조건 이하의 속도에서 비선형성은 누설 리액턴스의 영향으로 인해 발생한다. 슬립값이 높을수록 회전자 변수의 주파수가 커서 회전자 누설 인덕턴스의 임피던스 효과가 지배적이다. 이 조건에서는 공극 자속을 정격값으로 유지할 수 없다. 또한 (높은 슬립 값에서 흐르는) 큰 값의 회전자 전류는 고정자 권선 누설 임피던스($R_s + j\omega L_{ls}$)에서 상당한 전압 강하를 유발하여 유도기전력을 감소시키고 고정자 기자력 자속밀도 $\hat{B}_{ms}$ 를 감소시킨다.

7.5.2 간략화된 토크식

유도전동기는 전력전자 공급 회로의 도움으로 항상 최대 자속밀도 $\hat{B}_{ms}$ 로 선형 영역에서 작동하기 때문에 단순화된 선형 토크 방식으로 모터와 부하의 상호작용을 분석할 수 있다. 유도전동기의 토크 속도 특성 곡선에서 알아보아야 할 부분은 [그림 7-26]에서 실선으로 표시했다.

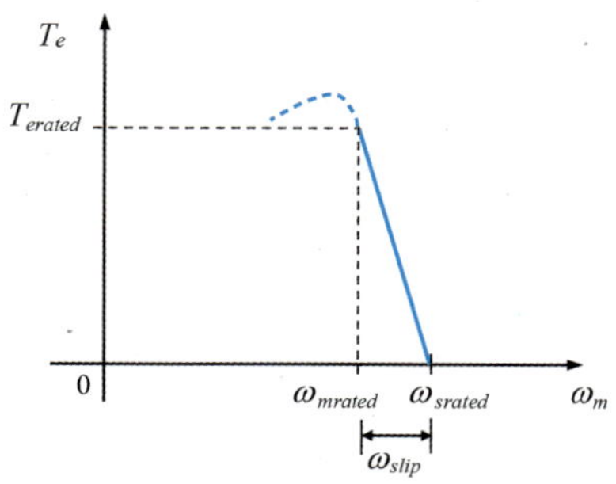

[그림 7-26] 정격 자속 조건에서 유도전동기의 토크 속도 특성

동기 속도는 인가전압 주파수에 의해 설정되고, 선형 영역의 기울기는 설계 매개변수와 재료 특성에 의해 결정된다. 따라서 고정자 자속밀도가 정격 값으로 일정하게 유지된다고 가정하면, 정상상태의 토크는 슬립의 함수로서 선형으로 표현될 수 있다.

$$T_e = K_{IM}\,\omega_{slip}$$

여기서 K_{IM} 은 상수이며, 이 상수는 토크 생성 의존성과 유도기의 형상과 턴 수에 따라 달라진다. 전자기 토크는 고정자와 회전자의 기자력이 서로 정렬되는 경향에 의해 생성된다. 회전자의 기자력은 회전자 전류에 의한 것이다. 토크 생성의 원리는 기본적으로 로렌츠 힘의 법칙($F = Bil$)을 따른다. 따라서 정상상태의 유도기에서 발생하는 전자기 토크는 다음과 같이 나타낼 수 있다.

$$T_e = k_M \hat{B}_{ms} \hat{I}_r{}' \tag{7.47}$$

여기서 k_M은 기계상수이고, $\hat{B}_{ms}$ 는 3 상 기기의 등가 최대 고정자 기자력 자속밀도, $\hat{I}_r{}'$ 은 등가 최대 회전자 전류이다. 이는 상당 등가회로이며 단상 등가회로와는 다르다. 모한 **Mohan [5]**은 이러한 기계상수를 $k_M = \pi r l \dfrac{N_s}{2}$ 으로 정의했으며, 이때 r 은 공극까지의 반경, l 은 기계의 축 방향의 길이, N_S 는 등가 턴 수이다.

$\hat{B}_{ms}$ 와 회전자 전류 $\hat{I}_r{}'$ 의 관계를 찾기 위해 회전자 기자력을 공간벡터 $\vec{F}_r(t)$ 로 표시한다. 고정자 권선은 자화 전류 $\vec{i}_M(t)$ 와 그 외의 다른 전류를 흘려 변압기의 작용에 의해 회전자에 유도된 전류를 지원하여 $\vec{F}_r(t)$ 를 생성해야 한다. 고정자라고 하는 이러한 회전자 전류, 즉 추가 고정자 전류는

$\vec{i'}_r(t)$(크기 $\hat{I}_r{}'$)로 표시되며 $\vec{F}_r(t)$와 관련이 있다.

$$\vec{i'}_r(t) = \frac{\vec{F}_r}{N_s/2}$$

총 고정자 전류는 자화 전류와 나타나는 회전자 전류의 합이다.

$$\vec{i}_s(t) = \vec{i}_M(t) + \vec{i'}_r(t) \tag{7.48}$$

이러한 공간벡터는 [그림 7-27]에 나와 있다.

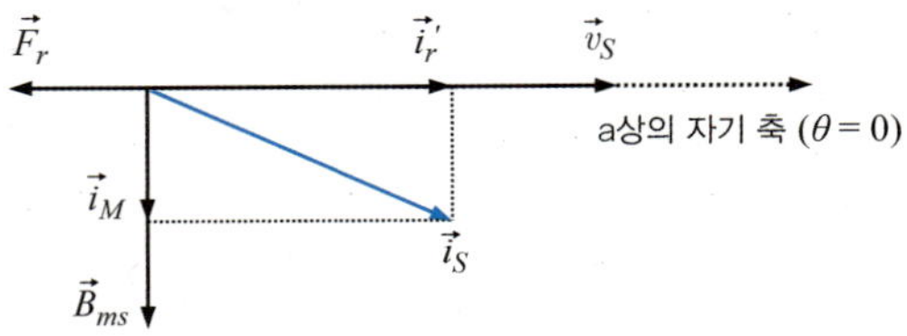

[그림 7-27] $t = 0$ 에서 고정자와 회전자 변수의 공간벡터 다이어그램

그림에서는 단순화를 위해 회전자 누설 인덕턴스 L_{lr} 을 무시하였다. 이는 이상적인 상황이지만, 유도기의 토크 생성의 기본 개념을 이해하는 데 매우 중요한 가정이다. 회전자의 누설 리액턴스를 무시하는 것은 회전자 도체 바 전류에 의해 생성되는 모든 자속이 공극을 가로지르고 고정자 권선을 연결했을 때 회전자에 누설 자속이 없다고 가정하는 것과 같다. 유도기의 정격 속도는 동기 속도에 가깝고 기기는 일반적으로 매우 작은 슬립으로 인해 정격 조건 근처에서 작동한다. 슬립 값이 작으면 슬립 속도 ω_{slip} 은 매우 작고, 작은 회전자 누설 인덕턴스의 영향을 무시할 수 있다. 모한은 이 단순화된 가정 하에서 패러데이의 법칙에 의해 유도된 회전자 바 전류가 고정자 자속밀도와 슬립 속도에 비례한다는 것을 다음과 같이 나타내었다.

$$\hat{I}'_r = k_r \hat{B}_{ms} \omega_{slip} \tag{7.49}$$

여기서 k_r 은 기기 설계상수이며 토크 방정식 (7.49)에서 $\hat{I}'_r$을 대입한다.

$$T_e = k_m k_r \hat{B}_{ms}{}^2 \omega_{slip}$$

고정자 자속밀도의 전자기 토크는 다음과 같다.

$$T_e = K_{IM} \omega_{slip} \tag{7.50}$$

여기서 $K_{IM} = k_m k_r \hat{B}_{ms}{}^2$ 이다.

토크 방정식은 DC 기기의 관계와 매우 유사한 정격 동작점 근처에서 유도기의 토크와 속도의 관계를 선형으로 정의하는 방법을 보여준다. 이 식을 사용하여 기계의 토크-속도 특성과 노면 하중-속도 특성의 교차점을 찾아 유도기 구동 EV 및 HEV의 정상상태 동작점을 찾을 수 있다. 모터가 동기 속도로 회전하는 경우 슬립 속도는 0이고 모터는 토크를 생성하지 않는다. 사실 마찰이나 풍손과 같은 무부하 손실을 극복하기 위해 작은 전자기 토크가 필요하기 때문에 무부하 상태에서도 기기가 동기 속도에 도달하지 않는다. 슬립 속도는 기계의 정격 토크에서까지 작기 때문에 선형 토크와 속도의 관계를 제공하는 회전자의 누설 인덕턴스를 무시할 수 있다. 기기는 매우 작은 슬립과 무부하 상태에서 동기 속도에 가까운 속도로 작동한다. 무부하 상태에서 기계에 부하가 걸리면 슬립이 증가하기 시작하고 속도가 정격 속도 상태에 접근한다. 정격 조건을 초과하면 기기가 더 높은 슬립으로 작동하고 누설 인덕턴스를 무시한다는 가정이 성립하지 않게 된다. 이와 같은 토크 속도의 특성은 [그림 7-26]에 점선으로 표시된다.

EV/HEV 및 기타 고성능 애플리케이션용 유도전동기는 가변 전압, 가변 주파수 AC 전원에서 공급된다. 주파수를 변경하면 기기의 정격 자속과 동기 속도가 변경되며 이것은 기본적으로 [그림 7-26]의 선형 토크 속도 곡선이 속도 축을 따라 원점을 향해 수평으로 이동하는 것과 같다.

예제 7.5

평평한 도로에서 차량의 도로 부하 특성은 $T_{TR} = 24.7 + 0.0051\omega_{wh}^2$로 계산된다. 선형 영역에서 유도전동기의 토크-속도 관계는 변속기 시스템의 기어비를 포함한 $T_e = K_{IM}(40 - \omega_m)$으로 주어진다. 정격토크 40N·m는 35rad/s의 속도로 사용할 수 있다. 이때 차량의 정상 작동 지점을 찾으시오.

풀이

정상상태의 동작점은 차량의 도로 부하 특성과 모터 토크-속도 특성을 풀어서 구한다.

$$K_{IM} = 40/(40 - 35) = 8\,\mathrm{N \cdot m/rad/s}$$

정상상태의 동작점은 차량의 도로 부하 특성과 모터 토크-속도 특성을 풀어서 구한다.

$$\omega^* = 36.08\,\mathrm{rad/s},\ \ T^* = 31.34\,\mathrm{N \cdot m}$$

유도기의 토크와 속도의 출력은 식 (7.46)의 정상상태의 토크 관계에 따라 모터 구동 장치에 의해 인가전압과 주파수를 제어함으로써 유지된다. f를 변경하면 주파수와 동기 속도의 관계 $\omega_e = \frac{4\pi f}{p}$에 따라 ω_e가 변경된다. 유도전동기를 구동하려면 사용 가능한 정전압을 지령 토크와 속도에 따라 가변 전압, 가변 주파수 출력으로 변환하는 전력전자 컨버터가 필요하다.

[그림 7-28]은 유도전동기의 토크 속도 특성의 곡선을 보여준다.

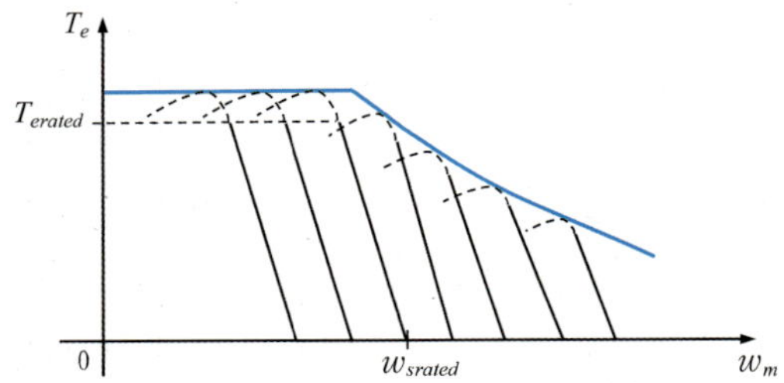

[그림 7-28] 유도전동기의 토크 속도 작동 범위

전력전자 제어 드라이브를 사용하면 EV 및 HEV의 모터 드라이브에 매우 중요한 기능인 고속 유도전동기로부터 정출력 특성을 실현할 수 있다. EV에 사용되는 유도전동기 드라이브의 1세대 컨트롤러는 슬립 대 토크 표를 사용한 슬립 제어(일정한 V/Hz 제어)를 채택했다. V/Hz 제어 개념은 기계의 정상상태 등가회로를 기반으로 하기 때문에 차량 애플리케이션의 드라이브 성능은 매우 낮다. 기기의 동적 성능은 벡터제어를 사용하여 크게 향상시킬 수 있다. 벡터제어 이론과 관련된 유도전동기의 dq축 변환 이론은 고성능 AC 모터 제어 방법을 설명하는 8장에서 설명한다.

7.5.3 회생제동

차량 추진에 전기모터를 사용하는 장점 중 하나는 회생을 통해 차량 제동 시 에너지를 절약할 수 있다는 것이다. 회생된 에너지는 EV 및 HEV의 배터리를 충전하는 데 사용할 수 있다. 특히 급정지가 지시되면 차량 제동 중에 사용 가능한 모든 에너지를 확인할 수 는 없다는 점에 유의해야 한다. 제동 중에 사용할 수 있는 에너지는 가속 중에 차량이 얻은 운동 에너지이다. 에너지는 일반적으로 추진력에 사용되는 전기모터로 처리하기에는 너무 높다. 비교적 짧은 시간에 고에너지를 처리하기 위해서는 큰 모터, 즉 매우 높은 정격 출력의 모터가 필요하지만 이것은 실용적이지 않다. 따라서 전기모터 드라이브가 회생 기능으로 설계된 경우에도 EV 및 HEV에는 기계식 브레이크 시스템을 장착해야 한다. 그러나 회생은 차량 범위를 확장하는 운동 에너지의 상당 부분을 회수할 수 있다. 차량 모니터링 컨트롤러는 운전자의 제동 명령, 가능한 회생량 및 차량 속도에 따라 기계 시스템에서 필요한 제동량을 결정한다.

회생제동 모드에서는 차량의 운동 에너지가 전기기기의 샤프트를 구동하고 에너지 흐름이 바퀴에서 에너지 저장 장치로 흐른다. 전기기기는 차량의 운동 에너지에서 얻은 기계적 동력을 전기에너지로 변환한다. 기기의 관점에서 이것은 발전기 모드에서 기기를 조작하는 것과 같다. 회생제동을 사용하면 EV의 항속 거리를 약간 늘릴 수 있다(약 10 ~ 15%).

유도기는 음의 슬립으로 작동하는 경우, 즉 동기 속도가 모터 속도보다 느린 경우($\omega_m > \omega_e$)에 발전기 역할을 한다. 음의 슬립은 회생 또는 발전 모드 중에 전자기 토크를 음으로 만든다. 음의 슬립 모드 동작에서 회전자 바에 유도된 전압과 전류는 양의 슬립 모드의 경우와 반대의 극성이 된다. 전자기 토크가 회전자에 작용하면 회전자의 회전에 대항하여 차량을 감속시킨다.

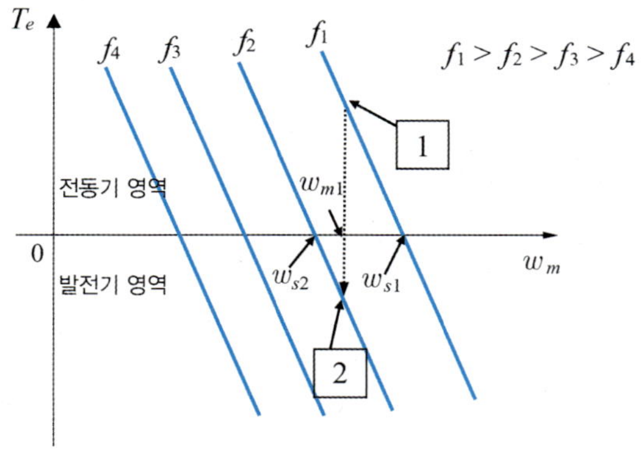

[그림 7-29] 4사분면 드라이브를 사용하여 전동기 영역에서 발전기 영역으로의 전환

EV 및 HEV의 모터 드라이브는 항상 4 사분면 드라이브이다. 즉 전기모터는 드라이브에 의해 제어되고 양 또는 음의 속도로 양 또는 음의 토크를 공급한다. 순방향 전동기 영역에서 회생 영역으로의 전환은 4 사분면 유도전동기 드라이브에 대한 [그림 7-29]를 참조하여 설명할 수 있다. 일부 작동 주파수에서 유도전동기의 토크-속도 곡선의 선형 부분이 그림에 나와 있다. 여기서 주파수 f_1과 f_2를 고려해야 한다. 곡선은 음의 토크 영역에서 확장되어 회생 중 특성을 나타낸다. 먼저 차량이 유도전동기에서 공급되는 양의 토크에 의해 구동되어 전진하고 있고, 이 상태에서 정상상태의 동작점이 점 '1'에 있다고 가정한다. 여기서, 차량의 운전자는 브레이크 페달을 눌러 차량의 속도를 떨어뜨린다. 차량 시스템 컨트롤러는 $\omega_{s2} < \omega_{m1}$이 되도록 모터 구동 주파수를 즉시 f_2로 변경한다. 시스템의 관성으로 인해 모터 속도가 순간적으로 변하지 않으므로 작동 지점은 점 '2'로 이동한다. 점 '2'에서 슬립과 전자기 토크는 음수이고 모터는 회생한다. 차량은 이 상태에서 감속한다. 모터 속도가 동기 속도 이하로 낮아지면 발전기 모드의 작동을 유지할 수 있도록 작동 주파수를 낮은 값으로 변경해야 한다. 전력전자 드라이브는 그림과 같이 다양한 주파수에서 유도기의 다양한 동기 속도로 이동된 선형 토크-속도 곡선을 수립하는 역할을 한다. 구동 회로는 공급 전압의 주파수를 변경함으로써 이를 수행한다. 회생제동 모드는 사용 가능한 운동 에너지가 있고 운전자가 차량의 속도를 낮추고 싶을 때만 계속된다. 기동과 마찬가지로 회생도 기계의 정격 전력을 초과하지 않도록 제어된 방식으로 이루어져야 한다. 원하는 정지 시간 내에 변환되는 운동 에너지의 양은 기기에 의해 처리되는 전력을 결정한다.

SECTION 7.6

영구자석 기기

Permanent Magnet Machines

DC 정류자 기기와 같이 계자 권선 대신 자석을 사용하여 공극 자속을 생성하는 기기, 또는 유도기와 같은 고정자 전류의 자화 구성요소를 사용하는 기기는 영구자석(PM) 기기이다. 이 구성은 회전자의 구리 손실을 없애고, 계자 측 여자회로의 유지 보수를 필요로 하지 않는다. 영구자석 기기는 크게 두 가지 범주로 나눌 수 있다.

- **영구자석 동기기**(PMSM) : 기기는 유도기에서와 같이 균일하게 회전하는 고정자 필드를 가지고 있다. 유도된 파형은 정현파이므로 dq 변환과 벡터제어가 가능하다.
- **영구자석 사다리꼴 또는 브러시리스 DC 기기**(PM BLDC) : 이 기기의 유도기전력은 본질적으로 사다리꼴이며, 위상 전류는 본질적으로 직사각형 또는 구형파이다. 이 영구자석 기기는 구형파 또는 전자 정류 기기라고도 한다. 고정자 필드는 구형파 펄스를 사용하여 이산 단계로 전환된다.

AC 기기의 계자에 영구자석을 사용하면 몇 가지 장점이 있다. 영구자석은 외부 고정 전기회로에 대한 연결을 복잡하게 하지 않고도 간단한 방식으로 무여자 손실을 제공한다. 전기회로를 통해 회전자 계자를 제공하는 것과 관련된 여자 손실이 항상 존재하기 때문에 특히 소형 기기의 경우 더 유리하다. 대형 동기기는 특히 높은 자석 비용과 비교할 때 여자회로의 손실이 작으므로 여자를 제공하기 위해 회전자 도체를 사용한다. 반면에 소형 기기는 필요한 기자력은 작고 저항 효과가 동등하고 지배적이며 효율이 떨어지는 경우가 많다. 소형 기기의 권선 단면적이 작으면 저항 손실의 영향은 더욱 악화된다. 또한 모터의 크기가 작아지면 권선에 사용할 수 있는 면적이 줄어든다. 간단한 배열의 영구자석을 사용하는 소형 기기는 여자 손실이 없다는 것이 장점이지만 가격이 비싸다는 단점이 있다. 영구자석 기기는 기기의 크기가 크다는 단점에도 불구하고 EV 및 HEV 드라이브의 강력한 후보이다. 그 이유는 영구자석 기기를 사용하면 우수한 성능과 높은 출력 밀도를 가질 수 있기 때문이다.

7.6.1 PM 동기전동기

영구자석 동기전동기(PMSM)는 정현파 기자력, 전압 및 전류 파형이 있는 동기전동기이며, 자기장은 영구자석에 의해 만들어진다. 희토류 자석 재료를 사용하면 공극의 자속밀도가 증가하고 그에 따라 모터 출력밀도와 토크 대 관성비가 증가한다. 서보 타입의 동작이 필요한 고성능 동작 제어 시스템에서 PMSM은 고속 응답, 고출력밀도 및 고효율을 제공할 수 있다. 로봇 공학 및 항공 우주 액추에이터와 같은 특정 애플리케이션의 경우 특정 출력에 대해 가능한 한 기기의 무게를 가볍게 하는 것이 바람직하다. PMSM은 유도기나 DC 기기와 마찬가지로 전력전자 인버터로부터 급전되어 동작한다. 이 기기는 고해상도 위치 센서와 전류 센서가 필요한 모터 전류를 형성하여 부드러운 토크 출력을 유지한다. 제어 알고리즘은 센서의 피드백을 사용하여 디지털 프로세서에 구현된다. PMSM에서는 회전자의 자속과는 반대로 고정자의 자속을 인가함으로써 정출력 영역에서의 고속 동작을 가능하게 하는 약자속 모드가 가능하다. 모터의 고속 제한은 모터 매개변수, 전류 정격, 역기전력 파형 및 인버터의 최대 출력전압에 따라 달라진다.

PMSM과 유도전동기는 토크 응답의 관점에서 우수한 성능을 가지며 모터 구조가 견고하지만, 영구자석 기기의 경우 자석이 파손될 우려가 있다. 한편 슬립 속도를 계산하면 유도전동기 제어가 PMSM 제어보다 복잡해진다. 회전자 도체 바가 없으면 PMSM의 관성이 낮아지고 응답속도가 느려진다. 하지만 유도전동기는 시정수가 작기 때문에 응답 속도가 빠르다. 자기회로의 전기적 시정수는 L/R 비에 의해 결정된다. 유도기의 과도 부하 전류는 영구자석 기기의 시정수 인덕턴스가 훨씬 높은 자체 인덕턴스인 작은 누설 인덕턴스에 의해서만 제한된다. 출력밀도가 높을수록 PMSM은 정격 전력이 동일한 유도전동기에 비해 크기가 더 작다. PMSM은 유도기보다 회전자의 구리 손실이 적기 때문에 보다 효율적이고 냉각이 용이하다. 유도전동기는 영구자석이 없어 비용이 낮고 코깅 토크 **cogging torque**가 0 이다. 또한 높은 작동 온도에 민감하지 않다. 유도전동기는 자석을 감자할 위험 없이 정격 전류의 몇 배 더 높은 최대 고정자 전류를 견딜 수 있다. 유도전동기와 PMSM은 모두 제한된 약계자 **field weakening** 속도 범위로 인해 어려움을 겪는다.

PMSM의 영구자석은 고가일 뿐만 아니라 온도 및 부하 조건에도 민감하다는 단점이 있다. PMSM이 사용되는 고전력 애플리케이션은 몇 가지가 있지만, 대부분의 PMSM은 중간 또는 낮은 전력 애플리케이션에서 사용된다.

PMSM은 7.2절에서 설명한 AC 기기의 권선과 유사한 3 상 정현파 형태로 분포된 구리 권선 세트를 가진 고정자가 있다. 인가된 3 상 평형 전압은 3 상 고정자 권선에 정현파 전류의 평형을 강제로 적용하고, 이는 공극에 일정한 진폭의 회전 기자력을 발생시킨다. 고정자 전류는 인가 전류 주파수가 항상 회전자와 동기화되도록 회전자 위치 피드백을 사용하여 조정된다. 회전자의 영구자석은 적절하게 성형되고, 자화 방향은 생성되는 회전자 쇄교자속이 정현파가 되도록 제어된다. 전자기 토크는 이러한 2 개의 고정자와 회전자의 자기장의 상호작용에 의해 샤프트에서 생성된다.

PMSM은 회전자에서 영구자석의 위치와 모양에 따라 분류된다. 회전자의 세 가지 일반적인 배치는 표면 부착형 **surface mounted**, 표면 삽입형 **inset**, 매입형 **interior**이다. 표면 부착형, 표면 삽입형, 매입형 영구자석 기기 구성은 [그림 7-30]에 나와 있다.

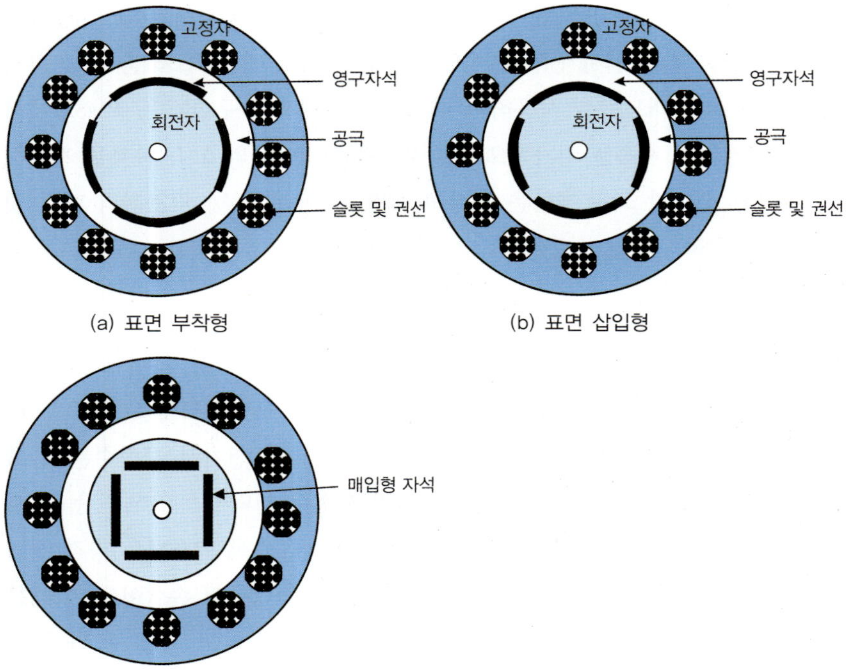

(a) 표면 부착형 (b) 표면 삽입형

(c) 매입형

[그림 7-30] 영구자석 기기(PMSM)

표면 삽입형 자석은 자석이 회전자 표면 내부에 있지만, 여전히 공극에 노출되어 있다. 따라서 표면 부착형과 표면 삽입형 회전자 PMSM은 일반적으로 표면 부착형 PMSM이라고도 한다. 표면 부착형 PMSM에서 자석은 원통형 회전자에 에폭시 접착 또는 고정**wedge-fixed**되어 있다. 비자성 스테인레스 강 또는 탄소 섬유 슬리브도 자석을 유지하는 데 사용된다. 회전자를 제조하는 것은 간단하지만, 회전자의 기계적 강도는 에폭시 접착제의 강도와 비슷하다. 표면 삽입형 PMSM에서 자석은 회전자 표면 슬롯에 삽입되어 자석을 더욱 안전하게 고정한다.

매입형 PMSM(IPMSM)은 자석이 회전자 내부에 매입되어 있기 때문에 이렇게 명명되었다. 매입형 PMSM의 경우 회전자를 적층한 후 자석을 삽입하여 자화해야 하므로 제조 공정이 다소 복잡하다. 그러나 IPMSM은 이러한 전기기기 설계에 의해 제공되는 고출력밀도와 고효율로 인해 EV 및 HEV 애플리케이션에 가장 적합한 전기기기가 되었다. 또한 회전자 구조는 자석이 내부에 매입되어 있기 때문에 견고하며 SPMSM의 단점인 비산**chip off**이 없다. 다만 EV 및 HEV에 적용하는 모터의 크기는 PM 모터의 다른 낮은 전력 용도에 비해 비교적 크며, 견인 IPMSM에 사용되는 희토류 자석이 워낙 비싸기 때문에 비용 문제가 크다. 회전자 내의 자석은 I 타입([그림 7-30(c)]에 표시), V 타입 또는 이중 V 타입과 같이 다양하게 배치할 수 있다. V-I 타입의 배치는 차량을 생산할 때에도 사용된다.

PMSM의 고정자 회로는 유도전동기 또는 권선형 회전자 동기전동기의 고정자 회로와 유사하지만, 인가전압은 고정자 권선의 저항에 의한 전압 강하와 권선의 유도 전압에 의해 균형을 이룬다. 고정자 기자력이 정형파로 분포되었다고 가정하면 고정 abc 좌표계의 고정자 상전압 방정식은 다음과 같다.

$$\vec{v}_{abcs} = \overline{R}_s \vec{i}_{abcs} + \frac{d}{dt}\vec{\lambda}_{abcs} \tag{7.51}$$

여기서 쇄교자속은 다음과 같다.

$$\vec{\lambda}_{abcs} = \overline{L_s}\vec{i}_{abcs} + \overline{\lambda}_f$$

$\overline{\lambda_f}$는 영구자석 자속에 의해 설정된 정지 abc 좌표계 내의 자속이다. 영구자석은 도전율이 낮으며 와전류는 무시할 수 있으므로 모델에서 와전류와 히스테리시스 손실은 무시할 수 있다. 이 기기는 큰 감자 없이 큰 전기자 전류를 견딜 수 있다. 다음 문단에서는 표면 부착형 PMSM과 매입형 PMSM의 자속 및 토크 모델에 대해 설명한다.

표면 부착형 PMSM 자속 및 토크

표면 부착형 PMSM에서 고정자와 회전자 사이 자속 경로의 투자율은 고정자의 원주 주위에서 동일하기 때문에 이들의 d축과 q축의 인덕턴스는 거의 동일하다.

$$L_m = L_{md} = L_{mq}$$

이는 자석의 존재에도 불구하고 자석의 투자율이 공기의 투자율과 거의 동일하기 때문이다. 자석을 설치하는 데 필요한 공간은 유효 공극의 반경 거리를 늘리고 PMSM의 자기 인덕턴스를 비교적 작게 만든다. 단순화된 위상별 등가회로는 표면 부착형 PMSM의 토크를 생성하거나 d축과 q축의 인덕턴스 차이가 작은 경우 표면 삽입형 PMSM의 토크 생성에 관한 깊은 깨우침을 준다. 각 상의 등가회로에서 인버터 구동 기기의 전압 및 전류의 기본 주파수 성분은 정상상태와 천천히 변화하는 과도 상태의 평형 3상으로 간주된다. 영구자석 기기는 [그림 7-31(a)]에 표시된 각 상의 등가회로로 나타낼 수 있다. 전류원 I_F는 영구자석 자속 λ_f를 생성하는 등가 자석 전류 i_{fd}의 RMS 값을 나타낸다. 등가 전류에 의한 영구자석 자속은 $\lambda_f = L_m i_{fd}$로 주어진다. 고정자 권선이 정현파로 분포되었다고 가정하면 자속밀도의 기본 성분만이 고정자 권선과 연결된다. 영구자석 기기의 자화 인덕턴스 L_m은 유효 공극이 훨씬 크기 때문에 유도기의 자화 인덕턴스 L_m보다 훨씬 작다.

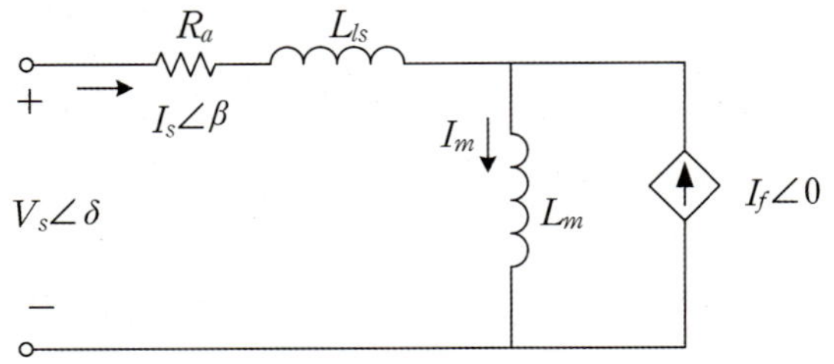

(a) 등가 자석 전류

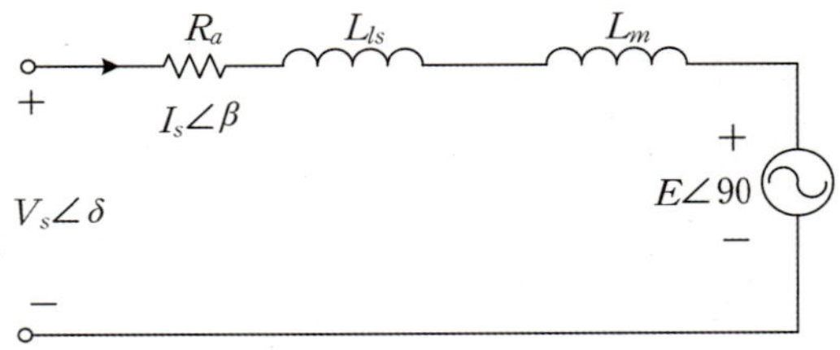

(b) 유도기전력

[그림 7-31] 영구자석 동기전동기의 등가회로

고정자 단자에서 PM 자속의 영향은 $E = j\omega L_m I_m$ 으로 주어진 역기전력 전압으로 나타난다. 이 역기전력 또는 유도 전압은 [그림 7-31(b)]의 각 상의 등가회로의 대체 표현에 표시된다. 고정자의 상당 RMS 전류는 I_s로 표시되며 기준 축(이 경우 d축)을 각도 γ 만큼 유도한다. 영구자석 기기는 회전자 속도가 고정자 주파수와 동기화되는 경우에만 연속 토크를 제공한다. 각 상의 모델의 경우 토크는 다음 식으로 주어진다.

$$T_e = 3 \times \frac{P}{2} L_m I_F I_S \sin\gamma \tag{7.52}$$

$\gamma = 90°$ 일 때 토크가 최대가 된다. 이 최대 토크 조건의 벡터 다이어그램은 [그림 7-32(a)]에 나와 있다. 전원 인가 상태에서 역률이 지연된다. 이 모드에서의 동작은 인버터 공급 전압의 한계까지 실용적이다. 고속에서의 적절한 작동 조건은 역률이 1 인 경우이며, 이는 인버터의 피상전력 사용을 최대화한다. 이 조건의 벡터 다이어그램은 [그림 7-32(b)]에 나와 있다. [그림 7-32(c)]와 같이 전압각 δ를 크게 함으로써 모터를 진상 역률로 동작시킬 수도 있다. 이 조건은 부하 정류 인버터의 사용을 허용하는 일부 대형 동기 드라이브에 적합하다.

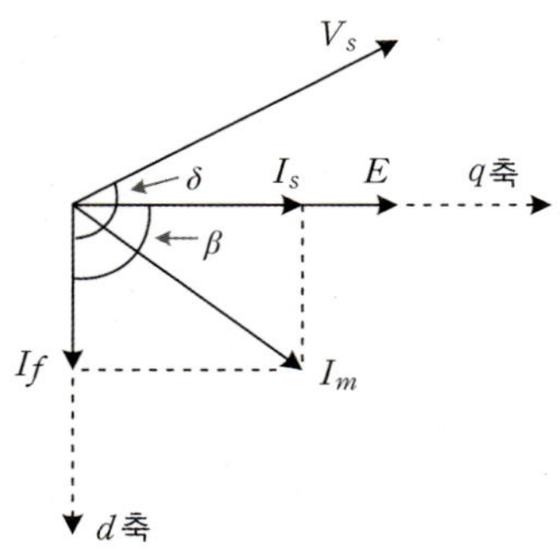

(a) 지상

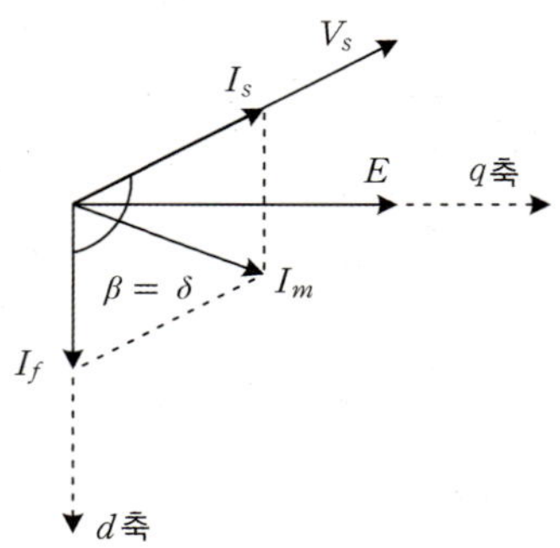

(b) 동상

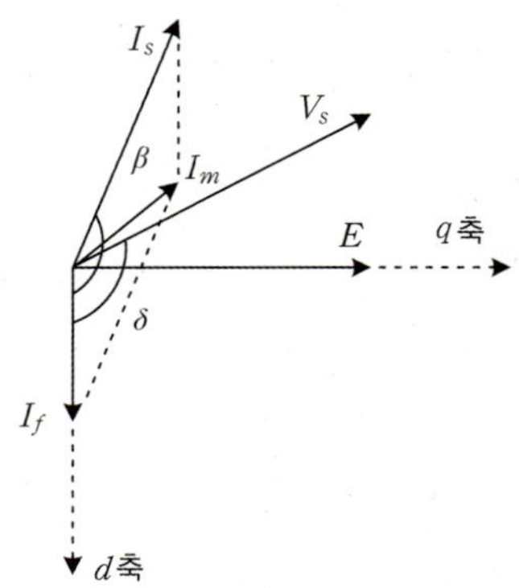

(c) 진상

[그림 7-32] 상당 등가회로의 3가지 역률을 보여주는 벡터 다이어그램

토크 방정식은 고정자 전류가 자기장 축과 직각 위상으로 정렬되는 $\gamma = 90°$에서 토크가 최댓값이 되는 것을 보여준다. 고정자 전류의 크기 및 각도를 제어하기 위해 직교성을 일관되고 지속적으로 유지하는 것이 벡터제어의 기초이다. 이에 대해서는 다음 장에서 설명한다. $\gamma > 90°$ 이상의 모터 작동은 약계자 운전으로 알려져 있으며 이는 고속 운전에 필요하다. 또한 회생제동을 위해 전류를 제어하여 회전자 각도를 음수로 만든다.

■ 매입형 PMSM 자속 및 토크

PMSM의 d축 및 q축 인덕턴스는 매입형 PMSM의 동작에 중요한 역할을 한다. 따라서 이러한 기기의 회전자 속도와 동기화되는 dq 좌표계로 기기를 개발하는 것이 편리하다. 매입형 PMSM의 자석은 회전자 내부에 내장되어 있다. 이렇게 하면 공간이 직접축의 자석과 직교축의 철에 의해 점유되기 때문에 d축과 q축의 자기저항이 동일하지 않다. 고정자와 회전자 사이의 공극의 길이는 동일하지만, d축 자속 경로를 따른 유효 공극이 클수록 d축 인덕턴스 L_d는 q축 인덕턴스 L_q보다 작아진다. 이러한 인덕턴스는 자화 인덕턴스와 누설 인덕턴스로 구성되며 다음과 같이 주어진다.

$$L_q = L_{ls} + L_{mq} \tag{7.53}$$

$$L_d = L_{ls} + L_{md} \tag{7.54}$$

매입형 영구자석은 d축과 q축의 인덕턴스 차이가 크기 때문에 표면 부착형 또는 표면 삽입형 PMSM에 비해 더 넓은 정출력 영역을 제공하는 약자속 동작에 적합하다. 확장된 정출력 범위 기능은 EV 및 HEV 애플리케이션에서 다중 기어비의 사용을 제거하는 데 대우 중요하다. 직축과 직교축의 자기저항 경로가 같지 않기 때문에 매입형 및 삽입형 PMSM에는 릴럭턴스 토크가 존재한다.

dq 기준 좌표로 변환하면 q축과 d축의 매입형 PMSM 전압 공식은 다음과 같다.

$$\begin{aligned} v_q &= R_s i_q + \frac{d}{dt}\lambda_q + \omega_r \lambda_d \\ v_d &= R_s i_d + \frac{d}{dt}\lambda_d - \omega_r \lambda_q \end{aligned} \tag{7.55}$$

여기서 q축과 d축의 쇄교자속은 다음과 같다.

$$\lambda_q = L_q i_q$$

$$\lambda_d = L_d i_d + \lambda_f$$

여기서 i_d, i_q는 dq축의 고정자 전류, R_s는 고정자의 상저항, ω_r은 rad/s 단위의 회전자 속도, λ_f는 영구자석에 의해 설정된 쇄교자속의 진폭이다. 이상적으로 q축에는 영구자석의 자속 성분이 없다. 다양한 고정자 슬롯/극 조합과 회전자 자석 배치가 모델 매개변수 값에 반영된다.

전자기 토크는 다음과 같다.

$$T_e = \frac{3}{2}\frac{P}{2}[\lambda_f i_q + (L_d - L_q)i_d i_q] \tag{7.56}$$

여기서 P는 극수이다. $L_d < L_q$이므로 음의 i_d 전류를 늘리면 릴럭턴스 토크의 기여도를 높일 수 있다. 상호 토크 성분과 릴럭턴스 토크 성분 사이의 분포는 설계 및 제어 방식에 따라 달라진다.

7.6.2 브러시리스 DC 모터

사다리꼴 역기전력 파형을 가진 영구자석 AC 기기는 브러시리스 DC(BLDC) 기기이다.[6] 이러한 기기에서 사다리꼴 모양의 역기전력 파형은 PMSM에서 사용되는 정현파 형태의 분포권 대신 사용되는 기기의 집중권 때문이다. BLDC 모터는 컴퓨터 드라이브에서 고급 의료 장비에 이르기까지 다양한 응용 분야에서 사용된다. 이 기기가 인기가 있는 이유는 제어가 단순하기 때문이다. 토크를 효과적으로 생성하기 위해서는 위상 전류를 위상 역기전력과 동기화해야 한다. 이때 3상 기기에서는 전기적인 관점에서 회전당 6개의 개별 회전자 위치만 필요하다. 회전자에 고정되고 120° 떨어져 있는 자석 휠을 향하는 고정자에 부착된 3개의 홀 센서 세트는 이 위치 정보를 쉽게 제공할 수 있다. 이는 PMSM에 필요한 고해상도 엔코더 또는 위치 센서를 필요로 하지 않지만, 그 대신 성능이 저하되는 단점이 있다. 즉 역기전력과 전류의 제로크로싱이 완전히 일치하지 않을 경우 성능 저하를 나타낸다. 역기전력의 모양이 사다리꼴이기 때문에 BLDC 기기에서는 벡터제어가 불가능하다.

BLDC 모터의 3상 역기전력 파형과 이상적인 상전류는 [그림 7-33]에 나와 있다.

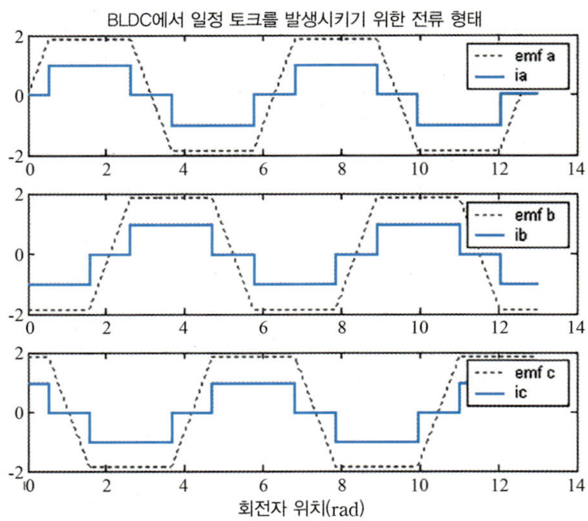

[그림 7-33] 브러시리스 DC 모터의 3상 역기전력과 이상적인 상전류

역기전력 파형은 회전자 위치에 고정된다. 구형파 위상 전류는 각 상의 최대 역기전력 세그먼트와 동기화되도록 공급된다. 컨트롤러는 회전자 위치 피드백 정보를 사용하여 이 목적을 달성한다. 모터는 기본적으로 전자 컨트롤러를 갖춘 DC 모터처럼 작동한다. 따라서 이 모터를 브러시리스 DC 모터라고 한다.

BLDC 기기 모델링

회전자의 영구자석은 정전류원으로 간주될 수 있고, 고정자 권선에 역기전력을 발생시킨다. 3상의 3개의 고정자 권선은 이들 사이의 120°(전기) 상 변위와 동일하다고 가정한다. 따라서 고정자 권선의 저항과 3개의 위상 각각의 자기 인덕턴스는 동일하다고 볼 수 있다.

$$R_s = \text{고정자 상 저항}$$

$$L_{aa} = L_{bb} = L_{cc} = L = \text{고정자 자기 인덕턴스}$$

$$L_{ab} = L_{ac} = L_{bc} = M = \text{고정자 상호 인덕턴스}$$

3상의 전압 평형 식은 다음과 같다.

$$\begin{bmatrix} v_a \\ v_b \\ v_c \end{bmatrix} = R \cdot \begin{bmatrix} i_a \\ i_b \\ i_c \end{bmatrix} + \begin{bmatrix} L & M & M \\ M & L & M \\ M & M & L \end{bmatrix} \cdot p \cdot \begin{bmatrix} i_a \\ i_b \\ i_c \end{bmatrix} + \begin{bmatrix} e_a \\ e_b \\ e_c \end{bmatrix} \tag{7.57}$$

여기서 p는 연산자 d/dt이고, e_a, e_b, e_c는 3상의 역기전력이다. 역기전력은 다음과 같이 상 쇄교자속과 관련이 있다.

$$e = \frac{d\lambda}{dt} = \frac{d\lambda}{d\theta} \cdot \frac{d\theta}{dt}$$

그러나 $\frac{d\theta}{dt} = \omega_r$은 회전자 속도이다.

$$e = \omega_r \cdot \frac{d\lambda}{d\theta} \tag{7.58}$$

역기전력과 마찬가지로 전류도 120° 이동하고 조건 $i_a + i_b + i_c = 0$을 만족한다. 따라서 $M \cdot i_b + M \cdot i_c = -M \cdot i_a$이며, 두 상에도 비슷한 방정식이 있다. 식 (7.57)은 다음과 같이 단순화될 수 있다.

$$\begin{bmatrix} v_a \\ v_b \\ v_c \end{bmatrix} = R \cdot \begin{bmatrix} i_a \\ i_b \\ i_c \end{bmatrix} + \begin{bmatrix} L-M & 0 & 0 \\ 0 & L-M & 0 \\ 0 & 0 & L-M \end{bmatrix} \cdot p \cdot \begin{bmatrix} i_a \\ i_b \\ i_c \end{bmatrix} + \begin{bmatrix} e_a \\ e_b \\ e_c \end{bmatrix}$$

인가전압에 의한 전류의 변화율은 다음과 같이 나타낼 수 있다.

$$p \cdot \begin{bmatrix} i_a \\ i_b \\ i_c \end{bmatrix} = \frac{1}{L-M} \cdot \left[\begin{bmatrix} v_a \\ v_b \\ v_c \end{bmatrix} - R \cdot \begin{bmatrix} i_a \\ i_b \\ i_c \end{bmatrix} - \begin{bmatrix} e_a \\ e_b \\ e_c \end{bmatrix} \right] \tag{7.59}$$

회전자에 전달되는 전력은 샤프트에서 사용 가능한 기계적 출력 $T_e \omega_r$과 동일하다. 이 방정식을 사용하면 BLDC 모터의 전자기 토크는 다음과 같다.

$$T_e = \frac{e_a \cdot i_a + e_b \cdot i_b + e_c \cdot i_c}{\omega_r} \tag{7.60}$$

한 번에 2개의 상전류만이 활성화되는 제어 전략의 경우 2개의 상에서 동일한 전류에 대한 토크 방정식은 다음과 같이 단순화할 수 있다.

$$T_e = \frac{2 \cdot e_{\max} \cdot I}{\omega_r} \tag{7.61}$$

전류는 최대 역기전력에만 동기화되도록 제어되기 때문에 식 (7.61)에서는 시간 또는 회전자 위치의 함수로서 e 대신 $e_{\max}$를 사용한다. 자기 선형성을 가정하면 식 (7.58)은 다음과 같이 쓸 수 있다.

$$e = K \cdot \omega_r \cdot \frac{dL}{d\theta}$$

따라서 최대 역기전력은 다음과 같다.

$$e_{\max} = K \cdot \left[\frac{dL}{d\theta} \right]_{\max} \cdot \omega_r \ \text{또는}\ e_{\max} = K' \cdot \omega_r \tag{7.62}$$

식 (7.61) ~ (7.62)는 일반적인 DC 기기와 관련된 $T = K \cdot \phi \cdot I$ 및 $E = K \cdot \phi \cdot \omega$ 방정식과 매우 유사하다. 따라서 회전자 위치 피드백 정보와 한 상에서 다른 상으로 전환하는 인버터를 사용하면 BLDC 기기가 DC 기기처럼 작동하는 것으로 볼 수 있다.

SECTION 7.7

릴럭턴스 기기

Reluctance Machines

자기저항 원리를 이용한 토크 발생에 기초한 전기기기 타입은 고정자에 권선이 있고, 회전자는 권선이나 자석이 없어 상당히 간단하고 저비용이다. 릴럭턴스 기기의 유형은 다음과 같다.

- 동기 릴럭턴스 기기
- 영구자석 보조 동기 릴럭턴스 기기
- 스위치드 릴럭턴스 기기
- 상호 결합 릴럭턴스 기기

이러한 유형의 릴럭턴스 기기 중 3개의 단면이 [그림 7-34]에 나와 있다.

(a) 동기 릴럭턴스 (b)상호 결합 스위치드 릴럭턴스 (c)스위치드 릴럭턴스

[그림 7-34] 릴럭턴스 기기

동기 릴럭턴스**SyncRel** 기기는 공극에서 정현파 회전 기자력을 생성하도록 설계된 유도 및 영구자석 동기기와 유사한 고정자 권선 구성을 가지고 있다. 회전자의 돌극성은 공극에 따라 릴럭턴스의 변동을 유발하며, 이 변동은 릴럭턴스 원리를 사용하여 토크를 생성하는 데 사용된다. 동기 릴럭턴스 기기를 갖춘 견인 전기기기가 높은 출력밀도 및 넓은 속도 범위를 충족시키기는 어렵다. 하지만 영구자석 보조 동기 릴럭턴스**PM-SyncRel** 기기를 사용하면 일부 애플리케이션의 목표를 달성할 수 있다. PM-SyncRel 기기의 기본 작동 원리는 IPMSM과 매우 유사하지만, 릴럭턴스 토크 부분은 전자에서 더 높은 비율을 차지한다. 견인용 전동기의 또 다른 후보는 SR 모터이다. SR은 고정자의 치(teeth)[2] 주위에 집중 권선을 가지며 각 상이 토크 생성부에서 독립적으로 토크를 생성한다. 상호 결합 스위치드 릴럭턴스(MCSRM)는 풀 피치 권선으로 설계된 SR 기기의 변형이며, 토크 생성에 자기 인덕턴스 변동 대신 상호 인덕턴스 변동이 사용된다. MCSRM을 사용하면 기존 SRM에서 사용된 비대칭 하프 브리지 컨버터 대신 3상 전압 소스 컨버터를 사용할 수 있다.

2 **(역자주)** 산업현장에서는 주로 '티스'라고 불린다.

7.7.1 동기 릴럭턴스 기기

SyncRel 기기에서 토크는 회전자의 자기저항과 고정자의 기자력의 상호작용에 의해 생성된다. 3상 SyncRel 기기에서 정현파 형태로 분산된 고정자 권선은 기자력을 생성하며, 이것은 진폭이 일정하지만 SyncRel 기기의 개념적인 2극 고정자를 사용하여 [그림 7-35]와 같이 고정자와 회전자 사이의 공극 주위에서 동기 속도 s로 회전한다. 고정자의 기자력에 대한 자기저항은 회전자의 자기저항의 d축을 따라 최소화되고 회전자의 q축을 따라 최대화된다. 고정자에 전원이 공급되면 회전자는 고정자의 기자력($\theta = 0$)을 사용하여 최소 자기저항 위치에 정렬하려고 한다. 따라서 d축과 기자력의 방향 사이에 각도 차이가 있는 경우 [그림 7-35]와 같이 전자기 토크가 반시계 방향으로 생성된다. 회전자가 동기 속도로 회전하는 제어에 의해 일정한 부하 각도 θ가 유지되면 전자기적 에너지는 지속적으로 기계에너지로 변환된다.

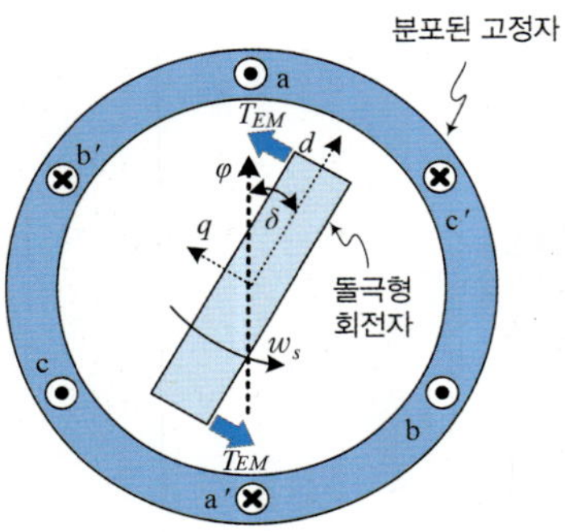

[그림 7-35] SyncRel 기기의 고정자 회전 기자력과 등가 2극 개념 회전자

SyncRel 기기의 고정자 전류는 자화(고정자 기자력)와 토크 생성을 모두 담당한다. 기존 권선형 동기기를 설명하는 Park's 방정식을 사용하여 SyncRel을 다음과 같이 모델링할 수 있다.

$$v_{ds} = r_s i_{ds} + p\lambda_{ds} - \omega\lambda_{qs} \quad (7.63)$$

$$v_{qs} = r_s i_{qs} + p\lambda_{qs} + \omega\lambda_{ds} \quad (7.64)$$

여기서 v와 i는 각각 고정자의 전압과 전류를 나타내고, r_s는 고정자의 상저항, 좌표계의 전기각 속도, 쇄교자속을 나타낸다. 쇄속 자속은 다음 식으로 계산할 수 있다.

$$\lambda_{ds} = (L_{ls} + L_{md})i_{ds} = L_d i_{ds} \quad (7.65)$$

$$\lambda_{qs} = (L_{ls} + L_{mq})i_{qs} = L_q i_{qs} \quad (7.66)$$

여기서 L_{ls}는 고정자의 누설 인덕턴스이며, L_{md}와 L_{mq}는 각각 직접축과 직교축의 자화 인덕턴스이다. SyncRel의 전자기 토크의 일반식은 다음 식으로 주어진다.

$$T_e = \frac{3}{2}\frac{P}{2}\left[\lambda_{ds} i_{qs} - \lambda_{qs} i_{ds}\right] \tag{7.67}$$

여기서 P는 극수이다. dq축의 인덕턴스와 정전류 동작과 관련하여, 토크 식은 다음과 같이 나타낼 수 있다.

$$T_e = \frac{3}{2}\frac{P}{2}(L_{ds} - L_{qs}) i_{ds} i_{qs} \tag{7.68}$$

동기 릴럭턴스 기기에서 dq축 인덕턴스의 차이($L_{ds} - L_{qs}$)와 2개의 인덕턴스의 비율(L_{ds}/L_{qs})은 2개의 중요한 매개변수이다. 더 높은 성능을 얻으려면 두 매개변수를 가능한 한 크게 만드는 것이 가장 좋다. SynRM 드라이브에서 넓은 정출력과 높은 역률을 실현하려면 큰 돌극비[3]가 필요하다. 큰 돌극비는 다중의 자속 장벽이 있는 축방향 및 횡방향으로 적층된 회전자 구조에서 나타난다. 베리어의 배치, 모양 및 수는 애플리케이션의 특정 설계 대상을 최적화하는 중요한 매개변수이다. 멀티 배리어 동기 릴럭턴스 회전자는 높은 토크 밀도 및 역률 개선 또는 토크 리플의 최소화를 목표로 설계된다.

7.7.2 영구자석 보조 동기 릴럭턴스 기기

PM-SyncRel의 성능 및 출력밀도를 향상시키기 위해서는 회전자 배리어**rotor flux barrier**의 립**rib**에 영구자석을 추가하면 된다. 영구자석은 각 회전자 배리어에 삽입할 수 있다. 회전자 자석은 자화 방향으로 방사상으로 배치되어 q축 자속을 억제하여 돌극비에 기여한다. 따라서 자속은 SyncRM의 d축 자속에 기여한다. 전류의 함수로서의 d축과 q축의 자속 결합은 다음과 같이 나타낼 수 있다.

$$\lambda_{ds} = (L_{ls} + L_{md}) i_{ds} = L_{ds} i_{ds} \tag{7.69}$$

$$\lambda_{qs} = (L_{ls} + L_{mq}) i_{qs} - \lambda_f = L_{qs} i_{qs} - \lambda_f \tag{7.70}$$

포화와 토크의 진동을 무시하면 평균 토크는 다음과 같이 나타낼 수 있다.

$$T_e = \frac{3}{2}\frac{P}{2}(L_{ds} - L_{qs}) i_{ds} i_{qs} + \lambda_f i_{ds} \tag{7.71}$$

3 **(역자주)** 돌극비는 d축 인덕턴스와 q축 인덕턴스의 차이를 말한다.

7.7.3 스위치드 릴럭턴스 기기

스위치드 릴럭턴스 기기(SRM)는 고정자에 독립적인 상 권선을 갖춘 이중 돌극, 단일 여자 릴럭턴스 기기이다. 고정자와 회전자는 자성 강판의 적층으로 만들어지며, 후자에는 권선이나 자석이 없다. SRM은 다양한 상 구성과 관련된 다양한 고정자와 회전자의 극의 조합이 될 수 있다. [그림 7-36]은 4상 8/6 SRM과 3상 12/8 SRM의 단면도를 보여준다.

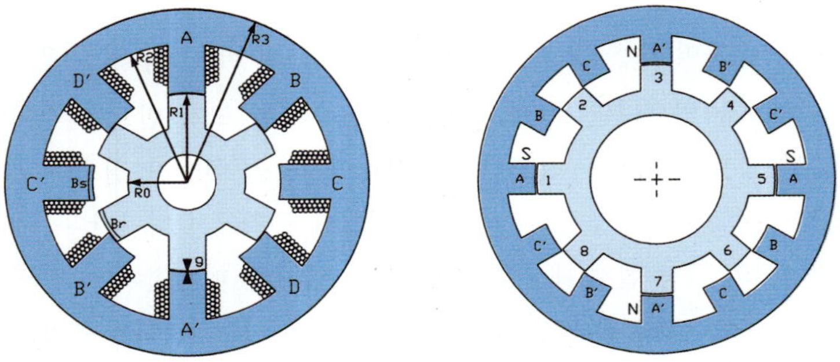

(a) 4상 8/6 구조 (b) 12/8, 2반복(2채널) 구조

[그림 7-36] 3상 SR 기기의 단면도

3상 12/8 기기는 단일 고정자 형상의 기본 6/4 구조가 두 번 반복된 형태이다. 2극/상기기라고 할 수 있는 6/4 구조에 비해 12/8 구조는 4극 상 기기로 번갈아 라벨을 붙일 수 있다. 정반대 극의 고정자 권선은 직렬 또는 병렬로 연결되어 모터의 한 상을 형성한다.

고정자 상에 전원이 공급되면 가장 인접한 회전자 극 쌍이 자기 경로의 자기저항을 최소화하기 위해 통전된 고정자 쪽으로 끌린다. 따라서 연속적인 상에 연속적으로 통전함으로써 어느 회전 방향으로도 일정한 토크를 발생시킬 수 있다.

상의 정렬 위치는 위상의 고정자와 회전자 극이 서로 완전히 정렬되어 최소 자기저항 위치에 도달할 때의 방향으로 정의된다. 불포화 상 인덕턴스는 이 위치에서 최대(L_a)가 된다. 회전자의 극이 어느 방향으로 정렬된 위치로부터 멀어지면 상 인덕턴스가 점차 감소한다. 회전자의 극이 위상 고정자의 극과 대칭적으로 어긋나는 경우 그 위치를 정렬되지 않은 위치라고 한다. 이 위치에서는 상의 인덕턴스(L_u)가 최소화된다. 인덕턴스 개념은 SRM과 같이 포화도가 높은 기기에는 유효하지 않지만 불포화 정렬 및 비정렬 인덕턴스는 컨트롤러의 두 가지 중요한 기준 위치이다.

고정자와 회전자의 극수 조합은 10/4, 12/8 등 여러 가지가 있다. 4/2 또는 2/2 구성도 가능하지만, 고정자와 회전자 극이 정확히 정렬되면 기동 토크를 발생시키지 못한다는 단점이 있다. 고정자/회전자 극 조합의 수가 많은 구성에서는 토크 리플이 적고 기동 토크의 문제가 없다.

스위치드 릴럭턴스 기기 또는 모터는 다양한 가변 속도 드라이브 및 서보 애플리케이션에서 기존 AC 및 DC 모터와 경쟁할 수 있는 여러 고유한 기능이 있다. 먼저 회전자 권선과 영구자석이 없기 때문에 기계의 구조가 간단하다. 또한 기기 손실의 대부분은 고정자에서 발생하지만 고정자는 비교적 냉각이 용이하다. SRM의 기동 토크는 자기 인덕턴스가 높기 때문에 과도한 돌입 전류가 없어도 매우 높을 수 있다. SRM의 또 다른 큰 장점은 최대 허용 회전자 온도가 높다는 것이다. SRM은 견인 응용 분야에 특히 매력적인 기능인 넓은 정출력 영역으로 설계할 수 있다. SRM에는 다른 AC 시스템에 없는 고유한 내결함성 기능도 있다. 각 상 권선은 컨버터 스위칭 소자와 직렬로 연결되므로 SRM 드라이브 컨버터의 DC 버스 사이의 암쇼트**shoot through faults**가 발생할 가능성이 없다. 독립적인 고정자 위상은 하나 이상의 상이 손실된 경우에도 드라이브 작동을 가능하게 하며 드라이브를 갑자기 정지하는 대신 안전하게 종료할 수 있다.

SRM은 토크 리플과 소음 문제를 고려하는 것이 가장 중요하다. 이중 돌극성 구조와 독립적인 위상에 의한 토크 생성은 별개의 특성으로 SRM은 다른 기계에 비해 더 높은 토크 리플을 생성한다. 토크 리플이 커지면 DC 전원의 리플 전류가 매우 커져서 대형 필터 커패시터가 필요하게 된다. SRM의 소음은 자화력과 고정자의 저차수 원주 모드 형상**lower order circum ferentia mode-shapes** 사이의 공진에 의해 비교적 높아질 수 있다.

영구자석이 없기 때문에 고정자 권선과 컨버터에 여자 부하가 걸려 컨버터에 필요한 kVA가 증가한다. 브러시리스 기기에 비해 단위당 고정자 구리 손실이 높아지고 암페어당 효율과 토크가 떨어진다. 그러나 정출력에서의 최고 속도는 영구자석 기기과 같이 고정 자속에 의해 제한되지 않으므로 SRM에서는 확장된 정출력 동작 영역이 가능하다. 제어는 유도기의 벡터제어보다 간단하지만, 토크 리플을 최소화하려면 SRM 드라이브에 상당한 계산이 필요할 수 있다.

SRM의 작동 원리

SRM의 회전자 극수의 일반적인 선택은 다음과 같다.

$$N_r = N_s \pm k_m \tag{7.72}$$

여기서 k_m은 0이 아닌 정수이고, N_s는 고정자의 극 수이다. 고정자와 회전자의 극 수를 선택하는 식 (7.72)에서 음의 부호를 가진 $k_m = 2$를 선택하는 것이 가장 일반적이다. 기본 사이클 주파수는 다음 식으로 주어진다.

$$f = \frac{n}{60} N_r \text{ Hz} \tag{7.73}$$

여기서 n은 rev/m 단위의 모터 속도, N_r은 회전자의 극 수이다. SRM의 스텝 각 또는 스트로크는 다음 식으로 주어진다.

$$\varepsilon = \frac{2\pi}{N_{ph} \cdot N_{rep} \cdot N_r} \tag{7.74}$$

스텝 각은 회전자의 회전당 제어 주파수와 관련된 중요한 설계 매개변수이다. N_{rep}는 기본 SRM의 상당 극 쌍수로 표현할 수도 있다. N_{ph} 는 상의 수이다. N_{ph} 와 N_{rep} 는 고정자 극수를 설정한다.

SRM은 자기 회로의 활용을 최대화하기 위해 항상 포화 상태로 구동되며 쇄교자속 λ_{ph} 는 다음과 같이 주어진 고정자 전류와 회전자 위치의 비선형 함수로 나타낼 수 있다.

$$\lambda_{ph} = \lambda_{ph}(i_{ph},\, \theta)$$

SRM의 전자기 프로파일은 [그림 7-37]에 표시된 $\lambda - i - \theta$특성에 의해 정의된다.

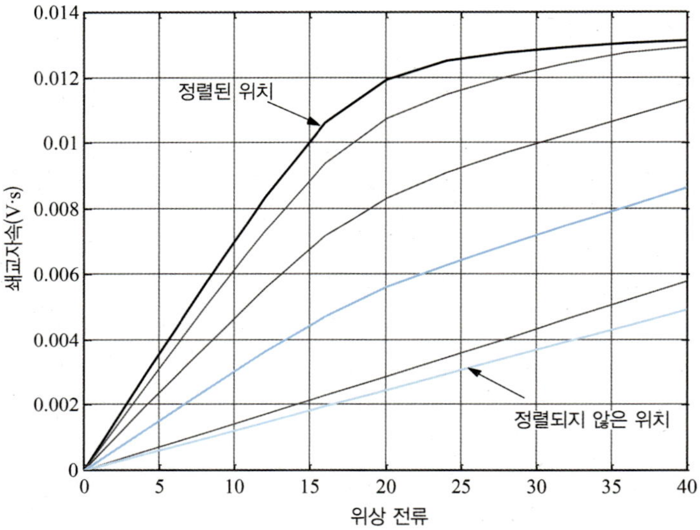

[그림 7-37] 4상 SRM의 상전류에 따른 쇄교자속

암페어당 최대 토크를 얻으려면 최대 돌극비(최대 및 최소 불포화 인덕턴스 수준의 비율)가 필요하다. 하지만 회전자와 고정자의 극 호가 감소함에 따라 토크 리플이 증가하는 경향이 있다. SRM의 $T - i - \theta$ 특성에서 관찰되는 토크 맥동([그림 7-38] 참조)은 구동 시스템에서 예상되는 토크 리플의 간접 측정이다. 토크 맥동은 위상의 최대 토크와, 동일한 전류 레벨에서 동일한 토크를 생성하는 두 개의 겹치는 위상이 이루는 각도에서의 토크 간 차이이다. 토크의 맥동이 작을수록 토크 리플은 작아진다. SRM의 $T - i - \theta$ 특성은 고정자와 회전자의 극의 중첩 각도, 극의 형상, 재료 특성, 극수 및 상수에 의존한다.

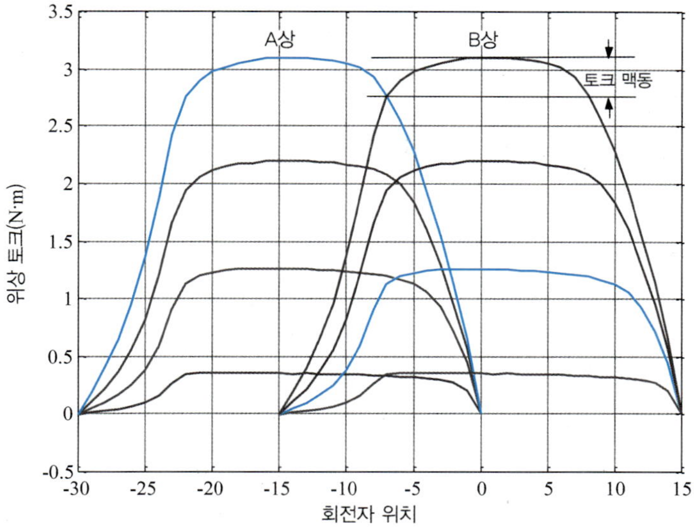

[그림 7-38] 4개의 정전류 레벨에 대한 4상 SRM의 토크-각도-전류 특성

SRM의 설계 목표는 코어 손실을 최소화하고, 우수한 기동 기능을 가지며 자속 분포와 포화 변화로 인한 불필요한 영향을 최소화하고, 상호결합을 제거하는 것이다. 상 번호, 극 번호 및 극 호 선택을 관리하는 기본 설계 규칙은 로렌슨 **Lawrenson et al.** [7]과 밀러 **Miller** [8]에 의해 자세히 논의되었다. SRM의 포괄적인 설계 기법은 참고문헌에 설명되어 있다.[9]

SRM의 한 상에서 고정자 전류의 흐름을 나타내는 일반식은 다음과 같이 쓸 수 있다.

$$V_{ph} = i_{ph} R_s + \frac{d\lambda_{ph}}{dt} \tag{7.75}$$

여기서 V_{ph}는 DC 버스 전압, i_{ph}는 순시 상전류, R_s는 권선 저항, λ_{ph}는 코일의 쇄교자속이다. 자기 선형성($\lambda_{ph} = L_{ph}(\theta) i_{ph}$)을 가정하면 전압 방정식은 다음과 같이 단순화할 수 있다.

$$V_{ph} = i_{ph} R_s + L_{ph}(\theta) \frac{di_{ph}}{dt} + i_{ph} \frac{dL_{ph}(\theta)}{dt} \omega \tag{7.76}$$

여기서 $\omega = \dfrac{d\theta}{dt}$는 회전자의 각속도이다. 식 (7.76)의 마지막 항은 역기전력 또는 속도 기전력이며, DC 모터 또는 BLDC 모터에 대한 역기전력과 동일한 효과를 SRM에 보여준다.

■ 에너지 변환

SRM의 에너지 변환 프로세스는 전력의 균형을 고려하여 평가할 수 있다. 식 (7.76)에 양면의 i_{ph} 를 곱하면 순간 입력 전력은 다음과 같이 나타낼 수 있다.

$$P_{in} = V_{ph}i_{ph} = i_{ph}^2 R_s + \left(L_{ph}i_{ph}\frac{di_{ph}}{dt} + \frac{1}{2}i_{ph}^2\frac{dL_{ph}}{d\theta}\omega\right) + \frac{1}{2}i_{ph}^2\frac{dL_{ph}}{d\theta}\omega$$
$$= i_{ph}^2 R + \frac{d}{dt}\left(\frac{1}{2}L_{ph}i_{ph}^2\right) + \frac{1}{2}i_{ph}^2\frac{dL_{ph}}{d\theta}\omega \tag{7.77}$$

첫 번째 항은 고정자 권선 손실을 나타내고, 두 번째 항은 자기 저장 에너지의 변화율을 나타내고, 세 번째 항은 기계적 출력을 나타낸다. 자기 저장 에너지의 변화율은 항상 전기기기 에너지 변환 항을 초과한다. 공급되는 에너지는 양의 $\frac{dL_{ph}}{d_\theta}$ 기울기 동안 전류가 일정하게 유지되는 경우 가장 효과적으로 사용할 수 있다. 자기 저장 에너지**magnetic stored energy**는 손실되지는 않지만, 적절한 컨버터 토폴로지가 사용되는 경우 전원에서 얻을 수 있다. 선형 SRM의 경우 [그림 7-39(a)]의 에너지 분할 다이어그램에서 볼 수 있듯이 에너지 변환의 효과는 최대 50%이다. 효율이 낮은 SRM의 단점은 특정 전력 변환에 대한 컨버터의 볼트-암페어 정격이 높아진다는 것이다. 모터가 자기 포화인 상태에서 작동하는 경우 입력 에너지의 분할은 에너지 변환을 우선적으로 증가시킨다. 포화 상태에서의 에너지 분할은 [그림 7-39(b)]에 나와 있다.

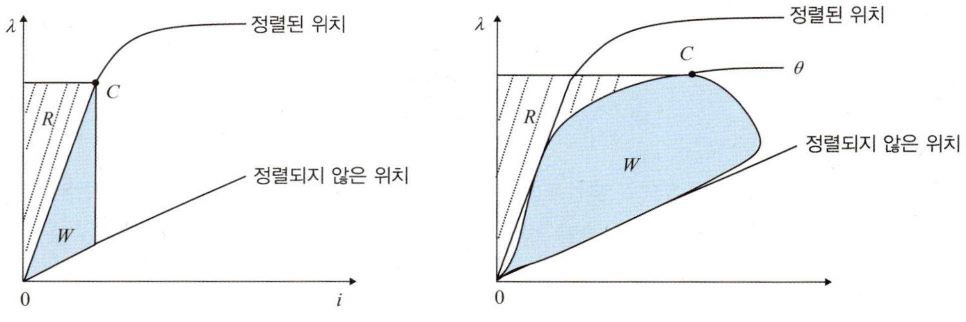

(a) 선형 가정 (b) 실제 사례

[그림 7-39] 완전한 작업 스트로크 중 에너지 분할
(W= 기계적인 일로 변환된 에너지, R= DC 전원으로 복귀되는 에너지)

■ 토크 생성

토크는 고정자 상이 여자될 때 회전자가 최소 자기저항 위치에 도달하는 경향에 의해 SRM에서 생성된다. 릴럭턴스 원리에 따라 작동하는 장치의 순시 토크 공식은 다음과 같다.

$$T_{ph}(\theta, i_{ph}) = \left. \frac{\partial W'(\theta, i_{ph})}{\partial \theta} \right|_{i = \text{상수}} \tag{7.78}$$

여기서 W' 는 다음과 같이 정의되는 수반 에너지 **co-energy**이다.

$$W' = \int_0^i \lambda_{ph}(\theta, i_{ph}) di$$

순간 토크는 일정하지 않다. 기기의 총 순간 토크는 각 상의 토크 합으로 주어진다.

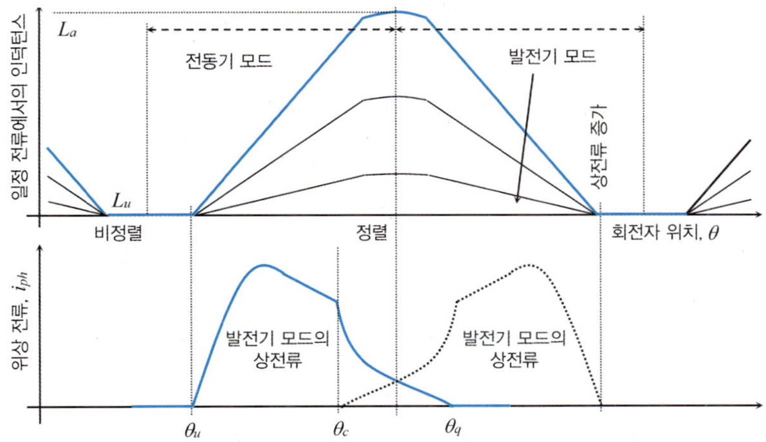

[그림 7-40] 회전자의 위치와 이상적인 인덕턴스 프로파일에 대한 전동기 모드 및 발전기 모드의 상전류

$$T_{inst}(\theta, i) = \sum_{\text{phases}} T_{ph}(\theta, i_{ph}) \tag{7.79}$$

SRM의 전기 기계적 특성은 [그림 7-38]에 표시된 위상의 정적 $T-i-\theta$ 특성에 의해 정의된다. 자기 포화를 무시할 수 있는 경우 순간 토크식은 다음과 같다.

$$T_{ph}(\theta, i) = \frac{1}{2} i_{ph}^2 \frac{dL_{ph}(\theta)}{d\theta} \tag{7.80}$$

선형 토크 방정식은 식 (7.77)의 에너지 변환 항(마지막 항)을 따른다. 효과적인 토크를 생성하려면 상전류를 회전자 위치와 동기화해야 한다. 양의 토크 또는 모터링 토크의 경우 상전류는 회전자가 정렬되지 않은 위치에서 정렬되는 위치로 이동하도록 전환된다. 한편 상전류는 제동 또는 발전 토크를 위해 감소하는 인덕턴스 영역과 일치해야 한다. [그림 7-40]은 위상 인덕턴스 프로파일에 대한 전동기 및 발전기 동작 모드의 위상 전류를 나타낸다. 토크 생성에서 전류의 방향은 중요하지 않다. 구동 시스템의 최적 성능은 회전자의 각도 위치에 대한 상전류의 적절한 배치에 따라 달라진다. 따라서 회전자 위치 변환기는 컨트롤러에 위치 피드백 신호를 제공하는 데 필수적이다.

SECTION 7.8

견인용 IPM 기기 설계

Traction IPM Machine Design

자동차 산업은 전기 구동계의 성능에 중점을 두면서 EV 및 HEV의 고객을 수용하기 위해 노력하고 있다. 또한 전체 시스템 비용 절감을 목표로 더 높은 범위 또는 감소된 배터리 질량의 시스템 측면을 고려한다. 이 과정에서 NdFeB 자석을 이용한 IPM 동기기는 주로 전기 견인 구동계의 엄격한 요구 사항(출력/토크 밀도와 효율)을 충족하기 위해 견인 전기기기를 설계할 때 하나의 선택지가 되었다.

이 과정에서 대부분의 자동차 제조사는 생산 차량에 희토류와 중희토류 재료를 사용하는 IPM 동기기를 채택했을 때 견인 전기기기의 지속 가능성과 비용을 간과했다. 일부 애플리케이션에서는 유도기가 사용되지만, 이러한 기계는 IPMSM의 출력밀도와 일치하지 않는다. 희토류 자석 재료를 사용하지 않거나 희토류 및 중희토류 자석 재료의 사용을 최소화하면서도 우수한 성능을 가진 대체 기기를 개발하기 위해 지속적인 연구가 진행되었다. 그럼에도 불구하고 IPMSM은 여전히 가장 널리 사용되는 견인용 전기기기이기 때문에 이 절에서는 이러한 기계의 설계에 대해 설명한다.

7.8.1 전자기 설계

전기기기의 설계는 특정 성능 매개변수와 제약을 포함하는 사양에 기반한 전자기 설계로 시작되지만, 설계 과정에서 몇 가지 매개변수를 가정해야 한다. 회전자의 부피를 기계의 전기적, 자기적 부하와 연관시키는 최초의 사이즈 분석 방정식은 전자기 설계의 시작점이 되었다.[10] 전기 부하(A)는 전도체와, RMS 전류 밀도와 관련이 있는 응력의 강도와도 관련이 있다. 자기 부하는 자성 재료에 가해지는 응력의 강도와 관련이 있으며, 공극 내의 피크 방사형 자속밀도($B_{g,\,max}$)로 측정된다. 코어 재료의 포화와 코어 손실은 $B_{g,\,max}$를 달성 가능한 최대 절까지 구동할 때의 한계를 설정한다.

$A_{pm} \geq A_{pe}$ 에서 할 수 있는 기계의 전기(A_{pe}) 및 기계(A_{pm}) 영역 제품의 설계 제약은 기기의 슬롯 RMS 전류 밀도 J_{rms}를 결정한다. 강제 냉각되는 견인용 전기기기의 RMS 전류 밀도는 약 $20\,\mathrm{A/mm^2}$이다. 전기기기에서 발생하는 토크는 다음 식으로 나타낼 수 있다.[10]

$$T = 3 \times N_{ph} \times r_{\mathrm{g}} \times L \times B_{\mathrm{g}} \times A_c \times J_{\mathrm{rms}} \tag{7.81}$$

여기서 N_{ph}는 고정자 상당 턴 수, A_C는 슬롯 도체 면적, r_g는 회전자의 공극 반경이다. 견인용 전동기의 단위 부피당 일반적인 토크는 $50 \sim 100\,\mathrm{kNm/m^3}$의 범위이다.[11] 견인용 기기의 경우 회전자와 고정자 사이의 공극은 보통 $0.6{\sim}1\,\mathrm{mm}$이다.

7.8.2 열 해석

전기기기에서 전기 기계적 에너지를 전기에서 기계로 또는 그 반대로 변환할 때는 손실이 발생할 수밖에 없다. 궁극적으로 기기 정격이 제한될 수도 있다. 기계의 다양한 손실은 열로 변환되며 열 발생률과 균형을 이루는 비율로 제거해야 한다. 열 설계는 상세한 분석이 필요한 전자기 설계만큼 중요하다. 열 시스템을 분석하고 설계하기 위해서는 열 모델을 구축하기 전에 모든 열원을 식별하고 모델링하기 위해 전력 손실을 분석해야 한다.

전기기기의 손실은 전기적 손실, 자기적 손실, 기계적 손실로 분류할 수 있다. 전기적 손실은 DC 또는 동손과 표피 및 근접효과에 의한 손실인 AC 손실로 구성된다. 자기적 손실 또는 코어 손실은 적층 재료의 히스테리시스 손실과 와전류 손실, 영구자석의 와전류 손실로 구성된다. 기계적 손실은 마찰 손실과 풍손이다. 이 범주에 속하지 않는 전기기기의 손실은 표류 부하 손실로 결합된다. 이러한 손실은 열분석을 위한 입력이므로 모두 정확하게 모델링되어야 한다. 재료 특성에 의존하는 열원과 열전달 계수를 통해 설계자는 모터 내부의 온도 분포를 추정할 수 있는 기기의 열 모델을 구축할 수 있다.

7.8.3 기계적/구조적 분석

구조적 안정을 위한 기계적 응력 해석은 전자기 및 열 해석과 병행하는 기기 설계 프로세스의 또 다른 단계이다. 전기기기의 경우 응력 해석은 다음과 같이 두 가지 힘을 고려해야 한다. 첫 번째는 기자력과 토크의 생성에서 발생하는 방사방향 전자기적 힘이고 두 번째는 회전 속도에 의해 회전자에 작용하는 원심력이다. 탄성 영역에서 응력은 후크의 법칙**Hook's law**에 따라 적용된 변형률과 비례한다. 변형된 재료는 이 영역의 응력을 제거하면 원래 모양으로 되돌아간다. 탄성 영역의 최대 변형 경계는 재료의 항복 강도(y)에 의해 정의된다. 탄성 한계를 초과하면 후크의 법칙이 적용되지 않으며 회복 불가능한 변형인 소성역이 발생한다. 탄성 영역은 보통 소성역보다 작다. 이때 정격 작동 조건 하에서 전기 기계의 응력을 평가하여 전기기기가 재료의 탄성 영역 내에 머무르고 영구적으로 변형되지 않았는지 확인해야 한다.

전기기기의 설계는 [그림 7-41]과 같이 작동 속도의 함수로서 토크와 전력의 곡선으로 이어진다. 열 해석은 최대 허용 정상상태 온도 제한을 초과하지 않고 최대 연속 출력 토크 또는 출력을 찾는 데 도움을 준다.

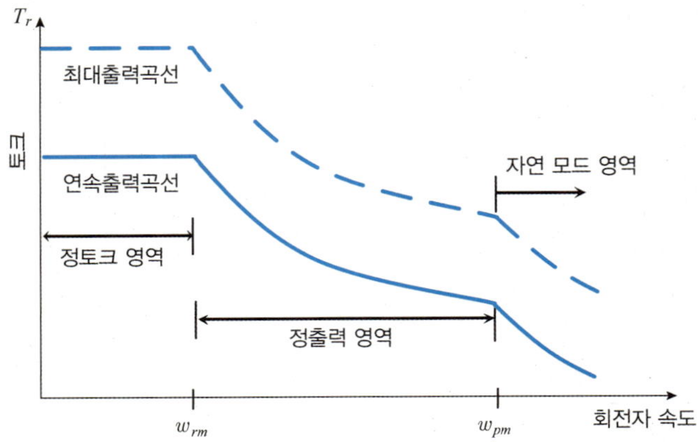

[그림 7-41] 구동용 전동기의 토크 속도 범위

7.8.4 고정자 및 권선 설계

고정자 설계에는 도체 선택과 슬롯/극 조합이 포함된다. 견인용 전기기기에 사용되는 도체는 연선과 막대 유형이 있다. 막대 권선 고정자는 더 높은 점적률, 더 짧은 엔드 턴, 더 나은 열적 성능, 향상된 고전압 보호 및 완전 자동화된 제조 공정의 이점이 있다. 그러나 막대 권선 설계에서는 AC 권선의 영향으로 속도가 높아져 모터 효율이 떨어질 수 있다. 연선은 턴 수 선택에 훨씬 유연하기 때문에 고속 기계 설계에 적합하다.

기계의 극수 P의 선택은 작동 속도 범위, 드라이브의 최대 스위칭 주파수, 사용 가능한 DC 링크 전압 및 코어 손실 제약에 따라 달라진다. 또한 권선 및 고정자 구조에 따라 적절한 권선계수를 갖는 회전자 극수도 결정된다. 그러나 누설 자속은 극수와 함께 증가하며 다극기(예 : $P > 16$)는 역률이 낮고 토크 밀도가 감소한다. 설계를 위한 슬롯/극 조합은 소음, 권선 설계, 역기전력 고조파, 토크 리플, 기본 주파수와 같은 많은 성능 요인에 따라 선택된다. 권선 분포는 q로 표시되는 극당 상당 슬롯의 수에 따라 정수 또는 분수가 된다. [표 7-3]은 일부 전기기기의 슬롯/극 조합의 예를 보여준다.

[표 7-3] EV의 전기 기계의 슬롯/극 조합

슬롯/극/상(q)	극(P)	슬롯($3\times q\times P$)	모드(m)	차량 예
2	8	48	8	2017 도요타 프리우스
2	8	48	8	닛산 리프
2	12	72	12	2016 BMWi3
3	12	108	12	생산된 사례가 없음

몇 가지 선택지가 있지만 $q=2$는 평균 토크, 손실 및 시중에서 판매되는 차량에서 가장 일반적인 중간 고조파 성분이다. q가 높으면 본질적으로 더 많은 사인파 역기전력과 낮은 영구자석 손실, 높은 평균 토크를 갖지만, $q=2$에 비해 더 높은 도체 손실과 더 얇은 치를 갖게 된다. $q=1.5$인 부분 슬롯 설계만이 진동 모드 순서를 구동용 전동기에 적용할 수 있으며 합리적인 병렬 회로 권선 설계를 제공할 수 있다는 점에 유의해야 한다.

권선 설계에서는 주로 사용 가능한 DC 링크 전압 및 정격 속도에 따라 도체 사이에 직렬 또는 병렬로 연결될 수 있다. 직렬연결의 경우 상전류는 각 도체를 통과해야 하므로 일정한 전류 밀도에서 도체의 크기를 증가시킨다. 반면에 병렬연결의 경우 회로의 수가 증가함에 따라 일정한 전류 밀도에 대해 전류와 도체의 크기가 감소한다. 또한 병렬 회로는 직렬연결 구성에 비해 불평형 자기 장력(UMP)이 낮은 것으로 밝혀졌다.[12~14] 병렬 회로 사이에 순환 전류가 없는지 확인해야 한다. 연선을 액체 냉각하기 위한 최대 전류 밀도는 $19\sim20\ \mathrm{A/mm^2}$ 범위이며, 막대 도체의 최대 전류 밀도는 $24\sim26\ \mathrm{A/mm^2}$이다. 전류 밀도와 최대 허용 전류는 도체의 크기를 결정한다.

7.8.5 회전자 설계

IPM 기기의 회전자 설계에는 자석 선택 및 크기 설정, 회전자 구성이 포함된다. 영구자석 중 소결 NdFeB 유형의 자석은 고에너지 생성물이므로 EV 응용 분야에서 일반적으로 사용된다. 회전자 자석을 구성하기 위한 설계 후보는 단일 V, 이중 V, 델타가 있다. 이중 V 형상은 생산 EV 및 HEV에서 가장 일반적으로 사용되고 있으며, 단일 V 형상의 회전자 구성에 비해 리플이 낮고 평균 토크가 높으며 돌극성이 높다. 델타 유형의 구성은 성능과 제조의 복잡성을 고려하여 여러 생산 유형에서 사용된다. [그림 7-42]는 이중 V 형상의 설계 예를 나타낸다.

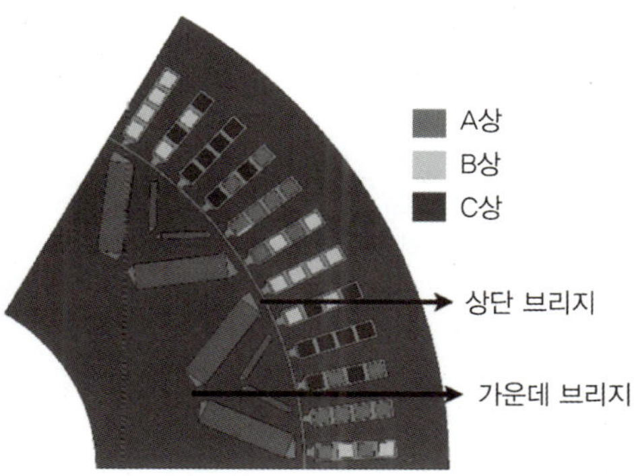

[그림 7-42] 고정자에 각동선이 있는 이중 V 회전자

자석의 길이와 폭은 자속 분포, 최대 평균 토크, 토크 리플 및 자석의 총 중량에 영향을 준다. 두 자석 사이의 각도, 자속 베리어 및 중심 브리지의 길이는 최대 평균 토크와 토크 리플에 영향을 준다. 따라서 자석의 치수와 각도는 평균 토크, 최대 속도 및 전력 요건을 달성하기 위해 최적화되어야 한다. 회전자에는 상단 브리지(공극에 가까운)와 가운데 브리지가 있다. 브리지의 두께가 증가하면 기계적 응력이 감소하고 누설 자속이 증가한다. 두 브리지의 두께는 제조 관점에서 1.4mm를 초과하는 것이 좋다. 모서리 가장자리를 둥글게 하면 기계적 응력과 토크 리플을 줄일 수 있다.

예제 7.6

주어진 사양 및 제약에 대해 소프트웨어 설계 도구(Motor−CAD)를 사용하여 EV 시스템용 전기모터를 설계한다고 하자. 전기기기는 0km/h 에서 72km/h 의 차량 속도에 도달하기 위해 150 kW 의 전력을 필요로 하는 EV 추진 시스템에 사용된다. 이때 휠의 반경은 0.35 m, 최대 차량 속도는 시속 241km 이다. 차량 수준에서 모터 수준까지의 10 : 1 토크 감소 비율을 고려했을 때. Motor-CAD를 사용하여 다음 요구 사항을 충족할 수 있는 전기모터를 설계하라.

- DC 버스 전압 : 650 V
- 역률 : ≥ 0.65
- 슬롯 내 전류 밀도 : ≤ 28A(s)/mm^2
- 72km/h 에서의 효율 : ≥ 0.95
- 출력밀도 : 30kW/L

필요한 설계 출력은 다음과 같다.

(a) 모터의 토크-속도 프로파일과 전력-속도 프로파일

(b) 효율맵, 동손맵, 철손맵, 최대 전력 상태에서의 자속선도

풀이

주어진 목표 토크 및 TRV 에 대해 다음과 같이 초기 회전자의 체적 선정이 수행된다.

$$ROD = \frac{TRV}{\text{회전자 체적}},\quad SOD = \frac{ROD}{SR}$$

여기서 ROD 는 회전자 외경, TRV는 단위 회전자 부피당 토크, SOD 는 고정자 외경, SR 는 분할비이다. 즉 ROD/SOD 는 일반적으로 0.5 ~ 0.8의 범위를 갖는다.

선간 RMS 전압과 선간 전류는 다음 공식으로 주어진다.

$$V_{LLrms} = \sqrt{6}/\pi \times V_{dc} \times 0.9$$
$$I_L = P_{\max}/(\sqrt{3} \times V_{LLrms} \times pf \times \eta)$$

모터는 8극, $q = 2$ 로 설계되었으며, 3 상 기기를 위한 48 개의 슬롯이 있다. 상당 도체의 수는 $f_{elec} = 320$ Hz 의 전기 주파수에 대해 다음과 같이 계산된다.

$$\text{도체/상} = \frac{V_{ph}(\text{rms})}{4.44 f_{elec} k_{w1} \lambda_{m1}}$$

여기서 k_{w1} 은 권선계수, λ_{m1} 은 영구자석 쇄교자속의 기본파 성분이다. 권선계수는 $k_{w1} = 0.945$ 이다. 기본 영구자석 쇄교자속은 다음과 같이 형상과 관련이 있다.

$$\lambda_{m1} = B_{m1} \times ROD \times \frac{l_{stk}}{\text{극수}/2}$$

여기서 B_{m1} 은 0.9 ~ 1 범위의 공극자속밀도이다. 설계된 기기의 형상과 매개변수를 [표 7-4]에 나타냈다.

[표 7-4] 150kW로 설계된 IPM 형상 및 매개변수

매개변수	사양	단위
상전류	404	A
회전자 외경	150.5	mm
고정자 외경	214	mm
적층 길이	138	mm
기저속도	5,500	rpm
최대속도	18,200	rpm
종횡비	0.7	–
분할비	0.7	–
슬롯	48	–
극	8	–
권선계수	0.945	–
점적률	0.4	–

설계된 기기의 단면 구조는 [그림 7-43]에 나와 있다.

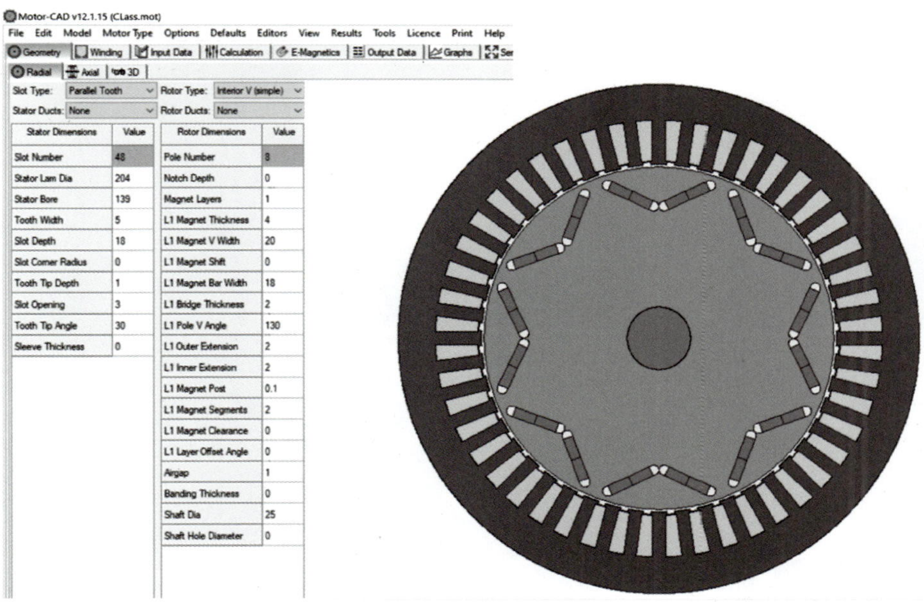

[그림 7-43] Motor-CAD를 사용하여 설계된 기계의 단면 구조

[표 7-5]는 모터의 전기적 사양을 나타낸다.

[표 7-5] 150kW IPM 전기 매개변수

매개변수	사양	단위
L_d	0.2387	mH
L_q	0.4482	mH
R	0.02465	Ω
역기전력 상수(K_e)	0.8222	Vs/rad

(a) 설계된 기기의 토크와 출력 곡선의 시뮬레이션 출력은 [그림 7-44]와 같다.

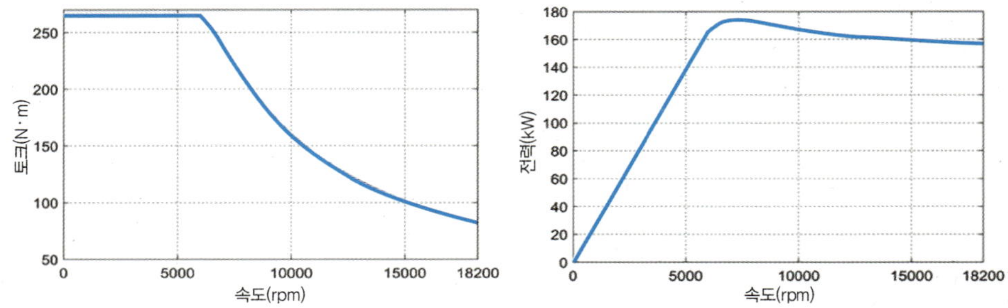

[그림 7-44] 작동 속도 범위에서의 토크와 출력 곡선

(b) 설계된 기기의 시뮬레이션된 특성 곡선은 [그림 7-45]와 같다.

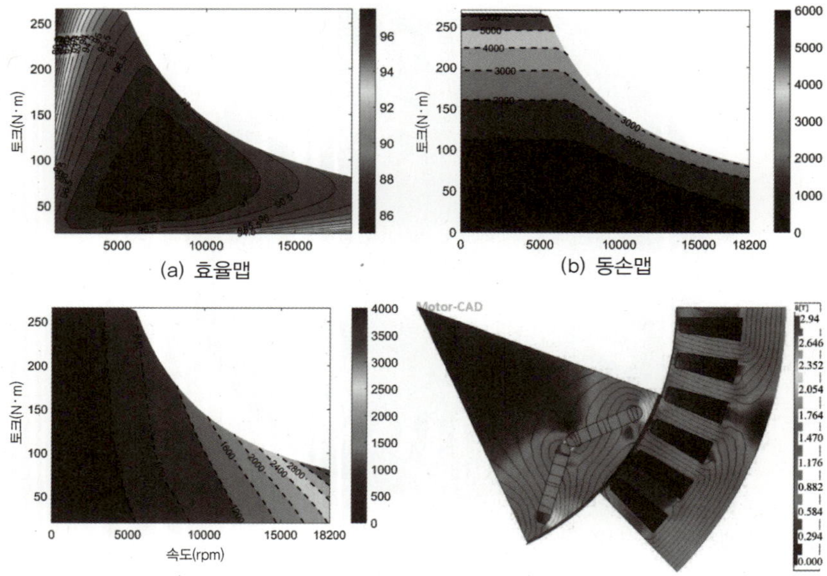

(a) 효율맵 (b) 동손맵

(c) 철손맵 (d) 최대 전력에서의 자속선도

[그림 7-45] 설계된 기기의 특성

7장 연습문제

7.1 460V, 60Hz, 6극, 1,176 rpm Y결선의 유도전동기에는 정격 조건에서 다음과 같은 고정자와 관련된 매개변수를 갖는다. 이때 모터가 정격 전압으로 공급되는 경우 350 N·m 의 제동 토크와 40Hz 인버터 주파수에 대한 모터 속도를 구하라.

$$R_s = 0.19\Omega,\ R_r = 0.07\Omega,$$
$$X_s = 0.75\Omega,\ X_r = 0.67\Omega,\ X_m = \infty$$

7.2 3상 유도기는 가변 전압, 고정 주파수 전원으로 작동한다. 이때 다음 질문에 답하라.

(a) 토크와 속도가 아닌 슬립의 관점에서 기계 효율의 공식을 도출하라.

조건
1. 고정자와 회전자의 동손과 철손만 P_{loss} 에 포함한다.
2. 모델의 철손은 등가회로의 일정한 저항으로 모델링된다. 분석을 단순화하기 위해 철손 저항과 자화 리액턴스가 다른 매개변수에 비해 크다고 가정한다.
3. 철손 저항과 자화 리액턴스가 고정자 단자 바로 맞은편에 있는 근사 등가회로를 사용할 수 있다.

(b) 모터 효율은 단자 전압에 달라지는가? 모터 효율을 극대화하는 슬립을 계산하라.

7.3 타여자 DC 기기의 손실을 최소화하는 작동 조건을 찾기 위해 계자 전류와 전기자 전류의 관점에서 P_{loss} 의 식을 기술하라. 이후 모든 비선형 함수에 대해 선형성을 가정하여 전기자 전류와 계자 전류 간의 관계를 설정한 다음 최소 P_{loss} 조건을 찾아야 한다.

7.4 영구자석 DC 기기의 모든 동작점(T^*, ω^*)에서 최대 효율을 달성하는 것이 불가능한 이유를 설명하라. T, ω 및 기계 자속 ϕ의 경우 P_{loss} 방정식을 작성하여 시작한다.

7.5 [연습문제 7.2]와 같이 진행하여 직렬 DC 모터의 임의의 동작점(T^*, ω^*)에서 손실을 최소화할 수 없는 이유를 설명하라.

7.6 다음 질문에 각각 답하라.

(a) 브러시리스 DC의 토크 상수는 DC 전원을 기준으로 0.12 Nm/A 이다. 48V_{dc} 전원에 연결했을 때 무부하 속도를 rpm 으로 추정하라.

(b) 전기자 저항이 0.15Ω/상이고 컨트롤러 트랜지스터의 총 전압 강하가 2V 일 때 최대부하 전류와 최대부하 토크를 결정하라.

7장 연습문제 ▸▸▸

7.7 3상 6/8 SRM에 대해 생각해보자. 고정자 상은 3개의 상을 모두 여자하는 데 필요한 총 시간 25ms로 순차적으로 여자된다. 이때 회전자의 각속도를 구하시오. 답은 rad/s와 rpm 단위로 나타내라.

7.8 다음 자속 방정식은 3상 6/4 SRM의 비선형 특성을 나타낸다.

$$\lambda_j(i,\theta) = \lambda_s(1 - \exp(-i_j f_j(\theta)) \quad (i_j \geq 0)$$

여기서 λ_S는 포화 자속(0.2V·s)이고 및 $f(\theta) = a + b \times \cos(N_r\theta - (j-1)2\pi/m)$이다. 또한 $a = 0.024$ 및 $b = 0.109$인 경우 j는 상 수 = 1,2,3, $m = 3$을 나타낸다. 이때 다음 질문에 답하라.

(a) 위상 토크 $T_j(i,\theta)$의 공식을 도출하시오.

(b) 정렬되지 않은 위치와 정렬된 위치 사이의 6개의 각도의 $\lambda - i - \theta$ 특성을 표시하라. 최대 전류는 100A로 설정한다.

(c) 정렬되지 않은 회전자 위치와 정렬된 회전자 위치 사이의 $T - i - \theta$ 특성을 표시하라. 토크 특성의 최대 전류는 100A 및 10A 전류 단계로 설정한다.

CHAPTER

8

AC 모터 제어

Control of AC Machines

들어가기 전에 ▸▸▸

AC 모터(전동기)는 DC 모터에 비해 견고한 구조를 가지기 때문에 EV 및 HEV를 포함한 다양한 모터 구동 응용 분야에서 매력적인 기기이다. 다만 AC 모터 제어기가 DC 모터의 제어수준과 비슷하거나 더 나은 성능을 제공할 수 있는 경우에만 AC 모터의 견고함이 유용하다고 할 수 있다. DC 모터는 제어가 단순한데 그 이유는 DC 모터를 구성하고 있는 정류자와 브러시의 기계적 배열 구조가 고정자와 회전자 자속의 직교성을 유지하기 때문이다. 견인용 애플리케이션에 있어서 응답성은 매우 중요한 요소이다. 모터 드라이브는 지령에 따른 토크 변화에 즉각적으로 응답해야 한다. DC 모터에서 토크는 전기자 전류에 정비례하므로 응답이 즉각적이다. AC 모터 드라이브도 빠른 응답성을 갖도록 설계할 수 있지만 대신 제어기가 복잡해진다.

앞서 7장에서 논의한 AC 모터의 스칼라 제어 방법은 견인용 애플리케이션에서 원하는 빠른 응답성을 갖지 못한다. AC 유도전동기를 적용할 경우 가장 적합한 제어 방법은 여자 전류의 크기와 위상각이 모두 제어되는 벡터제어이다.[1~2] 고정자 전류 벡터제어는 AC 모터가 DC 모터에서와 같이 동작할 수 있도록 고정자 저항, 인덕턴스 및 유도 전압의 영향을 극복하기 위해 사용된다. 고정자 전류는 두 개의 매개변수인 회전자 자속과 전자기적 토크가 독립적으로 제어될 수 있는 기준 프레임으로 변환된다. 회전자 자속의 90° 위상 공간은 센서의 피드백 신호 및 회전자 자속 모델 기반 계산을 사용하여 전류 구성요소를 생성하는 고정자 토크와 관련하여 이용된다. 8.1절에서는 벡터제어에 필수적인 dq 모델링을 설명하고 제어 알고리즘을 제시한다.

dq 모델링을 기반으로 하는 벡터제어 방법은 영구자석(PM) 동기전동기에도 사용된다. 정현파로 여자되는 모든 기기는 벡터제어 방법을 사용할 수 있다. 벡터제어는 기기의 전기적 변수를 적절한 2축 기준 좌표계로 변환할 수 없는 기기에는 적용하기 어렵다. 따라서 토크 생성을 위해 구형파 여자를 사용하는 영구자석 BLDC 모터 및 SR 모터는 위상 정류 중에도 원활한 제어가 가능하도록 독립 위상 제어 제어기 알고리즘이 개발된다.

SECTION 8.1

AC 모터의 벡터제어

Vector Control of AC Motors

EV 및 HEV의 구동 드라이브는 빠른 응답성을 가지며 정확한 토크제어가 가능해야 한다. 유도전동기 드라이브는 벡터제어 방식을 사용하여 DC 모터와 유사한 고성능을 제공할 수 있다. 벡터제어는 제어기 구현이 복잡하지만, 유도전동기의 저렴한 가격과 견고한 구조는 DC 모터에 비해 장점이다.

속도 및 위치제어 애플리케이션에서 제어의 핵심 변수는 토크이다. 토크가 직접 측정되지는 않지만 모터의 토크 추정기는 지령전류를 생성하는 데 자주 사용된다. 가장 안쪽의 제어 루프에 있는 전류제어기는 지령전류를 센서에서 측정된 피드백 전류값과 비교하여 모터 전류를 제어한다. 속도제어가 필요한 경우에는 외부 루프에서 지령속도 신호와 피드백된 속도 신호를 비교하면 된다. 전류제어 루프와 속도제어 루프가 종속적으로 배열되면 외부 루프의 속도제어 출력은 내부 루프에 대한 지령전류가 된다. 전기 및 일반 차량의 액세서리용 액추에이터 드라이브와 같이 특정 고성능 위치제어 애플리케이션에서는 속도제어기를 중간 루프에 두고 가장 바깥쪽 루프에서 위치를 제어한다. 외부 루프에서 생성된 지령에 따라 토크가 변하는 능력은 고성능 애플리케이션을 위한 모터 구동 시스템의 제어 수준을 나타낸다. 유도전동기의 벡터제어는 한 시점의 정상상태에서 다른 정상상태가 되도록 순간적으로 전환시켜 기기의 토크를 단계적으로 변하게 함으로써 구동 시스템의 동적 성능을 극대화한다.[3]

벡터제어 또는 자속 기준 제어 **Field Orientation Control, FOC**의 목적은 유도전동기가 타여자 DC 모터 또는 영구자석 BLDC 모터[1]와 유사하도록 하는 것이다. 벡터제어를 이해하기 위해 DC 모터의 토크 생성 메커니즘을 다시 살펴보자. [그림 8-1]은 별도의 여자에 의해 생성된 필드가 있는 DC 모터의 단순화된 다이어그램을 보여준다.

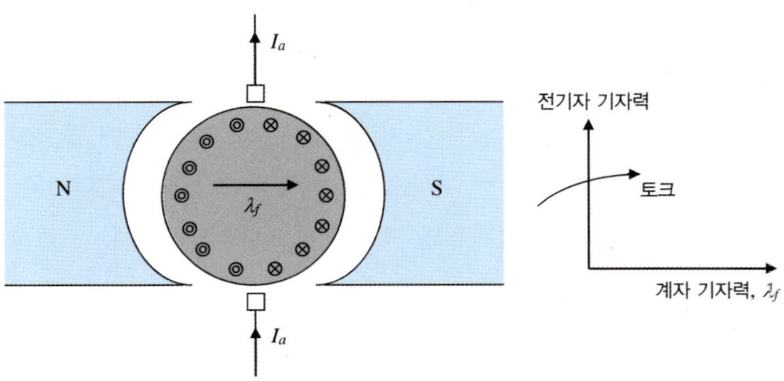

[그림 8-1] 타여자 DC 모터의 토크

1 **(역자주)** 브러시리스 모터(Brushless DC motor) 또는 사다리꼴 여자자속형 영구자석 전동기라고도 한다.

쇄교자속 공간벡터 $\vec{\lambda}_f$는 고정되어 있고 모터의 d축을 따른다. 전기자 전류 공간벡터 **field flux linkage space vector** $\vec{i}_a$는 회전자가 회전하더라도 정류자와 브러시의 작용으로 인해 항상 q축을 따른다. 이처럼 계자 전류와 전기자 전류 사이의 직교성은 전류당 최대 토크를 생성하는 최적의 조건이다.

DC 모터의 전자기 토크는 다음과 같이 주어진다.

$$T_e = k_T \lambda_f i_a \tag{8.1}$$

여기서 k_T는 기기의 형상 및 설계 매개변수에 따른 모터 상수이다. 이러한 변수는 DC 모터에서 상수이기 때문에 벡터 표기는 생략한다. 타여자 DC 모터의 전기자 및 계자 회로는 완전히 독립적이거나 분리되어 토크와 자기장을 독립적으로 제어할 수 있다. 독립적인 자속 제어는 정출력 영역에서 정격 토크 조건보다 높은 속도일 때 약자속이 사용되는 전기자동차 유형의 애플리케이션에 더 적합하다. 일정한 출력 범위는 견인용 드라이브의 변속기 기어 요구 사항을 최소화하는 데 도움이 된다.

영구자석 BLDC 모터는 회전자 위치 센서 및 전력전자 컨버터가 DC 모터의 기계적 정류자와 브러시를 대체한다. 이러한 구성은 평균적으로 회전자 자속 벡터 $\overrightarrow{\lambda_r}(t)$와 고정자 전류 공간벡터 $\overrightarrow{i_x}(t)$ 사이의 직교성이 유지되도록 동기식으로 동작한다. 영구자석 BLDC 모터의 역기전력은 정현파가 아니라 사다리꼴이므로 벡터제어가 불가능하다. 영구자석 BLDC 모터에서는 사각파 전류와 사다리꼴 역기전력이 동기화되어 토크를 생성하기 때문에 토크리플의 문제가 발생된다. 반면 정류자를 가진 DC 모터는 전기자와 계자의 기자력 사이 직교성이 지속적으로 유지되어 부드러운 토크가 전달된다. 영구자석 동기전동기(PMSM)의 경우에는 역기전력이 정현파이며, 벡터제어를 사용하면 7장에서 언급한 유도전동기와 같이 부드러운 토크를 얻을 수 있다.

앞서 제시된 논의에 비추어 볼 때 순시토크 제어에는 전기자 전류의 제어 가능성, 제어되거나 일정한 계자 자속, 고정자 기자력 축과 회전자 기자력 축 사이의 직교 공간 각도가 필요하다. DC 및 영구자석 BLDC 모터의 경우 마지막 두 조건은 정류자와 브러시, 위치 센서 및 인버터 스위칭에 의해 자동으로 충족된다. 그러나 직교성은 영구자석 BLDC 모터에 대해서만 평균적으로 유지되며 그 효과는 성능으로 나타난다. 유도전동기와 영구자석 동기전동기의 경우 이러한 조건은 dq 모델 및 기준 프레임 변환에 의해 충족된다. 순간적인 토크제어는 매 순간 세 가지 조건이 충족될 때 달성된다. 전기자는 소스에서 전달되는 대부분의 전류를 전달하는 구성요소이다. DC 모터에서 전기자는 회전자에 있지만, AC 모터의 경우 고정자에 있다. 전기자 전류의 제어는 히스테리시스 전류 조절장치 또는 PI 전류 조절장치와 같은 전류 조절장치에 의해 이루어진다. 고정자 권선의 전기자 권선 저항, 누설 인덕턴스 및 유도 전압의 영향을 극복하려면 전기자 전류제어가 필요하다. 약계자 동작의 경우에는 계자 전류제어를 통해 회전자 자속을 줄여야 하지만, 타여자 DC 모터에서는 간단하다. 유도전동기 및 정현파 여자자속형 영구자석 기기에서 전류의 구성요소를 생성하는 토크와 자속을 분리하는 dq 모델링과 이러한 구성요소의 후속 제어는 목표를 달성하는 데 도움이 된다.

SECTION 8.2

제어용 AC 모터 모델링

AC Machine Modeling for Controls

AC 모터 제어는 토크 제어기를 구현하는 데 필요한 모든 변환 방정식을 제공하는 dq 모델링으로 시작한다. dq 모델의 기기 변수(전류, 쇄교자속 등)에 대한 전자기 토크 T_e 식은 폐루프 제어를 위한 토크를 추정하는 데 사용되기도 한다. 이러한 기기 변수는 토크 측정보다 훨씬 간단히 센서를 사용하여 측정할 수 있다. 식 (7.46)의 정상상태 토크 식과 식 (7.50)의 단순화된 토크 식은 동적 제어기를 구현하기에 부적절한데 그 이유는 3상 AC 모터의 고정자와 회전자 변수 간의 결합 때문이다.

7.4절에서는 a, b, c 고정자 권선의 평형의 120° 공간 변위 세트을 통해 평형 3상전류 $i_a(t)$, $i_b(t)$, $i_c(t)$가 회전 기자력 $\vec{F}_S(t)$를 생성하는 것을 보았다. 이 결과 회전 기자력은 동기 속도로 고정자 둘레를 회전하는 일정한 피크 진폭을 갖는다. dq 변환은 d축 및 q축을 따라 가상의 직교 권선 집합을 통해 흐르는 d축 및 q축 등가 고정자 전류 $i_{ds}(t)$, $i_{qs}(t)$가 고정자 회전 기자력 $\vec{F}_S(t)$를 설정한다는 개념을 기반으로 한다. abc 기준 좌표계에서 dq 기준 좌표계로의 변환은 일반 변수 f [2]로 다음과 같이 나타낸다. 편의를 위해 식 (7.38)~(7.40)을 정리하여 다시 나타내었다.

$$\begin{aligned} f_q &= \frac{2}{3}[f_a\cos\theta + f_b\cos(\theta - 120°) + f_c\cos(\theta + 120°)] \\ f_d &= \frac{2}{3}[f_a\sin\theta + f_b\sin(\theta - 120°) + f_c\sin(\theta + 120°)] \\ f_0 &= \frac{1}{3}[f_a + f_b + f_c] \end{aligned} \tag{8.2}$$

공간벡터 형태의 변환은 다음과 같다. 변환 관계는 고정자와 회전자 변수에 대해 잘 성립한다. 여기에서 고려되는 모든 3상 시스템은 평형인 것으로 가정한다.

$$\vec{f}_{qd}(t) = \frac{2}{3}e^{-j\theta}\,\vec{f}_{abc}(t) \tag{8.3}$$

[그림 8-2]는 3상 AC 모터 전류 변수에 대한 abc 좌표계와 dq 좌표계에서 동일한 공간벡터로 투영한 것을 나타낸다.

2 전압, 전류 또는 쇄교자속을 나타낸다.

abc축에 대한 dq 축의 방향은 임의의 각도 θ이다. d축 및 q축 고정자 전류 i_{ds}와 i_{qs}는 가상의 2상전류로 구성된 집합이며 다른 dq 변수에 대해서도 마찬가지이다. dq 기준 좌표계는 고정자에 대해 고정되어 있거나 회전자 속도 또는 동기 속도와 같은 임의의 속도로 회전할 수 있다. 다시 말해 고정 dq 기준 좌표계가 사용될 때 dq 축은 우리가 선택한 기준 a 축에 대해 임의의 각도로 있을 수 있다.

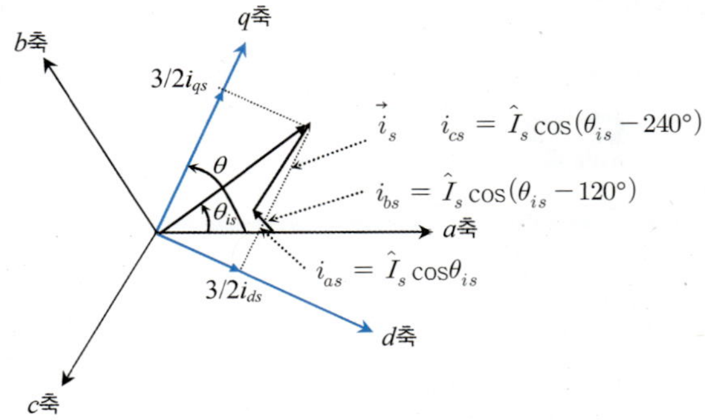

[그림 8-2] 3상 변수를 dq축 변수로 변환

8.2.1 기준 좌표계 회전

dq 권선의 속도는 임의적일 수 있지만 그중 0, w_m, w_e의 속도가 기기 분석에 가장 적합하다. 0 속도는 고정 기준 좌표계로 알려져 있으며, 일반적으로 고정 d축은 고정자의 위상 a축과 정렬된다. 이 경우 식 (8.2) ~ (8.3)에서 변환 각도 θ는 0이다. d축 및 q축 변수는 평형 정현파 정상상태일 때 동기 주파수에서 진동한다. w_e가 dq 기준 좌표계의 속도로 선택되면 고정자와 회전자 dq 권선의 모든 관련 변수가 평형 정현파 정상상태에서 DC 변수로 나타난다. 기준 dq 권선의 임의 속도에 대해 변환 각도는 다음과 같다.

$$\theta = \int_0^t w(\xi)d\xi + \theta_0 \tag{8.4}$$

예제 8.1

AC 모터의 3상전류가 다음과 같을 때 아래 질문에 각각 답하시오.

$$i_a(t) = 10\cos 377t$$
$$i_b(t) = 10\cos\left(377t - \frac{2\pi}{3}\right)$$
$$i_c(t) = 10\cos\left(377t + \frac{2\pi}{3}\right)$$

(a) 고정 기준 좌표계에서 dq 기준 프레임의 전류를 계산하라.
(b) 동기 기준 좌표계에서 dq 기준 프레임의 전류를 계산하라.

풀이

(a) 식 (8.2)와 $\theta = 0$을 적용하여 고정 기준 좌표계의 dq 전류 변수를 나타내면 다음과 같다.

$$i_d^s(t) = -10\sin(377t)$$
$$i_q^s(t) = 10\cos(377t)$$

(b) 식 (8.2)와 $\theta = \omega t = 377t$, $\theta_0 = 0$을 적용하여 동기식으로 회전하는 기준 좌표계의 dq 전류 변수를 나타내면 다음과 같다.

$$i_d^e(t) = 0$$
$$i_q^e(t) = 10$$

8.2.2 유도전동기 dq 모델

3상 모델의 고정자 및 회전자 전압과 전류가 시간에 따라 임의로 변한다고 가정해보자. 공간벡터 형태의 3상 유도전동기의 고정자 및 회전자 회로의 평형 전압 방정식은 다음과 같다.

$$\vec{v}_{abcs} = R_s \vec{i}_{abcs} + p\vec{\lambda}_{abcs}$$

단락된 회전자 권선이 있는 농형 유도전동기의 경우 회전자 권선 전압 $\vec{v}_{abcr}$은 0이지만, 일반적으로 다음과 같이 표시된다.

$$\vec{v}_{abcr} = R_r \vec{i}_{abcr} + p\vec{\lambda}_{abcr}$$

여기서 회전자 변수는 단순성을 위해 회전자-고정자 참조기호 없이 표시되지만 방정식에 암시적으로 포함된다. 고정자와 회전자 자속 결합에는 고정자와 회전자 권선 사이뿐만 아니라 고정자와 회전자 권선 사이의 결합 효과가 포함된다. 모든 자기 결합을 고려하고 자기 선형성($\lambda = Li$)을 가정하면 abc 좌표계에서 전압 방정식의 위상 가변 형태는 다음과 같이 유도된다.

$$\vec{v}_{abcs} = R_s \vec{i}_{abcs} + L_s(p\vec{i}_{abcs}) + L_m(p\vec{i}_{abcr})e^{j\theta_r} + j\omega_r L_m \vec{i}_{abcr} e^{j\theta_r} \tag{8.5}$$
$$\vec{v}_{abcr} = R_r \vec{i}_{abcr} + L_r(p\vec{i}_{abcr}) + L_m(p\vec{i}_{abcs})e^{-j\theta_r} - j\omega_r L_m \vec{i}_{abcs} e^{-j\theta_r} \tag{8.6}$$

여기서 $\omega_r = p\theta_r = \dfrac{d\theta_r}{dt}$는 회전자 속도이고, $L_S = L_{ls} + L_m$ 및 $L_r = L_{lr} + L_m$으로 나타낼 수 있다. L_{ls}, L_{lr}은 각각 고정자 및 회전자 누설 인덕턴스이다. 유도과정은 공간벡터 접근[1] 또는 기준 좌표계 변환을 사용하여 수행할 수 있다.[4]

$e^{j\theta}$를 곱하고 dq 변환을 적용하면 식 (8.5)와 (8.6)은 다음과 같이 ω 속도로 회전하는 일반 기준 좌표계로 변환된다.

$$\vec{v}_{qds} = R_s i_{qds} + L_s(p\vec{i}_{qds}) + L_m(p\vec{i}_{qdr}) + j\omega(L_s\vec{i}_{qds} + L_m\vec{i}_{qdr}) \quad (8.7)$$

$$\vec{v}_{qdr} = R_r i_{qdr} + L_r(p\vec{i}_{qdr}) + L_m(p\vec{i}_{qds}) + j(\omega-\omega_r)(L_r\vec{i}_{qdr} + L_m\vec{i}_{qds}) \quad (8.8)$$

임의의 dq 기준 프레임에서 유도전동기 모델의 행렬 형식은 다음과 같다.

$$\begin{bmatrix} v_{ds} \\ v_{qs} \\ v_{dr} \\ v_{qr} \end{bmatrix} = \begin{bmatrix} R_s & -\omega L_s & 0 & -\omega L_m \\ \omega L_s & R_s & \omega L_m & 0 \\ 0 & -(\omega-\omega_r)L_m & R_r & -(\omega-\omega_r)L_r \\ (\omega-\omega_r)L_m & 0 & (\omega-\omega_r)L_r & R_r \end{bmatrix} \begin{bmatrix} i_{ds} \\ i_{qs} \\ i_{dr} \\ i_{qr} \end{bmatrix} + \begin{bmatrix} L_s & 0 & L_m & 0 \\ 0 & L_s & 0 & L_m \\ L_m & 0 & L_r & 0 \\ 0 & L_m & 0 & L_r \end{bmatrix} \begin{bmatrix} pi_{ds} \\ pi_{qs} \\ pi_{dr} \\ pi_{qr} \end{bmatrix} \quad (8.9)$$

회로도 형태의 유도전동기에 대한 dq 등가회로 모델은 [그림 8-3]에 나와 있다.

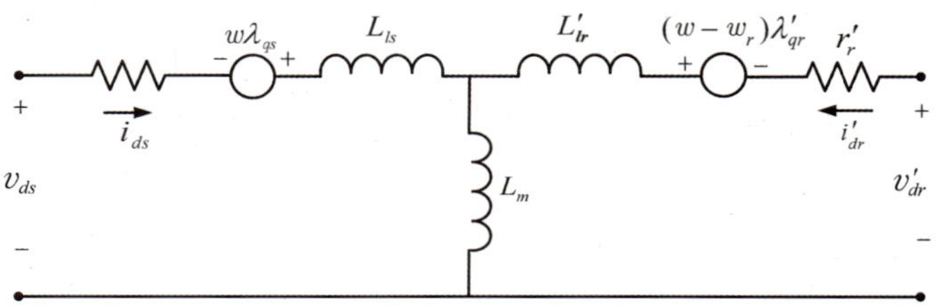

(a) d축 회로

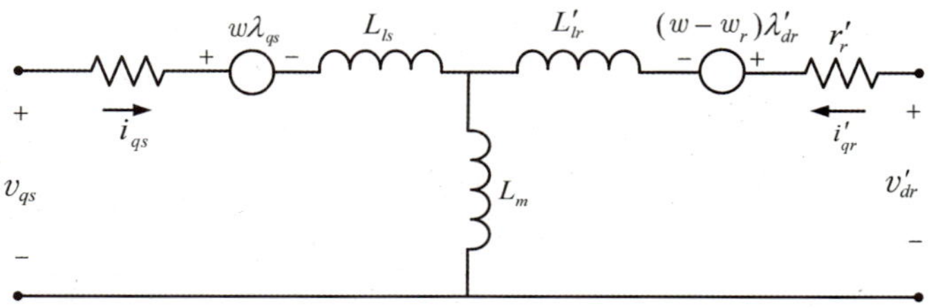

(b) q축 회로

[그림 8-3] 유도기의 d축 및 q축 등가회로

8.2.3 전력 및 전자기 토크

모터 제어 루프에서 사용되는 전자기 토크를 표현하려면 3상 기기에 공급되는 전력을 dq 변수로 분석해야 한다. 유도전동기로 들어가는 전력은 다음과 같이 상전압과 상전류의 곱으로 나타낸다.

$$P_{in} = (v_{as}i_{as} + v_{bs}i_{bs} + v_{cs}i_{cs}) + (v_{ar}i_{ar} + v_{br}i_{br} + v_{cr}i_{cr}) \tag{8.10}$$

입력 전력 식은 고정자와 회전자 변수의 전압 공간벡터와 전류 공간벡터 켤레 곱의 실수부로 표현된다. 실수부는 다음과 같이 계산할 수 있다.

$$\begin{aligned} \mathrm{Re}(\vec{v}_{abc}\vec{i}^{\,*}_{abc}) &= \mathrm{Re}[(v_a + v_b\angle 120 + v_c\angle 240)\cdot(i_a + i_b\angle -120 + i_c\angle -240)] \\ &= \frac{3}{2}(v_a i_a + v_b i_b + v_c i_c) \end{aligned}$$

유도전동기에 대한 입력 전력 식에서 위의 관계를 사용하면 다음과 같다.

$$P_{in} = \frac{2}{3}\left[\mathrm{Re}(\vec{v}_{abcs}\vec{i}^{\,*}_{abcs}) + \mathrm{Re}(\vec{v}_{abcr}\vec{i}^{\,*}_{abcr})\right]$$

여기서 식 (8.3)을 적용하면 다음과 같다.

$$\begin{aligned} P_{in} &= \frac{2}{3}\left[\mathrm{Re}\left(\frac{3}{2}e^{j\theta}\vec{v}_{qds}\right)\left(\frac{3}{2}e^{-j\theta}\vec{i}^{\,*}_{qds}\right)\right] + \mathrm{Re}\left[\left(\frac{3}{2}e^{j\theta}\vec{v}_{qdr}\right)\left(\frac{3}{2}e^{-j\theta}\vec{i}^{\,*}_{qdr}\right)\right] \\ &= \frac{3}{2}\left[\mathrm{Re}\left(\vec{v}_{qds}\vec{i}^{\,*}_{qds}\right) + \mathrm{Re}\left(\vec{v}_{qdr}\vec{i}^{\,*}_{qdr}\right)\right] \end{aligned} \tag{8.11}$$

스칼라 형식의 입력 전력 식은 다음과 같다.

$$P_{in} = \frac{3}{2}(v_{ds}i_{ds} + v_{qs}i_{qs} + v_{dr}i_{dr} + v_{qr}i_{qr}) \tag{8.12}$$

인수 $3/2$을 곱한 이유는 dq 및 abc 변수의 비율에 대해 인수 $2/3$을 선택했기 때문이다. 식 (8.12)의 입력 전력은 dq와 abc 변수 사이의 비례상수를 나타낸 것으로 $\sqrt{\frac{2}{3}}$ 를 선택했다면 $3/2$ 인자를 갖지 않을 것이다. 식 (8.12)의 우변을 확장하고 모터 출력 전력 P_e를 추출하면 다음과 같다.[1]

$$P_e = \frac{3}{2}\mathrm{Im}\left[\omega_r L_m \vec{i}_{qds}\vec{i}^{\,*}_{qdr}\right] \tag{8.13}$$

ω_r은 2극기의 회전자 각속도이다. P극기의 전자기 토크는 다음과 같다.

$$T_e = \frac{3}{2}\frac{P}{2}L_m \operatorname{Im}[\vec{i}_{qds}\vec{i}^{\,*}_{qdr}] = \frac{3}{2}\frac{P}{2}L_m(i_{qs}i_{dr} - i_{ds}i_{qr}) \tag{8.14}$$

고정자 및 회전자 자속 결합 식을 사용하면 전자기 토크의 여러 대체 형태를 유도할 수 있다. 이러한 토크 표현식을 몇 가지 나타내면 다음과 같다.

$$T_e = \frac{3}{2}\frac{P}{2}L_m \operatorname{Im}\left[\vec{i}_{qds}\vec{\lambda}^{*}_{qdr}\right] = \frac{3}{2}\frac{P}{2}L_m(\lambda_{ds}i_{qs} - \lambda_{qs}i_{ds}) \tag{8.15}$$

$$T_e = \frac{3}{2}\frac{P}{2}\frac{L_m}{L_r}\operatorname{Im}\left[\vec{i}_{qds}\vec{\lambda}^{*}_{qdr}\right] = \frac{3}{2}\frac{P}{2}\frac{L_m}{L_r}(\lambda_{dr}i_{qs} - \lambda_{qr}i_{ds}) \tag{8.16}$$

dq 변수에 대한 토크 식은 유도전동기 드라이브의 벡터제어에 사용된다. 벡터제어 구현은 회전자 자속 기준 좌표계, 고정자 자속 기준 좌표계 또는 공극 자속 기준 좌표계와 같은 몇 가지 선택 가능한 기준 좌표계 중 하나에서 수행된다. 제어기 입력의 abc 변수는 선택한 기준 좌표계에서 dq 변수로 변환된다. 제어 계산은 dq 변수와 관련하여 수행되고 생성된 지령 출력은 다시 abc 변수로 변환된다. 인버터 제어기는 지령을 실행하여 드라이브 시스템에서 원하는 전류 또는 전압을 설정한다. 이 절에서 유도된 토크 식은 모터 제어기 구현에 유용하며 식 (7.50)의 단순화된 토크 식은 시스템 수준을 분석하는 데 유용하다.

SECTION 8.3

유도전동기 벡터제어

Induction Machine Vector Control

벡터제어는 선택한 기준 프레임에서 고정자 및 회전자 임계 변수의 크기와 위상각을 모두 제어하는 것을 말한다. 자세히 말하면 고성능 유도전동기 드라이브에 사용되는 제어 방법은 자속 기준 제어로 알려져 있다. 자속 기준flux oriented이라는 용어는 고정자와 회전자 기자력 사이의 90° 공간 방향이 모터 제어기에 의해 지속적으로 유지되는 특별한 벡터제어를 말한다. 벡터제어라는 용어는 회전자와 고정자 임계 변수 사이의 각도가 90°가 아닌 제어에도 사용된다. 변수를 회전 기준 좌표계로 변환하면 DC 모터와 같이 유도전동기의 순시토크제어가 용이하다. dq 기준 좌표계에서 식 (8.16)의 전자기 토크 식을 고려해보자.

$$T_e = \frac{3}{2}\frac{P}{2}\frac{L_m}{L_r}(\lambda_{dr} i_{qs} - \lambda_{qr} i_{ds})$$

회전자 자속 쇄교 벡터 $\vec{\lambda}_{qdr}(t)$가 dq 기준 좌표계의 d축을 따라 계속 고정된 상태에서 동기 속도로 회전하는 기준 좌표계를 선택하면 $\lambda_{qr} = 0$이다. 결과적으로 토크 식은 다음과 같다.

$$T_e = \frac{3}{2}\frac{P}{2}\frac{L_m}{L_r}\lambda_{dr} i_{qs} \tag{8.17}$$

여기서 식 (8.17)과 식 (8.1)의 DC 모터 토크 식이 유사함을 확인할 수 있다. λ_{dr}은 일정하며 전류 i_{qs}의 순간적인 변화는 DC 모터의 상황과 유사한 토크의 순간적인 변화를 보여줄 것이다. 즉 기준 좌표계를 적절하게 변환하여 AC 모터를 DC 모터와 유사하게 제어할 수 있다. 유도전동기에 벡터제어를 구현하는 방법에는 여러 가지가 있는데, 이는 동기적으로 회전하는 여러 기준 좌표계(예 : 회전자 자속 기준 좌표계, 공극 자속 기준 좌표계, 고정자 자속 기준 좌표계) 중 하나를 변환하여 구현할 수 있다.[1,5] 이 작업은 8.3.1절에서 설명할 회전자 자속 기준 좌표계에서 가장 간단하게 구현된다. 또한 회전자 자속각 측정 방법에 따라 벡터제어는 직접 벡터제어 또는 간접 벡터제어로 구분된다.

8.3.1 회전자 자속 기준 벡터제어

회전자 쇄교자속 벡터 방향은 회전자 자속 기준 벡터제어 방법에서 기준 좌표계의 d축으로 선택된다. 기준 좌표계는 회전자 자속 벡터의 속도로 회전한다고 가정한다. 회전자 자속 기준 좌표계에서 q축 회전자 자속 $\lambda_{qr}^{rf} = 0$이고 토크는 다음과 같이 나타낼 수 있다.

$$T_e = \frac{3}{2}\frac{P}{2}\frac{L_m}{L_r}\lambda_{dr}^{rf} i_{qs}^{rf} \tag{8.18}$$

회전자 자속 기준 좌표계에서 q축 고정자 전류를 즉각적으로 제어하면 회전자 자속이 일정하게 유지되는 경우 모터 토크가 즉각적으로 응답한다. 전류 제어기는 고정자 지령전류를 순간적으로 설정하도록 높은 대역폭을 갖는다고 가정할 수 있다. 따라서 제어기의 동특성은 주로 회전자 회로와 관련이 있다. 회전자 자속과 전류, 회전자 자속 기준 좌표계의 고정자 전류는 [그림 8-4]에 나와 있다.

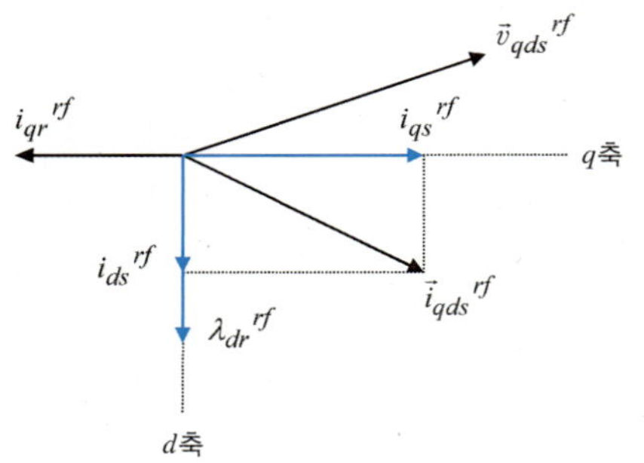

[그림 8-4] 회전자 자속 기준 좌표계의 d와 q축 전류

식 (8.9)를 적용하여 회전자 자속 기준 좌표계의 회전자 전압 및 전류 방정식을 나타내면 다음과 같다.

$$v_{qr}^{rf} = R_r i_{qr}^{rf} + p\lambda_{qr}^{rf} + (\omega_{rf} - \omega_r)\lambda_{dr}^{rf}$$
$$v_{dr}^{rf} = R_r i_{dr}^{rf} + p\lambda_{dr}^{rf} - (\omega_{rf} - \omega_r)\lambda_{qr}^{rf}$$

[그림 8-3]의 자속 결합은 다음과 같다.

$$\lambda_{qr}^{rf} = L_{lr} i_{qr}^{rf} + L_m(i_{qs}^{rf} + i_{qr}^{rf}) = L_m i_{qs}^{rf} + L_r i_{qr}^{rf}$$
$$\lambda_{dr}^{rf} = L_{lr} i_{dr}^{rf} + L_m(i_{ds}^{rf} + i_{dr}^{rf}) = L_m i_{ds}^{rf} + L_r i_{dr}^{rf}$$

회전자 전압은 농형 유도전동기에서 동일하게 0이다. 또한 q축 쇄교자속은 회전자 자속 기준 좌표계($\lambda_{qr}^{rf} = 0$)에서 0이다. 따라서 회전자 dq 회로 평형 전압 방정식은 다음과 같이 나타낼 수 있다.

$$0 = R_r i_{qr}^{rf} + (\omega_{rf} - \omega_r)\lambda_{dr}^{rf} \tag{8.19}$$

$$0 = R_r i_{dr}^{rf} + p\lambda_{dr}^{rf} \tag{8.20}$$

벡터제어의 간접방법을 구현하기 위해 식 (8.19)와 같은 슬립과의 관계가 필요하다.

$$\omega_{rf} - \omega_r = s\omega_{rf} = -\frac{R_r i_{qr}^{rf}}{\lambda_{dr}^{rf}} = \frac{R_r}{L_r}\frac{L_m i_{qs}^{rf}}{\lambda_{dr}^{rf}} \tag{8.21}$$

앞서 q 회로의 자속 결합 식을 정리하여 나타내면 다음과 같다.

$$\lambda_{qr}^{rf} = L_m i_{qs}^{rf} = 0$$
$$i_{qr}^{rf} = -\frac{L_m}{L_r} i_{qs}^{rf} \tag{8.22}$$

식 (8.22)는 토크 지령 고정자 전류 i_{qs}^{rf}의 변화에 따른 회전자 전류의 지연 없이 즉각적으로 응답하는 것을 나타낸다. 회전자 자속 기준 벡터제어 방법의 주요 동특성은 d축 회전자 자속 λ_{dr}^{rf}의 거동이다. λ_{dr}^{rf}는 d축 회전자 및 고정자 전류와 관련이 있다.

$$\lambda_{dr}^{rf} = L_r i_{dr}^{rf} + L_m i_{ds}^{rf} \tag{8.23}$$

이제 식 (8.20) 및 (8.23)을 사용하여 다음 동적 관계를 쉽게 설정할 수 있다.

$$i_{dr}^{rf} = \frac{L_m p}{R_r + L_r p} i_{ds}^{rf} \tag{8.24}$$

$$\lambda_{dr}^{rf} = \frac{R_r L_m}{R_r + L_r p} i_{ds}^{rf} \tag{8.25}$$

식 (8.24)는 i_{ds}^{rf}가 변할 때만 i_{dr}^{rf}가 존재하고 정상상태에서는 0임을 보여준다. 식 (8.25)는 회전자 자속 λ_{dr}^{rf}의 변화를 가져오는 것과 관련된 동특성을 제공한다. 정상상태에서 회전자 자속은 다음과 같이 나타낼 수 있다.

$$\lambda_{dr}^{rf} = L_m i_{ds}^{rf}$$

따라서 회전자 자속 지령을 변경하기 위해서는 d축 회전자 전류 i_{dr}^{rf}의 일시적인 발생을 일으키는 i_{ds}^{rf}를 변경해야 한다. 이러한 동특성과 관련된 시간상수는 일반적으로 회전자 시간상수로 알려진 $\tau_r = \frac{L_r}{R_r}$이다.

8.3.2 직접 및 간접 벡터제어

벡터제어 구현의 핵심은 고정 기준 축에 대한 회전자 자속의 순간 위치를 찾는 것이다. 정지된 기준 축과 회전자 자속 축의 각도를 [그림 8-5]와 같이 위상 a 기준 축에 대해 θ_{rf}로 정의한다. 벡터제어 방식은 회전자 자속각을 측정하거나 계산하는 성질에 따라 직접 방식과 간접 방식으로 정의되며 두 가지 방식 중 하나로 구현될 수 있다.

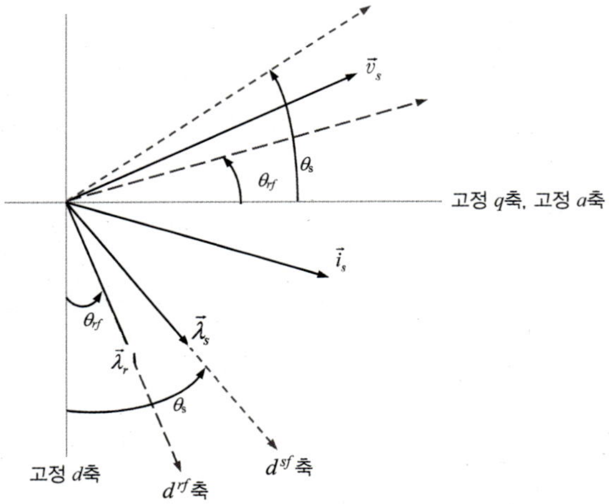

[그림 8-5] 정지된 상태에서 고정자 자속 기준 좌표계와 회전자 자속 기준 좌표계의 관계

직접 벡터제어

직접 벡터제어 방법에서 회전자 자속 각도는 기기의 전기량을 직접 측정하여 계산한다. 기기의 dq축 모델을 사용하여 회전자 자속 벡터를 구하면 회전자 자속 각도 θ_{rf}를 직접 계산할 수 있다. 전기적 변수의 측정은 여러 방법 중 하나로 수행할 수 있다. 예를 들어 공극에 배치된 자속 감지 코일 또는 홀 센서를 사용하여 공극자속 $\vec{\lambda}_{qdm}$을 측정할 수 있다. 아래 첨자 'm'은 고정자와 회전자 사이의 공극에서 상호 자속을 나타낸다. 유도전동기의 dq 모델은 다음과 같은 수학적 관계를 나타낸다.

$$\vec{\lambda}_{qdm}^{\ s} = L_m(\vec{i}_{qds}^{\ s} + \vec{i}_{qdr}^{\ s}) \tag{8.26}$$

$$\vec{\lambda}_{qdr}^{\ s} = L_m\vec{i}_{qds}^{\ s} + L_r\vec{i}_{qdr}^{\ s} \tag{8.27}$$

공극자속 측정은 고정 기준 좌표계의 고정자에 대한 것이기 때문에 위 첨자 's'는 기준 좌표계에 사용된다. 그 다음에는 측정 가능한 양으로 $\vec{\lambda}_{qdr}$을 쓰면 된다. 식 (8.26)에서 회전자 전류는 다음과 같이 쓸 수 있다.

$$\vec{i}_{qdr}^{\ s} = \frac{\vec{\lambda}_{qdm}^{\ s}}{L_m} = -\vec{i}_{qds}^{\ s}$$

식 (8.27)의 회전자 전류를 대입하면 다음과 같다.

$$\vec{\lambda}_{qdr}^{\ s} = \frac{L_r}{L_m}\vec{\lambda}_{qdm}^{\ s} - (L_r - L_m)\vec{i}_{qds}^{\ s}$$

$$\lambda_r = \left|\vec{\lambda}_{qdr}^{\ s}\right|, \ \ \theta_{rf} = \angle\vec{\lambda}_{qdr}^{\ s}$$

이 식은 회전자 누설 인덕턴스 $L_r - L_m = L_{lr}$과 비율 L_r/L_m의 두 가지 모터 매개변수에 대한 지식만 있으면 매우 쉽게 구할 수 있다. 회전자 누설 인덕턴스는 일정한 값을 가지지만, L_r/L_m 비율은 자속 경로 포화에 따라 약간씩 변한다. 그러나 가장 큰 단점은 공극에 자속 센서가 필요하다는 것이다.

고정자에 적용된 전압 및 전류를 측정하기 위해 전압 및 전류 센서를 사용하여 자속 센서를 피할 수 있다. 측정값은 상전압을 직접 적분하여 고정자 자속을 계산하는 데 사용된다.

$$\vec{\lambda}_{qds}^{\ s} = \int \left(\vec{v}_{qds}^{\ s} - R_s \vec{i}_{qds}^{\ s}\right) dt$$

회전자 자속 벡터는 다음 수학적 관계를 사용하여 고정자 자속 벡터에서 얻을 수 있다.

$$\vec{\lambda}_{qdr}^{\ s} = \frac{L_r}{L_m}\left(\vec{\lambda}_{qds}^{\ s} - L'_s \vec{i}_{qds}\right)$$

여기서 $L'_s = L_s - \dfrac{L_m^2}{L_r}$이다. 이 방법은 세 가지 모터 매개변수 R_s, L'_s, $\dfrac{L_r}{L_m}$에 대한 지식이 필요하다. 그 중에서도 온도 의존성 및 저속에서의 고정자 자속을 얻기 위해 상전압을 통합할 경우에 고정자 저항 R_s의 변화를 고려하는 것이 중요하다. 이 적분 계산은 저항성 전압 강하로 인해 저속에서 특히 부정확하다.

간접 벡터제어

간접 벡터제어 방식은 보다 일반적으로 사용되고 있다. 이는 회전자 위치 센서를 사용하여 속도 및 회전자 위치 정보를 유도하고, 식 (8.24)의 슬립 관계를 사용하여 회전자 자속 각도를 유도한다. 간접 벡터제어 방법에서 회전자 자속 각도를 계산하여 [그림 8-6]에 나타내었다.

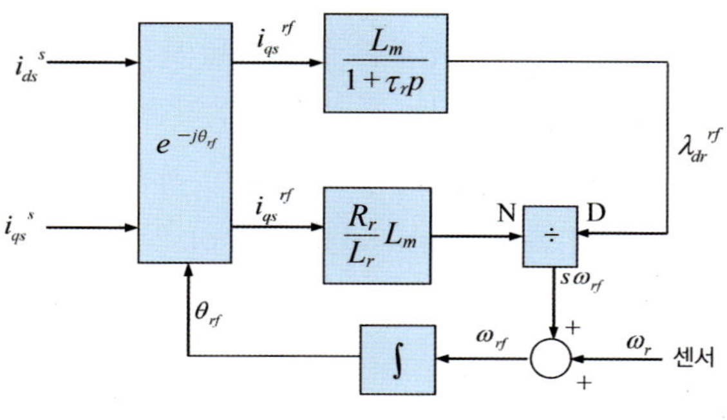

[그림 8-6] 간접벡터제어 방법에서의 회전자 자속 각도 계산

■ 벡터제어 구현

벡터제어 드라이브에는 다른 모터 드라이브 시스템과 마찬가지로 전기 기기, 전력 컨버터, 제어기의 세 가지 주요 구성요소가 있다. [그림 8-7]은 속도 조절 벡터제어 드라이브의 구현 블록 다이어그램을 나타낸다. 제어기는 입력 지령신호 및 컨버터와 모터의 피드백 신호를 처리하고 PWM 인버터 또는 컨버터에 대한 게이팅 신호를 생성한다.

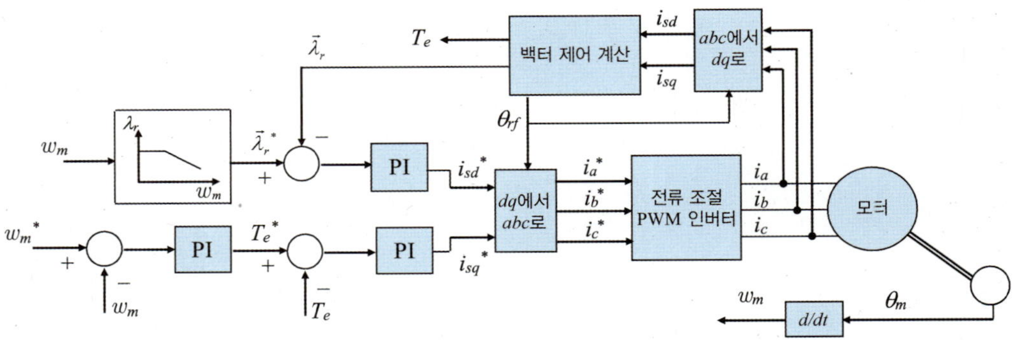

[그림 8-7] 벡터제어 구현

폐루프 속도제어 시스템에서 입력은 속도 기준이며 측정된 속도 피드백 신호와 비교하여 원하는 속도를 유지하기 위한 제어신호를 생성한다. 벡터 제어기에는 기준 좌표계 변환과 일반적으로 디지털 신호 프로세서를 구현하기 위해 사용되는 여러 계산이 필요하다. 센서는 벡터 계산을 위해 제어기에 전류 피드백을 제공한다.

벡터 제어기의 첫 번째 단계는 피드백 전류 신호를 적절한 dq 기준 좌표계로 변환하기 위한 계산 과정이다. 그 다음에는 토크 및 기준 좌표계의 각도를 계산한다. 벡터 제어기는 전류 조절 PWM 인버터에 대한 3상 기준 전류 i_a^*, i_b^*, i_c^*를 출력한다. 후속 단계의 전류 제어기는 전력전자 컨버터 스위치에 대한 PWM 게이팅 신호를 생성하여 전기기기에서 원하는 전류를 설정한다. 토크 및 각도 계산은 토크 방정식 (8.18)과 [그림 8-7]의 블록 다이어그램이 사용되는 회전자 자속 기준 좌표계에서 수행할 수 있다. 기기의 정격 속도까지 속도를 높이기 위해서는 회전자 자속 $\vec{\lambda}_r$이 사용된다. 더 높은 속도의 경우에는 정출력 모드로 기기를 동작하기 위해 자속 지령이 감소된다. 이 동작 모드를 약자속 모드라고 한다. 간접 제어 방법에서 위치 및 속도 센서는 회전자 위치 및 모터 속도 피드백 정보를 제공하는 데 사용된다.

SECTION 8.4

영구자석 동기전동기 벡터제어

PM Synchronous Machine Vector Control

EV 및 HEV에 사용되는 영구자석 기기는 부드러운 토크제어로 가장 빠른 응답성을 얻기 위해 벡터제어가 적용된 정현파형 기자력을 가지도록 설계된다.

8.4.1 기준 좌표계의 전압 및 토크

영구자석 동기전동기의 벡터제어를 위해 abc 변수는 정상상태의 동기전동기에 대한 동기 기준 좌표이기도 한 회전자 기준 좌표계로 변환된다. PMSM의 dq 방정식은 식 (7.55)와 같으며 편의를 위해 반복하여 나타내었다.

$$v_q = R_s i_q + \frac{d}{dt}\lambda_q + \omega_r \lambda_d$$
$$v_d = R_s i_d + \frac{d}{dt}\lambda_d - \omega_r \lambda_q \tag{8.28}$$

여기서 dq 축 자속 결합은 다음과 같다.

$$\lambda_q = L_q i_q$$
$$\lambda_d = L_d i_d + \lambda_f$$

d축 및 q축 인덕턴스는 다음과 같다.

$$L_d = L_{ls} + L_{md}, \quad L_q = L_{ls} + L_{mq}$$

여기서 L_{ls}는 누설 인덕턴스이다. d, q축의 등가회로 표현은 [그림 8-8]에 나와 있다.

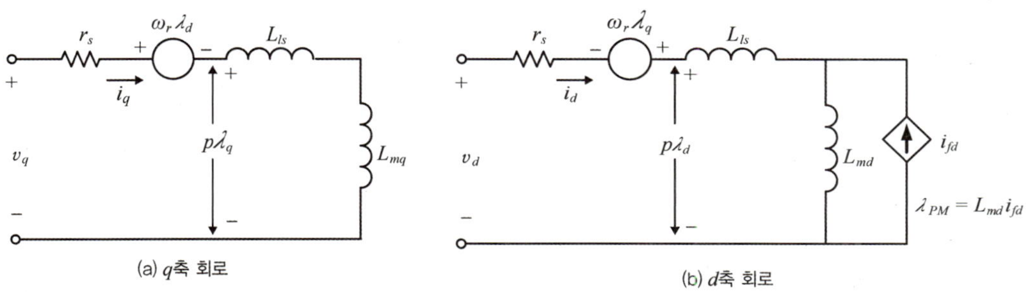

[그림 8-8] dq 기준 좌표계에서 IPM 동기기 모델

전자기 토크의 계산식을 나타내면 다음과 같다.

$$T_e = \frac{3}{2}\frac{P}{2}[\lambda_f i_q + (L_d - L_q)i_d i_q] \tag{8.29}$$

여기서 P는 극수이다. 회전자 위치 정보는 다음과 같이 주어진 d축 및 q축의 위치이다.

$$\theta_r = \int_0^t \omega_r(\xi)\,d\xi + \theta_r(0)$$

제어 목적은 인버터 스위치의 점호각을 제어하여 전압 v_d 및 v_q 또는 전류 i_d 및 i_q를 조절하는 것이다.

8.4.2 PMSM 시뮬레이션 모델

PMSM dq 모델의 상태 공간 표현은 모터의 컴퓨터 시뮬레이션에 유용하다. 일반적으로 사용되는 dq 동기 기준 좌표계의 표현은 다음과 같다.

$$\begin{aligned}
\frac{di_d}{dt} &= -\frac{R_s}{L_d}i_d + \frac{L_q}{L_d}\omega_r i_q + \frac{v_d}{L_d} \\
\frac{di_q}{dt} &= -\frac{R_s}{L_q}i_q - \frac{L_d}{L_q}\omega_r i_d - \frac{1}{L_q}\omega_r \lambda_f + \frac{v_q}{L_q} \\
\frac{d\omega_m}{dt} &= \frac{1}{J}\left(T_e - T_l - B\omega_m - F\frac{\omega_m}{|\omega_m|}\right) \\
\frac{d\theta_r}{dt} &= \frac{P}{2}\omega_m
\end{aligned} \tag{8.30}$$

여기서 J는 회전자 및 부하 관성, F는 쿨롱 마찰, B는 점성 부하, T_l은 부하 토크, P는 극 수, ω_r은 전기 회전자 속도, θ_r은 전기 회전자 위치, ω_m은 기계적 회전자 속도이고 θ_m은 기계적 회전자 위치이다. 전기 회전자 위치는 다음과 같이 기계적 회전자 위치 θ_m과 관련이 있다.

$$\theta_r = \frac{P}{2}\theta_m$$

전기 회전자 속도는 다음과 같이 기계적 회전자 속도와 관련이 있다.

$$\omega_r = \frac{P}{2}\omega_m$$

8.4.3 영구자석 동기전동기 드라이브

영구자석 동기전동기는 구형파 전류로 구동해야 하는 사다리꼴 여자자속형 영구자석 기기와 달리 벡터제어 모드로 구동하여 고성능을 전달할 수 있다는 장점이 있다. 영구자석 동기전동기에서 벡터제어를 구현하려면 고정밀 위치 정보가 필요하다. 일반적인 영구자석 동기전동기 드라이브는 [그림 8-9]와 같이 영구자석 동기전동기, 3상 브리지 인버터, 게이트 드라이버, 위치 센서, 전류 또는 전압 센서, 마이크로프로세서 또는 디지털 신호 프로세서(DSP), 인터페이스 회로로 구성된다.

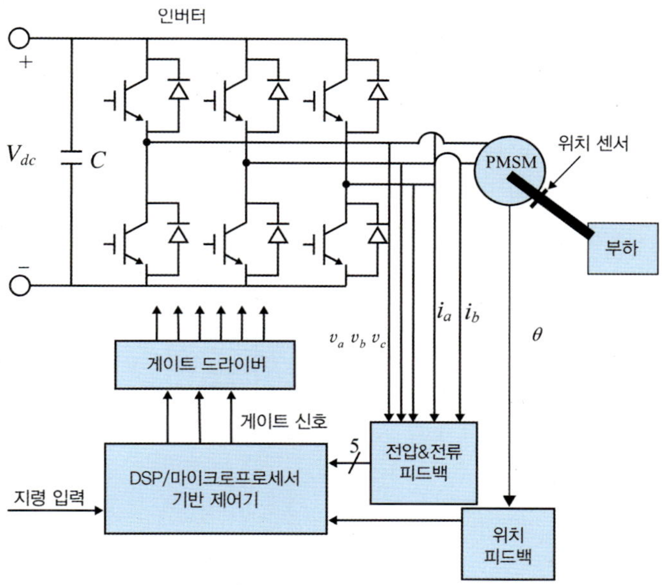

[그림 8-9] 전형적인 영구자석 동기전동기의 드라이브 구조

영구자석 동기전동기의 벡터제어는 모터가 항상 동기 속도로 회전하기 때문에 유도전동기보다 간단하다. 벡터 계산에서는 동기적으로 회전하는 기준 좌표계만 필요하다. 시스템 제어기는 위치, 속도, 전류 또는 토크가 될 수 있는 기준 또는 지령신호를 설정한다. 제어기에 필요한 변수는 감지회로의 피드백 신호(위치, 속도, 전류 또는 전압) 또는 신호 프로세서 내에서 얻은 추정값이다. 기준신호와 실제 가변신호 사이의 오차는 인버터 스위치용 게이트 제어신호로 변환된다. 스위치는 게이트 지령에 따라 원하는 고정자 전류를 3상 고정자 권선에 주입하여 지령오차를 줄인다.

벡터제어는 EV 및 HEV 애플리케이션의 영구자석 동기전동기 드라이브에 사용되어 고성능을 구현한다. 앞서 영구자석 동기전동기에 대한 식 (8.29)의 토크 방정식은 d축 전류가 일정하게 유지되면서 생성된 토크가 q축 전류에 비례함을 보여준다. i_d가 0이 되기 위한 특별한 조건은 $\lambda_d = \lambda_f$이며 식 (8.29)에 이를 적용하여 나타내면 다음과 같다.

$$T_e = \frac{3}{2}\frac{P}{2}\lambda_f i_q = k_e i_q \tag{8.31}$$

여기서 $k_e = \frac{3}{2} \cdot \frac{P}{2} \cdot \lambda_f$ 는 모터 상수이다. 쇄교자속이 일정하기 때문에 토크는 q축 전류에 정비례한다. 토크 방정식은 타여자 DC 모터의 방정식과 유사하다. 따라서 기준 좌표계 변환을 사용하여 영구자석 동기전동기를 DC 모터처럼 제어할 수 있다. 주어진 토크 지령에 대해 기저속도 아래에서의 지령전류 i_q는 모터의 전자기 토크 방정식에서 다음과 같이 계산할 수 있다.

$$i_q^* = \frac{2}{3} \times \frac{2}{P} \times \frac{T_e^*}{\lambda_f} \tag{8.32}$$

■ 약계자

영구자석 동기전동기는 DC 모터의 약계자 모드와 유사하게 일정 출력 범위를 확장하고 더 높은 속도를 달성할 수 있다. 음의 i_d를 주입하면 공극자속이 약해진다. 약계자 모드의 구현 기술은 [그림 8-10]에 나타내었다.

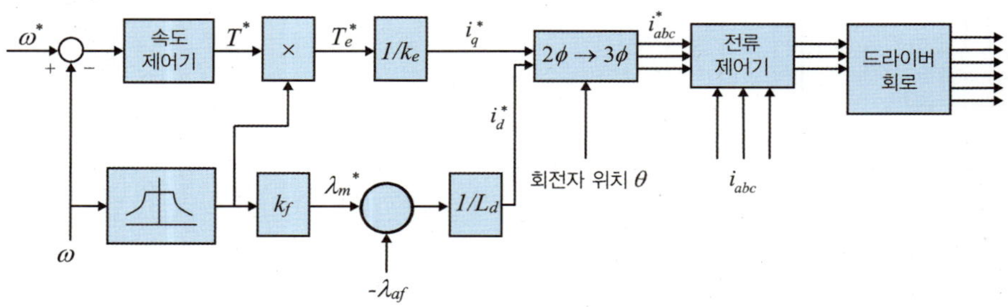

[그림 8-10] 약계자 제어를 포함한 PMSM의 벡터 제어기 구조

모터 기저속도 이상에서는 자속 약화 알고리즘을 사용하여 최대 전류 및 전압제한을 충족하는 고정자 전류의 감자 **demagnetizing** 성분을 찾는다. 기기의 속도에 따라 자속 약화 알고리즘으로 다음과 같은 상수를 계산할 수 있다.

$$\begin{aligned} f(\omega_r) &= \frac{\omega_b}{\omega_r} \qquad (\omega_b < \omega_r < \omega_{\max}) \\ f(\omega_r) &= 1 \qquad (0 < \omega_r < \omega_b) \end{aligned} \tag{8.33}$$

여기서 ω_b는 기저속도, ω_r은 회전자 속도, $\omega_{\max}$는 기기 최대 속도이다. 회전자 속도가 기저속도 미만일 경우 $f(\omega_r) = 1$이고 i_d 지령은 0이다. 기저속도 이상의 속도에서 고정자 전류의 자속 약화 성분은 다음과 같다.

$$i_d^* = \frac{\lambda_m^* - \lambda_{af}}{L_d} \times k_f \times \frac{\omega_b}{\omega_r} \tag{8.34}$$

■ 전류 및 전압 제어기

영구자석 동기전동기 드라이브의 전류 조절장치는 외부 루프 제어기에서 d, q축 전류 지령이 생성되는 dq 기준 좌표계에서 설계할 수 있다. 이러한 dq 전류 지령은 회전자 위치 피드백 정보를 사용하여 abc 전류지령으로 변환된다. 그러면 abc 기준 좌표계의 전류 제어기가 인버터에 대한 게이트 신호를 생성한다. 전류 제어기의 단순화된 블록 다이어그램은 [그림 8-11]에 나타내었다. 전류 제어기는 드라이버 회로를 통해 전압 소스 인버터(VSI)에 인가되는 피드백 전류 신호를 사용하여 지령된 전류를 PWM 신호로 변환한다.

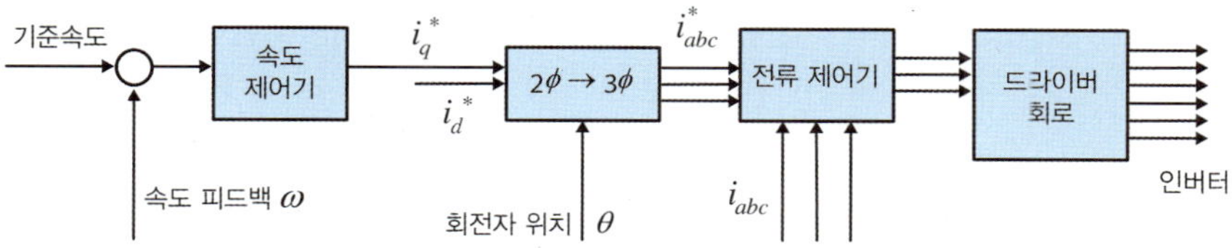

[그림 8-11] 전류 제어기를 사용한 영구자석 동기전동기 구동 제어

전류 제어기를 구현하기 위한 또 다른 방법은 dq 전류 지령을 dq 전압 지령으로 변환하기 위해 PI 제어기를 사용하는 것이다. 그런 다음 전압 지령신호를 정현파 PWM 또는 공간벡터 PWM과 같은 전압 PWM 방식에 사용할 수 있다. 이러한 방법의 블록 다이어그램은 [그림 8-12]에 나와 있다. 전류 제어기에 대한 자세한 내용은 8.6절에서 설명한다.

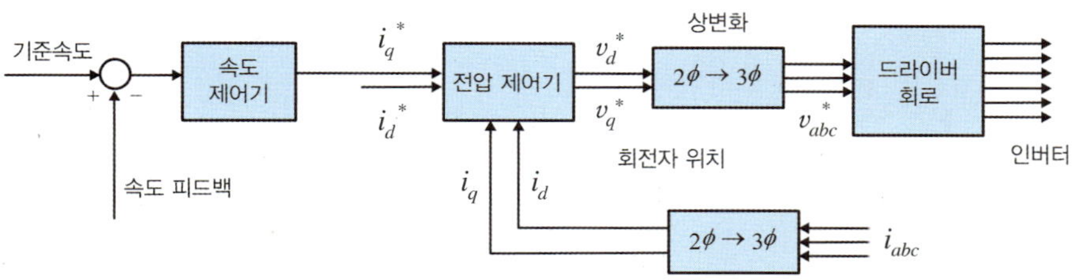

[그림 8-12] PWM 전압 제어기를 사용한 영구자석 동기전동기 구동 제어

8.4.4 매입형 영구자석(IPM) 동기전동기 제어

매입형 영구자석(IPM) 동기전동기는 높은 자석 비용에도 불구하고 확장된 속도 범위에서 운전되는 전기기기 관점에서 고출력, 토크 밀도 및 고효율을 제공할 수 있기 때문에 EV 및 HEV에 널리 채택되고 있다. 확장된 속도 범위는 고정자 전류를 제어하여 자석으로부터 발생되는 공극자속을 일정하게 유지시키기 위한 d축과 q축의 인덕턴스 차이를 나타낸다. 모터 제어 기능은 EV 및 HEV 시스템용 PWM 제어 VSI인 전력 구동 회로에 대한 지령을 생성하는 것이다. 제어기는 인버터 및 모터 전류 제한과 공급 전압제한 내에서 동작한다. 바람직한 제어 기능은 전류당 토크 최대화 또는 저속에서 권선 손실 최소화, 확장된 속도에서 전압당 토크 최대화, 자속 약화 모드 안팎으로의 부드러운 전환, 운전자 요구에 대한 빠른 응답을 갖추어야 한다.

전류 제한

전기 드라이브의 전류제한은 인버터의 정격 전류와 전기기기의 열 정격에 따라 다르다. 인버터 한계는 전력 장치의 스위칭 및 도통 손실에 의해 설정된다. 전기기기의 한계는 손실의 대부분을 차지하는 전기적 또는 동손 손실, 자기적 손실과 철손 손실을 가지는 AC 모터의 전기, 자기 및 기계적 손실에 의해 설정된다. 기기의 열시간 상수[3]는 열 질량으로 인해 인버터의 열시간 상수(수십 밀리초가 될 수 있음)보다 훨씬 크며, 더 높은 가속 토크를 가지기 위해 인버터는 전기기기 정격의 150%~300%의 정격을 가져야 한다.

다음과 같이 주어진 원 내에서 AC 모터의 최대 전류가 d축, q축 전류 지령을 제한하는 $I_{s,\max}$로 정의된다고 가정할 수 있다.

$$i_d^{s*2} + i_q^{s*2} = i_d^{e*2} + i_q^{e*2} \le I_{s,\max}^2 \quad (8.35)$$

전압 제한

전력 컨버터는 최대 DC 링크 전압과 변조 방식에 의해 제한되기 때문에 모터 제어기도 전압 제약 조건에 한해 동작해야 한다. 모터의 역기전력 특성에 따라 기기에 전류를 강제로 공급하는 데 제약이 있기 때문에 속도가 증가할수록 전압제한이 두드러진다. DC 링크 및 변조 방식에서 최대 상전압이 $V_{s,\max}$이면 전압 제한 조건은 다음과 같이 나타낼 수 있다.

$$V_d^{s*2} + V_q^{s*2} = V_d^{e*2} + V_q^{e*2} \le V_{s,max}^2 \quad (8.36)$$

정상상태에서 R_s를 무시하고,

$$V_d = -X_q I_q$$
$$V_q = X_d I_d + \omega_r \lambda_f$$

이 식에 $V_s^2 = V_d^2 + V_q^2$을 대입하면 다음과 같다.

$$\begin{aligned} V_s^2 &= (-X_q I_q)^2 + (X_d I_d + \omega_r \lambda_f)^2 \\ \left(\frac{V_s}{X_q}\right) &= I_q^2 + \left(\frac{X_d}{X_q}\right)^2 \left(I_d + \frac{\omega_r \lambda_f}{X_d}\right)^2 \end{aligned} \quad (8.37)$$

3 kW 크기 미만의 대형 기기의 경우 몇 초에서 몇 분까지 될 수 있다.

또는 다음과 같이 자속 결합의 관점에서 쓸 수 있다.

$$\lambda_x^2 = (\lambda_f + L_d I_d)^2 + (L_q I_q)^2 \tag{8.38}$$

$V_s = \omega_r \lambda_s$가 정상상태에 있기 때문에 V_s, ω_r(λ_s 고정)가 주어졌을 때 $I_q - I_d$ 궤적은 타원이다. 식 (8.35) ~ (8.38)을 사용하는 IPMSM의 전압 및 전류 제한은 [그림 8-13]과 같이 표시할 수 있다.

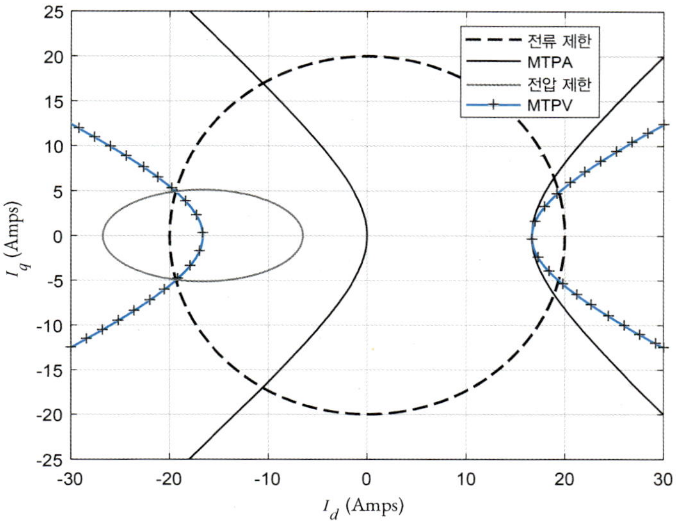

[그림 8-13] IPMSM의 MTPA와 MTPV 궤적과 전압 및 전류 제한

지령된 전류 및 전압벡터 쌍은 정상상태 모터 방정식과 조절장치의 한계를 동시에 충족해야 한다. 전압 제한은 속도에 따라 달라지므로 토크 최대화는 속도의 함수로서 전류 및 전압 제한 조건에서 달성된다.

■ 전류당 최대 토크(MTPA)

고정자 전류 크기는 $I_s = \sqrt{I_d^2 + I_q^2}$ 로 주어지며 토크 방정식에 다음과 같이 삽입할 수 있다.

$$T_e = \frac{3}{2}\frac{P}{2}[\lambda_f + (L_d - L_q)I_d]\sqrt{I_s^2 - I_d^2}$$

방정식의 유일한 변수는 I_d이다. 따라서 I_d에 대한 토크의 미분을 취하고 표현식을 0, 즉 $\frac{\partial T_e}{\partial I_d} = 0$로 설정하여 MTPA에 대한 조건을 얻을 수 있다. 결과적으로 MTPA 조건은 다음과 같다.

$$I_d^2 + I_d \frac{\lambda_f}{L_d - L_q} - I_q^2 = 0 \tag{8.39}$$

전압당 최대 토크(MPTV)

IPMSM의 토크 방정식과 전압제한 조건은 다음과 같이 주어진다.

$$T_e = \frac{3}{2}\frac{P}{2}[\lambda_f + (L_d - L_q)I_d]I_q$$

I_q를 전압 제한 조건으로 바꾸면 토크 방정식은 다음과 같다.

$$T_e = \frac{3}{2}\frac{P}{2}[\lambda_f + (L_d - L_q)I_d]\frac{\sqrt{\left(\frac{V_s}{\omega_r}\right) - (\lambda_f + L_d I_d)^2}}{L_q}$$

방정식의 유일한 변수는 I_q이므로 I_d에 대한 토크의 미분을 취하여 방정식을 0, 즉 $\frac{\partial T_e}{\partial I_d} = 0$을 적용하여 최대 조건을 도출할 수 있다. 결과적으로 MTPV 조건은 다음과 같다.

$$(L_d - L_q)(L_d L_q)^2 - [\lambda_f + (L_d - L_q)I_d](\lambda_f L_d + L_d^2 I_d) = 0 \tag{8.40}$$

기준 토크 T_e^*의 각 값에 대해 전류제한 및 자속 제한을 초과하지 않는 한 주어진 속도에서의 최적화 기준에 따라 고유한 I_q^*, I_d^*값을 얻을 수 있다. 식 (8.39) ~ (8.40)을 사용한 MTPA 및 MTPV 곡선은 [그림 8-13]을 참고하면 된다.

특성 전류, 유한 구동 시스템과 무한 구동 시스템

유한 구동 시스템에서 전압 제한은 속도에 기계적 제한이 없더라도 최대 동작 속도를 제한한다. 이 경우 타원의 중심은 원 바깥쪽에 있다. 즉 $[\lambda_f > L_{d,} I_{s,max}]$이다.[6] 무한 구동 시스템에서 최대 속도는 원심력 또는 베어링의 응력과 같은 기계적 제약 조건에 의해 제한된다. 최대 속도는 전류 또는 전압 제한 조건에 의해 제한되지 않으며 타원의 중심은 원 내부, 즉 $[\lambda_f < L_{d,} I_{s,max}]$이다.

[그림 8-14(a)]와 [그림 8-14(b)]는 각각 유한 구동 시스템과 무한 구동 시스템을 나타낸 것으로, 동작 속도가 증가함에 따라 토크 지령을 따라야 하는 I_q^*, I_d^*의 지령 궤적을 보여준다.

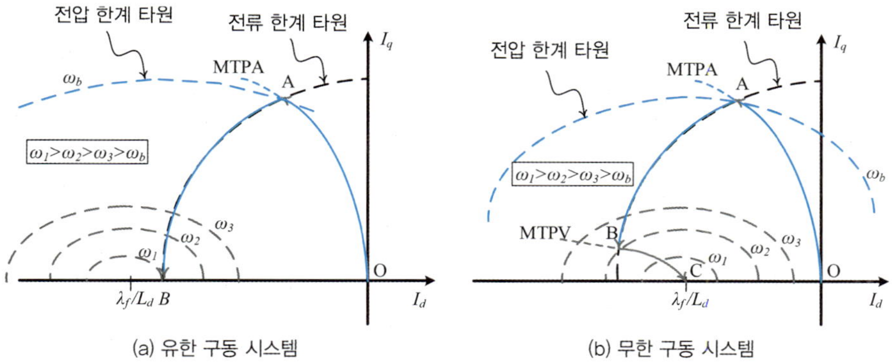

[그림 8-14] 유한 구동 시스템과 무한 구동 시스템

자기 장하, 모터 인덕턴스 및 특성 전류는 역률 및 토크-속도 동작 영역에 영향을 미친다. IPMSM 설계는 동작 속도와 다음과 같은 특성 전류 간의 관계를 기반으로 기기가 유한 구동 시스템인지 무한 구동 시스템인지를 정의한다.

$$I_c = \frac{\lambda_j}{L_d}$$

약한 자기 장하 또는 더 큰 d축 인덕턴스로 인해 발생할 수 있는 특성 전류가 더 작을 때, 작은 진상각으로 인해 I_d 전류가 전류 제한 한계에 도달하게 된다. 일정 출력 속도 범위(CPSR)를 더 확장하려면 q축 전류 크기를 줄여야 하며, 이는 CPSR이 본질적으로 매우 제한적임을 의미한다. 이 상황은 인덕턴스 값이 높으면 불리한 영향을 받아 역률이 낮아진다. 저역률 기기에서 전기자 유도 전압은 단자 상전압의 대부분을 구성한다. 무한 구동 시스템 약계자 동작은 [그림 8-14(b)]에 나와 있다. 여기서 점 A는 전류제한과 기저속도 ω_b의 교차점을 나타내고 점 B는 정격 전류에서 영구자석 계자의 최대 약화상태를 나타내며 B에서 C는 전류 크기가 감소된 확장된 속도 동작 영역을 나타낸다.

예제 8.2

테슬라 모델3의 차량 매개변수는 차량 질량은 1,611kg, 휠 반경은 0.447m, 정면 투영 면적은 2.16m^2, 축간 거리는 2.7m이다. 모터 매개변수는 $L_d = 0.42\text{mH}$, $L_q = 0.52\text{mH}$, $R_{ph} = 0.028\Omega$, 모터 토크 상수 $K_e = 0.24$(위상, 피크), $\lambda_f = 0.06\frac{\text{Vs}}{\text{rad}}$(위상, 피크)이다. 배터리의 정격은 75kWh이고 DC 버스 공칭전압은 375V이다.

이때 고속도로 주행 주기를 사용하여 MTPA 조건에서 동작하는 제어기로 시뮬레이션 모델을 개발하고, 모터 i_d, i_q 전류와 모터 토크를 표현하라.

풀이

MTPA 조건일 때 고정자 전류 및 PMSM 토크 방정식에서 토크의 함수로 i_d와 i_q 전류를 유도해보자. 고정자 실효 전류 크기 i_s는 모터 i_d, i_q와 다음과 같은 관계가 있다.

$$\sqrt{2}i_s = \sqrt{i_d^2 + i_q^2}$$

PM 모터 토크는 다음 식으로 계산할 수 있다.

$$T_e = \frac{3}{2}\frac{P}{2}[\lambda_f + (L_d - L_q)I_d]I_q$$

식 (8.39)를 활용하면 i_q 및 토크 T_e와 관련된 MTPA 조건을 얻을 수 있다. 고정자 전류 방정식에서 i_q와 지령 토크로 i_d를 치환하고 $\frac{\partial T_e}{\partial i_q}=0$를 설정하면 다음과 같이 주어진 MTPA 조건을 나타내는 4차 초월 방정식을 얻는다.

$$i_q^4 + \frac{4T_e\lambda_f i_q}{3P(L_d - L_q)} - \left(\frac{4T_e}{3P(L_d - L_q)}\right)^2 = 0$$

주어진 토크에 대해 하나만 유효한 i_q에 대해 4개의 솔루션을 얻는다. 시뮬레이션에서는 최소한의 솔루션이 고려되었다. i_q를 얻으면 i_d를 다음과 같이 계산할 수 있다.

$$i_d = \frac{4T_e}{3P(L_d - L_q)i_q} - \frac{\lambda_f}{L_d - L_q}$$

고속도로 주행 주기에 대한 시간의 함수로서 i_d, i_q 전류를 얻기 위해서 [그림 3-25]에 표시된 차량 시뮬레이션 모델은 기기에 차량 도로 부하 모델이 적용된 테슬라 모델3 모터 매개변수로 실행된다. 차량 제어기는 버스 전압 제한을 고려하지 않고 MTPA 조건에서 i_d 및 i_q 기준 전류를 계산하는 데 사용되는 토크 지령을 생성한다. 결과는 [그림 8-15]와 같다.

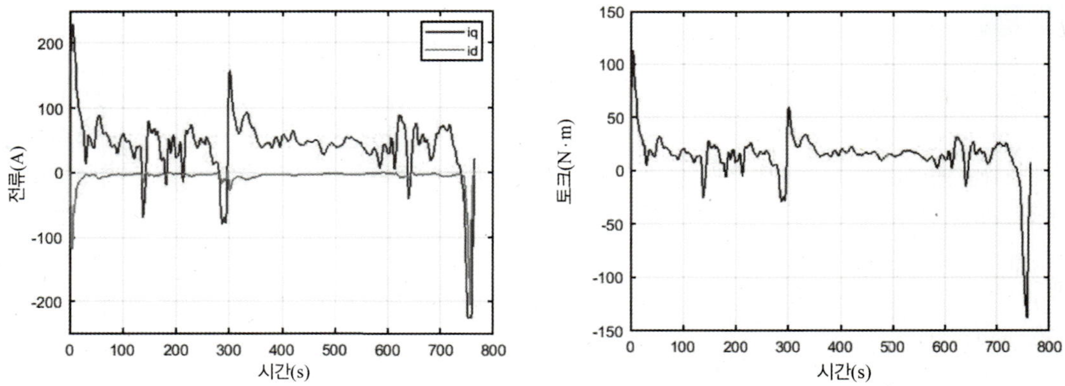

[그림 8-15] 고속도로 주행 사이클을 위한 MTPA 조건에서의 IPM 모터 전류 및 토크

SECTION

8.5

전류제어

Current Control Methods

전류제어 루프는 내부 제어 루프를 구성하고 센서의 전류 피드백 정보를 사용하여 인버터 게이트에 대한 PWM 신호를 생성한다. 측정된 3상전류는 외부 루프 제어기에서 생성된 3개의 기준 전류 지령과 비교된다. 측정값과 기준신호 간의 오차는 PWM 방식에서 활용되어 게이트 스위칭 신호를 생성한다. PWM 방법은 매우 단순한 것부터 다소 복잡한 것까지 다양하게 개발되었는데 예를 들어 히스테리시스 전류 제어기, PI-전류 제어기, 예측 전류 제어기 등이 있다. 이 절에서는 더 간단한 방법인 히스테리시스 전류 제어기 및 PI-전류 제어기에 대해 설명한다.

8.5.1 히스테리시스 전류 제어기

히스테리시스 전류 제어기에서 측정 전류와 기준 전류 사이의 오차는 [그림 8-16]과 같이 히스테리시스 대역과 비교된다.

전류 오차가 대역 내에 있으면 PWM 출력이 변하지 않은 상태로 유지된다. 반면에 전류 오차가 대역을 초과하면 PWM 출력이 반전되어 di/dt 기울기의 부호가 변한다. PWM 출력을 수학적으로 나타내면 다음과 같다.

$$\mathrm{PWM} = \begin{cases} 0 & (\Delta i < -h/2) \\ 1 & (\Delta i > h/2) \end{cases}$$

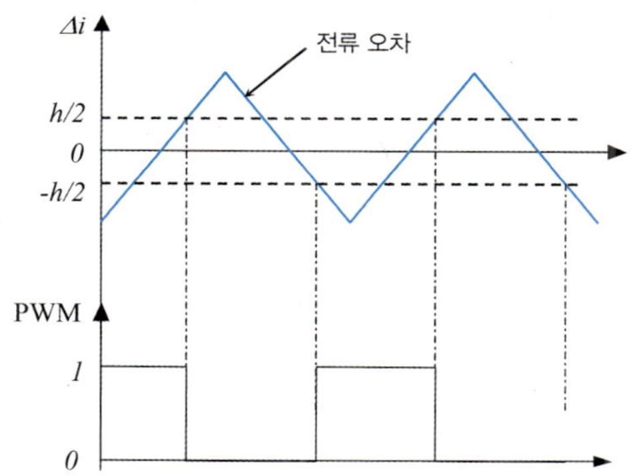

[그림 8-16] 히스테리시스 전류 제어와 PWM 출력

PWM 출력 신호 '0'은 제어된 위상에서 공급 전압을 차단하여 전류를 감소시키는 반면, '1'은 위상에 전압을 적용하여 전류를 증가시킨다. 그런 다음 전압은 전류를 히스테리시스 대역 내에서 유지되는 방식으로 강제로 변경한다.

이러한 제어기의 장점은 사용자가 알고 있는 특정 대역 내에서 오차가 유지된다는 것이다. 히스테리시스 제어기에서는 스위칭 주파수를 알 수 없으므로 필터를 설계하기가 어렵다. 따라서 인버터 한계를 초과하지 않도록 스위칭 주파수를 주의 깊게 모니터링해야 한다. 실제 구현에서는 인버터의 최대 스위칭 주파수를 초과하지 않도록 주파수 제한이 사용된다. 히스테리시스 대역 h는 장치의 스위칭 주파수 한계에 따라 설계되는데 대역이 너무 좁으면 스위칭 주파수가 높아져 전력 장치의 최대 스위칭 주파수와 호환되지 않는다. 반면에 대역이 너무 넓으면 전류 오차가 너무 커진다.

히스테리시스 전류 제어기는 각 위상에 자체 PWM 제어기가 있는 3상 PWM 인버터에서 사용할 수 있다. 실제 전류가 기준 전류보다 히스테리시스 대역의 절반만큼 높으면 브리지 인버터의 하부 레그 스위치를 켜서 상전류를 줄인다. 3상 히스테리시스 제어는 히스테리시스 제어기의 출력을 기반으로 하는 위상에 대한 스위치 조건의 상충되는 요구 사항이 있을 수 있다. 이는 3상 시스템의 위상과 각 위상에 대한 독립적인 히스테리시스 제어기의 상호작용에서 발생한다. 결국 전류는 히스테리시스 대역 내에 남아 있지 않게 된다. 예를 들어 a상의 전류 증가 지령은 b상 또는 c상 아래쪽 다리를 통한 복귀 경로가 필요하다. 이 순간에 b상과 c상이 위쪽 다리 스위치를 켜면 a상의 전류가 지령을 따르기 위해 증가하지 않고 환류한다. 이 경우 a상의 전류 오차가 히스테리시스 전류 대역을 초과할 가능성이 있다. dq 변환 이론을 사용하면 먼저 3상전류를 2상 dq 전류로 변환한 다음 dq 기준 좌표계에서 히스테리시스를 제어할 수 있다.

8.5.2 PI 전류 조절장치

모터 벡터제어를 구현하기 위해 가장 일반적으로 사용하는 전류 조절장치는 PI 제어기로, v_{ds}, v_{qs}를 생성하고 v_d, v_q 지령을 유도하기 위해 피드포워드 보상 항을 추가하도록 설계할 수 있다. 전류 제어기는 dq 기준 좌표계에서 구현되어 abc 기준 좌표계에서 정현파 곡선으로 변화하는 전류 변수를 조정하는 대신, DC 변수를 사용하여 PI 매개변수를 조정하는 것이 더 쉽다. 인버터는 발전기 및 모터 모드에서 공간벡터 펄스 폭 변조(SVPWM)를 사용하여 제어된다. 이 배열에서는 dq 전류 지령이 dq 전압 지령으로 변환되어야 한다. 모터 abc 상전류는 제어기로 피드백되며 변수는 Park`s 변환을 사용하여 dq 기준 좌표계로 변환된다. 상전류 피드백은 dq 변수로 변환된 다음 전압 소스 PWM 인버터를 사용하여 구현되는 dq 전압 지령이 생성된다. 보상 항은 PI 보상기의 설계에 대해 일정하다고 가정할 수 있는 속도에 종속된 역기전력 항이다. PI 전류 조절장치 설계는 선형화된 플랜트 전달 함수를 기반으로 한다. 전류 지령과 전압 지령 v_q*사이의 관계를 도출하기 위해 q축 모터 모델은 다음과 같이 선형화된다.

$$v'_q = v_q^* - \omega_r(L_d i_d + \lambda_f) \approx R_s i_q + L_q \frac{di_q}{dt} \tag{8.41}$$

따라서 선형화된 모터 모델에 대한 q축 전달 함수는 다음과 같다.

$$\frac{i_q}{v'_q} = \frac{1}{R_s + sL_q} = \frac{(1/L_q)}{s + (R_s/L_q)}$$

d축 위상 회로의 전달 함수는 q축 방정식과 유사하다. d축 선형화 모델은 다음과 같이 유도될 수 있다.

$$v'_d = v_d^* - \omega_r(L_q i_q) - \frac{d\lambda_f}{dt} \approx R_s i_d + L_d \frac{di_d}{dt} \quad (8.42)$$

영구자석의 자속은 일정하므로 식 (8.42)에서 λ_f의 미분은 0이다. 따라서 선형화된 모터 모델의 d축 전달 함수는 다음과 같다.

$$\frac{i_d}{v'_d} = \frac{1}{r + sL_d} = \frac{(1/L_d)}{s + (r/L_d)}$$

선형화된 전달 함수를 사용하면 보드 플롯과 지정된 이득 및 위상 마진을 사용하는 표준 보상기 설계 기술을 사용하여 PI 보상기 매개변수 k_p, k_i를 조정할 수 있다. 제어기는 전류 신호의 오류를 제거하고 dq 전압 지령을 생성한다. v_q^* 및 v_d^* 공간벡터 지령을 생성하기 위한 제어 블록 다이어그램은 [그림 8-17]과 같다.

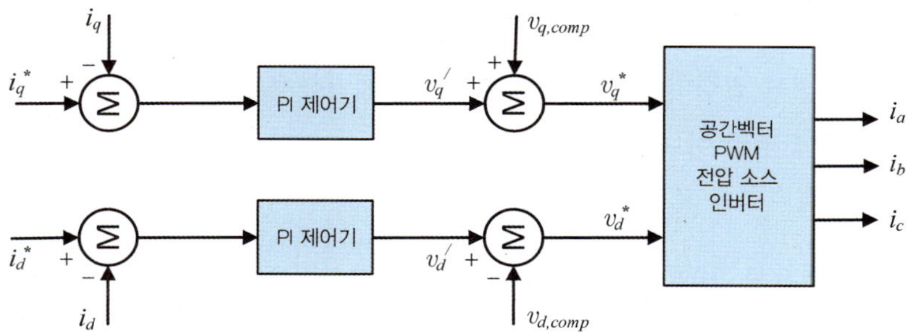

[그림 8-17] 모터 상전류 발생을 위한 제어 블록 다이어그램

$v_{q,comp}$ 및 $v_{d,comp}$ 피드포워드 보상 항은 각각 식 (8.41)과 식 (8.42)에서 얻을 수 있다. VSI 컨버터는 i_a, i_b, i_c 모터 상전류를 설정하는 모터 권선에 PWM 전압을 적용한다. [그림 8-18]은 d축과 q축에 대한 PI 보상기**PI compensators**의 블록 다이어그램을 나타낸다.

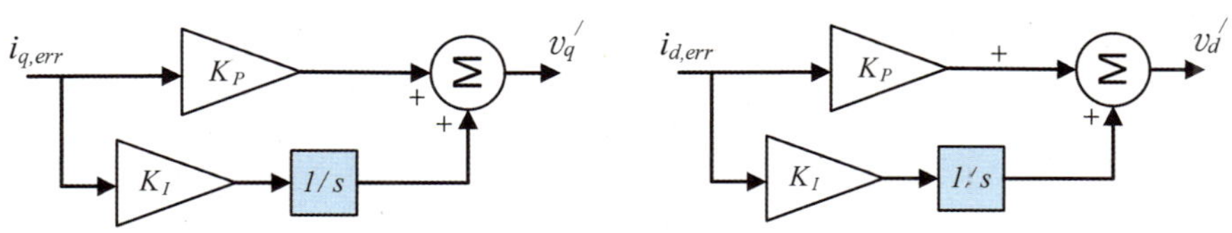

(a) q축 (b) d축

[그림 8-18] PI 보상기의 블록 다이어그램

SECTION 8.6

SRM 제어

SRM Controls

스위치드 릴럭턴스 모터SRM 구동 시스템의 성능을 효과적으로 향상시키기 위해서는 회전자 위치에 맞게 고정자의 적절한 위치에서 상대적 위상 여자 펄스를 인가해야 한다.[7] 턴온 시간, 총 도통 기간 및 상전류의 크기에 따라 토크, 효율성 및 기타 성능 매개변수가 달라진다. 제어 유형은 SRM의 동작 속도에 따라 다르다.

8.6.1 제어 매개변수

SRM 드라이브의 제어 매개변수는 켜짐 각도(θ_{on}), 꺼짐 각도(θ_{off}), 상전류이다. 도통각은 $\theta_{dwell} = \theta_{off} - \theta_{on}$으로 정의된다. 제어 매개변수 결정의 복잡성은 특정 애플리케이션에서 선택한 제어 방법에 따라 다르다. 전류 지령은 제어기에 따라 하나 이상의 위상에 생성될 수 있다. 전압제어 드라이브에서 전류는 상전압을 제어하여 간접적으로 조절된다.

저속에서는 무시할 수 있는 역기전력으로 인해 턴온 후 전류가 거의 순간적으로 상승하므로 평균 전압을 제어하거나 전류 레벨을 조정하여 전류를 제한해야 한다. 제어 유형은 드라이브 성능에 현저한 영향을 미치는데, 속도가 증가함에 따라 역기전력이 증가하고 적용된 버스 전압부호는 반대가 된다. 진상 위상은 회전자와 고정자 극 중첩 영역의 시작에서의 상전류를 설정하는 데 필요하다. 전압 PWM 또는 초핑 제어는 원하는 토크 수준을 유지하기 위해 모터에 최대 전류를 강제하는 데 사용된다. 또한 위상 여자는 음의 토크 생성 영역에 도달하기 전에 상전류가 완전히 0으로 감쇠하도록 일찍 꺼진다.

더 높은 속도에서 SRM은 단일 펄스 동작 모드로 작동하며 여기서 모터는 켜짐 각도를 높이고 도통 각도를 조정하여 제어한다. 매우 빠른 속도에서 역기전력은 전류 크기가 높고 회전자 위치가 적절하면 적용된 버스 전압을 초과하므로 양의 버스 전압이 양의 $dL/d\theta$ 영역 동안 인가되더라도 피크에 도달한 후 전류가 감소한다. 제어 알고리즘은 속도에 따라 θ_{dwell}과 θ_{on}을 출력한다. θ_{dwell}이 끝나면 위상 스위치가 꺼지므로 위상 전체에 음의 전압이 적용되어 가능한 한 빨리 위상을 정류한다. 역기전력은 정렬된 위치를 넘어 극성을 반전시키고 전류가 중요하지 않은 수준으로 감소하지 않으면 이 영역에서 전류가 증가하도록 할 수 있다. 따라서 위상 정류는 음의 $dL/d\theta$ 영역에 도달하기 전에 전류가 감쇠하도록 정렬된 위치보다 몇 도 앞서야 한다.

고속 동작 범위에서 역기전력이 DC 버스 전압을 초과하면 도통 창이 전류 또는 전압제어에 과도하게 제한되어 모든 초핑 또는 PWM이 비활성화 되어야 한다. 이 범위에서 θ_{dwell}과 θ_{adv}는 유일한 제어 매개변수이며, θ_{dwell}은 토크를 조절하고 θ_{adv}는 효율을 결정한다는 가정 하에 제어가 이루어진다.

진상각 계산

턴온 각도는 이상적으로 기준 전류 레벨 i^*가 극 중첩의 시작 지점에 도달하도록 조절되어야 한다. 정렬되지 않은 위치에서 상 인덕턴스는 거의 일정하므로 턴온 동안 역기전력을 무시할 수 있다.[8] 또한 저항 강하가 작다고 가정하면 SRM 상전압 방정식은 다음과 같이 쓸 수 있다.

$$V_{ph} = L(\theta)\frac{\Delta i}{\Delta \theta}\omega \tag{8.43}$$

여기서 $\Delta i = i^*$ 및 $\Delta\theta = \theta_{overlap} - \theta_{on} = \theta_{adv}$이다. $\theta_{overlap}$은 극 중첩이 시작되는 위치이고 θ_{on}은 켜짐 각도, θ_{adv}는 필요한 위상 켜짐 수행 각도이다. 이를 정리하여 나타내면 다음과 같다.

$$\theta_{adv} = L_u\omega\frac{i^*}{V_{dc}} \tag{8.44}$$

이처럼 진상각 θ_{adv}에 대한 계산 방식은 대부분의 응용 분야에 적용할 수 있지만, 역기전력을 무시하거나 계산의 저항 감소로 인해 발생하는 오차는 고려하지 않는다.

전류제어 드라이브

고성능 서보 애플리케이션과 같은 토크제어 드라이브에서는 [그림 8-19]와 같이 내부 루프의 전류를 조절하여 토크 명령이 실행된다.

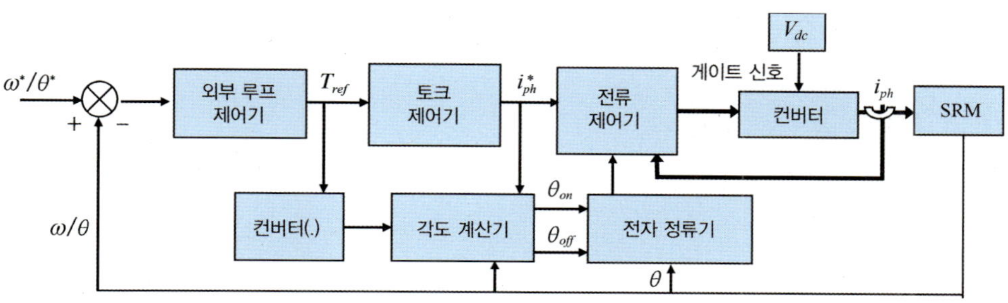

[그림 8-19] 전류제어 드라이브

주어진 동작점에 대한 기준 전류 i^*는 부하 특성, 모터 속도 및 제어 전략으로부터 결정된다. 광대역 전류 트랜스듀서는 각 모터 위상에 맞도록 제어기에 전류 피드백 정보를 제공한다. 이 제어 모드는 전류 레벨을 신속하게 재설정할 수 있으며 모터의 빠른 응답이 필요한 곳에 사용된다. 팬이나 송풍기와 같은 속도에 따라 토크가 단조롭게 증가하는 부하의 경우, 정확한 속도제어를 위해 외부 루프에 속도 피드백을 도입할 수 있다. 더 간단한 제어 전략은 연속적으로 모든 단계에서 사용할 하나의 전류 명령을 생성하는 것이다. 전자 정류기([그림 8-19] 참조)는 θ_{on}, θ_{off} 및 순간의 회전자 위치를 기반으로 전류 조정에 적합한 위상을 선택한다. 전류 제어기는 전자 정류기로부터 오는 정보에 기초하여 위상에 대한 게이팅 신호를 생성한다. 정류 단계의 전류는 음의 V_{dc}를 적용하여 0으로 빠르게 낮아지는 반면, 들어오는 단계는 명령된 전류를 기반으로 토크를 발생시킨다. 이 드라이브의 위상 전환은 매우 매끄럽지 않아 드라이브의 토크 리플을 증가시키는 경향이 있다.

8장 연습문제 ▸▸▸

8.1 유도전동기에는 5hp, 200V, 3상, 60Hz, 스타 결선인 매개변수가 있다. 모터에는 정격 전압이 공급된다. (a) 동기 기준 좌표계와 (b) 회전자가 잠겨 있을 때($\omega_r = 0$) 회전자 기준 좌표계에서 d축 및 q축 정상상태 전압 및 전류를 찾아라.

$$R_s = 0.28\Omega, \quad L_s = 0.055\text{H}, \quad \text{권선비} = 3$$
$$R_r = 0.18\Omega, \quad L_r = 0.056H, \quad L_m = 0.054\text{H}$$

8.2 간접 자속 기준 제어를 하는 440V, 10hp, 4극, 60Hz 유도전동기의 매개변수는 다음과 같다.

$$R_s = 0.768\Omega, \quad X_{ls} = 2.56\Omega, \quad X_m = 51.2\Omega$$
$$R_r = 0.768\Omega, \quad X_{lr} = 2.56\Omega$$

다음 조건에 대해 이 기기의 기준 좌표계 페이저 다이어그램을 스케치하라(페이저 다이어그램에는 복소수 벡터 변수 $\vec{\lambda}_r$, $\vec{I}_r$, $\vec{\lambda}_s$, $\vec{I}_S$ 및 $\vec{V}_s$(예: $\vec{\lambda}_r = \lambda_{qr} - j\lambda_{dr}$)가 포함되어야 한다).

(a) $\omega_r = \omega_{rated}$

$T_e = 40\text{N} \cdot \text{m}$

$T_e = 0$

(b) $\omega_r = 0$

$T_e = 40\text{N} \cdot \text{m}$

$T_e = 0$

8.3 10hp, 60Hz, 3상, 와이 연결, 6극, 농형 유도전동기의 매개변수는 다음과 같이 주어진다.

$$\text{정격 전압} = 220\text{V}, \quad \text{정격 속도} = 1{,}164\text{rpm}$$
$$R_s = 0.294\Omega/\text{ph}, \quad X_{ls} = 0.524\Omega/\text{ph}, \quad R'_r = 0.156\Omega/\text{ph}$$
$$X'_{lr} = 0.279\Omega/\text{ph}, \quad X_m = 15.457\Omega/\text{ph}, \quad J = 0.4\text{kg} \cdot \text{m}^2$$

(a) 모터는 정격 동작 조건에서 정상상태로 동작한다. 고정자 기준 좌표계에서 고정자와 회전자 전류를 계산한 다음 발생된 토크를 계산하라.

(b) 모터는 (a)와 동일한 조건에서 동작한다. (a)에서 얻은 결과를 활용하여 공극 자속과 회전자 자속 벡터를 계산하라.

8장 연습문제

8.4 유도전동기는 닛산 리프와 비슷한 크기의 소형 전기차 세단의 견인용 전동기로 사용된다. 30kW, 295Hz, 3상, 와이 연결, 4극, 농형 유도전동기의 매개변수는 다음과 같다.

정격 상전압 = 280V, 정격 속도 = 8,846rpm

$R_s = 87.6\Omega/\text{ph}$, $L_{ls} = 0.1506\text{mH/ph}$, $R'_r = 36.14\text{m}\Omega/\text{ph}$

$L'_{lr} = 0.1149\text{mH/ph}$, $L_m = 2.367\text{mH/ph}$, $J = 0.3\text{kg m}^2$

모터는 15 : 1 비율의 기어를 통해 휠 축에 연결된다. 차량의 무게는 1,500kg이고 휠 반경은 0.3m이다. 차량 운전자는 다음과 같은 속도로 운행한다고 가정한다.

- 0~1초 : 정지
- 1~5초 : 0~58km/h의 선형 가속
- 5~6초 : 58km/h에서 일정한 속도
- 6~9초 : 58km/h에서 16km/h로 선형 감속
- 9~10초 : 16km/h에서 일정한 속도

차량의 하중에는 다음이 포함된다.

공기역학적 항력 : $F_{AD} = \frac{1}{2}\rho C_D A_F v^2$

공기 밀도 : $\rho = 1.225\text{kg/m}^3$ 항력 계수 : $C_D = 0.35$

차량 전면 영역 : $A_F = 2.3\text{m}^2$ 차량 속도(m/s) : v

구름저항력 : $F_R = C_{rr} mg$

구름저항 계수 : $C_{rr} = 0.03$ 차량의 질량 : m

중력가속도 : g = 9.8N/kg

경사가 있는 도로의 중력 : $F_g = mg\sin(\tan^{-1}(\alpha))$

도로의 경사 : $\alpha = 10\%$

시뮬레이션 모델을 개발하여 (a) 차량 속도에 따른 차량 도로 하중 모델 개발 (b) 차량 기계적 역학을 시뮬레이션하는 하위 시스템 구축 (c) 주어진 속도 지령을 따르도록 외부 속도제어 루프를 설계하라. 그리고 (d) 간접 회전자 자속 기준 시스템을 사용하여 차량과 모터를 시뮬레이션한 후 시간에 대한 지령 속도, 차량 실제 속도, 유도전동기 토크, 고정자 전류 i_{ds} 및 i_{qs}(회전자 자속 기준 좌표계의 플롯을 모두 제공하라.

CHAPTER

9

전력전자 컨버터
Power Electronic Converters

들어가기 전에 ▶▶▶

전력전자 회로는 전기 부하에 대해 한 전압 수준과 주파수를 가진 전기에너지를 다른 수준으로 변환한다. 전력전자 회로는 전력 반도체 장치에 기초하는데 이 소자는 전원 회로에서 회로 구성을 변경하는 전자 스위치의 역할을 한다. 전력 소자는 1970년대부터 상업적으로 사용되면서 지난 40년 동안 엄청난 발전을 보였다. 이 장치는 이제 단일 패키지에서 최대 수천 볼트 및 수천 전류의 정격사양으로 제공된다. 단일 패키지는 특정 전력 컨버터 토폴로지에 적합한 2개 또는 6개의 스위치로 구성된다.

전력 소자는 장치의 스위칭 상태에 따라 둘 이상의 회로 또는 토폴로지를 형성하도록 연결된다. 컨트롤러 회로에서 생성된 지령은 스위칭 상태를 변경한다. 이러한 전력전자 회로 토폴로지를 전력 컨버터 회로라고 한다. 인덕터 및 커패시터의 추가 에너지 저장 회로소자는 전력 컨버터 회로에 종종 사용된다. 저항은 손실을 피하기 위해 전력 컨버터에 사용되지 않지만 전력 장치, 저장 요소, 전선 및 커넥터의 기생 저항은 항상 존재한다. 컨버터는 제어 장치의 신호를 기반으로 전력을 처리한다. 네 가지 기본 전력 컨버터 회로는 다음과 같다.

- DC/DC 컨버터 : DC 전압을 한 수준에서 다른 수준으로 변환한다.
- DC/AC 인버터 : DC 전압을 AC 전압으로 변환한다. AC 전압은 펄스 폭 변조(PWM) 신호로 구성된 구형파 또는 정현파 전압일 수 있다.
- AC/DC 컨버터 또는 정류기 : AC 전압을 DC 전압으로 정류한다.
- AC/AC 컨버터 : 한 수준 및 주파수의 AC 전압을 다른 전압 수준 및 주파수로 직접 변환한다. 이들은 사이클로 컨버터로 알려져 있다.

이 책에서는 EV 및 HEV의 파워트레인과 고전압 세그먼트에 사용되는 전력 컨버터 회로에 대해 설명한다. DC/DC 컨버터는 전력 전송 경로와 12V 전자 장치에 전력을 공급하는 데 사용된다. DC/DC 전력 변환에 사용할 수 있는 토폴로지는 다양하다. DC/AC 인버터는 AC 모터의 전기 구동에 사용된다. 이 장에서는 컨버터 토폴로지와 EV 및 HEV의 구현에 대해 자세히 설명한다.

SECTION 9.1

전력전자 스위치

Power Electronic Switches

전력전자 소자 또는 스위치는 2단자 또는 3단자이다. 세 번째 단자가 존재하는 경우는 소신호 제어 입력용이다. 소자 동작은 제어 단자에 대한 신호나 회로 조건이 변경됨에 따라 '켜짐'에서 '꺼짐' 상태로 또는 그 반대로 전환된다. 2단자 소자는 회로 조건에 따라 상태가 변경되지만 3단자 소자는 제어 입력이 변경되면 상태가 변경된다.

실제 전력 소자에 대해 논의하기 전에 [그림 9-1(a)]에 표시된 이상적인 제어 스위치를 고려해보자. 스위치에는 전원 연결 및 제어 입력을 위한 3개의 단자가 있다. 스위치 동작은 전압 및 전류 축에 의해 설정된 사분면으로 정의된다. 사분면은 도통 스위치의 $i-v$ 평면에서 반시계 방향으로 [그림 9-1(b)]에 표시되어 있다.

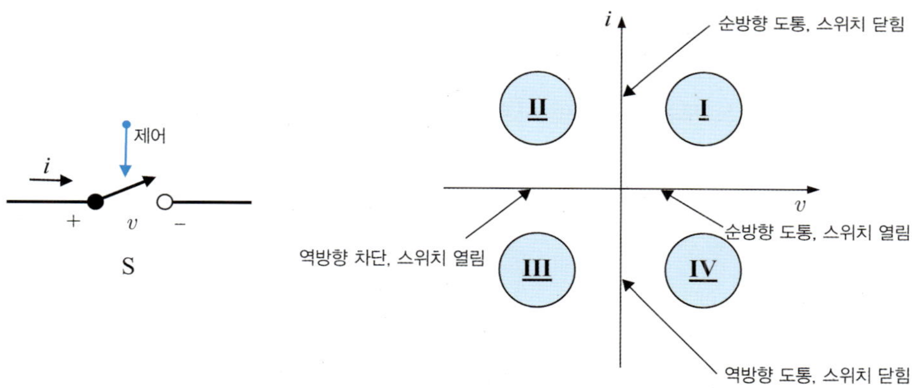

(a) 스위치 기호　　(b) 4상한에서의 스위치 특성

[그림 9-1] 이상적인 스위치와 도통 특성

이상적인 스위치는 4사분면 스위치로, 양방향 전류는 물론 양방향 전압도 처리할 수 있다. 소자가 도통될 때 이상적인 스위치에서는 소자 양단에 전압 강하가 없다. 즉 동작 지점이 축을 따라 위치하며 이상적인 스위치는 전압 강하가 0인 전류를 가로질러 흐르거나 전류가 흐르지 않는 전압을 차단한다. 이상적인 스위치는 지연 없이 즉시 켜고 끌 수 있으며 전력 손실이 없다. 실제 반도체 스위치는 이상적인 스위치와 상당히 다르다. 실제 스위치는 도통 전압 강하가 있으며 켜고 끄는 데 제한된 시간이 필요하다. 또한 실제 소자는 다른 장치와 결합하지 않는 한 4사분면 기능을 갖지 않는다.

전력 컨버터에 사용되는 실제 소자에는 고유한 특성이 있다.[1] 특정 애플리케이션과 해당 전력의 조건에 따라 컨버터 토폴로지에 사용되는 소자 유형이 달라진다. 바이폴라 접합 트랜지스터 BJT는 정격 전력이 더 높고 도통 특성이 우수하지만, 기본 구동 회로는 전류구동장치이기 때문에 매우 복잡하다. 반면에 금속 산화물 반도체 전계 효과 트랜지스터 MOSFET는 전압 구동 소자이므로 게이트 구동 특성이 훨씬 간단하다. MOSFET의 스위칭 주파수는 BJT에 비해 훨씬 높지만, 사용 가능한 최대 정격 전력은 훨씬 작다.

1980년대 초에 발명된 절연 게이트 바이폴라 트랜지스터 IGBT 장치는 MOSFET과 BJT의 기능을 결합한 것이다. IGBT는 고전력 등급의 가용성으로 인해 오늘날 중간수준의 고전력 응용 프로그램에서 선택되는 장치이지만 SiC 및 GaN FET는 더 높은 주파수, 더 낮은 손실 및 더 높은 온도 동작 기능으로 시장에 진입하고 있다. EV의 개발 초기에 DC 모터가 주요 기기로 선택되었을 때, 고전력 컨버터는 일반적으로 매우 높은 정격 전력에서 사용할 수 있는 실리콘 컨트롤러 정류기(SCR)로 만들어졌다. 그러나 다른 장치와 달리 SCR은 게이트 신호를 통해 끌 수 없으며 이를 끄기 위해서는 정류회로가 필요하다. 게이트 턴오프 사이리스터 GTO 장치는 SCR과 유사하지만, 게이트 신호를 통해 끌 수 있다. 게이트 신호를 끄는 데 필요한 전류는 일반적으로 턴온에 필요한 전류의 4~5배이다. MOSFET의 게이팅 특성과 SCR의 전도 특성을 결합하려고 시도하면서 1980년대 후반에 MOS 제어 사이리스터 MCT라는 장치가 탄생했다. 그러나 특정 조건에서 MCT의 고장으로 인해 대중화되지는 못했다. 앞서 언급한 스위치 외에도 모든 컨버터에 보편적으로 사용되는 다이오드에는 2단자 장치가 있다. 다이오드는 유도 회로에 전류 경로를 제공하거나 역 전압을 차단하기 위해 전력 컨버터의 다른 제어 장치와 함께 사용된다. 이 절에서는 EV 및 HEV의 응용 분야에서 중요한 장치의 동작 특성을 논의하도록 하겠다.

9.1.1 다이오드

다이오드는 회로에 의해 켜지고 꺼지는 2단자의 제어 불가능 스위치이다. 다이오드의 양극과 음극을 가로지르는 양의 전압은 장치를 켜서 정격 값까지 도통 전류를 허용한다. 다이오드가 도통되는 동안에는 [그림 9-2]와 같이 순방향 전압 강하가 약간 발생한다. 다이오드는 전류를 한 방향으로만 도통하고 음의 방향으로 전압을 차단하므로 제2사분면 스위치가 된다. 다이오드는 항복 breakdown 수준까지 역전압을 차단할 수 있다.

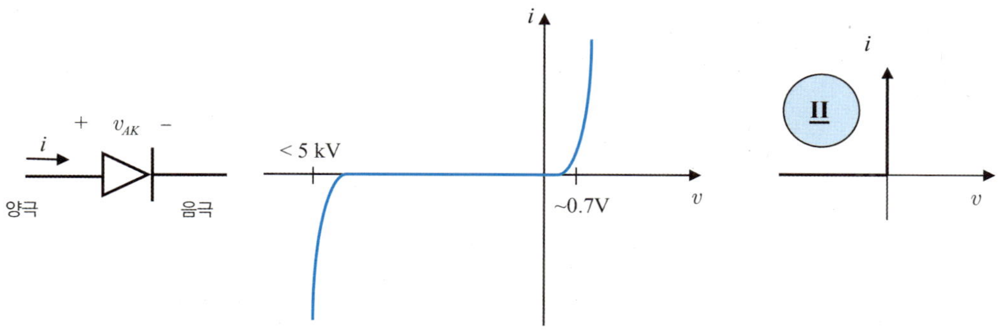

(a) 회로 기호 (b) $i-v$ 특성 (c) 동작 상한

[그림 9-2] 다이오드 기호, $i-v$ 특성 및 동작 상한

9.1.2 BJT

BJT는 3단자 제어 스위치이다. 이는 전자인 음전하 캐리어와 정공인 양전하 캐리어를 모두 사용하는 트랜지스터 유형이며 이름에서 알 수 있듯이 바이폴라 소자이다. [그림 9-3]은 BJT의 회로 기호와 $i-v$ 특성을 나타낸다.

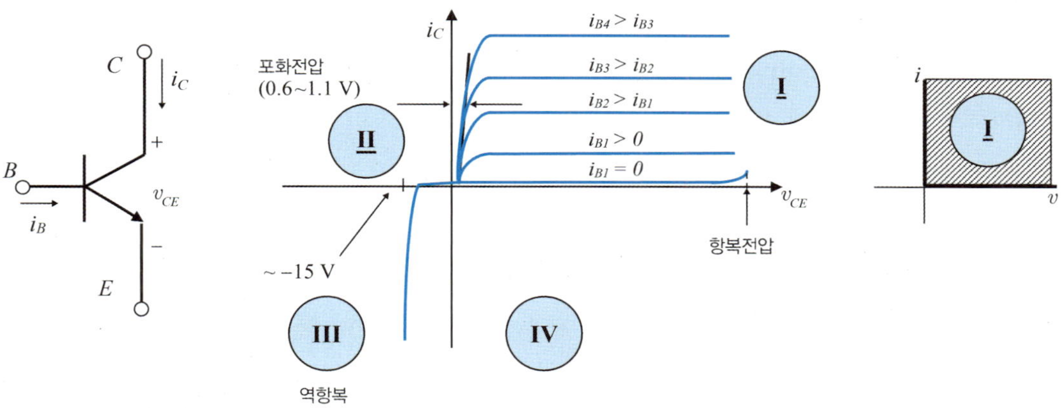

(a) 회로 기호 (b) $i-v$ 특성 (c) 동작 상한

[그림 9-3] npn 전력 BJT

충분한 양의 베이스 전류 i_B 가 npn-BJT의 베이스를 통해 흐른다고 가정하자. 트랜지스터 동작은 큰 양(+)의 콜렉터 전류 i_C 가 작은 양(+)의 콜렉터가 있는 장치의 접합부를 통해 이미터 전압강하 v_{CE} (포화 전압으로 알려짐)로 흐르도록 한다. 기본 전류의 진폭은 콜렉터 전류의 증폭을 결정한다. 전력 BJT는 기본 전류를 이용해 켜거나 끌 수 있는 제어 가능 스위치이다. 전력 BJT는 항상 충분히 높은 베이스 전류의 포화 상태 또는 제로 베이스 전류의 차단 상태에서 스위치로 동작한다. 이 장치는 순방향 전류 또는 차단전압을 허용하므로 제1사분면 스위치이며 제2사분면 및 제4사분면에서 정상상태로 동작할 수 없다.

9.1.3 MOSFET

MOSFET은 BJT와 유사한 제어 스위치이며 반도체 채널 전도가 전자인 음전하 캐리어 또는 정공인 양전하 캐리어로 인한 유니폴라 장치이다. MOSFET의 세 단자는 게이트, 드레인, 소스이며 이는 각각 BJT의 베이스, 콜렉터, 이미터와 유사하다.

BJT와 유사하게 MOSFET은 전류의 순방향 흐름을 허용하고 드레인과 소스 사이의 순방향 전압을 차단하는 제1사분면 스위치이다. BJT와 달리 바이폴라 트랜지스터와 같은 바이어싱 전류가 필요하지 않고 게이트와 소스 사이에 전압을 인가하여 제어한다는 점에서 전압 구동 장치에 해당한다. 또한 전압 제어는 MOSFET의 훨씬 빠른 스위칭 기능을 가능하게 한다. MOSFET의 전류-전압 특성은 [그림 9-4(a)]에 나와 있다. 이것은 BJT에 비해 훨씬 더 높은 주파수에서 전력 MOSFET 동작을 허용하지만, 사용 가능한 장치 최대 전압 및 전류 정격은 BJT보다 훨씬 작다.

9.1.4 JFET

접합형 전계효과 트랜지스터 **JFET**는 전자 제어 스위치로 사용할 수 있는 MOSFET과 유사한 3단자 장치이다. MOSFET과 같은 단극성 장치이며 전압으로 제어된다. 그러나 MOSFET과 달리 JFET는 게이트와 소스 단자 사이에 전압이 없을 때 소스와 드레인 단자 사이의 반도체 채널을 통해 전하가 흐르는 Normal-ON 장치이다. 게이트와 소스 단자 사이에 역 바이어스 전압을 인가하면 전도 채널을 '핀치'하여 전류를 방해하고 장치가 꺼지게 한다.

9.1.5 IGBT

IGBT는 전력 BJT의 도통 특성과 전력 MOSFET의 게이트 특성이 결합된 것이다. IGBT는 MOSFET과 같이 입력 임피던스가 높고 BJT와 같이 도통 손실이 낮다. IGBT에는 2차 고장 문제가 없다. 칩 설계 및 구조에 따라 등가 드레인-소스 저항 R_{DS}는 BJT와 같이 동작하도록 제어된다. IGBT의 도통 특성은 [그림 9-4(b)]에 나와 있다.

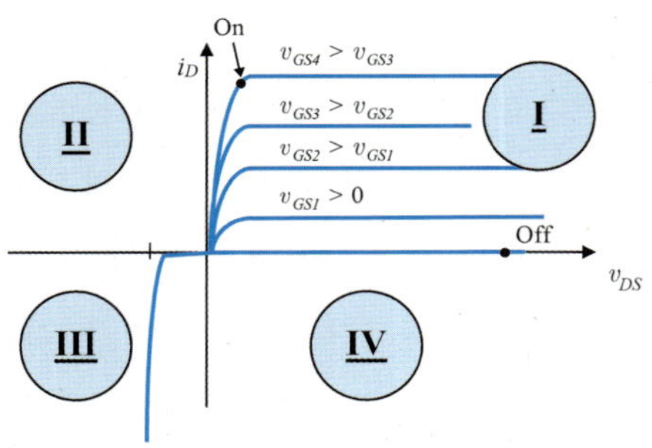

(a) MOSFET

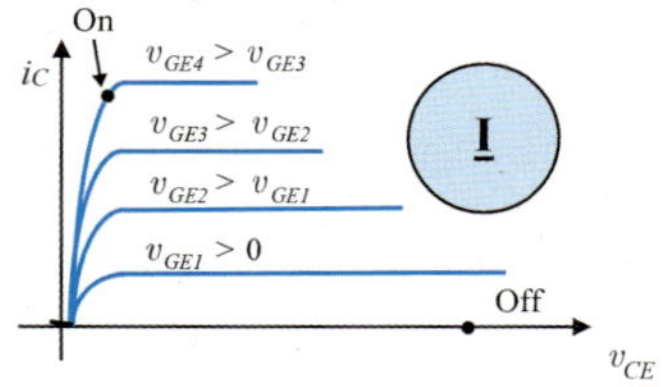

(b) IGBT

[그림 9-4] 전류-전압 특성

9.1.6 양방향 스위치

EV 및 HEV는 차량 제동 중이거나 배터리를 재충전하는 데 사용할 수 있는 전기기기의 재생 동작모드를 통해 속도가 느려질 때 에너지를 회수할 수 있다. 재생 동작모드에서 전력 컨버터는 양방향 전력 흐름을 허용해야 하며, 이를 위해서는 DC/DC 또는 DC/AC 컨버터 토폴로지의 전력 장치 또는 스위치가 양방향이어야 한다. [그림 9-5]는 BJT와 다이오드를 결합하여 양방향 스위치를 만드는 방법의 예를 보여준다.

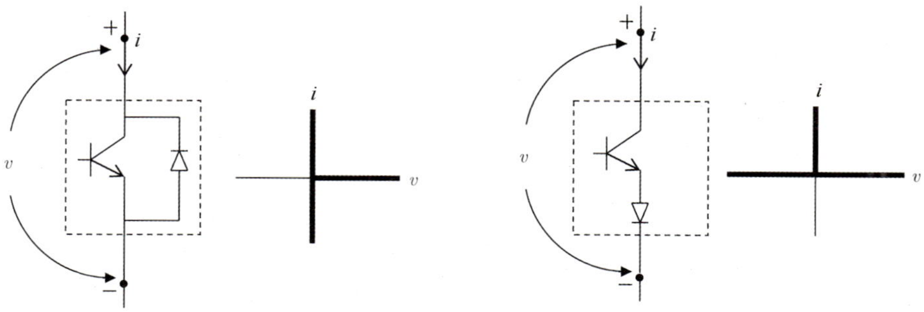

(a) 양방향 전류 스위치

(b) 양방향 전압 스위치

[그림 9-5] 양방향 스위치

9.1.7 전기적 특성

전력 반도체 장치의 전기적 특성은 열 제한, 전자기 간섭 및 단락 기능과 같은 기타 성능의 속성 및 손실을 평가하는 데 필수적인 스위칭 및 도통 특성에 영향을 미친다. 전류, 전압, 온도 및 전력 손실의 최댓값은 전기적 특성과 관련이 있으며 제조사에서는 제품의 유형에 따른 값을 사용할 것을 권장한다. 애플리케이션을 위한 장치 선택에 중요한 몇 가지 전기적 특성과 정격은 다음과 같다.

- **콜렉터 전류**(I_C) : IGBT와 같은 바이폴라 장치의 전류 전달 용량을 나타내며 연속 정격 전류와 최대 정격 전류로 분류된다. 연속 정격 전류는 장치의 연속 전류 전달 용량이며 최대 콜렉터 전류 I_{CP}는 연속 정격 전류보다 높은 장치가 처리할 수 있는 최대 펄스 전류이다. 제조사의 데이터시트는 25℃ 에서의 정격을 제공하며, 접합 온도를 기준으로 더 높은 온도에서 동작하려면 정격을 줄여야 한다.
- **드레인 전류**(I_D) : MOSFET 유형 장치의 전류 전달 용량을 나타내며 콜렉터 전류와 마찬가지로 연속 정격 전류와 최대 정격 전류로 분류된다. 연속 정격 전류는 장치의 연속 정격 전류 전달 용량이라고 하며 최대 드레인 전류 $I_{D,\,pulse}$[1]는 연속 정격 전류보다 높은 장치가 처리할 수 있는 최대 펄스 전류이다. 제조사의 데이터시트는 일반적으로 25℃ 에서의 정격을 제공하며, 접합 온

1 펄스 드레인 전류라고도 한다.

도를 기준으로 더 높은 온도에서 동작하려면 정격을 줄여야 한다.

- **콜렉터-이미터 전압**(V_{CE}) : 콜렉터-이미터 전압은 게이트 및 이미터 단자가 함께 단락되었을 때 25℃ 의 BJT, IGBT에서 콜렉터-이미터 접합이 지원할 수 있는 최대 전압이다.
- **순방향 바이어스 안전 동작 영역**(FBSOA) : 서로 다른 동작 펄스에서 콜렉터-이미터 전압 V_{CE}의 함수로 콜렉터 전류 I_C를 보여준다.
- **게이트-이미터 전압**(V_{GE}) : 게이트와 이미터 단자 사이의 허용 범위를 나타내며 이를 초과할 경우 산화물 파괴 및 유체 파열로 인한 영구적인 장치 성능 저하가 발생할 수 있다.
- **최대 전력 손실** : 장치의 최대 전력 손실은 주어진 케이스 온도 T_C, 최대 접합 온도T_J, 열 저항 $R_{th(J-C)}$과 관련이 있다. 장치의 최대 전력 손실은 다음과 같다.

$$P_{total} = \frac{T_{Jmax} - T_C}{R_{th(J-C)}}$$

장치의 허용 가능한 전력 손실은 접합 온도가 증가함에 따라 증가한다. 열 저항 R_{th}는 단위 전력(℃/W)당 온도로 주어진 장치의 열전도 특성과 관련이 있다.

- **콜렉터-이미터 포화 전압**($V_{CE(sat)}$) : 온(on) 상태 콜렉터-이미터 전압 강하이며 도통 시간 동안 BJT 또는 IGBT 전력 손실과 관련이 있다. 전압은 콜렉터 전류 I_C, 게이트-이미터 전압, 접합 온도의 함수이며 정격 I_C에서 지정된다. V_{GE}의 범위는 포화 영역 내에 있으며 $V_{CE(sat)}$는 I_C가 증가함에 따라 증가하지만, V_{GE}가 증가함에 따라 감소하여 채널 전도도를 증가시킨다.
- **단락저항 시간**(t_{sc}) : 과부하 전류가 발생하면 콜렉터 전류가 급격히 상승하여 제어 회로가 오류 상태를 감지하고 전력 장치가 장치를 끌 수 있도록 전원을 켤 수 있는 시간 동안 전류 진폭을 안전한 수준으로 제한한다. 이는 전력 장치를 통해 부하 또는 장비 단락 상태를 관리하여 안전하게 종료시키기 위한 모터 드라이브 애플리케이션에서 특히 유용하다.
- **켜짐 시간**(t_{on}) : 장치 콜렉터 또는 드레인 전류가 100% 수준에 도달하는 데 필요한 시간이다. 이 시간은 켜짐 지연시간 $t_{d.on}$과 전류상승시간 t_{rise}의 합이다. 전류상승시간 동안 디바이스 양단의 전압은 차단전압에서 콜렉터-이미터 포화 전압 또는 드레인-소스 도통 전압으로 떨어진다. $t_{d.on}$는 베이스-이미터 또는 게이트-소스 전압의 10% 값과 드레인-소스 또는 콜렉터-이미터 전압의 90% 값 사이에서 측정된다. t_{rise}는 드레인-소스 전압 또는 콜렉터-이미터의 90% 값과 10% 값 사이에서 측정된다.
- **꺼짐 시간**(t_{off}) : 장치 콜렉터 또는 드레인 전류가 0에 도달하고 장치가 완전히 꺼지는 데 필요한 시간으로, 꺼짐 지연시간 $t_{d,off}$과 전류하강시간 t_{fall}의 합이다. $t_{d,off}$는 베이스-이미터 또는 게이트-소스 전압의 90% 값과 콜렉터-이미터 또는 드레인-소스 전압의 10% 값 사이에서 측정된다. t_{fall}은 콜렉터-이미터 또는 드레인-소스 전압의 10% 값과 90% 값 사이에서 측정된다.

- **접합 온도** : 전력 장치의 pn 접합 온도로, 직접 측정할 수 없고 간접적인 수단으로만 결정할 수 있으므로 가상 접합 온도라고 하기도 한다. 반도체의 스위칭 동작 중 접합 온도는 열 시스템 설계와 가장 관련이 있는 매개변수이며 수명을 추정하는 데 사용되는 매개변수이기도 하다. 전압과 전류의 곱, 즉 전력 손실이 최대가 되는 지점이 pn 접합의 가장 뜨거운 지점이 된다.
- **턴온 에너지**(E_{on}) : 전원 장치를 켜고 끄는 동안 장치 내부에서 생성되는 에너지는 스위칭 손실과 그에 따른 시스템의 효율성 및 열 관리에 기여한다. 턴온 에너지는 단일 콜렉터 또는 드레인 전류 펄스가 턴온되는 동안 다음과 같이 측정된다.

$$E_{on} = \int_0^{t_{Eon}} v_{CE}(t) \cdot i_C(t) dt \quad \text{(BJT, IGBT)}$$

$$E_{on} = \int_0^{t_{Eon}} v_{DS}(t) \cdot i_D(t) dt \quad \text{(MOSFET)}$$

여기서 t_{Eon}는 콜렉터 또는 드레인 전류가 공칭 값의 10%로 상승한 순간에 시작하여 콜렉터-이미터 또는 드레인-소스 전압이 공칭 값의 2%로 떨어졌을 때 끝나는 시간범위이다.

- **턴오프 에너지**(E_{off}) : 턴온 에너지는 단일 콜렉터 또는 드레인 전류 펄스가 턴오프되는 동안 다음과 같이 측정된다.

$$E_{off} = \int_0^{t_{Eoff}} v_{CE}(t) \cdot i_C(t) dt \quad \text{(BJT, IGBT)}$$

$$E_{off} = \int_0^{t_{Eoff}} v_{DS}(t) \cdot i_D(t) dt \quad \text{(MOSFET)}$$

여기서 t_{Eoff}는 콜렉터-이미터 또는 드레인-소스 전압이 공칭 값의 10%로 상승한 순간에 시작하여 콜렉터 또는 드레인 전류가 공칭 값의 2%로 떨어질 때 끝나는 시간 범위이다.

- **역 회복시간**(t_{rr}) **및 에너지**(E_{rec}) : 다이오드 차단 기능이 재개되기 전에 다이오드 도통 기간 직후 다이오드에 저장된 전하는 온 상태에서 완전히 제거되어야 한다. 이 전하는 역 회복 전하로 알려져 있다. 턴 오프 시 다이오드 내부에서 발생하는 에너지는 역 회복 에너지이다. 전류(di/dt)의 스위칭 속도가 높을수록 역 회복 전하가 높아진다. t_{rr}은 역 회복 전하를 제거하는 데 필요한 시간을 의미하며 다음과 같이 나타낼 수 있다.

$$E_{rec} = \int_0^{t_{rr}} \nu_R(t) \cdot i_F(t) dt$$

여기서 t_{rr}은 다이오드 전압 ν_R이 공칭 값의 10%까지 상승한 순간에 시작하여 역 다이오드 전류 i가 공칭 값의 2%로 떨어질 때 끝나는 시간 범위이다.

- **게이트-소스 전압**(V_{GS}) : MOSFET의 게이트-소스 전압은 온(on) 상태 저항에 영향을 미치며 디바이스의 출력 특성을 결정한다. 장치 제조사는 데이터시트에 게이트-소스 전압의 허용 범위를 지정한다.
- **드레인 소스 온 상태 저항**($R_{DS,\,on}$) : 드레인 소스 온 상태 저항은 MOSFET의 핵심 매개변수로 인가된 게이트-소스 전압에 따라 크게 변한다. 동기 정류와 같이 더 높은 $R_{DS,\,on}$으로 인해 도통 손실이 덜 중요한 애플리케이션에 더 낮은 V_{GS} 값을 적용할 수 있다. $R_{DS,\,on}$은 MOSFET의 도통 손실에 영향을 미치며 다음과 같이 나타낼 수 있다.

$$R_{DS,\,on}(I_D) = \frac{V_{DS}}{I_D}$$

  $R_{DS,\,on}$의 일반값과 최댓값은 제조사 측에 의해 실온 데이터시트에서 제공받을 수 있다. 이밖에도 접합 온도가 상승함에 따라 온 상태 저항이 증가하기 때문에 접합 온도의 함수로서의 $R_{DS,on}$ 특성 곡선도 제공된다. 이와 같이 양의 온도계수로 인해 여러 MOSFET 장치를 병렬로 연결할 수 있다.
- **MOSFET 커패시턴스** : MOSFET은 게이트-소스(C_{GS}), 게이트-드레인(C_{GD}), 드레인-소스(C_{DS}) 사이에 커패시턴스를 가지며, 이는 게이트 드라이브 설계 및 장치 스위칭 특성에 영향을 미치는 중요한 매개변수이다. 이러한 커패시턴스는 직접 측정할 수 없지만 측정 가능한 입력, 출력 및 역전달 특성에서 계산할 수 있다. 커패시턴스 간의 관계는 다음과 같다.

$$C_{iss} = C_{GS} + C_{GD}$$
$$C_{oss} = C_{DS} + C_{GD}$$
$$C_{rss} = C_{GD}$$

- **애벌런치 특성** : MOSFET의 애벌런치 특성은 펄스 애벌런치 전류(t_{AV})가 유지될 수 있는 애벌런치 지속 시간(I_{AV})을 정의한다. 최대 접합 온도를 고려하여 펄스 애벌런치 전류 제한값 내에서 동작이 허용된다. 애벌런치 펄스가 길수록 최대 허용 애벌런치 전류는 낮아진다.

9.1.8 Si, SiC 및 GaN 전력 소자

반도체는 가전자대와 전도대인 원자핵 주위에 고유한 에너지 준위를 차지하는 전자가 결합되어 있는 물질 유형이다. 반도체 소자에서 바이어싱 조건을 만족하여 원자 결합에 의해 전도대로 이동하는 전자는 전류 흐름을 구성한다. Si 기반 반도체 전력 소자는 기존에 가지고 있던 더부분의 문제가 이미 개발을 통해 해결되었을 만큼 충분히 오랫동안 사용된 기술이므로 전력 산업에서 널리 사용된다. Si 장치는 성숙도와 신뢰성으로 인해 자동차 산업에서 보조 전력 컨버터와 모터 드라이브, 견인용 인버터에 거의 독점적으로 사용된다. 저전압 모터 드라이브의 경우 Si MOSFET을 사용하는 반면, EV 및 HEV의 견인용 시스템에서 사용하는 디바이스는 Si-IGBT이다.

와이드 밴드갭 반도체를 기반으로 하는 차세대 전력전자 장치, 특히 탄화규소(SiC) 및 질화갈륨(GaN) 장치는 최근 몇 년 동안 많은 응용 분야에서 사용될 정도로 발전했다. WBG 장치에서 전자가 밴드 위로 이동하는 데 필요한 에너지는 Si보다 훨씬 크다. 예를 들어 SiC는 3.2eV (전자볼트)가 필요하고 GaN은 3.4eV가 필요하며 Si는 1.1eV가 필요하다. 필요한 에너지가 증가하면 동일한 규모의 Si에 비해 WBG 소자의 전기장 파괴 성능이 높아진다. 이는 고장 전에 더 높은 온도를 견딜 수 있는 WBG 소자의 기능으로 이어진다. 또한 SiC의 열전도율은 Si의 3.5배이다. 이러한 속성으로 인해 더 높은 전압 및 전력 수준에서 고주파, 고온 동작이 가능한 WBG 소자가 개발되었다. SiC 및 GaN 전력 디바이스는 Si 디바이스에 비해 더 빠른 스위칭과 더 낮은 전력 손실을 통해 더 작고 컴팩트한 사이즈로 시스템을 설계할 수 있으며 성능 또한 우수하다. SiC 소자는 현재 900, 1,200, 1,700, 3,300V의 전압 수준에서 상업적으로 이용 가능하며 6,600 및 10,000V 소자가 등장하고 있다. GaN 소자는 최대 600V 수준까지 사용할 수 있으며 더 높은 전압 수준의 소자가 개발되고 있다. SiC MOSFET은 견인용 인버터 및 충전기에 적용하기에 매우 적합하다. [그림 9-6]은 전력 및 주파수 스펙트럼에서 사용 가능한 다양한 소자를 나타낸다.

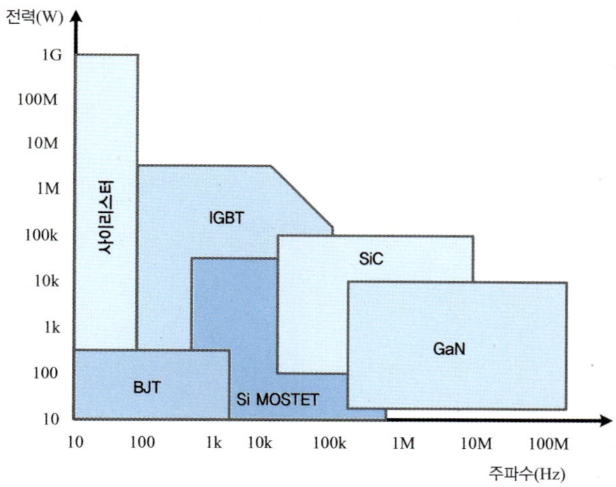

[그림 9-6] 전력과 주파수 레벨에 따른 전력 반도체 소자

EV 배터리의 공칭전압이 800V로 이동하고 효율 수준이 99%가 넘는 인버터가 개발되면서 SiC MOSFET은 점점 더 매력적인 선택지가 되었다. [표 9-1]에는 유사한 정격의 상용 전력 소자 3개에 대한 표가 나와 있다.

[표 9-1] 3가지 상용 전력 소자의 정격 및 주요 매개변수 비교

	Si Superjunction IPP65R045C7	SiC MOSFET C3M0065090J	E-mode GaN GS66508B
전압	700V	900V	650V
전류	46A (25℃)	35A(25℃)	30A
$R_{DS,on}$ mΩ	45	65	50
R_{DSA} mΩ·cm^2	10	3.5	6.6
$R_{DS}^{*}E_{oss}$ mΩ·μJ	462	1,040	350
V_{th}(V)	3.5	2.1	1.3
애벌런치	○	○	○
정격 게이트 전압	±20	+19/−8	±10
다이오드 특성	미흡	우수	우수

Si-IGBT는 바이폴라 소자이고 SiC MOSFET은 유니폴라 소자이다. 이 두 소자는 어떤 애플리케이션에서든 전도 특성과 전류 파형은 근본적으로 다르다. SiC MOSFET에서 더 높은 스위칭 주파수를 활용하면 필터 요구 사항이 줄어들고 모터 전류 조정이 향상될 수 있지만, EMI 영향은 증가되어 다른 수단을 통해 완화해야 한다. 또는 SiC MOSFET을 Si-IGBT와 동일한 스위칭 속도로 사용하여 EMI 효과가 동일하게 유지되도록 dv/dt 및 di/dt 속도를 유지할 수 있지만, 시스템 수준 및 배터리 용량에는 제한이 있다.

SECTION 9.2

DC/DC 컨버터

DC/DC Converters

DC/DC 컨버터는 시스템 전압을 한 수준에서 다른 수준으로 변경한다. 컨버터에 대한 입력은 필터링된 DC 전압이지만 레귤레이팅 되지 않을 수 있다. 출력은 레귤레이팅 된 DC 전압이다. 또한 다중 출력은 많은 애플리케이션에 사용하기 위해 설계되었다. 컨버터에는 스위칭 소자 외에 유도성 및 용량성 저장 요소가 있다.

전력 소자의 스위칭 주파수는 수백 kHz에 이를 정도로 매우 높은 경우가 많다. 이처럼 스위칭 주파수가 높으면 저장 요소의 크기를 최소화하는 데 도움이 된다. 이러한 스위칭 컨버터의 효율은 90% 이상으로 매우 높다.

스위칭 컨버터는 변압기 절연의 사용 여부에 따라 크게 절연형 DC/DC 컨버터와 비절연형 DC/DC 컨버터로 분류할 수 있다. 기본 비절연 DC/DC 컨버터에는 단일 스위치와 단일 다이오드가 있다. 이러한 유형의 컨버터는 에너지 저장 요소로 하나의 인덕터와 하나의 커패시터를 가질 수도 있다. 회로 토폴로지 및 추가 에너지 저장 요소에서 2개의 스위치와 2개의 다이오드를 사용하는 다른 유형의 비절연 DC/DC 컨버터도 있다. EV 및 HEV의 특정 애플리케이션을 비롯한 많은 애플리케이션은 입력과 출력 사이에 전기적 절연이 필요하다. 절연 DC/DC 컨버터는 고주파 변압기 절연을 가지는 기본 토폴로지에서 파생된다.

고출력 DC/DC 컨버터는 주로 EV 및 HEV의 세 가지 부분에서 사용된다. 이는 전동화 파워트레인용 전압 부스트, 12V 전자 장치용 고전압-저전압 인터페이스, 에너지 저장 셀 밸런싱용 컨버터이다. 비절연 DC/DC 컨버터는 추진 모터를 구동하기 위해서 배터리 전압을 더 높은 수준으로 높인 EV 및 HEV의 파워트레인에 자주 사용된다. EV 및 HEV의 12V 전자 장치에는 절연 유형이 필요한 고전압-저전압 DC/DC 컨버터가 공급된다. 이러한 비절연 및 절연 컨버터 토폴로지는 이 장의 뒷부분에서 설명한다. 에너지 저장 셀 밸런싱에 사용되는 DC/DC 컨버터는 9.4절에서 설명한다.

9.2.1 비절연 DC/DC 컨버터

DC/DC 컨버터는 입력 DC 전압을 승압 또는 강압하도록 설계할 수 있다. DC/DC 컨버터 토폴로지는 두 스위치와 인덕터 및 커패시터의 위치에 따라 벅, 부스트, 벅-부스트 컨버터로 구분된다. 벅 컨버터는 강압 컨버터이고 부스트 컨버터는 승압 컨버터인 반면, 벅-부스트 컨버터는 두 가지 모드에서 모두 동작할 수 있으며 2개의 스위칭 소자와 2개의 다이오드, 추가 저장 요소로 향상된 토폴로지를 사용할 수 있다. 결과적으로 컨버터의 순서도 추가 구성요소와 함께 증가한다. 고차**higher-order** 컨버터의 예로는 Cuk 및 SEPIC 컨버터가 있다. 이 모든 DC/DC 컨버터는 레귤레이팅 되지 않은 DC 전압을 레귤레이팅 된 DC 출력전압으로 변환하는 데 사용된다. 따라서 컨버터는 스위칭 레귤레이터로 알려져 있다.

DC/DC 컨버터는 연속 도통 모드**CCM** 또는 불연속 도통 모드**DCM**에서 동작할 수 있다. 도통은 DC/DC 컨버터의 인덕터 전류와 관련이 있다. 인덕터 전류가 연속적으로 유지되고 항상 0보다 높으면 컨버터는 CCM에 있는 것이다. 반면에 인덕터 전류의 가장 낮은 값이 0이면 컨버터는 DCM에 있는 것이다. 컨버터 동작은 CCM 파형을 사용해 다음 절에서 설명한다.

벅 컨버터

MOSFET으로 구현된 벅 컨버터의 회로 토폴로지는 [그림 9-7(a)]에 나와 있다. BJT는 스위치 S에도 사용할 수 있다. 회로의 전압 및 전류 파형은 [그림 9-7(b)]에 나와 있다. 평균 출력전압 $\langle v_o \rangle$는 입력 DC 전압 V_{in}보다 작다. 따라서 회로는 벅 컨버터이다. 컨버터의 동작은 대체로 컨트롤러 지령에 따른 전력 소자의 스위칭을 포함한다. 트랜지스터 스위치는 다음과 같이 정의된 듀티 사이클 D 동안 켜진다.

$$D = \frac{\text{스위치 온 타임}}{\text{기간}(T)} \quad (9.1)$$

기간 T는 고정되어 있으며 컨버터의 스위칭 주파수를 설정한다. 이 회로는 스위치가 켜져 있는지, 꺼져 있는지에 따라 두 가지 모드로 동작한다. 스위치는 DTs 동안 켜져 있고 $(1-D)T$s 동안 꺼진다. 스위치가 켜져 있을 때 인덕터 전류가 증가하여 인덕터를 충전한다. 스위치가 꺼지면 다이오드는 인덕터 전류의 연속성을 유지하기 위해 강제로 켜지고, 인덕터가 방전되면서 전류가 감소한다. 인덕터의 충전 및 방전을 통해 에너지가 입력에서 출력으로 전달된다. 필터 커패시터 C와 출력 저항 R은 스위칭 주파수에 비해 매우 큰 시정수를 제공한다. 따라서 출력전압 리플은 매우 낮다. 일반적으로 리플은 1% 미만이다.

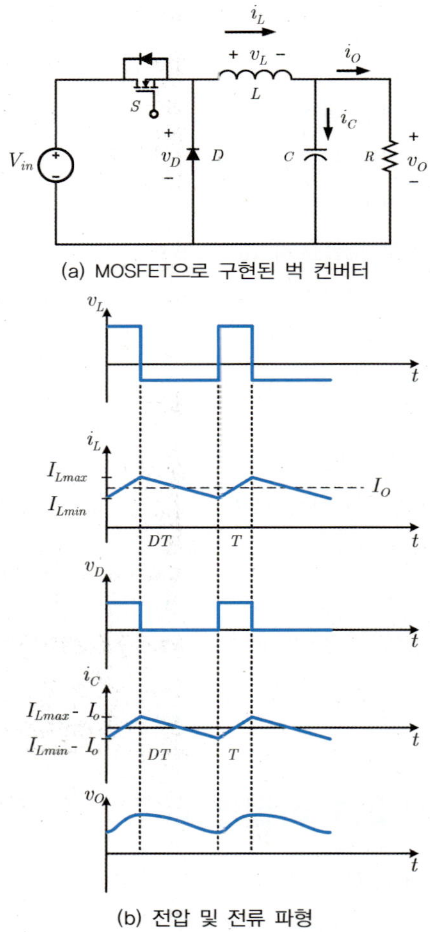

[그림 9-7] 벅 컨버터의 회로 토폴로지

입/출력 평균 전압 및 전류는 다음과 같이 듀티 사이클과 관련된다.

$$\frac{\langle v_o \rangle}{V_{in}} = \frac{\langle i_{in} \rangle}{I_o} = D \tag{9.2}$$

여기서 $\langle v_o \rangle$와 $\langle i_{in} \rangle$은 각각 평균 출력전압과 평균 입력 전류이고 $I_o = \langle i_o \rangle$는 평균 출력 전류이다.

부스트 컨버터

부스트 컨버터는 DC 전압을 한 수준에서 다른 수준으로 승압한다. MOSFET으로 구현된 부스트 컨버터의 회로 토폴로지는 [그림 9-8(a)]에 나와 있다. BJT는 스위치 S에도 사용할 수 있다. 회로의 전류 및 전압 파형은 [그림 9-8(b)]에 나와 있다. 벅 컨버터와 마찬가지로 이 회로는 스위치가 켜져 있는지 꺼져 있는지에 따라 스위칭 주기에서 두 가지 동작모드가 있다. 스위치가 DTs 동안 켜져 있으면 입력 전류 i_{in}이 증가하여 인덕터에 에너지를 저장한다. 입력 전류는 인덕터 전류 i_L과 동일하다. 스위치가 꺼지면 다이오드가 순방향 바이어스되어 전도를 시작한다. 인덕터의 에너지는 부하로 흐른다. 인덕터 전류는 스위치가 다시 켜지는 기간이 끝날 때까지 감소한다. 높은 실효 전류가 흐르기 때문에 벅 컨버터에 비해 큰 필터 커패시터 C가 필요하다.

입/출력 평균 전압 및 전류는 다음과 같이 듀티 사이클과 관련이 있다.

$$\frac{\langle v_o \rangle}{V_{in}} = \frac{\langle i_{in} \rangle}{I_o} = \frac{1}{1-D} \tag{9.3}$$

여기서 $\langle v_o \rangle$와 $\langle i_{in} \rangle$은 각각 평균 출력전압과 평균 입력 전류이고, $I_o = \langle i_o \rangle$는 평균 출력 전류이다.

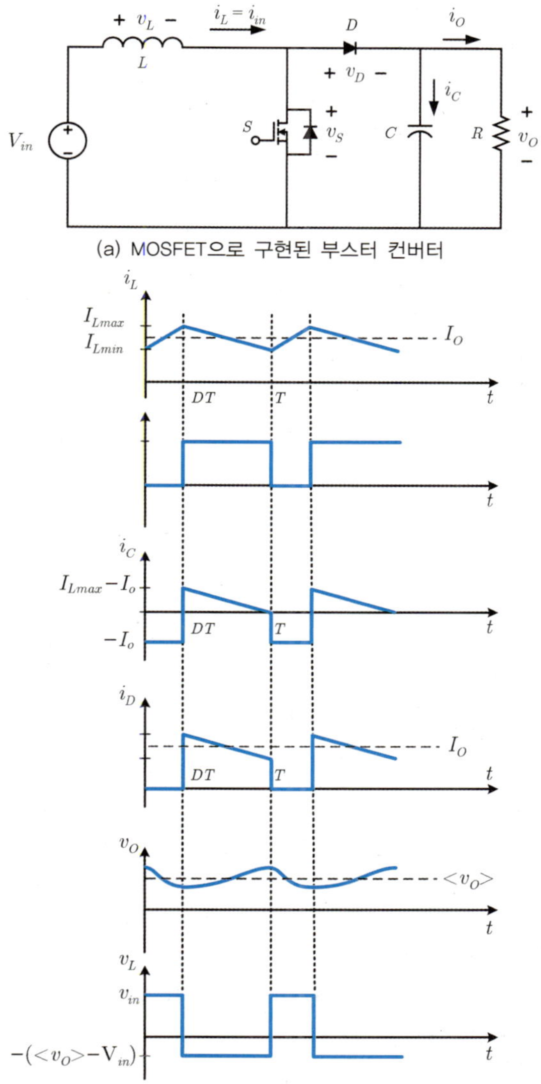

(a) MOSFET으로 구현된 부스터 컨버터

(b) 전압 및 전류 파형

[그림 9-8] 부스터 컨버터의 회로 토폴로지

벅-부스트 컨버터

벅-부스트 컨버터 토폴로지는 입력전압을 높이거나 낮출 수 있다. MOSFET으로 구현된 벅-부스트 컨버터의 회로 토폴로지는 [그림 9-9(a)]에 나와 있다. 전류 및 전압 파형은 [그림 9-9(b)]에 나와 있다. 벅 컨버터, 부스트 컨버터와 유사하게 벅-부스트 컨버터도 하나의 스위칭 사이클에서 두 가지 동작모드가 있다. 스위치 S가 DTs 동안 켜져 있으면 입력 전류는 에너지를 저장하는 인덕터를 통해 흐른다. 이 모드에서 다이오드는 역 바이어스되고 필터 커패시터 C는 부하 전류를 유지한다. $(1-D)T$s 동안 스위치가 꺼지면 다이오드가 순방향 바이어스되고 저장된 인덕터 에너지가 부하로 전달된다. 인덕터 전류는 CCM에서 스위치가 다시 켜질 때까지 감소한다. 벅-부스트 컨버터의 출력전압 극성은 반전된다.

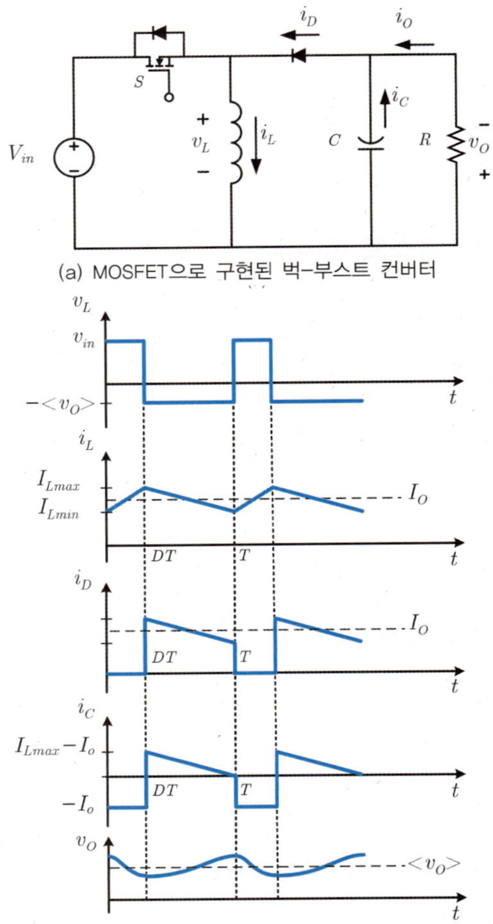

(a) MOSFET으로 구현된 벅-부스트 컨버터

(b) 전압 및 전류 파형

[그림 9-9] 벅-부스트 컨버터의 회로 토폴로지

입/출력 평균 전압, 전류는 다음과 같이 듀티 사이클과 관련이 있다.

$$\frac{\langle v_o \rangle}{V_{in}} = \frac{\langle i_{in} \rangle}{I_o} = \frac{D}{1-D} \qquad \textbf{(9.4)}$$

여기서 $\langle v_o \rangle$와 $\langle i_{in} \rangle$은 각각 평균 출력전압과 평균 입력 전류이고 $I_o = \langle i_o \rangle$는 평균 출력 전류이다.

지금까지 기본 컨버터의 CCM에 대해 설명했다. CCM과 DCM 사이의 경계는 인덕터의 크기에 따라 다르다. 다른 매개변수가 동일하게 유지된다면 인덕터 크기는 임계 크기 L_{crit} 보다 작아질 때 컨버터가 DCM에 들어간다. 즉 L_{crit} 값이 작을수록 인덕터 설계를 위한 선택의 폭이 넓어진다. 동일한 스위칭 주파수와 부하 저항에 대해 벅 컨버터는 L_{crit}이 가장 크고 부스트 컨버터는 L_{crit}이 가장 작다.

DCM에서 세 가지 기본 토폴로지 각각의 최소 인덕터 전류는 0이다. 짧은 간격 동안 인덕터 전류는 0으로 유지된다. DC/DC 컨버터는 종종 무부하 조건에서 동작하기 때문에 DCM에 들어가는 경우가 많다. DCM에서 전압 이득은 D의 함수일 뿐만 아니라 스위칭 주파수, 부하 및 회로 매개변수의 함수이기도 하다. 이는 DCM의 분석을 훨씬 더 복잡하게 만든다. DCM 운영 분석을 위한 방법은 참고문헌을 참조하기 바란다.[2~3]

4차수 DC/DC 컨버터

지금까지 제시된 DC/DC 컨버터는 단 하나의 스위치와 다이오드를 가지는 2차수 컨버터이다. 최소한의 스위치를 사용하면 스위치에 가해지는 스트레스는 높지만 컨버터의 고효율이 보장된다. 그러나 기본 컨버터는 특정 입출력 조건, 특히 입력전압의 범위가 넓은 경우 적합하지 않다. 기본 컨버터의 캐스케이드 및 캐스코드 조합은 SEPIC 및 Cuk 컨버터[3]와 같이 또 다른 DC/DC 컨버터 토폴로지를 생성한다. 이 컨버터에는 2개의 인덕터와 2개의 커패시터가 있다. 따라서 이 컨버터는 4차수이다.

컨버터의 캐스케이드 배열

DC/DC 컨버터에서 전력은 직접 프로세스 또는 간접 프로세스를 통해 입력에서 출력 부하로 전달된다. 간접 프로세스에서 스위칭 소자는 전력 전송을 위해 수동 부품의 중간 에너지 저장 장치를 사용한다. 직접 프로세스에서 전력은 중간 에너지를 저장하지 않은 채 직접 전달된다. 지금까지 논의된 단일 스위치, DC/DC 컨버터에서 벅, 부스트 컨버터는 직접 및 간접 메커니즘을 모두 사용하여 전력을 전송한다. 직접 및 간접 전력의 비율은 전압 변환 비율에 따라 다르다. 변환율이 1일 때 전력은 전량 직접 메커니즘으로 처리된다. 소자의 스위칭을 통해 모든 입력 전력을 처리하는 컨버터는 스위치 구성요소의 내구력과 에너지 저장 요구 사항이 더 높다. 단일 스위치 벅-부스트와 Cuk, SEPIC 컨버터의 경우 전력은 전체적으로 간접 메커니즘을 사용하여 처리된다. 이 컨버터는 최소한의 스위치 수를 가지기 때문에 최대 300W 정도의 애플리케이션에 적합하지만, 고전력 애플리케이션에는 적합하지 않다. 또한 컨버터는 입력전압의 범위가 넓은 경우에도 적합하지 않다.

EV 및 HEV 애플리케이션에서는 고효율과 신뢰성을 제공할 수 있도록 컨버터를 구성해야 한다. 직접 전력 전송 경로를 제공하는 기능은 구성요소의 내구력과 에너지 저장 요구 사항을 줄여 효율성을 높인다. 이러한 유형의 컨버터 토폴로지는 [그림 9-10]과 같이 2개의 DC/DC 컨버터를 직렬로 연결하여 파생될 수 있다.

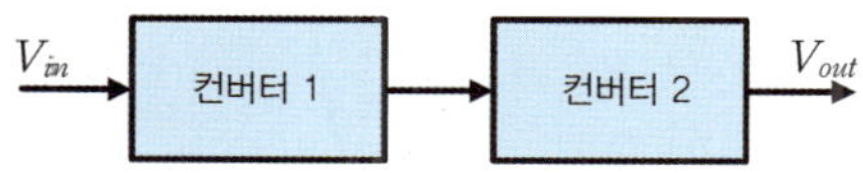

[그림 9-10] 두 컨버터의 연속 연결

이러한 컨버터의 효율 성능은 단순한 벅 또는 부스트 컨버터의 성능과 비슷하다. 직렬로 연결된(캐스케이드) 이득 $Conv1$ 및 $Conv2$가 있는 두 컨버터의 전체 이득은 다음과 같이 계산할 수 있다.

$$G_{cascade} = \frac{V_{out}}{V_{in}} = G_{Conv1} \cdot G_{Conv2}$$

동기 정류

MOSFET 채널은 소스 및 드레인 연결을 반대로 하여 역방향으로 전류를 도통하므로 다이오드가 사용되지 않는 경우 MOSFET을 스위치로 사용할 수 있다. 이 장치는 전류가 소스에서 드레인으로 흐르는 $i-v$ 특성의 3사분면에서 동작한다. MOSFET의 이 3사분면 동작을 동기 정류라고 한다. 장치가 음의 전압을 차단하고 양의 전류를 도통한다. 동기식 정류기가 있는 컨버터의 예는 벅 컨버터의 다이오드가 MOSFET으로 대체된 [그림 9-11]을 통해 확인할 수 있다.

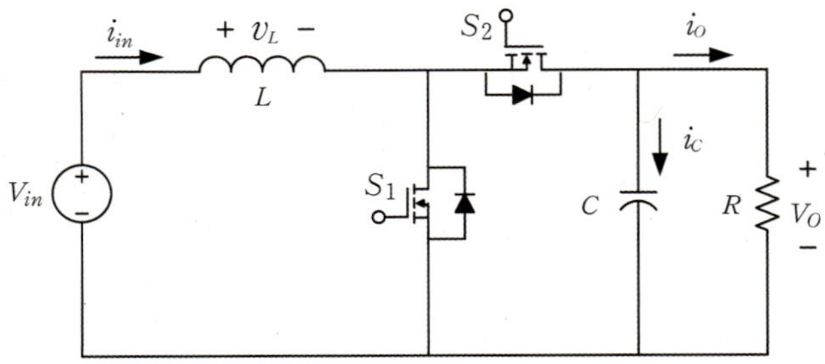

[그림 9-11] 동기식 정류기를 포함한 부스트 컨버터

동기 정류 모드에서 MOSFET을 사용하면 역전류 도통 시 전력 손실을 최소화하는 데 도움이 된다. 반면에 기존 다이오드 정류기를 사용하면 상대적으로 큰 순방향 전압 강하로 인해 전력 손실이 발생할 수 있다. 다이오드의 경우 도통 손실은 순방향 전압 강하 V_F와 순방향 도통 전류 I_F의 곱에 비례한다. 반면에 MOSFET 스위치가 있는 정류기는 [그림 9-12]와 같이 저항성 $i-v$ 특성을 나타낸다.

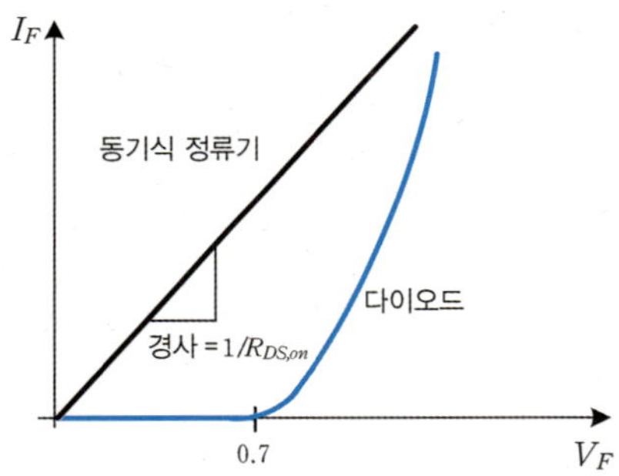

[그림 9-12] 동기식 정류기와 다이오드 특성

MOSFET 도통 손실은 $I_{rms}{}^2 R_{DS,on}$과 같다. 여기서 I_{rms}는 스위칭 실효 전류이고 $R_{DS,on}$는 MOSFET 온 상태 저항이다. $R_{DS,on}$이 낮은 MOSFET을 사용하면 컨버터 효율을 높일 수 있지만 비용이 약간 증가한다는 단점이 있다.

동기 정류 모드에서 장치는 다이오드가 정상적으로 도통될 때 '온' 상태에서 동작하고 다이오드가 역 바이어스될 때 '오프' 상태에서 동작하는 방식으로 제어된다. 게이트 스위칭 제어에 삽입된 데드

타임은 MOSFET에서 바디 다이오드의 도통으로 이어지고, 역전압으로 소모되어야 하는 에너지는 다이오드 도통 시간에 따라 다르다. 동기 정류를 위해 MOSFET이 켜지면 스위치는 다이오드에서 MOSFET 채널로의 전류 정류와 소프트 스위칭을 거친다.

9.2.2 절연 DC/DC 컨버터

변압기는 입력전압의 큰 승압 또는 강압이 필요한 애플리케이션에서 유용하며 전력전자 컨버터의 입력과 출력 측 사이에 큰 전압 비율이 필요한 경우에도 유용하다. 트랜지스터와 스위치의 전압 및 전류 스트레스는 변압기 권선비를 적절히 선택하여 효율성을 향상시키기 위해 최소화할 수 있다. 출력전압의 극성은 또한 변압기 권선 극성으로 쉽게 설정할 수 있다. 다중 2차 권선과 컨버터 2차 측 회로를 사용하여 변압기에서 다중 DC 출력이 가능하다. 또한 EV 및 HEV 시스템의 일부 세그먼트를 비롯한 여러 애플리케이션에서 입출력 사이의 전기적 절연이 필요하다. 전압 스테핑 및 절연은 페라이트, 비정질 또는 나노결정질 재료로 만들어진 고주파 변압기를 통합하여 제공된다. 수십 또는 수백 kHz 범위의 더 높은 스위칭 주파수에서 동작하면 50Hz 또는 60Hz에서 동작하는 전력 변압기에서 보다 변압기의 크기와 무게를 최소화할 수 있다. 변압기 코어 포화를 피하기 위해 컨버터에 추가 제어가 필요할 수도 있다. 그러나 DC-DC 컨버터에 변압기를 추가하면 비절연 컨버터에 비해 크기와 무게가 증가하고 효율성에도 영향을 미친다. 변압기에 의해 도입된 기생 요소로 인해 스위칭 주파수 제한이 있을 수 있다.

전력 소자와 1차 및 2차 권선 연결을 위한 몇 가지 접근 방식이 있어 서로 다른 컨버터 토폴로지가 발생한다. 1차 권선 배열은 [그림 9-13]과 같이 싱글 엔드형, 푸시풀, 하프 브리지 또는 풀 브리지가 될 수 있다.

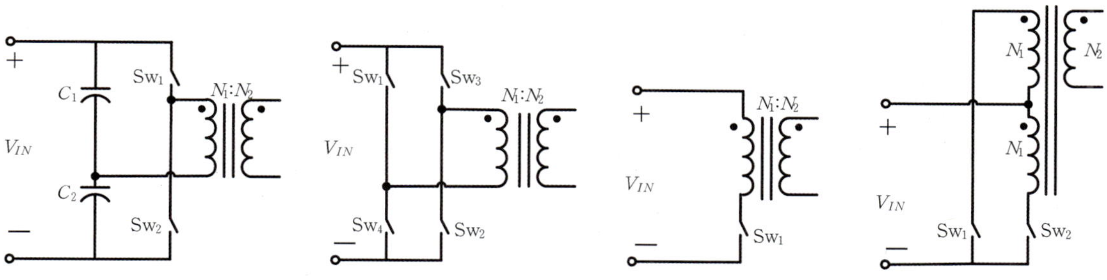

(a) 싱글 엔드형 (b) 푸시풀 (c) 하프 브리지 (d) 풀 브리지

[그림 9-13] 1차측 권선 배열[3]

2차 배열은 반파, 센터 탭 전파 또는 풀 브리지 전파가 될 수 있다. [그림 9-14]는 이러한 2차 배열의 두 가지 종류를 나타낸다. 다중 권선을 설계할 때 중요한 고려 사항은 각 권선에 대한 전압(Y)-시간(s) 균형을 보장하는 것이다. 이 균형을 유지하지 못하면 코어 포화가 발생하여 컨버터가 파손된다.

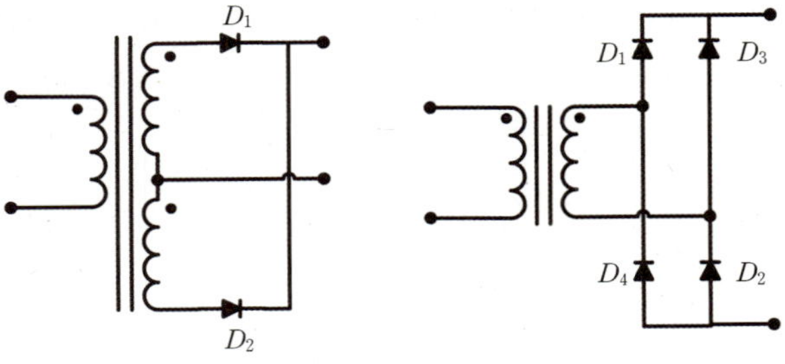

(a) 반파 카운터-탭 (b) 전파 풀 브리지

[그림 9-14] 2차측 권선 배열

절연 DC/DC 컨버터는 벅 토폴로지 또는 부스트 토폴로지에서 파생될 수 있다. 또한 사용되는 스위치의 수에 따라 DC/DC 컨버터는 단일 또는 다중 스위치 유형이 될 수 있다. 단일 스위치 컨버터는 벅 또는 부스트 컨버터와 유사하지만, 변압기 절연을 가지고 있다. 2개의 단일 스위치 절연 DC/DC 컨버터는 순방향 및 플라이백 컨버터이다. 순방향 컨버터는 벅 토폴로지에서 파생되고 플라이백 컨버터는 부스트 토폴로지에서 파생된다. 이 컨버터들은 부품 수가 가장 적은 가장 단순한 절연 DC/DC 컨버터이다. 그러나 자기적 구성요소는 단극, 단일 사분면 모드에서 사용된다. 전력 소자의 스위칭 스트레스는 $2V_{in}$ 이다. 이러한 토폴로지는 약 100W 이하의 저전력 애플리케이션에 사용된다.

다중 스위치 DC/DC 컨버터는 변압기 자기를 완전히 활용하며 고전력 애플리케이션에 사용된다. 스위치의 수와 사용된 변압기의 유형에 따라 격리된 다중 스위치 DC/DC 컨버터에는 푸시풀, 하프 브리지, 풀 브리지의 세 가지 유형이 있다. 푸시풀 컨버터의 입력측은 센터 탭 변압기를 사용하지만, 하프 브리지와 풀 브리지 컨버터는 비센터 **non-center** 탭 변압기를 사용한다. 변압기의 2차 측은 중앙 탭이 있는 하프 브리지 다이오드 구성 또는 중앙 탭이 없는 풀 브리지 다이오드 구성을 사용할 수 있다. 다중 스위치 컨버터는 벅에서 파생되거나 부스트에서 파생될 수 있다. 풀 컨버터 토폴로지는 500W 를 초과하는 애플리케이션에 가장 적합하다. 고전압에서 저전압 인터페이스를 위한 EV 및 HEV 애플리케이션의 일반적인 고전력 DC/DC 컨버터는 풀 브리지 컨버터 유형이다.

벅 파생 푸시풀 컨버터의 회로 토폴로지는 [그림 9-15]에 나와 있다.

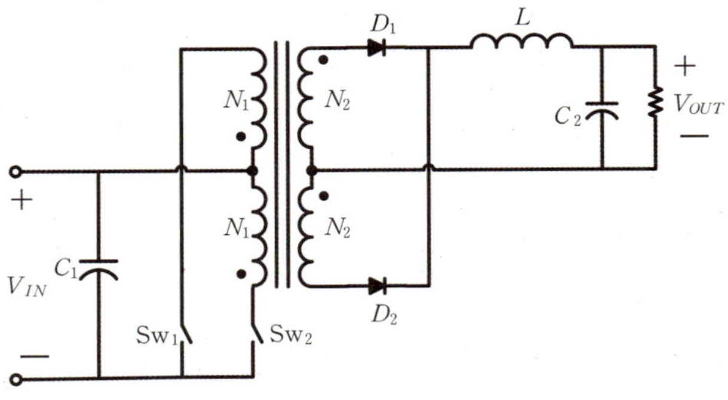

[그림 9-15] 푸시풀 절연 DC/DC 컨버터

이 회로는 입력 측에서 두 개의 스위치를, 출력 측에서 에너지 저장을 위한 인덕터를 사용한다. 중앙 탭 변압기는 전압 스케일링 및 전기 절연에 사용된다. 스위치 Sw_1과 Sw_2는 하나의 스위칭 주기 내에서 동일한 듀티비를 유지하며 교대로 켜지고 꺼진다. 각 스위치의 듀티비는 0과 0.5 사이에서 변할 수 있다. 두 스위치가 모두 꺼져 있을 때 최소 데드 타임은 공급 전압에서 숏 스루**shoot-through**를 방지하기 위해 두 장치의 스위칭 전환 사이에 컨트롤러에 의해 보장된다. 푸시풀 컨버터의 전압 이득을 수식으로 나타내면 다음과 같다.

$$\frac{V_o}{V_{in}} = 2\frac{N_2}{N_1}D \qquad (0 < D < 0.5)$$

하프 브리지 컨버터의 각 스위치에 대한 최대 차단전압은 푸시풀 컨버터와 같이 $2V_{in}$이 아니라 V_{in}이다. 하프 브리지 컨버터는 중간 전력 범위에서 가장 일반적으로 사용되는 절연 DC/DC 컨버터이다.

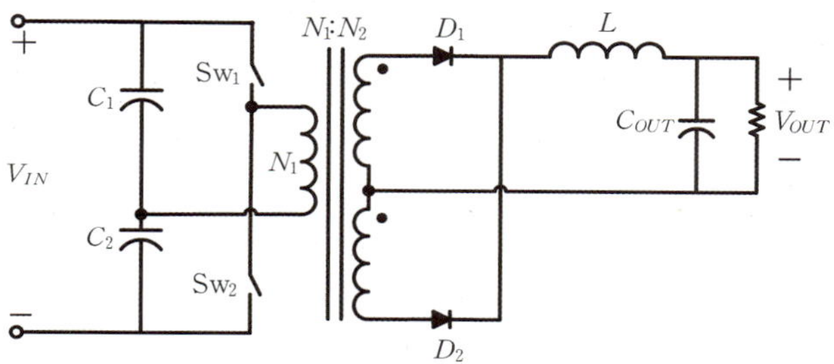

[그림 9-16] 하프 브리지 절연 DC/DC 컨버터

스위칭 스트레스는 V_{in}이고 스위치 수는 풀 브리지 컨버터보다 적다. 풀 브리지 컨버터의 토폴로지는 4개의 활성 스위치가 있는 변압기의 1차측에서 대칭 AC 파형을 생성한다. 2차측에 풀 다이오드 브리지가 있는 풀 브리지 컨버터의 회로 토폴로지는 [그림 9-17(a)]에 나와 있다. 스위치는 쌍으로 동작하는데, 스위치 Sw_1-Sw_4 및 Sw_2-Sw_3는 각 스위치의 최대 듀티비가 0.5인 상태에서 교대로 전환된다. 한 쌍에서 다른 쌍으로 전환되는 동안 데드 타임이 삽입되어 공급 전압에서 숏스루를 방지한다. 풀 브리지 컨버터의 전압 이득을 수식으로 나타내면 다음과 같다.

$$\frac{V_o}{V_{in}} = 2\frac{N_2}{N_1}D, \ \ 0 < D < 0.5$$

풀 브리지 컨버터의 저전압 측에 사용되는 다이오드 브리지를 대신하기 위해 다이오드 2개를 가진 센터 탭 변압기를 사용할 수 있다. 해당 토폴로지는 [그림 9-17(b)]에 나와 있다. 다이오드는 가격이 높으므로 비용을 최소화하기 위해 대체 물질이 자주 사용된다. [그림 9-17(b)]에 표시된 토폴로지는 단방향이지만, 두 개의 다이오드를 두 개의 제어 스위치로 교체하여 양방향 토폴로지로 쉽게 변환할 수 있다. 따라서 2차 스위치를 적절하게 제어하면 저전압 측에서 고전압 측으로 전력이 흐르는 부스트 모드에서 토폴로지가 동작할 수 있다. 스위치를 사용하는 것도 다이오드를 사용하는 것보다 더 효율적이다.

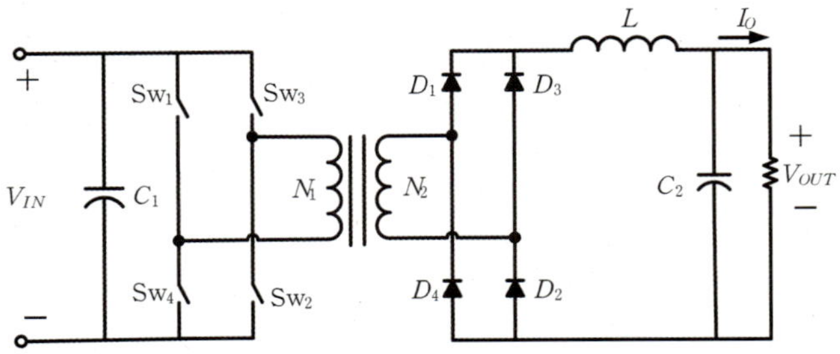

(a) 2차측 다이오드 브리지

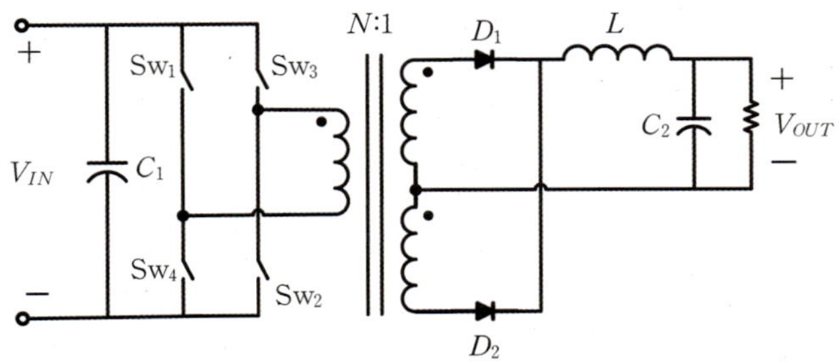

(b) 2차측 센터 탭

[그림 9-17] 풀 브리지 절연 DC/DC 컨버터

중형 EV 및 HEV의 고전압에서 저전압 DC/DC 컨버터의 일반적인 정격 전력은 약 2kW이다. 저전압 출력은 차량의 12V 전자 장치에 전력을 공급한다. 12V 접지는 항상 차량 섀시에 연결된다. 따라서 이 컨버터 토폴로지는 절연 유형이어야 한다. 이 애플리케이션에 일반적으로 사용되는 컨버터 토폴로지는 풀 브리지 유형 중 하나이다. 차량에 사용되는 이 컨버터의 스위칭 주파수는 약 100kHz이다. 대부분의 EV 및 HEV는 양방향 컨버터를 사용했을 때 이점이 있지만, 이 컨버터는 단방향이다. [그림 9-17]에 표시된 토폴로지로도 가능하지만, 2차측의 스위치가 있는 부스트 모드 동작은 HEV의 IC 엔진용 12V 스타터를 제거하는 데 도움이 된다. HEV에는 기존의 12V 스타터보다 훨씬 빠르고 효율적으로 엔진을 시동할 수 있는 고출력 전기기기가 있다. 부스트 모드 동작은 극한의 기상 조건에서도 유용하다. 콜드 크랭킹(cold cranking) 상황에서는 고전압 배터리가 필요한 엔진 크랭킹 전력을 모두 제공하지 못할 수 있다. 12V 배터리는 IC 엔진 시동을 돕기 위해 고전력 전기기기에 추가 시동 전력을 공급할 수 있다.

SECTION 9.3

EV 파워트레인 컨버터

EV Powertrain Converters

EV 파워트레인의 주요 전력전자 컨버터에는 견인용 전기기기에 전력을 공급하는 인버터, 고전압 시스템과 저전압 시스템을 연결하는 DC/DC 컨버터, PHEV를 위한 차량용 충전기(OBC)가 있다. EV 또는 PHEV에 사용되는 전력전자 컨버터의 위치는 [그림 9-18]에 나와 있다. 파워트레인의 인버터는 전기기기에 전력을 공급하기 위해 배터리 팩의 전압보다 높은 DC 링크 전압이 사용되는지 여부에 따라 승압형 또는 비승압형으로 구분된다. 전기기기가 더 높은 최대 동작 속도로 설계되기 위해서는 더 높은 DC 링크 전압이 필요하다. 승압/비 승압 인버터의 신뢰성은 매우 중요하며 단락 기능과 긴 수명의 제약을 고려하여 설계해야 한다. 충전기는 전동화 파워트레인의 중요한 동작 경로에 있지 않으며 동작 듀티 사이클도 더 적다. 1차 DC/DC 컨버터, 견인용 인버터 및 다양한 보조 전력 공급 장치용 게이트 드라이버에는 정격 전력이 더 낮은 벅 또는 플라이백 또는 푸시풀 유형의 DC/DC 컨버터가 있다.

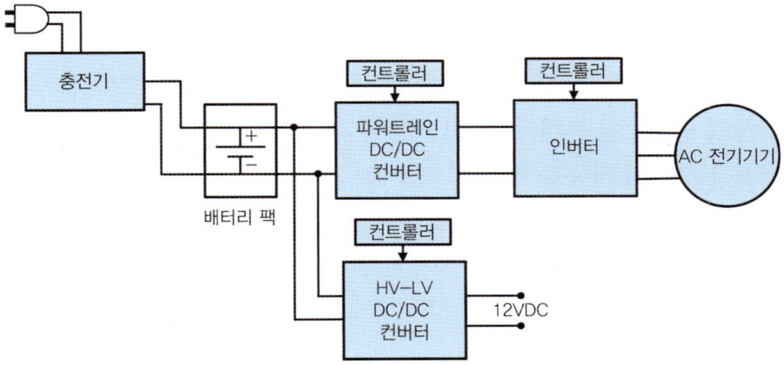

[그림 9-18] EV 및 PHEV용 전동화 파워트레인에서의 전력전자 컨버터들

9.3.1 파워트레인 부스트 컨버터

부스트 방식의 비절연 DC/DC 컨버터는 여러 EV 및 HEV의 전력 전송 경로에 사용된다. DC/DC 컨버터는 배터리가 장착된 EV 및 HEV에서 견인용 전기 드라이브를 효율적으로 동작하기 위해 배터리 팩 출력전압을 더 높은 수준으로 높인다. 컨버터는 차량이 회생제동하는 동안 배터리 팩을 복구하고 재충전하기 위해 양방향이어야 하지만, 절연할 필요는 없다. DC 링크 전압이 높아질 경우 속도에 비례하는 더 높은 역기전력 전압을 극복함으로써 전기기기가 더 높은 속도로 동작할 수 있다. 따라서 동일한 출력으로 전기기기의 동작 속도를 더 높이려면 DC 링크 전압을 높여야 한다. 그렇게 하면 전기기기의 크기를 최소화하고 출력 밀도를 높이는 데 도움이 된다. 또한 발전 모드를 제어하

려면 최대 동작 속도에서 DC 링크 전압이 역기전력 전압보다 높아야 되기 때문에 전압을 더 높은 레벨로 승압하면 발전기의 동작모드를 작동시키가 용이해진다. 또한 더 높은 전압의 DC 버스를 사용하면 모터는 DC 링크에서 동일한 전력에 대해 더 적은 전류를 소비한다. 결과적으로 DC 버스 전류/전압 리플이 작아지고, 인버터 입력에서 필터 크기를 줄이는 데 도움을 준다. 전기기기의 전기 손실은 전류가 낮을수록 줄어들고 냉각 시스템에 대한 요구 사항도 줄어든다. 배터리 크기에 따라 부스트 단계를 사용하면 직렬로 연결된 배터리 셀의 수를 최소화하는 데 도움이 된다. 직렬의 셀 수를 줄이면 등가 배터리 직렬 저항을 줄이는 것 외에도 배터리 관리 시스템의 구성요소 및 비용을 절감할 수 있다. 팩 용량은 직렬 스트링으로 연결된 각 셀의 용량에 의해 결정되기 때문에 셀 수를 줄여도 영향을 받지 않는다. 부스트 컨버터를 추가하면 모터 드라이브의 필터 초크 및 DC-링크 커패시터 크기가 줄어들고 전류 요구 사항이 낮아져 배선 하니스 크기가 줄어드는 것이 장점이다. DC 링크 버스 전압은 인버터의 스위칭 손실을 최소화하기 위해 모터 동작 속도 및 전력 요구 사항의 함수로 변조될 수 있다. 전동화 파워트레인에 부스트 세그먼트를 추가할 때의 단점은 비용 증가, 입력 측 필터의 필요성, 장애 지점 수의 증가이다. 승압 시스템과 비승압 시스템을 비교하려면 시스템 수준에서 배터리를 포함한 전체 파워트레인을 평가해야 한다.

부스트 DC/DC 컨버터는 연료전지의 출력전압이 일반적으로 낮고 조절할 수 없기 때문에 FCEV의 파워트레인에 필수적이다. DC/DC 컨버터는 전압 레벨을 높이고 출력전압을 조절한다. 해당 컨버터 토폴로지는 재생 연료전지가 아직 개발되지 않았기 때문에 단방향이어야 한다. DC/DC 컨버터는 EV 및 HEV의 두 에너지 저장 장치 사이에 있는 인터페이스에도 사용할 수 있다. 예를 들어 배터리-초고용량 커패시터 조합이 에너지 저장 장치에 사용될 때 구성요소 중 하나는 DC 버스에 직접 연결되고 다른 구성요소는 DC/DC 컨버터를 통해 버퍼링된다. 울트라커패시터는 전력 밀도가 높아 회생제동 에너지를 최대한 많이 포착하는 데 사용할 수 있다. 또한 배터리 팩은 차량의 무공해 범위를 제공하도록 설계될 수 있다.

기본 토폴로지에서 파생된 하프 브리지 양방향 비절연 DC/DC 컨버터는 메인 DC 버스의 부스트 동작에 가장 일반적으로 사용되는 컨버터 토폴로지 중 하나이다. 해당 토폴로지는 [그림 9-19(a)]에 나와 있다. 전력은 저전압 측(배터리 팩 측)에서 고전압 DC 링크 측으로 흐른다. 이때 부스트 모드에서는 더 낮은 스위치(S_2)와 다이오드(D_1)가 동작한다. 벅 모드에서는 상위 스위치 S_1과 다이오드 D_2가 동작한다. S_1을 제어하면 고전압 DC 링크 측에서 배터리 팩으로 전력이 흐를 수 있다. 인터리브 구조는 배터리에서 공급되는 리플 전류를 크게 줄일 수 있는 부스트 컨버터용으로 설계할 수 있다. 이밖에도 DC 버스 측에서 인터리브 컨버터를 사용해 리플 전류를 낮출 수 있으며 이는 DC 링크 버스 커패시터에 대한 요구 사항을 낮출 수 있다.[4~5] 3상 인터리브 부스트 컨버터는 [그림 9-19(b)]에 나와 있다. 인터리브 부스트 구조는 본질적으로 다중 부스트 인덕터와 더 많은 수의 스위치가 필요하다. 그러나 최적화된 컨버터는 시스템 수준의 이점을 얻기 위해 수동 부품을 적절하게 선택하고 크기를 조정하여 설계할 수 있다.

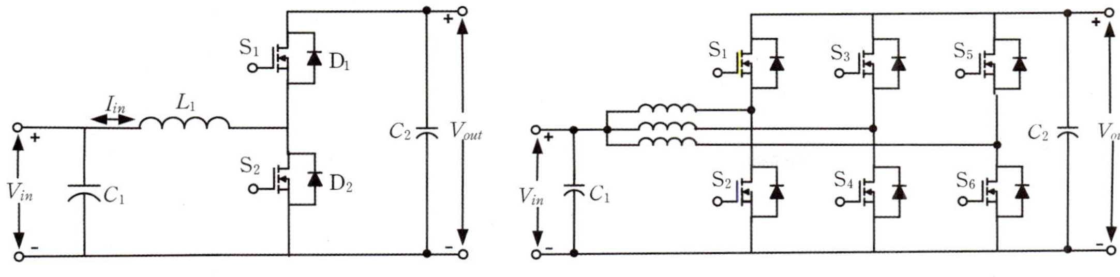

(a) 인터리브가 아닌 단상 회로

(b) 인터리브 3상 회로

[그림 9-19] DC-DC 하프 브리지 부스트 컨버터

주전원 DC 부스트에 적합한 다른 두 컨버터 토폴로지는 [그림 9-20(a)], [그림 9-20(b)]에 나와 있다.[6] [그림 9-20(a)]는 전력이 V_{in}에서 DC 버스 V_{DC}로 흐를 때 전압을 높이는 척Cuk 컨버터를 보여준다. 이 부스트 모드에서는 S_1과 D_2가 활성화되고 S_2와 D_1은 비활성화된다. 벅 모드에서 전압은 S_2와 D_1이 활성화되고 S_1과 D_2가 비활성화될 때 V_{DC}에서 V_{in}로 강압된다. C_t, C_2는 각각 전송 커패시터와 DC 링크 커패시터이다. [그림 9-20(b)]는 전압 부스트 동작이 필요할 때 SEPIC 컨버터로 동작하고 벅 동작이 필요할 때 Luo 컨버터로 동작하는 결합된 SEPIC/Luo 컨버터를 보여준다. SEPIC 동작모드에서 전력은 저전압 배터리 팩 측에서 고전압 DC 링크 측으로 흐르고 배터리 입력전압 V_{in}을 부스팅한다. 이 모드에서 S_1과 D_2는 활성화되고 S_2와 D_1은 비활성화된다. Luo 동작모드에서 전력은 고전압 DC 링크 측에서 저전압 배터리 팩 측으로 DC 링크 입력전압을 낮추어 흐른다. 이 모드에서 S_2와 D_1은 활성화되고 S_1과 D_2는 비활성화된다.

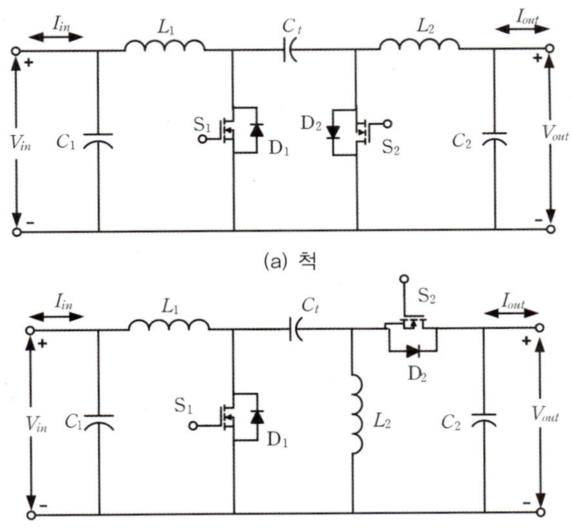

(a) 척

(b) SEPIC/Luo

[그림 9-20] DC 부스트 컨버터

[표 9-2]는 세 가지 컨버터 토폴로지[6]의 능동 및 수동 구성요소에 대한 정격을 보여준다.

[표 9-2] 비절연 DC/DC 컨버터에서의 능동 및 수동 소자 정격

	하프 브리지	Cuk	SEPIC/Luo
전달 커패시터 정격 전압	−	$V_{in}+V_o$	V_{in}
스위치 정격 전압	V_o	$V_{in}+V_o$	$V_{in}+V_o$
다이오드 정격 전압	V_o	$V_{in}+V_o$	$V_{in}+V_o$
인덕터 평균 전류[2]	$\frac{I_o}{1-d_1}$ (부스트) $\frac{I_o}{d_2}$ (벅)	$I_{L1}=I_o\frac{d_1}{1-d_1}$ $I_{L2}=I_o$	$I_{L1}=I_o\frac{d_1}{1-d_1}$ $I_{L2}=I_o$ (부스트) $I_{L1}=I_o\frac{(1-d_2)}{d_2}$ $I_{L2}=I_o$ (벅)

하프 브리지 컨버터의 장점은 Cuk 및 SEPIC/Luo 컨버터에 비해 작은 인덕터 크기, 활성 부품의 감소된 전압 및 전류 정격, 적은 부품 수와 장애지점 그리고 높은 효율이다. 작은 인덕터 크기는 DC 링크 커패시터의 크기에 영향을 미쳐 출력전류가 불연속일 수 있다.

DC/DC 컨버터가 고전압 인버터 DC-링크로 에너지 저장 장치를 버퍼링하는 데 사용되는 일부 EV/HEV 애플리케이션에서 두 DC 전압은 전동화 파워트레인 설계, 에너지 저장 장치 구성요소, 설계, 동작 조건에 따라 겹칠 수 있다. 견인용 배터리에는 정격 또는 공칭전압이 있지만 항상 배터리 충전 상태에 따라 달라지는 범위에서 동작한다. 예를 들어 정격이 144V 인 50개 셀로 구성된 리튬-이온 배터리 팩은 126 ~ 172V 범위에서 동작한다. DC/DC 부스트 컨버터 단의 출력은 배터리 팩 동작 입력 범위와 겹칠 수 있다.

FCEV에서 연료전지의 출력전압은 넓은 동작 범위에 걸쳐 변하며 전기 구동 시스템에 전력을 공급하기 위해 DC/DC 컨버터의 벅 및 부스트 동작이 모두 필요할 수 있다. 이러한 상황에서 [그림 9-21]에 표시된 것과 같은 양방향 벅 및 부스트 동작이 있는 종속 연결된 DC/DC 컨버터는 적절한 컨버터 토폴로지이다.

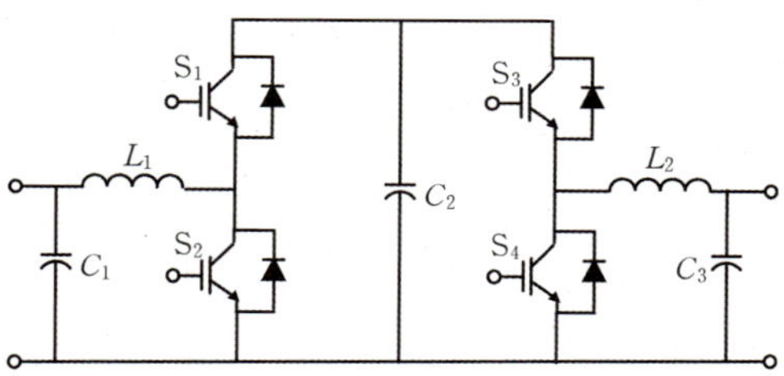

[그림 9-21] 부스트-벅 캐스케이드 DC-DC 컨버터

2 d_1과 d_2는 각각 부스트와 벅 동작을 위한 듀티 사이클이다.

캐스케이드 토폴로지는 스위치 수가 더 많지만 동작 중에는 하나의 브리지만 스위칭되고 다른 브리지는 수동적이다. 계단식 부스트-벅 또는 벅-부스트 양방향 컨버터는 구성요소의 스트레스가 훨씬 낮아 효율성을 향상시킨다. 또한 이러한 하프 브리지 기반 컨버터의 위상 인터리빙은 리플 제거의 추가 이점을 제공한다.

9.3.2 견인용 인버터

6-스위치 전압 소스 인버터(VSI)는 소스가 DC 링크에서 강한 전압을 전달하는 EV 및 HEV 애플리케이션에 사용된다. 인버터는 온보드 DC 전력을 차량 추진에 필요한 높은 AC 전류 및 전압으로 변환하는 기능을 갖는다. 3상 전류 제어의 6-스위치 VSI는 현재 자동차 산업에서 보편적으로 채택하고 있는 전력 컨버터이다. 인버터는 DC 소스 또는 배터리 팩 출력전압이 인버터의 DC 링크에 직접 공급될 때 비승압 유형으로 표시되는 반면, 프런트엔드 DC-DC 단계를 사용하여 배터리 팩 전압을 더 높은 DC 링크 전압 수준으로 승압하는 경우 부스트 유형이 된다. 비승압형 견인용 인버터 토폴로지는 [그림 9-22]에 나와 있다.

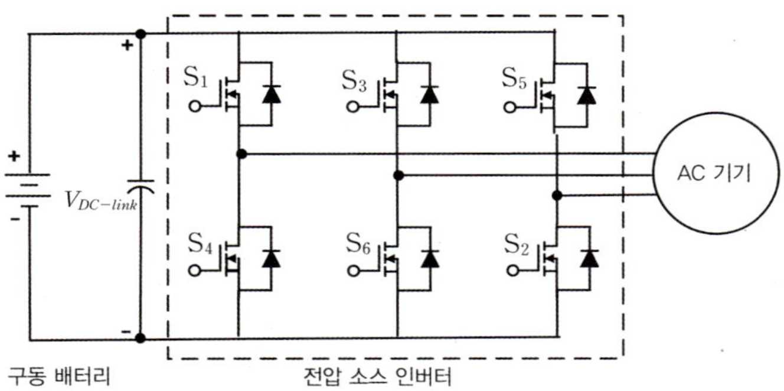

[그림 9-22] 부스트 구동 인버터가 없는 파워트레인

6-스위치 VSI 토폴로지는 유도전동기, 매입형 영구자석형 또는 기타 3상 동기전동기에 사용된다. 2레벨 인버터인 VSI는 일반적으로 하드 스위칭된다. T형과 같은 3단 인버터도 고유한 애플리케이션의 요구 사항에 따라 인버터에 적합할 수 있다. 2L을 선택하든 3L을 선택하든 견인용 인버터의 가장 중요한 설계 목표는 낮은 비용, 크기 및 질량을 유지하면서 효율 및 신뢰성을 향상시키는 것이다.

모터 최대 속도를 더 높이기 위해 DC 링크 버스 전압을 증가시킬 수 있는 부스트 인버터 토폴로지는 [그림 9-23]에 나와 있다. 인버터 토폴로지는 SiC MOSFET 소자로 표시되지만 IGBT 소자로 유사하게 구현할 수 있다. DC-DC 부스트 컨버터는 리플을 크게 줄일 수 있는 3상 인터리브 방식이다. DC-DC 부스트 단계는 시스템 효율성을 개선하고 배터리 팩의 버스 필터링 조건을 줄여 제로 전압 스위칭으로 동작할 수 있다.

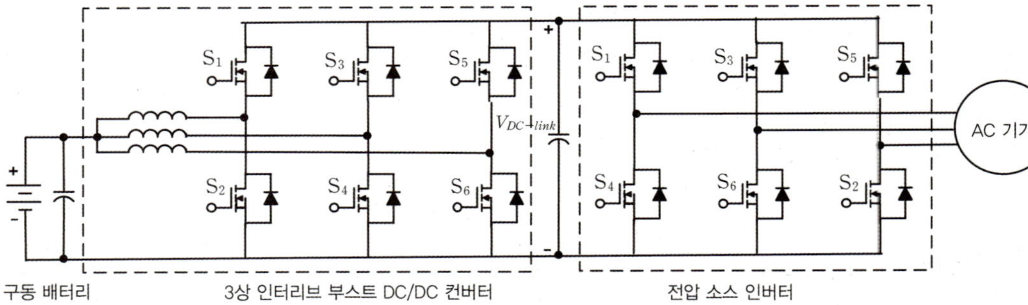

[그림 9-23] 인터리브 DC/DC 스테이지를 포함한 부스트된 파워트레인 인버터

1996년 최초의 현대식 전기자동차 EV1이 도입된 이후 자동차 산업에서 채택한 전력 소자는 Si-IGBT이다. 이 소자는 비용, 적절한 효율성, 5~10kHz 스위칭 주파수 및 약 10μs의 우수한 단락 기능 등 개발된 EMI 관리 접근 방식으로 인해 여전히 선호되고 있다. SiC 및 GaN 전력 소자는 지난 10년 동안 엄청난 발전을 이루었으며 현재 견인 응용 분야에서 Si-IGBT에 도전하고 있다. 심지어 몇몇 EV는 이미 SiC 기술을 채택했다. 최종적으로는 GaN이 선택될 가능성이 높지만, SiC MOSFET은 GaN HEMT에 비해 단기적으로 더 성숙된 기술이다. 800V와 같은 고전압 시스템의 경우 SiC MOSFET은 전류 레귤레이션에 유리하고 데드 타임을 감소시켜 전압 및 전류 왜곡을 줄이기 위해 더 낮은 소자 손실 및 더 높은 주파수 동작이라는 고유한 이점을 제공한다. Si-IGBT에 비해 SiC MOSFET의 또 다른 큰 장점은 역병렬 다이오드가 제거된다는 것인데, 이는 더 높은 주파수 동작에 필수적이다. MOSFET에서는 채널이 양방향으로 도통될 수 있기 때문에 양의 전류와 음의 전류가 모두 흐를 수 있다.

견인용 인버터는 PWM 방식과 제어 지령을 사용하여 인버터 전원 장치에 대한 게이트 스위치 신호를 생성하는 모터 컨트롤러와 통합되어 전력 흐름을 처리하고 원하는 전압 및 주파수에서 출력전압을 전달한다. 견인용 인버터는 전원 장치, 게이트 드라이버, 전력 스테이지 또는 부스바, DC 버스 및 EMI 필터, 방열판, 컨트롤러 및 센서로 구성된다. 각 구성요소는 인버터 시스템 요구 사항 및 패키징 제약 조건을 충족하도록 설계되었다. 견인용 인버터 설계의 전반적인 목표는 효율성과 전력 밀도를 높이는 것이며, 이는 EV 및 HEV의 연비와 공간 제약에 매우 중요하다. 동작 측면에서 인버터는 6단계 모드와 PWM 모드에서 모두 동작하도록 설계되었다. 모터 제어 및 인버터 PWM 제어는 10장에서 자세히 설명한다. 이 장에서는 인버터 설계 측면에 중점을 둔다.

전력 장치 선택

전력 장치는 정격 전류, 정격 전압, 장치 손실 및 단락 기능을 기반으로 선택한다. 정격 전류는 지정된 최소 배터리 팩 전압 또는 DC 링크 전압에 대한 견인용 전동기의 피크 전력 수준에 대해 장치가 전달할 수 있는 최대 전류를 기반으로 한다. 스위칭 손실과 도통 손실로 구성된 장치 손실은 소자 정격 전류가 항상 더 높은 주변 온도에서 감소하기 때문에 최대 연속 정격 전류와 밀접한 관련이 있다. 피크 전력 레벨에서 디바이스 손실은 디바이스 접합 온도를 높이는 최대치이며 디바이스가 안전한 동작 영역 내에 유지되도록 전류 용량을 감소시켜야 한다. 소자 전압 정격은 과도 스위치 꺼짐 동안 오버슈트를 포함하여 소자가 견뎌야 하는 전압 수준과 일부 안전 여유를 포함하여 장치가 전달해야 하는 최대 실효 전류를 기반으로 지정된다. DC 링크 전압과 관련하여 정격 전압은 다음 식에서 얻을 수 있다.

$$V_{DC,\,rating} = V_{nom,\,DC} \times \left(1 + \frac{s_1}{100}\right) \tag{9.4}$$

여기서 s_1은 안전 마진이다.

전력 소자 스위칭 손실은 EMI(dv/dt 관련), 전압 오버슈트, 스위칭 손실 및 단락 기능 간의 균형을 위해 조정할 수 있는 게이트 드라이브에 따라 달라진다. 이에 대한 추가 설명은 게이트 드라이브 설계에 대한 문단에 나와 있다.

전력 장치의 패키징 및 열 관리에 사용할 수 있는 몇 가지 선택 사항이 있다. 패키징 측면에서 TO-247 유형의 개별 장치를 병렬로 배치하여 전류 전달 능력을 높이거나 하프 브리지 또는 6팩 모듈을 사용할 수 있다. TO-247 패키지는 시간이 지남에 따라 최적화되었으며 냉각 구성요소와 전체 인버터 패키징의 유연성을 제공한다. 모듈은 평면 베이스 플레이트 유형 또는 통합 핀 핀**pin fin** 유형일 수 있다. 평면 베이스플레이트 모듈은 저렴하지만, 질화알루미늄으로 만들어진 것과 같은 열 인터페이스 모듈(TIM)을 사용해야 한다. 장치의 열은 TIM 아래의 방열판 내에 배치된 채널 또는 튜브를 통해 강제로 냉각수 유체(일반적으로 50/50 물-글리콜 혼합)를 통해 추출된다. 핀 핀 모듈을 사용하면 핀 핀 영역 위로 직접적으로 물이 흐르며 이에 따라 열 임피던스가 감소하여 보다 효율적으로 열을 제거할 수 있다. 또 다른 기술로는 장치의 상단 및 하단 양면의 열을 제거하기 위해 설계된 모듈 냉각 방식이 있다. 열 임피던스가 매우 낮으므로 열 제거 과정은 크게 개선되지만, 양면 냉각은 전체 기계적 패키징을 복잡하게 만든다.

부스바 및 패키징

기존의 전력전자 컨버터 패키지는 구리 막대 기반 적층 버스 구조와 전력 장치 모듈을 사용한다. 컨버터 패키지의 전반적인 목표는 완전한 디지털 제어 기능을 갖춘 통합 전력전자 모듈(IPEM)을 구축하는 것이다. 고전력 밀도 컨버터에 대한 수요가 증가함에 따라 부스바 폼 팩터 및 전력 모듈과의 상호 연결은 전체 시스템 수준 설계에서 중요한 역할을 한다. 적층 설계의 대안은 인쇄 회로 기판(PCB) 기반의 설계이다. PCB 부스바는 설계 용이성, 제조 용이성 및 단순화된 시스템 조립이라는 장점이 있어 대안으로 적합하다.[5,7] 대부분의 승용차 제조사가 현재 150V ~450V 의 DC 링크 전압을 갖는 견인용 인버터 400V 시스템을 채택하고 있지만, EV 파워트레인에 대한 시스템 수준의 이점을 제공하도록 최대 870V의 DC 링크를 갖는 800V 시스템이 시장에 출시되었다. 800V 시스템과 비교하여 400V 시스템은 부스바 및 전력 케이블의 온도 및 손실을 증가시키는 훨씬 더 높은 상전류로 동작해야 한다. 더욱이 대전류 구동을 위해 전력 밀도와 비용을 희생하면서 커패시터 셀을 병렬로 연결해야 되기 때문에 DC-링크 커패시터의 신뢰성을 감소시킨다.

부스바 설계는 향상된 시스템 성능, 신뢰성, 효율성 및 EMI 감소를 위하여 기생 요소로 인한 DC 루프 인덕턴스를 최소화하는 것이 목표이다. 이는 견인용 애플리케이션에서 중요한 설계 요소라고 할 수 있다. 정류 루프는 DC 링크 커패시터, 전력 모듈 내부의 도통 경로 및 이들 사이의 부스바에 있는 표류 인덕턴스에 의해 형성된다. 최소화된 루프 인덕턴스는 장치 전압 정격 미만이어야 하는 전력 장치 턴오프 동안 전력 반도체 스위치에서 제한된 전압 오버슈트를 보장한다. 특히 부스바 설계는 신호 에지 속도가 증가함에 따라 더 높은 동작 주파수가 필요한 WBG 시스템에서 매우 중요하다. 낮은 ESL DC 링크 커패시터, 최적화된 부스바 레이아웃 및 고성능 모듈은 모두 루프 인덕턴스를 줄이는 데 도움이 된다. 부스바 폼 팩터 및 전력 모듈과의 상호 연결은 전체 시스템 수준 설계에서 중요한 역할을 한다.

인버터 전원 단계에는 부스바, 회로 도체 트레이스 및 커넥터로 인해 여러 기생 구성요소가 있다. 기생 인덕턴스의 등가회로 모델은 [그림 9-24]에 나와 있다.

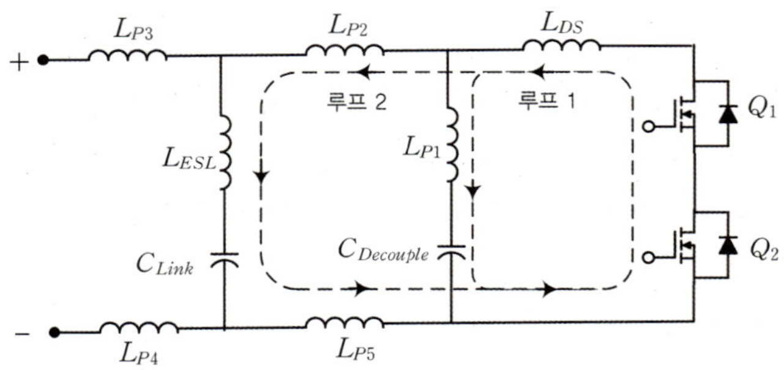

[그림 9-24] 하프 브리지 구성에서 DC-링크 커패시터 및 디커플링 커패시터를 포함하는 정류 루프

여기서 L_{DS}는 전력 모듈의 집중 기생 인덕턴스를 나타내고 L_{P1}, L_{P2}는 부스바와 연관이 있다. L_{P3}, L_{P4}는 입력 DC 단자와 커패시터/모듈 단자 사이의 표류 인덕턴스를 나타낸다. 전력 모듈과 DC 링크 저장 커패시터로 구성된 루프의 기생 인덕턴스가 크기 때문에 EMI 완화를 위해 보상이 필요할 수 있다. 전력 모듈 단자에 가까운 곳에 낮은 ESL 디커플링 커패시터를 추가하는 것은 루프 인덕턴스를 줄이는 데 효과적이다.[7] 이러한 디커플링 커패시터는 [그림 9-24]의 등가회로에서 일괄 매개변수 $C_{Decouple}$로 표시된다. 이 배열은 두 개의 루프를 만든다. 모듈 단자 가까이에 디커플링 커패시터를 배치하면 루프 1의 인덕턴스가 루프 2의 인덕턴스보다 훨씬 작다. 이는 인버터의 DC

루프 인덕턴스를 효과적으로 줄이는 데 도움이 된다. 중앙 전해 DC-링크 커패시터를 채택한 부스바 설계는 서로 다른 위상에 대해 비대칭 정류 루프를 생성할 수 있으며 스위치 전압 오버슈트와 한 특정 위상에 대한 스위칭 손실을 유발할 수 있다. 따라서 인버터의 정류 루프는 특히 고전력 애플리케이션의 경우 최대한 대칭으로 설계해야 한다.

DC 버스 필터링

DC 버스 전압 필터링 구성요소에는 에너지 저장을 위한 벌크 커패시터와 EMI 감소를 위한 공통 모드 및 차동 모드 필터가 있다. [그림 9-25]는 필터, 게이트 드라이브, 센서 및 컨트롤러로 결합된 인버터를 나타낸다.

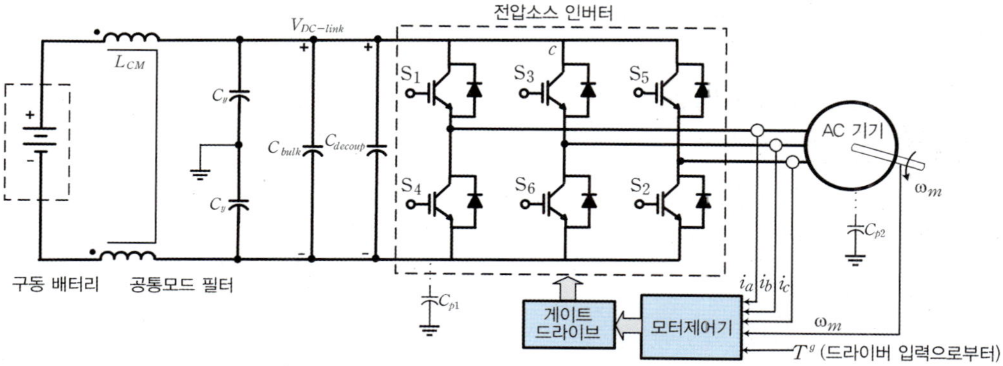

[그림 9-25] 필터 구성요소와 제어기로 결합된 트랙션 인버터

배터리 팩 단자는 인버터에서 멀리 떨어져 있기 때문에 몇 μH의 라인 인덕턴스가 있을 것이다. 이 라인 인덕턴스는 벌크 DC 링크 커패시터([그림 9-25]에서 C_{bulk}로 표시)에서 공급되는 인버터의 로컬 에너지 저장에 필요하다. DC 링크 벌크 커패시터는 배터리 및 기타 구성요소를 보호하기 위해 인버터의 PWM 스위칭으로 인해 발생하는 전류 리플을 싱크 및 소싱해야 한다. 자동차 견인용 인버터에 사용되는 벌크 커패시터는 동작 전압(DC 링크 공칭전압의 1.2~1.5배), 전류 실효값, 동작 온도, 수명, 기생 인덕턴스 및 저항을 고려해 선정된 대형 폴리프로필렌 필름 커패시터이다. 전류 요구사항은 가속 중 높은 전류 또는 장시간동안 중간 전류와 같은 다양한 응용 사례에서 얻을 수 있다. 미션 프로파일이 있는 차량 수준 시뮬레이션은 시스템 수준의 고려 사항에서 이러한 요구 사항을 생성하는 데 도움이 된다.

차량의 경우 인버터 전원 장치, 차폐된 AC 케이블 및 모터는 섀시 접지에 대해 상당한 기생 정전 용량을 가지고 있다. 높은 dv/dt, 즉 AC 인버터 단자에서 각 PWM 스위칭 이벤트에 대한 전압 변화율은 공통 모드(CM) 펄스를 접지로 유도하여 심각한 EMI를 유발한다. EMI를 완화하기 위해 CM 필터는 CM 초크 및 Y-Cap 형태로 인버터 또는 부스바 케이블링 내에 포함된다([그림 9-25]에서 L_{CM} 및 C_y로 표시). L_{CM}과 C_y는 EMI를 완화하는 2차 노이즈 필터로 동작한다. 그러나 DC 버스에서 허용되는 CM 초크 및 Y-Cap의 양은 SAE 1772 DC 충전에 의해 제한된다.[8]

권선과 섀시 접지 사이의 견인용 전동기의 기생 정전 용량([그림 9-25]에서 C_{p2}로 표시)은 일반적으로 5~25nF 범위에서 중요하다. 인버터와 모터는 거리를 두고 떨어져 있으며 차폐된 AC 케이블을 통해 연결된 시스템에서는 추가 기생 커패시턴스가 있다. 이러한 커패시턴스와 스위칭 dv/dt는 인버터의 PWM 전압 파형에서 인버터에 의해 공급되어야 하는 모터 내부 턴 간 전류 및 베어링 전류와 같은 공통 모드 전류를 생성한다. 이는 인버터 손실 및 정격저하뿐만 아니라 모터 권선의 절연 손상으로 이어진다. 문제를 완화하기 위해 모터 단자 앞에 CM 초크가 있는 출력 필터를 배치할 수 있다. 그러나 가장 좋은 방법은 쉐보레 볼트[9]에서 수행된 인버터를 전기모터 하우징에 직접 장착하는 등 긴밀하게 패키징을 결합하는 것이다.

■ 게이트 드라이브 설계

게이트 드라이버는 모터 드라이브 컨트롤러에서 PWM 게이팅 신호를 수신하고 이를 버퍼링하여 전기적으로 완전히 절연해 VSI의 전력 장치 게이트에 전달한다. 게이트 드라이버 설계는 전력 컨버터 시스템에서 중요한 부분으로 작용하며 절연, 구동 기능, 최소 지연 및 안정적인 동작이 필요하다. 모터 컨트롤러는 고전압 DC 시스템에서 분리된 차량 섀시를 참조한다. 게이트 드라이버는 절연 상태를 만들고 모든 전력 장치 게이트 연결이 컨트롤러 접지에 대해 부동상태가 되도록 한다. 일반적인 절연 게이트 드라이버 블록 다이어그램은 제어신호 전송, 절연 바이어스 전력 공급 장치 및 전류 부스터 회로를 포함할 수 있는 드라이버 스테이지로 구성되어 있으며 이는 [그림 9-26]과 같다.

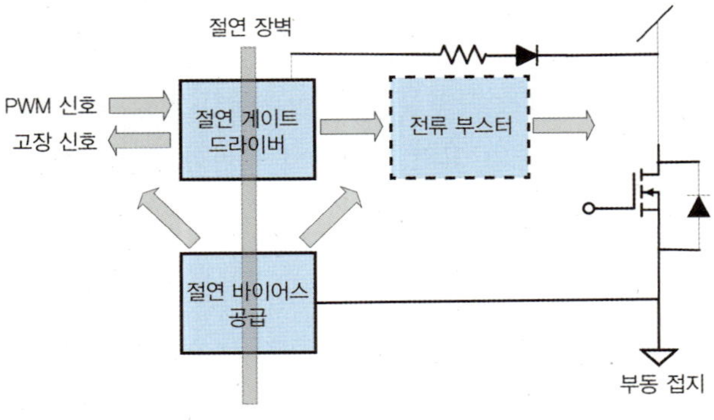

[그림 9-26] 전형적인 절연 게이트 드라이버의 블록 다이어그램

이 바이어스 공급 장치는 실제로 스위칭 소자와 동일한 부동 접지를 공유하므로 고전압 애플리케이션의 경우 엄격한 절연 조건이 있다. 항상 적절한 전압 레벨을 유지해야 하며 dv/dt로 인한 턴온을 방지하기 위해 음의 바이어스가 사용된다. 한편 SiC 소자가 높은 스위칭 dv/dt와 함께 사용되는 경우 절연 장벽을 가로지르는 용량성 결합도 중요하다. 전력 소자가 고전압으로 스위칭될 때 절연된 컨트롤러 신호는 이러한 고전압 과도 현상에 영향을 받지 않아야 된다. 이 내성은 kV/μs로 측정되는 CMTI **Common Mode Noise Immunity**라는 게이트 드라이브 매개변수로 나타낼 수 있다.

게이트 드라이버의 또 다른 중요한 기능은 하드웨어 기반의 빠른 오류 보호이다. 보호 기능에는 비포화, 슛 스루, 과전류, 저전압 및 과열방지가 포함된다. 전력 소자가 선형 영역에서 동작하면 엄청난 전력 손실을 유발하여 빠른 고장으로 이어질 수 있는데, 비포화 보호는 이를 방지한다. 콜렉터 전압(IGBT) 또는 드레인 전압(MOSFET)은 디바이스가 게이트-온 될 때, 특정 임계값 미만으로 유지되어야 한다. 비포화 보호는 장치 오류를 방지하는 가장 빠른 방법 중 하나이며 비교기 회로를 사용하여 콜렉터 또는 드레인 전압을 모니터링함으로써 구현된다. 이는 약 $2\mu s$의 매우 짧은 단락 정격 용량을 갖는 SiC MOSFET에 특히 유용하다. IGBT의 단락 전류 지속 시간 기능은 약 $10\mu s$이다. 안티 슛 스루 보호는 하프 브리지 위상 레그의 상단 및 하단 장치가 동시에 켜지는 것을 방지하는 데 필수적이다. 이 보호는 빠른 응답을 위해 하드웨어 회로를 사용하여 구현된다. 인버터의 최대 전류 제한 이상의 흐름을 방지할 수 있는 가장 빠른 응답을 위해 비교기 회로가 있는 하드웨어에서 과전류를 보호한다. 디바이스가 항상 완전 포화 상태에 있도록 충분한 게이트 전압이 있는지 확인하기 위해 게이트 드라이버에서는 저전압을 감지한다.

컨트롤러 및 센서

모터 드라이브용 컨트롤러 카드, 즉 전자 제어 모듈(ECM)에는 게이트 드라이버, 모터 및 인버터 컨트롤러를 호스팅하는 DSP, 전압 및 전류 센서, 차량 제어 모듈에 대한 인터페이스가 들어 있다. 제어 알고리즘은 전류 센서와 회전자 위치 센서에 따라 달라진다.

견인용 전동기 구동 시스템이 완전한 상태를 유지하기 위해서는 정확하고 안정적인 전류 감지가 필수이다. 전류 감지신호는 전류 전달 도체에서 분리되어야 한다. AC 출력 단자는 고전압 스위칭 전압으로 전류 감지회로가 높은 노이즈 내성을 가져야 한다. EV 인버터의 최대 AC 실효 전류는 정격 전력 및 DC 링크 전압에 따라 1,000A까지 오를 수 있다. 전류 센서는 부스바에 배치되어 이를 통해 흐르는 높은 전류로 인해 손실과 온도 증가가 발생한다. 따라서 전류 센서에는 최대 125℃의 고온 기능이 필요하다. 센서 대역폭은 모터 구동 시스템의 우수한 폐쇄 루프 제어에 중요한 매개변수이기도 하다.

PWM 스위칭 주파수에 따라 40kHz 이상의 대역폭과 최대 기본 주파수까지 최소한의 위상편이가 필요하다. 최대 기본 주파수는 전기기기 극 수 및 최대 동작 속도에 따라 500~1,200Hz 범위를 갖는다. 전류 센서의 주요 요구 사항은 측정 범위, 정확도, 대역폭, 전압 절연, 노이즈 내성, 온도 범위, 폼 팩터, 무게 및 비용이다. 전류 센서회로를 설계하기 위해서는 오프셋, 이득 불균형, 지연 및 양자화 문제를 해결해야 한다. 사용할 수 있는 전류 센서의 유형은 홀 센서, 변류기, 션트 저항, 거대 자기 저항(GMR) 센서이다. 홀 센서는 코어가 있거나 없을 수 있으며 전류 센서 중 가장 측정 결과가 정확하다. 또한 코어형 홀 센서는 자동차 견인용 인버터 전류 센서로 널리 사용된다. 측정된 출력 신호는 전류가 흐르는 전원 도체와 분리되어 있으며 지연이 비교적 적다. 반면에 물리적 크기, 질량 그리고 코어 포화로 인한 제한된 측정 범위는 코어형 홀 센서의 단점이다. 코어형 홀 센서의 단점을 극복하기 위해 코어리스 홀 센서가 등장하고 있다. 변류기는 이름에서 알 수 있듯이 변압기 원리를 사용하므로 AC 전류 측정에만 사용할 수 있다. 측정값은 절연되지만, 정확도는 다소 제한된다. 션트 저항은 작은 설치 공간에 컨버터의 전력 스테이지가 모두 통합되는 가장 쉬운 접근 방식을 제공한다. 그러나 저항값이 작더라도 손실이 발생하고 열 관리를 위해 방열판이 필요하다. 감지된 신호는 컨트롤러에 공급되기 전에 절연 장벽을 통해 처리되어야 하지만, 노이즈가 발생하기 쉬운 환경으로 인해 항상 어렵다. 션트를 선택하는 동안에는 손실과 잡음 저감 사이의 절충이 필요하다.

GMR 센서는 작고 컴팩트한 형태, 높은 대역폭 및 격리된 측정으로 인해 점점 더 매력적인 기술이 되어가고 있다. GMR은 흐르는 전류의 크기에 따라 저항이 달라지는 재료를 사용한다. 정확도는 홀 센서보다 낮다.

열 설계

열 설계는 전력전자 컨버터, 특히 통합 패키징의 고전력 모듈에서 매우 중요하다. 전력 반도체 소자 및 수동 부품, 특히 전기 구동계의 인덕터는 용단 전류 및 최대 접합 온도 미만에서 동작하기 위해 냉각을 해야 한다. 전력 모듈과 인덕터에서 더 효과적으로 열을 추출할수록 전기 구동계를 통해 더 많은 전류를 흘릴 수 있어 더 높은 전력 밀도를 설계할 수 있다. 또한 전자 장치의 대부분은 능동 및 수동 구성요소에서 열을 제거할 수 없어 고장이 발생한다. 즉 냉각이 효과적으로 이루어져야 장기적인 신뢰성이 보장된다. 평면 적층 구조 설계 방법론을 기반으로 방열판을 전력 모듈의 베이스 플레이트에 직접 장착하여 냉각할 수 있다. 열 유한 요소 시뮬레이션 분석에서 얻은 댄포스 **danfoss** 가 개발한 샤워파워 **showerpower** 냉각 기술에 기반한 냉각 방식의 열 분포는 [그림 9-27]과 같다.

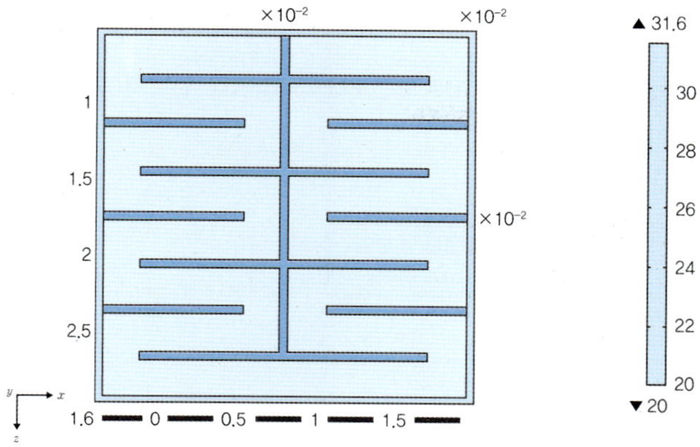

[그림 9-27] 전력 모듈 베이스 판 아래의 터뷸레이터 셀 표면 온도 시뮬레이션 [5]

예제 9.1

SiC 인버터는 800V 공칭전압의 배터리 팩에서 SVPWM을 사용하여 견인용 전동기를 구동하는 데 사용된다. 인버터는 매개변수가 $V_{DS}=1,200\text{V}$, $I_{DS}=450\text{A}$, $R_{ds,on}=4,625\text{m}\Omega$, $E_{on}=11.7\mu\text{J}$, $E_{off}=11.3\mu\text{J}$ 인 Wolfspeed SiC CAB450M12XM3 MOSFET으로 제작되었다. 견인용 AC 모터의 주어진 정상상태 동작 지점에 대한 전력 장치와 인버터 성능을 평가해야 한다. 동작 지점 데이터는 다음과 같다.

$$\text{모터 입력 전력}=250\text{kW},\ V_{DC}=800\text{V},$$
$$\text{변조 지수}(M)=0.907,\ \text{역률}\ \varphi=0.7$$

접합 온도는 시뮬레이션을 위해 100℃로 가정할 수 있다. 이때 시뮬레이션 모델에서 AC 모터의 등가 전기회로 표현을 사용하여 인버터 전원 장치의 열 손실(전도 및 스위칭)을 추정하라.

풀이

주어진 동작지점에 대한 AC 모터 부하를 나타내는 등가회로 모델은 단순화된 $R-L$ 모델의 형태로 유도될 수 있다. 이것은 상전압과 위상 각도에서 얻을 수 있다. 실효 상전압은 주어진 데이터에서 다음과 같이 계산할 수 있다.

$$V_{phase}=M\frac{V_{DC}}{\sqrt{2}\sqrt{3}}$$

모터의 등가 저항은 다음에서 얻는다.

$$R_{eq}=\frac{1}{3}\frac{V_{phase}^{\ 2}}{P}$$

여기서 P는 시스템의 실제 전력(기계적 전력), V_{phase}는 실효 상전압이다. 등가 인덕턴스 L_{eq}는 다음에서 결정할 수 있는 모터 역률을 모델링한다.

$$위상각\ \varphi = \tan^{-1}\left(\frac{\omega L_{eq}}{R_{eq}}\right)$$

모터 부하는 전력 장치에서 실효 전류 및 전압을 얻기 위해 내장된 PSIM 또는 PLECS 스위칭 인버터 모델에 의해 구동된다. 시뮬레이션 모델은 [그림 9-28]과 같다.

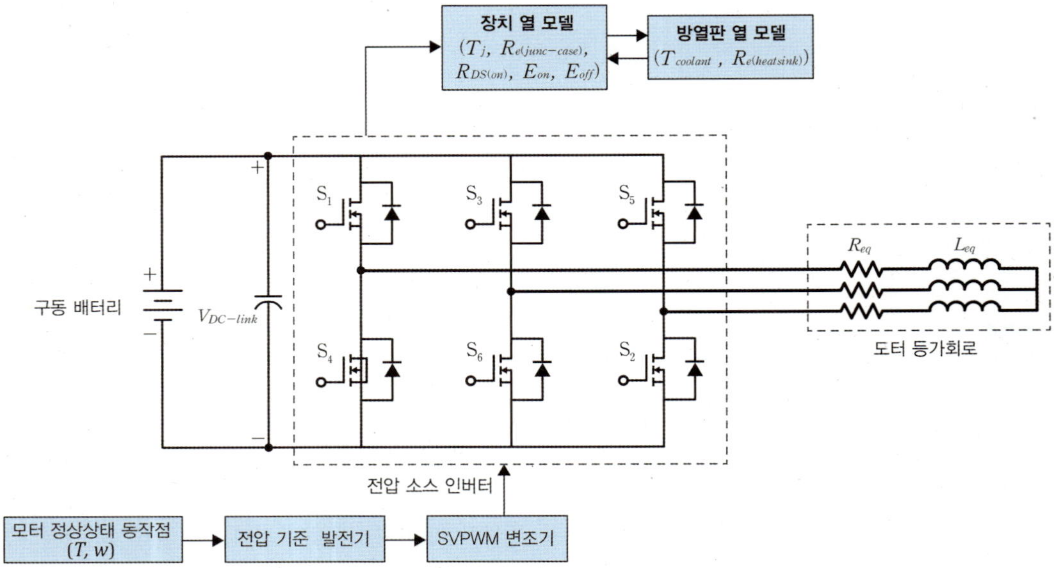

[그림 9-28] 모터 등가모델을 사용하여 주어진 동작점에서 전력 소자의 동작특성을 평가하기 위한 시뮬레이션 모델

PSIM 플랫폼에서 SVPWM을 사용하여 얻은 결과 전압 및 전류 파형은 [그림 9-29]와 같다. 이후 전력 장치의 실효 전류 및 전압을 사용하여 특정 접합 온도(T_j)에서 장치 데이터시트 값 $R_{ds,on}$, E_{on}, E_{off}를 사용하여 주요한 전도 및 스위칭 손실을 평가한다.

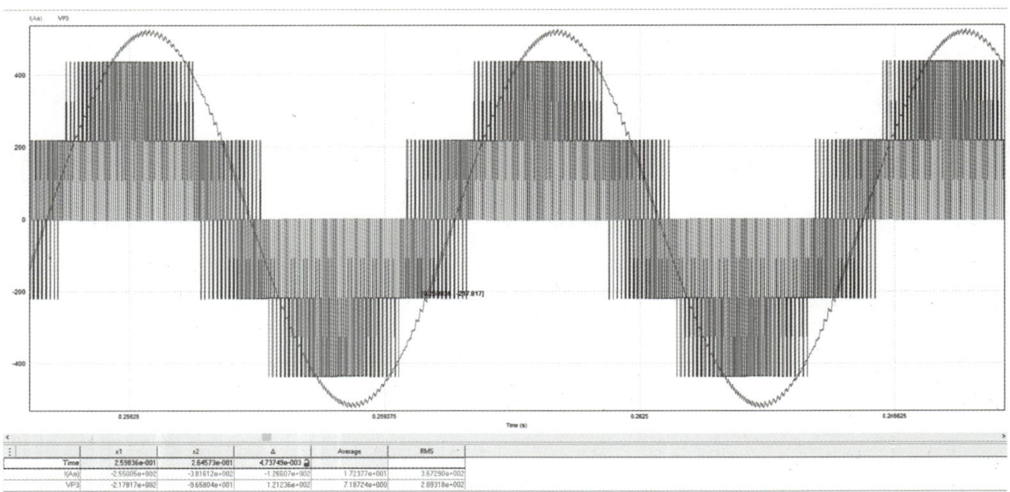

[그림 9-29] PSIM을 이용하여 얻은 SVPWM에서의 PWM 전압 및 전류 파형

시뮬레이션의 결과 데이터는 $P_{out} = 250.82\text{kW}$, $P_{loss} = 2.19\text{kW}$, 인버터 효율은 99.13%이다. 여기서 소자 접합 온도(T_j)는 100℃로 가정했다.

장치의 열 응력(즉 접합 온도 상승)을 평가하기 위해 주어진 $R_{\theta(junction-case)}$ 및 $R_{\theta(heatsink)}$ 값을 사용하여 장치 및 방열판 열 모델을 구현할 수 있다. 냉각수/주변 온도($T_{coolant}$)의 경우 [그림 9-28]과 같이 동적 시뮬레이션에서 계산된 손실에 대해 접합부 온도를 업데이트할 수 있다. 특정 부하 조건에서 장치에 가해지는 열 스트레스를 분석해 다른 타입의 전력 장치를 사용하는 인버터의 성능을 비교하여 안전한 동작 능력과 효율을 결정할 수 있다.

9.3.3 고전압-저전압 DC/DC 컨버터

고전압-저전압 DC/DC 컨버터는 EV/HEV에서 12V 전자 장치를 공급하는 데 사용된다. 중형 EV 및 HEV의 고전압-저전압 DC/DC 컨버터의 일반적인 정격 전력은 약 2 ~ 3kW이다. 저전압 출력은 차량의 12V 전자 장치에 전력을 공급한다. 12V 접지는 항상 차량 섀시에 연결된다. 따라서 이 컨버터 토폴로지는 절연이 되는 유형이어야 한다. 이 애플리케이션에 사용되는 컨버터 토폴로지는 [그림 9-30]과 같이 중앙 탭이 있는 다이오드 또는 동기식 정류기가 있는 풀 브리지 유형이다. EV/HEV에 사용되는 이 컨버터의 스위칭 주파수는 약 100kHz이다. HV-12V 컨버터는 대부분의 EV/HEV에서 단방향이지만 양방향 컨버터를 사용하면 몇 가지 이점이 있다. [그림 9-30]의 컨버터는 두 개의 다이오드를 두 개의 제어 스위치로 교체하여 양방향 토폴로지로 쉽게 변환할 수 있다.

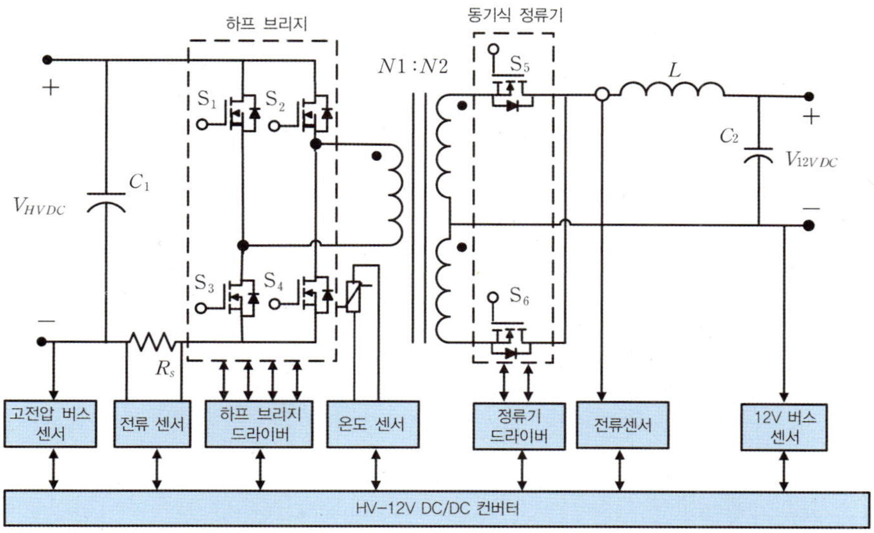

[그림 9-30] 센서와 제어기를 사용한 고전압-12V DC/DC 컨버터

다이오드는 비싸다는 단점이 있어 비용을 최소화하기 위해 대체 물질이 자주 사용된다. 2차 스위치를 적절하게 제어하면 저전압 측에서 고전압 측으로 전력이 흐르는 부스트 모드의 토폴로지가 동작할 수 있다. 스위치를 사용하는 것도 다이오드를 사용하는 것보다 더 효율적이다. 이 12V-HV DC/DC 컨버터의 부스트 모드 동작은 HEV에서 12V 스타터가 제거되도록 한다. HEV에는 기존의 12V 스타터보다 훨씬 빠르고 효율적으로 엔진을 동작시킬 수 있는 고출력 전기기기가 있다. 부스트 모드 동작이 가능하면 콜드 크랭킹과 같은 극한의 시동 조건에서 12V 배터리를 사용해서 고전력 전기기기를 통한 추가 시동 전력을 얻을 수 있다. 극도로 추운 상황에서는 HV 배터리가 모든 엔진 크랭킹 파워를 제공하지 못할 수 있다. 이 상황에서 12V 배터리는 부스트 모드에서 동작하는 12V-HV 컨버터를 통해 필요한 추가 전력을 보충할 수 있다. 또한 부스트 동작은 HV 배터리가 고장난 경우 HV 측의 일부 기능을 활성화할 수 있다.

9.3.4 온보드 배터리 충전기

차량의 온보드 배터리 충전기**On-Board Battery Charger, OBC**는 110 또는 $240V_{AC}$에서 주거용 또는 상업용 단상 AC 공급 장치 또는 상업용 $400V_{DC}$ 고속 충전기에 연결된다. OBC는 넓은 입력전압 범위를 처리하고 차량 배터리 충전 상태에 기반하여 조정된 출력전압을 공급하기 위해 단상 AC 소스나 3상 AC 소스에 연결할 수 있는 범용 구성요소로 설계할 수 있다.

현재 사용되는 OBC는 프런트엔드가 그리드 AC 전압을 중간 DC 전압[3]으로 변환하는 2개 컨버터의 캐스케이드 설계를 기반으로 하며, AC 그리드 주파수를 필터링하기 위해 큰 DC링크 저장 커패시터를 갖는 절연 DC/DC 컨버터이다. 프런트엔드 컨버터에는 두 가지 토폴로지가 널리 사용된다. 하나는 다이오드 브리지가 있는 인터리브 PFC(역률 보정) 부스트 컨버터이고 다른 하나는 브리지리스 PFC 부스트 컨버터이다. 두 토폴로지는 [그림 9-31]에 나와 있다. 두 컨버터의 효율은 Si IGBT로 인해 약 98%로 거의 동일하지만, 전류 및 전압 감지 요구 사항은 브리지리스 PFC 토폴로지가 더 복잡하다. EMI용 필터 구성요소는 브리지리스 PFC 토폴로지가 더 커지는 경향이 있다.

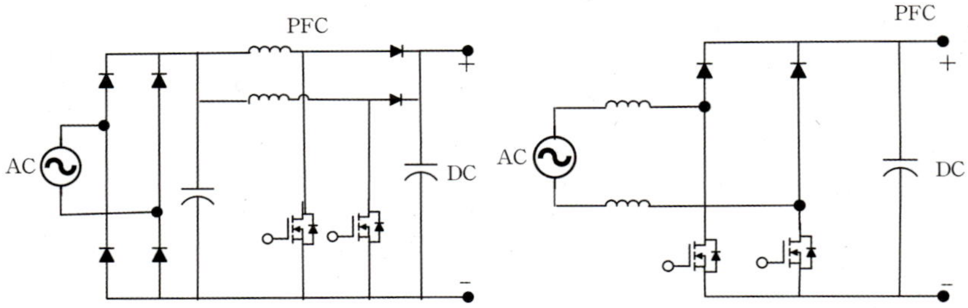

(a) 인터리브 PFC 토폴로지 (b) 브리지리스 PFC 토폴로지

[그림 9-31] OBC를 위한 프런트엔드 토폴로지

3 일반적으로 최대 400V 레벨이다.

다중 토폴로지는 PSFB **phase-shifted fullbridge** 및 LLC 공진 컨버터와 같은 OBC의 DC/DC 단계에 적합하며 PSFB는 자동차 산업에서 가장 널리 사용된다. PSFB는 제어 기술과 고정 주파수 PWM을 사용하여 전력 장치의 제로 전압 스위칭**ZVS**을 허용한다. ZVS는 스위칭 손실 감소와 EMI 감소에 도움이 된다. LLC 공진형 컨버터 토폴로지는 ZVS와 ZCS(제로 전류 스위칭)를 모두 가능하게 하여 전체 동작 범위에서 사실상 모든 스위칭 손실을 제거한다. 이 손실 감소는 PSFB보다 약 3%의 효율성 이득이 있다. 제어는 공진 LLC가 PSFB보다 다소 복잡하지만, EMI 필터링 요구 사항은 적다. 쉐보레 볼트 Gen1은 PSFB 토폴로지를 사용했지만 Gen2에서는 토폴로지가 LLC 공진 컨버터로 전환되었다.[10]

OBC를 설계하려면 전력 밀도, 고효율, 성능, 신뢰성 및 비용을 모두 고려해야 한다. EV의 다른 전원 구성요소와 마찬가지로 OBC가 높은 전력 밀도를 갖도록 하는 것이 바람직하다. 소형 폼 팩터와 높은 전력 밀도를 통해 차량 제조사는 고객을 위해 사용 가능한 공간을 더욱 확보하고 전체 차량 질량을 줄일 수 있다. 고효율은 AC 그리드에서 끌어온 전력으로 인한 에너지 손실을 줄이며 전력 밀도에도 기여한다.

센서 및 컨트롤러 IC 블록을 포함하는 EV 및 PHEV에 사용되는 일반적인 배터리 충전기의 회로도는 [그림 9-32]에 나와 있다. 이 회로는 입력에서 브리지 정류기, PFC 회로, 풀 브리지 DC/DC 컨버터로 구성된다. 인터리브 부스트 DC/DC 컨버터는 배터리 충전기에서 PFC 회로로 표시된다. 부스트 컨버터는 다이오드의 손실과 비용을 최소화하기 위해 경계 도통 모드(BCM)에서 사용된다. BCM에서 MOSFET 온 타임은 고정된 상태로 유지되지만, 오프 타임은 다양하며 인덕터 전류가 0에 도달하는 즉시 새로운 스위칭 간격이 시작된다. MOSFET이 고정된 시간 동안 켜진 상태에서 피크 인덕터 전류는 입력전압에 비례한다. 전류 파형이 삼각형 모양이므로 각 스위칭 간격의 평균 전류는 입력전압에 비례한다. 입력전압이 정현파인 경우 입력 전류는 소스의 정현파 전류를 매우 정확하게 소비하면서 정현파를 따른다.

PFC 회로에 있는 2개의 인터리브 부스트 DC/DC 컨버터는 180° 위상 변이로 서로 동기화된다. 이 인터리브 토폴로지를 통해 고주파수 리플 전류가 상쇄되고 EMI 필터 요구 사항이 감소한다.

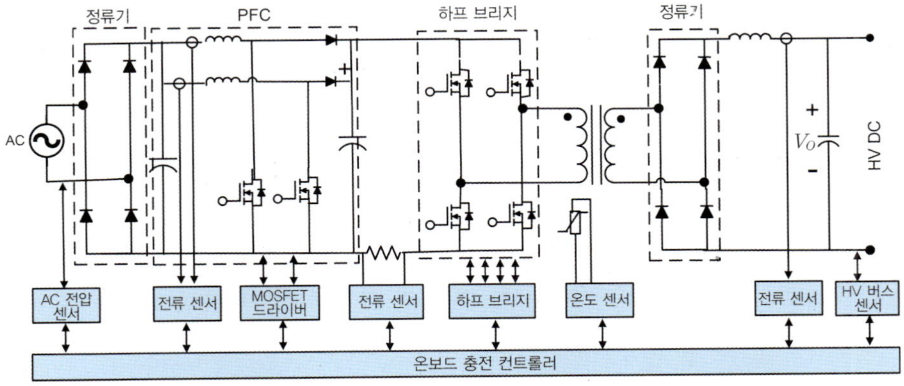

[그림 9-32] OBC 회로 토폴로지

SECTION 9.4

셀 균형 컨버터

Cell-Balancing Converters

전체 배터리 팩이 충전-방전 주기를 거치기 때문에 개별 배터리 셀 전압과 충전량은 직렬 연결된 스트링에서 각기 다른 경향을 보일 것이다. 직렬 연결된 셀 스트링의 전하 불균형은 전체 용량과 팩의 평균 수명을 감소시킨다. 배터리 셀 충전 균등화는 장기적인 불균형을 방지할 수 있다. 개별화된 셀 밸런싱 방법은 수동 또는 능동 구성요소를 사용하여 전기화학 팩이 충전/방전되는 동안 충전 또는 전압을 모니터링하고 균형을 유지한다. 또한 셀 밸런싱 전자 장치는 방전 중 SoC 및 전압을 모니터링할 수 있으므로 스트링에서 가장 약한 셀에 의해 팩의 용량이 제한되지 않는다. 전체 셀 관리 방법은 4장 앞부분에서 논의되었다. 이 절에서는 밸런싱 전자 장치에 포함된 전력전자 장치를 다룬다. 일부 셀 밸런싱 회로는 자연적으로 소산되는 반면, 다른 셀은 DC/DC 컨버터 회로를 사용하여 한 셀에서 다른 셀 또는 셀과 전원 사이에서 전하를 전송한다. 동작 기능에 따라 밸런싱 방법은 수동 또는 소산 밸런싱 방법과 능동 또는 비소산 밸런싱 방법의 두 가지 유형으로 크게 분류할 수 있다.

9.4.1 수동적 균형 방법

수동 밸런싱 방법에서 개별 셀 전압은 초과 에너지를 소산시키거나 충전 전류를 우회하는 션트 경로를 제공하여 균등화된다. 가장 일반적인 접근 방식에서는 저항이나 제너 다이오드와 같은 에너지 소산 구성요소를 셀 전체에 연결하여 셀의 과충전을 방지한다. 각 셀에 직접 연결된 소산 저항기는 [그림 9-33(a)]와 같이 항상 셀에서 전류를 끌어오지만, 전류 블리딩을 최소화하기 위해 큰 저항값이 사용된다. 저항값은 셀 충전 및 방전 동안 전하가 균등하도록 선택된다. 저항에 의해 소비되는 전류의 크기는 더 높은 전압 셀에서 더 크다. 전압이 높은 셀은 더 빨리 방전되고 전압이 떨어지면 전류가 점차 감소한다. 직렬 스트링의 모든 셀은 저항에서 이러한 전력 손실을 통해 균형을 이룬다.

[그림 9-33(b)]에서와 같이 저항과 직렬로 스위치를 추가하여 저항의 연속 소실을 개선할 수 있다. 스위치는 MOSFET 또는 BJT를 사용하여 구현할 수 있다. 각 셀 전압은 스위치의 온-오프를 제어하기 위해 측정 및 모니터링된다. 셀 전압 모니터링 및 스위치 제어는 마이크로프로세서에 의해 중앙에서 수행될 수 있다. 셀이 충전중일 때에는 모든 스위치가 처음의 열린 상태로 유지된다. 셀 전압이 한계에 도달하면 해당 셀의 스위치가 켜지고 충전 전류는 저항을 통해 바이패스된다. 스위칭 저항 방식은 저항의 손실을 최소화하지만 스위치, 전압 센서 및 중앙 프로세서의 비용과 복잡성 문제가 있다.

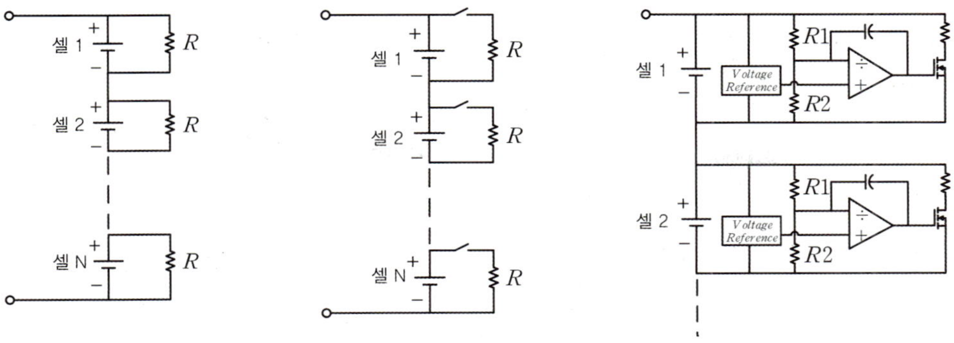

(a) 병렬 저항 (b) 스위치를 사용한 저항기 (c) 아날로그 병렬 균등화

[그림 9-33] 수동식 셀 전압 균등화 1 [11]

[그림 9-33(c)]와 같이 로컬 아날로그 션트전자 회로를 사용하면 중앙 프로세서를 사용하지 않을 수 있다. 전자회로는 각 셀 전압을 셀 전압의 한계로 설정된 기준값과 모니터링하고 비교한다. 셀이 기준 전압에 도달하면 연산 증폭기 비교기가 저항 R을 셀에 병렬로 연결하는 달링턴 스위치를 돌린다. 전류는 저항을 통해 비례적으로 분류되고 이후에 셀은 일정한 전압으로 충전된다. 배터리 팩 충전은 모든 셀이 완전히 충전될 때까지 계속된다. 아날로그 션트 등화회로는 셀의 일치하지 않는 전압 균형을 맞출 수 있으며 각 셀에 완전히 로컬화되어 있다.

제너 다이오드를 사용한 셀 밸런싱 회로는 [그림 9-34]에 나와 있다.

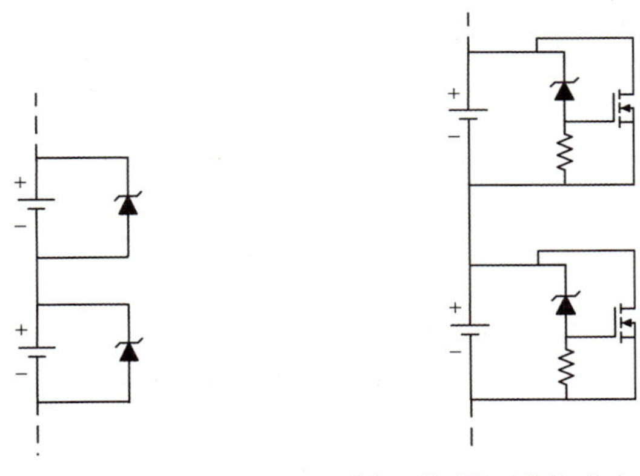

(a) 클램핑 제너 다이오드 (b) 스위치를 사용한 제너 다이오드

[그림 9-34] 수동식 셀 전압 균등화 2 [12]

sharp-knee 클램핑 제너 다이오드는 각 셀 또는 셀 그룹에 걸쳐 연결되어 셀 전압 균등화를 위한 전류 션트 경로를 제공한다. 균형 회로는 [그림 9-34(a)]에 나와 있다. 사용 가능한 최소 제너 전압은 대부분의 전기화학 전지의 전압보다 높다. 따라서 제너는 적어도 한 쌍의 셀에 연결되어야 한다. 셀 전압이 제너 항복 전압에 도달하면 제너가 항복되어 두 개 이상의 셀에 걸친 전압을 제너 항복 전압으로 고정한다. 이 방법의 단점은 제너 다이오드가 셀 전압을 클램핑할 때, 특히 셀이 높은 충전 전류로 재충전될 때 큰 전력 손실이 일어난다는 것이다.

아날로그 등화 방법은 션트 트랜지스터 스위치로 설계할 수 있으며 제너 다이오드는 [그림 9-34(b)]에 나와 있다. 셀 전압이 상한에 도달하면 클램핑 제너 다이오드가 고장난다. 그러면 제너 다이오드와 저항기 회로가 트랜지스터 스위치에 턴온 신호를 제공한 다음 충전 전류를 바이패스한다. 전체 등화회로는 로컬로 구성되며 중앙 프로세서가 필요하지 않다.

수동 방법의 주요 단점은 소산 구성요소에서의 에너지 낭비이다. 또한 셀 밸런싱을 위해 등화 회로로 비교적 높은 전류를 우회해야 할 수도 있다. 아날로그 밸런싱 회로의 구성요소는 온도에 대한 의존도가 높기 때문에 높은 전류를 견딜 수 없다. 그렇지 않으면 이러한 방법이 더 저렴하고 구현하기 쉬울 것이다.

9.4.2 능동 밸런싱 방법

능동 셀 밸런싱 방법에서 비소산 요소(커패시터 및 인덕터)는 과충전 셀에서 과충전 셀로 에너지를 선택적으로 전달하기 위해 스위치와 함께 사용된다. 전자 스위치 및 관련 회로는 스위치의 온-오프를 능동적으로 제어하여 셀 간에 에너지를 전달한다. 중앙 마이크로프로세서는 팩 및 셀 상태를 모니터링하여 셀 전압 균등화를 위해 스위치를 제어한다. EV 및 HEV의 에너지 저장 장치에서 전류 충전/방전 속도는 상당히 높다. 결과적으로 전하 균등화 전류는 동일한 크기를 가질 수 있다. 전하는 셀 균등화를 위해 비소산 소자를 사용하며 이러한 셀 간의 전하 이동은 EV 및 HEV의 에너지 손실을 최소화한다. 능동 밸런싱 회로는 더 복잡하고 구현하기 어렵지만 최고의 충전/방전 효율을 보장한다. 일부 능동 밸런싱 방법에서 전하는 셀 전압 균등화를 위해 인접 셀 사이에 국부적으로 재분배된다. 반면 보다 복잡한 방법에서는 전하가 일정한 기준 전압에 대해 전체적으로 재분배된다.

셀 밸런싱은 가장 강한 셀에서 가장 약한 셀로 에너지를 전달한다. 이 개념은 스위치드 커패시터 네트워크를 사용하여 설명할 수 있다. 한 쌍의 일반 스위치와 각 배터리 셀을 가로지르는 플라잉 커패시터가 있는 N 개의 셀에 대한 스위치드 커패시터 네트워크의 회로도는 [그림 9-35]에 나와 있다. 각 인접 셀은 유사한 회로를 가지고 있다. 이퀄라이저는 SPDT **single-pole, double-throw** 스위치가 필요하다. 스위치는 두 개의 트랜지스터 스위치, 제너 다이오드 및 변압기를 사용하여 구현할 수 있다. 참고문헌에 나와 있는 대안으로 무변압기 SPDT를 구현할 수도 있다.[13] 변압기 결합 스위치는 절연 요구 사항이 높은 이퀄라이저에 적합하다.

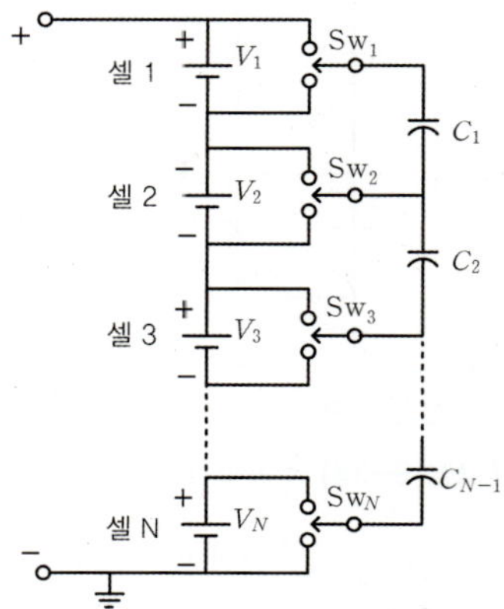

[그림 9-35] 스위치 커패시터 회로

플라잉 커패시터를 사용하여 한 셀의 전하를 더 낮은 전압의 인접 셀로 전송할 수 있다. 예를 들어 그림의 셀 1이 한계에 도달하면 C_1이 셀 1전압 수준으로 충전될 때까지 Sw_1와 Sw_2에 걸친 플라잉 커패시터 C_1이 상단 레일에 연결된다. 이 과정에서 셀 1의 전압이 약간 떨어진다. 그런 다음 스위치 네트워크는 C_1을 셀 2에 연결하여 전압을 동일한 수준으로 올린다. 이 전하 펌프 기술을 사용하면 전하를 인접 셀을 가로질러 전송할 수 있으며 이후에 전체 팩의 균형을 맞추기 위해 멀리 떨어진 셀로 전송할 수 있다. 이 방법의 단점은 전압이 기준 전압이 아니라 인접 셀과 균등화된다는 것이다. 이 전하 이동 기술은 긴 직렬 셀 스트링에 대해 느리다.

플라잉 커패시터를 통해 라우팅하는 대신 DC/DC 컨버터를 사용하여 배터리 셀 간에 전하를 전송할 수도 있다. 셀 전압 균등화의 정도와 전하 전달 효율은 사용된 DC/DC 컨버터 회로의 유형에 따라 다르다.[14~15] 또한 사용되는 회로 토폴로지에 따라 멀리 떨어진 셀 또는 인접한 셀로 전하가 전송될 수 있다. DC/DC 컨버터 기반 셀 밸런싱 회로의 세 가지 범주는 개별 DC/DC 컨버터, 중앙 집중식 DC/DC 컨버터, 전류 전환기 DC/DC 컨버터이다.

개별 DC/DC 컨버터

절연 DC-DC 컨버터를 사용한 전하 균등화 방법은 [그림 9-36(a)]에 나와 있다. DC-DC 컨버터는 충전하는 동안 과충전된 셀에서 배터리 DC 버스로 단 방향으로만 에너지를 전달할 수 있으며 불균형 셀에서 배터리 팩 DC 버스나 다른 셀로 에너지를 양방향으로 전달할 수도 있다. 이 방법은 매우 효율적이며 각 셀의 전압을 정밀하게 조절할 수 있다. 그러나 각 셀에 대한 개별 DC/DC 컨버터로 인한 부품 수의 증가는 셀 밸런싱 회로의 비용을 높인다. DC/DC 컨버터 모듈은 EV 및 HEV와 같은 대형 배터리 시스템의 경우 개별 셀 대신 셀 그룹에 걸쳐 연결할 수 있다.

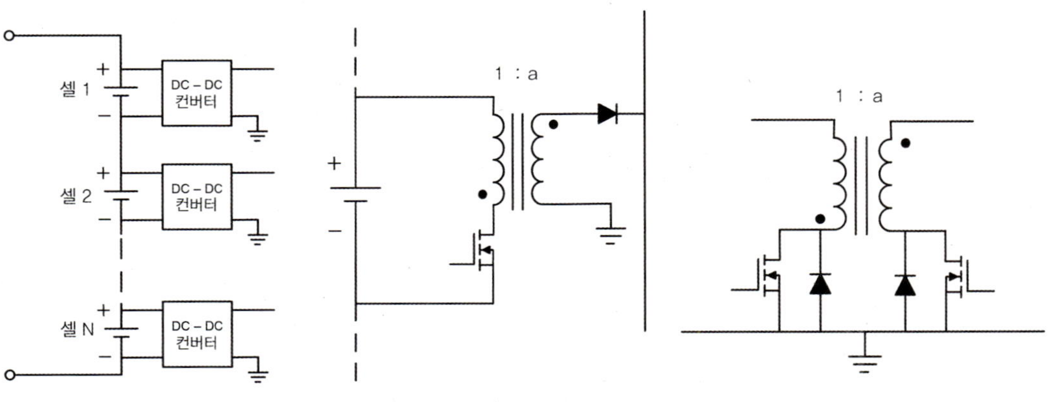

(a) 절연 DC-DC 컨버터 (b) 단방향 플라이백 컨버터 (c) 양방향 플라이백 컨버터

[그림 9-36] 능동형 셀 전압 균등화

셀 그룹에 대한 단방향 플라이백 DC-DC 컨버터 모듈은 [그림 9-36(b)]에 나와 있다. 셀 그룹에서 과전압이 감지되면 트랜지스터 스위치의 PWM 제어에 의해 초과 에너지가 DC 버스로 전달되어 셀 전압을 정밀하게 조절할 수 있다. 스위치 제어는 중앙 마이크로프로세서 또는 사전 설정된 전압을 사용하는 단순 비교기에서 수행할 수 있다. 절연 변압기 권선비는 $a \leq N$ 조건을 충족해야 한다. 여기서 N은 셀 그룹 수이다. 셀 전압 균등화를 위한 양방향 플라이백 DC-DC 컨버터 회로는 [그림 9-36(c)]에 나와 있다. 양방향 셀 균등화 회로는 충전 및 방전 중에 에너지를 전달하여 팩 활용도를 높이고 셀 수명을 향상시킨다. 각 모듈의 두 스위치를 제어하여 에너지를 어느 방향으로든 전달할 수 있다.

충전 중 셀 균등화는 자화 인덕턴스에서 DC 버스로 에너지가 전달되는 동안 도통되는 스위치의 역병렬 다이오드를 사용하는 플라이백 DC-DC 컨버터와 동일한 방식으로 발생한다. 이 모드에서는 DC 버스 측의 트랜지스터 스위치가 꺼진다. 팩 방전 동안 DC 버스 측에서 컨버터 스위치의 PWM 제어에 의해 DC 버스에서 약한 셀로 에너지가 전달되어 셀 전압 균등화를 유지할 수 있다.

■ 중앙 집중식 DC/DC 컨버터

개별 DC-DC 컨버터의 제어 및 하드웨어 복잡성은 다중 권선 변압기로 구축된 중앙 집중식 플라이백 또는 순방향 DC-DC 컨버터를 사용하여 단순화할 수 있다.[14~15] [그림 9-37(a)]는 중앙 집중식 DC/DC 컨버터가 있는 플라이백 컨버터 구성을 보여준다. 변압기의 1차측은 DC 버스에 연결되고 2차측은 N 그룹의 셀에 분산된다. 절연 변압기 권선비는 $a \leq N$ 조건을 충족해야 한다. 여기서 N은 셀 그룹 수이다.

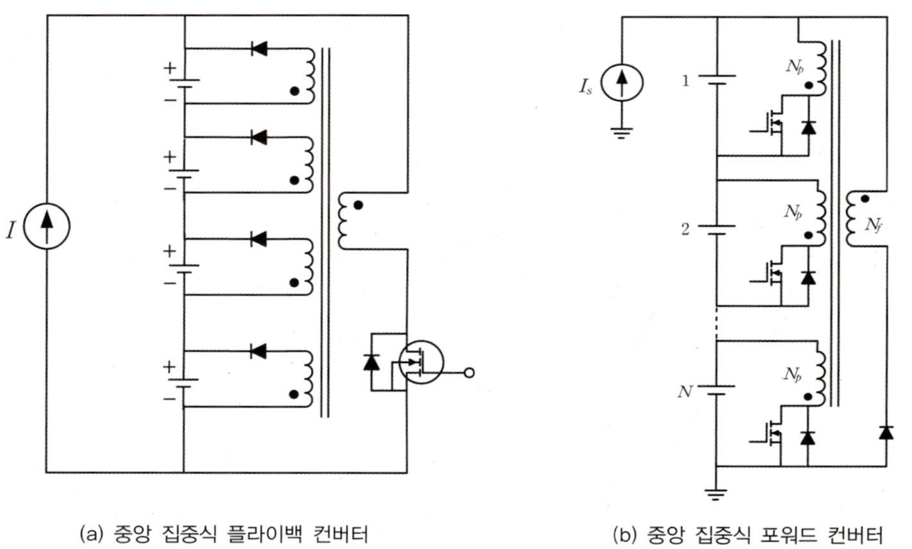

(a) 중앙 집중식 플라이백 컨버터 (b) 중앙 집중식 포워드 컨버터

[그림 9-37] 충전 균등화

셀 이퀄라이징 회로는 배터리 팩에서 저전압이 있는 약한 셀로 에너지를 전달하도록 설계되었다. 중앙 집중식 DC/DC 컨버터는 약한 셀이 감지될 때까지 꺼진 상태를 유지할 수 있는 하나의 스위치만 사용한다. 충전 중 셀 또는 셀 그룹 중 하나에서 저전압이 감지되면 스위치가 켜져 팩 에너지를 변압기의 자화 인덕턴스로 전달한다. 자화 인덕턴스가 충전되면 스위치가 꺼지고 충전 전류는 다이오드의 캐소드에서 전압이 가장 낮은 셀 이퀄라이저 회로 세그먼트로 자동 조정된다. 이상적인 경우 저장된 에너지의 가장 큰 부분은 추가 제어 없이 가장 낮은 전압의 셀로 전송된다. 따라서 플라이백 컨버터는 가장 낮은 전압을 가진 셀에 우선적으로 에너지를 전달한다. 이때 전하는 모든 셀 전압이 같아질 때까지 계속 이동한다. 실제로 변압기 기생성분, 특히 변압기의 누설 인덕턴스는 셀 사이에 저장된 자화 인덕턴스 에너지의 분포를 결정한다. 변압기 누설 인덕턴스 L_{ls}는 충전 전류를 제어하는 주요 구성요소이다. 충전 전류를 수식으로 나타내면 다음과 같다.

$$I_{ch}(t) = \frac{V_{bat} - aV_{bx}}{L_{ls}}t \tag{9.5}$$

여기서 V_{bat}는 총 배터리 전압이고, V_{bx}는 셀 그룹 모듈 전압이다.

실제로 2차 권선 사이의 모든 누설 인덕턴스를 일치시키기는 어렵다. 따라서 동축 권선 변압기는 기생 성분을 엄격하게 제어하기 위해 중앙 집중식 DC/DC 컨버터를 사용한다.[15]

[그림 9-37(b)]와 같이 순방향 컨버터와 다중 권선 변압기를 사용하여 과충전된 셀에서 약한 셀 그룹 모듈로 에너지를 전달할 수도 있다. 셀 그룹이 과충전되면 해당 DC-DC 컨버터 모듈 스위치가 켜져 변압기의 자화 인덕턴스를 통해 해당 셀에서 다른 셀로 에너지를 전달한다. 에너지는 과충전된 모듈에서 약한 모듈로 전달되며, 이때 대부분의 에너지가 가장 낮은 전압 모듈에서 전환된다. 전하 이동 전류는 과충전된 모듈과 약한 모듈의 단자 전압 차이에 정비례하고 식 (9.5)와 유사하게 2차 권선의 누설 인덕턴스에 반비례한다. 결과적으로 가장 낮은 전압의 셀 그룹이 가장 많은 전하를 수용한다. 누설 인덕턴스는 전하 이동 전류를 결정하는 데 중요한 역할을 한다. 권선 N_f와 다이오드 D_f는 모든 활성 스위치가 꺼지고 자화 인덕턴스에 저장된 에너지가 남아 있을 때 보장된 리셋 경로를 제공한다. 모든 스위치가 꺼지면 모듈의 다이오드도 꺼진다. 이 경우 잔류 에너지는 다이오드 D_f를 통해 팩 DC 버스로 반환된다. 리셋 권선과 모듈 권선 사이의 권선비는 다음과 같이 주어진다.

$$a = \frac{N_f}{N_m} \leq N$$

여기서 N은 배터리 셀 그룹 모듈의 수이다.

전류 다이버터 DC/DC 컨버터

전류 다이버터 셀 등화 회로는 DC/DC 컨버터를 사용하여 인접 셀로 에너지를 전달한다.[14] 직렬 연결된 셀 스택을 통해 아래쪽으로만 에너지를 전달할 수 있는 전류 다이버터 회로는 [그림 9-38(a)]와 같다. 각 다이버터 모듈은 MOSFET 스위치, 다이오드 및 에너지 저장 요소로 구성된다. 마지막 셀 그룹이 필요할 때 초과 에너지를 배터리 팩으로 다시 전송하려면 플라이백 컨버터 모듈이 필요하다.

모듈당 2개의 MOSFET 스위치와 인덕터가 있는 양방향 전류 다이버터 회로 토폴로지는 [그림 9-38(b)]와 같다. 전하는 과충전된 셀 위 또는 아래로 전송될 수 있다. 또한 마지막 셀에 대해 별도의 플라이백 모듈이 필요하지 않다. 2개의 해당 팩 셀 그룹과 함께 다이버터 모듈은 유도 부하를 공급하는 하프 브리지 컨버터를 형성한다. 정상 동작 중에는 다이버터 모듈이 비활성화된다.

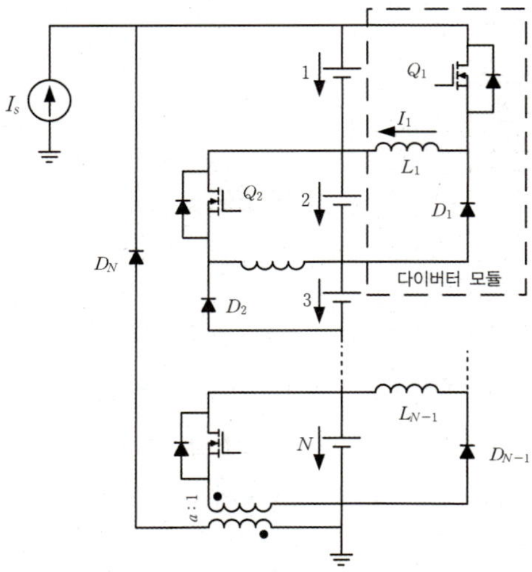

(a) 단방향

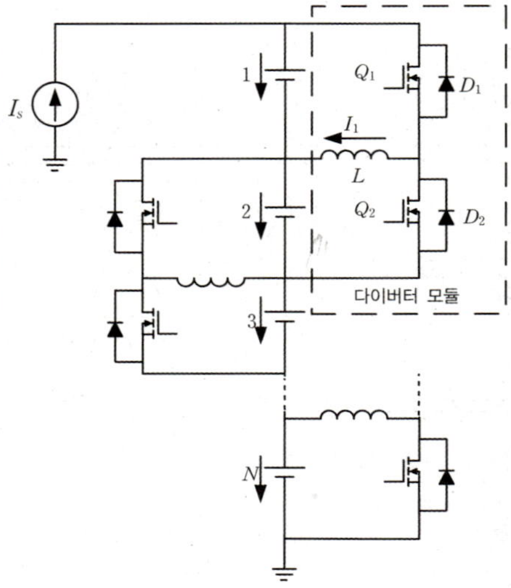

(b) 양방향

[그림 9-38] 전류 다이버터 회로

셀 그룹이 과충전되면 해당 MOSFET 스위치가 켜져 셀 그룹에서 인덕터로 에너지를 전달한다. 스위치가 꺼지면 인덕터에 저장된 에너지는 인덕터의 위치에 따라 스택 위 또는 아래에 있는 셀 그룹으로 전달된다.

CHAPTER

10

모터 드라이브

Electric Motor Drives

들어가기 전에 ▶▶▶

모터 드라이브는 사용자 요구에 응답하여 소스에서 전기기기로 또는 그 반대로 흐르는 전기 에너지를 처리 및 제어하는 통합 전력전자 컨버터 및 모터 컨트롤러이다. BEV에서의 드라이브는 모터 유형에 따라 DC 배터리 전압을 DC 전압, AC 전압으로 변환한다. 컨트롤러는 운전자 입력 지령, 센서 피드백 신호 및 사용되는 전기기기 유형에 대한 제어 알고리즘을 기반으로 전력전자 회로 장치에 대한 게이팅 신호를 생성한다. 드라이버 입력은 모터 드라이브에 대한 토크 지령으로 변환된다. 피드백 신호와 토크 지령은 모터의 동작 지점 매개변수를 설정하고 그에 따라 구동 시스템 내부 전력 스위치의 온-오프를 제어한다. 드라이브 컨트롤러는 모터 제어 전류 지령을 전력 컨버터의 게이트 신호로 변환하기 위해 AC의 경우 인버터 제어 변조방식을 포함한다. 차량을 추진하는 동안 모터 드라이브는 원하는 전압과 주파수로 모터에 동력을 전달하고, 이는 차례로 바퀴에 원하는 토크를 제공한다. 회생제동 중에 모터 드라이브는 바퀴에서 에너지 저장 장치로 동력(전력)이 흐르도록 처리한다.

SECTION 10.1

전기 구동 부품

Electric Drive Components

모터 드라이브는 전력전자 컨버터와, 이와 관련된 컨트롤러로 구성된다. 전력전자 컨버터는 소스에서 모터 입력 단자로의 전력 흐름을 처리한다. 컨트롤러의 기능은 정보를 처리하고 전력 컨버터 반도체 스위치에 대한 스위칭 신호를 생성하는 것이다. 소스 및 모터와 모터 드라이브의 구성요소 간의 상호작용은 [그림 10-1]과 같이 개략적으로 표시된다.

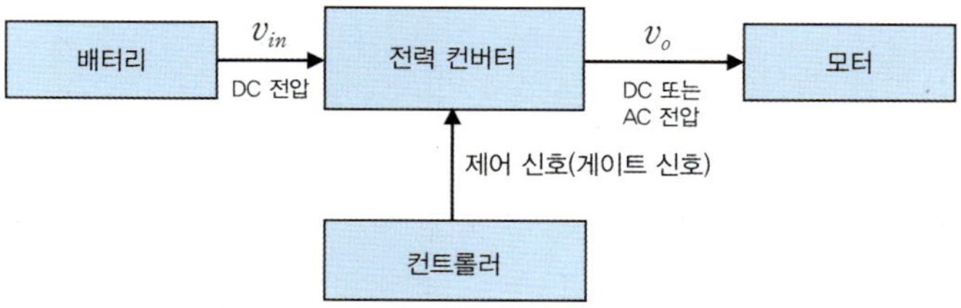

[그림 10-1] 모터 드라이브의 블록 다이어그램

전력 컨버터는 DC 모터에 전력을 공급하는 DC 드라이브 또는 AC 모터에 전력을 공급하는 AC 드라이브가 될 수 있다. [그림 10-2]는 두 유형의 드라이브에서 컨버터 기능을 나타낸다. 전력 컨버터는 9장에서 논의된 것과 같이 고출력의 고속 반도체 장치로 만들어진다. 지난 20년 동안 전력 반도체 기술이 발전함에 따라 작고 효율적이면서 안정적인 DC 및 AC 모터를 개발할 수 있게 되었다. EV 및 HEV의 모터 구동 드라이브에 일반적으로 사용되는 전력장치는 IGBT이다.

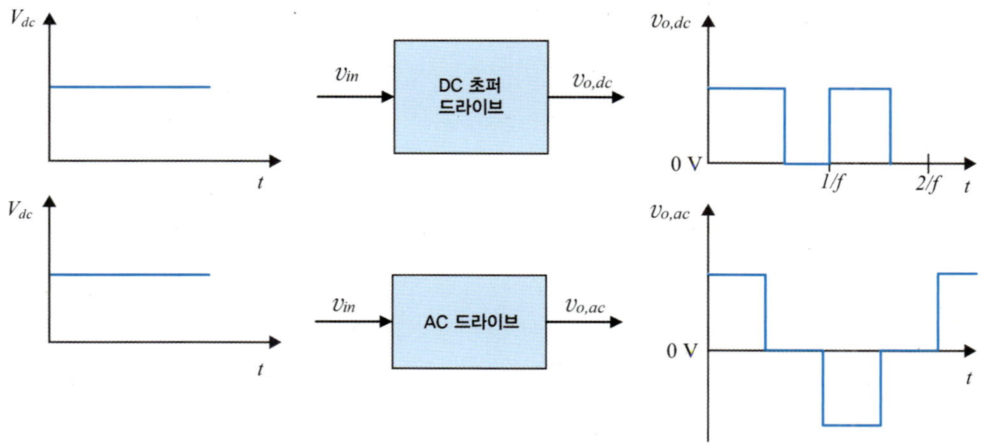

[그림 10-2] DC-DC, DC-AC 컨버터 기능

드라이브 컨트롤러는 시스템 정보를 관리 및 처리하여 모터 드라이브 트레인의 전력 흐름을 제어한다. 컨트롤러는 모터 제어 알고리즘을 따르는 동안 사용자의 지령 입력에 따라 동작한다. 전동 파워트레인용 모터를 구동하기 위해서는 고효율과 빠른 응답성이 필요하다. 따라서 이들은 고성능 드라이브 범주에 속한다. 이러한 모터 드라이브 제어 알고리즘은 상대적으로 더 많은 수의 피드백 신호와 인터페이스 할 수 있도록 더 빠른 계산 집약적인 프로세서가 필요하다. 최신 컨트롤러는 아날로그 대신 디지털을 사용하므로 드리프트와 오류를 최소화하고 짧은 시간에 복잡한 알고리즘을 처리함으로써 성능을 향상시킬 수 있다. 컨트롤러는 기본적으로 주변 장치 및 인터페이스 전자모듈과 함께 신호 처리에 마이크로프로세서 및 DSP가 사용되는 임베디드 시스템이다. A/D 및 D/A 컨버터로 구성된 인터페이스 회로는 프로세서와 시스템의 다른 구성요소 간의 통신에 필요하다. 디지털 I/O 회로는 디지털 입력 신호를 가져오고 전력 반도체 장치에 대한 게이트 드라이버 신호를 전달한다. 컨트롤러 하드웨어에 대한 자세한 내용은 11장에서 설명한다.

이 장에서는 EV 및 HEV 차량 추진에 사용되는 전기기기의 전력 흐름 및 에너지 변환을 제어하는데 사용되는 DC 및 AC 드라이브에 대해 설명한다. DC 모터는 구성이 복잡하지만, DC 드라이브는 AC 드라이브보다 훨씬 간단하다.

더 간단한 DC 드라이브 모델은 추진 시스템과 차량 도로 하중 간의 상호작용을 이해하는 데 유용한 도구로 사용된다. AC 모터는 DC 모터보다 덜 복잡하지만, 드라이브 시스템으로 인해 AC 모터 드라이브는 복잡성을 가진다. AC 드라이브는 표준 6개 스위치 인버터 토폴로지와 PWM 전략을 사용하여 기기에서 3상 정현파형을 생성한다. SR 모터 드라이브에는 비대칭 하프 브리지 전력 컨버터 토폴로지가 필요하며 이는 이 장의 끝부분에서 설명한다.

SECTION 10.2 DC 드라이브

DC Drives

EV 및 HEV 애플리케이션에 사용하는 DC 드라이브는 DC 초퍼, 공진 컨버터 또는 절연 풀 브리지 컨버터와 같은 DC/DC 컨버터이다. DC 초퍼는 추진용 DC 모터 드라이브에 더 많이 사용된다. 이 장에서는 대표적인 DC 드라이브로 2사분면 초퍼를 분석한다. 제2사분면 초퍼의 단순성과 타여자 DC 모터의 토크-속도 특성은 전력전자 모터 드라이브와 차량 도로 부하의 상호작용을 나타내는 데 사용된다. 다양한 DC 드라이브 유형에 대한 자세한 내용은 모터 드라이브에 대한 여러 교재에서 찾을 수 있다.[1~4]

10.2.1 제2사분면 초퍼

제2사분면 DC 초퍼는 단방향 전압 공급으로 양방향 전류 및 전력 흐름을 허용한다. 2사분면 초퍼의 개략도는 [그림 10-3]에 나타내었다. 모터 전류 i_o는 유도전류이므로 순간적으로 변경할 수 없다. 트랜지스터 Q_1과 다이오드 D_1은 결합되어 양방향 전류 스위치 S_1가 된다.

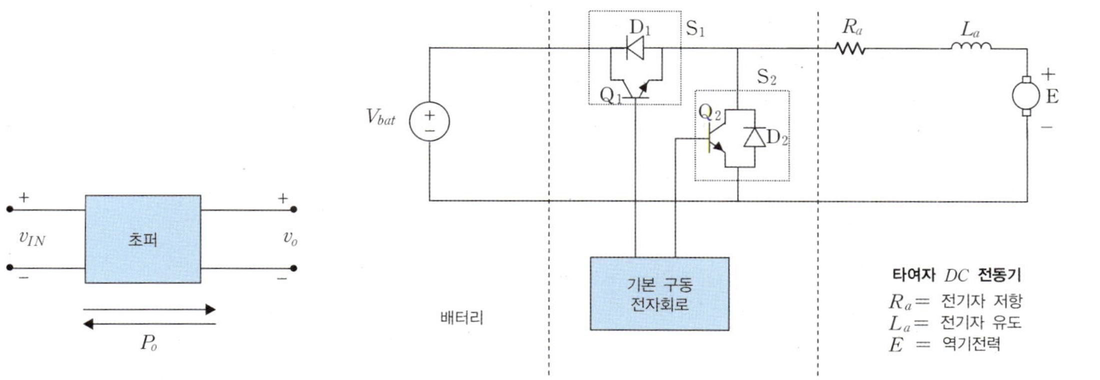

(a) 양방향 전류 (b) 2사분면 초퍼

[그림 10-3] DC 모터 드라이브

이와 마찬가지로 스위치 S_2는 트랜지스터 Q_2와 다이오드 D_2로 이루어진다. 두 스위치의 온-오프 조건은 [표 10-1]과 같이 4개의 스위칭 상태(SWS)를 생성하며 그중 2개는 허용되고 2개는 제한된다. 허용된 스위칭 상태 SWS1 및 SWS2에서 스위치 S_1, S_2는 꺼져 있을 때 양의 전압을 견뎌야 하고 켜져 있을 때 양의 전류와 음의 전류를 모두 견뎌야 한다. 따라서 양방향 전류 스위치가 사용된다.

[표 10-1] 2상한 초퍼의 스위칭 상태

스위칭 상태	S_1	S_2	내용
SWS0	0(OFF)	0(OFF)	유도성 전류 특성을 가지므로 CCM은 적합하지 않음
SWS1	0	1(ON)	$v_0 = 0,\ v_{S1} = v_{IN}$ (가능) $i_{IN} = 0,\ I_{S2} = -i_0$
SWS2	1	0	$v_0 = v_{IN},\ v_{S2} = v_{IN}$ (가능) $i_{IN} = 0,\ I_{S1} = i_0$
SWS3	1	1	전압이 단락되므로 가능하지 않음

제1사분면 동작에서 Q_1을 켜면 배터리에서 모터로 전류와 전력이 흐를 수 있다. 모터 단자 전압 v_o와 전류 i_o는 모두 0보다 크거나 같다. Q_2는 제1사분면 동작에서 계속 꺼져 있어야 하므로 $i_{b2} = 0$가 필요하다. Q_1가 꺼지면 i_o가 연속이므로 D_2가 켜진다. 제1사분면 동작은 차량의 가속 및 등속 순항 중에 발생한다. 초퍼 동작 모드는 [그림 10-4]와 같이 이 사분면에서 스위칭 상태 1과 2 사이를 전환한다.

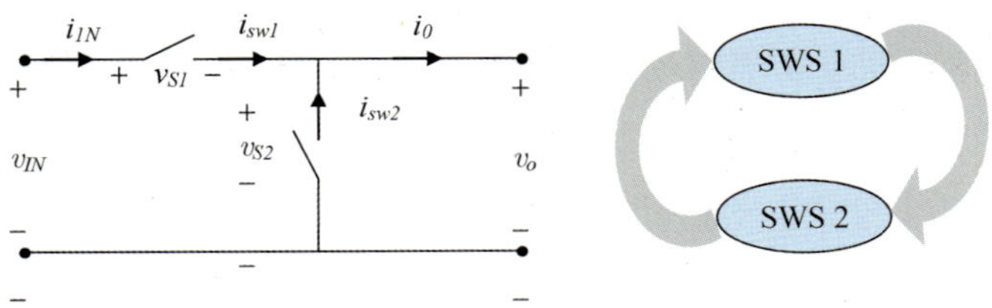

[그림 10-4] 제1사분면 동작

트랜지스터 Q_1은 DC 모터의 특정 전류 및 토크 출력을 유지하기 위해 고정 초퍼 주파수에서 스위칭한다. 모터 전류 i_o는 [그림 10-5]와 같으며 이때 리플은 과장되게 표현했다. 실제 리플 크기는 i_o의 평균값에 비해 훨씬 작다.

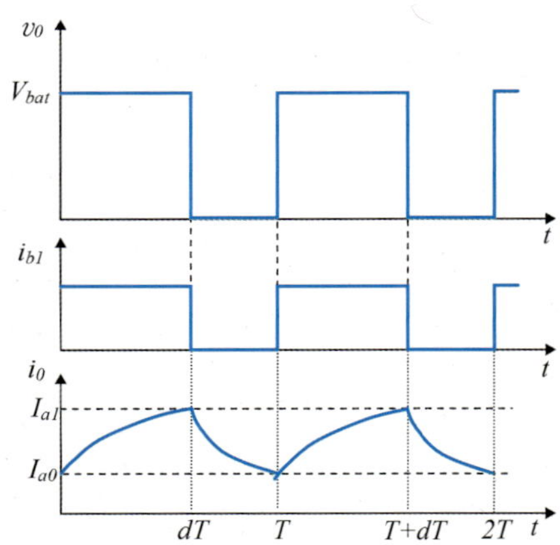

[그림 10-5] Q_1에 대한 게이트 드라이브 출력전압과 모터 전류

필터링을 하기 위해서는 부드러운 전류 및 토크 출력이 가능하도록 스위칭 시간을 설정해야 한다. 모터의 특정 토크를 출력하기 위한 외부 루프 차량 컨트롤러의 출력은 트랜지스터 Q_1의 온 타임을 설정하는 듀티비(d)이다. d는 0과 1 사이의 숫자로, 기간 T를 곱하면 트랜지스터의 온 타임이 된다. Q_1에 대한 게이트 구동 신호는 d의 함수이며 결과적으로 이상적인 스위칭 조건을 가정하면 모터에 대한 입력전압도 d에 종속된다. 드라이브 시스템의 정상상태를 분석하기 위해 [그림 10-6]에 허용된 스위칭 상태의 회로 구성을 나타내었다. 정상상태 분석은 스위칭 손실이 없고 장치의 온-오프 지연이 없는 이상적인 조건을 가정하여 수행된다.

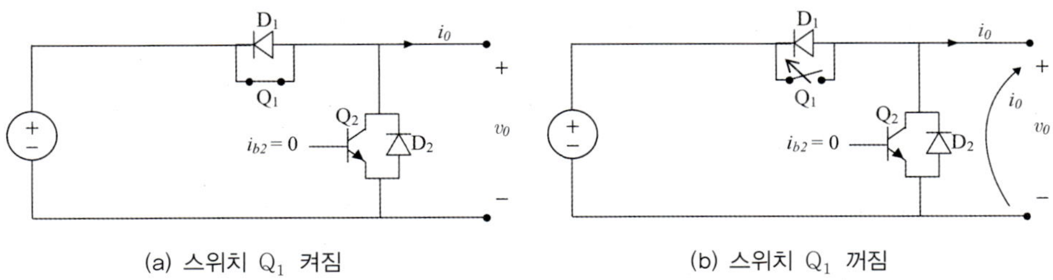

[그림 10-6] 전류 상태

10.2.2 오픈 루프 드라이브

시스템 관점에서 제2사분면 초퍼는 [그림 10-7]과 같이 차량 추진을 위해 변속기와 바퀴에 동력을 전달하는 DC 모터를 구동한다.

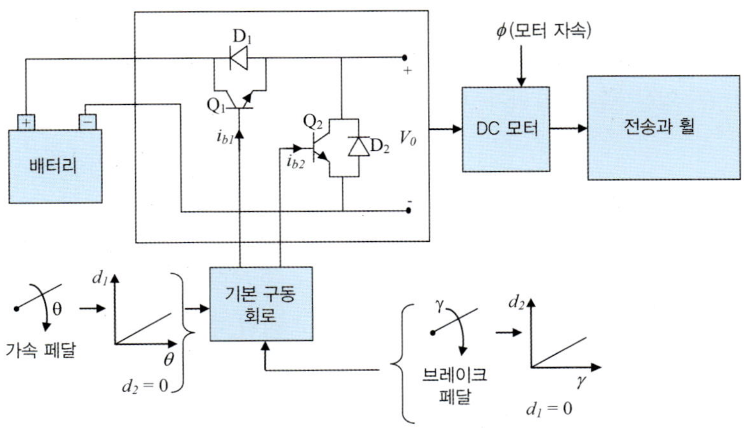

[그림 10-7] 양방향 전력 흐름을 위한 개루프 드라이브

시스템에 대한 입력은 차량 운전자로부터 가속 페달과 브레이크 페달을 통해 전달된다. 가속 및 정속 주행은 제1사분면 동작의 Q_1에 의해 제어되고, 제2사분면 동작에서의 제동은 Q_2에 의해 제어된다. 단순화된 차량의 제어 전략으로 인해 가속 페달의 기울기는 원하는 차량 응답을 결정하고 페달

의 각도는 Q_1에 대한 듀티비 d_1을 설정하는 데 사용된다. 두 스위치의 구동 신호는 [그림 10-8]에 나와 있다. 유사한 방법으로 브레이크 페달의 기울기는 원하는 제동량과 관련되며 브레이크 페달의 각도는 Q_2에 대한 듀티비 d_2를 설정하는 데 사용된다. 이때 두 개의 페달을 동시에 밟지 않아야 한다.

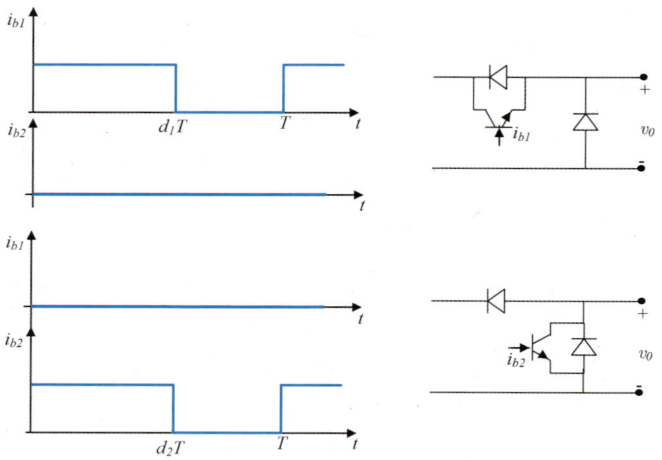

[그림 10-8] 가속과 회생 동안 2개의 트랜지스터를 구동하기 위한 베이스 드라이브 신호

7장에서 언급했듯이 차량 추진에 모터를 사용하면 회생제동 모드를 통해 차량 제동 시 에너지를 절약할 수 있다는 장점이 있다. 바퀴의 에너지는 전력 컨버터에 의해 처리되고 회생제동을 하는 동안에는 배터리 또는 다른 유형의 에너지 저장 장치로 전달된다. 제2사분면 초퍼의 경우 사이클당 재생량은 나중에 표시되는 듀티비의 함수로 표현된다. 따라서 EV 및 HEV의 실제 듀티비 지령은 다음의 단순화된 분석에서 가정된 것보다 페달 각도와 관련하여 비선형적으로 나타난다. 그러나 단순한 가정은 시스템 제어에 대해 통찰할 수 있는 좋은 기회가 된다.

제1사분면의 정상상태 분석

제2사분면 초퍼로 차량을 가속하는 동안 전력 및 전류가 소스에서 모터로 흐른다. 전류의 평균값은 0이 아닌 양수 값이지만 전류는 필요한 토크에 따라 연속적이거나 불연속적일 수 있다. 이 두 시나리오는 제2사분면 초퍼의 두 가지 동작 모드, 즉 연속 도통 모드(CCM)와 불연속 도통 모드(DCM)이다. 먼저 [그림 10-5]와 같이 차량을 앞으로 나아가게 하는 데 필요한 토크와 초핑 주파수가 모터에 양의 전류를 지속적으로 유지하기에 충분히 높다고 가정하고 CCM을 분석해보자. 전류 i_o는 전기자 전류이고 $i_o = i_a$이다. ω의 리플로 인한 역기전력 E의 리플을 무시하면 E는 일정하다고 가정할 수 있다.

$0 \le t \le dT$ 동안 모터의 등가회로는 [그림 10-9]와 같다.

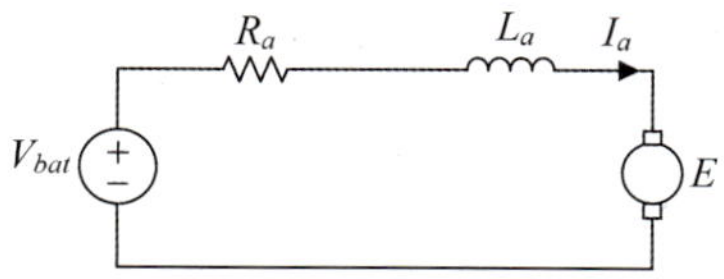

[그림 10-9] Q_1이 켜질 때 등가회로

회로에 키르히호프의 전압 법칙(KVL)을 적용하면 다음과 같이 나타낼 수 있다.

$$V_{but} = R_a i_a + L_a \frac{di_a}{dt} + E$$

초기 조건은 $i_a(0) = I_{a0} > 0$이다. 이것은 다음의 1차 선형 미분 방정식에서 하나의 해를 구하기 위한 것이다.

$$i_a(t) = \frac{V_{bat} - E}{R_a}(1 - e^{-t/\tau}) + I_{a0}e^{-t/\tau}$$

SWS2의 최종 조건은 다음과 같다.

$$i_a(dT) = \frac{V_{bat} - E}{R_a}(1 - e^{-dY/\tau}) + I_{a0}e^{-dT/\tau} = I_{a1} \quad \textbf{(10.1)}$$

[그림 10-10]은 $dt < t < T$ 동안 모터의 등가회로를 나타낸다.

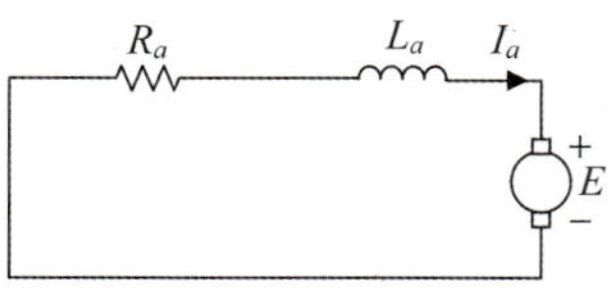

[그림 10-10] Q_2가 꺼질 때 등가회로

$t' = t - dT$ 라고 가정했을 때 KVL을 적용하면 다음과 같다.

$$0 = R_a I_a + L_a \frac{di_a}{dt} + E$$

그리고 선형 미분 방정식을 풀면 다음과 같다.

$$i_a(t') = -\frac{E}{R_a} + \left(I_{a1} + \frac{E}{R_a}\right)e^{-t'/\tau} = \frac{E}{R_a}(-1 + e^{-t'/\tau}) + I_{a1}e^{-t'/\tau}$$

정상상태에서 $i_a(t' = T = dT) = I_{a0}$이다. 그러므로 다음과 같이 나타낼 수 있다.

$$I_{a0} = \frac{E}{R_a}\left(-1 + e^{-T(1-d)/\tau}\right) + I_{a1}e^{-T(1-d)/\tau} \tag{10.2}$$

I_{a0}, I_{a1}을 구하기 위해 식 (10.1) ~ (10.2)를 사용하여 다음 식을 얻을 수 있다.

$$I_{a0} = \frac{V_{bat}}{R_a}\left(\frac{e^{dt/\tau} - 1}{e^{T/\tau} - 1}\right) - \frac{E}{R_a}$$

$$I_{a1} = \frac{V_{bat}}{R_a}\left(\frac{1 - e^{-dT/\tau}}{1 - e^{-T/\tau}}\right) - \frac{E}{R_a}$$

전기자 전류 리플의 계산식을 나타내면 다음과 같다.

$$\begin{aligned}\Delta i_a &= I_{a1} - I_{a0} \\ &= \frac{V_{bat}}{R_a}\left[\frac{1 + e^{T/\tau} - e^{dT/\tau} - e^{(1-d)T/\tau}}{e^{T/\tau} - 1}\right]\end{aligned} \tag{10.3}$$

전기자 전류 i_a에 리플이 있는 경우, 모터 토크는 전기자 전류($T_e = K\varphi i_a$)에 비례하므로 모터 토크 T_e에도 리플이 발생한다. 또한 속도는 전자기 토크에 비례한다(식 (7.16) 참조). 따라서 EV 및 HEV 애플리케이션의 경우에는 토크의 리플이 속도 ω의 리플을 유발하여 울퉁불퉁한 승차감을 초래하기 때문에 T_e의 리플은 바람직하지 않다. 부드러운 주행을 위해서는 T_e의 리플을 줄여야 한다.

■ i_a에서 리플 감소

전기자 전류 리플은 직렬 전기자 저항을 추가하거나 초퍼 스위칭 주파수를 증가시켜 줄일 수 있다. 전기자에 직렬 인덕턴스를 추가하면 전기 시간 상수 τ가 증가한다. 새로운 시간 상수는 다음과 같은 식으로 나타낼 수 있다.

$$\tau = \frac{L_f + L_a}{R_a}$$

여기서 L_f는 추가된 직렬 인덕턴스이다([그림 10-11] 참조). 고정 스위칭 기간 T 동안 τ가 증가함에 따라 Δi_a가 감소한다. 실제 인덕턴스에는 직렬저항이 있기 때문에 L_f로 인한 i^2R 손실이 증가한다. 또한 시정수 증가로 인해 전기적 응답 시간이 증가한다.

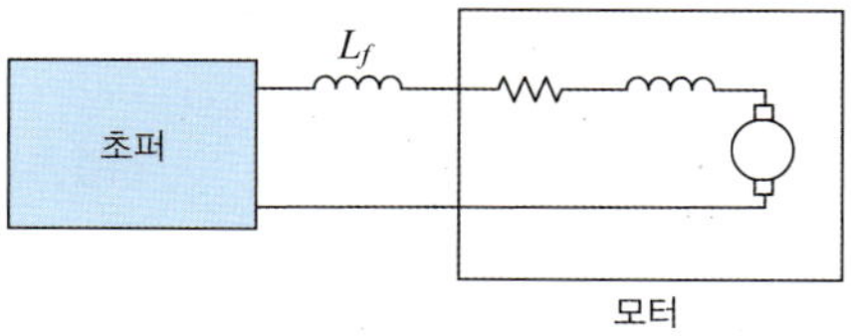

[그림 10-11] 초퍼와 직렬 연결된 직렬 인덕턴스 L_f

초퍼의 스위칭 주파수를 높이면, 즉 T를 낮추면 전기자 전류 리플도 감소한다. 스위칭 주파수의 상한치는 사용하는 스위치 유형에 따라 다르다. 또한 스위칭 주파수는 사용되는 프로세서의 속도와 제어 알고리즘의 복잡성에 의해 결정되는 컨트롤러 계산주기 시간보다 작아야 한다. 더 높은 스위칭 주파수를 사용하게 되면 전력장치에서 더 높은 스위칭 손실이 발생한다.

■ 가속(연속 도통 모드, CCM)

가속 모드에서는 배터리 또는 에너지원에서 모터로 전류와 전력이 흐른다. CCM 동작의 조건은 다음과 같다.

$$I_{a0} > 0$$

$$I_{a0} = \frac{V_{bat}}{R_a}\left(\frac{e^{d_1 T/\tau} - 1}{e^{T/\tau} - 1}\right) - \frac{E}{R_a} > 0$$

$$V_{bat}\left(\frac{e^{d_1 T/\tau} - 1}{e^{T/\tau} - 1}\right) > E$$

이때 $0 \le d_1 \le 1$이므로 $0 \le \frac{e^{d_1 T/\tau} - 1}{e^{T/\tau} - 1} \le 1$이 된다. 이는 $V_{bat} > V_{bat}\left(\frac{e^{d_1 T/\tau} - 1}{e^{T/\tau} - 1}\right)$을 따르며 CCM 조건의 조건은 다음과 같이 나타낼 수 있다.

$$V_{bat} \ge V_{bat}\left(\frac{e^{d_1 T/\tau} - 1}{e^{T/\tau} - 1}\right) > E \qquad (10.4)$$

전력 컨버터의 전기적 시정수는 모터와 차량의 기계적 시정수보다 훨씬 빠르다. 모터 토크-속도 특성과 차량 힘-속도 특성 사이의 상호작용에 대한 분석은 한 주기 평균으로 수행된다. 모터 전기자 회로 루프에 적용된 KVL은 다음과 같다.

$$v_a(t) = R_a i_a(t) + L_a \frac{di_a}{dt} + K\phi\omega(t)$$

양변을 평균화하여 나타내면 다음과 같다.

$$\langle v_a \rangle = R_a \langle i_a \rangle + K\phi \langle \omega \rangle \tag{10.5}$$

[그림 10-12]는 평균 전기자 회로를 나타낸다.

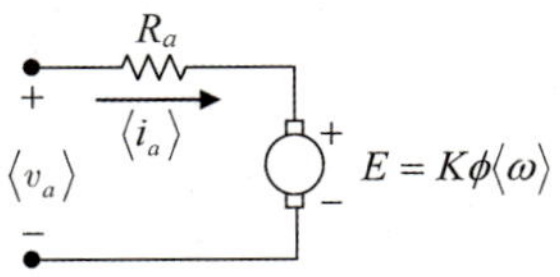

[그림 10-12] 평균 전기자 회로

CCM의 평균 전기자 전압은 다음 식으로 나타낼 수 있다.

$$\langle v_a \rangle = \frac{1}{T}\int_0^T v_a(\tau)d\tau = \frac{V_{bat}d_1 T}{T} = d_1 V_{bat} \tag{10.6}$$

평균 토크 방정식은 다음과 같다.

$$T_e(t) = K\phi i_a(t)$$

$$\langle i_a \rangle = \frac{\langle T_e \rangle}{K\phi}$$

식 (10.6)의 평균 전류를 대입하면 다음과 같다.

$$\begin{aligned} d_1 V_{bat} &= R_a \frac{\langle T_e \rangle}{K\phi} + K\phi\langle \omega \rangle \\ \langle \omega \rangle &= \frac{d_1 V_{bat}}{K\phi} - \frac{R_a}{(K\phi)^2}\langle T_e \rangle \end{aligned} \tag{10.7}$$

식 (10.7)에 의해 주어진 CCM에서 제2사분면 초퍼에 의해 구동되는 타여자 DC 모터의 평균 속도-토크 특성은 [그림 10-13]과 같이 정성적으로 표시할 수 있다. 가속 모드에서 듀티비 d_1을 증가시키는 것은 무부하 속도와 나머지 특성을 제1사분면에서 수직방향의 위쪽으로 이동시키는 효과를 보인다.

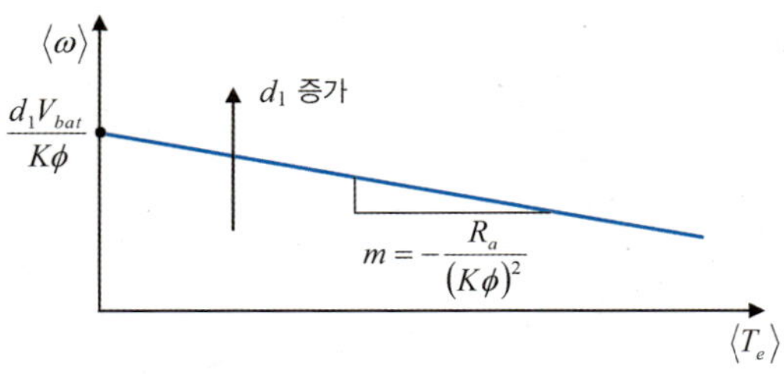

[그림 10-13] 초퍼 구동 DC 드라이브의 토크-속도 특성

가속(불연속 도통 모드, DCM)

가속 모드에서 모터에 필요한 토크가 충분히 높지 않으면 초퍼는 [그림 10-14]와 같이 전기자 전류가 불연속적인 DCM으로 들어갈 수 있다.

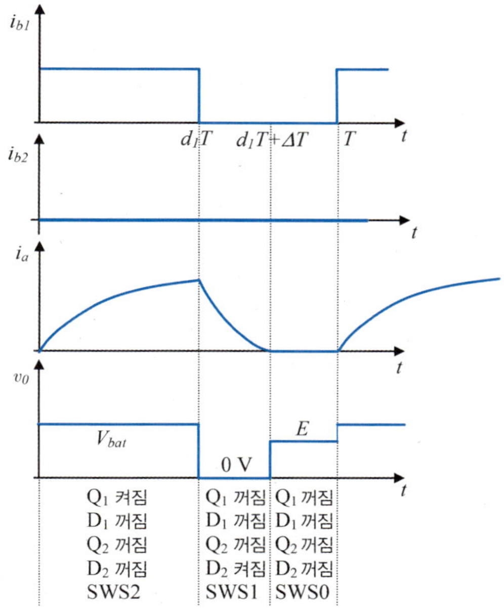

[그림 10-14] DCM이 가속할 때 전압 전류 파형

DCM에서 $I_{a0} \leq 0$이고 $V_{bat} > E$(전력이 여전히 에너지원에서 모터로 흐르고 있기 때문)이다. 여전히 제1사분면에서 동작한다. DCM 동작의 조건은 다음과 같다.

$$V_{bat}\left(\frac{e^{d_1 T/\tau} - 1}{e^{T/\tau} - 1}\right) \leq E < V_{bat} \qquad \textbf{(10.8)}$$

모터 전기자 전류는 DCM에서 스위치 Q_2를 사용하지 않고는 음이 될 수 없다. Q_1은 소스에서 모터로의 전력 흐름을 제어하는 데만 사용된다. $d_1 T + \Delta T$와 T 사이에서 i_a가 음수가 되려면 D_1이 켜져야 한다. 그러나 이 간격 동안 $v_0 = V_{bat} > E$이며 i_a는 음수가 될 수 없다.

또한 $v_o = V_{bat}$여야 하기 때문에 i_a는 양수가 될 수 없다. 이때 Q_1이 켜져 있어야 하고 $i_{b1} = 0$이어야 한다. 따라서 이 간격 동안 $i_a = 0$이다.

■ 가속도

차량이 급경사를 굴러 내려갈 때에는 견인 전동기로부터 큰 역기전력 값을 얻을 수 있다. 이 경우 $E > V_{bat}$이면 모터에 전류를 강제로 흐르게 할 수 없어 Q_1을 사용하는 것이 무의미하다. 공급 전압 포화의 한계는 중력으로 인한 차량의 가속도 **UNControllable Mode, UNCM**보다 빠르게 모터를 회전시킬 수 있도록 더 많은 전력을 공급하는 것을 방해한다. 따라서 운전자는 가속 페달을 사용하여 차량을 제어할 수 없으며 브레이크 페달을 사용해야만 차량을 감속할 수 있다. 이 상황에서 브레이크 페달을 사용하지 않으면 차량은 제어 불가능 모드로 들어간다. $E > V_{bat}$일 때 i_a는 감소하기 시작하고 0에 도달하면 다이오드 D_1가 순방향 바이어스되어 켜진다. i_a는 정상상태 값에 도달할 때까지 음의 방향으로 계속 증가한다.

$$i_a = 상수 = \frac{-E + V_{bat}}{R_a} \quad (10.9)$$

이 단계의 동작 모드는 2사분면에서 시행된다. 전류 및 스위치 조건은 [그림 10-15]에 나와 있다.

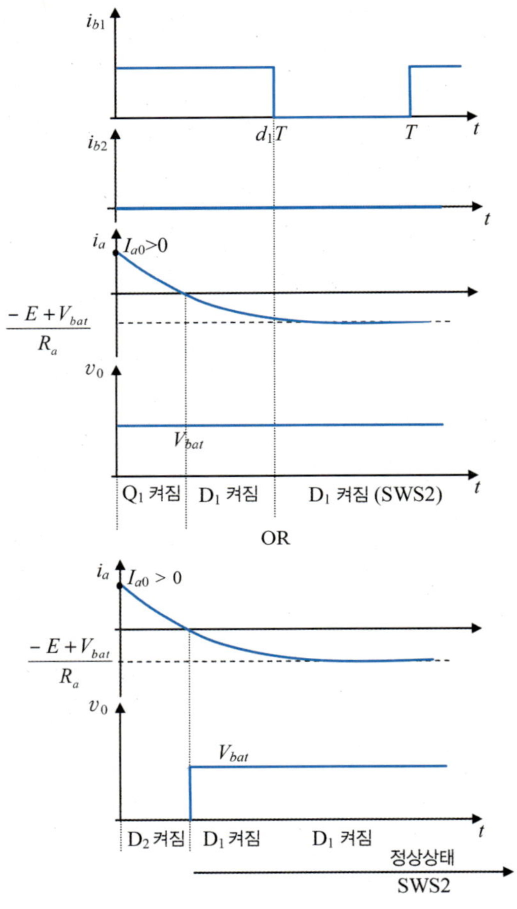

[그림 10-15] UNCM이 가속할 때 전압 전류 파형

가속 페달을 밟아 d_1을 높이더라도 차량은 제어되지 않는다. 실제로 차량은 제어되지 않은 채 전력을 소스로 재생성하면서 아래로 주행한다. 배터리의 과충전을 방지하기 위해 이 단계에서 컨트롤러 오류 보호 알고리즘이 시작되어야 한다. 물론 운전자는 가속 페달에서 브레이크 페달로 전환함으로써 Q_2를 사용하여 제어된 회생전력을 강제로 제어할 수 있다. 이것은 내리막길에서 차량의 속도를 줄이는 데 도움이 된다.

제동 동작(정상상태의 CCM)

차량 제동 시 에너지를 회수하는 가장 효율적인 방법은 모터 구동 시스템의 회생을 통한 것이다. $E < V_{bat}$에서 브레이크 페달을 밟았다고 가정하면 이 기간 동안 Q_1은 오프 상태로 유지되고 게이트 신호 i_{b2}를 통해 제동 동작이 제어된다.

재생을 위해서는 전력 흐름이 모터에서 에너지 소스로 흘러야 하므로 전기자 전류 i_a가 음이 되어야 한다. Q_2를 켜면 i_a가 (양의 값에서) 음이 되는 데 도움이 되며 차량 제동 및 회생을 위해 비교적 짧은 시간에 평균 음의 전류를 설정할 수 있다. CCM에서 제동 동작 중의 전압 및 전류 파형은 [그림 10-16]과 같다.

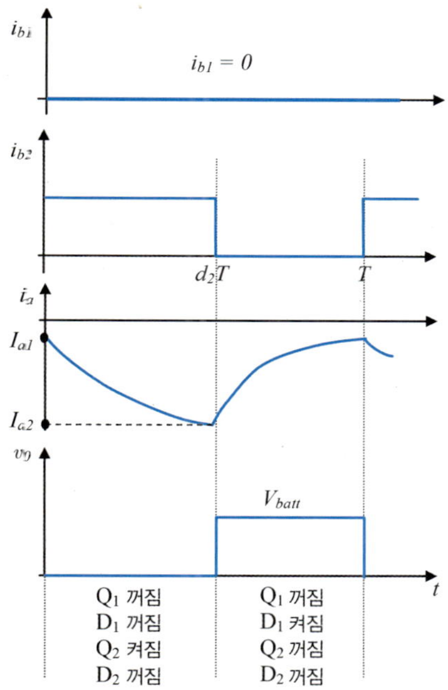

[그림 10-16] CCM에서 제동 동작 중전압 및 전류 파형

가속 중 CCM과 유사하게 제동 중 정상상태 CCM을 분석해보면 다음과 같이 I_{a1}, I_{a2} 값을 산출할 수 있다.

$$I_{a1} = \frac{1}{R_a}\left\{V_{bat}\left(\frac{1-e^{d'_2T/\tau}}{1-e^{T/\tau}}\right) - E\right\},\ d'_2 = 1 - d_2$$

$$I_{a2} = \frac{1}{R_a}\left\{V_{bat}\left(\frac{e^{d_2T/\tau}-1}{e^{T/\tau}-1}\right) - E\right\} < 0 \tag{10.10}$$

제동 중 전류 리플은 다음 식으로 계산할 수 있다.

$$\Delta i_a = \frac{V_{bat}}{R_a}\left[\frac{-e^{-d'_2T/\tau}+1+e^{T/\tau}-e^{d_2T/\tau}}{e^{T/\tau}-1}\right] \tag{10.11}$$

제동 시 CCM에서는 $i_{a1} < 0$이고 $E > V_{bat}$이다. 또한 $0 < \left(\frac{1-e^{-d_2T/\tau}}{1-e^{-T/\tau}}\right) = \frac{e^{T/\tau}-e^{d_2T/\tau}}{e^{T/\tau}-1} < 1$임에 유의해야 한다. 따라서 제동 중 연속 도통의 조건은 다음과 같다.

$$0 < V_{bat}\left(\frac{1-e^{d_2T/\tau}}{1-e^{T/\tau}}\right) < E < V_{bat} \tag{10.12}$$

제동 CCM의 평균 전압 방정식은 다음과 같다.

$$\langle v_a \rangle + R_a \langle i_a \rangle + 0 = E = K\phi \langle \omega \rangle \tag{10.13}$$

모터 평균 토크는 다음과 같다.

$$\langle T_e \rangle = -K\phi \langle i_a \rangle \tag{10.14}$$

모터 평균 단자 전압은 다음과 같다.

$$\langle v_a \rangle = \frac{1}{T}\int_0^T v_a(\tau)d\tau = \frac{1}{T}V_{bat}(T - d_2T) = (1-d_2)V_{bat} \tag{10.15}$$

식 (10.15)의 $\langle v_a \rangle$와 식 (10.14)의 $\langle i_a \rangle$를 식 (10.13)에 대입하면 다음과 같다.

$$(1-d_2)V_{bat} - \frac{R_a}{K\phi}\langle T_e \rangle = K\phi \langle \omega \rangle$$

평균 속도-토크 특성은 [그림 10-17]에 나타내었다.

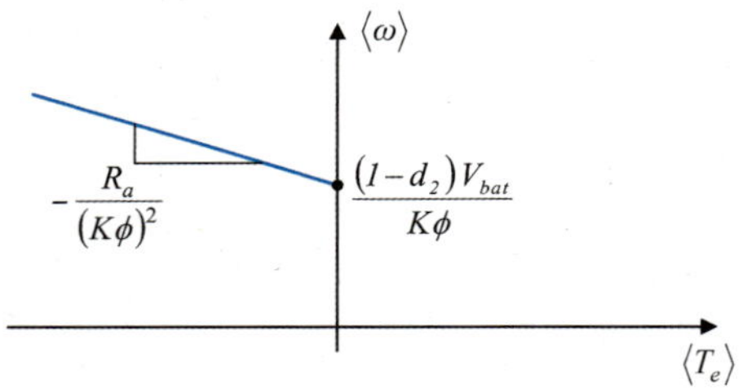

[그림 10-17] 제동하는 동안 DC 모터 드라이브의 속도-토크 특성

$$\langle \omega \rangle = \frac{(1-d_2)V_{bat}}{K\phi} - \frac{R_a}{(K\phi)^2}\langle T_e \rangle \quad (\langle T_e \rangle < 0,\ \langle \omega \rangle > 0) \tag{10.16}$$

■ 회생전력

전력은 [그림 10-18]과 같이 모터에서 배터리로 전류가 흐르는 사이클의 일부 동안에만 에너지원으로 재생된다.

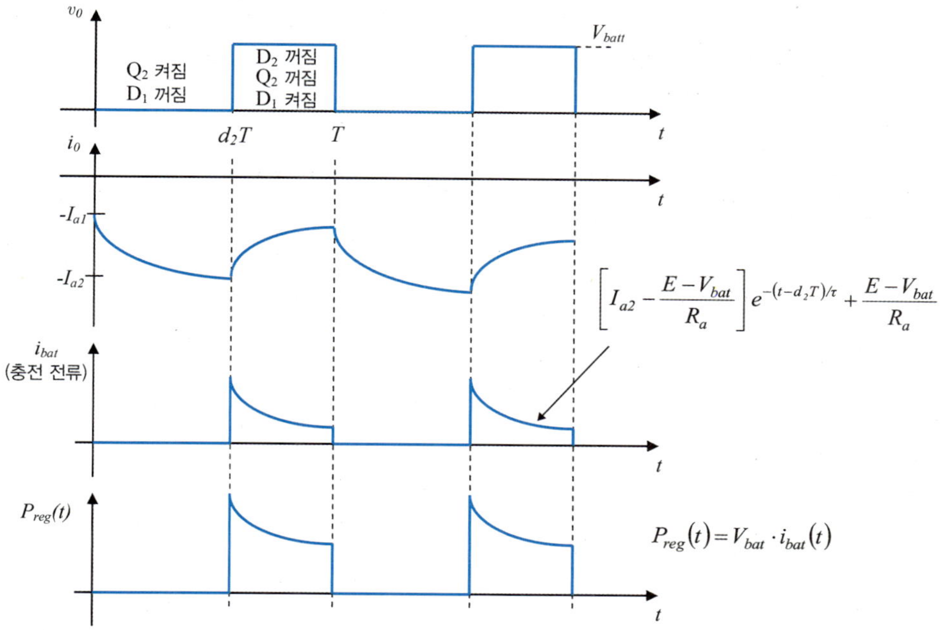

[그림 10-18] 회생제동하는 동안 전압, 전류 및 전력 파형

트랜지스터 Q_2가 켜지면 스위치와 접촉된 저항에서만 전력이 소모된다. Q_2가 꺼지고 다이오드 D_1가 도통되면 전류 $i_{bat}(t)$가 배터리로 흐른다. 따라서 순시 회생전력은 $P_{reg}(t) = V_{bat} \times i_{bat}(t)$이다. 평균 회생전력의 계산식은 다음과 같다.

$$\langle P_{reg} \rangle = \frac{1}{T}\int_{d_2T}^{T} P_{reg}(\gamma)d\gamma \tag{10.17}$$

가속 중 CCM에 대해 수행된 것과 유사하게 분석하고 식 (10.10)의 결과를 사용하면 배터리 전류는 다음과 같이 유도된다.

$$i_{bat}(t)\begin{cases}\left[I_{a2}-\dfrac{E-V_{bat}}{R_a}\right]e^{-(t-d_2T)/\tau}+\dfrac{E-V_{bat}}{R_a} & (d_2T < t \le T) \\ 0 & (\text{그 외})\end{cases} \tag{10.18}$$

식 (10.18)을 식 (10.17)에 대입하고 적분하여 구한 평균 회생전력은 다음과 같다.

$$\langle P_{reg} \rangle = \frac{V_{bat}^2}{R_a}\left[\left(\frac{E}{V_{bat}}-1\right)(1-d_2)+\frac{\tau}{T}\left(\frac{e^{(1-d_2)T/\tau}+e^{d_2T/\tau}-e^{T/\tau}-1}{1-e^{T/\tau}}\right)\right] \tag{10.19}$$

사이클당 회생 에너지는 다음과 같다.

$$\int_0^T P_{reg}(\gamma)d\gamma = \int_{d_2T}^{T} P_{reg}(\gamma)d\gamma = \langle P_{reg} \rangle T$$

SECTION 10.3

동작점 분석

Operating Point Analysis

이 절에서는 모터 토크-속도 특성과 도로 부하 특성의 교차점에서 차량 시스템의 정상상태의 동작점 분석을 다룬다. 앞서 논의된 4개의 초퍼 동작 모드를 나타내는 모터 속도-토크 평면의 3가지 다른 사분면에서 4개의 동작점을 선택한다. 이 모드는 제1사분면의 가속 CCM(시나리오 1), 제4사분면의 가속 CCM(시나리오 2), 제2사분면의 가속 UNCM(시나리오 3) 및 제2사분면의 제동 CCM(시나리오 4)이다. [그림 10-19]는 이 4가지 시나리오를 보여준다.

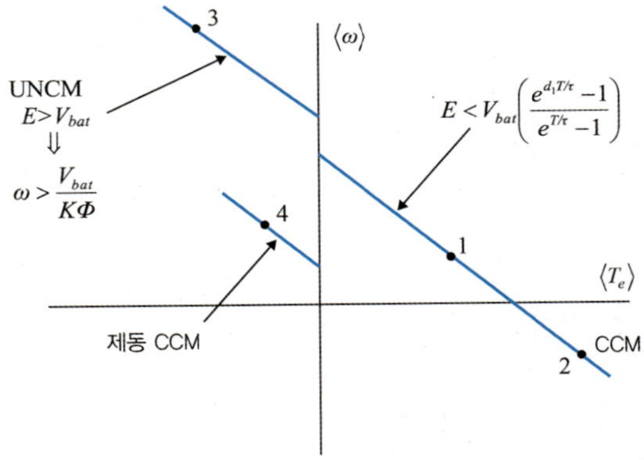

[그림 10-19] 4상한 초퍼 모드에서의 모터 속도 토크 특성

이제 EV 및 HEV 부하의 속도-토크 특성을 정의했던 2장의 견인력 대 차량 속도 특성을 상기해보자. [그림 2-11]의 견인력에 따른 등속 특성은 변속비와 차륜 반경을 알면 등가차량 부하 속도-토크 특성으로 변환할 수 있다. 모터 구동 시스템 및 도로 부하 특성의 특정 조건에 대한 차량의 정상상태 동작점은 동일한 플롯에 두 가지 속도-토크 특성을 중첩하여 얻을 수 있다. 모터와 도로 부하 특성의 교차점에서의 정상상태 동작점은 [그림 10-20]에 나와 있다.

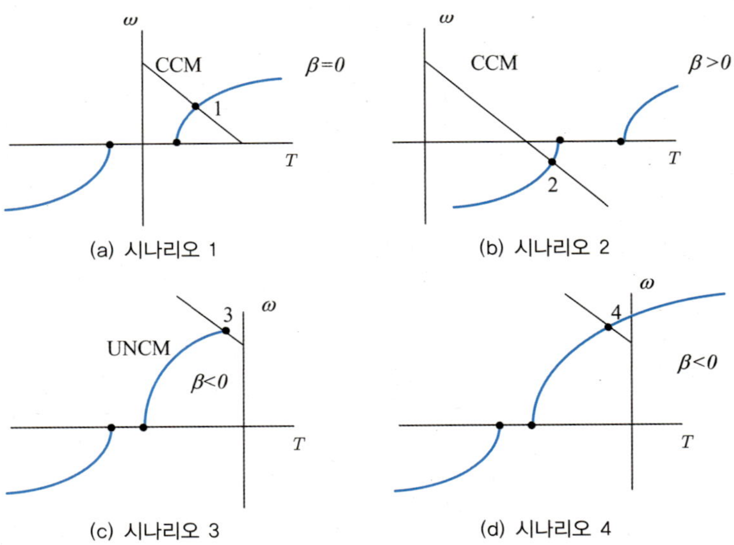

[그림 10-20] 시나리오를 위한 동작점 분석

- **시나리오 1** : 이 시나리오에서의 차량은 일정한 속도로 평탄한 도로를 전진한다. 초퍼는 가속 CCM에서 동작한다.
- **시나리오 2** : 초퍼는 가속 CCM에서 동작하지만, 차량은 가파른 오르막길에서 후진하고 있다. 듀티비가 아직 100%에 도달하지 않은 경우 가속 페달을 더 밟고 모터의 토크 출력을 증가시키기 위해 d_1을 1까지 증가시킬 수 있다. d_1을 높이면 모터 속도-토크 특성이 수직 상향으로 높아져 1사분면에서 구동 가능한 정상상태 동작점 형성이 가능해진다. 모터 정격출력이 한계에 도달하면 토크를 더 이상 증가시킬 수 없고 도로 부하 저항을 극복할 수 없다. 모터 용량에 비해 경사가 너무 가파르면 차량이 뒤로 굴러간다. 이 경우 휠 택(반대방향)으로 모터가 구동된다.
- **시나리오 3** : 초퍼는 가속 모드에서 동작하며 차량은 내리막길을 가고 있다. 가속 페달의 각도는 정상 동작점에 영향을 미치지 않으며 에너지원으로 전달되는 통제되지 않은 회생이 있을 것이다.
- **시나리오 4** : 브레이크 페달을 사용하여 통제된 방식으로 차량이 내리막길을 가고 있다. 경사로를 내려가는 차량의 속도는 운전자가 제어한다.

예제 10.1

2V 배터리 팩이 있는 EV 드라이브 트레인은 [그림 10-7]과 같이 제2사분면 초퍼에 의해 구동된다. d_1은 가속 운전에 대한 듀티비이고, d_2는 제동 운전에 대한 듀티비이다. 매개변수 값이 다음과 같을 때 아래 질문에 답하라.

EV 매개변수

$$m = 1{,}000\text{kg},\ C_D = 0.2,\ A_F = 2\text{m}^2,\ C_0 = 0.009,\ C_1 = 0$$

$$\rho = 1.1614\text{kg/m}^3,\ g = 10.81\text{m/s}^2$$

$$r_{wh} = 11\text{in.} = 0.28\text{m}$$

모터 및 컨트롤러 매개변수

$$\text{전기자 정격 전압 } V_{a,rated} = 72\text{V},$$

$$\text{전기자 정격 전류 } I_{a,rated} = 400\text{A},$$

$$R_a = 0.5\Omega,\ L_a = 8\text{mH},\ k\phi = 0.7\text{V}\cdot\text{s},\ f_s = 400\text{Hz}$$

(a) 최악의 경우 모터 전기자 전류 리플이 $I_{a,rated}$의 1%가 되도록 직렬 필터 인덕턴스 L_f를 찾아라.

(b) 평탄한 도로에서 차량의 도로 하중 특성은 $T_{TR} = 24.7 + 0{,}0051 w_{wh}^2$이다. $d_1 = 0.7$이면 평평한 도로에서 EV 정상상태 속도는 얼마인가? 변속기 시스템의 전체 기어비를 1로 가정하여 도통된 초퍼 모드를 찾아라. [시나리오 1]

(c) (b)의 동작점에 대한 EV 전류의 퍼센트 리플은 얼마인가?

(d) 5.24%($\beta = 3°$)의 기울기에서 차량 도로 하중 특성은 $T_{TR} = 119.1 + 0.0051\omega_{wh}^2$이다. $d_1 = 0.7$에 대한 EV의 정상상태 속도는 얼마인가? **[시나리오 2]**

(e) 브레이크 페달을 사용했을 때 -5.24% 등급에서 EV 속도는 얼마인가? 이때 $d_2 = 0.5$이다. **[시나리오 4]**

풀이

(a) 직렬 필터 인덕턴스 L_f 계산하기

식 (10.3)에 $x = e^{Tp/\tau}$, $x > 1$을 적용하면 다음과 같다.

$$\begin{aligned}\Delta i_a &= I_{a1} - I_{a0}\\ &= \frac{V_{bat}}{R_a}\left[\frac{1 + x - x^{d_1} - x^{(1-d_1)}}{x-1}\right]\end{aligned}$$

최악의 조건은 $d_1 = 0.5$일 때이다. $0.01 \times 400 = \frac{72}{0.5}\left[\frac{1 + x - x^{1/2} - x^{1/2}}{x-1}\right]$을 정리하면 $1.0278 + 0.972x - 2\sqrt{x} = 0$이고 이를 계산하면 $x = 1$ 또는 1.1110이 된다. $x > 1$이므로 $x = 1.1110$을 적용하면 다음과 같이 계산할 수 있다.

$$\begin{aligned}1.118 &= e^{Tp/\tau}\\ \tau &= 8.96\,T_p = 22.4\text{ms}\end{aligned}$$

직렬 필터 인덕턴스를 구하기 위해 식으로 나타내면 다음과 같다.

$$\begin{aligned}\tau = \frac{L_a + L_f}{R_a} &= 22.4 \times 10^{-3}\\ L_f &= 3.2\text{mH}\end{aligned}$$

(b) 도통된 초퍼 모드 찾기

식 (10.7)을 사용하는 모터 정상상태 토크-속도 특성은 다음과 같다.

$$\begin{aligned}\langle \omega_m \rangle &= \frac{0.7 \times 72}{0.7} - \frac{0.5}{0.7^2}\langle T_e \rangle\\ \omega_m &= 72 - 1.02\langle T_e \rangle\end{aligned}$$

정상상태 동작점은 모터 토크 속도 특성과 차량 도로 부하 특성 $T_{TR} = 24.7 + 0.0051\omega_{wh}^2$의 교차점이다. 두 방정식을 풀면 동작점은 다음과 같다.

$$\begin{aligned}&T^* = 32.4\text{N}\cdot\text{m},\ \omega^* = 38.9\text{rad/s}\\ &V_{bat}\left(\frac{e^{d_1 Tp/\tau} - 1}{e^{Tp/\tau} - 1}\right) = 72 \cdot \frac{e^{0.7 \times 2.5/22.4} - 1}{e^{2.5/22.4} - 1} = 49.6\end{aligned}$$

따라서 $V_{bat}\left(\frac{e^{d_1 T/\tau} - 1}{e^{T/\tau} - 1}\right) > E$이며, 초퍼는 CCM에서 동작한다. 또한 $i_{a0} > 0$이므로 실제로 CCM에서 동작한다.

(c) (b)의 동작점에 대한 전기자 전류의 퍼센트 리플 계산하기

$$\Delta i_a = \frac{72}{0.5}\left[\frac{1+1.118^{0.7}-1.118^{(1-0.7)}}{1.118-1}\right] = 3.37\text{A}$$

리플 전류 크기는 여전히 정격 전류의 1% 미만이다.

$$\langle i_a \rangle = \frac{\langle T^* \rangle}{k\varphi} = \frac{32.4}{0.7} = 46.3\text{A}$$

따라서 백분율로 표현된 리플은 다음과 같다.

$$\text{퍼센트 리플} = \frac{\Delta i_a}{\langle i_a \rangle} \times 100\% = \frac{3.37}{46.7} \times 100\% = 7.28\%$$

(d) $d_1 = 0.7$에 대한 EV 정상상태 속도 계산하기

5.24% 등급에 대한 정상상태 동작점은 모터 토크-속도 특성 $\langle \omega_m \rangle = 72 - 1.02\langle T_e \rangle$와 차량 도로 부하 특성 $T_{TR} = 119.1 + 0.0051\omega_{wh}^2$의 교차점이다. 두 가지 정답은 $w^* = -40.8$, 233이다. 다른 속도가 너무 높기 때문에 올바른 정답은 $w^* = -40.8$이다. 이 경우 차량은 추진 장치의 전력 부족으로 인해 실제로 뒤로 굴러간다. 차량의 최대 경사도가 2.57%임을 확인할 수 있다.

(e) −5.24% 등급에서 EV 속도 계산하기

−5.24%의 경사에 대한 차량 도로 하중 특성은 다음과 같다.

$$T_{TR} = -119.1 + 0.0051\omega_{wh}^2$$

식 (10.14)의 제동 CCM에서 모터 토크-속도 특성은 다음과 같다.

$$\langle \omega_m \rangle = \frac{(1-d_2)V_{bat}}{K\phi} - \frac{R_a}{(K\phi)^2}\langle T_e \rangle \Rightarrow \langle \omega_m \rangle = 51.4 - 1.02\langle T_e \rangle$$

두 개의 토크-속도 특성 $T^* = -57.4$, 347에서 동작점을 구한다. 초퍼가 제동 모드에 있으므로 음수 값이 정답이다. 이것은 $\omega^* = 51.4 - 1.02(-57.4) = 109.9\text{rad/s}$로 정상상태 속도를 제공한다. 차량 속도는 다음과 같다.

$$V^* = 0.28 \times 109.9 = 30.77\text{m/s}$$

이제 식 (10.12)와 같이 CCM의 제동 조건을 만족하는 $E = 0.7 \times 109.9 = 76.9 \geq 72\frac{1-e^{-0.5\times0.1116}}{1-e^{-0.1116}} = 37$이 됨을 알 수 있다.

SECTION 10.4

AC 드라이브

AC Drives

AC 모터의 동기 속도는 공급 주파수 $\omega_s = \dfrac{120f}{P}$에 비례하므로 AC 입력전압의 주파수를 변경하여 속도를 제어할 수 있다. 일반적으로 인버터라고 하는 전력전자 컨버터는 고정된 DC 전압의 에너지 소스에서 AC 모터(유도전동기 또는 동기전동기)로 가변 전압과 가변 주파수 출력을 공급한다. 인버터는 6개의 스위치로 구성되며 적절한 제어를 통해 사용 가능한 DC 전압을 원하는 크기와 주파수의 평형 3상 AC 전압으로 변환한다. [그림 10-21]에 표시된 전압원 인버터는 소스에 일정한 전압이 있는 EV 및 HEV 애플리케이션에서 일반적으로 사용하는 방식이다.

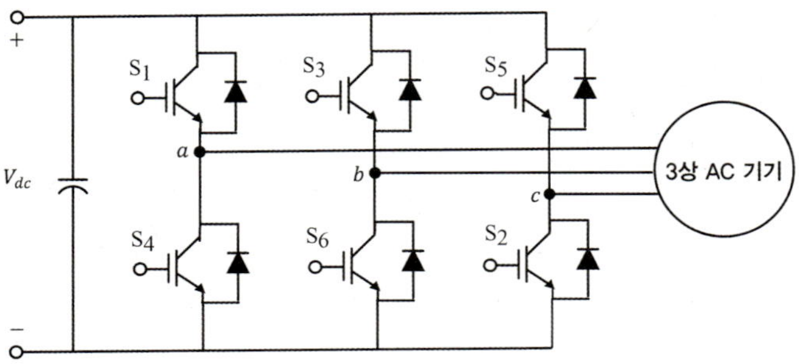

[그림 10-21] 6스위치 전압 소스 인버터

인버터는 6-step 모드 또는 펄스 폭 변조PWM 모드에서 동작할 수 있지만, 일반적으로 지정된 PWM 주파수에서 동작하기 위해 전압 스파이크, 장치 스트레스 및 전자기 간섭을 최소화하도록 설계되어 있다. PWM 주파수는 인버터 전원 장치 기능과 견인용 전동기의 최대 동작 속도에 따라 다르다. P극이 있는 견인용 기기의 경우 최대 동작 속도 N_{max} rpm에 대한 기본 주파수는 다음과 같다.

$$f_1 = \frac{N_{\max} \times P}{120}$$

PWM 주파수는 일반적으로 기본 주파수보다 10배 더 높게 선택되어 적당한 전류 조정을 위한 적절한 대역폭을 제공한다. 예를 들어 8극 견인용 전동기의 최고속도가 12,000rpm이라면 기본 주파수는 800Hz이고 PWM 주파수는 8kHz가 적당하다. IGBT 기반 인버터의 경우 PWM 스위칭 주파수는 일반적으로 장치 스위칭 손실을 최소화하고 적절한 인버터 효율을 유지하기 위해 5~10kHz로 제한된다. 컨트롤러는 모터 속도를 낮추기 위해 스위칭 주파수를 낮추고, 인버터 손실을 줄이기 위해 스위칭 주파수가 기본 주파수와 동일한 6-step 스위칭 모드로 들어가도록 설계되었다. SiC 및

GaN 기반 인버터를 사용하면 고효율을 유지하면서 높은 PWM 스위칭 주파수를 사용할 수 있으며 더 나은 전류 조절을 위해 더 높은 대역폭을 활용할 수 있어 견인용 전동기의 출력 토크 성능을 개선할 수 있다.

인버터 출력에는 항상 원하는 기본 전압 성분 외에 많은 고조파 성분이 있다. PWM은 출력전압 신호의 고조파 내용을 최소화하는 데 사용된다. 정현파 PWM, 상태 벡터 PWM, 균일 샘플링 PWM 및 선택적 고조파 제거와 같은 PWM 신호를 생성하는 방법은 여러 가지가 있다. 전자 컨트롤러는 PWM 방식과 제어 지령을 사용하여 인버터 전원 장치에 대한 게이트 스위치 신호를 생성한다. 이 신호로 전력 흐름을 처리하고 원하는 전압 및 주파수에서 출력전압을 전달한다.

10.4.1 6-step 동작

6-step 동작은 6스위치 인버터를 사용하여 AC 전압을 생성하는 가장 간단한 접근 방식이다. 분석을 위해 트랜지스터와 다이오드를 이상적인 스위치로 교체하여 [그림 10-22]와 같은 단순화된 등가 인버터 회로를 만들어 보자. DC 전압은 여기에서 V_{dc}로 표시된다.

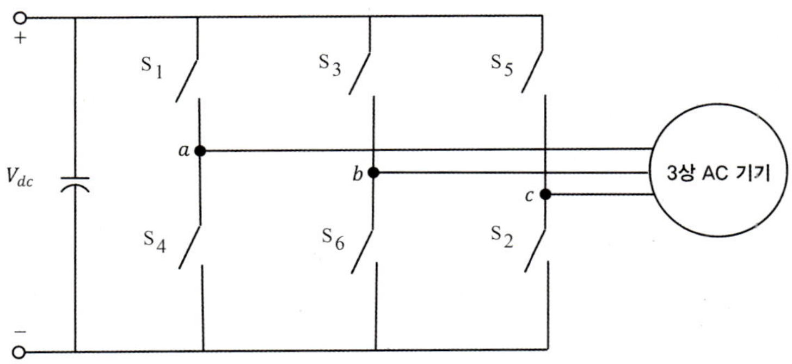

[그림 10-22] 이상적인 6스위치 전압소스 인버터

이상적인 인버터의 특성은 다음과 같다. 먼저 스위치는 양방향으로 전류를 전달할 수 있고, 가능한 스위칭 상태는 총 $2^6 = 64$개이다. 이때 일부 스위칭 상태는 허용되지 않는다. 예를 들어 S_1와 S_4는 동시에 켜질 수 없다. 인버터는 0과 2π 라디안 사이를 6개 간격으로 나누어 $\pi/3$ 라디안 간격에서 동작한다.

각 간격에서 스위치 3개는 켜져 있고 나머지 3개는 꺼져 있다. 이 동작을 6-step 동작이라고 한다. 해당 기간 동안 동작 스위치로 식별되는 6개의 간격은 다음과 같다.

$$1 \rightarrow 0 < wt < \pi/3 : \quad S_1S_5S_6$$

$$2 \rightarrow \pi/3 < wt < 2\pi/3 : \quad S_1S_2S_6$$

$$3 \rightarrow 2\pi/3 < wt < \pi : \quad S_1S_2S_3$$

$$4 \rightarrow \pi < wt < 4\pi/3 : \quad S_4S_2S_3$$

$$5 \rightarrow 4\pi/3 < wt < 5\pi/3 : \quad S_4S_5S_3$$

$$6 \rightarrow 5\pi/3 < wt < 2\pi : \quad S_4S_5S_6$$

전자 스위치에 대한 게이팅 신호와 6-step 동작에 대한 출력 AC 전압은 [그림 10-23]에 나와 있다. 선간 전압과 상-중선 전압, 즉 한 상의 전압을 나타낸 것이다.

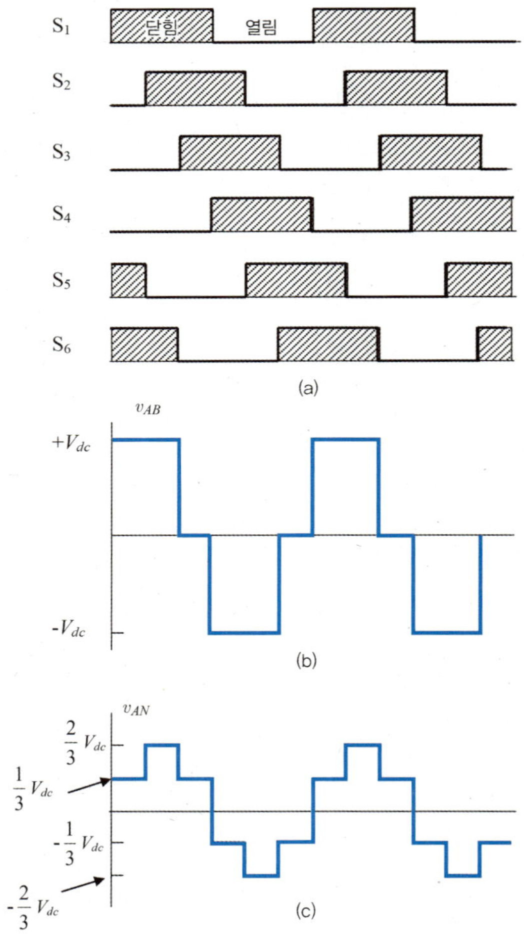

[그림 10-23] 6단계 인버터의 게이트 신호와 출력전압

3상 기기에서 3선 시스템은 라인 단자 a, b, c가 중성 단자 n이 숨겨져 있는 모터 구조에 결선되어 사용된다. 선간 전압과 선-중성점 전압(상전압) 간의 관계는 다음과 같다.

$$v_{ab} = v_{an} - v_{bn}$$
$$v_{bc} = v_{bn} - v_{cn} \tag{10.20}$$
$$v_{ca} = v_{cn} - v_{an}$$

식 (10.20)에는 3개의 미지수(v_{an}, v_{bn}, v_{cn})와 2개의 선형 독립 방정식이 있다. 해를 찾기 위해서는 다른 방정식이 필요한데 평형 3상 전기 시스템의 경우 $v_{an} + v_{bn} + v_{cn} = 0$임을 알고 있다. 따라서 선간 및 상전압 관계는 다음과 같이 행렬로 작성할 수 있다.

$$\begin{bmatrix} 1 & -1 & 0 \\ 0 & 1 & -1 \\ -1 & 0 & 1 \\ 1 & 1 & 1 \end{bmatrix} \begin{bmatrix} v_{an} \\ v_{bn} \\ v_{cn} \end{bmatrix} = \begin{bmatrix} v_{ab} \\ v_{bc} \\ v_{ca} \\ 0 \end{bmatrix}$$

상전압에 대한 계산식을 나타내면 다음과 같다.

$$v_{an} = -\frac{1}{3}[v_{bc} + 2v_{ca}]$$
$$v_{bn} = \frac{1}{3}[v_{bc} - v_{ac}] \tag{10.21}$$
$$v_{cn} = -\frac{1}{3}[v_{bc} + v_{ac}]$$

상전압은 3상 시스템을 위상별로 분리하기에 유용하다. 6-step 인버터 출력의 상전압 v_{an}은 [그림 10-24]와 같이 식 (10.21)을 사용하여 유도할 수 있다. 이제 문제는 인버터에 어떤 유형의 스위치가 필요한가이다. 먼저 스위치 S_1을 고려해보자. S_1이 꺼지면 $v_{s1} = V_{dc}$가 된다. S_1이 켜지면 S_4는 꺼진다. [그림 10-24]는 6단 인버터의 상전압을 나타낸다.

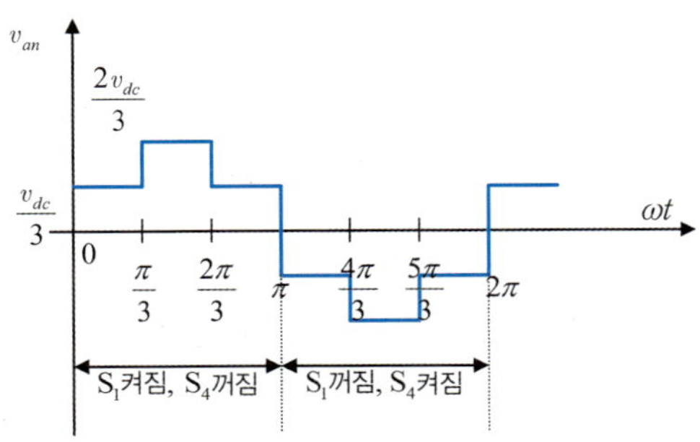

[그림 10-24] 스위치 S_1이 동작하는 동안의 상전압

출력전압을 필터링하면 전력을 정현파로 만들 수 있다. 모터와 같은 유도 부하에 공급될 때 전력은 자연스럽게 필터링된다. 전자기 토크 생성에 기여하는 것은 전력 공급 장치의 기본 구성요소이며 고조파 요소는 시스템이 손실되는 데 일부 기여한다.

더 높은 고조파 성분과 유도전동기의 상호작용은 다음 절에서 분석한다. [그림 10-25]는 상전압과 스위치를 통한 권선의 전류 기본 구성요소를 보여준다. 모터는 유도성이므로 상전류는 상전압보다 뒤쳐진다. 따라서 i_a는 양수와 음수를 모두 보이므로 양방향 전류 스위치를 사용해야 한다.

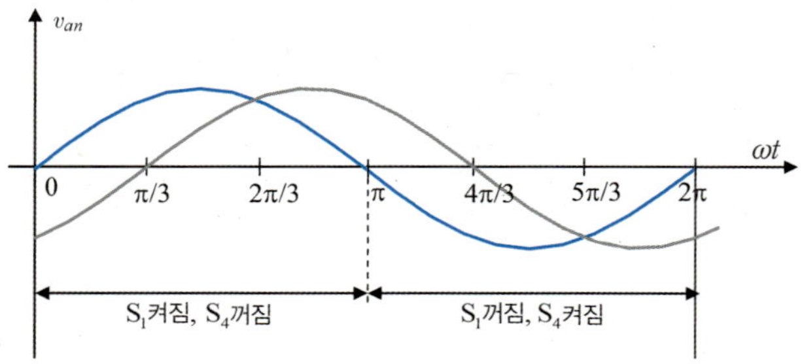

[그림 10-25] S_1이 동작하는 동안의 상전압 및 상전류

고조파 분석

$2\pi/3 < \omega t < \pi$인 스위칭 번호 3을 고려해보자. 이 구간 동안 켜져 있는 스위치는 S_1, S_2, S_3이다. 이 구간의 인버터 구성은 [그림 10-26]과 같다.

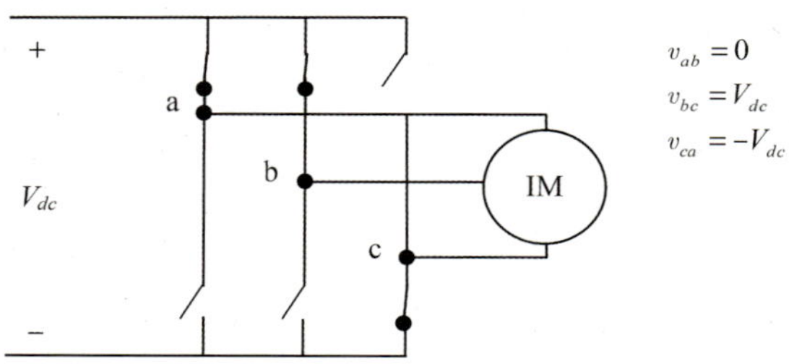

[그림 10-26] 3번 스위칭 구간에서의 인버터 스위치 체결

선간 구형파 전압은 푸리에 급수를 분석하여 기본 및 고조파 성분으로 다음과 같이 작성할 수 있다.

$$v_{ab} = \frac{2\sqrt{3}}{\pi} V_{dc}\left\{\sin\left(\omega t + \frac{\pi}{6}\right) + \frac{1}{5}\sin\left(5\omega t - \frac{\pi}{6}\right) + \frac{1}{7}\sin\left(7\omega t + \frac{\pi}{6}\right) + \cdots\right\} \quad \textbf{(10.22)}$$

존재하는 고조파는 $6n \pm 1$(n은 정수) 성분이고 3배수 고조파는 없다는 점에 유의하자. 선간 전압에서 30° 위상편이된 고조파 상전압은 다음과 같다.

$$v_{an} = \frac{2}{\pi} V_{dc}\left\{\sin(\omega t) + \frac{1}{5}\sin(5\omega t) + \frac{1}{7}\sin(7\omega t) + \cdots\right\} \quad \textbf{(10.23)}$$

지배적인 고조파 성분은 [그림 10-27]에 나와 있다.

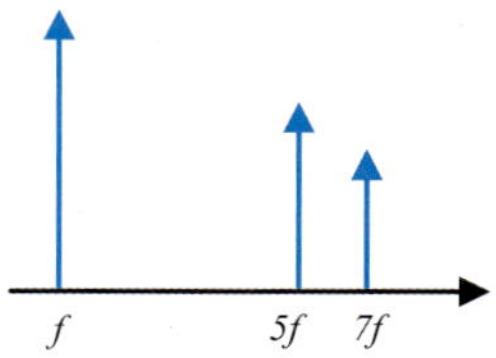

[그림 10-27] 인버터 출력전압에 주요한 영향을 주는 고조파 성분

고조파는 출력 전력에 기여하지 않지만, 전력 손실을 증가시켜 효율성을 감소시키고 기기의 열 부하를 증가시킨다. 고조파 손실은 부하의 영향을 거의 받지 않는다. 기본 공극 기자력과 고조파 공극 기자력의 상호작용은 토크 맥동을 생성하며 이는 저속에서 중요할 수 있다.

10.4.2 펄스 폭 변조

펄스 폭 변조 기술은 인버터에서 고조파의 역효과를 완화하는 데 사용된다.[3,5] 출력 PWM 전압의 고조파는 제거되지 않고 훨씬 더 높은 주파수로 이동하므로 필터링이 훨씬 쉬워진다. 기본 출력전압의 진폭 제어 가능성은 PWM의 또 다른 장점이다. 수년에 걸쳐 개발된 PWM 기술은 정현파 PWM, 균일 샘플링 PWM, 선택적 고조파 제거 PWM, 공간벡터 PWM 및 랜덤 PWM 등이 있다. 일반적으로 사용되는 두 가지 PWM 기술인 정현파 PWM과 공간벡터 PWM은 다음에서 설명한다.

■ 정현파 PWM

정현파 PWM 방식에서는 정현파 제어신호 V_a와 고주파 삼각파형 V_T를 비교하여 인버터 스위치 게이팅 신호를 생성한다. V_T 의 주파수는 인버터 스위칭 주파수 f_c를 설정한다. 정현파 신호의 크기와 주파수는 제어할 수 있지만, 삼각형 신호의 크기와 주파수는 일정하게 유지된다. V_a는 스위치 듀티비를 변조하는 정현파 제어신호이고 주파수 f는 인버터에서 요구되는 기본 주파수이다. 3상전압이 생성된 경우 동일한 V_T를 3개의 정현파 제어 전압 v_A, v_B, v_C와 비교한다. 이 전압은 평형 출력을 생성하기 위해 서로에 대해 120° 위상차를 가진다. 스위치는 (S_1, S_4), (S_2, S_5), (S_3, S_6) 쌍으로 제어된다. 한 쌍의 스위치가 닫히면 다른 스위치가 열린다. 실제로 인버터에 단락이 없는지 확인하기 위해 한 쌍의 스위치에 대한 제어신호가 변경되는 사이에 블랭킹 펄스가 있어야 한다. 실제 스위치는 켜고 끄는 데 시간이 걸리기 때문에 이는 반드시 필요하다. 3상 정현파 펄스 폭 변조 신호는 [그림 10-28]과 같다.

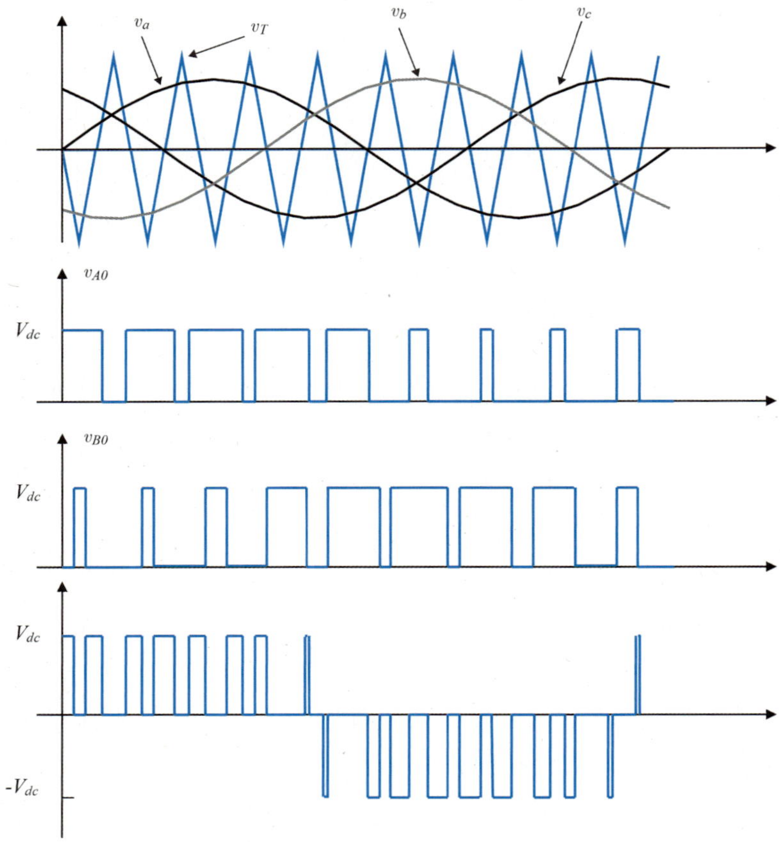

[그림 10-28] 3상 정현파 PWM

스위치 제어신호는 아래 주어진 논리를 따른다.

$$v_A > V_T \text{일 때, } S_1 \text{이 켜짐}$$
$$v_C > V_T \text{일 때, } S_2 \text{가 켜짐}$$
$$v_B > V_T \text{일 때, } S_3 \text{이 켜짐}$$
$$v_A < V_T \text{일 때, } S_4 \text{가 켜짐}$$
$$v_C < V_T \text{일 때, } S_5 \text{가 켜짐}$$
$$v_B < V_T \text{일 때, } S_6 \text{이 켜짐}$$

진폭 변조지수는 다음 식으로 나타낼 수 있다.

$$m = \frac{V_{a,peak}}{V_{T.peak}} = \frac{A}{A_m} \tag{10.24}$$

여기서 A는 기준 정현파의 진폭이고, A_m은 삼각형 반송파의 진폭이다. 캐리어 주파수와 기본 주파수의 비율은 다음과 같이 정의할 수 있다.

$$p = \frac{f_C}{f}$$

기본 인버터 출력 상전압 V_{ph}의 실효값은 다음과 같다.

$$V_{ph,1} = m\frac{V_{dc}}{2\sqrt{2}} \quad (m \le 1) \tag{10.25}$$

여기서 V_{dc}는 인버터에 대한 DC 입력전압이다. $V_{ph,1}$은 $m = 1$이 될 때까지 m과 함께 증가한다. $m > 1$이면 변조는 과변조라고 하는 정현파 PWM이 된다. 선간 전압에서 기본파의 실효값은 다음과 같이 나타낼 수 있다.

$$V_{LL,1} = m\frac{\sqrt{3}\,V_{dc}}{2\sqrt{2}} \quad (m \le 1) \tag{10.26}$$

p의 값에 따라 동기 변조와 비동기 변조라는 두 가지 유형의 변조로 구분할 수 있다. 동기 변조에서는 $p = 3n$이고 $n = 1,\ 2,\ \cdots$이며, 반송파를 3상 기준 전압 v_A, v_B, v_C에 대해 대칭으로 만든다. 반면에 그렇지 않은 변조를 비동기 변조라고 한다. 비동기 변조의 특성은 다음과 같다.

❶ 펄스 패턴은 사이클마다 동일하게 반복되지 않는다.
❷ f의 하위 고조파와 DC 성분이 도입된다.
❸ 하위 고조파는 주파수 비트로 알려진 속도 맥동과 저주파 토크를 유발한다.
❹ 큰 p의 경우 주파수 비트는 무시할 수 있으나 작은 p의 경우 주파수 비트가 중요할 수 있다.
❺ 작은 p의 경우 동기 변조가 사용된다. 이때 p는 3의 홀수 배수가 되는 것이 바람직하다.

정현파 변조의 경계는 $m = 1$일 때 도달한다. 상전압의 기본 구성요소와 m 사이의 관계는 1보다 큰 값일 때 비선형적이다. m의 값이 충분히 큰 경우 출력 상전압은 식 (10.23)과 관련된 $2V_{dc}/\pi$와 동일한 기본 진폭의 최댓값을 갖는 구형파가 된다. 이것은 본질적으로 인버터의 6-step 동작이다. 선형 정현파 PWM 경계의 기본 진폭은 최댓값의 78.5%에 불과하다. $m > 1$인 변조를 과변조라고 하며 이 변조 범위에 저차고조파가 도입된다.

■ 정현파 PWM의 고조파

인버터 출력 상전압에는 캐리어 주파수 f_C의 홀수 배수(예를 들면 f_C, $3f_C$, $5f_C$, $\cdots$)인 고조파가 포함된다. 파형에는 f_C의 배수를 중심으로 하는 측파대도 포함되어 있으며 다음과 같이 정의된다.

$$f_h = k_1 f_C \pm k_2 f = (k_1 p \pm k_2) f$$

여기서 $k_1 + k_2$는 홀수 정수이다. 고조파 주파수 중심은 k_1이 홀수이면 $k_1 f$에 있는 반면 측파대는 k_1이 짝수이면 중심 없이 대칭적으로 위치한다. 대역 주파수 고조파의 크기는 대역 중심에서 멀어질수록 급격히 감소한다. 대역폭과 $k_1 = 1$ 및 $k_2 = 2$에 대한 고조파 주파수 성분을 [그림 10-29]에 나타내었다. 고조파의 대역폭은 고조파가 지배적인 것으로 간주되는 주파수 범위이다. 주파수 대역폭은 m에 따라 증가한다. 측파대 사이의 지배적인 고조파는 주파수 $(p \pm 2)f$ 및 $(2p \pm 1)f$에 있다.

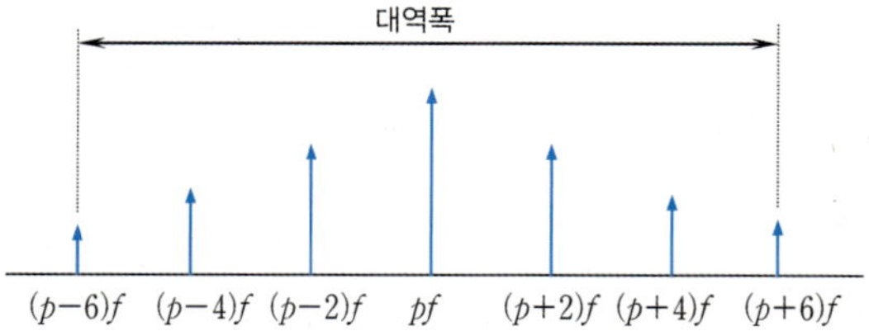

(a) $k_1 = 1$일 때

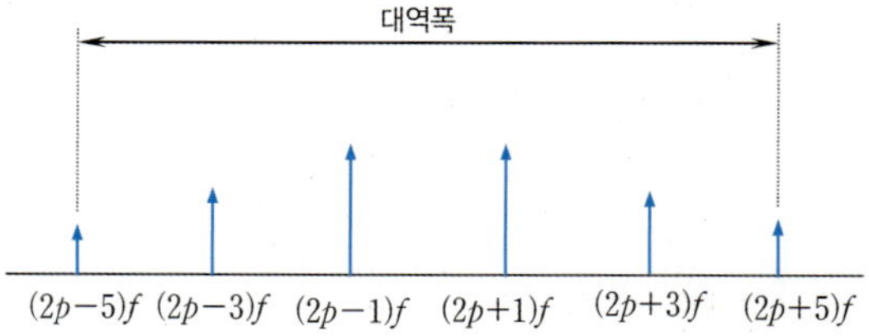

(b) $k_1 = 2$일 때

[그림 10-29] 고조파 주파수 성분

■ 공간벡터(SV) PWM

AC 모터의 벡터 컨트롤러와 dq 모델이 내장된 전압 공간벡터는 3상 PWM 인버터 제어를 위한 호환성 높은 방법을 제시한다. 컨트롤러에서 모터를 구동하기 위해 생성한 d 및 q축 전압에 대한 dq 전압 지령은 등가 PWM 신호로 변환되어 6개의 인버터 스위치 게이트에 적용된다. 가변 주파수 드라이브 애플리케이션의 경우, 공간벡터 PWM은 다른 전압 PWM 기술에 비해 성능이 뛰어나 매우 인기가 있다.

3상전압원 인버터는 위상 레그의 각 스위치가 켜짐 또는 꺼짐 상태에 있다고 가정할 수 있기 때문에 8가지($2^3 = 8$) 상태 중 하나일 것이다. 이 8가지 상태는 3상전압의 특정 값 세트와 관련이 있다. 상태에 따라 기기의 상 권선 단자는 DC 링크의 상단 또는 하단에 연결된다. 단자 전압의 경우 3비트 디지털 상태를 000, 100, 110, 010, 011, 001, 101, 111로 사용하여 8개의 전압벡터로 정의할 수 있다. 예를 들어 상태 011은 a상이 DC 버스의 아래쪽에 연결되고 b상과 c상은 위쪽에 연결되는 것을 나타낸다. 또한 0은 하단 스위치가 켜져 있음을 나타내고 1은 상단 스위치가 켜져 있음을 나타낸다.

이는 인버터의 해당 상태를 나타내는 첨자를 사용하여 인버터가 8개 상태의 고정 전압벡터 $\vec{V}_0 \sim \vec{V}_7$을 생성할 수 있음을 의미한다. 이러한 전압벡터는 다음과 같이 나타낼 수 있다.

$$\vec{V}_0 = \begin{bmatrix} 0 \\ 0 \\ 0 \end{bmatrix},\ \vec{V}_1 = \begin{bmatrix} 1 \\ 0 \\ 0 \end{bmatrix},\ \vec{V}_2 = \begin{bmatrix} 1 \\ 1 \\ 0 \end{bmatrix},\ \vec{V}_3 = \begin{bmatrix} 0 \\ 1 \\ 0 \end{bmatrix},$$

$$\vec{V}_4 = \begin{bmatrix} 0 \\ 1 \\ 1 \end{bmatrix},\ \vec{V}_5 = \begin{bmatrix} 0 \\ 0 \\ 1 \end{bmatrix},\ \vec{V}_6 = \begin{bmatrix} 1 \\ 0 \\ 1 \end{bmatrix},\ \vec{V}_7 = \begin{bmatrix} 1 \\ 1 \\ 1 \end{bmatrix}$$

스위칭 상태, 전압벡터 및 관련 스위치 조건은 [표 10-2]와 같다.

[표 10-2] 공간벡터 스위칭 상태

스위칭 상태	켜지는 소자	전압벡터
0	S4S6S2	$\vec{V}_0$
1	S1S6S2	$\vec{V}_1$
2	S1S3S2	$\vec{V}_2$
3	S4S3S2	$\vec{V}_3$
4	S4S3S5	$\vec{V}_4$
5	S4S6S5	$\vec{V}_5$
6	S1S6S5	$\vec{V}_6$
7	S1S3S5	$\vec{V}_7$

8개의 전압벡터는 2개의 NULL 벡터 $\vec{V}_0$, $\vec{V}_7$과 육각형을 형성하는 6개의 활성상태 벡터로 나타낸다([그림 10-30] 참고). 간단한 회로 분석을 통해 상전압 크기가 6개의 활성상태에서 $\frac{1}{3}V_{dc}$ 단계로, $\pm\frac{2}{3}V_{dc}$ 사이에서 다양하게 변하는 것을 알 수 있다. 이것은 전압 크기 변화가 6-step과 유사하게 6단계로 동작함을 보인다. 예를 들어 $\vec{V}_1$ 벡터 상태에서 스위치 S_1, S_2, S_6은 DC 버스의 위쪽에 연결된 a상과 아래쪽에 연결된 b상, c상과 함께 켜져 있다. 이 상태에서 인버터 상전압은 $v_{an} = \frac{2}{3}V_{dc},\ v_{bn} = -\frac{1}{3}V_{dc},\ v_{cn} = -\frac{1}{3}V_{dc}$이다. 이것은 6-step 동작에 대한 [그림 10-23]~[그림 10-24]의 $\pi/3 < \omega t < 2\pi/3$ 구간에 있는 단계이다. 3상 abc 변수를 dq 변수로 변환하면 d, q 전압은 $v_d = \frac{2}{3}V_{dc}$ 와 $v_q = 0$ 이다. 따라서 전압벡터 $\vec{V}_1 = \frac{2}{3}V_{dc}$이며 dq 평면에서 d축을 따른다. 6개의 활성상태 벡터 각각은 $\frac{2}{3}V_{dc}$의 크기를 가지며 dq 평면에서 서로에 대해 60° 변위됨을 같은 방식으로 나타낼 수 있다. [그림 10-30]과 같이 6개의 활성상태 벡터는 원점에 남아 있는 NULL 벡터와 함께 육각형을 형성한다.

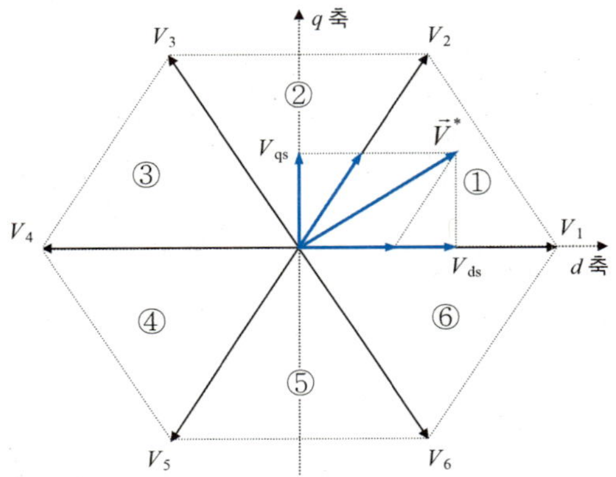

[그림 10-30] 인버터 스위칭 상태와 공간벡터들

6개의 활성상태 벡터는 공간벡터 형식으로 다음과 같이 나타낼 수 있다.

$$\vec{V}_k = \frac{2}{3} V_{dc} e^{j(k-1)\pi/3} \tag{10.27}$$

여기서 $k = 1, \cdots, 6$ 이다. $\vec{V}_k$는 수학 용어로, 스위치 위치 및 공간벡터와 관련된 abc 좌표계의 전압벡터를 나타내는 데 사용된다. 공간벡터는 두 개의 좌표 dq 기준 좌표계에서 d, q 변수와 쉽게 구분할 수 있다.

SV PWM은 인버터의 6-step 동작과 달리 고정된 시간 내에 NULL 벡터를 포함하는 변조방식으로 동작한다. 6-step 동작은 각 상태별 60°의 기간으로 $\vec{V}_1 \rightarrow \vec{V}_2 \rightarrow \vec{V}_3 \rightarrow \vec{V}_4 \rightarrow \vec{V}_5 \rightarrow \vec{V}_6 \rightarrow \vec{V}_1$ 시퀀스로 움직이는 6개의 활성상태에만 사용한다. SV PWM의 목적은 인버터 출력에서 최적화된 PWM 전압을 얻을 수 있도록 게이팅 신호를 생성하는 것이다.

■ SV PWM 스위칭 신호 생성

연속 공간벡터의 변조 기술은 육각형 내부의 모든 기준 전압벡터 $\vec{V}^*$가 2개의 인접한 활성상태 벡터와 NULL 상태 벡터의 조합으로 표현될 수 있다는 사실에 기반한다. 따라서 각 사이클에 요구되는 기준 벡터는 4개의 인버터 상태를 스위칭하면서 구현된다. 공간벡터 $\vec{V}^*$가 있는 섹터는 PWM 구간[6]의 게이트 스위칭 신호를 생성하는 데 사용되는 두 개의 활성상태 벡터를 결정한다. 위상각은 $\theta = \tan^{-1}\left(\frac{V_{qs}}{V_{ds}}\right)$와 $\theta \in [0.2\pi]$에서 결정된다. 위상각은 V_{qs}와 V_{ds}의 상대적 크기와 관련이 있다. 예를 들어 섹터1에서 $0 \leq \tan^{-1}\left(\frac{V_{qs}}{V_{ds}}\right) < \frac{\pi}{3}$이며, 따라서 $0 < V_{qs} < \sqrt{3}\, V_{ds}$이 된다. 다음 조건은 공간벡터가 위치한 섹터를 결정하는 데 사용된다.

- 섹터1 : $0 < V_{qs} < \sqrt{3}\,V_{ds}$
- 섹터2 : $V_{qs} > |\sqrt{3}\,V_{ds}|$
- 섹터3 : $0 < V_{qs} < -\sqrt{3}\,V_{ds}$
- 섹터4 : $0 > V_{qs} > \sqrt{3}\,V_{ds}$
- 섹터5 : $V_{qs} < -|\sqrt{3}\,V_{ds}|$
- 섹터6 : $0 > V_{qs} > -\sqrt{3}\,V_{ds}$

$\overrightarrow{V}_k$와 $\overrightarrow{V}_{k+1}$가 각각 섹터 k 및 인접한 활성 섹터$(k+1)$의 기준 벡터 $\overrightarrow{V}^*$의 구성요소라고 가정하자. 각 전력장치에 대한 최적의 고조파 성능과 최소 스위칭 주파수를 얻기 위해 하나의 인버터 레그만 스위칭하여 한 상태에서 다음 상태로의 전환이 수행되도록 상태 시퀀스가 배열된다. 시퀀스가 제로 상태로 시작하고 다른 NULL 상태에 도달할 때까지 인버터 극이 전환되는 경우 이 조건이 충족된다. 사이클을 완료하기 위해서 시퀀스는 역전되어 첫 번째 0 상태로 끝난다. 예를 들어 기준 벡터가 섹터1에 있는 경우 상태 시퀀스는 ...0127210...이어야 하는 반면, 섹터4에서는 ...0547450...이 된다. 공간벡터의 변조 전략에서 중요한 부분은 각 변조 주기에 대한 활성 및 제로상태 시간의 계산이다. 이는 적용된 평균 전압을 원하는 값과 동일하게 하여 계산한다. [그림 10-31]은 벡터의 온 타임(on-time)을 보여준다.

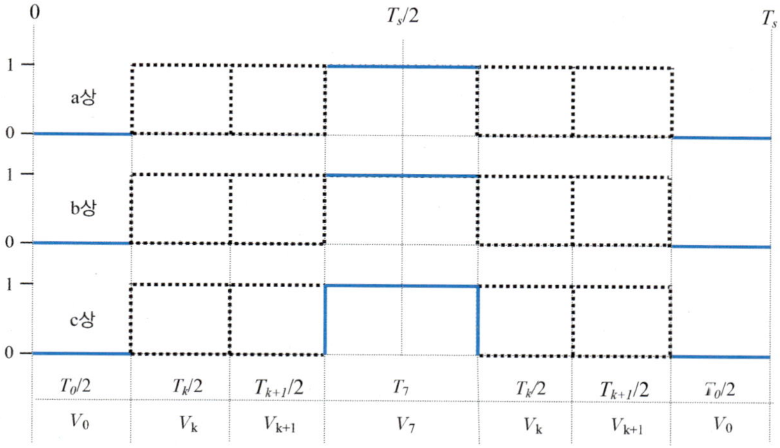

[그림 10-31] 벡터의 온 타임 다이어그램

다음에서 T_k는 활성상태 벡터에 필요한 온 타임을 나타낸다. $\overrightarrow{V}_k$와 $\overrightarrow{V}_{k+1}$는 활성상태 벡터에 필요한 온 타임을 나타낸다. $\overrightarrow{V}_{k+1}$와 $T_0 + T_7$는 NULL 상태 벡터가 전체 기간 T_s를 포함하는 시간이다.[6] 온 타임은 다음 식으로 평가된다. 여기서 $T_0 + T_k + T_{k+1} + T_7 = T_s$이다.

$$\int_0^{T_s/2} \overrightarrow{V} dt = \int_0^{T_0/2} \overrightarrow{V}_0 dt = \int_{T_0/2}^{T_0/2+T_k} \overrightarrow{V_k} dt + \int_{T_0/2+T_k}^{T_0/2+T_k+T_{k+1}} \overrightarrow{V}_{k+1} dt + \int_{T_0/2+T_k+T_{k+1}}^{T_s/2} \overrightarrow{V_7} dt \tag{10.28}$$

PWM 주기에서 $\overrightarrow{V}_0$과 $\overrightarrow{V}_7$을 0 벡터로, $\overrightarrow{V}^*$, $\overrightarrow{V}_k$, $\overrightarrow{V}_{k+1}$ 을 상수 벡터로 취함으로써 식 (10.28)을 다음과 같이 단순화할 수 있다.

$$\frac{T_s}{2}\overrightarrow{V} = \frac{T_0}{2}\overrightarrow{V_0} + \frac{T_k}{2}\overrightarrow{V_k} + \frac{T_{k+1}}{2}\overrightarrow{V}_{k+1} + \frac{T_7}{2}\overrightarrow{V}_7$$
$$T_s\overrightarrow{V} = T_k\overrightarrow{V_k} + T_{k+1}\overrightarrow{V}_{k+1} \qquad (10.29)$$

$\overrightarrow{V}$ 와 식 (10.27)과 식 (10.29)에 대한 공간벡터의 관계를 이용해 다음과 같이 나타낼 수 있다.

$$\begin{bmatrix} T_k \\ T_{k+1} \end{bmatrix} = \frac{\sqrt{3}\,T_s}{V_{dc}}\begin{bmatrix} \sin\frac{k\pi}{3} & -\cos\frac{k\pi}{3} \\ -\sin\frac{(k-1)\pi}{3} & \cos\frac{(k-1)\pi}{3} \end{bmatrix}\begin{bmatrix} V_{ds} \\ V_{qs} \end{bmatrix} \qquad (10.30)$$

듀티비는 다음과 같이 온 타임과 관련이 있다.

$$\begin{bmatrix} T_k \\ T_{k+1} \end{bmatrix} = T_s\begin{bmatrix} D_k \\ D_{k+1} \end{bmatrix} \qquad (10.31)$$

식 (10.30)을 식 (10.31)과 비교하면 다음과 같은 듀티비를 얻을 수 있다.

$$\begin{bmatrix} D_k \\ D_{k+1} \end{bmatrix} = \sqrt{3}\begin{bmatrix} \sin\frac{k\pi}{3} & -\cos\frac{k\pi}{3} \\ -\sin\frac{(k-1)\pi}{3} & \cos\frac{(k-1)\pi}{3} \end{bmatrix}\begin{bmatrix} \frac{V_{ds}}{V_{dc}} \\ \frac{V_{qs}}{V_{dc}} \end{bmatrix} \qquad (10.32)$$

NULL 벡터에 대한 온 타임은 다음과 같이 구한다.

$$\begin{bmatrix} T_0 \\ T_7 \end{bmatrix} = 1/2\begin{bmatrix} T_S - T_k - T_{k+1} \\ T_S - T_k - T_{k+1} \end{bmatrix} \qquad (10.33)$$

식 (10.31)과 식 (10.33)은 PWM 주기 내에서 식 (10.32)에 의해 주어진 듀티비와 온 타임 T_k, T_{k+1}, T_0와 T_7을 제공한다. 컨트롤러에 대한 3상 PWM 발생기의 온 타임은 다음과 같이 결정된다.

$$\begin{bmatrix} T_A \\ T_B \\ T_C \end{bmatrix} = \begin{bmatrix} \overrightarrow{V_k} & \overrightarrow{V}_{k+1} & \overrightarrow{V_7} \end{bmatrix}\begin{bmatrix} T_k \\ T_{k+1} \\ T_7 \end{bmatrix}(k = 1,\ \cdots,\ 6) \qquad (10.34)$$

여기서 T_A, T_B, T_C는 각 단계의 온 타임이고 $\overrightarrow{V}_k$는 이전에 정의된 6개의 활성 동작 상태 중 하나이다. [그림 10-29]에 표시된 예에서 $\overrightarrow{V}^*$ 는 섹터1에 있다. 온 타입은 다음과 같이 구할 수 있다.

$$\begin{bmatrix} T_A \\ T_B \\ T_C \end{bmatrix} = \begin{bmatrix} \overrightarrow{V_1} & \overrightarrow{V_2} & \overrightarrow{V_7} \end{bmatrix} \begin{bmatrix} T_k \\ T_{k+1} \\ T_7 \end{bmatrix} = \begin{bmatrix} 1 & 1 & 1 \\ 0 & 1 & 1 \\ 0 & 0 & 1 \end{bmatrix} \begin{bmatrix} T_k \\ T_{k+1} \\ T_7 \end{bmatrix}$$

스위칭 게이트의 온 타임은 회전하는 기준 벡터 $\overrightarrow{V}^*$ 를 인접한 공간벡터로 구성된 두 가지 구성요소로 분해하여 SV PWM 컨트롤러를 이용해 설정한다. 두 공간벡터에서 계산된 듀티 사이클은 AC 모터의 평형 3상전압을 설정하는 데 도움이 된다.

정현파 PWM 방식은 인버터 용량의 78.5%만 사용하는 것으로 나타났다. SV PWM 방식에서는 각 인버터 레그에 대해 별도의 변조기를 사용하여 인버터의 성능을 개선하고 평형 3상 시스템을 형성하는 3개의 기준 신호를 생성한다. 이러한 방식으로 얻을 수 있는 최대 출력전압은 인버터 용량의 최대 90.6%까지 일반 SV PWM으로 증가된다. SV PWM 알고리즘은 상당히 복잡하고 계산 집약적이지만, DSP의 가능 범위 내에 여전히 사용되고 있다.

예제 10.2

SiC 6-스위치 전압원 인버터는 차량 질량 = 1,521kg, 휠 반경 = 0.4m, 전면 면적 = 2.16m², 휠베이스 = 2.7m인 닛산 리프의 모터를 구동하기 위한 인버터로 사용된다. 이밖에 각 매개변수 값은 다음과 같다.

모터 매개변수

$$L_d = 1.52\text{mH},\ L_q = 1.54\text{mH},\ R_{ph} = 0.046\Omega,$$

$$K_e = 0.46(\text{위상, 피크}),\ \lambda_m = 0.115\frac{V_S}{\text{rad}}(\text{위상, 피크}),$$

$$\text{배터리 정격} = 40\text{kWh},\ \text{공칭 DC 버스 전압} = 360\text{V}$$

장치 매개변수

인버터용으로 선택된 AEC-Q101 자동차 등급 N-채널 Rohm SCT3022ALHR SiC MOSFET (개별 TO-247 패키지)

$$V_{DS} = 650\text{V},\ I_{DS} = 65\text{A},$$

$$R_{ds,on} = 22\text{M}\Omega,\ E_{on} = 252\mu\text{J},\ E_{off} = 201\mu\text{J}$$

이때 시뮬레이션 모델과 분석을 사용하여 인버터 전류 실효치, 인버터 손실, 모터 전력 및 에너지 수요를 고속도로 주행 주기에 대한 시간의 함수로 계산하고 플로팅한 결과를 나타내라.

풀이

시뮬레이션 및 분석은 먼저 차량 시뮬레이션 모델에서 데이터를 생성한 다음 방정식 기반 모델을 사용하여 두 단계로 수행된다. [그림 3-25]에 나와 있는 MATLAB-Simulink를 사용하여 개발된 차량 시뮬레이션 모델은 모터 및 인버터 동작점을 도출하기 위해 고속도로 주행 주기를 사용한다.

주행 주기는 운전자 모델을 사용하여 조절되는 속도 대 시간을 사용한다. 그런 다음 차량 시뮬레이션 모델은 모터 입력전압 v_d와 v_q, 모터 및 인버터 전류 i_d와 i_q, 모터 출력 토크 T와 속도 ω를 생성한다. 이 차량의 시뮬레이션 모델에서는 인버터 세부 정보가 모델링되지 않는다. 이는 하나의 주행 주기를 처리하는 데 오랜 시간이 필요하기 때문이다.

$v_d(t)$, $v_q(t)$, $i_d(t)$, $i_q(t)$ 성분의 시뮬레이션 데이터를 사용하여 모터 피크 전압 $V_{a,peak}(t)$ 및 모터 피크 전류 $I(t)$를 얻는다. 이 데이터를 사용하여 변조지수 $M(t)$ 및 역률 $\phi(t)$를 계산할 수 있다.

$$M(t) = \frac{\sqrt{3}\, V_{a,peak}(t)}{V_{DC}}$$

$$\phi(t) = \tan^{-1}\frac{Q}{P}$$

여기서 실제 전력 $P(t) = v_d \cdot i_d + v_q \cdot i_q$ 이고, 무효 전력 $Q(t) = v_q \cdot i_q - v_d \cdot i_q$이다. 앞서 계산한 값에서 장치 매개변수 값을 사용하여 인버터 전력장치에서 발생하는 손실을 계산할 수 있다. 장치 실효 전류는 다음과 같이 계산한다.[7~8]

$$I_{q,s}(t) = I(t)\sqrt{\frac{1}{8} + \frac{1}{3\pi}M(t)\cos\phi(t)}$$

여기서 $I(t)$ = 피크 출력 전류, $M(t)$ = 변조지수이고 $\phi(t)$ = 역률이다, 각 장치의 도통 손실은 다음과 같다.

$$P_{cond,Q}(t) = R_{ds(on)}\left(I(t)\sqrt{\frac{1}{8} + \frac{1}{3\pi}M(t)\cos\phi(t)}\right)^2$$

또한 각 장치의 스위칭 손실은 다음과 같다.

$$P_{sw,Q}(t) = \frac{1}{\pi}f_{sw}(E_{on} + E_{off})\frac{I_s V_{dc}}{I_{s(nom)} I_{dc(nom)}}$$

[그림 10-32]는 인버터 실효 전류 및 전력 손실 도표를 보여준다. 이러한 손실 계산을 위해 정현파 전류가 가정되었다. MOSFET 장치의 동기 정류로 인해 SiC 다이오드는 매우 짧은 시간 동안 도통되므로 다이오드와 관련된 손실은 드라이브 사이클 에너지 분석에서 무시할 수 있다.

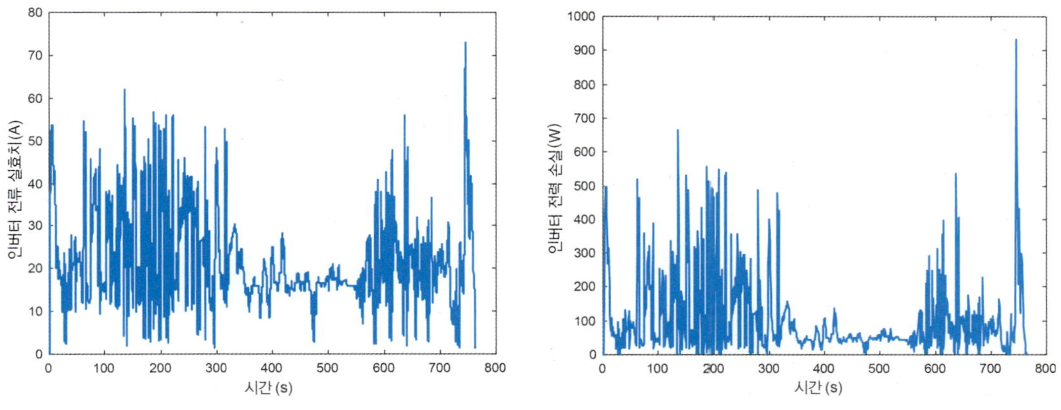

(a) 인버터 전류 실효치 (b) 인버터 전력 손실

[그림 10-32] 고속도로 주행 사이클에서 SiC 인버터 동작

모터 전력 및 에너지 수요는 시뮬레이션 토크 및 속도 데이터를 이용하여 계산된다. [그림 10-33]은 그 결과를 보여준다.

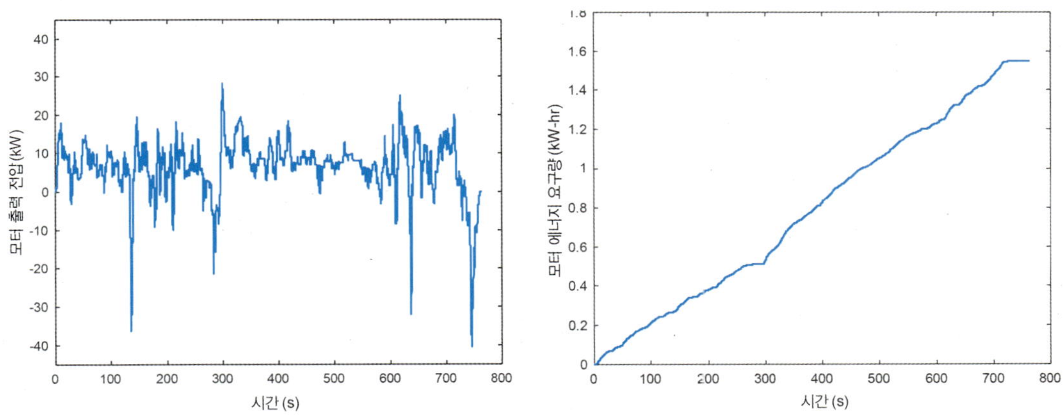

(a) 모터 출력 (b) 요구되는 에너지

[그림 10-33] 고속도로 주행 사이클에서 모터 동작

SECTION 10.5

SRM 드라이브

SRM Drives

SRM 드라이브의 전력전자 드라이브 회로는 AC 모터 드라이브의 회로와 상당히 다르다. SRM에서 발생하는 토크는 전류가 흐르는 방향과는 무관하다. 따라서 양방향 전류를 필요로 하는 유도전동기나 동기전동기와 달리 유니폴라 컨버터를 사용하면 SRM의 전력변환회로로 사용하기 충분하다. 고정자 위상이 서로 전기적으로 절연된다는 사실과 SRM의 이러한 고유한 기능을 사용하여 다양한 전원 회로를 구성할 수 있다. 특정 SRM 드라이브에 필요한 컨버터 유형은 모터 구성 및 위상 수와 밀접한 관련이 있다. 또한 응용 프로그램에 따라 다르다.

가장 유연한 제4사분면 SRM 컨버터로는 [그림 10-34]에 나와 있는 브리지 컨버터가 있으며, 위상당 2개의 스위치와 2개의 다이오드가 필요하다.[9~10]

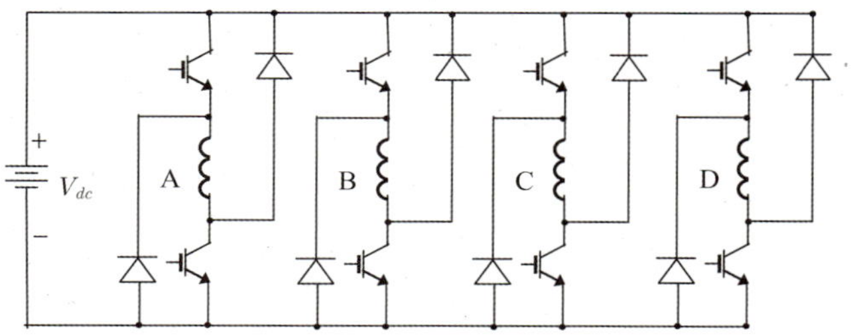

[그림 10-34] SRM을 위한 컨버터 토폴로지 : 고전적 브리지를 사용한 전력 컨버터

스위치와 다이오드는 공급 전압과 과도상태의 과부하를 견딜 수 있는 정격이어야 한다. 자화 기간 동안 두 스위치는 모두 켜지고 에너지가 소스에서 모터로 전달된다. 필요한 경우 제어 전략에 따라 도통 기간 동안 스위치 중 하나 또는 둘 모두를 전환하여 초핑 또는 PWM을 수행할 수 있다. 정류 시 두 스위치가 모두 꺼지고 모터 위상은 프리휠링 다이오드를 통해 빠르게 디플럭스된다. 이 컨버터의 주요 장점은 각 위상을 독립적으로 제어할 수 있으며, 이는 위상 중첩이 필요할 때 특히 중요하다. 유일한 단점은 위상당 2개의 스위치와 2개의 다이오드가 필요하다는 것이다. 이 컨버터는 특히 고전압, 고전력 드라이브에 적합하다.

SRM의 위상 독립 특성을 이용하여 전력장치의 수를 줄이기 위해 SRM용의 여러 다른 유형의 컨버터가 개발되었다.[11,12] 이러한 컨버터에는 분할 커패시터 컨버터, Miller 컨버터 및 에너지 효율적인 C-Dump 컨버터가 있다. 스위치 수가 감소한 컨버터는 결함에 대한 내력이 낮으므로 견인용 애플리케이션에는 적합하지 않다.

10장 연습문제

※ [연습문제 10.1]과 [연습문제 10.2]에 대한 매개변수는 아래를 참고하라.

$$V_{bat} = 144\text{V},\ k\phi = 0.6\text{V}\cdot\text{s},$$
$$L_a = 8E-4\text{H},\ R_a = 0.1\Omega,\ f_s = 500\text{Hz}$$

10.1 제2사분면 초퍼의 가속 동안 DCM에서 시간 γ ([그림 P10.1] 참조)는 다음과 같이 유도된다.

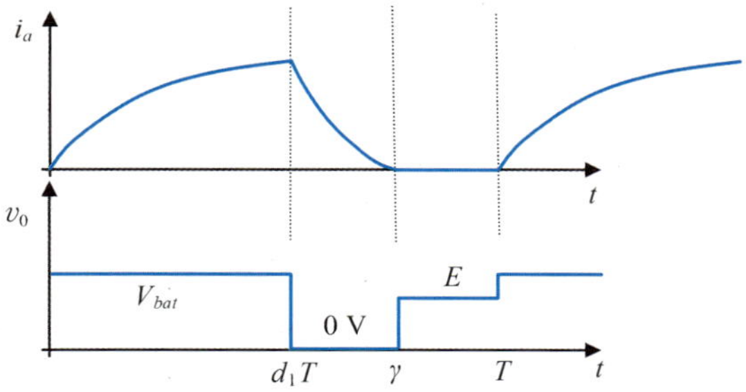

$$\gamma = -\tau \ln\left[\frac{E}{E + V_{bat}(e^{d_1 t/\tau} - 1)}\right]$$

$$(\tau = \frac{L_a}{R_a})$$

[그림 P10.1]

DCM에서 동작하는 제2사분면 초퍼의 가속 동작에 대한 $\langle\omega\rangle - \langle T\rangle$ 특성을 유도하라. 이때 아직 매개변수를 숫자 값으로 대체해서는 안 된다. 대신 $\langle T\rangle$를 $\langle\omega\rangle$로 풀고, 주어진 매개변수 및 $d_1 = 0.9$, 0.5, 0.1에 대해 $\langle T\rangle$ 대 $\langle\omega\rangle$를 그려라.

10.2 주어진 매개변수에 대해 CCM에서 최악의 전기자 전류 리플을 계산하라. 최악의 경우 리플이 10A 미만이어야 한다면 필터 인덕턴스의 값은 얼마인가? 아니면 스위칭 주파수를 어떤 값으로 변경해야 하는가?

10.3 2사분면 초퍼 공급 DC 모터의 DCM, CCM 및 UNCM 가속 동작에 대한 $T-\omega$ 평면의 영역 즉, 각 모드에 대한 T와 ω에 대한 제한을 찾아라. 이때 주어진 매개변수에 대해 가속 동작 영역을 그리고, 주어진 안전 동작 영역도 그려라.

$$-100\text{N}\cdot\text{m} \le T \le 100\text{N}\cdot\text{m}$$
$$-300\,\text{rad/s} \le \omega \le 300\text{rad/s}$$
$$-30\text{hp} \le P \le 30\text{hp}$$

전략 먼저 E의 조건을 사용하여 d_1에 대한 부등식을 푼다. 그런 다음 $\omega - T$ 특성을 사용하여 d_1을 제거한다. 또한 $0 \le d_1 \le 1$임을 기억하라.

10.4 제동 동작의 UNCM을 설명한 후 전기자 전류와 단자 전압의 파형을 그렸을 때 이 모드에 대한 속도-토크 특성을 계산하라. 이 모드는 $\omega-T$ 평면에서 몇 사분면에 있는가?

10.5 [그림 P10.2]에 표시된 제2사분면 초퍼로 구동되는 EV 구동계를 고려한다. d_1는 가속 동작의 듀티비이고 d_2는 제동 동작의 듀티비이다.

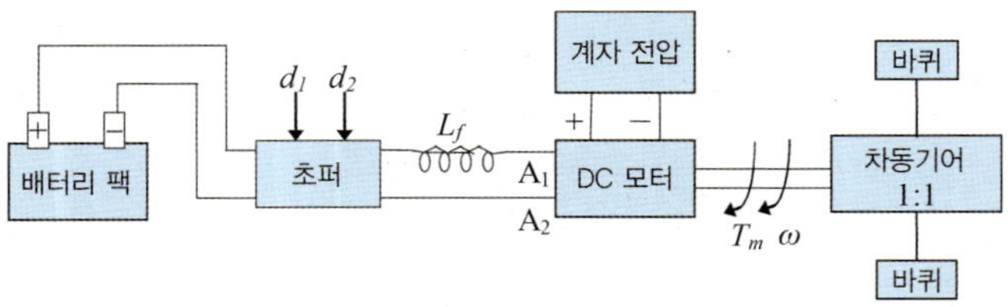

[그림 P10.5]

이때 각각의 매개변수는 다음과 같다.

EV 매개변수

$$m = 1{,}050\text{kg},\ M_B = 150\text{kg},$$

$$C_D = 0.25,\ A_F = 2\text{m}^2,\ C_0 = 0.01,\ C_1 = 0,$$

$$p = 1.1614\text{kg/m}^3,\ g = 10.81\text{m/s}^2,\ r_{wh} = 0.28\text{m}$$

모터 및 컨트롤러 매개변수

$$R_a = 0.1\Omega,\ L_a = 2\text{mH},\ k\phi = 0.6\text{V}\cdot\text{s},\ I_{a,rated} = 200\text{A},$$

$$f_s = \text{초퍼 스위칭 주파수} = 500\text{Hz}$$

$$L_f = \text{직렬 필터 인덕턴스} = 1.6\text{mH}$$

이때 정상상태 동작이 CCM, DCM 또는 UNCM에서 수행되는지 확인하라.

(a) $d_1 = 0.4$, $d_2 = 0$, $V = 25\text{m/s}$

(b) $d_1 = 0.8$, $d_2 = 0$, $V = 45\text{m/s}$

(c) $d_2 = 0$, $V = 25\text{m/s}$, $T = 40\text{N}\cdot\text{m}$

조건 V는 차량의 정상상태 속도이고 T는 모터 토크이다. 또한 마찰 및 바람 손실은 무시하고 모터 샤프트와 차량 바퀴 사이의 동력 손실은 0이라고 가정한다.

10.6 AC 인버터는 정현파 펄스 모드에서 동작한다. 트랜지스터 기본 전류 파형은 [그림 P10.6]에 나와 있다. 그림에서 선간 전압 v_{AB}, v_{BC}, v_{CA}와 중성선 간 전압 v_{AN}을 그린 후 전압에 대해 간단히 설명하라. 이때 균형이 잡혀 있는가? (i_{cj}는 ($j=1\sim6$) 각각 트랜지스터 1 ~ 6에 대한 기본 전류이다.)

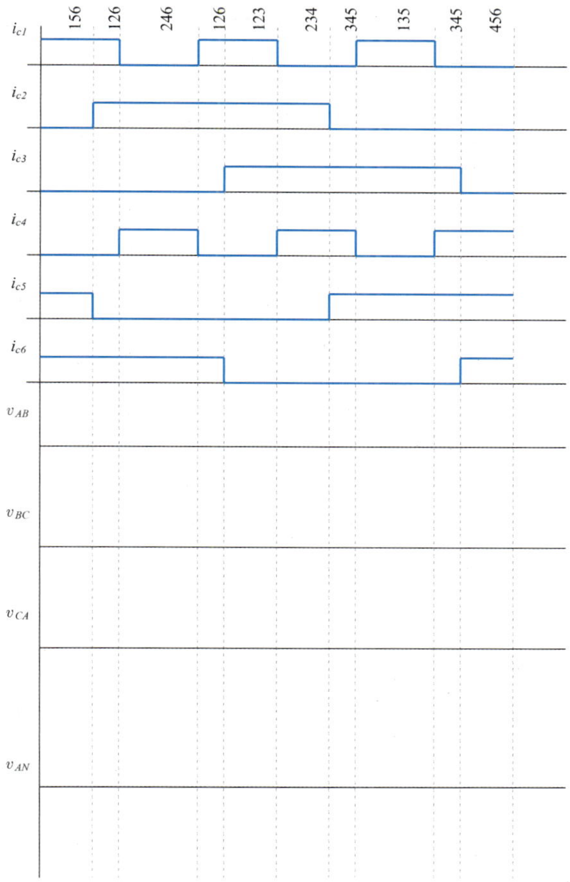

[그림 P10.6]

10.7 460V, 60Hz, 6극, 1,176rpm, Y 결선 유도전동기는 정격 조건에서 고정자를 기준으로 하는 다음 매개변수를 가진다.

$$R_a = 0.19\Omega,\ R_r = 0.07\Omega,\ X_s = 0.75\Omega,$$
$$X_r = 0.67\Omega,\ X_m = \infty$$

모터는 6-step 인버터에 의해 공급된다. 인버터는 DC/DC 컨버터를 통해 배터리 팩에서 공급된다. 이때 아래 질문에 답하시오. 배터리 팩 전압은 72V이고 모든 손실을 무시한다.

(a) DC/DC 컨버터의 출력을 결정하라.

(b) 컨버터의 유형과 변환 비율을 언급하라.

10장 연습문제

10.8 [연습문제 10.7]의 모터가 평평한 도로에서 차량을 일정한 속도로 추진하기 위해 300N·m이 필요한 EV를 구동하는 데 사용된다. 구성은 [그림 P10.4]와 같다. 주파수와 전압이 정격 값에서 일정하게 유지되는 동안 동작 속도와 슬립을 결정하라.

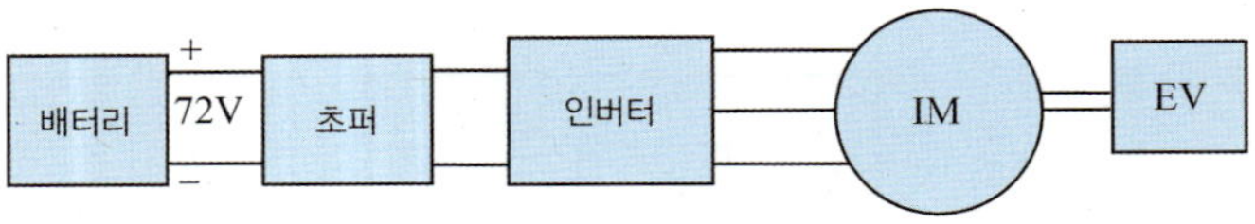

[그림 P10.4]

10.9 [연습문제 10.7]의 차량은 추진에 250N·m가 필요하며 아래로 움직이고 있다. 이때 아래 질문에 답하라.

(a) 인버터에서 모터의 입력전압은 얼마인가? 이에 따라 컨버터의 변환 비율을 결정하라. 참고로 주파수는 정격 값으로 일정하게 유지되고 모터는 정격 속도로 동작한다.

(b) 모터에 대한 입력전압이 정격 값으로 일정하게 유지되고 모터가 정격 속도로 동작하는 경우, 인버터의 동작 주파수는 얼마가 되어야 하는가?

10.10 벡터 제어 유도전동기 드라이브에 전력을 공급하는 PWM 인버터의 DC 링크 전압은 300VDC이다. 공간벡터 PWM은 인버터를 통해 모터에 지령 전압을 공급하는 데 사용된다. 고정 기준 좌표계의 전압 지령은 $\overrightarrow{V^S} = 210e^{j0.44}$이다. 이때 전압 지령의 섹터는 무엇이고 어떤 두 개의 인버터 전압벡터를 사용해야 하는가? 지령 전압을 적용하기 위해 x, y, z 백분율을 계산하라.

10.11 다음 자속 방정식은 3상 6/4 SRM의 비선형 특성을 설명한다.

$$\lambda_f(i,\theta) = \lambda_s(1-\exp(-i_j f_j(\theta)) \quad (i_j \geq 0)$$

여기서 포화 자속 λ_S는 0.2V·s이고, $f(\theta) = a + b^* \cos(N_r\theta - (j-1)2\pi/m)$이다. $j=1$, 2, 3은 위상 수를 나타내고 $m=3$이다. $a=0.024$, $b=0.0110$이라고 가정한다. 또한 주어진 위상 저항 $R_{ph}=0.3$이다. 컴퓨터 프로그램을 작성하고 속도가 100, 1,000, 10,000rpm일 때 기계적 각도 45°와 75° 사이의 단일 펄스 모드에서 모터에 전력이 공급될 때 위상 a 전류를 그려라. 단, 인가 전압은 24V이다.

CHAPTER 11

차량 컨트롤러 및 통신

Vehicle Controllers and Communication

들어가기 전에 ▸▸▸

EV 및 HEV에서 컨트롤러는 전기모터 드라이브, 전력전자 컨버터, 배터리 관리, IC 엔진, 변속기 및 연료전지와 같은 다양한 파워트레인 구성요소에 필요하다. HEV에는 다양한 파워트레인 하위 시스템에 대한 명령을 생성하기 위한 감독 컨트롤러가 필요하며 EPS **Electric Power Steering**, ABS **Anti-Lock Brake System**, 멀티미디어 엔터테인먼트 장치 및 실내 온도조절 시스템과 같은 보조시스템을 작동하기 위한 컨트롤러도 필요하다. 컨트롤러는 제어법칙 및 알고리즘에 따른 입력 명령과 피드백 신호를 기반으로 액추에이터에 대한 출력 명령 신호를 생성하는 역할을 한다. 또한 컨트롤러는 구성요소와 하위 시스템이 서로 통신하는 통신 모듈을 호스팅한다. 명령 신호, 센서 피드백 신호 및 시스템 출력변수는 차량 운전자, 감독 컨트롤러 및 하위 시스템을 상호 연결하고 자동차 통신 네트워크를 통해 한 장치에서 다른 장치로 전송된다. CAN **Controller Area Network**은 이러한 통신에 가장 일반적으로 사용되는 프로토콜로 네트워크의 물리적 계층을 호스팅하는 각 컨트롤러와 직렬 다중 마스터 통신 프로토콜을 사용한다. 11.1과 11.2절에서는 차량 컨트롤러 및 컨트롤러 소프트웨어를 다루고 11.3과 11.4절에서는 차량 통신 및 CAN에 관해 설명한다.

SECTION 11.1

차량 컨트롤러

Vehicle Controllers

컨트롤러 장치 또는 프로세서는 지난 수십 년 동안 초대형 집적회로(VLSI) 기술이 발전하면서 오늘날 높은 연산 능력과 속도로 사용할 수 있게 되었다. 파워트레인 및 보조 구성요소는 기본적으로 마이크로컨트롤러인 마이크로프로세서 제어 장치(MCU)에서 구현되는 알고리즘 및 센서의 피드백 신호를 기반으로 제어된다. 이들은 제어 알고리즘 소프트웨어와 MCU 하드웨어를 포함하는 임베디드 컨트롤러 유닛이라고도 불리며,[1~2] 컨트롤러는 다음과 같은 작업을 수행한다.

- 액추에이터에 대한 명령 신호를 생성하기 위한 제어법 구현
- 시스템 변수, 제약조건 및 센서의 피드백 신호를 기반으로 한 시스템 보호 및 장애 관리
- 개발 중 테스트 및 운영 중 유지보수를 위해 사용자에게 표시하는 데이터 처리 및 로깅

MCU 또는 마이크로컨트롤러는 애플리케이션 제어기능을 수행하는 데 필요한 부품으로 구성된 고집적 장치로, 필요한 처리능력과 기능에 따라 4, 8, 16 또는 32비트 마이크로컨트롤러를 사용할 수 있다. 시스템의 내장 제어장치, 그중에서도 파워트레인 구성요소의 제어장치는 전자제어장치(ECU)로 알려져 있으며 ECU 모듈은 자동차 각 시스템의 두뇌 역할을 한다. 이 ECU의 중심에는 시스템 기능을 조정하고 제어하는 마이크로컨트롤러가 있으며 시스템의 성능은 마이크로컨트롤러의 기능과 용량에 좌우된다. 1990년대 중반에는 자동차에 약 15개의 마이크로컨트롤러가 있었으나 현재는 약 50 ~ 100개의 마이크로컨트롤러가 있으며 파워트레인 구성요소 ECU 외에도 연료 분사, 트립 컴퓨터, 윈도우 리프트, 키리스 엔트리 **keyless entry**, 안전벨트 고정장치, 에어백 시스템 및 대시보드 디스플레이와 같은 다양한 애플리케이션에서 사용된다.

제어 작업은 시스템 및 요구 사항에 따라 하나 이상의 컨트롤러 장치에서 관리할 수 있으며 설계자는 시스템의 제어 알고리즘을 구현하기 위해 공급업체의 다양한 프로세서 중에서 선택할 수 있다.

11.1.1 마이크로컨트롤러의 종류

마이크로컨트롤러는 필요한 모든 구성요소가 단일 칩에 내장되어 소형화된 집적회로이다. 완전한 마이크로컨트롤러는 타이머/카운터, 아날로그-디지털(A/D) 변환기, 직렬 인터페이스 장치, 통신장치, 입출력(I/O) 포트 및 펄스 폭 변조(PWM) 모듈이 단일 IC에 구성되어 있다. 마이크로컨트롤러의 CPU는 계산에 사용되는 마이크로프로세서이며, 이벤트 구동 제어 애플리케이션에 필요한 모든 메모리와 주변부품이 하나의 실리콘에 통합되어 있다. 메모리 유형에는 읽기전용 메모리(ROM), 랜덤액

세스 메모리(RAM) 및 소거가능 프로그래밍 ROM(EPROM)이 있다. 마이크로컨트롤러의 버스 구조와 관련된 구성은 [그림 11-1]에 나와 있다. 디지털 신호 프로세서 **Digital Signal Processors, DSP**는 집약적인 계산이 필요한 자동차용 임베디드 제어 애플리케이션에 사용된다. DSP는 신호를 빠르게 처리하기 위한 전용 하드웨어 회로로 설계되었다. DSP가 사용되는 자동차 애플리케이션의 예로는 전기모터 드라이브, 전력전자 제어, 음성 합성 및 인식, 통신 시스템, 레이더 신호 분석 및 이미지 처리가 있다.

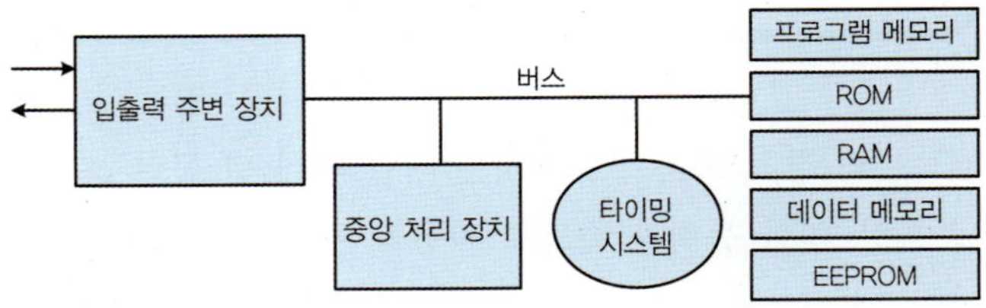

[그림 11-1] 마이크로 컨트롤러 구성도

마이크로컨트롤러와 DSP는 숫자를 표현할 때 부동소수점 또는 고정소수점 프로세서를 사용할 수 있지만, 두 가지 유형의 숫자를 모두 처리하는 고급 마이크로컨트롤러를 사용할 수도 있다. 부동소수점 프로세서를 사용하면 소수점 산술단위를 할당할 수 있어 프로그래밍 유연성이 생기므로 알고리즘 개발시간이 극적으로 단축될 수 있다. 고정소수점 프로세서에서 고정소수점 산술로 알려진 수학 연산을 실행하려면 정수가 아닌 값을 표현하기 위해 특별한 방법을 사용해야 하므로 정수가 아닌 변수를 포함하는 연산이 어려워진다. 하지만 제어 실행시간이 중요한 응용프로그램에서는 고정소수점 프로세서를 사용하는 것이 유리하다. 곱셈과 나눗셈은 CPU가 2진법으로 작동하기 때문에 코드 실행시간을 최소화하기 위해 해당 비트 수만큼 레지스터를 왼쪽 또는 오른쪽으로 각각 시프트하여 관리하는데 1비트 시프트는 왼쪽 또는 오른쪽 시프트에 따라 2의 거듭제곱으로 곱하거나 나누는 것과 같다. 시프트 작업을 통해 제어 루프 시간을 정확하게 제어할 수 있고 사이클 실행시간을 초과하지 않을 수 있다.

자동차 마이크로컨트롤러 제조업체는 멀티코어 아키텍처를 이용하여 파워트레인 유형 ECU 및 멀티미디어 애플리케이션의 엄격하고 까다로운 성능 조건을 충족한다. 멀티코어 아키텍처에서는 두 개 이상의 CPU 코어가 동일한 판에서 구성되는데 단일 코어와 비교할 때 듀얼 코어 마이크로컨트롤러는 SW 아키텍처에 따라 동일한 주파수에서 거의 두 배의 성능을 제공한다. 또한 동일한 작업을 실행하는 단일 코어에 비해 멀티코어 프로세서에서 전력 소모 및 열 발산이 더 낮다.[3]

ARM 프로세서는 최근 몇 년 동안 다양한 자동차 MCU 애플리케이션에서 상당한 인기를 얻었다. 고급 RISC **Reduced Instruction Set Computing** 머신에서 진화한 ARM은 다양한 환경에 맞게 구성된 컴퓨터 프로세서용 RISC 아키텍처 제품군이다. ARM 프로세서는 메모리와 다양한 인터페이스를 포함하는 SoC(시스템 온 칩) 및 SoM(시스템 온 모듈)의 핵심 아키텍처 중 하나로 구축된다. RISC 아키텍처가 있는 프로세서는 비용, 전력 소비 및 열 손실을 줄이는 데 도움이 되는 복잡한 명령 집합 컴퓨터 **Complex Instruction Set Computer, CISC** 아키텍처를 사용하는 프로세서보다 더 적은 수의 트랜지스터가 있어야 한다.

또한 FPGA **Field Programmable Gate Array**와 같은 논리 자원을 SoC 및 SoM 디지털 제어플랫폼에 포함해 디지털 제어 시스템에 다음과 같은 새로운 기회를 제공할 수 있다. 첫째, SoC의 임베디드 로직 리소스는 주변장치의 구성 유연성을 크게 향상시킨다. 이때 핀아웃 및 특정 주변기기의 수는 더 이상 IC 제조업체에 의해 제한되지 않는다. 둘째, FPGA는 프로그램 실행 시간을 줄이기 위해 특정 작업용 연산 코어로 프로그래밍할 수 있다. 마지막으로 FPGA를 사용하여 더 정확하고 효율적인 고급 PWM을 구현할 수 있다.

더 엄격한 안전 표준과 자동차 OEM 간의 치열한 경쟁으로 인해 신차에는 첨단 운전자 지원 시스템(ADAS), OTA **over-the-air** 업그레이드 기능이 있는 인포테인먼트[1] 시스템 및 능동형 섀시/바디 제어와 같은 더 많은 고급 기술 기능이 포함되고 있다. 이러한 새로운 기능이 적용됨에 따라 MCU의 수가 증가하게 되었고, 차량의 전기시스템 아키텍처를 단순화하기 위해서 여러 MCU의 기능을 하나의 대규모 MCU에 통합하는 추세이다. 즉 앞에서 언급한 바와 같이 높은 수준의 유연성과 성능을 갖춘 FPGA 내장 SoC 디지털 플랫폼이 이상적인 후보가 될 것이다. 테슬라의 자율주행 전용 ASIC이 도입되면서 앞으로 고성능의 차량 및 파워트레인 제어를 위한 전문 ASIC이 등장하는 것도 머지않았다.

제조업체에서는 마이크로컨트롤러를 제품군으로 제공하고 있다. 이는 유사한 유형의 마이크로컨트롤러를 모아둔 것이지만, 각각 메모리 크기, 최대 주파수, 패키지 호환성, 내장된 주변장치 수, 향상된 주변장치의 기능이 다르다. 마이크로컨트롤러에서 개발된 애플리케이션은 같은 제품군 내의 다른 마이크로컨트롤러로 쉽게 이식할 수 있으므로 마이크로컨트롤러를 선택할 때 향후 업그레이드가 가능한 제품군을 선택해야 한다.

11.1.2 마이크로컨트롤러의 구성요소

마이크로컨트롤러의 주요 구성요소는 중앙처리장치(CPU), 메모리, 데이터 버스 및 주소 버스, 데이터 I/O 회로 및 주변장치이며 이러한 구성요소에 대한 간략한 설명은 다음과 같다.

■ 중앙처리장치(CPU)

마이크로컨트롤러의 CPU는 명령이 실행되고 결정이 내려지는 기본 마이크로프로세서이다. 하나 이상의 독립적인 실제 프로세서(코어라고도 함)는 프로그램 명령(소프트웨어 코드)을 읽고 실행하는 단일 컴퓨팅장치를 형성한다. 이때 프로그램 명령과 데이터는 주소 버스를 통해 CPU에서 순차적으로 액세스할 수 있는 내부 또는 외부 메모리에 저장된다. CPU는 데이터 버스를 통해 메모리에서 명령을 읽고 실행하는데, CPU의 주요 처리 부분은 수학 및 논리 연산을 수행하는 산술 논리 장치 **Arithmetic and Logical Unit, ALU**이다. 명령에 따라 지정된 데이터는 처리를 위해 ALU에 로드되고 실행

1 **(역자주)** 정보(information)와 오락(entertainment)의 합성어로, 통합 멀티미디어 시스템이다.

결과는 지정된 레지스터 또는 메모리 영역에 저장된다. 마이크로컨트롤러는 불린 로직**boolean logic**에서 '1' 또는 '0'을 나타내는 비트인 이진수를 사용하는 디지털 시스템을 사용한다. 일반적으로 마이크로컨트롤러, 마이크로프로세서, DSP를 CPU의 데이터 폭으로 분류하는데 이는 하드웨어 설계방식에 따라 한번에 4, 8, 16, 32 또는 64비트 데이터를 처리할 수 있다.

메모리와 레지스터

메모리에는 RAM, ROM, EPROM, EEPROM[2] 및 플래시 메모리의 5가지 기본 유형이 있다. RAM에는 저장된 정보를 검색(읽기)하고 새로운 정보를 저장(쓰기)할 수 있도록 읽기/쓰기 기능이 모두 있으며 이 유형의 메모리는 일반적으로 정적 유형이다. 즉 마이크로컨트롤러의 전원이 꺼지면 메모리 내용이 손실된다. ROM은 데이터를 읽을 수는 있지만, 메모리에 쓰는 것은 허용하지 않아 전원이 제거된 후에도 내용을 유지하는 비휘발성 메모리이다. ROM은 소프트웨어 명령을 실행하는 동안 변경되지 않는 사용자 코드를 저장하는 데 사용된다. EPROM 장치를 사용하면 사용자가 자외선을 가하여 메모리 내용을 지우고 다시 프로그래밍할 수 있으며 일반적으로 사용자의 코드가 자주 변경되는 개발 단계에서 사용된다. EEPROM은 전기적으로 저장된 데이터를 지우고 다시 프로그래밍할 수 있는 ROM 유형이다. 플래시 메모리는 EEPROM과 유사한 최신 유형의 비휘발성 메모리로, 일단 프로그래밍되면 플래시 메모리의 내용은 장치의 전원이 꺼져도 그대로 유지되며, 소프트웨어를 통해 소거할 수 있다. 플래시 메모리의 내용은 전기적으로 지울 수 있다.

마이크로컨트롤러의 온칩**on-chip** 메모리는 ROM, 플래시 메모리 및 부분적 RAM으로 구성된다. 초기화 프로그램은 ROM에 저장되어 기동 단계에서 컨트롤러가 리셋 후 자동으로 초기화된다. 플래시 메모리에는 시작 단계 후에 실행되는 제어 알고리즘을 포함하는 응용프로그램 코드가 포함되어 있다. RAM이 코드에 사용되는 경우 시작 시 또는 런타임 단계 중에 프로그램을 임베디드 컨트롤러 RAM에 로드하려면 외부 또는 내부 메모리 장치와 통신이 필요하다.

레지스터는 사용자의 소프트웨어 코드가 실행되는 동안 임시 데이터 저장 위치로 사용되는데 레지스터 파일은 데이터 저장에 사용되는 메모리 위치로 구성되며 RAM 메모리 위치를 나타낸다. 마이크로컨트롤러에는 사용자가 주변장치의 기능을 구성하고 정의할 수 있는 특수 기능 레지스터(SFR)도 포함되어 있다. 마이크로컨트롤러 핀은 해당 SFR에 설정된 적절한 구성을 통해 범용 I/O 또는 특수 기능 핀으로 구성할 수 있다. 특수 기능 핀으로 구성될 때는 인터럽트 구동되며 마이크로컨트롤러 클록**clock** 신호와 동기화된 정확한 타이밍으로 특수 작동에 사용된다.

2 Electrically Erasable Programmable ROM의 약어이다.

타이머와 카운터

마이크로컨트롤러에는 이벤트를 트리거하거나 특정 사용자 코드를 실행하기 위한 시간 기준을 제공하는 여러 타이머가 장착되어 있다. 타이머/카운터는 고정 주파수에서 증가하거나 감소하는 디지털 계수기로서, 16비트 타이머/카운터의 경우 카운팅이 오버플로 **overflow** 되기 전에 216 또는 65,536까지 계속될 수 있다. 카운터는 SFR에서 사용자가 설정한 지침에 따라 재설정될 수 있다. 타이머는 마이크로컨트롤러 수정 클록 소스 또는 외부 클록에서 클록될 수 있으며 계산 주파수도 구성할 수 있다. 이벤트 카운터 SFR도 설정값으로 로드할 수 있는데 클록 주파수와 동기화하여 카운트 업 또는 다운하여 설정 값에 도달하면 인터럽트 설정 또는 펄스 생성과 같은 작업이 트리거된다.

최신 마이크로컨트롤러는 전용 애플리케이션을 위한 특수 타이머와 카운터를 지원한다. 예를 들면 전자 모터 제어를 위한 PWM 생성 및 위치 센서 인터페이스와 연소 엔진 제어를 위한 신호 디바운싱 **debouncing**, 각속도 주파수 생성 및 PWM 신호가 내장되어 있다. 내부 타이머는 PWM 생성에 필요한 특정 주파수를 이상적으로 설정할 수 있다. 반면에 I/O 포트 핀의 상승 또는 하강 에지 **edge**를 기반으로 회전장치의 위치 및 속도를 계산하기 위해서는 인코더 펄스를 캡처하는 외부 타이머를 사용하기도 한다. 안전상의 이유로 대부분의 마이크로컨트롤러에는 워치독 **watchdog** 타이머가 장착되어 있다. 이는 프로세서 중단과 같은 일부 오류가 있을 때 시스템 재설정을 트리거하는 하드웨어 또는 소프트웨어 타이밍 장치로 사용될 수 있으며 워치독 타이머의 주기적 서비스가 실패하면 무언가 잘못되었다는 것을 의미한다. 워치독 타이머의 목적은 마이크로컨트롤러를 리셋하는 것이다.

주변기기

온칩 주변기기는 마이크로컨트롤러를 자동차의 ECU 구현에 가장 적합하게 만드는 요소로, 애플리케이션용 마이크로컨트롤러를 선택하는 데 가장 중요한 역할을 한다. 예를 들어 주변기기는 직렬 인터페이스 프로토콜(CAN, SPI, UART, Flexray)을 처리하고 특수 필터 유형(FIR)을 계산하고 제어신호(예 : PWM 출력)를 생성하여 주 CPU의 부하를 줄일 수 있다. 통신 포트, I/O 포트, PWM 생성기 및 A/D 변환기는 마이크로컨트롤러의 중요한 주변기기이다.

마이크로컨트롤러의 통신모듈은 백업 프로세서, 시프트 레지스터, 데이터 로거, 데이터 변환기, 진단 모듈, 모니터링 장치, 센서 또는 차량의 기타 컨트롤러와 같은 외부 장치와 제어장치가 통신하는 데 사용된다. 직렬 인터페이스는 CAN, SPI(직렬 주변 장치 인터페이스) 및 LIN(로컬 상호 연결 네트워크)과 같은 통신모듈을 사용하는 많은 자동차 애플리케이션에서 자주 사용되며 직렬 통신모듈은 단일 데이터라인을 통해 데이터 비트 그룹을 한 번에 하나씩 순차적으로 전송한다. 마이크로컨트롤러에는 데이터가 병렬이라는 점을 제외하면 직렬포트와 동일한 방식으로 작동하는 병렬포트가 장착될 수도 있다. 병렬통신은 직렬통신보다 훨씬 빠르지만, 주소 디코딩이 필요하다. 자동차 애플리케이션에서 병렬포트는 DRAM이나 플래시와 같은 외부 메모리 버스에 사용된다.

마이크로컨트롤러의 I/O 핀을 사용하면 외부 소스에서 신호를 읽고 다른 전자부품에 대한 신호를 출력할 수 있다. 외부 소스는 센서 또는 다른 마이크로컨트롤러일 수 있으며 출력신호는 전력전자 게이트 드라이버, 액추에이터 또는 기타 디지털 장치에 연결된다. I/O 핀은 사용자가 수동 읽기 또는 쓰기 옵션을 수행하기 위한 범용 핀으로 구성하거나 전용 주변기기를 위한 특수 목적 핀으로 구성할 수 있다.

PWM 주변기기를 사용하면 최소한의 하드웨어 및 소프트웨어 오버헤드만으로 지정된 주파수 및 듀티 비로 디지털 신호를 생성할 수 있다. 마이크로컨트롤러 또는 DSP에는 CPU 개입을 최소화하면서 PWM 신호를 생성할 수 있는 타이머와 더불어 다수의 디지털 PWM 출력이 있다. PWM 전용 레지스터가 초기화되면 CPU에서 필요한 유일한 작업은 듀티 사이클을 업데이트하는 것이다. 이 주변기기는 전력 반도체 장치에 대한 게이트 신호를 생성해야 하는 전기모터 드라이브 또는 전력 변환기에 특히 유용하다.

A/D 변환기는 외부 아날로그 신호를 마이크로컨트롤러용 디지털 형식으로 변환하는 데 사용된다. 예를 들어 전기모터 드라이브에 대해 측정된 피드백 전류는 컨트롤러가 사용할 수 있도록 디지털 형식으로 변환해야 하는 아날로그인데 온칩 A/D 변환기를 사용해서 해당 입력을 디지털 형식으로 변환할 수 있다. 반대로 D/A 변환기는 마이크로컨트롤러 내의 디지털 정보를 외부 세계가 이해할 수 있는 아날로그 신호로 변환한다. A/D 변환기는 일반적인 주변기기이지만 D/A 변환기는 마이크로컨트롤러의 온칩에도 설치할 수 있다. A/D 변환기에서 완전한 아날로그를 디지털로 변환하는 데 필요한 시간은 제어 알고리즘의 적절한 실행을 보장하는 데 중요하다. 시간은 완전한 변환에 필요한 샘플링 및 변환의 두 단계에 따라 다르며 사용하는 A/D 변환기에 따라 디지털 값은 8비트, 10비트 또는 12비트로 저장할 수 있다.

11.1.3 기능안전 표준 ISO 26262

생산되는 차량의 전기 및 전자 시스템 기능 안전 요구사항은 2011년 ISO(국제 표준화 기구)에서 정의한 표준 ISO 26262를 따른다. ISO 26262는 전체 수명주기 동안 해당 차량시스템의 특정 안전 요구사항에 중점을 두며 소프트웨어 개발 및 설계에 대한 요구사항 및 지침이 포함되어 있다.

전자 제어 시스템은 시스템이 복잡해지면서 자동차 산업에서의 활용도가 높아졌다. 소프트웨어 오류는 차량의 안전을 치명적으로 위협할 수 있어 소프트웨어 개발자는 어떤 상황에서도 장애가 발생하지 않도록 확인해야 한다. 하지만 전체 테스트가 사실상 불가능하므로 시스템은 처음부터 오류를 방지하거나 제어할 수 있도록 설계해야 한다.
ISO 26262를 준수해야 하는 차량의 시스템에는 운전자 지원시스템, 수동 및 능동 안전시스템, 구동시스템이 포함되며 개발자가 실패 위험을 완화할 수 있도록 지침을 제공한다.

SECTION 11.2

컨트롤러 소프트웨어 개발

Controller Software Development

마이크로컨트롤러 하드웨어의 작업과 작동은 코딩, 디버깅, 최적화, 테스트 및 검증 프로세스를 통해 개발된 소프트웨어에 의해 관리되며 그 개발은 고급 언어(예 : C 또는 C++) 또는 모델링 언어(예 : MATLAB/Simulink)를 사용하여 코딩하는 것으로 시작된다.[4] 어셈블리어는 수십 년 전에 사용되었지만, 효율적인 컴파일러가 가능해지고 프로그래밍이 쉬워지면서 고급 언어의 사용이 시작되었다. 코드 생성 프로세스는 MATLAB/Simulink 또는 UML **Universal modelling Language**과 같은 모델링 언어를 사용하는 자동 코드 생성기로 더욱 빠르게 변화하고 있으며 자동 코드 생성, 소프트웨어 캡슐화 및 하드웨어 독립적인 응용프로그램 소프트웨어(예 : AUTOSAR)를 사용하면 여러 하드웨어 플랫폼에서 더 많이 재사용할 수 있다.[5]

11.2.1 AUTOSAR

AUTOSAR **Automotive Open System Architecture**는 ECU 구현기능을 관리하고 공통 플랫폼에서 소프트웨어 표준화를 처리하도록 설계된 소프트웨어 아키텍처 플랫폼이다. AUTOSAR 컨소시엄은 BMW, 다임러크라이슬러, 보쉬, 콘티넨탈, 폭스바겐 및 지멘스 VDO가 2003년에 설립하여 자동차 산업의 마이크로컨트롤러 소프트웨어 개발 요구사항을 해결했다. 이밖에 포드, 제네럴 모터스, 도요타 및 PSA(푸조 시트로엥) 사는 나중에 핵심 회원으로 컨소시엄에 합류했다.[3] 컨소시엄은 AUTOSAR 아키텍처를 자동차 제조업체, 공급업체와 개발자가 공동으로 개발한 표준화된 개방형 자동차 소프트웨어 아키텍처로 설명한다. 소프트웨어 표준화는 자동차 산업이 여러 다른 마이크로컨트롤러에서 동일한 소프트웨어 작동을 실행하고, 다양하고 확장된 애플리케이션에 이전 소프트웨어 자산을 활용하는 데 도움이 된다. AUTOSAR 표준은 비용 절감은 물론이고 미래형 차량을 개발하기 위한 플랫폼 역할을 할 것이며 표준 목적은 소프트웨어의 복잡성을 관리하고 제품 수정, 업그레이드 및 업데이트에 유연성을 제공하는 것이다.

AUTOSAR의 기본 설계개념은 인프라와 애플리케이션을 분리하는 것으로 AUTOSAR는 런타임 환경(RTE) 및 기본 소프트웨어(BSW)를 통해 마이크로컨트롤러 종속 소프트웨어 코드를 마스킹한다. 그러면 자동차 ECU 제조업체는 마이크로컨트롤러 유형을 고려할 필요 없이 ECU를 개발할 수 있다. 이 소프트웨어는 RTE 위에 존재하며 하드웨어에 독립적이다. [그림 11-2]는 AUTOSAR 소프트웨어 구성을 나타낸다.

3 출처는 'http://www.autosar.org/'이다.

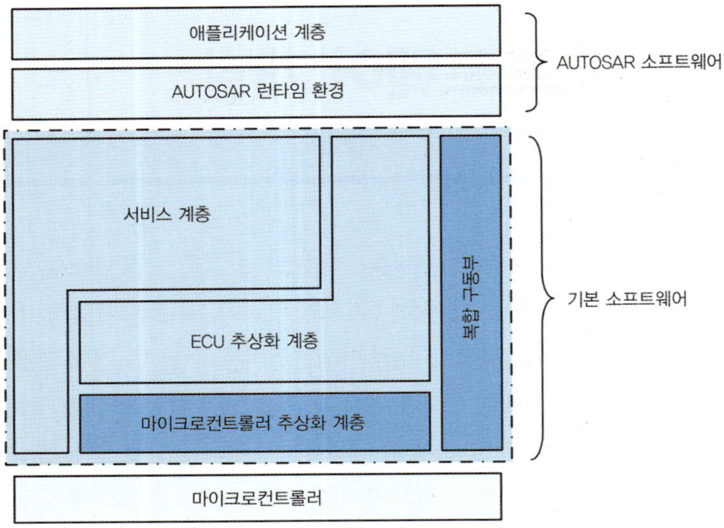

[그림 11-2] AUTOSAR 소프트웨어 구성

- **RTE** : AUTOSAR 소프트웨어 및/또는 센서 및 액추에이터 구성요소를 BSW와 인터페이스하는 미들웨어 계층이다. RTE를 사용하면 AUTOSAR 소프트웨어 구성요소가 특정 ECU에 대한 매핑에 독립적일 수 있다.
- **BSW** : RTE와 마이크로컨트롤러를 연결하는 하드웨어 독립 미들웨어로서 운영체제가 포함되어 있다. BSW는 서비스 계층, ECU 추상화 계층, MCAL(마이크로컨트롤러 추상화 계층), 기타 소프트웨어 구성요소로 구성된다. BSW의 서비스 계층은 네트워크 통신 및 관리 서비스, 메모리 서비스, 진단 및 ECU 제어 상태와 같은 운영체제 서비스를 애플리케이션 소프트웨어에 제공한다.
- **ECU 추상화 계층** : 애플리케이션 소프트웨어의 기능에 응답하고 MCAL에 연결한다. 이 계층은 MCAL의 드라이버와 외부장치용 드라이버에 대한 인터페이스를 제공하는데 이는 물리적 위치와 연결에 관계없이 주변장치 및 장치에 액세스하기 위한 API(응용 프로그래밍 인터페이스)를 통해 이루어진다.
- **MCAL** : BSW의 최하위 계층에 위치한 장치 드라이버로서 마이크로컨트롤러 내부의 주변기기 및 외부기기와 매핑된 메모리에 직접 접근할 수 있다. BSW의 MCAL 세그먼트는 하드웨어에 따라 다르다.

11.2.2 소프트웨어 개발 도구

소프트웨어 코드 개발에는 일반적으로 마이크로컨트롤러 제조업체에서 제공하는 통합 개발환경(IDE)이 필요한데 IDE 도구에는 컴파일러, 디버거, 링커 및 시뮬레이터/에뮬레이터가 포함된다. 디버거에는 소스 수준에서 디버깅하는 기능이 있다. 시뮬레이션 환경은 마이크로컨트롤러, 메모리 구성 및 인터럽트 메커니즘을 모델링하며 개발 프로세스의 블록 다이어그램은 [그림 11-3]에 나와 있다.

애플리케이션 개발자는 개발 단계에서 특정 마이크로컨트롤러에 기반한 평가보드로 시작한다. 평가보드는 일반적으로 대상 ECU가 아직 개발 중인 초기 상태일 때 애플리케이션 소프트웨어를 평가하기 위해 사용된다. 그런 다음 마이크로컨트롤러가 설치된 제어 카드가 애플리케이션 개발되고 이후 IDE 도구를 사용하여 대상 장치에 소프트웨어를 다운로드한다.

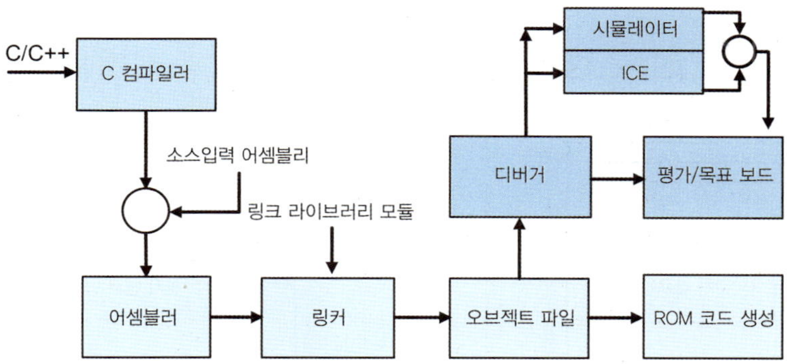

[그림 11-3] 마이크로컨트롤러 소프트웨어 개발환경

HIL **Hardware-in-the-loop** 시뮬레이션 환경은 개발 비용을 절감해야 하거나 전체 시스템을 사용할 수 없을 때 마이크로컨트롤러 기반 제어 카드를 검증하는 또 다른 유용한 방법이다. 시뮬레이션 시스템은 실제 제어 하드웨어가 연결된 HIL 시뮬레이터이다. 예를 들어 모터 구동 시스템(플랜트)을 개발하는 동안 실제 모터 컨트롤러(하드웨어)를 가상의 모터 및 부하모델에 연결하여 HIL 시뮬레이터에서 실시간으로 구동할 수 있다. HIL 시뮬레이션에서 플랜트의 동적 거동은 정확한 플랜트 모델을 사용하므로 실제 플랜트에 매우 가깝다.

11.2.3 애플리케이션 컨트롤러 구현

시스템을 구성하기 위한 마이크로컨트롤러 기반 하드웨어 개발 프로젝트는 시스템 요구사항을 결정하는 것으로 시작된다. 요구사항 분석은 시스템이 수행해야 할 작업, 시스템이 다른 시스템 또는 사용자와 인터페이스하는 방법, 다양한 입력조건에 응답하는 방법 등을 정의하는 것이다. 다음 단계는 버스 크기(8비트, 16비트, 32비트), 입력 및 출력의 수와 유형, 처리 능력 및 속도, 메모리의 양과 유형, 지원 도구 및 필요한 주변장치를 기반으로 마이크로컨트롤러를 선택한다. 주변장치에는 GPIO, PWM I/O, 통신 포트, A/D 변환기와 메모리가 포함된다. 메인 프로그램, RAM 및 EEPROM의 플래시 측면에서 마이크로컨트롤러 내의 메모리 크기는 중요하게 고려되어야 한다. 마이크로컨트롤러의 속도는 클록 소스의 주파수는 물론 내부 버스, CPU 코어 및/또는 내부 PLL과 관련하여 매우 중요하며 작동 및 저장에 대해 온도 범위가 고려되어야 한다. 모터 컨트롤러 구현의 예는 다음과 같다.

모터 컨트롤러

트랙션 모터 구동이나 전동 조향장치와 같은 서보형 구동을 위해서는 고성능 모터 컨트롤러 알고리즘이 필요하다. 각 애플리케이션에 맞게 알고리즘, 센서, 해상도 및 오류 관리가 정의되지만, 컨트롤러의 개발 단계는 유사하다. 일반 모터 구동시스템의 컨트롤러에서 신호의 처리 및 흐름은 [그림 11-4]와 같다.

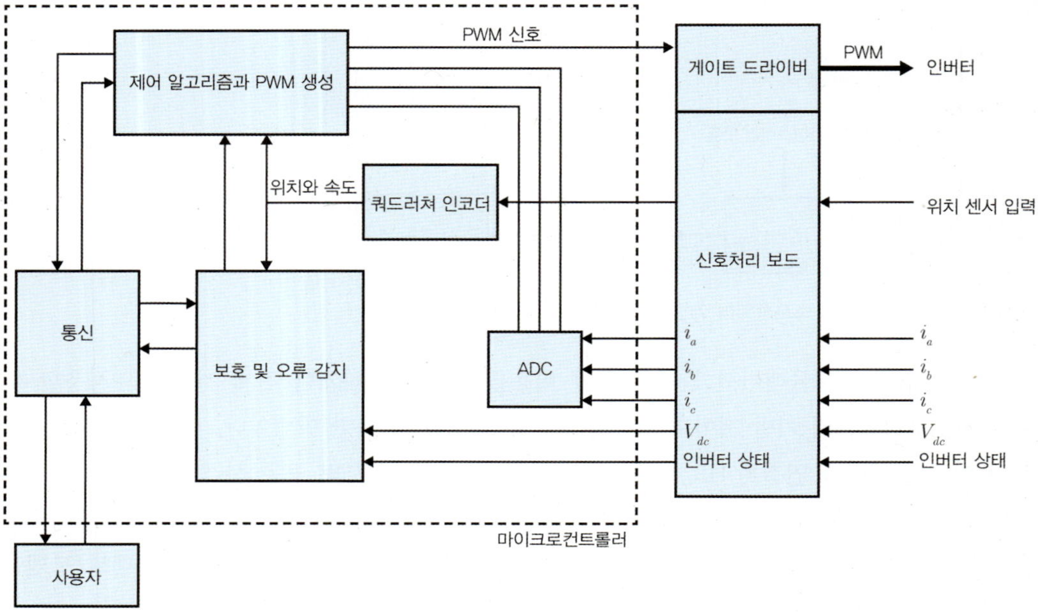

[그림 11-4] 마이크로컨트롤러를 이용한 전기모터 구동 제어기

모터 컨트롤러 알고리즘은 마이크로컨트롤러의 메모리에 상주하며 CPU에 의해 처리된다. 컨트롤러는 차량의 상위 컨트롤러일 수 있는 사용자로부터 명령 신호를 수신한다. 이때 제어 명령은 원하는 모터 토크 또는 속도일 수 있다. 사용자와 CPU 간의 통신은 CAN 모듈을 통해 표시된다. 마이크로컨트롤러 아날로그 및 디지털 포트는 특정 전압 레벨까지만 신호를 입력할 수 있다. 일반적으로 마이크로컨트롤러 PWM 출력신호는 약 3.3V 인데 인버터 게이트 드라이버의 입력에서 PWM 출력신호는 훨씬 더 높은 레벨(18V 이상)이 필요하다. 인터페이스 전자신호 회로기판은 다양한 센서 및 게이트 드라이버와 같은 외부 장치와의 인터페이스를 위해 마이크로컨트롤러의 입력 및 출력을 조절한다. [그림 11-5]는 위치, 속도 및 위상 전류 피드백 신호에 대한 위치 센서와 3개의 홀 효과 전류 센서를 나타낸다.

- **신호 조절 회로** : 피드백 회로는 센서 신호를 측정하고 마이크로컨트롤러 입력범위 내의 전압으로 조정한다. 홀 효과 센서 또는 저항 션트 센서는 전류를 측정할 때 사용되는데 센서의 출력신호는 감지하는 AC 모터 위상 전류에 대해 양방향이다. 이 전류는 ADC 입력범위 내에 있는 전압으로 변환되어야 한다. DC 버스전압 피드백은 반드시 양의 전압값이기 때문에 다루기 쉬운 모터 컨트롤러에도 사용된다. 따라서 ADC 정격을 초과하지 않도록 고전압을 낮춰야 한다. 전류 및 전압 감지를 위한 아날로그 회로의 예는 [그림 11-5]에 나와 있다.

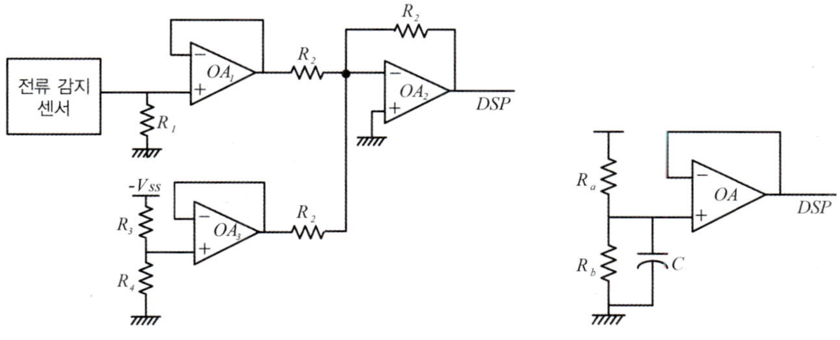

[그림 11-5] 아날로그 회로

- **인터럽트 서비스** : 임베디드 제어 시스템은 제어 실행방식에 따라 이벤트 트리거 또는 시간 트리거로 분류할 수 있다. 이벤트 트리거 시스템에서 처리 알고리즘 또는 활동은 이벤트 발생의 결과로 시작되며 실시간으로 미리 결정된 순간에 주기적으로 시작된다. 대부분의 자동차 애플리케이션은 이벤트 구동 제어 시스템이며, 이는 더 높은 우선순위 작업이 실행될 수 있도록 정상 코드 실행을 중단해야 함을 의미한다. 인터럽트가 발생하면 CPU는 인터럽트 서비스 루틴(ISR)으로 분기하여 해당 루틴에 저장된 명령을 실행하고 ISR이 완료되면 CPU는 ISR로 분기된 명령으로 돌아간다. 인터럽트를 처리하는 동안 더 높은 우선순위의 인터럽트가 발생할 수 있으며 CPU는 더 높은 우선순위 인터럽트의 ISR로 분기하고 더 높은 우선순위 인터럽트를 처리한 후 더 낮은 우선순위 인터럽트로 돌아간다.
- **PWM 생성** : PWM은 지정한 값까지 상향 또는 상향 및 하향(대칭 또는 비대칭 PWM)을 사용자가 설정한 속도로 카운트하도록 구성된 타이머를 이용하여 생성되므로 정밀도와 주파수 모두 조절할 수 있다. 타이머값은 각 단계에서 비교 레지스터라고 하는 다른 레지스터에 포함된 변수와 비교된다. 두 개의 PWM 출력을 하나의 타이머와 연결하여 인버터 레그를 형성하는 두 개의 스위치를 제어하기 위해 값을 비교할 수도 있다. 프로그램을 PWM과 동기화하기 위해 다양한 인터럽트가 생성될 수 있다. 인터럽트 기능은 PWM 주기나 언더플로와 같이 미리 프로그램된 이벤트가 발생할 때 실행되는 프로그램이다. 예를 들어 다양한 프로그램 측정치를 아날로그에서 디지털로 변환할 때 PWM과 동기화하는 데 사용할 수 있다. PWM 모듈에는 인버터의 숏스루

shoot-through 오류를 방지하기 위해 사용자가 데드타임 dead-time 지연을 지정한 데드비트 타이머가 포함되어 있으며 이 기능은 AC 드라이브에 필수적이다.

- **A/D 변환** : AC 모터 제어 애플리케이션의 경우 2개 또는 3개의 샘플 및 홀드 장치가 있는 마이크로컨트롤러 또는 DSP가 컨트롤러 피드백 신호에 대한 AC 위상전류를 측정하는 데 유용하다. 자동차 애플리케이션에서 3상 전류는 모두 A/D 채널을 사용하여 측정되지만, 2상 전류는 비용을 줄이기 위해 많은 애플리케이션에서 사용되는 것처럼 샘플링할 수 있다. 총 A/D 변환시간은 샘플링과 변환시간을 합한 것이다. 샘플링 시간이 길수록 커패시터가 아날로그 입력전압까지 충전되며 변환시간이 길수록 대표 디지털 값의 정확도가 높아진다. 샘플링 및 변환시간은 A/D 구성 레지스터를 초기화하는 동안 설정되는데 이 동기화는 측정된 두 위상 전류의 정밀도를 최적화하는 데 중요하다. ADC는 최적의 정밀도를 얻기 위해 CPU 개입 없이 특정 이벤트가 발생할 때 PWM 회로와 자동으로 동기화되어 변환될 수 있다.
- **쿼드러쳐 인코더** : 모터 제어 마이크로컨트롤러 및 DSP에는 위치 피드백 신호 정보를 처리하기 위한 특수 쿼드러쳐 인코더가 장착되어 있다. 2개의 구형파인 엔코더 출력은 타이머에서 카운터 값을 증가시키거나 감소시키도록 디코딩된다. 마이크로컨트롤러는 두 신호의 선두에서 로터 이동 방향을 감지하고, 그에 따라 타이머값이 업데이트된다. 또한 인코더에는 사이클당 작은 펄스를 1회 발생시키는 디지털 출력인 인덱스 출력이 있다. 인덱스 펄스를 고정자에 대한 회전자의 특정 위치와 동기화하려면 오프라인 테스트를 통한 초기 정렬 단계가 필요한데 이렇게 하면 인덱스 펄스가 수신되었을 때 프로그램이 회전자의 절대위치를 얻을 수 있다. 3개의 신호는 CPU 오버헤드 없이 회전의 위치와 방향을 계산할 수 있도록 이 주변기기 모듈에서 처리된다.
- **CAN 통신** : 자동차 ECU용 마이크로컨트롤러는 정해진 통신 속도에서 매우 높은 수준의 보안으로 분산된 실시간 제어를 지원하기 위해 CAN 모듈이 필요하다. CAN 모듈은 높은 수준의 데이터 무결성을 위한 중재 프로토콜 및 오류 감지 메커니즘이 있는 다중 마스터 직렬버스를 사용하여 데이터 길이가 최대 8바이트인 우선순위 메시지를 송수신할 수 있다. CAN 모듈은 다양하고 강력한 직렬통신 인터페이스를 제공하기 위해 타임 스탬프 기능이 있어야 한다. CAN 통신에 대한 자세한 내용은 11.4절에 나와 있다.
- **프로그램 실행 시간** : 모터 제어 알고리즘에서 코드의 적절한 실행, 즉 시스템의 적절한 작동을 보장하기 위해 다른 코드 세그먼트가 특정 속도로 실행되어야 한다. 예를 들어 업데이트된 PWM 듀티율이 이전 PWM 사이클에 저장된 데이터가 아닌 최신 전류의 샘플링 데이터에 기반하도록 프로세서에서 PWM 속도의 전류 피드백을 업데이트할 수 있어야 한다. 그러나 기계적 응답이 전기에 비해 훨씬 느리므로 속도 계산은 PWM 속도로 업데이트할 필요가 없다. [그림 11-6]은 PWM 카운터와 동기화된 다양한 기능을 실행하기 위해 PWM 클록 사이클에서 프로그램을 분할한 예를 보여준다.

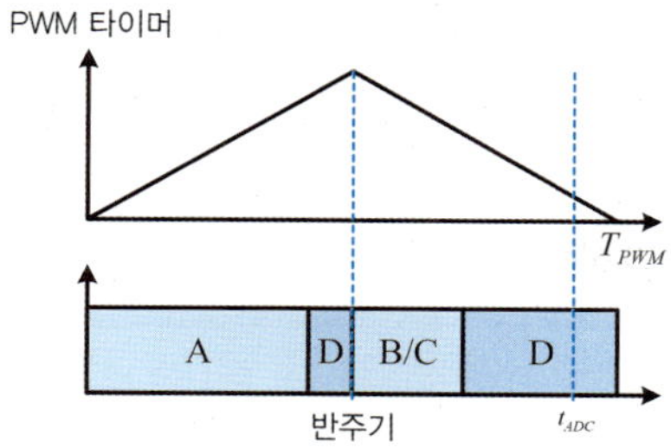

[그림 11-6] 시간 함수로 표현한 프로그램의 분할

그림에 PWM 타이머가 0에서 PWM 주파수를 설정하는 정해진 주기값까지 위아래로 카운트하는 대칭 PWM 캐리어가 표시되어 있다. 시간 t_{ADC}는 ADC 변환이 트리거되는 시간에 해당하며 이 시간은 'A' 프로그램에 사용된 데이터가 가능한 한 최근의 측정값을 사용하도록 선택된다.

세그먼트의 종류에 대한 자세한 설명은 다음과 같다.

- **세그먼트 A** : 세그먼트 A에는 우선순위가 높은 시간 결정적 애플리케이션이 포함되며 PWM 사이클이 시작될 때 타이머 언더플로우(0값) 인터럽트에서 실행된다. 이 세그먼트에 포함된 프로그램에는 AC 드라이브의 전류 파크 변환, ADC 결과 처리, 위치 업데이트, 전류 제어 및 PWM 알고리즘이 있다.
- **세그먼트 B/C** : 세그먼트 B와 C는 모든 PWM 사이클에서 실행할 필요는 없지만, 고정된 느린 속도로 실행해야 하는 제어 코드를 나타낸다. 예를 들어 기계의 느린 열 시간상수와 관련된 매개변수 적용 알고리즘이 있다. 이러한 세그먼트는 타이머 주기 인터럽트와 동기화되도록 선택되어 결과적으로 높은 우선순위를 갖는다.
- **세그먼트 D** : 이 세그먼트에 포함된 프로그램 대부분은 우선순위가 낮고 인터럽트가 발생할 때마다 실행이 중지된다. 단 인터럽트 서비스 실행시간이 매우 짧은 경우 인터럽트에 예외가 허용될 수 있다. 예를 들어 로터 위치를 재설정하고 실행시간이 매우 짧은 인코더 인덱스와 관련된 인터럽트가 이 세그먼트에서 실행될 수 있다. 이 범주의 다른 프로그램은 데이터 변환 및 외부 장치로의 직렬 전송과 같이 시간이 중요하지 않다. 속도제어 프로그램도 이러한 블록에 포함될 수 있으며 이 세그먼트에는 진단 및 감독 프로그램도 포함될 수 있다.

SECTION 11.3

차량 통신

Vehicle Communications

차량의 컴포넌트와 시스템은 네트워크 통신 시스템을 통해 함께 연결된다. 명령 및 센서 피드백 신호와 시스템 출력변수는 운전자, 감독 컨트롤러 및 하위 시스템을 상호 연결하고, 컴포넌트는 차량 통신 네트워크를 통해 한 장치에서 다른 장치로 전송된다. 자동차에서 사용되는 네트워크 통신유형은 CAN으로 알려져 있으며 CAN은 직렬 다중 마스터 통신 프로토콜을 사용하는 특수한 유형의 LAN **Local Area Network**이다. CAN은 매우 높은 수준의 보안과 최대 1Mbps의 통신 속도로 실시간 분산제어를 지원한다. CAN 버스는 안정적인 통신 또는 다중배선이 필요한 자동차 및 기타 산업 분야와 같이 잡음이 많고 열악한 환경에서 작동하는 애플리케이션에 적합하다.

이더넷을 통한 통신은 차량 내 통신, 측정 및 보정, 진단 및 EV와 충전소 간 통신에 사용되며 인포테인먼트 **infotainment** 뿐만 아니라 자동화 및 자율주행에도 사용되고 있다. V2V **Vehicle-to-Vehicle** 및 V2I **Vehicle-to-Infrastructure** 외부 통신의 경우 4.2.2절의 앞부분에서 설명한 것처럼 5G 모바일 네트워크가 미래에 핵심적인 역할을 할 것이다. 이 장에서는 OSI **Open Systems Interconnection** 7계층 모델을 소개한 후 CAN 프로토콜을 중점적으로 다룰 것이다.

11.3.1 OSI 7계층 모델

네트워크 통신의 기본은 OSI 7계층 네트워크 모델로, 공통 네트워크를 통해 컴퓨터 노드 간에 통신하기 위한 프로토콜을 나타낸다. 이 모델은 1983년 ISO에서 개발된 것으로 물리적 링크에서 정의된 인터페이스가 있는 시스템을 사용하고 구축할 수 있는 개방형 통신 프로토콜을 업계에 제공하기 위해 개발되었다. 7계층 OSI 모델은 상단의 애플리케이션 계층부터 시작하여 위에서 아래로 배열되는 구조로 되어 있다.[6] [그림 11-7]은 각 시스템에 대한 네트워크의 7개 계층을 통한 두 컴퓨터 노드(하나는 발신노드, 다른 하나는 수신노드)의 통신을 나타낸다.

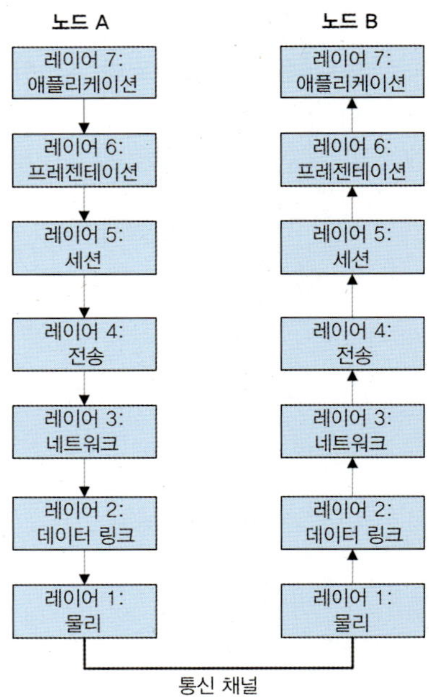

[그림 11-7] 7계층 OSI 네트워크 모델의 2노드 통신

애플리케이션 계층은 시스템의 컴퓨터 노드에 대한 인간-기계 인터페이스(HMI) 역할을 하며 OSI의 맨 아래 계층은 유사한 통신 모델로 구축된 다른 시스템으로 데이터가 전송되는 통신 채널에 대한 물리적 링크를 제공한다. OSI의 7개 계층에 대한 설명은 다음과 같다.

- **계층 7 : 애플리케이션**

  최종 사용자는 이 계층에서 실행할 수 있는 애플리케이션을 통해 시스템과 상호작용한다. 이 계층은 고급 애플리케이션을 사용하기 위한 다방면의 프로토콜 모음을 지원한다. 예를 들어 전자 메일, 명령 실행, 파일 전송 및 원격 터미널 연결이 있다.
- **계층 6 : 프레젠테이션**

  프레젠테이션 계층은 비트의 의미와 관련이 있다. 이 계층은 발신노드 A의 애플리케이션 프로그램 계층을 주변 환경에서 격리하고, 형식을 수신 노드 B에 알릴 수 있다. 예를 들어 이 계층은 다른 수학 형식을 가진 노드 간에 부동 소수점 숫자가 교환되는 방법을 설명하며 계층이 구현되면 프로토콜 변환 및 데이터 암호화를 담당한다.
- **계층 5 : 세션**

  세션 계층은 다른 계층에서 보낸 모든 패킷의 컨텍스트가 보존되도록 한다. 이것은 전송 계층의 향상된 버전이며 이를 사용하는 애플리케이션은 거의 없다.
- **계층 4 : 전송**

  전송 계층은 네트워크를 통한 메시지 전송을 확인하고 데이터 손실 없이 전송되었는지 확인한다. 이 계층은 메시지를 더 작은 패킷으로 나누고 시퀀스 번호를 할당하여 전송하며 수신 컴퓨터는 패킷을 재조립한다. 데이터 패킷이 손실되어 순서대로 도착하지 않으면 계층은 데이터 패킷을 다시 보내 올바른 순서로 되돌린다.
- **계층 3 : 네트워크**

  네트워크 계층은 패킷을 최단 경로 또는 가장 빠른 경로와 같은 가장 좋은 경로를 통해 라우팅하는 패킷 전송을 담당하며 패킷 교환, 데이터 정체 및 루틴과 같은 네트워크 문제를 관리하는 역할을 한다. 예를 들어 인터넷 프로토콜(IP)이 이 계층에 있다.
- **계층 2 : 데이터 링크**

  인접 노드 간의 오류를 제어하고 물리 계층을 통해 프레임을 다른 컴퓨터로 전송하는 역할을 하며 허브 및 스위치에서 사용된다. 이 계층은 비트를 비트 스트림으로 그룹화하고 올바르게 전달하기 위해 각 프레임의 시작과 끝에 몇 비트를 추가하고 체크섬[4]도 추가한다. 수신노드는 체크섬을 확인하며 체크섬이 올바르지 않으면 재전송을 요청하는 제어 메시지를 보낸다.
- **계층 1 : 물리**

  물리 계층은 물리적 케이블을 통해 비트 스트림을 전송하는 역할을 하며 모뎀, 케이블, 카드 및 전압과 같은 하드웨어 항목을 정의한다. '0'과 '1'에 대한 비트율과 전압 레벨이 이 계층에서 정의되며 전송은 단방향 또는 양방향일 수 있다.

4 **(역자주)** 체크섬(checksum)은 중복 검사의 한 형태로, 오류 정정을 통해 송신된 자료의 무결성을 보호하는 방법을 말한다.

11.3.2 차량 내 통신

차량 내 통신 프로토콜은 데이터 처리 속도에 따라 클래스 A부터 클래스 D까지 분류되며 클래스 A가 가장 느리다. 클래스 내에는 몇 가지 다른 유형의 통신 프로토콜이 있으며 4가지 네트워크 클래스의 데이터 처리 속도 범위 및 통신 프로토콜 유형은 [표 11-1]과 같다. 차량에 있는 다양한 시스템의 데이터 처리 속도 요구사항은 해당 시스템에 사용할 프로토콜 클래스를 결정하며 모든 장치가 같은 속도로 통신할 필요는 없다. 예를 들어 파워트레인 구성요소는 차량의 구동에 중요하기 때문에 고속 프로토콜을 통해 네트워크로 연결되어야 한다. 반면에 조수석 작동은 차량의 구동에는 중요하지 않으므로 느린 통신 프로토콜을 통해 관리할 수 있다. 각 클래스에 대한 설명은 다음과 같다.

- **클래스 A** : 전동 시트, 전동 윈도우 및 전동 미러와 같은 차체의 전기기능에 사용되는 저속 프로토콜이며 클래스A의 프로토콜은 LIN 및 시간 트리거 프로토콜/A(TTP/A)이다.
- **클래스 B** : 계측 및 데이터 표시에 사용된다. 대시보드 디스플레이와 실내 온도조절 장치 등에 사용되며 가장 일반적인 클래스B 프로토콜은 SAE J 1850이다.
- **클래스 C** : 차량 동역학 제어, 파워트레인 제어, 엔진 및 하이브리드 구성요소 제어와 같은 실시간 제어 애플리케이션에 사용된다.
- **클래스 D** : 자동차에서 가장 빠른 통신 프로토콜이 포함되며 이 클래스는 차량 내 통신을 위한 미래 프로토콜에도 사용될 것이다.

[표 11-1] 차량 통신 네트워크

네트워크 클래스	속도	통신 프로토콜	애플리케이션
클래스 A	< 10kbps	CAN(일반), LIN, SAE J2602, TTP/A	차체 전장 장치
클래스 B	10~125kbps	CAN(저속) SAE J1850, ISO 9141-2	진단 및 데이터 공유
클래스 C	125kbps~1Mbps	CAN(고속), SAE J 1039	실시간 제어
클래스 D	> 1Mbps	Flexray, MOST	안전장치, 멀티미디어

MOST **Media-Oriented Systems Transport** 및 플렉스레이 **Flexray**는 현재 자동차에 적용되고 있는 클래스 D의 대표적인 프로토콜이다. MOST는 멀티미디어 구성요소를 상호 연결하기 위한 차량 통신 버스 표준이다. 신뢰할 수 있는 고속 통신 네트워크는 차량에 드라이브-바이-와이어 시스템이 도입됨에 따라 안전과 관련된 구성요소에도 필수적이다. 드라이브-바이-와이어 기술에는 스티어-바이-와이어, 브레이크-바이-와이어, 스로틀-바이-와이어 등이 있으며 이러한 기술은 모든 기존의 유압 및 기계 시스템을 대체할 것이다. 또한 EV 및 HEV의 모든 전기 파워트레인에 대한 제어 명령은 바이-와이어 기술이다. 안전이 중요한 구동 부품에는 CAN과 같은 이벤트 트리거 프로토콜 대신 안정적이고 결정론적인 시간 트리거 프로토콜이 필요하다. Flexray 컨소시엄에서 개발 중인 Flexray 프로토콜은 드라이브-바이-와이어 및 전기 파워트레인 구성요소에 필수적인 고속의 결정론적 내결함성 메시지 전송을 제공한다.

SECTION 11.4

CAN

Controller Area Network

CAN은 원래 장치, 센서 및 액추에이터 사이의 차량 내 통신을 위해 1985년 보쉬Bosch 사에서 개발했다. CAN 이전에 자동차 산업은 차량의 모든 전자장치에서 디지털 및 아날로그 입력과 출력을 수행하기 위해 지점 간 배선을 사용했으며 이를 위해서는 차량 내 배선의 무게, 비용 및 복잡성을 증가시키는 와이어링 하네스가 필요했다. 하지만 차량에 사용되는 전자장치의 수가 점차 증가함에 따라 복잡성은 더욱 증가한다. CAN은 모든 전기 제어장치 또는 차량 구성요소의 전자 인터페이스가 서로 통신할 수 있도록 저렴하고 안정적인 네트워크를 제공한다. 처음 개발된 이후로 높은 유연성과 장점 때문에 자동차 산업에서 빠르게 채택되었으며 다른 산업에서도 네트워크 통신에 CAN을 사용하였다. CAN은 항공기 ECU, 비행상태 센서 및 내비게이션 시스템과 같은 항공 우주 애플리케이션에서 널리 사용되고 있으며 철도 운송 시스템에서는 각 ECU의 다양한 수준의 통신에서 승객 수 추적에 이르기까지 광범위하게 사용한다. CAN 통신은 산업용 장비의 HMI 장치에 널리 사용되고 있으며 CAN 프로토콜은 의료장비 및 병원 수술실에 적용된다.

이 책에서는 CAN을 시스템이나 장치가 장애 관리 및 진단을 포함하여 분산된 실시간 제어를 필요로 하는 차량 내 통신 관점에서 본다. 파워트레인 및 보조장치의 작동 지점은 차량 감시 컨트롤러에서 각 장치의 CAN 노드로 전송되며 마찬가지로 장치의 피드백 정보는 CAN 버스로 전송된다. [그림 11-8]은 HEV에서 3가지 클래스의 네트워크가 있는 CAN 레이아웃의 예를 보여준다. 세 가지 클래스는 데이터 처리속도 요구사항에 따라 분류된 세 가지 유형의 차량 시스템 또는 장치에 사용되는데 전체 CAN이라고도 하는 더 빠른 클래스인 C형 CAN은 파워트레인 장치에 사용된다. 차체 통신에 사용되는 저속 클래스 A형 기본 CAN은 [그림 11-8]에 나와 있다. 클래스 B형 CAN은 캐빈 공조장치와 같이 중속 통신이 필요한 장치에 사용된다.

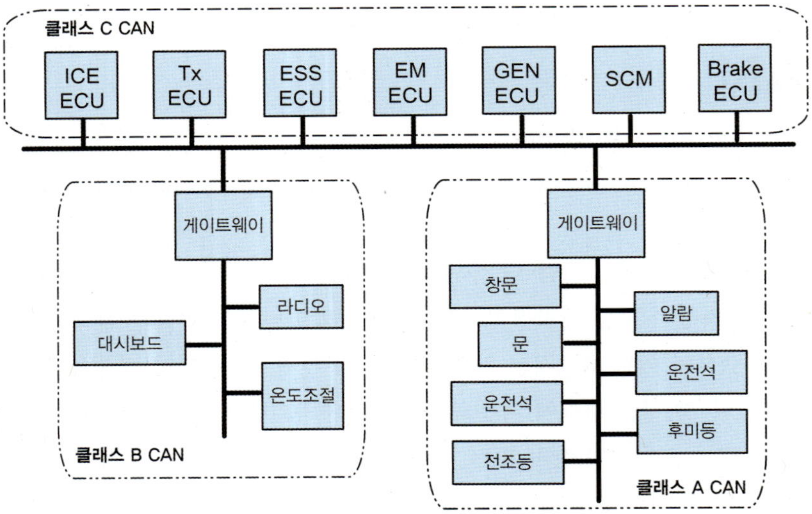

[그림 11-8] HEV의 CAN 배치

명령이나 메시지를 수신하고 전송해야 하는 각 차량 장치에는 CAN 버스에 연결하기 위한 CAN 컨트롤러가 있으며 컨트롤러는 종종 시스템 또는 장치의 CAN 노드라고 한다. CAN 컨트롤러에는 장치에 대한 간단한 인터페이스, 메시지 필터링 및 버퍼링, 프로토콜 처리 및 물리 계층 인터페이스가 필요하다. 파워트레인 장치의 ECU에는 주 제어 프로세서의 오버헤드를 줄이기 위해 CAN 통신을 위한 전용 하드웨어가 있다. 저속 네트워크 장치에는 마이크로프로세서 기반 제어장치가 없을 수 있지만, 장치를 CAN 버스와 인터페이스 하려면 CAN 컨트롤러가 필요하다. 장치는 파워트레인 구성요소 중 하나의 ECU에 대한 정보를 제공하는 센서와 같은 단순한 것일 수도 있고 차량 감시 컨트롤러와 같은 훨씬 더 복잡한 장치일 수도 있다.

CAN 통신 프로토콜에서 명령, 피드백 신호 또는 모든 정보는 CAN으로 전송하기 위한 메시지 형식으로 변환되고 네트워크에 연결된 모든 장치에서 메시지를 선택하여 디코딩할 수 있다. 각 장치는 모든 메시지를 보고 적절한 메시지를 선택할 수 있으며 메시지에는 우선순위 구조가 있다. 두 개의 CAN 노드가 동시에 두 개의 메시지를 전송하려면 우선순위가 더 높은 노드가 먼저 전송되고 다른 하나는 기다려야 한다. 반면에 여러 노드에서 데이터를 수신하고 메시지에 따라 동시에 작동할 수 있다. CAN은 매우 유연해서 노드를 추가하거나 결함이 있는 노드를 제거하기 위해 나머지 CAN의 하드웨어 또는 소프트웨어 변경이 필요하지 않다.

이러한 CAN 통신 프로토콜의 세부 사항은 물리 계층, 전송 계층 및 프로그래밍 측면에서 다음과 같이 설명할 수 있다.

11.4.1 CAN 전송 프로토콜

CAN 프로토콜은 OSI 7계층 통신 모델의 하위계층인 데이터 링크 계층과 물리 계층만 정의한다. 데이터 링크 계층에는 메시지 프레임 코딩, 메시지 중재, 과부하 알림, 버스 액세스 제어, 메시지 수신 식별, 오류 감지 및 오류 신호를 처리하는 전송 계층이 있다. 그리고 어떤 메시지를 전송 및 수신할지 결정하고 장치의 애플리케이션 계층과의 인터페이스를 포함한다. 물리 계층은 장치의 CAN 노드와 CAN 버스 간의 실제 비트 전송을 수행하며 계층에는 송수신기, 전선, 커넥터가 있다.

CAN 노드는 송신기 또는 수신기가 될 수 있는데 메시지를 전송하는 노드를 송신기라고 한다. CAN 통신은 CSMA **Carrier Sense Multiple Access** 프로토콜을 기반으로 하며 모든 노드는 CAN 프로토콜의 다중 마스터 기능인 네트워크 버스가 유휴상태일 때 메시지 전송을 시작할 수 있다. 각 노드는 메시지를 전송하기 전에 활동이 없는 기간 동안 버스를 관찰해야 하며 여러 노드가 동시에 전송을 시작하면 우선순위가 가장 높은 노드부터 메시지가 전송되기 시작한다. 노드는 전송을 완료하고 버스가 유휴상태가 되거나 다른 노드와의 메시지 전송 중재를 잃을 때까지 전송기로 남게 된다. 노드는 메시지를 보내지 않을 때 수신기가 되지만, 다른 노드는 전송하면서 버스를 바쁘게 유지하게 된다.

정보는 메시지라고 하는 정의된 형식을 사용하여 노드에서 CAN 버스로 전송되며 메시지는 데이터 및 데이터와 관련된 기타 관련 정보를 포함하는 프레임으로 구성된다. 예를 들어 각 메시지에는 전송된 데이터의 의미를 설명하는 고유한 식별자가 있고 이 식별자가 버스 액세스 중 메시지의 우선순위를 정의한다. 각 노드는 데이터를 수신할 때 동작 여부를 결정할 수 있다. 장치의 애플리케이션 계층은 유용한 데이터를 이용한다. 전송할 정보를 결정하는 것도 애플리케이션 계층이다.

메시지는 일정한 속도로 전송되는데 이를 비트 전송률이라고도 한다. 전송속도는 네트워크마다 다를 수 있지만 비트 전송률은 고정되어 있으며 주어진 네트워크에서 균일하다. CAN 비트 신호의 크기는 버스 값으로 알려져 있으며 CAN 버스 값은 역 논리를 사용하여 우성 및 열성으로 정의된다.

11.4.2 CAN 전송 계층

이 절에서는 CAN 전송 계층 프로토콜을 비트 타이밍, 메시지 프레임, 메시지 중재, 오류 감지 및 오류 신호와 관련하여 설명한다.

■ 비트 타이밍

CAN 전송 계층은 비트 타이밍, 전송 프로토콜 및 메시지 프레임을 처리한다. 비트 타이밍은 사용된 CAN 클래스에 따라 다르며 서로 다른 속도로 통신하기 위해 여러 CAN 버스가 차량 내에 존재한다.

CAN 프로토콜의 각 클래스에 대해 메시지는 공칭 비트 시간으로 알려진 주기 내에 전송되며 공칭 비트 전송률은 다음과 같이 주어진 공칭 비트 시간의 역수이다. CAN 버스의 공칭 비트 전송률은 1Mbps 이하의 어떤 값일 수도 있다.

$$\text{공칭 비트 전송률} = \frac{1}{\text{공칭 비트 시간}}$$

CAN 프로토콜의 공칭 비트 시간은 [그림 11-9]와 같이 4개의 시간 세그먼트로 분할된다.

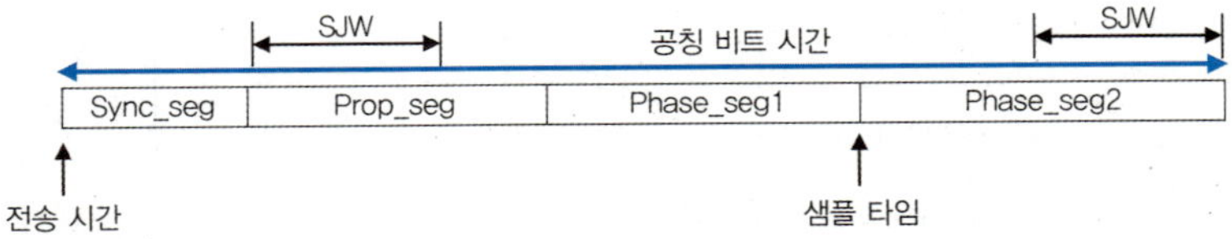

[그림 11-9] CAN 메시지의 공칭 비트 시간 내의 4개 세그먼트

메시지 전송은 버스의 다양한 노드를 동기화하는 데 사용되는 동기화 세그먼트 Sync_seg로 시작된다. 신호의 상승 에지는 이 세그먼트 내에 있을 것으로 예상되며 이것이 가장 작은 시간 세그먼트이다. 세그먼트 Prop_seg는 네트워크의 물리적 전파 지연을 설명하며 나머지 두 세그먼트 Phase_seg1 및 Phase_seg2는 에지 위상오차를 보상하는 데 사용된다. Phase_seg1은 양의 에지 위상오차에 사용되며 재동기화에 의해 연장될 수 있다. Phase_seg2는 음의 에지 위상오차에 사용되며 재동기화에 의해 단축될 수 있다. 데이터 샘플 포인트는 Phase_seg1과 Phase_seg2 사이에 있으며 Phase_seg2의 길이는 정보를 처리하기에 충분히 커야 한다. 위상 세그먼트의 길이는 에지 위상오차에 맞추어 조정할 수 있다. 다양한 세그먼트의 길이는 고정 시간 양자 T_Q로 정의되며, 이는 다음과 같이 진동 주기와 관련된다.

$$T_Q = n \times T_{osc}$$

여기서 n은 1에서 32 사이의 프리스케일러 정수이다. 세그먼트의 길이는 다음과 같다.

$$\begin{aligned}
Sync_seg &= 1 \times T_Q \\
Prop_seg &= n_p \times T_Q \quad (n_p = 1,\ 2,\ \cdots,\ 8) \\
Phase_seg1 &= n_1 \times T_Q \quad (n_1 = 1,\ 2,\ \cdots,\ 8) \\
Phase_seg2 &= n_2 \times T_Q \quad (n_2 \geq n_1)
\end{aligned}$$

동기화에는 동기화 점프 폭**Synchronization Jump Width, SJW**이 사용되며 동기화 점프 폭은 Phase_seg1과 Phase_seg2의 최대 허용 가능 조정으로 정의된다.

$$\text{SJW} = n_{SJW} \times T_Q$$

공통 CAN 버스의 모든 CAN 컨트롤러는 동일한 비트 전송률과 비트 길이를 가져야 하며 개별 컨트롤러의 클록 주파수가 다른 경우 T_Q를 사용하여 비트 전송률과 비트 길이를 조정해야 한다.

■ CAN 프로토콜 메시지 프레임

CAN 프로토콜에는 데이터 프레임, 원격 프레임, 오류 프레임 및 과부하 프레임의 4가지 메시지 프레임 유형이 있다. 데이터 프레임은 송신 노드에서 수신노드로 데이터를 전송하며 원격 프레임은 노드가 같은 메시지 식별자를 가진 다른 노드의 데이터 프레임 전송을 요청하는 데 사용된다. 오류 프레임은 버스 오류를 감지한 후 노드에서 전송되며 오버로드 프레임은 두 데이터와 원격 프레임 사이에 추가 지연을 제공하는 데 사용된다. 오류 프레임과 과부하 프레임은 모든 CAN에서 사용되는 것은 아니다.

❶ CAN 데이터 프레임

CAN 데이터 프레임**data frame**은 각각 특정 목적에 맞는 다양한 비트 번호를 가진 7개의 필드로 구성되며 구조는 [그림 11-10]에 나와 있다.

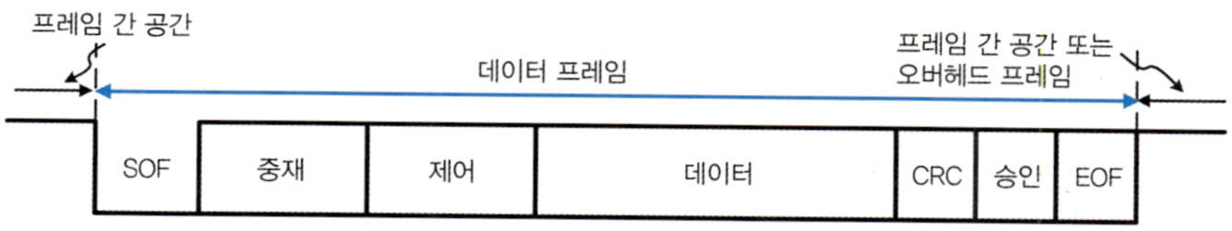

[그림 11-10] 데이터 프레임

필드에 대한 자세한 설명은 다음과 같다.

- **SOF(Start-of-Frame)** : SOF는 데이터 프레임의 시작을 표시하는 필드로, 하나의 비트만을 가지고 있다. 모든 노드는 SOF 비트의 리딩 에지와 동기화해야 한다.
- **중재 필드** : 중재 필드에는 표준 프레임 형식의 11비트 메시지 식별자와 원격 전송 요청(RTR) 비트가 있다. RTR 비트는 데이터 프레임에 대해 우성이며 원격 프레임에 대해 열성이다. 확장된 메시지 형식에서 메시지 식별자는 29비트이며 RTR 비트, SRR(대체 원격 요청) 비트 및 IDE(식별자 확장) 비트가 있다.
- **제어 필드** : 제어 필드에는 6비트가 있는데 처음 2비트는 향후 확장에 사용되므로 우선으로 전송되어야 한다. 나머지 4비트는 데이터의 길이를 나타낸다.
- **데이터 필드** : 데이터 필드는 전송할 데이터를 포함한다. 비트 수는 0~8비트일 수 있으며 최상위 비트가 먼저 전송된다.
- **CRC 필드** : CRC 필드에는 15비트 시퀀스 다음에 CRC 구분 기호가 있으며 CRC 구분 기호는 단일 열성 비트이다.

- **승인 필드** : 승인 필드(ACK)는 승인 슬롯과 승인 구분 기호의 두 비트로 구성된다. 송신노드는 승인 슬롯에 대해 열성 비트를 보내고 모든 수신노드는 유효한 메시지를 수신한 후 이 슬롯을 통해 우성 비트를 보낸다. 승인 구분 기호는 항상 열성 비트이다.
- **EOF(End-of-Frame)** : 프레임의 끝은 7개의 열성 비트로 지정된다.

❷ 원격 프레임

원격 프레임 **remote frame**은 원격 노드에서 필요한 특정 데이터를 요청하기 위해 CAN 노드에 의해 전송된다. 원격 프레임에는 SOF, 중재, 제어, CRC, ACK 및 EOF의 6개 필드가 있으며 데이터 길이 코드(DLC) 값과 관계없이 데이터 필드가 없다. 원격 프레임 구조는 [그림 11-11]에 나와 있다.

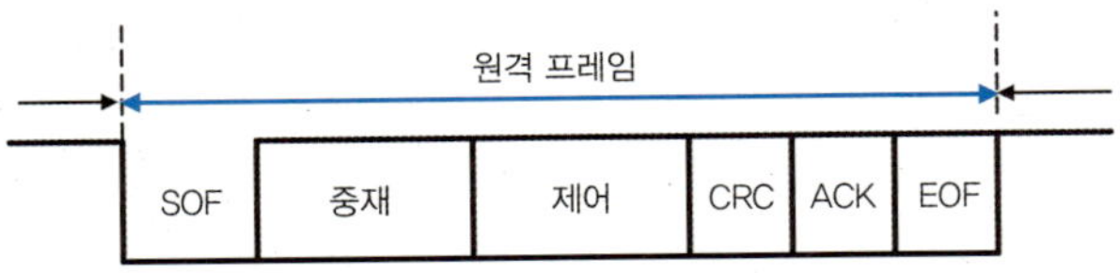

[그림 11-11] 원격 프레임

❸ 오류 프레임

오류 프레임 **error frame**은 버스에서 오류를 감지할 때 CAN 노드에 의해 전송된다. 오류 프레임의 구조는 [그림 11-12]에 나와 있는데 오류 플래그와 오류 구분 기호의 두 필드로 구성된다. 오류 플래그 필드는 다른 노드에 의해 생성된 오류 플래그의 중첩을 포함하며 활성 또는 수동 플래그일 수 있다. 활성 오류 플래그는 6개의 연속적인 우성 비트로 구성되고 수동 오류 플래그는 다른 노드의 지배적인 비트가 덮어쓰지 않는 한 6개의 연속적인 열성 비트로 구성된다. 오류 구분 기호는 8개의 열성 비트로 구성된다. 노드는 오류 플래그 전송 후 열성 비트를 보내고 열성 비트를 감지할 때까지 버스를 모니터링하고 열성 비트를 감지한 후 노드는 열성 비트 7개를 더 전송한다.

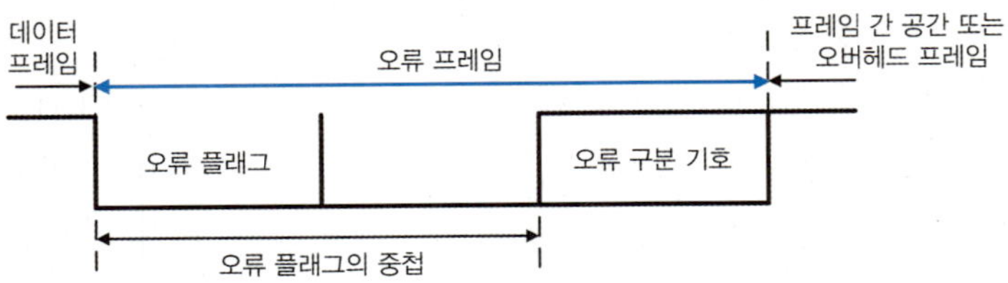

[그림 11-12] 오류 프레임

❹ 과부하 프레임

과부하 프레임 **overload frame**은 오류 프레임과 유사하게 두 개의 필드, 즉 과부하 플래그 필드와 과부하 구분 기호로 구성된다. 과부하 프레임 구조는 [그림 11-13]과 같다. 노드는 두 가지 조건 중 하나를 감지할 때 과부하 프레임을 전송한다. 이 두 조건은 수신노드가 내부 조건으로 인해 다음 데이터 프레임 또는 다음 원격 프레임에 대한 지연을 요구할 때와 노드가 버스 전송 중지 동안 우성 비트를 발견할 때이다. 과부하 플래그 필드는 6개의 우성 비트로 구성되며 과부하 구분 기호는 8개의 열성 비트로 구성된다.

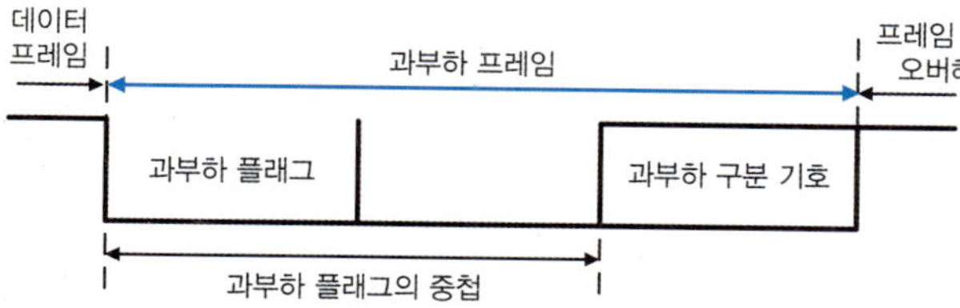

[그림 11-13] 과부하 프레임

[그림 11-14]에 표시된 프레임 간 공간은 3개의 열성 비트를 사용하여 데이터 프레임과 원격 프레임을 분리한다. 다른 노드는 프레임 간 공간에서 데이터 또는 원격 프레임의 전송을 시작할 수 없고 과부하 상태를 알리는 작업만 할 수 있다. 버스는 프레임 간 공간 이후 임의의 시간 동안 유휴상태를 유지하거나 새 프레임을 수락할 수 있다. 메시지를 전송해야 하는 모든 노드는 버스가 유휴상태일 때 SOF를 나타내는 우성 비트로 전송을 시작할 수 있다. 버스가 사용 중이어서 보류 중인 메시지가 있는 노드는 중단 후 첫 번째 비트로 전송을 시작한다.

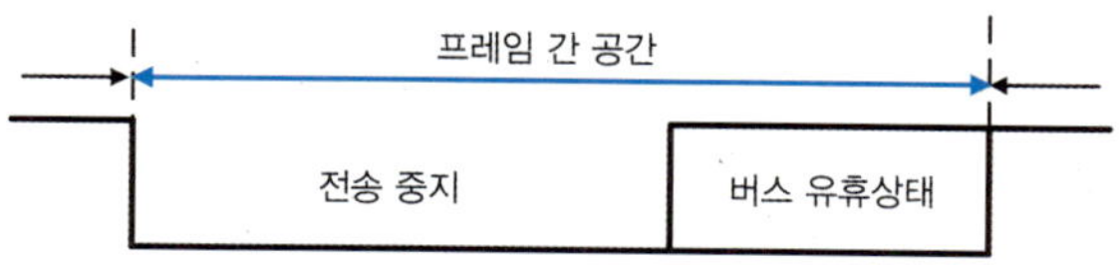

[그림 11-14] 프레임 간 공간

■ 메시지 중재

두 노드가 동시에 전송을 시작하면 버스에서 충돌이 발생하는데, 비트 평가를 통해 버스 충돌을 해결하는 것을 메시지 중재라고 한다. 이 프로세스에는 충돌감지와 중재가 포함되어 있어 모든 메시지가 손실 없이 전송될 수 있다. 발신노드는 전송하려는 논리 상태가 버스에 이미 존재하는지를 확인하기 위해 버스를 관찰한다. 전송된 비트의 레벨이 버스에서 모니터링되는 레벨과 같으면 노드는 메시지 프레임 전송을 계속한다. 그러나 노드가 열성 레벨을 보내고 버스에서 우성 레벨이 모니터링되면 해당 노드는 중재를 잃게 되며 더 이상의 비트 전송을 중지해야 한다. 다른 노드가 메시지를 파괴하지 않고 버스가 유휴상태가 될 때까지 기다리는 동안 우성 비트가 있는 메시지는 통과한다. 우성 비트 상태(논리 '0')는 항상 열성 비트 상태(논리 '1')에 대한 중재에서 승리하는데 이는 더 낮은 식별자 값을 가진 메시지가 더 높은 우선순위를 갖는 것을 의미한다. 기본적으로 더 낮은 식별자가 먼저 통과하는 메시지로 충돌이 해결된다.

예제 11.1

두 노드가 다음 메시지 식별자를 사용하여 동시에 메시지 전송을 시작한다. 이때 버스에서 전달할 메시지를 결정하라.

노드 1 – 0010010 ⋯
노드 2 – 0010110 ⋯

풀이

다섯 번째 식별자 비트에서 노드 2는 열성 비트를 전송하려고 할 때 버스가 우성 비트를 가지고 있음을 알게 된다. 이때 노드 2는 중재를 잃고 즉시 전송을 중지하면서 메시지 송신기에서 메시지 수신기로 바뀐다. 노드 1은 계속해서 메시지를 전송하고 노드 2는 다음 버스 유휴 기간을 기다렸다가 메시지 전송을 다시 시도한다.

오류 감지 및 오류 신호

각 노드에서 측정하는 자체 평가, 오류 감지 및 오류 신호를 이용하여 CAN에서 높은 수준의 데이터 무결성이 유지된다. 각 발신노드는 전송된 비트 수준을 버스에서 모니터링되는 수준과 비교하고, 잘못된 메시지를 감지한 모든 노드는 오류 프레임을 전송한다. 손상된 메시지는 중단되었다가 자동으로 다시 전송된다.

CAN 프로토콜의 오류 감지는 메시지 수준과 비트 수준 모두에서 이루어진다. 메시지 수준에서는 순환 중복 검사(CRC), 프레임 검사 및 승인 오류 검사가 있으며, 비트 수준에서는 비트 오류와 비트 스터핑 방법이 있다.

전송되는 메시지의 데이터 프레임에 포함된 CRC 시퀀스는 CRC 계산 결과로 구성된다. CRC 시퀀스는 미리 정의된 알고리즘을 사용하여 송신기에 의해 계산되며 수신노드는 송신기와 같은 알고리즘을 사용하여 CRC를 계산한다. 계산된 결과가 전송된 CRC 시퀀스와 일치하지 않으면 CRC 오류가 감지된다.

수신노드는 CRC 구분 기호, ACK 구분 기호, EOF 비트 필드 및 프레임 간 공간의 비트를 평가하여 메시지에 대한 형식검사를 수행한다. 수신기가 위의 위치 중 하나에서 유효하지 않은 비트를 감지하면 형식 또는 프레임 오류에 플래그가 지정된다.

버스의 모든 노드는 각각의 유효한 메시지를 확인하는데, 수신노드는 불일치 플래그가 지정된 메시지를 일관된 메시지로 인식한다. 일관된 메시지는 수신노드 각각에 의해 프레임의 ACK 슬롯으로 우성 비트를 보냄으로써 확인된다. 전송기가 메시지가 확인되지 않았다고 판단하면 ACK 오류가 플래그되며 ACK 오류는 전송 오류가 발생한 경우 또는 활성 수신기가 없는 경우 발생할 수 있다.

발신노드는 버스에서 비트를 전송하면서 동시에 버스를 관찰한다. 전송된 비트가 모니터링된 비트와 다른 경우 노드는 비트 오류로 해석한다. 이때 예외는 메시지 중재 중에 열성 비트를 보내거나 수신노드의 승인으로 인해 ACK 슬롯의 버스에서 우성 비트를 보는 경우이다. 오류비트를 검출한 노드는 다음 비트 전송 시점에 즉시 오류 플래그의 전송을 시작한다.

CAN에서 오류는 전송 및 수신 오류 카운트를 통해 제한된다. 송신오류 횟수는 노드가 오류 플래그를 전송할 때 증가하고 수신오류 횟수는 수신노드가 오류를 감지하면 증가한다. 노드가 성공적으로 메시지를 전송하면 전송 오류 수가 감소하고 마찬가지로 수신노드가 메시지를 성공적으로 수신하면 수신 오류 수가 감소한다. 노드는 오류 수가 1에서 127 사이이면 오류-활성 노드이고 오류 수가 128에서 255 사이이면 오류-수동 노드이다. 오류 수가 더 많으면 노드는 버스-오프 상태가 된다. 오류-활성 노드는 활성 오류 플래그를 전송하는 반면 오류-수동 노드는 수동 오류 플래그를 전송한다. 버스-오프 노드는 CAN 버스에 영향을 줄 수 없다.

CAN 컨트롤러는 수신기가 열성에서 우성으로 전환할 때 동기화되도록 설계되었다. 비트 스터핑 방법은 동기화를 유지하기 위해 NRZ **Non-return-to-zero** 비트 스트림에 충분한 전환이 있음을 보장하는데 사용된다. 5개의 같고 연속적인 비트 레벨이 메시지 내에서 SOF에서 CRC로 전송되면 발신노드는 자동으로 반대극성의 1비트를 비트 스트림에 삽입하거나 채우게 되며 수신노드는 메시지에서 채워진 비트를 자동으로 삭제한다. 노드가 같은 수준의 연속 6비트를 감지하면 스터프 오류에 플래그가 지정되는데 예를 들어 ID가 0x340인 메시지는 다음과 같이 전송된다.

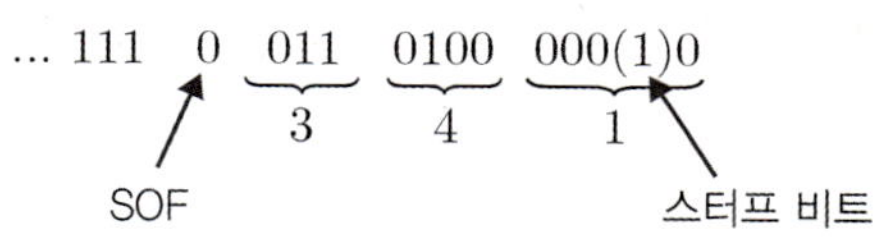

11.4.3 CAN 물리 계층

CAN에 대해 여러 물리 계층을 설정할 수 있다. 물리 계층은 버스 토폴로지, 신호 방법, 버스 종단, 최대 전송속도 및 기타 여러 기능을 정의한다. 가장 일반적인 물리 계층은 고속 CAN이다. 버스 토폴로지는 2선식 차동 버스로 구성되며 최대 1Mbps의 통신 전송속도를 허용한다. 클래스 B 유형의 저속 CAN은 최대 125kbps의 전송속도를 허용하는 2개의 와이어로 구현된다. 이러한 2선 CAN 버스에서 한 와이어는 CANH(CAN High) 신호를 전달하고 다른 와이어는 클록 신호 없이 CANL(CAN Low) 신호를 전달한다. 클래스 A 유형의 기본 CAN은 최대 33.3kbps의 데이터 전송속도를 가진 단일 와이어 플러스 접지 CAN 인터페이스를 사용하며 중요한 통신에 의존하지 않는 장치에 사용된다. CAN 신호는 본질적으로 자체 동기화되지 않는 NRZ 직렬 데이터이다.

CAN 버스에 연결된 장치에서 장기간 비활성 상태에 있을 수 있다. 이 기간에 CAN 노드는 리소스를 절약하기 위해 절전모드로 전환될 수 있으며 해당 노드의 활동은 버스에 의한 웨이크업 신호 또는 장치의 내부 조건 변화로 복원될 수 있다. CAN 노드는 짧은 외란과 영구 장애를 구별할 수 있다. 전압 스파이크 또는 기타 전기 노이즈로 인해 일시적인 외란이 발생할 수 있고 영구적인 오류는 CAN 컨트롤러 오류, 잘못된 케이블, 잘못된 연결, 송수신기 오류 또는 확장된 외부 장애로 인해 발생할 수 있다. CAN 노드에 결함이 발생하면 노드가 꺼지고 CAN 버스에 더 이상 영향을 미치지 않게 된다.

[그림 11-15]는 직선 토폴로지가 있는 2선식 CAN 버스 네트워크를 나타낸다. 직선 토폴로지에서 노드는 해당 라인의 어느 곳에나 연결될 수 있다. 차량 장치의 노드는 모두 병렬로 연결된다.

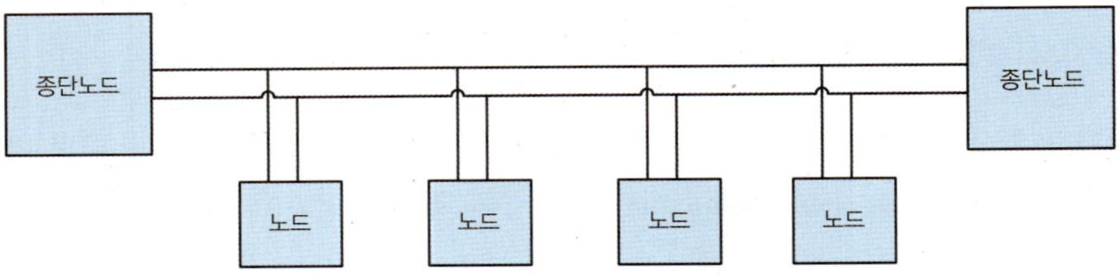

[그림 11-15] 직선 토폴로지가 있는 CAN 버스 네트워크

버스의 두 끝은 종단노드이며 가장 간단한 형태의 저항성 종단이 될 수 있다. 바이패스 커패시터와 2개의 60Ω 저항이 있는 종단 임피던스를 사용하여 공통모드 잡음을 줄일 수 있다. 순수 저항 및 저항-커패시턴스 조합이 있는 CAN 버스 종단의 저항-커패시턴스 종단은 각각 [그림 11-16(a)] 및 [그림 11-16(b)]에 나와 있다.

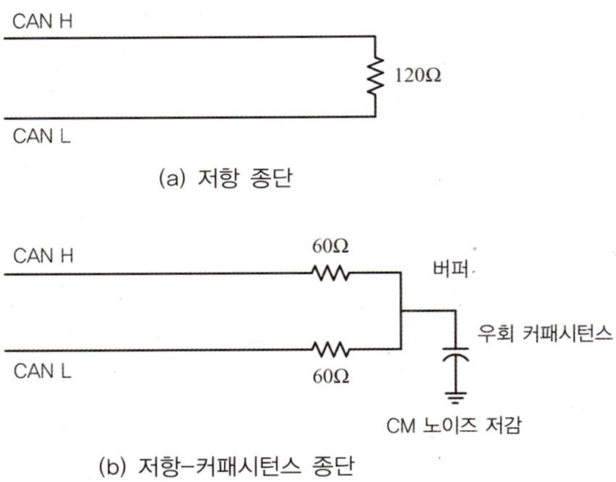

[그림 11-16] CAN 버스 종단

네트워크의 우성 및 열성 CAN 버스 값의 크기는 다음과 같다.

Logic '0' = 'dominant'; CANH = 5V and CANL =0V.

Logic '1' = 'recessive'; CANH = CANL = 'floating' (a weak pull to 2.5 V).

CAN 버스 값은 역 논리를 사용한다.

파워트레인 또는 기타 차량 장치의 ECU와 관련된 일반적인 CAN 노드 하드웨어는 MCP 2551과 같은 CAN 송수신기와 CAN 컨트롤러로 구성된다. CAN 컨트롤러는 마이크로프로세서 또는 CAN I/O 확장기로 사용할 수 있으며 CAN 노드 하드웨어는 [그림 11-17]에 나와 있다. 이 하드웨어는 자동차 및 기타 산업 애플리케이션용으로 설계된 마이크로컨트롤러 및 DSP에서 사용할 수 있다.

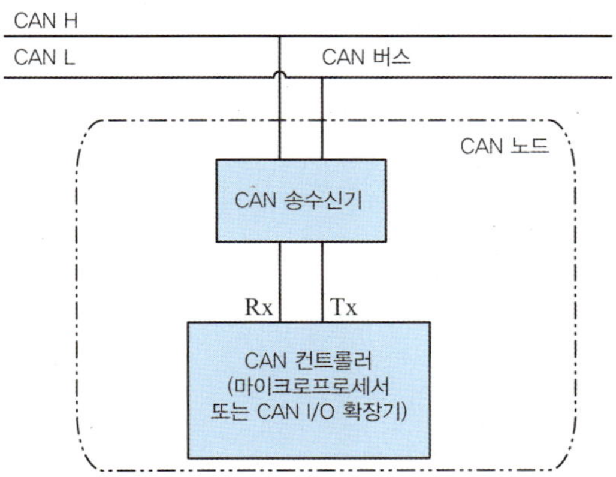

[그림 11-17] CAN 노드 하드웨어

CAN 버스는 사용 중일 때 '0' 상태이다. 주어진 시간에 하나의 노드만 전송할 수 있지만, 두 노드 모두 버스가 유휴상태인 것으로 확인되면 동시에 전송할 수도 있다. 우성 비트와 열성 비트를 동시에 전송하는 동안 결과 버스 값은 우성이다. 중재 프로세스는 앞에서 설명한 대로 어떤 노드가 먼저 메시지를 전송하는지를 결정한다.

11.4.4 CAN 프로그래밍

CAN 계층 및 프로토콜의 기본개념은 차량 구성요소의 전자장치에 대한 CAN 인터페이스를 개발하는 데 필수적이다. 특정 마이크로프로세서에 있는 CAN 컨트롤러는 CAN 소프트웨어 프로그램을 개발할 수 있어야 한다. CAN 프로그램의 일반적인 구조는 본질적으로 다양한 마이크로컨트롤러 및 DSP에서 사용할 수 있는 다양한 CAN 컨트롤러와 같으며 여기에는 레지스터 구성, 타이머 구성 및 ISR 프로그래밍이 포함된다.

레지스터 구성 작업에는 사용할 CAN 프로토콜 유형에 대한 비트 타이밍 메시지 프레임 상수 정의가 포함되며 관리를 위한 전송 및 수신 버퍼 레지스터도 구성해야 한다. 전송 계층 구성에는 다음이 포함된다.

- T_Q 정의
- SJW 정의
- Prop_seg, Ph_seg1 및 Ph_seg2 정의(Sync_seg = $1 \times T_Q$와 함께 비트 주기 설정)
- 다른 프로세서 특정 매개변수를 정의

전송 및 수신 버퍼 레지스터 구성에는 다음이 포함된다.

- 전송 식별자, DLC
- 수신 식별자(필터 및 마스크)
- 구성 비트 수신

메시지는 타이머에서 계산된 시간에 따라 전송되며 타이머 레지스터와 타이머 인터럽트는 주기적으로 메시지를 전송하도록 설정된다. 메시지는 인터럽트 기반으로도 수신되며 인터럽트는 메시지 수신과 관련된 레지스터에서 정의되고 활성화된다.

ISR은 메시지 전송 및 수신을 관리하며 ISR 프로그래밍에는 다음이 포함된다.

- 전송할 데이터가 있는 전송 버퍼를 로드하고 전송 요청
- 수신 버퍼 읽기, 데이터를 로컬 변수에 복사 및 수신 버퍼 플래그 지우기
- 인터럽트 플래그를 재설정하고 인터럽트를 다시 활성화

이론적으로 노드 수는 사용할 수 있는 식별자 수에 의해서만 제한되지만, 실제로는 장치의 용량에 따라 결정된다. 비트 전송률은 버스의 전체 길이와 송수신기와 관련된 지연에 따라 달라진다.

CAN을 개발하는 첫 번째 단계는 통신해야 하는 다양한 시스템에 대한 메시지를 정의하는 것으로 메시지 목록 개발을 통해 이루어진다. [표 11-3]과 [표 11-4]는 메시지 목록 세그먼트의 예를 나타낸다.

목록에는 HEV의 발전기 제어 모듈(GCM), 시스템 상태 모니터(SHM) 및 감독 제어 모듈(SCM)의 메시지 하위집합이 포함된다. 메시지를 전송할 노드와 메시지를 수신하여 사용할 노드는 메시지 목록에서 식별되며 각 메시지에는 메시지의 우선순위에 따라 고유한 식별자가 부여된다. 메시지에 포함된 신호 정보는 메시지 목록에 자세히 설명되어 있으며 메시지 목록에 따라 하드웨어가 구성되고 CAN 노드가 네트워크에 물리적으로 연결되면 CAN 분석기를 통해 메시지를 평가할 수 있다. CAN 분석 및 개발 도구는 시스템 통합, 테스트 및 디버깅은 물론 장치의 개발 프로세스 동안 매우 유용하다.

[표 11-3] CAN 메시지 목록의 예 1

Tx	Rx	신호 프레임	CAN ID	타이밍	신호
GCM	SCM, SHM	발전기 상태	0×440	10ms	Mode of operation
					Generator current actual
					Generator speed actual
					HV bus voltage
GCM	SHM	GCM 오류 모드 상태	0×468	100ms	Inverter temperature
					System critical fault
					Local critical fault
					Local non-critical fault
					Local diagnostic fault
					Rolling count
					Critical communications with UALAN lost
					Critical inverter overheat
					Critical error on inverter phase A
					Critical error on inverter phase B
					Critical error on inverter phase C
					Critical error in computed speed
					Critical instantaneous overcurrent
					Critical continuous overcurrent
					Critical undervoltage
					Critical overvoltage
					Critical persistent invalid position sequence
					Non-critical speed high
					Non-critical inverter overheat
					Invalid position sequence
					Invalid position sensed
SCM	GCM	발전기 명령	0×340	10ms	Connect generator
					Clear faults
					Rolling count
					Generator current commanded

[표 11-4] CAN 메시지 목록의 예 2

CAN ID	Bytes	Bits before stuffing	Worst case bits after stuffing	Worst case transmit time	Prodic interval	Worst case % bus utilization	Best case transmit time	Best case % bus utilization per signal
0×440	6	92	112	0.000225	0.01	0.02245	0.00018	0.0184
0×468	3	68	82	0.000165	0.1	0.001645	0.00014	0.00136
0×340	3	68	82	0.000165	0.01	0.1645	0.00014	0.0136

m.e.m.o

CHAPTER 12

전기 차량과 전력망
Electric Vehicles and the Power Grid

들어가기 전에 ▶▶▶

PEV는 에너지 저장 장치의 충방전 기능을 통해 전원 시스템과 상호작용한다. 에너지 용량을 보충하기 위해 배터리를 충전하는 것, 즉 차량의 운행으로 인해 소모된 배터리 SoC를 복원하는 것은 PEV와 전력망 간의 가장 일반적이고 빈번한 상호작용이다. 소비자의 전력부하 수요충족, 그리드grid 전압 및 주파수 지원과 같은 그리드 기능을 지원하기 위해 PEV에서 그리드로 에너지를 전송할 수 있는 새로운 기술과 개념이 진화하고 있다. PEV의 충방전 능력에 따라 EV와 전력망 간에는 G2V Grid-to-Vehicle, V2G Vehicle-to-Grid 및 V2H Vehicle-to-Home 상호작용 모드가 있다. 차량은 부하 또는 분산 에너지 자원Distributed Energy Resource, DER이지만, 이 세 가지 상호작용 모드는 전기 운송을 위한 연료전달 시스템인 전력 시스템과 운송 시스템을 결합한다. DER로 기능하는 EV 저장 시스템은 PEV의 에너지 저장 장치의 방전을 통해 전력망에 보조 서비스를 제공할 수 있다. 이러한 프레임워크에 관련된 기술은 전력전자 기반 충전기와 충전소, 정보&통신 플랫폼 및 프로토콜, 배터리 기술 및 최적화 전략이다.

SECTION 12.1

차량 그리드 인터페이스

Vehicle Grid Interface

EV와 전력망은 소비자에게 바람직한 서비스를 제공하면서 지속가능한 비즈니스 관계에서 서로를 도울 수 있는 공생 관계이다. PEV 또는 BEV는 충전소를 통해 전력을 공급해야 하지만, 전력망은 다양한 전력 수요조건에서 공급할 수 있도록 적절한 인프라를 유지해야 한다. 온보드 충전기 또는 충전소를 사용해 전력망에서 차량으로 에너지를 전송하는 모드는 일반적인 G2V 모드이다. 전기운송 부문은 PEV의 배터리를 충전하기 위한 전기가 풍력이나 태양광과 같은 청정 재생에너지원에서 생산되어야만 청정 환경에 기여할 수 있다.

전력 시스템 인프라의 용량에는 제약이 있으며 유틸리티의 주요 목표는 다양한 부하조건에서 소비자에게 안정적으로 전력을 공급하는 것이다. 전력 부하의 수요는 하루 중 특정 시간과 극한 기상 조건에서 최대가 된다. 재생에너지(태양광 및 풍력) 발전과 같이 발전에 불확실성이 있으면 수요와 공급을 충족하기가 어렵다. 태양광 및 풍력의 간헐적인 특성은 그리드 전압 및 주파수 안정성과 전체 그리드 관리에 부정적인 영향을 미친다. 전력 공급자, 즉 유틸리티는 그리드를 관리하기 위해 재생에너지 발전량의 가변성을 고려한 보상 또는 일부 기반 시설이 필요하다. 이러한 보상은 소규모 DER이 통합되는 주거지역을 포함하는 배전시스템에서 복잡해진다. 주거수준에서 시스템 운영자의 급전신호를 기반으로 제어하여 실제적이고 즉각적인 전력 관리가 가능하게 해야 한다. 에너지 저장장치를 추가하면 유틸리티 규모와 주거수준을 모두 고려하여 재생에너지 발전의 가변성과 그리드의 안정적인 관리를 모두 해결할 수 있다. 저장비용이 문제지만 EV의 성장은 배터리 저장비용을 낮추고 있다.

떠오르는 스마트 그리드 개념에서 PEV는 V2G 모드를 활용한 배터리 방전을 통해 피크 수요 시 전력망을 도울 수 있는데, 양방향 충전기 또는 충전소를 통해 그리드에 다시 에너지를 전달할 수 있는 상당한 에너지 저장 장치를 탑재하고 있다. 이러한 에너지를 그리드로 다시 전달하면 냉방으로 인해 전력 수요가 높은 여름 날씨에 실제 전력을 제공하여 높은 부하 수요를 맞출 수 있다. 충전기 또는 충전소의 전력전자 장치는 전압을 조정하기 위해 그리드에 무효전력을 제공할 수도 있다. V2G 모드는 PEV 보급이 증가하여 PEV 집합에 충분한 에너지가 저장될 때 피크 전력 수요를 완화하는 데 매우 효과적인 기여를 할 수 있다. 유틸리티 산업의 이점은 소유 비용뿐만 아니라 운영 비용도 많이 드는 피크 플랜트를 유지 관리해야 하는 부담이 없다는 것이다.

12.1.1 G2V, V2G, V2V 및 V2H 프레임워크

G2V, V2G, V2V 및 V2H 프레임워크는 차량, 그리드 및 가정 간의 상호작용을 위한 인프라를 제공한다. 현재까지 사용할 수 있는 인프라는 방전형 EV를 충전하는 데 필수적인 G2V 기술이지만, 양방향 전력 흐름 기능이 있는 PEV 충전기는 V2H와 V2G를 지원한다. V2V **Vehicle-to-Vehicle** 기술은 정보 또는 에너지 교환을 위한 것이지만 후자는 중개자가 필요하다.

PEV 또는 EV는 PHEV가 아닌 한 온보드 배터리를 충전하기 위해 화석연료 대신 전기를 사용한다. 양방향 전력 흐름 기능이 있는 EV는 그리드의 부하 역할을 하거나 그리드에 대한 소스 역할을 할 수 있다. V2G 및 V2H는 차량 에너지 저장 장치가 양방향 전력 변환기를 통해 PEV를 DER로 전환할 수 있게 하여 차량이 용량을 초과할 경우 벌크 또는 주거용 그리드에 전력을 공급할 수 있다. 이러한 시나리오는 EV 판매가 증가함에 따라 더욱 가능성이 높아진다. V2G 운영을 위해서는 PEV와 인프라의 집합체가 필요하지만, V2H의 경우 1가구 PEV가 해당 주택의 전력 수요에 대응할 수 있다. PEV의 도움으로 DER을 추가하면 전력망의 신뢰성과 탄력성이 확실히 향상될 뿐만 아니라 에너지 관리 최적화 알고리즘을 통해 자원의 공급 및 활용 효율성을 높일 수 있다.

V2H는 온보드 또는 오프보드 양방향 충전기에 의한 충전/방전을 위해 PEV가 가정에 연결되도록 한다. V2H 프레임워크는 하나 또는 두 개의 PEV가 포함된 단일 집에 구축된 소규모 마이크로그리드(스마트 홈) 내에서 설정된다. V2H 마이크로그리드의 기능은 다음과 같다.

- 유효전력을 교환하여 일일 가정 부하 프로파일을 평활화한다.
- 가정 또는 지역사회 마이크로그리드에 무효전력을 제공한다. 충전기 자체가 이 기능을 제공할 수 있으므로 무효전력은 배터리 사용량과 무관하게 제공될 수 있다.
- 지역사회 내 예비 전력을 유지할 수 있어 지역사회와 전력망 간의 전력 및 거래 손실을 줄인다.
- V2G 운영과 관련된 인프라 및 요금에 무관하다. V2H 운영에서 부하와 발전이 함께 이루어지므로 중앙집중식 스테이션의 전력 공급에 비해 전송 및 배전 손실을 최소화한다.

정보교환을 위한 V2V 개념은 안전운전과 자율주행에 유용하며 5G 또는 기타 미래 네트워크 통신에 중점을 둔 신기술 영역이다. 에너지 측면에서 V2V는 PEV가 양방향 충전기를 사용하여 저장 에너지를 로컬 그리드로 전송한 다음 비즈니스 애그리게이터**aggregator**가 관리하는 컨트롤러를 통해 다른 PEV에 에너지를 분배할 수 있도록 한다. 애그리게이터의 비즈니스 모델은 PEV 모집을 허용하고 V2V 플랫폼을 통한 에너지 요청에 대응할 수 있도록 PEV 및 로컬 그리드와의 상호작용을 가능하게 한다. 애그리게이터의 예로는 EV 충전소 운영자**operator** 또는 커뮤니티 마이크로그리드 운영자가 있으며, 애그리게이터가 차량 운영자와 협력하는 미래에는 새로운 비즈니스 모델이 발전할 것이다.

에너지를 전달하는 V2V 기술의 특징은 다음과 같다.

- 여러 대의 PEV를 포함한다.
- 에너지 교환을 위해 스마트 홈 및 충전소, 주차장 또는 커뮤니티 마이크로그리드를 사용한다.
- V2G 운영에 비해 인프라가 단순하고 전송 손실이 적으나 애그리게이터 비즈니스 모델이 필요하다.
- 지역사회 마이크로그리드 운영을 위해 DER과 협력할 수 있다.

EV의 에너지 저장 장치는 전력을 그리드로 전송하여 피크 전력 수요를 완화하고 다른 에너지 저장 장치와 유사한 방식으로 보조 서비스를 제공할 수 있다. 이러한 EV 서비스를 V2G 서비스라고 하는데, V2G를 사용하면 PEV를 그리드에 연결하고 양방향 충전기를 사용하여 그리드에 에너지를 다시 공급할 수 있다. PEV의 애그리게이터는 충분한 전력을 공급하고 그리드를 관리하는 데 충분한 에너지 저장용량을 가져야 한다. 또한 V2G 개념에 효과적인 그리드 지원서비스를 제공하기 위해 애그리게이터를 PEV 그룹으로 전환한다. V2G를 효율적으로 운영하기 위해서는 사용할 수 있는 차량의 수, 차량 내 에너지 저장 장치의 SoC 및 소유자가 특정 유형의 V2G 운영에 참여하기로 선택한 차량의 가용성을 고려해야 한다. 차량 소유자는 V2G 운영 후 여정을 완료할 수 있는 충분한 충전량이 있는지 확인한 후 정해진 방전용량 한도로 일정 시간 동안 차량을 사용할 수 있도록 해야 한다. 또한 애그리게이터는 유틸리티와의 V2G 운용에 참여할 수 있는 특정 수의 차량이 있다는 통계적 보장이 필요하다.

V2G 기술의 특징은 다음과 같다.

- 더 많은 수의 PEV에 대해 누적 효과가 있다.
- 전력교환을 위해 스마트 홈, 주차장 및 고속 충전소를 이용할 수 있다.
- 효율적인 에너지 사용 및 비용 절감을 위해 최적화 전략을 통합할 수 있다.
- 피크 셰이빙 **peak-shaving**, 주파수 및 전압 조정, 예비 운전에 사용할 수 있다.

SECTION 12.2

전기 차량의 충전

Electric Vehicle Charging

EV는 온보드 충전기, 가정용 충전기, 고속 충전기, 통신 프로토콜이 있는 커넥터 및 충전소의 여러 장치로 충전할 수 있다. EV 및 PEV에는 배터리 팩을 재충전하기 위한 온보드 배터리 충전기가 장착되어 있으며 120V/240VAC 전원 또는 400VDC 전원에 연결할 수 있다. 충전소에 설치된 더 높은 전력의 AC 또는 DC 충전기로 차량을 충전할 수도 있으며 가장 간단하게는 주거용 또는 상업용 단상 AC 전원에 연결하는 차량의 온보드 충전기를 사용할 수 있다. 소위 레벨1 및 레벨2 AC 충전기는 120V(레벨1 충전기) 240V(레벨2 충전기) 공급 라인과 온보드 충전기 간의 인터페이스 역할을 하며 최대 1.92kW를 차량에 제공할 수 있다. IEC 61851에서는 레벨2 가정용 AC 충전기의 경우 최대 26.6kW까지 충전할 수 있다. 온보드 충전기는 전력 용량이 제한되어 있으며 미국 가정에서 사용할 수 있는 표준 208V 또는 240V 플러그를 사용하여 322km을 추가하려면 8시간 이상을 충전해야 된다. SAE J1772 및 SAE J1773 표준에 정의된 전력 용량에 따른 다양한 AC 및 DC 충전 레벨이 [표 12-1]에 나와 있다.

[표 12-1] 상용 전력 하의 AC 및 DC 충전 레벨

충전기	정격 전압	최대 전류(A)	상시 전력(kW)
AC 레벨1, 단상	120VAC	20	1.92
AC 레벨2, 단상	240VAC	80	19.2
AC 레벨3, 3상	208VAC, 480VAC, 600VAC	400	<100
DC 레벨1	200~450VDC	80	<36
DC 레벨2	200~450VDC	200	<90
DC 레벨3	200~600VDC	400	<240

12.2.1 DC 급속 충전

EV 사용자가 가지고 있는 주행거리에 대한 불안은 ICEV의 급유와 유사한 급속 충전 옵션을 사용하여 간접적으로 해결할 수 있다. 120kW 이상의 DC 급속 충전기와 400VDC ~ 800VDC 충전 옵션이 있는 레벨3 유형 충전기는 레벨1 및 레벨2 AC 충전기의 느린 충전 속도를 개선하기 위해 급속 충전 옵션을 제공하도록 설계되었다. 급속 충전기는 여러 차량에 동시에 서비스를 제공할 수 있는 공공 충전소에 설치되지만, PEV 사용자는 여전히 가정에서 충전하는 레벨1 또는 레벨2 충전기를

사용하고 있다. 급속 충전기를 사용하기 위해서는 PEV에 DC 포트가 장착되어야 하고 전력망에는 높은 충전 속도로 전력을 공급할 수 있는 용량이 필요하다. 급속 충전기는 50kW 정격의 충전소에 등장하기 시작했지만, 증가하는 EV 사용자의 요구를 충족시키기 위해 충전기의 정격전력 및 설치 수가 빠르게 증가하고 있다. 최근에는 120kW 충전기가 미국에 설치되었으며 전력 용량은 최대 350kW까지 커지고 있다. 50kW 등급의 고속 충전기는 322km를 이동하기에 충분할 만큼 충전하려면 1시간이 넘게 걸린다. 그러나 350kW급 XFC **Extreme Fast Charger**는 같은 양의 에너지를 충전하는 데 약 10분밖에 걸리지 않는다.

480V 급속 충전기

DC 고속 충전기는 480VAC 또는 400VAC 선간 전압의 3상 AC 콘센트에서 사용되며, 일반적으로 3상 AC/DC 정류와 갈바닉 절연을 제공하는 DC/DC 전력 변환 단계가 있다. 그리드 측 프런트엔드에는 수용 가능한 전력품질을 보장하기 위한 PFC(역률 보정) 장치가 포함되어 있다. [그림 12-1(a)]는 DC 고속 충전기의 전력 단계별 기능 블록 다이어그램을 나타낸다.

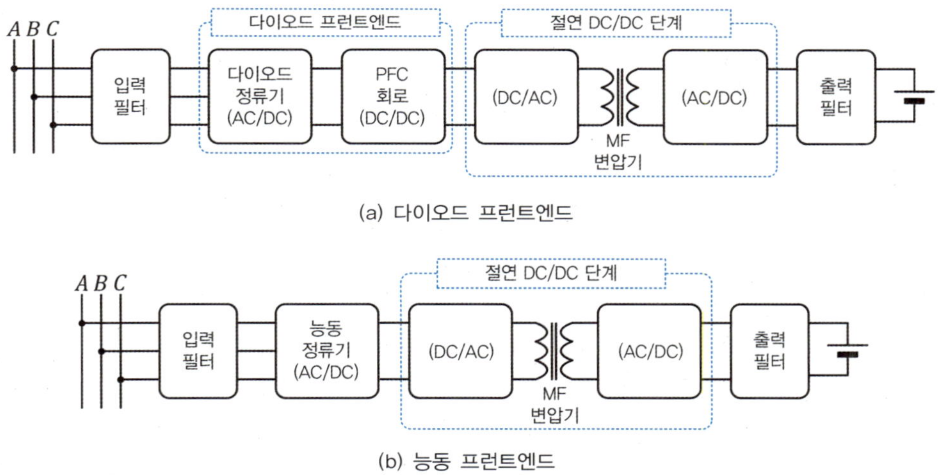

[그림 12-1] 3상 DC 급속 충전기의 전력 단계

최첨단 고속 충전기의 정류단은 다이오드 브리지로 되어 있어 전력 흐름이 단방향이지만, 앞으로는 V2G 애플리케이션을 위한 양방향 전력 흐름을 제공할 수 있도록 [그림 12-1(b)]와 같이 AFE **Active Front End**로 대체될 것으로 예상된다.

프런트엔드는 3상 AC 전압을 DC 전압으로 변환하는 반면, 후속 DC/DC 단계는 DC 전압을 EV에 필요한 조정된 DC 전압으로 변환하고 갈바닉 절연도 제공한다. AFE 단계는 PFC 기능과 함께 펄스 폭 변조(PWM)를 사용하여 전류 제어모드에서 작동하는 반면 DC/DC 단계는 전력 흐름을 제어하는 데 사용된다. AFE는 일반적으로 역전도 IGBT에 기반한 전력 반도체 모듈을 따르며 10kHz 이하의 스위칭 주파수에서 작동한다. 미래 토폴로지에서는 SiC 전력 모듈이 이러한 IGBT 모듈을 30kHz를 초과하는 스위칭 주파수로 대체할 것이다. AFE의 양방향 모드에서는 그리드에서 차량으로 전력이 흐를 때 PWM 정류기 제어 알고리즘을 사용하고 V2G 동작을 위해서는 PWM 인버터 제어 알고리즘을 사용해야 한다.

고속 충전기는 다단 변환기에 해당하며, DC/DC 단계는 DC가 먼저 스위칭 전원 브리지를 사용하여 고주파 AC로 변환된 다음 출력 브리지에 의해 DC로 다시 변환되는 과정을 말한다. 입력 및 출력 브리지는 전기 절연을 통해 전자기적으로 에너지를 전달하는 중간 주파수(MF) 변압기를 통해 연결된다. 이 장치는 전력전자 변환기 브리지를 거친 입력 및 출력전압 및 전류와 함께 전자기 결합 필드를 통해 전기 에너지를 전달하는 고체 변압기(SST)로 알려져 있다.[2~3] DC/DC 컨버터 단계, 특히 저전압 단계는 신기술인 SiC MOSFET으로 만들 수 있으며 갈바닉 절연은 차량을 그리드에서 격리하고 충전기 출력단을 병렬로 쉽게 연결할 수 있도록 한다. 충전 시스템은 시스템 절연을 통해 차량 배터리용으로 설계된 보호 체계를 따르며 중주파 변압기는 자기 포화 및 고전압 절연 파괴를 방지하기 위해 세심한 설계가 필요하다.

중전압 급속 충전

전력회사에서 제공하는 중전압(MV) 수준의 배전시스템에서 3상 AC 전원이 공급될 때 보다 효율적인 고속 충전기 시스템을 구축할 수 있다.[4] 배전 전압 수준은 많은 시스템에서 사용하는 기존 방식대로 선간**line-to-line** 12.47kVAC 또는 13.2kVAC에서 480VAC(선간), 60Hz(저주파)로 내린 배전 변압기를 사용한다. 대조적으로 MV 레벨에 직접 연결된 SST 기반 고속 충전기를 배포하면 효율성 및 전력밀도의 이점이 있다. 또한 고속 충전기에 통합할 수 있는 많은 스마트 제어 기능을 제공할 수도 있다. SST는 전력전자 기반의 제어 가능한 변압기로서 수요측 관리, 그리드측 전압 및 역률 제어, 소비자측 고조파 제거, 절연 및 보호기능 제공을 위한 통신 및 인텔리전스를 통합할 수 있으며 부피가 큰 저주파 강압 변압기를 제거하고 여러 스마트 그리드 기능을 추가할 수 있다. SST는 저전압 급전선 섹션에서 중간 전압 배전 그리드를 분리하고 버퍼링하는 기능이 있다는 점이 기존 변압기와 다르다. SST는 기존 철심 배전 변압기를 교체하여 크기와 무게가 최소 10배 감소하고 상당한 지능이 통합되어 배전 측면을 혁신할 가능성을 제공한다. 또한 SST는 시장 및 에너지 거래를 위한 미래의 스마트 에이전트가 될 수 있다. SST의 양방향 전력 흐름 기능은 국부적으로 생성된 전력을 제어된 방식으로 그리드에 다시 공급할 수 있으므로 EV를 급속 충전하는 데 이상적인 선택이다.

SST 기반 고속 충전기의 전력전자 단계는 고전압 AC를 고전압 DC로 변환하는 프런트엔드 정류기 단계와 높은 DC 전압을 [그림 12-1(b)]와 같은 낮은 DC로 변환하는 이중 활성 브리지(DAB) 단계로 구성된다. 갈바닉 절연은 DAB DC/DC 전력 변환 단계 내에서 중간 주파수 변압기로 이루어진다. MV 고속 충전기의 경우 고전압 연결 및 고전압 전원 장치의 제한된 가용성으로 인해 전력 변환기 단계가 훨씬 더 복잡하여 다중 레벨 또는 캐스케이드 변환기 토폴로지를 사용해야 한다. 캐스케이드 3상 브리지를 능동 프런트엔드로 사용하고 이중 능동 브리지(DAB) 유형의 절연 DC/DC 컨버터 단계를 사용하는 MV 고속 충전기 시스템용 3상 전력 컨버터의 예가 [그림 12-2]에 나와 있다.[4]

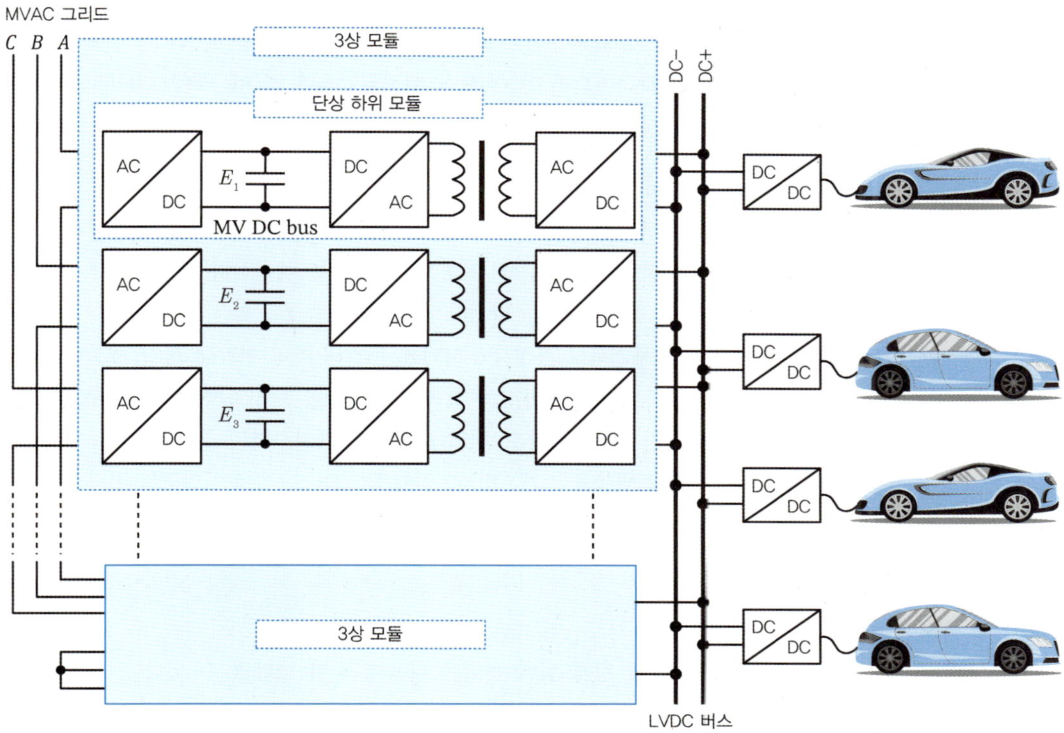

[그림 12-2] MV 고속 충전기

컨버터는 차량 부하가 연결되어 배터리 시스템의 공칭 DC 전압보다 더 높은 충전 전류가 전달되는 저전압 DC(LVDC)측에 병렬 결합되고 중압 3상 AC 공급단에 직렬 연결된 적층형 3상 AC-DC 컨버터 블록으로 구성된다. 직렬연결은 능동 프런트엔드 브리지에 대해 부하와 격리된 DC 버스 사이를 격리하는 DAB DC-DC 컨버터를 통해 구성된다. 안정적인 DC 버스 전압을 위해 모든 중전압 또는 저전압 버스에는 최소한의 에너지 저장이 필요하다. LVDC 버스는 다른 DC/DC 전력 변환 단계를 사용하여 단일 전압 레벨 또는 배터리 팩 전압이 다른 여러 유형의 EV에 전력을 공급하도록 설계할 수 있으며, 현재 사용되고 있는 G2V 전원 공급과 미래의 전력 및 운송 시스템의 연계 애플리케이션을 위한 V2G 전원 흐름이 모두 가능한 완전한 양방향으로 구성되어 있다.

더 높은 전압의 SiC MOSFET을 사용하면 Si-IGBT 기반 솔루션에 비해 더 간편하고 효율적인 전력단 설계가 가능하다. 더 높은 스위칭 주파수[1]에서 작동하는 SiC 장치의 기능은 필터 구성요소 및 갈바닉 절연에 사용되는 인덕터 및 변압기의 크기를 크게 줄일 수 있어 전체 시스템의 크기와 무게를 줄인다.

1 수십 kHz, Si 장치의 경우 10kHz 미만에 해당한다.

예제 12.1

초고속 충전소는 허용 전압변동이 5%인 13.2kV(LL RMS)의 MVAC 그리드에 연결된 프런트엔드 MV SST로 구축된다. 고속 충전 스테이션은 [그림 12-2]와 같이 모듈식 토폴로지로 구축되며 프런트엔드 전력 변환기는 각 모듈에 3개의 단상 하위 모듈이 있는 6개의 3상 모듈로 구성된 계단식 H 브리지의 다단계 토폴로지로 구축된다. 각 하위 모듈은 LVDC 분배 버스를 설정하기 위한 AC/DC 프런트 단계와 절연된 DC/DC 단계로 구성된다. 충전소는 1MW의 정격 전력을 LVDC 버스에 전달하도록 설계되었으며 MVAC 측에서 445kVAR를 소싱 또는 싱킹할 수 있다. 이때 아래 질문에 답하라.

(a) MVAC 측의 총 피상 전력 용량을 계산하라(전체 효율은 99%로 가정한다).

(b) 각 프런트엔드 AC/DC 단계(하위 모듈)에 대한 공칭 및 최대 입력 AC 전압 레벨을 계산하라.

(c) 각 프런트엔드 AC/DC 단계(하위 모듈)에 대한 공칭 및 최대 정격 전류를 계산하라.

(d) 각 하위 모듈 및 스테이션의 열 부하를 계산하라(즉, 발생한 총 손실).

(e) $k = 1, 2, \cdots$이고 입력 AC 전압에서 15% 부스트로 가정하여 MVDC 버스의 공칭 전압값 E_k를 계산하라.

(f) MVAC 측에서 1의 역률과 공칭 AC 입력전압 및 60Hz의 그리드 주파수를 가정하여 LVDC 버스에서 1MW 소비에 대한 각 AC/DC 단계(하위 모듈)를 통한 전력 흐름을 스케치하라.

(g) (f)와 동일한 조건에서 MVDC 버스의 전압 변동을 스케치하라. 이때 DC/DC 단계에서 일정한 전력 흐름과 각 MVDC 버스에서 500uF 커패시턴스를 가정해야 한다.

풀이

(a) **피상 전력 용량 계산하기**

효율 99%와 정격 출력 전력 1MW에 대해 정격 입력 전력은 다음과 같이 나타낼 수 있다.

$$P_{mvac,nom} = \frac{1\text{MW}}{0.99} = 1{,}012.1\text{kW}$$

정격 무효 전력용량 $Q_{mvac,nom} = 445\text{kVAR}$에 대한 피상 전력용량은 다음과 같다.

$$S_{mvac} = (P_{mvac,nom}{}^2 + Q_{mvac,nom}{}^2)^{0.5} = 1.104\text{MVA}$$

(b) **공칭 및 최대 입력 AC 전압 계산하기**

선간 전압(LL RMS) $V_{LL0} = 13.2\text{kV}$에 대한 상전압(LN RMS)은 다음과 같다.

$$V_{LN,nom} = \frac{13.2}{\sqrt{3}} = 7.621\text{kV S}$$

각 하위 모듈의 AC/DC 프런트엔드 단계의 공칭 입력 AC 전압은 다음과 같다.

$$V_{sm,nom} = \frac{7.621\text{kV}}{6} = 1.27\text{kV S}$$

최대 +5% 허용 전압변동에 대한 최대 선간 전압과 최대 입력 AC 전압은 다음과 같다.

$$V_{LL,\max} = 13.2 \times 1.05 = 13.86\text{kV S}$$
$$V_{sm,\max} = 1.33\text{kV S}$$

(c) **공칭 및 최대 정격 전류 계산하기**

(a)에서 구한 MVAC 측의 정격 전력은 $P_{mvac,nom} = 1{,}012.1\text{kW}$이며, 모든 하위 모듈의 수는 $N = 3 \times 6 = 18$이다. 각 하위 모듈의 AC/DC 단계의 정격 전력용량은 다음과 같다.

$$P_{mvac,sm,nom} = \frac{P_{mvac,\max}}{N} = 56.12\text{kW}$$

따라서 공칭 전류는 다음과 같이 계산된다.

$$I_{mvac,nom} = \frac{P_{mvac,sm,nom}}{V_{sm,nom}} = 44.18\text{A RMS}$$

최소 허용 AC 입력전압에서 $P_{mvac,sm,nom}$이 전송되면 AC/DC 프런트엔드 단계에서 최대 전류가 발생하므로 최소 허용 전압은 다음과 같다.

$$V_{sm,\min} = V_{sm,nom} \times 0.95 = 1.21\text{kV S}$$

따라서 최대 전류값은 다음과 같이 계산된다.

$$I_{mvac,max} = \frac{P_{mvac,sm,nom}}{V_{sm,min}} = 46.51\text{A RMS}$$

(d) **각 하위 모듈 및 스테이션의 열 부하 계산하기**

효율이 99%라고 가정하면, 각 하위 모듈에서 발생하는 전체 손실은 다음과 같다.

$$P_{loss,sm} = P_{mvac,sm,nom} \times 0.01 = 0.56\text{kW}$$

정격운전 동안 각 하위 모듈에서 0.56kW의 열이 발생한다. 18개 하위 모듈의 전체 손실은 다음과 같다.

$$P_{loss} = P_{loss,sm} \times 18 = 12.1\text{kW}$$

(e) **MVDC 버스의 공칭 전압값 계산하기**

각 하위 모듈의 최대 AC 입력전압은 $V_{sm,max} = 1.33\text{kV S}$이며, 피크 전압은 다음과 같다.

$$V_{sm,peak,max} = V_{sm,max} \times 2 = 1{,}886.1\text{V}$$

15% 전압상승을 고려한 MVDC 버스의 공칭 전압은 다음과 같다.

$$E_k = V_{sm,peak,\max} \times 1.15 = 2{,}169\text{V}$$

(f) **AC/DC 단계(하위 모듈)를 통한 전력 흐름 스케치하기**

AC/DC 단계에서 각 하위 모듈의 AC 입력전압과 전류를 나타내면 다음과 같다.

$$v_{sm}(t) = \sqrt{2}\,V_{sm,nom}\cos(2f_1 t),\ \ i_{sm}(t) = \sqrt{2}\,I_{mvac,nom}\cos(2f_1 t)$$

여기서 $f_1 = 60\text{Hz}$ 이다. 전력 흐름은 다음과 같다.

$$P_{sm}(t) = v_{sm}(t) \times i_{sm}(t) = V_{sm,nom}I_{mvac,nom}[1 + \cos(4f_1 t)] = P_{av}[1 + \cos(4f_1 t)]$$

중전압 하위 모듈의 AC 입력전압과 전류, 전력은 [그림 12-3]과 같다.

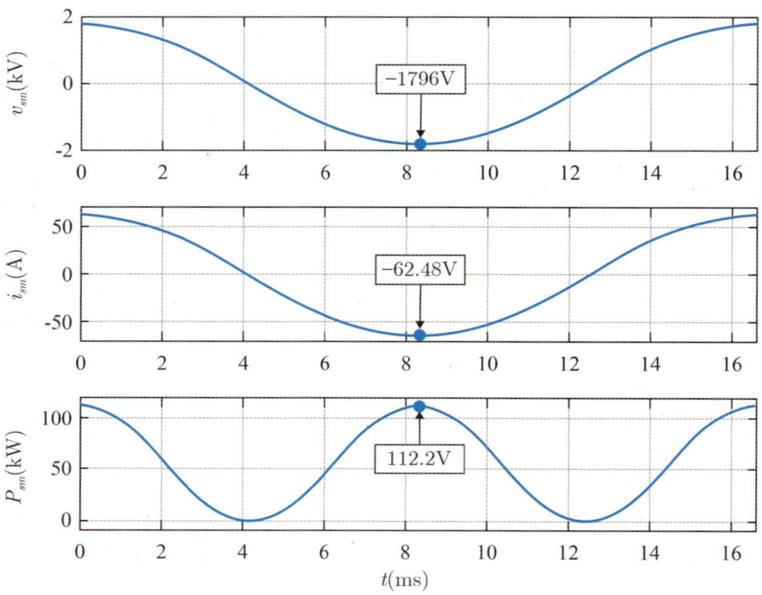

[그림 12-3] 능동 프런트엔드 하위 모듈의 전압과 전류, 전력

(g) **MVDC 버스의 전압 변동 스케치하기**

MVDC 버스 커패시터에 저장되는 에너지 변화율은 다음과 같다.

$$\frac{d}{dt}\left(\frac{1}{2}C_{mvdc}v_{mvdc}^2\right) = P_{sm}(t) - P_{DC/DC}$$

여기서 $P_{sm}(t)$는 MVDC에서 MVDC 버스로 전달되는 전력을 나타내며, $P_{DC/DC}$는 절연 DC/DC 단계를 거친 전력을 나타내므로 다음과 같이 나타낼 수 있다.

$$P_{DC/DC} = P_{mvac,sm,nom} = 56.12\text{kW}$$

MVDC 버스 전압(v_{mvdc})에 대한 커패시터 전압의 AC 성분 $\hat{v}_{mvdc}$는 다음과 같다.

$$\hat{v}_{mvdc} = \frac{1}{C_{mvdc}v_{mvdc}}\int [P_{sm}(t) - P_{DC/DC}]\,dt$$

간단하게 $v_{mvdc} = E_k$을 우변에 대입하면 다음과 같다.

$$\hat{v}_{mvdc} = \frac{1}{C_{mvdc}E_k}\int [P_{sm}(t) - P_{DC/DC}]dt$$
$$= \frac{1}{C_{mvdc}E_k}\int P_{av}\cos(4\pi f_1 t)dt = \frac{P_{av}\sin(4\pi f_1 t)}{4\pi f_1 C_{mvdc}E_k}$$

$P_{sm} = P_{av}[1 + \cos(4f_1 t)]$이고, $P_{DC/DC} = P_{av}$이므로 전체 전압은 다음과 같다.

$$v_{mvdc} = E_k + \hat{v}_{mvdc} = E_k + \frac{P_{av}\sin(4\pi f_1 t)}{4\pi f_1 C_{mvdc}E_k}$$

전압변동은 [그림 12-4]와 같이 나타낼 수 있다.

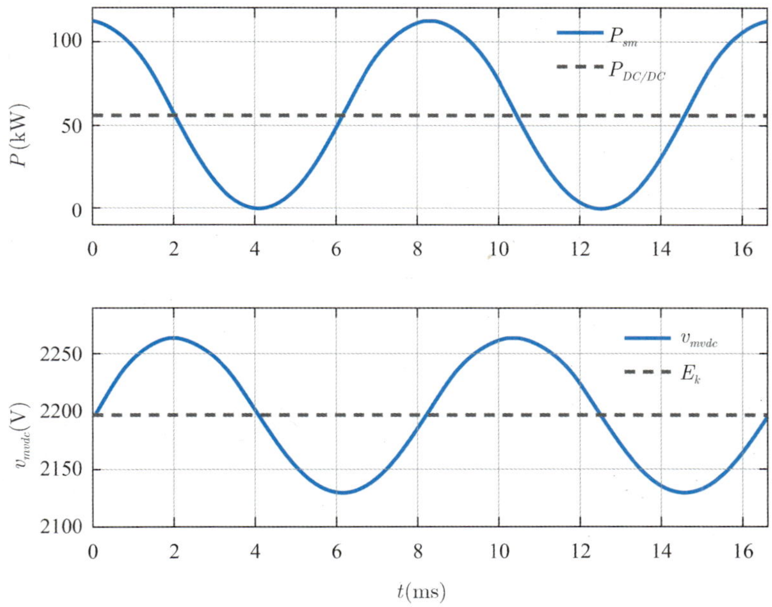

[그림 12-4] 중전압 DC 전압과 전력

12.2.2 EV 충전소

EV 충전기는 개별 사업체에서 하나의 차량 또는 동일한 전력망에서 여러 차량에 공급하기 위해 여러 유형의 충전 노드가 있는 주유소와 유사한 충전소용으로 구성된 충전기 클러스터로 설치된다. 급속 충전기를 사용하는 충전소는 점차 진화하고 있으며, 충전기술이 더욱 발전하고 성숙해짐에 따라 앞으로 더 많은 발전이 예상된다.

이러한 고속 충전기의 그리드 커플링에 대해 두 가지 측면을 고려해야 한다. 충전기 및 전력 그리드의 커플링이 배전시스템의 저전압 또는 중전압에 있는지와 고속 충전소가 AC 결합 또는 DC 결합인지에 대한 여부이다. 현재 상용화된 고속 충전기는 충전 시스템이 최대 480VAC의 선간 전압으로 3상 전원 공급 장치 노드에 연결되는 AC 결합형이며 이 공급장치는 공공시설에서 쉽게 사용할 수 없으므로 전용 서비스 변압기를 사용하여 배전시스템의 12 ~ 35kVAC 수준에서 중전압을 낮추고 480VAC 이하 수준에서 3상 서플라이를 사용하여 단일 DC 급속 충전기 또는 충전소의 여러 고속 충전장치에 연결된다. 중전압 및 저전압 전력 수준은 국가 또는 지역의 특정 배전시스템에 따라 다르다. 각 급속 충전장치에는 [그림 12-5]와 같이 차량 배터리에 DC 전원을 공급하기 위한 AC/DC 정류기와 DC/DC 컨버터가 있다. 고속 충전소에는 최대 전력이 소비되는 동안 발생하는 요금을 저감할 수 있도록 개별 저장장치가 포함될 수 있다. 더 낮은 전압수준에서 전력을 분배하려면 큰 도체와 부피가 큰 저전압 배전 및 개폐 장치가 필요하며 60Hz에서 작동하는 변압기를 사용하면 비용이 추가된다.

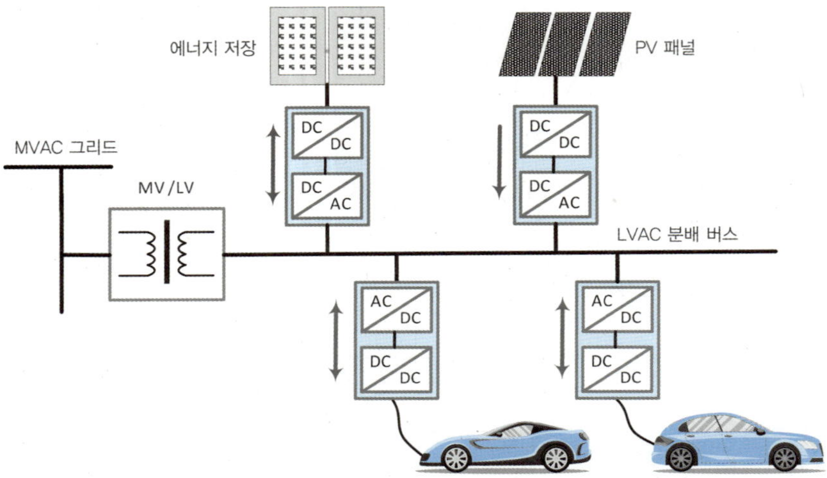

[그림 12-5] AC 커플링 기반 충전소

또는 중앙에서 MVAC를 더 낮은 DC 전압으로 변환하는 DC 분배시스템을 구상할 수 있다. 이 중앙 변환은 단일 AC/DC 전력전자 변환기와 결합한 강압 60Hz 저주파 변압기를 사용하거나 SST를 사용하여 수행할 수 있다. DC 분배 라인은 내부 DC/DC 컨버터가 있는 개별 DC 고속 충전기 장치에 전력을 공급한다. [그림 12-6]은 2가지 유형의 DC 결합 EV 고속 충전소를 나타낸다. DC 배전시스템은 여러 AC/DC 및 DC/DC 변환 단계를 제거하고 태양광 PV 시스템과 같은 DC 전력을 출력하는 에너지 저장 및 기타 재생할 수 있는 발전 수단을 쉽게 통합한다. 대조적으로 AC 연결시스템은 시스템이 작동하는 동안 인버터 동기화, 전압 및 주파수를 조정해야 하므로 DC 연결시스템보다 제어하기가 더 복잡하다. AC 및 DC 결합 충전소에서 PEV의 각기 다른 용량과 SoC 조건에 대응하기 위해 큰 공통 전원 공급장치를 공유하여 부하를 분산할 수 있다. 배터리 요구사항에 따라 충전 프로파일을 조정하여 정격값에서 시스템의 전력 요구량을 상당히 낮출 수 있다.

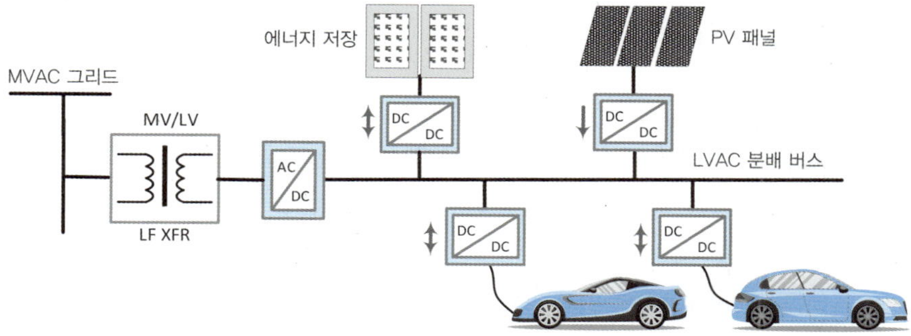

(a) 저주파 변압기(LF XFR)와 AC/DC 중앙 정류기 이용

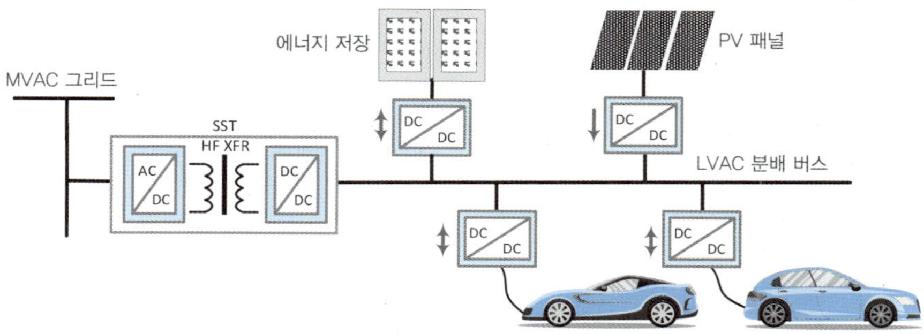

(b) SST 기술 이용

[그림 12-6] DC 커플링 기반 EV 충전소

DC 배전시스템을 구축하기 위해 중전압에 직접 연결된 SST를 사용하는 개념은 전력전자 토폴로지, 제어 및 SiC 장치의 개발로 촉진된 새로운 개념으로, SST 기반 DC 결합 EV 충전소는 [그림 12-6(b)]에 나와 있다. 고주파 및 고온에서 동작이 가능한 고전압 SiC 전력 소자의 등장으로 MV EV 급속 충전기의 개발이 가능해졌다.[5]

12.2.3 급속 충전기의 그리드 효과

PEV와 같은 대용량 배터리 팩을 충전하기 위한 그리드의 전력 수요는 매우 중요하다. 전력 요구량은 배터리 크기와 배터리 충전 상태에 따라 달라지며 또한 여러 대의 EV를 동시에 충전하면 전력 수요에 큰 변동이 있다. 이는 전력망 전력 흐름의 관리와 급증하는 피크 전력 수요 측면에서 시설에 많은 부담을 주게 된다. 전원 공급장치 문제를 해결하는 데 적합한 방법은 [그림 12-6]과 같이 시스템 수준에서 충전소 내에 로컬 저장장치를 포함하는 것이다. 로컬 저장장치를 통해 충전소에서는 전력 수요를 프로파일링 하면서 개별 소비자에게 원하는 전력을 계속 전달할 수 있다. 또한 충전소에서는 요금구조에 따라 높은 피크 요금을 피하면서 지역 시설 요구에 대응할 수 있다. 다만 추가 투자비용이 든다는 것이 단점이다.

고속 충전기의 수와 정격, 특히 그리드에서 구동되는 XFC는 도로에서 EV의 수가 증가함에 따라 빠르게 성장할 것으로 예상된다. 개별 XFC 유닛의 정격은 360kW 이상으로 소비자에게 빠르고 편리한 충전 서비스를 제공할 수 있으며 다중 XFC가 있는 EV 충전소는 다중 MVA 범위에 있는 시스템의 총 정격전력을 사용하므로 현재 시스템에 비해 훨씬 더 많은 전력이 필요하다. 다중 MVA 충전소는 공급자의 전력품질에 심각한 영향을 미칠 수 있다. 최근 연구에 따르면 단일 지점에서 추가 부하가 허용한계를 초과하면 급전선 과부하 및 급전선을 따라 전압 변동을 유발할 수 있다.[6] 배전망에 대한 XFC의 부정적인 영향을 완화하는 방법은 전력 사용량이 가장 많은 시간 동안 전력회사가 충전소의 수요를 제어할 수 있도록 하는 것이다. 또한 충전소는 전력망에 보조 서비스를 제공하여 공급자의 전력품질 문제를 완화하도록 설계할 수 있다. 오늘날 그리드에 연결된 고속 충전기는 단일 역률로 그리드의 전력을 흡수하도록 설계되었다. XFC의 경우 충전소의 프런트엔드가 역률 제어와 양방향 전력 흐름을 위해 설계되면 전압 및 주파수 조정 및 최적의 전력 공급과 같은 보조전력망 서비스를 제공하는 데에도 활용될 수 있다. 전력전자 인터페이스 DER에서 무효전력을 주입하는 기능은 유틸리티의 전압제어 문제를 단순화하는 데 매우 중요하다.

예제 12.2

EV 충전소에는 각각 정격이 240kW인 10개의 고속 충전기가 있다. 평균 전력수요는 피크 정격 전력의 60%이다. 충전소의 전력 저장변환기의 전체 효율은 94%이며 하루 최대 전력의 평균 사용률은 20%이다. 그리드 연결이 평균 전력에 맞추어진 경우 필요한 저장용량(kWh)을 계산하라.

풀이

하루 충전소의 에너지 소비량을 계산하면 다음과 같다.

$$240 \times 0.2 \times 24 = 1{,}152\text{kWh}$$

평균 정격 전력이 피크 정격 전력의 60%라면 에너지 저장량은 위의 평균 전력수요량을 공급할 수 있어야 한다. 따라서 저장 용량을 계산하면 다음과 같다.

$$1{,}152 \times 0.4 = 460.8\text{kWh}$$

대략적인 전력 변환기와 저장 효율을 고려했을 때 에너지 저장용량은 다음과 같다.

$$460.8/0.94 = 490\text{kWh}$$

SECTION 12.3

마이크로그리드와 전기 차량

Electric Vehicles in Microgrid

V2H, V2V, V2G 운영 및 기능은 단일 가구 또는 다중 소스, 다중 스토리지 및 분산 부하가 있는 대규모 네트워크의 마이크로그리드 범위에 속한다. 이 절에서는 마이크로그리드 내에서 EV의 역할과 공생에 관련된 제어에 대해 논의할 것이다.

12.3.1 마이크로그리드와 제어

마이크로그리드는 연결된 전력망에서 단일 제어 가능한 요소로 작동하는 상호 연결된 DER 그룹이다. DER은 분산 발전기(태양광 PV, 풍력, 파력 에너지 변환기, 디젤 발전기 및 연료 전지 등), 저장 장치 및 제어할 수 있는 부하이다. 마이크로그리드는 주 전원 네트워크에 연결되어 있거나 단독으로 연결된 상태에서 제어되고 조정된 방식으로 운영될 수 있으며 전력망을 사용할 수 없거나 오류로 인해 서비스가 중단되면 독립형 단독모드로 작동할 수도 있다. 마이크로그리드는 공통 결합 지점(PCC)으로 알려진 단일노드에서 더 큰 전력망에 연결된다. 이는 대량 전력 시스템보다 훨씬 작지만, 그리드 운영과 일관된 방식으로 자산을 조정해서 전력망에 대규모로 제공할 수 있다. 마이크로그리드는 개별적으로 운영하기 위한 임시 접근 방식보다는 DER 및 부하 그룹을 관리하기 위한 시스템 수준 접근 방식을 채택하여 운영 복잡성을 줄일 수 있다. 즉 주변의 영향을 줄이면서 전체 에너지 소비를 최소화함으로써 전체 시스템의 효율을 향상시킬 수 있다. 동시에 혼잡 완화, 전압 및 주파수 제어, 공급 보안 제공을 위해 DER을 활용하여 신뢰성을 향상시킬 수도 있다. PEV를 사용하여 발전하는 운송 시스템은 DER로 연결된 마이크로그리드의 필수 구성요소가 될 수 있어 주택 소유자에게 서비스를 제공하고 PEV 집단과 그리드에 집합적으로 서비스를 제공할 수 있다.

1차, 2차 계층 제어

마이크로그리드는 1차, 2차, 3차의 3개 제어 레이어로 분산시키는 계층적 제어구조를 통해 관리되며 연속 레이어간의 시간분리를 활용해 원하는 성능을 달성한다. 계층적 제어구조는 [그림 12-7]에 표시되며 제어 계층은 마이크로그리드 제어에 사용되는 두 가지 접근 방식인 드룹droop[2] 및 발진기 기반 제어에 대해 표시되었다.

2 (역자주) 드룹 제어는 시스템의 부하를 분배하는 부하분담 제어라고도 한다.

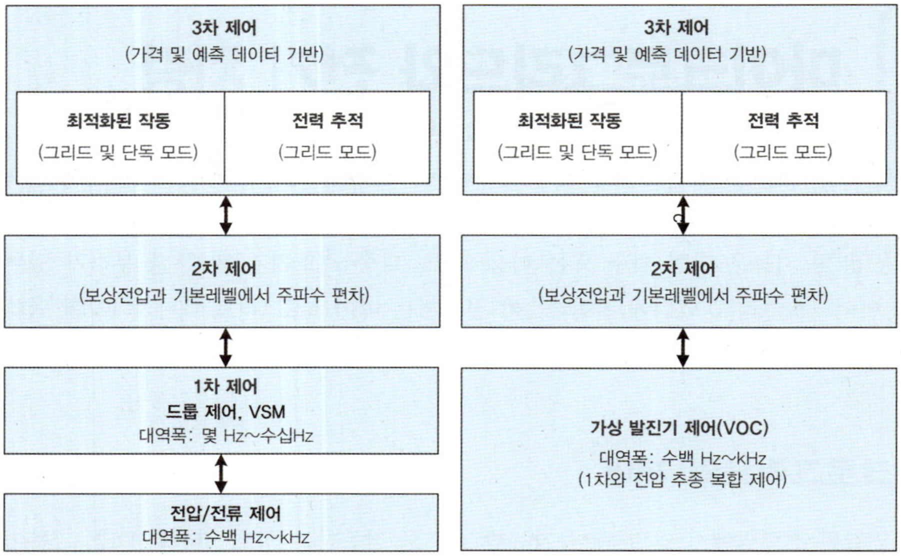

[그림 12-7] 드룹, 발진기 기반 제어에 대한 마이크로그리드의 계층 제어

1차 제어 계층은 전압과 주파수를 안정화한 다음 DER의 플러그 앤 플레이 기능을 활성화하고, 네트워크에 연결된 상태와 단독 상태에서 모두 작동할 수 있도록 순환 전류 및 단독 현상 감지를 방지하는 역할을 한다. 2차 제어의 목적은 공칭 설정값에서 벗어난 마이크로그리드 전압 및 주파수를 복원하고 전력품질을 향상시키며 마이크로그리드와 주 전력망을 동기화하는 것이다. 최종적인 제어 목표는 구현 수준과 상관없이 부하, 생성 및 저장 간의 전력 균형을 유지하는 것이다. DER과 연결선 사이의 인터페이스는 계층적 제어구조 아래에 자체 전압 및 전류 추적 컨트롤러가 있는 전력전자 변환기이다. 이러한 변환기 컨트롤러는 가장 낮은 계층에 있지만, 응답시간이 가장 빠르며 기본 제어 계층에서 제공하는 참조를 추적하도록 설계된 로컬 컨트롤러로 레이블이 지정된다. 이러한 추적 제어루프는 일반적으로 수백 Hz에서 수 kHz 범위의 대역폭으로 컨버터 스위칭 주파수의 동일 또는 2배에서 업데이트된다. 제어대역폭은 수동 필터 구성요소, 컨버터 스위칭 주파수 및 컨트롤러 구현 지연에 의해 제한된다.[7] 드룹과 발진기 기반 제어의 주요 차이점 중 하나는 후자가 로컬 컨트롤을 기본 컨트롤 레이어와 병합한다는 것이다. 다음 두 절에서 2가지 유형의 제어에 대해 자세히 설명한다.

드룹 기반 제어

1차 제어 계층은 전압 또는 전류 추적 컨트롤러의 상단에 있으며 발전과 부하를 순간적으로 일치시켜 전력 균형을 보장한다.[8~9] 가장 널리 사용되는 1차 제어 방법은 공칭전압 및 주파수의 편차를 허용하여 분산된 전력수급의 균형을 이루어내는 드룹 기반 방법이며, 여기서 편차는 발전장치의 설정값을 국부적으로 조정하는 데 필요한 신호를 제공한다. 이 방법은 마이크로그리드 내에서 상호 연결된 장치 간에 명시적인 통신이 필요하지 않고, 상호 연결 노드에서 전압과 주파수를 제어하고 이러한 변수가 전력균형 공칭값에서 벗어날 수 있도록 하는 것을 기반으로 한다. 저전압 배전 네트워크에서 실제 전력 흐름은 전압크기와 강한 상관관계가 있다. 반면에 무효전력은 위상각과 관련이 큰 곳에서 주로 저항과 관계가 있다. 마이크로그리드에서 에너지 저장 또는 분산 발전장치와 같은 디스패치 가능한 DER은 실제 전력 대비 전압 및 무효전력 대비 주파수와 같은 적절한 드룹 응답을 모사하도록 작동된다. 드룹 제어 방법은 대량 전력 시스템에서도 사용되지만, 드룹 관계가 실제 전력 대비 주파수 및 무효전력 대비 전압인 경우의 네트워크는 주로 유도성이다.

드룹 유형 구현에 대한 1차 계층 제어 문제는 [그림 12-8]과 같이 두 개의 전력전자 변환기 기반 DER, 부하 및 연결선 임피던스에 의해 형성된 네트워크를 기반으로 공식화할 수 있다.

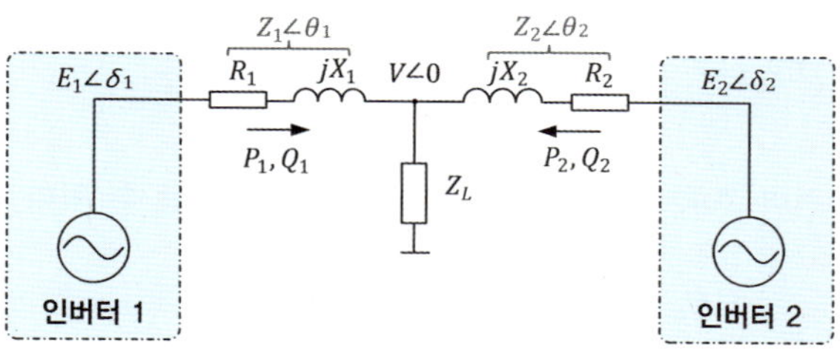

[그림 12-8] 2개의 전력전자 인버터로 구성된 단순 전력 네트워크

실제 및 무효전력에 대하여 [그림 12-6]에 표시된 네트워크의 전력 흐름 방정식은 다음과 같다.

$k = 1, 2$일 때,

$$P_k = \left(\frac{E_k V}{Z_k} cos\delta_k - \frac{V^2}{Z_k}\right)\cos\theta_k + \frac{VE_k}{Z_k}\sin\delta_k\sin\theta_k$$

$$Q_k = \left(\frac{E_k V}{Z_k} cos\delta_k - \frac{V^2}{Z_k}\right)\sin\theta_k - \frac{VE_k}{Z_k}\sin\delta_k\cos\theta_k$$

여기서 P는 실제 전력, Q는 무효전력, E는 인버터 출력단자의 전압, δ는 전력 각도이다. 완전히 또는 대부분 저항성 라인 임피던스인 경우 전력 흐름 방정식은 다음과 같이 단순화된다.

$$P_k = \frac{VE_k}{R_k}\cos\delta_k - \frac{V^2}{R_k},\ \ Q_k = -\frac{VE_k}{R_k}\sin\delta_k$$

전력 각도 k는 매우 작다. 따라서 $\delta_k \to 0$이므로 $P_k \approx \dfrac{V(E_k - V)}{R_k}$, $Q_k \approx -\dfrac{VE_k}{R_k}\delta_k$이다.

인버터 전압의 진폭과 전력 각도(주파수에 영향을 미침)를 조정하여 네트워크의 실제 및 무효 전력 흐름을 동적으로 제어할 수 있다. 주로 저항성 출력 임피던스에 대한 드룹 곡선은 다음과 같다.

$$E_k = E_0 - n_{P,k}(P_k - P_{0,k}),\ \ \omega_k = \omega_0 + n_{Q,k}(Q_k - Q_{0,k})$$

드룹 곡선은 [그림 12-9]에 나타내었다.

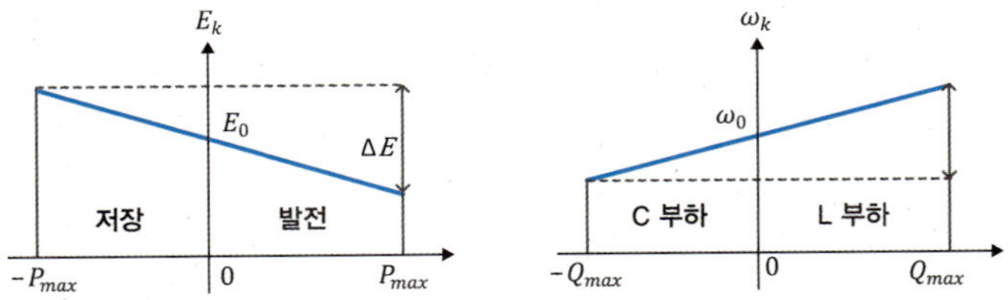

[그림 12-9] 주 저항성 네트워크의 실제 전력에 대한 전압 및 무효전력에 대한 주파수 드룹 제어 곡선

일반적인 드룹 계수는 다음과 같다.

$$n_{P,k} = \frac{\Delta E}{2P_{max}}, \; n_{Q,k} = \frac{\Delta\omega}{2Q_{max}}$$

완전히 또는 대부분 유도성 라인 임피던스인 경우 전력 흐름 방정식은 다음과 같이 단순화할 수 있다.

$$P_k = \frac{VE_k}{X_k}\sin\delta_k, \;\; Q_k = \frac{VE_k}{X_k}cos\delta_k - \frac{V^2}{X_k}$$

전력 각도 δ_k는 매우 작다. 따라서 $\delta_k \to 0$이므로 $P_k \approx \frac{VE_k}{X_k}$, $Q_k \approx \frac{V(E_k - V)}{X_k}$이다. 이와 관련된 드룹 제어 곡선은 대량 전력 시스템에 사용된다.

드룹 방법의 하위 집합은 가상 관성 응답과 드룹 제어를 통합하여 인버터에 의한 동기기 동작을 모사하는 가상 동기기(VSM) 기반 방법이다. 전력 계산단계에서 간단한 1차 저역 통과 필터는 VSM에서 가상 관성 응답을 갖도록 드룹 컨트롤러를 수정한다. VSM 컨트롤러는 과도응답은 다르지만, 드룹 컨트롤러와 같은 정상상태 응답을 나타낸다.

■ 발진기 기반 제어

또 다른 새로운 마이크로그리드 제어 방법은 서로 다른 변환기 사이의 출력 임피던스 불일치에도 불구하고 훨씬 더 빠른 전역 점근적 동기화 및 전력 공유가 가능한 발진기 기반 제어이다.[10~12] 가상 발진기 제어 **Virtual Oscillator Control, VOC**, 디스패치 가능한 VOC 및 통합 VOC **unified VOC, uVOC**는 동기화 특성이 우수해 더 빠른 응답성과 분석, 설계 및 구현을 위한 이론적 토대를 제공하는 최신 발진기 기반 제어방식이다. 일반적으로 발진기 기반 제어는 전압 추적 제어 계층과 1차 제어를 결합한 시간 도메인 컨트롤러이다. 드룹 및 VSM 제어와 달리 발진기 기반 제어는 실제 및 무효전력 제어를 명시적으로 계산할 필요가 없다. 발진기 모델은 컨트롤러, 즉 마이크로컨트롤러 또는 DSP 내에서 구현된다. 전력전자 변환기는 물리적 전기 네트워크를 통해 서로 다른 컨트롤러 장치의 발진기를 연결하는 전압 증폭기로만 사용된다. 발진기 기반 시스템에서는 전압 추적 또는 전류 추적 루프가 필요하지 않다. 발진기 기반 컨트롤러는 페이저 도메인 드룹 기반 컨트롤러와 달리 시간 도메인 컨트롤러이며 발진기 매개변수가 수정되면 출력전압의 동적 응답에 직접적인 영향을 미친다. 컨버터는 컨트롤러에 의한 명시적인 전력 계산 없이 자동으로 실제 및 무효전력을 공유한다. 그러나 실제 및 무효전력 디스패치 신호는 더 높은 수준의 더 느린 시간 단위 컨트롤러에서 제공될 수 있다.

2차 컨트롤러는 공칭조건에서 실제 및 무효전력 섭동으로 인한 정상상태 오류를 제거하기 위해 드룹, VSM 또는 발진기 제어 기반 마이크로그리드가 필요하다. 이 컨트롤러는 폐루프 보상기를 사용하여 DER 간 일부 통신에 의존하는 모든 디스패치 발전기의 공칭 전력 설정값을 업데이트한다. 2차 제어기의 전반적인 목적은 공칭 주파수에서 정상상태 작동을 유지하고 모든 발전기 간에 실제 및 무효전력을 공유하여 네트워크의 다양한 노드에서 원하는 전압을 복원하는 것이다.[13~14]

3차 제어

3차 제어는 DER 장치의 상태, 시장 신호 및 기타 시스템 요구사항에 대해 수신된 정보를 기반으로 호스트 전력 시스템의 요구사항에 따라 장기 설정값을 생성한다. 이는 마이크로그리드 운영을 위한 최고 수준의 제어이다. 3차 제어는 전력 생산과 전력 소비 사이의 균형을 유지하고 재생 가능한 발전 시스템을 최대한 활용하면서 마이크로그리드의 안정적이고 경제적인 운영을 보장하기 위해 더 많은 글로벌 책임을 관리한다. 중앙집중식 최적 전력 흐름 컨트롤러를 사용하여 운영비용을 최소화하고 마이크로그리드의 전체 에너지 효율성을 극대화할 수 있다. 또한 3차 제어는 배전시스템 운영자(DSO)와 정보를 교환하여 전력망 내에서 마이크로그리드 운영을 최적화한다. 3차 수준의 제어 문제는 여러 발전기와 부하의 다양한 특성, 양방향 전력 흐름 및 마이크로그리드의 다양한 인프라에서 발생한다.

12.3.2 V2H, H2V 전력 변환기

EV는 배터리 충전을 위해 그리드에서 전기를 필요로 하지만, 차량 배터리에 저장된 초과 충전량은 가격 또는 공급이 제한된 상황에서 EV 배터리 충전기를 사용하여 가정의 전력 수요를 충족하는 데 사용할 수 있다. 이것은 전기요금이 높고 사용 시간(TOU) 요금을 청구하는 지역에서 특히 유용하다. 충전에 필요한 필수 G2V 또는 H2V 외에 V2H 동작이 가능한 전력변환기는 양방향 기능이 필요하다. V2H 모드는 비상시 가정에 전기를 공급하거나 스마트 홈 구성에서 재생에너지 자원과 함께 부하를 공유하기 위한 것이다. V2H 모드는 짧은 시간 동안 고전력 가전제품을 가동하는 등 급격한 전력증가에 대응하여 가정에서의 전력수요 프로파일을 평준화할 수 있다. 수요가 원활해지면 전기 공급업체가 관리하기 쉽고 효율적인 전기 생산을 할 수 있다. 즉 V2H 운영은 가계의 부하 프로파일을 조절하기 위해 초과 발전을 저장하고 사용할 수 있는 재생에너지원의 더 나은 활용을 가능하게 한다.

V2H 및 H2V 작동이 가능한 전력 변환기의 예는 [그림 12-10]에 나와 있다.

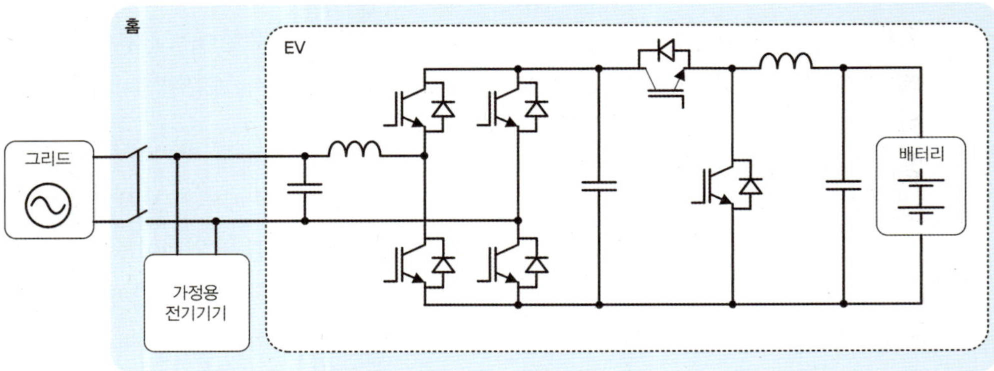

[그림 12-10] V2H와 H2V 모드 작동이 가능한 전력전자 컨버터

전력 변환기는 차량 배터리 팩에 연결되어 작동지역에 따라 DC 고전압을 110Vrms 또는 240Vrms의 AC 전압으로 변환한다. 전력 변환기는 G2V 또는 H2V 작동모드에서 AC 공급 측에서 배터리 DC 전압으로 흐르는 전력으로 차량 배터리를 충전할 수 있으며 전력 변환기 디지털 컨트롤러가 배터리 충전을 조절한다. V2H 모드에서는 반대 방향으로 차량 배터리에서 가정 AC 부하로 전력이 흐른다. EV 배터리 팩은 용량이 크고 높은 신뢰성을 가지고 있다. 따라서 전력망의 전력수요가 낮은 야간에 차량 배터리 팩을 충전하고, 수요가 높은 피크기간에 주간에 저장된 에너지를 사용하여 전력소비를 완화할 수 있다. 사용자가 설정한 스마트 알고리즘은 운전 요구사항을 충족할 만큼 배터리가 충분히 충전되어 있는지 확인하며 저장된 에너지는 비상 시 예비전원으로 활용할 수 있다. 전력 변환기는 가정의 배전반에 연결된다.

12.3.3 전기 차량 및 태양광 발전의 결합

EV 사용이 증가하면서 주거용 태양광 PV 설치도 최근 완만한 성장률을 보인다. 또한 소비자들은 태양광 패널에 저장장치를 추가하여 추가적인 이득을 얻고 있다. [그림 12-11]은 태양광 발전 및 가정용 부하 프로파일을 보여준다. 이는 발전과 부하 수요 간의 불일치를 나타낸다.

PV에 저장장치를 추가하면 낮 동안의 잉여 발전량을 저장했다가 수요가 많을 때 사용할 수 있다. 태양광 PV 및 에너지 저장 시스템을 배치하기 위해서는 상당한 비용과 가치 장벽이 있다. 하지만 주택 소유자는 안정성 및 활용도를 고려하여 PV 저장 하이브리드를 설치할 수 있다. 또한 PV 저장 주택 소유자는 저장장치를 결합하고 조정하여 상당한 가치를 제공할 수 있는 EV를 소유할 수 있다. 이상적인 시나리오는 태양광 PV와 같은 재생가능 에너지원에서 생성된 전기를 EV 스토리지를 재충전할 때 사용하는 것이다. EV와 저장장치가 있는 PV를 모두 보유한 주택 소유자는 장비작동을 관리하고 제어하여 전기 및 운송비용을 절감할 수 있지만 이점을 극대화하려면 자동화되고 최적화된 알고리즘이 필요하다.

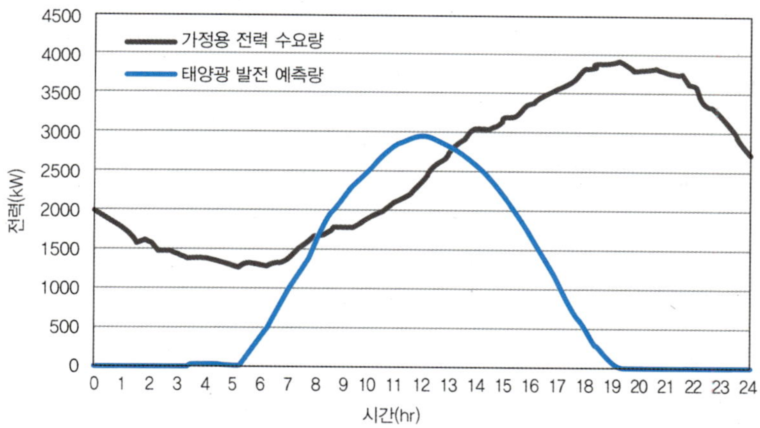

[그림 12-11] 여름의 태양광 발전과 가정용 전력 수요 프로파일

EV 내 저장장치는 가정에서의 전기 구매비용을 최소화하고, 전압 및 부하를 조정하는 등 다양한 기능이 있다. V2H 컨트롤러는 다양한 목표를 고려하여 EV의 충전/방전 동작을 제어할 수 있다. 주택 소유자는 그 자체로 상당한 투자인 EV 자산을 활용하여 월별 전기 구매비용을 줄이는 데 관심이 있을 것이다. 주택 소유자가 여행하기 위해 집을 떠날 때 EV에 필요한 양의 충전을 할 수 있다고 확신할 수 있다면 효과적인 제어 전략으로 하루 전기 구매비용을 줄일 수 있다. V2G 운영을 위해서는 소비자의 개인정보 위협에 대응할 수 있는 효과적인 통신이 필요하지만, V2H 기능을 위한 EV 활용은 까다로운 통신 요구사항 없이 가정 내에서 더 간단하고 쉽게 통합할 수 있다.

태양광 PV와 EV의 통합 운영에 필요한 전력전자는 차량 배터리, 가정 부하, 가정 발전 및 전력망에 연결하기 위한 포트가 있는 다중 포트 컨버터로 소스와 부하, 저장장치 간 전력 및 에너지 흐름을 관리하는 지능형 제어 기능을 갖추고 있다. [그림 12-12]는 가정용 PV 장치와 저장장치 및 PEV를 가정용 부하와 통합할 수 있는 다중 포트 전력 변환기(MPC) 구성을 보여준다.[15]

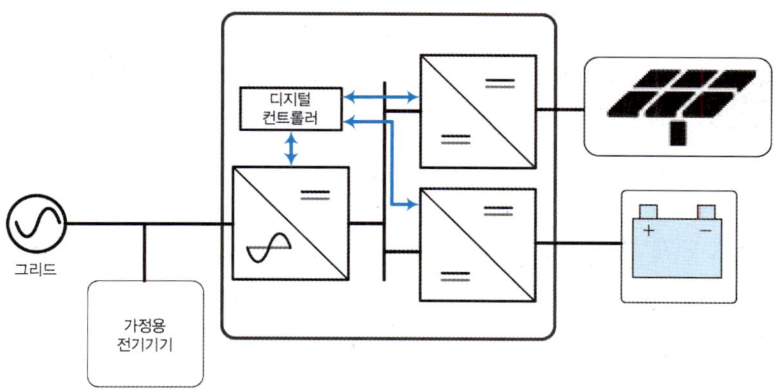

[그림 12-12] V2H, H2V, V2G, G2V를 위한 멀티포트 컨버터

이 MPC는 DC 버스가 별도의 전력전자 변환기를 통해 재생가능 발전 소스, 에너지 저장 및 그리드를 연결하는 DC 결합 아키텍처를 구성하도록 설정된다. 두 개의 개별 DC/DC 컨버터는 재생가능 발전 소스와 에너지 소스를 연결하고 DC/AC 컨버터는 그리드에 연결한다. 가정용 부하는 MPC가 전력망에 연결되는 PCC의 AC 라인에 연결된다. 표시된 MPC 아키텍처를 통해 중간 DC 링크 전압 레벨을 EV 축전지 레벨과 호환되도록 구성할 수 있으므로 전력변환 단계가 최소화된 EV 스토리지에서 가정용 저장장치 또는 부하로 어느 방향으로든 전력이 흐를 수 있다.

태양광 PV와 PEV의 통합제어

PEV와 저장장치가 있는 PV를 모두 소유한 가정용 시스템에 대한 시나리오 및 문제공식화는 이 절에서 주거수준에서의 통합제어 **coordinated control** 및 사용 예로 제공된다.[16] PV 시스템과 PEV에 있는 2개의 저장장치를 조정하여 제어하면 소비자와 유틸리티 모두에 이점을 제공할 수 있다. 주택소유자는 요구사항에 따라 가정에서 사용할 수 있는 저장장치를 제어할 수 있다. 통합제어 시스템 개요는 [그림 12-13]에 나와 있으며 통합제어 문제는 결정 변수, 매개변수, 목적 함수 및 제약 조건을 통해 관리 문제를 나타내는 수학적 최적화 모델을 통해 정의할 수 있다. 전력 수요, 태양광 발전 및 저장장치 특성과 관련된 데이터가 최적화 프로세스에 포함된다. 특정 날짜에 대한 저장장치의 충전/방전 프로파일을 제어하는 것이 목표인 경우 이러한 매개변수의 사전 예측데이터가 필요하다. 통합제어기의 목표는 특정 날짜에 저장장치에 대한 최적의 제어 결정을 내리는 것이다.

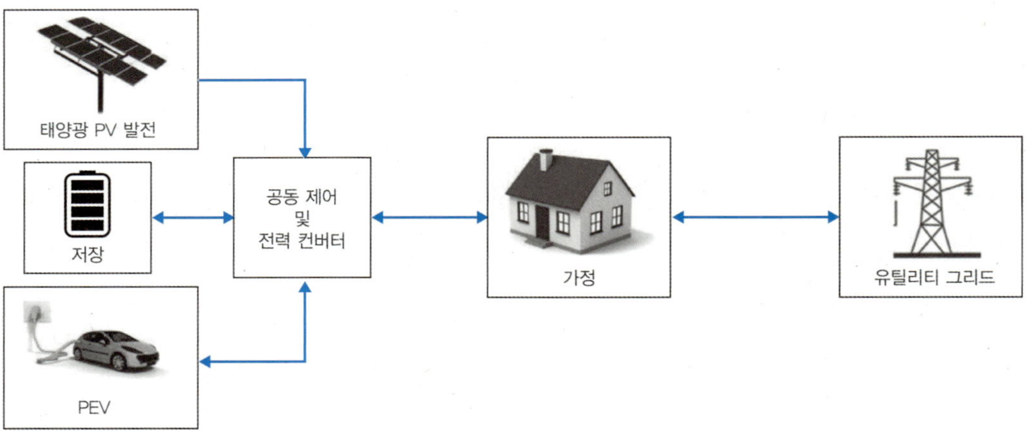

[그림 12-13] 주거수준의 통합제어와 장점

전기수요와 태양광 발전을 결정론적 매개변수에 기반한 이력 데이터로 고려하면 선형 계획법, 혼합 정수 선형 계획법, 2차 계획법 및 동적 계획법을 해결하기 위한 기존 방법을 사용하여 가정용 전기를 최적화할 수 있다. 시설에서 전기를 구매할 때 TOU 요금 기반의 비용 구조를 사용할 수 있으면 동적 프로그래밍(DP)으로 저장장치 충전/방전 일정을 제어하여 전기 구매비용을 절감할 수 있다. DP

접근 방식은 가능한 모든 경로를 고려하여 전역 최적경로에 도달하도록 한다.[17] DP에 대한 특정 알고리즘은 결정적 순방향 경로를 고려하는 결정적 이중 동적 프로그래밍(DDDP)이다. 그러나 실제 문제에서 태양광 발전과 전력수요는 모두 불확실한 매개변수이므로 견고하고 현실적인 공동 제어체계를 개발할 때 시스템 자원의 정확한 조정을 보장하기 위해 이러한 불확실성과 확률 모델을 고려해야 한다. 확률적 모델은 모델 예측 제어, 확률적 경사하강법, 확률적 이중 동적 프로그래밍(SDDP), 근사 동적 프로그래밍(ADP) 및 기계 학습 알고리즘을 통해 최적화할 수 있다. 동적 프로그래밍 기반 제어 전략은 항상 일반적으로 사용되는 상태 흐름 기반 경험식 접근 방식을 능가한다.

가정에서 PV-저장 하이브리드 시스템과 PEV 저장을 결합하여 사용하면 정전 시 배전 및 송전과 비슷한 수준의 에너지 보안을 확보할 수 있다. PV 저장장치와 PEV가 있는 주택 소유자는 악천후 또는 높은 부하 수요로 인한 순환 정전으로 인해 계통을 사용할 수 없을 때 우선순위, 가용성 및 정전기간을 고려하여 조정된 방식으로 에너지 사용 및 저장을 제어할 수 있다. 컨트롤러와 컨버터를 통해 에너지 사용에 대한 더 큰 독립성을 가질 수 있으며 그리드 또는 다른 소비자와 거래하는 에너지 교환에 참여할 수도 있다. PV 및 PEV의 저장용량이 같다고 가정했을 때 [그림 12-14]는 조정된 제어 전략에 따른 부하 조절을 나타낸다.

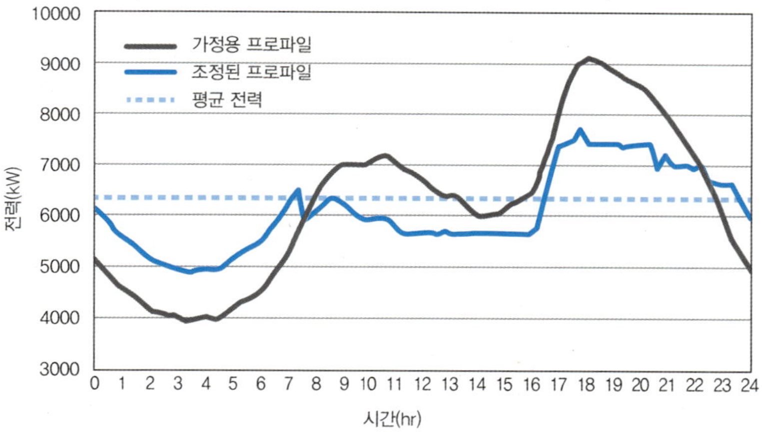

[그림 12-14] 에너지 통합제어를 통해 관리된 가정용 전력 프로파일

두 개의 저장장치를 조정하여 제어하면 개별적으로 제어가 가능하기 때문에 전력 수요편차가 줄어들어 주택 소유자와 시설 모두에게 이익이 된다. 시설은 부하 조절, 전력의 역전 감소, 자산 교체 연기 및 네트워크 업그레이드를 통한 통합제어를 할 수 있다. 전반적으로 최적화되고 조정된 제어를 통한 주택 소유자와의 파트너십을 통해 시설은 전력품질을 개선하고 안정적으로 전력을 공급할 수 있다. 태양광 발전, 저장 및 PEV의 통합제어를 통해 전력 및 운송 시스템 간의 긴밀한 연결을 확인할 수 있다.

m.e.m.o

CHAPTER

13

내연기관

Introduction to Electric and Hybrid Vehicles

들어가기 전에 ▶▶▶

내연(IC) 엔진은 연소 과정을 통하여 연료에 저장된 에너지를 추출하고 기계적 동력을 공급하는 에너지 변환 장치이다. 이는 열 엔진으로 알려져 있다. 왕복식 IC 엔진은 최근 생산되는 HEV에서 주로 발전기 용도로 사용된다. IC 엔진은 이러한 차량에서 유사하거나 더 낮은 동력을 가진 전기 모터에 의해 보조된다. 기존 차량용 IC 엔진은 넓은 범위에서 작동하도록 설계되었으며 작동 전반에 걸쳐 허용 가능한 효율과 성능을 제공하기 위해 타협이 필요한 경우가 많다. 반면 HEV의 IC 엔진은 특히 직렬형 하이브리드 구조의 경우 속도 특성이 좁은 영역 내에서 작동해야 한다. 그러나 IC 엔진은 HEV용으로 설계되지 않았으므로 HEV를 위한 개선된 IC 엔진은 설계를 여러 번 검토해야 한다.

차량 하이브리드화의 주요 목표는 연비를 높이고 배기가스 배출을 줄이는 것이다. 연비는 IC 엔진의 작동 지점에 따라 달라지며 배기가스의 제어 장치는 배기 흐름의 유해한 오염물질을 제거하는 것을 목표로 한다. 이 장에서는 IC 엔진의 작동 원리를 이해한 후 연비 계산 및 배기가스를 배출하기 위한 제어 방법을 다룬다. 즉 작동 원리, 공기 표준 주기 및 연소 특성에 대해 다룰 것이다. 엔진 작동 효율을 이해하기 위해 브레이크 평균 유효압력(BMEP) 및 브레이크 고유 연료 소비량과 같은 실제 매개변수가 사용되었다.

SECTION 13.1

열 엔진

Heat Engines

열전달을 일로 변환하는 장치를 열 엔진이라고 한다. 열 엔진은 일정한 압력, 일정한 체적, 일정한 엔트로피 등을 받는 사이클로 작동하며, 열에너지를 유용한 일로 변환하기 위해 한 사이클 내에서 스트로크를 가한다. 열역학 분석에서는 카르노carnot 사이클이 가장 이상적이지만, 실제 열 엔진은 카르노 사이클보다 이론적으로 효율이 낮은 다른 사이클에서 작동한다. 즉 실제 사이클은 카르노 사이클의 실질적인 한계와 에너지원, 작동 유체 및 하드웨어 재료에 사용할 수 있는 선택의 특성 차이를 해결하기 위해 발전해 왔다고 볼 수 있다.

HEV 애플리케이션(주로 IC 엔진 및 가스터빈)의 주요 열 엔진은 이 절에서 설명한다. IC 엔진은 가스를 작동 유체로 사용하는 열 엔진으로 엔진 내에서 연료 연소를 통해 에너지를 얻는 열 사이클을 사용한다. IC 엔진은 피스톤의 왕복 운동이 크랭크 메커니즘을 통해 선형 운동으로 변환되는 왕복형 엔진이다. 따라서 자동차, 트럭 및 버스에 사용되는 IC 엔진은 왕복 피스톤-기통 배열 내에서 프로세스[1]가 발생하는 왕복형 엔진이다. 또한 발전소에서 사용되는 가스터빈은 프로세스가 서로 연결된 일련의 다른 구성요소에서 발생하는 IC 엔진이다. 브레이턴Brayton 사이클의 가스터빈 엔진은 자동차 엔진으로 적합하며 연료가 완전히 연소된다는 장점이 있다. 가스터빈은 터빈의 회전 운동을 변환할 필요가 없기 때문에 움직이는 부품이 적다. 자동차용 가스터빈의 단점은 복잡한 구조, 큰 소음, 소형 엔진의 상대적으로 낮은 효율이다. 그럼에도 불구하고, 가스터빈은 HEV용으로 고려되어 왔고 시제품 차량이 개발되었다. 열 엔진의 성능은 사이클당 엔진으로의 열전달에 대한 순수 출력 W_{net}의 비율로 정의된 열 엔진 사이클의 효율로 측정된다. 열 엔진의 성능을 정의하는 또 다른 방법은 평균 유효압력 MEP를 사용하는 것이다. MEP는 이론적으로 일정한 압력을 나타내며 최대 비적과 최소 부피 사이의 팽창 행정expansion stoke 중에 피스톤에 가해질 경우 열 엔진에 의해 실제로 생성된 것과 동일한 순 일을 생성한다. 이를 계산식으로 나타내면 다음과 같다.

$$\mathrm{MEP} = \frac{|W_{net}|}{\text{변위 부피}} \tag{13.1}$$

1 **(역자주)** 섭취, 압축, 연소 및 파워 스트로크 및 배기와 같은 과정을 말한다.

열 엔진 사이클의 성능은 사이클의 특정 지점에서 사용할 수 있는 정보로부터 분석된다. 상태 포인트에 필요한 변수는 압력, 온도, 부피, 엔트로피이다. 두 상태 지점에서 두 개의 매개변수가 알려진 경우 일반적으로 두 상태 지점(예 : 이소바르 및 등엔트로피)과 열역학 법칙 중 작동 유체가 통과하는 과정에서 알 수 없는 매개변수를 얻는다. 이 책에서는 열역학 법칙과 열 엔진 사이클의 효율성에 대한 내용을 다루지 않으며 주요 열 엔진 사이클에 대해 일반적인 내용을 소개한다. 5장에서 논의한 엔트로피의 개념은 열 엔진의 열역학 사이클에 대해 논의하는 동안 여기서 사용될 것이다.

13.1.1 왕복 IC 엔진

왕복 IC 엔진은 스파크 점화(SI) 엔진과 압축 점화(CI) 엔진으로 분류된다. 두 엔진은 연소에 사용되는 연료의 종류에 따라 가솔린 또는 디젤 엔진으로 알려져 있다. 두 엔진은 연소를 시작하는 방법과 사이클 과정에 차이가 있는데 스파크 점화 엔진에서는 공기와 연료의 혼합물이 흡입되고 스파크 플러그가 장입에 점화된다. 여기서 장입은 엔진의 흡입구를 의미한다. 전자 제어식 직접 연료 분사는 최신 가솔린 엔진 차량에 사용되며 운전자의 요구에 따라 적절한 양의 연료를 측정할 수 있다. 반면에 압축 점화 엔진에서는 연료 분사 시 자연연소가 개시될 정도로 공기만을 고압·온도로 끌어들여 압축한다. 즉 스파크 점화 엔진은 비교적 가볍고 비용도 저렴하며 기존 자동차와 마찬가지로 저출력 엔진에 사용된다. 압축 점화 엔진은 트럭, 버스, 기관차, 선박 및 보조 동력 장치와 같은 고출력 범위에서 동력 변환에 더 적합하다. 압축 점화 엔진은 스파크 점화 엔진보다 연비가 저렴하기 때문에 더 높은 출력에서 사용하기에 적합하다.[1]

지금까지 승용 HEV에 가솔린 열 엔진이 사용되어 왔으나, 미래에는 디젤 엔진으로 대체될 가능성이 크다. 디젤 엔진은 연비가 높기 때문에 높은 가스 마일리지를 제공하는 승객용 IC 엔진 차량에서 많이 사용되고 있다. 디젤 엔진의 NO_x 배출 문제는 촉매 변환 및 배출 후 처리 구성요소를 통해 해결할 수 있다. 배출물과 그 통제에 대한 자세한 내용은 13.4절에 나와 있다.

[그림 13-1]은 왕복 엔진에 대한 표준 용어와 대표적인 왕복 IC 엔진의 개요를 나타낸다.

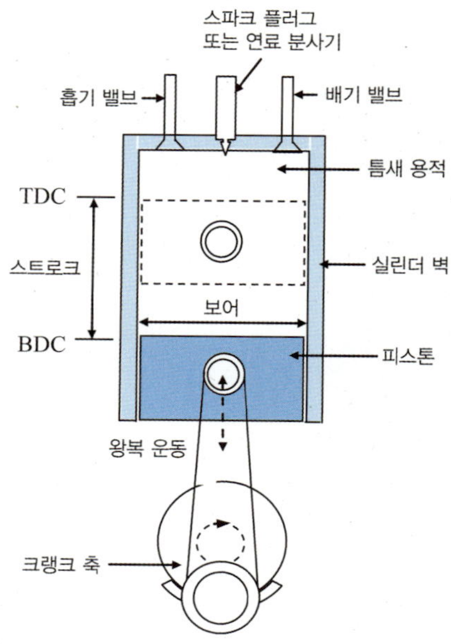

[그림 13-1] 왕복 IC 엔진

엔진은 엔진 실린더 내에서 왕복 운동을 하는 피스톤으로 구성된다. 내부 부피가 최대일 때 실린더 하단의 피스톤 위치를 하사점(BDC)이라고 하고 내부 부피가 최소일 때 실린더 상단에 있는 피스톤의 위치를 상사점(TDC)이라고 한다. 피스톤이 상사점에 있을 때의 이 실린더 최소 체적을 간극 체적이라고 한다. 크랭크 메커니즘은 피스톤의 선형 운동을 회전 운동으로 변환하고 동력을 크랭크축으로 공급한다. 피스톤이 상사점에서 하사점으로 이동할 때 스윕되는 부피는 변위 부피로 알려져 있으며, 이는 엔진의 크기를 지정하는 데 일반적으로 사용되는 매개변수이다. 압축비는 하사점과 상사점의 부피의 비율로 정의된다.

실린더의 지름을 보통 보어**bore**라고 한다. 자동차 스파크 점화 엔진의 보어는 일반적으로 70 ~ 100mm이다. 보어가 너무 작으면 밸브가 들어갈 공간이 없다. 반면에 보어가 너무 크면 질량이 증가하고 스파크의 이동 시간이 길어진다. 보어가 작을수록 엔진의 rpm은 높아진다. 또한 스트로크[2]는 일반적으로 70 ~ 100mm 사이이다. 스트로크의 길이가 너무 짧으면 토크가 충분히 발생하지 않으며, 이는 피스톤 속도에 의해 제한된다. 실린더의 최소 변위는 250cc이고 최대 변위는 1,000cc이다. 허용 가능한 보어 및 스트로크 길이는 여러 실린더 엔진으로 이어진다. 다중 실린더는 실린더 수에 따라 인라인, 플랫 또는 V자 형태로 배열할 수 있다. 대표적인 배치는 [표 13-1]과 같다.

초기 엔진 균형을 맞추기 위하여 실린더의 파워 스트로크는 균등한 간격을 두는 것이 좋다. 초기 엔진 균형이 좋은 배열에는 인라인 4 및 6 실린더, 90°V 8 실린더 및 플랫 4 및 6 실린더가 있다. 반면에 90°V 6 실린더와 인라인 3 실린더는 초기 엔진 균형이 좋지 않다. 이러한 경우에는 역회전 밸런스 샤프트를 사용하여 진동을 상쇄한다. 실린더 내의 밸브 배열을 '밸브 트레인'이라고 하며, 오버헤드 밸브**OHV**, 싱글 오버헤드 캠 밸브**SOHC** 또는 듀얼 오버헤드 캠 밸브**DOHC**일 수 있다. 오버헤드 밸브에는 캠축, 푸시 로드, 로커 및 밸브가 있고 싱글 오버헤드 캠 밸브 및 듀얼 오버헤드 캠 밸브에는 캠축, 로커 및 밸브가 있다. 싱글 오버헤드 캘 밸브는 실린더 헤드에 하나의 캠축이 배치되어 있으며, 듀얼 오버헤드 캠 밸브는 실린더 헤드에 흡기 밸브용과 배기 밸브용 두 개의 캠축이 있다. 실린더에는 2 ~ 5개의 밸브가 있을 수 있다. 밸브의 수 선택은 유동 흐름과 설계의 복잡함 사이에서 무엇을 중요하게 여기는지에 따라 달라진다.

[표 13-1] 자동차 엔진 실린더 배열

실린더 수	실린더 배열
3	인라인
4	인라인, 플랫
5	인라인
6	인라인, 플랫, V (좁은, 60°, 90°)
8	V (90°)
10	V (90°)
12	V, 플랫(해외를 위한)

2 스트로크는 피스톤이 하사점에서 상사점까지 횡단하는 수직 거리를 나타낸다.

13.1.2 공기 표준 사이클

자동차용 IC 엔진은 일반적으로 4행정 기관**4-stroke engine**에 해당한다. 4행정 기관은 크랭크축이 2회 전하는 동안 4행정(흡기, 압축, 팽창, 배기)을 한다. 4행정 내의 작동은 [그림 13-2]의 $p-v$ 다이어그램에 나와 있다.

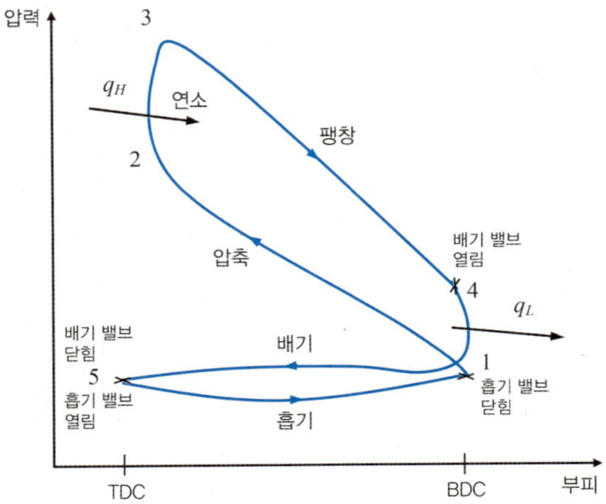

[그림 13-2] 왕복식 IC 엔진의 압력-체적도

그림에서 숫자 1 ~ 5는 사이클의 프로세스 간 개별 상태 지점을 나타낸다. 1번 과정에서는 흡기 밸브가 열린 상태에서 실린더로 전하를 끌어 들인다. 작동 오일은 피스톤이 하사점에서 상사점으로 이동할 때 압축된다. 2번 과정에서는 스파크 점화 또는 압축점화 엔진의 자연 연소를 위한 점화에 의해 열을 가한다. 3번 과정은 파워 스트로크라고 하는 확장 프로세스로 피스톤의 실린더에 의해 수행된다. 4번 과정인 배기 프로세스는 배기 밸브가 열리면서 하사점에서 시작된다. 사용되지 않은 열은 배기 프로세스 중에 엔진에서 배출된다. 실제 사이클은 마찰, 압력 및 온도 기울기, 가스와 실린더 벽 사이의 열전달, 그리고 전하를 압축하고 연소 생성물을 배출하는 데 필요한 작업과 관련된 불가역성으로 인해 상당히 복잡하다. 따라서 성능을 분석하기 위해서는 컴퓨터로 시뮬레이션을 해야 한다. 그러나 사이클을 구성하는 프로세스의 동작에 대해 간단한 가정을 하면 쉽게 이해할 수 있다. 이상적인 프로세스는 실린더 내의 연소 및 팽창 프로세스를 대체할 수 있는데 이를 공기 표준 사이클이라고 한다. 공기 표준 분석에서는 작동 유체가 이상적인 가스이며, 모든 프로세스가 가역적이고 연소 프로세스가 외부 소스로부터의 열전달 프로세스로 대체된다고 가정한다. 공기 표준 사이클인 오토 사이클과 디젤 사이클에 대한 간략한 설명은 다음과 같다.

공기-표준 오토 사이클

오토 사이클otto cycle은 스파크 점화 엔진에 사용되는 공기 표준 사이클이다. 공기-표준 오토 사이클은 피스톤이 상사점에 있을 때 일정한 부피 하에서 순간적으로 열이 추가된다고 가정한다. 주기는 [그림 13-3]의 $p-v$ 다이어그램에 나와 있다.

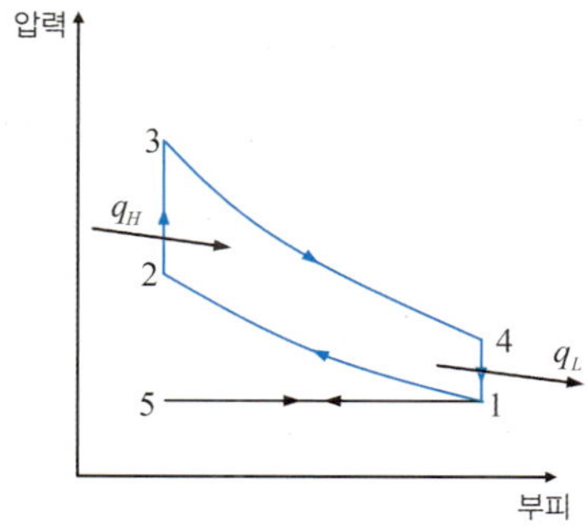

[그림 13-3] 공기-표준 오토 사이클의 $p-v$ 다이어그램

흡기 행정은 상사점에서 흡기 밸브가 열려 실린더로 새 전하를 끌어들이는 것으로부터 시작된다. 흡기 밸브는 연료와 공기를 혼합하여 충전하기 위해 5와 1 사이에 열린다. 피스톤이 아래로 이동하여 실린더에 더 많은 양을 넣을 수 있게 되면 실린더의 부피는 더 증가한다. 이 위치에서 흡기 밸브가 닫힐 때 피스톤이 하사점에 도달하는 것으로 스트로크가 종료된다. 하사점은 1로 지정된다. 1과 2 사이의 사이클에서는 피스톤에 의해 충전된다. 이때 피스톤을 압축함으로써 피스톤의 온도와 압력을 증가시킨다. 이처럼 두 밸브가 모두 닫힌 상태에서 피스톤이 위로 이동하는 것을 압축 행정이라 한다. 1과 2번 과정은 피스톤이 하사점에서 상사점으로 이동할 때 등방성(가역성 및 단열성) 압축이다. 스파크 플러그에 의해 고압 고온 유체가 점화되면 스파크 점화 엔진의 압축 스트로크가 끝날 무렵부터 연소가 시작된다. 따라서 압력은 일정한 부피에서(순간적으로) 상승하여 3에 도달한다. 2와 3 사이는 열이 상사점 부근에서 외부 소스에서 공기로 전달될 때 급속 연소 과정이다. 이후 팽창 행정은 가스 혼합물이 팽창하고 피스톤이 하사점으로 돌아가도록 강제하는 작업을 수행한다.[3] 3과 4 사이는 피스톤에서 작업이 수행될 때 등방성 팽창을 나타낸다. 마지막 행정은 배기 행정으로, 배기 밸브가 4 부근에서 열리는 것에서 시작된다. 피스톤은 도중에 실린더에서 연소 생성물을 섞어 위쪽으로 움직이기 시작한다. 4와 1 사이에서 피스톤이 하사점 근처에 있는 동안 대부분의 열은 거부된다. 모든 과정(1~5)은 기본적으로 일정한 압력에서 연소된 연료의 배출을 나타낸다. 5에서 배기 밸브가 닫히고 흡기 밸브가 열리면 실린더는 사이클을 반복하기 위해 새로운 전하를 흡입할 수 있다.

불꽃 점화 엔진은 4행정 엔진 또는 2행정 엔진이다. 2행정 엔진은 흡기, 압축, 팽창, 배기 가동이 전부 크랭크축의 한 바퀴로 이루어지는 2행정 오토 사이클로 작동한다. 2행정 사이클은 오토바이와 같은 소형 엔진에 사용된다. 대부분의 스파크 점화 엔진 또는 가솔린 엔진은 수정된 오토 사이클로 작동한다. 이 엔진에 사용되는 공연비는 10:1에서 13:1 사이이다. 대부분의 생산 차량에서는 압축률이 9~12이다. 엔진의 압축률은 엔진의 옥탄가 등급에 의해 제한된다. 높은 압축비는 압축 중에 공기-연료 혼합물의 자동 점화를 발생시킬 수 있으며 이는 스파크 점화 엔진에서는 좋지 않다. 스파크 점화 엔진은 원래 공기 흡입 경로에 배치된 카뷰레터carburetor를 사용하여 엔진에 허용되는 공기의 양을 제한하는 방식으로 개발되었다. 카뷰레터는 베르누이의 원리에 따라 진공 상태를 만들어 연료

3 이 작업을 동력 행정이라고도 한다.

를 끌어당기는 역할을 한다. 그러나 디젤 엔진에 사용되는 연료 분사 방식은 카뷰레터 대신 스파크 점화 기능이 있는 가솔린 엔진을 사용한다. 연료 분사 시스템의 제어 목표는 언제라도 엔진으로 유입되는 공기의 질량 유량을 계산하고 공기와 연료 혼합으로 엔진 작동 상태에 적합하도록 정확한 양의 휘발유를 혼합하는 것이다. 최근 몇 년 동안 엄격한 배기가스 배출 규정을 충족하기 위한 움직임이 활발해지면서 연료 분사 시스템에 대한 수요가 증가했다.

[그림 13-4]는 스파크 점화 또는 가솔린 엔진의 토크-속도 특성을 나타낸다. 가솔린 엔진은 고토크 범위가 매우 좁기 때문에 엔진 rpm이 높아야 한다. 고토크의 좁은 영역은 스파크 점화 엔진의 변속기 기어 요구 사항에 부담을 준다.

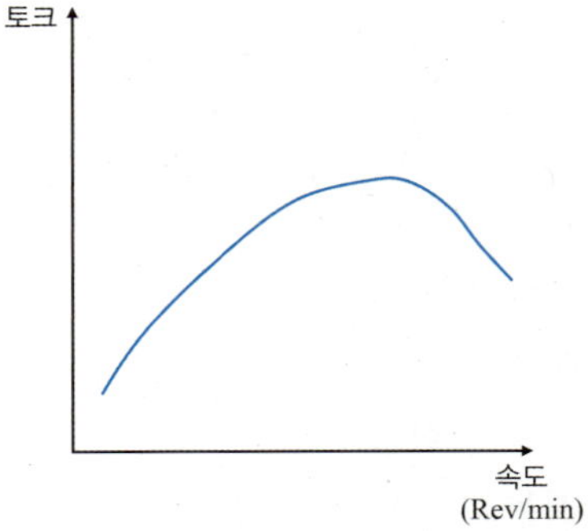

[그림 13-4] 가솔린 엔진의 토크 속도 특성

스파크 점화 엔진은 자동차에 널리 사용되며, 지속적인 연구로 배기가스 배출량과 연비 기준을 충족하는 엔진이 개발되었다. 현재 스파크 점화 엔진은 가장 저렴한 엔진이지만, 합리적인 비용으로 미래 배출가스 및 연비 기준을 충족시키기는 어려울 수 있다. 그 외에도 스파크 점화 엔진에는 공기 흡입을 제한하는 데 사용되는 스로틀 플레이트가 포함되는 단점이 있다. 또한 스파크 점화 엔진은 디젤 엔진과는 달리 비가역적인 교축**throttle**으로 인해 부분 교축이 어렵다. 일반적으로 스로틀 과정은 스파크 점화 엔진의 효율을 감소시킨다. 또한 베어링 마찰과 미끄럼 마찰로 인한 손실은 엔진의 효율을 더욱 떨어뜨린다.

공기-표준 디젤 사이클

디젤 엔진의 실제 사이클은 디젤 사이클을 기반으로 한다. 디젤 사이클**diesel cycle**은 카르노 효율에 최대한 가깝게 접근하려고 시도한다. 공기-표준 디젤 사이클은 열이 일정한 압력에서 추가되는 반면 열 제거는 일정한 부피에서 발생한다고 가정한다. 이 주기는 [그림 13-5]의 $p-v$ 다이어그램에 나와 있다.

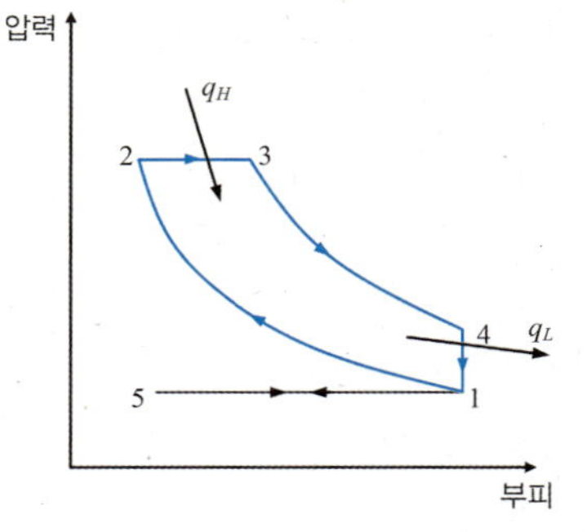

[그림 13-5] 공기-표준 디젤 사이클의 $p-v$ 다이어그램

사이클은 5와 1 사이에 실린더로 신선한 공기를 흡입하는 것으로 시작된다. 흡기 밸브는 5와 1 사이에 열린다. 1과 2 사이는 피스톤이 하사점에서 상사점으로 이동할 때 엔트로피가 일정하게 압축되는 오토 사이클과 동일하다. 압축비가 충분히 높으면 공기의 온도와 압력은 압축 행정의 끝 부근에서 연료 주입으로 인해 자발적으로 연소가 일어난다. 열은 2와 3 사이에서 연소하는 동안 일정한 압력으로 작동 유체로 전달되며, 이 압력은 팽창 또는

동력 행정의 첫 번째 부분을 차지한다. 3과 4 사이에서의 등방성 팽창은 나머지 파워 스트로크를 보충한다. 배기 밸브는 상태 지점 4에서 열리며, 압력이 일정한 부피로 떨어진다. 이 과정에서 피스톤이 하사점에 있는 동안 열이 방출된다. 연소된 연료의 배기는 기본적으로 일정한 압력 하에 모든 과정(1~5)에서 발생한다. 그러면 배기 밸브가 닫히고 흡기 밸브가 열린다. 그러면 실린더는 사이클을 반복하기 위해 외부 공기를 흡입할 준비를 마친다.

압축 점화 엔진의 공칭 압축비 범위는 13:1 ~ 17:1이며 사용된 공연비는 20:1 ~ 25:1이다. 연소 시 보조되는 압축률이 높아지면 가솔린 엔진에 비해 디젤 엔진의 효율이 높아진다. 디젤 엔진은 가솔린 엔진보다 출력이 낮다. 또한 디젤 엔진은 [그림 13-6]과 같이 토크 범위가 넓다.

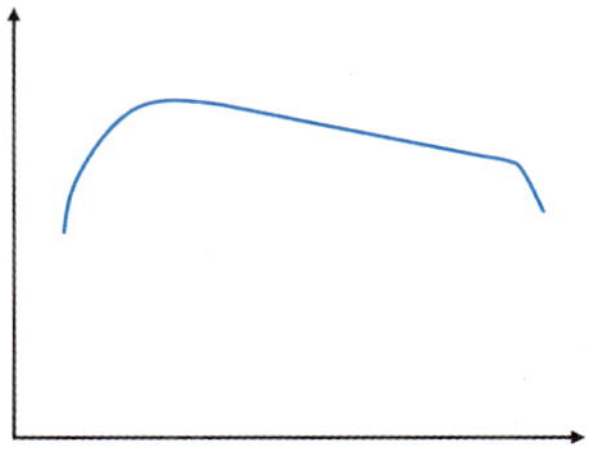

[그림 13-6] 디젤 엔진의 토크 속도 특성

디젤 엔진은 엔진 중량을 늘리기 위해 더 강하고 무거운 구성요소가 필요하다는 단점이 있다. 또한 분사 및 화염 전파 시간의 속도 제한이 있다. 디젤 엔진의 개선은 배기가스 내의 질소산화물과 엔진에서 발생하는 소음, 진동 및 악취 가스를 줄이는 데 중점을 두고 있다. 이와 같은 문제를 해결하기 위해 최근 개발된 자동차 디젤 엔진은 HEV에 적용되었다.

13.1.3 가스터빈 엔진

가스터빈은 항공기 추진 및 해양 발전소와 같은 운송 분야뿐만 아니라 고정된 발전에도 사용된다. 가스터빈은 개방형 또는 폐쇄형일 수 있는데 개방형에서는 작동 유체가 엔진 내 연료 연소로 에너지를 얻는다. 반면에 폐쇄형에서는 열전달에 의해 입력되는 에너지가 외부 소스로부터 전달된다. 개방형 형식은 차량 추진 시스템에 사용되며 이 절에서 다룰 예정이다. 가스터빈은 출력 대 중량 비율이 좋기 때문에 교통 분야에서 주로 사용되며 HEV에 적합한 후보이기도 하다.

가스터빈 엔진은 일정한 압력의 열전달 과정을 사용하는 브레이턴 사이클로 작동하며, 그 사이에 등방압축과 팽창 과정이 있다. 가스터빈의 주요 구성요소와 에너지 흐름은 [그림 13-7(a)]에 나와 있다. 공기 표준 사이클에 대한 $p-v$ 다이어그램은 [그림 13-7(b)]에 도시되어 있으며, 이는 가스터빈의 구성요소를 통한 공기 순환의 비가역성을 무시한다. 상수 엔트로피 과정은 $s=c$로 표시된다.

공기 표준에서 공기(작동유체)는 이상적인 기체로 간주된다. 사이클이 시작될 때 상태 1에서는 압축기에서 공기가 지속적으로 흡입되고 압축되어 압력과 온도가 상승한다. 압축기는 일반적으로 차량용 방사형 흐름 유형이다. 공기는 연소실이나 연소기로 이동하며, 연소실에서는 공기의 온도를 높이기 위해 연료가 주입된 상태에서 연소된다. 그런 다음 고온 고압 혼합물이 터빈에서 팽창 및 냉각되어 동력을 생성하고 작업을 전달한다. 뜨거운 가스터빈 배기가스는 연소기로 들어가기 전에 환열기와 압축기에서 나오는 공기를 예열하는 데 사용된다. 이렇게 하면 연소기에 필요한 연료가 줄어들고 시스템 효율이 전반적으로 높아진다. 개방형 가스터빈은 각 사이클마다 환열기를 통과한 후 신선한 공기가 유입되고 배기가스가 배출된다. 터빈은 필요한 압축기의 작업 입력보다 더 큰 작업 출력을 제공하도록 설계되었다. 축에서 사용할 수 있는 초과 작업은 자동차 가스터빈에서 차량을 추진하거나 정지된 응용 프로그램에서 전기를 생성하는 데 사용된다. 그림에서 둘러싸인 영역은 네트워크 출력을 나타낸다. 특히, $p-v$ 다이어그램에서 영역 12xy1은 단위 질량당 압축기 작업 입력을 나타내고 영역 34yx3은 단위 질량당 터빈 작업 출력을 나타낸다.

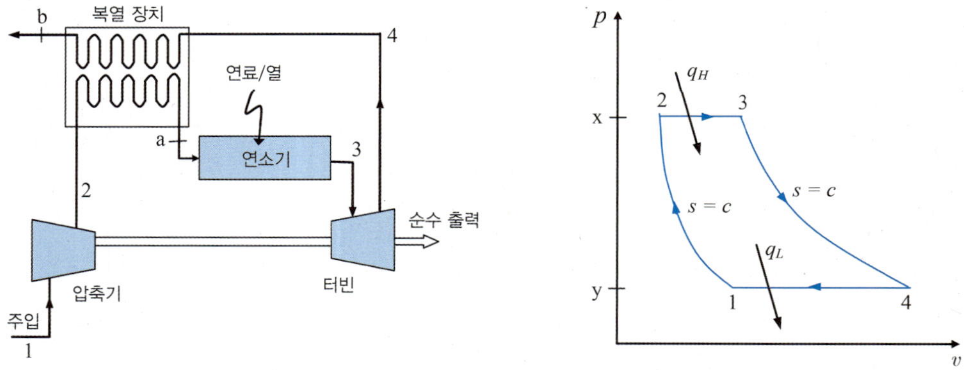

(a) 공기 표준 가스터빈 사이클 (b) 이상적인 브레이턴 사이클 $p-v$ 다이어그램

[그림 13-7] 가스터빈 엔진

터빈의 출력은 연소기로 분사되는 연료의 양을 통해 제어된다. 많은 터빈은 부분 부하 조건 동안 연료 소비를 줄이고 가속도를 향상시키기 위해 조절 가능한 베인 또는 기어를 가지고 있다. 가스터빈의 장점은 유일하게 움직이는 부분이 터빈의 로터라는 것이다. 터빈은 왕복 운동이 없으며 결과적으로 왕복 엔진보다 더 부드럽게 작동한다. 가스터빈의 또 다른 큰 장점은 다중 연료 능력이다. 연속 연소는 연료의 연소 특성에 크게 의존하지 않기 때문에 터빈은 공기 흐름으로 분사되는 가연성 연료를 연소할 수 있는 유연성을 가지고 있다. 가스터빈의 연료는 완전하고 깨끗하게 연소되어 배출량을 낮은 수준으로 유지한다.

가스터빈 엔진은 몇 가지 단점이 있는데 이로 인해 자동차 분야에서 널리 사용되지 못했다. 먼저 가스터빈은 설계가 복잡하기 때문에 제조비가 비싸다. 그리고 스로틀 신호 변화에 대한 가스터빈의 응답 시간은 왕복 엔진에 비해 느리다. 부분 스로틀 조건에서는 가스터빈의 효율이 감소하여 저전력 용도에 적합하지 않다. 터빈은 불꽃 점화 또는 압축 점화 엔진과 유사한 효율성에 도달하기 위해 인터쿨러, 재생기 및/또는 재열기가 필요하며 이는 상당한 비용이 들고 더 복잡해진다.[2]

SECTION 13.2

BMEP와 BSFC

BMEP and BSFC

토크는 특정 엔진의 작업 수행 능력의 척도이지만, 평균 유효압력(MEP)은 앞서 설명한 바와 같이 여러 엔진을 표준화한 비교에 더 유용한 매개변수이다. 왕복 엔진의 경우 BMEP가 보다 실용적인 변수이며 실린더 변위 부피당 사이클당 엔진의 작동을 측정한다. BMEP를 이해하려면 도시 평균 유효압력(IMEP)과 마찰평균 유효압력(FMEP)을 정의해야 한다. '도시 indicated'라는 단어는 압축 및 팽창 스트로크에 대해 엔진 실린더의 작동 혼합물이 수행하는 네트워크를 의미한다. 이 작업의 일부는 엔진 기계적 마찰과 손실을 극복하여 공기 연료 혼합물을 유도하고 과도한 전하를 배출하는 데 사용된다. 나머지 일 또는 토크는 엔진 크랭크축에서 사용할 수 있다. 브레이크는 플라이휠에서 동력계로 측정한 엔진 크랭크축에서 사용할 수 있는 일 또는 토크를 말한다. 동력계 측정은 차량의 파워트레인과 관련된 기계적 손실을 방지하는 데 도움이 된다. 평균 유효압력의 관점에서 IMEP는 다음과 같다.

$$\text{IMEP} = \text{BMEP} + \text{FMEP}$$

BMEP의 계산 결과는 연소의 결과로 연소실에 가해지는 이론적인 일정 압력값을 제공한다. 실제 연소 압력을 설명하지는 않지만, 비교하기에 좋은 표준이다. 엔진의 출력을 사용하여 사이클당 수행되는 일은 다음과 같다.

$$\text{사이클당 수행되는 일} = \frac{P_b n_R}{N} \tag{13.2}$$

여기서 P_b는 엔진 브레이크 출력이고, n_R은 출력 스트로크당 크랭크축 회전수이며, N은 rev/sec 단위의 엔진 속도이다. n_R은 4행정 엔진의 경우 2인 파워 스트로크 수이다. 엔진 출력은 하나의 실린더가 아닌 전체 엔진에 대한 출력이라는 점에 유의해야 한다. 따라서 BMEP는 엔진의 전체 배기량 V_d로 나누어 구할 수 있다.

$$\text{BMEP} = \frac{P_b n_R}{V_d N} \tag{13.3}$$

계산을 단순화하기 위해 출력은 브레이크 토크 T_b와 엔진 속도 N의 곱으로 나타낼 수 있다. 식 (13.3)과 일치하는 단위가 되려면 엔진 속도는 단위 시간당 회전수로 표현되어야 한다. 따라서 2θ를 곱해야 한다. 식 (13.3)을 사용하여 토크를 N·m로 표현하기 위한 BMEP의 단위는 다음과 같다.

$$\frac{\left(\frac{\text{rev}}{\text{사이클}}\right)\left(2\pi\frac{\text{rad}}{\text{rev}}\right)(\text{N}\cdot\text{m})}{(\text{m}^3/\text{사이클})} \Rightarrow \frac{\text{N}}{\text{m}^2} \text{ 또는 Pa (Pascal) (1bar = 100kPa)}$$

토크의 용어인 BMEP는 다음과 같다.

$$\text{BMEP} = \frac{4\pi \times T_b}{V_d}(\text{N/m}^2) \tag{13.4}$$

실린더 한 개의 부피는 다음과 같다.

$$V_d = \frac{\pi}{4} \times \text{보어}^2 \times \text{스트로크}(\text{m}^3)$$

IC 엔진의 연료 소비량은 단위 시간 $\dot{m}_f$당 연료 질량 흐름으로 측정된다. 특정 연료 소비량(SFC)은 단위 출력당 연료 유량이라 불린다. 이는 엔진이 연료에 저장된 화학 에너지를 기계 에너지로 얼마나 효과적으로 변환하는지를 측정한다. 일반적으로 사용되는 매개변수는 연료의 질량 유량 $\dot{m}_{fuel}$과 측정된 출력 전력 P_b의 비율이다. BMEP와 유사하게 이 매개변수는 왕복 엔진에 대한 브레이크 고유 연료 소비량(BSFC)이라고 불리며 동력계를 사용하여 엔진 크랭크축에서 출력 P_b 또는 토크 T_b가 측정됨을 나타낸다. 플라이휠에서의 엔진 출력은 측정된 엔진 브레이크 토크와 속도의 곱으로 나타낼 수 있다. BSFC를 계산하기 위한 결과 방정식은 다음과 같다.

$$\text{BSFC} = \frac{\dot{m}_f}{P_b} = \frac{\dot{m}_f}{T_b 2\pi N} \tag{13.5}$$

엔진의 최대 토크 곡선에 따른 BSFC의 등고선 지도는 다양한 속도/하중을 조합한 지점에서 시험을 통해 얻을 수 있다. 엔진 출력, 토크 및 BSFC 대 속도의 성능 곡선은 IC 엔진을 분석하는 데 유용한 도구이다. 디젤 엔진에 대한 효율성 지도의 예는 [그림 13-8]에 나와 있으며, BSFC 등고선은 g/kWh로 표시된다.[3] 그림에는 BMEP(단위 : kPa)의 대표적인 척도와 N·m 단위의 해당 엔진 토크가 사용되었다. 크랭크축에서 작동 지점에 사용할 수 있는 엔진 출력은 브레이크 토크와 엔진 속도의 곱에서 얻을 수 있다. 그림에는 BMEP의 대표적인 척도와 N·m 단위의 해당 엔진 토크가 사용되었다. 크랭크축에서 작동 지점에 사용할 수 있는 엔진 출력은 브레이크 토크와 엔진 속도를 곱하여 얻을 수 있다.

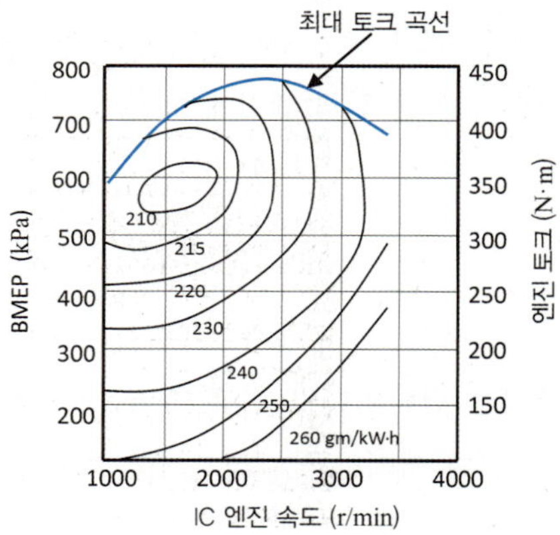

[그림 13-8] 디젤 IC 엔진의 효율 맵 예시

SECTION 13.3

차량 연비

Vehicle Fuel Economy

연비는 파워트레인 구성요소의 효율과 관련된 차량의 핵심 성능 척도이다. 연비는 표준 주행 사이클 동안의 연료 소비량을 기준으로 계산된다. 양산 차량이거나 이미 제조된 차량의 연비는 고속도로 주행 사이클이나 도시 주행 사이클과 같은 표준 주행 사이클에 따라 실제로 차량을 도로 또는 섀시 동력계로 주행하여 계산할 수 있다. 실제 연비는 소비자마다 다르지만, 도시 표준 주행 사이클을 사용하는 경우 연비는 동력계가 있는 실험실에서 얻은 숫자에 근접해야 한다.

차량 연비는 시뮬레이션을 통해 예측하여 평가할 수 있다. 테스트 또는 시뮬레이션 데이터에서 얻은 하위 시스템 모델 또는 특성은 차량의 특성을 나타내는 데 사용된다. 차량 수준 시뮬레이션을 단순화하기 위해 하위 시스템의 동적 모델을 피한다. 차량 모델 및 도로 부하 특성과 표준 주행 사이클을 사용하면 서브 시스템의 특성을 정확하게 시뮬레이션하여 연비를 예측할 수 있다. 연비를 예측하기 위해서는 크랭크축의 엔진 출력 전력과 해당 동력을 생산하기 위해 소비되는 연료가 필요하다.

BSFC와 현재 조건에서 연료의 비중으로 연비를 예측해야 한다. 엔진의 BSFC는 일정량의 에너지를 생산하기 위해 엔진에서 소비되는 연료의 질량이다. 연료의 비중은 주행 사이클 동안 일정하다고 가정한다. 비중은 온도와 다른 요인에 따라 달라지기 때문에 근사치로 표현한다. 차량의 연비는 다음과 같다.

$$\mathrm{FE}\,(\mathrm{m/L}) = \frac{\text{차량 속도}}{\text{연료 유량}} = \frac{v\,(\mathrm{m/s})}{Q_f(\mathrm{L/h}) \times (\mathrm{h}/3{,}600\,\mathrm{s})} \tag{13.6}$$

연료 유량은 다음과 같은 연료의 질량 유량으로부터 얻어진다.

$$Q_f(\mathrm{L/h}) = \frac{\text{연료 유량}}{\text{비중}} = \frac{\dot{m}_f\,(\mathrm{g/h})}{\rho_{\mathrm{fuel}}\,(\mathrm{g/L})} \tag{13.7}$$

흡입 유량은 크랭크축 및 BSFC의 엔진 출력을 통해 다음과 같이 얻을 수 있다.

$$\dot{m}_f = P_b(\mathrm{kW}) \cdot \mathrm{BSFC}\,(\mathrm{g/kW\,h}) \tag{13.8}$$

연료 유량은 다음과 같다.

$$Q_f\,(\mathrm{L/h}) = \frac{P_b(\mathrm{kW}) \times \mathrm{BSFC}\,(\mathrm{g/kWh})}{\rho_{\mathrm{fuel}}\,(\mathrm{g/L})}$$

마지막으로 연비는 다음과 같다.

$$\mathrm{FE\,(m/L)} = \frac{3{,}600 \times v\,(\mathrm{m/s}) \times \rho_{fuel}\,(\mathrm{g/L})}{P_b(\mathrm{kW}) \times \mathrm{BSFC}\,(\mathrm{g/kW\,h})} \tag{13.9}$$

km/L의 연비는 다음과 같다.

$$\mathrm{FE\,(km/L)} = \frac{3{,}600 \times v\,(\mathrm{m/s}) \times \rho_{\mathrm{fuel}}\,(\mathrm{g/L})}{P_b(\mathrm{kW}) \times \mathrm{BSFC}\,(\mathrm{g/kW\,h})} = 3{,}600\,\frac{v \times \rho_{fuel}}{P_b \times \mathrm{BSFC}} \tag{13.10}$$

엔진 출력은 구동렬 효율이 사용 가능한 경우 견인 동력을 통해 얻을 수 있다. 주어진 견인 출력 및 구동축 효율의 경우 엔진 출력은 다음과 같다.

$$P_b = \frac{P_{TR}}{\eta_{DT}} \tag{13.11}$$

BSFC는 출력에 대한 연료 사용의 표준화된 값을 평가할 수 있어 유용하다. 연비 평가는 엔진에 투입되는 연료의 몇 %가 기계적 작업 출력에 사용되는지를 알려준다. 연소 엔진의 효율은 측정된 브레이크 동력을 분사된 연료의 잠재적 동력으로 나누어 표로 나타낼 수 있다. 특정 연료의 동력 잠재력은 에너지 함량과 분사 속도에 따라 달라진다. 표준 연비를 검증하기 위해서는 열의 값이 알맞게 설정된 표준 연료 제형이 필요하다. 에너지 함량은 연료의 높은 가열값(HHV)으로 표현될 수 있는데, 이는 연소 시 단위 수량당 방출되는 열의 양이다. HHV의 곱과 연료 질량 유량은 연료의 동력 잠재력을 제공한다. 다음 식은 내연기관의 효율을 계산하는 데 사용된다.

$$\text{연비} = \frac{\text{측정 동력}}{\text{연료 출력 잠재력}} = \frac{P_b}{\dot{m}_f \mathrm{HHV}} = \frac{T_b N}{\dot{m}_f \mathrm{HHV}} \tag{13.12}$$

서로 다른 화학 에너지 운반체를 포함한 효율성을 계산하기 위해서는 연료의 HHV를 고려해야 한다. 또한 낮은 가열 값(LHV)이 고려되어서는 안 된다.[4]

HHV의 정의는 25°C에서의 초기 상태와 25°C에서의 최종 상태 사이의 화학 반응의 모든 에너지 변화를 포함하는 생성열에서 도출된다. HHV와 LHV의 주된 차이점은 연소 생성물에 존재하는 수증기의 잠열이 전자에 포함된다는 것이다. 즉 물은 1기압과 25°C에서 응축된 것으로 가정된다. HHV는 연료를 공기로 산화시켜 방출되는 열을 나타내는 진정한 에너지 함량을 기반으로 한다. 예를 들어 일반 디젤의 HHV는 19,733BTU/lb이다.

13.3.1 하이브리드 연비

전하 유지 하이브리드에서는 모든 동력이 엔진에 의해 전달된다. 차량이 일정 시간 동안 전기 추진력으로 주행하더라도 에너지 저장 장치(배터리, 울트라 캐패시터)에서 나오는 에너지는 원래 어느 시점에 엔진을 통해 온보드 연료에 의해 공급되었다. 연료에서 공급되는 모든 에너지가 차량을 주행하는 데 활용되었는지 확인하기 위해 충전 상태(SoC) 보정 알고리즘을 사용해야 한다.

그렇지 않으면 에너지 저장 장치를 충전하는 데 사용되는 연료는 실제보다 더 나쁜 연비를 초래하지 않을 것이다. 반면에 에너지 저장 장치의 충전에 사용되는 연료가 연비를 계산할 때 고려되지 않는다면 실제보다 더 나은 결과를 얻을 수 있을 것이다. SoC 보정 기능을 통해 에너지 저장 장치는 연비가 측정되는 주행 사이클의 시작과 종료 시 동일한 SoC로 유지된다.

플러그인 하이브리드의 연비는 사용된 온보드 연료와 공급된 오프보드 연료 모두를 고려하여 계산해야 한다. 플러그인 하이브리드의 연비는 표준 SAE J1711에 따라 측정되며, 표준 SAE J1711은 주행 사이클 동안 공급되는 총 연료가 소비되는 온보드 연료와 오프보드 공급 전기 전하의 연료 동등성의 합이다. 정확한 연비를 계산하려면 온보드 에너지 저장 장치는 SoC가 초깃값과 일치할 때까지 벽면 콘센트에서 충전된다. 온보드 에너지 저장 장치를 재충전하기 위한 등가 연료는 다음과 같다.

$$F_{elec} = \frac{E_{ob}}{\zeta_{fuel}} \tag{13.13}$$

여기서 $\zeta_{fuel} = 10.111\,\text{kWh/L}$는 공급되는 전기에너지의 연료 당량이고 E_{ob}는 유틸리티가 공급하는 오프보드 전기에너지이다.

예제 13.1

HEV는 소형 엔진, 전기모터/발전기 및 전기 추진 보조용 울트라커패시터 저장소를 가진다. $\text{BSFC} = 270\text{g/kWh}$로 작동하는 엔진과 전기모터를 사용하여 25m/s의 등속도로 30분간 차량을 주행한다고 가정해 보자. 등속 순항 시 필요한 견인 동력은 15.2kW이다. 그러나 울트라커패시터 저장소는 회생 제동 중에 포착된 추가 960kJ의 에너지를 가지고 있다. 모든 울트라커패시터 에너지가 30분 등속 순항 기간 동안 추진에 사용될 경우 연비를 계산하라.

풀이

울트라커패시터 에너지는 960kJ이므로 울트라커패시터로 30분 만에 공급되는 동력은 다음과 같다.

$$\text{동력} = \frac{960\text{kJ} \times 1{,}000\text{J}}{30\text{min} \times 60\,\text{s/min}} = 533.33\text{W}$$

$P_{TR} = 15.2\text{kW}$, 구동축 효율 $\eta_{DT} = 90\%$이며 휠의 동력은 30분 이상 울트라커패시터 저장소와 엔진을 통해 전달된다. 그러므로 $P_{UC} + P_{Eng} = P_{TR}/\eta_{DT}$을 이용하여 다음과 같이 계산할 수 있다.

$$P_{Eng} = \frac{15.2}{0.9} - 0.533 = 16.36\text{kW} \qquad \text{(엔진 동력)}$$

$$Q_f = \frac{P_{TR}/\eta_{DT} \times \text{BSFC}}{p_{fuel}} = \frac{(16.36) \times 270}{720} = 6.135\text{L/h} \qquad \text{(연료 유동비율)}$$

$$\text{FE} = \frac{v}{Q_f} = \frac{20\,\text{m/s} \times 3{,}600\,\text{s/h}}{6.135\text{L/h}} = 14{,}670\,\text{m/L} = 14.670\text{km/L} \qquad \text{(연비)}$$

SECTION 13.4

배기가스 제어 시스템

Emission Control System

스파크와 압축 점화 엔진의 배기 흐름은 환경오염의 주요원인이다.[5] 가솔린으로 구동되는 스파크 점화 엔진 배기가스에는 질소(NO_x), 일산화탄소(CO), 탄화수소(HC)와 같은 산화물이 포함되어 있다. 디젤 배기가스는 낮은 수준의 CO와 HC를 포함하지만, 가솔린 엔진과 비슷한 수준의 NO_x를 포함하고 있다. CO는 매우 독성이 강한 물질이며 대기 중으로 방출되기 전에 이산화탄소(CO_2)로 전환되어야 한다. CO_2는 독성이 없지만 온실가스의 원인이다.

13.4.1 오염물질의 발생

IC 엔진의 배기 흐름에서 오염물질은 연소 과정 자체에서 생성된다. 과도한 산소와 함께 탄화수소를 완전히 연소시키면 다음과 같이 물과 이산화탄소만 형성된다.

$$[C_xH_y] + [O_2] \rightarrow [H_2O] + [CO_2]$$

그러나 IC 엔진 작동에 대한 실질적인 제한으로 인해 탄화수소의 완전한 연소는 불가능하다. 중간 반응 생성물은 화학 반응이 압력, 온도, 농도 및 시간에 따라 달라지기 때문에 형성된다. 배기 흐름에는 매우 다양한 유형의 탄화수소가 포함되어 있다. 탄화수소의 대부분은 중간 반응 생성물이지만, 일부 미연소 고분자량 탄화수소 연료도 존재할 수 있다. CO는 산소가 부족할 때 생성된다. 가솔린 엔진의 점화 지연 또한 CO 생산에 영향을 미친다.

흡기 흐름에 존재하는 대기 질소는 연소 온도가 높을 때 산소와 과도하게 반응하기 때문에 연소 과정에서 생성되는 대부분의 NO_x는 산화질소(NO) 형태이며 다음과 같은 반응에 의해 제어된다.

$$O + N_2 \rightarrow NO + N$$

$$N + O_2 \rightarrow NO + O$$

$$N + OH \rightarrow NO + H$$

이산화질소(NO_2)는 적은 양으로도 오염의 원인이 된다. 대기 중으로 방출되는 NO는 산소와 결합하여 독성 오염물질인 NO_2를 생성한다.

$$2NO + O_2 \rightarrow 2NO_2$$

가솔린과 디젤 연료는 유황과 디젤 연료의 함량이 0.1% ~ 0.3%이고, 가솔린 중량은 0.06% 미만이다. 엔진실에서 황이 연소되면 황산화물(SO_X)이 방출된다.

디젤 연료의 연소는 배기가스에 포함된 산화물 외에 미립자 물질(PM) 배출도 유발한다. 연료의 약 0.1% ~ 0.5%는 작은 입자로 배출되며, 이 입자는 주로 그을음과 추가 흡착된 약간의 탄화수소 물질로 구성된다. 스파크 및 압축 엔진 배기 흐름 모두에 존재하는 0.1μm 미만의 미립자는 폐에서 가장 큰 증착 효율을 가진다.[6] 그을음은 연료를 완전히 연소시키기 위한 산소가 충분하지 않을 때 연료의 연소 과정에서 방출되는 작은 고체 탄소 물질 조각으로 구성된다. 디젤 엔진은 항상 과도한 공기가 공급되는 것이 문제이지만, 가솔린에 비해 미립자 물질이 많이 발생되는 것이 더 큰 문제이다. 불꽃 점화 엔진의 연료와 공기는 연소실로 들어가기 전에 미리 혼합되며 연료에 함유된 물질은 대부분 증발하면서 혼합물의 작은 부분에만 액체 연료가 포함되어 있기 때문이다. 이 부분이 가솔린 엔진에서 미립자를 생성하는 데 기여하지만, 생산된 양은 무시할 수 있는 것으로 간주된다. 디젤 엔진의 연료는 공기가 압축된 후 연소실로 분사되기 때문에 분사 영역에 고농도의 미립자(기화되지 않은) 연료가 존재하여 짧은 시간 동안 상당한 양의 그을음 방출이 발생한다. 그을음 농도는 엔진 작동 속도와 부하뿐만 아니라 분사 시스템 및 연소실의 설계에 크게 좌우된다.[7]

1970년 청정공기법과 후속 법률은 차량의 테일파이프에서 대기 중으로 배출될 수 있는 오염물질의 양을 제한했다. 미국 환경보호청(USEPA)은 배출가스 수준을 차량 질량에 따라 분류했다. 예를 들어 최대 연석 질량이 2,721kg(6,000lb)이고 최대 차량 총중량이 3,855kg(8,500lb)인 경차는 USEPA Tier 2 배출가스 규제를 준수해야 한다. Tier 2 배출 규제는 유해물질로 분류된 여러 화합물에 대해 배기가스 배출 제한이 다른 10개의 폐기물통으로 분류되었다. 이 법은 연료의 종류에 관계없이 오염물질의 최대 한도를 명시하고 있다. 2개의 폐기물통은 단계적 도입 정책의 일부였으며 2006년 연식이 끝날 때 삭제되었다. 나머지 8개의 폐기물통은 영구적이다. [표 13-2]는 8개의 영구 폐기물통에 대한 2단계 차량의 허용 배출 한계를 보여준다.

[표 13-2] USEPA 법률에 의해 분류된 Tier2 차량

폐기물통	USEPA 폐기물통당 허용가능한 배출(g/mile)				
#	비탄화수소 (NMHC)	일산화탄소 (CO)	질소산화물 (NO_x)	미립자물질 (PM)	포름알데히드 (HCHO)
8	0.125	4.2	0.20	0.02	0.018
7	0.090	4.2	0.15	0.02	0.018
6	0.090	4.2	0.10	0.01	0.018
5	0.090	4.2	0.07	0.01	0.018
4	0.070	2.1	0.04	0.01	0.011
3	0.055	2.1	0.03	0.01	0.011
2	0.010	2.1	0.02	0.01	0.004
1	0.000	0.0	0.00	0.00	0.000

디젤 연료의 유황은 연료의 제조과정에서 그 함량을 조절할 수 있기 때문에 특별히 우려되는 부분은 아니며, 폐기물통의 오염물질에 포함되지 않는다. USEPA는 2006년 6월 30일 이후 고속도로 주행을 위해 생산된 모든 디젤 연료에 유황 함유량을 15ppm(0.015% 중량) 미만으로 규정했다.[8] 이후 배출가스의 제어 구성부품을 설치함과 동시에 대기 중으로 배출되는 오염물질이 급격하게 감소하였다. 예를 들어 CO 배출량은 1966년 사전 통제일부터 2004년 배출 통제일까지 54에서 1.1g/km로 떨어졌다.[6] 마찬가지로 HC와 NO_x 배출량은 같은 기간 동안 각각 5.5g/km과 2.2g/km에서 0.06g/km과 0.04g/km로 떨어졌다. 2004년 수치는 모든 배출량에 대한 기업의 평균값이다.

13.4.2 공연비가 배출량에 미치는 영향

IC 엔진 기술이 발전하고 배출 제어 시스템의 구성요소가 개발되면서 배기가스는 점차 줄어들었다. 연료 분사 시스템, 정밀 점화 시기, 정확한 연료 유량 측정 및 컴퓨터화된 엔진 관리 시스템을 사용하면서 IC 엔진 기술은 더 발전하였고, 연료가 완전히 연소됨에 따라 배기가스가 줄어들면서 효율이 증가하였다. 이처럼 엔진 기술이 계속 발전함에도 불구하고 자동차 배기가스 내 오염물질의 양은 여전히 상당한 수준이다. 배기 흐름의 경로에 배치된 배출 제어 구성요소는 오염물질의 수준을 허용 가능한 수준까지 끌어올리는 데 도움이 된다.

특정 IC 엔진의 경우 엔진 속도와 부하는 하이브리드 제어 전략에 의해 연비 및 배기가스 배출에 영향을 미친다. 연비를 극대화하기 위해서는 BSFC가 가장 낮은 곳에서 엔진을 작동하는 것이 좋다. 직렬 모드에서 작동하는 HEV의 경우 연료 사용을 줄이기 위해 전기 발전기를 구동할 때 IC 엔진 작동 지점이 이 가장 낮은 BSFC 영역에 있어야 한다. IC 엔진에서 높은 연비는 높은 열 효율의 결과이며, 그 결과 엔진실 온도 또한 이 영역에서 가장 높다. 그러나 배출물에 관한 영역은 원하는 작동 영역이 아닐 수 있다. 배기가스 배출은 IC 엔진의 연소용 혼합물의 공기/연료 비율과 밀접한 관련이 있다. 가솔린 엔진은 일반적으로 연비를 최대화하기 위해 화학양론비로 작동한다. 화학양론이란 혼합물의 공기 및 연료비가 완전 연소에 적합하다는 것을 의미한다. 실제 엔진에서 상대적인 공연비를 설명할 때 종종 화학양론적인 혼합물과 실제 공연 혼합률에 의한 등가비 λ가 사용된다. 등가비를 수학적인 표현으로 나타내면 다음과 같다.

$$\lambda = \frac{\text{화학양론비}}{\text{실제 공연 혼합비}}$$

가솔린 엔진의 등가비가 3대 오염물질인 CO, HC, NO_x에 미치는 상대적 효과는 [그림 13-9]와 같다.

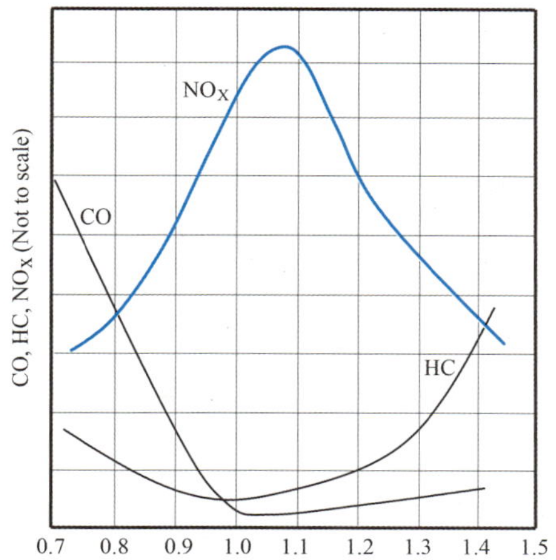

[그림 13-9] 최대부하 조건에서 가솔린 엔진의 배출오염물질에 대한 공연비의 영향

이 그래프에서는 $\lambda \approx 1.1$일 때 가장 높은 수준의 NO_x가 생성되며, 이는 최상의 연비를 위한 비율이기도 하다.[9] 연비가 높은 영역에서는 온도가 더 높기 때문에 NO_x 발생량이 높을 것으로 예상된다. 반면 가솔린 엔진은 NO_x 배출량은 낮지만, CO와 HC 배출량은 높은 $\lambda \approx 0.9$ 부근에서 최고의 출력을 발휘한다. 따라서 두 매개변수에 대해 허용 가능한 결과를 얻을 수 있도록 엔진 작동 지점을 설정하기 위해 연비와 배기가스 사이의 절충안이 필요하다. 제어 목표는 종종 엔진을 화학량론적인 비율, 즉 $\lambda \approx 1$로 작동시켜 배기 흐름에 산소가 없도록 하는 것이다. 배기 흐름에 배치된 산소 센서는 엔진 컨트롤 유닛에 피드백을 제공하여 엔진이 세 가지 배기가스 배출량을 모두 최소화할 수 있도록 적절한 공기/연료비를 유지할 수 있다. HEV의 경우 원하는 목표를 달성하기 위해 하이브리드 제어 전략이 엔진 관리 시스템과 함께 작동해야 한다.

13.4.3 NOx 유량 속도

배출된 NO_x의 총 질량 유량은 배출된 NO와 NO_2의 질량 유량의 합이다.

$$\dot{m}_{NO_x,exh} = \dot{m}_{NO_x,exh} + \dot{m}_{NO_2,exh} \qquad (13.14)$$

엔진 매핑 측면에서 질소산화물 질량 유량은 단순히 식 (13.14)에서 얻은 관련 영역에 대한 NO_x 질량 유량 값으로 나타낼 수 있다. 이를 통해 특정 주행 사이클에 걸쳐 차량의 마일당 NO_x 출력을 계산할 수 있다. 출력에 대한 NO_x 질량 유량의 표현은 여러 엔진 간의 표준화된 비교에 사용할 수 있는 엔진의 성능 매핑을 가능하게 한다. 연료 사용 분석과 마찬가지로 브레이크 관련 값이 다시 계산된다. 브레이크별 NO_x 배출량($BSNO_x$)은 NO_x 질량 유량을 엔진의 측정된 브레이크 출력으로 나눈 값이다.[10]

$$\mathrm{BSNO_x} = \frac{\dot{m}_{NO_x,exh}}{P_b} = \frac{\dot{m}_{NO_x,exh}}{T_b 2\pi N} \tag{13.15}$$

여기서 P_b는 출력 동력, T_b는 브레이크 토크, N은 엔진 속도(회전/초)다.

엔진 동력계 시험의 정상상태 조건에서 온열 엔진의 베이스라인 매핑은 엔진의 NO_x 배출 특성을 이해하고 감소된 배출량과 연비의 균형을 검토하는 데 유용하다. 배출물 샘플링, 연료 흐름 측정 및 엔진 진단 기록기가 있는 시험대는 [그림 13-10]과 같이 구성할 수 있다.

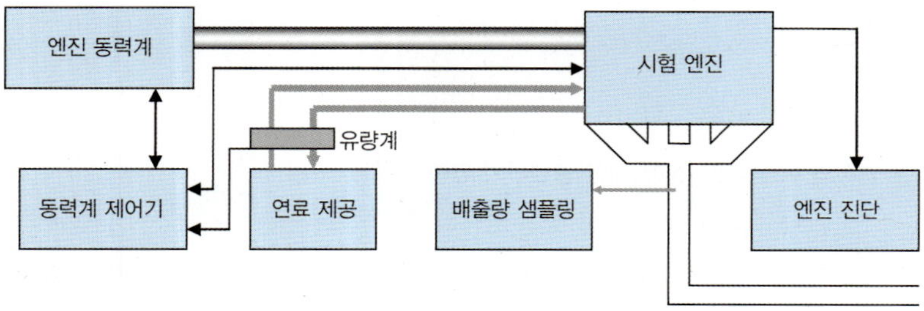

[그림 13-10] 배기가스 데이터 수집을 위한 동력계 시험기

예상 작동 범위에 걸쳐 1.9L 디젤 엔진에서 동력계를 사용하여 실험실에서 수행한 시험의 결과는 [그림 13-11]과 [그림 13-12]에 나와 있다.

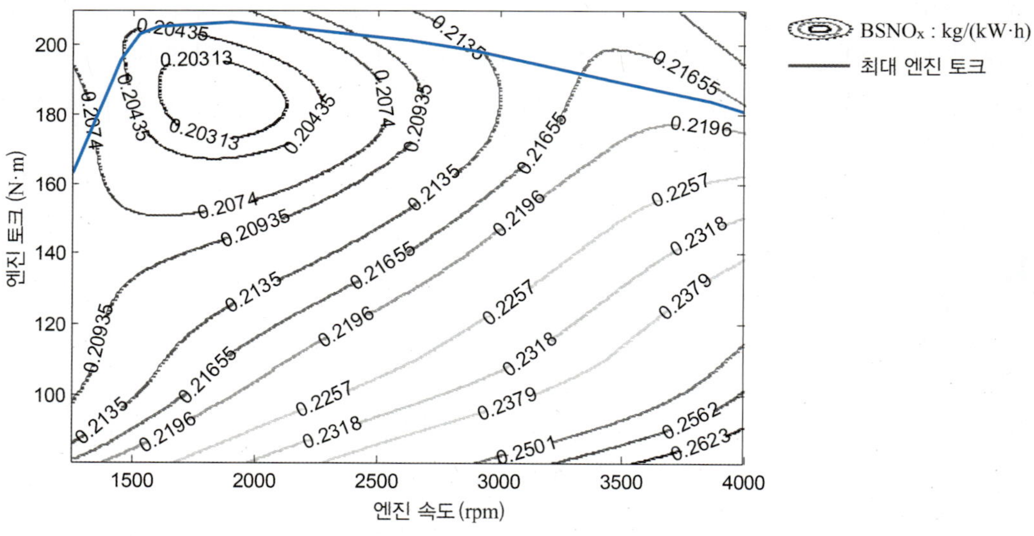

[그림 13-11] 1.9L 디젤 엔진용 BSFC[11]

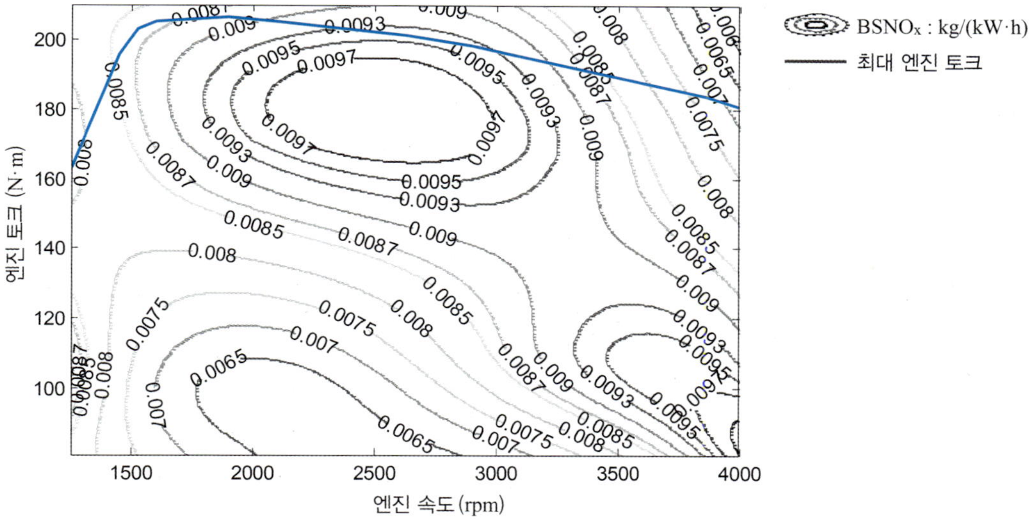

[그림 13-12] 1.9L 디젤 엔진에 대한 브레이크별 NO_x 배출[10,11]

하이브리드 제어 전략을 개발하기 위한 데이터 수집을 위해 설계된 시험에서 디젤 엔진 토크 부하와 속도는 동력계 제어기에 의해 측정되었다. 연료 사용량은 유량계에 의해 측정되었고 동력계 제어기를 통해 읽어냈다. 흡입 공기량은 엔진의 진단 포트를 통해 센서에서 판독되었다. 배기가스 샘플은 터보 충전기의 하부로 가져갔다. 그 후 엔진의 흡입 공기량 및 연료 질량 흐름과 체적 배기량 데이터에 대해 수집된 데이터를 사용하여 엔진의 작동 영역에 걸친 NO_x 의 엔진 출력량 흐름 수준을 측정하였다. 식 (13.5)와 식 (13.15)를 사용하여 계산한 BSFC와 $BSNO_x$ 데이터는 [그림 13-11]과 [그림 13-12]에 주어진 기본 엔진 지도를 개발하기 위해 사용되었다. BSFC는 앞서 13.2절에서 논의한 IC 연료 사용을 비교하기 위해 필요하다.

HEV에서 시동기/발전기는 전동 파워트레인에 추진 에너지를 공급할 뿐만 아니라 엔진 시동을 위한 변속기를 통해 IC 엔진과 결합할 수 있다. 이 변속기는 전기 기계와 IC 엔진의 작동 속도 범위를 일치시키도록 설계된 1단 감속기다. 엔진과 시동기/발전기의 복합 효율성은 다음과 같은 하이브리드 시스템의 하이브리드 제어 전략을 개발하는 데 유용하다.

$$\text{혼합 효율} = \frac{\text{제너레이터 출력 동력}}{\text{연료 잠재 동력}} = \frac{P_{\geq n,out}}{\dot{m}_{fuel}\text{HHV}} = \frac{V_{DC}I_{DC}}{\dot{m}_{fuel}\text{HHV}} \tag{13.16}$$

HEV의 직렬 모드에서는 원하는 SoC 대역 내에서 ESS를 유지하기 위해 IC 엔진과 시동기/발전기가 켜지거나 꺼진다. 'ON' 작동 지점은 연비, 배기가스 및 시동기/발전기 전기 기계의 특성에 따라 선택할 수 있다. 높은 연비만을 목표로 하는 경우 엔진은 낮은 BSFC 영역에서 작동해야 한다.

[그림 13-11]과 [그림 13-12]의 엔진 지도는 연료 소비량이 낮은 작동 영역에서도 높은 NO_x 발생이 발생한다는 것을 보여준다. 따라서 높은 연비와 적은 배기가스 배출량 사이에서 최적의 IC 엔진 작동 지점을 선택해야 한다.

예제 13.2

디젤 하이브리드 전기자동차의 직렬 모드 작동 중 질량 유량은 2.3kg/h이다. 영구자석 스타터/발전기는 2.8:1의 기어비를 가지며 엔진에 벨트로 결합된다. 스타터/발전기 입력토크 및 속도는 28.93N·m 및 3,500rpm이다. 엔진과 스타터/발전기 샤프트 사이의 커플링 손실은 무시할 수 있다고 가정한다. 생성된 출력 전압 및 전류는 각각 $300V_{DC}$ 및 31.8A이다. 엔진 BSFC, 엔진 효율성 및 엔진-스타터/발전기의 복합 효율을 계산한다.

풀이

IC 엔진 제동 토크 $T_b = 28.93 \times 2.8 = 81\,\text{N}\cdot\text{m}$

IC 엔진 속도 $N = 3{,}500/2.8 = 1{,}250\,\text{rpm}$

그러므로 벨트 커플링의 손실을 제외한 IC 제동 동력 출력은 다음과 같다.

$$P_b = 81\text{N}\cdot\text{m} \times 1{,}250\text{rpm} \times \frac{\pi}{30} = 10.602\text{kW}$$

IC 엔진의 BSFC는 다음과 같다.

$$\begin{aligned}\text{BSFC} &= \frac{\dot{m}_f}{P_b} = \frac{2.3\text{kg/h}}{10.602\text{kW}} = 0.217\text{kg/kWh} \\ &= 0.357\text{lb/hp}-\text{h}\end{aligned}$$

디젤 HHV는 19,733BTU/lb이고 이는 다음과 같다.

$$\begin{aligned}\text{HHV} &= 19{,}733 \times 1{,}055 \times 2.205\,\text{J/kg} \times 10^3\text{J/kg} \\ &= 12.75\text{kWh/kg}\end{aligned}$$

연료 잠재 동력으로부터 계산된 IC 엔진 입력 동력은 다음과 같다.

$$P_{in} = \dot{m}_f \times \text{HHV} = 2.3\text{kg/h} \times 12.75\text{kWh/kg} = 29.32\text{kW}$$

그러므로 IC 엔진의 효율과 혼합 효율을 다음과 같다.

$$\eta_{ICE} = \frac{10.602}{29.32} = 36.2\%$$

$$\eta_{combined} = \frac{300 \times 31.8}{29.32} = 32.5\%$$

13.4.4 배기 제어 요소

차량의 배기가스 제어 요소는 사용되는 IC 엔진 유형에 따라 다르지만, 일부 구성요소는 가솔린 및 디젤 엔진에서 유사하게 사용한다. 배기가스 배출은 배기가스 흐름 경로에 챔버를 제공하여 오염물질을 추가로 산화 및 감소시키고 배기 흐름의 일부를 엔진으로 다시 유입시킴으로써 제어된다. 오염물질의 산화 및 환원에 사용되는 구성요소는 촉매변환기로 알려져 있으며, 두 번째 방법은 배기가스 재순환(EGR)으로 알려져 있다. 촉매변환기와 EGR은 가솔린 엔진 차량의 모든 오염물질을 줄이는 데 매우 효과적이다. 디젤 엔진에는 오염물질 수준을 허용 가능한 수준 이내로 만들기 위한 추가 처리 요소가 필요하다. 이 절에서는 EGR 및 촉매변환기에 대해 전반적으로 논의한 다음, 디젤 엔진 차량의 배기가스 컨트롤에 대한 구체적인 조건을 설명한다.

배기가스 순환

EGR은 차량의 배기관에서 NO_x를 줄이는 데 사용된다. 이 방법은 EGR 밸브를 사용하여 배기 흐름의 일부를 공기/연료 흡기 시스템으로 다시 흡입하여 엔진실 온도를 낮춘다. 흡입된 배기가스는 공기/연료비를 희석시키고 λ를 감소시켜 연소실 온도를 낮추는 데 도움을 준다. 엔진 작동 온도가 낮을수록 생성되는 NO_x의 양은 줄어든다. EGR 작용은 풍부한 공기/연료 혼합물(연료가 풍부한)을 연료가 적은 혼합물로 희석시켜 엔진 성능을 낮춘다. 따라서 최대 엔진 출력이 필요하거나 엔진이 냉각되면 EGR 작동이 비활성화된다.

촉매변환기

촉매변환기는 산화 및 환원을 통해 배기 흐름의 유해 오염물질을 보다 수용 가능한 화합물로 변환한다. 양방향 촉매변환기는 두 개의 산화 과정만을 위해 설계된 촉매변환기이며, 두 개의 산화 및 하나의 환원 과정을 사용하는 촉매변환기는 3방향 촉매변환기이다. 두 산화 과정은 배기 흐름의 일산화탄소 및 탄화수소를 감소시킨다. 양방향 촉매변환기는 가솔린 엔진에 처음 사용되었지만, 배출 가스에서 NO_x를 감소시키지 못하여 현재 널리 사용되는 3방향 촉매가 개발되었다. 현재 디젤 엔진에는 NO_x 및 미립자 물질을 줄이기 위해 추가적인 후처리 구성요소와 함께 양방향 촉매변환기가 사용된다. 3방향 촉매변환기는 다음과 같이 세 가지 작업에 촉매를 사용한다.

❶ NO_x에서 N_2, O_2로 환원

$$2NO \rightarrow O_2 + N_2, \quad 2NO_2 \rightarrow 2O_2 + N_2$$

❷ CO에서 CO_2로 산화

$$2CO + O_2 \rightarrow 2CO_2$$

❸ C_xH_y에서 CO_2, H_2O로 산화

$$[C_xH_y] + [O_2] \rightarrow [H_2O] + [CO_2]$$

화학 반응은 공정 속도를 높이기 위해 촉매를 사용한다. 백금과 로듐은 환원 촉매, 백금과 팔라듐은 산화 촉매로 사용된다. 3방향 촉매변환기는 IC 엔진이 화학양론비 주변의 좁은 대역 내에서 작동할 경우 CO, NO_x, HC의 배출량을 줄이는 데 매우 효과적이다. 엔진 관리 및 연료 분사 시스템은 촉매변환기와 함께 작동하여 오염물질의 양을 줄인다. 배기 흐름의 산소 센서는 엔진 관리 시스템에 피드백을 제공하며, 엔진 관리 시스템은 화학양론비 주변의 좁은 구역 내에서 연료 분사 시스템을 통해 공기/연료 혼합물의 비율을 제어한다. 그러나 엔진의 부분 부하 조건이나 수요량이 많은 조건에서는 화학양론비 주변의 비율을 유지할 수 없다. 공기/연료 혼합물이 희박할 때 양론비 대역 외에서는 배기 흐름이 더 많은 CO와 HC를 가지고 있기 때문에 산화가 이루어진다. 공기/연료 혼합물이 풍부할 때는 엔진실 온도가 높기 때문에 배기가스에 NO_x가 더 많이 포함되어 환원이 이루어진다. 촉매변환기에서 사용되는 금속 산화물(산화세륨)의 용량이 과할 경우 산소를 저장하고 필요할 때 방출할 수 있다. 이런 종류의 산화물을 안정제라고 한다. 금속 산화물은 배기 흐름에 과도한 산소가 있는 작동 상태에서는 산소를 저장하고, 충분한 산소를 사용할 수 없는 풍부한 작동 상태에서는 산소를 방출하여 산화 과정을 돕는다.

촉매변환기 외에도 특정 조건에서 스파크 점화 엔진의 배기 스트림에 SAI **Secondary Air Injection** 방식을 적용하여 잉여 탄화수소를 연소시킨다. 이 방법은 주로 엔진 시동 중에 촉매변환기가 온도가 오를 시간이 충분하지 않을 때 배기가스를 제어하기 위한 목적으로 사용된다.

13.4.5 배기가스 배출량 처리

디젤 엔진은 가솔린 엔진에 비해 높은 수준의 연비를 제공할 수 있기 때문에 HEV에 더 많이 사용할 수 있다. 연료 분무화를 위해 고속 직분사를 활용하는 최신 기술 디젤 엔진 중 일부는 동등한 성능의 가솔린 엔진보다 체적 연료 소비를 최대 35% 낮은 수준으로 달성할 수 있다.[12] 유럽에서는 승용차를 위한 효율적인 소형 디젤 엔진을 구입할 수 있다. HEV의 주요 동력원으로 디젤 엔진을 사용하면 일반 가솔린 연료 차량에 비해 연비가 크게 향상될 수 있다. 그러나 HEV에 디젤 엔진을 사용하려면 EPA 요건을 충족하기 위해 후처리 시스템을 사용해야 한다.

다양한 엔진 작동 매개변수를 통해 디젤 엔진 배기가스 배출량을 줄일 수 있지만, 일반적으로 연비의 비용으로 배출된다. 이 절에서는 디젤 배기의 후처리 구성요소를 중점적으로 다룬다. 후처리란 배기 흐름의 배기가스 배출 감소 방법, 즉 연소 후를 말한다.

디젤 산화 촉매

미연소 탄화수소와 일산화탄소는 배기 흐름에서 산화 촉매를 사용하여 감소시킬 수 있다. 가솔린 배기 촉매변환기와 유사하게 디젤 배기 촉매변환기는 귀금속 촉매를 사용하여 화학 반응을 촉진함으로써 배기 흐름의 HC와 CO를 산화시킨다. 그러나 디젤 엔진용 산화 촉매변환기의 설계는 가솔린 엔진과 크게 다르다. 디젤 배기 시스템에서 볼 수 있는 훨씬 낮은 배기 온도에서 작동하려면 성능을 최적화해야 한다.[13] 디젤 엔진은 항상 과도한 공기로 작동하기 때문에 온도가 낮다.

디젤 미립자 필터

탄화수소를 가지는 디젤 산화 촉매로 처리하면 입자 질량을 줄일 수 있다. 최근에 사용되는 산화 촉매는 경량 디젤 차량 생산에 사용되는 유일한 입자 제어 유형이다. 그러나 그을음이 대부분인 미립자 물질을 효과적으로 제어하려면 디젤 미립자 필터(DPF)가 필요하다. DPF에는 여러 유형이 있지만, 가장 일반적이고 효과적인 것은 벽 흐름 유형이다. 필터는 가스가 입자를 가두는 점토 유래 물질을 통과해 막힌 끝을 통과하도록 강제하는 배기 흐름을 제공한다. 이 설계의 필터는 거의 100%의 효율을 갖는 것으로 보고되었다.[14] 그러나 필터를 주기적으로 청소해야 한다는 단점이 있다.

DPF에서 입자 덩어리를 제거하는 방법을 재생이라고 하며 이는 단순히 그을음 입자를 연소시키는 것도 포함한다. 재생은 수동 또는 능동적으로 발생할 수 있다. 수동 재생은 정상적인 차량 작동 중에 입자 산화가 발생할 수 있도록 배기 온도를 높게 유지함으로써 이루어진다. 이때 유지해야 하는 배기 온도 범위는 550~600℃로, 이는 디젤 배기 흐름에서 사용하기 힘든 경우가 있다. 상업용 디젤 차량은 연비에 맞는 크기의 엔진을 갖추고 있으며 대부분의 주행이 고속도로에서 이루어지기 때문에 고부하 운전이 일반적이므로 DPF는 상업용 디젤 차량에 적합하다. 경형 승용차는 높은 배기 온도가 발생하는 고부하 운전이 자주 발생하지 않는 도심 주행 조건에서 주로 운행된다. 낮은 배기 온도는 재생하기에 충분하지 않기 때문에 일반적인 디젤 승용차에서는 DPF를 사용하는 경우가 드물다. 능동 재생 시에는 촉매를 연료에 첨가하여 입자 연소 온도를 낮춘다. 촉매 첨가는 더 높은 배기 온도를 제공하도록 연료 분사 속도를 변경하는 복잡한 엔진 관리 전략과 결합될 수 있다.

HEV에 경량 디젤 엔진을 사용하면 하이브리드 제어 전략이 직렬 모드로 작동해 도심 주행 조건에서도 엔진에 높은 부하를 보장할 수 있다는 것이 장점이다. 전기 발전기는 가능한 경우 배터리 충전에 사용되는 여분의 에너지를 사용하여 모든 도시 주행에 충분한 엔진에 적재할 수 있다. 높은 부하에서 엔진 온도가 충분히 높을 경우 DPF의 수동 재생이 가능하다. 이러한 형식의 차량을 개발할 때 엔진 선택 또는 개발은 수동 재생의 기준을 고려해야 한다.

NOx를 감소시키는 방법

디젤 엔진에서는 디젤 배기 온도가 낮고 배기 흐름에서 산소가 풍부하기 때문에 촉매변환기를 이용해 NO_x를 감소시키는 방법은 가솔린 엔진에 비해 효과적이지 않다. 화학 반응은 항상 가장 간단한 방식으로 발생하며, 디젤 배기 흐름의 과도한 산소는 촉매에서 NO_x의 분리를 촉진하기 전에 결합된다. HEV의 작동 시나리오를 고려할 때 촉매 촉진에 의한 디젤 배기가스 내 NO_x 화합물의 감소는 더욱 복잡하다. 하이브리드 제어 전략은 직렬 작동 모드와 같이 엔진에서 높은 효율성을 요구할 수 있다. 주어진 속도 동안 높은 부하로 엔진을 작동시키면 높은 연비와 함께 많은 NO_x가 발생한다. HEV의 이러한 작동 시나리오는 도시 주행에서 전형적으로 나타난다. 고속도로 주행에서는 HEV의 IC 엔진이 항상 고부하 조건에서 작동하게 되어 기존의 IC 엔진 차량에 비해 주행 사이클 동안 NO_x가 크게 증가한다.

디젤 NO_x 제어에 적용된 최신 기술에는 높은 부하가 나타날 때까지 낮은 작동 온도에서 NO_x를 저장할 수 있는 저녹스(Low-NO_x) 트랩과 엔진 배기가스를 처리하기 위해 암모니아를 사용하는 선택적 촉매 환원(SCR) 과정이 있다.[10]

저녹스 트랩은 산소가 풍부한 작동 조건에서 NO_x 흡착 후 연료가 풍부한 환경에서 무해한 물과 질소로 분해하는 기술이다. 해당 시스템은 새로운 화합물을 형성하여 NO_x의 흡착과 저장을 촉진하는 촉매를 사용하여 작동한다.[15] 문제는 연료가 풍부한 환경을 조성하기 위하여 연료 재생을 위해 과도한 연료를 배기구류에 자주 분사해야 한다는 것이다. 따라서 연비는 떨어질 수밖에 없다. 최근에는 저녹스 트랩이 디젤 승용차에 도입되었는데 메르세데스 벤츠는 2007년형 차량에 저녹스 트랩을 장착한 모델을 처음 선보였다.

SCR은 배기에 환원제를 주입하는 것을 포함하며 이는 NO_x 화합물과 결합하여 무해한 화합물을 형성할 수 있다. 공정에서 사용할 수 있는 가장 효과적인 환원제는 암모니아(NH_3)이다. NH_3는 각각 산화하여 N_2, N_2O, NO[16]를 형성하기 보다는 선택적으로 NO_x 화합물과 반응한다.

$$4NH_3 + 4NO + O_2 \rightarrow 4N_2 + 6H_2O \quad (13.17)$$

$$2NH_3 + NO + NO_2 \rightarrow 2N_2 + 3H_2O \quad (13.18)$$

$$8NH_3 + 6NO_2 \rightarrow 7N_2 + 12H_2O \quad (13.19)$$

디젤 배출로 인한 NO_x의 90% 이상이 NO로 구성되어 있으며 식 (13.17)에서 과잉 산소는 NO와 NH_3에서 1:1로 발생하기 때문에 반응의 대부분을 차지한다. 식 (13.18)은 다른 반응보다 낮은 온도에서 발생하지만. NO와 NO_2가 1:1 비율이 되어야 하므로 가장 바람직하다. 식 (13.19)은 NO가 부족하여 식 (13.18)까지 줄일 수 없는 나머지 NO_2를 처리한다.

암모니아와 NO_x 화합물은 특수 설계된 촉매변환기를 통해서만 효율적으로 반응시킬 수 있다. 상업용으로는 귀금속, 금속산화물, 제올라이트 등 세 가지 종류의 촉매가 개발되었다. 귀금속 촉매는 NO_x 환원에 매우 활발하지만, NH_3를 효과적으로 산화시켜 환원제로서 사용할 수 없는 것으로 확인되었다. 이러한 이유로 덜 효과적인 금속 산화물(금속과 산소로 구성된 화합물) 촉매는 기존의 SCR 응용 분야에서 가장 흔하게 사용되고 있다. 미세 다공성 구조를 가진 광물로 구성된 제올라이트 촉매는 SCR 시스템에도 사용될 수 있지만, 디젤 엔진보다는 가스 연소 열병합 발전소에 더 적합하다.

암모니아는 효과적인 NO_x 환원제가 될 수 있지만, 암모니아 자체가 EPA에 의해 규제되는 독성 화학물질이기 때문에 보관 및 운송 문제를 해결하는 것이 중요하다. 이런 부분을 해결하기 위해 뜨거운 배기 흐름에 요소 수용액을 주입하는 방법이 있는데 이 과정을 통해 암모니아와 이산화탄소를 빠르게 분해할 수 있다.[17] 암모니아를 생성하는 과도한 요소의 해리는 암모니아 슬립이라고 불리는 테일파이프 밖으로 생 암모니아를 방출한다. 또한 적절한 양의 요소만 배기 흐름에 첨가하여 공급량을 보존함으로써 요소 리필까지의 시간을 극대화하는 것이 좋다.

요소 분사에는 가솔린 엔진에서 발견되는 일반적인 연료 분사기 **fuel injector**에 버금가는 단위 분사기 **unit injector**를 사용할 수 있다. 분사 속도는 펄스 폭 변조(PWM) 신호를 통해 분사기에 올바른 분사 주파수를 전송하여 제어할 수 있다. 필요한 분사 압력은 일반적으로 공기 탱크에 장착된 압력 조절기에 의해 유지된다. 프로그램을 다시 장착하기 위한 상용 시스템은 일반적으로 필요에 따라 공기 탱크를 재압축하는 압축기와 모터를 갖추고 있다. 요소 주입 제어를 위해 배기 온도를 모니터링하면 주입 속도를 결정할 수 있는 적절한 피드백 정보가 제공된다. 보다 정교한 제어 시스템에는 요소 분사 속도를 제어하기 위한 엔진 속도 및 연료 분사 속도 피드백을 제공하는 엔진 전자 컨트롤 유닛(ECU)과의 인터페이스가 있다. 촉매의 암모니아 함량을 결정하기 위한 센서는 요소 주입을 위한 피드백 제어기를 개발하는 데 이상적으로 적합하지만, 그러한 센서는 현재 프로토타입 단계에 있다.

13장 연습문제

13.1 HEV의 변수는 다음과 같다.

$$\rho = 1.16\text{kg/m}^2,\ m = 692\text{kg},$$
$$C_D = 0.2,\ A_F = 2\text{m}^2,\ \text{g} = 9.81\text{m/s}^2,$$
$$C_0 = 0.009,\ C_1 = 1.75 \times 10^{-6}\text{s}^2/\text{m}^2$$

차량에 사용되는 내연기관은 $5 < x < 100$ 일 때 $F = 2.0\sin(0.0285x)\text{N}$인 속도 대 힘 특성을 갖는다. 여기서 x는 차량 속도(km/h)이다. 2% 경사면에서 97km/h의 정격 순항 속도에 대한 ICE의 변위를 계산하라.

CHAPTER 14

변속기, 브레이크 및 냉각 시스템

Power Transmission, Brakes and Cooling Systems

들어가기 전에 ▶▶▶

ICEV는 파워트레인으로 알려진 동력 전달 경로를 통해 바퀴에 동력을 전달한다. 이 장에서는 파워트레인의 클러치, 기어, 변속기와 차동 장치의 주요 기계적 동력전달장치와 몇 가지 보조장치를 설명한다. IC 엔진과 파워트레인은 기계적 동력 전달 경로를 형성하는데 이러한 파워트레인 구성요소 중 일부는 EV뿐만 아니라 IC 엔진과 전기모터의 동력을 혼합하는 데에도 필수적이다. EV의 동력 전달에는 에너지저장 시스템에서 전기모터까지의 전기적 경로와 모터 샤프트에서 바퀴까지의 기계적 경로가 포함된다. HEV의 파워트레인은 전기모터와 IC 엔진의 토크 출력을 혼합하는 데 필요한 커플링 때문에 EV보다 더 복잡하다. 이 장에서는 먼저 기본적인 파워트레인의 구성요소를 살펴본 다음 하이브리드 파워트레인에 관해 설명한다.

차량의 동력 전달 경로의 끝에는 브레이크라는 중요한 요소가 있다. 제동 시스템 역학은 차량의 움직임을 멈추기 위해 제동력을 평가해야 한다는 점을 제외하면 구동역학과 유사하다. 최신 차량은 유압 기반 시스템을 대체하는 전기부품의 사용량이 증가하고 있다. 이처럼 유압 액추에이터를 전기모터로 구동하는 액추에이터로 교체하는 과정에서 전동화가 이루어지는데, 이러한 예로는 전동식 동력 조향장치와 전자 밸브 제어가 있다. 이에 따라 IC 엔진 차량의 성능과 연비는 향상하였다. 이러한 장치는 전자 제어 및 통신을 통해 최신 차량 시스템 기능을 통합하기 위한 바이-와이어-시스템을 사용할 수 있게 한다. 차량의 제어 성능의 향상은 전기 시스템의 제어를 통한 모터 드라이브의 역동적인 동작 가능성에서 비롯된다. 이 장에서는 기존 브레이크와 EMB 시스템을 간략히 소개한다.

차량 내에는 파워트레인 장치와 차량 탑승자를 지원하기 위한 여러 시스템이 있다. 차량의 일부 보조 시스템은 승객의 안전과 편안함을 위해 설계되었으며 이러한 시스템 중 일부는 파워트레인 만큼이나 중요할 수 있다. 차량의 냉각 시스템은 탑승자와 파워트레인 장치의 안전성과 편리성을 모두 만족한다. 이 장에서는 차량의 냉각 시스템에 관해서도 설명한다. 차량에는 많은 보조 시스템이 있지만, 포괄적인 적용 범위를 설명하기 보다는 보조 시스템의 중요성을 강조한다.

SECTION 14.1

변속기 부품

Power Transmission Components

차량의 파워트레인은 동력을 저장된 에너지를 처리하는 IC 엔진 또는 전기모터에서 바퀴로 전달한다. 파워트레인은 종종 차량의 '드라이브 트레인'이라고도 불리며 주요 구성요소에는 엔진, 변속기, 전기모터, 기어 세트, 클러치, 변속기, 구동축 및 종감속기가 있다. 차량의 에너지는 IC 엔진용 디젤 또는 휘발유와 전기모터용 배터리의 화학물질에 처음 저장된다. IC 엔진 또는 전기모터는 저장된 에너지를 기계적 형태로 변환하고, 기계적 동력이나 에너지는 차량의 바퀴에 있는 끝점까지 전달되어야 한다. 전기모터의 경우 IC 엔진이 연결된 변속기는 감속을 위한 간단한 기어박스가 될 수 있다. 변속기와 차동 장치는 서로 다른 유형의 기어와 기어 세트로 구성되며 구동부[1]를 제외한 파워트레인의 구성요소는 집합적으로 구동계로 알려져 있다.

파워트레인의 마지막 부분은 변속기/기어박스 또는 구동축의 출력 속도를 줄이는 종감속기로 둘 이상의 기어가 함께 작동하는 기어 세트로 구성된다. 종감속기에는 차량이 코너를 돌 때 내부 및 외부 바퀴의 속도 차를 조절하는 차동 장치가 포함된다. 차축의 구동 바퀴에는 두 바퀴에 동력을 전달할 수 있도록 추진 장치가 서로 연결되어 있는데, 차량의 선회 시 양쪽 바퀴에 각각 다른 동력을 전달할 수 있어야 한다. 차동 장치의 동력은 하프 샤프트half-shaft에 의해 구동 바퀴로 전달된다. 하프 샤프트는 파워트레인 동력의 절반을 차동 장치로 전달한다. 또한 추진 장치의 변속기 또는 기어박스는 일반적으로 차동 장치와 같은 평면에 있지 않다. 그래서 구동력은 구동계에 비스듬히 전달되어야 하는데 이를 위해 유니버설 조인트와 등속 조인트가 사용된다.

차량이 전륜 구동인지 후륜 구동인지에 따라 사용되는 파워트레인의 구성요소는 달라진다. IC 엔진 또는 전기모터 이후 전륜 구동의 파워트레인 어셈블리는 소형이며 일반적으로 하나의 장치에 통합된다. 전륜 구동은 승용차에서 널리 사용되고 있으며 엔진 뒤에 변속기가 위치한다. 후륜 구동에서 추진 장치가 차량의 전방에 위치할 경우 구동축을 사용하여 차량의 길이 방향으로 동력이 전달된다. 구동축은 후륜 구동 차량의 조인트를 사용하여 차동 장치에 동력을 전달하며 후륜 구동은 일부 승용차와 경트럭에 사용된다. 앞바퀴와 뒷바퀴 모두에 동력이 전달되는 차량을 사륜구동 차량이라고 하며 상시 사륜구동에는 프런트 차동 장치와 리어 차동 장치가 있다.

1 'IC 엔진과 변속기' 또는 '전기모터와 기어 세트' 또는 두 세트의 조합을 의미한다.

14.1.1 EV 파워트레인

EV 파워트레인의 구성요소는 전기모터, 기어박스, 드라이브 샤프트, 차동 장치, 하프 샤프트와 바퀴로 구성된다. 전기모터는 정지 상태에서 출발해 넓은 속도 범위에서 효율적으로 작동할 수 있어 IC 엔진 차량에 사용되는 클러치를 없앨 수 있다. 단일 기어비는 바퀴 속도를 모터 속도에 대응하기에 충분하다. 특히 EV는 기어 없이 설계할 수 있지만, 감속기를 사용하면 주어진 차량 속도에 대해 전기모터를 훨씬 더 높은 속도로 작동할 수 있어 필요한 토크가 더 낮으므로 모터 크기가 최소화된다.

전륜 구동의 경우 전기모터는 [그림 14-1]과 같이 전륜 축에 장착된 기어박스를 구동한다.

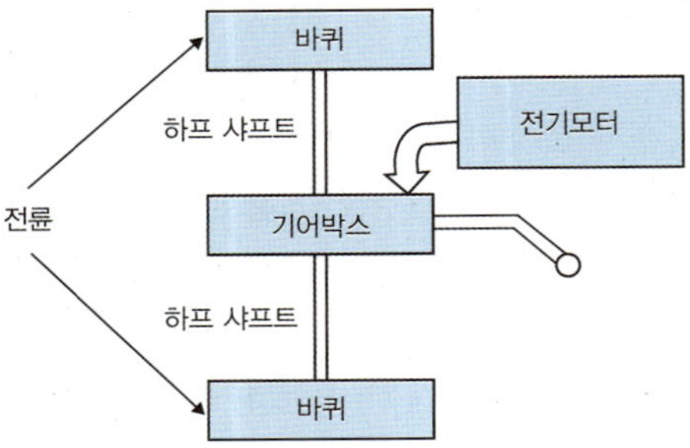

[그림 14-1] 전륜 구동 방식

이 구성은 단일 구동 모터를 사용하는 EV용으로, 단일 구동 모터는 직접 트랜스액슬**trans axle**을 구동하여 두 바퀴에 차동 장치를 거쳐 동력을 전달한다.[1] 후륜 구동의 경우 파워트레인이 더 복잡한데, 전형적인 후륜 구동 EV 파워트레인의 구성은 [그림 14-2]에 나타내었다.

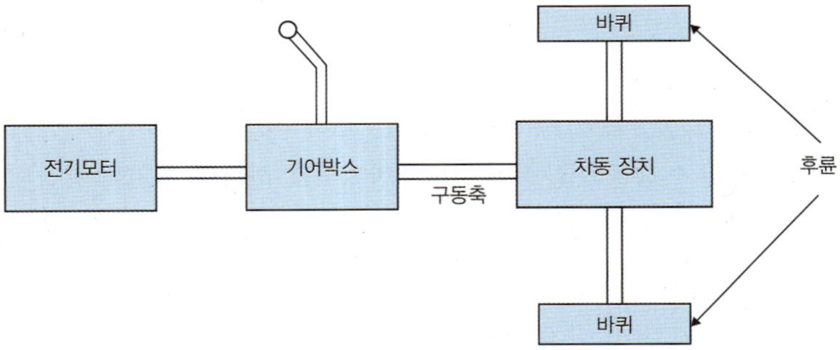

[그림 14-2] 후륜 구동 방식

2개의 모터를 사용하여 각각의 앞바퀴를 구동하게 되면 차동 장치를 제거하고 파워트레인을 단순화할 수 있다. 두 바퀴를 구동하는 2개의 추진 모터로 여러 가지를 구성할 수 있는데 섀시에 장착된 모터를 2개의 짧은 하프 샤프트를 이용하여 바퀴에 연결할 수도 있다. 차량의 현가 시스템은 도로 상태에 따라 차량을 더욱 쉽게 운전할 수 있도록 바퀴 관련 부품을 차량의 나머지 구성요소로부터 분리한다. 바퀴는 섀시에 장착될 때 모터 무게와 상관없이 자유롭게 움직일 수 있다. 이 밖에도 모터 구동축이 하프 샤프트의 일부인 상태에서 모터가 하프 샤프트에 장착되게 구성할 수도 있다. 하프 샤프트는 한쪽의 바퀴와 다른 쪽의 피벗을 통해 섀시를 연결한다. 모터의 인휠 마운팅은 EV에서 가능한 구성 중 하나로, 바퀴 내부의 모터로 인해 차량의 현가하중량**unsprung weight**이 증가하여 트랙션 제어가 더 복잡하다는 단점이 있다. 따라서 사용할 수 있는 공간이 제한되기 때문에 차량의 현가하중량을 최소화하기 위해 인휠 모터**in-wheel motor**의 출력 밀도가 높아야 한다. 처음에 언급했듯이 공간에는 제약이 있지만 감속기를 추가하는 것이 바람직하다. 고출력, 고토크 모터의 비용은 EV에 인휠 모터를 사용하는 데 있어 가장 큰 걸림돌이다. 또한 인휠 모터는 제동이 발생할 때 제한된 공간에서 발생하는 발열의 냉각 성능을 확보하는 것이 중요하다. 그럼에도 불구하고 파워트레인 구성의 단순성을 높이기 위한 EV용 인휠 모터의 개발은 활발히 이뤄지고 있다.

SECTION 14.2

기어

Gears

기어는 토크 증가와 속도 감소를 통하여 기계적 이점을 갖는 간단한 기계적 동력 전달 장치이다. 이 기계 장치는 동력 또는 에너지의 일정한 흐름을 유지하는 에너지 보존 법칙을 사용하는데, 토크와 속도를 곱하면 에너지 전달 과정에서 일정하게 유지되는 동력이 나오기 때문이다. 이상적인 기어박스에서 동력 전달은 마찰이 없고 기어의 입력측에서 공급되는 전력 및 에너지는 출력측에서 사용할 수 있는 전력 및 에너지와 같다. 모터의 크기는 토크 출력에 비례하기 때문에 전기모터의 회전 속도를 높이면 모터의 토크가 필요 이상으로 커져야 한다. 따라서 기어박스는 모터의 회전 속도를 증가시키는 데 사용되지 않고 토크 증폭기 또는 감속기로 사용한다. 일반적인 기어 메커니즘은 [그림 14-3]과 같다.

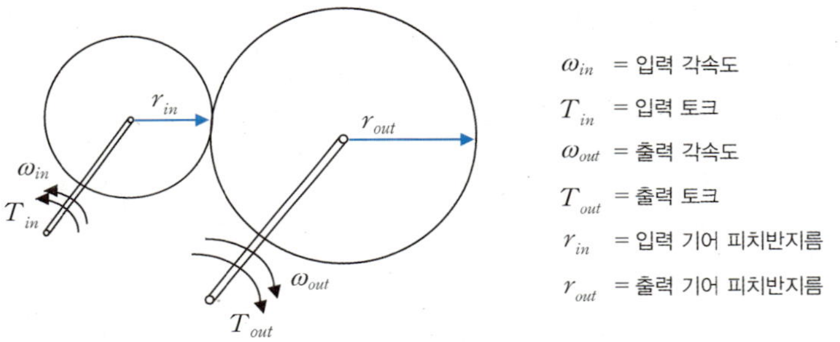

[그림 14-3] 기어 메커니즘

기어는 톱니가 같은 간격으로 절단된 둥근 디스크로, 다른 디스크의 유사한 톱니와 맞물리도록 설계되어 있다. 이렇게 결합된 원형 디스크는 한 기어에서 다른 기어로 동력을 전달하는데, 두 디스크의 톱니는 구동축과 피동축을 연결하고 손실이 거의 없는 접촉을 통해 에너지를 전달한다.

기어의 네 가지 기본유형은 스퍼, 헬리컬, 베벨, 웜 기어이며 자동차에는 거의 모든 유형의 기어가 있다. 스퍼기어(평기어)는 톱니가 회전축에 평행하게 연결되어 있으며 가장 단순한 형태이다. 동력은 스퍼기어에 의해 연결된 평행축에 전달된다. 헬리컬 기어는 회전축에 대해 기울어진 톱니가 있지만, 스퍼기어와 마찬가지로 평행한 축 사이에 동력을 전달한다. 베벨기어는 교차하지만 평행하지 않은 축 사이에 동력을 전달한다. 자동차의 차동 장치는 베벨기어를 사용한다. 하이포이드 기어는 톱니가 원호를 형성하고 샤프트가 교차하지 않는 베벨기어로, 파워트레인의 최종 구동축처럼 평행하지도 교차하지도 않는 축을 연결한다. [그림 14-3]은 스퍼기어 또는 헬리컬 기어의 개략도를 나타내며 기어 입력-출력 관계를 표시하는 데 사용된다.

기어를 통한 동력 전달 관계식은 다음과 같은 이상적인 기어박스 가정을 통해 이루어진다.

❶ $P_{losses} = 0$ 즉 효율 = 100%

❷ 기어는 완벽한 강체이다.

❸ 기어 백래시가 없다(즉 기어 치 사이에 빈 공간이 없다).

정상상태 모델을 유도하는 데 사용된 변수는 [그림 14-4]에 나와 있으며 추가 변수는 [그림 14-4]의 단일 디스크에 표시하였다.

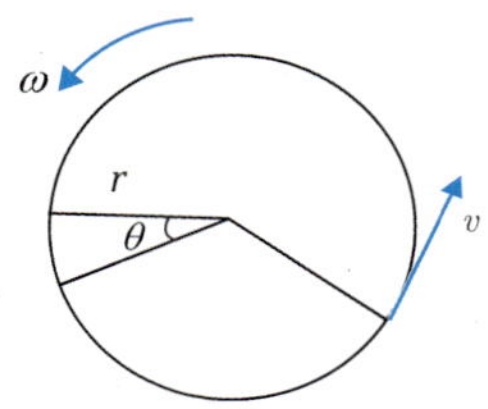

[그림 14-4] 기어에 사용되는 변수

14.2.1 기어비

반지름이 r인 디스크의 경우 접선 및 각속도는 다음과 같은 관계를 가진다.

$$\omega r = v$$

기어 치gear teeth의 접점에서의 접선속도는 [그림 14-3]에 반경이 다른 표시된 두 개의 기어 디스크에 대해 같다.

$$r_{in}\omega_{in} = v = r_{out}\omega_{out}$$

기어비는 입력축과 출력축 사이의 속도 변환 비율로 정의된다.

$$GR = \frac{\omega_{in}}{\omega_{out}} = \frac{r_{out}}{r_{in}} \tag{14.1}$$

기어 열의 효율을 100%로 가정하면 다음과 같다.

$$P_{out} = P_{in}$$
$$T_{out}\omega_{out} = T_{in}\omega_{in}$$

두 축 사이의 토크 관계로 기어비를 나타내면 다음과 같다.

$$GR = \frac{T_{out}}{T_{in}} = \frac{\omega_{in}}{\omega_{out}} \tag{14.2}$$

기어비는 [그림 14-5]를 이용하여 교대로 도출할 수 있는데 기어 물림(기어 메쉬)에서 공급되는 힘과 전달되는 힘은 같다. 이것은 모든 작용이 크기가 같고 방향이 반대인 반작용을 갖는다는 뉴턴의 제3운동법칙의 한 예이다. 축의 토크는 접촉하는 기어 치에 작용하는 힘을 디스크 반경으로 곱한 값이다. 2개의 기어 조합에서 토크 변화는 기어 디스크 반경의 비율에 비례한다.

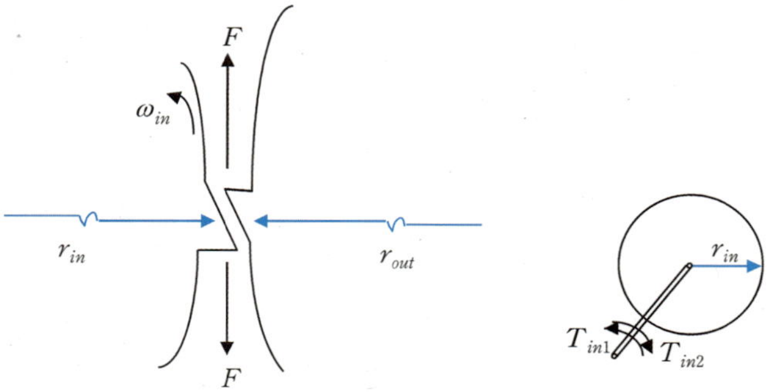

[그림 14-5] 기어에 작용하는 힘과 토크

기어 물림에서의 반경과 힘으로 표시한 내부 디스크의 토크는 다음과 같다.

$$T_{in} = Fr_{in}$$

$$F = \frac{T_{in}}{r_{in}}$$

유사하게 반경 r_{out}인 외부 디스크의 기어 물림의 힘은 다음과 같다.

$$F = \frac{T_{out}}{r_{out}}$$

두 힘과 토크는 반대 방향으로 작용한다. 크기가 같지만 반대되는 두 힘을 이용해서 다음과 같이 기어비를 구할 수 있다.

$$GR = \frac{T_{out}}{T_{in}} = \frac{r_{out}}{r_{in}} \tag{14.3}$$

모든 기어의 지름은 잇수에 비례하므로 다음과 같다.

$$\frac{d_{out}}{d_{in}} = \frac{r_{out}}{r_{in}} = \frac{N_{out}}{N_{in}} \tag{14.4}$$

여기서 N_{out}과 N_{in}은 기어 잇수, d_{out}과 d_{in}은 출력과 입력 기어의 피치지름이다. 식 (14.2) ~ 식 (14.4)를 이용해 기어 관계식을 정리하면 다음과 같다.

$$\frac{T_{out}}{T_{in}} = -\frac{r_{out}}{r_{in}} = -\frac{N_{out}}{N_{in}} = -\frac{\omega_{in}}{\omega_{out}} \tag{14.5}$$

음의 기호는 두 기어 물림의 토크 방향이 반대임을 나타낸다.

기어 관계식은 [그림 14-6]에 표시된 4단 기어 장치와 같은 다중 기어 물림으로 확장될 수 있다.

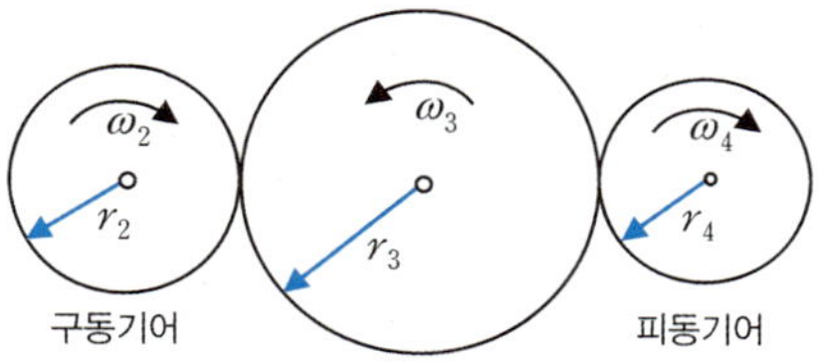

[그림 14-6] 2 메쉬 기어 트레인

동력 전달을 위한 여러 기어 물림의 배열을 기어 트레인이라고 한다. 표시된 기어 트레인에서 기어 2는 구동이고 기어 4는 피동이다. N_2, N_3, N_4가 각 기어의 잇수라면 입출력 토크 비는 다음과 같이 계산된다.

$$\begin{gathered} \frac{T_4}{T_3} \cdot \frac{T_3}{T_2} = \left(-\frac{N_4}{N_3}\right)\left(-\frac{N_3}{N_2}\right) = \left(-\frac{\omega_3}{\omega_4}\right)\left(-\frac{\omega_2}{\omega_3}\right) \\ \frac{T_4}{T_2} = \frac{N_4}{N_2} = \frac{\omega_2}{\omega_4} \end{gathered} \tag{14.6}$$

중간 기어는 최종 토크 비에 영향을 미치지 않지만, 출력축이 입력축과 같은 방향으로 회전하도록 한다. 이러한 방법을 이용하여 기어 트레인에서 원하는 회전 방향을 얻을 수 있다.

5개의 기어로 구성된 복합 기어 트레인은 [그림 14-7]과 같다.[2]

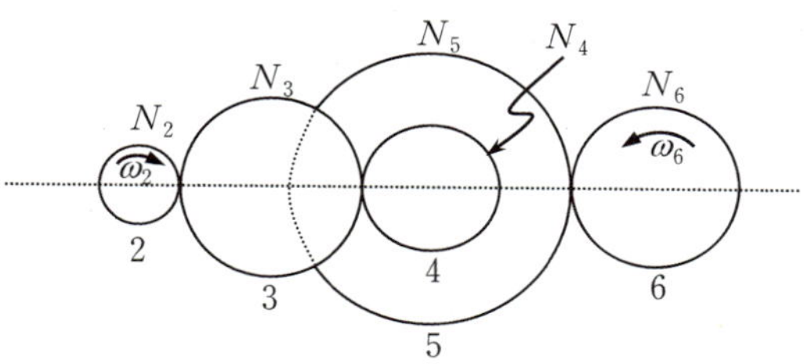

[그림 14-7] 복합 기어 트레인

기어 3은 [그림 14-6]의 중간 기어와 같은 기능을 하며, 입출력 토크 비에 영향을 주지 않고 최종 기어 6의 회전 방향에 영향을 준다. 기어 4와 5는 같은 축에 두 기어가 장착된 복합 기어 단을 형성한다. 기어 트레인의 입출력 토크와 속도 관계는 다음과 같다.

$$\frac{T_2}{T_6} = -\frac{\omega_6}{\omega_2} = -\frac{N_2}{N_3} \cdot \frac{N_3}{N_4} \cdot \frac{N_5}{N_6} \tag{14.7}$$

기어 2, 3 및 5는 구동이고 기어 3, 4 및 6은 이 기어 트레인의 피동 측이다. 입력 기어와 출력 기어 사이의 각속도와 토크 방향은 기어 물림 수가 3개이므로 반대이다. 이러한 유형의 기어 트레인은 일반적으로 차량의 변속기에 사용되며 방향 기호는 일반적으로 $(-1)^n$으로 표시한다. 여기서 n은 기어의 총 메쉬 수이다. 기어비 값은 다음과 같다.

$$GR = \frac{\text{구동기어 잇수의 곱}}{\text{피동기어 잇수의 곱}} \tag{14.8}$$

14.2.2 토크-속도 특성

이 절에서는 DC 모터 구동 EV 시스템을 고려하여 기어 사용의 이점을 설명한다. 기어박스와 결합한 전기모터를 포함하는 EV 드라이브 트레인의 일부가 [그림 14-8]에 나와 있으며 시스템의 토크-속도 특성 측면에서 구동계를 분석할 것이다.

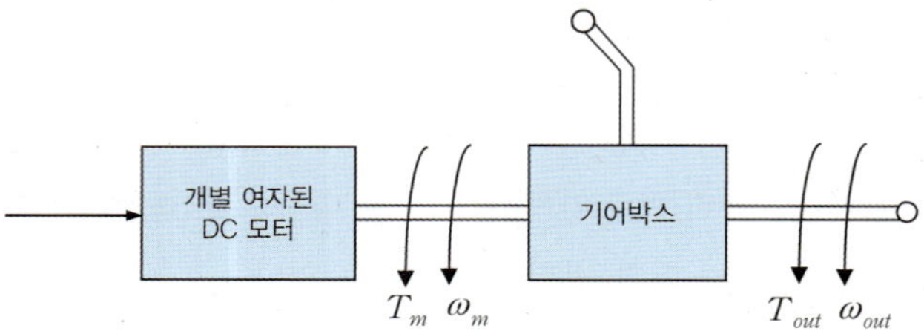

[그림 14-8] 모터와 기어 연결

일반적으로 전기모터는 모터의 크기를 최소화하기 위해 더 높은 속도로 작동하도록 설계된다. 기어박스는 차량 바퀴에 속도를 줄이고 토크를 증가시켜 전달하는 기능을 한다. 전기모터와 차량 바퀴 사이의 전체 기어비는 GR이라고 가정하고 모터 속도는 ω_m, 토크는 T_m으로 가정한다. 바퀴의 토크와 속도는 각각 ω_{out}과 T_{out}으로 표시한다. 정상상태에서 별도로 구동된 DC 모터의 경우 속도-토크 관계는 다음과 같다.

$$\omega_{in} = \frac{V_t}{k\phi} - \frac{R_a}{(k\phi)^2} T_m \tag{14.9}$$

그러나 $\frac{\omega_m}{\omega_{out}} = GR = \frac{T_{out}}{T_{in}}$을 식 (14.9)에 대입하면 다음과 같다.

$$\omega_{out} = \frac{V_t}{GR(k\phi)} - \frac{R_a}{(GRk\phi)^2} T_{out} \tag{14.10}$$

예제 14.1

EV 파워트레인은 [그림 14-9]와 같다. 여기서 $V_t = 50\text{V}$, $R_a = 0.7\Omega$, $k\phi = 1.3$, $mg = 7{,}848\text{N}$이다.

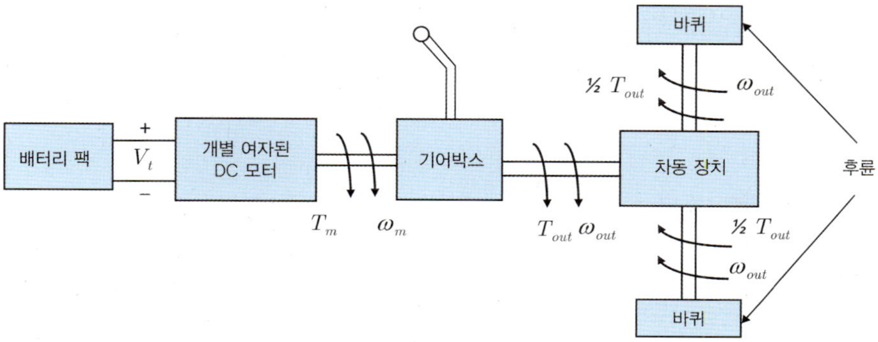

[그림 14-9] [예제 14.1]의 EV 파워트레인

이밖에 다음과 같은 값이 주어졌을 때 이 차량의 각 단에서의 최대 등판 각도 %를 구하라.

기어박스의 기어비 : 1단 $GR_1 = 2$, 2단 $GR_2 = 1$,

r_{wh} = 휠 반경 = 7in. = 0.178m

풀이

최대 등판 각도 %를 구하는 식은 다음과 같다.

$$\text{최대 등판 각도 \%} = \frac{100F_{TR}}{\sqrt{(mg)^2 - \text{F}_{\text{TR}}{}^2}}$$

토크-속도 관계식은 다음과 같다.

$$\omega_{out} = \frac{V_t}{GR(k\phi)} - \frac{R_a}{(GRk\phi)^2} T_{out}$$

F_{TR}을 찾기 위해 $\omega_{out} = 0$을 대입하면 다음과 같다.

$$0 = \frac{V_t}{GR(k\phi)} - \frac{R_a}{(GR\,k\phi)^2} T_{out}$$

$$T_{out} = \frac{V_t}{GR(k\phi)} \times \frac{(GR\,k\phi)^2}{R_a} = \frac{GR(k\phi)\,V_t}{R_a}$$

F_{TR}과 T_{out}의 관계는 $F_{TR} = 2 \times$ 각 바퀴의 토크$/r_{wh} = 2 \times (1/2\,T_{out})/r_{wh}$ 이므로,

$$F_{TR} = 2\frac{\frac{1}{2}T_{out}}{r_{wh}} = \frac{T_{out}}{r_{wh}}$$

이다. 이를 대입하면 다음과 같다.

$$F_{TR} = \frac{GR\,(k\phi)\,V_t}{r_{wh}R_a} = \frac{GR\,(1.3)50}{(0.178)(0.7)} = 521.7\,GR$$

$GR_1 = 2$, $GR_2 = 1$이므로 F_{TR}는 1단에서 $521.7\,GR \times 2 = 1{,}043$N이고, 2단에서 521.7N이다.

$$\text{최대 등판 각도} = \frac{100(1{,}043)}{\sqrt{(7{,}878)^2 - (1{,}043)^2}} = 13.4\%$$

최대 등판 각도는 1단에서 13.4%이고, 2단에서는 $\frac{13.4\%}{2} = 6.7\%$이다.

두 기어비의 기어박스에 연결된 개별 여자된 DC모터의 정상상태 토크-속도 특성은 [그림 14-10]에 나와 있으며 두 기어비에 대한 최대 등판 각도도 표시되어 있다.

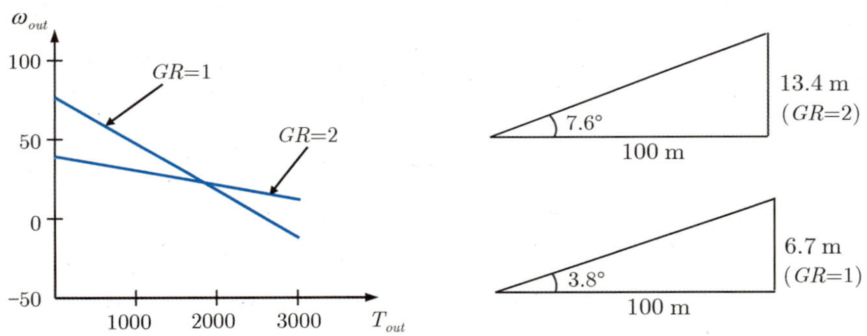

[그림 14-10] [예제 14.1]의 결과

14.2.3 유성기어 세트

유성기어 세트는 [그림 14-11]과 같이 외부 링기어, 유성기어 캐리어 및 중앙 선기어의 세 가지 구성요소로 구성된 기어 시스템이다.

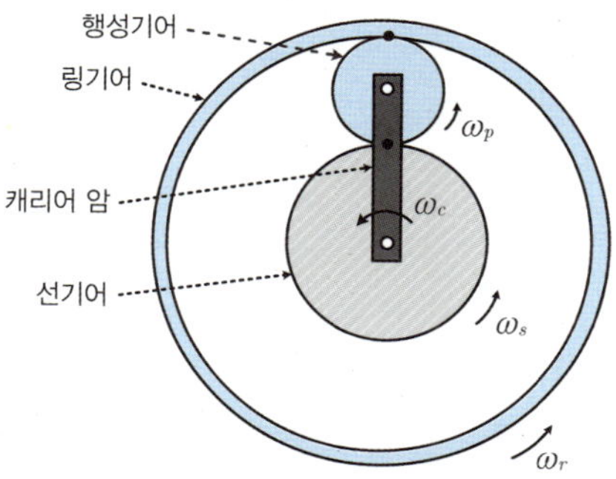

[그림 14-11] 유성기어 세트

행성 기어는 링 또는 선기어에 대해 자체 회전할 수 있는 이동식 암 또는 유성기어 캐리어에 장착된다. 유성기어 세트에서 기본 구성요소 중 하나는 일반적으로 고정되어 있지만, 다른 두 구성요소를 통해 동력이 전달된다. 하지만 동력분기식 하이브리드 차량과 같이 세 가지 구성요소 모두 동력 전달에 사용될 수도 있다.

유성기어는 작은 크기로 높은 출력 밀도와 큰 기어비를 구현할 수 있는 장점이 있다. 또한 하이브리드 차량에서 유성기어를 사용하면 3개의 구성요소를 다양하게 조합할 수 있고, 동축 구조로 설계할 수도 있다. 유성기어의 단점은 높은 베어링 하중과 설계의 복잡성이다.

구성요소 중 하나를 통해 적용된 입력 회전을 몇 가지 방법을 이용해 다른 기어 중 하나 또는 두 개의 출력 회전으로 변환할 수 있으며 각 기어의 속도 관계는 다음과 같이 주어진다.

$$(r_r + r_s)\omega_p = r_r\omega_r + r_s\omega_s \tag{14.11}$$

여기서 r_r은 링기어의 반경, r_p는 유성기어 캐리어의 반경, r_s는 선기어의 반경이다. 토크는 기어치에 작용하는 힘을 통해 입력장치에서 출력장치로 전달된다. 힘 F가 행성기어에 작용하면 힘의 절반은 링과 선기어의 접촉부에서 반력으로 작용하며 [그림 14-12]와 같다.

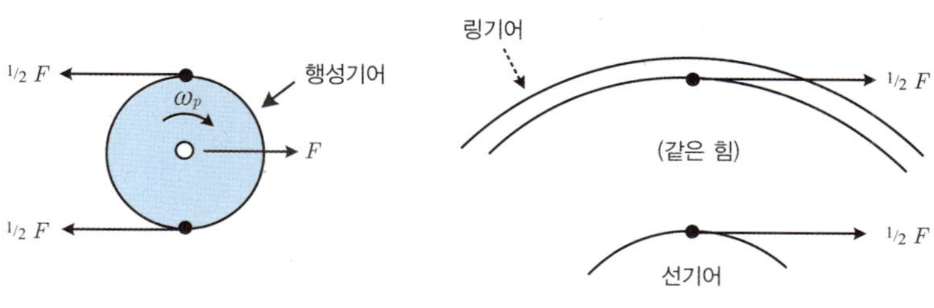

[그림 14-12] 캐리어 행성기어에 작용하는 힘으로 인한 선기어와 링기어의 반력

행성기어는 반지름에 비례하여 링기어와 선기어에 토크를 전달하며 세 기어 사이의 토크 관계는 다음과 같다.

$$T_p r_r = T_r(r_r + r_s) \text{와 } T_p r_s = T_s(r_r + r_s)$$

여기서 T_p는 유성기어 캐리어 토크, T_r은 링기어 토크, T_s는 선기어 토크이다. 각 기어의 토크 평형에서 다음 식을 구할 수 있다.

$$T_p = T_r + T_s = \frac{r_r}{r_r + r_s} T_p + \frac{r_s}{r_r + r_s} T_p \qquad (14.12)$$

3개의 기어에 대한 반지름 비율은 설계에 따라 설정되며 링기어와 선기어 사이의 토크 비가 결정된다. 동력이 유성기어 캐리어를 통해 공급되고 링과 선기어에 전달되면 다음 관계식이 성립된다.

$$\begin{aligned} P_p &= P_r + P_s \\ T_p \omega_p &= \frac{r_r \omega_r}{r_r + r_s} T_p + \frac{r_s \omega_s}{r_r + r_s} T_p \end{aligned} \qquad (14.13)$$

여기서 P_p는 캐리어 동력, P_r은 링기어 동력, P_s는 선기어 동력이다.

동력분기식 하이브리드 차량에서 유성기어 캐리어는 엔진에 연결되고 선기어는 시동기/발전기에 연결되며 링기어는 전기모터에 연결되어 차동 장치와 바퀴에도 연결된다. 유성기어 캐리어에 가해진 토크는 링과 선기어를 통해 휠과 시동기/발전기로 전달된다. 유성기어 세트를 사용하는 동력분기식 하이브리드의 제어 전략은 15.2.1절에서 논의한다.

SECTION 14.3

클러치

Clutches

클러치는 원동기와 부하 사이의 동력 전달을 원활하게 연결하거나 해제하는 데 사용되는 기계 장치이다. 클러치는 자동차의 동력전달계에서 IC 엔진과 변속기를 연결하는 역할을 한다. 클러치를 사용하면 부하가 관성으로 인해 자유롭게 작동하거나 유휴상태인 동안 동력원을 계속 작동할 수 있다. 클러치는 차량 속도와 원하는 IC 엔진 속도를 일치시키도록 변속기의 기어비가 변경될 때 IC 엔진을 도로 부하에서 결합 및 분리한다. 모터는 정지 상태에서 시작하여 단일 기어비를 사용하여 최대 속도로 작동할 수 있으므로 EV에서 클러치를 제거할 수 있다.

차량의 엔진과 수동 변속기를 연결하는 데에는 마찰 클러치를 사용한다. 클러치는 한 디스크의 회전 속도를 다른 디스크의 회전 속도와 같게 만든다. 클러치의 작동은 여기에서 언급한 기계적 수단 외에 전기, 공압 또는 유압을 사용할 수 있다.

자동차의 수동 변속기에 사용되는 마찰 클러치는 운전자에 의해 결합 및 해제된다. 수동 변속기에 사용되는 클러치의 구성요소는 커버, 압력판 및 마찰 디스크이다. 커버는 엔진의 플라이휠에 볼트로 고정되어 있어 항상 엔진과 함께 회전한다. 압력판은 엔진과 함께 회전하는 덮개 내부에 있다. 마찰면이 있는 디스크는 덮개와 압력판 사이에 위치하며 스플라인축을 통해 변속기에 연결된다.[3] 변속기는 압력판에 부착된 일련의 스프링을 통해 엔진에서 전달되는 동력에 맞물리게 되며, 압력판은 마찰 디스크를 플라이휠에 압착하여 기계적 연결을 완료하게 된다. 운전자는 압력판이 마찰 디스크에서 떨어질 때 변속기를 분리하기 위해 클러치 페달을 밟아야 한다. 디스크 및 드럼 유형의 기계식 브레이크는 마찰 클러치의 한 예로 14.6절에서 자세히 설명한다.

SECTION 14.4 차량의 차동 장치

Automobile Differential

차량의 차동 장치는 뒤 차축에 있는 바퀴의 차동 메커니즘을 제공한다. 차량이 코너를 돌 때 커브 바깥쪽 바퀴가 안쪽 바퀴보다 더 빨리 회전해야 한다. 차동 장치에 사용되는 기어의 종류는 유성기어와 베벨기어이며 한 세트의 기어 열이 조화롭게 작동한다. [그림 14-13]은 차동 장치의 개략도를 나타낸다.

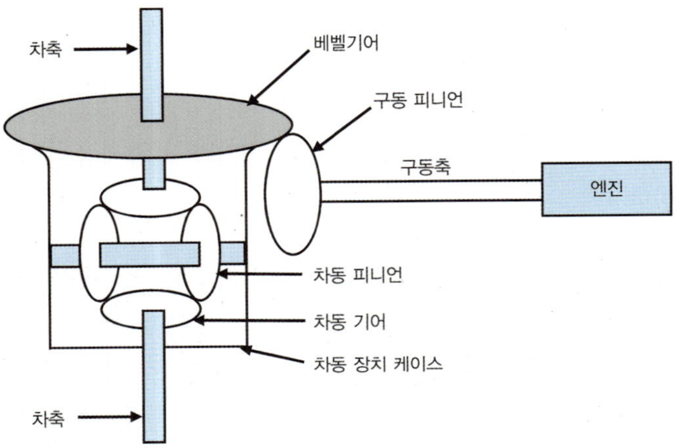

[그림 14-13] 차량의 차동 장치 개략도

그림에서는 단순하게 나타내기 위해 기어 치를 생략했다. 엔진에 연결된 구동축은 베벨기어에 연결된 피니언을 구동하고, 베벨기어는 차동 케이지에 연결되어 휠 차축을 구동한다. 케이지는 휠 차축 중 하나에만 연결되고 다른 차축은 차동 피니언differential pinion을 통해서만 연결된다. 차동기어를 연결하는 차동 피니언은 차축에 있는 두 바퀴의 속도가 같으면 회전하지 않으며 코너링으로 인해 휠 중 하나가 느려지면 차동 피니언이 회전하기 시작하여 다른 휠에서 더 높은 속도를 생성한다. 앞서 설명한 시스템은 빙판과 같이 바퀴의 견인력이 낮은 조건에서 전체 토크 전달에 적합하지 않은 단순 차동 장치이다.[4]

SECTION 14.5 변속기

Transmission

속도, 가속도, 도로 경사도 및 차량 회전의 다양한 주행 조건에서, IC 엔진에서 구동축으로 가장 효과적으로 동력을 전달하는 기계적 어셈블리를 변속기라고 한다. 변속기 어셈블리에는 기어, 클러치, 레버, 베어링, 샤프트와 같은 다양한 회전 부품이 포함된다. 변속기를 통해 차량은 정지 상태에서 차량의 최대 속도까지 차량의 전체 속도 범위에서 작동할 수 있으며 엔진 속도와 차량 속도에 맞게 작동하도록 설계 및 제어된다. 변속기는 가속, 속도 및 연비라는 상충되는 요구사항을 충족하면서 운전자의 토크 및 속도 요구사항에 대응하기 위해 다양한 기어비를 사용한다. 4단 변속기의 4단 기어비에 대해 변속기가 전달하는 견인력과 차량 속도의 관계를 [그림 14-14]에 표시하였다.

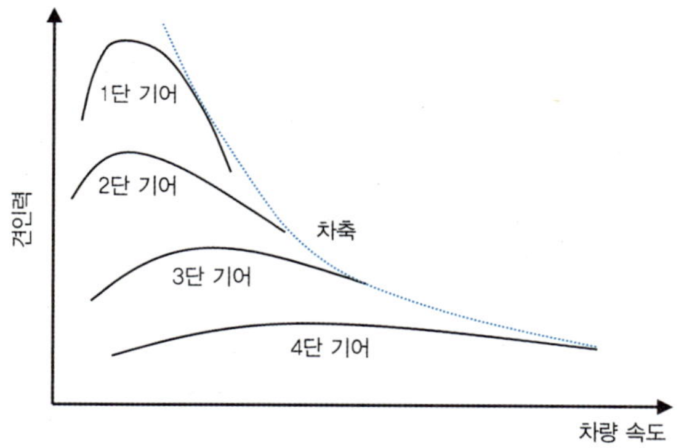

[그림 14-14] 4단 변속기의 견인력과 차량 속도

변속기의 세 가지 주요 유형은 수동, 자동, 무단 변속기(CVT)이다. 수동 변속기의 경우 운전자가 차량 속도에 맞추어 클러치 페달을 사용하여 수동으로 기어를 변경한다. 그래서 수동 변속기 차량의 성능을 극대화하기 위해 운전자의 기술이 매우 중요하다. 자동 변속기에서 변속은 운전자의 개입 없이 차량 컨트롤러를 통해 이루어지며 차량이 정지할 때 엔진이 공회전할 수 있도록 한다. 마찬가지로 CVT는 자동으로 변속이 이루어지지만 고정된 기어비가 아닌 무한한 기어비를 제공한다.

14.5.1 수동 변속기

수동 변속기는 엔진에서 구동축으로 동력을 전달하기 위한 다중 기어비를 구현하기 위해 여러 개의 축과 기어, 싱크로나이저 및 안전장치로 구성한 기어 트레인이다. 클러치, 변속레버, 싱크로나이저 및 변속기의 잠금/잠금 해제 메커니즘을 사용하여 서로 다른 기어 물림이 잠기고 잠금 해제된다.[3]

4단 수동 변속기의 단순화된 개략도가 [그림 14–15]에 나와 있다.

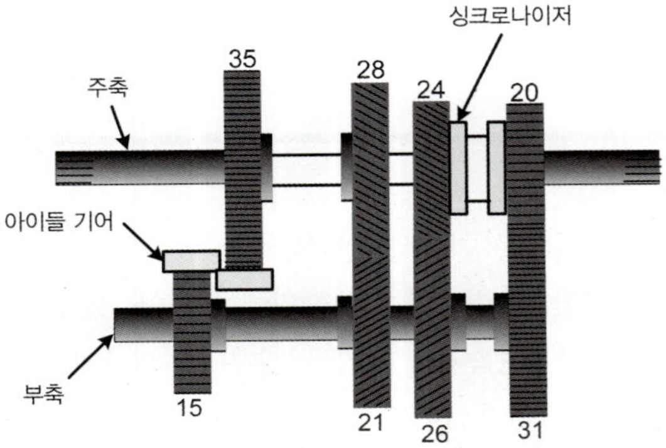

[그림 14–15] 수동 4단 변속기

변속기에는 입력축, 출력축, 중간축 1개, 기어 8개, 유동기어 및 싱크로나이저 2개가 있다. 싱크로나이저의 기능은 구동기어와 축이 맞물리기 전에 같은 속도로 회전하도록 만드는 것이고, 이후에는 기어를 축에 결합하므로 더블 클러치가 필요하지 않다.

[그림 14–15]에 표시된 기어 트레인 및 싱크로나이저 배열의 전진 및 후진 기어비는 기어의 잇수로 계산할 수 있다. 예를 들어 기어1부터 기어8의 잇수를 각각 35, 15, 28, 21, 24, 26, 20, 31로 가정하면 첫 번째 기어에서 입력축은 20/31 기어 물림을 통해 중간축에 동력을 전달한다. 중간축은 15/35 기어 물림을 통해 출력축에 동력을 전달한다. 두 싱크로나이저는 중립 위치에서 분리된 상태를 유지한다. 따라서 첫 번째 기어비는 다음과 같다.

$$GR_1 = \frac{T_{out}}{T_{in}} = \frac{31}{20} \cdot \frac{35}{15} = 3.617$$

두 번째 기어에서 싱크로나이저 2는 두 번째 기어(28개 잇수)를 출력축에 결합한다. 입력축은 중간축의 오른쪽 절반과 두 번째 기어에 물려 있는 기어(21개 잇수)를 통해 출력축에 동력을 전달한다. 두 번째 기어비는 다음과 같다.

$$GR_2 = \frac{T_{out}}{T_{in}} = \frac{31}{20} \cdot \frac{28}{21} = 2.067$$

세 번째 기어에서 싱크로나이저 1은 세 번째 기어(24개 잇수)를 출력축에 결합한다. 입력축은 중간축에 동력을 전달한 다음 26/24 세 번째 기어 물림을 통해 출력축으로 전달한다. 그러므로 세 번째 기어비는 다음과 같다.

$$GR_3 = \frac{T_{out}}{T_{in}} = \frac{31}{20} \cdot \frac{24}{26} = 1.431$$

4단 기어에서 싱크로나이저 1은 입력축과 출력축을 직결하여 동력이 입력에서 출력으로 직접 전달되므로 4단 기어비는 1이다.

후진 기어에서 아이들 기어는 입력 및 출력축 사이의 회전 방향을 변경하는 데 사용된다. 동력은 20/31 기어비를 통해 입력축에서 중간축으로 전달된다. 아이들 기어는 15/35 기어 물림에 결합하여 회전 방향을 변경하고 두 싱크로나이저는 이 상태에서 분리된 상태를 유지한다. 후진 기어비는 다음과 같이 계산할 수 있다.

$$GR_{Rev} = \frac{T_{out}}{T_{in}} = -\frac{31}{20} \cdot \frac{35}{15} = -3.617$$

14.5.2 자동 변속기

자동 변속기는 유체 커플링과 유성기어 세트를 사용하여 엔진에서 구동축으로 동력을 전달한다. 유체 커플링은 토크 컨버터로 알려져 있으며 자동 변속기의 핵심 부품이다. 토크 컨버터를 사용하면 차량이 정지할 때 저절로 IC 엔진이 공회전할 수 있어 수동 변속기 차량의 클러치 페달과 같은 역할을 한다.

자동 변속기의 또 다른 중요한 구성요소인 유성기어 세트는 선, 링 및 유성기어 캐리어 간의 고유한 토크 및 속도 관계를 사용하여 다양한 기어비를 구현한다. 유성기어 세트의 요소 중 하나는 토크 전달을 위해 고정되어 있어야 하는데 자동 변속기에서는 클러치와 밴드를 사용한다. 유압장치에 의해 작동되는 클러치는 유성기어 세트의 기어 요소를 결합 또는 분리하고 밴드는 유압장치에 의해 기어 트레인을 감싸고 하우징에 연결된다. 클러치 및 밴드와 유성기어 세트는 변속기의 다양한 기어비를 구현한다.

토크 컨버터의 구성 및 작동은 자동 변속기의 핵심 구성요소이기 때문에 더 자세히 설명하도록 하겠다.

■ 토크 컨버터

토크 컨버터는 다양한 차량 속도에서 엔진에서 변속기로 동력을 전달할 수 있는 유체 결합 장치이다. 차량이 정지하고 엔진이 공회전할 때 적은 양의 토크만 변속기에 전달되고 운전자의 동력요구가 증가함에 따라 엔진 속도가 증가하면서 토크 전달량도 따라서 증가한다.

토크 컨버터는 터빈, 임펠러 또는 펌프, 하우징 및 변속기 오일로 구성되며 [그림 14-16]에 표시되어 있다.

펌프는 토크 컨버터의 구동 부품이고 터빈은 피동 부품이다. 펌프는 원심형이며 엔진 크랭크축에 연결된다. 터빈은 변속기의 입력축에 스플라인으로 연결되어 있다. 토크 컨버터는 펌프와 터빈 사이를 유일하게 연결하는 변속기 오일로 가득 채워지며 유체 역학의 원리로 엔진의 동력을 변속기로 전달하게 된다. 엔진 회전으로 인한 원심력으로 유체가 축 중심을 통해 펌프로 들어가고 펌프 블레이드의 끝단을 통해 배출된다. 터빈에서 유체는 블레이드를 통해 들어가고 축 중심을 통해 나오게 되며 유체가 터빈으로 들어가 터빈 블레이드를 밀면 터빈이 펌프와 같은 방향으로 회전하기 시작한다. 엔진 속도가 증가함에 따라 더 많은 유체가 터빈으로 입력되고 전달되는 토크가 증가하며 펌프 속도가 터빈 속도보다 훨씬 높으면 유체가 큰 힘으로 터빈으로 들어가게 된다.

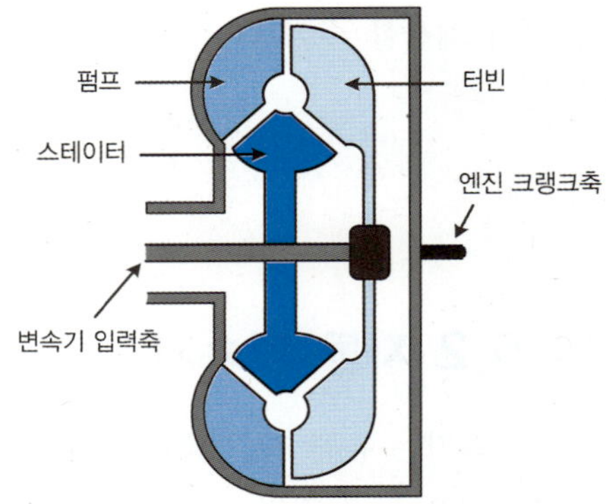

[그림 14-16] 토크 컨버터

토크 컨버터에는 터빈에서 되돌아오는 유체가 반대 방향으로 빠르게 펌프에 부딪히는 것을 방지하는 고정자**stator**가 있다. 고정자는 변속기에 부착된 고정축에 장착되며 펌프와 터빈 사이에 위치한다. 고정자는 고정된 상태를 유지하고 펌프 속도가 터빈에 비해 높을 때 한 방향으로 축에 고정된다. 이 위치에서 고정자는 같은 방향으로 유체를 펌프 쪽으로 회전시켜 펌프의 끌림과 엔진 출력의 손실을 방지한다. 더 높은 차량 속도에서 펌프가 터빈과 거의 같은 속도로 회전할 때 유체는 잔류속도 없이 터빈에서 배출되고 반대 방향으로 자유롭게 회전할 수 있는 고정자의 뒷면을 때리게 된다.

앞서 언급했듯이 엔진과 펌프는 고속도로에서와 같은 높은 차량 속도에서 터빈과 속도가 거의 같으며 변속기 출력축의 속도는 터빈 속도와 같다. 이상적으로는 그 차이가 동력 손실에 해당하므로 변속기 속도는 엔진 속도와 정확히 일치해야 한다. 그러나 실제로는 항상 미끄러짐이 발생하여 토크 컨버터에서 동력 손실이 발생하고 이는 유체에서 열의 형태로 나타난다. 승용차의 경우 토크 컨버터 하우징을 공랭식으로 하거나 트럭 및 다용도 차량에서는 라디에이터가 있는 변속기 냉각 회로를 추가하여 열을 제거한다. 자동 변속기가 수동 변속기보다 효율이 떨어지는 주요 원인은 토크 컨버터에서 동력 손실이 발생하기 때문이다.

최신 토크 컨버터는 엔진 속도가 출력축 속도에 비해 높을 때 엔진 토크를 2~3배 높일 수 있는데 이를 통해 차량이 정지 상태에서 가속할 때 토크 컨버터가 높은 토크를 전달할 수 있다. 차량 속도가 증가하면 엔진 속도는 출력축 속도와 같아지며 토크 증대는 없다.

■ 하이브리드 차량용 자동 변속기

토크 컨버터를 포함한 자동 변속기는 동력 분기 하이브리드 구조가 개발되기 이전에 하이브리드 차량에서 사용되었다. 크랭크축 장착 및 벨트구동 시동기/발전기 하이브리드 차량의 경우 자동 변속기가 여전히 선호된다. 하이브리드 차량용으로 고려되는 세 가지 유형의 고정 기어비 자동 변속기는 세 가지 유형 **Simpson, Wilson, Lepelletier** [5]이 있으며 각각은 유성기어 세트 및 클러치, 밴드의 수와 유형이 다르다. 크랭크축 장착형 시동기/발전기 시스템에서 전기기기는 임펠러의 플렉스 플레이트에서 로터와 함께 토크 컨버터에 장착된다.

14.5.3 무단 변속기(CVT)

CVT에는 고정 기어비를 가진 기어박스 대신 시스템의 최고 및 최저 기어비 사이에서 무한한 기어비를 구현하는 슬라이딩 메커니즘을 사용한다. CVT는 벨트-풀리 방식과 토로이달 **toroidal** 방식으로 구분된다. 두 유형 모두 엔진에 연결된 구동축, 변속기에 연결된 종동축 및 기어비를 변화시키는 커플링 메커니즘의 세 가지 요소로 구성되어 있다. 벨트-풀리 시스템에서 입력 및 출력축은 두 개의 풀리에 연결되고 벨트는 커플링에 사용된다. 토로이달 시스템에서는 마찬가지로 두 개의 디스크가 축에 연결되고 바퀴나 롤러가 디스크 위로 미끄러져 입력된 동력을 출력에 연결한다. 또한 CVT에는 전자 제어 장치(ECU)와 컨트롤러에 피드백을 제공하는 다양한 센서가 있으며, 컨트롤러는 CVT의 작동 기어비를 조정하여 연비와 차량 가속을 최대화한다. 반 둔 **Van Doorne** 시스템으로도 알려진 벨트-풀리 시스템은 특히 전륜 구동 차량의 저전력 시스템에 적합하며 토로이달 CVT는 더 큰 시스템에 구축된다.[3]

벨트-풀리 CVT의 개략도가 [그림 14-17(a)]에 나와 있다. 그림에는 고출력 금속 또는 고무벨트, 입력 및 출력축 풀리가 표시되어 있다. 두 풀리는 모두 원뿔 모양의 구조이며 벨트는 원뿔 위에 얹혀 있다. 각 풀리에는 서로 가까워지거나 멀어질 수 있는 두 개의 원뿔이 있으며 그 거리에 따라 풀리의 회전 지름이 달라진다. 원뿔이 가까울수록 풀리의 회전 지름이 증가하며 원뿔이 더 멀어지면 벨트는 더 작은 지름의 홈에서 낮게 위치한다. 두 풀리의 원뿔 위치를 조정하여 최대 기어비(저단, 구동 풀리 지름이 가장 작고 종동 풀리 지름이 가장 큰 경우)에서 최소 기어비(고단, 구동 풀리 지름이 가장 크고 종동 풀리 지름이 가장 작은 경우)

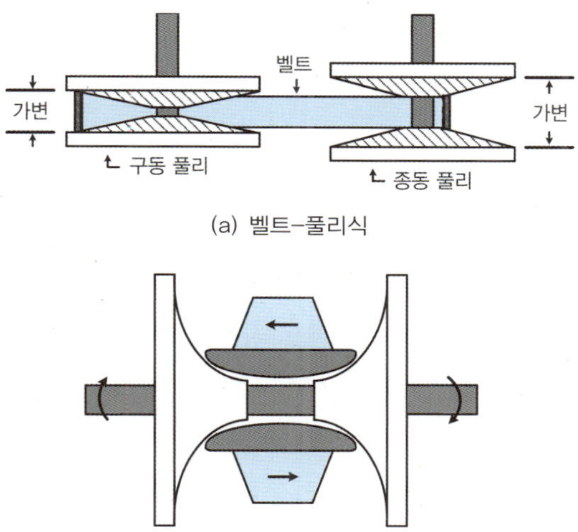

(a) 벨트-풀리식

(b) 토로이달 방식

[그림 14-17] 무단 변속기

까지 기어비를 연속적으로 변화시킬 수 있다. 구동 풀리는 엔진 크랭크축에 연결되고 종동 풀리는 변속기에 연결된다.

[그림 14-17(b)]에 표시된 토로이달 CVT에는 엔진(구동 디스크)에 연결된 원뿔 모양의 디스크와 변속기(종동 디스크)에 연결된 또 다른 디스크가 있다. 롤러 또는 바퀴는 구동 디스크에서 종동 디스크로 동력을 전달하는 두 개의 디스크에서 미끄러진다. 롤러는 벨트-풀리 CVT의 벨트와 유사하게 동력 전달을 위한 연결 장치 역할을 한다. 그림과 같이 두 개의 디스크가 같은 속도로 회전하면서 롤러가 가운데에 있을 때 기어비는 1이다. 구동 디스크의 롤러는 중심 부근에서 접촉하고 종동 디스크의 롤러는 가장자리 부근에 있을 때 기어비가 커지며 반대인 경우에는 기어비가 작아진다.

14.5.4 eCVT/HEV 변속기

동력 분기형 하이브리드 차량에서는 전자 제어 장치와 함께 유성기어 세트가 엔진과 전기모터 사이에서 바퀴로 동력을 전달하는 데 사용된다. 유성기어 세트의 유성기어 캐리어는 엔진에 연결되고 선기어는 시동기/발전기에 연결되며 링기어는 전기모터에 연결되어 차동 장치 및 휠에도 연결된다. 유성기어 캐리어에 가해진 토크는 링기어와 선기어를 통해 휠과 시동기/발전기로 전달된다. 식 (14.12)를 이용해 관계식을 나타내면 다음과 같다.

$$T_p = T_r + T_s$$

$$T_{engine} = T_{wheels} + T_{gen}$$

동력 분기에서 유성기어 세트를 사용하면 휠과 시동기/발전기 기어 사이의 토크 분배 비율이 고정되는데, 72% ~ 28%의 분배 비율이 일부 하이브리드 차량에서 사용된다. 동력 분기형 하이브리드 차량의 동력 관계는 다음과 같다.

$$T_p\omega_p = \frac{r_r\omega_r}{r_r + r_s}T_p + \frac{r_s\omega_s}{r_r + r_s}T_p$$

$$P_{engine} = P_{engine\ to\ ring} + P_{engine\ to\ sun}$$

동력 분기형 하이브리드 차량의 모든 동력은 IC 엔진을 통해 저장된 에너지에서 나온다. 제어 전략 알고리즘은 바퀴와 시동기/발전기 사이에서 엔진의 동력을 분배하기 위해 발전기 또는 부하를 변경한다. 전기모터는 전자 제어를 통해 IC 엔진에서 직접 공급되는 것 외에 바퀴에 동력을 추가할 수 있으며 동력 분기가 전자적으로 제어되기 때문에 이러한 유형의 변속기를 전자 CVT(eCVT)라고 한다. 동력 분기형 하이브리드 차량의 제어 전략은 15.2.1절에서 자세히 설명한다.

SECTION 14.6 차량 제동 시스템

Vehicle Brakes Systems

차량 제동 시스템은 차량의 운동에너지를 열에너지로 변환하여 차량을 정지시키거나 속도를 줄이는 기능을 한다. 자동차의 브레이크는 마찰을 사용하여 회전 디스크를 감속시키는 기계식 클러치이며 운전자는 발로 작동되는 연결 장치를 통해 브레이크 동작을 제어한다. 마찰 클러치는 각각 축에 연결된 두 개의 디스크로 구성되며 디스크가 맞물리지 않는 한 하나의 디스크는 다른 디스크에 영향을 주지 않고 자유롭게 회전할 수 있다. 회전 디스크와 고정 디스크가 맞물리게 되면 두 디스크 사이의 마찰로 인해 회전 디스크의 속도가 감소하고 차량의 운동에너지는 디스크 사이에서 직접 전달되며 마찰로 인해 소비된다.

14.6.1 기존 제동 시스템

기존의 제동 시스템은 제동을 위해 유압을 사용하여 마찰 클러치를 작동시킨다. 전체 유압 시스템은 마스터 실린더 피스톤의 움직임에 의해 가압되고 힘이 전달되는 특수 브레이크 오일로 채워진다. 제동 시스템은 디스크형 브레이크와 드럼형 브레이크 유형으로 구분된다. 각 유형에 대한 간략한 설명은 [그림 14-18]에 나와 있다.[6]

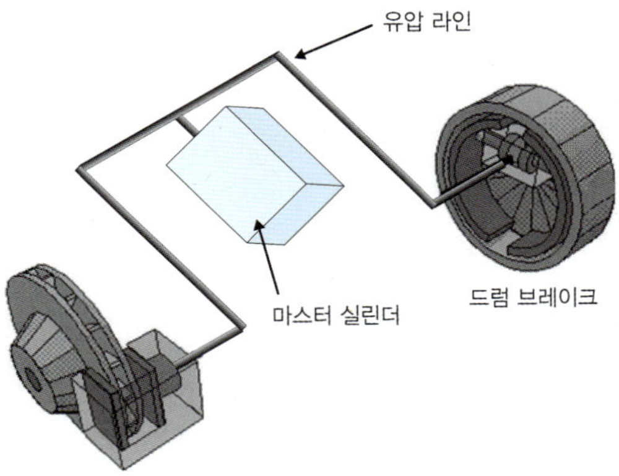

[그림 14-18] 기존의 제동 시스템

디스크 브레이크는 승용차의 앞바퀴와 뒷바퀴에 많이 사용된다. 디스크 브레이크의 패드는 휠에 부착된 로터라고 하는 회전 디스크의 가공된 표면에 힘을 가한다. 디스크 브레이크에는 캘리퍼로 제어되는 마찰 패드가 있으며 이 두 개가 맞물릴 때 로터와 휠에 클램프가 고정된다. 브레이크 패드는 냉각을 돕고 페이딩을 방지하도록 설계되었는데 페이딩은 온도 상승과 함께 제동 마찰계수를 감소시킨다. 일반적으로 캘리퍼 작동에 필요한 높은 힘은 운전자로부터 입력된 브레이크 명령에 따라 보조동력 장치에서 공급된다.

디스크 브레이크로 점차 대체되고 있는 드럼 브레이크는 회전하는 드럼 내부의 가공된 면에 팽창하는 브레이크 슈를 사용한다. 드럼형 브레이크는 마찰재를 고정하는 패드 대신 원통형 표면과 슈를 가지고 있으며, 핸드 브레이크에 적합하므로 여전히 일부 차량의 후륜에 사용되고 있다. 슈는 운전자의 제동 입력에 따라 드럼 실린더를 위로 누르며 휠의 회전을 지연시키기 위해 드럼의 외부 또는 내부 표면을 누르게끔 설치된다. 슈가 내부 표면을 누르면 회전으로 인한 드럼의 원심력이 디스크 결합에 방해가 될 수 있고, 슈가 외부 표면을 누르면 원심력이 결합을 돕지만 과열될 수 있다.

운전자가 브레이크를 밟으면 차량이 움직이는 반대 방향으로 제동력이 작용하게 된다. 제동역학은 제동력이 추진 장치의 견인력 대신 바퀴에 적용된다는 점을 제외하고 2장의 차량 동역학과 유사하다. 제동조건은 타이어-노면 마찰계수에 의해 결정된다. 제동역학을 이해하기 위해 앞바퀴와 뒷바퀴에 가해지는 제동력을 F_{bf}와 F_{br}라고 가정하면 뉴턴의 제2법칙으로부터 다음과 같이 나타낼 수 있다.

$$\sum F_{xT} = m_v a_{xT} = F_{bf} + F_{br} + m_v g\sin(\theta) + F_{Roll} + F_{AD} \tag{14.14}$$

여기서 a_{xT}는 x_T 방향의 선형 가속도이다. 구름저항력 F_{Roll} 및 공기저항력 F_{AD}는 제동 시 제동력을 증가시키고 중력의 역할은 도로 경사에 따라 달라진다.

일정한 가속도로 속도가 변하는 동안 이동한 시간과 거리는 뉴턴의 제2법칙에서 다음과 같이 유도할 수 있다.

$$t = \frac{m_v}{\sum F_{xT}}(V_0 - V_f)$$

$$x = \frac{m_v}{\sum F_{xT}}(V_0^2 - V_f^2)$$

여기서 V_0와 V_f는 각각 제동 중 차량의 초기 및 최종 속도이다. 차량이 등가속도 운동을 한다고 가정했을 때 차량이 정지하기까지 걸리는 시간은 차량 속도에 비례하고 거리는 차량 속도의 제곱에 비례한다.

97km/h에서 차량이 급정거할 때의 최대 감가속도가 0.65G라고 하면[3] 제동력은 구름저항력과 공기저항력보다 훨씬 더 클 것이다. 또한 도로가 평탄하다고 가정하면 급정거에 관한 식 (14.14)는 다음과 같이 단순화할 수 있다.

$$F_{bf} + F_{br} = m_v a_{xT} \tag{14.15}$$

일정한 감속으로 인해 소모되는 평균 동력은 다음과 같다.

$$P_{b,avg} = (F_{bf} + F_{br}) \times \frac{V_f + V_0}{2} \tag{14.16}$$

일정한 감속의 초기 동력은 $P_{b,avg}$값의 2배가 되며, 마찰 브레이크는 차량의 운동 에너지를 열에너지로 변환하기 때문에 제동 시스템 설계를 위해서 열 발산 속도를 고려해야 한다. [그림 14-19]는 제동 시 차량의 자유물체도를 나타낸다.

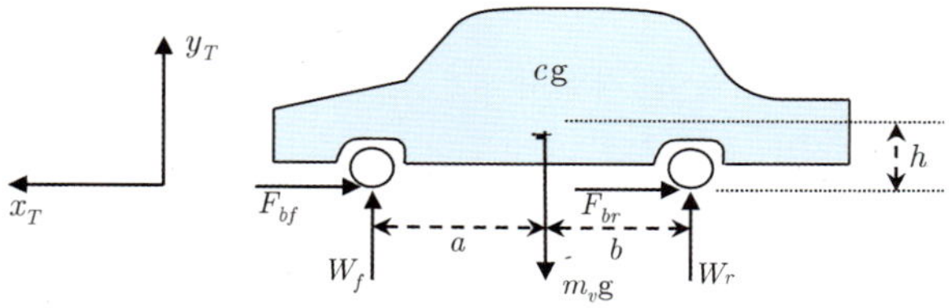

[그림 14-19] 제동 시 차량의 자유물체도

앞 차축과 뒤 차축 사이의 차량의 정적 중량분포는 다음과 같다.

$$W_f = \frac{m_v g b}{(a+b)}, \quad W_r = \frac{m_v g a}{(a+b)}$$

제동 시 차량의 중량이 이동하게 되는데 이렇게 발생하는 차량의 동적 중량분포를 W_f', W_r'로 하고 y_T 방향으로 뉴턴의 제2법칙을 적용하면 다음과 같다.

$$\sum F_{yT} = 0 = W_f' + W_r' - m_v g \tag{14.17}$$
$$W_f' + W_r' = m_v g$$

동적 중량분포는 차량 무게중심의 힘의 모멘트를 계산하여 구할 수 있으며 식 (14.15)를 이용해 유도한 모멘트 평형식은 다음과 같다.

$$\begin{gathered} \sum F_{cg} = 0 = F_{bf} \cdot h - W_f' \cdot a + F_{br} \cdot h + W_r' \cdot b \\ m_v a_{xT} h = W_f' \cdot a - W_r' \cdot b \end{gathered} \tag{14.18}$$

식 (14.17)의 양변에 b를 곱하고 식 (14.18)을 더하면 다음과 같은 동적 중량분포를 얻을 수 있다.

$$W_f' = \frac{m_v g\, b}{(a+b)} + \frac{m_v a_{xT} h}{(a+b)} \tag{14.19}$$

$$W_r' = \frac{m_v g a}{(a+b)} - \frac{m_v a_{xT} h}{(a+b)} \tag{14.20}$$

식 (14.19) ~ (14.20)의 첫 번째 항은 차량의 정적 중량분포 값이고, 두 번째 항은 제동으로 인해 앞 차축과 뒤 차축에서 생기는 동적 중량이다. 위 식은 제동 중에 앞 차축이 뒤 차축보다 더 무거운 무게를 지탱하며 더 높은 제동력이 작용한다는 것을 의미한다.

앞 차축과 뒤 차축사이의 동적 중량 비율은 다음과 같다.

$$\frac{W_f'}{W_r'} = \frac{b + h a_{xT}/g}{c - h a_{xT}/g} \tag{14.21}$$

전륜에 작용하는 제동력은 후륜과 비교해 다음과 같은 비율을 가진다.

$$\frac{F_{bf}}{F_{br}} = \frac{W_f'}{W_r'} \tag{14.22}$$

차량에 작용하는 제동력은 2장에서 언급한 바와 같이 타이어와 도로면의 함수이며 바퀴에 작용하는 최대 제동력은 마찰계수에 수직력을 곱한 것과 같다.

$$F_{b,\max} = \mu W_{wh}' \tag{14.23}$$

여기서 μ는 타이어와 도로간 마찰계수이고 W_{wh}'는 바퀴의 동하중이다. [그림 14-20]은 서로 다른 세 가지 조건에 대한 마찰계수를 나타낸다. 다양한 도로 조건에서 바퀴가 잠기는(lock-up) 최대 제동력이 마찰계수로 제한되며 최대 마찰력은 차량 슬립 속도의 비선형 함수이다. 따라서 차량의 각 바퀴에 있는 브레이크 패드에 가해지는 힘은 최대 제동 효과를 낼 수 있도록 최적화되어야 한다.

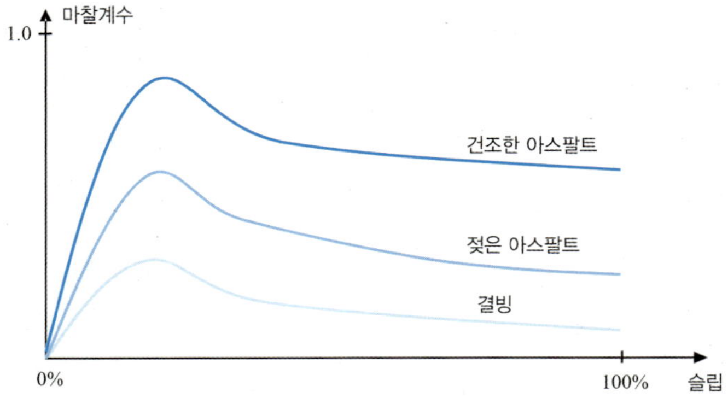

[그림 14-20] 타이어의 노면 슬립에 대한 마찰계수의 변화

제동 시스템은 동적 중량 비율에 따라 제동력을 앞 브레이크와 뒤 브레이크로 배분하도록 설계되어 있다. 결과적으로 2축 차량의 앞바퀴와 뒷바퀴는 제동 시 동하중의 전달로 인해 제동 시 각각 다른 거동과 요구사항을 갖게 된다. 앞 브레이크는 앞 차축에서 제동하는 동안 동적 중량이 증가하면서 더 큰 제동력을 담당하게 설계되었으며 우수한 제동성능을 보이기 위해서는 브레이크가 잠기는 것도 방지해야 한다. 앞 브레이크가 잠기면 차량이 조향제어가 되지 않고 뒷바퀴가 잠기면 차량이 흔들리는 경향이 있어 잠김 방지 제동 시스템**Anti-lock Braking System, ABS**의 제어 알고리즘을 사용하여 바퀴가 잠기는 것을 방지한다.

앞서 제시된 단순화된 분석과 달리 전방 및 후방 브레이크는 고도로 상호 의존적이기 때문에 최대 제동력을 얻으려면 전후방 제동력을 함께 고려해야 한다. 또한 추가적인 제동 시스템 분석에 따른 전반적인 차량 안정성과 로터에 가해지는 힘의 최적화를 고려한 설계가 필요하다.

이외에도 제동 시스템의 컨트롤러 설계는 로터와 패드 상호작용의 비선형 특성을 고려해야 한다. 브레이크 패드의 변위는 로터 클램핑력과 비선형 관계가 있으며 온도에 따라서도 달라지기 때문에 액추에이터 특성에 맞게 패드 변위를 제어해서 원하는 제동력을 얻을 수 있다. 차량의 성능과 신뢰성을 높이기 위해 고성능의 전자-기계 액추에이터를 사용하기도 하며 EMB 시스템은 다음 절에서 뒤이어 설명한다.

예제 14.2

136.7km/h 주행하는 2,000kg의 차량은 0.65g의 최대 감가속도로 정지해야 한다. 차량의 휠베이스는 2.5m이고 전후방 정적 중량분포는 49%/51%이며 무게중심은 지면에서 0.5m 높이에 있다.

(a) 차량을 정지시키는 데 필요한 총 힘을 구하라.
(b) 브레이크가 흡수하는 평균 동력을 구하라.
(c) 제동 시 앞뒤 무게 분포를 구하라.

풀이

(a) 식 (14.5)를 이용해 차량을 정지시키기 위한 힘을 구하면 다음과 같다.

$$F_b = F_{bf} + F_{br} = m_v a_{xT} = 2{,}000 \times 0.65 \times 9.81 = 12.753\text{kN}$$

(b) 브레이크에서 흡수하는 평균 동력은 다음과 같다.

$$P_{b,avg} = \frac{1}{2} F_b V_f = \frac{12.753\text{kN} \times 37.97\text{m/s}}{2} = 242.12\text{kW}$$

(c) 제동 시 앞뒤 무게 분포는 다음과 같다.

$$\frac{W_f'}{W_r'} = \frac{1.275 + 0.5 \times 0.65\text{g/g}}{1.225 - 0.5 \times 0.65\text{g/g}} = 64\%/36\%$$

14.6.2 EMB 시스템

전자식 브레이크**Electro Mechanical Brake, EMB** 시스템은 기존 제동 시스템의 유압 액추에이터 및 제어 장치를 전자-기계 부품으로 대체하여[7, 8] 제동 시스템에서 유압유를 사용하지 않고 ABS 또는 VSC (차량 안정성 제어)와 같은 최신 제동 제어 성능을 구현한다. EMB 기술을 이용하여 브레이크 오일과 유압 라인을 제거해 순수 브레이크-바이-와이어 시스템을 도입할 수 있다. 제동력은 ECU에 의해 제어되고 전자 페달 모듈의 신호로 작동되는 고성능 전기모터에 의해 각 바퀴에서 직접 생성된다. EMB 시스템은 기본 제어구조와 함께 직접적이고 개별적인 바퀴제어로 제동성능을 향상시킨다.

EMB 시스템의 제어장치와 액추에이터 간의 배치 및 통신은 [그림 14-21]에 나와 있다.

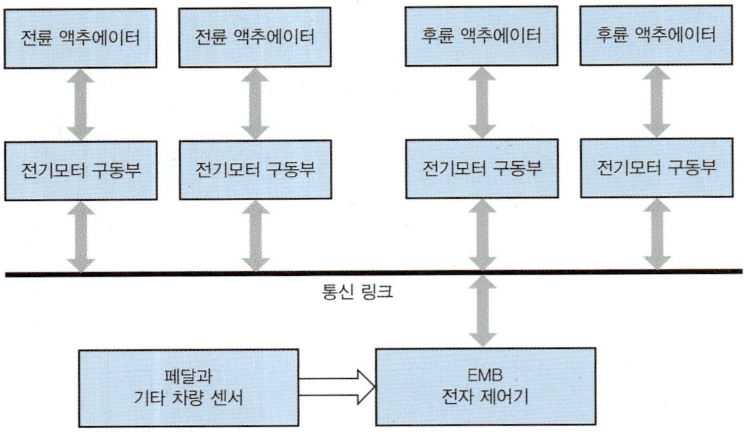

[그림 14-21] 차량의 EMB 시스템

EMB 시스템을 사용하면 바퀴 부근의 부품을 독립적으로 조립할 수 있으며, 전자신호를 통해서만 작동시킬 수 있다. 브레이크 페달의 변위는 액추에이터 변위와 별개이기 때문에 브레이크 페달의 느낌을 필요에 따라 조정할 수 있다. EMB 시스템은 ABS 및 기타 제어모드의 기존 유압 브레이크 시스템에서 종종 발생하는 소음 및 페달의 진동이 없다. 또한 EMB 시스템은 유압유가 필요 없어 기존 시스템보다 환경친화적이며 동시에 쉽고 간단한 '플러그 앤 볼트' 조립 공정이 가능하다.

전기모터와 제어기를 사용하면 필요한 사양에 맞추어 제동 시스템을 전자-기계식으로 작동할 수 있다. 차량의 각 바퀴에는 다른 바퀴와 독립적으로 제어할 수 있는 자체 브레이크 액추에이터가 장착되어 있어 각 바퀴를 개별적으로 제어하여 제동력을 최적화하고 차량 안정성을 향상시킬 수 있다. 이를 통해 바퀴가 다른 노면 조건에서도 제동 시 차량이 안정적으로 유지될 수 있다. 전기모터 구동 액추에이터를 사용하면 유압 작동으로는 불가능한 고급 제어 알고리즘을 구현하여 전체 차량의 제동 동작을 개선할 수 있다. 이 외에도 소프트웨어 업그레이드를 통해 전체 시스템을 쉽게 조정할 수 있으며 기계적 변화를 최소화할 수 있다.

EMB 시스템은 동적 응답 및 정상상태 작동 측면에서 다음과 같은 구체적인 조건이 있다. 제동이 필요할 때 해제된 브레이크가 로터와 접촉할 수 있도록 모터는 빠른 응답과 매우 높은 무부하 속도를 가져야 한다. 반면에 필요한 제동력을 가하기 위해서는 모터가 패드와 접촉한 후 완전히 정지할 때까지 저속에서 높은 토크를 발생시켜야 한다. 브레이크 패드는 무작위로 결합 및 분리를 할 수 있어야 하므로 전기모터는 양방향 회전에서 빠른 응답을 가져야 한다. 따라서 [그림 14-22]와 같은 EMB 모터의 일반적인 동작 주기에서 알 수 있듯이 동작 4사분면에 적합한 제어기와 모터가 필요하며 모터는 최대 속도제한이 있는 토크 제어 모드에서 작동된다.

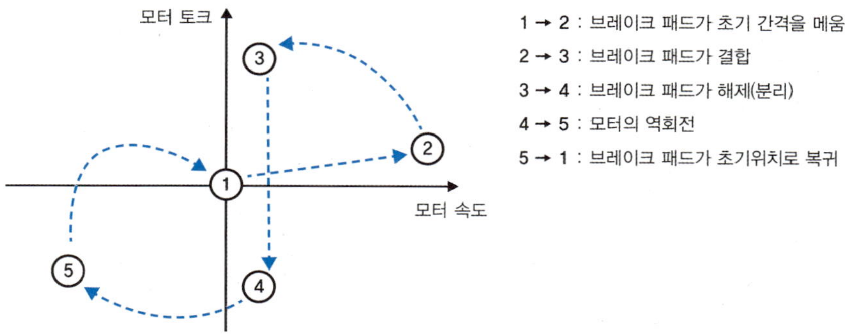

[그림 14-22] EMB 결합과 해제 시 전기모터의 동작 제4사분면

[그림 14-23]에 표시된 EMB 시스템은 유성기어 및 볼 스크류 어셈블리에 연결된 전기모터로 구성된다. 이 시스템은 모터의 회전 동력을 캘리퍼 브레이크 작동에 적합한 직선 방향 힘과 이송을 변환한다. 각 휠 어셈블리에 있는 액추에이터의 구성은 [그림 14-23]과 같다.

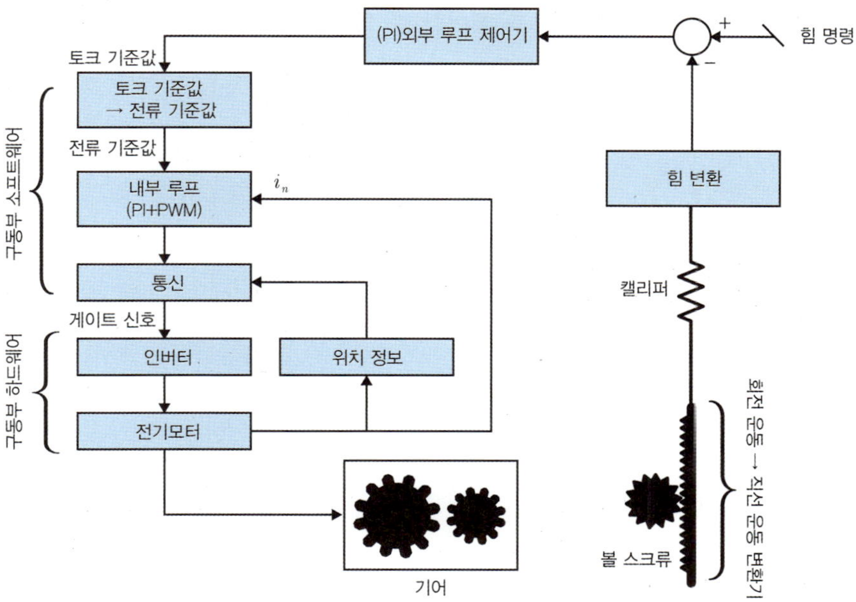

[그림 14-23] EMB 시스템의 전기 액추에이터

EMB 시스템이 장착된 4륜 차량의 4개의 휠 어셈블리에는 4개의 액추에이터가 있다. 고속/저토크 모터에 기어를 사용해서 패키지 크기를 최소화할 수 있으며 기어는 모터의 속도를 줄이고 브레이크 작동을 위한 출력 토크를 높인다. 시스템의 제어기는 캘리퍼의 힘 피드백을 통해 힘 제어모드로 작동할 수 있으며 제어 명령은 브레이크 페달을 통해 실행된다. ECU에 있는 힘 제어기는 요구된 성능을 충족시키기 위해 개별 휠 액추에이터에 신호를 보내고 각 모터 제어기에 대한 토크 명령을 생성한다. 모터 제어기는 명령 신호와 피드백 신호를 처리하여 전력 변환기에 게이팅 신호**gating signal**를 생성하는데, 일반적으로 PWM 또는 히스테리시스 전류 제어기가 사용된다. 전력 변환기는 모터를 구동하여 원하는 토크와 브레이크 캘리퍼에 원하는 힘을 생성한다.

EMB 시스템에 적합한 전기모터의 유형은 PM 또는 SR 모터이다. PM 모터는 출력 밀도를 더 높일 수 있지만 제동으로 인해 발생하는 마찰열은 자석을 손상시킬 수 있으므로 온도 민감도를 신중하게 평가해야 한다. 반면에 SR 모터는 간단하고 낮은 회전자 관성을 제공하며 이산 위치 센서리스 **discrete position sensorless** 동작도 가능하다.

EMB는 제동 시스템은 가장 중요한 안전성 때문에 아직 널리 적용되지 않고 있다. 기존 제동 시스템에 대한 첫 번째 대안은 전자 제어의 장점을 유압 액추에이터와 결합하는 것으로, 이를 통해 제동 시스템의 성능과 사용자 편의를 향상하는 제어 알고리즘을 구현할 수 있다. 전자유압식 제동(EHB)을 사용하면 브레이크 페달과 휠 브레이크 사이의 유압 연결이 바이-와이어 변환기로 대체되어 시스템의 유압 구조가 단순화되고 액추에이터의 제어가 더 쉬워진다. EHB 제어장치는 브레이크 페달에 연결된 센서로부터 입력받는데, 정상 작동 시 백업 밸브는 닫힌 상태로 유지되고 제어기는 전기모터 구동 유압펌프를 통해 바퀴의 브레이크를 작동시킨다. 제어기가 페일 세이프 모드로 전환되면 백업 밸브가 열리고 기존 유압회로를 통해 브레이크를 제어할 수 있다. 이러한 이중화로 인해 전기 장애가 발생해도 시스템을 안정적으로 사용할 수 있다.

SECTION 14.7

냉각 시스템

Cooling Systems

EV 및 HEV 고유의 보조 시스템은 기존의 것을 개조하거나 기초부터 개발한다. EV 공조 시스템의 압축기를 작동시키려면 구동 배터리로 동작하는 전기모터 드라이브가 필요하다. 구동을 위해서는 모터나 인버터에 파워트레인 전자 냉각 시스템을 개발해야 하며 구동 배터리의 작동과 안전을 위해 적절하게 냉각해야 한다. 이 절에서는 두 가지 냉각 시스템에 관해 설명하는데, 하나는 승객의 안전 및 편리성과 관련된 온도조절 시스템이고 다른 하나는 파워트레인의 안정적인 작동에 중요한 파워트레인 구성요소 냉각 시스템이다. 온도조절 시스템은 내연기관 차량에도 필요하다.

14.7.1 온도조절 시스템

차량의 실내 온도는 냉동사이클 중 하나를 사용하여 제어할 수 있다. 열교환기 두 개를 이용하면 작동유체가 폐회로로 순환하여 차량 실내를 냉각하게 된다. 승용차의 일반적인 공조 장치는 정상상태에서 약 2kW의 전력이 필요하지만, 피크 조건에서는 최대 3배의 전력이 필요할 수 있다. 공조 장치는 작동유체를 압축하는 압축기를 통해 작동한다.

기존의 내연기관 차량에서는 압축기가 IC 엔진에 의해 벨트로 구동되지만, 하이브리드 차량에서는 엔진이 꺼진 상태에서 전기 전용 모드를 적용하기 위해 전기모터를 구동해야 한다. 압축기에 모터를 사용하지 않는 HEV는 사용자가 공조를 요구할 때 엔진을 켜야 한다. EV에서는 전기모터 드라이브가 압축기를 구동하는 데 사용된다. 공조시스템의 나머지 구성요소는 EV 및 HEV에서 ICEV의 구성요소와 같다.

이 절에서는 실내 온도조절에 사용되는 냉동사이클의 열역학에 대해 논의한 후 차량 공조시스템 구성요소에 관해 설명한다.

증기 압축 냉동사이클

오늘날 가장 일반적인 냉동시스템은 이상적인 카르노 증기 냉동사이클에서 파생된 증기 압축 냉동사이클을 사용한다. 카르노 증기 냉동사이클을 반대로 하면 이상적인 냉각 사이클을 만들 수 있으며 완전 가역적이지만 실제적이지는 않다. 실제 증기 사이클을 논의하기 전에 먼저 이상적인 증기 사이클을 평가해 보면 이상적인 사이클에서 냉매는 일련의 구성요소 연결을 통해 순환하면서 저온 영역과 고온 영역 사이에서 작동한다. 이상적인 사이클의 개략도와 관련된 온도-엔트로피(T-s) 다이어그램은 [그림 14-24]에 나와 있다.[9]

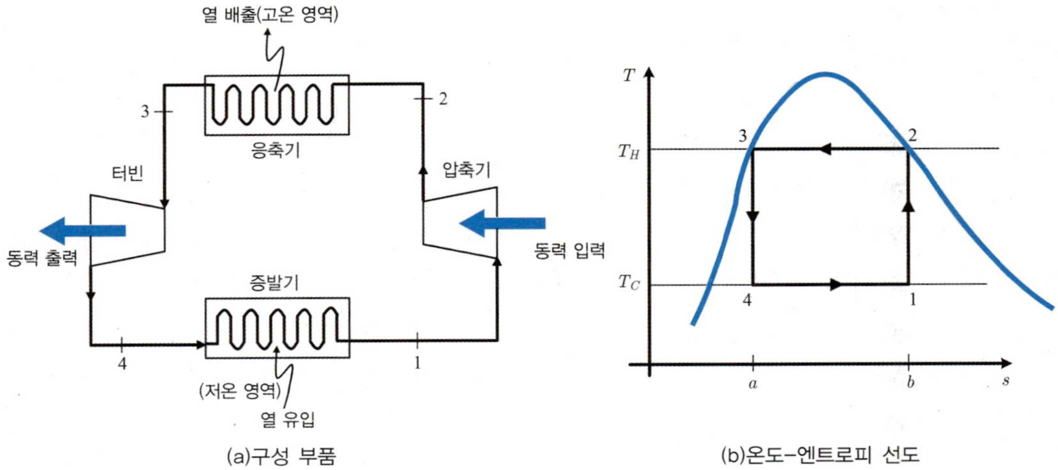

[그림 14-24] 카르노 증기 냉동사이클

냉동시스템은 증발기, 압축기, 응축기와 터빈으로 구성된다. 증발기와 응축기는 온도가 서로 다를 때 냉매와 두 영역 사이에서 열이 교환되는 열교환기이다. 냉매는 상태 4에서 2상 액체 증기 혼합물로 증발기에 들어가게 되며 증발기의 저온 영역에서 열을 받지만, 일부는 액체에서 증기로 상태를 변경한다. 이 과정에서 온도와 압력은 상태 4에서 상태 1로 일정하게 유지된 다음, 냉매는 압축기 때문에 상태 1에서 상태 2로 단열 압축된다(엔트로피는 일정함). 압축기는 냉매의 압력과 온도를 높이기 위해 작업이 필요하다. 상태 2에서 냉매는 포화 증기 상태에 있으며 이후 일정한 온도 및 압력 조건에서 열이 고온 영역으로 전달되는 응축기로 들어간다. 냉매는 응축기에서의 열전달 결과로 포화 증기 상태에서 포화 액체 상태로 바뀐다. 상태 3의 액체 냉매는 단열 팽창하는 터빈으로 들어가게 된다. 냉매가 초기 상태 4로 돌아감에 따라 터빈 온도와 압력이 모두 떨어진다. 이 이상적인 카르노 사이클에서 모든 프로세스는 내부적으로 가역적이며 냉매와 두 영역 사이의 열전달은 온도변화 없이 발생한다.

실제 증기 압축 냉동사이클과 이상적인 조건의 가장 큰 차이는 열교환기에서 가역적으로 이루어질 수 없는 열전달과 관련이 있다. 특히 증발기에서의 냉매온도는 충분한 열전달률을 유지하기 위해 저온 영역의 온도 T_C가 몇 도 이하로 유지되어야 한다. 또한 응축기 온도는 고온 영역의 온도 T_H보다 몇 도 더 높게 유지되어야 한다. 이상적인 사이클과의 또 다른 차이는 압축 중 냉매 상태이다.

앞에서 언급했듯이 압축 중 냉매는 액체-증기 혼합 상태이며 이를 습식 압축이라고 하는데 실제 액체 방울은 압축기를 훼손하기 때문에 습식 압축은 피하는 것이 좋다. 실제 증기 사이클에서 냉매는 완전히 기화되어야 하며 이러한 과정을 건식 압축이라고 한다. 또 다른 이상적인 사이클의 비실제적인 면은 포화 액체가 액체-증기 혼합물로 전환되는 상태 3에서 상태 4로의 터빈 팽창 과정이다. 이 단계에서 압축기의 일에 비해 터빈의 출력이 매우 적은데 이는 이러한 조건에서 작동하는 터빈의 효율이 매우 낮기 때문이다. 실제 증기 냉동사이클에서 터빈은 단순한 팽창 밸브로 대체되는데 이는 터빈의 출력을 희생하지만 매우 비용 효율적인 방법이다.

증기 압축 냉각 시스템과 온도-엔트로피(T-s) 다이어그램은 [그림 14-25]에 나와 있다. 증발기를 시작으로 시스템 구성요소에서 이루어진 열전달 및 작업을 살펴보자.[9] 일과 에너지의 전달은 표시된 방향에서 양수이다. 프로세스에서 운동 및 위치에너지의 변화는 무시한다. 또한 외부 열전달은 없고 압력변화는 팽창 밸브와 압축기에서만 발생한다고 가정한다.

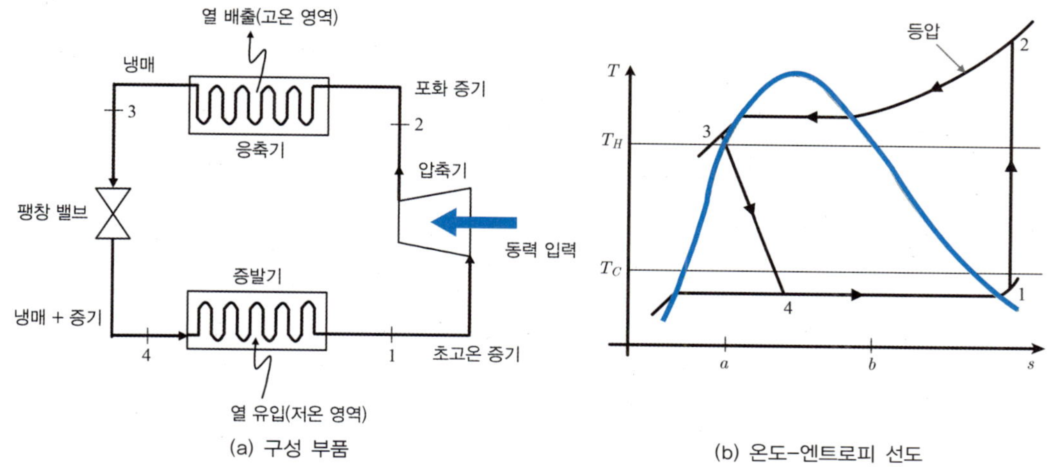

[그림 14-25] 증기 압축 냉동사이클

증발기에서 열은 냉장 공간에서 냉매로 전달되어 냉매가 기화된다. 냉매의 단위 질량당 열전달률은 두 상태 사이의 엔탈피 변화 때문에 다음과 같이 주어진다.

$$\frac{\dot{Q}_C}{\dot{m}} = H_1 - H_4 \tag{14.24}$$

여기서 $\dot{Q}_C$는 열전달률이고 $\dot{m}$은 냉매의 질량 유량이다. $\dot{Q}_C$는 SI 단위로는 kW 이고 영국식 단위로는 Btu/h 단위를 사용하는 냉동용량으로도 알려져 있다. 냉동용량에 일반적으로 사용되는 또 다른 단위는 12,000Btu/h에 해당하는 냉동톤이다.

압축기 펌프는 증발기에서 나온 증기 냉매를 고압 증기로 압축하는 동시에 온도를 높인다. 압축기에서 열전달이 없다고 가정하면 냉매 질량당 에너지 입력 비율은 두 상태 사이의 엔탈피 변화로 다음과 같이 주어진다.

$$\frac{\dot{W}_C}{\dot{m}} = H_2 - H_1 \tag{14.25}$$

응축기에서 열전달은 일정한 압력(등압) 아래에서 냉매에서 따뜻한 영역으로 발생하며 냉매의 단위 질량당 열전달률은 다음과 같다.

$$\frac{\dot{Q}_C}{\dot{m}} = H_2 - H_3 \tag{14.26}$$

이후 냉매는 팽창 밸브에서 상태 3에서 상태 4까지 증발기 압력으로 팽창한다. 이 과정은 엔트로피가 증가하고 압력이 감소할 때 되돌릴 수 없다. 다시 말하지만, 압축기로 또는 압축기로부터 열전달이 없다고 가정하면 냉매의 단위 질량당 에너지 전달 비율은 다음과 같다.

$$\frac{\dot{W}_{out}}{\dot{m}} = H_3 - H_4 \tag{14.27}$$

팽창 밸브에서 이루어진 일이 없으므로 $H_4 = H_3$이다.

공조시스템 또는 냉장고의 목적은 저온 환경에서 냉방부하라고 하는 열을 제거하는 것이다. 냉동사이클의 성능은 해당 효과를 달성하는 데 필요한 순 작업 입력에 대한 냉동효과의 비율인 성능계수로 측정된다.[10] 증기 압축 사이클의 경우 성능계수는 다음과 같다.

$$COP_R = \frac{\text{냉동 효과}}{\text{네트워크 입력}} = \frac{\dot{Q}_C}{\dot{W}_C} = \frac{H_1 - H_4}{H_2 - H_1} \tag{14.28}$$

이 식은 질량 및 에너지 비율에서 유도되었기 때문에 비가역성을 갖는 실제 증기 압축 사이클과 이상적인 압축 사이클에 모두 적용할 수 있다. 실제 사이클은 증발기, 압축기와 응축기의 비가역성으로 인해 이상적인 사이클에서 벗어나지만, 이상적인 사이클을 사용하여 시스템을 평가하는 것이 좋다. 이상적인 평가는 실제 냉동시스템의 성능 상한선을 설정한다.

■ 차량 공조시스템

차량 공조시스템은 [그림 14-25(a)]에 표시된 유사한 구성요소와 함께 증기 압축 냉각 사이클에서 구동되는데 응축기와 팽창 밸브 사이에 리시버-건조기가 추가로 장착된다. 차량 공조시스템 구성요소의 종류와 기능은 다음과 같다. 압축기는 저압의 냉매 가스를 고압 및 고온으로 압축하는 역할을 하며 기본적으로 흡입측과 토출측이 있는 펌프이다. 흡입측은 증발기의 출구에서 저압 냉매를 끌어오는데 어떤 경우에는 축압기를 통해 흡입이 이루어진다. 토출측에서 고압으로 압축된 유체는 응축기로 전달된다.

압축기는 차량의 실내 온도조절에 결정적인 역할을 하는데 IC 엔진의 출력축에 연결된 벨트 또는 전기모터가 압축기를 구동한다. 자동차 산업에서 공조에 사용되는 일반적인 압축기 유형은 스크롤, 로터리 베인 및 사판식 압축기이다. 이중 스크롤 압축기는 중간속도에서 높은 효율을 제공하고 높은 회전 속도에도 견딜 수 있어 더 높은 속도로 작동할 수 있는 전기모터와 함께 사용하기에 적합하다. 전기모터 구동 압축기는 또한 에어컨 시스템의 성능을 높이는 모터 제어를 통해 속도를 조절할 수 있다는 장점이 있다.

IC 엔진 없이 작동하는 압축기에는 단방향 속도제어 전기모터 구동부가 필요하다. PM 또는 SR 모터가 적합하며 구동부의 구조는 회생이 필요하지 않다는 점을 제외하고는 앞서 7장과 10장에서 제시한 것과 유사하다. PM 동기전동기는 현재 도요타 및 렉서스 하이브리드 전기자동차에 사용되는 압축기 구동에 사용된다. 고압 및 저압 측의 압력 센서는 모터 제어기에 피드백을 제공하여 원하는 실내 온도를 유지할 수 있도록 모터 속도와 토크를 조절한다. 이러한 PM 전기모터 구동에 사용되는 모터 제어는 일반적으로 공간벡터 PWM을 사용한 위치 센서리스 벡터 제어를 사용한다. 전기모터와 통합된 압축기로 기계적 위치 센서를 장착할 공간이 충분하지 않기 때문에 간접적인 위치 감지는 필수이다. 압축기의 차가운 쪽은 전기구동 인버터의 IGBT 냉각에 편리하게 사용된다.

응축기는 냉매가 대기 중으로 열 방출되는 영역을 제공한다. 냉매 유체는 응축기를 통과하면서 냉각되어 바닥에서 나오는 고압 액체로 응축된다. 응축기는 충분한 공기흐름이 있는 위치에 있어야 하며 엔진 냉각 팬을 사용하여 응축기에서 열을 방출할 수 있다. 효과적인 방열을 위해 하나 이상의 전기 냉각 팬을 추가할 수도 있다.

리시버-건조기는 응축기 바로 뒤에 있는 고압측에 위치한다. 그 기능은 액체 냉매를 저장하고 냉매가 시스템을 순환할 때 습기와 먼지를 제거하는 것으로 공조시스템의 다음 라인인 팽창 밸브 오리피스**expansion valve orifice**가 막히지 않도록 하는 것이 중요하다.

팽창 밸브는 리시버-건조기에서 고압 액체를 받아 냉매 압력을 떨어뜨려 상을 변화시켜 액체가 되도록 한다. 밸브는 증발을 위해 액체 냉매가 증발기로 전달될 수 있도록 오리피스를 통과하는 냉매의 양을 제어한다.

증발기는 열 흡수장치 역할을 하며 차량 내부에 있다. 액체 냉매는 증발기 핀 위로 불어오는 따뜻한 공기에서 열을 추출하여 실내 공기를 냉각시켜 증발한다. 냉매는 끓는점이 매우 낮아서 통과하는 공기로부터 많은 양의 열을 흡수하고 증발기를 나갈 때 끓어서 저압 가스가 된다. 냉매에 의해 운반된 열은 결국 응축기에서 대기로 방출된다. 또한 증발기는 제습기 역할을 하므로 실내 탑승자에게 편안함을 준다. 따뜻한 공기가 증발기의 냉각 핀을 통해 이동하면서 공기 중의 수분이 증발기 표면에 응축된다. 증발기는 공기에서 먼지와 작은 입자를 끌어당겨 젖은 표면에 붙여 차량 외부로 배출하는 공기필터 역할을 한다.

축압기는 증발기의 출구 끝에 연결되어 액체 냉매를 수집하고 또한 리시버-건조기와 유사하게 시스템에서 습기와 먼지를 제거한다. 축압기의 기능은 액체가 아닌 기체만 압축할 수 있는 압축기에 매우 중요하다. 공조 장치는 증발기로 유입되는 냉매 압력과 흐름을 제어하여 차량의 실내 온도를 유지한다. 고압과 저압 라인에 각각 하나씩 있는 압력 센서는 제어기에 피드백을 제공하여 증발기의 압력을 낮게 유지하여 동결을 방지한다.

자동차에 사용되는 냉매는 R-134a로 환경 문제로 기존에 사용하던 냉매 R-12를 대체했으며 R-134a는 더 강력한 압축기가 필요한 R-12보다 높은 압력에서 작동한다.

14.7.2 파워트레인 부품 냉각 시스템

열 시스템 설계 및 열 관리는 전력전자 및 전기기기의 성능과 신뢰성에 있어 중요한 부분이다. 전기 및 하이브리드 차량은 모터 및 구동부에 대한 적절한 열 관리는 물론 고전압에서 저전압 인터페이스를 위한 추가 전력전자 부품(예 : DC/DC 컨버터)에 대한 적절한 열 관리가 필요하다.

열에너지는 복사 및 대류 방법에 따라 전기모터, 모터 드라이브 및 전력전자 부품에서 제거된다. 열복사는 매개체의 유무와 관계없이 전자기파에 의해 에너지가 전달되며 이는 열복사가 진공에서도 발생할 수 있음을 의미한다. 재료 내 원자 또는 분자의 전자 구성변화는 열복사를 발생시키는데, 열복사를 통한 시스템의 에너지 전달 속도는 복사 표면 및 에너지 흡수 매체의 특성으로 인해 계산이 복잡하다. 스테판-볼츠만 법칙의 수정된 형태는 거시적으로 에너지 전달 속도를 다음과 같이 정량화한다.[9]

$$\dot{Q}_{rad} = \varepsilon \sigma A T_b^{\,4} \tag{14.29}$$

여기서 A는 표면적, $\varepsilon(0 \le \varepsilon \le 1)$은 표면의 방사율, σ는 스테판-볼츠만 상수, T_b는 표면의 절대 온도이다.

대류는 어떤 온도의 고체 표면과 다른 온도의 인접한 움직이는 기체 또는 액체(유체라고 함) 사이의 에너지 전달을 나타낸다. 열에너지는 유체 내의 전도와 유체의 벌크 운동의 결합된 효과를 통해 고체 표면에서 움직이는 유체로 전도된다. 대류를 통한 에너지 전달 속도는 다음과 같은 실험식으로 계산할 수 있다.[9]

$$\dot{Q}_{conv} = hA(T_b - T_f) \tag{14.30}$$

여기서 A는 표면적, T_b는 표면 온도, T_f는 유체 온도이다. 열전달 계수 h는 유체의 특성과 유속, 시스템의 기하학과 관련된 경험적 매개변수이며 열역학적 값이 아니다. 대류에는 강제 또는 자연대류 유형이 있으며 강제대류에 사용되는 팬이나 펌프는 자연대류보다 열전달 계수가 더 높다.

전기부품용 냉각 시스템의 개발은 차량 구조 및 해당 구조 내 부품등급에 따른 조건을 식별하는 것에서 시작된다. 먼저 차량의 수랭식과 공랭식 구성부품을 식별해야 하며 사용할 냉각 유형은 냉각 조건 및 차량 내 구성요소의 위치에 따라 다르다. 대부분의 전력전자 장치 및 전기 파워트레인 구동 부품은 소형 패키징을 위해 수랭식을 사용한다. 수랭식 냉각 시스템이 차량의 다른 부품에 사용될 때는 냉각 시스템에 전기구동 부품을 추가하여 확장한다. IC 엔진과 자동 변속기도 수랭식이다. 구동 배터리, 특히 NiMH 유형의 배터리 및 소형 전자장치는 공랭식일 수 있으나 고급 리튬-이온 배터리는 액체 냉각이 필요하다. 냉각 요구사항을 결정할 때 구성부품의 최악의 작동 시나리오를 고려해야 한다. 여기에는 가파른 경사, 언덕 정차, 극한의 온도 및 고도가 포함된다. 일시적인 냉각부하와 지속적인 냉각부하를 구별하기 위해 최악의 시나리오에서 작동 시 듀티사이클을 평가해야 한다. 파워트레인 및 전자부품의 연속 및 최대 온도 등급은 차량의 설계 및 용도, 부품 유형에 따라 달라진다. 신뢰성과 내구성을 고려하여 냉각 시스템은 종종 최대 허용온도에서 최대 작동조건에 맞게 크기가 조정된다. 전력전자 부품은 열 질량이 훨씬 낮으므로 IC 엔진 및 변속기와 같은 기계 장치에 비해 과도한 온도에 매우 민감하다.

[표 14-1]은 소형 차량의 파워트레인 및 전자부품의 일반적인 온도 기준을 나타낸다.

[표 14-1] 차량 부품의 작동 온도 예

부품	상시 온도	최고 온도
IC 엔진과 변속기	95℃	120℃
구동 전기모터	65℃	75℃
구동 인버터, DC/DC 컨버터	65℃	75℃
전자 제어기	65℃	75℃
구동 배터리	30℃	55℃

허용할 수 있는 작동 온도와 액체/공기 유량은 일반적으로 부품 제조업체에서 지정한다. 제조업체가 제공하는 성능 특성은 다양한 부하에서의 효율성을 보여주며 차량의 상위제어기를 통해 작동지점을 지정하는 데 매우 유용하다. 정격전력과 효율은 냉각 시스템에서 제거할 열부하를 계산하기 위한 좋은 출발점이다.

수랭식 냉각 시스템은 열을 환경으로 방출하는 열교환기와 액체 냉각제의 강제순환을 위한 냉각제 펌프를 포함하므로 시스템의 열분석을 통해 필요한 열 제거량, 냉각수 질량 유량 및 펌프 크기를 산출한다. 공랭식 시스템의 경우 필요한 열 제거량에 따라 팬과 송풍기의 크기가 결정된다.

HEV에서는 허용할 수 있는 작동온도가 크게 다르므로 다중 루프가 필요할 수 있다. 냉각수 루프의 수는 구성부품의 최대 작동온도, 냉각수 흐름 요구사항, 구성부품 패키징 및 같은 루프 내 다른 구성부품과의 근접성에 따라 다르다. 냉각수 루프 설계목표는 배관 복잡성, 길이 및 제한을 최소화하는 것으로 충진 지점과 냉각수 저장소는 적절한 환기 및 가스 제거를 보장할 수 있도록 냉각수 루프 내에 통합되어야 한다.

HEV 파워트레인 부품 냉각 시스템의 예는 [그림 14-26]에 나와 있다. 파워트레인에는 수랭식 냉각이 필요한 2개의 전기모터와 IC 엔진이 있으며 전기모터용 인버터와 DC/DC 컨버터도 수랭식이어야 한다. 참고로 배터리는 공랭식이다. 수랭식 냉각 시스템은 3개의 루프로 배열된다. 첫 번째 루프는 IC 엔진과 변속기 냉각용이고, 두 번째 루프는 구동 모터와 인버터용이다. 세 번째 루프는 발전기, 인버터 및 DC/DC 컨버터용이다. 냉각수 펌프의 속도를 제어하기 위해 냉각수 루프의 센서를 사용하여 온도를 감시한다. 장치에는 열 관리를 위한 내부 온도 모니터링 기능이 있지만, 개발 단계에서 적어도 입구 위치의 냉각수 온도를 감시하는 것이 좋다.

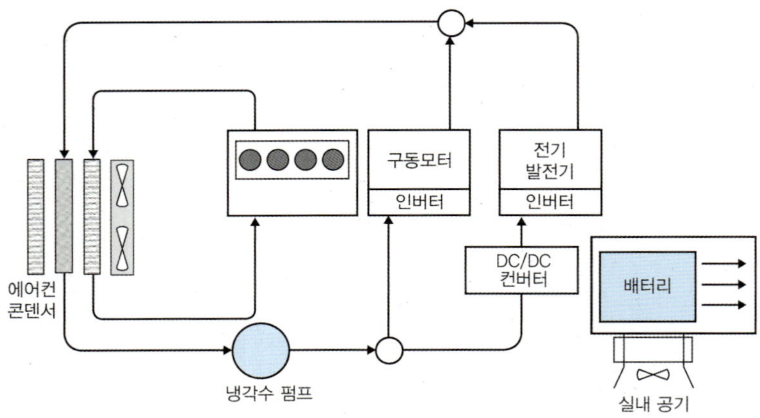

[그림 14-26] HEV의 냉각회로

[그림 14-26]에는 3개의 열교환기가 직렬로 적층되어 있으며 차량 전면에 있다. IC 엔진에는 별도의 열교환기(예 : 라디에이터)가 있지만, 두 개의 전기부품 냉각 루프는 하나의 열교환기를 사용한다. 세 번째 열교환기는 그림에 표시되지 않은 차량의 공조시스템용이다. 열교환기의 직렬 배열은 효율적인 패키징을 제공하지만, 공기 측 압력손실이 증가하고 공유 팬 제어가 발생하면서 더 높은 팬 전력이 요구된다. 직렬 적층에서는 가장 낮은 온도의 열교환기를 기류 방향으로 먼저 배치해야 한다. 열교환기의 병렬적층은 정면 면적을 최대화한다. 각 열교환기로의 기류는 개별 팬 제어 때문에 최적으로 제어될 수 있다. 전방을 향한 열교환기는 차량 움직임에 의해 생성되는 동적 기압으로부터 큰 이점을 얻을 수 있지만, 저속에서는 적절한 기류가 필요하다. 낮은 차량 속도는 장치에 더 높은 부하와 부적절한 공기흐름으로 인해 더 까다로운 방식의 냉각 시스템이 필요하다.

14장 연습문제

14.1 개별 여자된 DC 모터가 후륜 구동축에 기어박스를 통해 장착된 EV 구동계가 [그림 P14.1]과 같이 구성되어 있다.

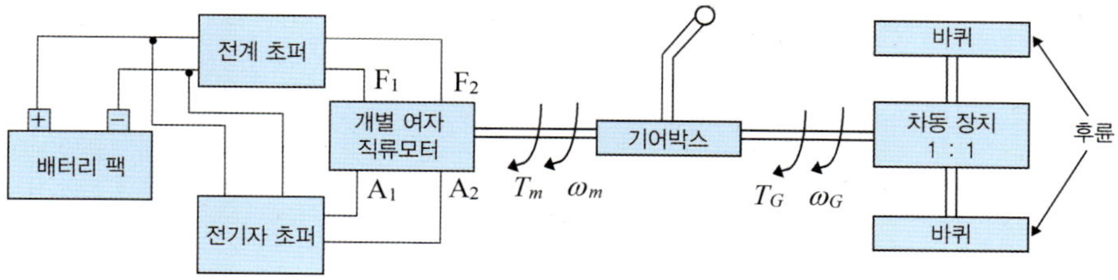

[그림 P14.1]

차량은 97km/h의 일정한 속도로 평평한 도로에서 4단 기어로 주행하고 있고 필요한 매개변수는 다음과 같다.

$$mg = 6{,}867\text{N},\ C_0 = 0.009,\ C_1 = 1.75\text{E}-6\text{s}^2/\text{m}^2,$$
$$A_F = 2\text{m}^2,\ C_d = 0.2,\ \rho = 1.16\text{kg/m}^3,$$
$$r_{wh} = \text{휠 반지름} = 19.05\text{cm},\ \text{GR} = 0.4$$

모터의 매개변수는 다음과 같다.

$$R_a = 0.2\Omega,\ R_f = 150\Omega,$$
$$K = 0.8\text{Vs/Wb},\ \phi = 3.75I_F,\ B_g = 1.2I_F$$

모터의 동력 손실 모델을 사용하고 모터에서 바퀴까지 동력의 손실은 없다고 가정한다. 초퍼 출력은 순수 DC로 가정했을 때 각 질문에 답하시오.

(a) 모터의 작동 속도와 토크를 계산하라.

(b) $0.5 \le I_F \le 4$일 때 I_F에 대한 I_A의 관계를 그림으로 표시하라.

m.e.m.o

CHAPTER

15

하이브리드 차량의 제어 전략

Hybrid Vehicle Control Strategy

들어가기 전에 ▶▶▶

HEV 파워트레인은 전기 기계식 동력 전달 경로로 구성된다. 파워트레인은 여러 개의 전원과 에너지 변환기로 구성되며 각 구성요소가 작동하도록 조정해야 한다. 파워트레인은 차량 구조에 따라 다양한 구성으로 배치되며 직렬, 병렬 및 동력 분할 구조로 구성된다. 제어 문제는 연료 효율을 높이는 목적을 가지고 여러 구성요소를 조정하며 전기 및 기계적 전송 경로를 통과하는 동력 흐름을 관리한다. 이러한 목적을 위해 개발된 제어 전략은 차량의 감독 제어기에서 구현된다. 감독 제어기는 복잡한 제어 문제로부터 운전자를 보호하고 운전자의 요구를 충족할 수 있도록 한다.

제어 전략은 차량 파워트레인 구성요소가 작동하는 지점을 결정하는 알고리즘으로, 파워트레인의 시스템 효율성이 최적화되는 동안 운전자의 요구를 충족시키는 것을 목표로 한다. 감독 제어기의 기본 입력은 차량 속도 및 페달 입력이다. 도로, 교통 및 GPS 정보와 같은 2차 입력도 고급 감독 제어기에서 사용될 수 있다. 제어기의 출력은 전기모터 또는 IC 엔진 요구 토크와 같은 파워트레인 구성요소에 대한 명령 신호와 특정 구성요소에 대한 켜기/끄기 명령이다.

배터리 팩 또는 에너지 저장 장치(ESS)의 충전 상태(SoC)도 시스템의 수명을 연장하는 단계 내에서 유지되어야 한다. 제어 전략은 운전자의 요구를 충족시키기 위해 ESS가 방전이 되는 시기와 양을 결정한다. 또한 차량의 운동에너지는 회생 제동을 사용하여 회수되고 ESS에 저장될 수 있다.

제어 전략 알고리즘은 파워트레인 효율성 및 연비 향상, 배기가스 배출량 감소 및 양호한 주행성 **drivability** 유지 등을 목표로 한다. 그중에서도 효율성 향상 및 배기가스 배출량 감소는 매우 중요하다. IC 엔진에서 최적의 작동 지점을 결정하기 위해서는 최적화 알고리즘을 사용할 수 있다. 주행성은 고객이 HEV를 선택하는 데 있어 중요한 매개변수이다. 즉 제어기는 운전자가 기존 IC 엔진 차량과 비슷한 느낌을 받을 수 있도록 해야 한다. 추진 장치에 대한 명령은 차량의 높은 주행 품질을 유지하기 위해 신중하게 조정되어야 한다. 주행성은 기어 변속 및 구동계 진동 측면에서 측정할 수 있다.

SECTION 15.1 차량 감독 제어기

Vehicle Supervisory Controller

차량 감독 제어기는 HEV 파워트레인의 제어를 위한 다단계 계층 구조의 중간에 위치한다. 최고 제어 수준에서는 운전자가 속도 및 위치 피드백을 사용하여 가속 페달 및 브레이크 페달 입력을 설정한다. 감독 제어기는 운전자 명령을 받아 그에 따라 다양한 파워트레인 하위 시스템을 제어한다. 전기모터 드라이브, 에너지 저장 장치, IC 엔진 및 시동기/발전기 드라이브와 같은 하위 시스템은 자체적으로 제어기를 가지고 있지만, 작동 설정 지점은 감독 제어기가 발행하는 명령에 따라 다르다. 운전자, 차량 및 감독 제어기 간의 상호작용은 [그림 15-1]에 나와 있다.

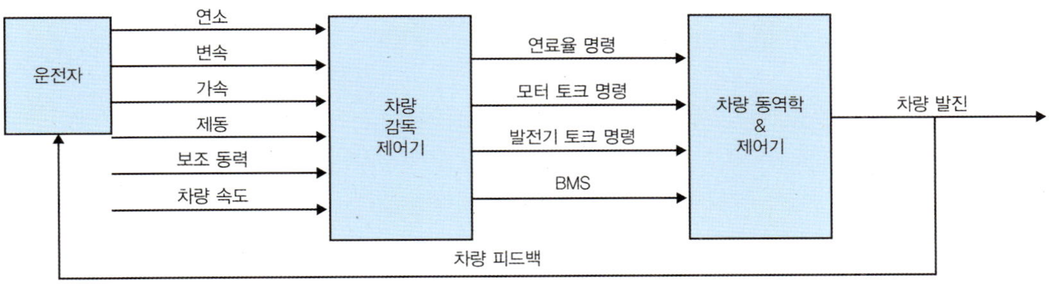

[그림 15-1] SCM 및 차량과의 운전자 인터페이스

감독 제어기의 제어 전략은 모든 하위 시스템 제어 모듈의 피드백 신호를 사용하여 구현된다. 감시 컨트롤러는 CAN **Controller Area Network**을 통해 하위 시스템과 통신하며 A/D 채널을 통해 센서로부터 직접 입력을 수신할 수도 있다. 센서 데이터는 제어 목적으로만 사용되는 것이 아니라 차량에서 하나 이상의 하위 시스템 구성요소가 오작동하는 경우 성능 분석 또는 고장 분석을 위해 기록될 수 있다.

운전자는 점화 스위치, 변속기, 가속 페달 및 브레이크 페달을 통해 감독 제어기와 통신한다. 운전자는 차량 속도 및 주행 조건에 대한 피드백을 통해 가속 페달 및 브레이크 페달 입력을 설정하는 것이 제어의 첫 번째 단계이다. 차량을 주행할 준비가 되면 페달 입력의 설명이 운전자가 요구한 대로 변경된다. 감독 제어기-운전자 인터페이스는 가속 페달과 브레이크 페달의 신호 입력을 추진/제동력 및 요구 토크로 해석하여 제어 시스템의 투명성을 높인다.

앞서 언급했듯이 감독 제어 전략의 목적은 파워트레인 시스템 효율성이 최적화되는 동안 운전자의 요구를 충족시키는 것이다. 감독 제어기에 대한 입력은 주행 요청, 속도 및 가속도와 같이 차량을 작동시키는 조건이다. 도로, 교통 및 GPS 정보의 2차 입력도 고급 감독 제어기에서 사용될 수 있다.

제어기의 출력은 전기모터 또는 ICE 요구 토크, 배터리 충전 설정 지점 및 특정 구성요소에 대한 ON/OFF 명령과 같은 파워트레인 구성요소에 대한 명령 신호이다. 배터리 팩 또는 ESS 요구는 시스템의 수명을 연장하기 위해 특정 한도 내에서 설정된다. 제어 전략은 운전자의 요구를 충족시키기 위해 방전이 되는 시기와 양을 결정한다. 또한 감독 제어기는 차량 제동 중에 배터리를 재충전하기 위해 회수해야 하는 운동에너지의 양을 조절한다.

제어 전략의 복잡성은 하이브리드 구조가 직렬, 병렬 또는 직/병렬 결합과 같이 얼마나 복합적인지에 따라 달라진다. 복합 하이브리드 구조의 제어 전략은 모드 선택 전략과 모달 제어 전략이라는 두 가지 전략으로 구현될 수 있다. 모드 선택 전략은 직렬 또는 병렬과 같은 파워트레인 작동 모드를 결정하고 모달 제어 전략은 특정 하이브리드 작동 모드 내의 제어를 다룬다. 직렬 또는 병렬 하이브리드와 같은 단순한 하이브리드 구조에서는 1단계 알고리즘으로 충분하며 감독 제어기는 하이브리드 작동을 위한 모달 제어 전략을 구현한다. 두 가지 수준의 제어 전략에 대해서는 15.3절에서 설명한다. 모드 선택 전략은 복합 하이브리드 구조에만 적용되는 반면, 모달 선택 전략은 복합 하이브리드 구조와 단순 하이브리드 구조 모두에 적용된다.

SECTION 15.2

모드 선택 전략

Mode Selection Strategy

복합 하이브리드 구조에서 논의된 모드 선택 전략은 차량의 파워트레인에 1개의 IC 엔진과 적어도 2개의 전기 기계가 있다고 가정한다. HEV에서는 전기 전용, 직렬, 병렬, 동력 분할 등 최대 4가지 기본 작동 모드가 가능하다. 직렬 HEV는 직렬 작동 모드에 대한 제약 조건이 다른 모드의 제약 조건과 유사하기 때문에 일반적으로 다양한 모드를 고려할 수 있다. 복합 하이브리드 구조에서 사용할 수 있는 파워트레인 구성요소, 구성요소의 상대적 크기 및 제어 전략의 목표에 따라 다양한 모드를 선택할 수 있다.

감독 제어기에서 가장 먼저 결정해야 할 사항은 파워트레인의 작동 모드이다. 작동 모드는 주로 운전자의 요구와 차량 속도에 따라 결정된다. 운전자가 가속 페달 입력을 통해 생성되는 요구 토크는 요구 토크와 차량 속도를 곱하여 운전자의 동력 요구로 변환된다. 추진 모드는 운전자의 동력 요구량과 차량 속도에 따라 선택된다.

전기 전용 모드에서 배터리 또는 ESS에 저장된 에너지는 1개 이상의 전기 구동 모터를 추진용으로 구동하는 데 사용된다. 직렬 모드일 때 화석 연료에 저장된 에너지는 IC 엔진에 의해 전기에너지를 생산하기 위해 발전기를 구동시킬 수 있는 기계적인 형태로 변환된다. 이때 생성된 전기는 전기 구동 모터에 의해 휠에 견인 동력을 전달하기 위해 사용된다. 파워 스플릿 모드에서는 IC 엔진이 직렬 전기 경로와 직접 기계적 경로를 통해 휠에 견인 동력을 제공한다. IC 엔진의 동력은 기계적 및 전기적 전송 경로를 통해 분할된다. 직렬 또는 분할 작동의 경우 ESS는 동력 수요, 에너지 저장 장치의 SoC 및 IC 엔진 효율성을 고려하여 동력을 공급하거나 흡수할 수 있다. 병렬 모드에서는 IC 엔진이 최대 용량까지 작동하고 전기 기계는 모터 모드로 작동한 상태에서 ESS와 화석 연료의 저장된 에너지를 모두 사용하여 추진력을 제공한다. 동력 분할 모드는 전기 기계 중 하나가 발전기로 작동된다는 점에서 병렬 모드와 다르다.

결정론적 규칙은 하이브리드 작동 모드와 같이 한 모드에서 다른 모드로 전환하기 위한 조건을 결정하기 위해 개발되었다.[2~3] 생산 하이브리드에서 사용되는 가장 일반적인 결정론적 규칙 기반 전략은 동력 팔로워 접근법이다. 드라이버 입력은 작동 모드를 결정하기 위한 전원 요청으로 해석된다. [그림 15-2]는 운전자의 동력 수요(가속기 입력)와 차량 속도에 대한 작동 모드의 질적 의존성을 나타낸다.

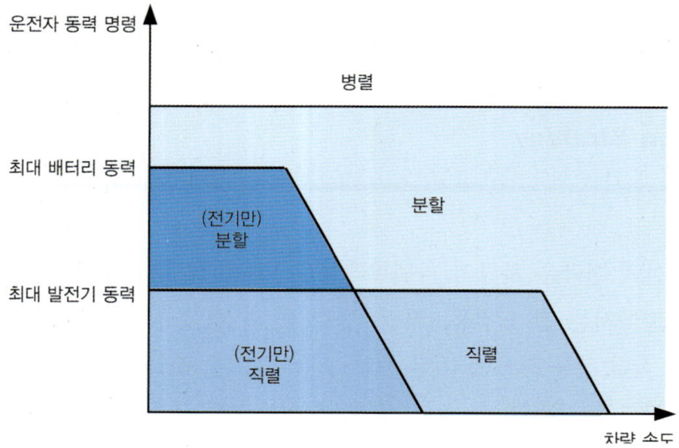

[그림 15-2] 하이브리드 차량(HEV)의 작동 모드

병렬 또는 직/병렬 HEV에서는 낮은 동력 수준에서 전기모터가 최소 차량 속도 이하로 사용된다. 동력 수요가 최소 수준을 넘으면 엔진이 켜진다. 병렬 하이브리드에서 전기모터는 동력 수요가 최대 엔진 출력보다 클 경우에만 엔진을 지원한다. 직/병렬 또는 파워 스플릿 구조에서 파워트레인은 전기 전용 모드 다음에 파워 스플릿 모드에 있을 것이다. 낮은 동력 수요를 위해 전기 전용 모드와 분할 모드 사이에 직렬 모드를 사용할 수 있다. 매우 높은 동력 수요 수준에서만 병렬 모드가 사용된다. 배터리 SoC는 순수 병렬 하이브리드에서 발전기 모드의 구동 전기모터를 사용하거나 직/병렬 HEV의 발전기를 사용하여 미리 설정된 대역 내에서 유지되도록 하기도 한다. 이 방법은 파워트레인 효율이 전체적으로 최적화되지 않는다는 단점이 있다.

감독 제어기는 모드 선택 전략을 위해 상태 기계를 사용할 수 있다. 상태 기계는 운전자의 요구, 차량 속도, 하위 시스템 작동 한계 및 고장 여부에 따라 다양한 하이브리드 모드 간 전환을 가능하게 한다. 상태 기계를 통한 감독 컨트롤러의 구현은 장애 관리가 용이하다. 파워트레인 효율은 일반적으로 상태 전이 수준에서는 최적화되지 않으며, 주로 모달 제어 알고리즘에서 최적화된다.

하이브리드 파워트레인은 비선형, 다차원, 시간 변동 플랜트로, 퍼지 논리 기반의 모드를 선택하는 것이 특히 유용할 수 있다.[4~6] 퍼지 논리 기반의 제어 시스템은 운전자의 요구, 차량 속도, SoC, 구성요소 토크 출력 및 예상 도로 부하를 입력으로 사용하고 퍼지 규칙 기준을 사용하여 차량의 작동 모드를 결정한다. 결정론적 규칙 기반과 비교했을 때 퍼지 규칙 기반은 부정확한 측정과 매개변수 변동에 강한 것이 장점이다. 잘 설계된 퍼지 규칙 베이스는 실시간으로 파워트레인의 좋은 성능을 제공할 수 있다. 퍼지 규칙 기반에는 운전 조건에 따라 실시간으로 조정될 수 있는 가중 매개변수가 포함된다. 또한 퍼지 규칙 기반 제어 알고리즘은 하이브리드 작동 모드에서 모달 제어 전략을 개발하는 데 효과적으로 사용될 수 있다.

결정론적 규칙 기반 제어 전략은 직/병렬 HEV 구조로 더욱 정교해진다. 2개의 전기 기계와 1개의 IC 엔진이 있는 직/병렬 하이브리드 구조는 유성기어 세트의 기계 장치를 사용하거나 전자 제어 장치를 사용하여 구현할 수 있다. 직/병렬 HEV에 대한 2가지 모드 선택 전략은 다음과 같다.

15.2.1 기계적 동력 분할 하이브리드 모드

기계적으로 활성화된 동력 분할 구조는 구동 클러치 없이 유성기어 세트[1]를 사용한다. 유성기어 세트를 사용한 동력 분할 개념은 TRW [7,8]에 의해 처음 도입되었다. 유성기어 세트의 무단변속기는 CVT **Continuous Variable Transmission**와 동일한 성능을 제공하는 동시에 단일 구동계에 3개의 파워트레인 구성요소를 장착할 수 있다. 하이브리드 세단, 경트럭 및 SUV를 위한 설계로 기계적 동력 분할 구조가 적용되었다. 기계적 동력 분할 설계는 단일 구동계에 장착된 모터, 발전기, IC 엔진을 통해 작고 조립이 용이하다.

도요타 프리우스에 사용된 것과 유사한 유성기어 세트를 사용한 직/병렬 동력 분할 파워트레인 구조는 [그림 15-3]에 나와 있다.

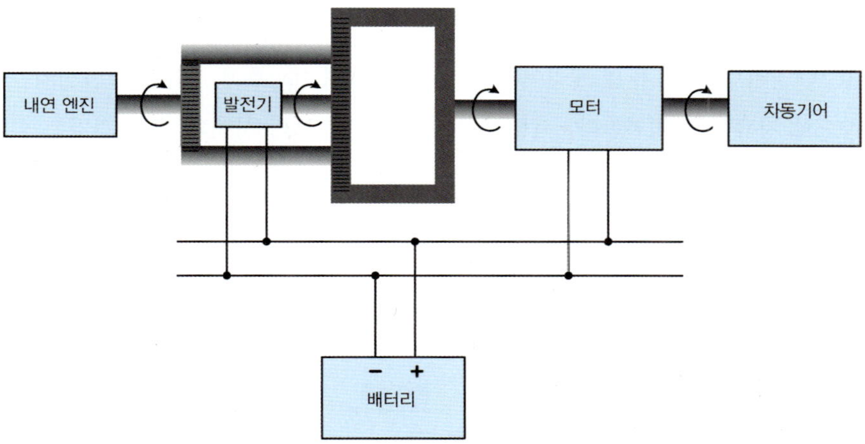

[그림 15-3] 유성기어 세트와 직/병렬 HEV 파워트레인 구성요소 배열

14.2.1절에서 설명한 바와 같이 유성기어 세트에는 링, 선 및 캐리어라는 3개의 기어가 있다. IC 엔진의 출력축은 유성기어 세트의 유성 캐리어에 연결된다. 기계적 동력은 링기어를 통해 간접적으로 IC 엔진에서 최종 구동 및 휠로 전달된다. IC 엔진과 최종 구동력 사이에는 직접적인 결합이 없다. 발전기는 선기어와 연결되고, 모터는 휠과 함께 링기어에 연결된다. IC 엔진 동력은 분할할 수 있으며, 그 일부가 선기어와 전기 동력 전달 경로를 통해 최종 구동력과 휠로 전달된다. IC 엔진은 배터리를 충전하거나 모터에 동력을 공급하는 발전기를 구동한다. 발전기는 IC 엔진의 축과 결합된

1 에피사이클릭(epicyclic) 기어 세트라고도 한다.

유성기어에 대한 토크를 생성한다. 모터는 휠에 추가 동력을 제공하기 위해 링기어에 토크를 추가할 수 있다. 또한 발전기는 최대 가속이 요구될 때 모터 모드에서 작동하여 유성기어에 토크를 추가한 다음 링기어를 통해 휠로 전달할 수 있다. 두 전기 기계는 모터 모드 또는 발전 모드에서 작동할 수 있다. 차량 제동 중에 모터는 회생 제동 에너지를 포착하는 발전기 역할을 하며, 회생 제동 에너지는 전기에너지로 변환되어 배터리에 저장된다.

14.2.1절에서 논의한 링, 선 및 유성 캐리어 기어 간의 속도-토크 관계는 제시된 하이브리드 파워트레인 구조에 적용되며 이 장에서 사용된다. 동력 분할 HEV의 동력 관계는 다음과 같다.

$$P_{engine} = P_{engine\ to\ ring} + P_{engine\ to\ sun}$$
$$T_p \omega_p = \frac{r_r \omega_r}{r_r + r_s} T_p + \frac{r_s \omega_s}{r_r + r_s} T_p \qquad (15.1)$$

3개의 파워트레인 구성요소에 연결된 3개의 기어에 대한 [그림 15-3]의 회전 방향은 양의 회전 방향이라고 가정한다.

전기 전용(낮은 속도, 후진, 배터리 충전)

전기 전용 모드에서는 IC 엔진이 꺼지고 유성 캐리어가 정지해 있다(예 : $\omega_p = 0$). 시동기/발전기는 무부하 조건에서 역방향으로 자유롭게 회전한다. 시동기/발전기와 전기모터 사이의 속도 관계는 식 (14.11)로부터 다음과 같이 나타낼 수 있다.

$$r_r \omega_r = -r_s \omega_s$$

전기모터는 [그림 15-4]와 같이 배터리 에너지에 의해 구동되는 휠에 견인 동력을 공급한다.

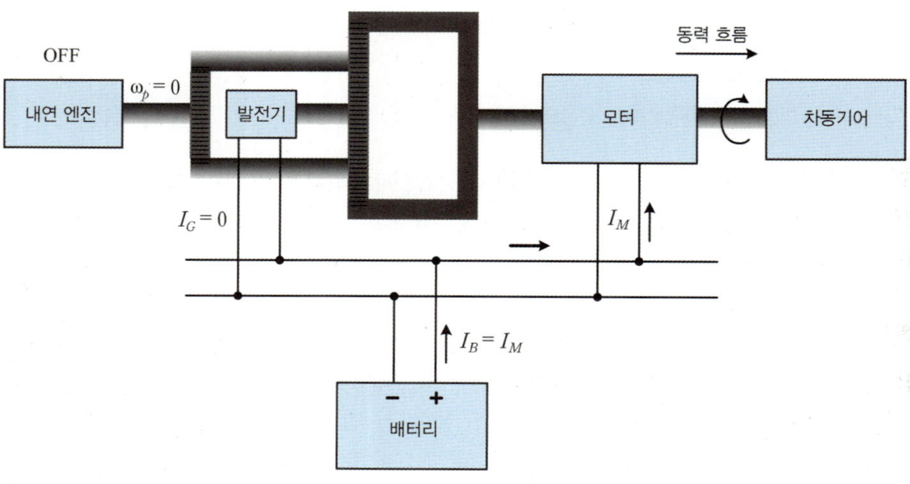

[그림 15-4] 전기 전용 모드

동력은 유성기어 세트를 통해 전달되지 않는다. 가속기 위치(동력 요구)와 차량 속도에 따라 모터 전류 설정 지점이 결정된다.

$$I_{motor} \propto T_{motor} = \frac{P_{motor}}{\omega_r} \tag{15.2}$$

배터리는 차량이 주행 중 또는 제동 중이고 엔진이 꺼졌을 때 발전기 모드에서 작동하는 전기기기로 회생 제어 전략을 사용하여 재충전할 수 있다.

엔진 시동 (낮은 속도)

시동기/발전기는 엔진을 크랭킹하기 위해 모터 모드에서 작동한다. 모터 모드가 역방향으로 회전하는 동안 양의 토크 명령으로 활성화되면 전원이 배터리에서 시동기/발전기로 흐른 후 IC 엔진으로 흐른다. 전기모터에서 제공하는 견인 동력으로 시동하는 엔진 중에 차량이 움직이고 있을 수 있다. 엔진 시동 중 에너지원은 배터리다.

병렬 모드 (높은 가속도)

파워트레인은 차량 시동 중에 요구될 수 있는 급가속을 하기 위해 병렬 모드로 작동한다. 시동기/발전기 및 모터는 모두 배터리 전원을 사용하여 IC 엔진을 보조한다. 병렬 모드의 동력 흐름은 [그림 15-5]에 나와 있다.

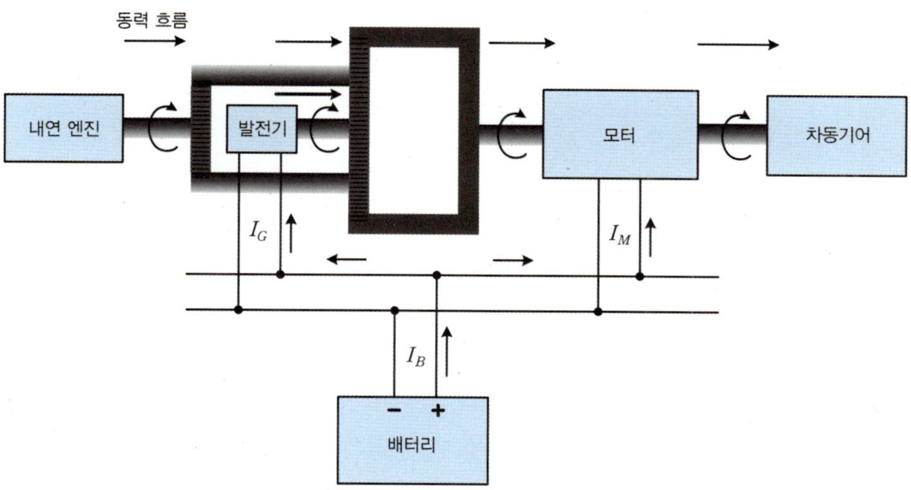

[그림 15-5] 전기, 기계식 파워트레인 구성요소의 병렬 작동

식 (15.1)을 통해 시동기/발전기 동력을 나타내면 다음과 같다.

$$P_{sun\,to\,ring} = \frac{r_s \omega_s}{r_r + r_s} T_p \quad (w_s < 0) \tag{15.3}$$

선기어는 후진 방향으로 회전한다. 즉 기어에서 발전기 축을 들여다보면 $P_{sun\,to\,ring} < 0$이 된다. 선기어가 역회전하면 IC 엔진 토크가 증가하여 시동기/발전기가 모터 토크를 최종 구동력으로 전달할 수 있다. 시동기/발전기 입력은 배터리의 동력이다.

동력 분할 모드(정속, 낮은 가속도)

동력 분할 모드에서는 IC 엔진 출력이 [그림 15-6]과 같이 시동기/발전기와 모터 축 사이에서 분할된다.

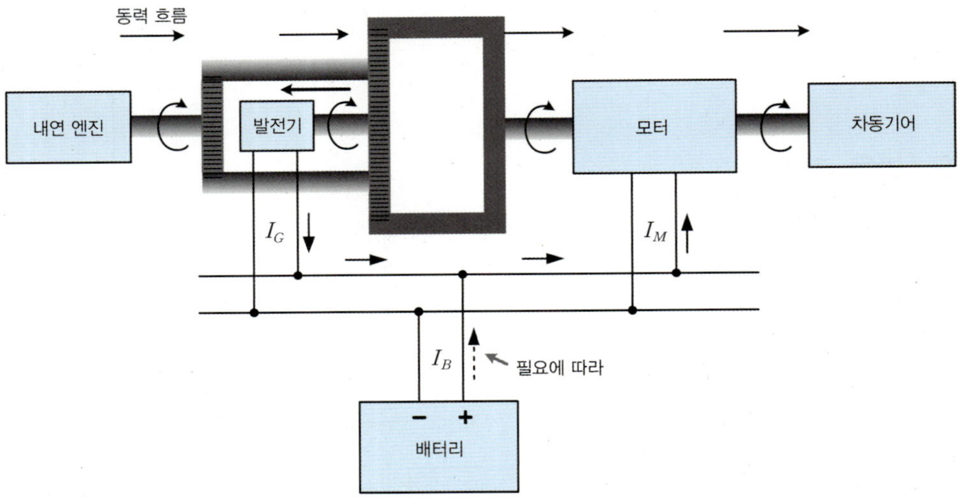

[그림 15-6] 동력 분할 작동 모드

모터는 최종 구동의 차동기어 입력축에 더 많은 토크를 가함으로써 엔진을 보조한다. 동시에 일부 엔진 출력이 선기어로 전환되어 시동기/발전기를 발전 모드로 작동시켜 배터리를 충전할 수 있다. 시동기/발전기가 전진 방향으로 회전하고 있다. 시동기/발전기로 전달되는 엔진 토크의 비율은 기계적으로 고정되기 때문에 시동기/발전기(즉 배터리)로 전달되는 IC 엔진 출력 흐름은 IC 엔진 속도를 제어함으로써 조절할 수 있다. 필요한 배터리 전력에 따라 시동기/발전기 전류가 결정되며 이 전류는 시동기/발전기 토크를 설정한다. IC 엔진 속도제어에 관한 식은 다음과 같다.

$$I_{gen} \rightarrow T_s = \frac{r_s}{r_r + r_s} T_p \tag{15.4}$$

선기어 토크는 차례로 엔진 토크 T_p를 고정하므로 IC 엔진의 속도를 제어해야 한다.

■ 엔진 제동 모드 (운전자 선택 가능 모드)

엔진 제동 모드에서는 IC 엔진이 공회전하며 일부 동력을 흡수한다. 모터가 자유롭게 회전한다 ($I_{motor} = 0$). 시동기/발전기는 역방향으로 회전하여 발전한다. 해당 모드의 동력 흐름은 [그림 15-7]에 나와 있다.

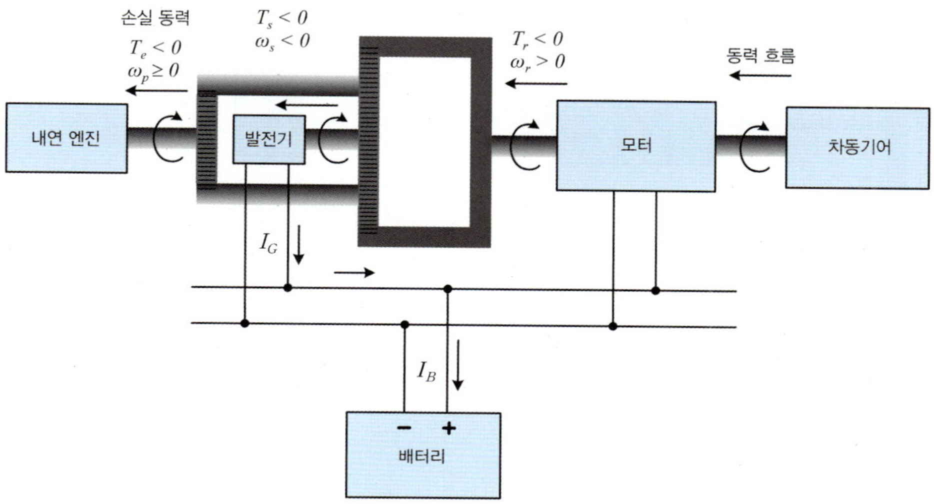

[그림 15-7] 동력 분할 작동 모드

■ 재생 모드 (차량 제동)

재생 모드에서는 발전기가 자유롭게 회전한다($I_g = 0$). 모터는 차량의 운동에너지에 의해 구동되며 배터리로 에너지를 전달하면서 재생된다. 이 모드의 동력 흐름은 [그림 15-8]에 나와 있다.

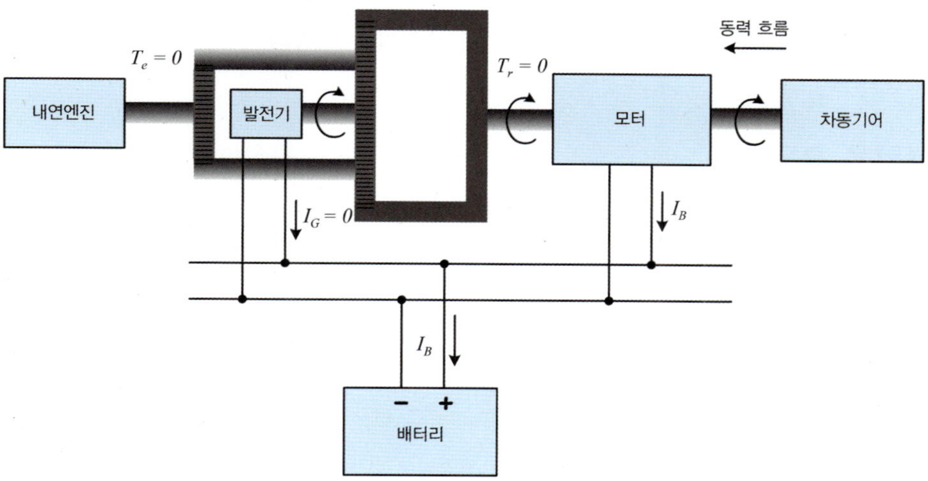

[그림 15-8] 차량 재생 모드

15.2.2 직/병렬 2x2 하이브리드 모드

직/병렬 2×2 구조는 전자적으로 제어되는 동력 분할 구조이다([그림 15-9] 참조). IC 엔진은 클러치 및 변속기를 통해 전륜에 결합되고 시동기/발전기 IC 엔진의 출력축에 결합된다. 전기모터는 후륜에 동력을 공급하여 4륜 구동 기능을 제공한다. 이 구조는 HEV의 작동 모드에서 뛰어난 유연성을 보인다.

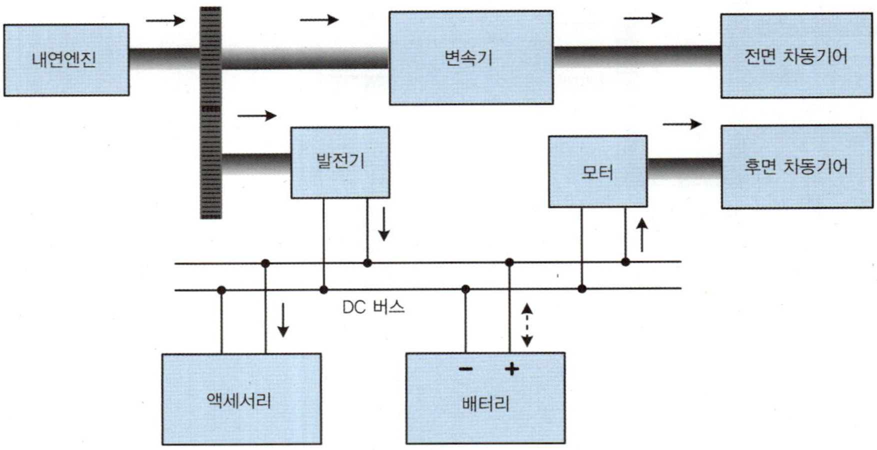

[그림 15-9] 직/병렬 2×2 구조

■ 전기 전용(낮은 속도, 후진, 배터리 충전)

IC 엔진을 끄고 클러치를 해제한 상태로 두면 후방 견인 전동기를 사용하여 차량을 EV로 작동할 수 있다. 배터리 또는 다른 유형의 저장 장치에 저장된 에너지는 후방 디퍼렌셜을 통해 후륜에 견인 전원을 공급하는 전기모터에 전원을 공급한다. 배터리는 차량이 주행 중이거나 제동 중인 상태에서 엔진이 꺼졌을 때 발전기 모드에서 작동하는 전기모터로 회생 제어 전략을 사용하여 재충전할 수 있다.

■ 직렬 모드(낮은 속도)

직렬 모드의 차량은 특히 운전자의 동력적 수요가 상대적으로 낮은 도심에서 주행할 때 발전기의 한계 내에서 직렬 하이브리드 형태로도 작동할 수 있다. IC 엔진 토크는 발전기로 전달되며 발전기는 버퍼 역할을 하는 전기모터에 공급된다. 전기모터는 후륜에 견인 동력을 전달한다. 변속기는 직렬 모드에서 중립으로 유지된다.

■ 동력 분할 모드(정속, 낮은 가속도)

속도가 임계값에 도달하거나 요청된 출력이 직렬 모드에서 제공될 수 있는 것보다 클 경우 클러치가 체결되고 IC 엔진이 변속기를 통해 추진력을 공급한다. 이 작동 모드에서 IC 엔진 속도는 나중에 설명하는 동력분할 제어 모드 알고리즘에 의해 설정된다. IC 엔진의 동력은 각각 기계적 전송 경로와 전기적 전송 경로를 통해 전륜과 후륜으로 전달된다. 동력 분할 작동은 두 전기 기계를 모두 사용하며 유성기어 세트가 있는 기계적 동력 분할과 유사하다. 기계식 송전기와 전기식 송전기의 출력 분할 비율은 기계식 출력 분할 하이브리드와는 대조적으로 발전기 부하에 의해 임의로 선택할 수 있다. 동력 분할 비율은 ESS 사용을 최적화하고 좋은 전후 견인력 비율을 유지할 수 있다.

■ 병렬 모드(높은 가속도)

운전자의 요구가 높을 때 사용되는 병렬 모드에서는 IC 엔진과 두 전기 기계가 모두 병렬로 작동하여 휠에 견인 동력을 전달한다. 전기 발전기는 모터 모드로 작동되며, IC 엔진-발전기 커플링에서 혼합된 IC 엔진과 전기 발전기 토크가 전륜으로 전달된다. 전기모터는 동시에 견인 동력을 후륜으로 전달한다. 두 전기 기계의 에너지는 모두 ESS에서 나오며, 이는 전하 소모 작업이기 때문에 장기간 지속할 수 없다. 해당 모드는 높은 가속 요구 시 사용되는 차량의 부스트 모드로도 사용할 수 있다.

SECTION
15.3

모달 제어 전략

Modal Control Strategies

모달 제어 알고리즘은 운전자 요구 및 시스템 피드백 입력을 사용하여 요구를 충족시키는 동시에 구동계 시스템 효율성을 최적화하고 배기가스를 최소화한다. 또한 에너지 저장 SoC는 시스템을 손상시키지 않고 성능 조건을 충족할 수 있도록 사전 설정된 대역 내에서 유지된다. 모달 제어 전략 내의 제어 법칙은 에너지 변환기에 대한 최적의 기준 토크와 변속기에 대한 최상의 기어비를 결정한다. 제어 법칙은 연비, 배기가스, 모터 효율 또는 배터리 수명을 나타내는 비용함수를 최소화하는 최적화 알고리즘을 기반으로 생성될 수 있다. 최적의 연비를 달성하기 위한 최적화는 동력 수요와 운전 조건에 대한 사전 지식에 의존하며, 이는 시뮬레이션에서만 가능하다. 고정 주행 사이클을 기반으로 한 전역 최적화를 사용하여 실시간 동력 흐름 관리 규칙을 결정할 수 있다. 실제 주행 시나리오에서는 실시간 최적화 기반 제어 전략을 개발할 수 있다.[9-10] 이러한 최적화 전략에는 실시간 변수의 관점에서 정의된 순간 비용함수가 사용된다.

파워트레인 하위 시스템은 직렬, 병렬 및 동력 분할 모드에서 제공할 수 있는 최대 연속 동력 및 한계 동력에 제약을 가한다. 그러나 모달 제어 알고리즘은 IC 엔진, 모터 및 발전기가 제공할 수 있는 최대 동력을 결정하기 위한 계산을 공유한다. 계산은 장치 정격, 온도, DC-링크 버스 전압, 차량 속도 및 각 하위 시스템의 작동 지점에 대한 한계를 결정하는 기타 매개변수를 기반으로 한다. 예를 들어 모터 출력 제한은 버스 전압의 함수로서 감소될 수 있다. 버스 전압은 에너지 저장 장치 SoC에 따라 달라진다. 전압이 감소하면 모터 출력도 감소하게 되는데, 이는 배터리의 에너지 고갈로 전기모터가 셧다운 모드에 진입할 경우 가속이 급격하게 줄어드는 것을 방지하여 허용 가능한 구동성을 확보하려는 목적이다. 전기모터의 동력 한계도 온도에 따라 달라진다. 모터 정격은 작동 온도 상승에 따라 저하된다.

직/병렬 및 동력 분할 모드에서는 서로 다른 제어 알고리즘이 필요하다. 모달 제어 전략이 다르면 최적화 기법도 다르다. 다음 절에서 최적화 기법의 예와 모달 제어 전략에 대해 설명한다. 이 절에서 설명하는 모달 제어 전략은 예시일 뿐이며, 사용 가능한 파워트레인 구성요소의 크기와 원하는 최적화 전략에 따라 모달 제어 전략을 구현하는 다른 다양한 방법이 있을 수 있다는 점을 유의해야 한다.

15.3.1 직렬 제어

직렬 하이브리드 또는 멀티 모드 하이브리드의 직렬 모드에서 전기모터는 가속 페달에서 측정된 모든 견인 동력 요구를 충족한다. IC 엔진, 발전기 및 ESS는 운전자의 요구를 충족하기 위해 항상 전기모터에 충분한 동력이 공급되도록 해야 한다.

도시 주행에서는 차량 속도의 변화와 잦은 시동기/정지 작동으로 인해 동력 수요가 크게 변화한다. HEV는 배터리 충/방전 프로파일이 매우 가변적이다. 모터가 요구하는 평균 동력은 최대 가속이 요구될 때의 최대 과도 동력 요구량에 비해 상대적으로 낮다.

IC 엔진은 액티브 차량의 파워트레인 제어와 독립적인 ESS 전하의 수동적 제어 알고리즘에 의해 차량 부하 변동으로부터 완화된다. ESS 제어는 IC 엔진의 서모스탯 제어라고도 하는 ON/OFF 제어 방식을 기반으로 한다. ON/OFF 제어 기준은 배터리의 SoC 한계라고 할 수 있다. 최대 및 최소 SoC 한계는 항상 전기모터로 운전자의 요구를 충족할 수 있도록 설정된다. 지정된 한계 내에서 SoC를 유지하기 위한 엔진의 서모스탯 제어는 [그림 15-10]에 나와 있다.

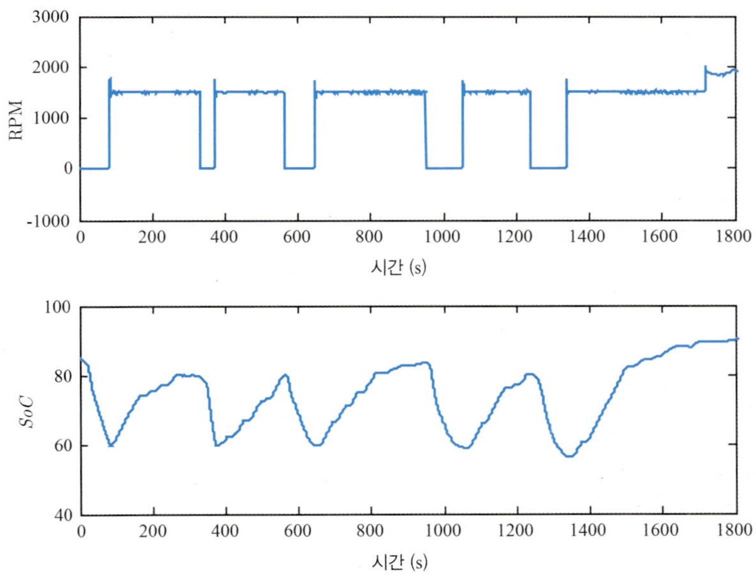

[그림 15-10] IC 엔진 사용 및 배터리 SoC

직렬 모드는 가장 효율적인 작동 지점에서 IC 엔진 속도와 토크를 유지하는 것이 목표이다. 직렬 모드에서 엔진 및 발전기의 토크 속도 특성을 이용하여 IC 엔진이 'ON' 작동 지점을 선택하는 예를 알아보자. IC 엔진의 'ON' 작동 지점은 연비, 배기가스 및 전기 발전기의 특성에 따라 선택할 수 있다. 높은 연비만을 목표로 하는 경우 엔진은 브레이크별 연료 소비량(BSFC)이 낮은 지역에서 작동해야 한다. 1.9L 디젤 엔진의 BSFC 및 $BSNO_x$ 데이터를 포함한 기본 엔진 지도는 [그림 15-11]과 [그림 15-12]에 나와 있다.

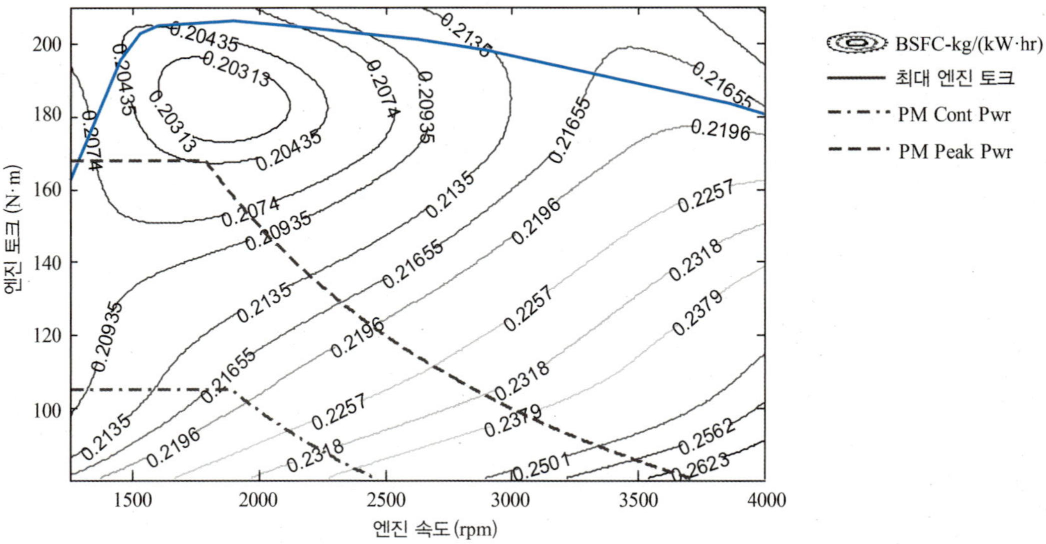

[그림 15-11] 1.9L 디젤 엔진용 BSFC [11]

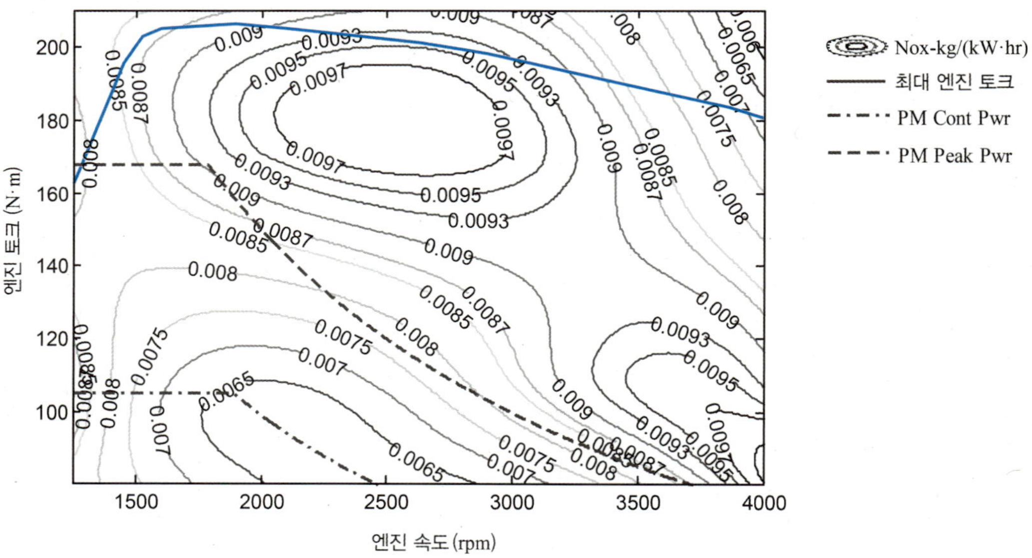

[그림 15-12] 1.9L 디젤 엔진에 대한 브레이크별 NO_X 배출[11]

엔진 발전기의 기어 결합을 통해 반사되는 영구자석 전기 발전기의 연속 및 최대 토크 곡선은 두 그림에 모두 중첩된다. 엔진 지도에 따르면 연료 소비량이 적은 작동 영역에서도 많은 NO_X가 배출되고 있다. 발전기 특성을 고려할 때 목표 지점은 발전기의 효율 또한 상대적으로 높은 연속 발전을 따라 토크에서 출력 제한으로 이동해야 한다. 발전기 토크는 코너링 한계 속도 미만으로 제한되고 연속 발전을 최대로 수행할 수 없다. 이 영역에서는 IC 엔진이 꺼지기 전에 직렬 모드에서 ESS를 충전하기 위해 작동해야 하는 시간이 늘어난다.

PM 발전기의 코너 영역에서 'ON' 작동 지점을 선택하면 BSFC가 최소 0.20313kg/kWh에서 약간 증가하지만, 배기가스 배출량은 비교적 적다. 코너 영역에서 NO_x 배출량은 최대 0.0097kg/kWh보다 상당히 낮다. 최적의 'ON' 작동 지점은 상대적으로 배출량이 적은 코너 영역에 있으며, 발전기의 최대 연속 동력 정격(37.5N·m, 4,750rpm)에 가깝게 작동하면서도 효율성이 높다.[11]

15.3.2 병렬 제어

병렬 모드 제어 알고리즘은 전기 기계와 엔진을 통해 휠에 동력을 공급하여 운전자의 요구를 충족시킨다. 두 장치의 토크는 휠 세트로 전달되기 전에 혼합되거나 개별적으로 전·후륜에 전달될 수 있다. 어느 경우든 제어 알고리즘은 에너지 저장용 *SoC*가 대역 내에서 유지되도록 해야 하며, IC 엔진에 대해 연료 효율과 테일파이프**talepipe**에서의 배기가스 배출 사이에 절충 작동 지점이 선택되어야 한다.

IC 엔진의 작동 속도는 변속기 기어비에 따라 차량 속도와 일치할 수 있다. 변속기 기어 변속 전략은 병렬 제어에 필수적인 요소이다. 기어 선택 후 제어 전략은 엔진과 전기모터의 토크 명령을 결정하여 운전자의 요구를 충족시키고 에너지 저장소를 관리한다. 변속 전략은 차량 속도를 최상의 작동 영역에서 IC 엔진 속도와 일치시키는 것이 목표이다. 또한 일정한 주행성을 위해 잦은 변속을 방지할 수 있도록 전략을 잘 설계해야 한다.

IC 엔진 파워 트레인에서, 엔진 동력 – 차량 속도에서 더 높은 IC 엔진 효율 영역은 더 높은 기어보다 더 낮은 기어에 대해 더 작다. 차량 속도의 함수로서 각 기어비에 반영되는 엔진 효율이 더 높은 작동 영역은 [그림 15-13]에 나와 있다.[12]

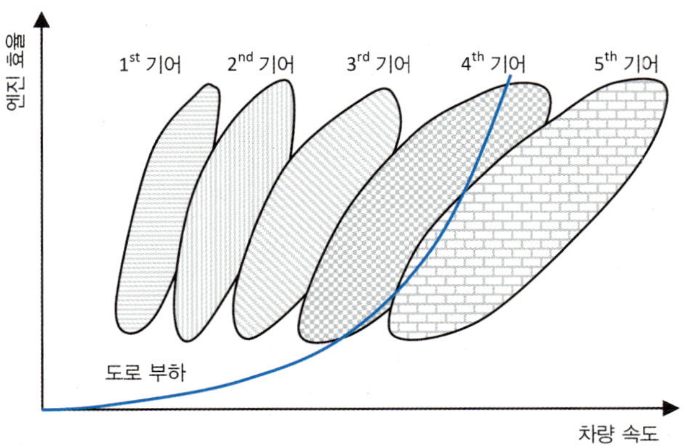

[그림 15-13] 각 기어비를 통해 IC 엔진 효율이 더 높은 영역이 반영되는 표

그림에서 저단 기어는 오버랩 영역이 크게 줄기 때문에 저단 차량 속도에서 변속이 빈번하게 일어나는 것을 방지하기가 더 어렵다는 것을 알 수 있다. 이를 방지하기 위해 낮은 속도에서 효율성이 떨어지는 것을 감안하더라도 충분히 큰 히스테리시스 대역이 필요하다. 차량 속도가 높고 히스테리시스 대역이 클수록 오버랩이 많기 때문에 문제가 발생할 확률이 적어진다. 0% 등급의 도로에 대한 부하 특성은 낮은 속도에서 엔진 효율이 희생되어야 하며, 이는 그림을 통해서 확인할 수 있다.

IC 엔진과 전기모터는 각자 고효율 작동 영역을 가지고 있다. 병렬 HEV의 경우 차량이 매우 낮은 속도 및 저동력일 때 전기 전용 모드로 작동한다. IC 엔진은 대부분의 병렬 하이브리드 제어 전략에서 최소 요구 주행동력 이상일 때 사용된다. 요구 동력이 IC 엔진의 최대 동력을 초과하면 IC 엔진을 보조하기 위해 전기모터가 사용된다. 병렬 모드에서는 IC 엔진의 작동 영역이 차속 및 변속기에 의해 설정되나, 전기모터 속도는 차속과 직결되기 때문에 연비 작동을 위해 알고리즘을 최적화하기 어렵다. 직/병렬 HEV에서 병렬 운전 모드는 높은 요구 동력을 충족시키는 차량 모드로 사용될 수 있다.

15.3.3 직/병렬 제어

직/병렬 구조는 두 개의 전기 기계와 IC 엔진을 가지고 있다. 동력 흐름은 직렬 경로, 병렬 경로 또는 동력 분할 경로로 알려진 두 개의 조합을 통해 이루어질 수 있다. 이 구조는 동력 흐름 경로가 다양하기 때문에 제어 전략을 설계하기가 복잡하다. 그러나 동시에 주어진 주행 조건에서 차량 효율을 최대화하기 위해 하나 이상의 동력 흐름 경로를 선택할 수 있는 유연성을 가진다.

동력 분할 경로가 있는 직/병렬 구조는 기계적 장치 결합이나 트레인 구성요소의 전자적 결합을 통해 구현될 수 있다. 제어 전략의 두 가지 유형은 다음과 같다.

■ 기계적 동력 분배 IC 엔진 제어

연료 유량은 가속 페달 입력에 해당하는 동력 요구량에 따라 결정된다. 부하 토크는 발전기의 토크 제어를 통해 제어할 수 있다. 식 (15.4)의 앞부분에서 제시된 제어 방정식을 편의상 여기에서 반복한다.

$$I_{gen} \rightarrow T_{gen} = T_s = \frac{r_s}{r_r + r_s} T_p \qquad (T_p = \text{엔진 토크})$$

여기서 발전기 토크 T_{gen}은 선 기어 토크와 동일하다. 엔진 출력은 일정하며 모든 동력은 IC 엔진에서 공급되고 변속기 손실은 없는 것으로 가정한다. IC 엔진 작동을 위한 주요 입출력 변수는 [그림 15-14]와 같다.

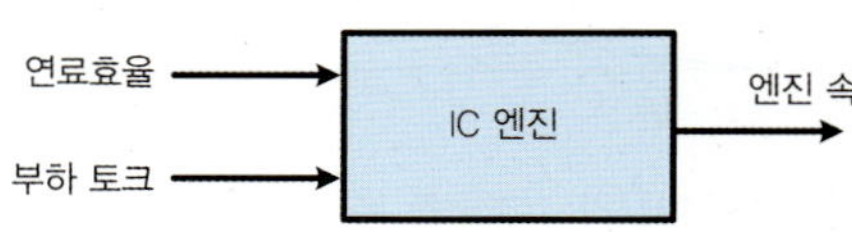

[그림 15-14] IC 엔진 작동

일정한 엔진 출력 곡선은 [그림 15-15]에 나와 있다.

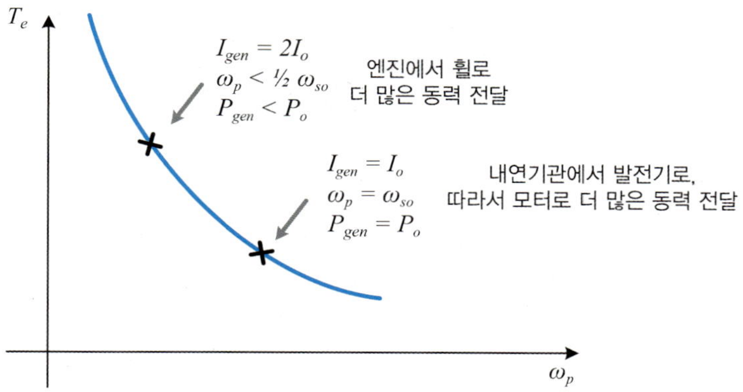

[그림 15-15] 일정한 IC 엔진 출력 곡선

시동기/발전기 명령 I_{gen}은 곡선을 따라 최적의 작동 지점에서 엔진을 작동하도록 조작할 수 있다. I_{gen}을 더 높은 수준으로 설정하면 IC 엔진 토크 T_{ICE}(유성기어 토크 T_q와 동일)도 높아진다. 따라서 더 많은 동력이 직접 휠로 전달되고 시동기/발전기로 전달되는 동력은 줄어들게 된다. 즉 명령 I_{gen}이 낮아지면 T_{ICE}의 작동 지점도 낮아지고, 시동기/발전기에 더 많은 동력을 공급하게 되어 휠에는 더 적은 동력을 공급하게 된다. 전기모터의 토크 명령은 필요한 경우 휠로 전달될 동일한 동력을 유지하기 위해 증가하지만, 동력 전송 경로를 통한 동력 흐름은 증가할 수 있다. 따라서 I_{gen} 명령을 변경하면 선기어(시동기/발전기)와 링기어(휠) 사이의 동력 분할 비율을 조정할 수 있다.

작동 지점은 다음과 같이 엔진 연비가 최대가 되는 지점을 기준으로 선택할 수 있다.

$$\eta_{fuel} = \frac{\text{엔진 동력}}{\text{연료 효율} \times \text{HHV}}$$

엔진 성능 지도의 일정한 출력 효율 곡선은 [그림 15-16]에 나와 있다.

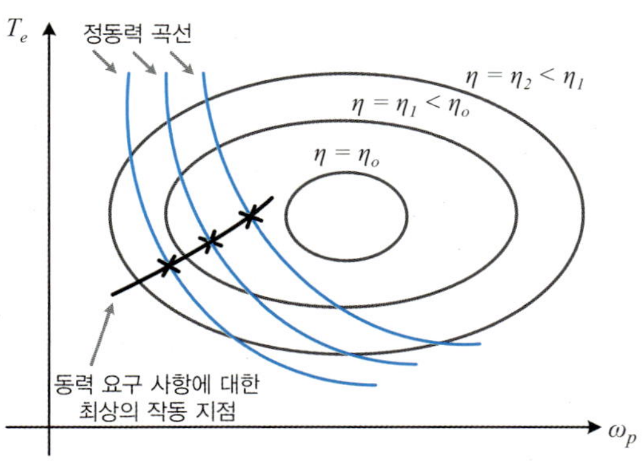

[그림 15-16] 일정한 출력 곡선을 따른 최적의 IC 엔진 작동 지점

최적의 IC 엔진 작동 지점은 주어진 일정한 동력 곡선이 일정한 효율 곡선에 접하는 부분이다. 최적의(즉 엔진 연료 효율이 가장 높은) 지점들을 따라 IC 엔진을 계속 작동시키는 데 사용할 수 있는 피드백 제어 시스템은 [그림 15-17]과 같다.

IC 엔진 속도와 토크는 시동기/발전기 전류를 제어하여 원하는 최상의 작동 지점에서 유지된다. 가속 페달 입력에서 변환된 동력 요구량은 연료 유량을 제어하는 데 사용된다. 원하는 작동 지점은 [그림 15-18]과 같다.

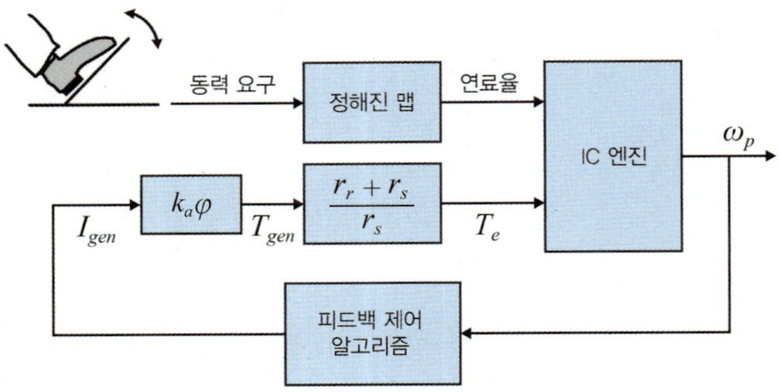

[그림 15-17] IC 엔진, 시동기/발전기 제어 시스템

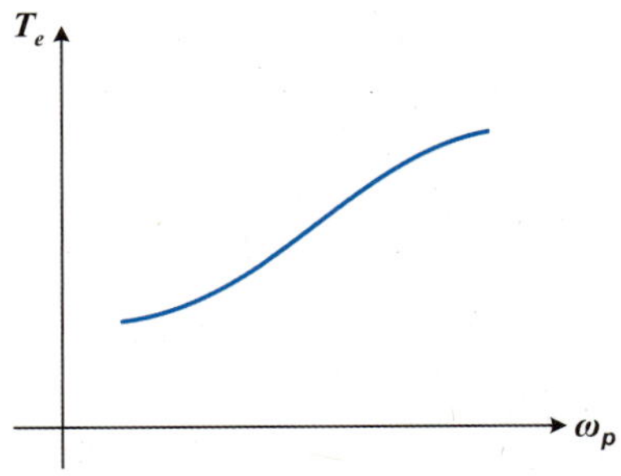

[그림 15-18] 최적의 IC 엔진 작동점

■ 직/병렬 2×2 제어

[그림 15-9]에 표시된 하이브리드 구조에서 전기 발전기는 고정 기어비를 통해 IC 엔진에 결합되고 전기모터는 다른 고정 기어비를 통해 휠에 결합된다. 파워트레인 구성요소 간의 토크 관계는 이러한 고정 기어비를 통해 IC 엔진 측에 반사되는 모터 속도 및 발전기를 기준으로 도출된다. 변속기 기어가 체결될 때의 속도 관계는 다음과 같다.

$$\omega_{gen} = \omega_{ICE}$$

$$\omega_{motor} = \omega_{vehicle} = n_{TX} \cdot \omega_{ICE}$$

여기서 ω_{gen}, ω_{ICE}, ω_{motor}, $\omega_{vehicle}$은 각각 전기 발전기, IC 엔진, 전기모터 및 최종 구동 속도이며 n_{TX}는 변속기 기어비이다. 변속기가 체결될 때 최종 구동 및 전기모터 속도가 동일하므로 다음과 같다.

$$\omega_{motor} = n_{TX} \cdot \omega_{gen}$$

또한 모든 발전기 동력이 전기 동력 전달 경로를 사용하여 전기모터를 통해 휠로 전달된다고 가정한다. 이때 구동렬 손실은 모두 무시하면 다음과 같다.

$$T_{motor} = \frac{T_{gen}}{n_{TX}}$$

하이브리드 파워트레인의 견인 토크는 다음과 같다.

$$T_{TR} = \frac{T_{TX}}{n_{TX}} + T_{motor} = \frac{T_{TX}}{n_{TX}} + \frac{T_{gen}}{n_{TX}}$$
$$T_{TR} = \frac{1}{n_{TX}} \cdot (T_{TX} + T_{gen}) \tag{15.5}$$

그러나 IC 엔진에 의해 생성된 토크는 발전기와 변속기로 전달된다.

$$T_{ICE} = T_{TX} + T_{gen} = n_{TX} \cdot T_{TR} \tag{15.6}$$

식 (15.6)에 의해 주어진 IC 엔진 토크는 발전기 토크와 무관하다. IC 엔진의 설정 지점은 차량 속도 $\omega_{vehicle}$과 변속기 기어비 n_{TX}에 의해 결정된다는 분석을 통해 결정된다. 제어 전략은 [그림 15-19]에 그림으로 표시되어 있다.

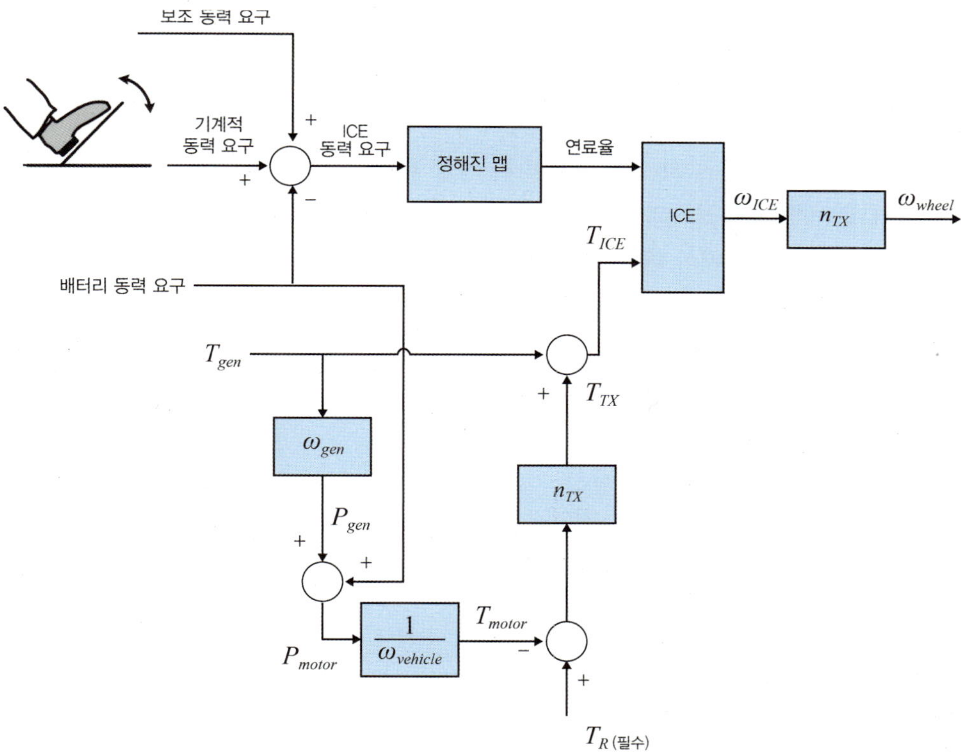

[그림 15-19] 직/병렬 2×2 HEV를 위한 IC 엔진 제어 전략

기계적 및 전기적 동력 전달 경로를 통해 동력 분할 모드에서 휠에 전달되는 토크의 비율은 발전기 하중에 의해 임의로 결정할 수 있다. 동력 분할과 토크 분할의 비율은 동일하다. 극단적인 동력 분할 모드에서 차량 작동은 기계적 또는 전기 동력 전달 경로만 사용하는 것으로 돌아간다.

발전기 토크 명령이 0(예 : $T_{gen} = 0$)인 경우 IC 엔진만 휠에 견인 동력을 공급한다. 즉 IC 엔진이 $T_{gen} = T_{ICE}$와 같이 발전기에만 추가된 경우이다. 차량은 직렬 작동 모드이며 변속기를 해제할 수 있다.

15.3.4 에너지 저장소 시스템 제어

에너지 저장용 SoC는 차량에 전기 기계가 하나뿐인 경우 엔진에 결합된 발전기를 통해 배터리를 재충전하거나 전기모터를 발전 모드로 구동함으로써 유지된다. 직렬 또는 직/병렬 하이브리드 구조의 경우, IC 엔진 동력 수요는 에너지 저장소의 재충전에 필요한 동력량 만큼 증가해야 한다. 이 차량들은 파워트레인에 적어도 두 개의 전기 기계를 가지고 있다. 에너지 저장 장치는 IC 엔진과 전기모터를 통해 동시에 추진력을 전달하면서 재충전이 가능하다. 병렬 차량은 하이브리드 파워트레인에 별도의 발전기가 없는 경우 에너지 저장 장치를 재충전하기 전에 병렬 작동 모드를 중지해야 한다.

이는 HEV에 있는 IC 엔진의 동력 수요가 차량 추진에 대한 운전자의 요구뿐만 아니라 ESS 충전 제어 알고리즘에 따라 달라진다는 것을 나타낸다. 15.3.1절에서 설명한 직렬 차량용 IC 엔진의 서모스탯 제어는 제어 알고리즘에 설정된 SoC 제한에 따라 차량 파워트레인이 각각 IC 엔진의 'ON' 작동 지점과 'OFF' 상태에 대해 직렬 모드와 전기 전용 모드를 번갈아 사용하는 ESS 충전 제어 방법이다. SoC 한계가 넓어지면 배터리 팩이 더 낮은 SoC 수준에 도달하고 배터리 재충전을 위해 시동기/발전기를 사용하여 IC 엔진을 다시 가동한다. 대역이 좁을수록 배터리 팩은 자주 사용되고 IC 엔진의 ON/OFF 작동 빈도가 높아진다. IC 엔진의 사이클링 주기도 운전자의 동력 수요에 따라 달라진다. 운전자의 동력 수요에 따라 가변적인 SoC 한계를 사용하여 IC 엔진의 사이클링과 배터리 팩의 사용 간에 타협점을 찾을 수 있다.

지금부터는 ESS를 완충하면서 휠에서 동일한 견인력을 전달하여 IC 엔진 효율을 높이기 위해 직/병렬 차량에서 사용할 수 있는 동력 수요의 변화에 대해 논의할 것이다. 이에 앞서 [그림 15-9]에 표시된 직/병렬 2×2 하이브리드 구조를 고려해야 한다.

IC 엔진의 서모스탯 제어는 운전자의 요구가 낮을 때에만 직렬과 전기 사이에서 모드를 선택할 수 있다. 운전자가 발전기의 최대 출력 미만일 경우 SoC 제한에 따라 차량 모드가 결정된다. 이 영역은 [그림 15-2]의 왼쪽 아래에 표시된 영역이다. 운전자의 수요 수준이 더 높을 경우 직/병렬 2×2 하이브리드의 동력 분할 전략은 IC 엔진과 ESS의 SoC 속도를 고려하여 IC 엔진을 최적의 작동 지점에서 작동하도록 설계할 수 있다. 동력 분할 모드에서 두 전기 기계는 운전자의 요구를 만족시키고 에너지 저장 장치 SoC를 허용 한계 내에서 유지하는 데 사용할 수 있다. IC 엔진에서 최고 수준의 동력은 먼저 차량 속도, 변속기 기어비 및 운전자 요구에 따라 선택된다. 운전자의 동력 수요가 IC 엔진에서 최고 수준의 동력과 일치할 경우 IC 엔진만 사용하여 운전자의 수요를 충족시키고 제로 토크 명령이 전기 발전기 및 전기모터에 전달된다. 반면에 운전자의 동력 수요가 더 크면 전기모터를 호출하여 휠에 추가 동력을 공급할 수 있고 동력 수요가 더 작으면 전기 발전기를 사용해 에너지 저장소를 충전하여 IC 엔진에 추가 부하를 제공할 수 있다. 최상의 IC 엔진 작동 동력 수준을 따르기 위한 동력 분할 제어 전략의 예는 [그림 15-20]과 같다.

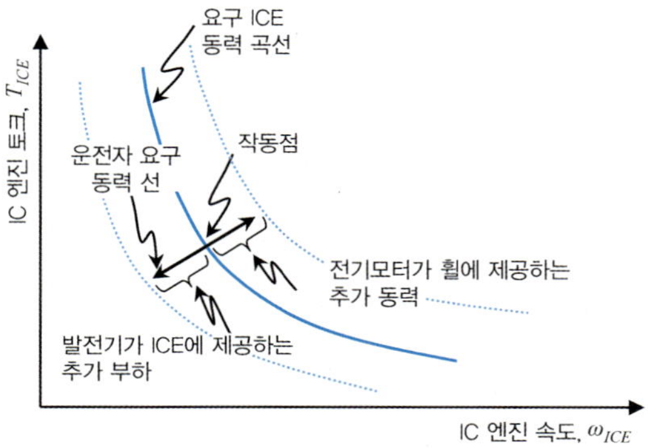

[그림 15-20] ESS가 한계 내에 있을 때 주어진 속도에 대한 동력 분할 전략

15.3.5 회생 제어

회생 제어 알고리즘은 차량의 마찰 브레이크에서 낭비되는 대신 전기 기계를 통해 운동에너지로 변환된 추진 에너지 일부를 회수할 수 있다. 전기 기계는 기계에너지를 전기에너지로 변환하여 ESS에 저장하는 감독 제어기의 음의 토크에 따라 발전기로 작동한다.

회생 제어 알고리즘은 최대 회생 토크와 토크 명령 변경 속도 및 페달 위치, 토크 명령의 관계에 기초하여 설계할 수 있다.[12] 음의 토크로 해석되는 최대 회생 토크는 전기 기계와 전기 구동 장치의 용량에 의해 제한된다. 허용 가능한 최대 회생 토크는 주행성 요구 사항을 충족하기 위해 차량 속도의 함수로 구성할 수 있다. 운전자의 편안함과 허용 가능한 주행성을 위해 토크 명령 변경에 대한 속도가 제한될 수 있다. 음의 토크 명령 변경 시 운전자의 편안함을 위해 저크jerk 제한이 필요하다. 페달 위치 입력은 최대 토크와 최대 저크를 기준으로 운전자 요청 곡선에 매핑해야 한다.

HEV에서 회생 알고리즘은 전기 기계에 대한 음의 요구 토크를 결정할 때 가속 페달과 브레이크 페달의 운전자 입력을 모두 활용하는 완전 회생 제동을 구현할 수 있다. 안전을 위해 전기 기계가 제동 작용을 할 수 있더라도 차량에 마찰 브레이크를 장착해야 한다.

회생 제동은 매우 낮은 차량 속도에서 주행성 문제를 발생시키며, 차량이 정지 상태일 때는 제동을 할 수 없다. 브레이크 페달의 이동은 기계적 마찰 브레이크와 회생 브레이크 사이에 분배되는 제동 명령으로 매핑된다. 전기모터가 하이브리드의 전륜에 연결되어 있는 경우 전륜에 회생 제동을 가하면 마찰 브레이크에 도움이 되고 전륜과 후륜 브레이크 간에 약간의 바이어스를 유지할 수 있다. 전기 기계가 후륜에 연결되면 전체 제동 동작의 약 1/4만 후륜에서 실행되므로 대부분의 후륜 제동을 회생 제동을 통해 수행할 수 있다.

낮은 차량 속도에서 과도한 재생을 사용하면 운전자의 편안함이 저하될 수 있으므로 해당 속도에서 재생 명령을 비활성화해야 한다. 차량 속도가 증가함에 따라 최대 허용 재생력 또는 토크의 백분율을 점진적으로 증가시킬 수 있다. 아크론 HEV의 경우 [그림 15-21]에서 8 ~ 24km/h 사이의 허용 재생 토크의 부분적 선형 증가가 표시된다.[12] 차량 속도의 절댓값은 차량 후진을 설명하는 데 사용된다. 일정한 출력, 일정한 토크 또는 이 둘을 조합한 프로파일에 따른 재생 전략이 가능하지만, 테스트 운전자는 그림과 같이 일정한 재생 토크 프로파일에 가장 편안함을 느낀다.

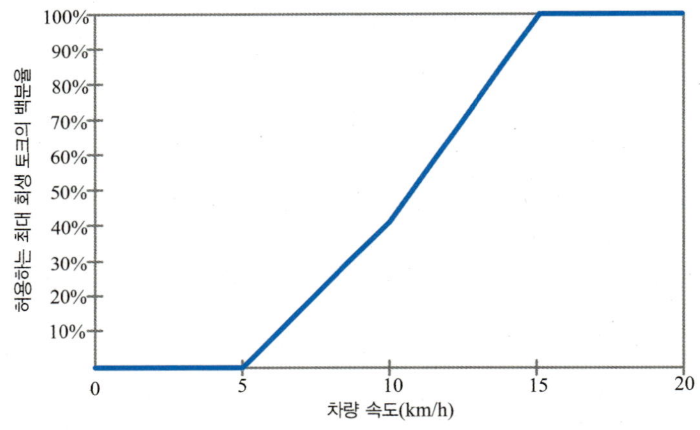

[그림 15-21] 구동계의 진동을 제거하기 위한 속도의 함수로서 재생 토크의 감소

[그림 15-22]의 점선은 추진과 재생 요청 사이의 구분을 나타낸다.

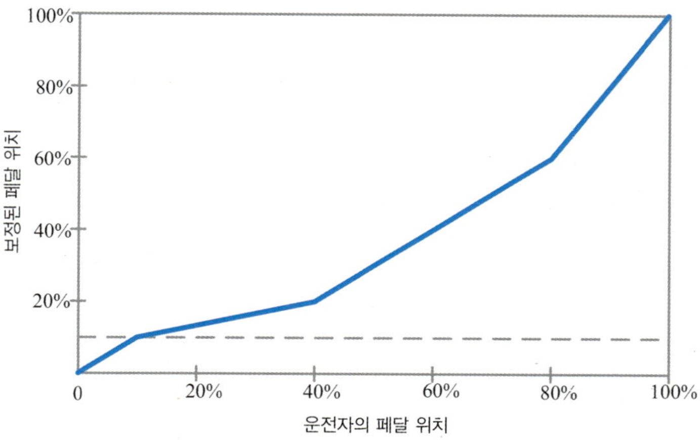

[그림 15-22] 운전자 입력으로부터 페달 위치의 조각별 선형 매핑

페달 위치가 전체 페달 이동의 10% 미만인 경우 전기 기계에 대한 재생 요청 또는 음의 요구 토크에 해당한다. 선형 매핑은 0% 페달 위치를 최대 재생 요구 토크 $T_{regen,max}$ 및 10% 페달 위치를 제로 재생 요구 토크로 역변환한다. T_{regen}의 최대 요청은 SoC의 함수여야 한다. $SoC_{\max}$에서 SoC가 상한에 있으면 $T_{regen,max}$를 0으로 줄여야 한다. 반대로 SoC가 $SoC_{\min}$에서 하한에 있으면 $T_{regen,max}$를 전기 기계의 최대 재생 토크 능력으로 설정할 수 있다. 추진력을 얻기 위한 페달 위치를 나타내는 [그림 15-22]의 곡선은 조각별 선형 매핑을 사용하여 [10%, 수정된 페달 위치의 100%]에서 [0, 가용 동력의 100%]로 이동되었다. 동력 수요를 차량 속도로 나누어 운전자의 동력 수요를 요구 토크로 변환할 수 있다.

전기 기계로부터의 추진 요구 토크도 에너지 저장 SoC 조건에 의해 제한되어야 한다. 요구 토크는 SoC에 의존하는 바이어스를 제외하고 가속 페달 위치 및 HEV 작동 모드와 관련된 운전자 요구에 해당한다. 전기 기계로부터의 재생 또는 음의 요구 토크는 이 바이어스와 직접 연결할 수 있다. 에너지 저장 SoC가 적을수록 전기모터는 추진력을 내야하며, $T_{regen,max}$는 더 커야 한다. 특히 병렬 HEV의 경우 가속 페달을 전혀 밟지 않더라도 재생과 함께 $SoC_{\min}$에서 SoC를 상승시켜야 한다. 전기 기계의 추진 요구 토크에서 빼야 할 바이어스는 다음과 같이 구성할 수 있다.

$$B = \frac{SoC_{\max} - SoC}{SoC_{\max} - SoC_{\min}} \times 100\%$$

여기서 $SoC \geq SoC_{\max}$이면 바이어스가 감산되지 않고 전체 추진력 또는 양의 요구 토크가 전기 기계로 전달된다. 반면에 $SoC < SoC_{\min}$이면 100% 바이어스가 감산되며 전기 기계에 대한 전송 요구 토크는 항상 음의 값으로 에너지 저장 공간을 재충전한다.

15장 연습문제

15.1 직/병렬 2×2 HEV의 감독 제어 모듈(SCM)은 [그림 P15.1]과 같은 입출력을 갖는다. ESS에 저장된 에너지는 일정하다고 가정했을 때 다음 질문에 답하라.

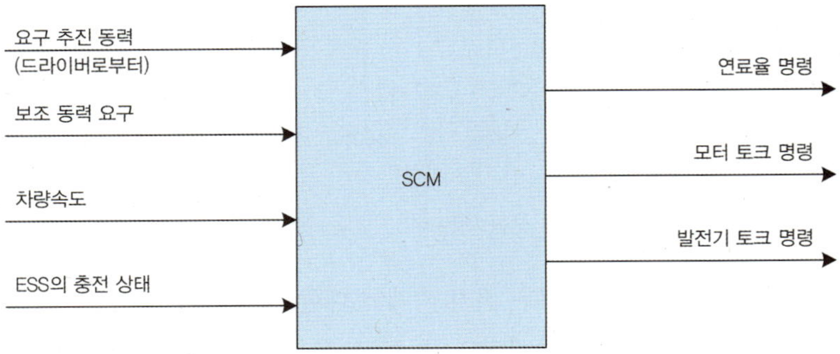

[그림 P15.1]

(a) 실내 에어컨(전기모터로 구동)이 켜지면 액세서리 동력 수요가 갑자기 증가한다. SCM은 차량 추진력 레벨과 ESS 조건을 유지하기 위해 출력을 어떻게 조정해야 하는가?

(b) 전체적인 동력 수요는 일정하게 유지되지만, SCM은 ESS의 저장 에너지를 증가시킬 필요가 있다고 판단한다. 차량 추진력 및 액세서리 파워 레벨을 유지하면서 ESS를 충전하기 위해 SCM은 출력을 어떻게 조정해야 하는가?

(c) 경사로를 오르기 위해 추진력이 더 필요하다면 SCM은 액세서리 파워 수준 및 ESS 조건을 유지하기 위해 출력을 어떻게 조정해야 하는가?

(d) 운전자가 가속을 하면서 다른 차량을 통과하려면 최대 추진력이 필요하다. 이때 SCM은 ESS에서 최대 동력을 공급하기 위해 출력을 어떻게 조정해야 하는가?

15.2 유성기어 세트는 기계적 동력 분할 직/병렬 하이브리드 EV의 파워트레인에 사용된다. 기어 세트의 링은 모터/디젤에 연결되고, 유성 캐리어는 IC 엔진에 연결되며 태양은 스타터/발전기에 연결된다. 이 HEV에서는 링기어 대 선기어 반지름 비율이 $\frac{r_r}{r_s} = 2.8$로 지정된다.

한 차량의 작동 조건에서 링 출력 요구량은 $w_r = 180\text{rad/s}$의 링 속도에 해당하는 $P_{ring} = 32\text{kW}$이다. 링 속도는 전기모터 및 휠과 연결되기 때문에 차량 속도와 직접적인 관련이 있다. IC 엔진 속도는 2,100rpm으로 제어된다. 이때 (a) 링 토크, (b) ICE 토크, (c) 발전기 속도를 계산하라.

참고문헌 | Reference

1장

[1] A. Venkatram and N. Schulte, Urban Transportation and Air Pollution, Elsevier Press, Amsterdam, Netherlands, June, 2018.

[2] E.H. Wakefield, History of Electric Automobile, SAE International, Warrendale, PA, 1994.

[3] T.D. Gillespie, Fundamentals of Vehicle Dynamics, SAE International, Warrendale, PA, 1992.

[4] J.M. Miller, Propulsions Systems for Hybrid Vehicles, Institute of Electrical Engineers, London, 2004.

[5] M.H. Westbrook, The Electric Car, The Institute of Electrical Engineers, London and Society of automotive Engineers, Warrendale, PA, 2001.

[6] R. Hodkinson and J. Fenton, Lightweight Electric/Hybrid Vehicle Design, Society of Automotive Engineers, Warrendale, PA, 2001.

[7] "Model Year 2020 Vehicles," Department of Energy Alternative Fuels Data Center. Online https://afdc.energy.gov/vehicles/search/, accessed April 9, 2020.

[8] Ulf Bossel, "Well-to-Wheel Studies, Heating Values, and the Energy Conservation Principle," European Fuel Cell Forum. Online www.efcf.com/reports (E10), accessed October 22, 2003.

[9] F. Kreith, R.E. West and B.E. Isler, "Efficiency of advanced ground transportation technologies," Transactions of the ASME, Journal of Energy Resources Technology, 124, 173–179, September 2002.

[10] Online https://greet.es.anl.gov/, accessed June 24, 2020.

[11] S. Chanda, Powertrain Sizing and Energy Usage Adaptation Strategy for Plug-in Hybrid Electric Vehicles, M.S. Thesis, University of Akron, Akron, OH, 2008.

[12] Online https://www.eia.gov/energyexplained/electricity/, accessed June 24, 2020.

[13] J. DeCicco, F. An and M. Ross, "Technical options for improving the fuel economy of U.S. cars and light trucks by 2010-2015," The Energy Foundation Report, April 2001. Online https://www.yumpu.com/en/document/view/6776991/, accessed October 16, 2020.

[14] P. Hertzke, N. Müller, S. Schenk and T. Wu, "The Global Electric-vehicle Market is Amped Up and on the Rise," McKinsey & Company, May 2018. Online https://www.mckinsey.com/industries/automotiveand-assembly/our-insights, accessed October 16, 2020.

2장

[1] J.Y. Wong, Theory of Ground Vehicles, John Wiley & Sons, Inc., Hoboken, NJ, 2008.

[2] W.E. Meyer and H. W. Kummer, "Mechanism of Force Transmission Between Tire and Road," SAE Publication No. 490A, National Automobile Week, March 1962.

[3] T.D. Gillespie, Fundamentals of Vehicle Dynamics, SAE International, Warrendale, PA, 1992.

3장

[1] C.C. Chan and K.T. Chau, Modern Electric Vehicle Technology, Oxford University Press, Oxford, UK, 2001.

[2] R. Hodkinson and J. Fentos, Lightweight Electric/Hybrid Vehicle Design, SAE International,Warrendale, PA, 2001.

[3] R. K. Jurgen (editor), Electric and Hybrid Electric Vehicles, PT-85, SAE International, Warrendale, PA, 2002.

[4] A. Nagasaka, M. Nada, H. Hamada, S. Hiramatsu, Y. Kikuchi, and H. Kato., "Development of Hybrid/Battery ECU for the Toyota Hybrid System, Technology for Electric and Hybrid Vehicles," SAE Publication, SP-1331, SAE International, Warrendale, PA, 1998.

[5] J.F. Ronning and G.L. Grant, "Global Hybrid Electric Vehicle Markets and Missions," Electric and Hybrid Electric Vehicles and Fuel Cell Technology, SAE Publication, SP-1466, SAE International,Warrendale, PA, 1999.

[6] M. Ehsani, K.M. Rahman and H.A. Toliyat, "Propulsion system design for electric and hybrid vehicles," IEEE Transactions on Industrial Electronics, 44(1), 19–27, February 1997.
[7] J.R. Howell and R.O. Buckius, Fundamentals of Engineering Thermodynamics, second edition, McGraw-Hill, New York, NY, 1992.
[8] H.K. Ng, A.D. Vyas and D.J. Santini, "The prospects for Hybrid Electric Vehicles, 2000–2005: Results of a Delphi Study," Electric and Hybrid Electric Vehicles and Fuel Cell Technology, SAE Publication SP-1466, pp. 95–106, SAE International, Warrendale, PA, 1999.
[9] T.J. Barlow, S. Latham, I.S. McCrae and P.G. Boulter, "A Reference Book of Driving Cycles for Measurement of Road Vehicle Emissions," Published Project Report PPR354, TRL Limited, 2009.

4장

[1] L.D. Burns, "Sustainable mobility: A vision of our transport future," *Nature*, 497(7448), 181, 2013.
[2] L.D. Burns and S. Christopher, *Autonomy: The Quest to Build the Driverless Car-and How It Will Reshape Our World*, ECCO, HarperCollins Publishers, New York, NY, 2018.
[3] National Highway Traffic Safety Administration, "2018 Motor Vehicle Crashes: Overview," Traffic *Safety Facts Research Note, 2019*, pp. 1–10, 2019.
[4] M. Montemerlo, S. Thrun, H. Dahlkamp, D. Stavens, and S. Strohband, "Winning the DARPA Grand Challenge with an AI robot," *Proceedings of the AAAI National Conference on Artificial Intelligence*, Boston, MA, 2006.
[5] M. Buehler, K. Iagnemma and S. Singh (Eds.), *The 2005 DARPA Grand Challenge: The Great Robot Race*, vol. 36, Springer, New York, NY, 2007.
[6] C. Urmson et al., "Autonomous driving in urban environments: Boss and the urban challenge," *Journal of Field Robotics*, 25(8), 425–466, 2008.
[7] M. Buehler, K. Iagnemma and S. Singh (Eds.), *The DARPA Urban Challenge: Autonomous Vehicles in City Traffic*, 56, Springer, New York, NY, 2009.
[8] I. Arasaratnam and S. Haykin. "Cubature Kalman filters," *IEEE Transactions on Automatic Control*, 54(6), 1254–1269, 2009.
[9] A. Krizhevsky, I. Sutskever and G.E. Hinton, "Imagenet classification with deep convolutional neural networks," *Advances in Neural Information Processing Systems*, Lake Tahoe, NV, 2012.
[10] L. Hammarstrand, edX MOOC Course by Chalmers University, "Sensor Fusion and Non-linear Filtering for Automotive Systems." Online https://www.edx.org/course/sensor-fusion-and-non-linearfiltering-for-automot, accessed June 15, 2020.
[11] E. Stenborg, C. Toft and L. Hammarstrand, "Long-term visual localization using semantically segmented images," *2018 IEEE International Conference on Robotics and Automation (ICRA)*, IEEE, Brisbane, Australia, 2018.
[12] P. Polack et al., "The kinematic bicycle model: A consistent model for planning feasible trajectories for autonomous vehicles," *2017 IEEE Intelligent Vehicles Symposium (IV)*, IEEE, Redondo Beach, CA, 2017.
[13] S. Waslander and J. Kelley, Coursera MOOC Course by University of Toronto, "Motion Planning for Self-Driving Cars." Online https://www.coursera.org/learn/motion-planning-self-driving-cars#instructors, accessed June 15, 2020.
[14] S. Russell and P. Norvig, *Artificial Intelligence: A Modern Approach*, Pearson Education Limited, Essex, 2014.
[15] P. Bender, J. Ziegler and C. Stiller, "Lanelets: Efficient map representation for autonomous driving," *2014 IEEE Intelligent Vehicles Symposium Proceedings*, Dearborn, MI, 2014.
[16] A. Piazzi and C. Guarino Lo Bianco, "Quintic G/sup 2/-splines for trajectory planning of autonomous vehicles," *Proceedings of the IEEE Intelligent Vehicles Symposium 2000 (Cat. No. 00TH8511)*, Dearborn, MI, 2000.
[17] A. Kelly and B. Nagy, "Reactive nonholonomic trajectory generation via parametric optimal control," *The International Journal of Robotics Research*, 22(7–8), 583–601, 2003.

5장

[1] D. Linden, Handbook of Batteries, 2nd edition, McGraw-Hills Inc., New York, NY, 1995.
[2] C. Mantell, Batteries and Energy Systems, McGraw-Hills Inc., New York, NY, 1983.

[3] K. Kordesch and G. Simadar, Fuel Cells and their Applications, John Wiley & Sons Inc., Chichester, 1996.
[4] J. O'M Bockris, Fuel Cells: Their Electrochemistry, McGraw-Hills Inc., New York, NY, 1969.
[5] J.S. Newman, Electrochemical Systems, Prentice Hall, Englewood Cliffs, NJ, 1991.
[6] T. Erdey-Gruz, Kinetics of Electrode Process, John Wiley & Sons Inc., New York, NY, 1972.
[7] L. Xia, Behavioral Modeling and Analysis of Galvanic Devices, PhD dissertation, University of Akron, Akron, OH, 2000.
[8] A.J. Bard and L.R. Faulkner, Electrochemical Methods: Fundamentals and Applications, John Wiley & Sons Inc., New York, NY, 1996.
[9] J.R. Elliott and C.T. Lira, Introductory Chemical Engineering Thermodynamics, Prentice Hall, Upper Saddle River, NJ, 1999.
[10] T. T. Hartley and C. F. Lorenzo, "Insights into the fractional order initial value problem via semi-infinite systems," Critical Reviews in Biomedical Engineering, 36(1.20), 1–21, 2008.
[11] R.L. Hartman II, An Aging Model for Lithium-ion Cells, PhD dissertation, University of Akron, Akron, OH, 2008.
[12] T.T. Hartley and A.G. Jannette, "A first principles model for nickel-hydrogen batteries," 3rd International Energy Conversion Engineering Conference, AIAA (American Institute of Aeronautics and Astronautics), San Francisco, CA, August 2005.
[13] M. Chen and G.A. Rincon-Mora, "Accurate electrical battery model capable of predicting runtime and I-V performance," IEEE Transactions on Energy Conversion, 21(2), 504–511, June 2006.
[14] S. Abu-Sharkh and D. Doerffel, "Rapid test and non-linear model characterization of solid-state lithium-ion batteries," Journal of Power Sources, 130, 266–274, 2005.
[15] C.M. Shephard, "Design of primary and secondary cells," Journal of the Electrochemical Society, 112, 657–664, July 1965.
[16] D.A.J. Rand, R. Woods and R.M. Dell, Batteries for Electric Vehicles, John Wiley & Sons Inc., New York, NY, 1998.
[17] R.M. Dell and D.A.J. Rand, Understanding Batteries, Royal Society of Chemistry, London, 2001.
[18] M.J. Isaacson, R.P. Hollandsworth, P.J. Giampaoli, F.A. Linkowsky, A. Salim and V.L. Teofilo, "Advanced lithium ion battery charger," The Fifteenth Annual IEEE Battery Conference on Applications and Advances, pp. 193–198, Long Beach, CA, January 2000.
[19] Online https://media.gm.com/media/us/en/gm/home.html, accessed March 4, 2020.
[20] G.L. Plett, "Extended Kalman filtering for battery managements systems of LiPB-based HEV battery packs: Part 1. Background," Journal of Power Sources, 134, 252–261, 2005.
[21] W.F. Bentley, "Cell balancing considerations for lithium-ion battery systems," Twelfth Annual IEEE Battery Conference on Applications and Advances, pp. 223–226, New York, NY, January 1997.
[22] R. Manfred Laidig and W. Job Wurst, "Technology implementation of stationary battery failure prediction," Proceedings of the Ninth Annual IEEE Battery Conference on Applications and Advances, pp. 168–172, Long Beach, CA, January 1995.
[23] N.H. Kutkut and M. Deepak Divan, "Dynamic equalization techniques for series battery stacks," IEEE Telecommunications Energy Conference, pp. 514–521, Boston, MA, October 1996.

6장

[1] A. J. Appleby and F. R. Foulkes, Fuel Cell Handbook, Van Nostrand Reinhold, New York, NY, 1989.
[2] N. Andrews, "Poised for growth: DG and ride through power," Power Quality, 13(1), 10–16, January/February 2002.
[3] M.A. Laughton, "Fuel cells," Power Engineering Journal, 16(1), 37–47, February 2002.
[4] L. Xia, Behavioral Modeling and Analysis of Galvanic Devices, PhD dissertation, University of Akron, Akron, OH, 2000.
[5] Ford Motor Co, "Direct-Hydrogen-Fueled Proton-Exchange-Membrane Fuel Cell System for Transportation Applications: Hydrogen Vehicle Safety", Report no. DOE/CE/50389-502, Directed Technologies Inc, Arlington, VA, May 1997.

[6] R.E. Linney and J.G. Hansel, Hydrogen Energy Progress XI: Proceedings of 11th World Hydrogen Energy Conference, T.N. Veziroglu (Editor), International Association for Hydrogen Energy, Stuttgart, Germany, 1996.
[7] J.T. Ringland et al., "Safety Issues for Hydrogen Powered Vehicles," Report no. SAND-94-8226, UC407, Sandia National Laboratories, Albuquerque, NM, March 1994.
[8] H. Lohse-Busch, M. Duoba, K. Stutenberg, S. Iliev and M. Kern. "Technology Assessment of a Fuel Cell Vehicle: 2017 Toyota Mirai," Argonne National Laboratory Report no. ANL/ESD-18/12, June 2018.
[9] EC&G Services, Parson's Inc., Fuel Cell Handbook, 5th edition, U.S. Department of Energy, Office of Fossil Energy, Morgantown, WV, October 2000.
[10] R.M. Dell and D.A.J. Rand, Understanding Batteries, Royal Society of Chemistry, London, 2001.
[11] F. Belhachemi, S. Rael and B. Davat, "A physical based model of power electronic double-layer supercapacitors," IEEE Industry Applications Society Conference Record, 5, 3069–3076, October 2000.
[12] S. Dhameja, Electric Vehicle Battery Systems, Newnes, Boston, MA, 2002.
[13] D.A.J. Rand, R. Woods and R.M. Dell, Batteries for Electric Vehicles, John Wiley & Sons Inc.,New York, NY, 1998.
[14] I.N. Varakin, A.D. Klementov, S.V. Litvinenko, N.F. Starodubsev and A.B. Stepanov, "Application of ultracapacitors as traction energy sources," 7th International Seminar on Double Layer Capacitors and Similar Energy Storage Devices, Deerfield Beach, FL, December 1997.
[15] L. Zubieta and R. Bonert, "Characterization of double layer capacitors for power electronic applications," IEEE Transactions on Industry Applications, 36(1), 199–205, January/February 2000.
[16] J.M. Miller, Propulsion Systems for Hybrid Vehicles, Institution of Electrical Engineers (IEE), London, 2004.
[17] S. Buller, E. Karden, D. Kok and R. W. De Doncker, "Modeling the dynamic behavior of Supercapacitors using impedance spectroscopy," IEEE Transactions on Industry Applications, 38(6), 1622–1626, November/December 2002.
[18] U. Bossel, "Thermodynamic analysis of compressed air vehicle propulsion," Proceedings of European Fuel Cell Forum. Online www.efcf.com/reports, (E14).
[19] P. Mazza and R. Hammerschlag, "Wind-to-wheel energy assessment," Proceedings of European Fuel Cell Forum, Institute for Lifecycle Environmental Assessment, Seattle, WA. Online www.efcf.com/reports, (E18).

7장

[1] M.P. Thompson, E. Chang, A. Foto, J.G. Citron-Rivera, D. Haddad, R. Waldo and F.E. Pinkerton, "Grain-boundary-diffused magnets," IEEE Electrification Magazine, 5(1), 19–27, March 2017.
[2] R.H. Park, "Two-reaction theory of synchronous machines – Generalized method of analysis – Part I," AIEE Transactions, 48, 716–727, July 1929.
[3] P. Vas, Electric Machines and Drives: A Space-vector Theory Approach, Oxford University Press, Oxford, 1992.
[4] D.W. Novotny and T.A. Lipo, Vector Control and Dynamics of AC Drives, Oxford University Press, Inc., New York, NY, 1997.
[5] N. Mohan, Electric Drives – An Integrated Approach, MNPERE, Minneapolis, MN, 2001.
[6] T.J.E. Miller, Brushless Permanent Magnet and Switched Reluctance Motor Drives, Oxford University Press, Oxford, 1989.
[7] P.J. Lawrenson, J.M. Stephenson, P.T. Blenkinsop, J. Corda and N.N. Fulton, "Variable-speed switched reluctance motors," IEE Proceedings, Part B, 127(4), 253–265, July 1980.
[8] T.J.E. Miller, Switched Reluctance Motors and their Control, Magna Physics Publishing, Hillsboro, OH and Oxford Science Publications, Oxford, 1993.
[9] M.N. Anwar, I. Husain and A.V. Radun, "A comprehensive design methodology for switched reluctance machines," IEEE Transactions on Industry Applications, 37(6), 1684–1692, November–December 2001.
[10] D.A. Torrey, AC Electric Machines and their Control, E-Man Press LLC, Amsterdam, NY, 2010.
[11] J.R. Hendershot, Design of Brushless Permanent-Magnet Machines, Motor Design Books, Venice, FL, 2010.
[12] Y. Yang, S.M. Castano, R. Yang, M. Kasprzak, B. Bilkin, A. Sathyan, H. Dadkhah and A. Emadi, "Design and comparison of interior permanent magnet motor topologies for traction applications," IEEE Transactions on Transportation Electrification, 3(1), 86–97, March 2017.

[13] M. Sarif Islam, A. Ahmed, I. Husain and A. Sathyan, "Asymmetric bar winding for high speed traction electric machine," IEEE Transactions on Transportation Electrification, 6(1), 3–15, March 2020. doi:10.1109/TTE.2019.2962329.

[14] M.A. Kabir, High Performance Reluctance Motor Drives with Three-phase Standard Inverter, Doctoral Dissertation, Electrical Engineering, NC State University, December 2017.

8장

[1] D.W. Novotny and T.A. Lipo, Vector Control and Dynamics of AC Drives, Oxford University Press,Oxford, 1996.

[2] B.K. Bose, Modern Power Electronics and AC Drives, Prentice Hall, Upper Saddle River, NJ, 2001.

[3] W.V. Lyon, Transient Analysis of Alternating Current Machinery, John Wiley & Sons, Inc., Hoboken, NJ, 1954.

[4] P.C. Krause and O. Wasynchuk, Analysis of Electric Machinery, McGraw Hill, New York, NY, 1986.

[5] N. Mohan, Electric Drives – An Integrated Approach, MNPERE, Minneapolis, MN, 2001.

[6] S.-K. Sul, Control of Electric Machine Drive Systems, John Wiley and IEEE Press, Hoboken, NJ, 2011.

[7] T.J.E. Miller, Switched Reluctance Motors and their Control, Magna Physics Publishing, Hillsboro, OHand Oxford University Press, Oxford, 1993.

[8] T.L. Skvarenina (Editor), Power Electronics Handbook: Chapter 13 Switched Reluctance Machines, CRC Press, Boca Raton, FL, 2001.

9장

[1] B.J. Baliga, Power Semiconductor Devices, PWS Publishing Company, Boston, MA, 1995.

[2] J.G. Kassakian, M.F. Schlecht and G.C. Verghese, Principles of Power Electronics, Addison Wesley Publishing Company, Reading, MA, 1991.

[3] I. Batarseh, Power Electronic Circuits, John Wiley & Sons Inc., Hoboken, NJ, 2004.

[4] D. Rahman, A. Morgan, R. Gao, W. Yu, D.C. Hopkins and I. Husain, "Design methodology for a planarized high power density EV/HEV traction drive using SiC power modules," IEEE Energy Conversion Congress & Expo (ECCE2016), Milwaukee, WI, September 2016.

[5] M.A. Awal, D. Rahman, Y. Luo, W. Yu and I. Husain, "Dynamic interleaving of multi-phase synchronous DC-DC converters with ZVS," Applied Power Electronics Conference (APEC2019), Anaheim, CA, March 2019.

[6] R.M. Schupbach and J.C. Balda, "Comparing DC-DC converters for power management in hybrid electric vehicles," IEEE International Electric Machines and Drives Conference, 3, 1369–1374, June 2003.

[7] R. Sree Krishna, B. Aberg, M. Olimmah, L. Yang, D. Rahman, A.N. Lemmon, W. Yu and I. Husain, "Estimation, minimization, and validation of commutation loop inductance for a 135kW SiC EV traction inverter," IEEE Journal of Emerging and Selected Topics in Power Electronics, 8(1), 286–297, 2020.

[8] S.E. Shultz, "Exploring the high-power inverter," IEEE Electrification Magazine, 5(1), 28–35, March2017.

[9] M. Anwar, M. Hayes, A. Tata, M. Teimorzadeh and T. Achatz, "Power dense and robust traction inverter for the second-generation Chevrolet volt extended-range EV," SAE International Journal on Alternative Power, 4(1), 145–152, 2015.

[10] D. Cesiel and C. Zhu, "A closer look at the on-board charger," IEEE Electrification Magazine, 5(1), 36–42, March 2017.

[11] M.J. Isaacson, R.P. Hollandsworth, P.J. Giampaoli, F.A. Linkowsky, A. Salim and V.L. Teofilo, "Advanced lithium ion battery charger," The Fifteenth Annual IEEE Battery Conference on Applications and Advances, pp. 193–198, Long Beach, CA, January 2000.

[12] Y. Eguchi, H. Okada, K. Murano and A. Sanpei (inventors), Sony Corporation (assignee), Battery Protection Circuit, US patent 5,530,336, 1993.

[13] C. Pascual and P.T. Krein, "Switched capacitor system for automatic series battery equalization," IEEE Applied Power Electronics Conference, Twelfth Annual, 2, 848–854, February 1999.

[14] N.H. Kutkut and M. Deepak Divan, "Dynamic equalization techniques for series battery stacks," IEEE Telecommunications Energy Conference, pp. 514–521, Boston, MA, October 1996.

[15] N.H. Kutkut, H.L.N. Wiegman, D.M. Divan and D.W. Novotny, "Charge equalization for an electric vehicle battery system," IEEE Transactions on Aerospace and Electronic Systems, 34(1), 235–246, January 1998.

10장

[1] J.G. Kassakian, M.F. Schlecht and G.C. Verghese, Principles of Power Electronics, Addison Wesley Publishing Company, Reading, MA, 1991.

[2] M.H. Rashid, Power Electronics: Circuits, Devices and Applications, Prentice Hall, Upper Saddle River, NJ, 2003.

[3] N. Mohan, T.M. Undeland and W.P. Robins, Power Electronics: Converters, Applications and Design, John Wiley & Sons. Inc., Hoboken, NJ, 1995.

[4] G.K. Dubey, Power Semiconductor Controlled Drives, Prentice Hall, Englewood Cliffs, NJ, 1989.

[5] A.M. Trzynadlowski, Introduction to Modern Power Electronics, John Wiley & Sons Inc., Hoboken, NJ, 2016.

[6] C. Hou, DSP Implementation of Sensorless Vector Control for Induction Motors, MS Thesis, University of Akron, Akron, OH, 2001.

[7] K. Berringer, J. Marvin and P. Perruchoud, "Semiconductor power losses in AC inverters," Conference Record of the 30th IEEE Industry Applications Society Conference and Annual Meeting, 1, 882–888, Orlando, FL, 1995.

[8] B. Ozpineci, L.M. Tolbert, S.K. Islam and M. Hasanuzzaman, "Effects of silicon carbide (SiC) power devices on HEV PWM inverter losses," IECON'01, 27th Annual Conference of the IEEE Industrial Electronics Society (Cat. No. 37243), 2, 1061–1066, Denver, CO, 2001.

[9] R.M. Davis, W.F. Ray and R.J. Blake, "Inverter drive for switched reluctance motor: circuits and component ratings," IEE Proceedings, 128(pt. B, 2), 126–136, March 1981.

[10] T.J.E. Miller, Switched Reluctance Motors and Their Control, Magna Physics Publishing, Hillsboro, OH and Oxford University Press, Oxford, 1993.

[11] C. Pollock, "Power converter circuits for switched reluctance motors with the minimum number of switches," IEE Proceedings, 137(pt. B, 6), 373–384, November 1990.

[12] S. Mir, I. Husain and M. Elbuluk, "Energy-efficient C-dump converters for switched reluctance motors," IEEE Transactions on Power Electronics, 12(5), 912–921, September 1997.

11장

[1] N. Navet and F. Simonot-Lion, *Automotive Embedded Systems Handbook*, CRC Press, Boca Raton, FL,2009.

[2] R. Jurgen (Editor-in-Chief), *Automotive Electronics Handbook*, Second Edition, McGraw-Hill Professional, New York, NY, 2019.

[3] P. Leteinturier, S. Brewerton and K. Scheibert, "Multicore benefits & challenges for automotive applications," SAE Publication 2008-01-989, SAE International, Warrendale, PA, 2008.

[4] Y. Dajsuren and M. van den Brand, (Editors), *Automotive Systems and Software Engineering: State of the Art and Future Trends*, Springer, Cham, Switzerland, 2019.

[5] M. Staron, *Automotive Software Architecture: An Introduction*, Springer, Cham, Switzerland, 2017.

[6] J.M. Miller, *Propulsions Systems for Hybrid Vehicles*, Institute of Electrical Engineers, London, 2004.

12장

[1] Society of Automotive Engineers (SAE), *Electric Vehicle and Plug in Hybrid Electric Vehicle Conductive Charge Coupler*, Standard SAE J1772, Warrendale, PA, October 2017.

[2] R. Gao, X. She, I. Husain and A. Huang, "Solid-state transformer interfaced permanent magnet wind turbine distributed generation system with power management functions," *IEEE Transactions on Industry Applications*, 53(4), 3849–3861, 2017.

[3] A.A. Milani, M.T.A. Khan, A. Chakrabortty and I. Husain, "Equilibrium point analysis and power sharing methods for distribution systems driven by solid-state transformers," *IEEE Transactions on Power Systems*, 33(2), 1473–1483, March 2018.

[4] M.A. Awal, I. Husain, M.R.H. Bipu, O.A. Montes, F. Teng, H. Feng, M. Khan, and S. Lukic, "Modular medium voltage ac to low voltage dc converter for extreme fast charging applications," 2020, doi:arXiv:2007.04369. [Online] Available at:https://arxiv.org/abs/2007.04369

[5] H. Tu, H. Feng, S. Srdic and S. Lukic, "Extreme fast charging of electric vehicles: A technology overview,"*IEEE Transactions on Transportation Electrification*, 5(4), 861–878, 2019.

[6] T. Ortmeyer, L. Wu and D. Dean, "Parameter identification for optimal electric vehicle rate structures," NYSERDA Report 16-32, New York, NY, 2016.

[7] M.A. Awal, I. Husain, and W. Yu, "Passivity based predictive-resonant current control for resonance damping in LCL-equipped VSCs," *IEEE Transactions on Industry Applications*, 56(2), 1702–1713, 2020.

[8] J. Vasquez, J. Guerrero, A. Luna, P. Rodriguez and R. Teodorescu, "Adaptive droop control applied to voltage-source inverters operating in grid-connected and islanded modes," *IEEE Transactions on Industrial Electronics*, 56(10), 4088–4096, October 2009.

[9] Y. Sun, X. Hou, J. Yang, H. Han, M. Su and J.M. Guerrero, "New perspectives on droop control in AC microgrid," *IEEE Transactions on Industrial Electronics*, 64(7), 5741–5745, July 2017.

[10] M.A. Awal and I. Husain, "Unified virtual oscillator control for grid-forming and grid-following converters," *IEEE Journal of Emerging and Selected Topics in Power Electronics*, doi: 10.1109/ JESTPE.2020.3025748.

[11] B.B. Johnson, M. Sinha, N.G. Ainsworth, F. Dorfler and S.V. Dhople, "Synthesizing virtual oscillators to control islanded inverters," *IEEE Transactions on Power Electronics*, 31(8), 6002–6015, August 2016.

[12] M.A. Awal, H. Yu, H. Tu, S. Lukic and I. Husain, "Hierarchical control for virtual oscillator based gridconnected and islanded microgrids," *IEEE Transactions on Power Electronics*, 35(1), 988–1001, 2020.

[13] A. Bidram, A. Davoudi, F.L. Lewis and J.M. Guerrero, "Distributed cooperative secondary control of microgrids using feedback linearization," *IEEE Transactions on Power Systems*, 28(3), 3462–3470, August 2013.

[14] J.W. Simpson-Porco, Q. Shafiee, F. Dorfler, J.C. Vasquez, J.M. Guerrero and F. Bullo, "Secondary frequency and voltage control of islanded microgrids via distributed averaging," *IEEE Transactions on Industrial Electronics*, 62(11), 7025–7038, November 2015.

[15] A.K. Bhattacharjee, N. Kutkut and I. Batarseh, "Review of multiport converters for solar and energy storage integration," *IEEE Transactions on Power Electronics*, 34(2), 1431–1445, February 2019.

[16] F. Hafiz, A.R. de Queiroz and I. Husain, "Coordinated control of PEV and PV-based storages in residential system under generation and load uncertainties," *IEEE Transactions on Industry Applications*, 55(6), 5524 – 5532, December 2019.

[17] F. Hafiz, D. Lubkeman, I. Husain and P. Fajri, "Energy storage management strategy based on dynamic programming and optimal sizing of PV panel-storage capacity for a residential system," *IEEE Transmission and Distribution Conference and Exposition*, Denver, CO, 2018.

13장

[1] M.J. Moran and H.N. Shapiro, Fundamentals of Engineering Thermodynamics, sixth edition, John Wiley & Sons, Inc., New York, NY, 2008.

[2] J.P. O'Brien, Gas Turbines for Automotive Use, Noyes Data Corporation, Park Ridge, NJ, 1980.

[3] J.B. Heywood, Internal Combustion Engine Fundamentals, McGraw-Hill, Inc., New York, NY, 1988.

[4] U. Bossel, "Well-to-wheel studies, heating values, and the energy conservation principle," in Proceedings of European Fuel Cell Forum, 2003. Online www.efcf.com/reports, (E10).

[5] G.C. Koltsakis and A.M. Stamatelos, "Catalytic automotive exhaust aftertreatment," Progress in Energy and Combustion Science, 23, 1–39, 1997.

[6] R. Stone and J.K. Ball, Automotive Engineering Fundamentals, SAE International, Warrendale, PA, 2004.

[7] J.P.A. Neeft, M. Makkee and J.A. Moulijn, "Diesel particulate emission control," Fuel Processing Technology, 47, 1–69, 1996.

[8] Environmental Protection Agency "Technical amendments to the highway and nonroad diesel regulation; final rule and proposed rule," 40 CFR Part 80, Federal Register, vol. 71, no. 83, May 2006.

[9] H.H. Braess and U. Seiffert, Handbook of Automotive Engineering, SAE International, Warrendale, PA, 2005.

[10] R.N. Paciotti, An Evaluation of Nitrogen Oxide Emission from a Light-Duty Hybrid Electric Vehicle to Meer U.S.E.P.A. Requirements Using a Diesel Engine, MS Thesis, Mechanical Engineering, The University of Akron, August 2007.

[11] S.M.N. Hasan, I. Husain, R.J. Veillette and J.E. Carletta, "A PM brushless DC starter/generator system for a series/parallel 2 × 2 hybrid electric vehicle," IEEE Transactions on Industry Applications, 16(2), 12–21, March–April 2013.
[12] R.B. Krieger, R.M. Siewert, J.A. Pinson, N.E. Gallopoulos, D.L. Hilden, D.R. Monroe, R.B. Rask, A.S.P. Solomon and P. Zima, "Diesel engines: One option to power future personal transportation vehicles," SAE International 972683, 1997.
[13] J.C. Clerc, "Catalytic diesel exhaust aftertreatment," Applied Catalysis B: Environmental, 10, 99–115, 1996.
[14] P. Walker, "Controlling particulate emissions from diesel vehicles," Topics in Catalysis, 28, 1–4, 165–170, April 2004.
[15] A. Hinz, L. Andersson, J. Edvardsson, P. Salomonsson, C.J. Karlsson, F. Antolini, P.G. Blakeman, M.Lauenius, B. Magnusson, A.P. Walker and H.Y. Chen, "The application of a NOx absorber catalyst system on a heavy-duty diesel engine," SAE International 2005-01-1084, 2005.
[16] P. Forzatti, "Present status and perspectives in de-NOx SCR catalysis," Applied Catalysis A: General, 222, 221–236, 2001.
[17] M. Chen and S. Williams, "Modeling and optimization of SCR-exhaust aftertreatment systems," SAE International 2005-01-0969, 2005.

14장

[1] R.L. Willis and J. Brandes, "Ford next generation electric vehicle powertrain," *12th Electric Vehicle Symposium*, Anaheim, CA, pp. 449–458, December 1994.
[2] R.G. Budynas and J.K. Nisbett, *Mechanical Engineering Design*, McGraw Hill, New York, NY, 2008.
[3] R. Stone and J.K. Ball, *Automotive Engineering Fundamentals*, SAE International, Warrendale, PS, 2004.
[4] T.E. Scott, *Power Transmission Mechanical, Hydraulic, Pneumatic, and Electrical*, Prentice Hall, Upper Saddle River, NJ, 2000.
[5] J.M. Miller, *Propulsions Systems for Hybrid Vehicles*, Institute of Electrical Engineers, London, 2004.
[6] S. Underwood, A. Khalil, I. Husain, H. Klode, B. Lequesne, S. Gopalakrishnan and A. Omekanda, "Switched reluctance motor based electromechanical brake-by-wire system," *International Journal of Vehicle Autonomous Systems*, 2(3–4), 278–296, 2004.
[7] A. Omekanda, B. Lequesne, H. Klode, S. Gopalakrishnan and I. Husain, "Switched reluctance and permanent magnet brushless motors in highly dynamic situations: A comparison in the context of electric brakes," *IEEE Industry Applications Magazine*, 15(4), 35–43, July/Aug. 2009.
[8] H. Klode, A. Omekanda, B. Lequesne, S. Gopalakrishnan, A. Khalil, S. Underwood and I. Husain, "The potential of switched reluctance motor technology for electro-mechanical brake applications," Simulation and Modeling Mechatronics, SP2030, SAE Publication, Warrendale, PA, 2006.
[9] M.J. Moran and H.N. Shapiro, *Fundamentals of Engineering Thermodynamics*, sixth edition, John Wiley & Sons, Inc., New York, NY, 2008.
[10] R. Stone and J.K. Ball, *Automotive Engineering Fundamentals*, SAE International, Warrendale, PA, 2004.

15장

[1] F.R. Salmasi, "Control strategies for hybrid electric vehicles: Evolution, classification, comparison and future trends," IEEE Transactions on Vehicular Technology, 56(5), 2393–2404, September 2007.
[2] V.H. Johnson, K.B. Wipke and D.J. Rausen, "HEV control strategy for realtime optimization off fuel economy and emissions," SAE Paper 2000-01-1543, 2000.
[3] A.M. Phillips, M. Jankovic and K. Bailey, "Vehicle system controller design for a hybrid electric vehicle," Proceedings of IEEE International Conference on Control Applications, Anchorage, AK, pp. 297–302, September 25–27, Anchorage, AK, 2000.
[4] H.-D. Lee and S.-K. Sul, "Fuzzy-logic-based torque control strategy for parallel-type hybrid electric vehicle," IEEE Transactions on Industrial Electronics, 45(4), 625–632, August 1998.
[5] J.-S. Won and R. Langari, "Fuzzy torque distribution control for a parallel hybrid vehicle," Expert Systems: International Journal Knowledge Engineering and Neural Networks, 19(1), 4–10, February 2002.

[6] B.M. Baumann, G. Washington, B.C. Glenn and G. Rizzoni, "Mechatronic design and control of hybrid electric vehicles," IEEE/ASME Transactions on Mechatronics, 5(1), 58–71, March 2000.
[7] J.M. Miller, Propulsions Systems for Hybrid Vehicles, Institute of Electrical Engineers, London, 2004.
[8] G.H. Gelb, N.A. Richardson, T.C. Wang and B. Berman, "An electromechanical transmission for hybrid vehicle powertrains–design, and dynamometer testing," SAE Congress Paper No. 710235, Detroit, MI, January 1971.
[9] G. Paganelli, G. Ercole, A. Brahma, Y. Guezennec and G. Rizzoni, "General supervisory control policy for the energy optimization of charge sustaining hybrid electric vehicles," Journal of Society of Automotive Engineers of Japan, 22(4), 511–518, October 2001.
[10] A. Sciarretta, M. Back and L. Guzzella, "Optimal control of parallel hybrid electric vehicles," IEEE Transactions on Control Systems Technology, 12(3), 352–363, May 2004.
[11] S.M.N. Hasan, I. Husain, R.J. Veillette and J.E. Carletta, "A PM brushless DC starter/generator system for a series/parallel 2×2 hybrid electric vehicle," IEEE Transactions on Industry Applications, 16(2), 12–21, March–April 2010.
[12] N. Picot, A Strategy to Blend Series and Parallel Modes of Operation in a Series-Parallel 2x2 Hybrid Diesel/Electric Vehicle, MS Thesis, Electrical Engineering, The University of Akron, December 2007.

찾아보기

찾아보기

A~C

D~F

G~P

S~X

m.e.m.o